第 1 章 After Effects 的基本操作

本章重点

- After Effects CC 的安装
- After Effects CC 的卸载
- After Effects CC 的启动与退出
- 导入 PSD 分层素材
- 文件打包
- 选择不同的工作界面
- 设置工作界面
- 为工作区设置快捷键
- 利用纯色图层制作背景
- 利用文字图层制作海报文字
- 利用灯光图层制作灯光效果
- 利用摄像机图层制作镜头效果
- 利用调整图层制作百叶窗效果

在学习制作视频特效之前，需要了解一些常用的方法与技巧。本章将通过多个案例，讲解 After Effects 的基础知识，使读者学习并掌握 After Effects 中一些基本操作方法。

案例精讲 001　After Effects CC 的安装

制作概述

本例将讲解如何安装 After Effects CC 软件，首先需要下载或购买软件的应用程序，然后进行安装，其具体操作方法如下所示。

学习目标

学习 After Effects CC 的安装过程，掌握 After Effects CC 的安装方法。

操作步骤

（1）打开【我的电脑】，找到 After Effects CC 的安装程序，双击安装程序，弹出【Adobe 安装程序】对话框，单击【忽略】按钮，如图 1-1 所示。

（2）在【Adobe 安装程序】对话框中，将显示初始化安装进度，如图 1-2 所示。

图 1-1　单击【忽略】按钮

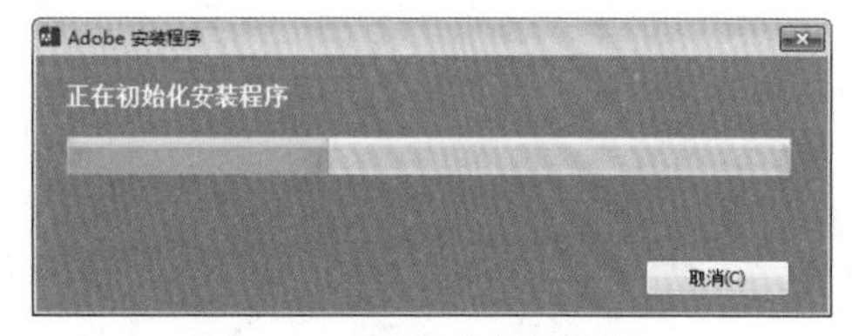

图 1-2　显示初始化安装进度

（3）初始化完成后，在弹出的窗口中选择【安装】选项，如图 1-3 所示。

（4）在弹出的窗口中输入序列号，如图 1-4 所示。

图 1-3　选择【安装】选项

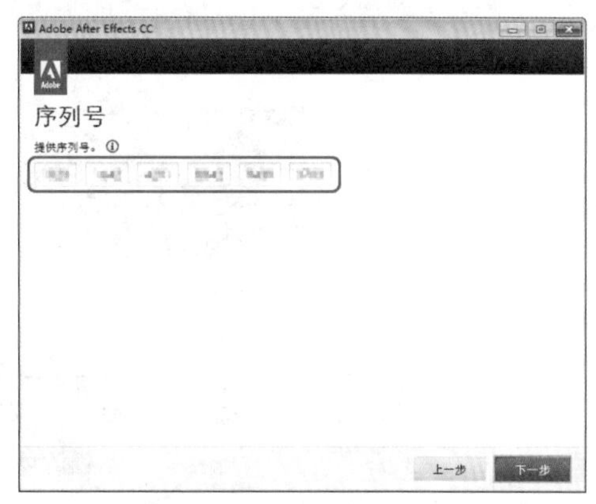

图 1-4　输入序列号

（5）单击【下一步】按钮，在弹出的Adobe软件许可协议界面中单击【接受】按钮，如图1-5所示。

（6）在弹出的窗口中指定安装路径，然后单击【安装】按钮，如图1-6所示。

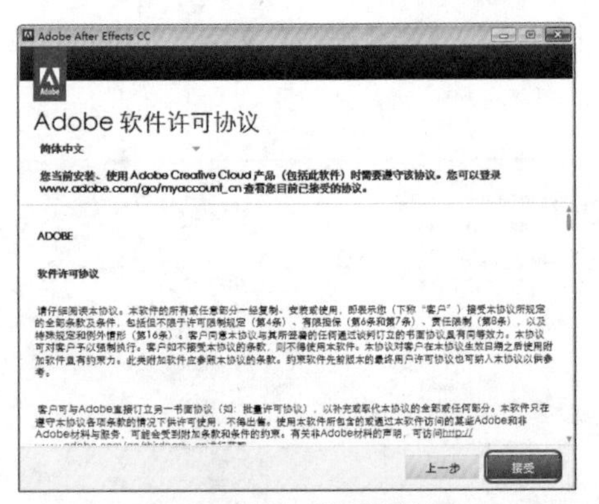

图1-5　单击【接受】按钮

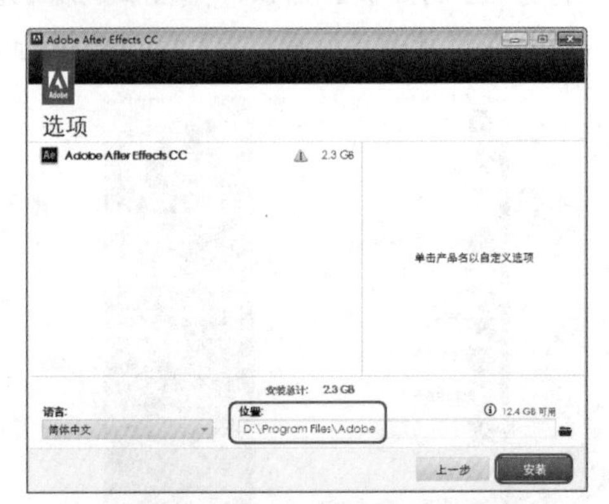

图1-6　单击【安装】按钮

（7）在窗口中将显示程序安装进度，如图1-7所示。

（8）安装完成后，将提示安装完成，如图1-8所示。

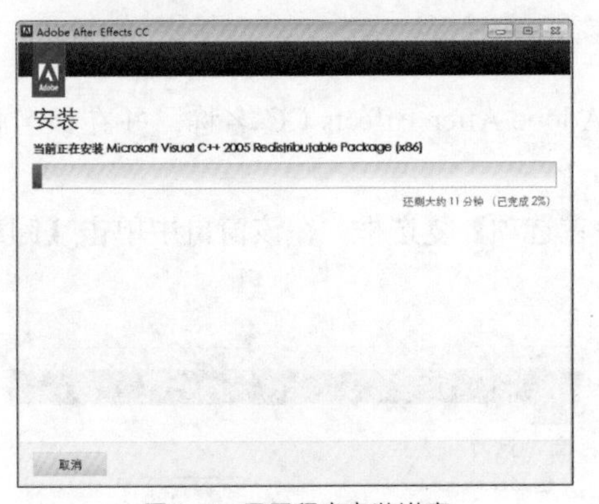

图1-7　显示程序安装进度

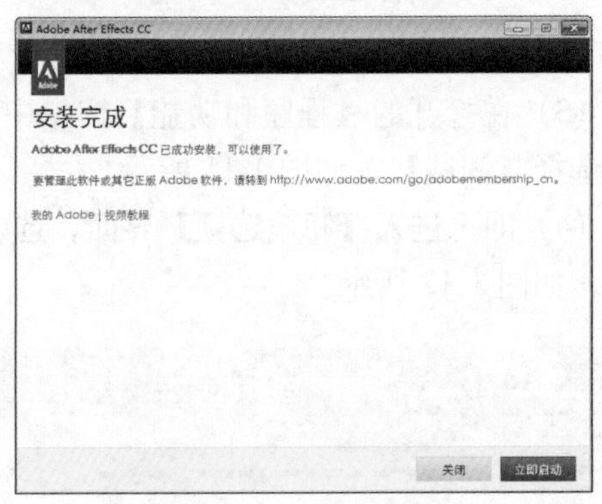

图1-8　提示安装完成

案例精讲002　After Effects CC的卸载

案例文件：无

视频文件：光盘 | 视频教学 | Cha01 | After Effects CC的卸载.avi

制作概述

本例将讲解如何卸载After Effects CC软件，主要通过在控制面板中对After Effects CC软件进行卸载，具体操作方法如下所示。

学习目标

学习After Effects CC的卸载方式，掌握After Effects CC的卸载方法。

操作步骤

（1）在系统的任务栏中单击【开始】按钮，在打开的开始菜单中选择【控制面板】，即可打开【控制面板】窗口，如图 1-9 所示。

（2）在打开的【控制面板】窗口中单击【程序】按钮下的【卸载程序】文字，如图 1-10 所示。

图 1-9　选择【控制面板】

图 1-10　【控制面板】窗口

（3）在打开的【程序和功能】窗口中，找到 Adobe After Effects CC 名称，并在该名称上右击选择【卸载】，如图 1-11 所示。

（4）即可进入【卸载选项】界面，选中【删除首选项】复选框，在该窗口中单击【卸载】按钮，如图 1-12 所示。

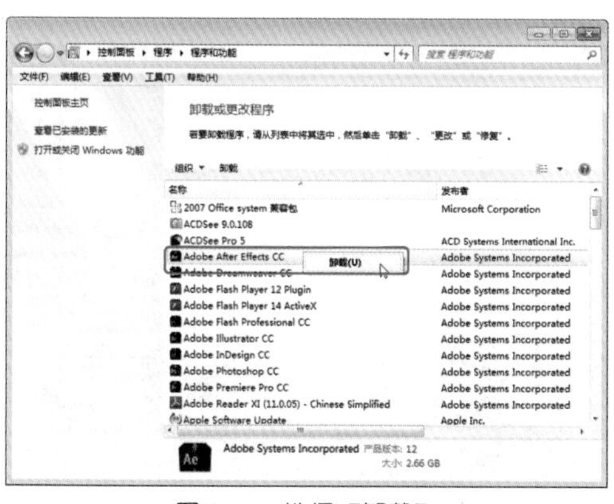

图 1-11　选择【卸载】

图 1-12　【卸载选项】界面

（5）执行上一步操作后，即可进入【卸载】界面，将开始卸载 Adobe After Effects CC 软件，如图 1-13 所示。

（6）等待进度条到 100% 时，即可进入【卸载完成】界面，单击【关闭】按钮，即可完成卸载，如图 1-14 所示。

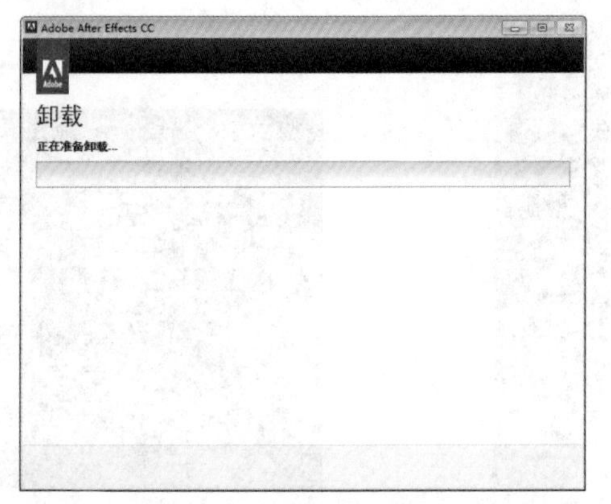

图 1-13　卸载进度窗口

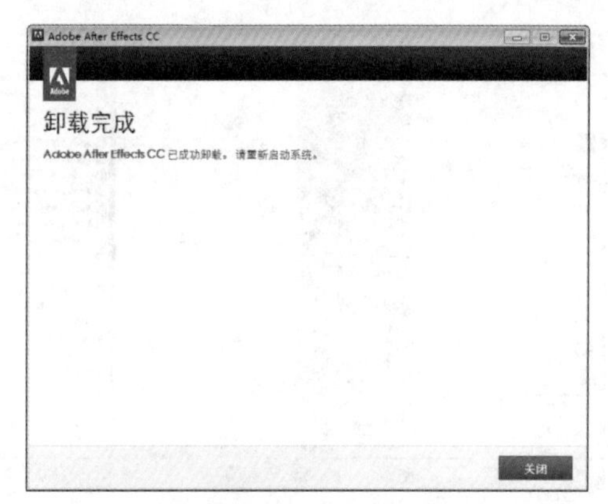

图 1-14　卸载完成

案例精讲 003　After Effects CC 的启动与退出

 案例文件：无

 视频文件：光盘 | 视频教学 | Cha01 | After Effects CC 的启动与退出 .avi

制作概述

本例将讲解如何启动与退出 After Effects CC 软件，在本例中主要通过开始菜单启动软件程序，具体操作方法如下所示。

学习目标

学习 After Effects CC 启动与退出，掌握如何启动与退出 After Effects CC 软件。

操作步骤

（1）要启动 After Effects CC 软件，可单击【开始】按钮，在打开的开始菜单中选择【所有程序】，如图 1-15 所示。

（2）执行以上操作后即可切换至另一个界面中，选择 Adobe After Effects CC 选项，如图 1-16 所示。

（3）执行上一步操作后，进入 Adobe After Effects CC 加载界面，如图 1-17 所示。

（4）当加载完成后，即可进入软件的工作界面，如图 1-18 所示。

（5）进入工作界面后要退出软件，单击软件右上角的【关闭】按钮，即可退出软件；还可以单击菜单栏中的【文件】按钮，在弹出的菜单中选择【退出】命令，如图 1-19 所示。

用户还可以按 Ctrl+Q 组合键退出软件，在工作界面的左上角单击 Adobe After Effects CC 图标，即可打开一个快捷菜单，选择【关闭】命令也可以退出软件。

图 1-15　选择【所有程序】

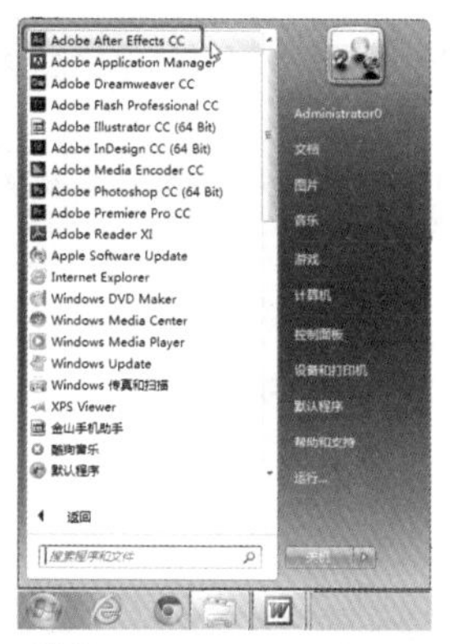

图 1-16　选择 Adobe After Effects CC 选项

图 1-17　加载软件

图 1-18　进入工作界面

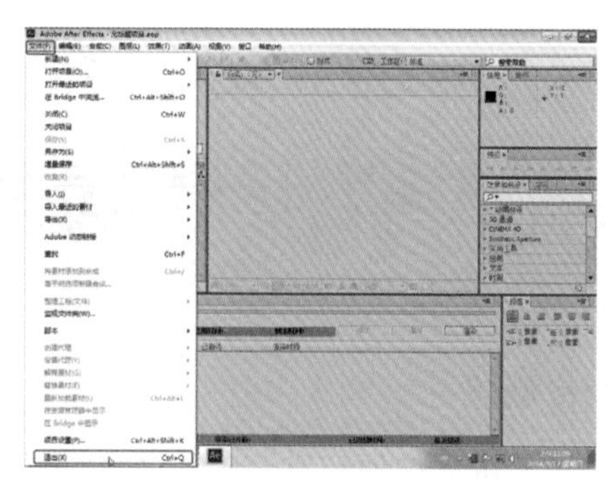

图 1-19　退出软件的另一种方法

案例精讲 004　导入 PSD 分层素材

案例文件：无

视频文件：光盘 | 视频教学 | Cha01 | After Effects CC 的卸载 .avi

制作概述

本例将讲解导入 PSD 分层素材的方法和方式，主要利用软件的导入命令对 PSD 素材进行导入，具体操作方法如下所示。

学习目标

学习导入 PSD 分层素材的过程，掌握导入 PSD 分层素材的方法和方式。

操作步骤

（1）启动软件后单击【文件】按钮，选择【导入】|【文件】命令，也可以按 Ctrl+I 组合键，如图 1-20 所示，打开【导入文件】对话框。

（2）在该对话框中，选择素材“多图层 1.psd”文件，单击【导入】按钮，在弹出的对话框中单击【确定】按钮，如图 1-21 所示。

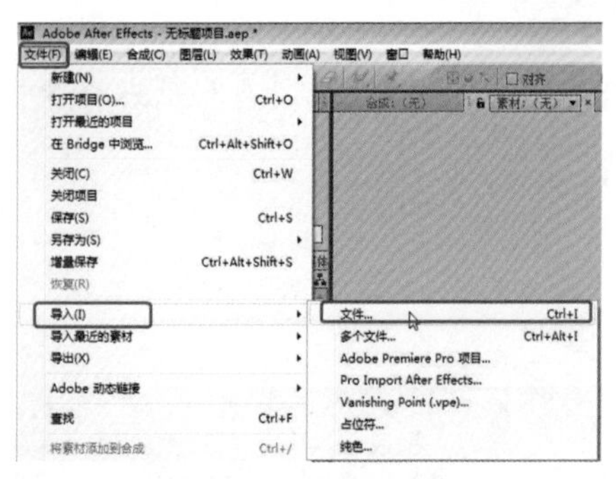

图 1-20　使用导入命令

图 1-21　单击【确定】按钮

知识链接

PSD 是 Adobe 公司的图形设计软件 Photoshop 的专用格式。PSD 文件可以存储成 RGB 或 CMYK 模式，也能够自定义颜色数并加以存储，还可以保存 Photoshop 的层、通道、路径等信息，是目前唯一能够支持全部图像色彩模式的格式。

(3) 将图像导入【项目】面板中，该图像是一个合并图层的文件，双击该文件，在【素材】面板中可以查看该素材文件，如图 1-22 所示。

(4) 选中【项目】面板中的素材，按 Delete 键将其删除，再次使用导入文件命令，并导入上一步导入的素材。在打开的对话框中，选择【图层选项】下的【选择图层】选项，并单击右侧的下拉三角按钮，选择【图层 3】，单击【确定】按钮，如图 1-23 所示。

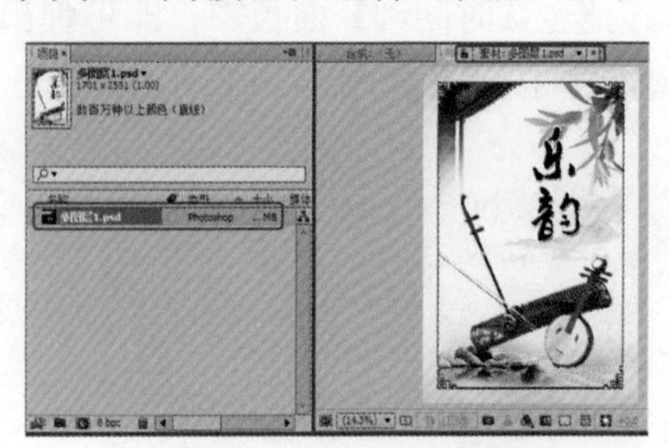

图 1-22　导入素材后的效果

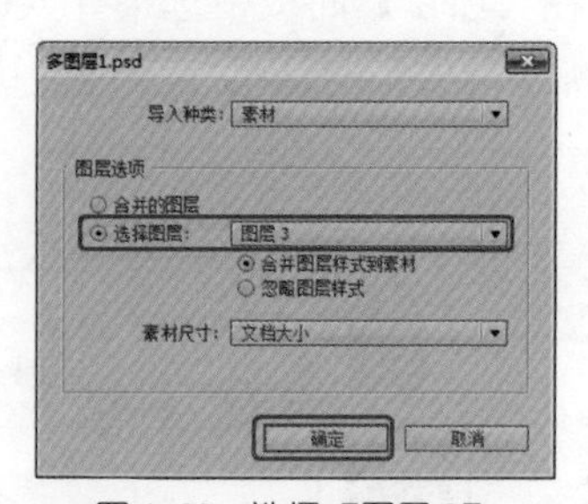

图 1-23　选择【图层 3】

(5) 将图层导入【项目】面板中，双击该图层文件，在【素材】面板中可以查看该图层文件，如图 1-24 所示。

图 1-24　查看效果

导入 PSD 多图层的文件，其颜色模式必须为 RGB 模式，才可以弹出如图 1-21 所示的对话框。

案例精讲 005　文件打包

案例文件：无

视频文件：光盘 | 视频教学 | Cha01 | After Effects CC 的卸载 .avi

制作概述

本例将讲解如何对文件进行打包，主要利用软件对文件的整理命令，对文件中各个位置的素材进行整合，具体操作方法如下所示。

学习目标

学习如何对文件进行打包过程，掌握对文件进行打包的方法。

操作步骤

(1) 启动软件后按 Ctrl+I 组合键，打开【导入文件】对话框，按住 Shift 键选择图片 (1).jpg ~图片 (4).jpg，单击【导入】按钮，如图 1-25 所示。

(2) 在【项目】面板中选中导入的所有素材，将其拖至【时间轴】面板中，即可弹出【基于所选项新建合成】对话框，使用默认设置，单击【确定】按钮，如图 1-26 所示。

图 1-25　选择素材

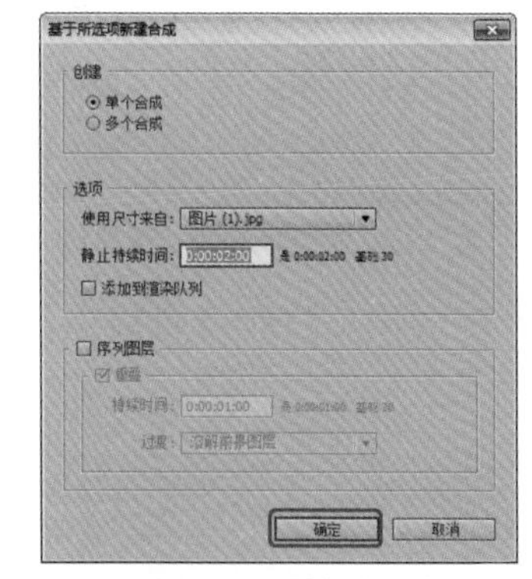

图 1-26　【基于所选项新建合成】对话框

(3) 在时间轴面板中分别选中图片，并在合成面板中调整素材图片的大小，并调整其位置，调整后效果如图 1-27 所示。

(4) 在菜单栏中单击【文件】按钮，选择【整理工程 (文件)】|【收集文件】命令，如图 1-28 所示。

图 1-27　调整素材

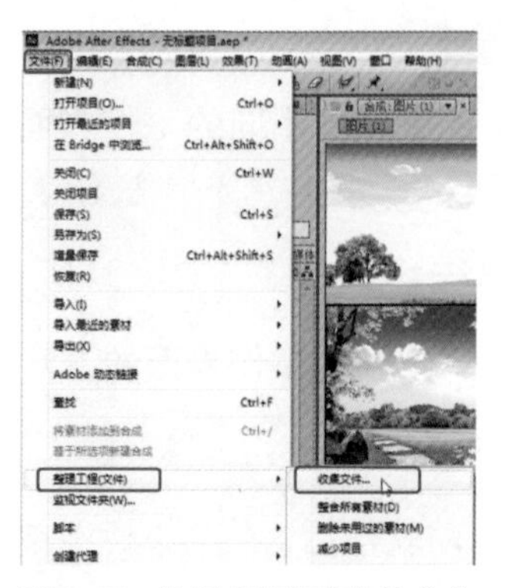

图 1-28　选择【收集文件】命令

（5）如果未对文件进行保存将弹出提示对话框，单击【保存】按钮，如图 1-29 所示。

（6）在弹出的【收集文件】对话框中，单击【收集】按钮，如图 1-30 所示。

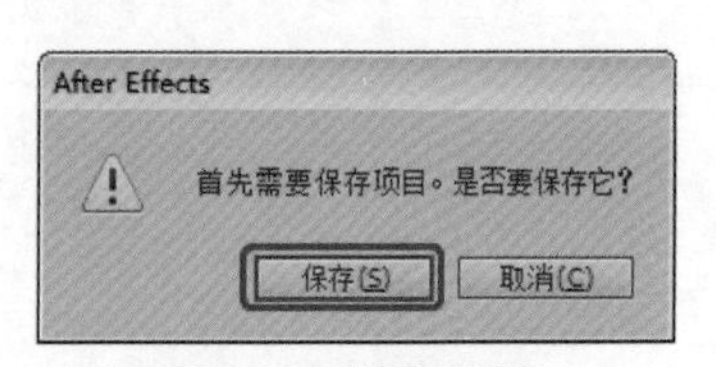

图 1-29　提示对话框

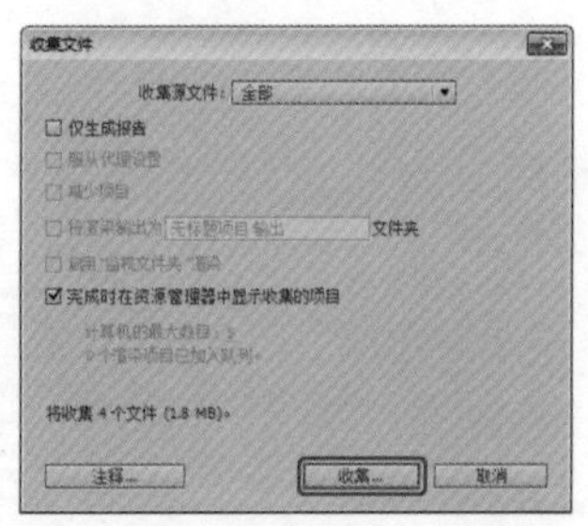

图 1-30　【收集文件】对话框

（7）执行上一步操作后即可弹出【将文件收集到文件夹中】对话框，在该对话框中选择文件的保存位置，输入文件名称，最后单击【保存】按钮，如图 1-31 所示。

（8）最后可通过存储的文件查看其效果。

图 1-31　【将文件收集到文件夹中】对话框

案例精讲 006　选择不同的工作界面

 案例文件：无

 视频文件：光盘 | 视频教学 | Cha01 | After Effects CC 的卸载 .avi

制作概述

本例将讲解选择不同的工作界面，主要利用软件预设的不同工作区进行选择，具体操作方法如下所示。

学习目标

学习选择不同的工作界面的方法，掌握选择不同的工作界面的过程。

操作步骤

(1) 启动软件后，在菜单栏中单击【窗口】，选择【工作区】|【动画】命令，如图 1-32 所示。

(2) 执行上一步的操作后，即可切换至【动画】工作界面中，如图 1-33 所示。

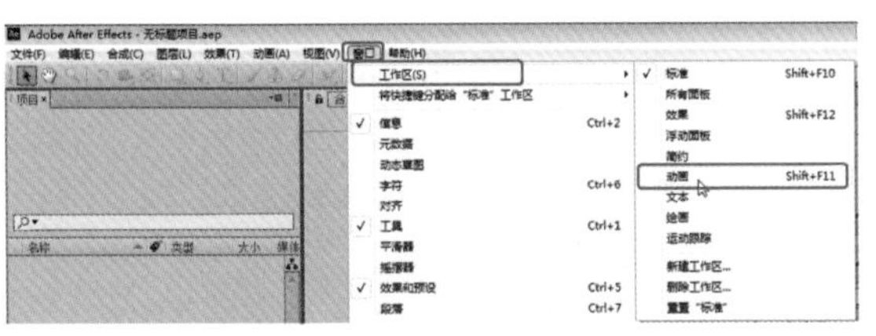

图 1-32　选择【动画】命令

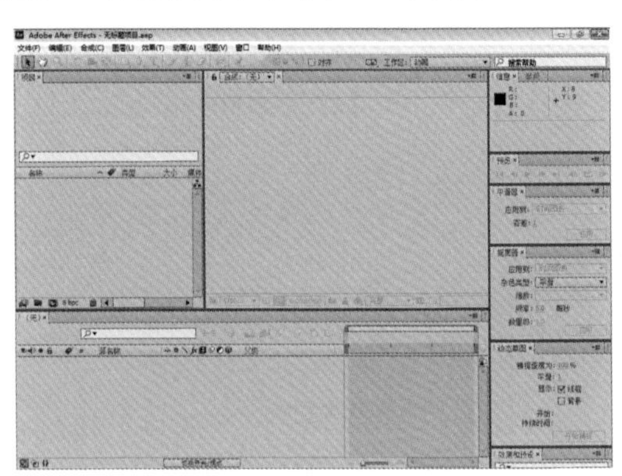

图 1-33　【动画】工作界面

案例精讲 007　设置工作界面

案例文件：无

视频文件：光盘 | 视频教学 | Cha01 | After Effects CC 的卸载 .avi

制作概述

本例将讲解如何设置工作界面，主要利用鼠标指针和软件命令对工作界面进行调整，具体操作方法如下所示。

学习目标

学习设置工作界面的过程，掌握工作界面的调整方式。

操作步骤

(1) 继续上节实例的操作，将鼠标指针移至【项目】面板与【合成】面板之间，这时鼠标指针会发生变化，如图 1-34 所示。

(2) 按住鼠标左键，并向左拖动鼠标，即可将【项目】面板缩小，如图 1-35 所示。

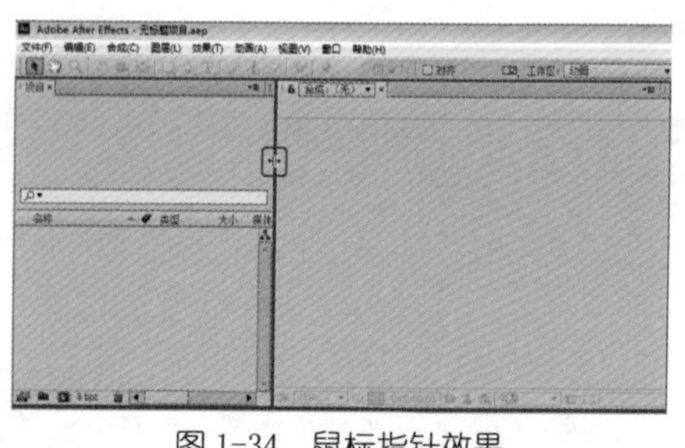

图 1-34　鼠标指针效果

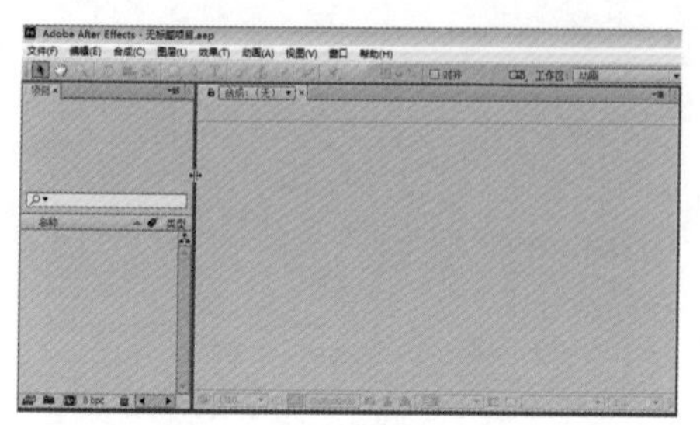

图 1-35　调整面板的大小

（3）使用同样方法调整其他面板的大小，效果如图 1-36 所示。

（4）在工作界面的右下方，使用鼠标指针在【效果和预设】面板的名称上，按下鼠标左键并拖动至【时间轴面板】的下方，如图 1-37 所示。

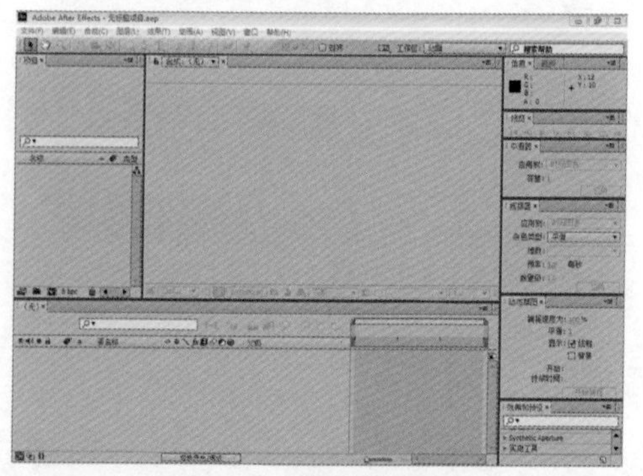

图 1-36　调整其他面板

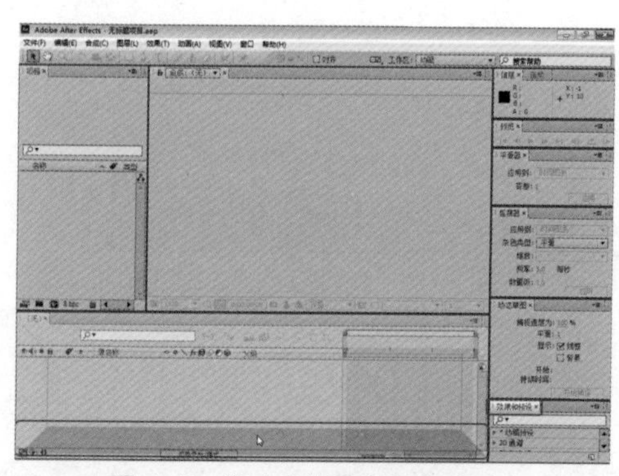

图 1-37　拖动【效果和预设】面板

（5）松开鼠标左键，即可将【效果和预设】面板拖动至【时间轴】面板的下方，并调整面板的大小，效果如图 1-38 所示。

（6）在工作界面的右上方，选中【信息】面板，单击右侧的▾≡按钮，选择【浮动面板】命令，如图 1-39 所示。

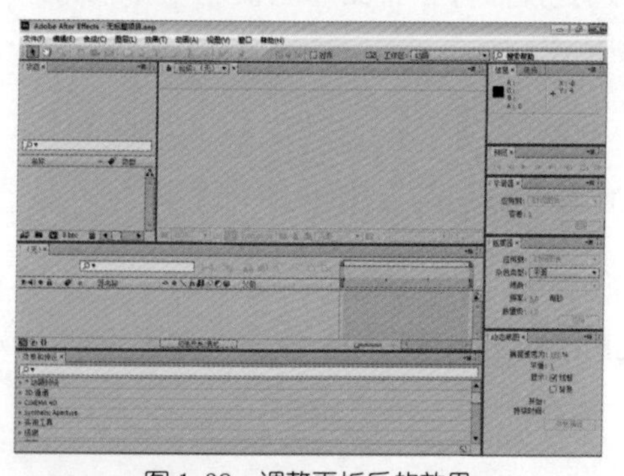

图 1-38　调整面板后的效果

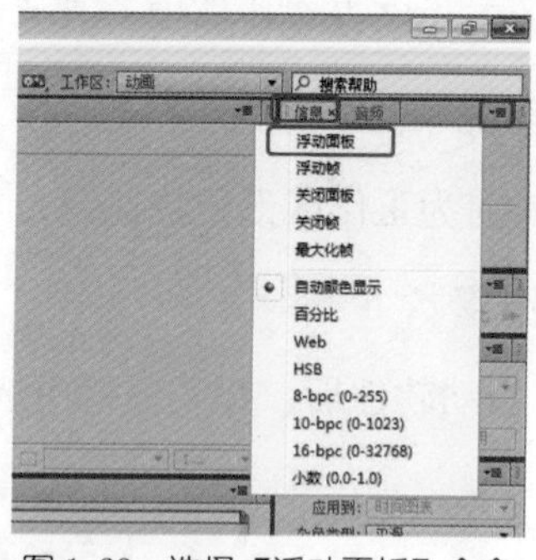

图 1-39　选择【浮动面板】命令

（7）使用鼠标指针可以随意调整，浮动的【信息】面板位置，调整后的效果如图 1-40 所示。

（8）调整完成后在菜单栏中选择【窗口】|【工作区】|【重置“动画”】命令，如图 1-41 所示。

（9）弹出【重置工作区】对话框，在该对话框中单击【确定】按钮，如图 1-42 所示。

（10）执行上一步操作后，当前的动画工作区将恢复到未被改动的初始状态，效果如图 1-43 所示。

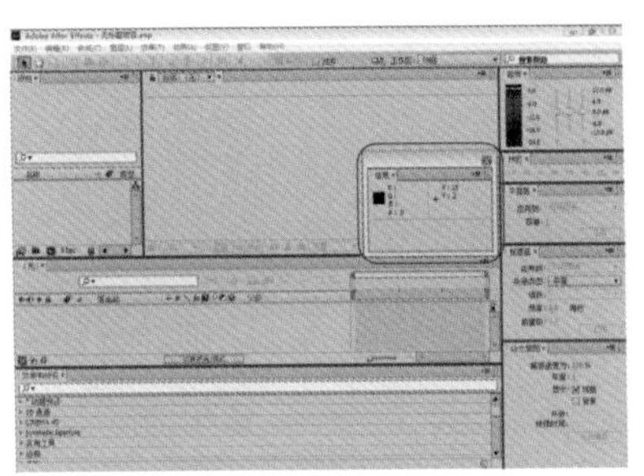

图 1-40　调整面板位置

图 1-41　选择【重置“动画”】命令

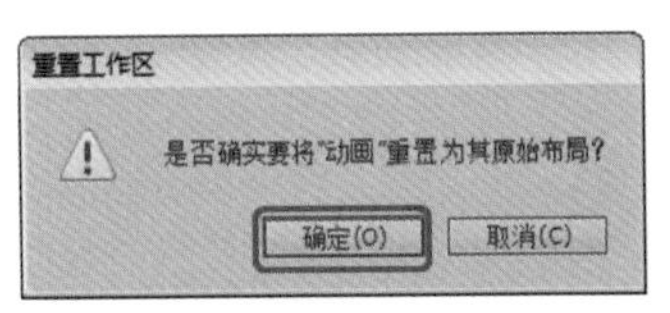

图 1-42　【重置工作区】对话框

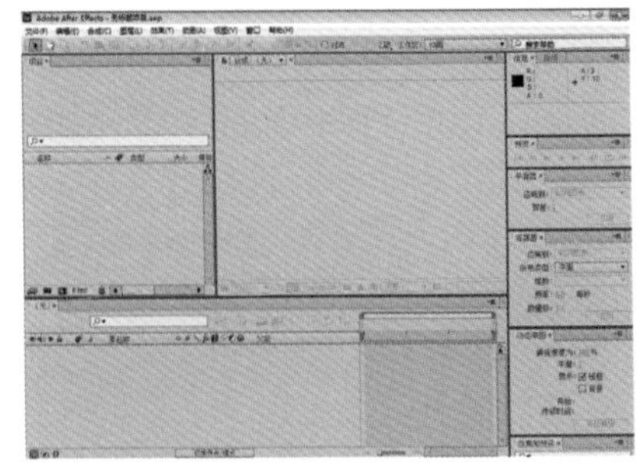

图 1-43　重置工作区后的效果

案例精讲 008　为工作区设置快捷键

案例文件：无

视频文件：光盘 | 视频教学 | Cha01 | After Effects CC 的卸载 .avi

制作概述

本例将讲解如何为工作区设置快捷键，主要通过更换软件自带工作区快捷键，来为需要设置快捷键的工作区设置快捷键，具体操作方法如下所示。

学习目标

学习如何为工作区设置快捷键，掌握为工作区设置快捷键的方法。

操作步骤

(1) 启动软件后，在菜单栏中选择【窗口】|【工作区】|【简约】命令，如图 1-44 所示。

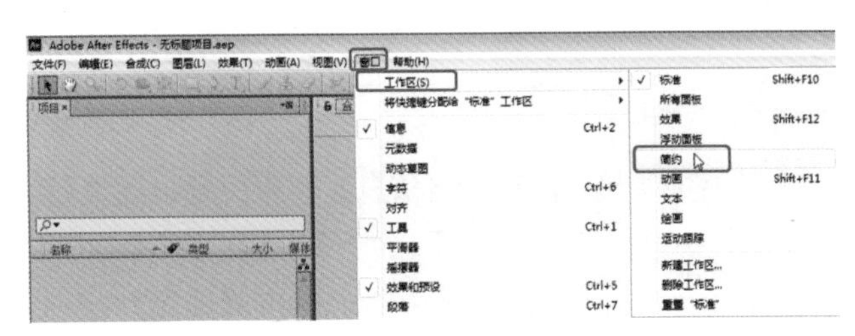

图 1-44　选择【简约】命令

（2）执行上一步操作后，将切换至【简约】工作界面中，再次在菜单栏中选择【窗口】命令，选择【将快捷键分配给“简约”工作区】命令，然后选择【Shift+F10（替换“标准”）】命令，如图 1-45 所示。

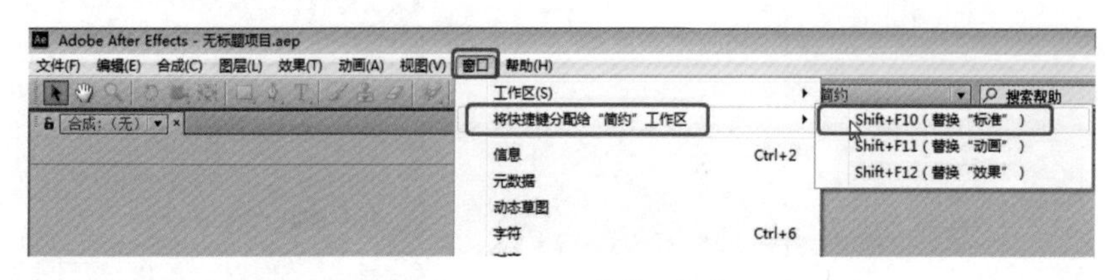

图 1-45　选择【Shift+F10（替换“标准”）】命令

（3）执行上一步操作后，即可将【标准】工作区的快捷键分配给【简约】工作区，如图 1-46 所示。

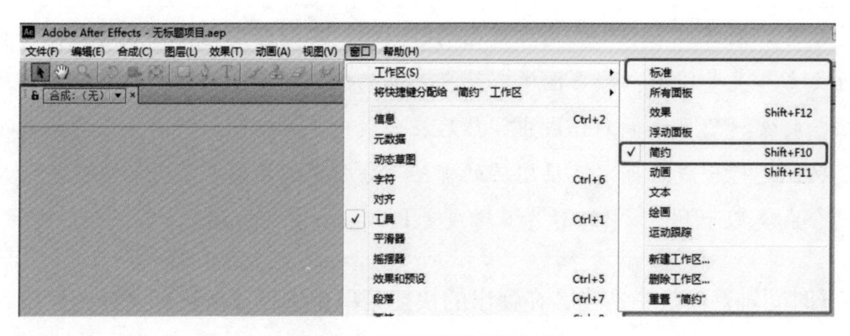

图 1-46　分配快捷键后的效果

案例精讲 009　利用纯色图层制作背景

制作概述

本例将讲解利用纯色图层制作背景，首先新建合成，然后在时间轴面板中进行创建，具体操作方法如下所示。

学习目标

学习利用纯色图层制作背景的过程，掌握利用纯色图层制作背景的方法。

操作步骤

（1）启动软件后，在【项目】面板下方右击，在弹出的快捷菜单中选择【新建合成】命令，如图 1-47 所示。

（2）在打开的【合成设置】对话框中，使用默认设置单击【确定】按钮，如图 1-48 所示。

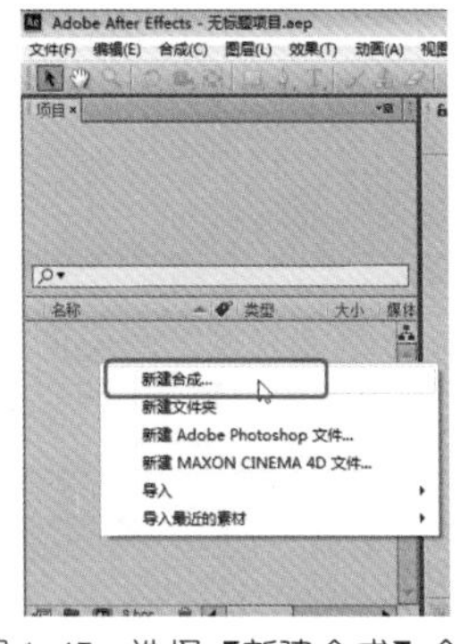
图 1-47　选择【新建合成】命令

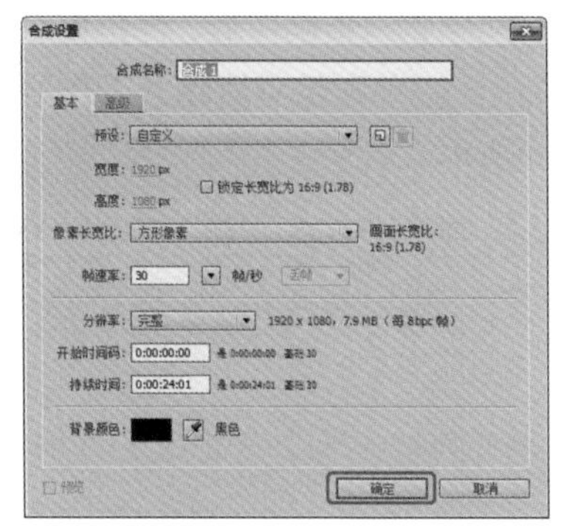
图 1-48　【合成设置】对话框

知识链接

合成是影片的框架。每个合成均有自己的时间轴。典型合成包括代表诸如视频和音频素材项目、动画文本和矢量图形、静止图像以及光之类的组件的多个图层。您可通过创建素材项目是源的图层，将素材项目添加到合成中。然后在合成内，在空间和时间方面安排各个图层，并使用透明度功能进行合成来确定底层图层的哪些部分将穿过堆叠在其上的图层进行显示。After Effects 中的合成类似于 Flash 中的影片剪辑或者 Premiere 中的序列。

(3) 在【时间轴】面板中右击，在弹出的快捷菜单中选择【新建】|【纯色】命令，如图 1-49 所示。

(4) 打开【纯色设置】对话框，在该对话框中将【颜色】设置为黄色，单击【确定】按钮，如图 1-50 所示。

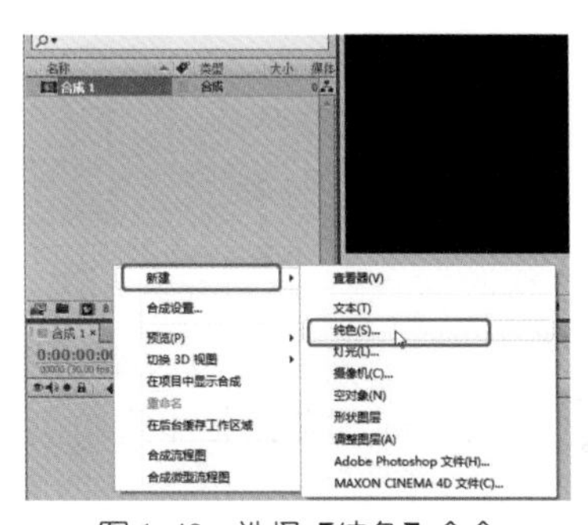
图 1-49　选择【纯色】命令

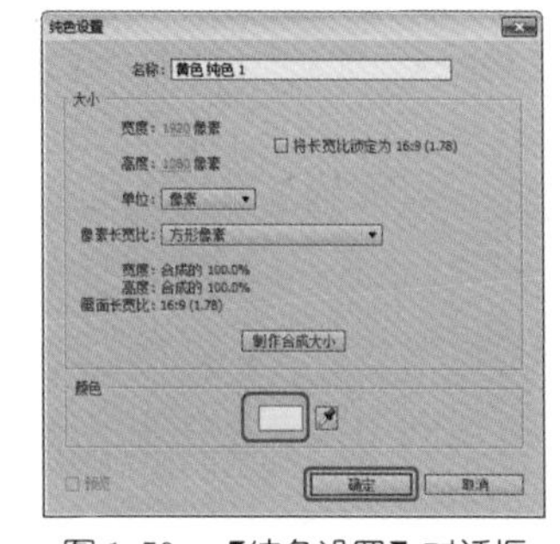
图 1-50　【纯色设置】对话框

知识链接

您可以创建任何纯色和任何大小 (最大 30×30 像素) 的图层。纯色图层以纯色素材项目作为其源素材。纯色图层和纯色素材项目通常都称作纯色。

纯色与任何其他素材项目一样工作：可以添加蒙版、修改变换属性，以及向使用纯色作为其源素材项目的图层应用效果。使用纯色为背景着色，作为复合效果的控制图层的基础，或者创建简单的图形图像。

纯色素材项目将自动存储在【项目】面板中的【固态层】文件夹中。

(5) 单击【确定】按钮后，在【项目】面板中即可看到建立的【固态层】文件夹，在【合成】面板中可以查看纯色图层的效果，如图 1-51 所示。

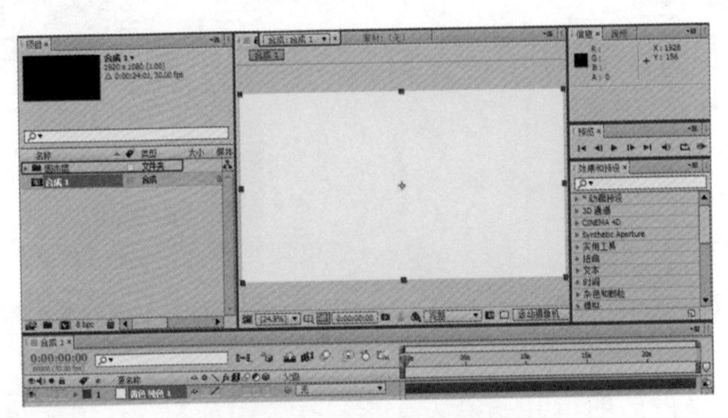

图 1-51　建立的纯色图层

案例精讲 010　利用文字图层制作海报文字

案例文件：光盘 | 场景 | Cha01 | 利用文字图层制作海报文字 .aep

视频文件：光盘 | 视频教学 | Cha02 | 利用文字图层制作海报文字 .avi

制作概述

本例将讲解利用文字图层制作海报文字，首先导入素材，然后在时间轴面板中进行创建，具体操作方法如下，完成后的效果如图 1-52 所示。

图 1-52　利用文字图层制作海报文字

学习目标

学习利用文字图层制作海报文字的过程，掌握利用文字图层制作海报文字的方式和方法。

操作步骤

(1) 启动软件后，按 Ctrl+I 组合键打开【导入文件】对话框，选择素材利用文字图层制作海报文字 .jpg 文件，单击【导入】按钮，如图 1-53 所示。

(2) 将素材导入至【项目】面板后，使用鼠标指针将素材图片拖至【时间轴】面板中，即可新建合成，并在【合成】面板中显示效果，如图 1-54 所示。

图 1-53　选择素材

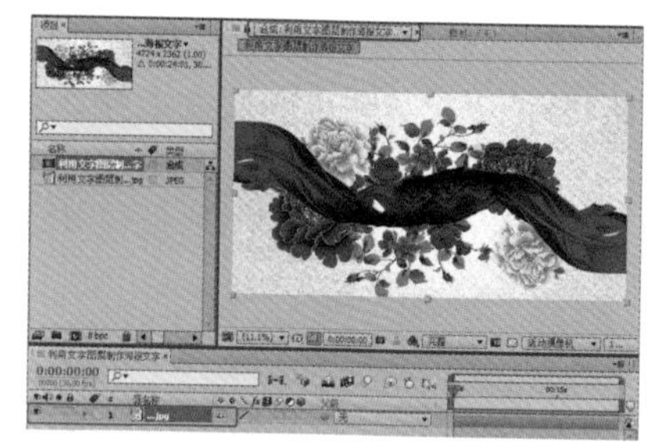
图 1-54　在【合成】面板中显示效果

(3) 在【时间轴】面板中右击，在弹出的快捷菜单中选择【新建】|【文本】命令，如图 1-55 所示。

(4) 执行上一步操作后即可开始输入文字“欢聚中秋”，在工作界面的右侧【字符】面板中将【字体】设置为汉仪菱心体简，将颜色设置为 #ED6E00，【字体大小】设置为 641，【设置所选字符的字符间距】为 −53，单击【仿斜体】按钮，如图 1-56 所示。

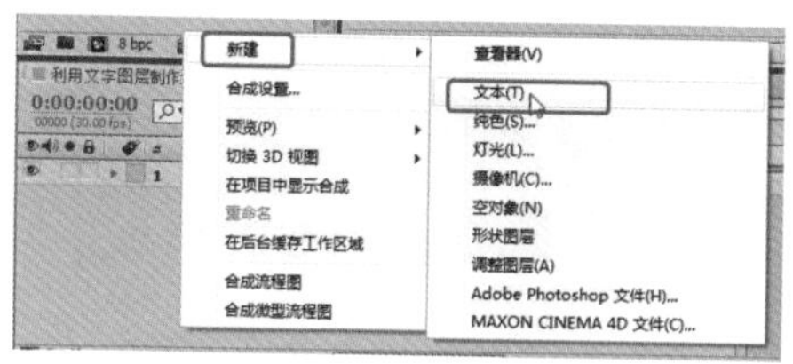

图 1-55　选择【文本】命令

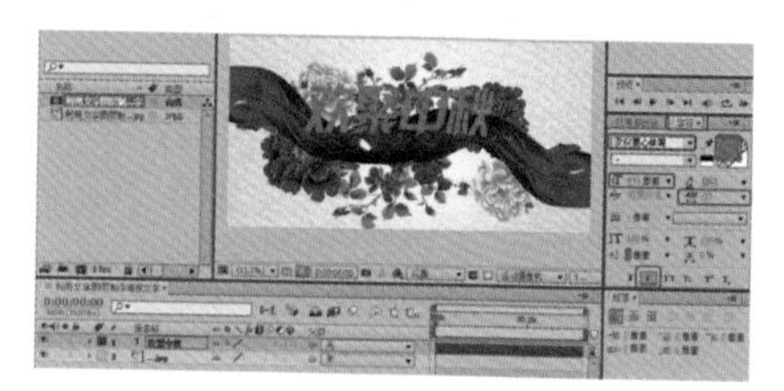
图 1-56　输入并设置文字

知识链接

您可以使用文本图层向合成中添加文本。文本图层有许多用途，包括动画标题、下沿字幕、参与人员名单和动态排版。

您可以为整个文本图层的属性或单个字符的属性(如颜色、大小和位置)设置动画。您可以使用文本动画器属性和选择器创建文本动画。3D 文本图层还可以包含 3D 子图层，每个字符一个子图层（请参阅通过文本动画器创建文本动画和逐字符 3D 文本属性）。

文本图层是合成图层，这意味着文本图层不使用素材项目作为其来源，但您可以将来自某些素材项目的信息转换为文本图层。文本图层也是矢量图层。与形状图层和其他矢量图层一样，文本图层也是始终连续地栅格化，因此在缩放图层或改变文本大小时，它会保持清晰、不依赖于分辨率的边缘。您无法在文本图层自己的【图层】面板中将其打开，但是可以在【合成】面板中操作文本图层。

After Effects 使用两种类型的文本：点文本和段落文本。点文本适用于输入单个词或一行字符；段落文本适用于将文本输入和格式化为一个或多个段落。

(5) 按 Ctrl+D 组合键，复制文字图层调整它的位置，并更改文字内容，如图 1-57 所示。

(6) 根据前面介绍的方法，文字图层复制多次调整位置，并更改文字内容，将最顶端的文字颜色设置为黄色，效果如图 1-58 所示。

(7) 按以上操作制作完成后，将场景进行保存即可。

图 1-57　复制并调整文字

图 1-58　对文字多次复制更改顶端文字颜色

案例精讲 011　利用灯光图层制作灯光效果

案例文件：光盘 | 场景 | Cha01 | 利用灯光图层制作灯光效果 .aep

视频文件：光盘 | 视频教学 | Cha01 | 利用灯光图层制作灯光效果 .avi

制作概述

本例将讲解如何利用灯光图层制作灯光效果，主要通过插入素材后，利用软件创建灯光图层，具体操作方法如下，完成后的效果如图 1-59 所示。

图 1-59　利用灯光图层制作灯光效果

学习目标

学习利用灯光图层制作灯光效果的制作过程，掌握利用灯光图层制作灯光效果的制作方法。

操作步骤

(1) 启动软件后，按 Ctrl+I 组合键打开【导入文件】对话框，选择素材图片 (2).jpg 文件，单击【导入】按钮，如图 1-60 所示。

(2) 将素材导入至【项目】面板后，使用鼠标指针将素材图片拖至【时间轴】面板中，即可新建合成，并在【合成】面板中显示效果，如图 1-61 所示。

图 1-60　选择素材

图 1-61　在【合成】面板中显示效果

(3) 在【时间轴】面板中单击【3D 图层 - 允许在三维中操作此图层】按钮下方图层的方框，将图层转换为三维图层，如图 1-62 所示。

(4) 在【时间轴】面板中右击，在弹出的快捷菜单中选择【新建】|【灯光】命令，如图 1-63 所示。

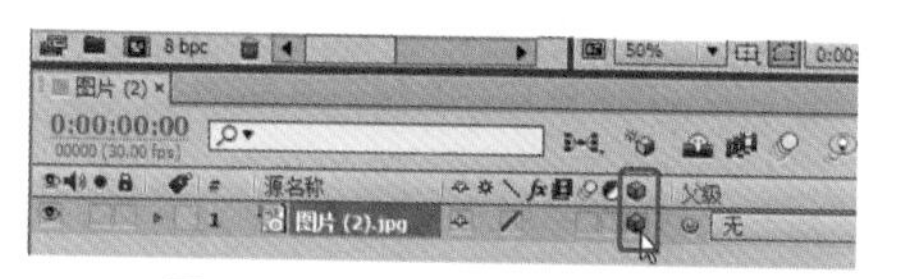
图 1-62　图层转换为三维图层

图 1-63　选择【灯光】命令

知识链接

灯光图层可影响它照射到的 3D 图层的颜色，具体取决于灯光的设置和 3D 图层的【材质选项】属性。默认情况下，每束灯光指向其目标点。

灯光可用于照亮 3D 图层并投影。可以使用灯光来匹配您在其中合成的场景的灯光条件或创建更有趣的视觉效果。例如，可以使用灯光图层来创建射入视频图层的光线的外观，就好像它是由染色玻璃制成的一样。

(5) 在打开的【灯光设置】对话框中，将【颜色】设置为黄色，其他参数使用默认设置，单击【确定】按钮，如图 1-64 所示。

(6) 使用【选取工具】，在【合成】面板中调整灯光的坐标轴，调整后的效果如图 1-65 所示。

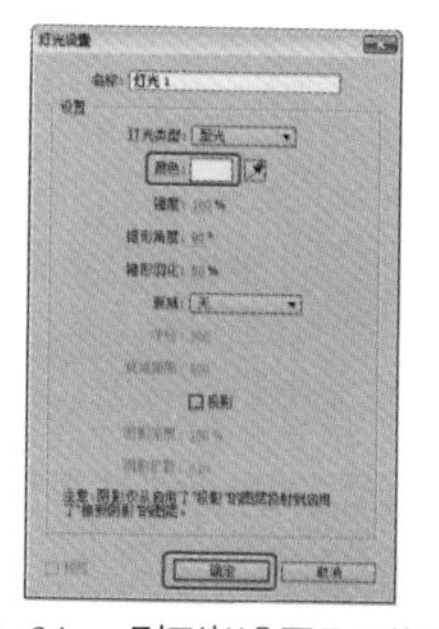
图 1-64　【灯光设置】对话框

图 1-65　调整灯光的坐标轴后的效果

(7) 调整完成后，将场景进行保存即可。

案例精讲 012　利用摄像机图层制作镜头效果

案例文件：光盘 | 场景 | Cha01 | 利用摄像机图层制作镜头效果 .aep

视频文件：光盘 | 视频教学 | Cha01 | 利用摄像机图层制作镜头效果 .avi

制作概述

本例将讲解如何利用摄像机图层制作镜头效果，首先带入素材，然后创建摄像机图层并进行设置，具体操作方法如下，完成后的效果如图 1-66 所示。

图 1-66　利用摄像机图层制作镜头效果

学习目标

学习利用摄像机图层制作镜头效果，掌握利用摄像机图层制作镜头效果的制作方法。

操作步骤

（1）启动软件后，按 Ctrl+I 组合键，打开【导入文件】对话框，选择素材图片 (4).jpg 文件，单击【导入】按钮，如图 1-67 所示。

（2）将素材导入至【项目】面板后，使用鼠标指针将素材图片拖至【时间轴】面板中，即可新建合成，并在【合成】面板中显示效果，如图 1-68 所示。

图 1-67　选择素材

图 1-68　在【合成】面板中显示效果

（3）在【时间轴】面板中单击【3D 图层 - 允许在三维中操作此图层】按钮下方图层的方框，将图层转换为三维图层，如图 1-69 所示。

（4）在【时间轴】面板中右击，在弹出的快捷菜单中选择【新建】|【摄像机】命令，如图 1-70 所示。

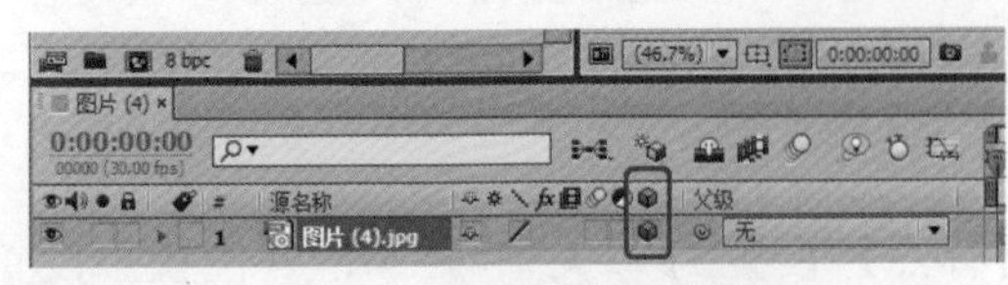

图 1-69　图层转换为三维图层

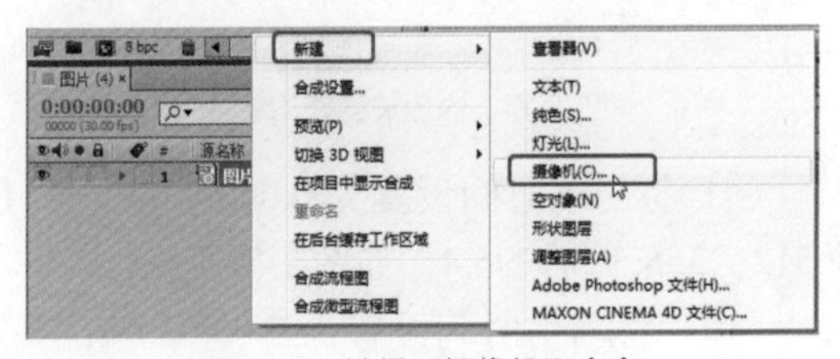

图 1-70　选择【摄像机】命令

（5）在打开的【摄像机设置】对话框中，使用默认设置，单击【确定】按钮，如图 1-71 所示。

（6）在时间轴面板中单击【摄像机 1】图层左侧的下拉三角按钮，然后单击【变换】右侧的下拉三角按钮，如图 1-72 所示。

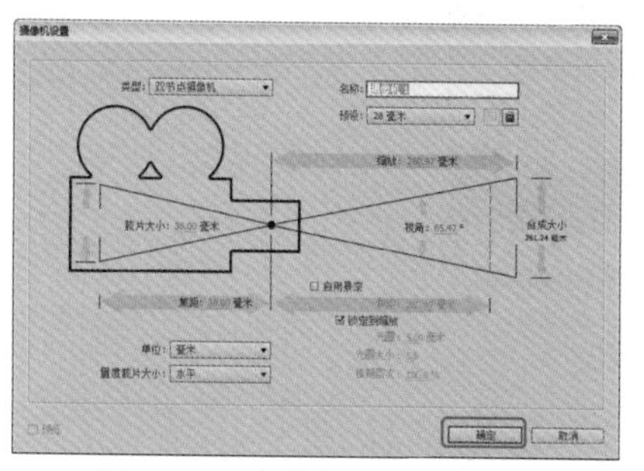
图 1-71 【摄像机设置】对话框

图 1-72 展开选项

知识链接

您可以使用摄像机图层从任何角度和距离查看 3D 图层。就像在现实世界中，在场景之中和周围移动摄像机比移动和旋转场景本身容易一样，通过设置摄像机图层并在合成中来回移动它来获得合成的不同视图通常最容易。

您可以通过修改摄像机设置并为其制作动画来配置摄像机，使其与用于记录要与其合成的素材的真实摄像机和设置匹配。您还可以使用摄像机设置将类似摄像机的行为（包括景深模糊以及平移和移动镜头）添加到合成效果和动画中。

摄像机仅影响其效果具有【合成摄像机】属性的 3D 图层和 2D 图层。使用具有【合成摄像机】属性的效果，您可以使用活动合成摄像机或灯光来从各种角度查看或照亮效果以模拟更复杂的 3D 效果。After Effects 软件可以通过“实时 Photoshop 3D”功能效果与 Photoshop 3D 图层交互，这是【合成摄像机】效果的特例。

（7）单击【目标点】和【位置】左侧的【时间变化秒表】按钮，即可在右侧时间区域添加关键帧，如图 1-73 所示。

（8）将当前时间设置为 0:00:01:00，将【目标点】设置为 586、347、0，【位置】设置为 586、347、−167，如图 1-74 所示。

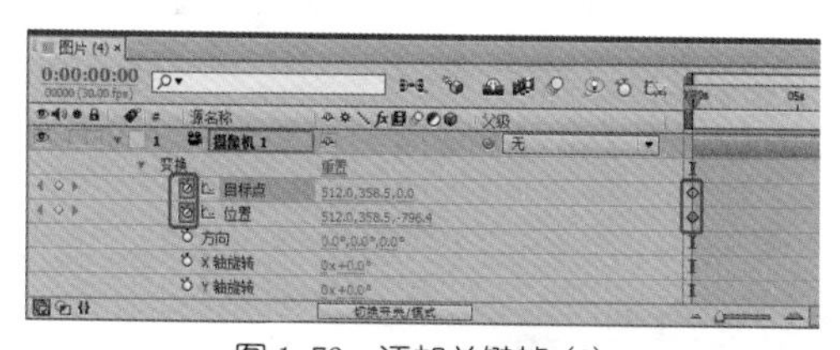
图 1-73 添加关键帧（1）

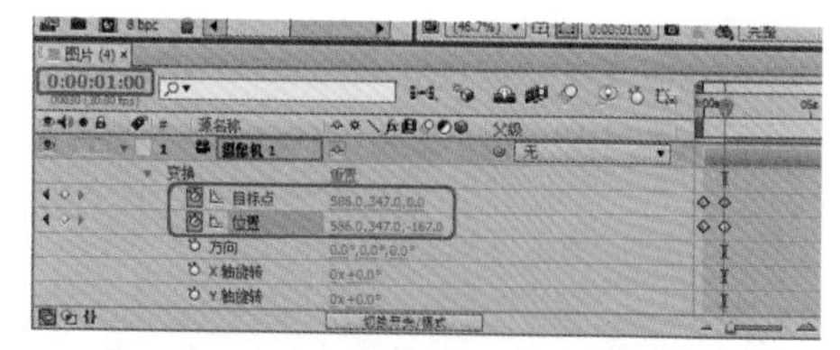
图 1-74 设置【目标点】和【位置】（1）

（9）将当前时间设置为 0:00:04:00，将【目标点】设置为 512、358.5、0，【位置】设置为 512、358.5、−796.4，如图 1-75 所示。

（10）将当前时间设置为 0:00:05:00，将【目标点】设置为 220、464、0，【位置】设置为 220、464、−110.4，如图 1-76 所示。

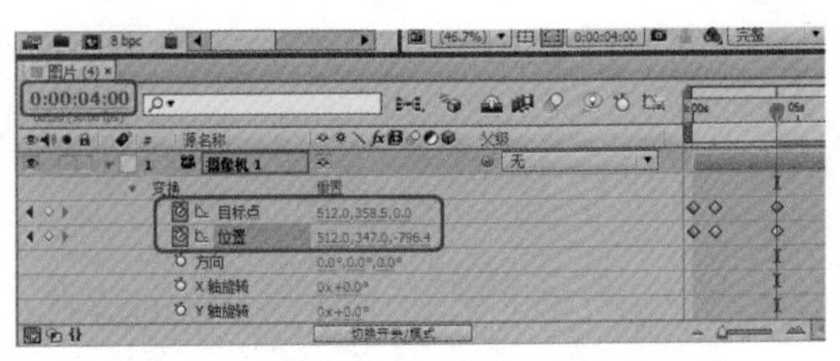

图 1-75　设置【目标点】和【位置】(2)

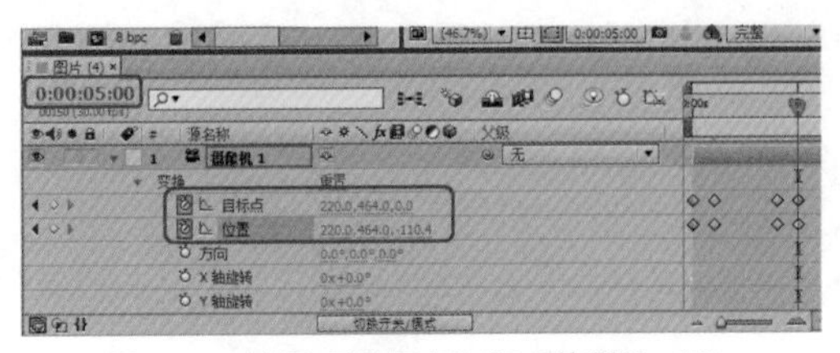

图 1-76　设置【目标点】和【位置】(3)

(11) 将当前时间设置为 0:00:05:01，单击【目标点】和【位置】左侧【在当前时间添加或移除关键帧】按钮，即可在当前时间添加关键帧，如图 1-77 所示。

(12) 将当前时间设置为 0:00:06:00，将【目标点】设置为 190、440、0，【位置】设置为 190、464、−110.4，如图 1-78 所示。

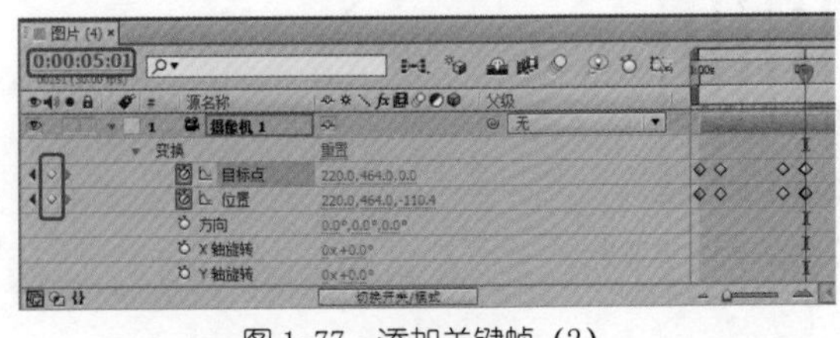

图 1-77　添加关键帧 (2)

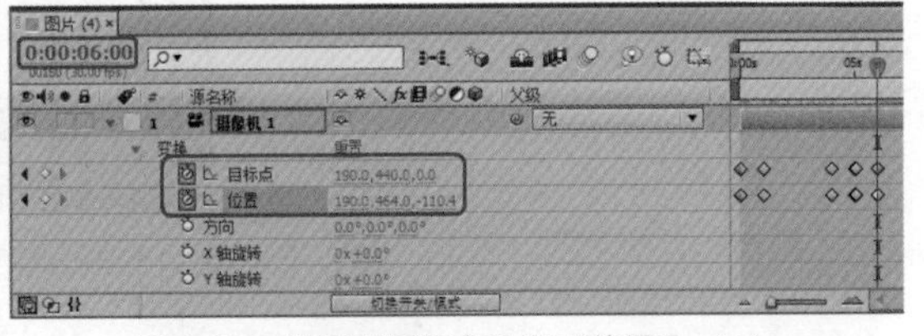

图 1-78　设置【目标点】和【位置】(4)

(13) 将当前时间设置为 0:00:06:01，单击【目标点】和【位置】左侧【在当前时间添加或移除关键帧】按钮，即可在当前时间添加关键帧，如图 1-79 所示。

(14) 将当前时间设置为 0:00:07:00，将【目标点】设置为 150、400、0，【位置】设置为 150、400、−65.4，如图 1-80 所示。

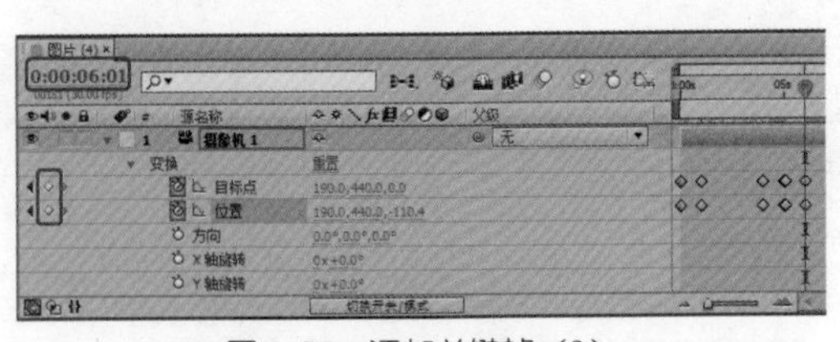

图 1-79　添加关键帧 (3)

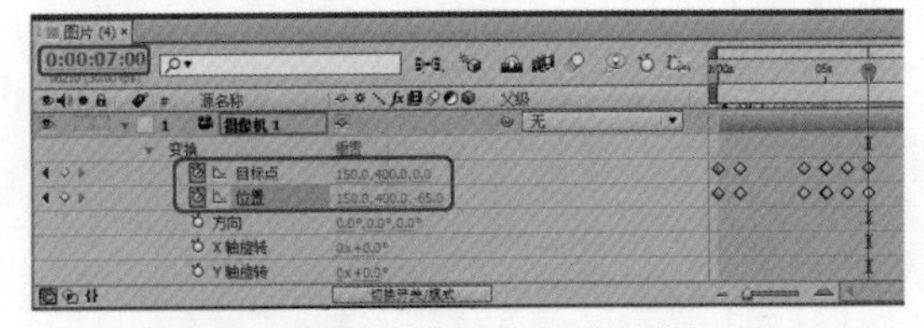

图 1-80　设置【目标点】和【位置】(5)

(15) 将当前时间设置为 0:00:07:05，单击【目标点】和【位置】左侧【在当前时间添加或移除关键帧】按钮，即可在当前时间添加关键帧，如图 1-81 所示。

(16) 将当前时间设置为 0:00:09:00，将【目标点】设置为 512、358.5、0，【位置】设置为 512、358.5、−796.4，如图 1-82 所示。

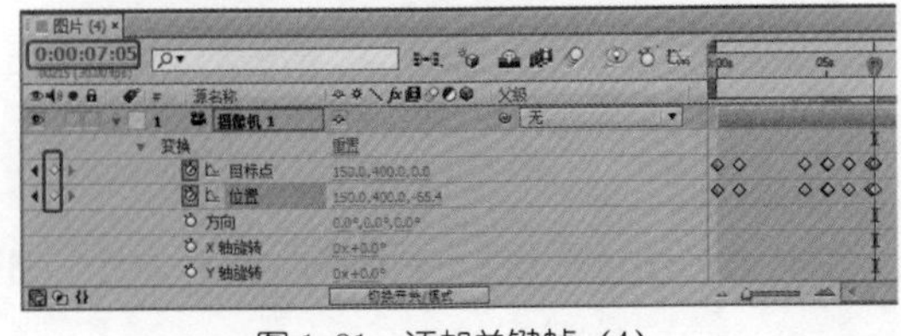

图 1-81　添加关键帧 (4)

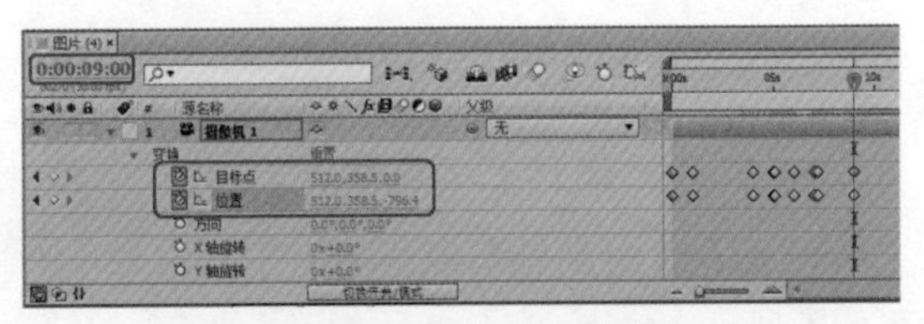

图 1-82　设置【目标点】和【位置】(6)

(17) 设置完成后，在【预览】面板中单击【播放/暂停】按钮，查看效果即可。

案例精讲 013　利用调整图层制作百叶窗效果

案例文件：光盘 | 场景 | Cha01 | 利用调整图层制作百叶窗效果 .aep

视频文件：光盘 | 视频教学 | Cha01 | 利用调整图层制作百叶窗效果 .avi

制作概述

本例将讲解如何利用调整图层制作百叶窗效果，导入素材后，新建调整图层，并为其添加效果预设，具体操作方法如下，完成后的效果如图 1-83 所示。

图 1-83　利用调整图层制作百叶窗效果

学习目标

学习利用调整图层制作百叶窗效果，掌握利用调整图层制作百叶窗效果的制作方法。

操作步骤

(1) 启动软件后，按 Ctrl+I 组合键，打开【导入文件】对话框，选择素材图片 (3).jpg 文件，单击【导入】按钮，如图 1-84 所示。

(2) 将素材导入至【项目】面板后，使用鼠标指针将素材图片拖至【时间轴】面板中，即可新建合成，并在【合成】面板中显示效果，如图 1-85 所示。

图 1-84　选择素材

图 1-85　在【合成】面板中显示效果

(3) 在【时间轴】面板中右击，在弹出的快捷菜单中选择【新建】|【调整图层】命令，如图 1-86 所示。

(4) 新建调整图层后，在【效果和预设】面板中，选择【过渡】|【百叶窗】效果，并双击，在【时间轴】面板中单击【调整图层 1】右侧的下拉三角按钮，然后展开【效果】|【百叶窗】，单击【过渡完成】左侧的【时间变化秒表】按钮，然后将【宽度】设置为 70，如图 1-87 所示。

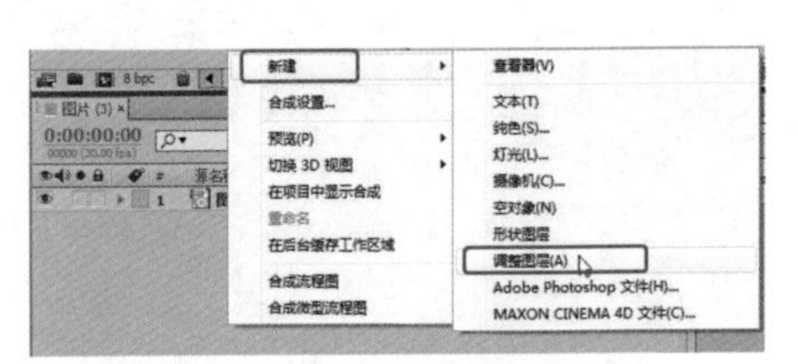

图 1-86　选择【调整图层】命令

图 1-87　设置百叶窗效果

知识链接

向某个图层应用效果时，该效果将仅应用于该图层，不应用于其他图层。不过，如果您为某个效果创建了一个调整图层，则该效果可以独立存在。应用于某个调整图层的任何效果会影响在图层堆叠顺序中位于该图层之下的所有图层。位于图层堆叠顺序底部的调整图层没有可视效果。

因为调整图层上的效果应用于位于其下的所有图层，所以它们非常适用于同时将效果应用于许多图层。在其他方面，调整图层的行为与其他图层一样，例如，可以将关键帧或表达式与任何调整图层属性一起使用。

(5) 将当前时间设置为 0:00:05:00，将【过渡完成】设置为 100%，如图 1-88 所示。

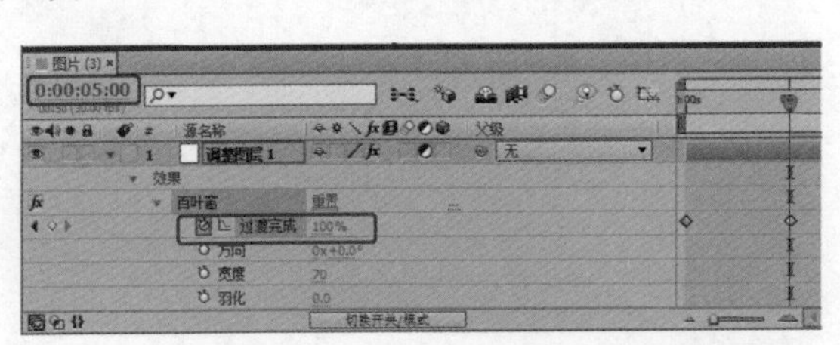

图 1-88　添加关键帧

(6) 设置完成后可以按数字键盘区域的 0 键查看效果。

第 2 章
关键帧动画

本章重点

- 关键帧制作不透明度动画
- 使用关键帧制作促销海报动画
- 动漫人物出场效果
- 黑板摇摆动画
- 时钟旋转动画
- 点击图片动画
- 投资公司宣传短片
- 帆船航行短片
- 科技信息展示

在制作视频特效时，经常需要设置关键帧动画。通过设置图层或效果中的参数关键帧，能够制作出流畅的动画效果，使视频画面更加顺畅多变，有巧夺天工之效。本章将通过多个案例讲解设置关键帧动画的相关知识，使读者更加深入地了解关键帧的设置。

案例精讲 014 关键帧制作不透明度动画

案例文件：光盘 | 场景 |Cha02| 使用关键帧制作不透明度动画 .aep

视频文件：光盘 | 视频教学 | Cha02 | 使用关键帧制作不透明度动画 .avi

制作概述

本例将介绍如何利用关键帧制作不透明度动画，首先新建合成，然后在【合成】面板中输入文字，在【时间轴】面板中设置【不透明度】关键帧，完成后的效果如图 2-1 所示。

图 2-1 不透明度动画

学习目标

学习如何利用关键帧制作不透明度动画。

操作步骤

（1）启动软件后，在【项目】面板中双击鼠标，弹出【导入文件】对话框，在该对话框中选择随书光盘中的光盘 | 素材 |Cha02|L1.jpg 素材图片，如图 2-2 所示。

（2）单击【导入】按钮，在【项目】面板中右击，在弹出的快捷菜单中选择【新建合成】命令，弹出【合成设置】对话框，在【基本】选项卡中取消选中【锁定长宽比为 4 ∶ 3(1.33)】复选框，将【宽度】、【高度】设置为 1024px、768px，将【帧速率】设置为 25，单击【确定】按钮，如图 2-3 所示。

图 2-2 【导入文件】对话框

图 2-3 【合成设置】对话框 (1)

知识链接

帧的概念

帧是影片中的一个单独的图像。无论是电影或者电视，都是利用动画的原理使图像产生运动。动画是一种将一系列差别很小的画面以一定速率放映而产生视觉的技术。根据人类的视觉暂留现象，连续的静态画面可以产生运动效果。构成的最小单位为帧（Frame），即组成动画的每幅静态画面，一帧就是一幅静态画面。

帧速率

帧速率是视频中每秒包含的帧数。物体在快速运动时，人眼对于时间上每个点的状态有短暂的保留现象，例如在黑暗的房间中晃动一只发光的电筒。由于视觉暂留现象，看到的不是一个亮点沿弧线运动，而是一道道的弧线。这是由于电筒在前一个位置发出的光还在人的眼睛短暂保留，它与当前电筒的光芒融合在一起，因此组成一段弧线。由于视觉暂留的时间非常短，为 10^{-1} 秒数量级，所以为了得到平滑连贯的运动画面，必须使画面的更新达到一定标准，即每秒钟所播放的画面要达到一定数量，这就是帧速率。PAL 制影片的帧速率是 25 帧 / 秒，MTSC 制影片的帧速率是 29.97 帧 / 秒，电影的帧速率是 24 帧 / 秒，二维动画的帧速率是 12 帧 / 秒。

像素长宽比

我们都知道 DVD 的分辨率是 720×576 或 720×480，屏幕宽高比为 4 ：3 或 16 ：9，但不是所有人都知道像素宽高比 (Pixel Aspect Ratio) 的概念。

4 ：3 或 16 ：9 是屏幕宽高比，但 720×576 或 720×480 如果纯粹按正方形像素算，屏幕宽高比却不是 4 ：3 或 16 ：9，之所以会出现这种情况，是因为人们忽略了一个重要概念：它们所使用的像素不是正方形的，而是长方形的！

这种长方形像素也有一个宽高比，称为像素宽高比 (Pixel Aspect Ratio)，这个值随制式不同而不同。

常见的像素宽高比如下：

PAL 窄屏 (4 ：3) 模式 (720×576)，像素宽高比 =1.067，所以 720×1.067 ：576 约等于 4 ：3；

PAL 宽屏 (16 ：9) 模式 (720×576)，像素宽高比 =1.422，同理，720×1.422 ：576=16 ：9；

NTSC 窄屏 (4 ：3) 模式 (720×480)，像素宽高比 =0.9，同理，720×0.9 ：480=4 ：3；

NTSC 宽屏 (16 ：9) 模式 (720×480)，像素宽高比 =1.2，同理，720×1.2 ：480=16 ：9。

场的概念

电视荧光屏上的扫描频率 (即帧频) 有 30Hz（美国、日本等，帧频为 30fps 的称为 NTFS 制式）和 25Hz（西欧、中国等，帧频为 25fps 的称为 PAL 制式）两种，即电视每秒钟可传送 30 帧或 25 帧图像，30Hz 和 25Hz 分别与相应国家电源的频率一致。电影每秒钟放映 24 个画格，这意味着每秒传送 24 幅图像，与电视的帧频 24Hz 意义相同。电影和电视确定帧频的共同原则是为了使人们在银幕上或荧屏上能看到动作连续的活动图像，这要求帧频在 24Hz 以上。为了使人眼看不出银幕和荧屏上的亮度闪烁，电影放映时，每个画格停留期间遮光一次，换画格时遮光一次，于是在银幕上亮度每秒闪烁 48 次。电视荧光屏的亮度闪烁频率必须高于 48Hz 才能使人眼觉察不出闪烁。由于受信号带宽的限制，电视采用隔行扫描的方式满足这一要求。每帧分两

场扫描，每个场消隐期间荧光屏不发光，于是荧屏亮度每秒闪烁50次（25帧）和60次（30帧）。这就是电影和电视帧频不同的历史原因。但是电影的标准在世界上是统一的。

场是因隔行扫描系统而产生的，两场为一帧，目前，我们所看到的普通电视的成像，实际上是由两条叠加的扫描折线组成的，比如你想把一张白纸涂黑，你就拿起铅笔，在纸上从上边开始，左右画折线，一笔不断地一直画到纸的底部，这就是一场，然而很不幸，这时你发现画得太稀，于是你又插缝重复补画一次，这就是电视的一帧。场频的锯齿波与你画的并无异样，只不过在回扫期间，也就是逆程信号是被屏蔽了；然而这先后的两笔就存在时间上的差异，反映在电视上就是频闪了，造成了视觉上的障碍，于是我们通常会说不清晰。

现在，随着器件的发展，逐行系统也就应运而生了，因为它的一幅画面不需要第二次扫描，所以场的概念也就可以忽略了，同样是在单位时间内完成的事情，由于没有时间的滞后及插补的偏差，逐行的质量要好得多，这就是大家要求弃场的原因了。当然代价是，要求硬件（如电视）有双倍的带宽，和线性更加优良的器件，如行场锯齿波发生器及功率输出级部件，其特征频率必然最少要增加一倍。当然，由于逐行生成的信号源（碟片）具有先天优势，所以同为隔行的电视播放，效果也是有显著差异的。

电视的制式

制式是指传送电视信号所采用的技术标准。基带视频是一个简单的模拟信号，由视频模拟数据和视频同步数据构成，用于接收端正确地显示图像，信号的细节取决于应用的视频标准或者制式（NTSC/PAL/SECAM）。

视频时间码

时间码（time code）是摄像机在记录图像信号的时间，针对每一幅图像记录的唯一的时间编码，该信号为视频中的每个帧都分配一个数字，用以表示小时、分钟、秒钟和帧数。现在所有的数码摄像机都具有时间码功能，模拟摄像机基本没有此功能。

（3）在【项目】面板中将“L1.jpg”素材图片拖至【合成】面板中，在【工具】面板中单击【横排文字工具】按钮，在【合成】面板中单击，输入文字MISS，按Ctrl+6组合键打开【字符】面板，在该面板中将【字体系列】设置为汉仪太极体简，将【字体大小】设置为65像素，将【填充颜色】RGB设置为193、11、11，如图2-4所示。

（4）在【时间轴】面板中选择文字图层，将该图层展开，将【位置】设置为178、448，将【旋转】设置为−15，如图2-5所示。

图2-4　建立文字图层并对文字进行设置

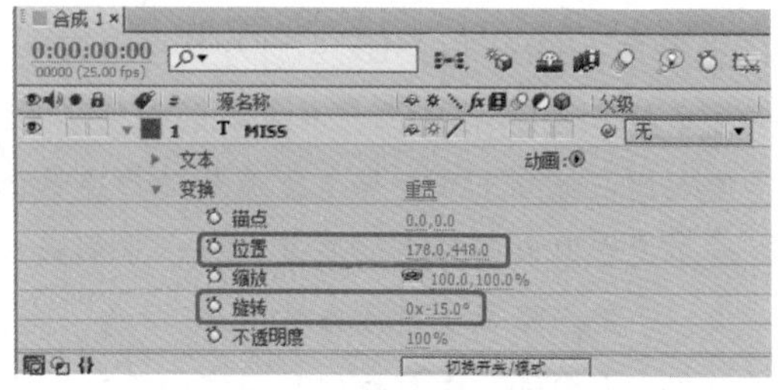

图2-5　设置位置及旋转

(5) 在时间轴面板的空白处右击，在弹出的快捷菜单中选择【新建】|【文本】命令。在【合成】面板中输入YOU，在【时间轴】面板中将【位置】设置为212、510，将【旋转】设置为−15，在【合成】面板中的效果如图2-6所示。

(6) 在【项目】面板中选择【合成1】，右击，在弹出的快捷菜单中选择【新建合成】命令，弹出【合成设置】对话框，在该对话框中将【持续时间】设置为00:00:05:00，如图2-7所示。

图2-6　输入文字后的效果

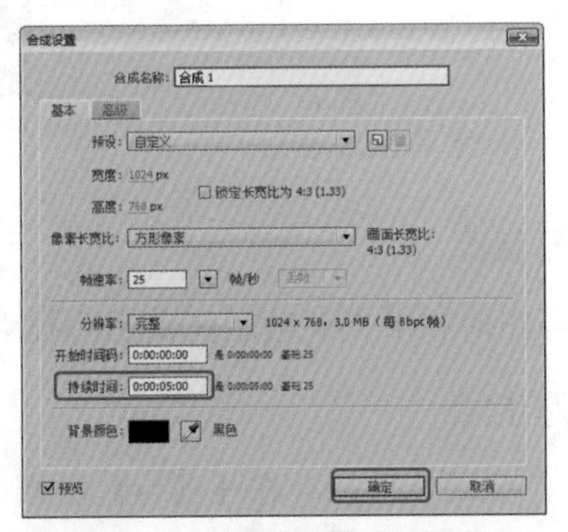

图2-7　【合成设置】对话框(2)

当某个特定属性的秒表处于活动状态时，如果更改属性值，After Effects软件将在当前时间自动添加或更改该属性的关键帧。

(7) 单击【确定】按钮，选择MISS图层，将【不透明度】设置为0，单击其左侧的按钮，添加关键帧。将时间线拖至00:00:01:00，将【不透明度】设置为100，如图2-8所示。

(8) 选择YOU图层，将【不透明度】设置为0，单击其左侧的按钮，将时间线拖至00:00:02:00，将【不透明度】设置为100，如图2-9所示。

(9) 至此，使用关键帧制作不透明度动画就制作完成了。

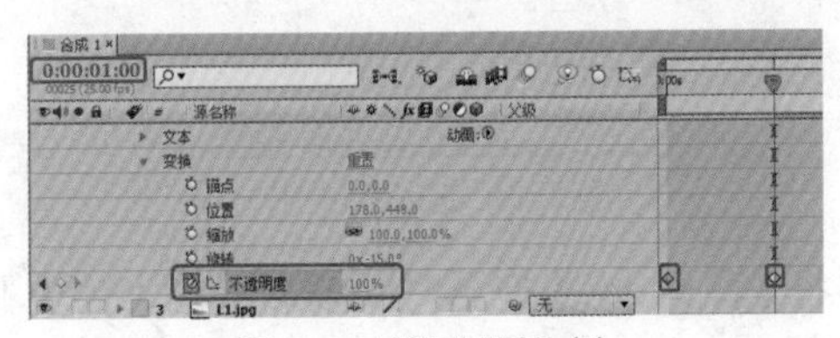

图2-8　设置关键帧(1)

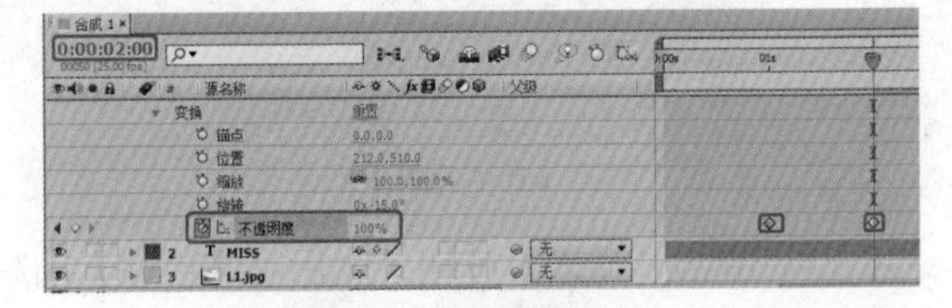

图2-9　设置关键帧(2)

案例精讲015　使用关键帧制作促销海报动画

案例文件：光盘|场景|Cha02|使用关键帧制作促销海报动画.aep

视频文件：光盘|视频教学|Cha02|使用关键帧制作促销海报动画.avi

制作概述

本例将介绍如何制作促销海报动画，首先新建合成，然后导入图片，将图片拖至【时间轴】面板中，为添加的对象添加关键帧，完成后的效果如图2-10所示。

图 2-10　促销海报动画

学习目标

学习如何利用关键帧制作促销海报动画。

操作步骤

(1) 启动软件后，在【项目】面板中右击，在弹出的快捷菜单中选择【新建合成】命令，弹出【合成设置】对话框，在该对话框中将【宽度】、【高度】设置为 900px、1127px，将【帧速率】设置为 25，将【持续时间】设置为 00:00:05:00，单击【确定】按钮，如图 2-11 所示。

(2) 右击，在弹出的快捷菜单中选择【导入】|【文件】命令，弹出【导入文件】对话框，在该对话框中选择随书光盘中的光盘 | 素材 |Cha02|L2.png ～ L5.png、背景 .jgp 素材图片，如图 2-12 所示。

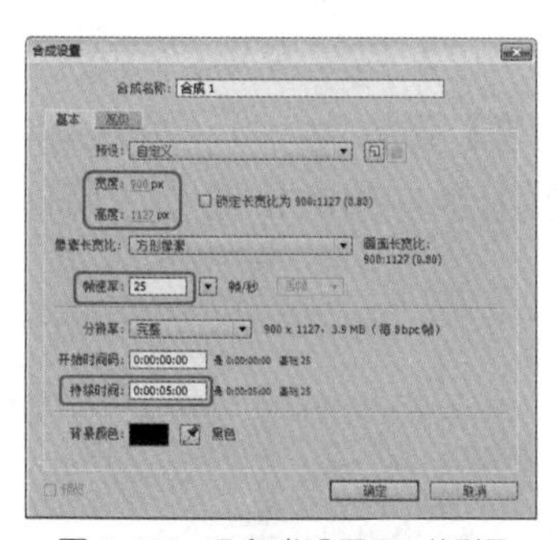

图 2-11　【合成设置】对话框

图 2-12　选择素材图片

(3) 单击【导入】按钮，然后在【项目】面板中将【背景 .jpg】拖至时间轴面板中，展开【变换】选项组，将【缩放】设置为 64，如图 2-13 所示。

(4) 在【项目】面板中将 L2.png 素材图片拖至【时间轴】面板中，将其拖至【背景】图层的上方。将【变换】下的【缩放】设置为 64，将【位置】设置为 403、−142，并单击【位置】左侧的按钮，添加关键帧，如图 2-14 所示。

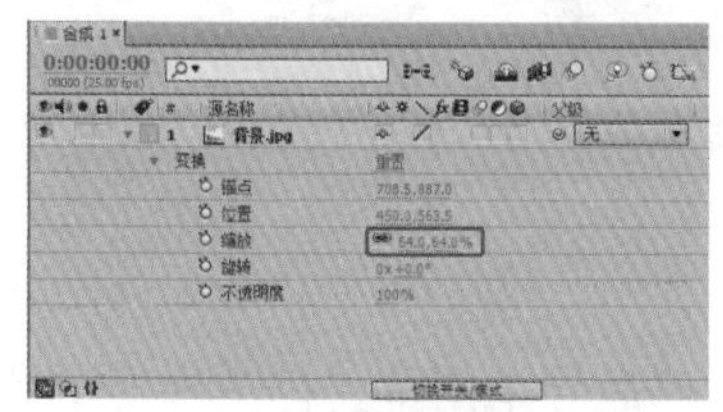

图 2-13　设置【缩放】

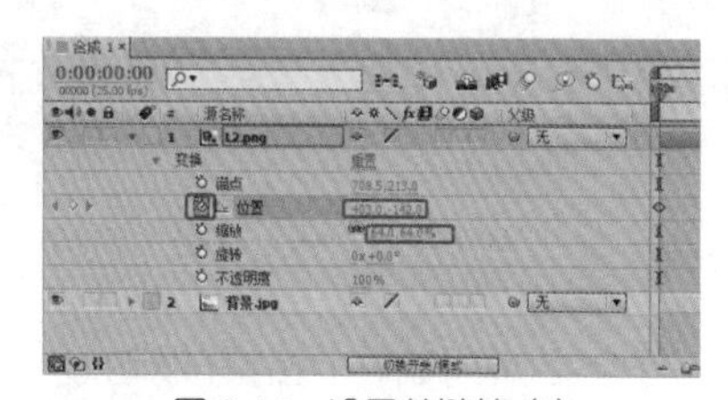

图 2-14　设置关键帧 (1)

知识链接

要删除任意数量的关键帧，可以先选中它们，然后按 Delete 键。

要在图表编辑器中删除某个关键帧，请使用选择工具在按住 Ctrl 键 (Windows) 或 Command 键 (Mac OS) 的同时单击该关键帧。

要删除某个图层属性的所有关键帧，请单击图层属性名称左侧的秒表按钮以停用它。

当您单击秒表按钮以停用它时，将永久移除该属性的关键帧，并且该属性的值将成为当前时间的值。您无法通过再次单击秒表按钮来恢复删除的关键帧。删除所有关键帧不会删除或禁用表达式。

要临时禁用某个属性的关键帧，请添加将属性设置为常数值的表达式。

(5) 将【时间线】拖至 0:00:01:00 处，将【位置】设置为 403、118，添加关键帧，如图 2-15 所示。

(6) 在【项目】面板中选择 L4.png 素材图片，将其拖至【时间轴】面板中，将其调整至顶层，将该图层【变换】下的【缩放】设置为 64，确定当前时间是 0:00:01:00，将【位置】设置为 450、1222，单击其左侧的按钮，如图 2-16 所示。

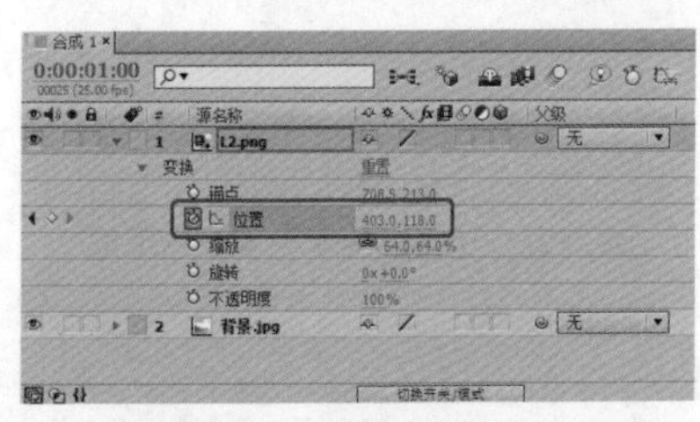

图 2-15　设置关键帧 (2)

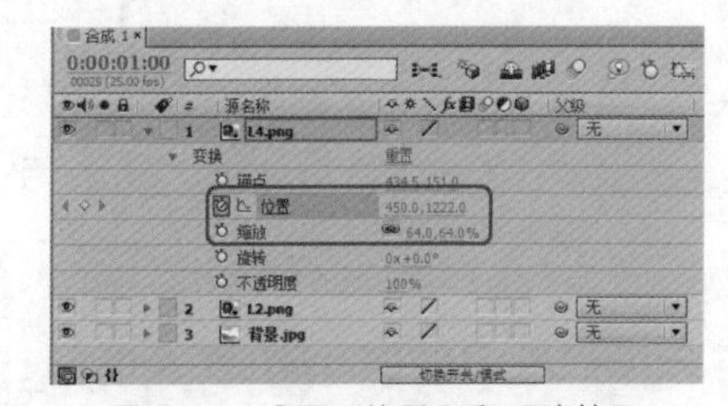

图 2-16　设置【位置】和【缩放】

(7) 将当前时间设置为 0:00:02:00，将【位置】设置为 450、1028，如图 2-17 所示。

(8) 将 L5.png 素材图片拖至【时间轴】面板中，将其调整至图层的顶层，将【位置】设置为 412、669，将【缩放】设置为 0，单击其左侧的按钮。将【旋转】设置为 360，单击其左侧的按钮，完成后的效果如图 2-18 所示。

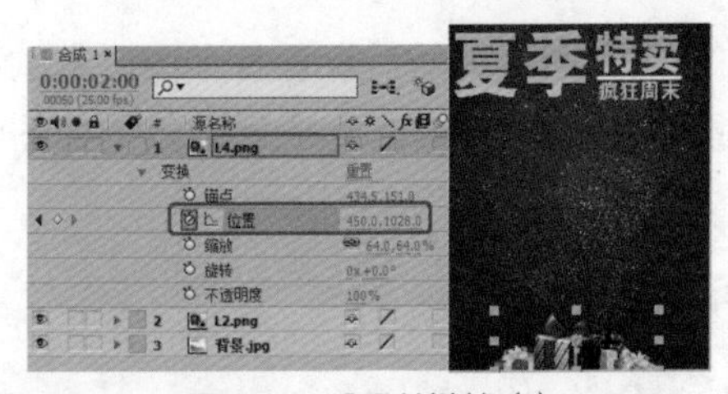

图 2-17　设置关键帧 (3)

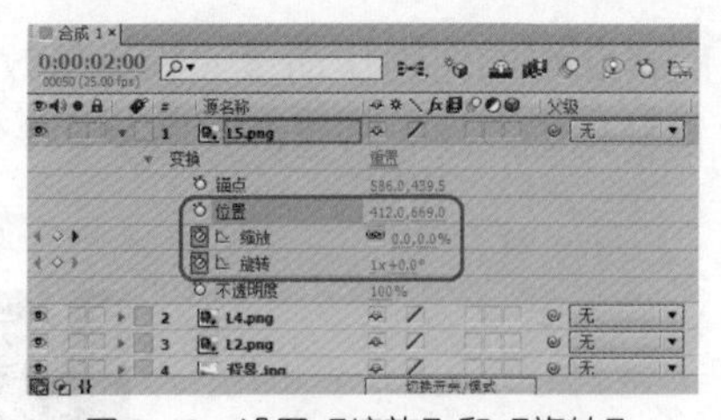

图 2-18　设置【缩放】和【旋转】

(9) 将当前时间设置为 0:00:03:00，将【缩放】设置为 64，将【旋转】设置为 0，效果如图 2-19 所示。

(10) 将 L3.png 素材图片拖至【时间轴】面板中，将其位置调整至图层的顶层，将【位置】设置为 182、383，将【缩放】设置为 64，将【不透明度】设置为 0，单击其左侧的按钮，如图 2-20 所示。

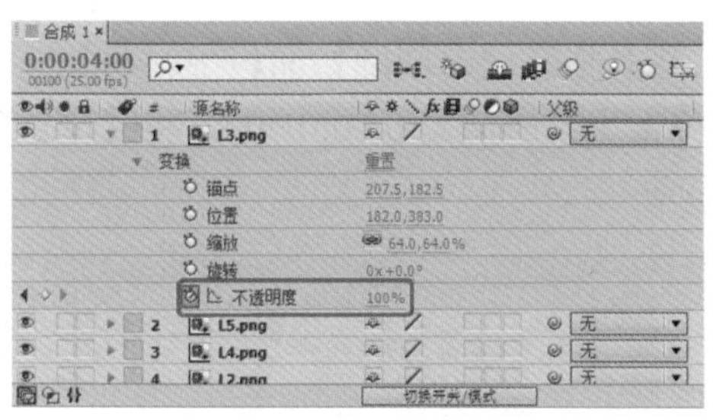

图 2-19　设置关键帧（4）

图 2-20　设置不透明度（1）

（11）将当前时间设置为0:00:04:00，将【不透明度】设置为100，如图2-21所示。

（12）激活【合成】面板，选择【文件】|【导出】|【添加到渲染队列】命令，打开【渲染队列】面板，在该面板中单击【输出到】右侧的文字，弹出【将影片输出到】对话框，在该对话框中将【文件名】设置为【使用关键帧制作促销海报动画】，如图2-22所示。

（13）单击【保存】按钮，返回到【渲染队列】面板中，在该面板中单击【渲染】按钮，即可将视频进行导出。

图 2-21　设置不透明度（2）

图 2-22　【将影片输出到】对话框

案例精讲 016　动漫人物出场效果

案例文件：光盘 | 场景 | Cha02 | 动漫人物出场效果 .aep

视频文件：光盘 | 视频教学 | Cha02 | 动漫人物出场效果 .avi

制作概述

本例将介绍如何制作动漫人物出场效果。首先添加素材图片，然后设置各个图层上的出场位置关键帧动画，最后新建调整图层，并为调整图层设置【碎片】效果。完成后的效果如图2-23所示。

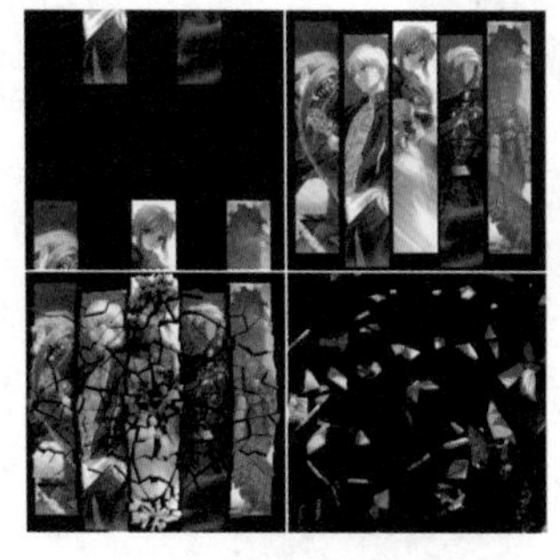

图 2-23　动漫人物出场效果

学习目标

学习设置图层的【位置】关键帧，学习设置【碎片】效果。

操作步骤

（1）在【项目】面板中右击，在弹出的快捷菜单中选择【新建合成】命令。在弹出的【合成设置】对话框中，将【合成名称】输入【动漫人物出场】，【宽度】和【高度】设置为300px、300px，【帧速率】设置为25，【持续时间】设置为0:00:03:00，【背景颜色】设置为【黑色】，然后单击【确定】按钮，如图2-24所示。

（2）在【项目】面板中双击，在弹出的【导入文件】对话框中，选择随书光盘中的光盘|素材|Cha02|D01.gif ~ D05.gif素材图片，然后单击【导入】按钮，将素材图片导入到【项目】面板中，如图2-25所示。

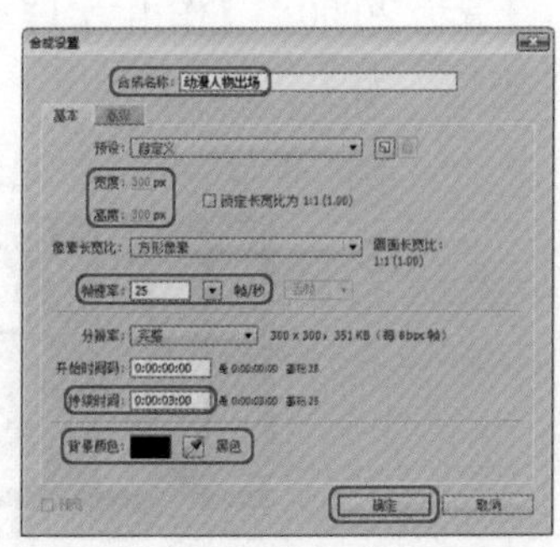

图2-24 【合成设置】对话框

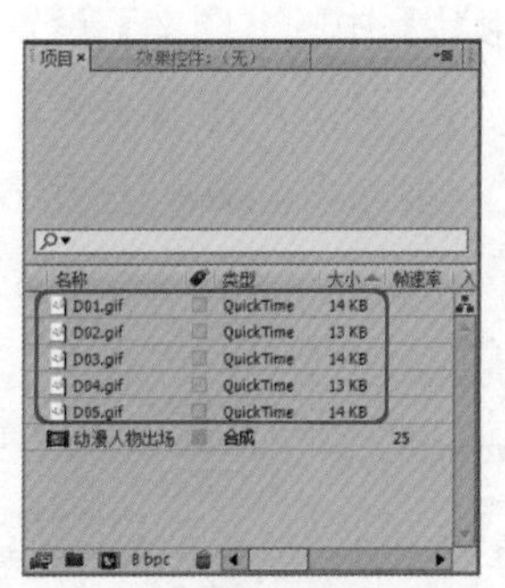

图2-25 导入素材图片

（3）将当前时间设置为0:00:00:23，然后将【项目】面板中的素材图片全部添加到时间轴中。按P键，在时间轴中显示各个图层的位置，然后设置【位置】参数，如图2-26所示。

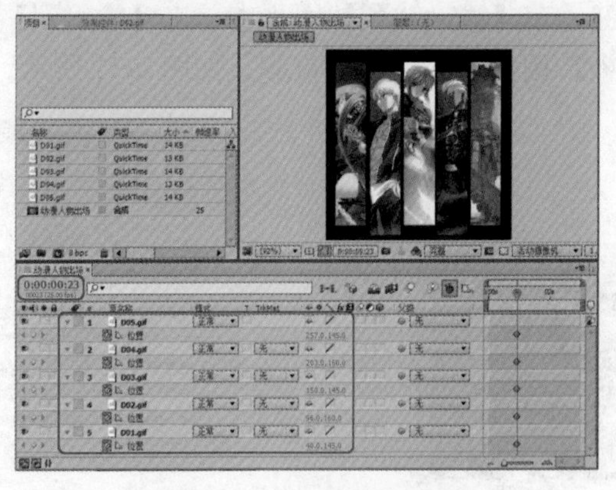

图2-26 设置【位置】参数

知识链接

自动关键帧按钮是一个位于【时间轴】面板顶部的开关，在合成开关的右侧。单击自动关键帧按钮，其变为时，将开启【自动关键帧模式】。当自动关键帧模式打开时，修改属性将自动激活其秒表并在当前时间添加关键帧。

（4）将当前时间设置为0:00:00:00，然后设置各个图层的【位置】参数，如图2-27所示。

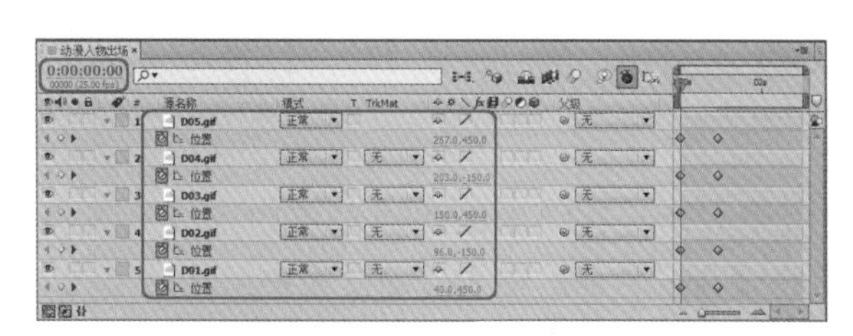

图2-27　设置【位置】参数

（5）在时间轴中右击，在弹出的快捷菜单中选择【新建】|【调整图层】命令，如图2-28所示。

（6）将当前时间设置为0:00:01:13，选中时间轴中的【调整图层1】，在菜单栏中选择【效果】|【模拟】|【碎片】命令。在【效果控件】面板中，将【碎片】效果的【视图】设置为【已渲染】，【形状】中的【图案】设置为【玻璃】，【重复】设置为20.00，【作用力1】中的【深度】设置为1.0，然后单击【半径】左侧的按钮，插入关键帧，如图2-29所示。

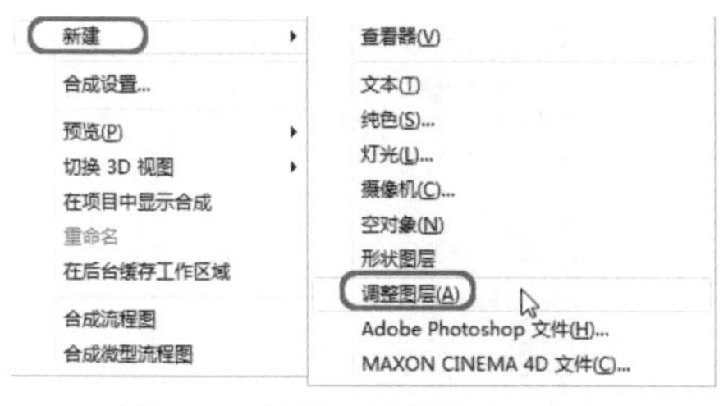

图2-28　选择【调整图层】命令

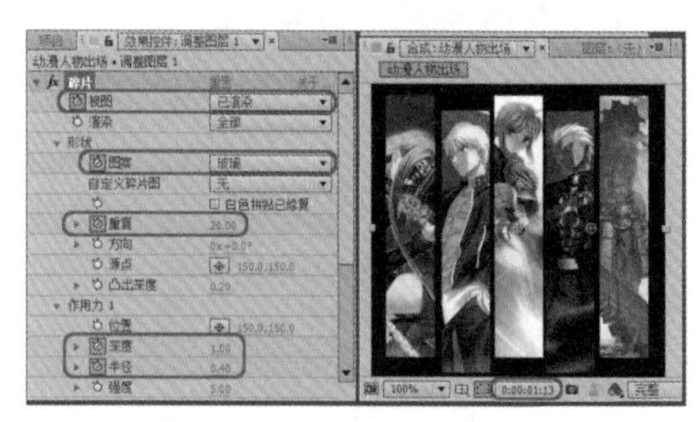

图2-29　设置【碎片】效果

（7）将当前时间设置为0:00:02:00，在【效果控件】面板中将【作用力1】中的【深度】设置为0，【半径】设置为0.6，如图2-30所示。

（8）按Ctrl+M组合键，在【渲染队列】面板中单击【输出到】右侧的文字，设置视频输出的位置，然后单击【渲染】按钮，渲染输出视频，如图2-31所示。

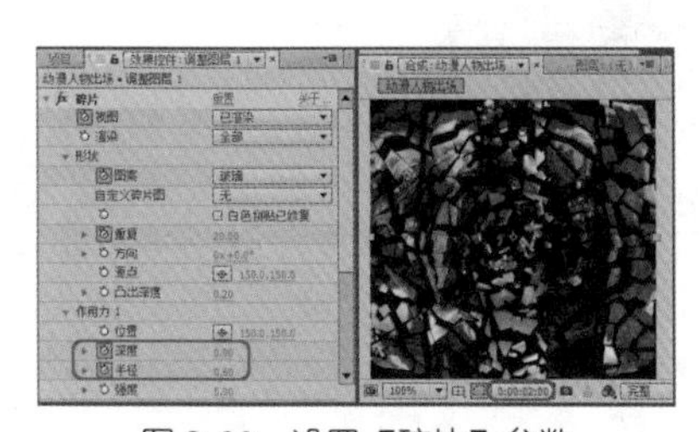

图2-30　设置【碎片】参数

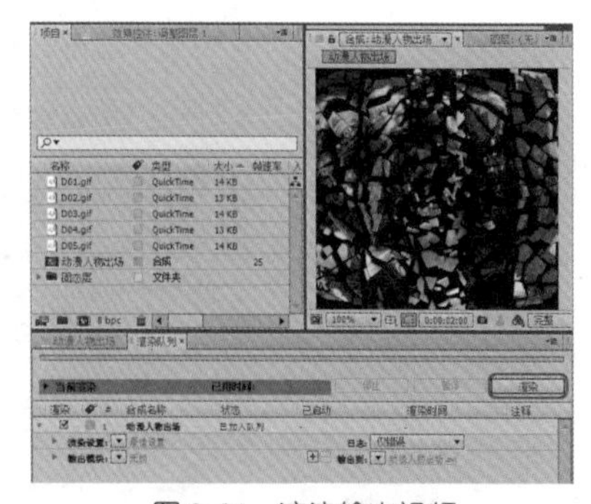

图2-31　渲染输出视频

案例精讲017　黑板摇摆动画

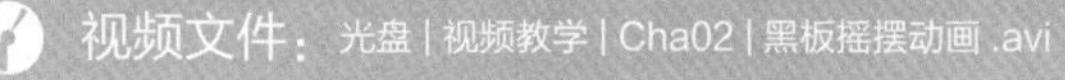

案例文件：光盘|场景|Cha02|黑板摇摆动画.aep

视频文件：光盘|视频教学|Cha02|黑板摇摆动画.avi

制作概述

本例将介绍如何制作黑板摇摆动画。首先添加素材图片，然后输入文字，并将文字图层与黑板所在图层进行链接，最后设置调整黑板所在图层的【旋转】关键帧参数。完成后的效果如图 2-32 所示。

图 2-32　黑板摇摆动画

学习目标

学习设置图层的【旋转】关键帧，学习设置图层之间的【父级】。

操作步骤

(1) 在【项目】面板中右击，在弹出的快捷菜单中选择【新建合成】命令。在弹出的【合成设置】对话框中，将【合成名称】输入【黑板摇摆动画】，【宽度】和【高度】设置为 1000px、681px，【帧速率】设置为 25，【持续时间】设置为 0:00:05:00，【背景颜色】设置为黑色，然后单击【确定】按钮，如图 2-33 所示。

(2) 将 HB01.png 和“黑板摇摆动画背景 .jpg”素材图片添加到【项目】面板中，然后将“黑板摇摆动画背景 .jpg”添加到时间轴中，如图 2-34 所示。

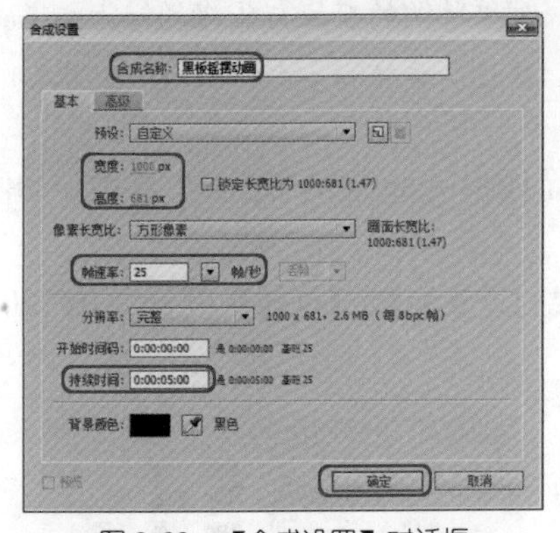

图 2-33　【合成设置】对话框

图 2-34　添加素材图片

(3) 确认当前时间为 0:00:00:00，将 HB01.png 素材图片添加到时间轴的顶端，然后将 HB01.png 图层中的【变换】|【缩放】设置为 33.0%，【位置】设置为 390.0、220.0，然后单击【位置】、【缩放】左侧的按钮 ，添加关键帧，如图 2-35 所示。

(4) 在工具栏中使用【横排文字工具】 ，在【合成】面板中输入字母，在【字符】面中将【字体】设置为 Impact，【字体大小】设置为 50 像素，【字体颜色】的 RGB 值设置为 237、255、255，如图 2-36 所示。

图 2-35　设置图层【缩放】和【位置】

图 2-36　输入文字

(5) 在时间轴中将文字图层的【父级】设置为 2.HB01.png，如图 2-37 所示。

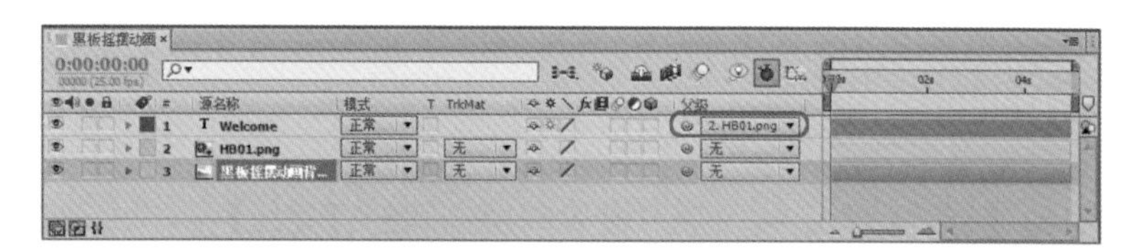
图 2-37　设置【父级】

知识链接

父图层和子图层

要通过将某个图层的变换分配给其他图层来同步对图层所做的更改，请使用父级。在一个图层成为另一个图层的父级之后，另一个图层称为子图层。在您分配父级时，子图层的变换属性将与父图层而非合成有关。例如，如果父图层向其开始位置的右侧移动 5 个像素，则子图层也会向其位置的右侧移动 5 个像素。父级类似于分组；对组所做的变换与父级的锚点相关。

父级影响除不透明度以外的所有变换属性：位置、缩放、旋转和方向（针对 3D 图层）。

(6) 确认当前时间为 0:00:00:00，在时间轴中设置 HB01.png 层的【变换】参数，如图 2-38 所示。

(7) 将当前时间设置为 0:00:01:00，将 HB01.png 层的【变换】|【旋转】设置为 0x−20.0°，如图 2-39 所示。

图 2-38　设置【变换】参数

图 2-39　设置【旋转】参数 (1)

（8）将当前时间设置为0:00:02:05，将 HB01.png 层的【变换】|【旋转】设置为0x+20.0°，如图 2-40 所示。

（9）将当前时间设置为 0:00:03:10，将 HB01.png 层的【变换】|【旋转】设置为 0x−20.0°，如图 2-41 所示。

图 2-40 设置【旋转】参数（2）

图 2-41 设置【旋转】参数（3）

（10）将当前时间设置为 0:00:04:05，将 HB01.png 层的【变换】|【旋转】设置为0x+2.0°，如图 2-42 所示。

（11）按 Ctrl+M 组合键，在【渲染队列】面板中单击【输出到】右侧的文字，设置视频输出的位置，然后单击【渲染】按钮，渲染输出视频，如图 2-43 所示。

图 2-42 设置【旋转】参数（4）

图 2-43 渲染输出视频

案例精讲 018 时钟旋转动画

案例文件：光盘 | 场景 | Cha02 | 时钟旋转动画 .aep

视频文件：光盘 | 视频教学 | Cha02 | 时钟旋转动画 .avi

制作概述

本例将介绍如何制作时钟旋转动画。本例首先添加素材图片，然后分别设置各个图层上的【变换】参数，并为图层设置【旋转】关键帧。完成后的效果如图 2-44 所示。

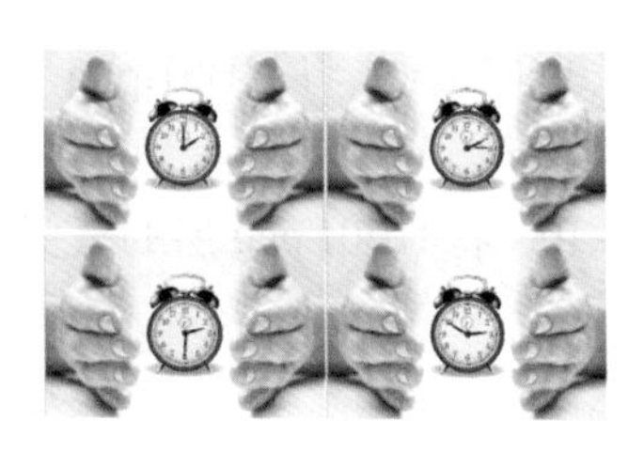

图 2-44　时钟旋转动画

学习目标

学习设置图层的【变换】参数，学习设置图层的【旋转】关键帧。

操作步骤

(1) 在【项目】面板中右击，在弹出的快捷菜单中选择【新建合成】命令。在弹出的【合成设置】对话框中，将【合成名称】输入【时钟旋转动画】，【宽度】和【高度】设置为900px、576px，【帧速率】设置为25，【持续时间】设置为0:00:05:00，然后单击【确定】按钮，如图2-45所示。

(2) 在【项目】面板中双击鼠标，在弹出的【导入文件】对话框中，选择随书光盘中的光盘|素材|Cha02|L21.png、L22.png、L23.png 和 S01.jpg 素材图片，然后单击【导入】按钮，将素材图片导入到【项目】面板中，如图2-46所示。

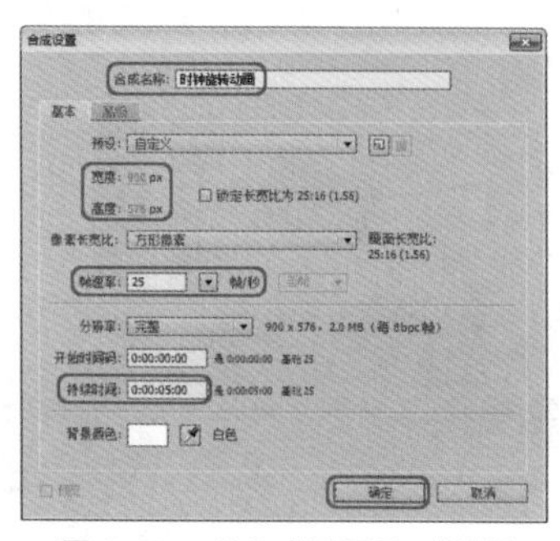

图 2-45　【合成设置】对话框

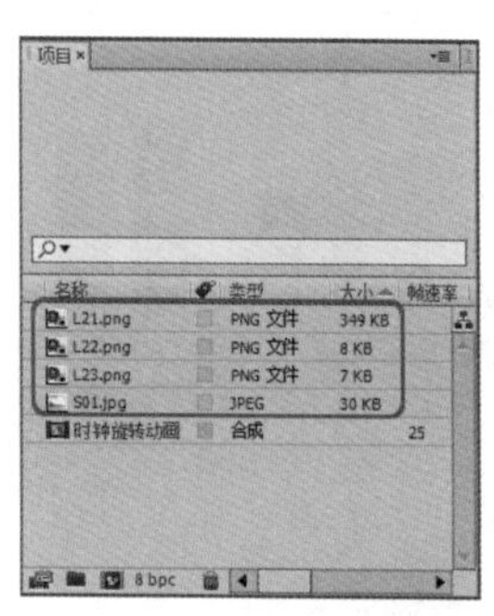

图 2-46　导入素材图片

(3) 将【项目】面板中的 S01.jpg 素材图片添加到时间轴中，并将 S01.jpg 层的【变换】|【缩放】设置为90.0%，如图2-47所示。

(4) 将【项目】面板中的 L21.png 素材图片添加到时间轴中的顶端，并将 L21.png 层的【变换】|【缩放】设置为30.0%，如图2-48所示。

图 2-47　设置【缩放】(1)

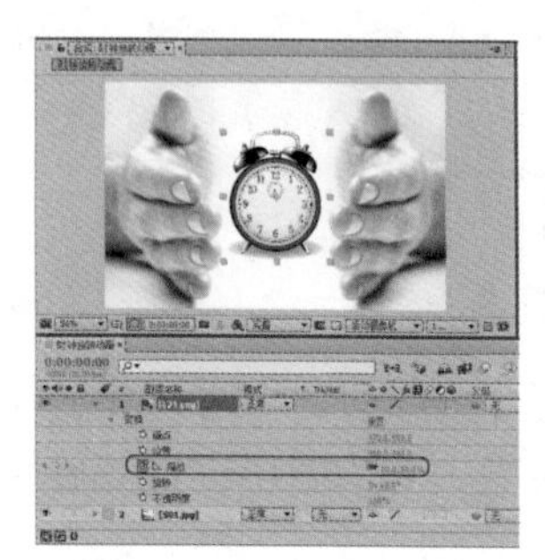

图 2-48　设置【缩放】(2)

(5) 确认当前时间为0:00:00:00，将【项目】面板中的L22.png素材图片添加到时间轴中的顶端，并设置L22.png层的【变换】参数，如图2-49所示。

(6) 将当前时间设置为0:00:04:24，将L22.png层中的【变换】|【旋转】设置为1x+52.0°，如图2-50所示。

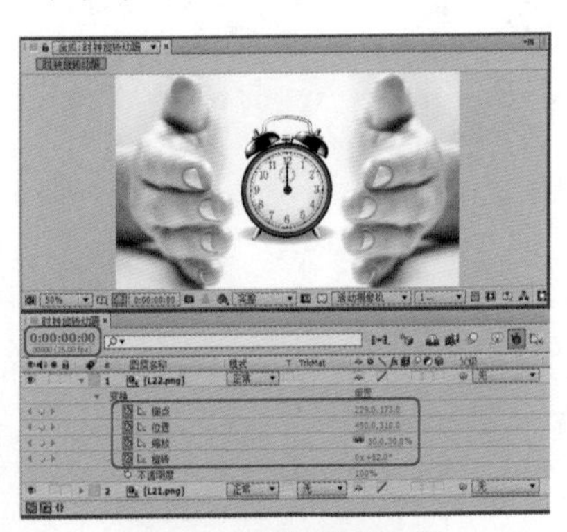

图2-49 设置【变换】(1)

图2-50 设置【旋转】(1)

(7) 将当前时间设置为0:00:00:00，将【项目】面板中的L23.png素材图片添加到时间轴中的顶端，并设置L23.png层的【变换】参数，如图2-51所示。

(8) 将当前时间设置为0:00:04:24，将L23.png层中的【变换】|【旋转】设置为0x+32.0°，如图2-52所示。

图2-51 设置【变换】(2)

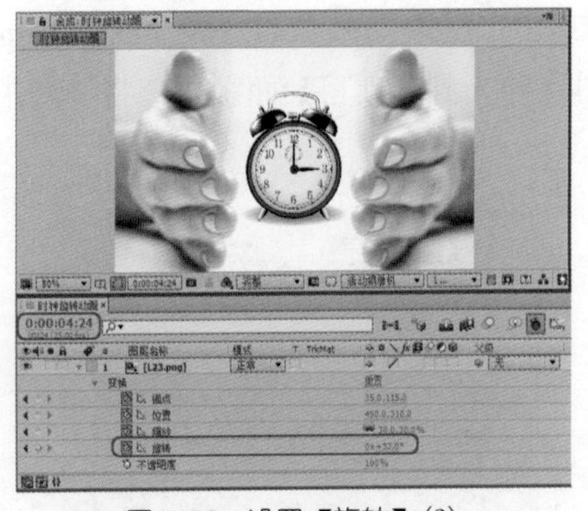

图2-52 设置【旋转】(2)

(9) 将合成添加到【渲染队列】中并输出视频，并将场景文件保存。

案例精讲019 点击图片动画

案例文件：光盘|场景|Cha02|点击图片动画.aep

视频文件：光盘|视频教学|Cha02|点击图片动画.avi

制作概述

本例将介绍如何制作点击图片动画。首先添加素材图片，然后设置各个图层上的【位置】、【缩放】和【不透明度】关键帧动画。完成后的效果如图2-53所示。

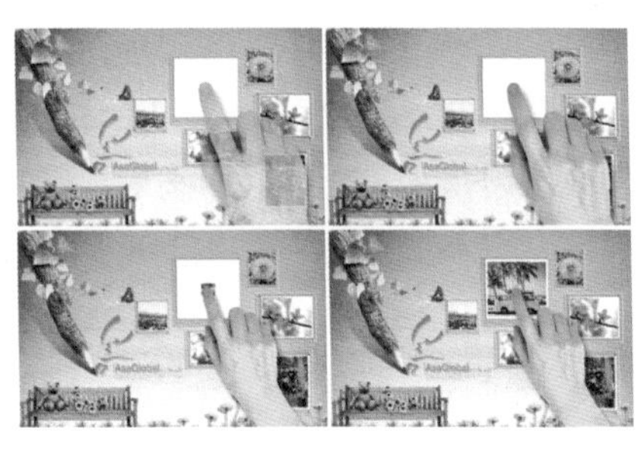

图 2-53　点击图片动画

学习目标

学习设置图层的【位置】关键帧，学习设置图层的【缩放】关键帧，学习设置图层的【不透明度】关键帧。

操作步骤

（1）在【项目】面板中右击，在弹出的快捷菜单中选择【新建合成】命令。在弹出的【合成设置】对话框中，将【合成名称】输入【点击图片动画】，【宽度】和【高度】设置为1024px、640px，【像素长宽比】设置为【方形像素】，【帧速率】设置为 25，【持续时间】设置为 0:00:05:00，然后单击【确定】按钮，如图 2-54 所示。

（2）在【项目】面板中双击，在弹出的【导入文件】对话框中，选择随书光盘中的光盘|素材|Cha02|点击动画背景.jpg、DJ01.png 和 DJ02.jpg 素材图片，然后单击【导入】按钮，将素材图片导入到【项目】面板中。将“点击动画背景.jpg”素材图片添加到时间轴中，如图 2-55 所示。

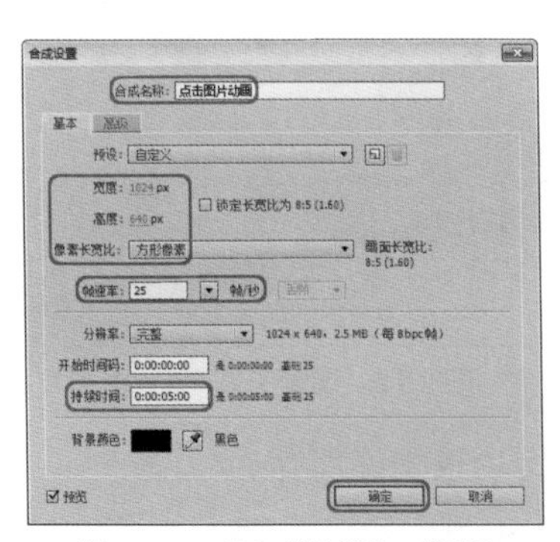

图 2-54　【合成设置】对话框

图 2-55　添加素材图层

（3）将【项目】面板中的 DJ02.jpg 素材图片添加到时间轴的顶层。当前时间设置为 0:00:01:15，在时间轴中，将 DJ02.jpg 层的【变换】|【位置】设置为 632.0、193.0，【缩放】设置为 0%，单击缩放左侧的按钮，如图 2-56 所示。

（4）将当前时间设置为 0:00:02:20，将 DJ02.jpg 层的【变换】|【缩放】设置为 23.0%，如图 2-57 所示。

（5）将当前时间设置为 0:00:00:20，将【项目】面板中的 DJ01.png 素材图片添加到时间轴的顶层。将 DJ01.png 层的【变换】|【位置】设置为 864.0、495.0，【缩放】设置为 75.0%，然后单击【缩放】、【位置】、【不透明度】左侧的图标，添加关键帧，如图 2-58 所示。

(6) 将当前时间设置为 0:00:00:00，将 DJ01.png 层的【变换】|【不透明度】设置为 0%，如图 2-59 所示。

图 2-56　设置【变换】参数 (1)

图 2-57　设置【缩放】

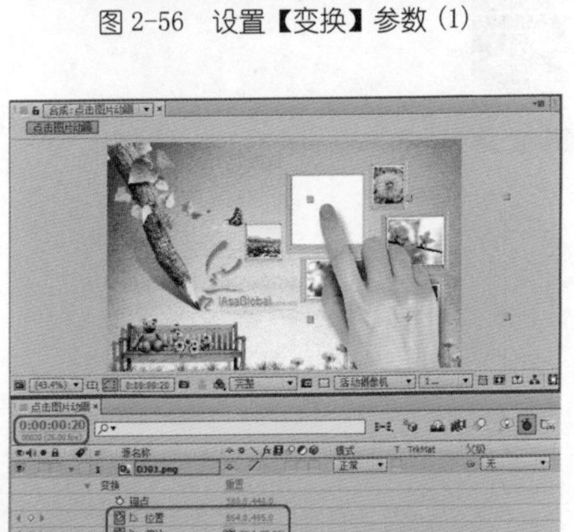

图 2-58　设置【变换】参数 (2)

图 2-59　设置【不透明度】

(7) 将当前时间设置为 0:00:01:15，将 DJ01.png 层的【变换】|【位置】设置为 791.0、408.0，【缩放】设置为 52.0%，如图 2-60 所示。

(8) 在菜单栏中选择【文件】|【保存】命令，选择文件保存的位置，然后将其命名为【点击图片动画】，并单击【保存】按钮，如图 2-61 所示。最后将合成添加到【渲染队列】中进行渲染输出。

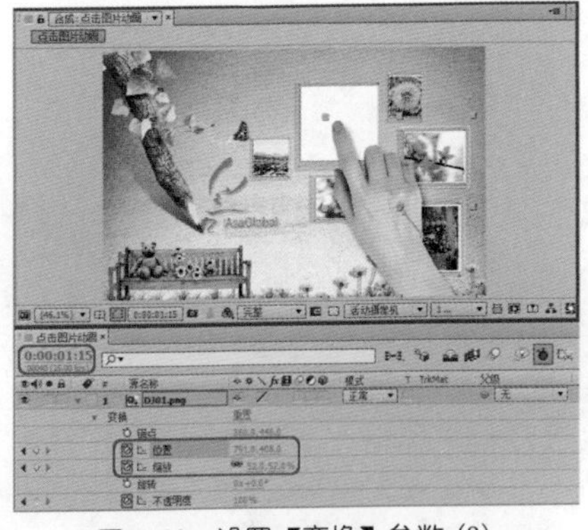

图 2-60　设置【变换】参数 (3)

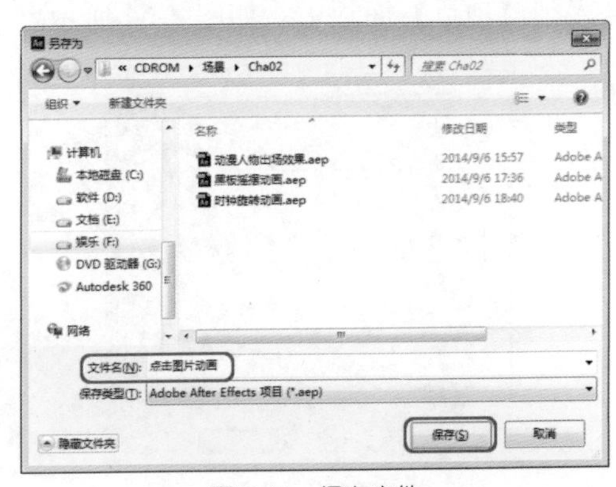

图 2-61　保存文件

案例精讲 020　投资公司宣传短片

案例文件：光盘 | 场景 | Cha02 | 投资公司宣传短片 .aep

视频文件：光盘 | 视频教学 | Cha02 | 投资公司宣传短片 .avi

制作概述

本例将介绍如何制作投资公司宣传短片。首先添加素材图片，然后设置各个图层的出场关键帧动画，并为图层设置 Card Wipe-3D swing 效果和 Bullet Train 效果。完成后的效果如图 2-62 所示。

图 2-62　投资公司宣传短片

学习目标

学习设置图层的【位置】、【旋转】关键帧，学习设置 Card Wipe-3D swing 效果，学习设置 Bullet Train 效果。

操作步骤

（1）在【项目】面板中右击，在弹出的快捷菜单中选择【新建合成】命令。在弹出的【合成设置】对话框中，将【合成名称】输入【投资公司宣传短片】，【宽度】和【高度】设置为 1024px、768px，【像素长宽比】设置为【方形像素】，【帧速率】设置为 25，【分辨率】设置为【四分之一】，【持续时间】设置为 0:00:07:00，【背景颜色】设置为黑色，然后单击【确定】按钮，如图 2-63 所示。

（2）在【项目】面板中双击鼠标，在弹出的【导入文件】对话框中，选择随书光盘中的光盘 | 素材 |Cha02|T01.png ～ T04.png 和 T05.jpg 素材图片，然后单击【导入】按钮，将素材图片导入到【项目】面板中，如图 2-64 所示。

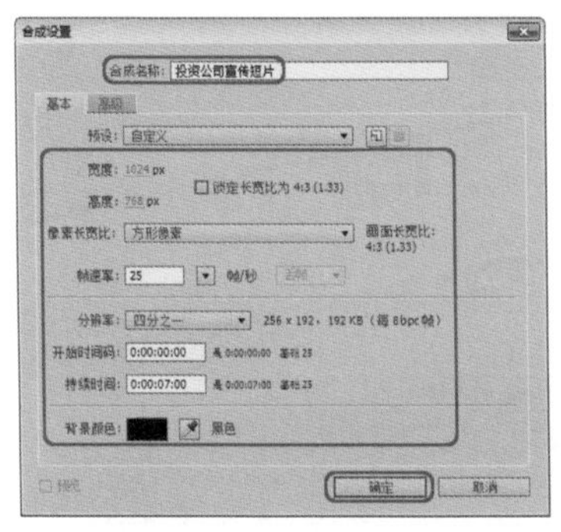

图 2-63　【合成设置】对话框

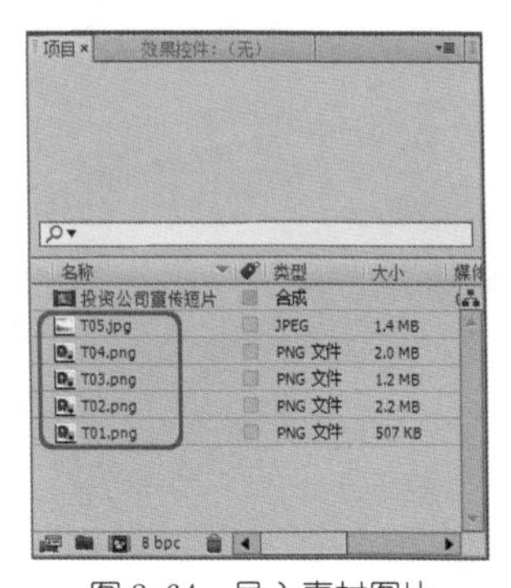

图 2-64　导入素材图片

(3) 将【项目】面板中的 T05.jpg 素材图片添加到时间轴中，然后将其【缩放】设置为 43.0%，如图 2-65 所示。

(4) 确认当前时间为 0:00:00:00，在【效果和预设】面板中输入 card，在显示的列表中将 Card Wipe-3D swing 拖动到【合成】中的素材图片上，如图 2-66 所示。

图 2-65 设置【缩放】(1)

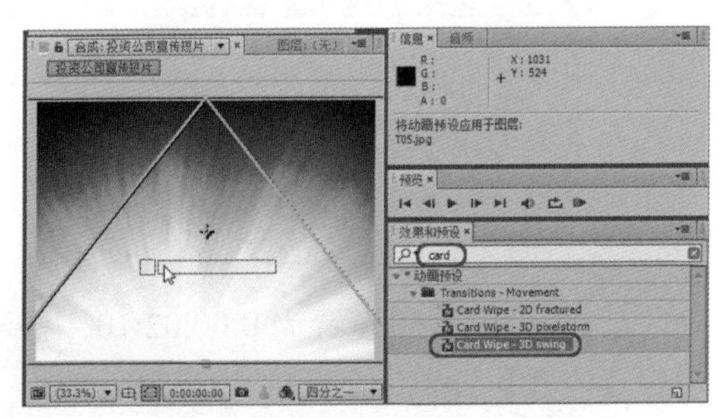

图 2-66 添加 Card Wipe-3D swing

知识链接

使用【效果和预设】面板可浏览和应用效果和动画预设。图标按类型标识面板中的每项。效果图标中的数字指示效果是否在最大深度为 8、16 或 32 bpc 时起作用。

您可以滚动浏览效果和动画预设列表，也可以通过在面板顶部的搜索框中输入名称的任何部分来搜索效果和动画预设。

(5) 将【项目】面板中的 T03.png 素材图片添加到时间轴的顶层，然后将其【缩放】设置为 36.0%，如图 2-67 所示。

(6) 将当前时间设置为 0:00:01:13，将 T03.png 层的【位置】设置为 508.0、−140.0，并单击【位置】左侧的⏱按钮，添加关键帧，如图 2-68 所示。

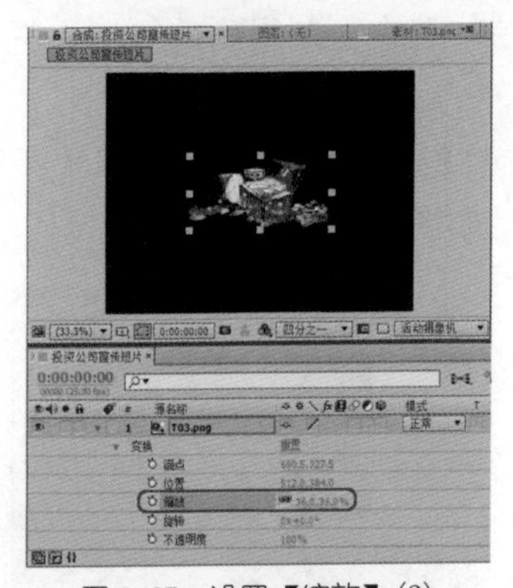

图 2-67 设置【缩放】(2)

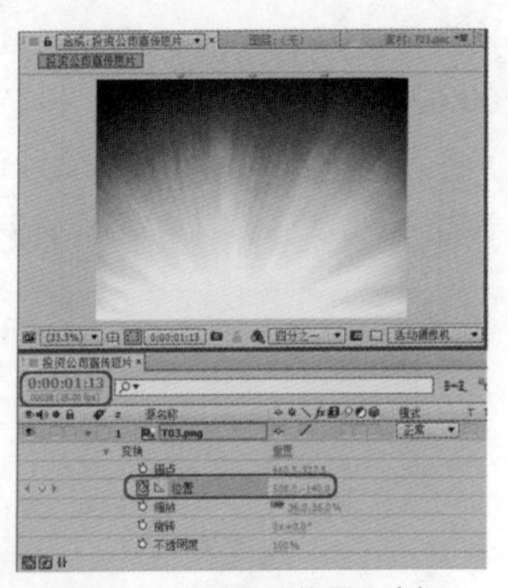

图 2-68 设置【位置】(1)

(7) 将当前时间设置为 0:00:02:05，将 T03.png 层的【位置】设置为 508.0、644.0，如图 2-69 所示。

(8) 将【项目】面板中的 T02.png 素材图片添加到时间轴的顶层，然后将其【缩放】设置为 35.0%，如图 2-70 所示。

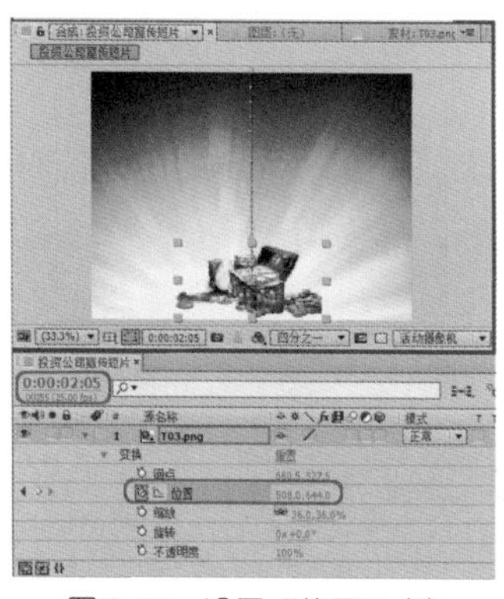

图 2-69　设置【位置】(2)

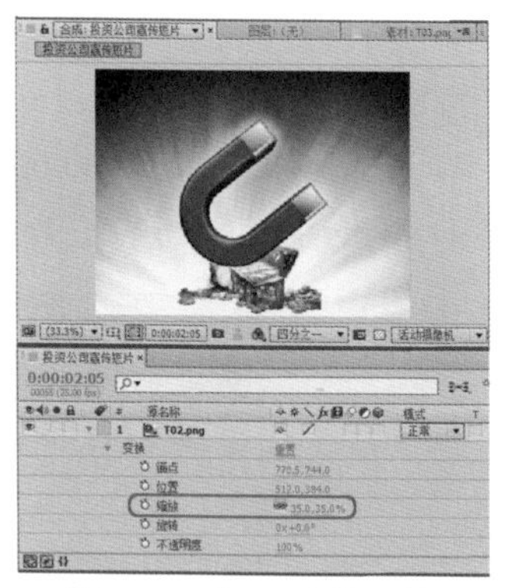

图 2-70　设置【缩放】(3)

（9）将当前时间设置为 0:00:02:10，将单击 T02.png 层的图标，将其转换为 3D 图层，然后将【位置】设置为 768.0、−288.0、0.0，【Z 轴旋转】设置为 0x+0.0°，如图 2-71 所示。

图 2-71　设置【位置】和【旋转】(1)

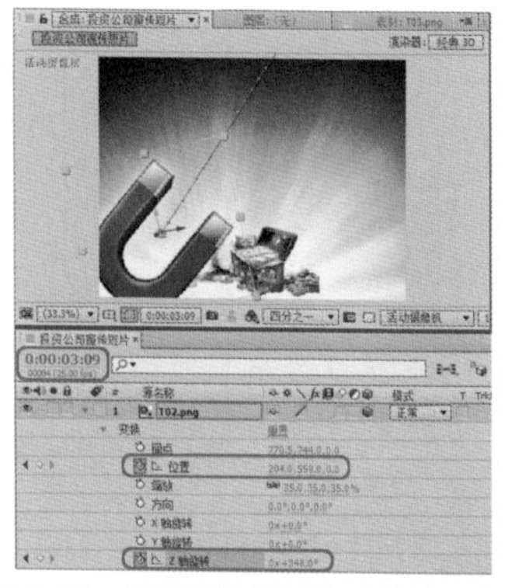

图 2-72　设置【位置】和【旋转】(2)

（10）将当前时间设置为 0:00:03:09，将单击 T02.png 层的【位置】设置为 204.0、559.0、0.0，【Z 轴旋转】设置为 0x+348°，如图 2-72 所示。

（11）选中 T02.png 层，按 Ctrl+D 组合键复制该图层。选中复制得到的图层，将当前时间设置为 0:00:02:10，将其【位置】设置为 1932.0、−96.0、0.0，如图 2-73 所示。

（12）将当前时间设置为 0:00:03:09，将该图层的【变换】|【位置】设置为 852.0、631.0、0.0，【缩放】设置为 20.0%，【Z 轴旋转】设置为 0x+271°，如图 2-74 所示。

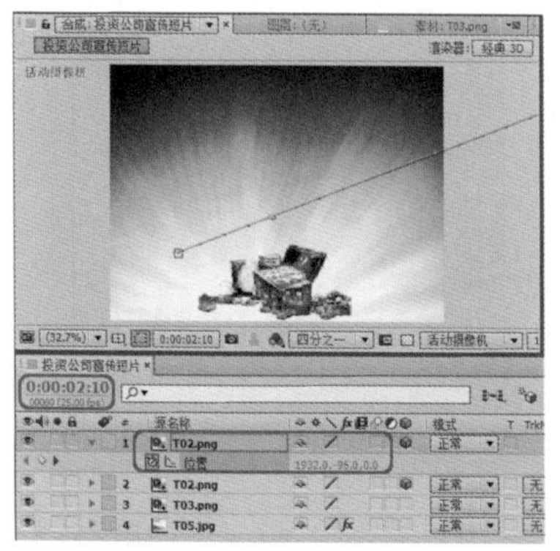

图 2-73　设置【位置】(3)

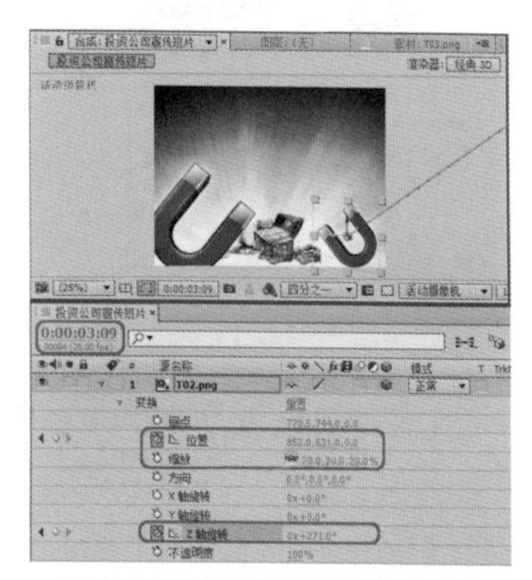

图 2-74　设置【变换】参数 (1)

选中图层并按 P 键，将只显示更改图层的【位置】属性。

(13) 将当前时间设置为 0:00:03:19，将【项目】面板中的 T01.png 素材图片添加到时间轴的顶层，然后将其【变换】中的【缩放】设置为 13.0%，单击【位置】左侧的按钮，将【位置】设置为 548.0、−88.0，如图 2-75 所示。

(14) 将当前时间设置为 0:00:04:18，将该图层的【变换】|【位置】设置为 468.0、708.0，如图 2-76 所示。

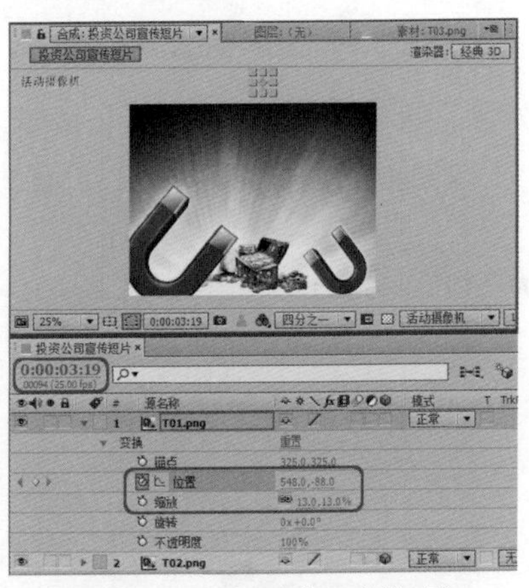

图 2-75 设置【变换】参数 (2)

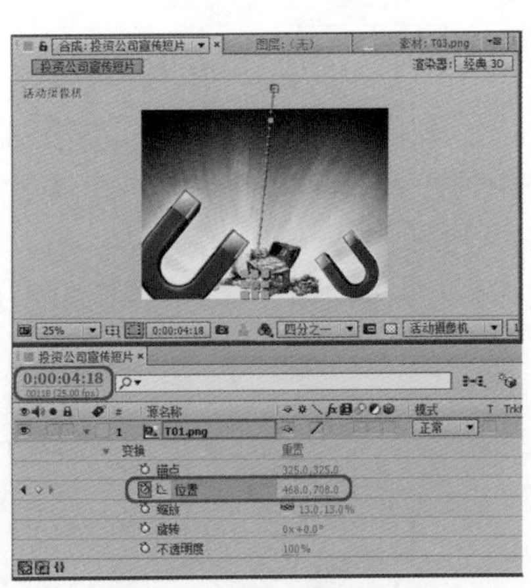

图 2-76 设置【位置】(4)

(15) 选中 T01.png 层，按 Ctrl+D 组合键将其复制 14 个图层，然后设置各个图层的【位置】关键帧，如图 2-77 所示。

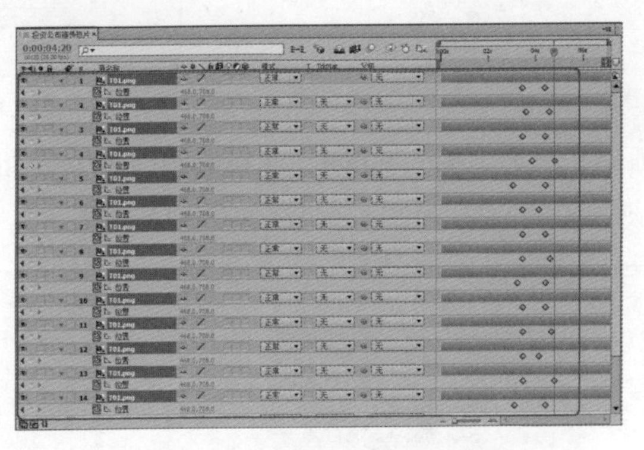

图 2-77 设置【位置】关键帧

(16) 将当前时间设置为 0:00:01:13，将【项目】面板中的 T04.png 素材图片添加到时间轴的顶层，然后将其【变换】中的【缩放】设置为 36.0%，单击【位置】左侧的按钮，将【位置】设置为 1556.0、660.0，如图 2-78 所示。

(17) 将当前时间设置为 0:00:02:10，将该图层的【变换】|【位置】设置为 515.0、660.0，如图 2-79 所示。

图 2-78　设置【变换】参数 (3)

图 2-79　设置【位置】(5)

(18) 在工具栏中使用【横排文字工具】T输入文字，将【字体】设置为【长城新艺体】，【字体颜色】设置为 119、66、4，【字体大小】设置为 119 像素，【字符间距】设置为 117，如图 2-80 所示。

(19) 在时间轴中，将文字图层的【位置】设置为 344.0、360.0，如图 2-81 所示。

图 2-80　输入文字

图 2-81　设置文字位置

(20) 在【效果和预设】面板中输入 bullet，在显示的列表中将 Bullet Train 拖动到【合成】中的文字上，如图 2-82 所示。

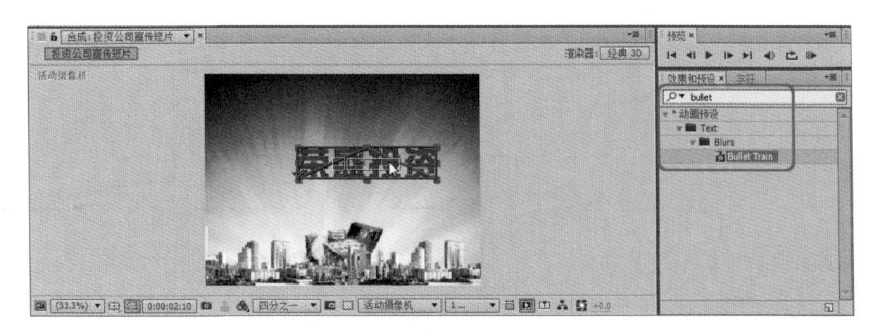

图 2-82　添加 Bullet Train

(21) 将当前时间设置为 0:00:04:20，单击文字图层中【文本】| Bullet Train Animator | Range Selector 1 |【偏移】左侧的⏱按钮，然后将【偏移】设置为 −100%，如图 2-83 所示。

(22) 将当前时间设置为 0:00:05:08，将【偏移】设置为 95%，如图 2-84 所示。

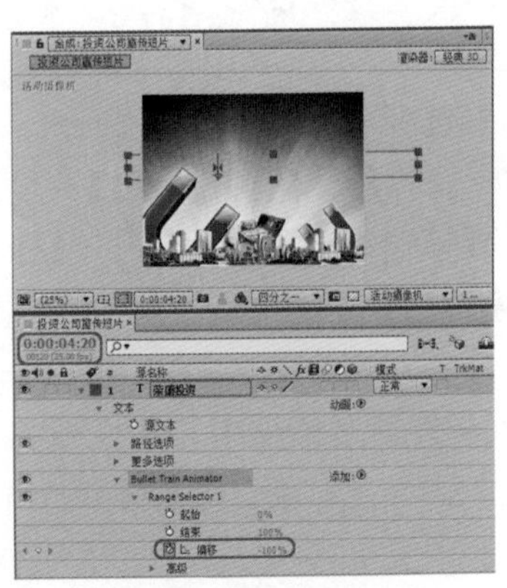
图 2-83 设置【偏移】(1)

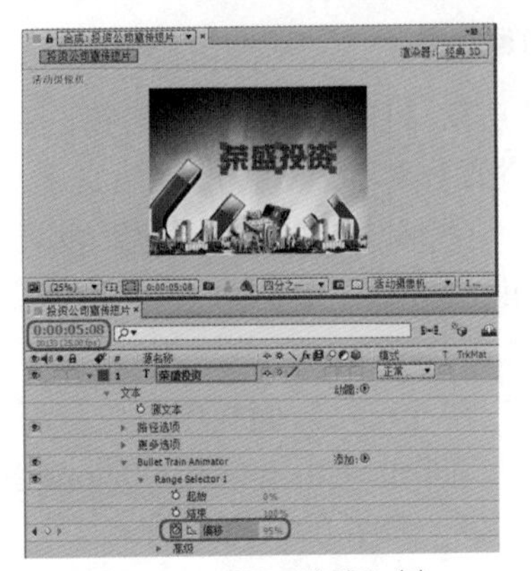
图 2-84 设置【偏移】(2)

由于在添加 Bullet Train 时会在【偏移】中自动添加两处关键帧，所以此处将【偏移】中有其他多余关键帧删除，只保留新设置的两处关键帧。

(23) 将合成添加到【渲染队列】中并输出视频，并将场景文件保存。

案例精讲 021 帆船航行短片

案例文件：光盘 | 场景 | Cha02 | 帆船航行短片 .aep

视频文件：光盘 | 视频教学 | Cha02 | 帆船航行短片 .avi

制作概述

本例将介绍如何制作帆船航行短片。本例首先创建一个纯色图层，为其设置【梯度渐变】效果，复制纯色图层并剪裁删除多余部分，然后在纯色图层上绘制蒙版路径并添加【描边】效果。添加素材图片，然后再设置各个图层上的关键帧动画，最后创建文字图层，并为文字图层添加动画预设效果。完成后的效果如图 2-85 所示。

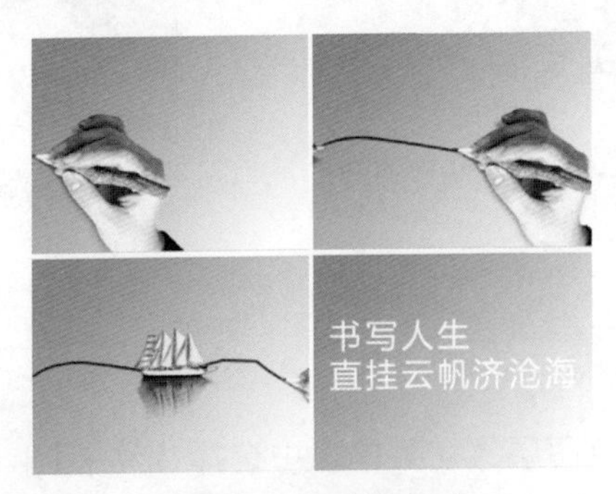

图 2-85 帆船航行短片

学习目标

学习设置图层的梯度渐变效果，学习设置图层关键帧动画。

操作步骤

(1) 在【项目】面板中右击，在弹出的快捷菜单中选择【新建合成】命令。在弹出的【合成设置】对话框中，将【合成名称】输入【帆船航行短片】，【宽度】和【高度】设置为1024px、768px，【像素长宽比】设置为【方形像素】，【帧速率】设置为25，【分辨率】设置为【四分之一】，【持续时间】设置为0:00:15:00，【背景颜色】设置为黑色，然后单击【确定】按钮，如图2-86所示。

(2) 在【项目】面板中双击鼠标，在弹出的【导入文件】对话框中，选择随书光盘中的光盘|素材|Cha02|C01.png和C02.png素材图片，然后单击【导入】按钮，将素材图片导入到【项目】面板中，如图2-87所示。

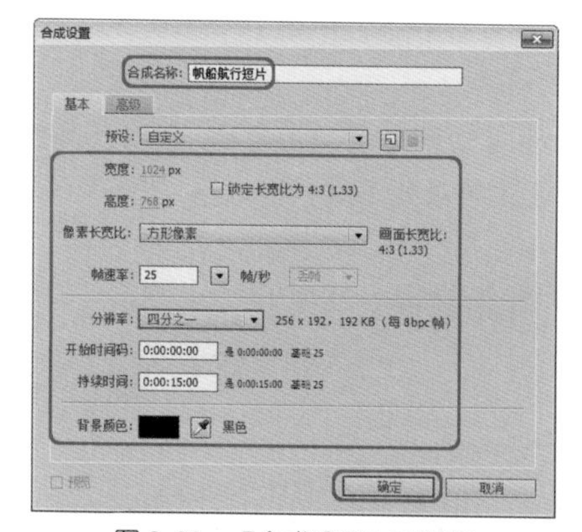

图2-86 【合成设置】对话框

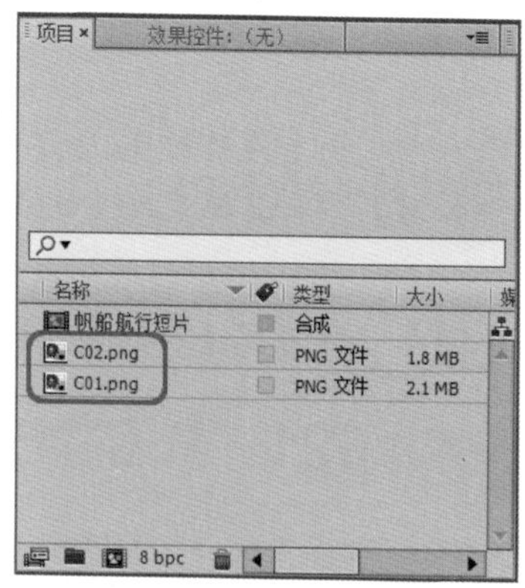

图2-87 导入素材图片

(3) 在时间轴中右击，在弹出的快捷菜单中选择【新建】|【纯色】命令，如图2-88所示。

(4) 在弹出的【纯色设置】对话框中，设置【颜色】的RGB值为14、165、214，然后单击【确定】按钮，如图2-89所示。

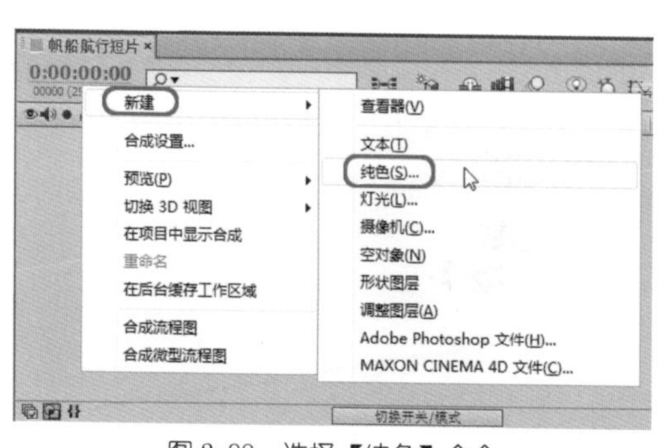

图2-88 选择【纯色】命令

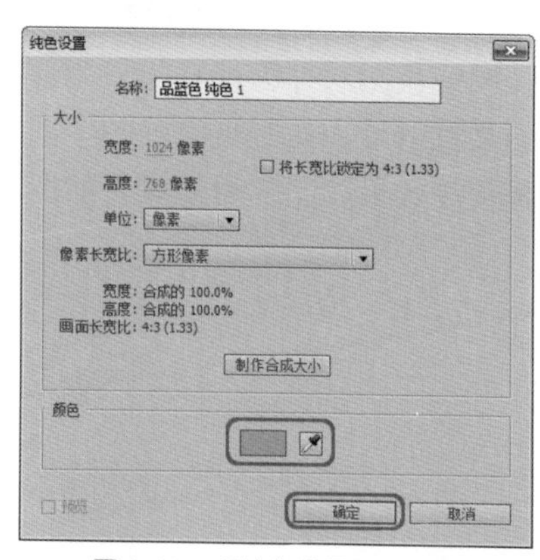

图2-89 【纯色设置】对话框

(5) 选中时间轴中的纯色图层，在菜单栏中选择【效果】|【生成】|【梯度渐变】命令，如图2-90所示。

(6) 在【效果控件】面板中将【梯度渐变】中的【渐变起点】设置为76.0、64.0，【起始颜色】的RGB值设置为14、165、214，【渐变终点】设置为896.0、816.0，【结束颜色】设置为白色，如图2-91所示。

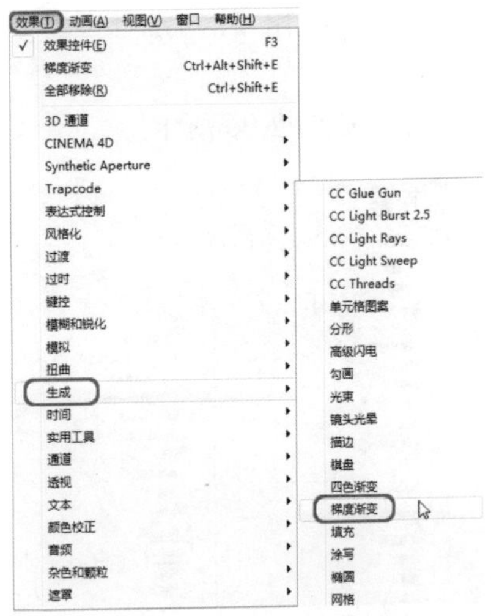

图 2-90 【梯度渐变】命令

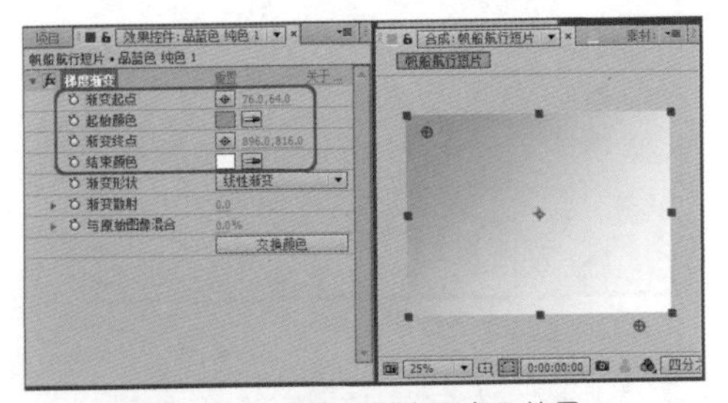

图 2-91 设置【梯度渐变】效果

在设置【起始颜色】时，可以使用其右侧的吸管工具，吸取时间轴中纯色图层的颜色色块。

(7) 在时间轴中选中纯色图层，并按 Ctrl+D 组合键对其进行复制，如图 2-92 所示。

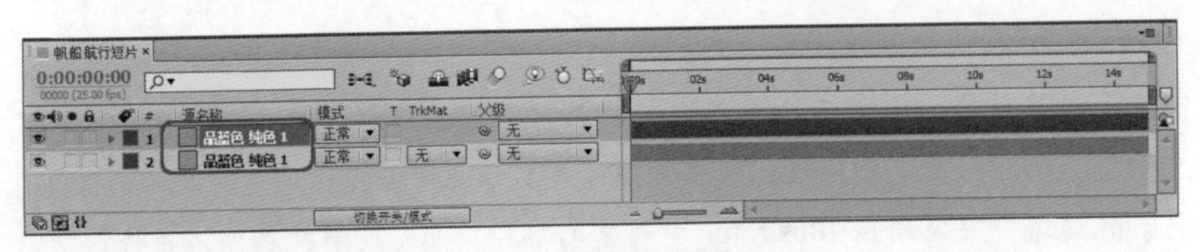

图 2-92 复制纯色图层

(8) 将当前时间设置为 0:00:09:14，在时间轴中选中底层的纯色图层，按 Alt+] 组合键将其右侧部分剪裁删除，如图 2-93 所示。

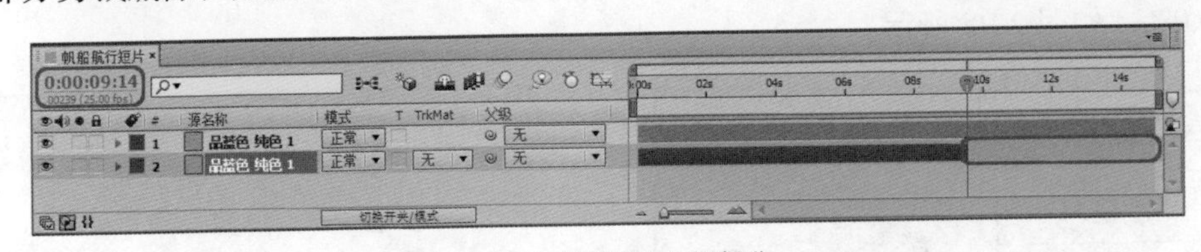

图 2-93 剪裁删除右侧部分

(9) 将当前时间设置为 0:00:09:14，在时间轴中选中顶层的纯色图层，按 Alt+[组合键将其左侧部分剪裁删除，如图 2-94 所示。

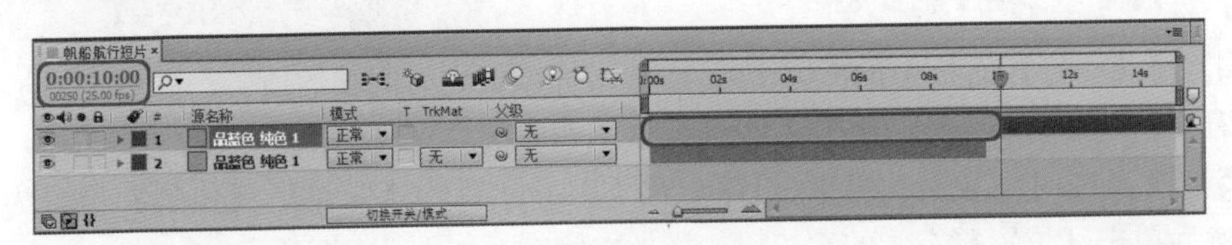

图 2-94 剪裁删除左侧部分

（10）将当期时间设置为0:00:00:00，选中底层的纯色图层，使用【钢笔】工具，在【合成】面板中绘制蒙版路径，如图2-95所示。

（11）在菜单栏中选择【效果】|【生成】|【描边】命令，如图2-96所示。

图2-95　绘制蒙版路径

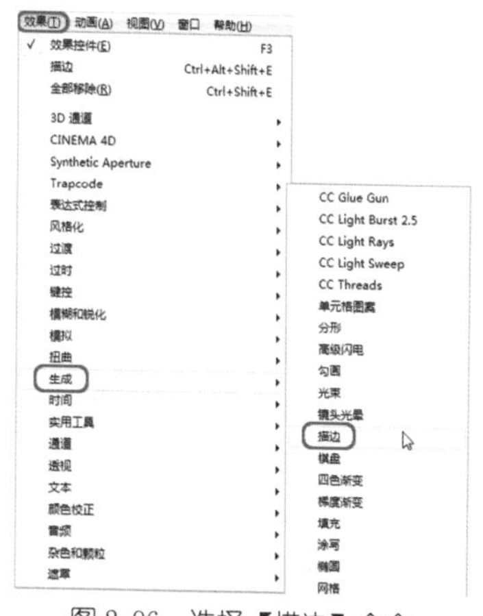

图2-96　选择【描边】命令

（12）确认当前时间为0:00:00:00，在【效果控件】面板中将【描边】中的【颜色】设置为黑色，【画笔大小】设置为5.0，【结束】设置为0.0%，并单击【结束】左侧的按钮，添加关键帧，如图2-97所示。

知识链接

【描边】效果可在一个或多个蒙版定义的路径周围创建描边或边界，还可以指定描边颜色、不透明度、间距以及笔刷特性。可指定描边是显示在图像上面还是透明的图像上，是否显示原始Alpha通道。要使用在Illustrator中创建的路径，可以复制此路径，并将它粘贴至After Effects中的图层。

（13）将当前时间设置为0:00:04:00，在【效果控件】面板中将【描边】中的【结束】设置为100.0%，如图2-98所示。

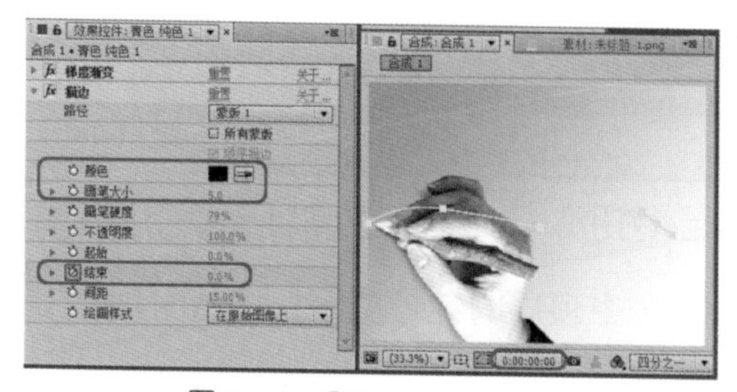

图2-97　设置【描边】效果

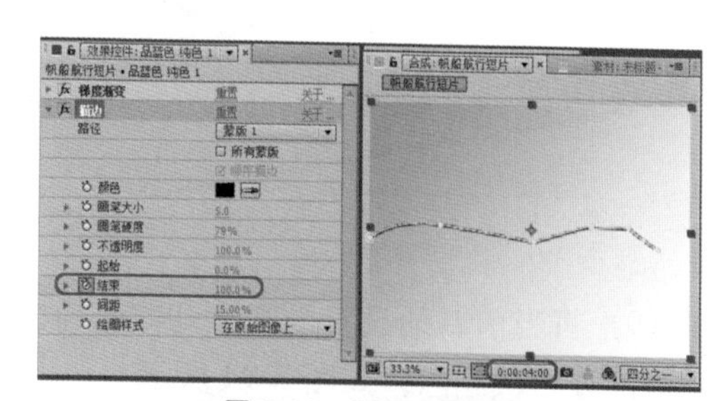

图2-98　设置【结束】

（14）将【项目】面板中的C01.png素材图片添加到时间轴的顶层，将C01.png层的【变换】|【缩放】设置为37.0%，如图2-99所示。

（15）将当前时间设置为0:00:00:00，将C01.png层的【变换】|【位置】设置为280.0、632.0，然后单击【位置】左侧的按钮，添加关键帧，如图2-100所示。

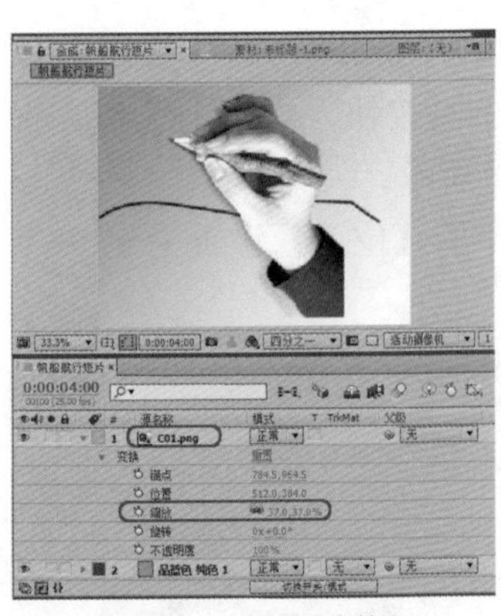

图 2-99　设置【缩放】

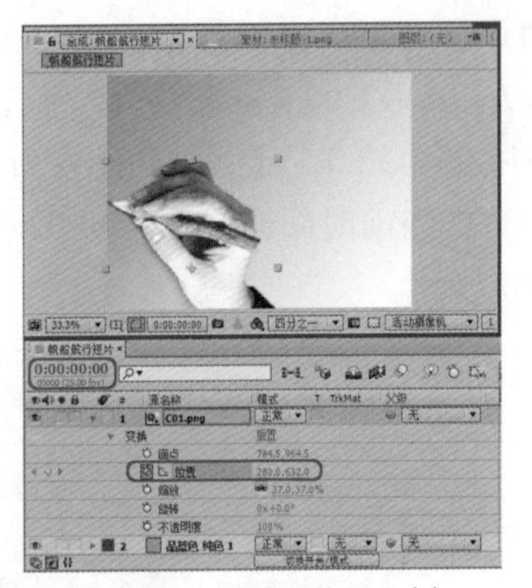

图 2-100　设置【位置】(1)

（16）将当前时间设置为 0:00:04:07，将 C01.png 层的【变换】|【位置】设置为 1200.0、656.0，如图 2-101 所示。

（17）根据合成中的描边路径，调整 C01.png 层的【位置】关键帧，如图 2-102 所示。

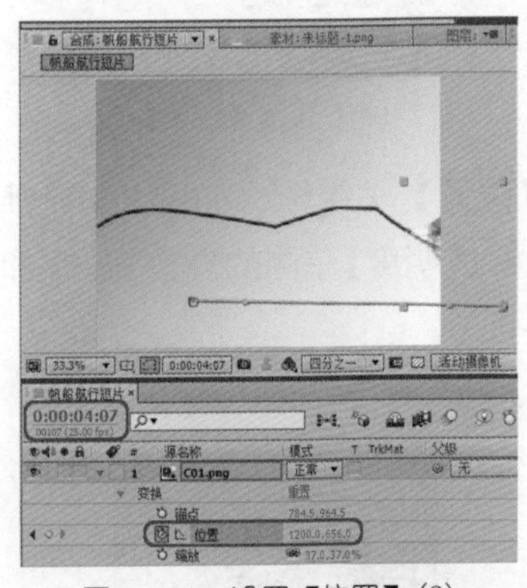

图 2-101　设置【位置】(2)

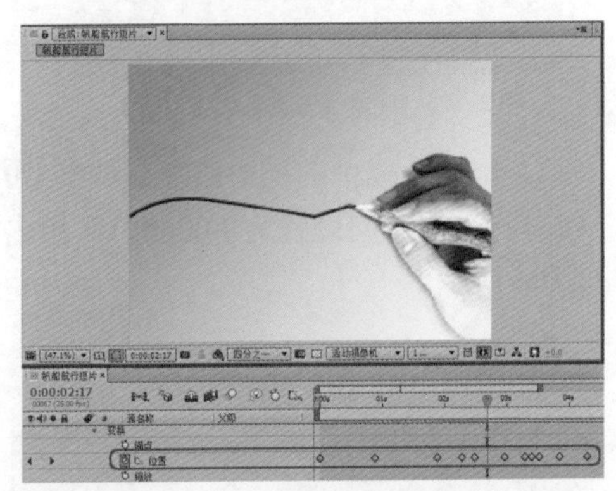

图 2-102　调整【位置】关键帧 (1)

（18）将当前时间设置为 0:00:09:18，将 C01.png 层的【变换】|【不透明度】设置为 100.0%，然后单击【不透明度】左侧的 按钮，添加关键帧，如图 2-103 所示。

（19）将当前时间设置为 0:00:09:24，将 C01.png 层的【变换】|【不透明度】设置为 0.0%，如图 2-104 所示。

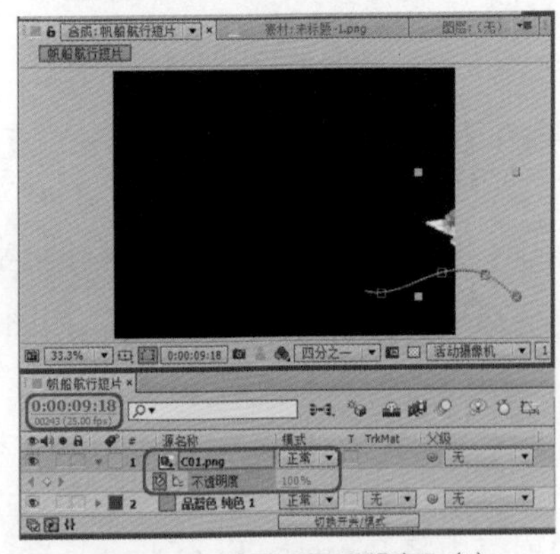

图 2-103　设置【不透明度】(1)

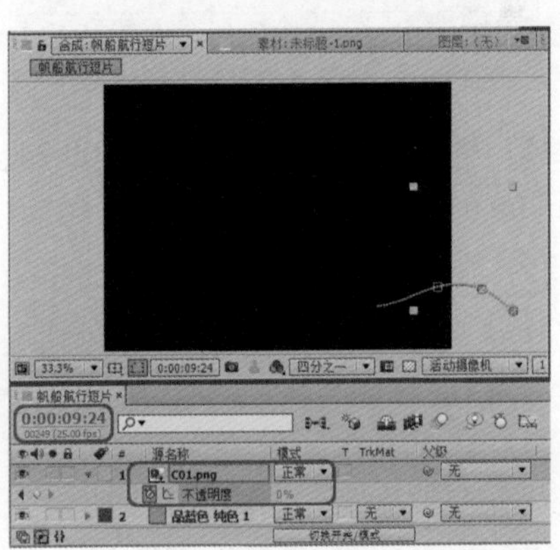

图 2-104　设置【不透明度】(2)

(20) 将【项目】面板中的 C02.png 素材图片添加到时间轴的顶层。将当前时间设置为 0:00:08:19，单击 C02.png 层中【位置】和【缩放】左侧的按钮，添加关键帧，将【位置】设置为 912.0、432.0，【缩放】设置为 23.0%，如图 2-105 所示。

(21) 将当前时间设置为 0:00:02:00，将 C02.png 层中的【位置】设置为 −148.0、408.0，如图 2-106 所示。

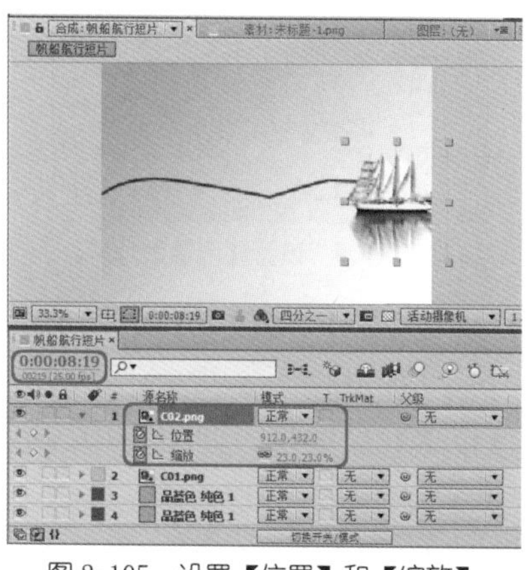

图 2-105　设置【位置】和【缩放】

图 2-106　设置【位置】(3)

(22) 根据合成中的描边路径，调整 C02.png 层的【位置】关键帧，如图 2-107 所示。

(23)将当期时间设置为0:00:09:18,单击C02.png层【不透明度】左侧的按钮,添加关键帧，如图 2-108 所示。

图 2-107　调整【位置】关键帧 (2)

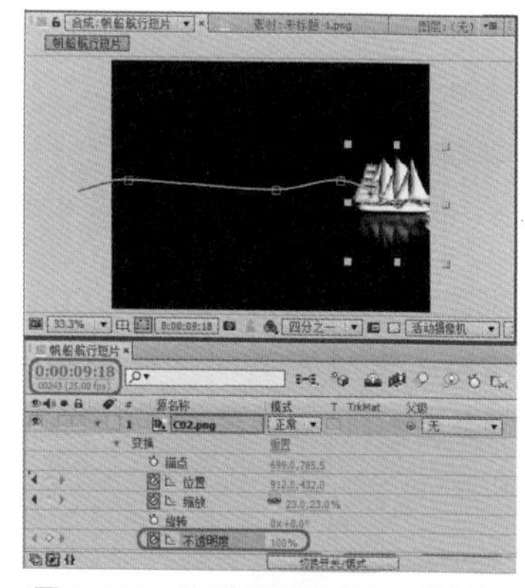

图 2-108　设置【不透明度】关键帧

(24) 将当前时间设置为 0:00:09:24，将 C02.png 层的【不透明度】设置为 0.0%，【缩放】设置为 700.0%，如图 2-109 所示。

(25) 在工具栏中使用【横排文字工具】输入文字，将【字体】设置为【微软雅黑】，【字体颜色】设置为白色，【字体大小】设置为 117 像素，【字符间距】设置为 119，如图 2-110 所示。

(26) 将当前时间设置为 0:00:10:01，选中文字图层，按 Alt+[组合键，将文字图层的时间线左部分剪裁删除，如图 2-111 所示。

(27) 在【效果和预设】面板中输入 esp，在显示的列表中将 Espresso Eye Chart 拖动到【合成】中的文字上，如图 2-112 所示。

(28) 拖动时间线查看文字动画效果，如图 2-113 所示。最后将合成添加到【渲染队列】中并输出视频，并将场景文件保存。

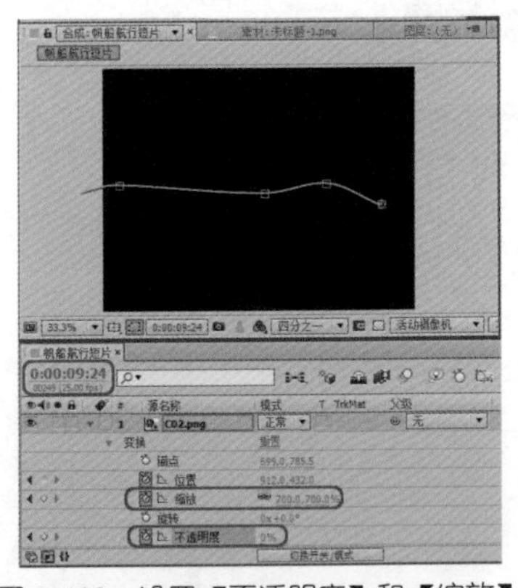

图 2-109　设置【不透明度】和【缩放】

图 2-110　输入文字

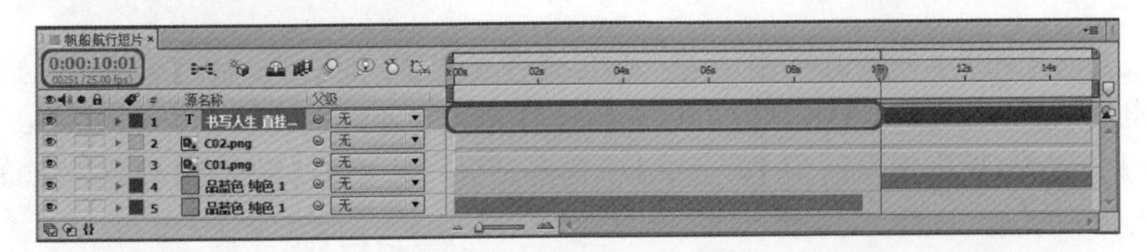

图 2-111　剪裁删除左侧部分

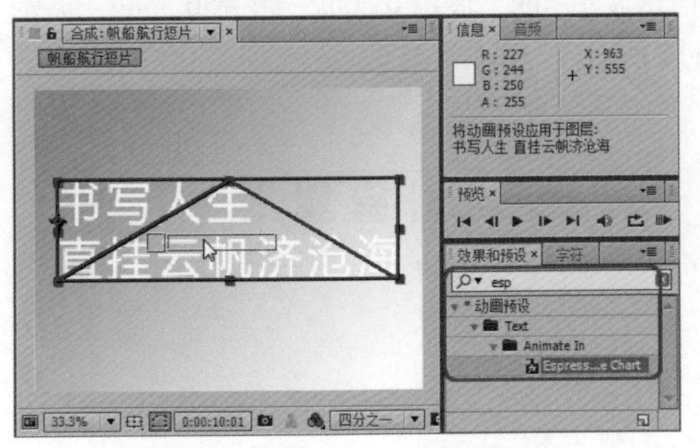

图 2-112　添加 Espresso Eye Chart

图 2-113　查看文字动画效果

案例精讲 022　科技信息展示

案例文件：光盘 | 场景 | Cha02 | 科技信息展示 .aep

视频文件：光盘 | 视频教学 | Cha02 | 科技信息展示 .avi

制作概述

本例中主要应用了【位置】和【缩放】关键帧的应用，对文字图层主要应用了软件自身携带的动画预设，其中具体操作方法如下。完成后的效果如图 2-114 所示。

图 2-114　科技信息展示

学习目标

学习如何设置图层的【位置】和【缩放】参数。

操作步骤

(1) 启动软件后，按 Ctrl+N 组合键，弹出【合成设置】对话框，将【合成名称】设置为【科技信息展示】，在【基本】选项组中，将【宽度】和【高度】设置为 1024px、768px，将【像素长宽比】设置为【方形像素】，将【帧速率】设置为 25 帧 / 秒，将【持续时间】设置为 0:00:15:00，单击【确定】按钮，如图 2-115 所示。

(2) 切换到【项目】面板，在该面板中进行双击，弹出【导入文件】对话框，在该对话框中选择随书光盘中的光盘 | 素材 |Cha02| 科技信息展示 .jpg、展示 01.png、展示 02.png、展示 03.png 文件，然后单击【导入】按钮，如图 2-116 所示。

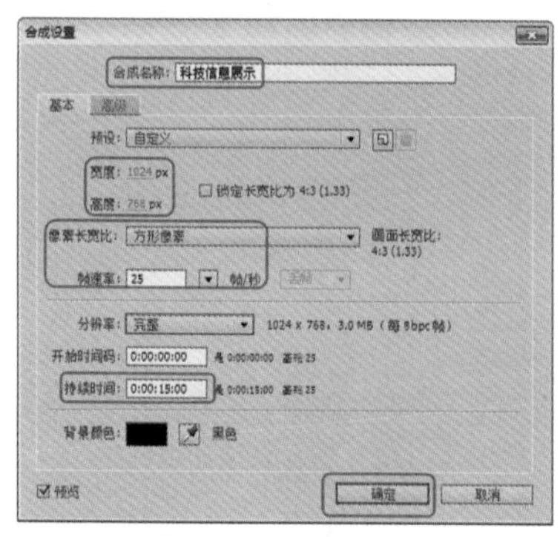

图 2-115　新建合成

图 2-116　选择素材文件

(3) 在【项目】面板中选择【科技展示背景 .jpg】文件，将其拖至时间轴面板中，按 Enter 键修改名称为【科技展示背景】，并将【缩放】设置为 34%，如图 2-117 所示。

在设置【缩放】时，可以展示图层的【变换】选项组进行设置。

(4) 在【项目】面板中将【展示 02.png】素材文件拖至时间轴面板中，将其名称修改为【展示 02】，并将【缩放】设置为 35%，如图 2-118 所示。

图 2-117 设置素材缩放（1）

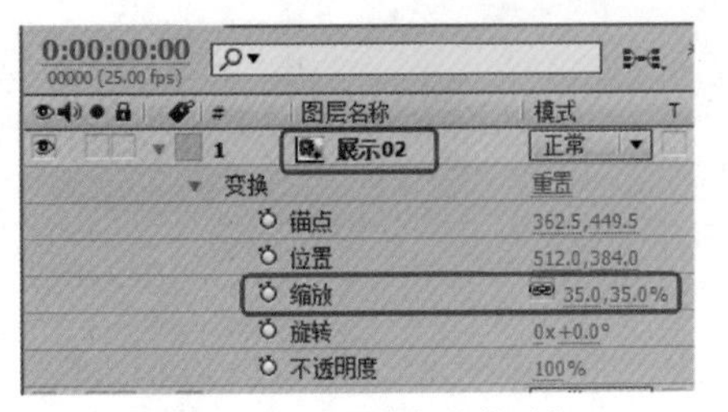

图 2-118 设置素材缩放（2）

（5）在时间轴面板中单击面板底部的按钮，此时可以对素材的【入】、【出】、【持续时间】和【伸缩】进行设定，将【入】设置为 0:00:00:00，将【持续时间】设置为 0:00:03:00，如图 2-119 所示。

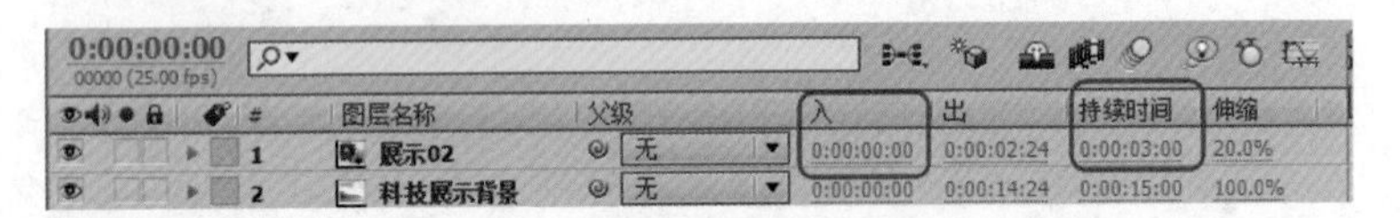

图 2-119 设置素材的出入时间（1）

在设置【入】时间时，也可以首先设置当前时间，例如将当前时间设置为 0:00:11:00，此时按着 Alt 键单击【入】下面的时间数值，此时素材图层的起始位置将处于 0:00:11:00。

（6）将当前时间设置为 0:00:01:00，在时间轴面板中展开【展示 02】图层的【变换】选项组，单击【位置】前面的添加关键帧按钮，添加关键帧，并将【位置】设置为 833、384，如图 2-120 所示。

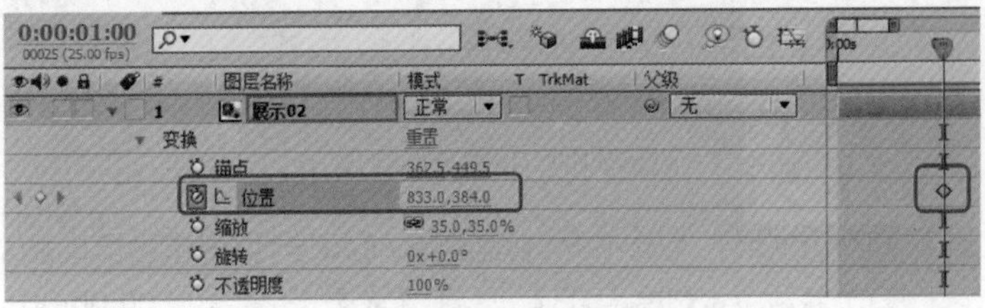

图 2-120 添加【位置】关键帧

（7）将当前时间设置为 0:00:02:00，并将【位置】设置为 202、384，如图 2-121 所示。

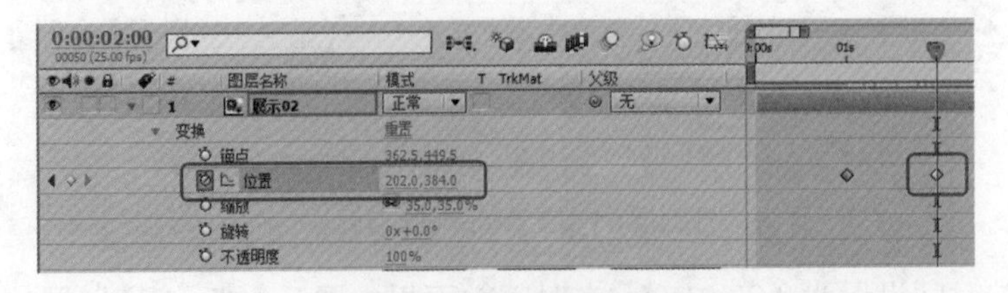

图 2-121 设置【位置】关键帧

（8）在【项目】面板中选择【展示 01.png】素材文件拖至时间轴面板中，将其放置到【展示 02】图层的上方，修改名字为【展示 01】，将【入】设置为 0:00:00:00，将【持续时间】设置为 0:00:03:00，如图 2-122 所示。

图 2-122　设置素材的出入时间 (2)

(9) 将当前时间设置为0:00:01:00，展开【展示 01】图层的【变换】选项组，分别单击【缩放】和【位置】前面的添加关键帧按钮，并将【位置】设置为 202、384，将【缩放】设置为 35%，如图 2-123 所示。

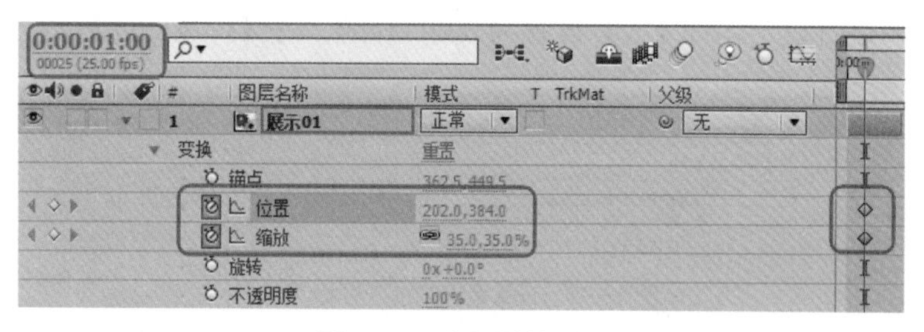

图 2-123　设置关键帧 (1)

(10) 将当前时间设置为0:00:02:00，在时间轴面板中展开【展示 01】图层的【变换】选项组，并将【位置】设置为 512、384，将【缩放】设置为 40%，如图 2-124 所示。

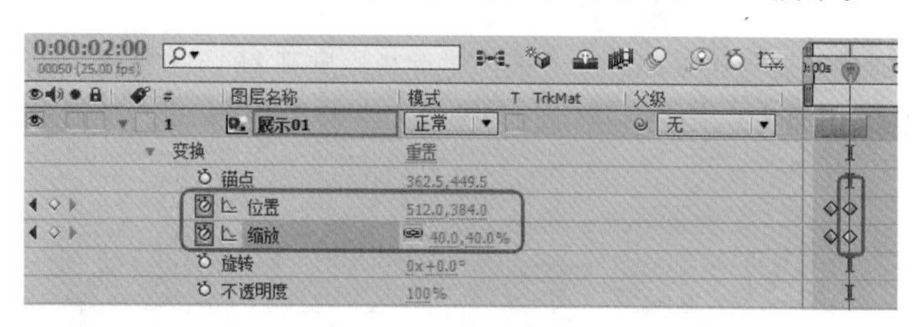

图 2-124　设置关键帧 (2)

(11) 在【项目】面板中选择【展示 03.png】素材文件拖至时间轴面板，将其放置在【展示 01】图层的上方，修改名称为【展示 03】，将【入】设置为 0:00:00:00，将【持续时间】设置为 0:00:03:00，如图 2-125 所示。

图 2-125　设置素材的出入时间 (3)

(12) 将当前时间设置为0:00:01:00，在时间轴面板中展开【展示 03】图层的【变换】选项组，单击【位置】和【缩放】前面的添加关键帧按钮，添加关键帧，并将【位置】设置为 512，384，将【缩放】设置为 40%，如图 2-126 所示。

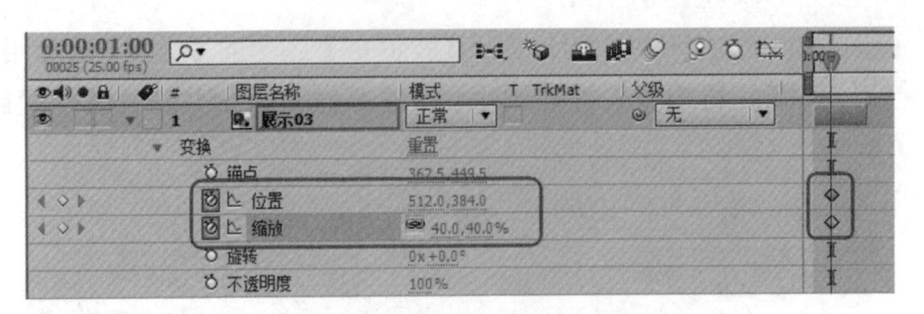

图 2-126　设置关键帧（3）

（13）将当前时间设置为0:00:02:00，在时间轴面板中展开【展示03】图层的【变换】选项组，并将【位置】设置为833、384，将【缩放】设置为35%，如图2-127所示。

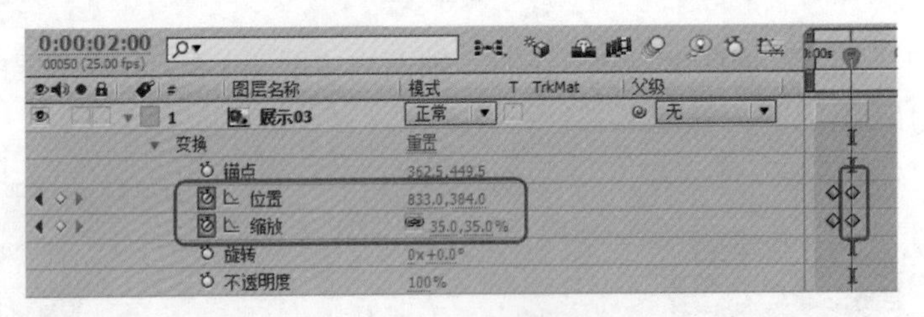

图 2-127　设置关键帧（4）

（14）在合成面板中查看效果当时间处于1秒位置效果如图2-128所示。时间处于2秒位置如图2-129所示。

图 2-128　1秒位置时的效果

图 2-129　2秒位置时的效果

（15）在时间轴面板中对依次对【展示03】、【展示02】、【展示01】图层进行复制，分别复制出【展示04】、【展示05】和【展示06】，并将其排列到图层的最上方，选择上一步创建的三个图层，分别将其【入】设置为0:00:03:00，如图2-130所示。

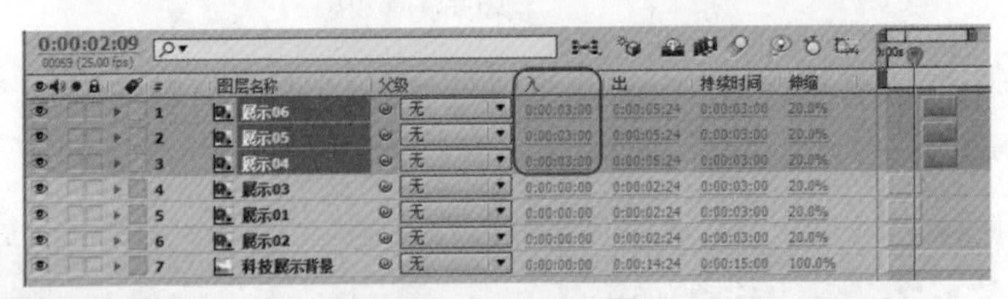

图 2-130　复制图层（1）

在复制图层时，用户可以选择该图层，然后按Ctrl+D组合键进行复制，也可以按Ctrl+C组合键进行复制，按Ctrl+V组合键组合键进行粘贴，在菜单栏中选择【编辑】|【复制】命令，然后在菜单栏中选择【编辑】|【粘贴】命令，这样也可以对图层进行复制粘贴。

（16）将当前时间设置为0:00:04:00，展开【展示04】图层的【变换】选项组，单击【缩放】前面的添加关键帧按钮，将缩放关键帧删除。并将其修改为35%，将【位置】设置为833、384，如图2-131所示。

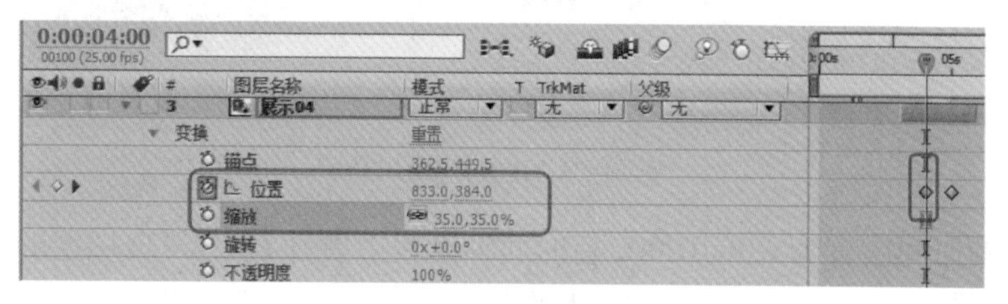

图2-131　设置关键帧（5）

（17）将当前时间设置为0:00:05:00，在时间轴面板中展开【展示04】图层的【变换】选项组，将【位置】设置为202、384，如图2-132所示。

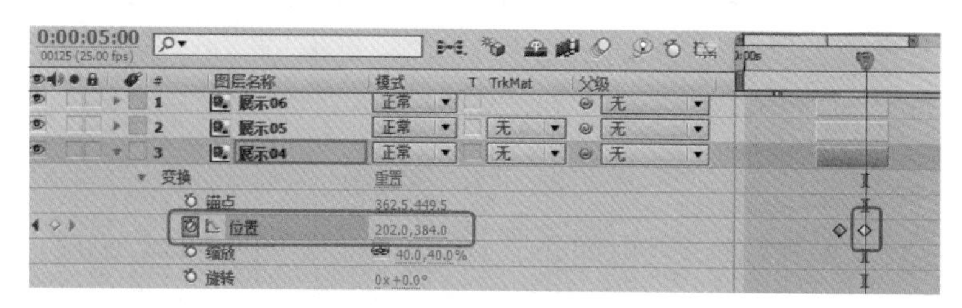

图2-132　编辑关键帧（1）

（18）将当前时间设置为0:00:04:00，在时间轴面板中展开【展示05】图层的【变换】选项组，将【位置】设置为202、384，并单击【缩放】前面的添加关键帧按钮，将【缩放】设置为35%，如图2-133所示。

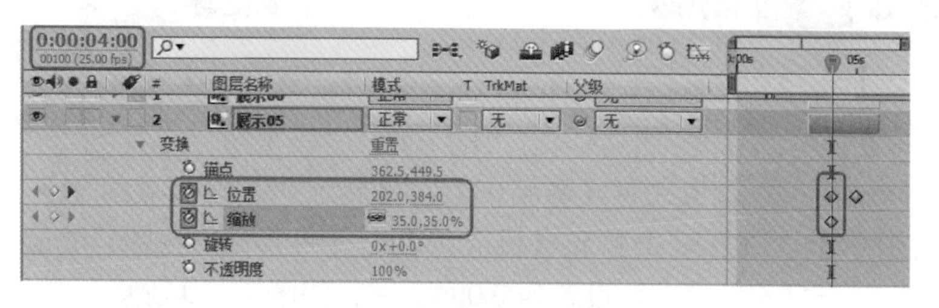

图2-133　编辑关键帧（2）

（19）将当前时间设置为0:00:05:00，将【位置】设置为512、384，将【缩放】设置为40%，如图2-134所示。

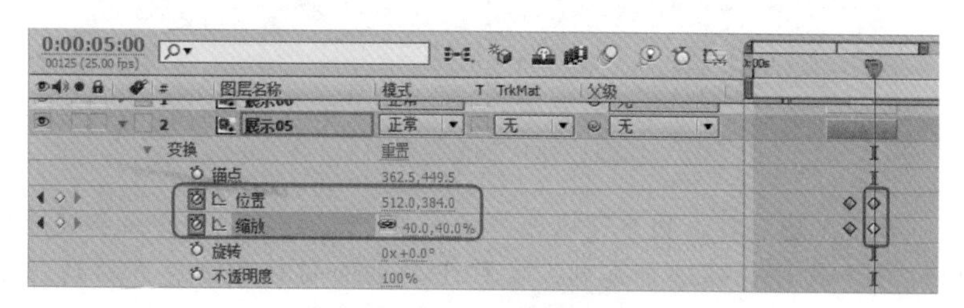

图2-134　编辑关键帧（3）

（20）将当前时间设置为0:00:04:00，在时间轴面板中展开【展示06】图层的【变换】选项组，将【位置】设置为512、384，将【缩放】设置为40%，如图2-135所示。

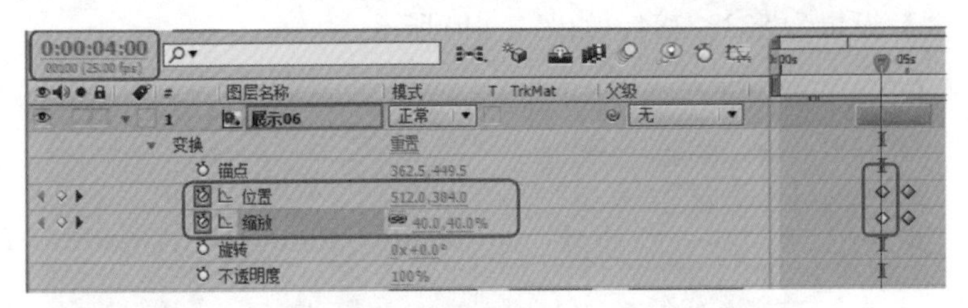

图2-135　编辑关键帧（4）

（21）将当前时间设置为0:00:05:00，将【展示06】图层的【位置】设置为833、384，将【缩放】设置为35，如图2-136所示。

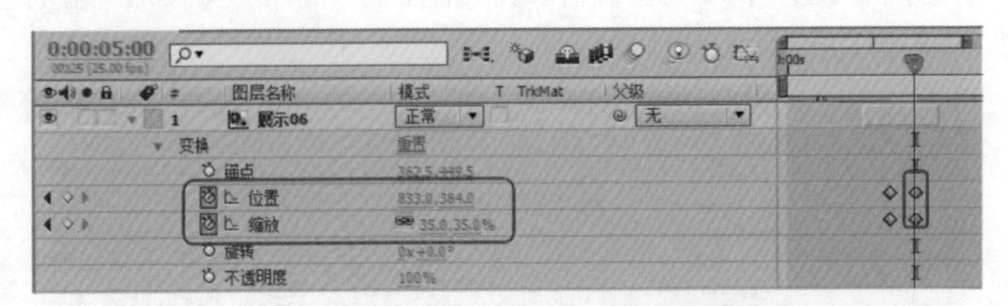

图2-136　编辑关键帧（5）

（22）在【合成】面板中查看效果，在4秒、5秒的效果如图2-137、图2-138所示。

图2-137　4秒时的效果

图2-138　5秒时的效果

（23）按顺序对【展示01】、【展示02】、【展示03】对其进行复制，并将复制的图层按顺序放置在图层的最上方，并将它们的【入】设置为0:00:06:00，如图2-139所示。

#	图层名称	父级	入	出	持续时间	伸缩
1	展示09	无	0:00:06:00	0:00:08:24	0:00:03:00	20.0%
2	展示08	无	0:00:06:00	0:00:08:24	0:00:03:00	20.0%
3	展示07	无	0:00:06:00	0:00:08:24	0:00:03:00	20.0%
4	展示06	无	0:00:03:00	0:00:05:24	0:00:03:00	20.0%
5	展示05	无	0:00:03:00	0:00:05:24	0:00:03:00	20.0%
6	展示04	无	0:00:03:00	0:00:05:24	0:00:03:00	20.0%
7	展示03	无	0:00:00:00	0:00:02:24	0:00:03:00	20.0%
8	展示01	无	0:00:00:00	0:00:02:24	0:00:03:00	20.0%
9	展示02	无	0:00:00:00	0:00:02:24	0:00:03:00	20.0%

图2-139　复制图层（2）

(24) 将当前时间设置为0:00:07:00，在时间轴面板中展开【展示07】图层的【变换】选项组，单击【缩放】前面的添加关键帧按钮，将【缩放】关键帧删除，并确认【缩放】值为35%，并将【位置】设置为833、384，如图2-140所示。

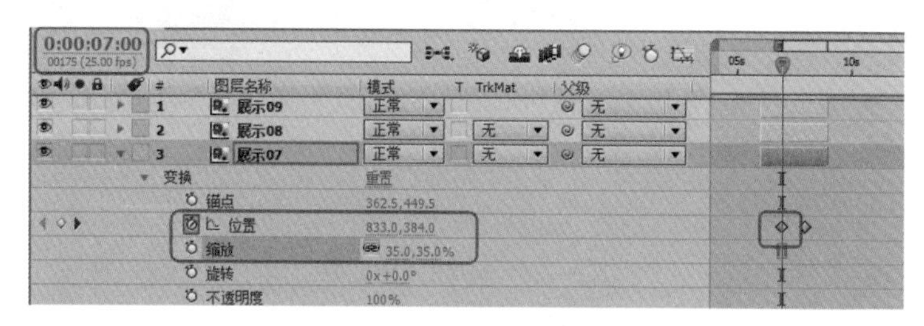

图2-140　设置关键帧(6)

(25) 将当前时间设置为0:00:08:00，在时间轴面板中将【展示07】图层的【位置】设置为202、384，如图2-141所示。

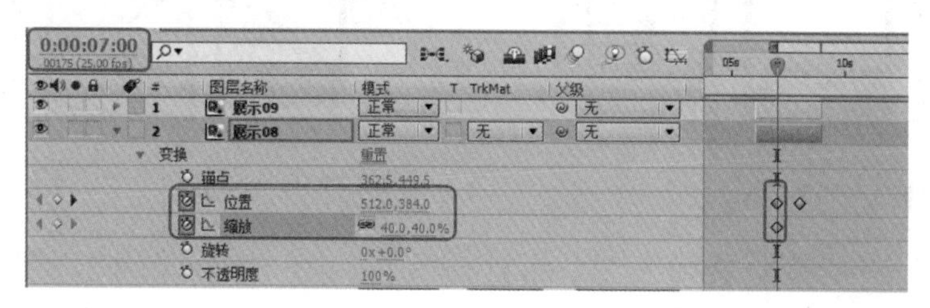

图2-141　设置关键帧(7)

(26) 将当前时间设置为0:00:07:00，在时间轴面板中展开【展示08】图层的【变换】选项组，单击【缩放】前面的添加关键帧按钮，添加【缩放】关键帧，将【缩放】设置为40%，并将【位置】设置为512、384，如图2-142所示。

图2-142　设置关键帧(8)

(27) 将当前时间设置为0:00:08:00，在时间轴面板中将【展示08】图层的【位置】设置为833、384，将【缩放】设置为35%，如图2-143所示。

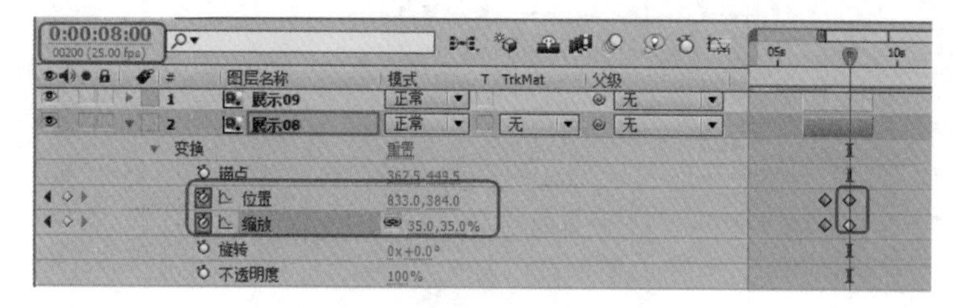

图2-143　设置关键帧(9)

(28) 将当前时间设置为0:00:07:00，在时间轴面板中展开【展示09】图层的【变换】选项组，将【位置】设置为202、384，将【缩放】设置为40%，如图2-144所示。

图2-144　编辑关键帧 (6)

(29) 将当前时间设置为0:00:08:00，在时间轴面板中将【展示09】图层的【位置】设置为512、384，将【缩放】设置为40%，如图2-145所示。

图2-145　编辑关键帧 (7)

(30) 在工具栏中选择【横排文字工具】，输入【众诚科技】，在【字符】面板中，将【字体】设置为【长城新艺体】，将【字体大小】设置为138像素，将【字符间距】设置为300，【字体颜色】的RGB值设置为1.69.126，并适当调整字符的位置，如图2-146所示。

(31) 继续使用【横排文字工具】输入文字ZhongCheng Technology，在【字符】面板中将【字体】设置为【长城新艺体】，将【字体大小】设置为66像素，将【字符间距】设置为0，【字体颜色】的RGB值设置为1、69、126，并适当调整字符的位置，如图2-147所示。

图2-146　输入文字 (1)

图2-147　输入文字 (2)

(32) 在时间轴面板中选择上一步创建的两个文字图层，将【入】设置为0:00:09:00，如图2-148所示。

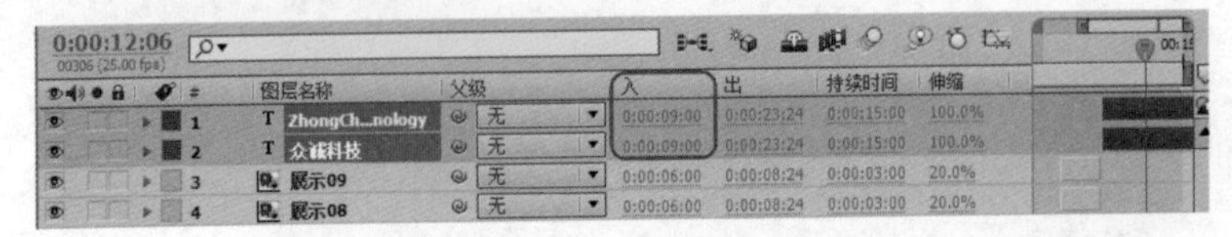

图2-148　设置入的时间

（33）将当前时间设置为 0:00:09:00，在【效果和预设】面板中选择【动画预设】| Text | Animate In | Smooth Move In 特效，分别将其添加到两个文字图层上，当时间为 0:00:09:12 时，在合成面板中查看效果，如图 2-149 所示。

图 2-149　查看添加的效果

第 3 章 蒙 版

本章重点

- 照片剪裁效果
- 水面结冰效果
- 动态显示图片
- 星球运行效果
- 书写文字效果
- 墙体爆炸效果
- 图像切换
- 撕纸效果

蒙版就是通过蒙版层中的图形或轮廓对象透出下面图层中的内容。基于蒙版的特性，蒙版被广泛用于图像合成中。本章将通过多个案例讲解如何绘制蒙版，以及通过设置蒙版表现图形图像。

案例精讲 023　照片剪裁效果

案例文件：光盘 | 场景 | Cha03 | 照片剪裁效果 .aep
视频文件：光盘 | 视频教学 | Cha03 | 照片剪裁效果 .avi

制作概述

本例将介绍如何制作照片剪裁效果。本例首先添加背景图片，然后使用【钢笔工具】绘制蒙版，最后调整图层的位置顺序，完成后的效果如图 3-1 所示。

图 3-1　照片剪裁效果

学习目标

学习使用【钢笔工具】绘制蒙版，学习设置图层的【不透明度】。

操作步骤

(1) 启动 After Effects CC 软件，在【项目】面板中双击，在弹出的【导入文件】对话框中，选择随书光盘中的光盘 | 素材 |Cha03| 照片 01.jpg 和照片背景 .jpg 素材图片，然后单击【导入】按钮，如图 3-2 所示。

(2) 将【项目】面板中的【照片背景 .jpg】素材图片添加到时间轴面板中，自动生成【照片背景】合成，如图 3-3 所示。

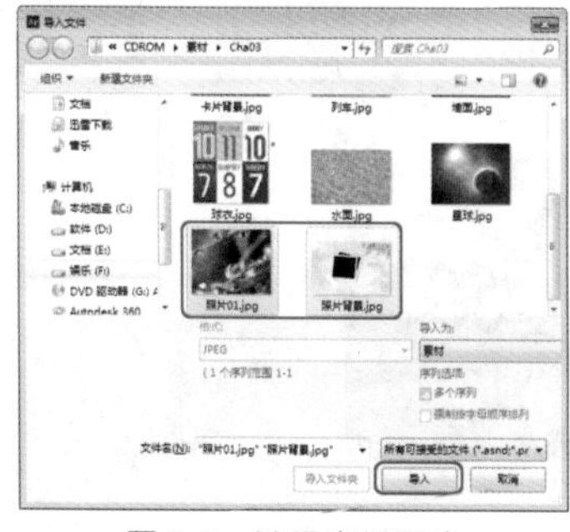

图 3-2　选择素材图片

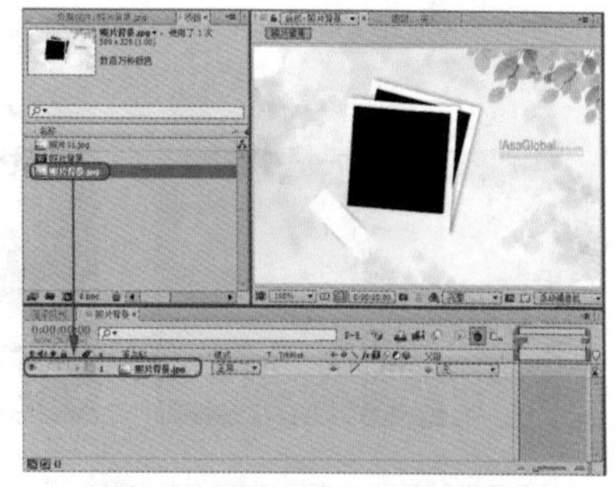

图 3-3　添加图片到时间轴面板

在【合成设置】中将合成的持续时间设置为0:00:00:01。

(3) 将【照片背景.jpg】层的【变换】|【不透明度】设置为50%，如图3-4所示。

(4) 在【项目】面板中，将【照片01.jpg】素材图片拖动到时间轴中的【照片背景.jpg】层下方，将【照片01.jpg】层的【变换】|【缩放】设置为20.0%，【位置】设置为188.0、144.0，如图3-5所示。

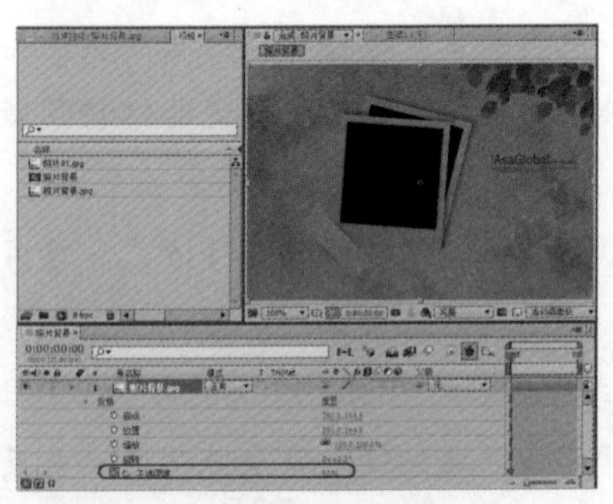

图3-4 设置【不透明度】(1)

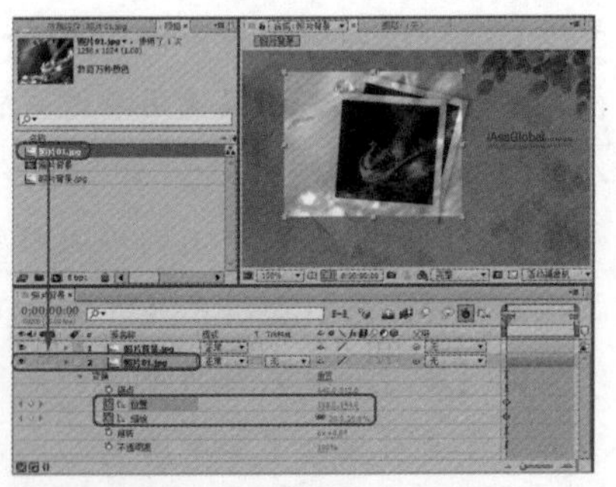

图3-5 设置【照片01】层

(5) 选中【照片01.jpg】层，在工具栏中使用【钢笔工具】按钮，在【合成】面板中沿照片轮廓绘制四边形，创建蒙版，如图3-6所示。

(6) 将【照片01.jpg】层移动至【照片背景.jpg】层的上方，将【照片背景.jpg】层的【变换】|【不透明度】设置为100%，如图3-7所示。

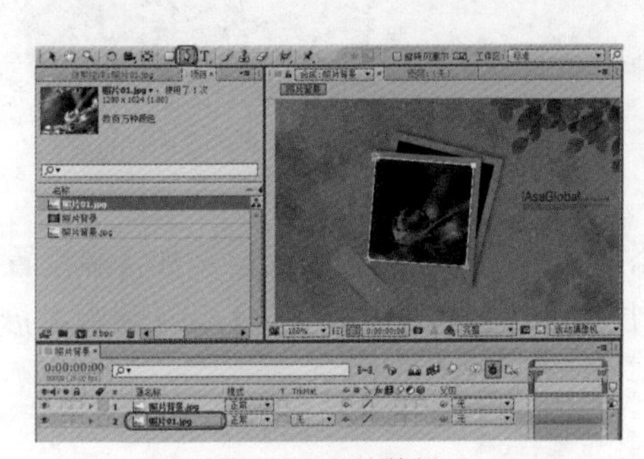

图3-6 创建蒙版

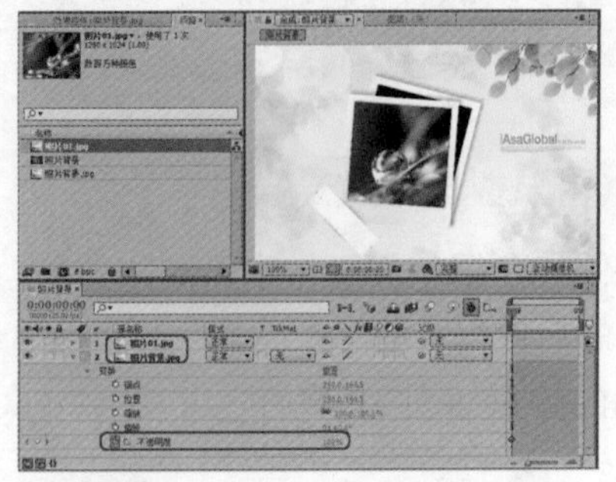

图3-7 设置【不透明度】(2)

使用钢笔工具绘制完四边形后，可以通过调整蒙版的角点，使显示的图片与照片轮廓对齐。

知识链接

After Effects中的蒙版是一个用作参数来修改图层属性、效果和属性的路径。蒙版的最常见用法是修改图层的Alpha通道，以确定每个像素的图层的透明度。蒙版的另一个常见用法是用作对文本设置动画的路径。

闭合路径蒙版可以为图层创建透明区域。开放路径无法为图层创建透明区域，但可用作效果参数。它可以将开放或闭合蒙版路径用作输入的效果包括描边、路径文本、音频波形、音频频谱以及勾画。它可以将闭合蒙版（而不是开放蒙版）用作输入的效果包括填充、涂抹、改变形状、粒子运动场以及内部/外部键。

蒙版属于特定图层。每个图层可以包含多个蒙版。

读者可以使用形状工具在常见几何形状（包括多边形、椭圆形和星形）中绘制蒙版，或者使用钢笔工具来绘制任意路径。

虽然蒙版路径的编辑和插值可提供一些额外功能，但绘制蒙版路径与在形状图层上绘制形状路径基本相同。读者可以使用表达式将蒙版路径链接到形状路径，这使读者能够将蒙版的优点融入形状图层，反之亦然。

蒙版在【时间轴】面板上的堆积顺序中的位置会影响它与其他蒙版的交互方式。读者可以将蒙版拖到【时间轴】面板中【蒙版】属性组内的其他位置。

蒙版的【不透明度】属性确定闭合蒙版对蒙版区域内图层的 Alpha 通道的影响。100% 的蒙版不透明度值对应于完全不透明的内部区域。蒙版外部的区域始终是完全透明的。要反转特定蒙版的内部和外部区域，需要在【时间轴】面板中选择蒙版名称旁边的【反转】选项。

案例精讲 024　水面结冰效果

案例文件：光盘 | 场景 | Cha03 | 水面结冰效果 .aep

视频文件：光盘 | 视频教学 | Cha03 | 水面结冰效果 .avi

制作概述

本例将介绍如何制作水面结冰效果。本例首先添加素材图片，然后为图层添加【湍流置换】效果，然后使用【椭圆工具】绘制蒙版，最后设置图层【蒙版】的【蒙版羽化】和【蒙版扩展】，完成后的效果如图 3-8 所示。

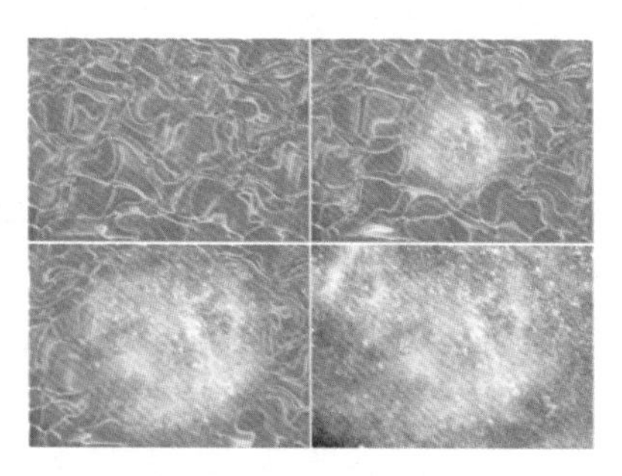

图 3-8　水面结冰效果

学习目标

学习使用【椭圆工具】绘制蒙版，学习设置图层的【蒙版羽化】和【蒙版扩展】。

操作步骤

(1) 在【项目】面板中右击，在弹出的快捷菜单中选择【新建合成】命令，如图 3-9 所示。

(2) 在弹出的【合成设置】对话框中，将【合成名称】输入【水面结冰】，【宽度】和【高度】设置为 427px、300px，【帧速率】设置为 25 帧 / 秒，【持续时间】设置为 0:00:06:00，然后单击【确定】按钮，如图 3-10 所示。

(3) 在【项目】面板中双击，在弹出的【导入文件】对话框中，选择随书光盘中的光盘 | 素材 |Cha03| 水面 .jpg 和冰面 .jpg 素材图片，然后单击【导入】按钮。将素材图片导入到【项目】面板中，如图 3-11 所示。

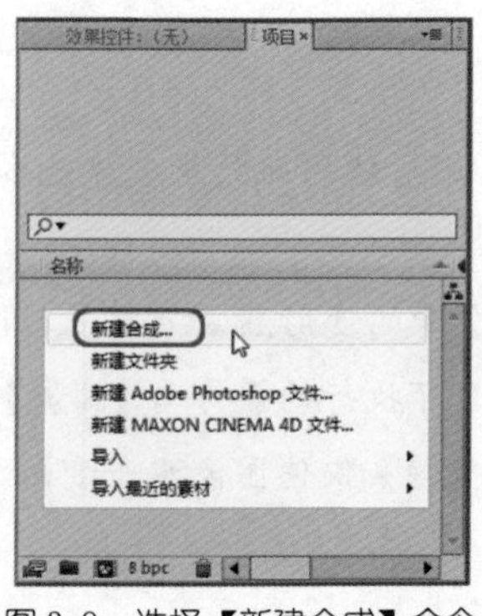

图 3-9　选择【新建合成】命令

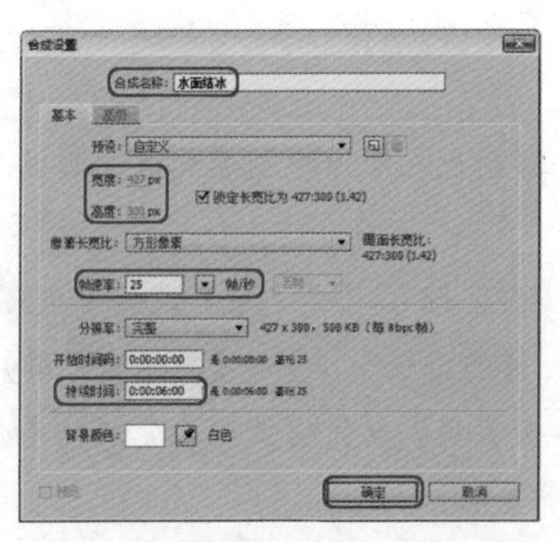

图 3-10　【合成设置】对话框

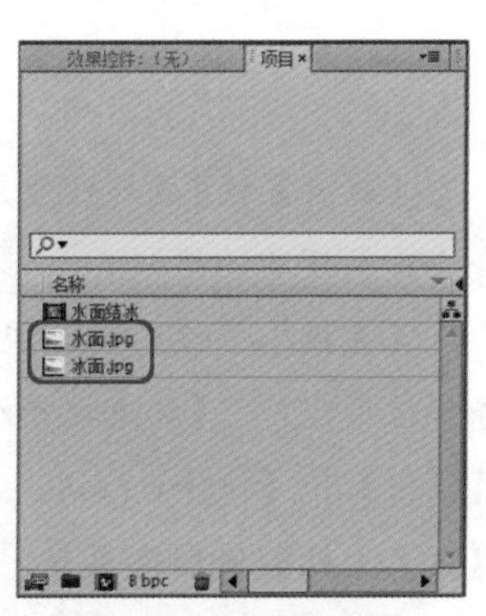

图 3-11　导入素材图片

(4) 将【水面 .jpg】素材图片拖到时间轴中，如图 3-12 所示。

(5) 在时间轴中选择【水面 .jpg】层，在菜单栏中选择【效果】|【扭曲】|【湍流置换】命令，如图 3-13 所示。

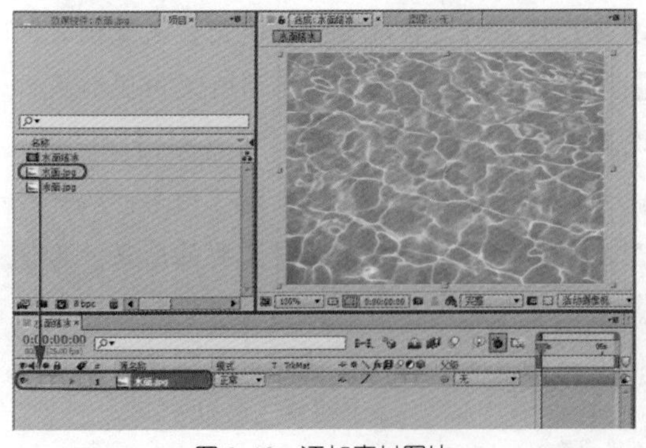

图 3-12　添加素材图片

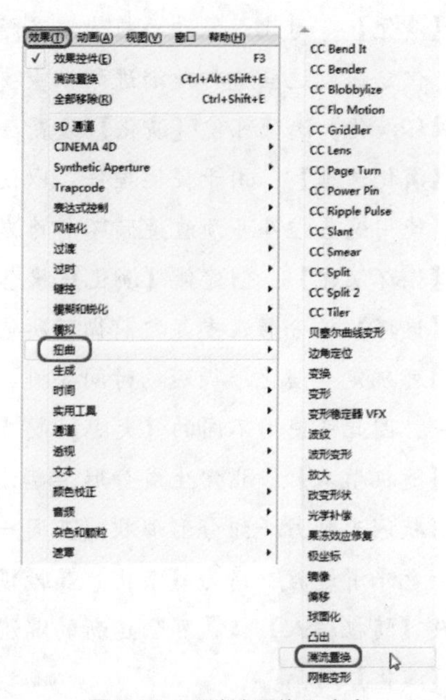

图 3-13　【湍流置换】命令

(6) 确认当前时间为 0:00:00:00，在【效果控件】面板中将【湍流置换】中的【数量】设置为 150.0，【大小】设置为 20.0，【偏移（湍流）】设置为 75.0、150.0，如图 3-14 所示。

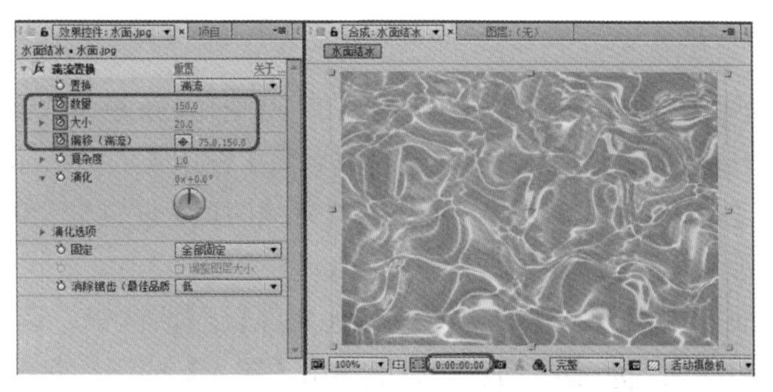

图 3-14　设置【湍流置换】效果

知识链接

【湍流置换】效果可使用分形杂色在图像中创建湍流扭曲效果，例如，使用此效果创建流水、哈哈镜和摆动的旗帜。

【置换】：使用的湍流的类型。除了【更平滑】选项可创建更平滑的变形且需要更长时间进行渲染以外，【湍流较平滑】、【凸出较平滑】和【扭转较平滑】各自可执行的操作与【湍流】、【凸出】和【扭转】相同。【垂直置换】仅使图像垂直变形。【水平置换】仅使图像水平变形。【交叉置换】使图像垂直、水平变形。

【数量】：值越高，扭曲量越大。

【大小】：值越高，扭曲区域越大。

【偏移（湍流）】：确定用于创建扭曲的部分分形形状。

【复杂度】：确定湍流的详细程度。值越低，扭曲越平滑。

【演化】：为此设置动画将使湍流随时间变化。虽然【演化】值在名为旋转次数的单元中设置，但意识到这些旋转是渐进的很重要。【演化】状态会在每个新值位置继续无限发展。使用【循环演化】选项可使【演化】设置在每次旋转时返回其原始状态。

【演化选项】：用于提供控件，以便在一次短循环中渲染效果，然后在图层持续时间内循环它。使用这些控件可预渲染循环中的湍流元素，因此可以缩短渲染时间。

【循环演化】：创建使【演化】状态返回其起点的循环。

【循环】：分形在重复之前循环所使用的【演化】设置的旋转次数。【演化】关键帧之间的时间可确定“演化”循环的时间安排。【循环】控件仅影响分形状态，不影响几何图形或其他控件，因此可使用不同的【大小】或【位移】设置获得不同的结果。

【随机植入】：指定生成分形杂色使用的值。为此属性设置动画会导致以下结果：从一组分形形状闪光到另一组分形形状（在同一分形类型内），此结果通常不是您需要的结果。为使分形杂色平滑过渡，请为【演化】属性设置动画。通过重复使用以前创建的【演化】循环，并仅更改【随机植入】值，可创建新的湍流动画。使用新的【随机植入】值可改变杂色图，而不扰乱【演化】动画。

【固定】：指定要固定的边缘，以使沿这些边缘的像素不进行置换。

【调整图层大小】：使扭曲图像扩展到图层的原始边界之外。

（7）将当前时间设置为0:00:05:24，在【效果控件】面板中，将【湍流置换】中的【偏移（湍流）】设置为160.0、150.0，如图3-15所示。

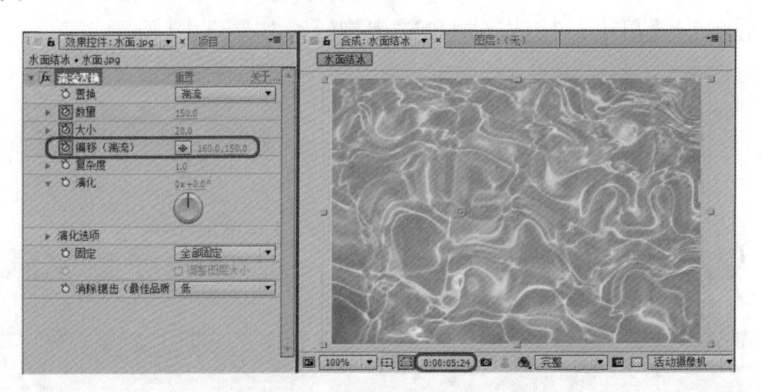

图3-15　设置【偏移（湍流）】

（8）将【冰面.jpg】素材图片添加到时间轴中的【水面】层上方。选中【冰面.jpg】层，在工具栏中单击【椭圆工具】按钮，在【合成】面板中绘制一个椭圆形蒙版，如图3-16所示。

（9）将当前时间设置为0:00:00:00，在【冰面.jpg】层的【变换】|【蒙版】中单击【蒙版羽化】与【蒙版扩展】左侧的【时间变化秒表】按钮，将【蒙版羽化】设置为40.0、40.0像素，【蒙版扩展】设置为−5.0像素，如图3-17所示。

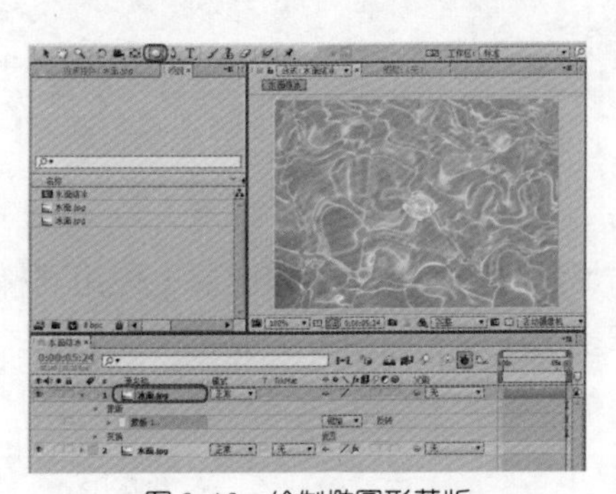

图3-16　绘制椭圆形蒙版

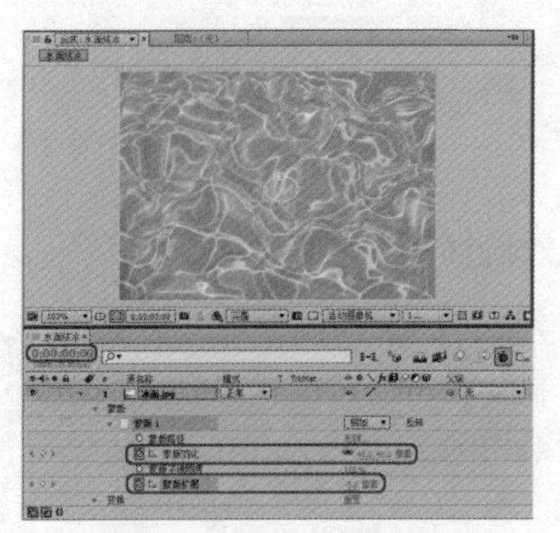

图3-17　设置【蒙版】参数

使用椭圆工具绘制蒙版时，可以按住空格键，移动蒙版的位置。

知识链接

【蒙版羽化】可以通过按用户定义的距离使蒙版边缘从透明度更高逐渐减至透明度更低，可以对蒙版边缘进行柔化。使用【蒙版羽化】属性，可将蒙版边缘变为硬边或软边（羽化）。

【蒙版扩展】可以扩展或收缩受蒙版影响的区域。蒙版扩展影响Alpha通道，但不影响底层蒙版路径；蒙版扩展实际上是一个偏移量，用于确定蒙版对Alpha通道的影响与蒙版路径的距离，以像素为单位。

（10）将当前时间设置为0:00:05:24，【蒙版扩展】设置为260.0像素，如图3-18所示。

（11）按Ctrl+M组合键，在【渲染队列】面板中单击【输出到】右侧的文字，设置视频输出的位置，然后单击【渲染】按钮，渲染输出视频，如图3-19所示。

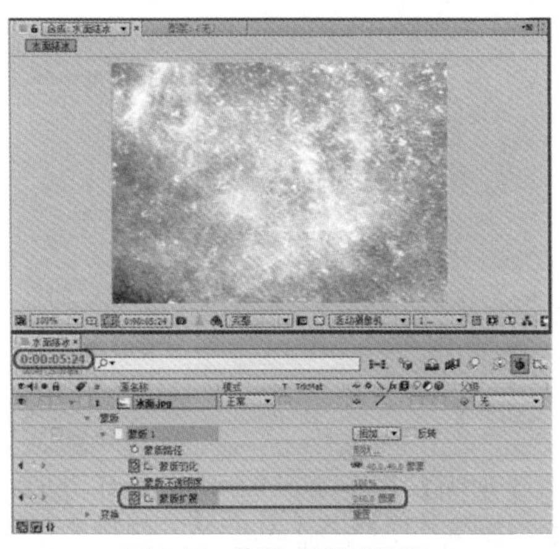

图3-18　设置【蒙版扩展】

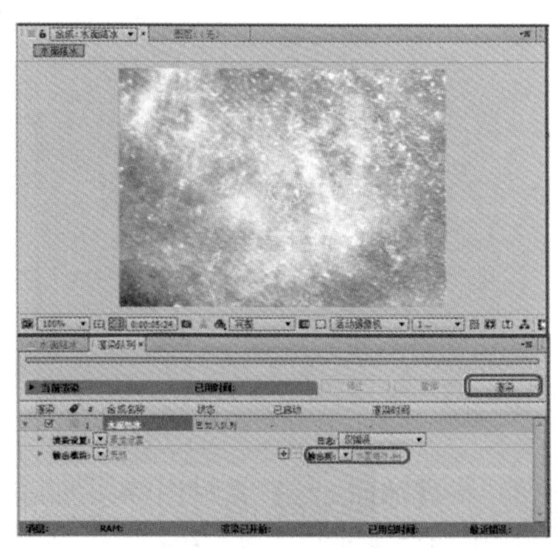

图3-19　渲染输出视频

案例精讲025　动态显示图片

案例文件：光盘 | 场景 | Cha03 | 动态显示图片.aep

视频文件：光盘 | 视频教学 | Cha03 | 动态显示图片.avi

制作概述

本例将介绍如何制作动态显示图片。本例首先添加素材图片，然后在图层上使用【椭圆工具】绘制蒙版，通过设置蒙版形状来显示图片，添加多个图层和蒙版后完成效果的制作。完成后的效果如图3-20所示。

图3-20　动态显示图片

学习目标

学习使用【矩形工具】绘制蒙版，学习设置图层的【蒙版形状】。

操作步骤

（1）在【项目】面板中右击，在弹出的快捷菜单中选择【新建合成】命令。在弹出的【合成设置】对话框中，将【合成名称】输入【动态显示图片】，【宽度】和【高度】设置为

600px、634px，【帧速率】设置为 25 帧 / 秒，【持续时间】设置为 0:00:08:00，然后单击【确定】按钮，如图 3-21 所示。

（2）在【项目】面板中双击鼠标，在弹出的【导入文件】对话框中，选择随书光盘中的光盘 | 素材 |Cha03| 球衣 .jpg 素材图片，将其导入到【项目】面板中，然后将球衣 .jpg 素材图片添加到时间轴中，如图 3-22 所示。

图 3-21 【合成设置】对话框

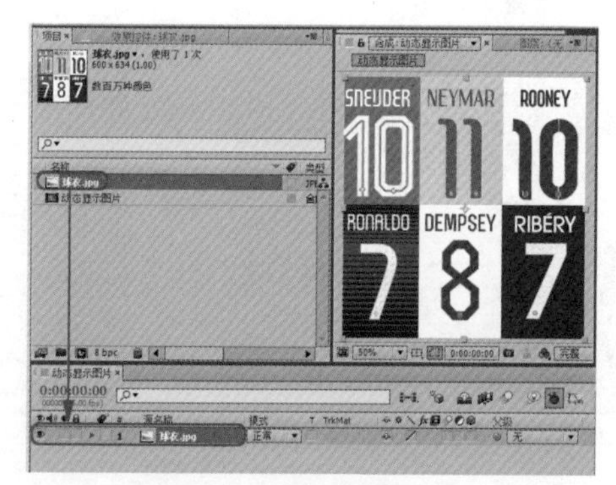

图 3-22 添加素材图片层

在【合成设置】对话框中，取消选中【锁定长宽比】复选框。

（3）右击【球衣 .jpg】层，在弹出的快捷菜单中选择【时间】|【时间伸缩】命令，如图 3-23 所示。

（4）在弹出的【时间伸缩】对话框中，将【新持续时间】设置为 0:00:01:00，然后单击【确定】按钮，如图 3-24 所示。

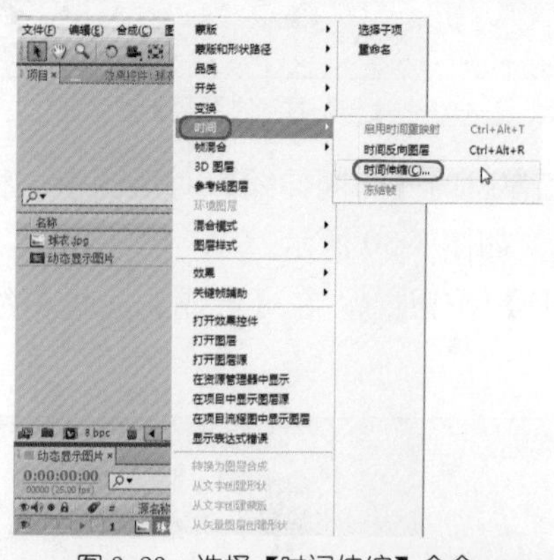

图 3-23 选择【时间伸缩】命令

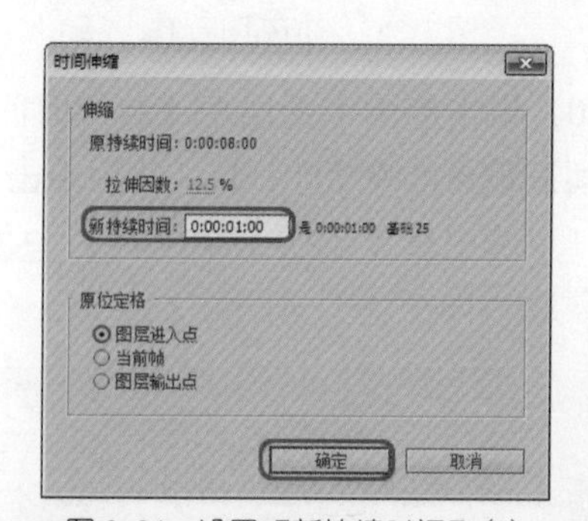

图 3-24 设置【新持续时间】(1)

（5）选中【球衣 .jpg】层，在工具栏中使用【矩形工具】按钮，在【合成】面板中绘制一个矩形蒙版，如图 3-25 所示。

（6）在时间轴中单击【球衣 .jpg】层中的【蒙版】|【蒙版 1】|【蒙版路径】右侧的【形状】，在弹出的【蒙版形状】对话框中，设置【定界框】参数，然后单击【确定】按钮，如图 3-26 所示。

(7) 将当前时间设置为0:00:01:00，单击【球衣 .jpg】层中的【蒙版】|【蒙版 1】|【蒙版路径】右侧的【形状】，在弹出的【蒙版形状】对话框中，设置【定界框】参数，并选中【重置为】复选框，然后单击【确定】按钮，如图3-27所示。

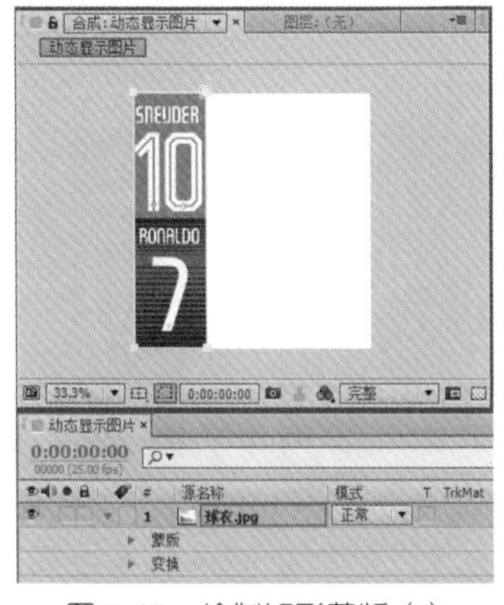

图3-25 绘制矩形蒙版(1)

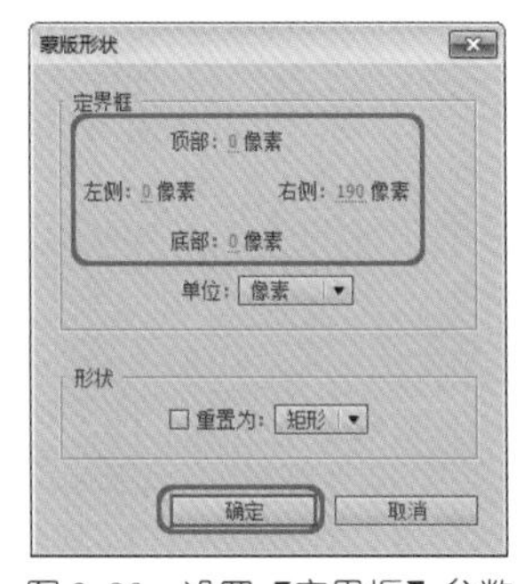

图3-26 设置【定界框】参数

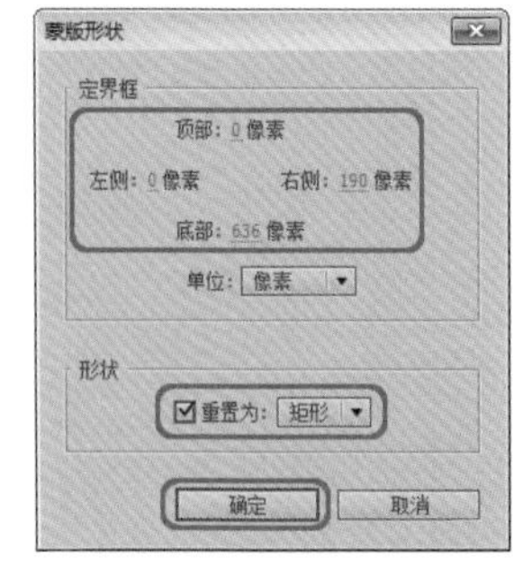

图3-27 选中【重置为：】复选框

(8) 在时间轴中再次添加【球衣 .jpg】素材图片，然后只打开按钮，如图3-28所示。

(9) 单击第1个图层中【入】的时间，在弹出的【开始时间时图层】对话框中，设置时间为0:00:00:24，然后单击【确定】按钮，如图3-29所示。

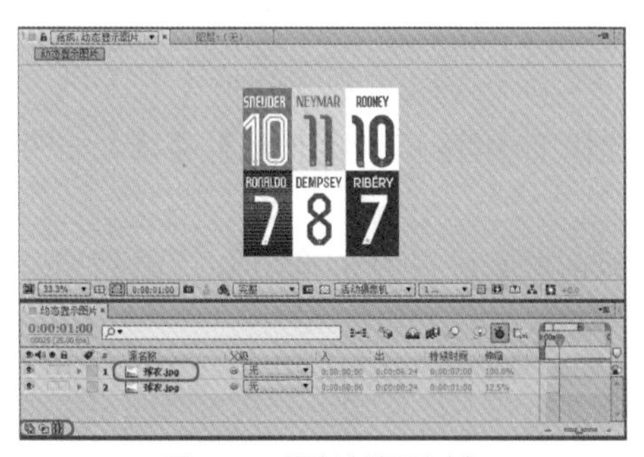

图3-28 添加新图层(1)

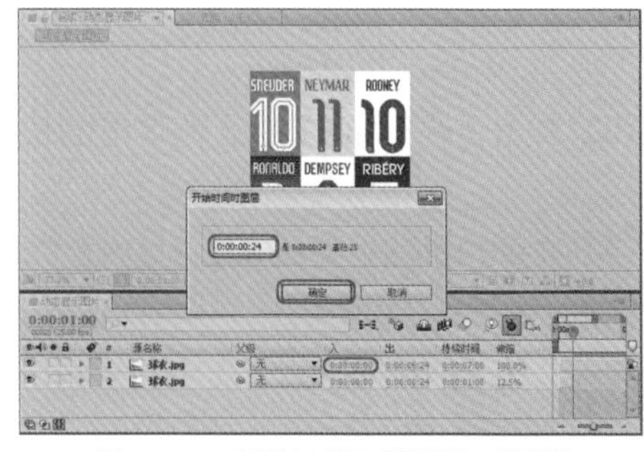

图3-29 【开始时间时图层】对话框

(10) 单击第1个图层中【持续时间】的时间，在弹出的【时间伸缩】对话框中，将【新持续时间】设置为0:00:01:06，然后单击【确定】按钮，如图3-30所示。

(11) 选中第1个层，在工具栏中使用【矩形工具】按钮，在【合成】面板中绘制一个矩形蒙版，如图3-31所示。

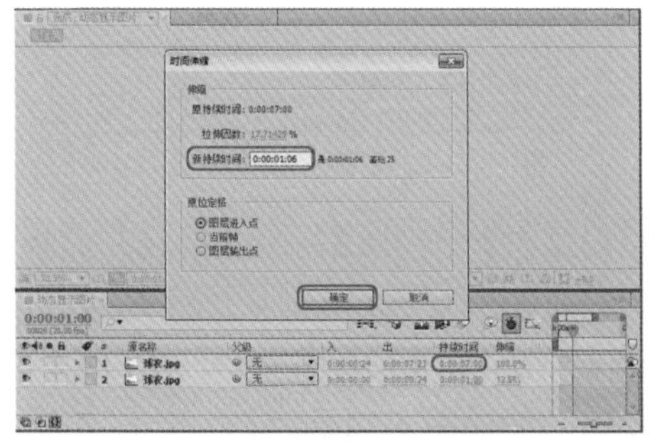

图3-30 设置【新持续时间】(2)

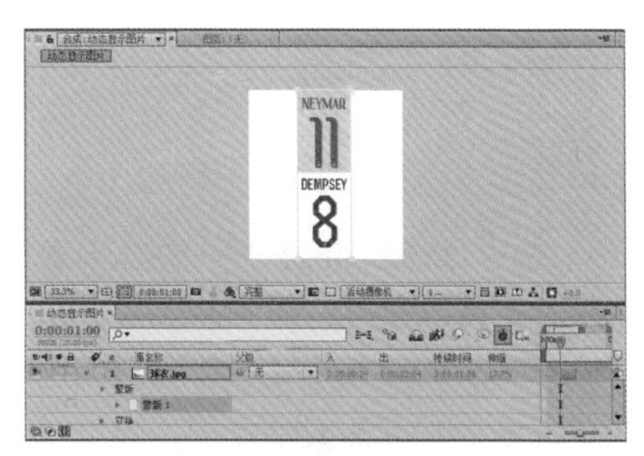

图3-31 绘制矩形蒙版(2)

（12）在时间轴中将按钮打开。确认当前时间为 0:00:01:00，然后单击如图 3-32 所示的【形状】，在弹出的【蒙版形状】对话框中，设置【定界框】的参数，选中【重置为：】复选框，然后单击【确定】按钮，如图 3-32 所示。

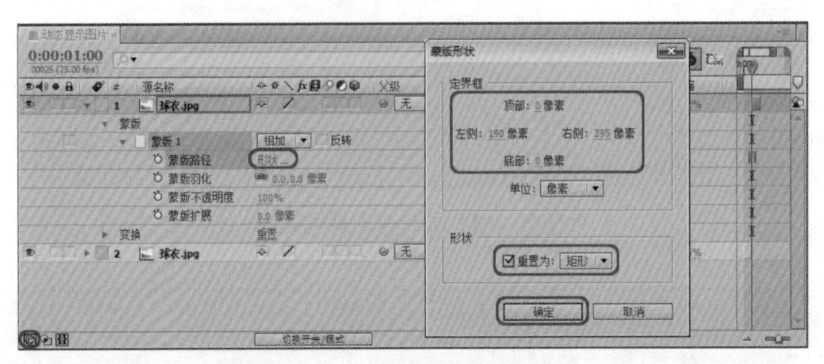

图 3-32　【蒙版形状】对话框（1）

（13）将当前时间设置为 0:00:02:03，然后单击如图 3-33 所示的【形状】，在弹出的【蒙版形状】对话框中设置【定界框】的参数，选中【重置为：】复选框，然后单击【确定】按钮，如图 3-33 所示。

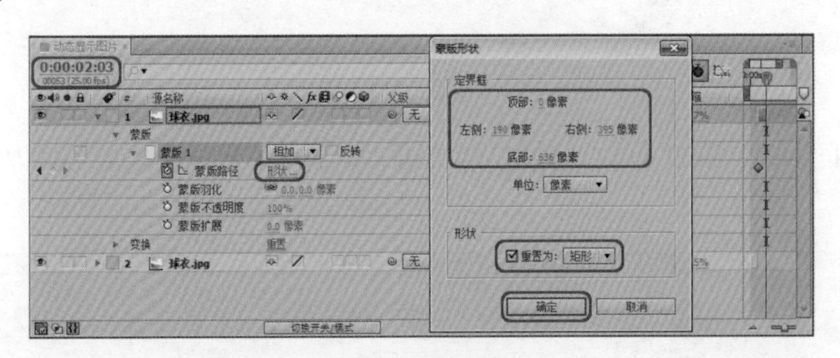

图 3-33　【蒙版形状】对话框（2）

（14）在时间轴中添加【球衣 .jpg】层至最顶层，将【入】时间设置为 0:00:02:05，【持续时间】设置为 0:00:01:17，如图 3-34 所示。

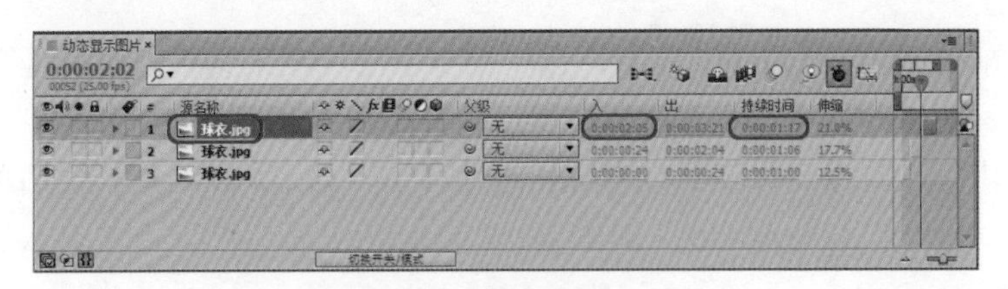

图 3-34　添加新图层（2）

（15）将当前时间设置为 0:00:02:05，选中第 1 个层，在工具栏中使用【矩形工具】按钮，在【合成】面板中绘制一个矩形蒙版，然后单击如图 3-35 所示的【形状】，在弹出的【蒙版形状】对话框中设置【定界框】的参数，选中【重置为：】复选框，然后单击【确定】按钮，如图 3-35 所示。

（16）将当前时间设置为 0:00:03:21，然后单击如图 3-36 所示的【形状】，在弹出的【蒙版形状】对话框中，设置【定界框】的参数，选中【重置为：】复选框，然后单击【确定】按钮，如图 3-36 所示。

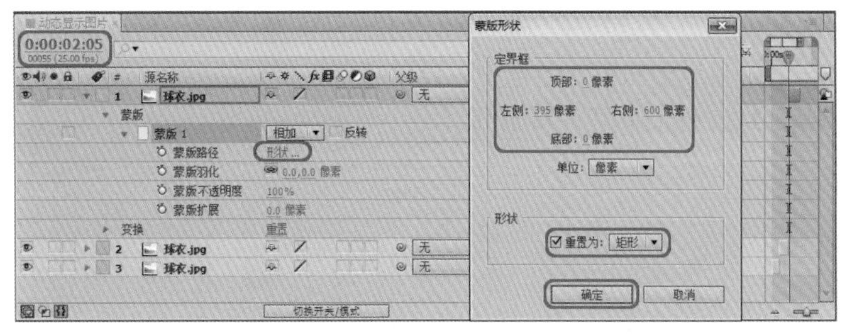

图 3-35　【蒙版形状】对话框（3）

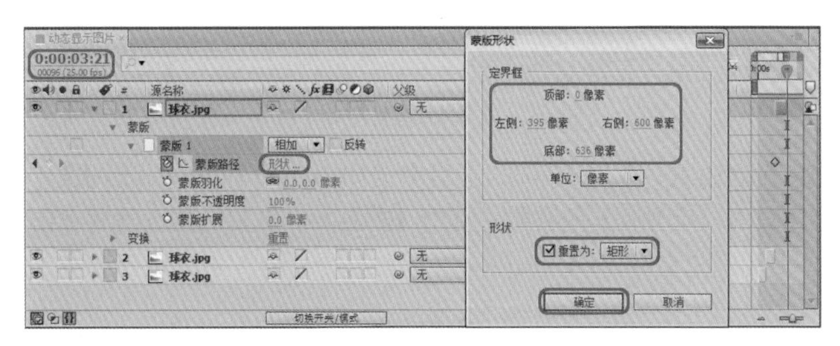

图 3-36　【蒙版形状】对话框（4）

（17）在时间轴中，添加【球衣 .jpg】层至最顶层，将【入】时间设置为 0:00:03:21，如图 3-37 所示。

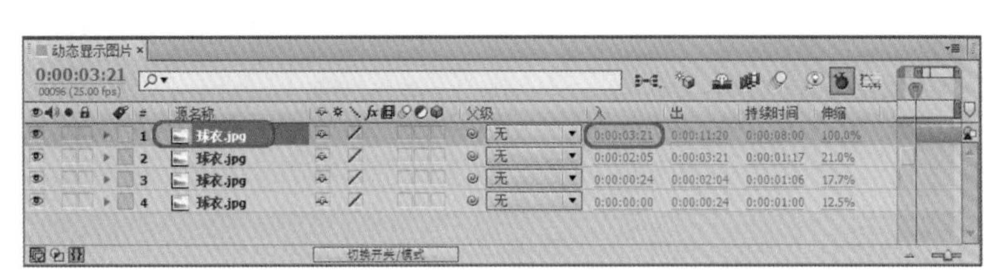

图 3-37　添加新图层（3）

（18）将当前时间设置为 0:00:03:22，选中第 1 个层，在工具栏中使用【矩形工具】按钮 ，在【合成】面板中绘制一个矩形蒙版，然后单击如图 3-38 所示的【形状】，在弹出的【蒙版形状】对话框中，设置【定界框】的参数，选中【重置为：】复选框，然后单击【确定】按钮，如图 3-38 所示。

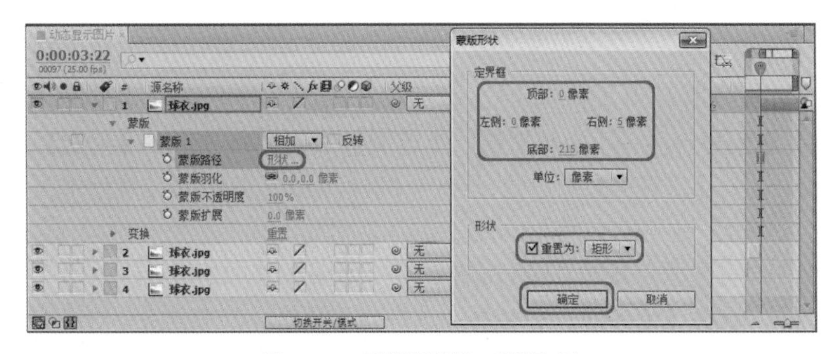

图 3-38　【蒙版形状】对话框（5）

(19) 选中第1层，在工具栏中使用【矩形工具】按钮，在【合成】面板中继续绘制一个矩形蒙版，然后单击如图3-39所示的【形状】，在弹出的【蒙版形状】对话框中，设置【定界框】的参数，选中【重置为：】复选框，然后单击【确定】按钮，如图3-39所示。

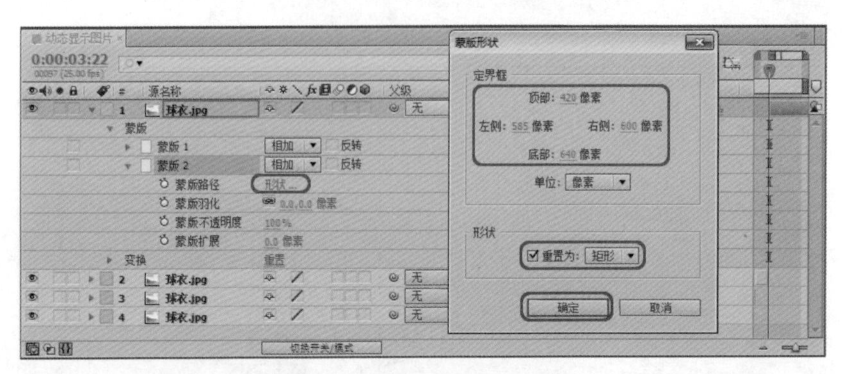

图3-39 【蒙版形状】对话框(6)

(20) 将当前时间设置为0:00:05:14，然后单击如图3-40所示的【形状】，在弹出的【蒙版形状】对话框中，设置【定界框】的参数，选中【重置为：】复选框，然后单击【确定】按钮，如图3-40所示。

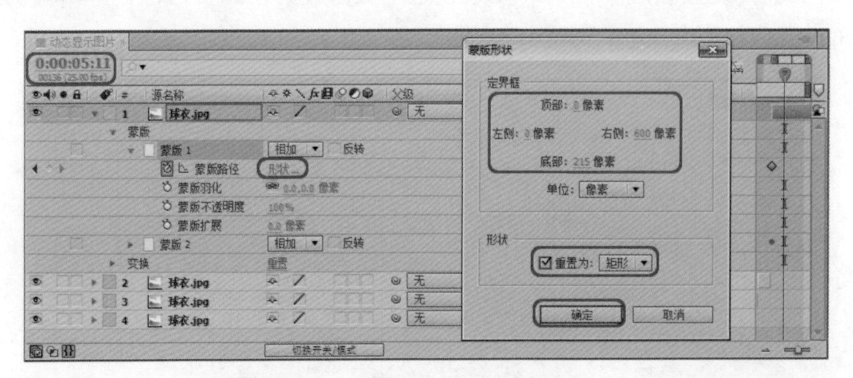

图3-40 【蒙版形状】对话框(7)

(21) 单击如图3-41所示的【形状】，在弹出的【蒙版形状】对话框中，设置【定界框】的参数，选中【重置为：】复选框，单击【确定】按钮，如图3-41所示。

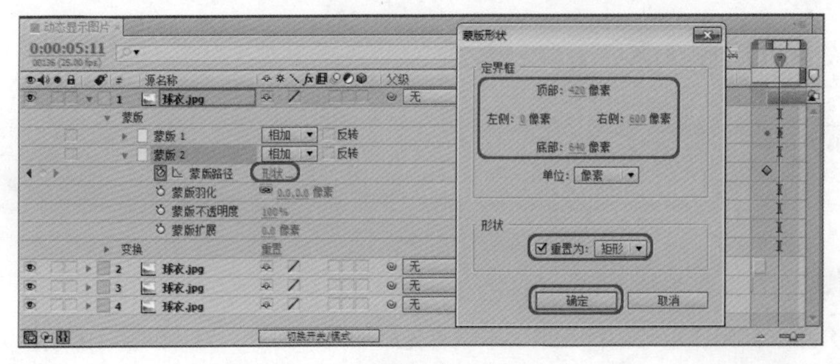

图3-41 【蒙版形状】对话框(8)

（22）将当前时间设置为0:00:05:12，选中第1层，在工具栏中使用【矩形工具】按钮，在【合成】面板中继续绘制一个任意矩形蒙版，然后单击如图3-42所示的【形状】，在弹出的【蒙版形状】对话框中，设置【定界框】的参数，选中【重置为：】复选框，单击【确定】按钮，如图3-42所示。

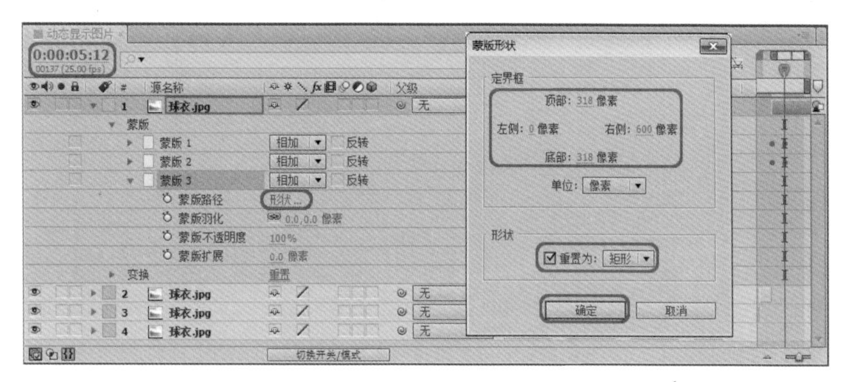

图3-42 【蒙版形状】对话框(9)

（23）将当前时间设置为0:00:06:15，然后单击如图3-43所示的【形状】，在弹出的【蒙版形状】对话框中，设置【定界框】的参数，选中【重置为：】复选框，单击【确定】按钮，如图3-43所示。

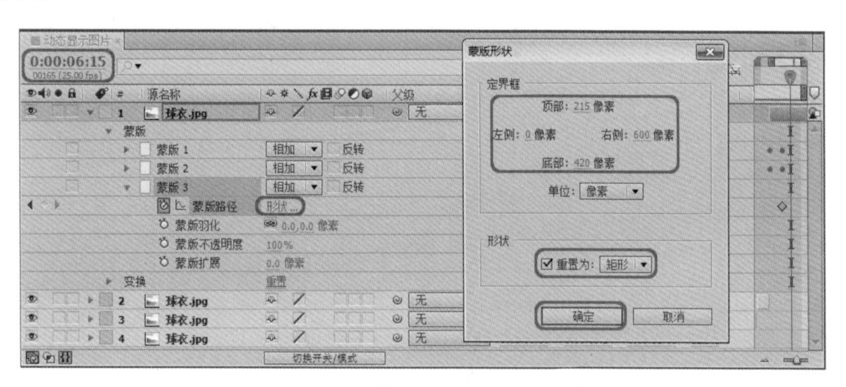

图3-43 【蒙版形状】对话框(10)

（24）后将合成添加到【渲染队列】中并输出视频，并将场景文件保存。

案例精讲026 星球运行效果

案例文件：光盘 | 场景 | Cha03 | 星球运行效果.aep

视频文件：光盘 | 视频教学 | Cha03 | 星球运行效果.avi

制作概述

本例将介绍如何制作星球运行效果。本例首先添加素材图片，为其设置【缩放】关键帧，然后导入新图层并在图层上使用【椭圆工具】绘制蒙版，通过设置【蒙版羽化】和【蒙版扩展】来显示星球图片，最后将星球图层转换为3D图层并设置位置关键帧。完成后的效果如图3-44所示。

图 3-44　星球运行效果

学习目标

学习使用【椭圆】工具绘制蒙版，学习设置图层的【蒙版羽化】和【蒙版扩展】参数，学习设置 3D 图层的【位置】参数。

操作步骤

（1）在【项目】面板中右击，在弹出的快捷菜单中选择【新建合成】命令。在弹出的【合成设置】对话框中，将【合成名称】输入【星球运行效果】，【宽度】和【高度】设置为 500px、329px，【帧速率】设置为 25 帧 / 秒，【持续时间】设置为 0:00:05:00，然后单击【确定】按钮，如图 3-45 所示。

（2）在【项目】面板中双击，在弹出的【导入文件】对话框中，选择随书光盘中的光盘 | 素材 |Cha03| 星球 .jpg 和太空背景 .jpg 素材图片，如图 3-46 所示。

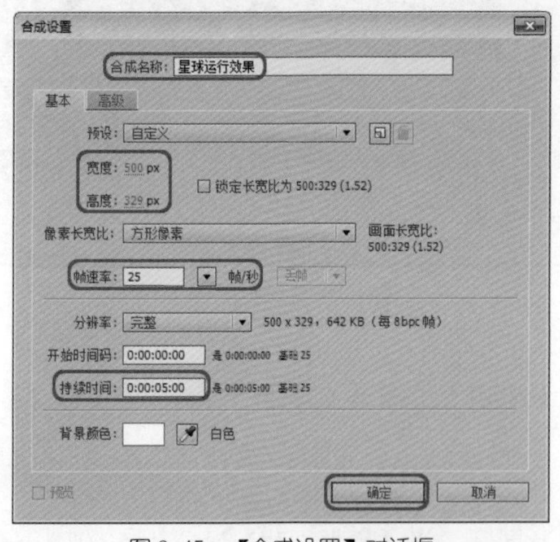

图 3-45　【合成设置】对话框

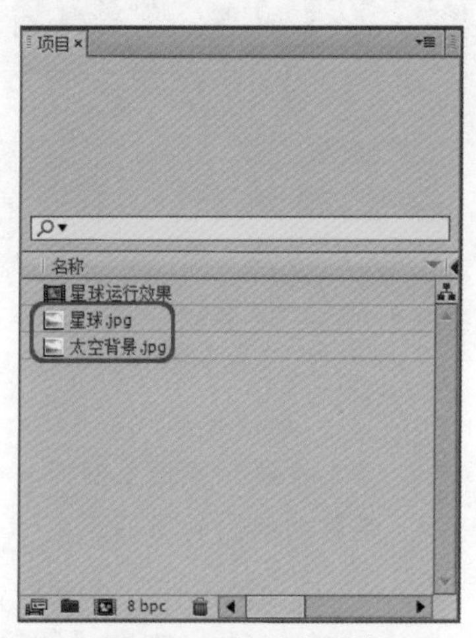

图 3-46　导入素材图片

（3）将太空背景 .jpg 素材图片添加到时间轴中，将当前时间设置为 0:00:00:00，将【太空背景 .jpg】层的【变换】|【缩放】设置为 60.0%，如图 3-47 所示。

（4）将当前时间设置为 0:00:04:24，然后将【太空背景 .jpg】层的【变换】|【缩放】设置为 80.0%，如图 3-48 所示。

图 3-47　设置【缩放】(1)

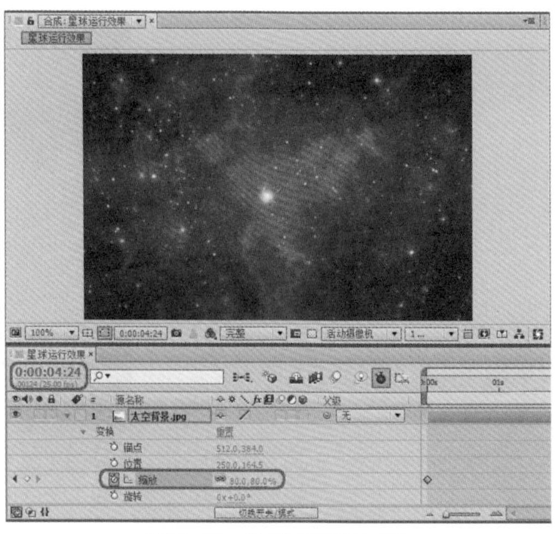
图 3-48　设置【缩放】(2)

(5) 将【项目】面板中的【星球 .jpg】素材图片添加到时间轴中，将其放置在【太空背景 .jpg】层的上方，然后将【星球 .jpg】层的【变换】|【缩放】设置为 35.0%，如图 3-49 所示。

(6) 选中【星球 .jpg】层，在工具栏中使用【椭圆工具】，在【合成】面板中沿星球轮廓绘制一个圆形蒙版，如图 3-50 所示。

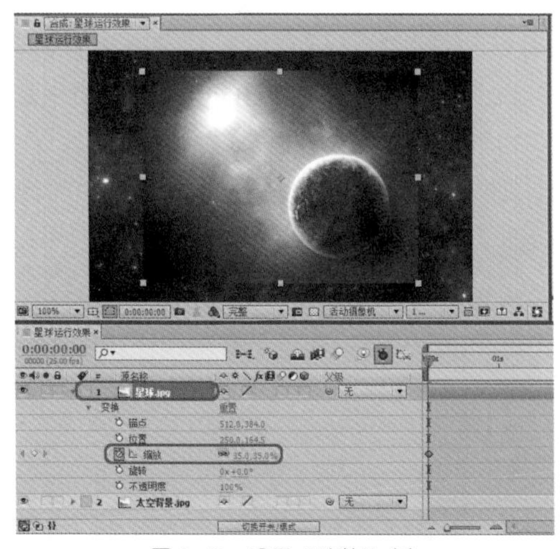
图 3-49　设置【缩放】(3)

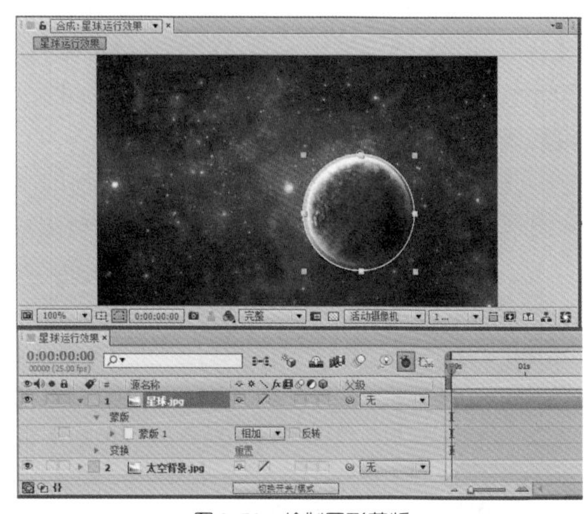
图 3-50　绘制圆形蒙版

在绘制圆形蒙版时，需要按住 Ctrl+Shift 组合键沿星球中心绘制，并按住空格键移动绘制的图形。

(7) 将【星球 .jpg】层中的【蒙版】|【蒙版 1】展开，将【蒙版羽化】设置为 50.0%，【蒙版扩展】设置为 −15.0 像素，如图 3-51 所示。

(8) 将【星球 .jpg】层的图标打开，将其转换为 3D 图层，如图 3-52 所示。

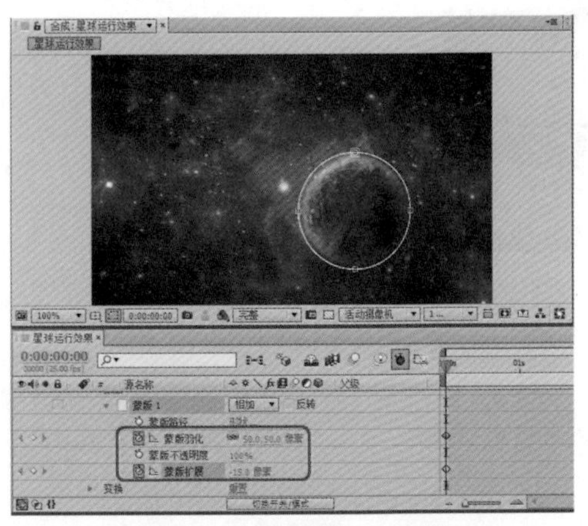

图 3-51 设置【蒙版 1】参数

图 3-52 将图层转换为 3D 图层

(9) 将当前时间设置为 0:00:00:00，将【星球 .jpg】层的【变换】|【位置】设置为 173.0、126.0、-260.0，如图 3-53 所示。

(10) 将当前时间设置为 0:00:04:24，将【星球 .jpg】层的【变换】|【位置】设置为 173.0、126.0、0.0，如图 3-54 所示。

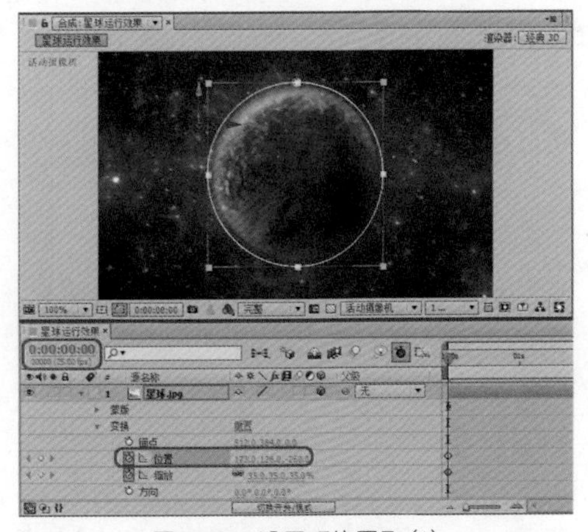

图 3-53 设置【位置】(1)

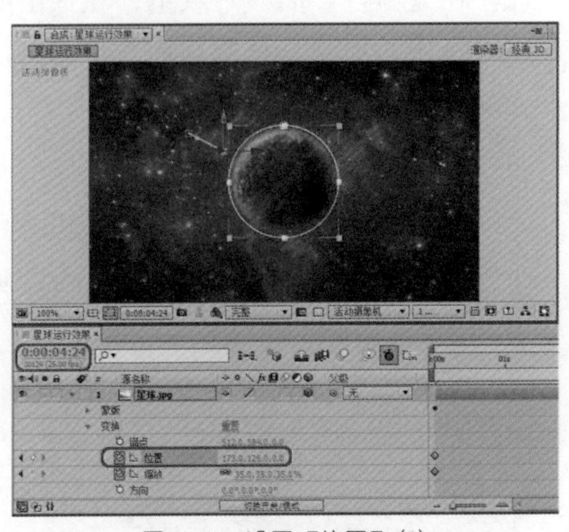

图 3-54 设置【位置】(2)

(11) 将合成添加到【渲染队列】中并输出视频，并将场景文件保存。

案例精讲 027 书写文字效果

案例文件：光盘 | 场景 | Cha03 | 书写文字效果 .aep

视频文件：光盘 | 视频教学 | Cha03 | 书写文字效果 .avi

制作概述

本例将介绍如何制作书写文字效果。本例首先添加素材背景图片并输入文字，然后在图层上使用【钢笔工具】绘制多个蒙版路径，为图层添加多个【描边】效果，设置蒙版路径描边效果。完成后的效果如图 3-55 所示。

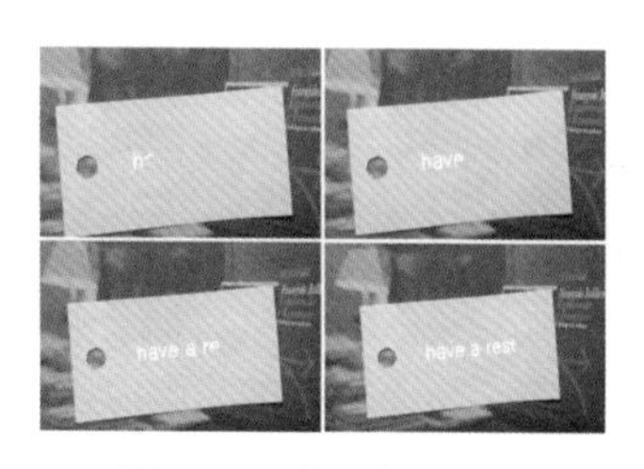

图 3-55　书写文字效果

学习目标

学习使用【钢笔工具】绘制蒙版，学习设置【描边】效果。

操作步骤

(1) 在【项目】面板中右击，在弹出的快捷菜单中选择【新建合成】命令。在弹出的【合成设置】对话框中，将【合成名称】输入【书写文字】，【宽度】和【高度】设置为 500px、329px，【帧速率】设置为 25 帧 / 秒，【持续时间】设置为 0:00:09:00，然后单击【确定】按钮，如图 3-56 所示。

(2) 在【项目】面板中双击，在弹出的【导入文件】对话框中，选择随书光盘中的光盘 | 素材 |Cha03| 卡片背景 .jpg 素材图片，将其添加到时间轴中，如图 3-57 所示。

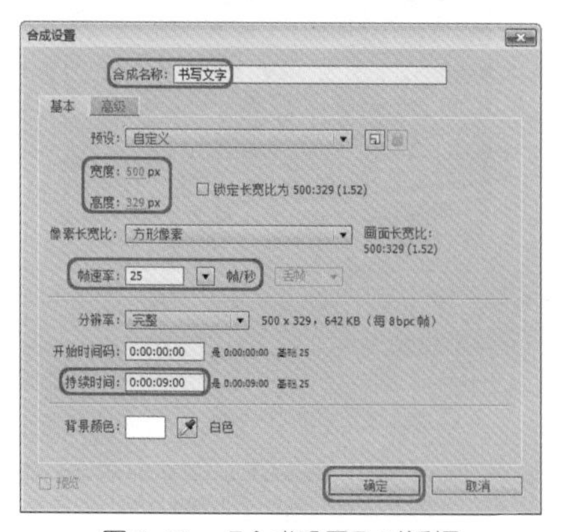

图 3-56　【合成设置】对话框

图 3-57　添加背景图层

(3) 在工具栏中使用【横排文字工具】按钮 T，在【合成】面板的适当位置输入文字，然后将【字体】设置为 BrowalliaUPC，【字体大小】设置为 56 像素，如图 3-58 所示。

图 3-58　输入文字

（4）将文字层的【变换】展开，将【旋转】设置为 0x−5.0°，如图 3-59 所示。

（5）选中【卡片背景 .jpg】层，在工具栏中使用【钢笔工具】按钮，根据英文字母 h，绘制如图 3-60 所示的蒙版路径。

图 3-59 设置【旋转】

图 3-60 绘制蒙版路径（1）

（6）选中【卡片背景 .jpg】层，在菜单栏中选择【效果】|【生成】|【描边】命令，如图 3-61 所示。

（7）确认当前时间为 0:00:00:00，在【效果控件】面板中将【描边】的【路径】设置为【蒙版 1】，【结束】设置为 0.0%，如图 3-62 所示。

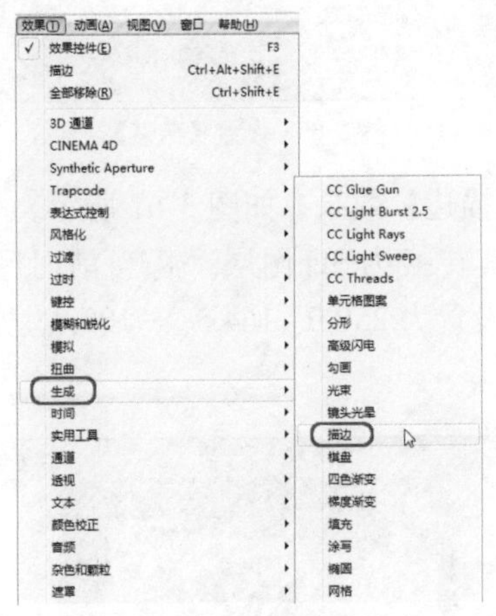

图 3-61 选择【描边】命令

图 3-62 设置【描边】效果

（8）将当前时间设置为 0:00:00:20，在【效果控件】面板中将【描边】的【结束】设置为 100.0%，如图 3-63 所示。

（9）选中【卡片背景 .jpg】层，在工具栏中使用【钢笔工具】按钮，根据英文字母 a，绘制如图 3-64 所示的蒙版路径。

（10）选中【卡片背景 .jpg】层，在菜单栏中选择【效果】|【描边】命令，确认当前时间为 0:00:00:20，在【效果控件】面板中将【描边 2】的【路径】设置为【蒙版 2】，将【结束】设置为 0.0%，如图 3-65 所示。

（11）将当前时间设置为 0:00:01:15，在【效果控件】面板中将【描边】的【结束】设置为 100.0%，如图 3-66 所示。

图 3-63　设置【结束】

图 3-64　绘制蒙版路径 (2)

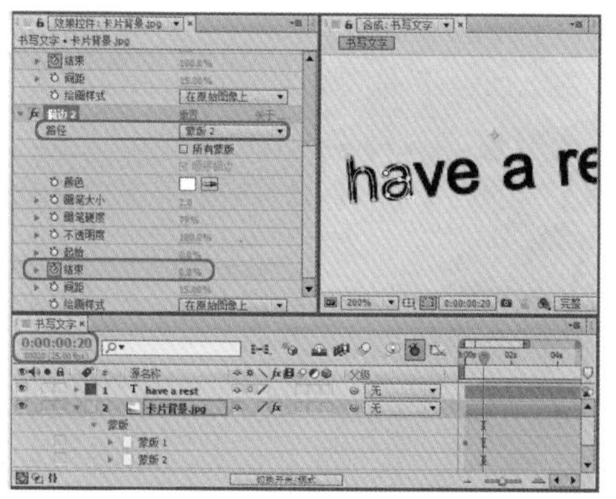
图 3-65　设置【描边 2】参数

图 3-66　设置【结束】

（12）使用相同的方法绘制其他蒙版路径并设置【描边】效果，如图 3-67 所示。

（13）将【卡片背景 .jpg】层的图标打开，将其转换为 3D 图层。将当前时间设置为 0:00:00:00，将【卡片背景 .jpg】层的【变换】|【位置】设置为 250.0、164.5、−100.0，如图 3-68 所示。

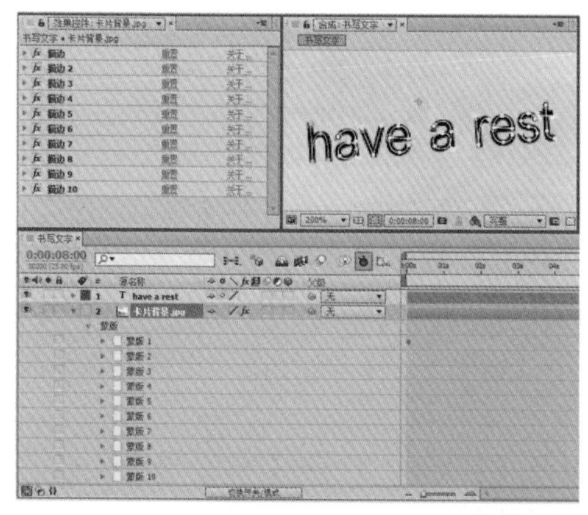

图 3-67　设置蒙版路径和【描边】效果

图 3-68　设置【位置】参数 (1)

（14）将当前时间设置为 0:00:08:24，将【卡片背景 .jpg】层的【变换】|【位置】设置为 250.0、164.5.0、40.0，如图 3-69 所示。

（15）将文字图层的图标关闭，将其隐藏，如图 3-70 所示。

图 3-69　设置【位置】参数 (2)

图 3-70　取消显示图层

（16）将合成添加到【渲染队列】中并输出视频，并将场景文件保存。

案例精讲 028　墙体爆炸效果

案例文件：光盘 | 场景 | Cha03 | 墙体爆炸效果 .aep

视频文件：光盘 | 视频教学 | Cha03 | 墙体爆炸效果 .avi

制作概述

本例将介绍如何制作墙体爆炸效果。本例首先添加素材背景图片和视频，设置视频图层的【模式】，然后在图片图层上使用【圆角矩形工具】绘制蒙版，为图片图层添加【碎片】效果，最后添加声音素材。完成后的效果如图 3-71 所示。

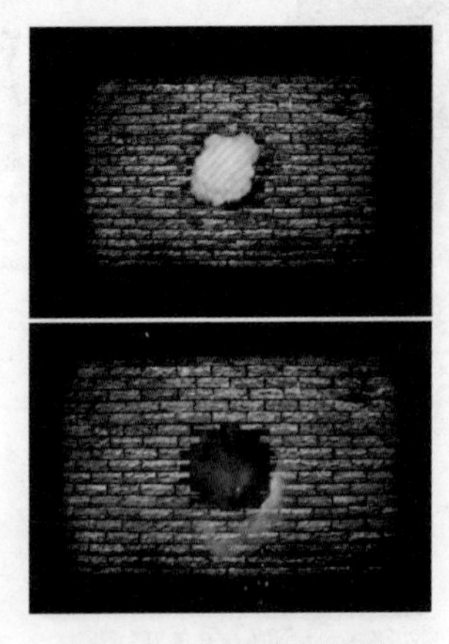

图 3-71　墙体爆炸效果

学习目标

学习使用【圆角矩形工具】绘制蒙版，学习设置【碎片】效果。

操作步骤

（1）在【项目】面板中右击，在弹出的快捷菜单中选择【新建合成】命令。在弹出的【合成设置】对话框中将【合成名称】输入【墙体爆炸效果】，【宽度】和【高度】设置为427px、300px，【帧速率】设置为 25 帧 / 秒，【持续时间】设置为 0:00:06:00，然后单击【确定】按钮，如图 3-72 所示。

（2）在【项目】面板中双击，在弹出的【导入文件】对话框中，选择随书光盘中的光盘|素材|Cha03|墙面 .jpg、爆炸声 .wav 和爆炸 .avi 素材文件，然后将墙面 .jpg 和爆炸 .avi 素材文件添加到时间轴中，如图 3-73 所示。

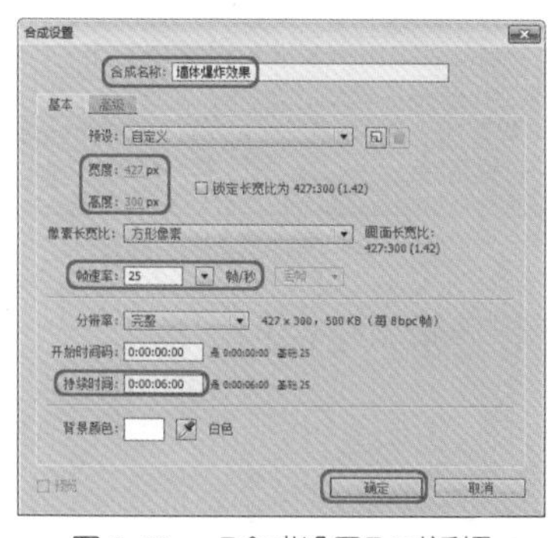

图 3-72 【合成设置】对话框

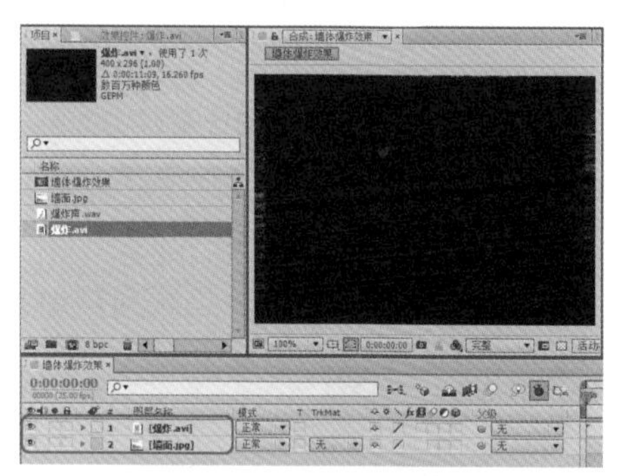

图 3-73 添加素材层

（3）在时间轴中，将按钮打开，然后将【爆炸 .avi】层的【入】时间设置为 0:00:00:05，如图 3-74 所示。

（4）在时间轴中，将按钮关闭，按钮打开。将【爆炸 .avi】层的【模式】设置为【变亮】，然后将【变换】|【缩放】设置为 130.0%，如图 3-75 所示。

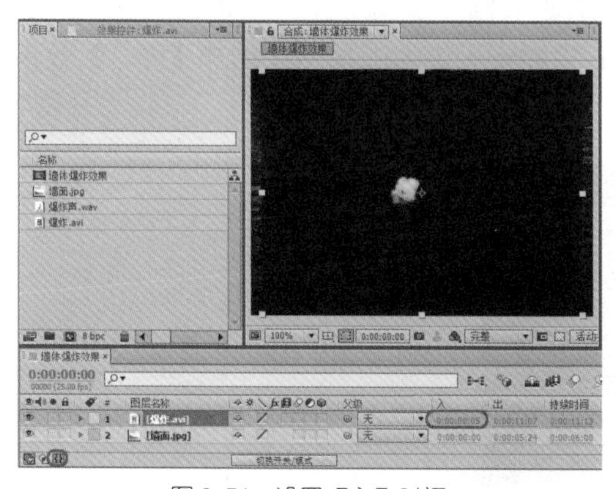

图 3-74 设置【入】时间

图 3-75 设置【模式】和【缩放】

（5）将【变换】|【位置】设置为 233.5、151.0，如图 3-76 所示。

（6）使用【圆角矩形工具】，在【合成】面板中绘制圆角矩形，单击【墙面 .jpg】层中的【蒙版】|【蒙版 1】|【蒙版路径】右侧的【形状】，在弹出的【蒙版形状】对话框中，设置【定界框】参数，然后单击【确定】按钮，如图 3-77 所示。

（7）将【墙面 .jpg】层中的【蒙版】|【蒙版 1】|【蒙版羽化】设置为 20.0 像素，效果如图 3-78 所示。

(8) 选中【墙面.jpg】层并在菜单栏中选择【效果】|【模拟】|【碎片】命令，在【效果控件】面板中将【碎片】效果的【视图】设置为【已渲染】，【形状】|【重复】设置为20.00，【作用力1】|【深度】设置为0.14，【半径】设置为0.16，如图3-79所示。

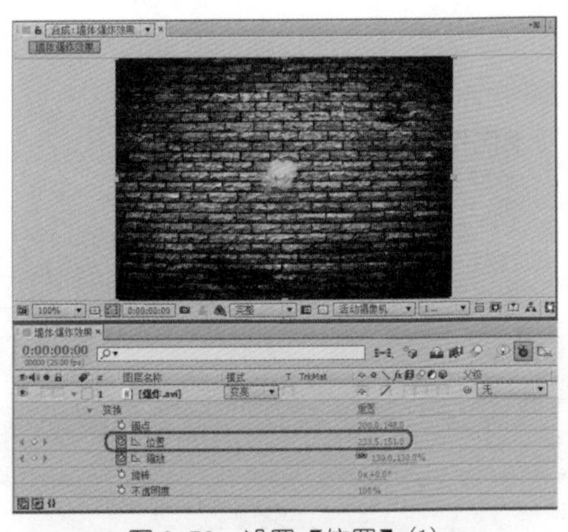

图3-76　设置【位置】(1)

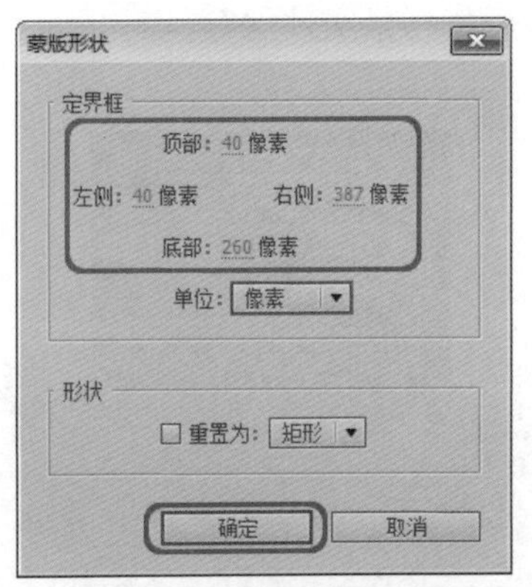

图3-77　【蒙版形状】对话框

图3-78　设置【蒙版羽化】

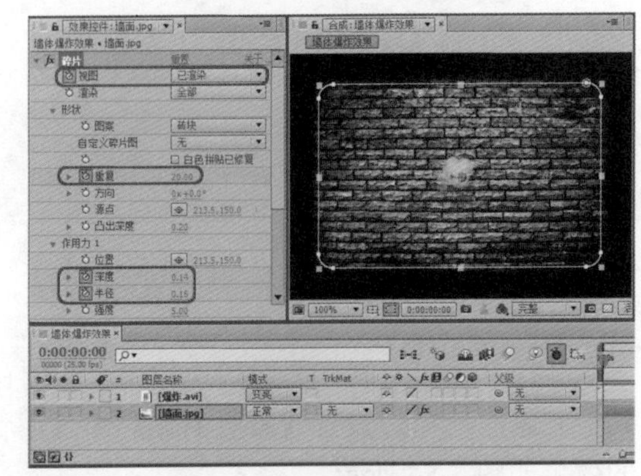

图3-79　设置【碎片】效果

(9) 将【墙面.jpg】层的图标打开，将其转换为3D图层。将当前时间设置为0:00:00:00，将【墙面.jpg】层的【变换】|【位置】设置为213.5、150.0、100.0，如图3-80所示。

(10) 将当前时间设置为0:00:05:24，将【墙面.jpg】层的【变换】|【位置】设置为213.5、150.0、−100.0，如图3-81所示。

图3-80　设置【位置】(2)

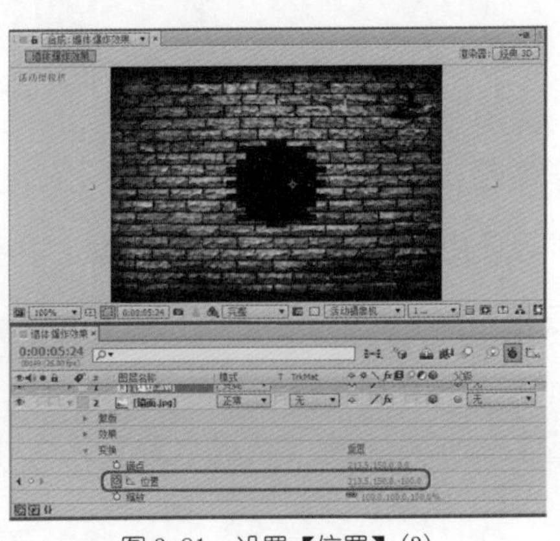

图3-81　设置【位置】(3)

（11）将【项目】面板中的【爆炸生 .wav】添加到时间轴中，将其放置在最底层，如图 3-82 所示。

（12）按 Ctrl+M 组合键，打开【渲染队列】面板，单击【渲染】按钮渲染输出视频，如图 3-83 所示。最后将场景文件保存。

图 3-82　添加声音素材

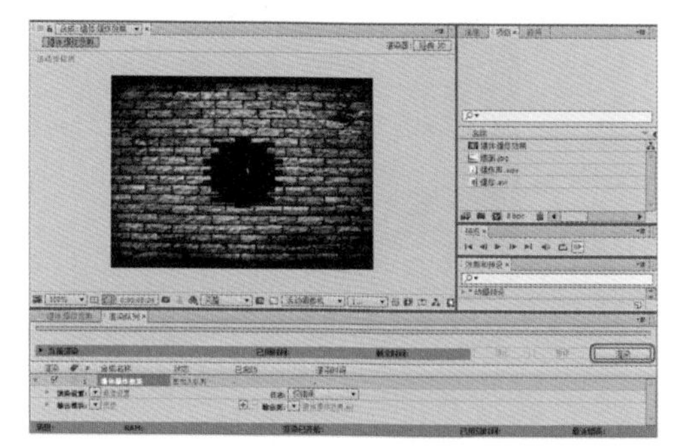

图 3-83　渲染输出视频

案例精讲 029　图像切换

案例文件：光盘 | 场景 | Cha03 | 图像切换 .aep

视频文件：光盘 | 视频教学 | Cha03 | 图像切换 .avi

制作概述

本例将介绍如何制作图像切换效果。本例首先添加素材图片，然后在图层上使用【矩形工具】绘制蒙版，通过设置【蒙版羽化】和【蒙版不透明度】来实现图像之间的切换效果。完成后的效果如图 3-84 所示。

图 3-84　图像切换

学习目标

学习使用【矩形工具】绘制蒙版，学习设置图层的【蒙版羽化】和【蒙版不透明度】参数。

操作步骤

（1）在【项目】面板中右击，在弹出的快捷菜单中选择【新建合成】命令。在弹出的【合成设置】对话框中将【合成名称】输入【图像切换】，【宽度】和【高度】设置为 420px、329px，【帧速率】设置为 25 帧 / 秒，【持续时间】设置为 0:00:03:00，然后单击【确定】按钮，如图 3-85 所示。

(2) 在【项目】面板中双击，在弹出的【导入文件】对话框中选择随书光盘中的光盘|素材|Cha03|列车.jpg和城市街道.jpg素材图片，将其添加到时间轴中，如图3-86所示。

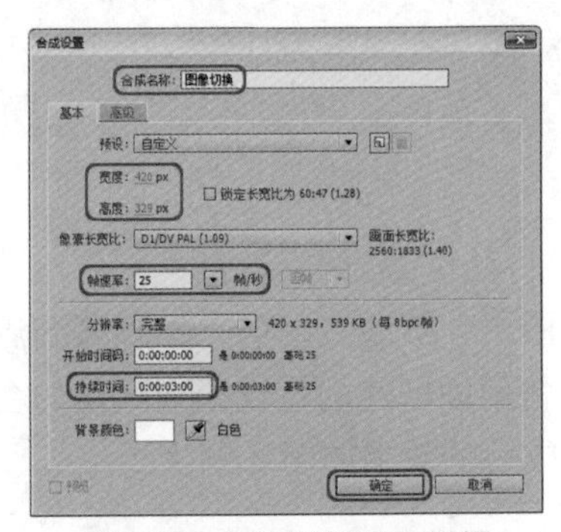
图3-85　【合成设置】对话框

图3-86　添加素材图层

(3) 确认当前时间为0:00:00:00，在时间轴中选中【列车.jpg】层，使用【矩形工具】绘制如图3-87所示的矩形蒙版，然后单击【蒙版】|【蒙版1】中的【蒙版羽化】左侧的按钮，添加关键帧。

(4) 将当前时间设置为0:00:01:12，将【蒙版羽化】设置为800.0像素，然后单击【蒙版不透明度】左侧的按钮，添加关键帧，如图3-88所示。

图3-87　添加关键帧

图3-88　设置蒙版参数

(5) 将当前时间设置为0:00:02:18，将【蒙版不透明度】设置为0%，如图3-89所示。

(6) 将【城市街道.jpg】层的【变换】|【缩放】设置为110.0%、110.0%，如图3-90所示。

图3-89　设置【蒙版不透明度】

图3-90　设置【缩放】

(7) 将合成添加到【渲染队列】中并输出视频，并将场景文件保存。

案例精讲 030　撕纸效果

案例文件：光盘 | 场景 | Cha03 | 撕纸效果 .aep

视频文件：光盘 | 视频教学 | Cha03 | 撕纸效果 .avi

制作概述

本例将介绍如何制作撕纸效果。本例首先创建纯色图层，然后在图层上设置【湍流杂色】效果，然后创建文字图层并绘制蒙版，创建新的合成，将前面创建的合成添加到新的合成中，并设置 CC Page Turn、【投影】和【色阶】等效果。完成后的效果如图 3-91 所示。

图 3-91　撕纸效果

学习目标

学习使用【钢笔工具】绘制蒙版，学习设置图层的 CC Page Turn、【投影】和【色阶】等效果。

操作步骤

(1) 在【项目】面板中右击，在弹出的快捷菜单中选择【新建合成】命令。在弹出的【合成设置】对话框中将【合成名称】输入 01，【预设】设置为 PAL D1/DV，【持续时间】设置为 0:00:05:00，【背景颜色】设置为白色，然后单击【确定】按钮，如图 3-92 所示。

(2) 在时间轴中右击，在弹出的快捷菜单中选择【新建】|【纯色】命令。在弹出的【纯色设置】对话框中将【颜色】设置为黑色，然后单击【确定】按钮，如图 3-93 所示。

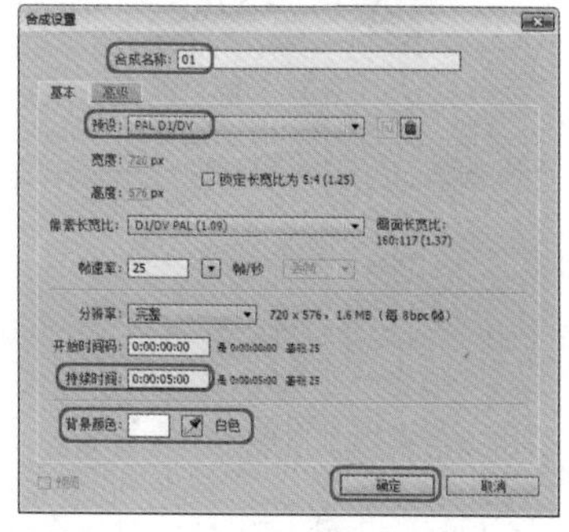

图 3-92　【合成设置】对话框 (1)

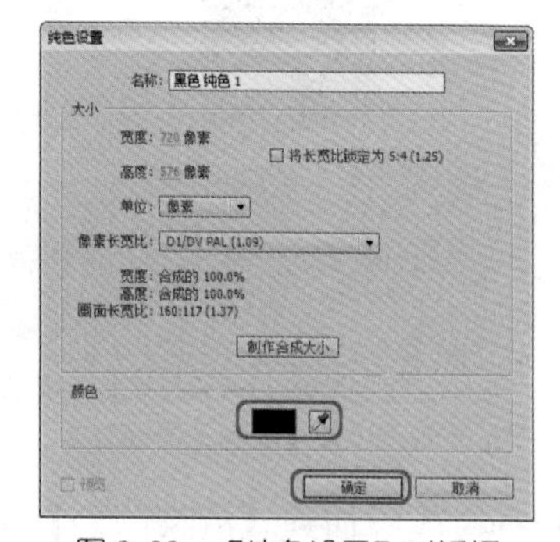

图 3-93　【纯色设置】对话框

（3）在时间轴中选中【黑色 纯色 1】层，在菜单栏中选择【效果】|【杂色和颗粒】|【湍流杂色】命令，如图 3-94 所示。

（4）在【效果控件】面板中将【湍流杂色】中的【溢出】设置为【剪切】，如图 3-95 所示。

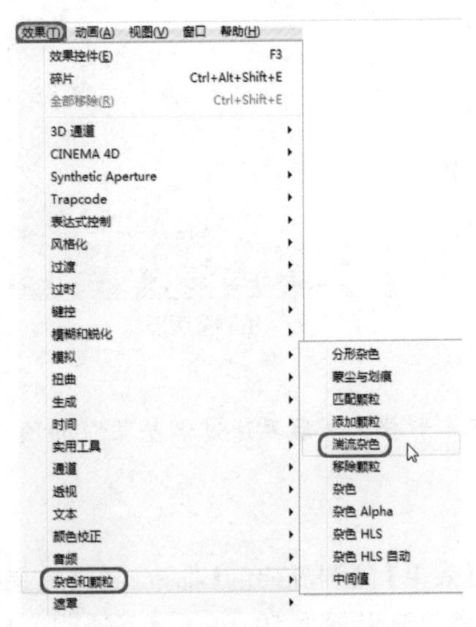

图 3-94 选择【湍流杂色】命令

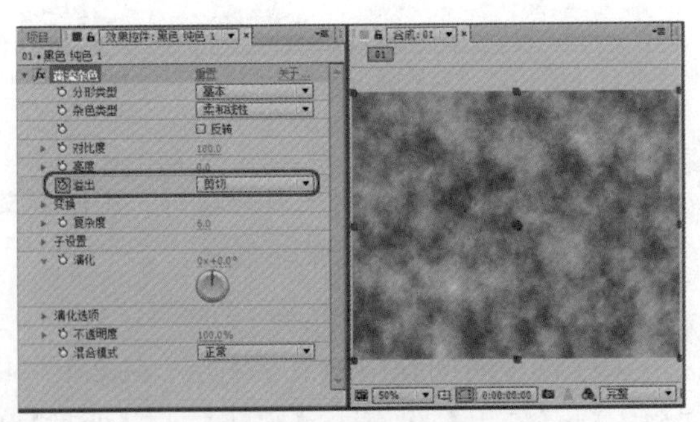

图 3-95 设置【溢出】

（5）按 Ctrl+N 组合键，在弹出的【合成设置】对话框中将【合成名称】设置为 02，然后单击【确定】按钮，如图 3-96 所示。

（6）将【项目】面板中的合成 01 添加到时间轴中的合成 02 中，如图 3-97 所示。

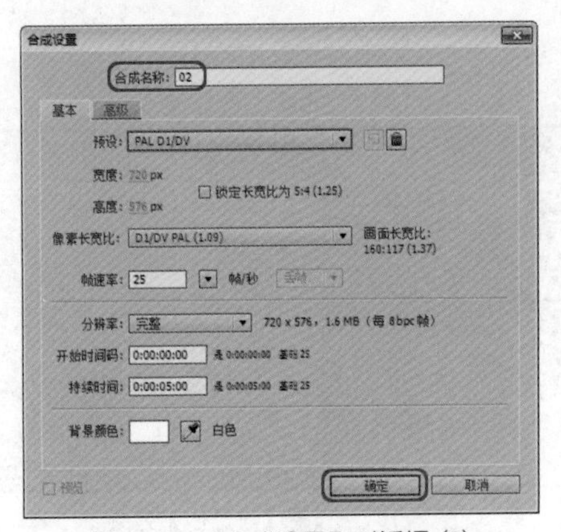

图 3-96 【合成设置】对话框（2）

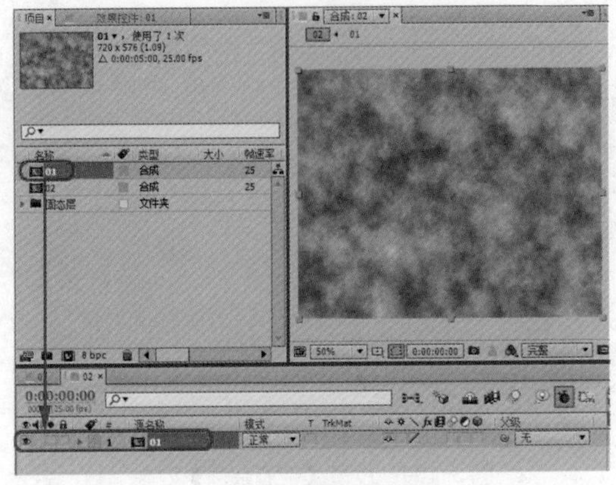

图 3-97 添加合成层

（7）在时间轴中将 01 层的图标关闭，然后在工具栏中使用【横排文字工具】，在【合成】面板中输入字母，在【字符】面板中将【字体】设置为 Impact，【字体大小】设置为 320 像素，【垂直缩放】设置为 200%，【水平缩放】设置为 130%，【字体颜色】的 RGB 值设置为 237、255、255，如图 3-98 所示。

（8）在时间轴中选中文字层，使用【钢笔工具】在【合成】面板中绘制蒙版形状，如图 3-99 所示。

图 3-98　输入字母

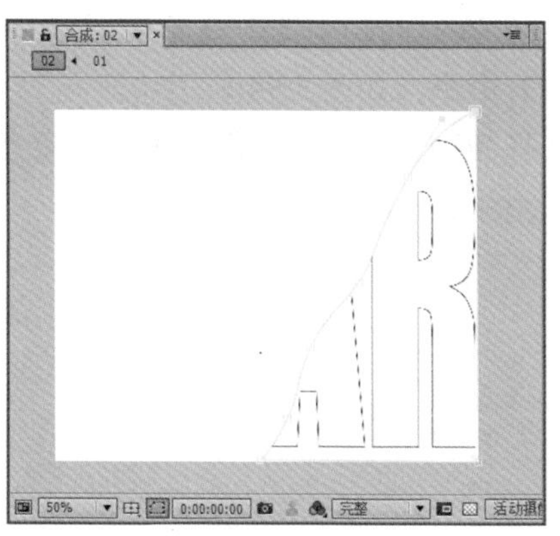
图 3-99　绘制蒙版形状

在绘制蒙版形状时，先绘制蒙版的基本形状，然后再通过调整蒙版的顶点来调整蒙版的最终形状。

(9) 选中时间轴中的文字图层，在菜单栏中选择【效果】|【湍流杂色】命令。在【效果控件】面板中将【溢出】设置为【剪切】，【变换】中的【缩放】设置为 50.0%，【不透明度】设置为 50.0%，如图 3-100 所示。

(10) 选中文字图层，在菜单栏中选择【效果】|【风格化】|【纹理化】命令。在【效果控件】面板中将【纹理化】中的【纹理图层】设置为【2.01】，【纹理对比度】设置为 2.0，如图 3-101 所示。

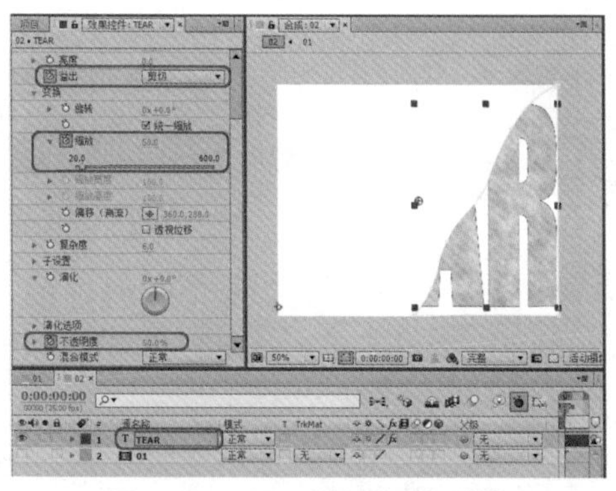
图 3-100　设置【湍流杂色】效果

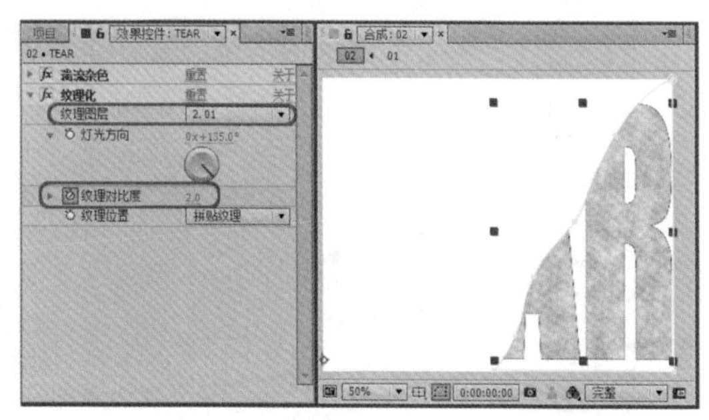
图 3-101　设置【纹理化】效果

(11) 在【项目】面板中选中 02 合成，按 Ctrl+D 组合键复制出 03 合成，如图 3-102 所示。

(12) 在【项目】面板中双击 03 合成，将【项目】面板中的 02 合成添加到时间轴中的 03 合成的顶端，如图 3-103 所示。

(13) 在时间轴中将文字图层的【蒙版】展开，选中【蒙版 1】右侧的【反转】复选框，如图 3-104 所示。

(14) 在时间轴中选中 02 层，在菜单栏中选择【效果】|【扭曲】| CC Page Turn 命令，如图 3-105 所示。

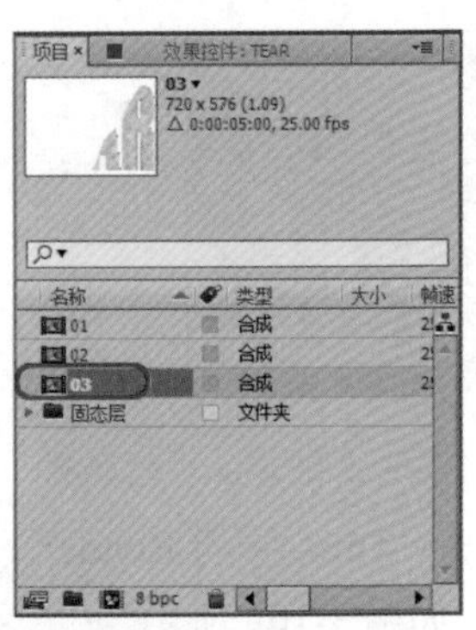

图 3-102　复制 03 合成

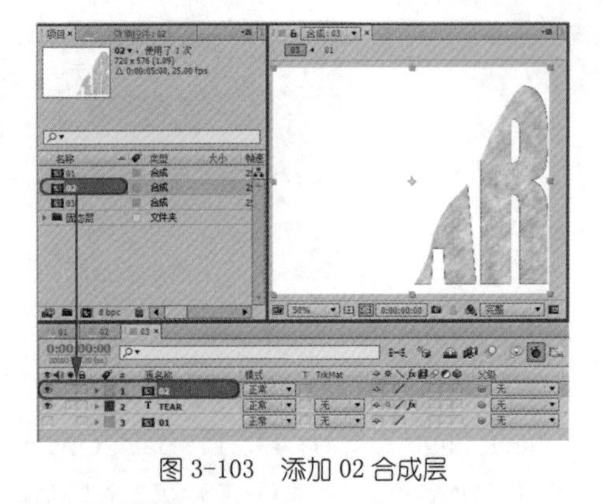

图 3-103　添加 02 合成层

图 3-104　选中【反转】复选框

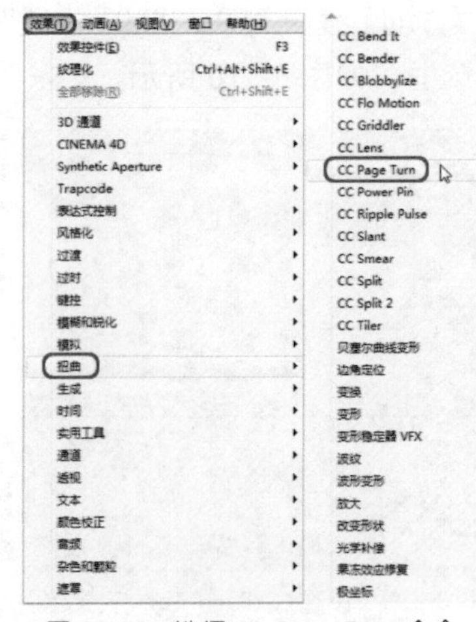

图 3-105　选择 CC Page Turn 命令

(15) 将当前时间设置为 0:00:00:00，在【效果控件】面板中，将 CC Page Turn 中的 Controls 设置为 Classic UI，Fold Position 设置为 690.0、20.0，Fold Direction 设置为 0x+210.0°，Light Direction 设置为 0x+10.0°，Render 设置为 Front Page，如图 3-106 所示。

(16) 将当前时间设置为 0:00:04:24，在【效果控件】面板中，将 CC Page Turn 中的 Fold Position 设置为 300.0、590.0，如图 3-107 所示。

图 3-106　设置 CC Page Turn 效果 (1)

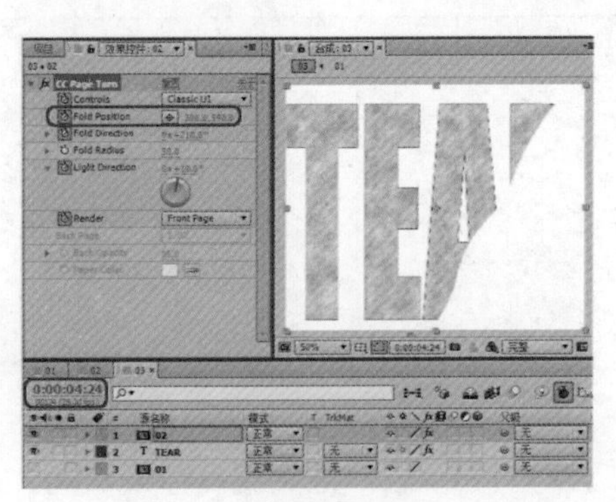

图 3-107　设置 Fold Position

(17) 在时间轴中选中 02 层并右击，在弹出的快捷菜单中选择【重命名】命令，将其重命名为 021，然后按 Ctrl+D 组合键将其复制 3 次，如图 3-108 所示。

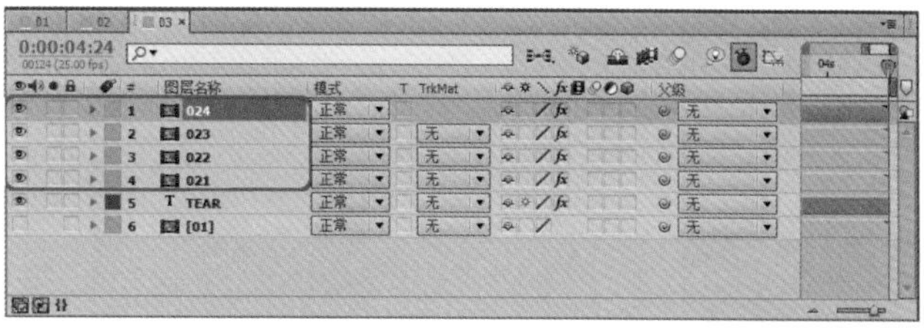

图 3-108　复制图层

（18）选中【022】层，在【项目】面板中将 CC Page Turn 中的 Render 设置为 Back Page，Back Page 设置为 4.021，Back Opacity 设置为 100.0，如图 3-109 所示。

（19）在菜单栏中选择【效果】|【透视】|【投影】命令。在【效果控制】面板中，将【投影】中的【方向】设置为 0x+90.0°，【距离】设置为 10.0，【柔和度】设置为 10.0，并选中【仅阴影】复选框，如图 3-110 所示。

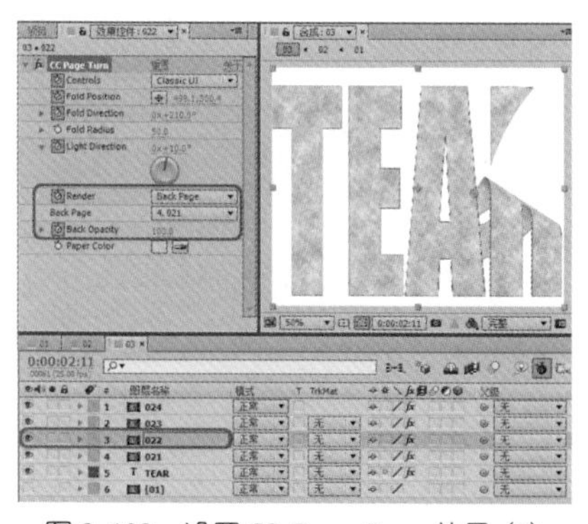

图 3-109　设置 CC Page Turn 效果（2）

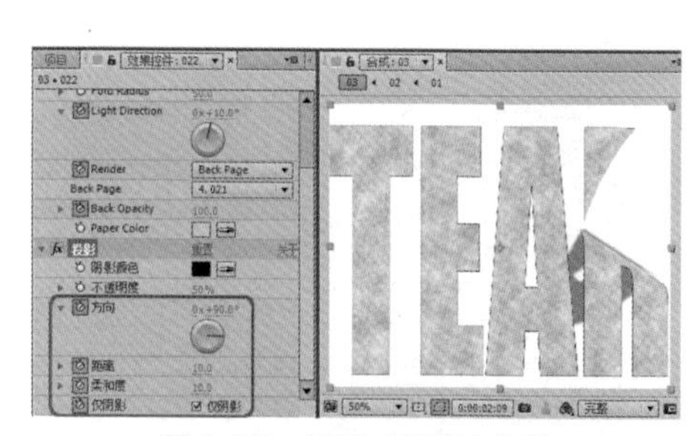

图 3-110　设置【投影】效果

（20）在时间线中选择 024 层，将当前时间设置为 0:00:00:00，在【效果控件】面板中，将 CC Page Turn 中的 Render 设置为 Back Page，Back Page 设置为 4.021，Back Opacity 设置为 100.0，如图 3-111 所示。

（21）在菜单栏中选择【效果】|【颜色校正】|【色阶】命令。在【效果控件】面板中，将【色阶】中的【度色系数】设置为 0.60，如图 3-112 所示。

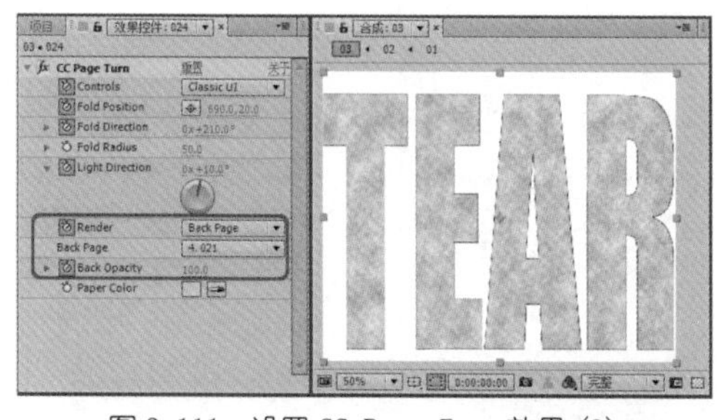

图 3-111　设置 CC Page Turn 效果（3）

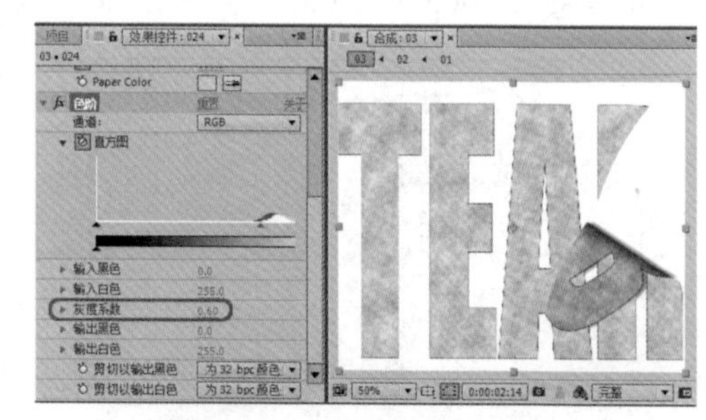

图 3-112　设置【色阶】效果

（22）将 03 合成添加到【渲染队列】中并输出视频，并将场景文件保存。

第 4 章 3D 图层

本章重点

- 倒影效果的制作
- 出现在桌子上的书
- 掉落的壁画
- 制作骰子
- 产品展示效果
- 人物投影
- 旋转的文字
- 旋转的钟表

在 After Effects 中可以将二维图层转换为 3D 图层，这样可以更好的把握画面的透视关系和最终的画面效果，并且有些功能(如摄像机图层和灯光图层)需要在3D图层上才能起到效果。本章的案例将在 After Effects 中应用 3D 图层，使读者更深入地了解 After Effects 中的 3D 图层。

案例精讲 031 倒影效果的制作

案例文件：光盘 | 场景 | Cha04 | 倒影效果的制作 .aep
视频文件：光盘 | 视频教学 | Cha04 | 倒影效果的制作 .avi

制作概述

本例将讲解倒影效果的制作，本例在制作过程首先使用【梯度渐变】制作出背景，然后加入素材，通过 3D 图层的设置，制作出两个相同的对象，通过对倒影添加【线性擦除】特效使其呈现出倒影的效果，文字动画做对象的辅助，具体操作方法如下，完成后的效果如图 4-1 所示。

图 4-1 倒影效果的制作

学习目标

学习如何制作倒影效果，掌握 3D 图层的使用，掌握【线性擦除】效果的应用。

操作步骤

(1) 启动软件后，按 Ctrl+N 组合键，弹出【合成设置】对话框，将【合成名称】设置为【倒影】，在【基本】选项组中，将【宽度】和【高度】分别设置为 1024px 和 768px，将【像素长宽比】设置为【方形像素】，将【帧速率】设置为 25 帧 / 秒，将【持续时间】设置为 0:00:05:00，单击【确定】按钮，如图 4-2 所示。

知识链接

帧速率是指每秒钟刷新的图片的帧数，也可以理解为图形处理器每秒钟能够刷新几次。对影片内容而言，帧速率指每秒所显示的静止帧格数。要生成平滑连贯的动画效果，帧速率一般不小于 8；而电影的帧速率为 24fps。捕捉动态视频内容时，此数字越高越好。

(2) 切换到【项目】面板，在该面板中进行双击，弹出【导入文件】对话框，在该对话框中选择随书光盘中的光盘 | 素材 |Cha04|01.png 文件，然后单击【导入】按钮，如图 4-3 所示。

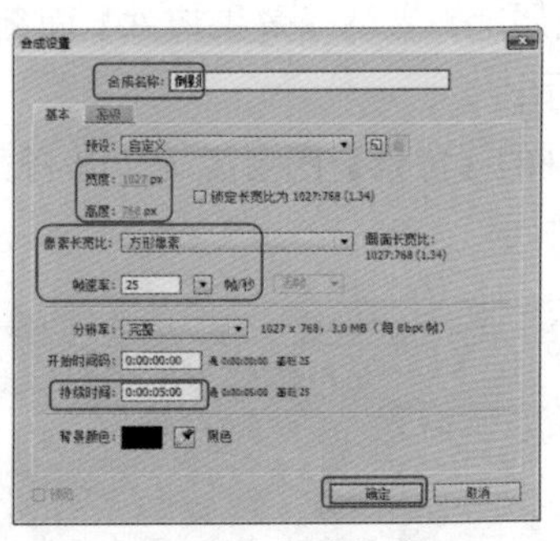

图 4-2　新建合成

图 4-3　选择素材文件

(3) 在【项目】面板中，查看导入的素材文件，如图 4-4 所示。

除了上述方法导入文件之外，用户还可以在【项目】面板中右击，在弹出的快捷菜单中选择【导入】|【文件】命令，也可以按 Ctrl+I 组合键。

(4) 在【倒影】时间轴上右击，在弹出的快捷菜单中选择【新建】|【纯色】命令，如图 4-5 所示。

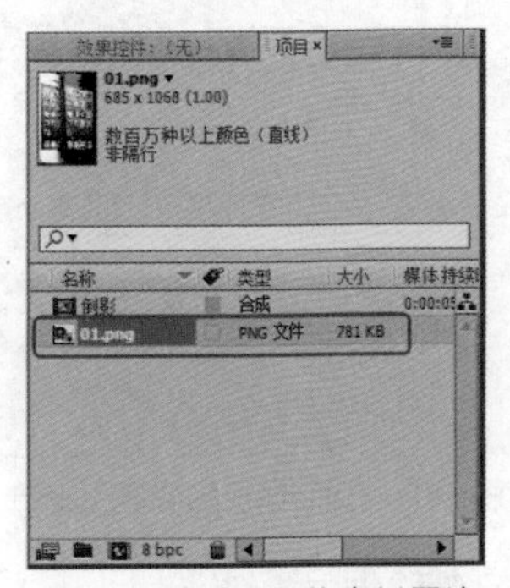

图 4-4　查看导入的素材图片

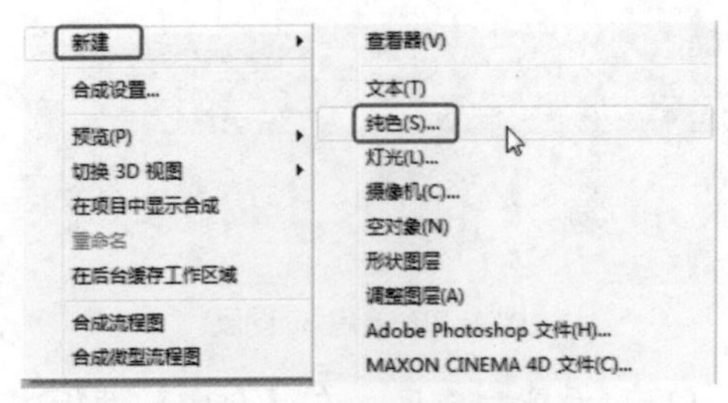

图 4-5　选择【纯色】命令

(5) 弹出【纯色设置】对话框，将【名称】设置为【背景】，将【宽度】和【高度】设置为 1027 像素、768 像素，颜色设置为【白色】，如图 4-6 所示。

(6) 按 Ctrl+5 组合键，打开【效果和预设】面板，在搜索框中输入【梯度渐变】字符，此时会在【效果和预设】面板中显示搜索的效果，如图 4-7 所示。

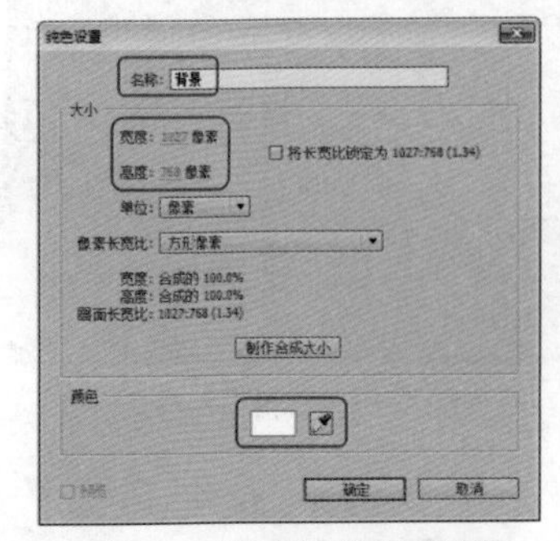

图 4-6　【纯色设置】对话框

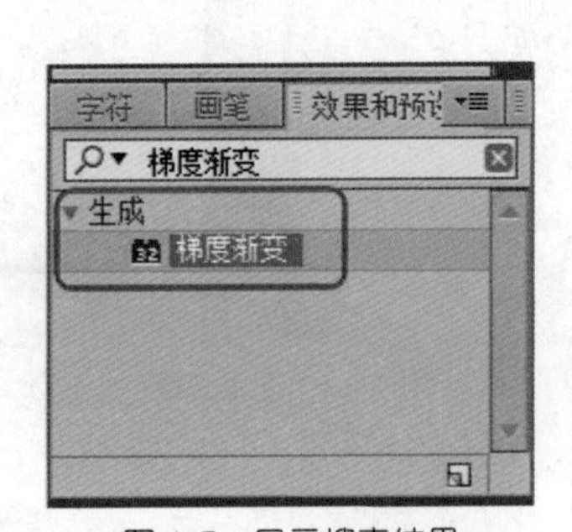

图 4-7　显示搜索结果

(7) 选择【梯度渐变】效果，将其添加到【背景】图层上，激活【效果控件】面板，将【起始颜色】的 RGB 值设置为 175、175、175，如图 4-8 所示。

(8) 在【项目】面板中选择 01.png，将其拖至时间轴的【背景】图层上方，并将其【位置】设置为 521、284，将【缩放】都设置为 35%，如图 4-9 所示。

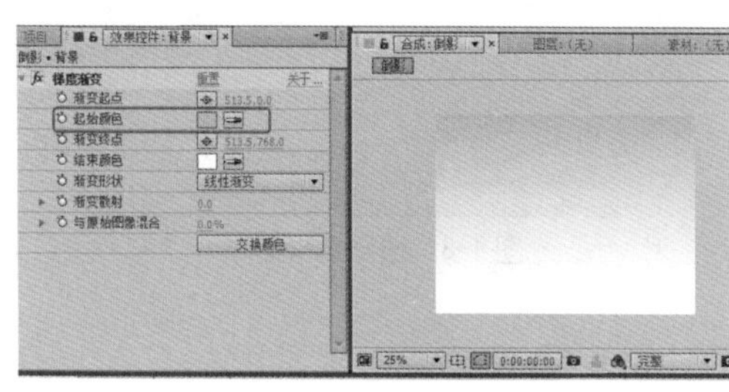

图 4-8　设置效果

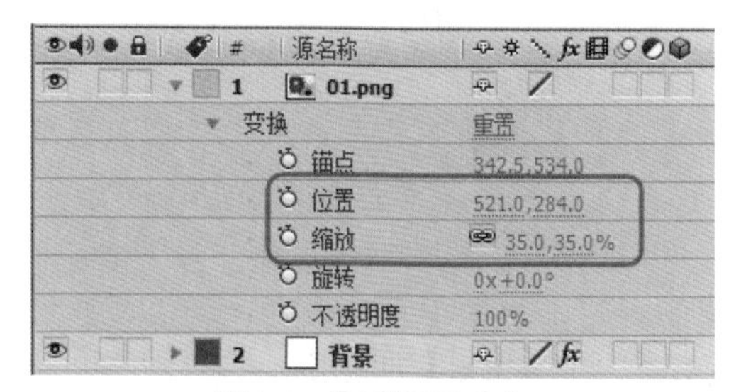

图 4-9　设置位置和缩放

(9) 在时间轴中选择 01.png 图层，按 Ctrl+D 组合键对其进行复制，并将复制的图层的名称设置为【倒影】，并单击【3D 图层】按钮，开启 3D 图层，如图 4-10 所示。

(10) 在时间轴中展开【倒影】图层的【变换】，将【位置】设置为 522.5，656，0，将【X 轴旋转】设置为 0x+180°，如图 4-11 所示。

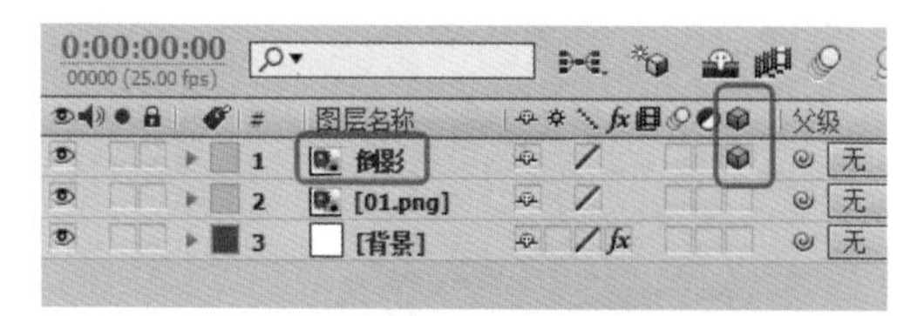

图 4-10　开启 3D 图层

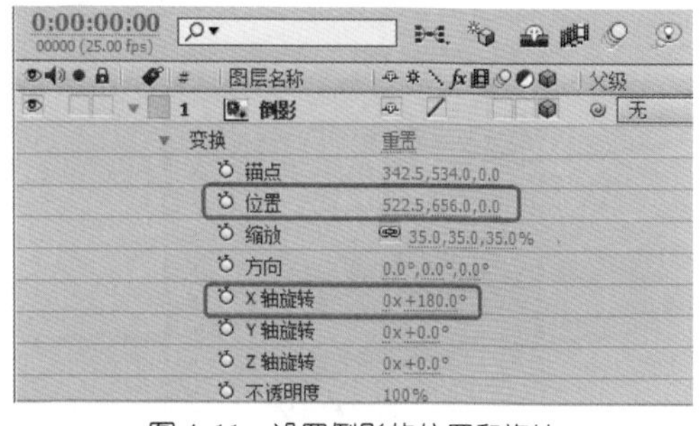

图 4-11　设置倒影的位置和旋转

(11) 设置完成后，在【合成】面板中查看效果，如图 4-12 所示。

(12) 在【效果和预设】面板中搜索【线性擦除】效果，将其添加到【倒影】对象上，在【效果控件】面板中将【过渡完成】设置为 83%，将【擦除角度】设置为 0x−180°，将【羽化】设置为 421，如图 4-13 所示。

图 4-12　查看效果

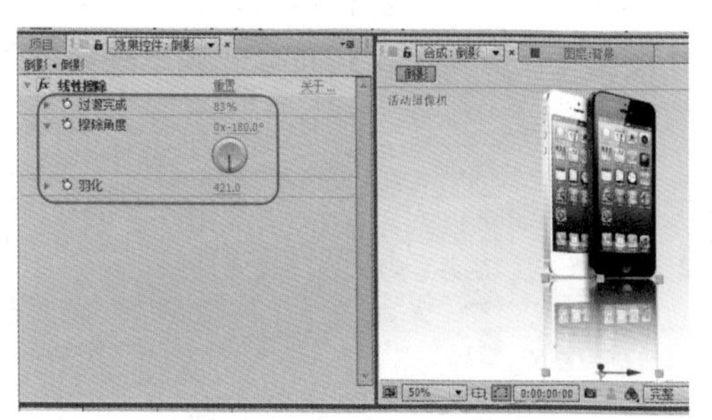

图 4-13　设置线性擦除

知识链接

【线性擦除】效果按指定方向对图层执行简单的线性擦除。使用“草图”品质时，擦除的边缘不会消除锯齿；使用“最佳”品质时，擦除的边缘会消除锯齿且羽化是平滑的。

（13）在工具栏中选择【横排文字工具】，在【合成】面板中输入IPhone，在【字符】面板中将【字体】设置为【微软雅黑】，将【字体颜色】设置为黑色，将【字体大小】设置为63像素，如图4-14所示。

（14）在【效果和预设】面板中搜索Bullet Train特效，并将其添加到文字图层上，在【合成】面板中，查看效果如图4-15所示。

图4-14　设置文字属性

图4-15　查看添加的效果

案例精讲032　出现在桌子上的书

案例文件：光盘|场景|Cha04|出现在桌子上的书.aep

视频文件：光盘|视频教学|Cha04|倒影效果的制作.avi

制作概述

本例的制作流程首先将需要的素材导入场景中，然后对书添加【投影】特效，使其呈现阴影，最后对书添加Stretch&Blur动画特效，具体操作步骤如下，完成后效果视频截图如图4-16所示。

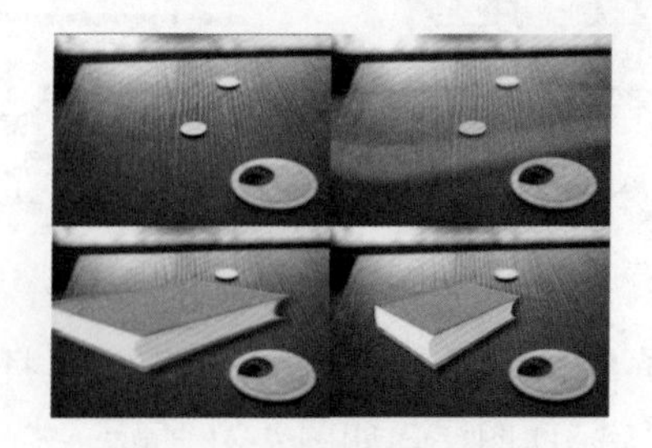
图4-16　出现在桌子上的书

学习目标

学习如何制作投影效果，掌握3D图层的使用，掌握【投影】效果的应用。

操作步骤

（1）启动软件后，按 Ctrl+N 组合键，弹出【合成设置】对话框，将【合成名称】设置为【出现在桌子上的书】。在【基本】选项组中，将【宽度】和【高度】设置为 1027px、768px，将【像素长宽比】设置为【方形像素】，将【帧速率】设置为 25 帧 / 秒，将【持续时间】设置为 0:00:05:00，单击【确定】按钮，如图 4-17 所示。

（2）切换到【项目】面板，在该面板中进行双击，弹出【导入文件】对话框，在该对话框中选择随书光盘中的光盘 | 素材 |Cha04| 书 .png 和桌子 .jpg 文件，然后单击【导入】按钮，如图 4-18 所示。

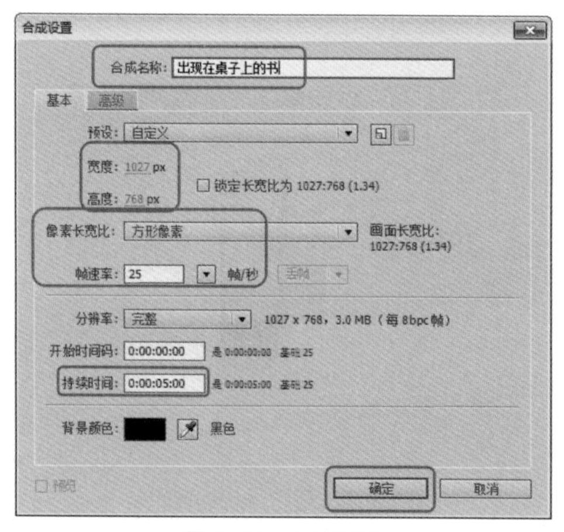

图 4-17　合成设置

图 4-18　选择导入的素材文件

（3）素材文件导入完成后，在【项目】面板中查看导入的素材文件，如图 4-19 所示。

（4）在【项目】面板中选择【桌子 .jpg】文件，将其拖至时间轴上，如图 4-20 所示。

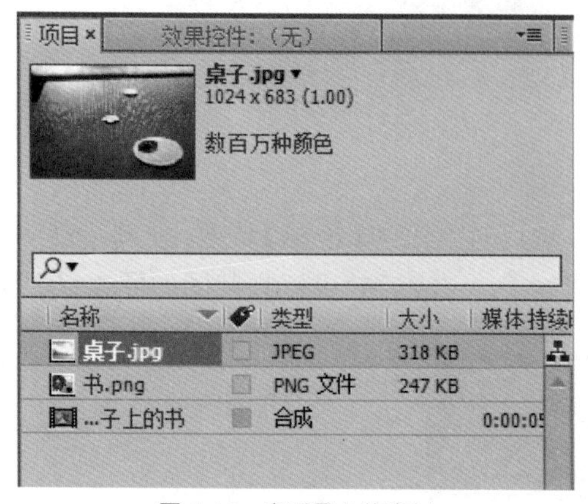

图 4-19　查看导入的素材

图 4-20　添加到时间轴

（5）在【项目】面板中选择【书 .png】文件拖至时间轴上，将其放置到【桌子】图层的上方，并单击【3D 图层】按钮，开启 3D 图层，如图 4-21 所示。

（6）选择上一步添加的【书】图层，在时间轴面板中将【位置】设置为 434、376、159，将【缩放】都设置为 73%，如图 4-22 所示。

图 4-21 开启 3D 图层

图 4-22 设置【位置】和【缩放】

在您将图层转换为 3D 时，会向其“位置”“锚点”“缩放”属性添加深度值，该图层将获得“方向”“Y 旋转”“X 旋转”以及“材质选项”属性。单个“旋转”属性被重命名为“Z 旋转”。

（7）打开【效果和预设】面板，搜索【投影】特效并将其添加到【书】图层上，在【效果控件】面板中将【方向】设置为 0x−234°，将【距离】设置为 32，将【柔和度】设置为 76，如图 4-23 所示。

图 4-23 设置投影效果

知识链接

投影效果即在图层后面添加显示的阴影。图层的 Alpha 通道将确定阴影的形状。

在将投影添加到图层中时，图层 Alpha 通道的柔和边缘轮廓将在其后面显示，就像将阴影投射到背景或底层对象上一样。

投影效果可在图层边界外部创建阴影。图层的品质设置会影响阴影的子像素定位，以及阴影柔和边缘的平滑度。

（8）打开【效果和预设】面板，选择【动画预设】| Transition-Movement | Stretch&Blur 特效，确认时间轴处于 0 帧状态，将该特效将其添加到书素材上，在【效果控件】面板中查看导入的特效，如图 4-24 所示。

（9）拖动时间标尺，查看效果，在第 14 帧时的效果如图 4-25 所示。

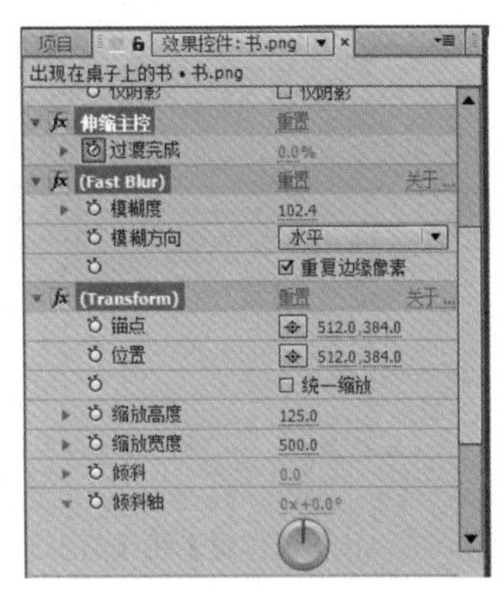

图 4-24 查看添加的特效

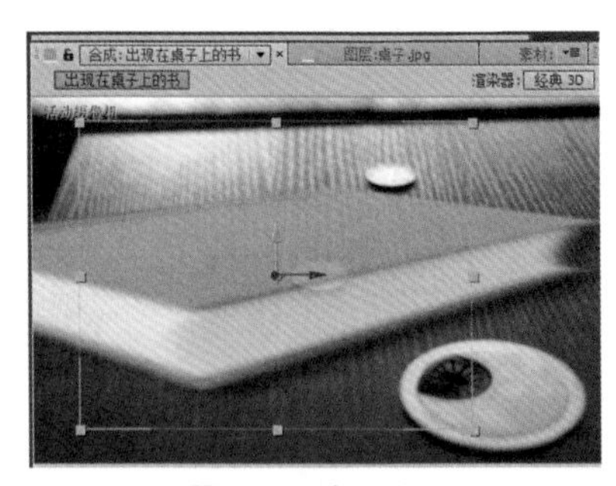

图 4-25 查看效果

案例精讲 033 掉落的壁画

案例文件：光盘 | 场景 | Cha04 | 掉落的壁画 .aep

视频文件：光盘 | 视频教学 | Cha04 | 倒影效果的制作 .avi

制作概述

本例的制作过程主要是关键帧的应用，通过对 3D 图层添加关键帧，使其呈现出动画，具体操作方法如下。完成后的效果如图 4-26 所示。

图 4-26 掉落的壁画

学习目标

学习关键帧的应用，掌握 3D 图层关键帧的添加。

操作步骤

（1）启动软件后，按 Ctrl+N 组合键，弹出【合成设置】对话框，将【合成名称】设置为【掉落的壁画】，在【基本】选项组中将【宽度】和【高度】分别设置为 800px 和 800px，将【像素长宽比】设置为【方形像素】，将【帧速率】设置为 25 帧 / 秒，将【持续时间】设置为 0:00:03:00，单击【确定】按钮，如图 4-27 所示。

（2）切换到【项目】面板，在该面板中进行双击，弹出【导入文件】对话框，在该对话框中选择随书光盘中的光盘 | 素材 |Cha04| 壁画 .png 和墙壁 .jpg 文件，然后单击【导入】按钮，如图 4-28 所示。

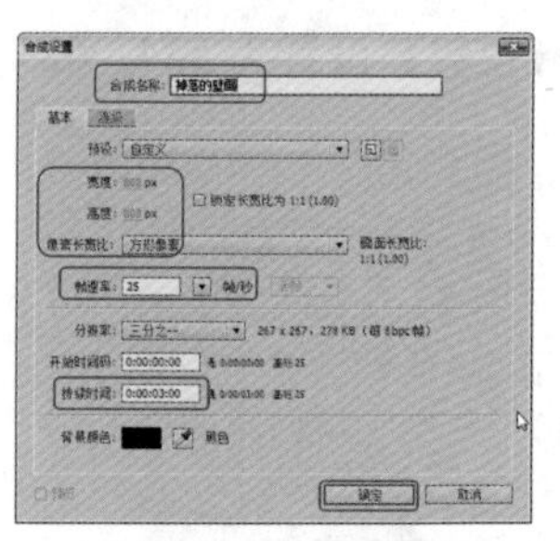

图 4-27　合成设置

图 4-28　选择素材文件

（3）打开【项目】面板，查看导入的素材文件，如图 4-29 所示。

（4）在【项目】面板选择【墙壁 .jpg】素材文件，将其拖至时间轴上，如图 4-30 所示。

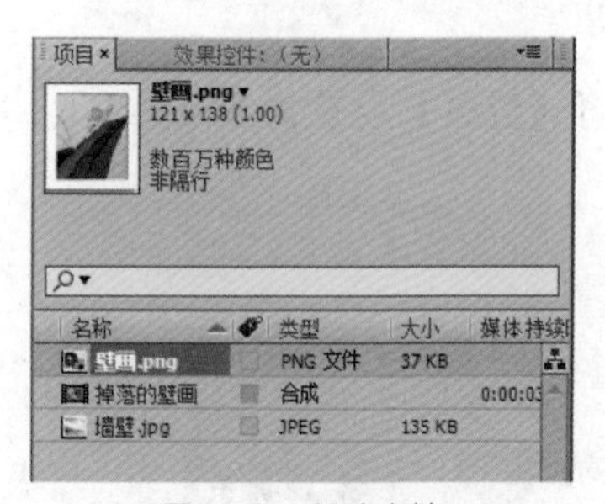

图 4-29　新建文档

图 4-30　添加到时间轴

（5）在【项目】面板中选择【壁画 .png】素材文件将其拖至【时间轴】面板上，并将其放置到【墙壁】图层的上方，并单击【3D 图层】按钮，如图 4-31 所示。

（6）将当前时间设置为 0:00:00:00，在时间轴面板中单击【位置】前面的【添加关键帧】按钮，并将其设置为 544、297、0，然后单击【X 轴旋转】前面的添加关键帧按钮，添加关键帧，如图 4-32 所示。

图 4-31　设置 3D 图层

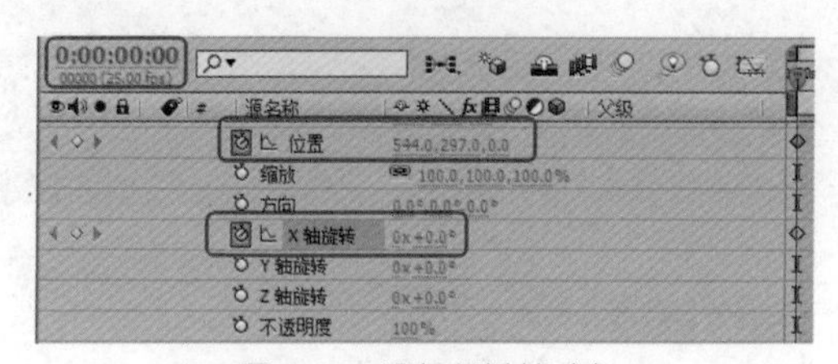

图 4-32　添加关键帧（1）

（7）将当前时间设置为 0:00:00:11，在时间轴面板将【位置】设置为 544、504、0，将【X 轴旋转】设置为 0x+169°，如图 4-33 所示。

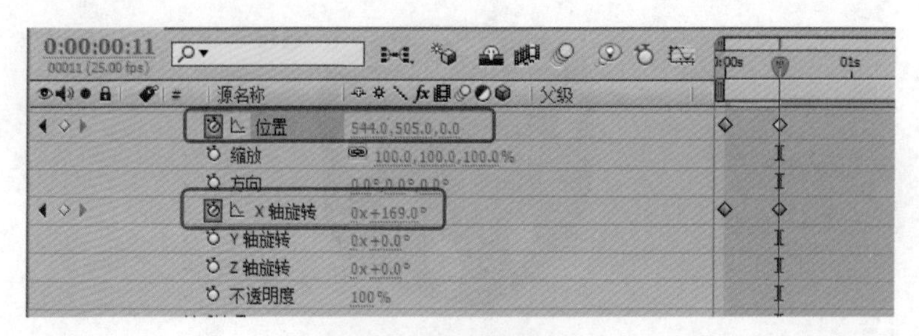

图 4-33　添加关键帧（2）

(8) 将当前时间设置为0:00:01:02，在时间轴面板将【位置】设置为544、623、0，将【X轴旋转】设置为0x+124°，如图4-34所示。

图 4-34　添加关键帧 (3)

(9) 将当前时间设置为0:00:01:20，在时间轴面板将【位置】设置为544、892、0，将【X轴旋转】设置为1x+0°，如图4-35所示。

图 4-35　添加关键帧 (4)

案例精讲 034　制作骰子

案例文件：光盘 | 场景 | Cha04 | 制作骰子 .aep

视频文件：光盘 | 视频教学 | Cha04 | 制作骰子 .avi

制作概述

本例将讲解如何制作骰子，主要应用了3D图层和梯度渐变特效，具体操作方法如下，完成后的效果如图4-36所示。

图 4-36　制作骰子

学习目标

学习椭圆工具的应用，掌握 3D 图层和梯度渐变的应用。

操作步骤

(1) 启动软件后，按 Ctrl+N 组合键，弹出【合成设置】对话框，将【合成名称】设置为【制作骰子】，在【基本】选项组中将【宽度】和【高度】设置为 1024px 和 779px，将【像素长宽比】设置为【方形像素】，将【帧速率】设置为 25 帧 / 秒，将【持续时间】设置为 0:00:05:00，单击【确定】按钮，如图 4-37 所示。

(2) 切换到【项目】面板，在该面板中进行双击，弹出【导入文件】对话框，在该对话框中选择随书光盘中的光盘 | 素材 |Cha04| 骰子 .jpg 文件，然后单击【导入】按钮，如图 4-38 所示。

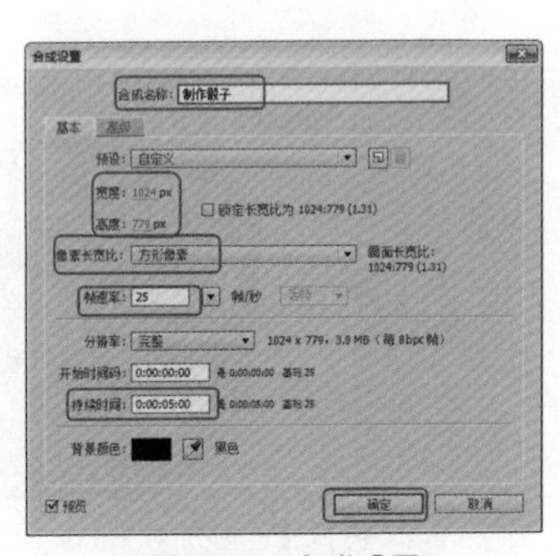

图 4-37　合成设置

图 4-38　选择素材文件

(3) 在【项目】面板中选择添加的素材文件将其拖至【制作骰子】时间轴上，在【合成】面板中会发现骰子少了一些数字，如图 4-39 所示。

(4) 在工具栏中选择【椭圆工具】，将【填充】设置为白色，在场景中按着 Shift 键绘制正圆，如图 4-40 所示。

图 4-39　查看导入的素材文件

图 4-40　绘制正圆

(5) 在时间轴面板中选择【形状图层 1】，按 Enter 键，对其名字进行更改，将其更改为【圆 01】，并在【内容】|【椭圆】|【椭圆路径】|【大小】都设置为 100，如图 4-41 所示。

(6) 开启【圆 01】图层的 3D 图层，在时间轴面板中将【变换】打开，将【位置】设置为 561、428、0，将【X 轴旋转】设置为 0x−15°，将【Y 轴旋转】设置为 0x+48°，如图 4-42 所示。

图 4-41　设置椭圆的大小

图 4-42　设置变换属性

(7) 在【合成】面板中查看设置完的对象属性效果，如图 4-43 所示。

(8) 在【效果和预设】面板中搜索【梯度渐变】，将其添加到【圆 01】对象上，在【效果控件】面板中进行设置，将【渐变起点】设置为 768、384，将【起始颜色】的 RGB 值设置为 210、210、210，将【渐变终点】设置为 744、354，将【结束颜色】设置为白色，如图 4-44 所示。

图 4-43　查看效果 (1)

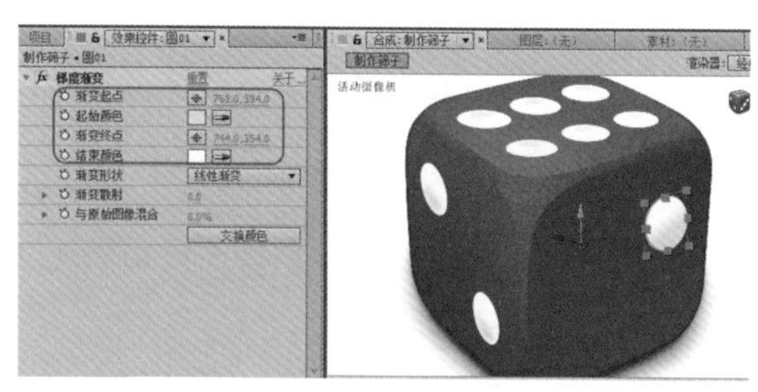
图 4-44　设置【梯度渐变】(1)

(9) 在时间轴选择【圆 01】图层，按 Ctrl+D 组合键对其进行复制，在【变换】下将其【位置】设置为 476、543、0，如图 4-45 所示。

(10) 打开【效果控件】面板，将【渐变起点】设置为 664、540，将【渐变终点】设置为 634、486，如图 4-46 所示。

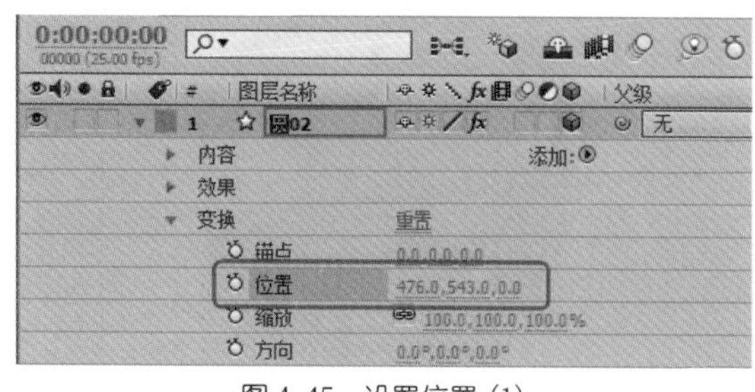
图 4-45　设置位置 (1)

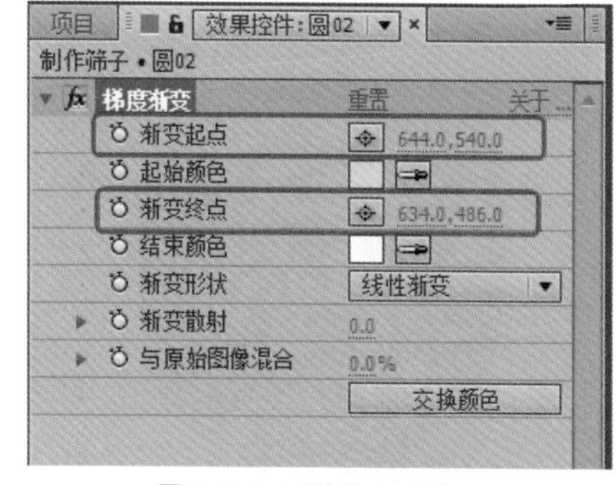
图 4-46　对效果进行设置

(11) 在【合成】面板中查看效果，如图 4-47 所示。

(12) 在时间轴面板中选择【圆 02】图层，按 Ctrl+D 组合键对其进行复制，并将其【位置】设置为 384.7、654.6、0，如图 4-48 所示。

图 4-47　查看效果 (2)

图 4-48　设置位置 (2)

（13）切换到【效果控件】面板中，对【梯度渐变】效果进行设置，将【渐变起点】设置为 570、630，将【渐变终点】设置为 544、590，如图 4-49 所示。

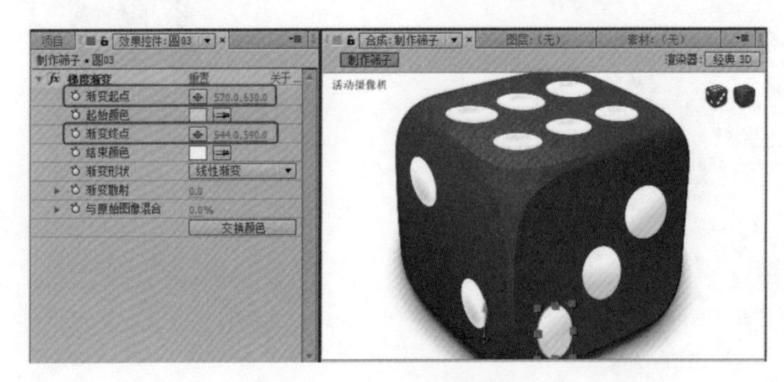
图 4-49　设置【梯度渐变】(2)

案例精讲 035　产品展示效果

案例文件：光盘 | 场景 | Cha04 | 产品展示效果 .aep

视频文件：光盘 | 视频教学 | Cha04 产品展示效果 .avi

制作概述

本例将讲解如何制作产品展示，首先将素材文件添加到项目面板中，通过对素材的【缩放】添加关键帧，使其呈现出动画，具体操作方法如下，完成后的效果如图 4-50 所示。

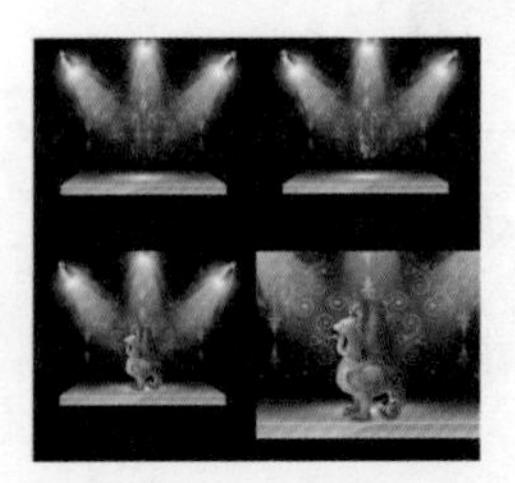
图 4-50　产品展示效果

学习目标

学习椭圆工具的应用，掌握 3D 图层和【梯度渐变】的应用。

操作步骤

(1) 启动软件后，按 Ctrl+N 组合键，弹出【合成设置】对话框，将【合成名称】设置为【产品展示效果】，在【基本】选项组中将【宽度】和【高度】分别设置为 1024px 和 683px，将【像素长宽比】设置为【方形像素】，将【帧速率】设置为 25 帧 / 秒，将【持续时间】设置为 0:00:05:00，【背景颜色】设置为黑色，单击【确定】按钮，如图 4-51 所示。

(2) 切换到【项目】面板，在该面板中进行双击，弹出【导入文件】对话框，在该对话框中选择随书光盘中的光盘 | 素材 |Cha04| 工艺品 .png 和展示台 .jpg 文件，然后单击【导入】按钮，如图 4-52 所示。

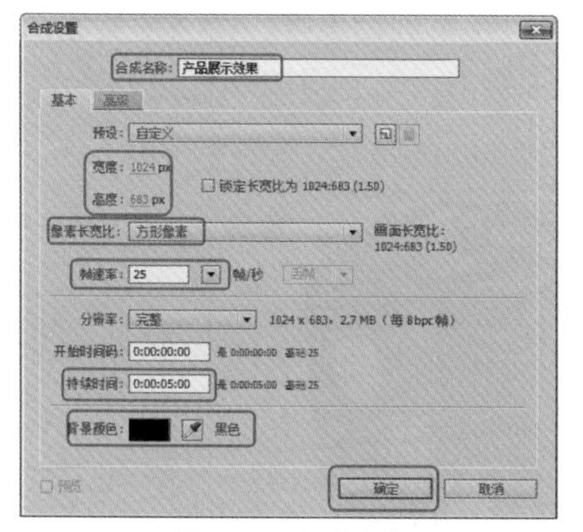

图 4-51 合成设置

图 4-52 选择素材文件

知识链接

产品展示是企业信息化中很重要的一环，主要用于在企业网站中建立产品的展示栏目，通常也称为产品中心。网络公司通常把产品展示定义为一种功能模块。

(3) 导入素材之后，在【项目】面板中查看导入的素材文件，如图 4-53 所示。

(4) 在【项目】面板中选择【展示台 .jpg】文件将其拖至时间轴面板中，如图 4-54 所示。

图 4-53 查看导入的素材文件

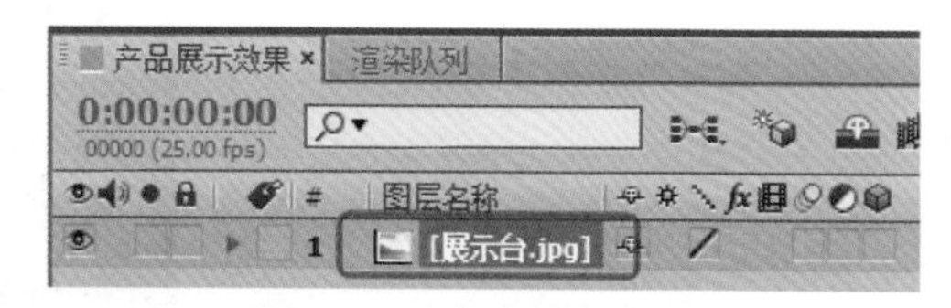

图 4-54 添加素材到时间轴

(5) 将当前时间设置为 0:00:04:00，打开【变换】选项组，单击【缩放】前面的【添加关键】按钮添加关键帧，如图 4-55 所示。

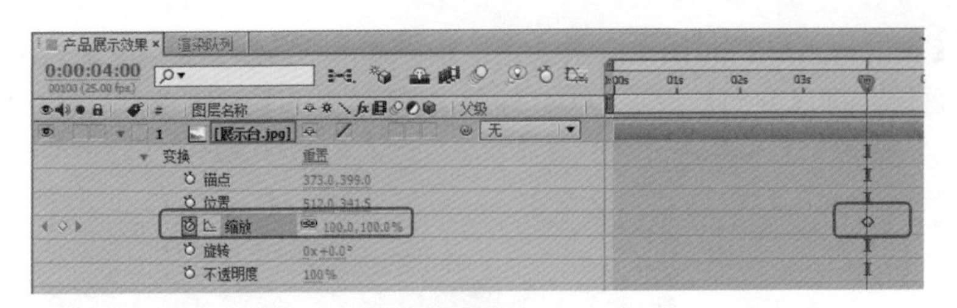

图 4-55　添加关键帧（1）

（6）将当前时间设置为 0:00:04:24，在时间轴上将【缩放】设置为 171%，如图 4-56 所示。

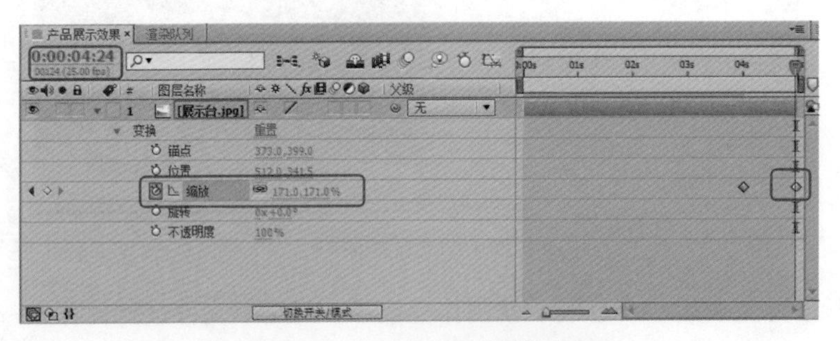

图 4-56　添加【缩放】关键帧（1）

（7）在【项目】面板中选择【工艺品 .png】素材文件，将其添加到【展示台】图层的上方，并单击【3D 图层】按钮，开启 3D 图层，如图 4-57 所示。

（8）将当前时间设置为 0:00:00:00，单击【工艺品】图层【缩放】前面的【添加关键帧】按钮，并将【缩放】值设置为 0%，如图 4-58 所示。

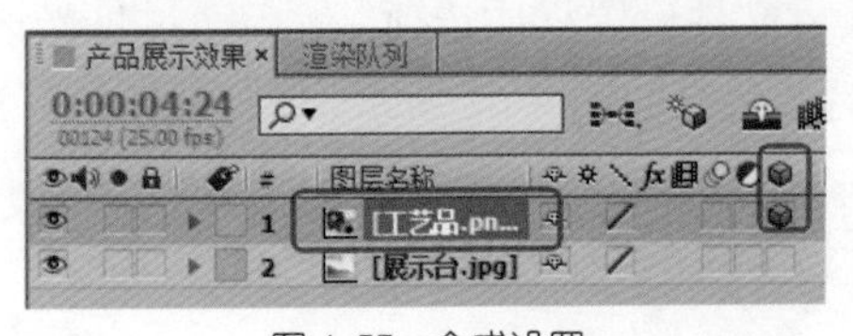

图 4-57　合成设置

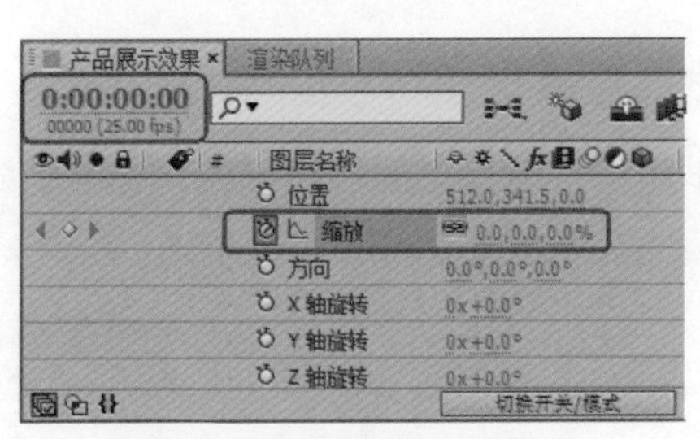

图 4-58　添加【缩放】关键帧（2）

（9）将当前时间设置为 0:00:04:00，在时间轴面板中将【缩放】设置为 29%，如图 4-59 所示。

（10）将当前时间设置为 0:00:04:24，在时间轴上将【缩放】设置为 53%，如图 4-60 所示。

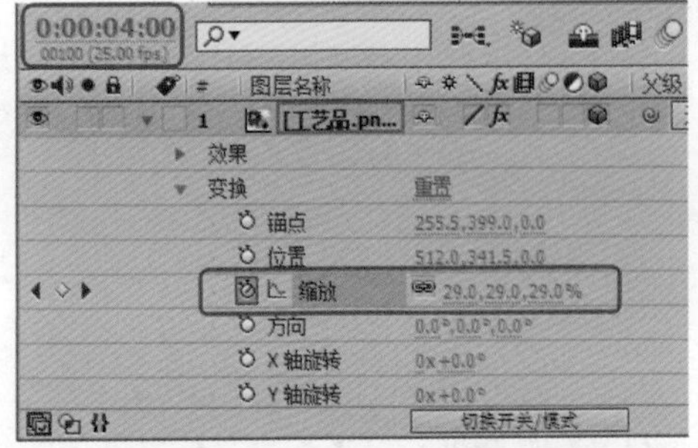

图 4-59　添加【缩放】关键帧（3）

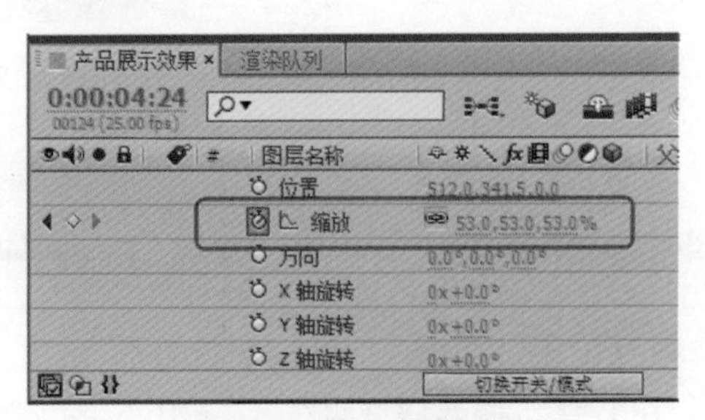

图 4-60　添加关键帧（2）

（11）在【效果和预设】面板中搜索【投影】特效，将其添加到【工艺品】图层上，打开【效果控件】面板，将【方向】设置为 0x+197°，将【距离】设置为 22，将【柔和度】设置为 55，如图 4-61 所示。

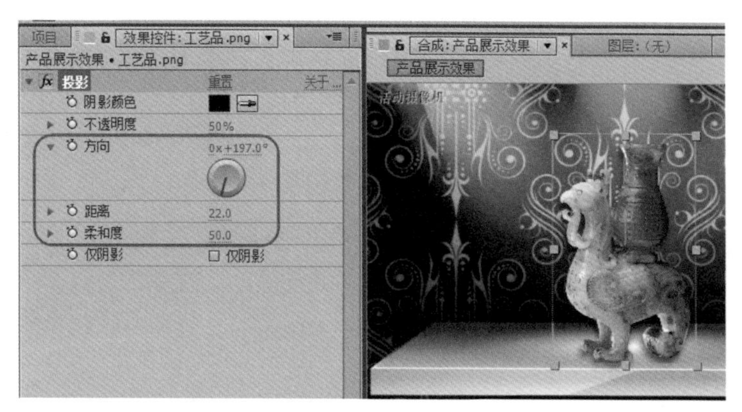

图 4-61　设置效果

（12）投影设置完成后，产品展示就制作完成了，对场景文件进行保存。

案例精讲 036　人物投影

案例文件：光盘 | 场景 | Cha04 | 人物投影 .aep

视频文件：光盘 | 视频教学 | Cha04| 人物投影 .avi

制作概述

本例将讲解投影的制作过程，其中主要通过对素材文件设置材质选项，然后通过灯光设置，使其素材呈现投影效果，具体操作方法如下，完成后的效果如图 4-62 所示。

图 4-62　人物投影

学习目标

学习如何制作人物投影，掌握 3D 图层和灯光的应用。

操作步骤

（1）启动软件后，按 Ctrl+N 组合键，弹出【合成设置】对话框，将【合成名称】设置为【人物投影】，在【基本】选项组中将【宽度】和【高度】设置为 1024px 和 768px，将【像素长宽比】

设置为【方形像素】，将【帧速率】设置为 25 帧 / 秒，将【持续时间】设置为 0:00:05:00，单击【确定】按钮，如图 4-63 所示。

(2) 切换到【项目】面板，在该面板中进行双击，弹出【导入文件】对话框，在该对话框中选择随书光盘中的光盘 | 素材 |Cha04| 儿童人物 .png 和投影墙 .jpg 文件，然后单击【导入】按钮，如图 4-64 所示。

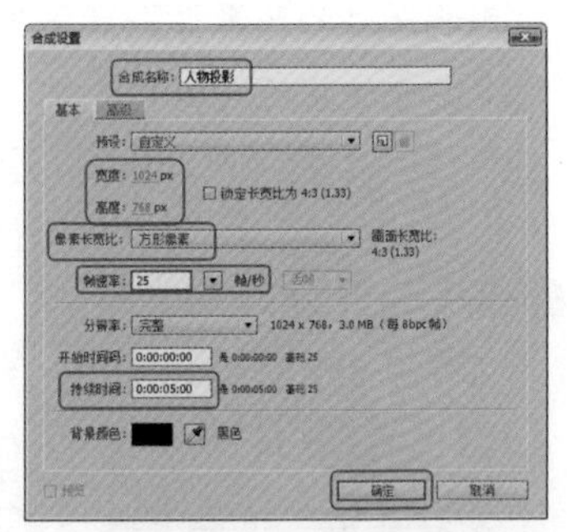

图 4-63　合成设置

图 4-64　选择素材文件

(3) 在【项目】面板中选择【投影墙 .jpg】文件，将其添加到时间轴面板上，开启【3D 图层】，在【变换】选项组中将【缩放】设置为 34%，如图 4-65 所示。

(4) 切换到【合成】面板中，查看调整后的效果，如图 4-66 所示。

图 4-65　设置【缩放】

图 4-66　查看素材效果

(5) 返回到【时间轴】面板中，打开【投影墙】图层的【材质选项】将【接受灯光】设置为【关】，如图 4-67 所示。

(6) 在【项目】面板中选择【儿童人物 .png】素材文件拖至时间轴上并将其放置到【投影墙】图层的上方，开启【3D 图层】，如图 4-68 所示。

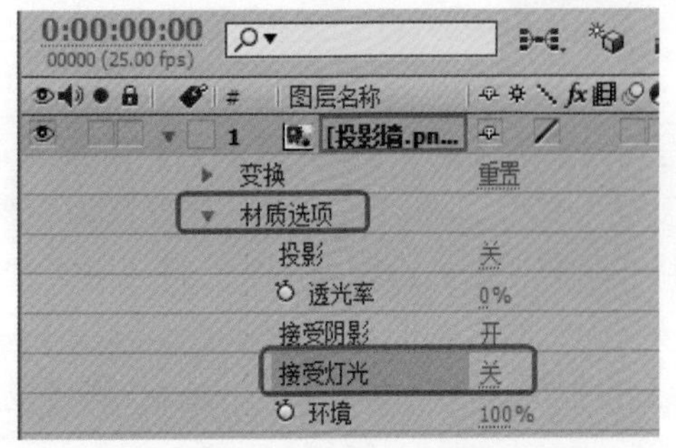

图 4-67　设置材质选项

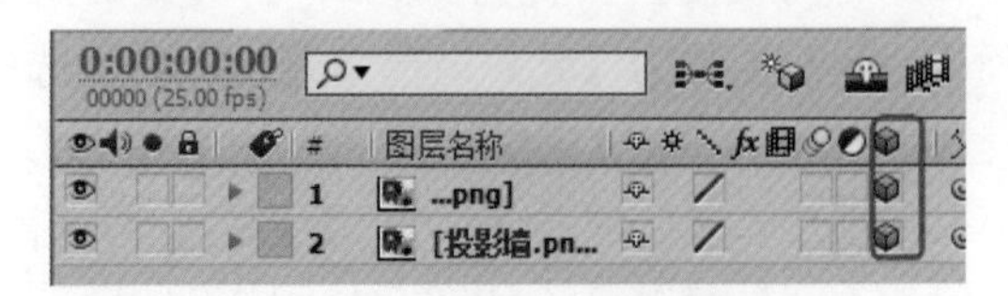

图 4-68　添加文件到时间轴

知识链接

聚光灯（spot light）是指使用聚光镜头或反射镜等聚成的光。反射灯的点光型比较简单，对于超近摄影，利用显微镜用照明装置或幻灯机照明，可获效果较好的点光照明。照度强、照幅窄、便于朝场景中的特定区位集中照射的灯，是摄影棚内用得最多的一种灯。聚光灯可以投射出高度定向性光束。它可产生很亮的高光区和线条鲜明，影调深暗的阴影区。只用几盏聚光灯就能营造出动人的戏剧性效果。但在多数情况下，人们总是综合运用泛光和聚光灯，这样既可保证整体布光柔和，又能使强光区轮廓鲜明、清晰而明亮。

（7）展开【儿童人物】图层的【变换】选项组，将【位置】设置为 277.3、541.3、−244.2，将【缩放】设置为 26%，将【X 轴旋转】设置为 0x+13°，如图 4-69 所示。

（8）切换到【材质选项】组中，将【投影】设置为【开】，如图 4-70 所示。

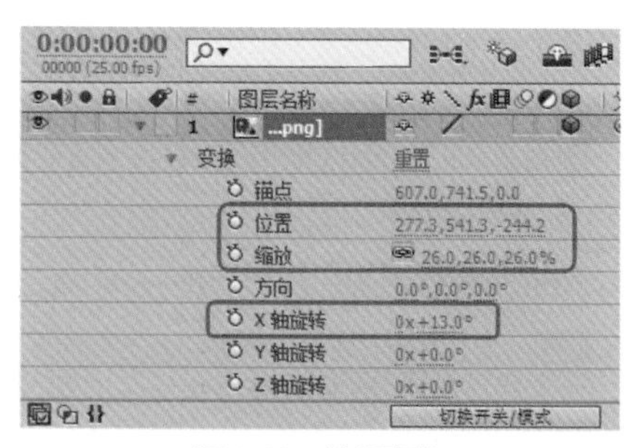

图 4-69　设置变换

图 4-70　设置材质选项

（9）切换到【合成】面板，查看设置的效果，如图 4-71 所示。

（10）在时间轴面板中右击，在弹出的快捷菜单中选择【新建】|【灯光】命令，如图 4-72 所示。

图 4-71　查看效果（1）

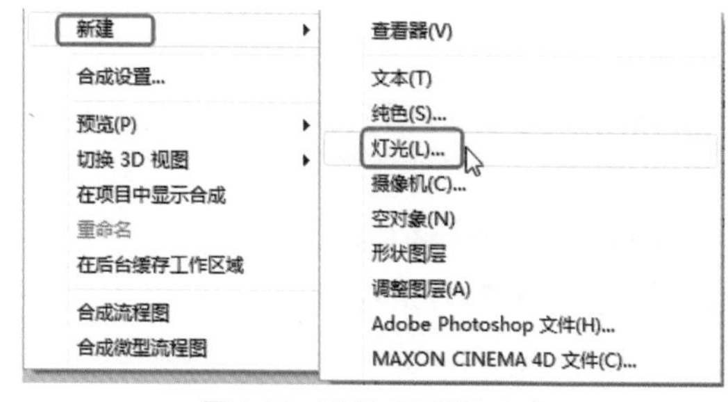

图 4-72　选择【灯光】命令

（11）弹出【灯光设置】对话框，将【灯光类型】设置为【聚光】，将【颜色】设置为【白色】，将【强度】设置为 113%，将【锥形角度】设置为 90°，将【锥形羽化】设置为 50%，将【衰减】设置为【无】，选中【投影】复选框，将【阴影深度】设置为 43%，将【阴影扩散】设置为 0px，单击【确定】按钮，如图 4-73 所示。

（12）选择创建的【灯光 1】图层，将【目标点】设置为 359.3、448.4、−396.4，将【位置】设置为 502.6、545.2、−900，如图 4-74 所示。

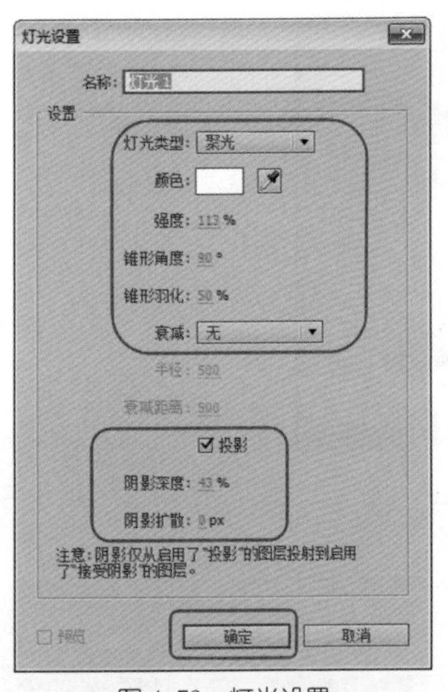

图 4-73　灯光设置

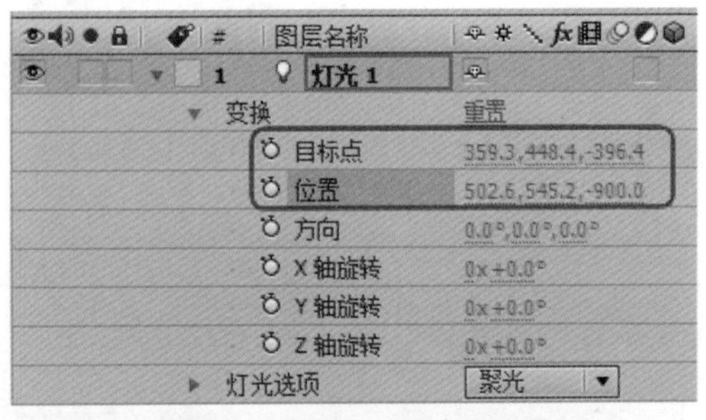

图 4-74　设置灯光的变换选项

知识链接

【光照类型】：“平行”从无限远的光源处发出无约束的定向光，接近来自太阳等光源的光照。“聚光”从受锥形物约束的光源（例如剧场中使用的闪光灯或聚光灯）发出光。“点”发出无约束的全向光（例如来自裸露的电灯泡的光线）。“环境”创建没有光源，但有助于提高场景的总体亮度且不投影的光照。

【强度】光照的亮度。负值创建无光效果。无光照时将从图层中减去颜色，例如如果图层已照亮，则使用负值创建也指向该图层的定向光会使图层上的区域变暗。

【锥形角度】光源周围锥形的角度，这确定远处光束的宽度。仅当选择“聚光”作为“光照类型”时，此控制才处于活动状态。“聚光”光照的锥形角度由“合成”面板中光照图标的形状指示。

【锥形羽化】聚光光照的边缘柔化。当选择“聚光”作为“光照类型”时，此控制才处于活动状态。

【衰减】平行光、聚光或点光的衰减类型。衰减描述光的强度如何随距离的增加而变小。

【投影】指定光源是否导致图层投影。“接受阴影”材质选项必须为“打开”，图层才能接收阴影；该设置是默认设置。“投影”材质选项必须为“打开”，图层才能投影；该设置不是默认设置。

【阴影深度】设置阴影的深度。当选择了“投影”时，此控制才处于活动状态。

【阴影扩散】根据阴影与阴影图层之间的视距，设置阴影的柔和度。较大的值创建较柔和的阴影。仅当选择了“投影”时，此控制才处于活动状态。

(13) 设置完成后，在【合成】面板中查看效果，如图 4-75 所示。

图 4-75　查看效果（2）

案例精讲 037　旋转的文字

案例文件：光盘 | 场景 | Cha04 | 旋转的文字 .aep
视频文件：光盘 | 视频教学 | Cha04 旋转的文字 .avi

制作概述

本例将介绍如何利用 3D 图层制作旋转的文字，其中主要应用了 3D 图层中的【X 轴旋转】设置关键帧，使其旋转，然后对其添加视频特效，具体操作方法如下，完成后的效果如图 4-76 所示。

图 4-76　旋转文字

学习目标

学习旋转文字的制作方法，掌握 3D 图层关键帧的添加方法。

操作步骤

（1）启动软件后，按 Ctrl+N 组合键，弹出【合成设置】对话框，将【合成名称】设置为【旋转的文字】，在【基本】选项组中，将【宽度】和【高度】分别设置为 900px 和 500px，将【像素长宽比】设置为【方形像素】，将【帧速率】设置为 25 帧 / 秒，将【持续时间】设置为 0:00:05:00，【背景颜色】设置为黑色，单击【确定】按钮，如图 4-77 所示。

（2）切换到【项目】面板，在该面板中进行双击，弹出【导入文件】对话框，在该对话框中选择随书光盘中的光盘 | 素材 |Cha04| 文字 .png 和文字背景 .jpg 文件，然后单击【导入】按钮，如图 4-78 所示。

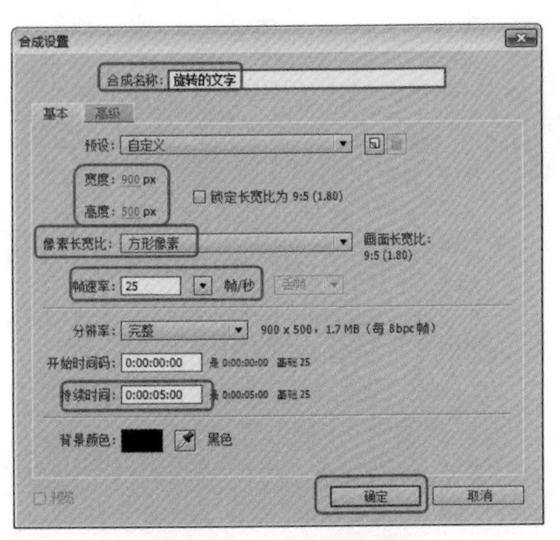

图 4-77　合成设置

图 4-78　选择素材文件

(3) 切换到【项目】面板中，查看导入的素材文件，如图 4-79 所示。

(4) 在【项目】面板中选择【文字背景 .jpg】素材文件拖至时间轴面板中，按 Enter 键将其名称修改为【文字背景】，如图 4-80 所示。

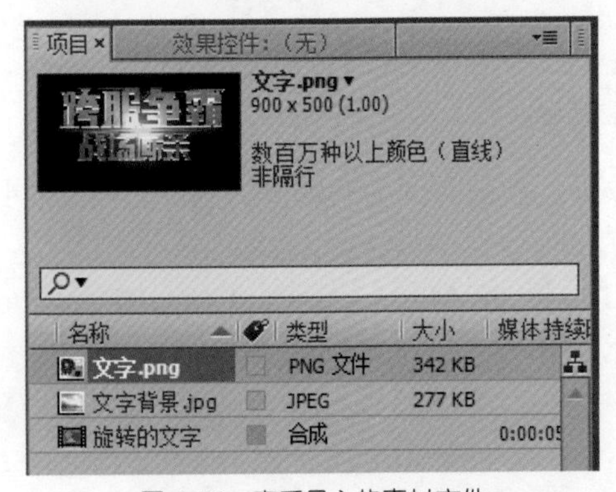

图 4-79　查看导入的素材文件

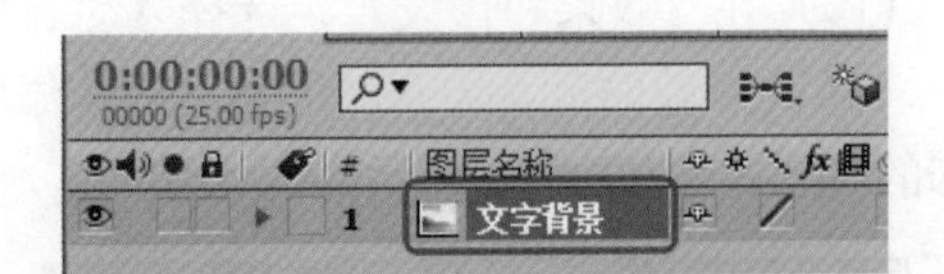

图 4-80　添加素材到时间轴

(5) 在【项目】面板中选择【文字 .png】素材文件将其拖至时间轴上，并将其放置到【文字背景】图层的上方，将其名称修改为【文字】，并打开其【3D 图层】，如图 4-81 所示。

(6) 将当前时间设置为 0:00:00:00，打开【文字】图层下的【变换】选项组，单击【X 轴旋转】前面的【添加关键帧】按钮，如图 4-82 所示。

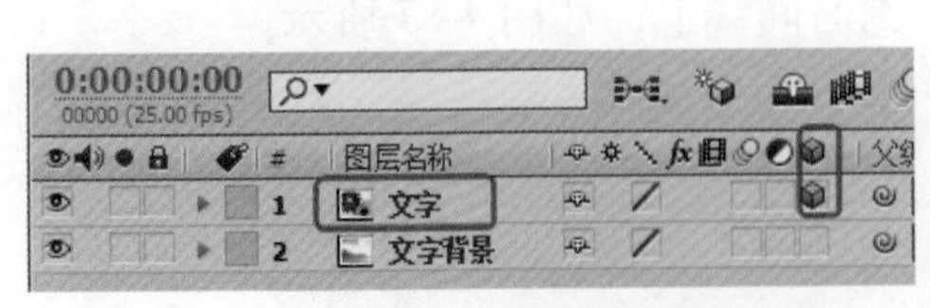

图 4-81　设置图层

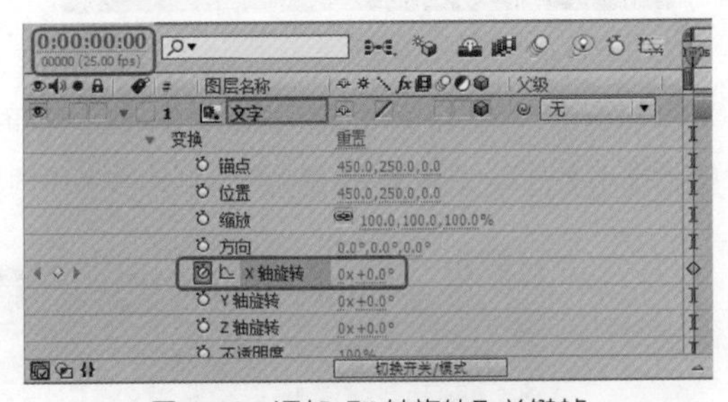

图 4-82　添加【X 轴旋转】关键帧

(7) 将当前时间设置为 0:00:02:00，打开【文字】图层下的【变换】选项组，单击【X 轴旋转】设置为 0x+340°，如图 4-83 所示。

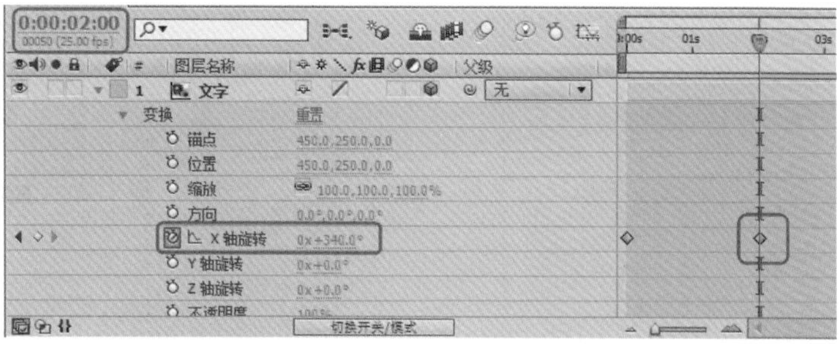

图 4-83　添加关键帧（1）

(8) 将当前时间设置为 0:00:04:00，在时间轴面板将【X 轴旋转】设置为 1x+0°，如图 4-84 所示。

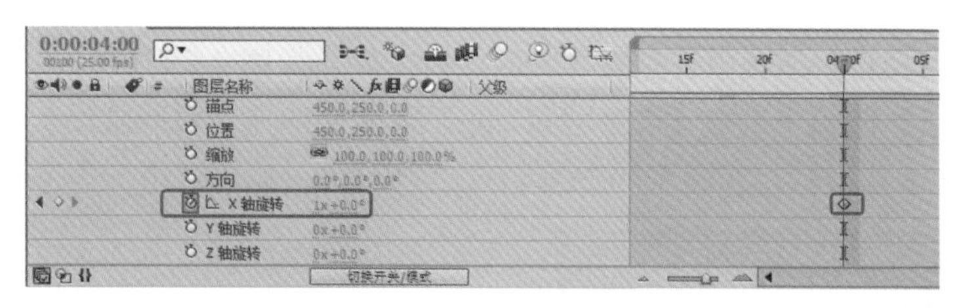

图 4-84　添加关键帧（2）

(9) 拖动时间标尺，在【合成】面板中查看效果，当前时间为 0:00:01:19，效果如图 4-85 所示。

(10) 在【效果和预设】，选择【动画预设】| Transitions-Movement | Card Wipe-3Dpixelstorm 命令，确认当前时间为 0:00:00:00，将其添加到【文字】图层上，在【效果控件】面板中查看添加的特效，如图 4-86 所示。

图 4-85　查看效果

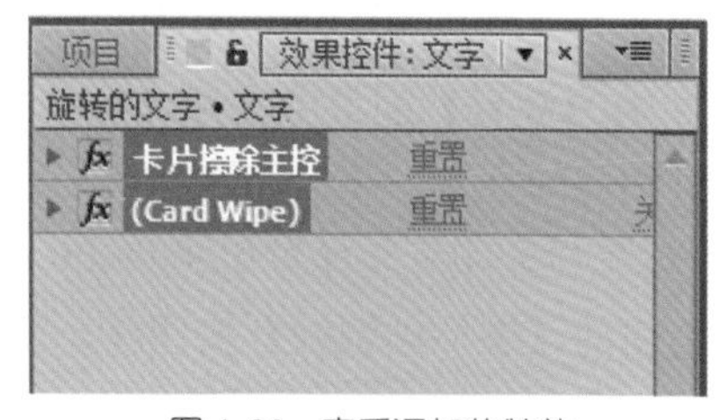

图 4-86　查看添加的特效

(11) 将当前时间设置为 0:00:04:00，在时间轴面板中打开【文字】图层下的【效果】|【卡片擦除】|【过渡完成】的最后一个关键帧将其移动到时间线上，如图 4-87 所示。

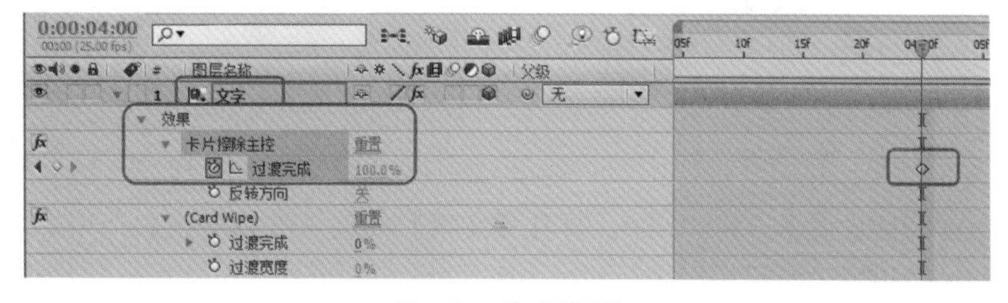

图 4-87　移动关键帧

案例精讲 038　旋转的钟表

案例文件：光盘 | 场景 | Cha04 | 旋转的钟表 .aep

视频文件：光盘 | 视频教学 | Cha04 | 旋转的钟表 .avi

制作概述

本例将讲解旋转钟表的制作过程，其中主要应用了【锚点】和【位置】的设置，以及【Z轴旋转】关键帧的添加。具体操作方法如下，完成后的效果如图 4-88 所示。

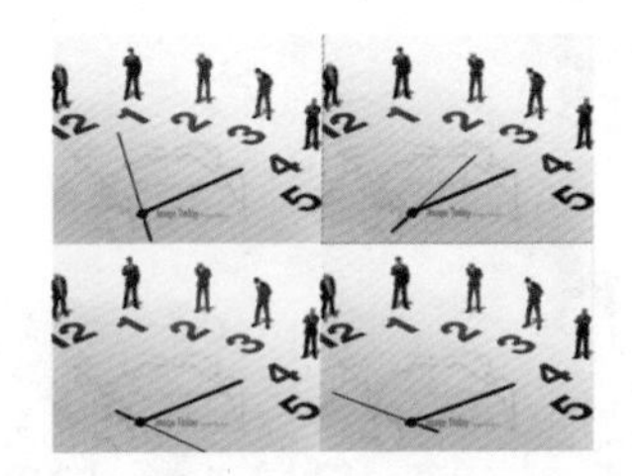

图 4-88　旋转的钟表

学习目标

学习旋转时钟的制作方法，掌握【锚点】的修改以及关键帧的设置。

操作步骤

(1) 启动软件后，按 Ctrl+N 组合键，弹出【合成设置】对话框，将【合成名称】设置为【旋转的钟表】，在【基本】选项组中将【宽度】和【高度】分别设置为 1024px 和 768px，将【像素长宽比】设置为【方形像素】，将【帧速率】设置为 25 帧 / 秒，将【持续时间】设置为 0:00:05:00，【背景颜色】设置为黑色，单击【确定】按钮，如图 4-89 所示。

(2) 切换到【项目】面板，在该面板中进行双击，弹出【导入文件】对话框，在该对话框中，选择随书光盘中的光盘 | 素材 |Cha04| 分针 .png 和秒针 .jpg 和钟表 .png 文件，然后单击【导入】按钮，如图 4-90 所示。

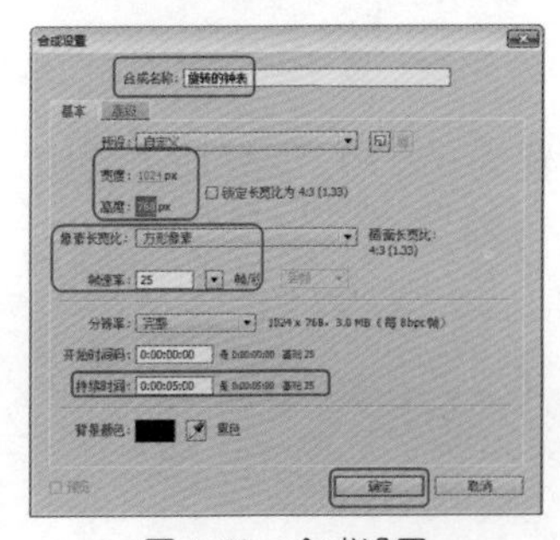

图 4-89　合成设置

图 4-90　选择素材文件

(3) 在【项目】面板中选择【钟表 .png】素材文件将其添加到时间轴中，按 Enter 键将其修改为【钟表】，如图 4-91 所示。

(4) 展开【钟表】图层的【变换】选项组，将【缩放】设置为 30%，如图 4-92 所示。

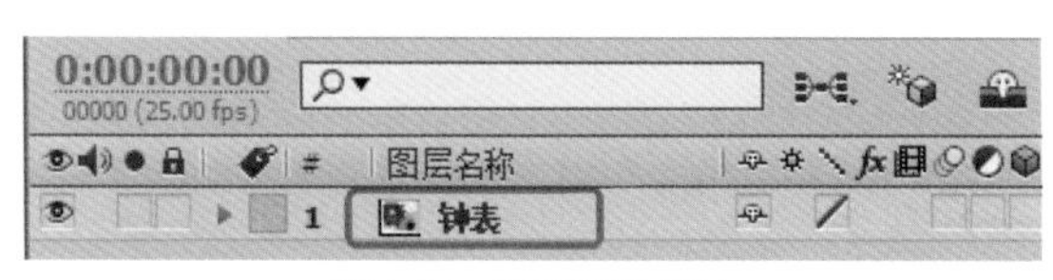
图 4-91 添加到时间轴

图 4-92 设置缩放

（5）在【合成】面板中，查看素材效果，如图 4-93 所示。

（6）在项目面板中选择【分针 .png】素材文件，将其添加到时间轴中，修改名称为【分针】，开启【3D 图层】，如图 4-94 所示。

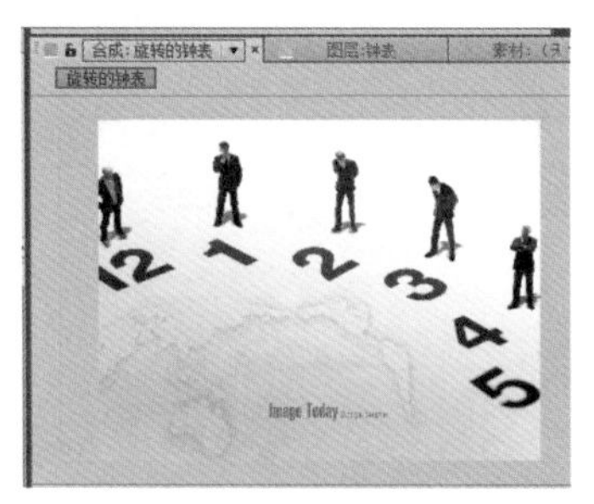
图 4-93 查看效果（1）

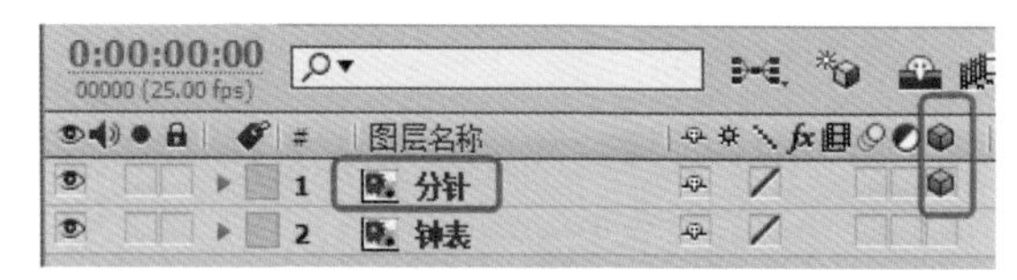
图 4-94 设置时间轴

（7）在时间轴展开【分针】的【变换】选项组，将【锚点】设置为 13.5、206.5、1，将【位置】设置为 341.1、655、0，将【缩放】设置为 100、201、100，将【方向】设置为 0、0、67，确认当前时间为 0:00:00:00，单击【Z 轴旋转】前面的添加关键帧按钮，添加关键帧，如图 4-95 所示。

（8）在【合成】面板中查看设置完成后的效果，如图 4-96 所示。

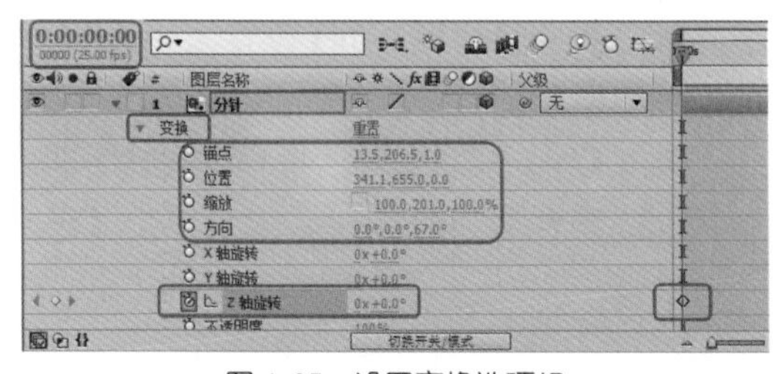
图 4-95 设置变换选项组

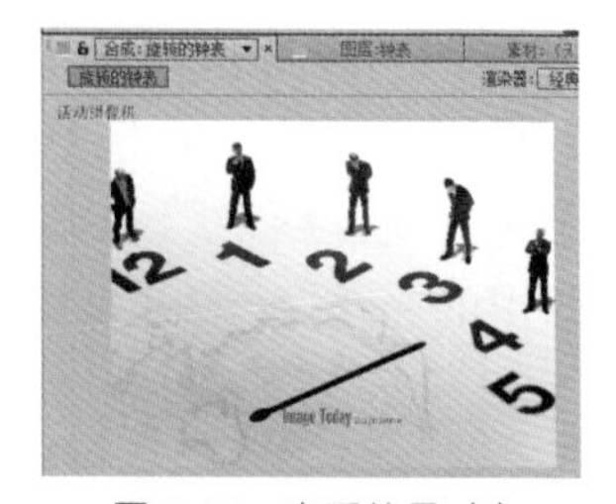
图 4-96 查看效果（2）

（9）将当前时间设置为 0:00:04:24，将【Z 轴旋转】设置为 0x+10°，添加关键帧，如图 4-97 所示。

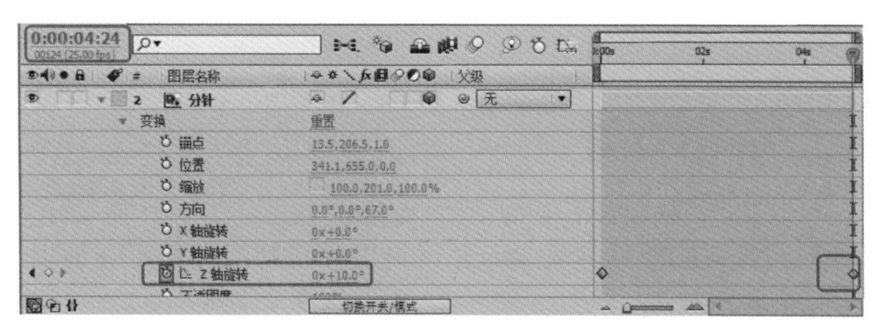
图 4-97 添加关键帧

（10）在【合成】面板中查看设置后的效果，如图 4-98 所示。

（11）在【项目】面板中选择【秒针 .png】对象，将其添加到时间轴上，开启【3D 图层】，名称修改为【秒针】，将【锚点】设置为 15.5、238、0，将【位置】设置为 342、656、0，将【缩放】都设置为 132，确认当前时间为 0:00:00:00，单击【Z 轴旋转】前面的添加关键帧按钮，并将其设置为 0x−40° 如图 4-99 所示。

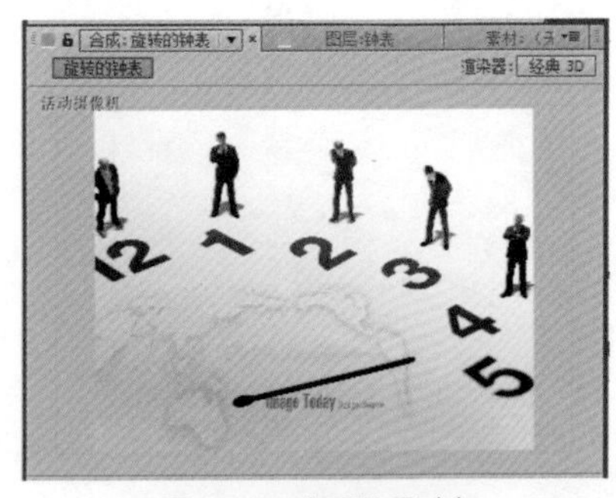

图 4-98 查看效果（3）

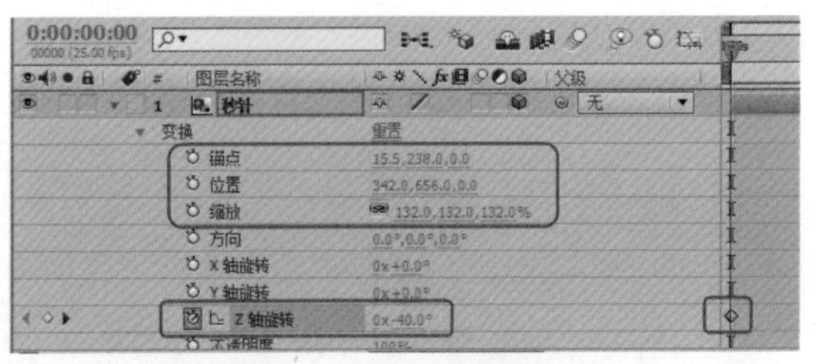

图 4-99 设置关键帧（1）

（12）将当前时间设置为 0:00:04:24，将【Z 轴旋转】设置为 2x+150°，如图 4-100 所示。

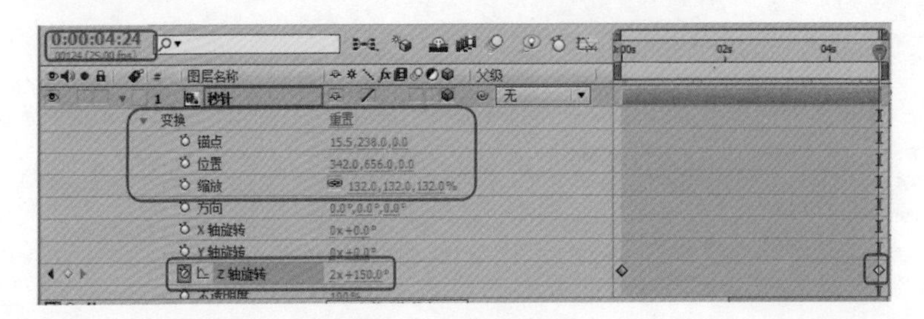

图 4-100 设置关键帧（2）

第5章 文字效果

本章重点

- 发光文字
- 火焰文字
- 渐变文字
- 卡通文字
- 立体文字
- 流光文字
- 路径文字
- 花纹文字
- 烟雾文字
- 积雪文字
- 玻璃文字
- 打字效果
- 文字描边动画
- 光晕文字
- 金属文字
- 电影文字
- 气泡文字

在日常生活中随处可见一些文字变形效果，不同的文字效果会给人以不同的感觉，本章将重点讲解如何利用 AE 软件制作不同的文字效果。

案例精讲 039　发光文字

案例文件：光盘 | 场景 | Cha05 | 发光文字 . aep
视频文件：光盘 | 视频教学 | Cha05 | 发光文字 .avi

制作概述

本例将介绍发光文字的制作，主要是通过为文字添加【内发光】和【外发光】图层样式来表现发光文字，完成后的效果如图 5-1 所示。

图 5-1　发光文字

学习目标

学习发光文字的制作流程，掌握添加及使用图层样式的方法。

操作步骤

(1) 按 Ctrl+N 组合键，在弹出的【合成设置】对话框中输入【合成名称】为【发光文字】，将【宽度】和【高度】分别设置为 646px 和 556px，将【像素长宽比】设置为 D1/DV PAL（1.09），将【持续时间】设置为 0:00:05:00，单击【确定】按钮，如图 5-2 所示。

(2) 在【项目】面板的空白处双击，弹出【导入文件】对话框，在该对话框中选择素材图片【发光文字 .jpg】和【发光文字底纹 .jpg】，单击【导入】按钮，如图 5-3 所示。

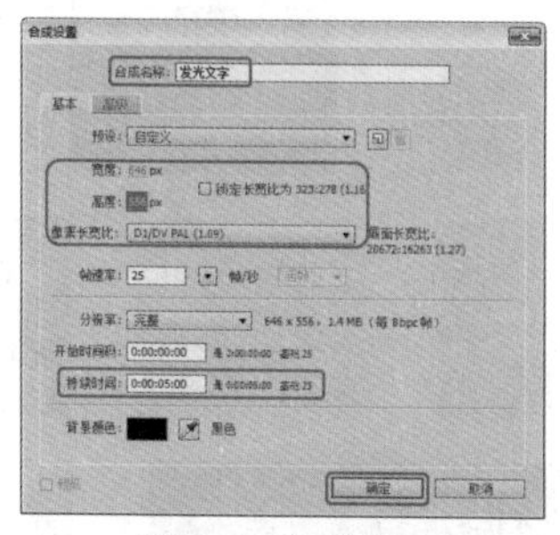

图 5-2　合成设置

图 5-3　选择素材图片

(3) 将选择的素材图片导入至【项目】面板中，然后将【发光文字 .jpg】素材图片拖动至时间轴中，效果如图 5-4 所示。

(4) 在工具栏中选择【横排文字工具】T，在【合成】面板中输入文字，选择输入的文字，在【字符】面板中将【字体】设置为Impact，将【字体大小】设置为140像素，将【填充颜色】的RGB值设置为255、255、255，将【描边】设置为无，效果如图5-5所示。

知识链接

RGB模式是由红、绿、蓝三原色组成的色彩模式。图像中所有的色彩都是由R（红）、G（绿）、B（蓝）三原色组合而来的。

RGB色彩模式包含R、G、B三个单色通道和一个由它们混合组成的彩色通道。用户可以通过对R、G、B三个通道的数值的调节来调整对象色彩。三原色中每种颜色的取值范围都为0～255，值为0时，亮度级别最低；值为255时，亮度级别最高。当三个值都为0时，图像为黑色；当三个值都为255时，图像为白色。

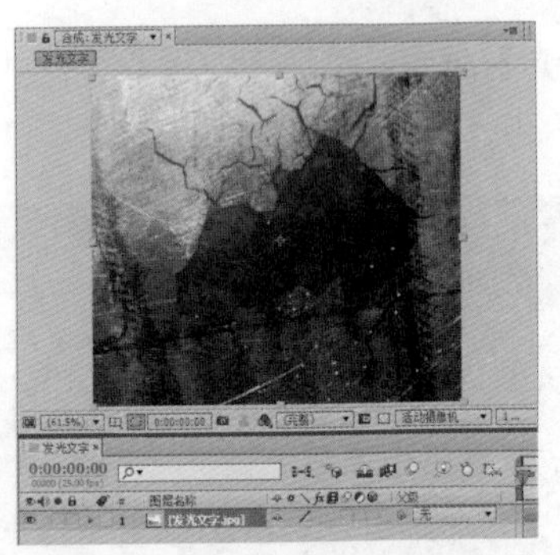

图5-4　在合成中添加素材图片

图5-5　输入并设置文字

(5) 在时间轴中，将Break文字图层的【旋转】设置为−6°，并调整其位置，效果如图5-6所示。

(6) 在【项目】面板中，将【发光文字底纹.jpg】素材图片拖动至时间轴中文字图层的下方，并将其【旋转】设置为−6°，将【位置】设置为313和298，效果如图5-7所示。

图5-6　设置文字的旋转角度和位置

图5-7　设置素材图片

(7) 单击时间轴底部的【切换开关/模式】按钮，切换到模式选项，将素材图片【发光文字底纹.jpg】所在图层的TrkMat设置为【Alpha遮罩“Break”】，如图5-8所示。

(8) 在菜单栏中选择【图层】|【图层样式】|【斜面和浮雕】命令，如图 5-9 所示。

图 5-8　设置轨道遮罩

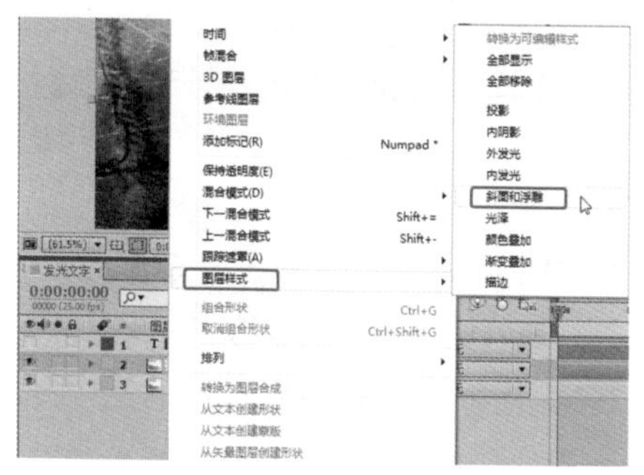

图 5-9　选择【斜面和浮雕】命令

(9) 在时间轴中，将【斜面和浮雕】的【方向】设置为【向下】，将【大小】设置为 6，将【高亮模式】设置为【正常】，将【加亮颜色】的 RGB 值设置为 255、142、0，将【阴影颜色】的 RGB 值设置为 39、21、11，如图 5-10 所示。

(10) 在菜单栏中选择【图层】|【图层样式】|【内发光】命令，添加【内发光】样式，将【颜色】的 RGB 值设置为 255、162、0，将【大小】设置为 30，如图 5-11 所示。

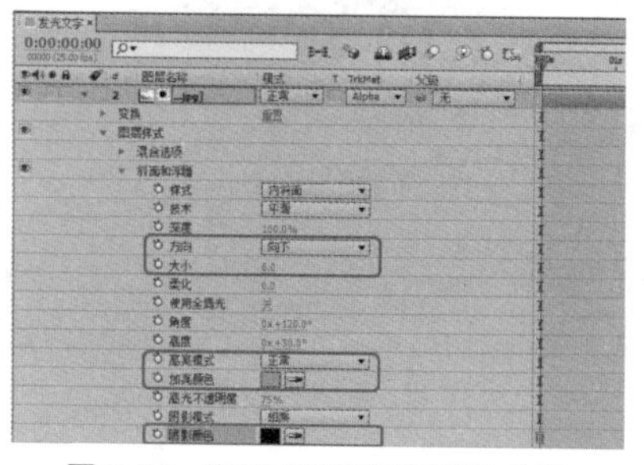

图 5-10　设置【斜面和浮雕】参数

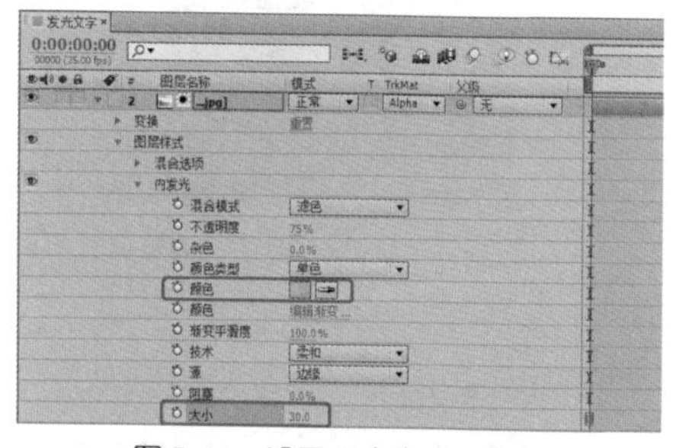

图 5-11　设置【内发光】参数

(11) 在菜单栏中选择【图层】|【图层样式】|【外发光】命令，添加【外发光】样式，将【颜色】的 RGB 值设置为 255、90、4，将【扩展】设置为 10%，将【大小】设置为 40，如图 5-12 所示。

知识链接

图层样式中各选项功能说明如下。

【投影】：在图层后面的阴影。

【内阴影】：添加落在图层内容中的阴影，从而使图层具有凹陷外观。

【外发光】：添加从图层内容向外发出的光线。

【内发光】：添加从图层内容向里发出的光线。

【斜面和浮雕】：添加高光和阴影的各种组合。

【光泽】：应用创建光滑光泽的内部阴影。

【颜色叠加】：使用颜色填充图层的内容。

【渐变叠加】：使用渐变填充图层的内容。

【描边】：描画图层内容的轮廓。

(12) 此时，用户可以在【合成】面板中查看添加图层样式后的效果，如图 5-13 所示。

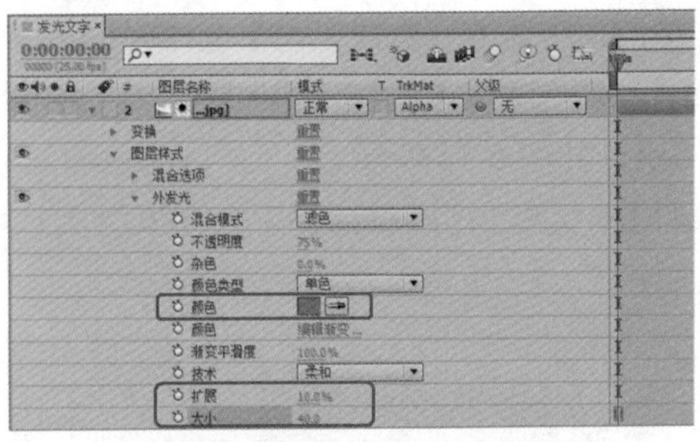

图 5-12　设置【外发光】参数

图 5-13　添加图层样式后的效果

(13) 结合前面介绍的方法，制作其他发光文字，效果如图 5-14 所示。

图 5-14　制作其他发光文字

案例精讲 040　火焰文字

案例文件：光盘 | 场景 | Cha05 | 火焰文字 . aep

视频文件：光盘 | 视频教学 | Cha05 | 火焰文字 .avi

制作概述

本例将介绍火焰文字的制作方法，该例的制作比较复杂，主要是通过添加多种效果来表现火焰燃烧，完成后的效果如图 5-15 所示。

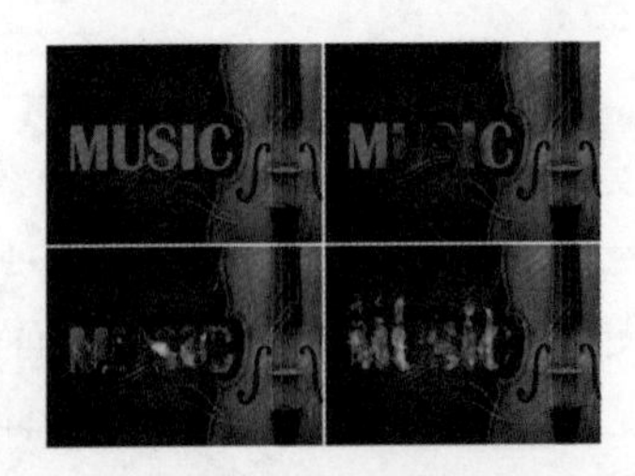

图 5-15　火焰文字

学习目标

学习火焰文字的制作流程，掌握设置关键帧的方法。

操作步骤

(1) 按 Ctrl+N 组合键，在弹出的【合成设置】对话框中输入【合成名称】为【火焰文字】，将【宽度】和【高度】分别设置为 500px 和 350px，将【像素长宽比】设置为 D1/DV PAL（1.09），将【持续时间】设置为 0:00:07:00，单击【确定】按钮，如图 5-16 所示。

(2) 在【项目】面板的空白处双击，弹出【导入文件】对话框，在该对话框中选择素材图片【火焰文字背景 .jpg】，单击【导入】按钮，如图 5-17 所示。

知识链接

JPEG 是 Joint Photographic Experts Group(联合图像专家组)的缩写，文件后缀名为 .jpg 或 .jpeg。它是一种支持 8 位和 24 位色彩的压缩位图格式，适合在网络（Internet）上传输，是非常流行的图形文件格式。

.jpeg 或 .jpg 是最常用的图像文件格式，是一种有损压缩格式，能够将图像压缩在很小的储存空间，图像中重复或不重要的资料会被丢失，因此容易造成图像数据的损伤。尤其是使用过高的压缩比例，将使最终解压缩后的图像质量会明显降低，如果追求高品质图像，不宜采用过高压缩比例。但是 JPEG 压缩技术十分先进，它用有损压缩方式去除冗余的图像数据，在获得极高的压缩率的同时能展现十分丰富生动的图像，换句话说，就是可以用最少的磁盘空间得到较好的图像品质。而且 JPEG 是一种很灵活的格式，具有调节图像质量的功能，允许用不同的压缩比例对文件进行压缩，支持多种压缩级别，压缩比率通常在 10 ∶ 1 到 40 ∶ 1 之间，压缩比越大，品质就越低；相反地，压缩比越小，品质就越好。

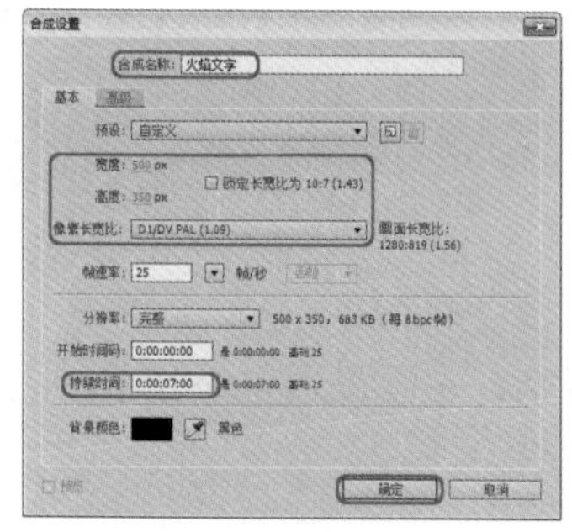

图 5-16　新建合成

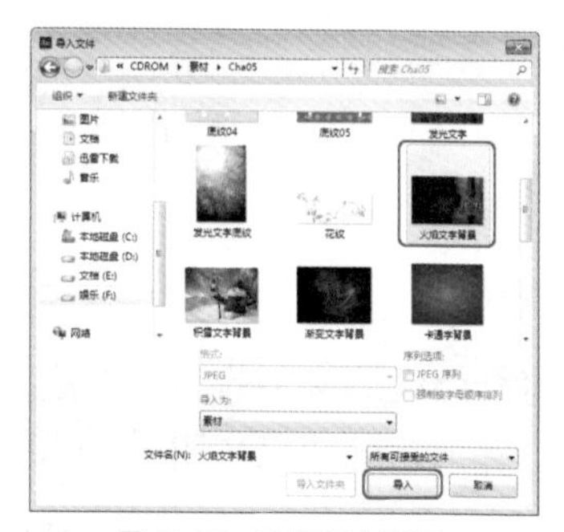

图 5-17　选择素材图片

(3) 将选择的素材图片导入至【项目】面板中，然后将素材图片拖动至时间轴中，将【缩放】设置为 22%，将【位置】设置为 257、175，效果如图 5-18 所示。

(4) 在工具栏中选择【横排文字工具】T，在【合成】面板中输入文字，选择输入的文字，在【字符】面板中将【字体】设置为 Britannic Bold，将【字体大小】设置为 118 像素，将【填充颜色】的 RGB 值设置为 255、255、255，效果如图 5-19 所示。

(5) 在时间轴中，将文字图层的【位置】设置为 32、219，并将当前时间设置为 0:00:02:00，将【不透明度】设置为 0%，然后单击左侧的 按钮，如图 5-20 所示。

(6) 将当前时间设置为 0:00:03:00，将【不透明度】设置为 100%，如图 5-21 所示。

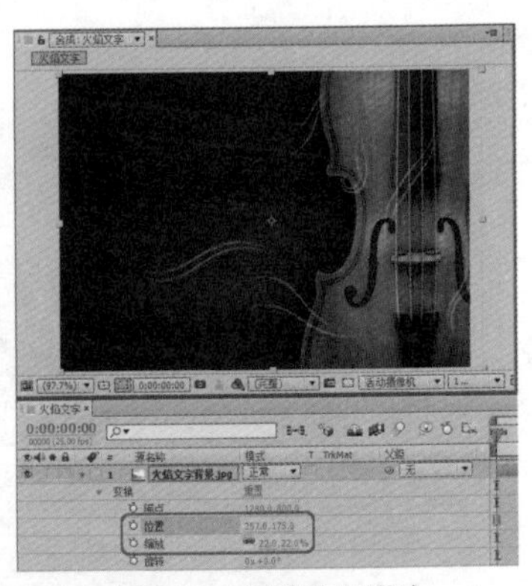
图 5-18　调整素材图片

图 5-19　输入并设置文字

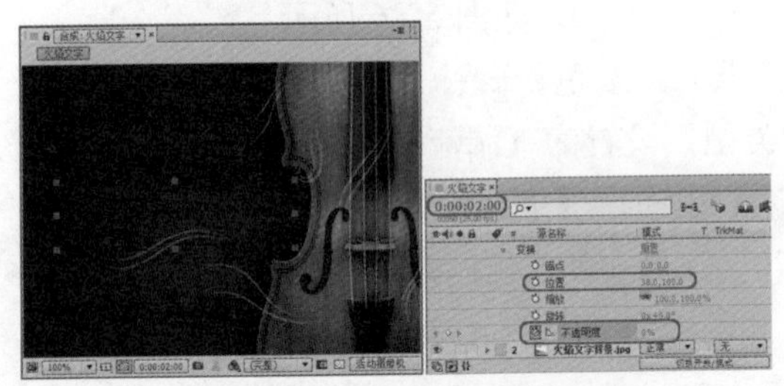
图 5-20　设置图层参数

图 5-21　设置不透明度

(7) 确认文字图层处于选择状态，在菜单栏中选择【效果】|【遮罩】|【简单阻塞工具】命令，为文字图层添加【简单阻塞工具】效果，如图 5-22 所示。

(8) 将当前时间设置为 0:00:00:00，在【效果控件】面板中将【阻塞遮罩】设置为 100，并单击左侧的 按钮，如图 5-23 所示。

图 5-22　选择【简单阻塞工具】命令

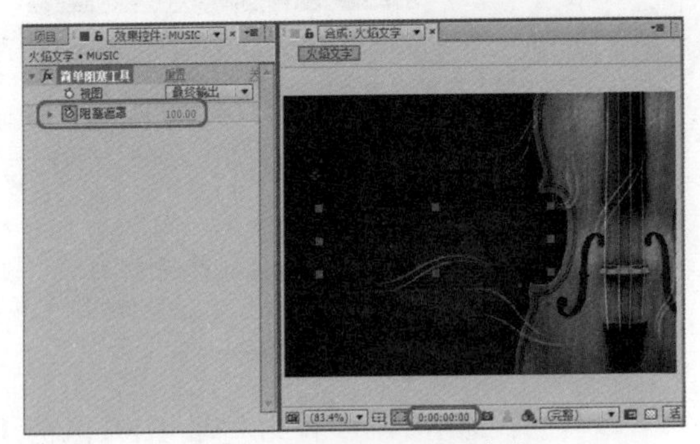
图 5-23　添加效果并设置参数

(9) 将当前时间设置为 0:00:03:00，将【阻塞遮罩】设置为 0.1，如图 5-24 所示。

(10) 在菜单栏中选择【效果】|【模糊和锐化】|【快速模糊】命令，即可为文字图层添加【快速模糊】效果，在【效果控件】面板中将【模糊度】设置为 10，如图 5-25 所示。

图 5-24 设置【阻塞遮罩】参数

图 5-25 添加【快速模糊】效果并设置参数

(11) 在菜单栏中选择【效果】|【生成】|【填充】命令，即可为文字图层添加【填充】效果，在【效果控件】面板中将【颜色】的 RGB 值设置为 0、0、0，如图 5-26 所示。

(12) 在菜单栏中选择【效果】|【杂色和颗粒】|【分形杂色】命令，即可为文字图层添加【分形杂色】效果，在【效果控件】面板中将【分型类型】设置为【湍流平滑】，将【对比度】设置为 200，将【溢出】设置为【剪切】，在【变换】组中将【缩放】设置为 50，确认当前时间为 0:00:00:00，将【偏移（湍流）】设置为 360、570，并单击其左侧的 按钮，选中【透视位移】复选框，将【复杂度】设置为 10，单击【演化】左侧的 按钮，打开动画关键帧记录，如图 5-27 所示。

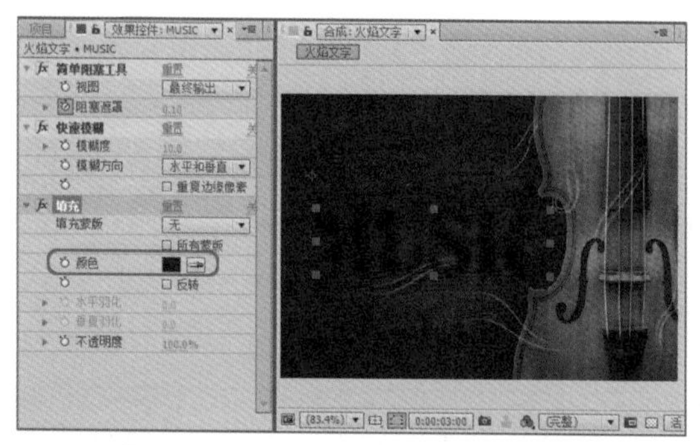

图 5-26 添加【填充】效果并设置参数

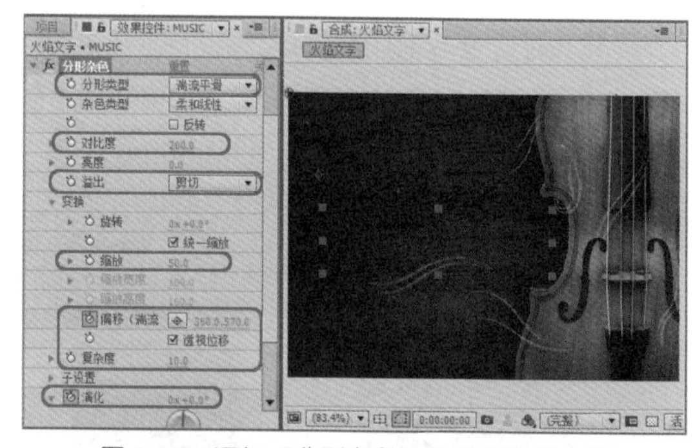

图 5-27 添加【分形杂色】效果并设置参数

知识链接

分形杂色效果可用于创建自然景观背景、置换图和纹理的灰度杂色，或模拟云、火、熔岩、蒸汽、流水等事物。

(13) 将当前时间设置为 0:00:07:00，将【偏移（湍流）】设置为 360、0，将【演化】设置为 10x+0°，如图 5-28 所示。

(14) 在菜单栏中选择【效果】|【颜色校正】| CC Toner 命令，即可为文字图层添加 CC Toner 效果，在【效果控件】面板中将 Highlights 的 RGB 值设置为 255、191、0，将 Midtones 的 RGB 值设置为 219、117、3，将 Shadows 的 RGB 值设置为 110、0、0，如图 5-29 所示。

(15) 在菜单栏中选择【效果】|【风格化】|【毛边】命令，即可为文字图层添加【毛边】效果，在【效果控件】面板中将【边缘类型】设置为【刺状】，将当前时间设置为 0:00:00:00，

将【偏移（湍流）】设置为 0、228，并单击其左侧的 ⏱ 按钮，然后单击【演化】左侧的 ⏱ 按钮，打开动画关键帧记录，如图 5-30 所示。

(16) 将当前时间设置为 0:00:07:00，将【偏移（湍流）】设置为 0、0，将【演化】设置为 5x+0°，如图 5-31 所示。

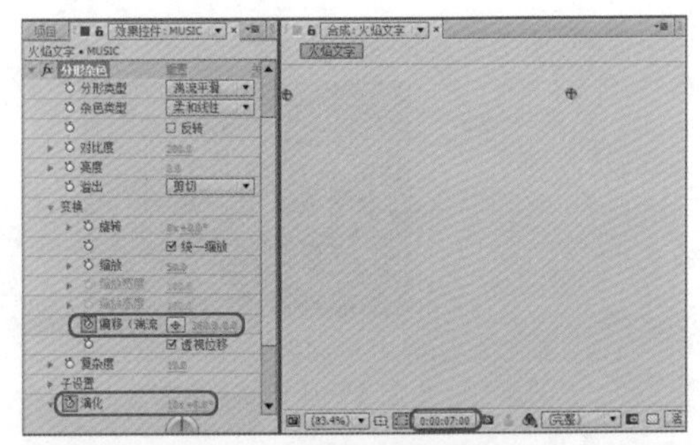

图 5-28　设置关键帧参数（1）

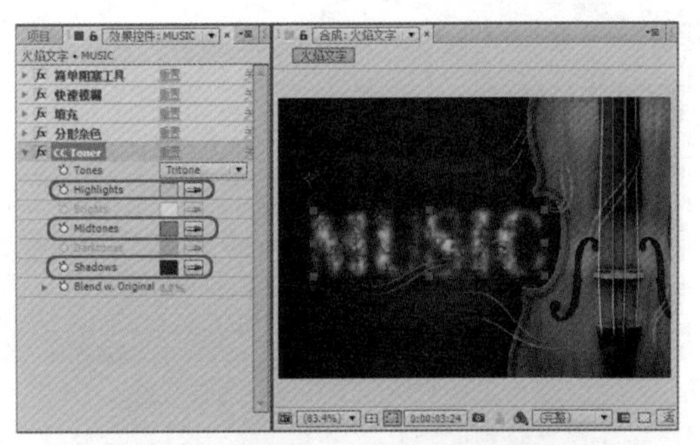

图 5-29　添加 CC Toner 效果并设置参数

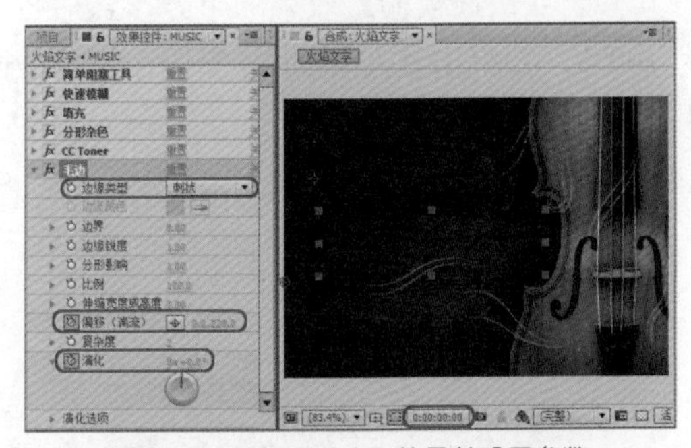

图 5-30　添加【毛边】效果并设置参数

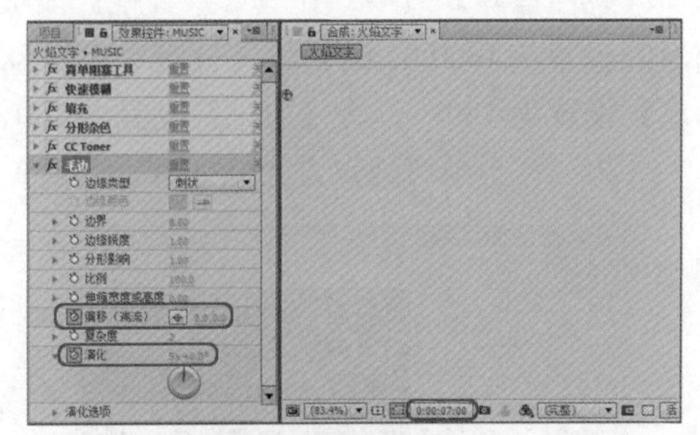

图 5-31　设置关键帧参数（2）

知识链接

【毛边】：毛边效果可使 Alpha 通道变粗糙，并可增加颜色以模拟铁锈和其他类型的腐蚀。此效果可为格栅化文本或图形提供自然粗制的外观，就像旧打字机文本的外观一样。

【边缘类型】：使用的粗糙化的类型。

【边缘颜色】：对于“生锈颜色”或“颜色粗糙化”，指代应用到边缘的颜色；对于“影印颜色”，指代填充的颜色。

【边界】：此效果从 Alpha 通道的边缘开始，向内部扩展的范围，以像素为单位。

【边缘锐度】：低值可创建更柔和的边缘。高值可创建更清晰的边缘。

【分形影响】：粗糙化的数量。

【缩放】：用于计算粗糙度的分形的缩放。

【伸缩宽度或高度】：用于计算粗糙度的分形的宽度或高度。

【偏移（湍流）】：确定用于创建粗糙度的部分分形形状。

【复杂度】：确定粗糙度的详细程度。

【演化】：为此设置动画将使粗糙度随时间变化。

(17) 按 Ctrl+D 组合键复制出 MUSIC 2 文字图层，在时间轴面板中，将 MUSIC 2 文字图层的【位置】设置为 38、178，如图 5-32 所示。

(18) 在【效果控件】面板中，将【快速模糊】效果的【模糊度】设置为 120，将【模糊方向】设置为【垂直】，如图 5-33 所示。

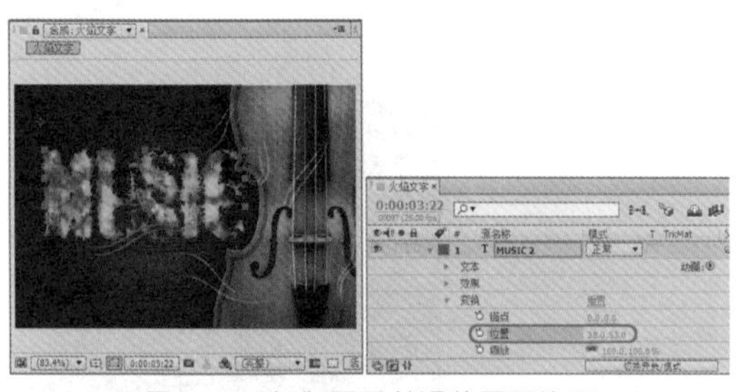

图 5-32　复制图层并调整图层位置

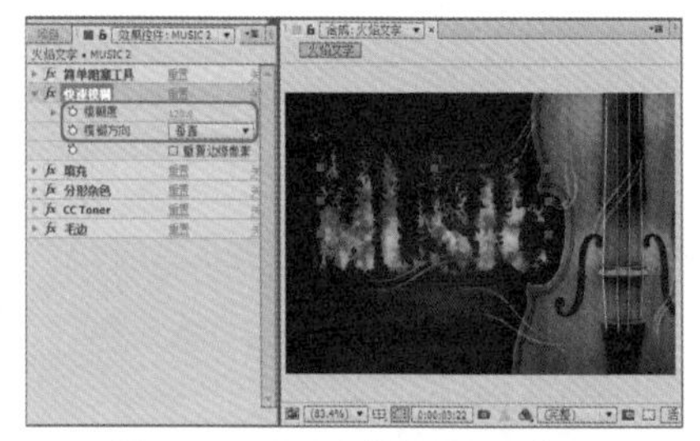

图 5-33　设置【快速模糊】参数

(19) 在菜单栏中选择【效果】|【过渡】|【线性擦除】命令，即可为 MUSIC 2 文字图层添加【线性擦除】效果，在【效果控件】面板中将其移至【快速模糊】效果的下方，然后将当前时间设置为 0:00:02:00，将【过渡完成】设置为 100%，并单击其左侧的 按钮，将【擦除角度】设置为 180°，将【羽化】设置为 100，如图 5-34 所示。

(20) 将当前时间设置为 0:00:07:00，将【过渡完成】设置为 0%，如图 5-35 所示。

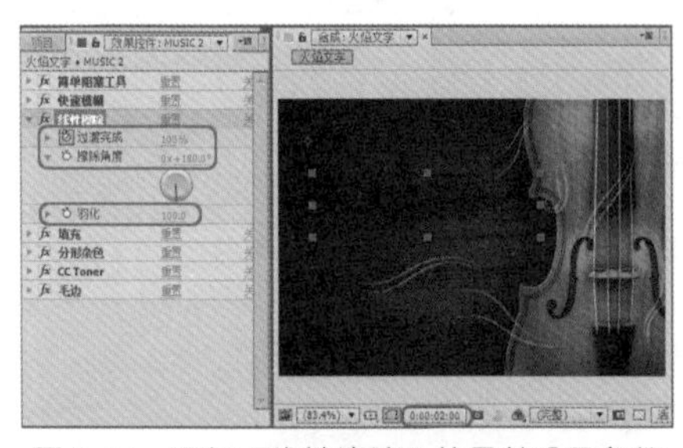

图 5-34　添加【线性擦除】效果并设置参数

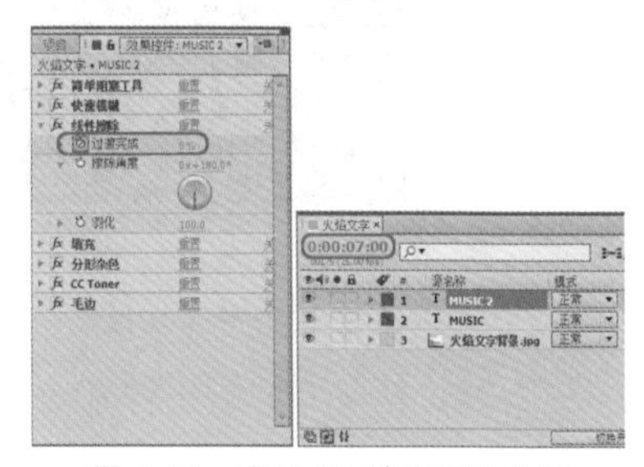

图 5-35　设置【过渡完成】参数

(21) 将当前时间设置为 0:00:00:00，将【毛边】效果的【边缘锐度】设置为 0.5，将【分形影响】设置为 0.75，将【比例】设置为 300，将【偏移（湍流）】设置为 0、156.4，如图 5-36 所示。

(22) 按 Ctrl+D 组合键复制出 MUSIC 3 文字图层，在时间轴面板中将 MUSIC 3 文字图层的【位置】设置为 32、219，取消单击【不透明度】左侧的 按钮，将【不透明度】设置为 100%，如图 5-37 所示。

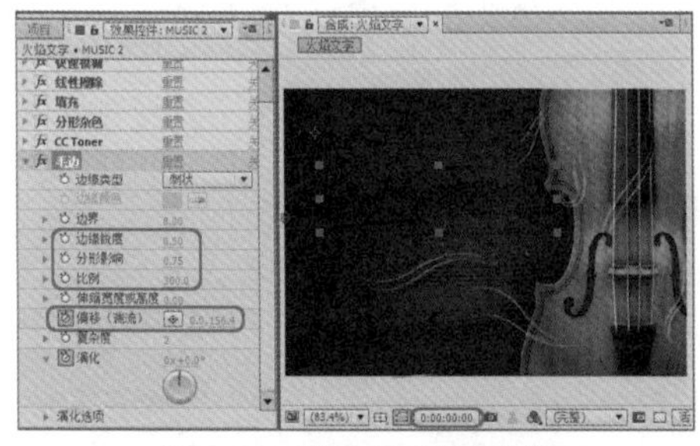

图 5-36　设置【毛边】参数

图 5-37　复制图层并设置参数

（23）在【效果控件】面板中将 MUSIC 3 文字图层上的效果全部删除，在【字符】面板中将文字填充颜色的 RGB 值设置为 229、81、6，如图 5-38 所示。

（24）在菜单栏中选择【效果】|【风格化】| CC Burn Film 命令，即可为 MUSIC 3 文字图层添加 CC Burn Film 效果，将当前时间设置为 0:00:00:00，在【效果控件】面板中，将 Burn 设置为 0，并单击其左侧的 ⏱ 按钮，将 Center 设置为 183、185，如图 5-39 所示。

图 5-38　更改文字填充颜色

图 5-39　添加效果并设置参数

（25）将当前时间设置为 0:00:07:00，将 Burn 设置为 75，如图 5-40 所示。

（26）设置完成后，按空格键在【合成】面板中查看效果，如图 5-41 所示，对完成后的场景进行保存和输出即可。

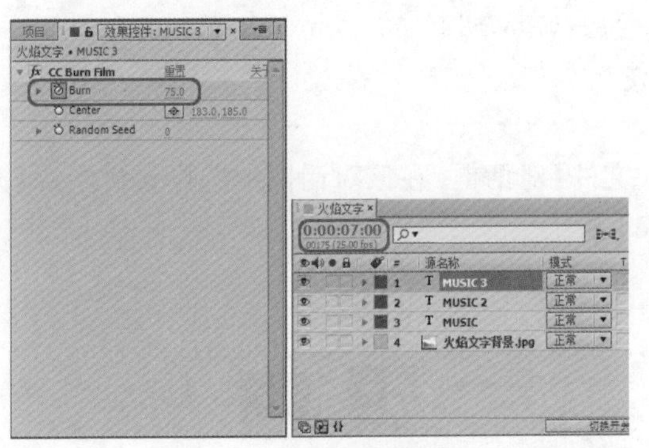

图 5-40　设置 Burn 参数

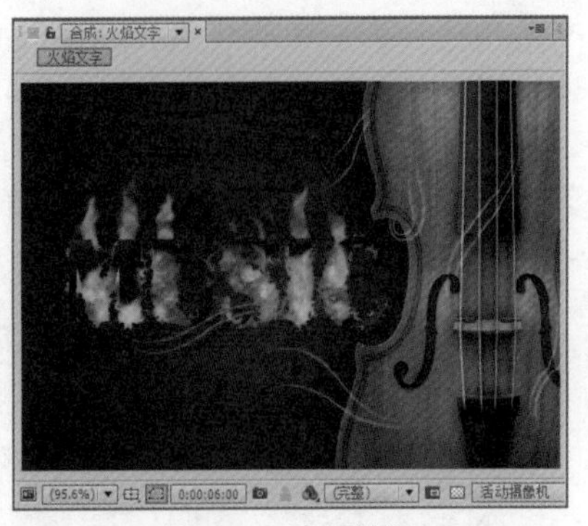

图 5-41　查看效果

案例精讲 041　渐变文字

案例文件：光盘 | 场景 | Cha05 | 渐变文字 .aep

视频文件：光盘 | 视频教学 | Cha05 | 渐变文字 .avi

制作概述

本例将介绍渐变文字的制作方法。该例的制作比较简单，主要是文字添加【四色渐变】效果，完成后的效果如图 5-42 所示。

图 5-42　渐变文字

学习目标

学习渐变文字的制作流程，掌握【四色渐变】效果的使用方法。

操作步骤

(1) 按 Ctrl+N 组合键，在弹出的【合成设置】对话框中输入【合成名称】为【渐变文字】，将【宽度】和【高度】分别设置为 680px 和 460px，将【像素长宽比】设置为 D1/DV PAL (1.09)，将【持续时间】设置为 0:00:05:00，单击【确定】按钮，如图 5-43 所示。

> **知识链接**
>
> 渐变色是指某个物体的颜色，柔和晕染开来的色彩，从明到暗，或由深转浅，或是从一个色彩过渡到另一个色彩，充满变幻无穷的神秘浪漫气息。

(2) 在【项目】面板的空白处双击，弹出【导入文件】对话框，在该对话框中选择素材图片【渐变文字背景 .jpg】，单击【导入】按钮，如图 5-44 所示。

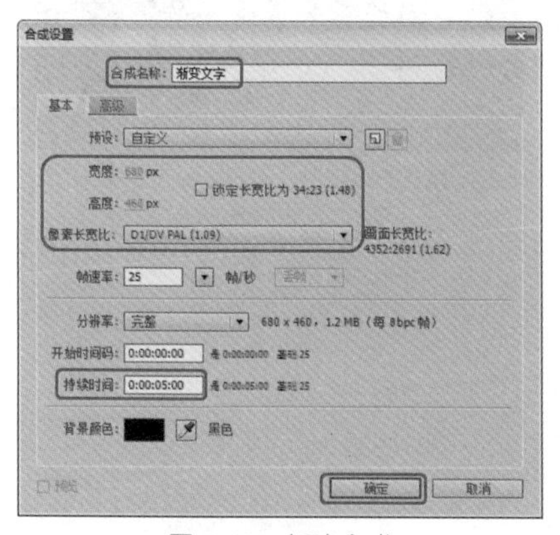

图 5-43　新建合成

图 5-44　选择素材图片

(3) 将选择的素材图片导入至【项目】面板中，然后将素材图片拖动至时间轴中，将【缩放】设置为 52%，将【位置】设置为 317、234，效果如图 5-45 所示。

(4) 在工具栏中选择【横排文字工具】T，在【合成】面板中输入文字，选择输入的文字，在【字符】面板中将【字体】设置为 Britannic Bold，将【字体大小】设置为 41 像素，将【设置所选字符的字符间距】设置为 33，并在【合成】面板中调整其位置，效果如图 5-46 所示。

图 5-45　调整素材图片

图 5-46　输入并设置文字

（5）在菜单栏中选择【效果】|【生成】|【四色渐变】命令，即可为文字图层添加【四色渐变】效果，在【效果控件】面板中，将【点 1】设置为 169、73，将【颜色 1】的 RGB 值设置为 255、233、5，将【点 2】设置为 302、73，将【颜色 2】的 RGB 值设置为 0、149、255，将【点 3】设置为 398、73，将【颜色 3】的 RGB 值设置为 255、0、255，将【点 4】设置为 471、73，将【颜色 4】的 RGB 值设置为 254、116、12，如图 5-47 所示。

知识链接

四色渐变特效使用 4 个染色点实现渐变效果，4 个点分别可以指定不同的颜色，在影视后期合成中，常常用作局部染色工具。

【位置和颜色】：染色点的位置和颜色设置。

【混合】：值越高，颜色之间的逐渐过渡层次越多。

【抖动】：渐变中抖动（杂色）的数量。抖动可减少条纹，它仅影响可能出现条纹的区域。

【不透明度】：渐变的不透明度，以图层【不透明度】值的百分比形式显示。

【混合模式】：用于合并渐变效果和图层的混合模式。

（6）在菜单栏中选择【效果】|【风格化】|【发光】命令，即可为文字图层添加【发光】效果，在【效果控件】面板中使用默认参数即可，效果如图 5-48 所示。

图 5-47　添加【四色渐变】效果并设置参数

图 5-48　添加【发光】效果

（7）在菜单栏中选择【效果】|【过渡】|【百叶窗】命令，即可为文字图层添加【百叶窗】效果，确认当前时间为 0:00:00:00，在【效果控件】面板中，将【过渡完成】设置为 100%，并单击左侧的 按钮，如图 5-49 所示。

(8) 将当前时间设置为 0:00:03:00，将【过渡完成】设置为 0%，如图 5-50 所示。设置完成后，按空格键在【合成】面板中查看效果，然后对完成后的场景进行保存和输出即可。

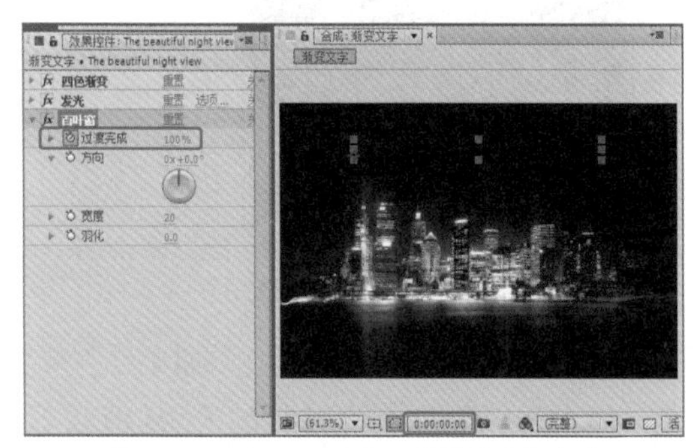

图 5-49　添加【百叶窗】效果并设置参数

图 5-50　设置【过渡完成】参数

案例精讲 042　卡通文字

案例文件：光盘 | 场景 | Cha05 | 卡通文字 .aep
视频文件：光盘 | 视频教学 | Cha05 | 卡通文字 .avi

制作概述

本例将介绍卡通文字的制作方法，该例是通过制作两个合成来完成的，首先制作出卡通文字，然后制作动画效果，如图 5-51 所示。

图 5-51　卡通文字

学习目标

学习卡通文字的制作流程，掌握创建文字蒙版的方法。

操作步骤

(1) 按 Ctrl+N 组合键，在弹出的【合成设置】对话框中输入【合成名称】为【卡通文字】，将【宽度】和【高度】分别设置为 900px 和 750px，将【像素长宽比】设置为 D1/DV PAL (1.09)，将【持续时间】设置为 0:00:03:00，将【背景颜色】的 RGB 值设置为 0、107、130，单击【确定】按钮，如图 5-52 所示。

知识链接

用户还可以使用以下几种方法来新建合成。

(1) 在菜单栏中选择【合成】|【新建合成】命令。

(2) 单击【项目】面板底部的【新建合成】按钮。

(3) 在【项目】面板的空白处右击，在弹出的快捷菜单中选择【新建合成】命令。

(4) 在【项目】面板中选择目标素材（一个或多个），将其拖动至【新建合成】按钮上，释放鼠标进行创建。

(2) 在工具栏中选择【横排文字工具】，在【合成】面板中输入文字，选择输入的文字，在【字符】面板中将【字体】设置为【方正胖娃简体】，将【字体大小】设置为190像素，将【填充颜色】的RGB值设置为243、27、135，将【描边颜色】的RGB值设置为87、4、46，将【描边宽度】设置为17像素，将【描边类型】设置为【在描边上填充】，如图5-53所示。

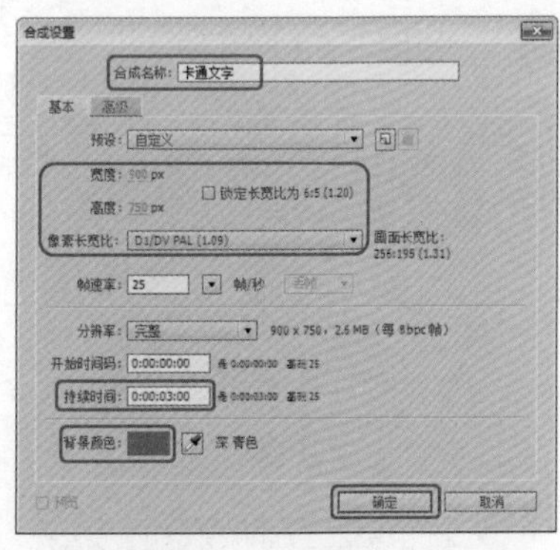

图5-52　新建合成(1)

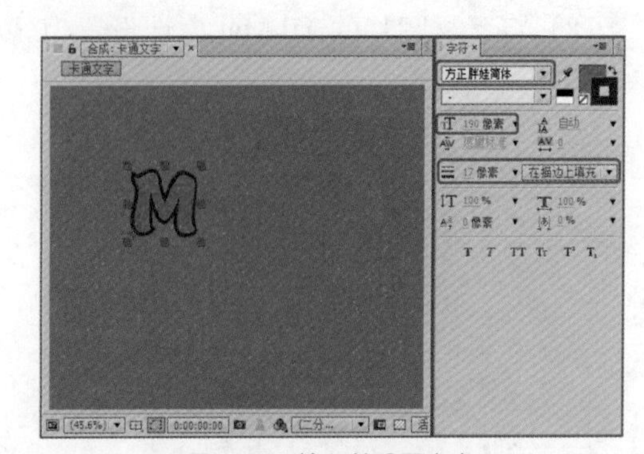

图5-53　输入并设置文字

(3) 在时间轴中，将M文字图层的【位置】设置为270、386，将【旋转】设置为−10°，如图5-54所示。

(4) 在文字图层上右击，在弹出的快捷菜单中选择【从文字创建蒙版】命令，如图5-55所示。

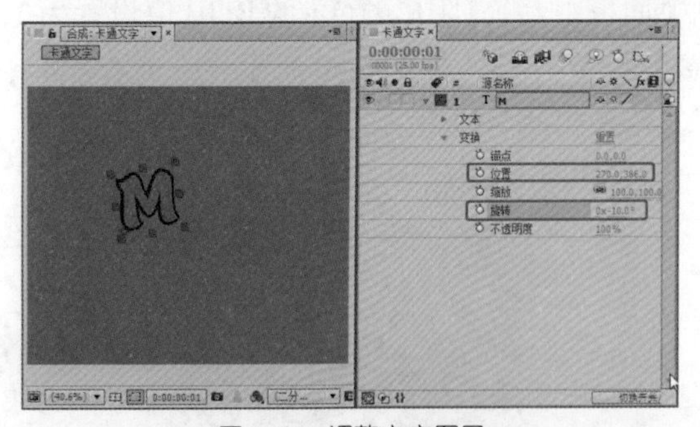

图5-54　调整文字图层

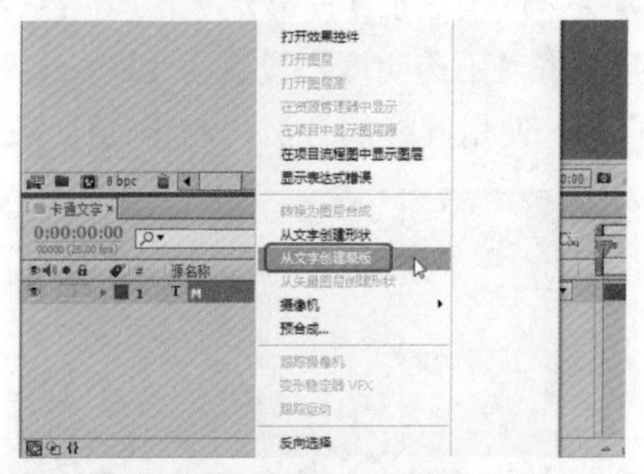

图5-55　选择【从文字创建蒙版】命令

(5) 创建文字蒙版，效果如图5-56所示。

(6) 在【项目】面板的空白处双击，弹出【导入文件】对话框，在该对话框中选择素材图片【底纹01.jpg】、【底纹02.jpg】、【底纹03.jpg】、【底纹04.jpg】、【底纹05.jpg】和【卡通文字背景.jpg】，单击【导入】按钮，如图5-57所示。

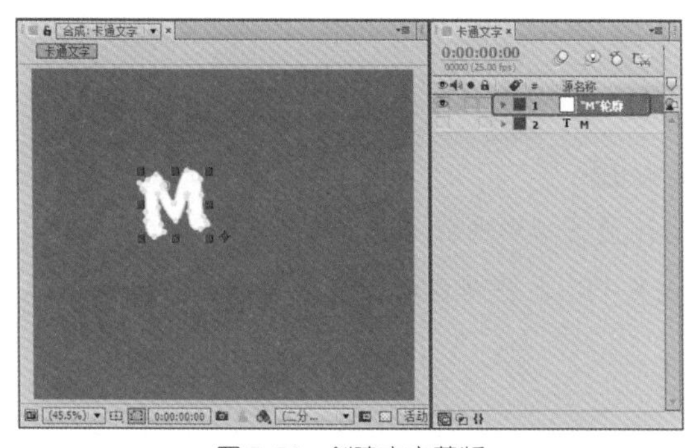
图 5-56　创建文字蒙版

图 5-57　选择素材图片

(7) 将选择的素材图片导入至【项目】面板中，然后将【底纹 01.jpg】素材图片拖动至时间轴中文字图层的上方，并将其【缩放】设置为 31%，将【旋转】设置为 −10°，将【位置】设置为 336、308，效果如图 5-58 所示。

(8) 将素材图片的 TrkMat 属性设置为【Alpha 遮罩】，如图 5-59 所示。

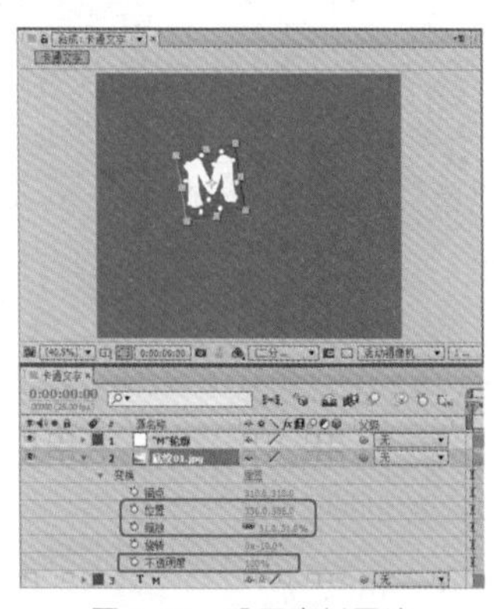
图 5-58　设置素材图片

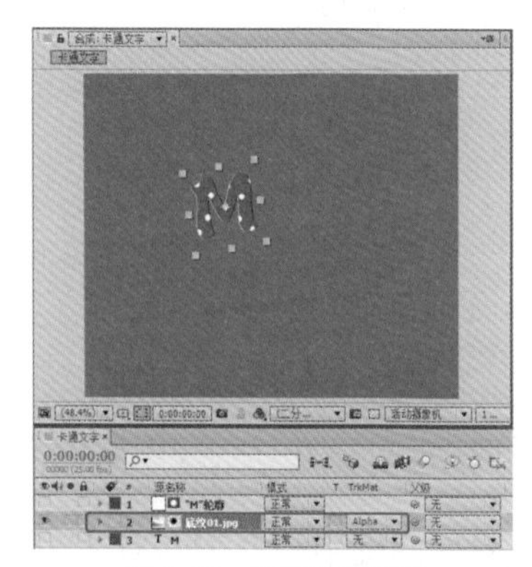
图 5-59　设置轨道遮罩

(9) 取消隐藏文字图层 M，并选择该图层，在菜单栏中选择【效果】|【透视】|【投影】命令，即可为文字图层添加【投影】效果，在【效果控件】面板中，将【阴影颜色】的 RGB 值设置为 1、12、42，将【不透明度】设置为 100%，将【距离】设置为 23，如图 5-60 所示。

(10) 使用同样的方法，制作其他卡通文字，效果如图 5-61 所示。

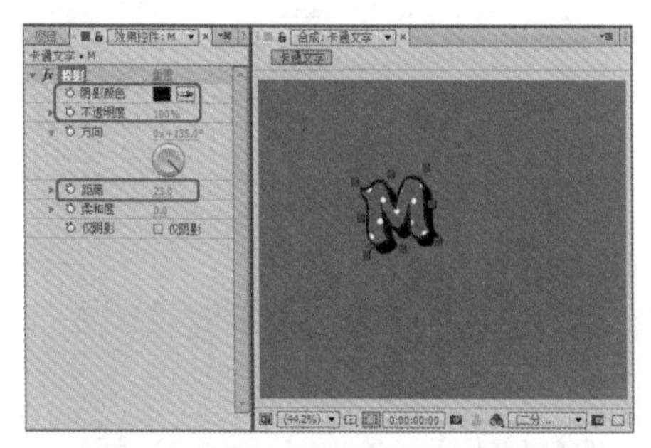
图 5-60　添加【投影】效果并设置参数

图 5-61　制作其他文字

知识链接

投影效果是在图层后面显示阴影。图层的 Alpha 通道将确定阴影的形状。在将投影添加到图层中时，图层 Alpha 通道的柔和边缘轮廓将在其后面显示，就像将阴影投射到背景或底层对象上一样。投影效果可在图层边界外部创建阴影。图层的品质设置会影响阴影的子像素定位，以及阴影柔和边缘的平滑度。

(11)在时间轴的空白处右击，在弹出的快捷菜单中选择【新建】|【形状图层】命令，如图 5-62 所示。

(12) 新建形状图层，在工具栏中选择【钢笔工具】，在【合成】面板中绘制星形，选择绘制的星形，在时间轴中的【描边 1】选项组中将【描边宽度】设置为 0，在【填充 1】选项组中将【颜色】的 RGB 值设置为 255、255、255，如图 5-63 所示。

图 5-62 选择【形状图层】命令

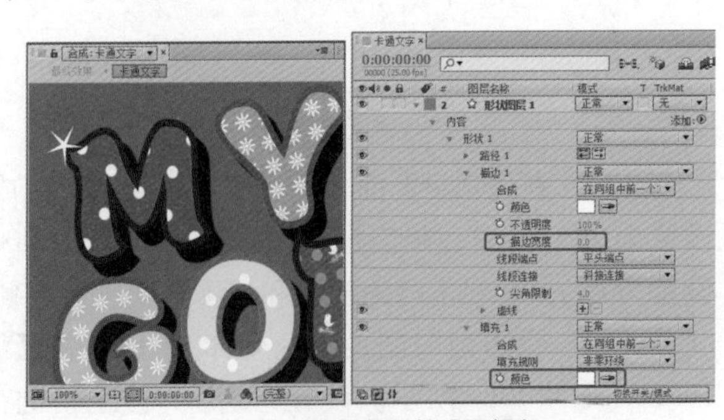

图 5-63 绘制星形并设置颜色

在不选中任何图层时，可以使用【钢笔工具】、【矩形工具】或其他的形状工具，在【合成】面板中进行绘制，此时在时间轴中系统会自动新建一个形状图层。

(13) 在菜单栏中选择【效果】|【风格化】|【发光】命令，即可为形状图层添加【发光】效果，在【效果控件】面板中使用默认参数即可，效果如图 5-64 所示。

(14) 按 Ctrl+D 组合键复制形状图层，并在【合成】面板中调整复制后的星形的位置，效果如图 5-65 所示。

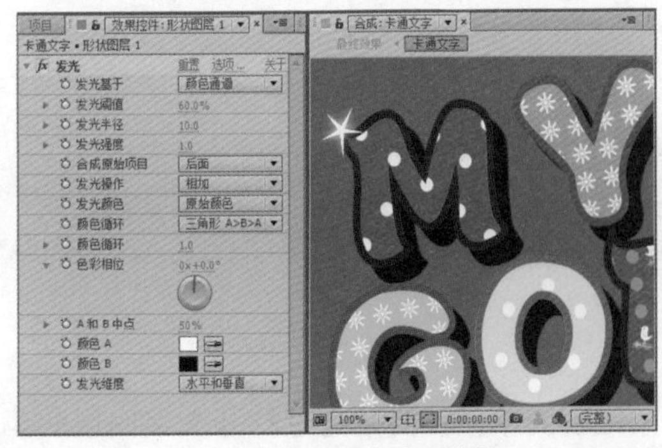

图 5-64 添加【发光】效果

图 5-65 调整星形位置

CG设计案例课堂

(15) 按 Ctrl+N 组合键，在弹出的【合成设置】对话框中输入【合成名称】为【最终效果】，单击【确定】按钮，如图 5-66 所示。

(16) 在【项目】面板中将【卡通文字背景 .jpg】素材图片拖动至【最终效果】时间轴中，如图 5-67 所示。

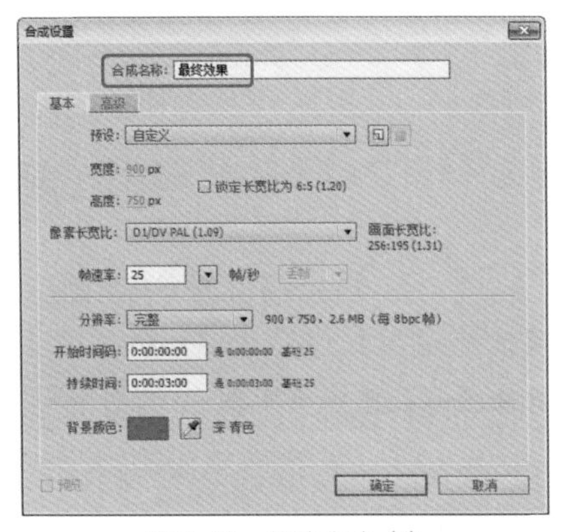

图 5-66　新建合成 (2)

图 5-67　添加素材图片

(17) 在【项目】面板中将【卡通文字】合成拖动至时间轴中素材图片的上方，将【位置】设置为 277、287，将当前时间设置为 0:00:01:00，将【缩放】设置为 227%，将【不透明度】设置为 0%，并单击【缩放】和【不透明度】左侧的 按钮，如图 5-68 所示。

(18) 将当前时间设置为 0:00:01:12，将【缩放】设置为 100%，将【不透明度】设置为 100%，如图 5-69 所示。设置完成后，按空格键在【合成】面板中查看效果，然后对完成后的场景进行保存和输出即可。

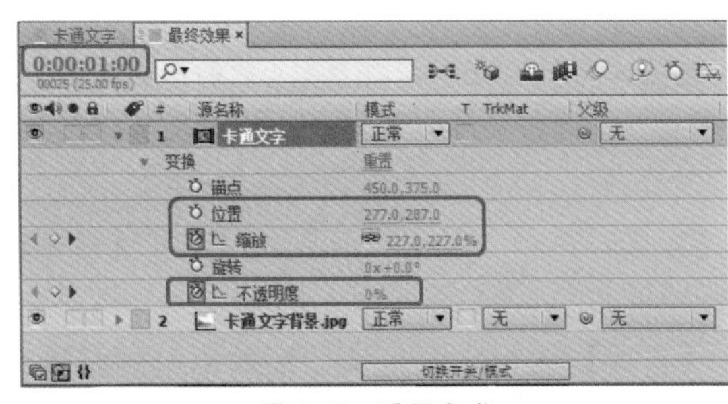

图 5-68　设置合成

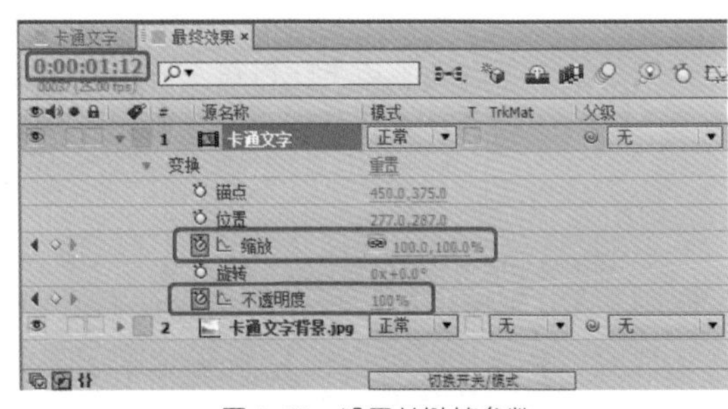

图 5-69　设置关键帧参数

案例精讲 043　立体文字

案例文件：光盘 | 场景 | Cha05 | 立体文字 .aep

视频文件：光盘 | 视频教学 | Cha05 | 立体文字 .avi

制作概述

本例将介绍立体文字的制作方法。该例的制作比较简单，主要是通过打开文字图层的 3D 图层，然后设置参数，完成后的效果如图 5-70 所示。

图 5-70　立体文字

学习目标

学习使用椭圆形制作阴影的方法，掌握制作立体文字的方法。

操作步骤

(1) 按 Ctrl+N 组合键，在弹出的【合成设置】对话框中输入【合成名称】为【立体文字】，将【宽度】和【高度】设置为 600px，将【像素长宽比】设置为【方形像素】，将【持续时间】设置为 0:00:05:00，单击【确定】按钮，如图 5-71 所示。

(2) 在【项目】面板的空白处双击，弹出【导入文件】对话框，在该对话框中选择素材图片【图案 .png】和【立体文字背景 .jpg】，单击【导入】按钮，如图 5-72 所示。

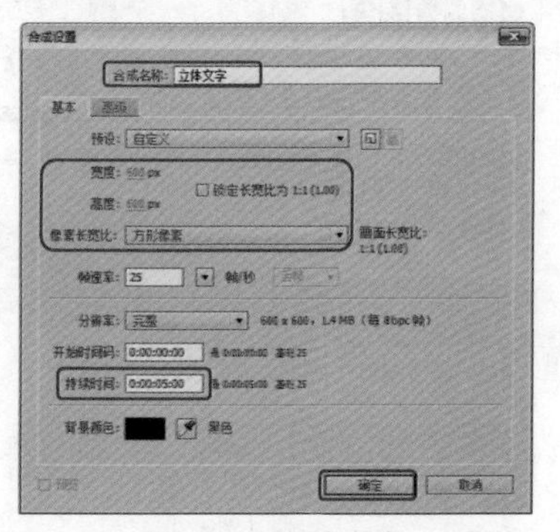

图 5-71　新建合成

图 5-72　选择素材图片

知识链接

PNG 格式图片因其高保真性、透明性及文件体积较小等特性，被广泛应用于网页设计、平面设计中。PNG 用来存储灰度图像时，灰度图像的深度可多到 16 位，存储彩色图像时，彩色图像的深度可多到 48 位，并且还可存储多到 16 位的 α 通道数据。PNG 使用从 LZ77 派生的无损数据压缩算法。一般应用于 Java 程序中或网页中，因为它压缩比高，生成的文件容量小。

(3) 将选择的素材图片导入至【项目】面板中，然后将【立体文字背景 .jpg】素材图片拖动至时间轴中，将【缩放】设置为 60%，效果如图 5-73 所示。

(4) 在工具栏中选择【横排文字工具】T，在【合成】面板中输入文字，选择输入的文字，在【字符】面板中将【字体】设置为 Impact，将【字体大小】设置为 266 像素，将【填充颜色】的 RGB 值设置为 181、10、0，将【描边颜色】设置为无，效果如图 5-74 所示。

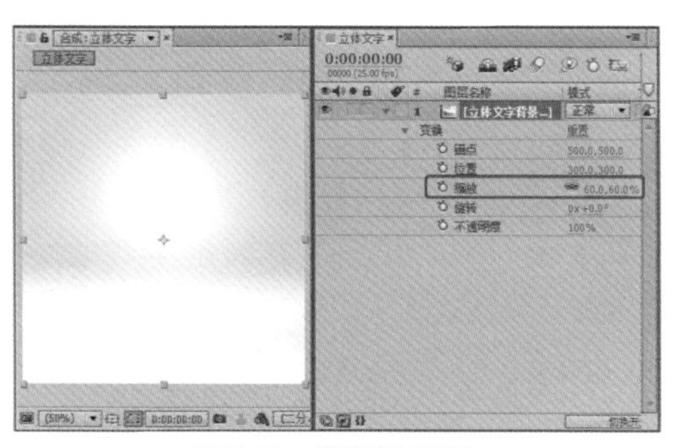

图 5-73　调整素材图片

图 5-74　输入并设置文字

（5）在菜单栏中选择【效果】|【透视】|【斜面 Alpha】命令，即可为文字图层添加【斜面 Alpha】效果，在【效果控件】面板中，将【边缘厚度】设置为 3，如图 5-75 所示。

（6）在时间轴中，打开文字图层的 3D 图层，将【位置】设置为 99、520、0，将【方向】设置为 0°、345°、0°，如图 5-76 所示。

图 5-75　添加效果并设置参数（1）

图 5-76　转换为 3D 图层并设置参数

（7）按 Ctrl+D 组合键复制出 SALE 2 文字图层，并选择复制出的文字图层，在【字符】面板中将【填充颜色】的 RGB 值设置为 116、10、0，如图 5-77 所示。

（8）在【效果控件】面板中，将【边缘厚度】设置为 2，如图 5-78 所示。

图 5-77　更改填充颜色

图 5-78　更改效果参数

（9）在时间轴中，将 SALE 2 文字图层的【位置】设置为 58、522、0，效果如图 5-79 所示。

（10）在时间轴的空白处右击，在弹出的快捷菜单中选择【新建】|【形状图层】命令，即可新建形状图层，并打开形状图层的 3D 图层，如图 5-80 所示。

（11）在工具栏中选择【椭圆工具】，在【合成】面板中绘制椭圆，选择绘制的椭圆，在时间轴中的【填充 1】选项组中将【颜色】的 RGB 值设置为 153、153、153，如图 5-81 所示。

（12）然后将形状图层的【方向】设置为 0°、348°、0°，并适当调整其位置，效果如图 5-82 所示。

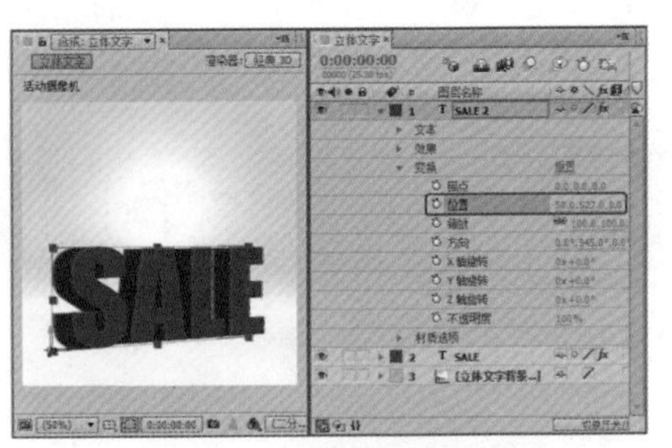

图 5-79　调整文字图层

图 5-80　新建形状图层

图 5-81　设置椭圆颜色

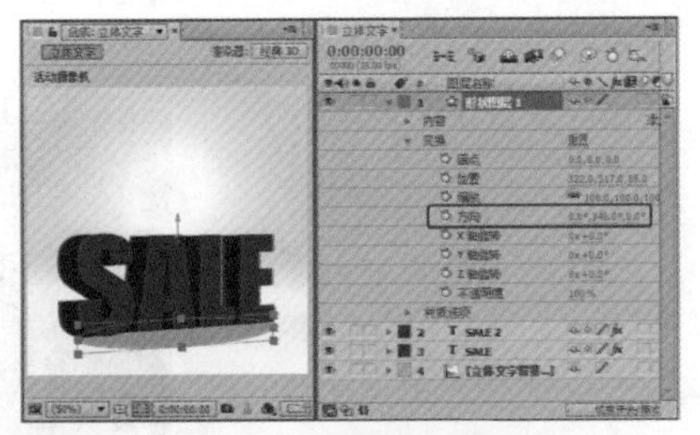

图 5-82　调整形状图层

(13) 在菜单栏中选择【效果】|【模糊和锐化】|【快速模糊】命令，即可为形状图层添加【快速模糊】效果，在【效果控件】面板中将【模糊度】设置为 55，如图 5-83 所示。

(14) 在【项目】面板中将【图案 .png】素材图片拖动至时间轴中 SALE 2 文字图层的下方，如图 5-84 所示。

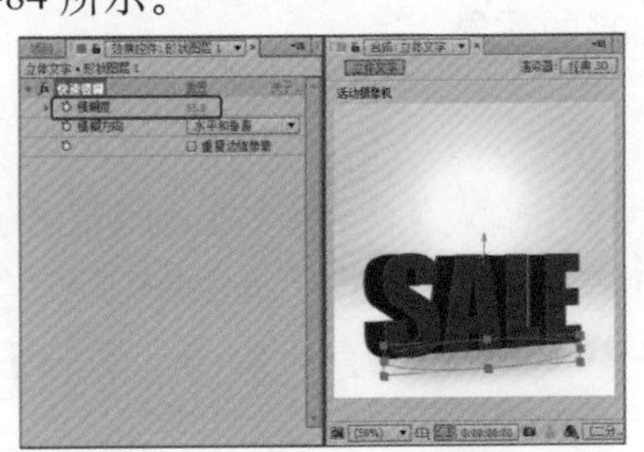

图 5-83　添加效果并设置参数 (2)

图 5-84　添加素材图片

(15) 打开 3D 图层，将【位置】设置为 312、182、70，将【缩放】设置为 40%，将【方向】设置为 0°、345°、0°，如图 5-85 所示。

(16) 设置完成后，在【合成】面板中查看效果，如图 5-86 所示，然后对完成后的场景进行保存即可。

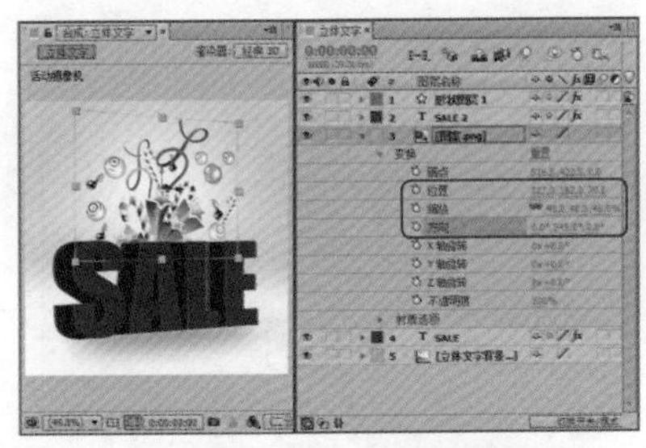

图 5-85　设置 3D 图层参数

图 5-86　完成后的效果

案例精讲 044　流光文字

案例文件：光盘 | 场景 | Cha05 | 流光文字 .aep

视频文件：光盘 | 视频教学 | Cha05 | 流光文字 .avi

制作概述

本例将介绍流光文字的制作方法。该例的制作比较复制，主要通过添加【分形杂色】效果来表现流动的光，完成后的效果如图 5-87 所示。

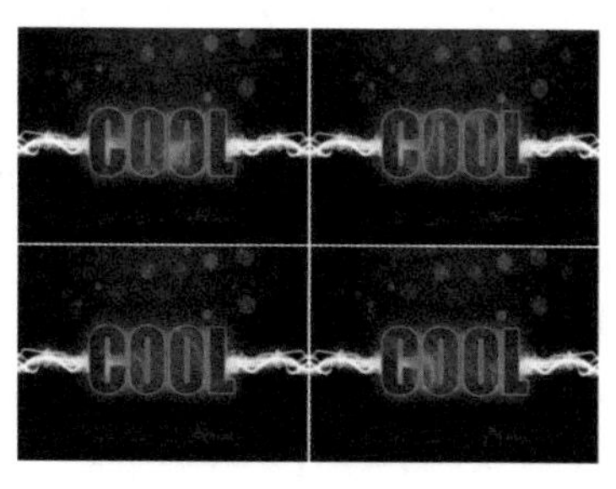

图 5-87　流光文字

学习目标

学习流光文字的制作流程，掌握每种特效所表现出来的效果。

操作步骤

（1）按 Ctrl+N 组合键，在弹出的【合成设置】对话框中输入【合成名称】为【流光文字】，将【宽度】设置为 600px，将【高度】设置为 436px，将【像素长宽比】设置为 D1/DV PAL（1.09），将【持续时间】设置为 0:00:05:00，将【背景颜色】的 RGB 值设置为 0、0、0，单击【确定】按钮，如图 5-88 所示。

（2）在时间轴中右击，在弹出的快捷菜单中选择【新建】|【纯色】命令，弹出【纯色设置】对话框，输入【名称】为【光】，将【颜色】的 RGB 值设置为 0、0、0，单击【确定】按钮，如图 5-89 所示。

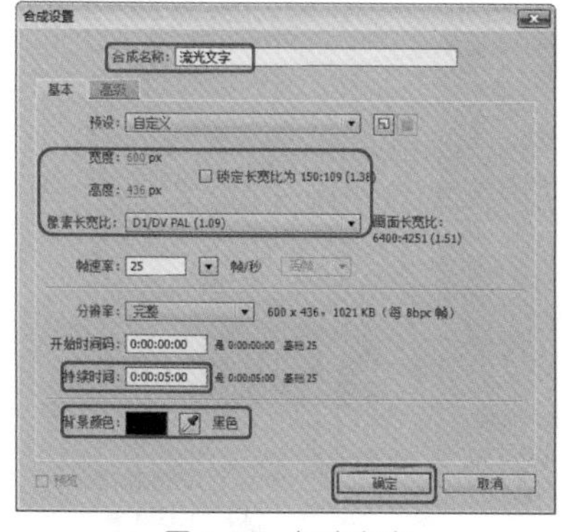

图 5-88　新建合成

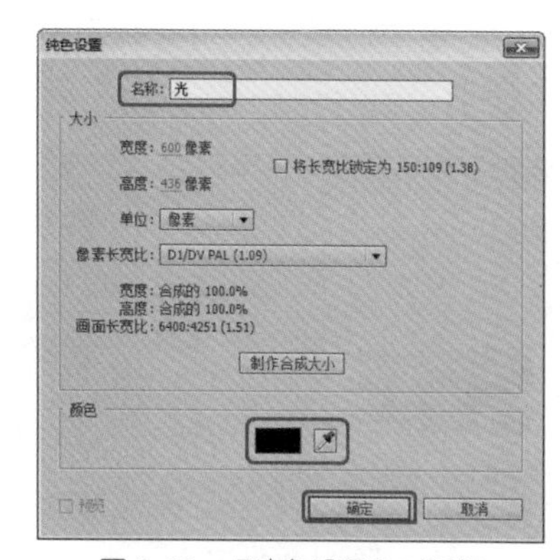

图 5-89　【纯色设置】对话框

（3）新建黑色【光】图层，在菜单栏中选择【效果】|【杂色和颗粒】|【分形杂色】命令，即可为【光】图层添加【分形杂色】效果，在【效果控件】面板中，将【分形类型】设置为【字符串】，将【对比度】设置为500，确认当前时间为0:00:00:00，在【变换】选项组中将【偏移（湍流）】设置为25、240，并单击其左侧的 按钮，在【子设置】选项组中将【子影响（%）】设置为0，将【演化】设置为144°，如图5-90所示。

（4）将当前时间设置为0:00:05:00，在【效果控件】面板中将【偏移（湍流）】设置为600、240，如图5-91所示。

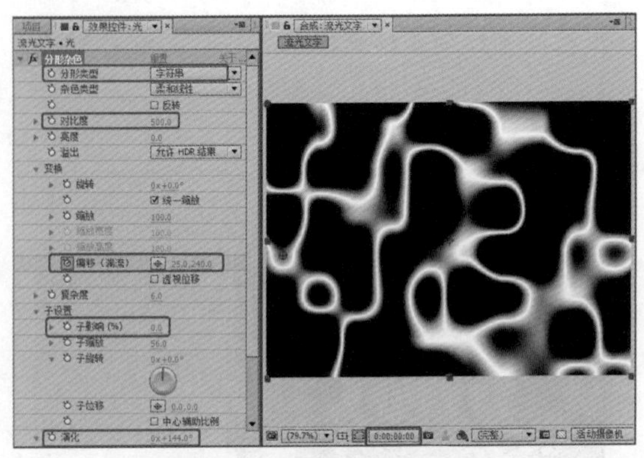

图5-90　添加效果并设置参数

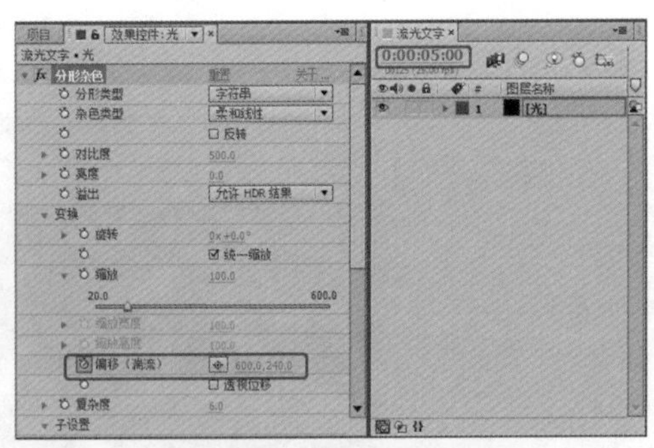

图5-91　设置关键帧参数

（5）在菜单栏中选择【效果】|【颜色校正】|【色阶】命令，即可为【光】图层添加【色阶】效果，在【效果控件】面板中，将【输入黑色】设置为175，如图5-92所示。

知识链接

色阶效果可将输入颜色或Alpha通道色阶的范围重新映射到输出色阶的新范围，并由灰度系数值确定值的分布。此效果的作用与Photoshop的【色阶】调整很相似。

（6）在菜单栏中选择【效果】|【颜色校正】| CC Toner命令，即可为【光】图层添加CC Toner效果，在【效果控件】面板中，将Midtones的RGB值设置为0、100、255，如图5-93所示。

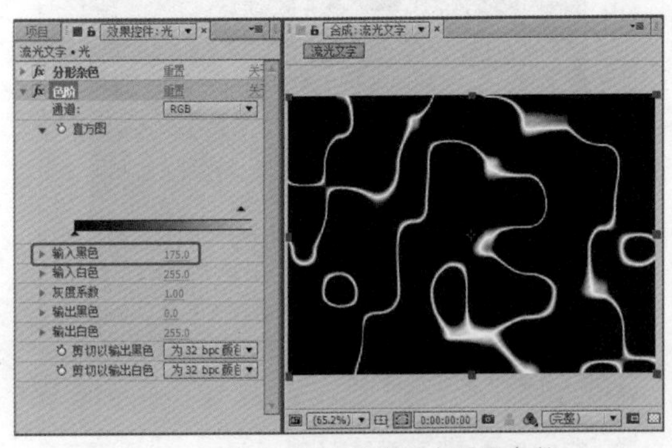

图5-92　添加【色阶】效果并设置参数

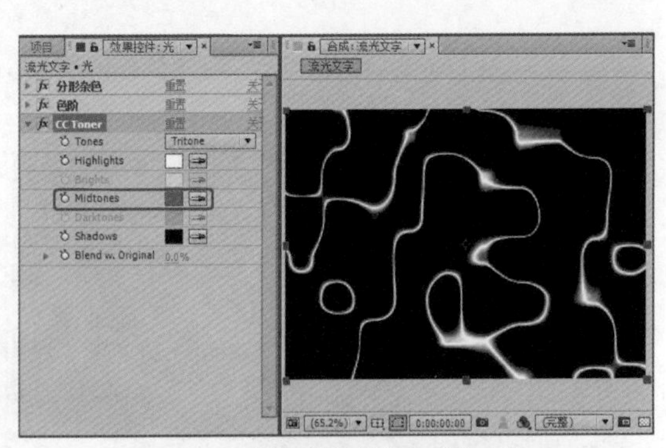

图5-93　添加效果并设置参数（1）

（7）在菜单栏中选择【效果】|【风格化】|【发光】命令，即可为【光】图层添加【发光】效果，在【效果控件】面板中将【发光阈值】设置为75%，将【发光半径】设置为25，将【发

光强度】设置为 5，如图 5-94 所示。

(8) 在工具栏中选择【横排文字工具】T，在【合成】面板中输入文字，选择输入的文字，在【字符】面板中将【字体】设置为 Impact，将【字体大小】设置为 165 像素，将【填充颜色】的 RGB 值设置为 255、255、255，效果如图 5-95 所示。

提示

【合成】面板是素材的大舞台，通过该面板，用户可以对素材进行粗线条的调整，如缩放素材，调整素材在合成中出现的位置，设定素材的运动方向等，这些调整都将记录在时间线中；如果需要精确地调整，可以在时间线中进行，所做的调整将反馈到【合成】面板中。如果是对素材加了一些滤镜，那么滤镜产生的效果也将在【合成】面板中反映出来。

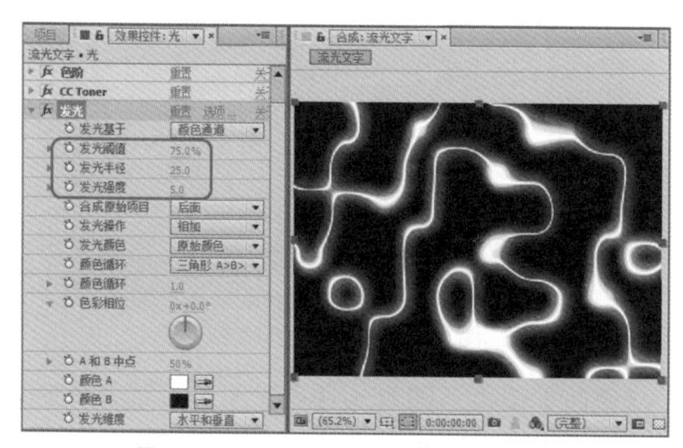

图 5-94　添加【发光】效果并设置参数

图 5-95　输入并设置文字

(9) 在菜单栏中选择【效果】|【模糊和锐化】|【快速模糊】命令，即可为文字图层添加【快速模糊】效果，在【效果控件】面板中，将【模糊度】设置为 200，如图 5-96 所示。

(10) 在时间轴中，将【光】图层的 TrkMat 项设置为【亮度遮罩 COOL】，如图 5-97 所示。

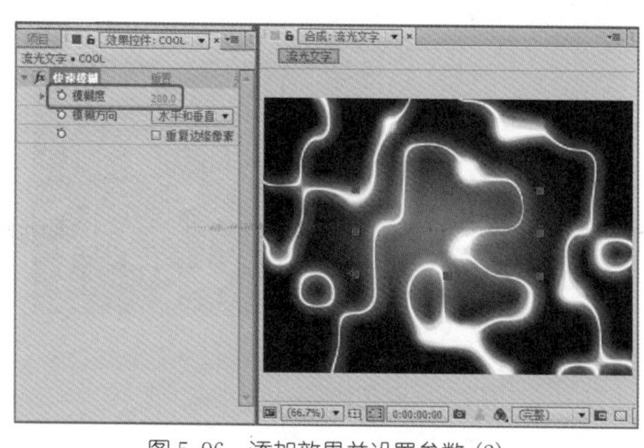

图 5-96　添加效果并设置参数 (2)

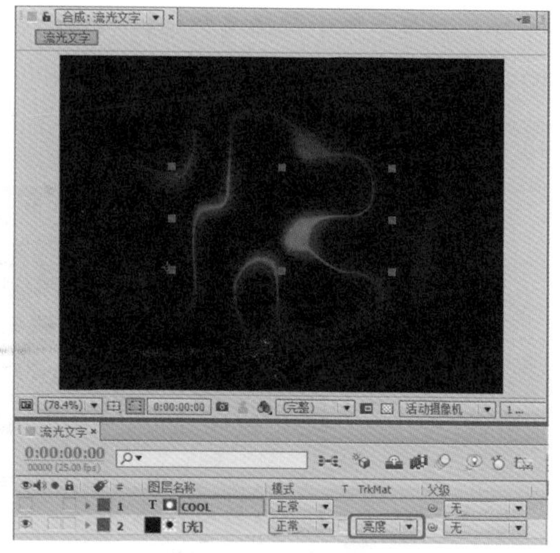

图 5-97　设置轨道遮罩

(11) 取消隐藏 COOL 文字图层，并将其【模式】设置为【相加】，如图 5-98 所示。

（12）按 Ctrl+D 组合键复制出 COOL 2 文字图层，并将其【模式】设置为【模板 Alpha】，然后将添加的【快速模糊】效果删除，如图 5-99 所示。

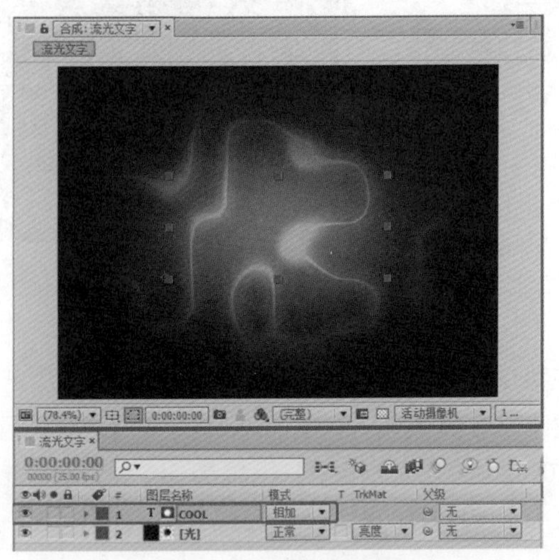

图 5-98　设置文字图层

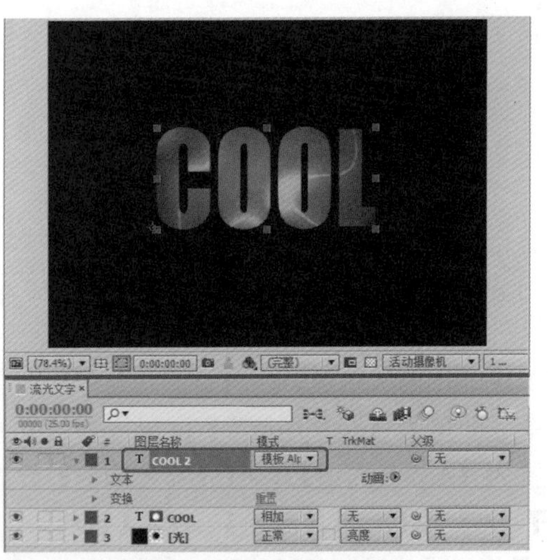

图 5-99　复制并调整图层

（13）按 Ctrl+D 组合键复制出 COOL 3 文字图层，将其【模式】设置为【相加】，如图 5-100 所示。

（14）然后在【字符】面板中将文字填充颜色的 RGB 值设置为 0、0、0，将描边颜色的 RGB 值设置为 44、84、255，将描边宽度设置为 5 像素，将描边方式设置为【在描边上填充】，如图 5-101 所示。

图 5-100　复制图层并设置模式

图 5-101　更改文字颜色

（15）在时间轴的空白处右击，在弹出的快捷菜单中选择【新建】|【调整图层】命令，即可新建一个调整图层，如图 5-102 所示。

（16）在菜单栏中选择【效果】|【颜色校正】| CC Toner 命令，即可为调整图层添加 CC Toner 效果，在【效果控件】面板中，将 Midtones 的 RGB 值设置为 37、105、255，如图 5-103 所示。

图 5-102　新建调整图层

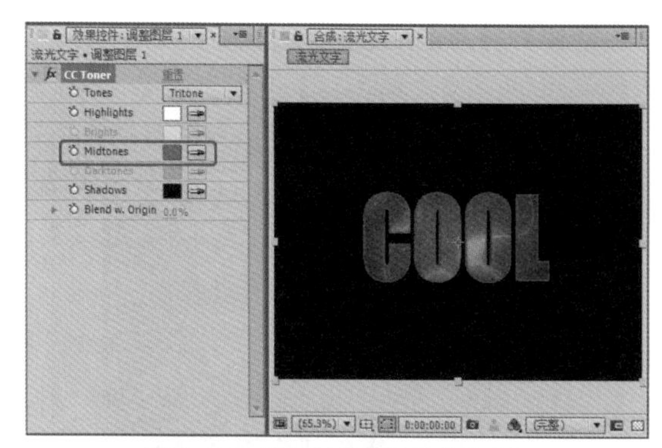
图 5-103　添加效果并设置参数 (3)

（17）再次新建一个【调整图层 2】图层，在菜单栏中选择【效果】|【风格化】|【发光】命令，即可为【调整图层 2】图层添加【发光】效果，在【效果控件】面板中，将【发光基于】设置为【Alpha 通道】，将【发光阈值】设置为 20%，将【发光半径】设置为 50，将【发光颜色】设置为【A 和 B 颜色】，将【颜色 A】的 RGB 值设置为 36、204、252，将【颜色 B】的 RGB 值设置为 65、105、251，如图 5-104 所示。

（18）在时间轴中选择 COOL 3 文字图层，按 Ctrl+D 组合键复制出 COOL 4 文字图层，并将 COOL 4 文字图层移至最上方，如图 5-105 所示。

知识链接

还可以使用快捷键对当前选择的图层进行移动。

向上移动：Ctrl+]

向下移动：Ctrl+[

图层置顶：Ctrl+Shift+]

图层置底：Ctrl+Shift+[

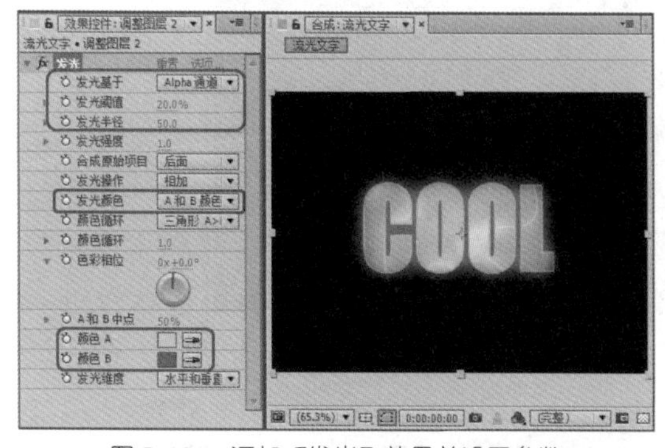
图 5-104　添加【发光】效果并设置参数

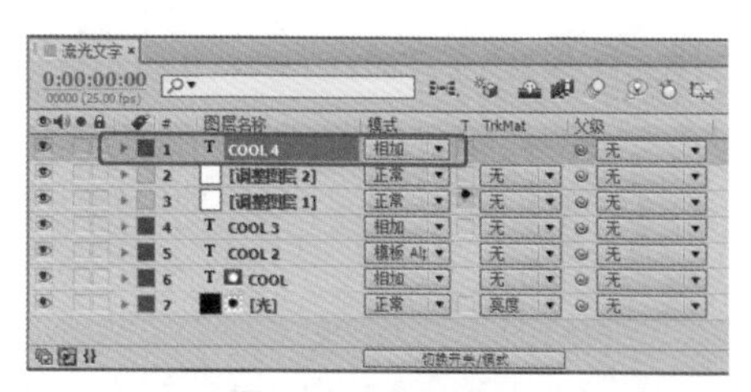
图 5-105　复制图层

（19）将【调整图层 2】图层的 TrkMat 设置为【Alpha 反转遮罩“COOL 4”】，并取消隐藏 COOL 4 文字图层，效果如图 5-106 所示。

（20）按 Ctrl+N 组合键，在弹出的【合成设置】对话框中输入【合成名称】为【最终效果】，单击【确定】按钮，如图 5-107 所示。

图 5-106　设置轨道遮罩并显示图层

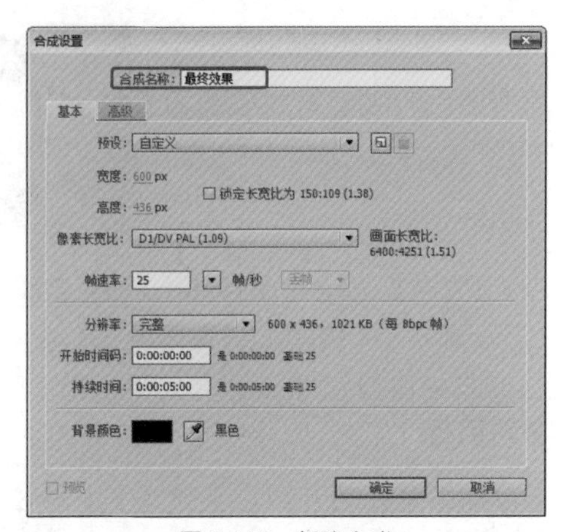

图 5-107　新建合成

（21）在【项目】面板的空白处双击，弹出【导入文件】对话框，在该对话框中选择素材图片【流光文字背景 .jpg】，单击【导入】按钮，如图 5-108 所示。

（22）将选择的素材图片导入至【项目】面板中，然后将素材图片和【流光文字】合成拖动至【最终效果】时间轴中，将【流光文字】合成位于时间轴的最上方，并适当调整其位置，效果如图 5-109 所示。设置完成后，按空格键在【合成】面板中查看效果，然后对完成后的场景进行保存和输出即可。

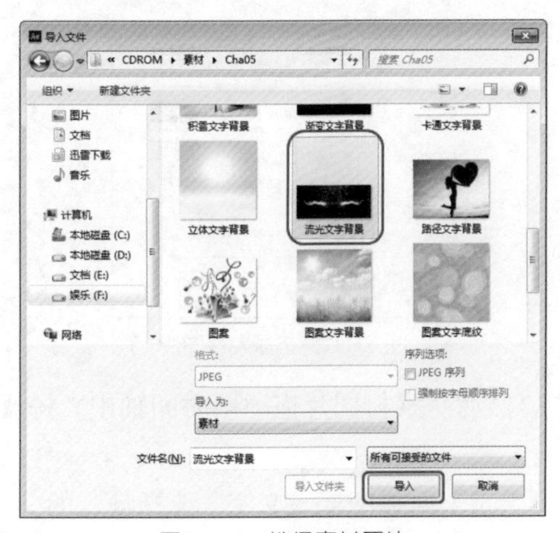

图 5-108　选择素材图片

图 5-109　向时间轴中添加内容

案例精讲 045　路径文字

案例文件：光盘 | 场景 | Cha05 | 路径文字 .aep

视频文件：光盘 | 视频教学 | Cha05 | 路径文字 .avi

制作概述

本例将介绍路径文字的制作，该例的制作比较简单，主要是在文字图层上绘制路径，然后设置关键帧参数，完成后的效果如图 5-110 所示。

图 5-110　路径文字

学习目标

学习绘制路径的方法，掌握文字沿路径运动的方法。

操作步骤

（1）按 Ctrl+N 组合键，在弹出的【合成设置】对话框中输入【合成名称】为【路径文字】，将【预设】设置为 PAL D1/DV，将【持续时间】设置为 0:00:05:00，单击【确定】按钮，如图 5-111 所示。

（2）在【项目】面板的空白处双击，弹出【导入文件】对话框，在该对话框中选择素材图片【路径文字背景 .jpg】，单击【导入】按钮，如图 5-112 所示。

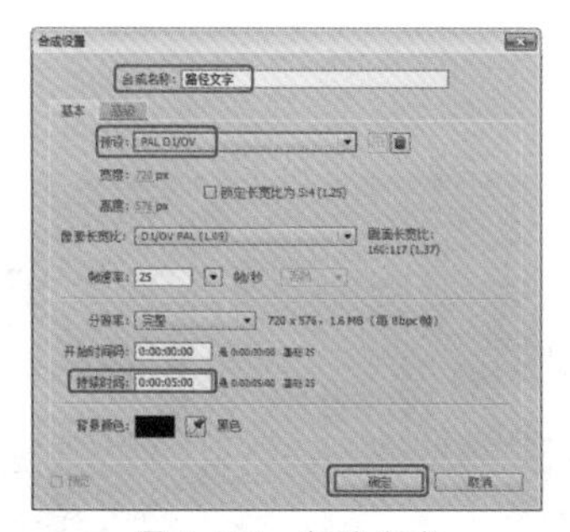

图 5-111　新建合成

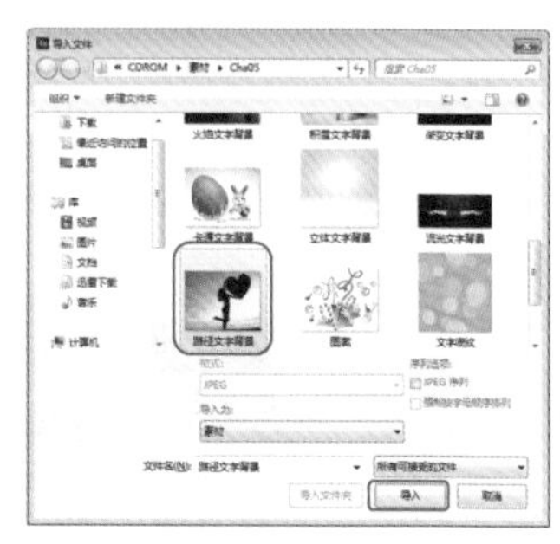

图 5-112　选择素材图片

（3）将选择的素材图片导入至【项目】面板中，然后将素材图片拖动至时间轴中，将【缩放】设置为 77%，效果如图 5-113 所示。

（4）在工具栏中选择【横排文字工具】T，在【合成】面板中输入文字，选择输入的文字，在【字符】面板中将【字体】设置为【方正粗圆简体】，将【字体大小】设置为 23 像素，将【填充颜色】的 RGB 值设置为 255、0、89，效果如图 5-114 所示。

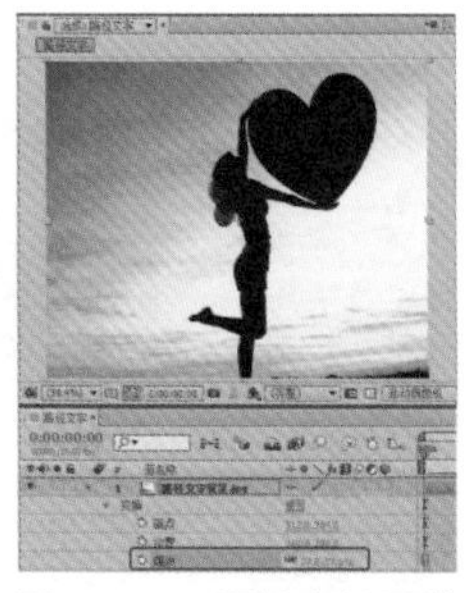

图 5-113　调整素材图片

图 5-114　输入并设置文字

(5) 确认文字图层处于选择状态，在工具栏中选择【钢笔工具】，在【合成】面板中绘制曲线遮罩，如图 5-115 所示。

提示 在工具栏中罗列了各种常用的工具，单击工具图标即可选中该工具。某些工具右边的小三角形符号表示还存在其他的隐藏工具，将鼠标指针放在该工具上方按住不动，稍后就会显示其隐藏的工具，然后移动鼠标指针到所需工具上方释放鼠标即可选中该工具,也可通过连续按该工具的快捷键循环选择其中的隐藏工具。Ctrl+1 组合键用于显示 / 隐藏工具栏。

(6) 将当前时间设置为 0:00:00:00，在时间轴【路径选项】组中将【路径】设置为【蒙版 1】，将【首字边距】设置为 −297，并单击左侧的按钮，如图 5-116 所示。

图 5-115　绘制曲线遮罩

图 5-116　设置路径选项

(7) 在【变换】选项组中，将【不透明度】设置为 0%，并单击左侧的按钮，如图 5-117 所示。

(8) 将当前时间设置为 0:00:02:17，在【变换】选项组中将【不透明度】设置为 100%，如图 5-118 所示。

图 5-117　设置不透明度参数

图 5-118　设置关键帧参数 (1)

(9) 将当前时间设置为 0:00:04:10，在【路径选项】选项组中将【首字边距】设置为 580，如图 5-119 所示。

知识链接

【路径选项】选项组中各项参数功能介绍如下。

【路径】：用于指定文字层的遮罩路径。

【反转路径】：打开该选项可反转路径，默认为关闭。

【垂直于路径】：打开该选项可使文字垂直于路径，默认为打开。

【强制对齐】：打开该选项，在移动文本时可保持一端位置不变。

【首字边距】和【末字边距】：用于调整文本的位置。参数为正值，表示文本从初始位置向右移动；参数为负值，表示文本从初始位置向左移动。

(10) 设置完成后，按空格键在【合成】面板中查看效果，如图 5-120 所示，对完成后的场景进行保存和输出即可。

图 5-119　设置关键帧参数 (2)

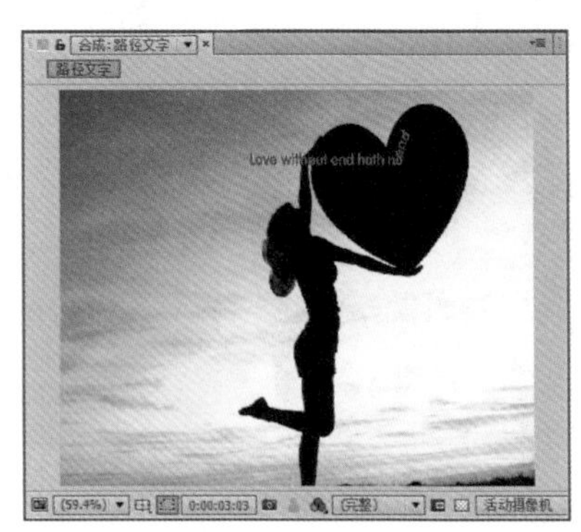

图 5-120　查看效果

案例精讲 046　花纹文字

案例文件：光盘 | 场景 | Cha05 | 花纹文字 . aep

视频文件：光盘 | 视频教学 | Cha05 | 花纹文字 .avi

制作概述

本例将介绍花纹文字的制作方法，首先使用花纹装饰文字，然后同时为文字和花纹添加底纹图案，完成后的效果如图 5-121 所示。

图 5-121　花纹文字

学习目标

学习花纹文字的制作流程，掌握设置轨道遮罩的方法。

操作步骤

（1）按 Ctrl+N 组合键，在弹出的【合成设置】对话框中输入【合成名称】为【花纹文字】，将【预设】设置为 PAL D1/DV，将【持续时间】设置为 0:00:05:00，单击【确定】按钮，如图 5-122 所示。

（2）在工具栏中选择【横排文字工具】T，在【合成】面板中输入文字，选择输入的文字，在【字符】面板中将【字体】设置为【方正华隶简体】，将【字体大小】设置为 165 像素，如图 5-123 所示。

图 5-122　新建合成

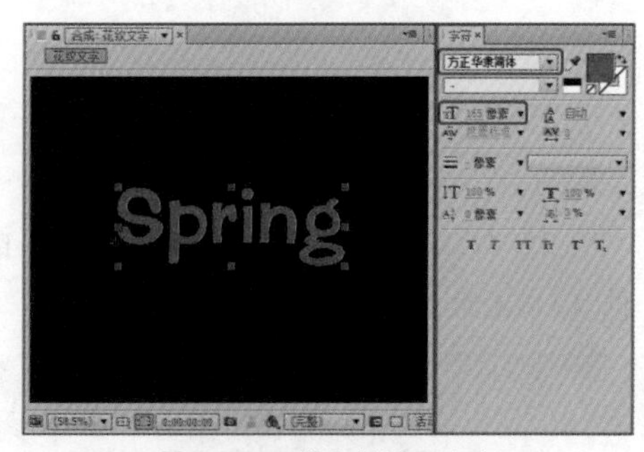

图 5-123　输入并设置文字

（3）在时间轴中将文字的【位置】设置为 140、198，效果如图 5-124 所示。

（4）在【项目】面板的空白处双击，弹出【导入文件】对话框，在该对话框中选择素材图片【花纹 .png】、【文字底纹 .jpg】和【花纹文字背景 .jpg】，单击【导入】按钮，如图 5-125 所示。

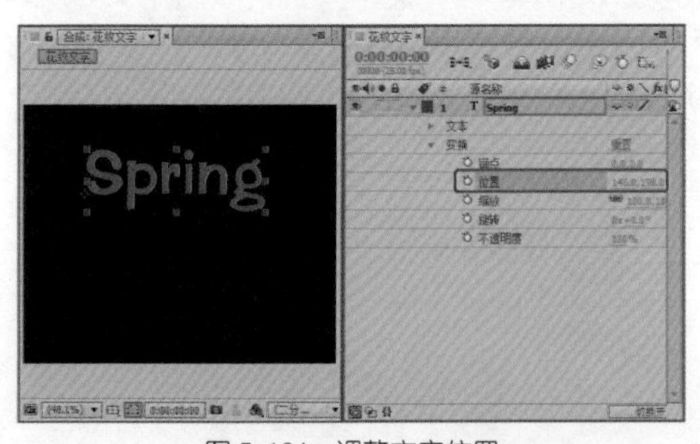

图 5-124　调整文字位置

图 5-125　选择素材图片

（5）将选择的素材图片导入至【项目】面板中，然后将【花纹 .png】素材图片拖动至时间轴中文字图层的上方，将【位置】设置为 360、157，效果如图 5-126 所示。

（6）选择文字图层和【花纹 .png】图层，按 Ctrl+Shift+C 组合键，弹出【预合成】对话框，输入【新合成名称】为【文字】，单击【确定】按钮，如图 5-127 所示。

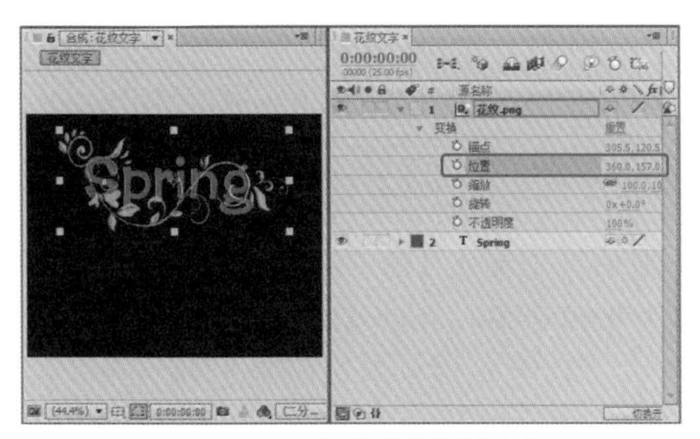

图 5-126　添加并调整素材图片

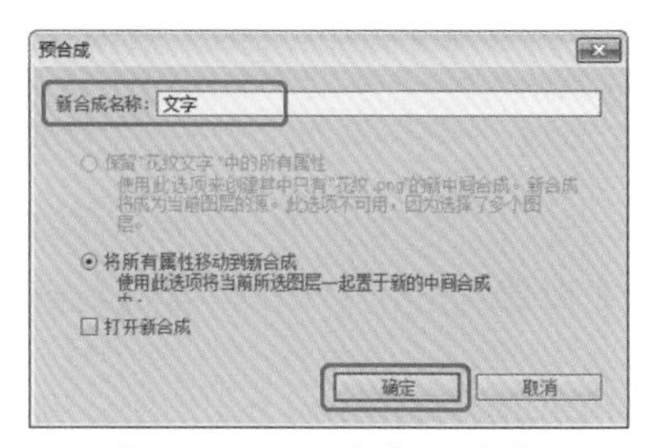

图 5-127　【预合成】对话框

提示　预合成除了使用快捷键方法外，用户还可以选择相应的图层，右击，在弹出的快捷菜单中选择【预合成】命令。

(7) 新建【文字】合成，然后在【项目】面板中将【花纹文字背景.jpg】素材图片拖动至【文字】合成的下方，并将其【缩放】设置为14%，将【位置】设置为360、231，如图5-128所示。

(8) 在【项目】面板中将【文字底纹.jpg】素材图片拖动至时间轴中【文字】合成的下方，将【缩放】设置为30%，将【位置】设置为360、249，如图5-129所示。

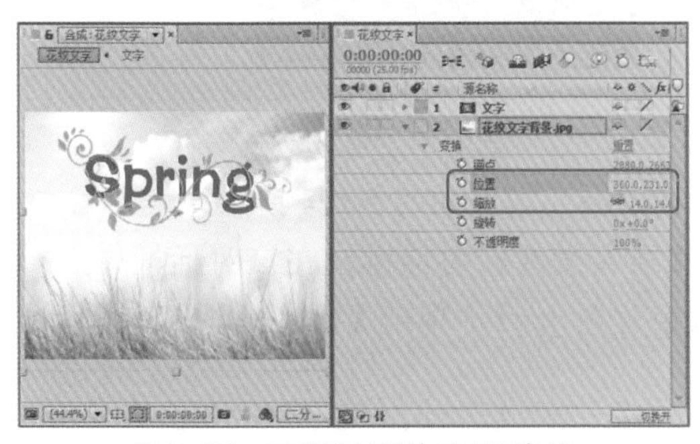

图 5-128　添加素材图片并设置参数

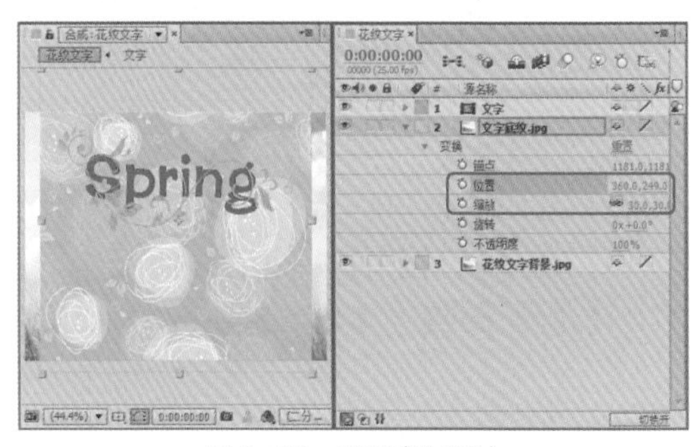

图 5-129　设置素材图片

(9) 将【文字底纹.jpg】图层的TrkMat设置为【Alpha遮罩"文字"】，如图5-130所示。

(10) 确认【文字底纹.jpg】图层处于选择状态，在菜单栏中选择【图层】|【图层样式】|【外发光】命令，如图5-131所示。

图 5-130　设置轨道遮罩

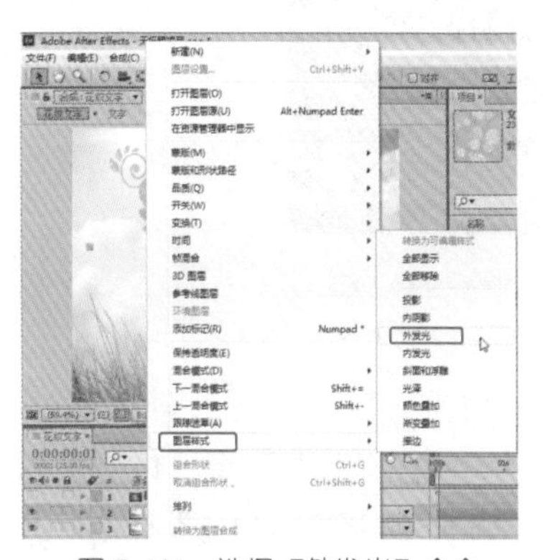

图 5-131　选择【外发光】命令

(11) 为图层添加【外发光】图层样式，将【颜色】的 RGB 值设置为 49、212、251，将【大小】设置为 122，如图 5-132 所示。

(12) 在菜单栏中选择【图层】|【图层样式】|【投影】命令，即可为图层添加【投影】图层样式，将【颜色】的 RGB 值设置为 67、203、250，如图 5-133 所示。设置完成后，对场景文件进行保存即可。

图 5-132　设置外发光样式

图 5-133　设置投影样式

案例精讲 047　烟雾文字

案例文件：光盘 | 场景 | Cha05 | 烟雾文字 . aep

视频文件：光盘 | 视频教学 | Cha05 | 烟雾文字 .avi

制作概述

本例将介绍烟雾文字的制作方法，该例的亮点及重点在蓝色的烟雾上，完成后的效果如图 5-134 所示。

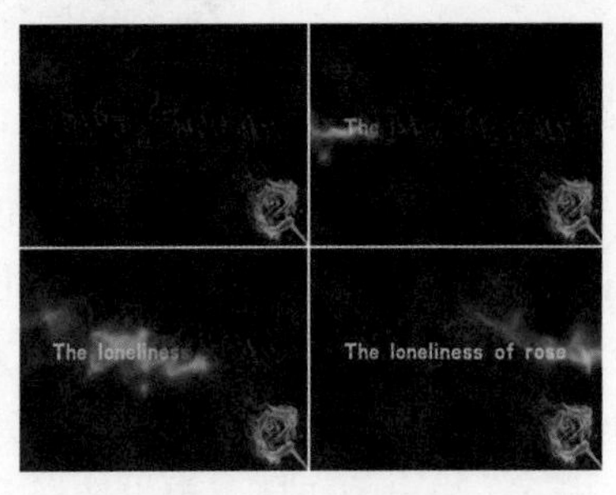

图 5-134　烟雾文字

学习目标

学习烟雾文字的制作流程，掌握制作烟雾的方法。

操作步骤

(1) 按 Ctrl+N 组合键，在弹出的【合成设置】对话框中输入【合成名称】为【烟雾文字】，将【宽度】和【高度】分别设置为 835px 和 620px，将【像素长宽比】设置为 D1/DV PAL（1.09），

将【持续时间】设置为0:00:05:00，单击【确定】按钮，如图5-135所示。

(2) 在【项目】面板中的空白处双击，弹出【导入文件】对话框，在该对话框中选择素材图片【烟雾文字背景.jpg】，单击【导入】按钮，如图5-136所示。

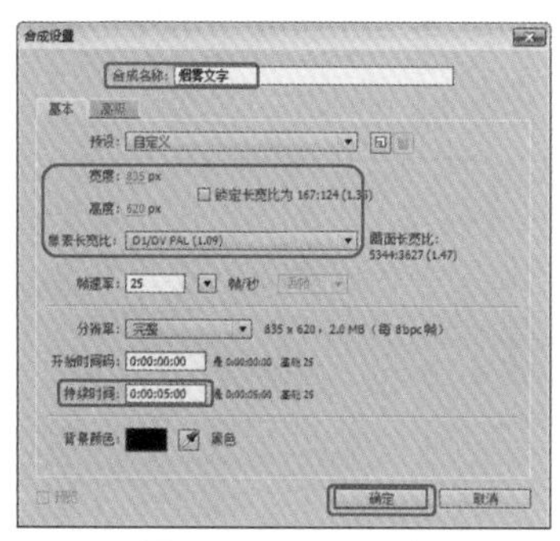

图5-135　新建合成

图5-136　选择素材图片

(3) 将选择的素材图片导入至【项目】面板中，然后将素材图片拖动至时间轴中，效果如图5-137所示。

(4) 在工具栏中选择【横排文字工具】，在【合成】面板中输入文字，选择输入的文字，在【字符】面板中将【字体】设置为【汉仪竹节体简】，将【字体大小】设置为66像素，将【填充颜色】的RGB值设置为45、219、255，并在【合成】面板中调整其位置，效果如图5-138所示。

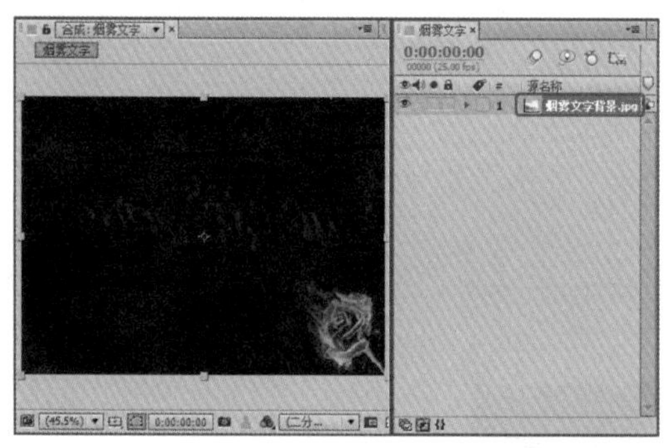

图5-137　添加素材图片

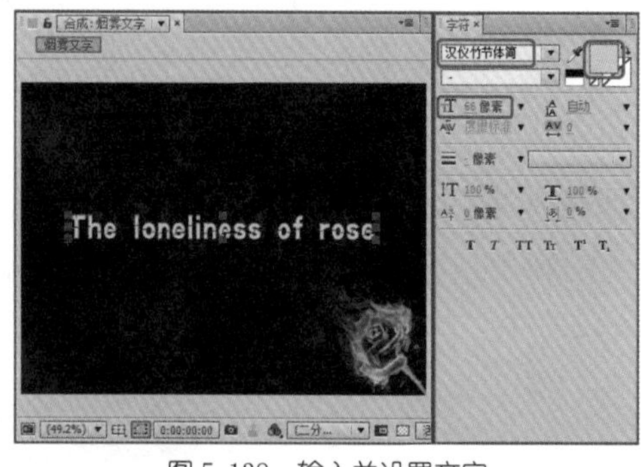

图5-138　输入并设置文字

(5) 在菜单栏中选择【效果】|【过渡】|【线性擦除】命令，即可为文字图层添加【线性擦除】效果，确认当前时间为0:00:00:00，在【效果控件】面板中，将【过渡完成】设置为100%，并单击左侧的按钮，将【擦除角度】设置为270°，将【羽化】设置为230，如图5-139所示。

(6) 将当前时间设置为0:00:03:00，将【过渡完成】设置为0%，如图5-140所示。

(7) 在时间轴中的空白处右击，在弹出的快捷菜单中选择【新建】|【纯色】命令，弹出【纯色设置】对话框，输入【名称】为【烟雾01】，将【颜色】的RGB值设置为0、0、0，单击【确定】按钮，如图5-141所示。

(8) 新建【烟雾01】图层，在菜单栏中选择【效果】|【模拟】| CC Particle World（粒子世界）命令，即可为【烟雾01】图层添加该效果，将当前时间设置为0:00:00:00，在【效果控件】面板中将Birth Rate（出生率）设置为0.1，将Longevity (sec)（寿命）设置为1.87，分别单击Position X（位置X）、Position Y（位置Y）左侧的按钮，将Position X（位置X）设置为−0.53，将Position Y（位置Y）设置为0.01，将Radius Z（半径Z）设置为0.44，将Animation（动画）

设置为 Viscouse，将 Velocity（速度）设置为 0.35，将 Gravity（重力）设置为 −0.05，如图 5-142 所示。

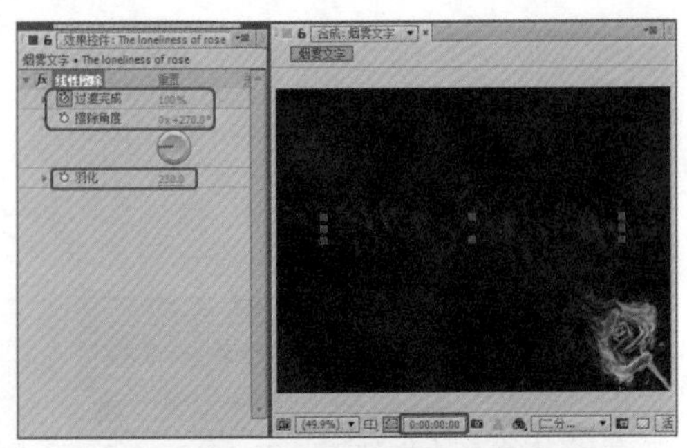
图 5-139　添加【线性擦除】效果并设置参数

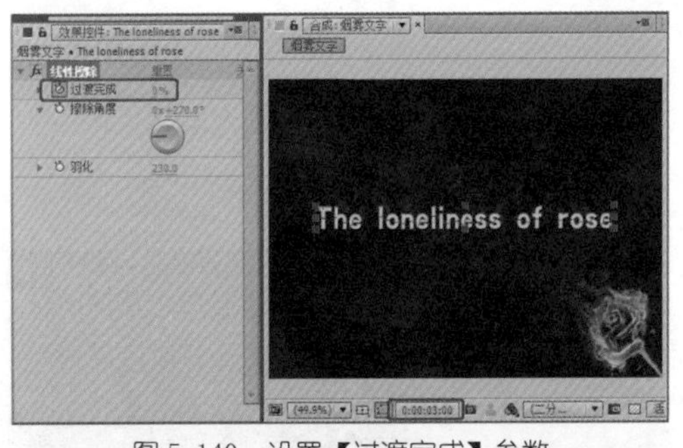

图 5-140　设置【过渡完成】参数

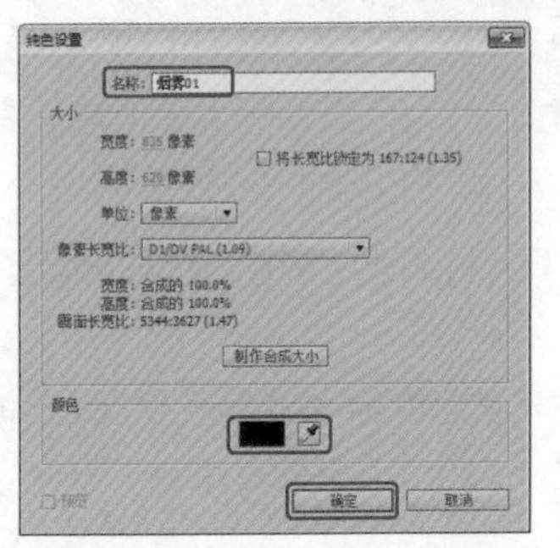
图 5-141　【纯色设置】对话框

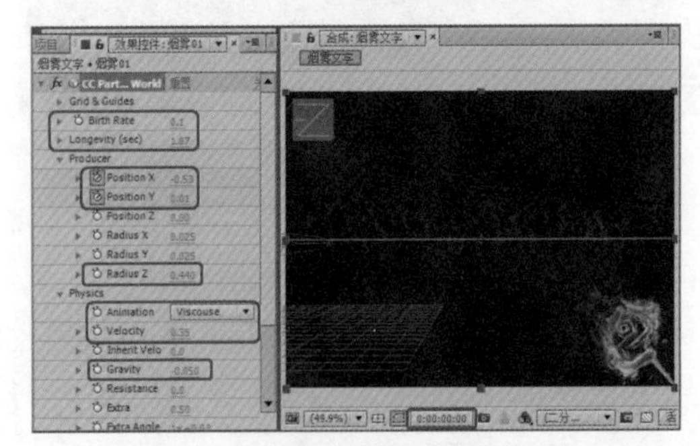
图 5-142　添加效果并设置参数（1）

（9）将 Particle（粒子）下的 Particle Type（粒子类型）设置为 Faded Sphere（透明球），将 Birth Size（出生大小）设置为 1.25，将 Death Size（死亡大小）设置为 1.9，将 Birth Color（出生颜色）的 RGB 值设置为 5、160、255，将 Death Color（死亡颜色）的 RGB 值设置为 0、0、0，将 Transfer Mode（传输模式）设置为 Add，如图 5-143 所示。

（10）将当前时间设置为 0:00:03:00，将 Position X（位置 X）设置为 0.78，将 Position Y（位置 Y）设置为 0.01，如图 5-144 所示。

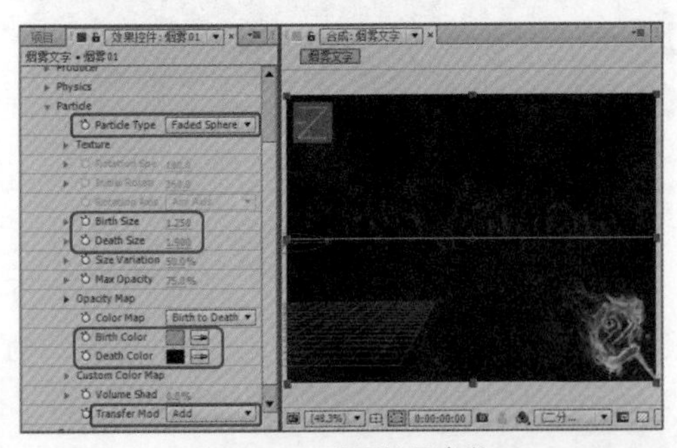
图 5-143　设置粒子参数

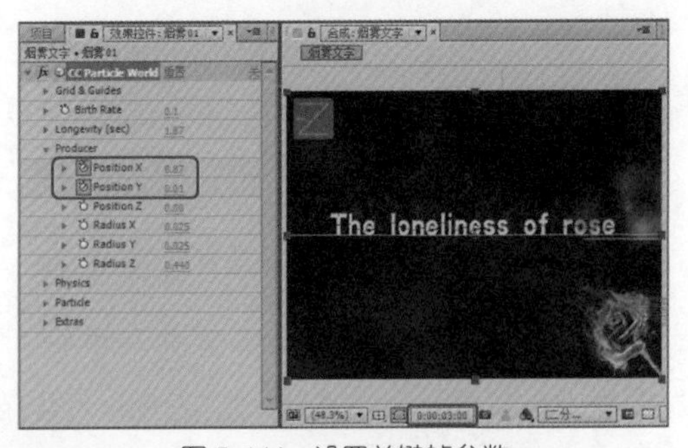

图 5-144　设置关键帧参数

（11）在菜单栏中选择【效果】|【模糊和锐化】| CC Vector Blur（CC 矢量模糊）命令，即可为【烟雾 01】图层添加该效果，在【效果控件】面板中将 Amount（数量）设置为 250，将 Angle Offset（角度偏移）设置为 10°，将 Ridge Smoothness 设置为 32，将 Map Softness（图像柔化）设置为 25，如图 5-145 所示。

使用【CC 矢量模糊】特效可以产生一种特殊的变形模糊效果。

(12) 在时间轴中将【烟雾 01】图层的【模式】设置为【屏幕】，如图 5-146 所示。

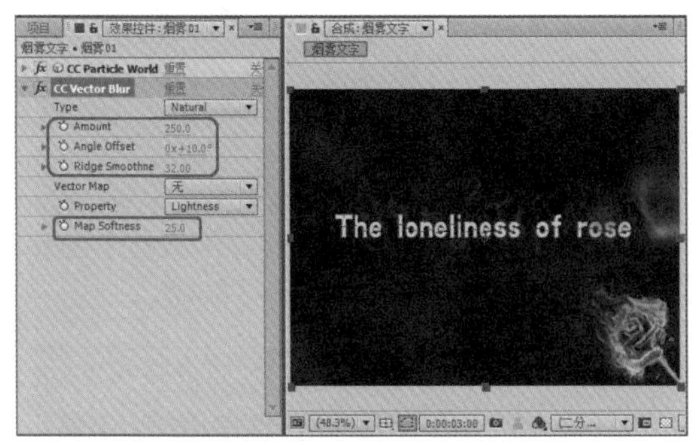

图 5-145 添加效果并设置参数 (2)

图 5-146 更改图层模式

(13) 确认【烟雾 01】图层处于选择状态，按 Ctrl+D 组合键复制图层，将新复制的图层重命名为【烟雾 02】图层，如图 5-147 所示。

(14) 选择【烟雾 02】图层，在【效果控件】面板中将 CC Particle World（CC 粒子世界）效果中的 Birth Rate（出生率）设置为 0.7，将 Radius Z（半径 Z）设置为 0.47，将 Particle（粒子）下的 Birth Size（出生大小）设置为 0.94，将 Death Size（死亡大小）设置为 1.7，将 Death Color（死亡颜色）的 RGB 值设置为 13、0、0，如图 5-148 所示。

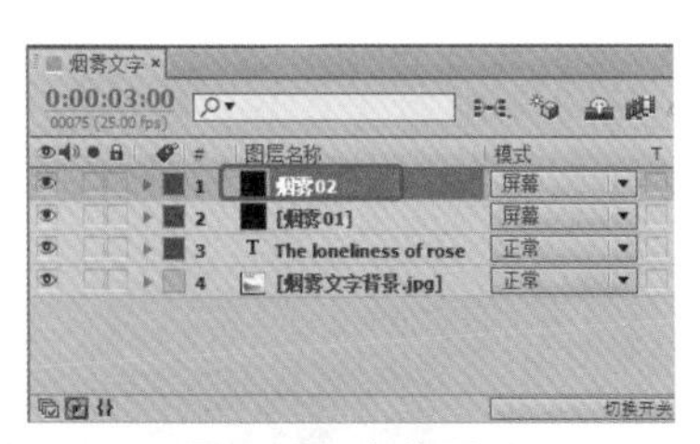

图 5-147 复制图层

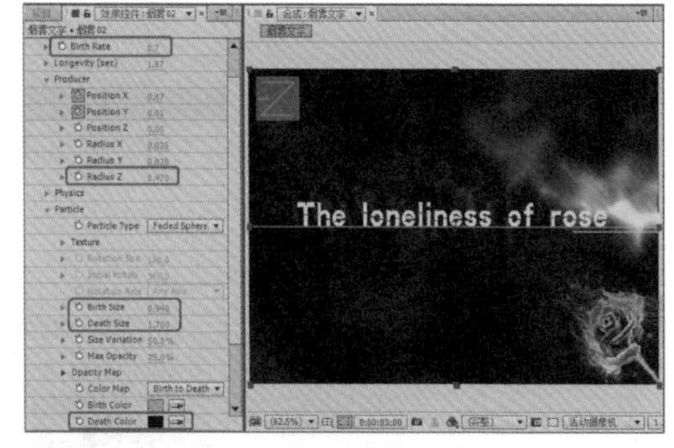

图 5-148 设置参数 (1)

知识链接

图层的混合模式控制每个图层如何与它下面的图层混合或交互。After Effects 中的图层的混合模式（以前称为图层模式，有时称为传递模式）与 Adobe Photoshop 中的混合模式相同。

大多数混合模式仅修改源图层的颜色值，而非 Alpha 通道。【Alpha 添加】混合模式影响源图层的 Alpha 通道，而轮廓和模板混合模式影响它们下面的图层的 Alpha 通道。

在 After Effects 中无法通过使用关键帧来直接为混合模式制作动画。要在某一特定时间更改混合模式，请在该时间拆分图层，并将新混合模式应用于图层的延续部分。

（15）在【效果控件】面板中将 CC Vector Blur（CC 矢量模糊）效果中的 Amount（数量）设置为 340，将 Ridge Smoothness 设置为 24，将 Map Softness（图像柔化）设置为 23，如图 5-149 所示。

（16）在时间轴中将【烟雾 02】图层的【不透明度】设置为 53%，如图 5-150 所示。设置完成后，按空格键在【合成】面板中查看效果，然后对完成后的场景进行保存和输出即可。

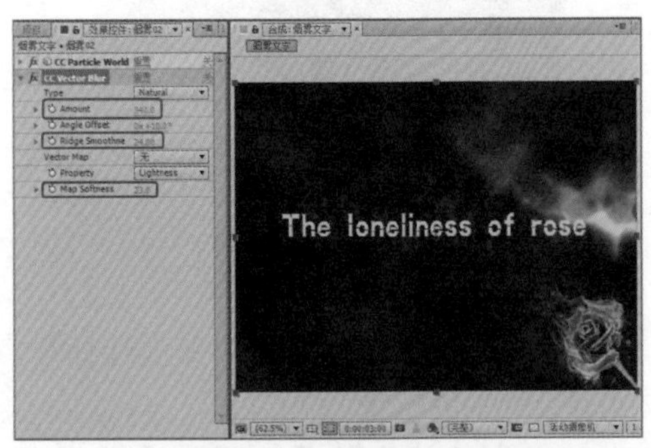

图 5-149　设置参数 (2)

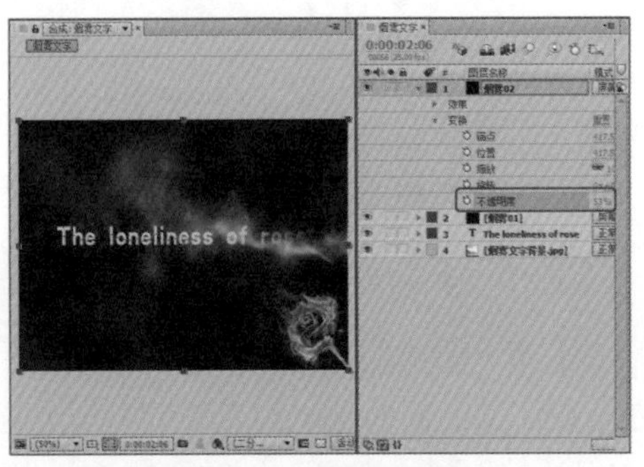

图 5-150　设置不透明度

案例精讲 048　积雪文字

案例文件：光盘 | 场景 | Cha05 | 积雪文字 . aep

视频文件：光盘 | 视频教学 | Cha05 | 积雪文字 .avi

制作概述

本例将介绍积雪文字的制作方法，通过设置文字【缩放】关键帧和添加效果来表现文字上的积雪，然后使用摄像机制作动画，完成后的效果如图 5-151 所示。

图 5-151　积雪文字

学习目标

学习摄像机的使用方法，掌握制作积雪的方法。

操作步骤

（1）按 Ctrl+N 组合键，在弹出的【合成设置】对话框中输入【合成名称】为【积雪】，将【宽度】和【高度】分别设置为 500px 和 395px，将【像素长宽比】设置为 D1/DV PAL（1.09），将【持续时间】设置为 0:00:05:00，单击【确定】按钮，如图 5-152 所示。

（2）在工具栏中选择【横排文字工具】，在【合成】面板中输入文字，选择输入的文字，在【字符】面板中将【字体】设置为【方正综艺简体】，将【字体大小】设置为65像素，将【基线偏移】设置为-120像素，将【填充颜色】的RGB值设置为255、255、255，如图5-153所示。

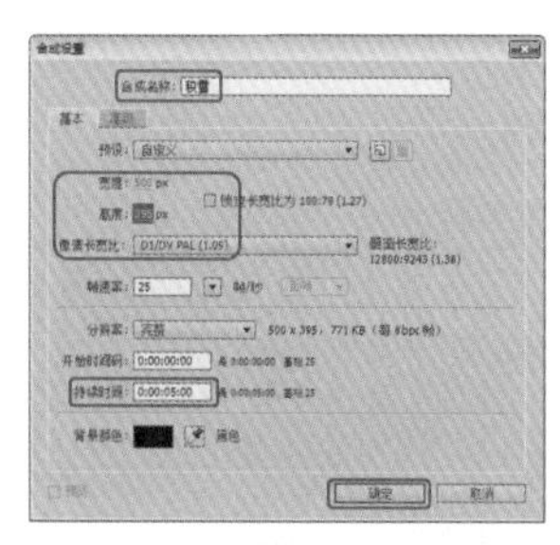
图5-152　新建合成（1）

图5-153　输入并设置文字

（3）在工具栏中选择【向后平移（锚点）工具】，在【合成】面板中单击选择锚点，在按住Ctrl键的同时拖动鼠标，将锚点移动至如图5-154所示的位置。

（4）确认当前时间为0:00:00:00，在时间轴中，将文字图层的【位置】设置为152、340，并单击【缩放】左侧的按钮，如图5-155所示。

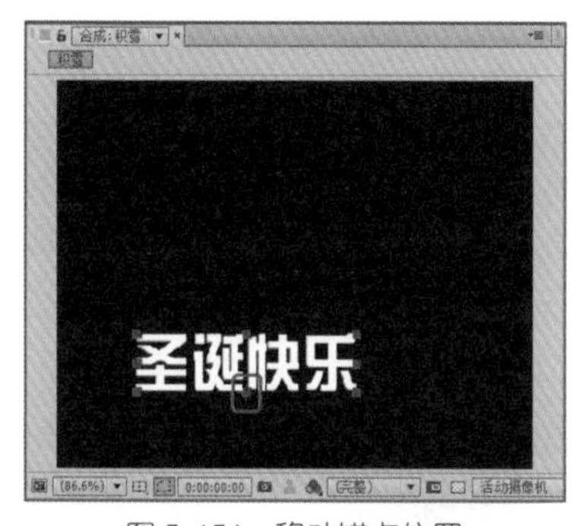

图5-154　移动锚点位置

图5-155　设置文字图层

（5）将当前时间设置为0:00:04:00，取消【缩放】右侧纵横比的锁定，将参数分别设置为100%、95%，如图5-156所示。

（6）在【项目】面板中选择【积雪】合成，按Ctrl+D组合键复制出【积雪2】合成，如图5-157所示。

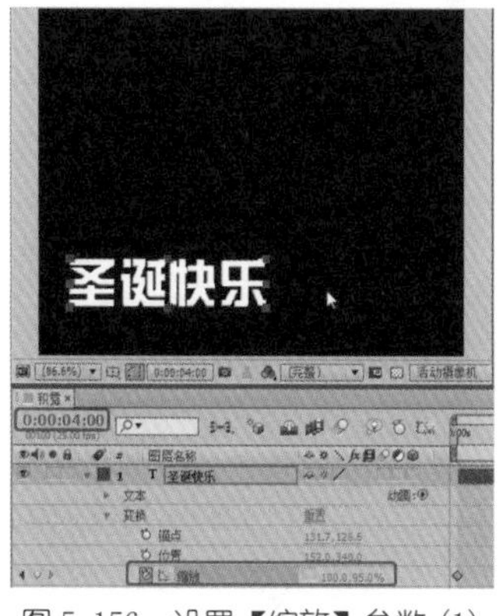

图5-156　设置【缩放】参数（1）

图5-157　复制合成

(7) 打开【积雪 2】合成，确认当前时间为 0:00:04:00，在时间轴中将文字图层的【缩放】设置为 105%，如图 5-158 所示。

(8) 然后在【项目】面板中将【积雪】合成拖动至时间轴中文字图层的上方，并将文字图层的 TrkMat 设置为【亮度反转遮罩“[积雪]”】，如图 5-159 所示。

图 5-158　设置文字图层缩放

图 5-159　设置轨道遮罩

(9) 按 Ctrl+N 组合键，在弹出的【合成设置】对话框中输入【合成名称】为【积雪文字】，单击【确定】按钮，如图 5-160 所示。

(10) 在【项目】面板的空白处双击，弹出【导入文件】对话框，在该对话框中选择素材图片【积雪文字背景 .jpg】，单击【导入】按钮，如图 5-161 所示。

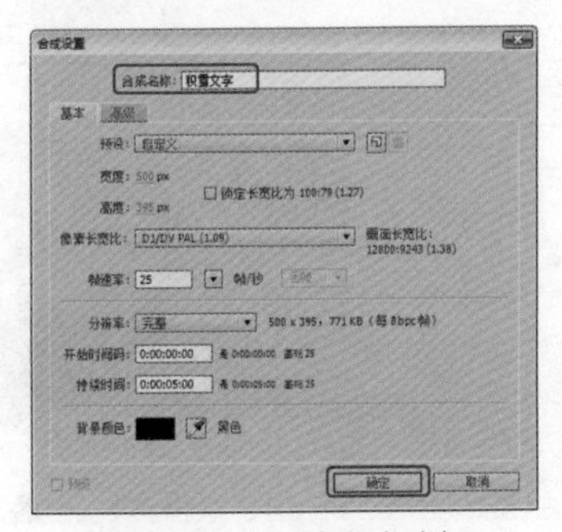

图 5-160　新建合成 (2)

图 5-161　选择素材图片

(11) 将选择的素材图片导入至【项目】面板中，然后将素材图片拖动至【积雪文字】时间轴中，并将其【缩放】设置为 11.5%，将【位置】设置为 250、196.5，如图 5-162 所示。

(12) 切换到【积雪】合成，在该合成中选择文字图层，按 Ctrl+C 组合键进行复制，然后切换到【积雪文字】合成中，按 Ctrl+V 组合键复制图层，如图 5-163 所示。

图 5-162　设置素材图片

图 5-163　复制图层

(13) 选择复制的文字图层，取消单击【缩放】左侧的⏱按钮，并将【缩放】设置为100%，如图 5-164 所示。

(14) 在【字符】面板中，将文字的填充颜色更改为 156、30、26，如图 5-165 所示。

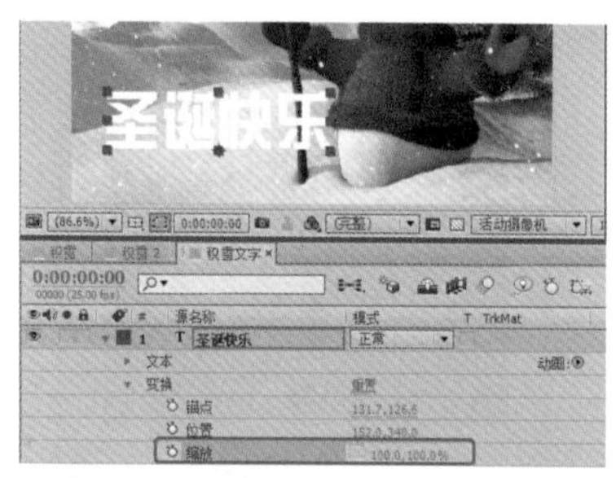

图 5-164　设置【缩放】参数 (2)

图 5-165　更改文字填充颜色

(15) 在【项目】面板中将【积雪 2】合成拖动至【积雪文字】时间轴中文字图层的上方，如图 5-166 所示。

(16) 在时间轴中选择【积雪 2】合成，在菜单栏中选择【效果】|【风格化】|【毛边】命令，即可为该合成添加【毛边】效果，在【效果控件】面板中将【边界】设置为 3，将【边缘锐度】设置为 0.3，将【复杂度】设置为 10，将【演化】设置为 45°，将【随机植入】设置为 100，如图 5-167 所示。

图 5-166　在时间轴中添加内容

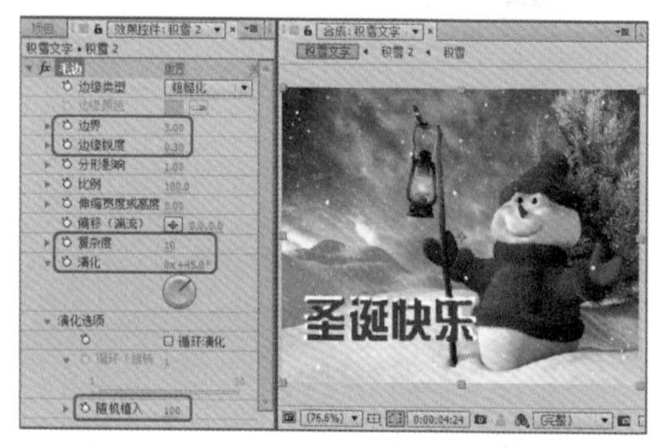

图 5-167　添加【毛边】效果并设置参数

(17) 在菜单栏中选择【效果】|【风格化】|【发光】命令，即可为该合成添加【发光】效果，在【效果控件】面板中将【发光半径】设置为 5，如图 5-168 所示。

(18) 在菜单栏中选择【效果】|【透视】|【斜面 Alpha】命令，即可为该合成添加【斜面 Alpha】效果，在【效果控件】面板中，将【边缘厚度】设置为 4，如图 5-169 所示。

图 5-168　设置发光参数

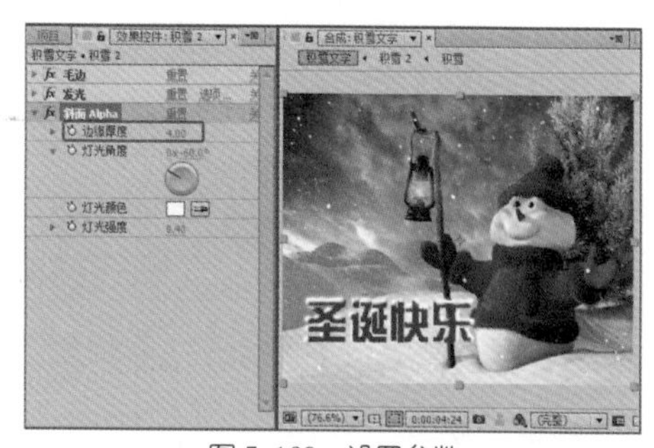

图 5-169　设置参数

知识链接

斜面 Alpha 效果可为图像的 Alpha 边界增添凿刻、明亮的外观，通常是为 2D 元素增添 3D 外观。如果图层完全不透明，则将效果应用到图层的定界框。通过此效果创建的边缘比通过边缘斜面效果创建的边缘柔和。此效果特别适合在 Alpha 通道中具有文本的元素。

(19) 在时间轴中打开所有图层的 3D 图层，如图 5-170 所示。

(20) 在时间轴的空白处右击，在弹出的快捷菜单中选择【新建】|【摄像机】命令，如图 5-171 所示。

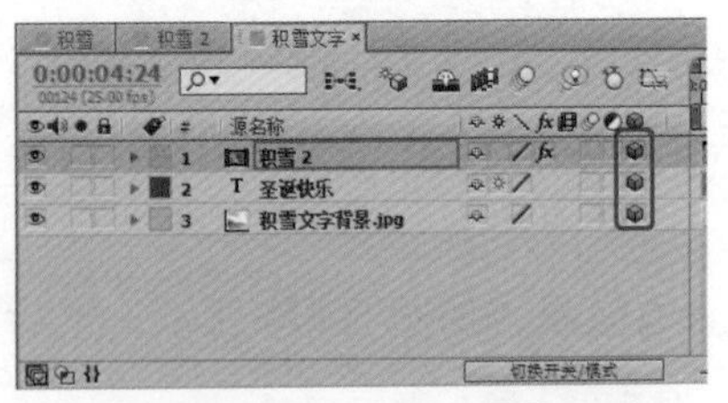

图 5-170 打开 3D 图层

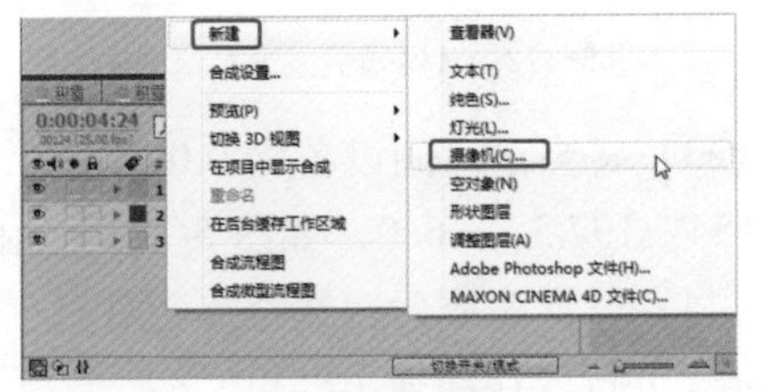

图 5-171 选择【摄像机】命令

(21) 弹出【摄像机设置】对话框，在该对话框中进行相应的设置，然后单击【确定】按钮，如图 5-172 所示。

知识链接

【摄像机设置】对话框中各选项功能介绍如下。

【预设】：After Effects 中预置的透镜参数组合，用户可根据需要直接使用。

【缩放】：用于设置摄像机位置与视图面之间的距离。

【视角】：视角的大小由焦距、胶片尺寸和缩放决定，也可以自定义设置，使用宽视角或窄视角。

【胶片大小】：用于模拟真实摄像机中所使用的胶片尺寸，与合成画面的大小相对应。

【焦距】：调节摄像机焦距的大小，即从投影胶片到摄像机镜头的距离。

【启用景深】：用于建立真实的摄像机调焦效果。

【光圈】：调节镜头快门的大小。镜头快门开得越大，受聚焦影响的像素就越多，模糊范围就越大。

【光圈大小】：用于设置焦距与快门的比值，大多数相机都使用光圈值来测量快门的大小，因而，许多摄影师喜欢以光圈值为单位测量快门的大小。

【模糊层次】：控制摄像机聚焦效果的模糊值。设置为 100% 时，可以创建出较为自然的模糊效果，数值越高，图像的模糊程度就越大；设置为 0% 时则不产生模糊。

【锁定到缩放】：当选中该复选框时，系统将焦点锁定到镜头上。这样，在改变镜头视角时，始终与其一起变化，使画面保持相同的聚焦效果。

【单位】：指定摄像机设置各参数值时使用的测量单位。

【量度胶片大小】：指定用于描述电影的大小方式。用户可以指定水平、垂直或对角三种描述方式。

(22) 将当前时间设置为0:00:00:00，在【摄像机 1】图层中，单击【目标点】和【位置】左侧的 按钮，如图 5-173 所示。

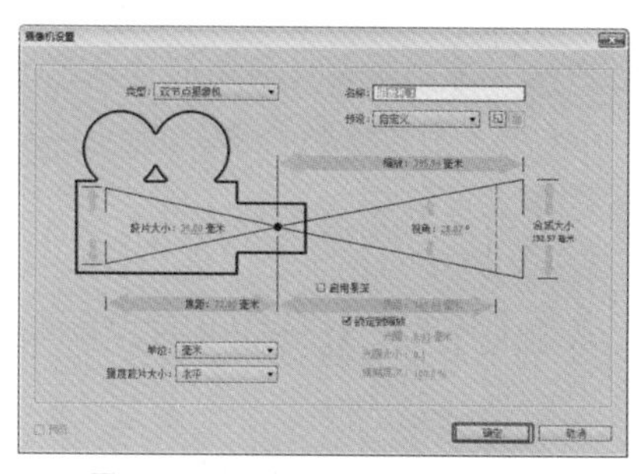

图 5-172 【摄像机设置】对话框

图 5-173 开启动画关键帧记录

(23) 将当前时间设置为0:00:04:00，将【目标点】设置为154、268.5、0，将【位置】设置为154、197.5、−660，如图 5-174 所示。

(24) 设置完成后，按空格键在【合成】面板中查看效果，如图 5-175 所示，然后对完成后的场景进行保存和输出即可。

图 5-174 设置关键帧参数

图 5-175 预览效果

案例精讲 049 玻璃文字

案例文件：光盘 | 场景 | Cha05 | 玻璃文字 .aep

视频文件：光盘 | 视频教学 | Cha05 | 玻璃文字 .avi

制作概述

本例将介绍如何制作玻璃文字，该例主要通过为图像添加【亮度和对比度】效果，然后输入文字，并为图像添加轨道遮罩来达到最终效果，效果如图 5-176 所示。

图 5-176 玻璃文字

学习目标

学习为图像添加【亮度和对比度】效果，掌握文字的输入；学习并掌握如何为图像添加文字轨道遮罩。

操作步骤

（1）启动 After Effects CC 软件，按 Ctrl+N 组合键，在弹出的对话框中将【宽度】、【高度】分别设置为 1024px、768px，将【像素长宽比】设置为【方形像素】，如图 5-177 所示。

（2）设置完成后，单击【确定】按钮，按 Ctrl+I 组合键，在弹出的对话框中选择随书光盘中的光盘 | 素材 |Cha05|m01.jpg 素材文件，如图 5-178 所示。

知识链接

【玻璃】：一种透明的固体物质，在熔融时形成连续网络结构，冷却过程中黏度逐渐增大并硬化而不结晶的硅酸盐类非金属材料。普通玻璃化学氧化物的组成 ($Na_2O \cdot CaO \cdot 6SiO_2$)，主要成分是二氧化硅。广泛应用于建筑物，用来隔风透光，属于混合物。另有混入了某些金属的氧化物或者盐类而显现出颜色的有色玻璃，以及通过特殊方法制得的钢化玻璃等。有时把一些透明的塑料（如聚甲基丙烯酸甲酯）也称作有机玻璃。

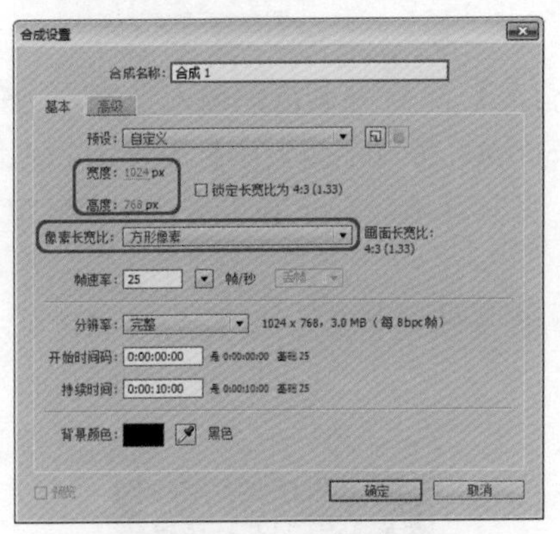

图 5-177　设置新建参数

图 5-178　选择素材文件

（3）单击【导入】按钮，即可将该素材导入至【项目】面板中，按住鼠标将其拖动至【合成】面板中，效果如图 5-179 所示。

（4）在【合成】面板中选择 m01.jpg 素材文件，按 Ctrl+D 组合键，对其进行复制，并将其命名为【副本】，效果如图 5-180 所示。

（5）选中【副本】图层，在菜单栏中选择【效果】|【颜色校正】|【亮度和对比度】命令，如图 5-181 所示。

（6）在【效果控件】面板中将【亮度】、【对比度】分别设置为 50、23，如图 5-182 所示。

对于亮度较低的素材文件可以选择【色彩校正】|【亮度 / 对比度】特效，对素材图片的亮度和对比度进行调整。

图 5-179　导入素材文件

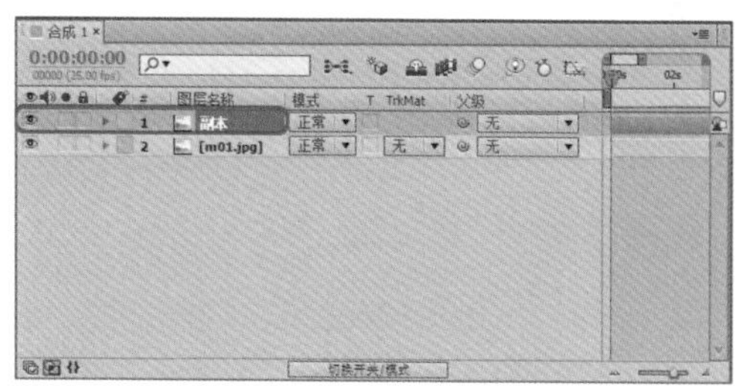

图 5-180　复制图层并重命名

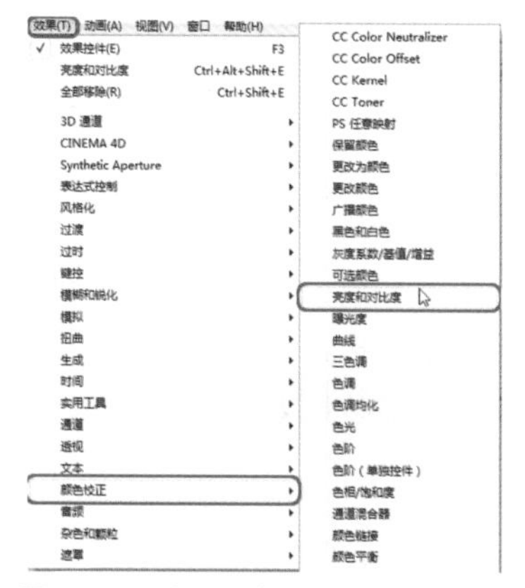

图 5-181　选择【亮度和对比度】命令

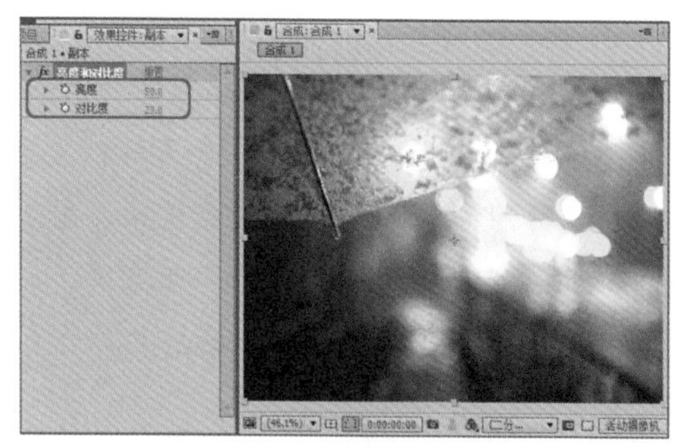

图 5-182　设置亮度和对比度

(7) 在工具栏中单击【横排文字工具】，在【合成】面板中单击，输入文字，选中输入的文字，在【字符】面板中将【字体】设置为 Segoe Script，将【字体大小】设置为 201 像素，将【字符间距】设置为 −50，单击【仿粗体】按钮，将其【填充颜色】设置为 # C4C3C3，并调整其位置，效果如图 5-183 所示。

(8) 在【时间轴】面板中选中【副本】图层，将【轨道遮罩】设置为【亮度遮罩 MY LIFE】，效果如图 5-184 所示。

图 5-183　输入文字并进行设置

图 5-184　设置轨道遮罩

案例精讲 050　打字效果

 案例文件：光盘 | 场景 | Cha05 | 打字效果 .aep

 视频文件：光盘 | 视频教学 | Cha05 | 打字效果 .avi

制作概述

本例讲解打字效果的制作过程，首先使用【横排文字工具】制作出文字，然后通过对文字添加特效使其呈现打字效果，具体操作方法如下，完成后的效果如图 8-185 所示。

图 5-185　打字效果

学习目标

学习打字效果的制作，掌握打字动画的制作流程以及动画预设的应用。

操作步骤

（1）新建一个项目，按 Ctrl+N 组合键，在弹出的对话框中将【宽度】、【高度】分别设置为 600px、500px，将【像素长宽比】设置为【方形像素】，将持续时间设置为 0:00:10:00，如图 5-186 所示。

（2）设置完成后，单击【确定】按钮，按 Ctrl+I 组合键，在弹出的对话框中选择 m02.jpg 素材文件，取消选中【JPEG 序列】复选框，如图 5-187 所示。

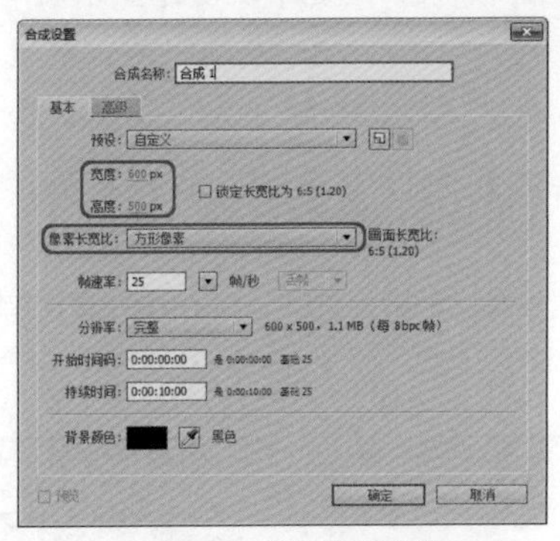

图 5-186　设置新建参数

图 5-187　选择素材文件

（3）单击【导入】按钮，即可将素材文件导入至【项目】面板中，按住鼠标将该素材文件拖动至【合成】面板中，如图 5-188 所示。

（4）在工具栏中单击【横排文字工具】，在【合成】面板中单击鼠标，输入文字，选中输入的文字，在【字符】面板中将【字体】设置为【黑体】，将【字体大小】设置为 20 像素，将【字符间距】设置为 −50，单击【仿粗体】按钮，将【字体颜色】设置为 # B1B0B0，在【段落】面板中单击【居中对齐文本】按钮，并调整文字的位置，效果如图 5-189 所示。

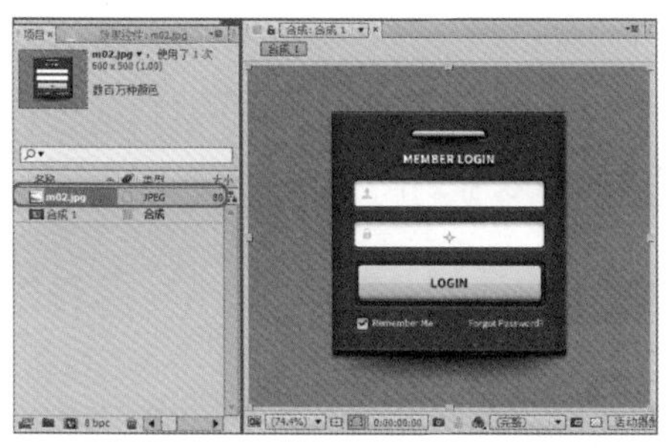
图 5-188　导入素材文件并拖动至合成面板中

图 5-189　输入文字并进行设置

（5）继续选中该文字，在【效果和预设】面板中选择【* 动画预设】| Text | Animate In | Typewriter 选项，双击该选项，为选中的文字添加该动画效果，如图 5-190 所示。

（6）将当前时间设置为 0:00:01:22，将【起始】右侧的第 2 个关键帧与时间线对齐，效果如图 5-191 所示。

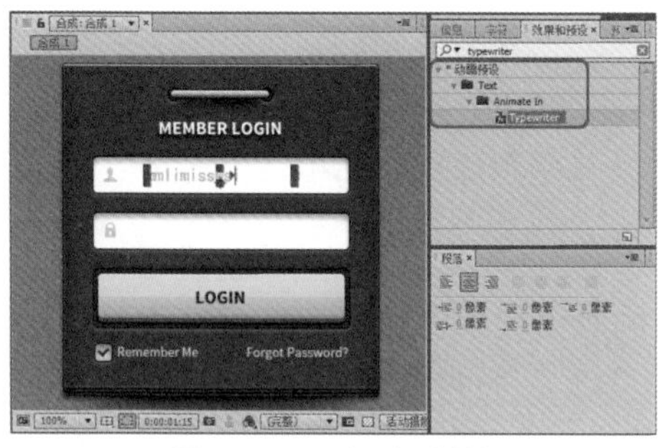
图 5-190　添加动画效果

图 5-191　调整关键帧的位置

在实际操作过程中可能需要设置许多关键帧，按 U 键可以快速显示所有的关键帧。

（7）在工具箱中单击【横排文字工具】，在【合成】面板中单击，输入字符，并调整其位置，效果如图 5-192 所示。

（8）为新输入的字符添加 Typewriter 动画效果，将当前时间设置为 0:00:04:08，调整该文字关键帧的位置，效果如图 5-193 所示。

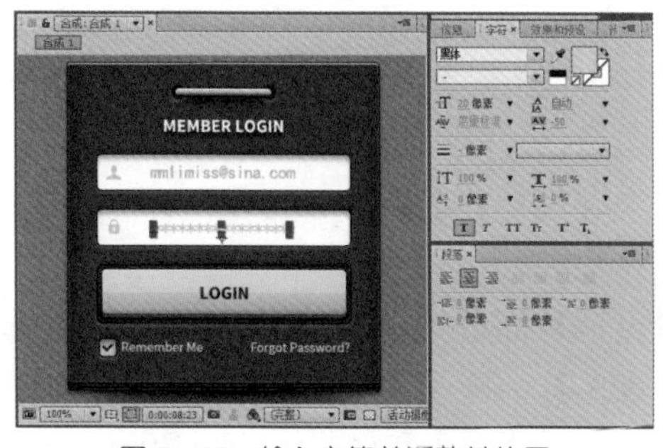
图 5-192　输入字符并调整其位置

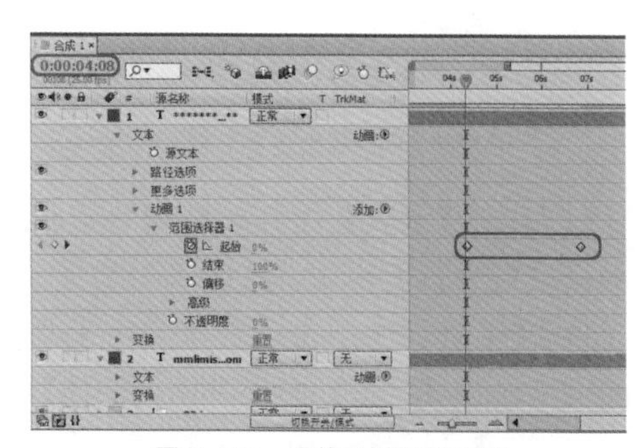
图 5-193　调整关键帧的位置

案例精讲 051　文字描边动画

案例文件：光盘 | 场景 | Cha05 | 文字描边动画 .aep
视频文件：光盘 | 视频教学 | Cha05 | 文字描边动画 .avi

制作概述

本例讲解利用 After Effects 中的横排文字工具和【描边】特效制作文字描边动画效果，完成后的效果如图 5-194 所示。

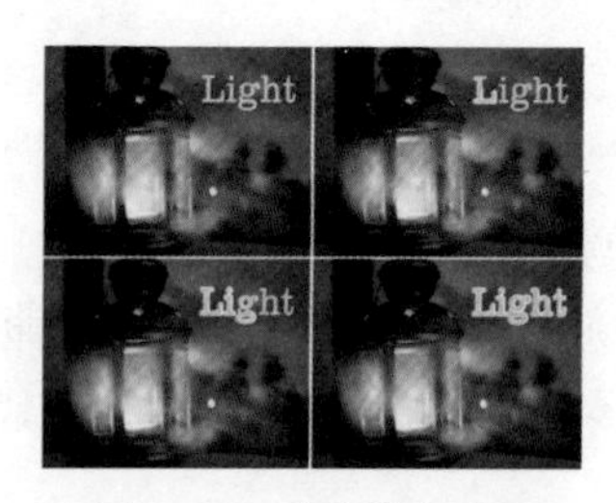

图 5-194　文字描边动画

学习目标

学习描边文字描边动画的制作，掌握文字描边动画的制作和【描边】特效的应用。

操作步骤

（1）新建项目，按 Ctrl+N 组合键，在弹出的对话框中将【宽度】、【高度】分别设置为 1024px、768px，将【像素长宽比】设置为 D1/DV PAL（1.09），将【持续时间】设置为 0:00:15:00，如图 5-195 所示。

（2）设置完成后，单击【确定】按钮，按 Ctrl+I 组合键，在弹出的对话框中选择 m03.jpg 素材文件，单击【导入】按钮，将其添加至【合成】面板中，并调整其大小，效果如图 5-196 所示。

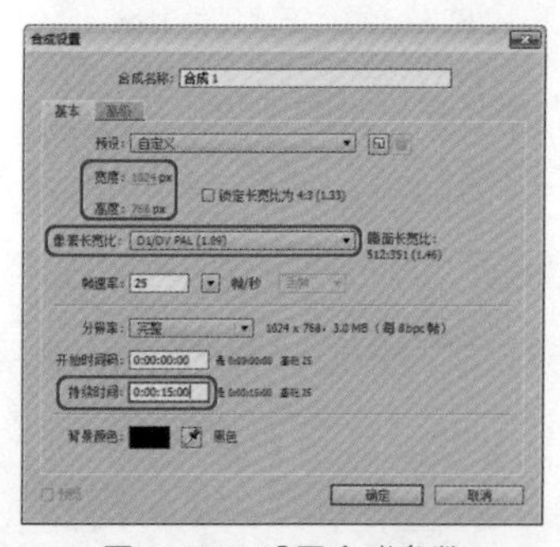

图 5-195　设置合成参数

图 5-196　导入素材并进行设置

（3）在工具栏中单击【横排文字工具】，在【合成】面板中单击，输入文字，选中输入的文字，在【字符】面板中将【字体】设置为 Clarendon Lt BT，将【字体大小】设置为 140 像素，将【字符间距】设置为 0，单击【仿粗体】按钮，将【字体填充颜色】设置为 #FFCE25，在【段落】面板中单击【居中对齐文本】按钮，并调整其位置，效果如图 5-197 所示。

（4）选中该文字，右击，在弹出的快捷菜单中选择【从文字创建蒙版】命令，如图 5-198 所示。

图 5-197　输入文字并进行设置

图 5-198　选择【从文字创建蒙版】命令

（5）选中创建的轮廓，在菜单栏中选择【效果】|【生成】|【描边】命令，如图 5-199 所示。

（6）将当前时间设置为 0:00:00:00，在【效果控件】面板中选中【所有蒙版】复选框，将【画笔大小】设置为 8，单击【结束】左侧的按钮，并将其设置为 0，如图 5-200 所示。

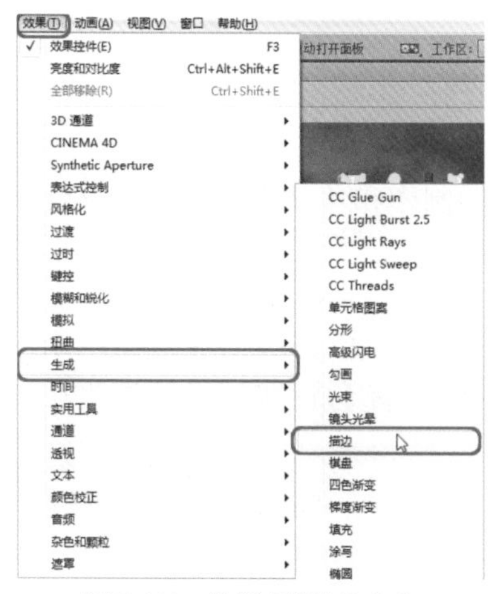

图 5-199　选择【描边】命令

图 5-200　设置描边参数

（7）将当前时间设置为 0:00:13:15，将【结束】设置为 100，如图 5-201 所示。

（8）在时间轴面板中将 Light 图层调整至最上方，并取消隐藏，如图 5-202 所示。

图 5-201　设置结束参数

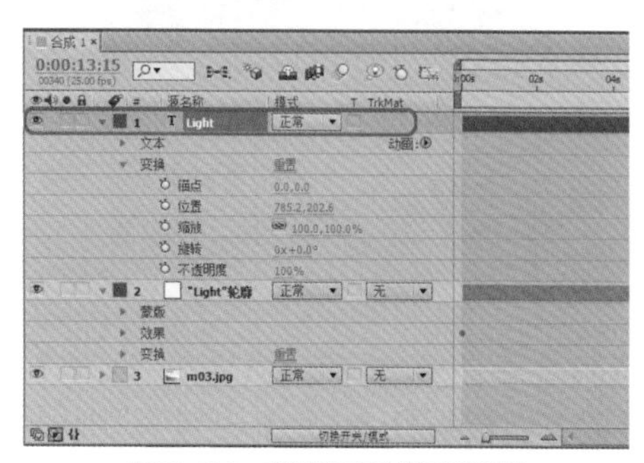

图 5-202　调整图层并取消隐藏

案例精讲 052　光晕文字

案例文件：光盘 | 场景 | Cha05 | 光晕文字 .aep

视频文件：光盘 | 视频教学 | Cha05 | 光晕文字 .avi

制作概述

本例将介绍如何制作光晕文字，该案例主要通过插入表格、图像，输入文字并应用 CSS 样式以及为表格添加不透明度效果等操作来完成网站主页的制作，效果如图 5-203 所示。

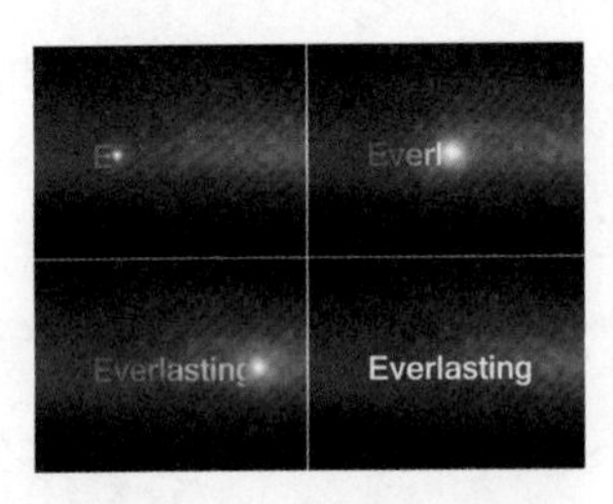

图 5-203　光晕文字

学习目标

学习并掌握旅游网站主页的框架制作过程，掌握如何为单元格添加不透明度效果。

操作步骤

（1）新建一个项目文件，按 Ctrl+N 组合键，在弹出的对话框中将【宽度】、【高度】分别设置为 1024px、768px，将【像素长宽比】设置为【方形像素】，将【持续时间】设置为 0:00:06:00，如图 5-204 所示。

（2）设置完成后，单击【确定】按钮，按 Ctrl+I 组合键，在弹出的对话框中选择 m04.jpg 素材文件，如图 5-205 所示。

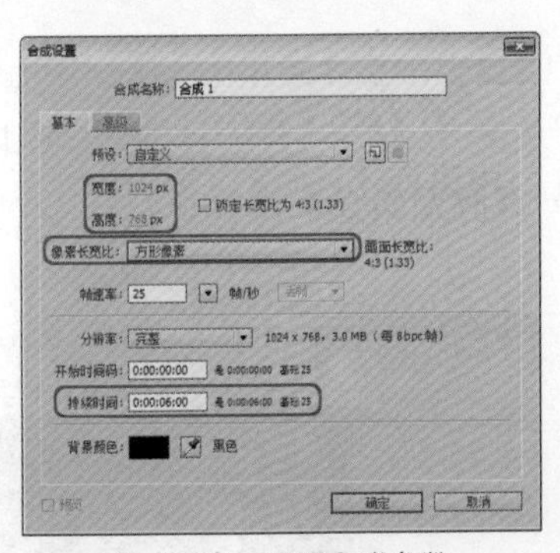

图 5-204　设置合成参数

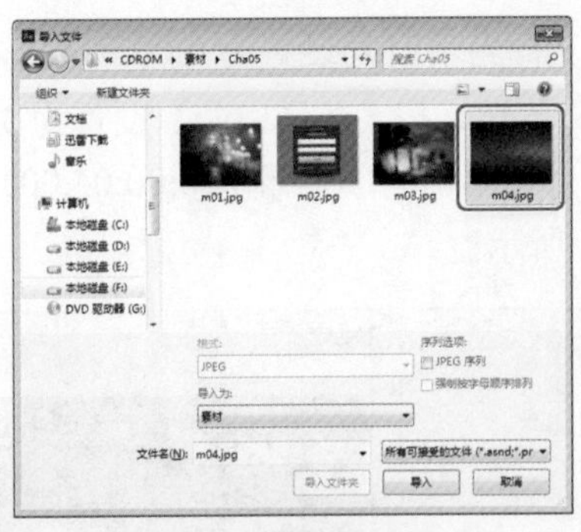

图 5-205　选择素材文件（1）

（3）选择完成后，单击【导入】按钮，将添加的素材文件拖动至【合成】面板中，效果如图 5-206 所示。

（4）在时间轴中右击，在弹出的快捷菜单中选择【新建】|【纯色】命令，如图 5-207 所示。

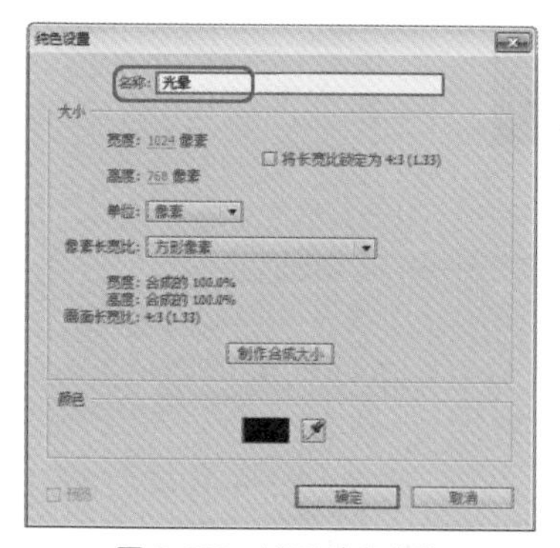
图 5-206　选择素材文件 (2)

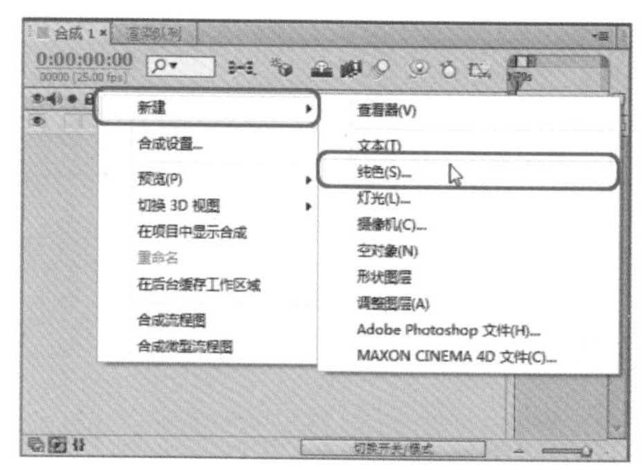

图 5-207　选择【纯色】命令

(5) 在弹出的对话框中将【名称】设置为【光晕】，如图 5-208 所示。

(6) 设置完成后，单击【确定】按钮，在时间轴中选中新建的【光晕】图层，在菜单栏中选择【效果】|【生成】|【镜头光晕】命令，如图 5-209 所示。

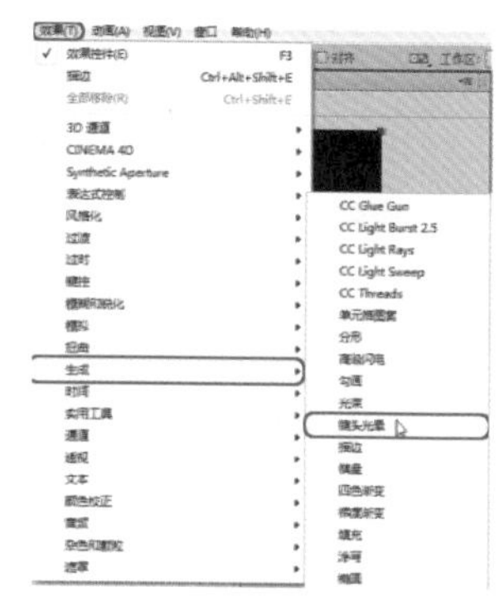

图 5-208　设置纯色名称

图 5-209　选择【镜头光晕】命令

技巧

在实际操作过程中利用【镜头光晕】特效可以模拟明亮的灯光照射，是常用的一种特效之一。

(7) 将当前时间设置为 0:00:00:00，在【效果控件】面板中单击【光晕中心】、【光晕亮度】左侧的 按钮，将【光晕中心】设置为 358.1、358，将【光晕亮度】设置为 0，如图 5-210 所示。

(8) 将当前时间设置为 0:00:04:00，在【效果控件】面板中将【光晕亮度】设置为 90，如图 5-211 所示。

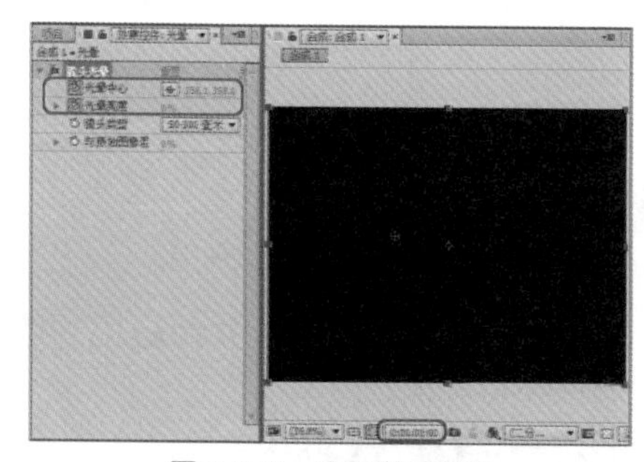
图 5-210　设置光晕参数

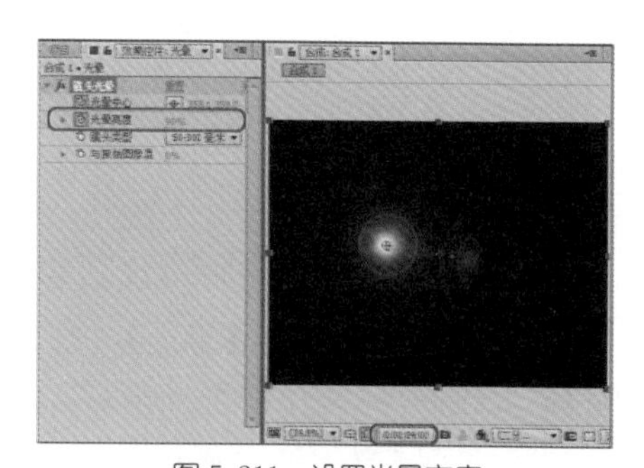
图 5-211　设置光晕亮度

(9) 将当前时间设置为0:00:04:10，在【效果控件】面板中将【光晕中心】设置为732、358，将【光晕亮度】设置为0，如图5-212所示。

(10) 设置完成后，继续选中该图层，在菜单栏中选择【效果】|【颜色校正】|【色相/饱和度】命令，如图5-213所示。

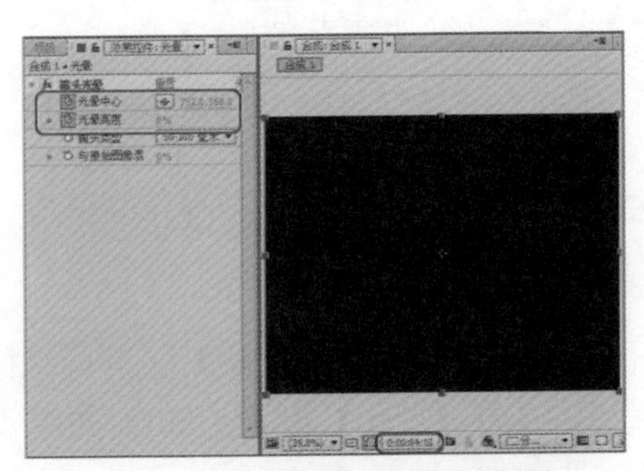

图5-212　设置光晕中心和光晕亮度

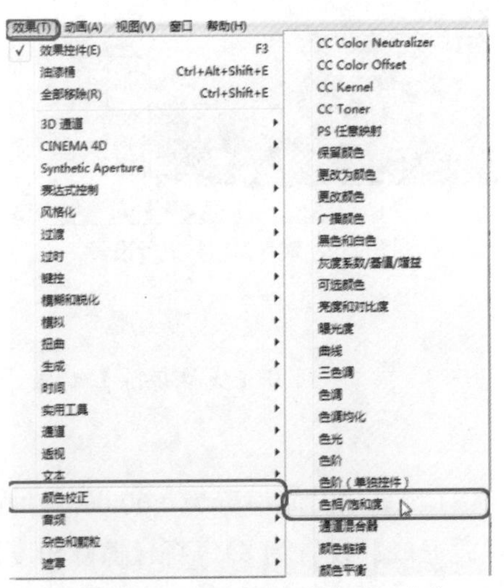

图5-213　选择【色相/饱和度】命令

(11) 在【效果控件】面板中选中【色相/饱和度】下的【彩色化】复选框，将【着色色相】设置为200°，将【着色饱和度】设置为60，如图5-214所示。

(12) 继续选中该图层，在时间轴中将该图层的混合模式设置为【屏幕】，将【变换】下的【位置】设置为472、444，将【缩放】设置为180，如图5-215所示。

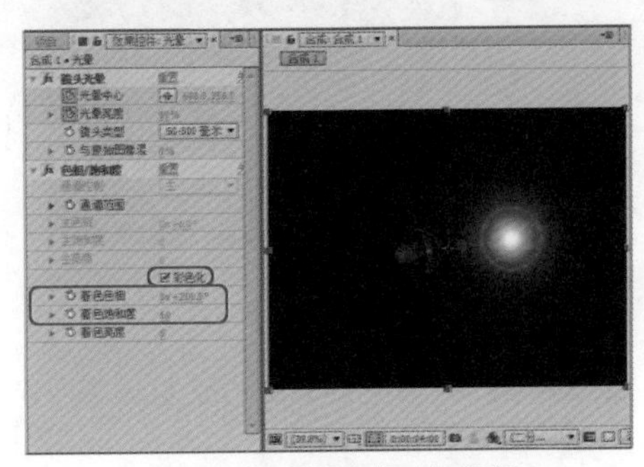

图5-214　设置色相/饱和度

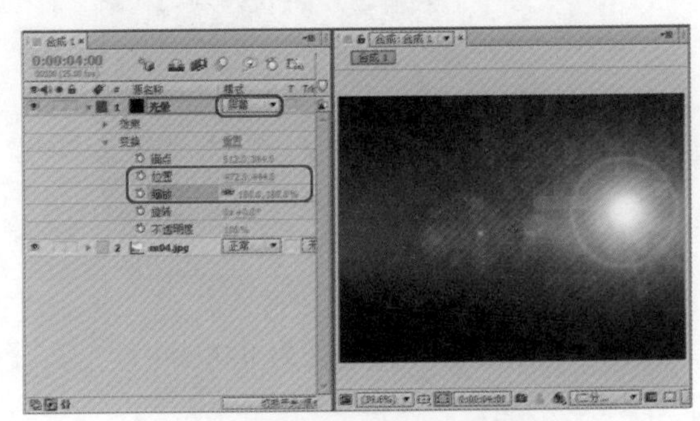

图5-215　设置混合模式和缩放参数

(13) 在工具栏中单击【横排文字工具】，在【合成】面板中单击，输入文字，选中输入的文字，在【字符】面板中将【字体】设置为Shruti，将【字体样式】设置为Bold，将【字体大小】设置为128像素，将【字符间距】设置为0，将【字体颜色】设置为#F4FFE8，在【段落】面板中单击【左对齐文本】按钮，并调整文字的位置，效果如图5-216所示。

(14) 选中该文字图层，按Ctrl+D组合键对其进行复制，将复制的图层隐藏，选中Everlasting文字图层，在菜单栏中选择【效果】|【过渡】|【线性擦除】命令，如图5-217所示。

图 5-216 输入文字并进行设置

图 5-217 选择【线性擦除】命令

利用【线性擦除】特效，可以指定任意方向对图层进行简单的擦除。

(15) 将当前时间设置为 0:00:00:00，在【效果控件】面板中单击【过渡完成】左侧的按钮，将【过渡完成】设置为 84，将【擦除角度】设置为 −90°，将【羽化】设置为 30，如图 5-218 所示。

(16) 将当前时间设置为 0:00:00:10，在【效果控件】面板中将【过渡完成】设置为 77，如图 5-219 所示。

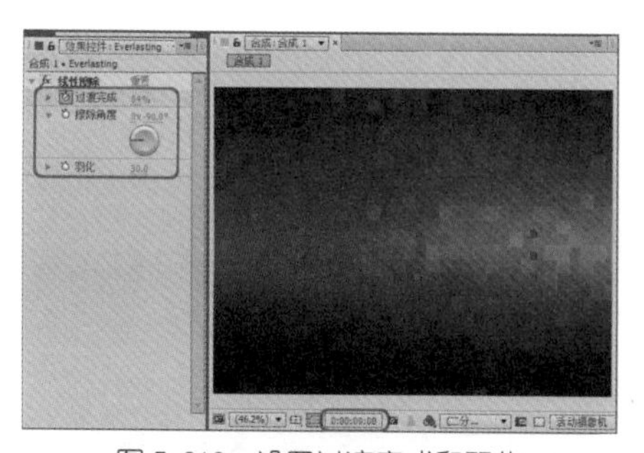

图 5-218 设置过渡完成和羽化

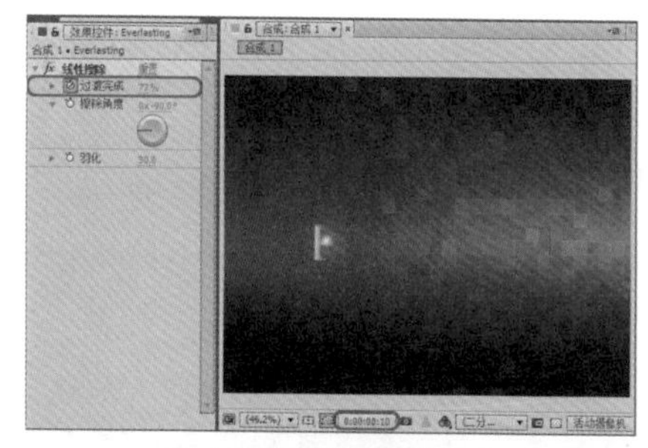

图 5-219 设置过渡完成

(17) 将当前时间设置为 0:00:04:20，在【效果控件】面板中将【过渡完成】设置为 15，如图 5-220 所示。

(18) 继续选中该图层，在时间轴中将该图层的混合模式设置为【叠加】，如图 5-221 所示。

图 5-220 设置过渡完成参数

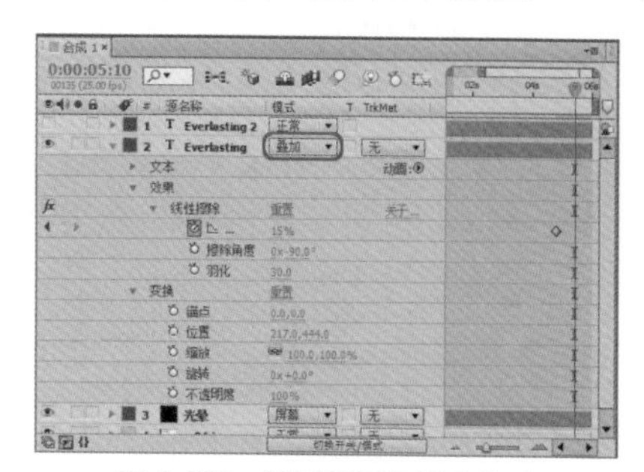

图 5-221 设置图层的混合模式

知识链接

【叠加】：将输入颜色通道值相乘或对其进行滤色，具体取决于基础颜色是否比 50% 灰色浅。结果保留基础图层中的高光和阴影。

(19) 在时间轴中将 Everlasting 2 取消隐藏，将当前时间设置为 0:00:04:10，将【变换】下的【不透明度】设置为 0，并单击其左侧的 按钮，如图 5-222 所示。

(20) 设置完成后，将当前时间设置为 0:00:05:10，将【变换】下的【不透明度】设置为 100，如图 5-223 所示，按 0 键预览效果即可。

图 5-222　取消图层的隐藏并设置不透明度

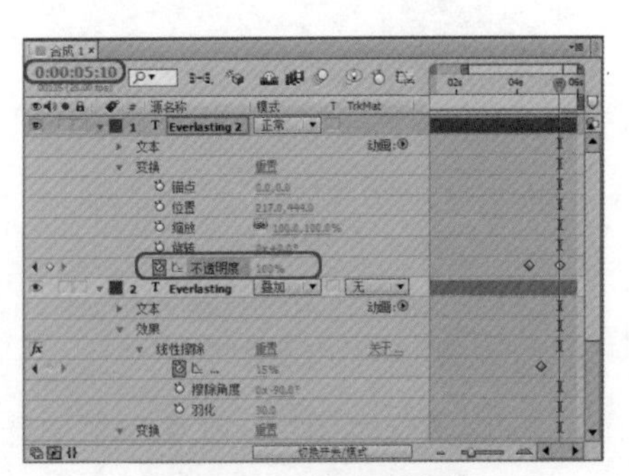

图 5-223　设置不透明度

案例精讲 053　金属文字

案例文件：光盘 | 场景 | Cha05 | 金属文字 .aep

视频文件：光盘 | 视频教学 | Cha05 | 金属文字 .avi

制作概述

本例将介绍金属文字的制作过程，其中主要应用了图层样式的设置，具体操作方法如下，完成后的效果如图 5-224 所示。

图 5-224　金属文字

学习目标

学习金属文字的制作，掌握不同的图层样式的应用。

操作步骤

(1) 新建一个项目文件，按 Ctrl+N 组合键，在弹出的对话框中将【合成名称】设置为【文

字】，将【宽度】、【高度】分别设置为1024px、500px，将【像素长宽比】设置为【方形像素】，将【持续时间】设置为0:00:05:00，如图5-225所示。

（2）设置完成后，单击【确定】按钮，在工具栏中单击【横排文字工具】，在【合成】面板中单击，输入文字，选中输入的文字，在【字符】面板中将【字体】设置为Good Times，将【字体大小】设置为172像素，将【字符间距】设置为0，单击【仿粗体】按钮，将【字体颜色】设置为# C7C7C7，在【段落】面板中单击【居中对齐文本】按钮，如图5-226所示。

图5-225　设置合成参数

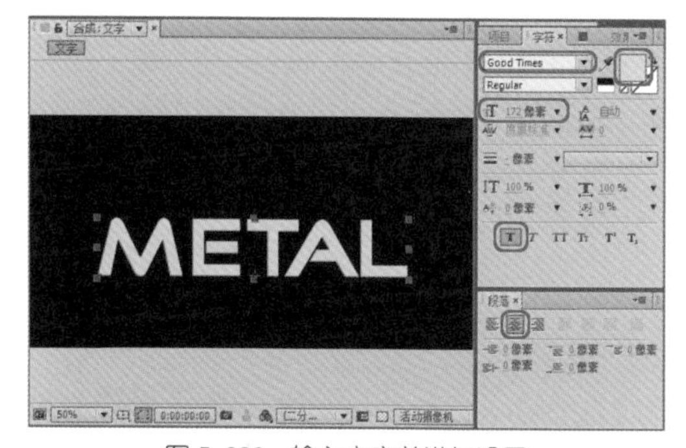

图5-226　输入文字并进行设置

（3）选中该文字图层，在菜单栏中选择【图层】|【图层样式】|【投影】命令，如图5-227所示。

（4）在时间轴中将【投影】下的【混合模式】设置为【正常】，将【角度】、【距离】、【扩展】、【大小】分别设置为90、2、8、13，如图5-228所示。

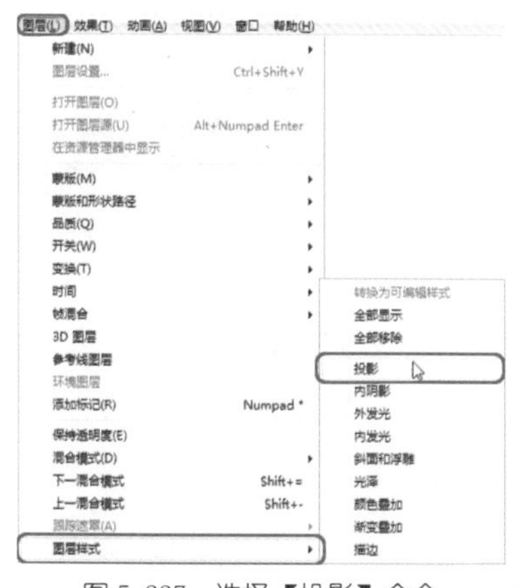
图5-227　选择【投影】命令

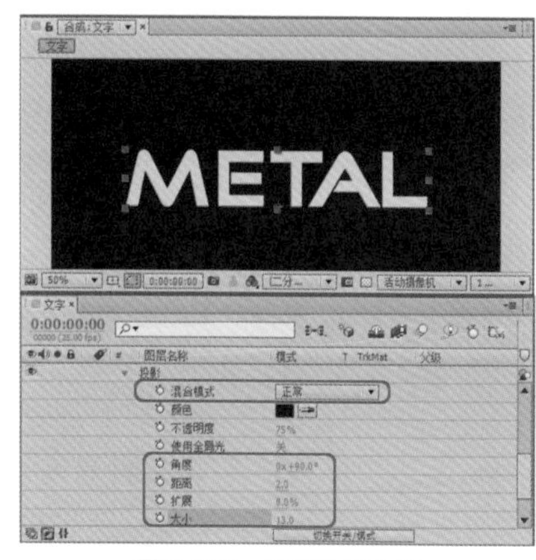

图5-228　设置投影参数

（5）继续选中该图层，为其添加【内阴影】图层样式，在时间轴中将【内阴影】下的【混合模式】设置为【正常】，将【不透明度】、【角度】、【距离】、【大小】分别设置为34、−90、43、10，如图5-229所示。

（6）为该图层添加【斜面和浮雕】图层样式，在时间轴中将【斜面和浮雕】下的【深度】、【大小】、【柔化】、【角度】、【高度】分别设置为451、4、4、180、70，将【高亮模式】设置为【正常】，将【加亮颜色】设置为# 9C9C9C，将【高光不透明度】设置为12，将【阴影模式】设置为【亮光】，将【阴影颜色】设置为# FFFFFF，将【阴影不透明度】设置为35，如图5-230所示。

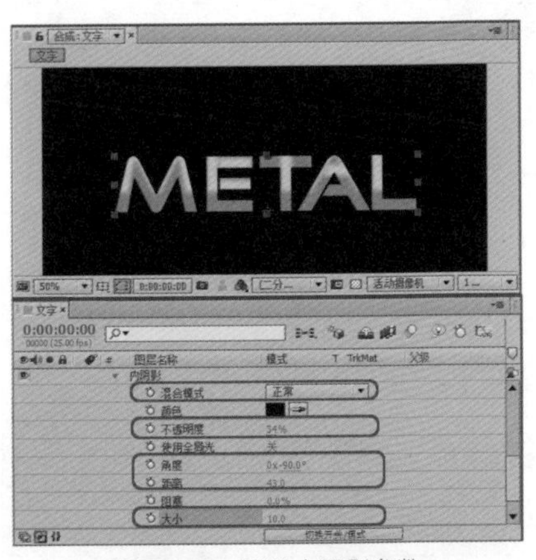

图 5-229　设置内阴影参数

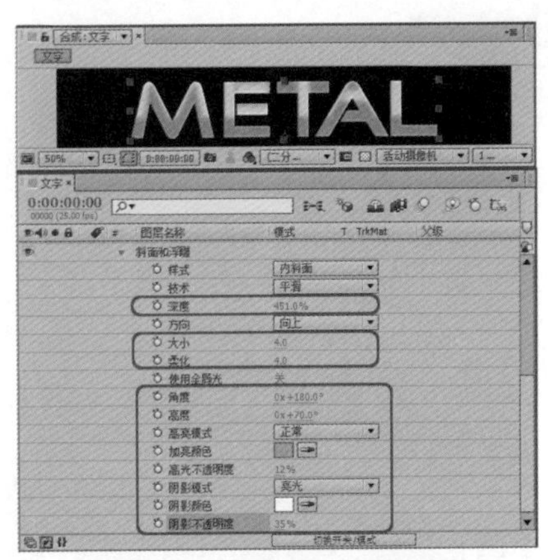

图 5-230　设置斜面和浮雕参数

(7) 为该图层添加【渐变叠加】图层样式，在时间轴中单击【渐变叠加】下的【编辑渐变】，在弹出的对话框中将左侧色标的颜色值设置为 # 389D09，在位置 51 处添加一个色标，并将其颜色值设置为 # 98FF3E，将右侧色标的颜色值设置为 # 389D09，如图 5-231 所示。

(8) 设置完成后，单击【确定】按钮，为该图层添加【描边】图层样式，在时间轴中将【描边】下的【混合模式】设置为【线性加深】，将颜色设置为白色，将【大小】、【不透明度】分别设置为 1、50，将【位置】设置为【居中】，如图 5-232 所示。

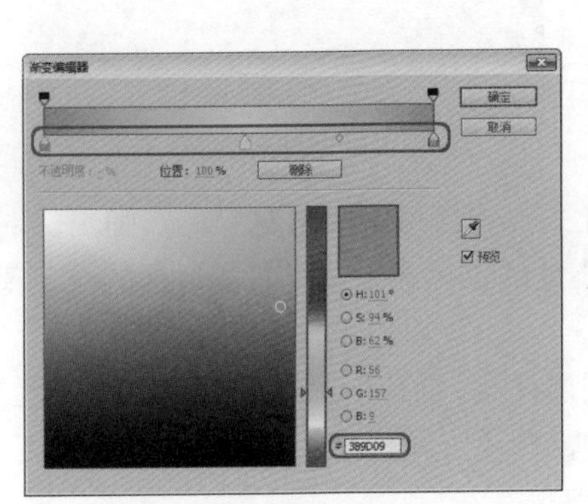

图 5-231　设置渐变颜色 (1)

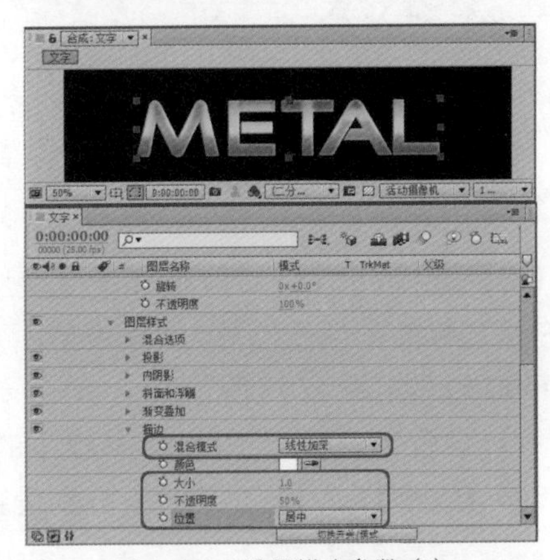

图 5-232　设置描边参数 (1)

(9) 继续选中该文字图层，按 Ctrl+D 组合键，对其进行复制，调整该对象的位置，并选择【图层样式】下的【内阴影】与【斜面和浮雕】两个选项，如图 5-233 所示。

(10) 按 Delete 键将选中的两个选项删除，继续选中该图层，将【投影】下的【不透明度】、【距离】、【扩展】、【大小】分别设置为 49、5、0、18，如图 5-234 所示。

(11) 选中该图层，为其添加【外发光】图层样式，在时间轴中将【外发光】下的【混合模式】设置为【线性减淡】，将【不透明度】设置为 50，将【颜色类型】设置为【渐变】，将【大小】设置为 15，如图 5-235 所示。

(12) 在时间轴面板中单击【外发光】下的【编辑渐变】，在弹出的对话框中将左侧色标的颜色值设置为 #42A01D，将右侧色标的颜色值设置为 #42A01D，选择右侧上方的不透明度色标，将其【不透明度】设置为 0，如图 5-236 所示。

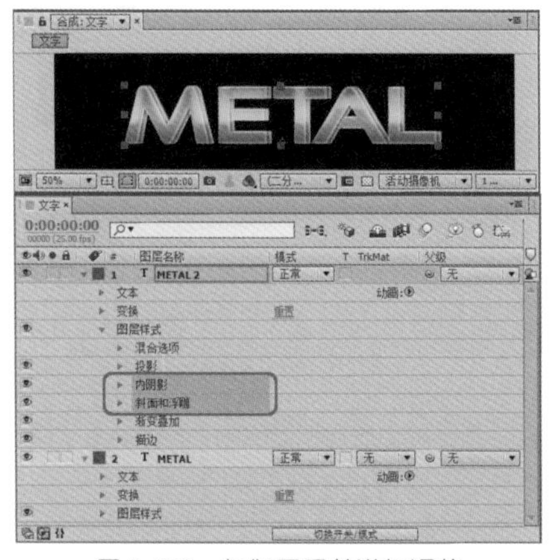
图 5-233　复制图层并进行调整

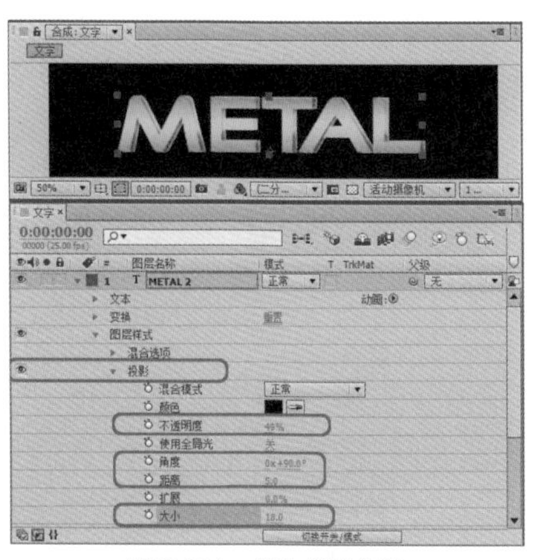
图 5-234　修改投影参数

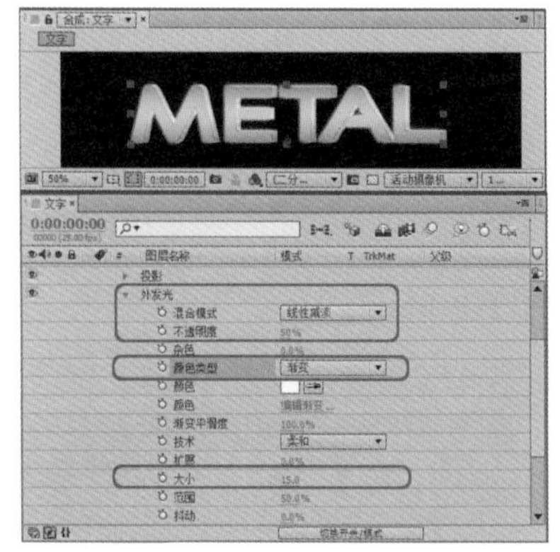
图 5-235　设置外发光参数

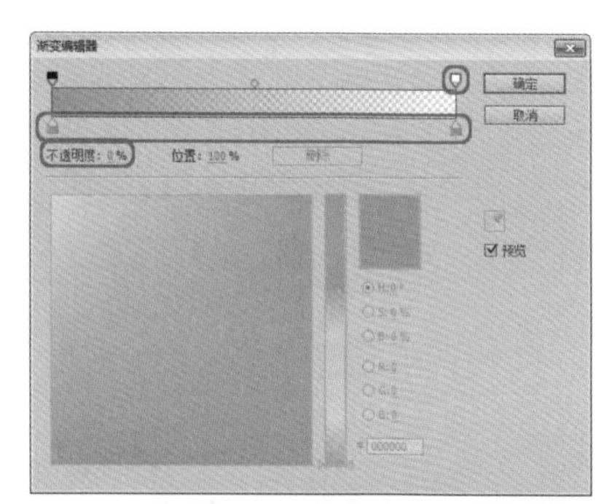
图 5-236　设置渐变颜色（2）

（13）选择 METAL 2 下的【渐变叠加】图层样式，单击【编辑渐变】，在弹出的对话框中将左侧色标的颜色值设置为 #B6AFAE，将位置 51 处的色标删除，将右侧色标的颜色值设置为 #FFFFFF，如图 5-237 所示。

（14）设置完成后，选中 METAL 2 下的【描边】图层样式，将其下方的【混合模式】设置为【正常】，将【大小】、【不透明度】分别设置为 2、90，将【位置】设置为【内部】，如图 5-238 所示。

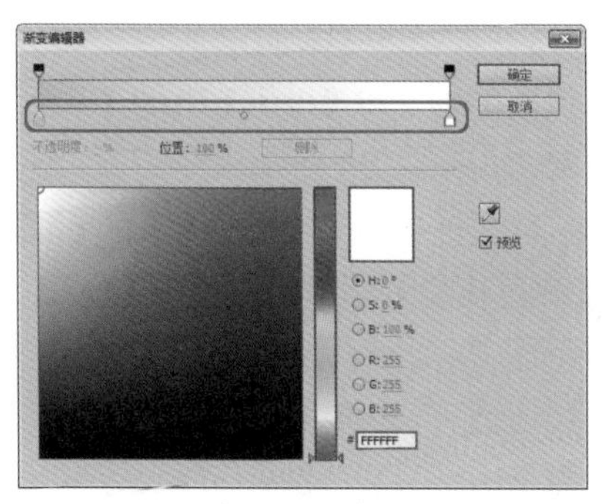
图 5-237　设置渐变颜色（3）

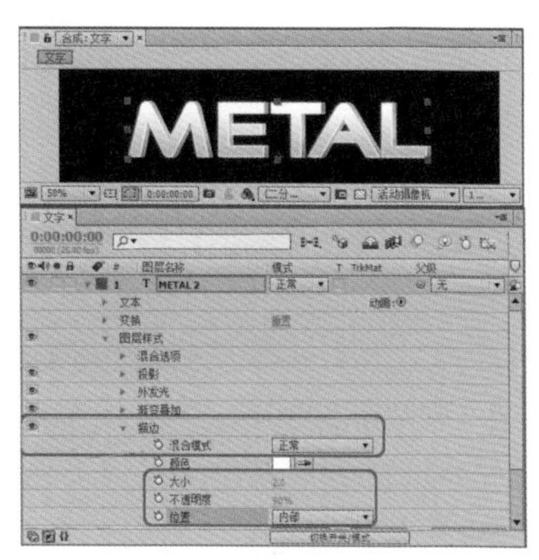
图 5-238　设置描边参数（2）

（15）按 Ctrl+N 组合键，在弹出的对话框中将【合成名称】设置为【金属文字】，其他参数保持默认不变，如图 5-239 所示。

（16）设置完成后，单击【确定】按钮，在时间轴中右击，在弹出的快捷菜单中选择【新建】|【纯色】命令，如图 5-240 所示。

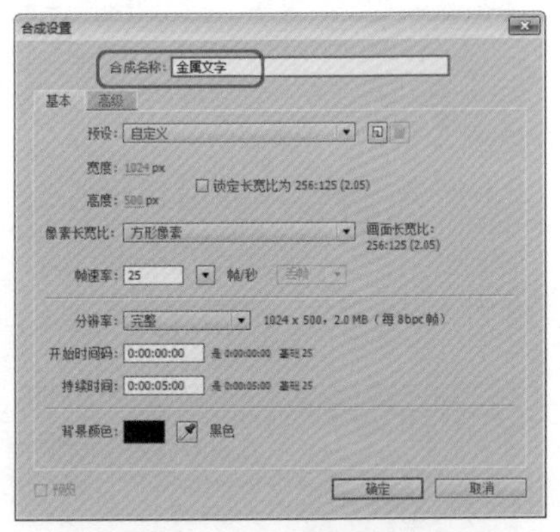

图 5-239　设置合成名称

图 5-240　选择【纯色】命令

（17）在弹出的对话框中将【名称】设置为【背景】，如图 5-241 所示。

（18）设置完成后，单击【确定】按钮，选中该图层，为其添加【渐变叠加】图层样式，在时间轴中将【渐变叠加】下的【角度】设置为 0，将【样式】设置为【反射】，如图 5-242 所示。

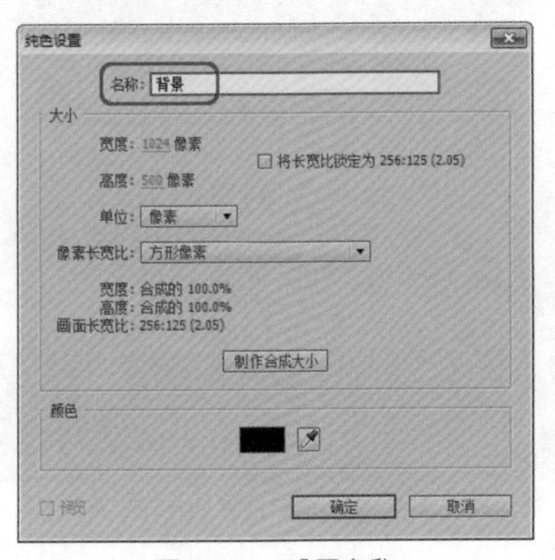

图 5-241　设置名称

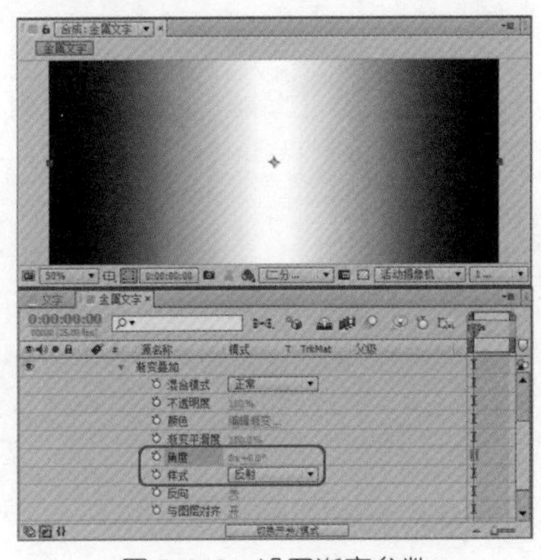

图 5-242　设置渐变参数

（19）设置完成后，单击【编辑渐变】，在弹出的对话框中将左侧色标的颜色值设置 # E0E1E3，在位置 30 处添加一个色标，并将其颜色值设置为 #E0E1E3，将右侧色标的颜色值设置为 #9B9FA5，如图 5-243 所示。

（20）设置完成后，单击【确定】按钮，在【项目】面板中选择【文字】合成，按住鼠标将其拖动至【金属文字】时间轴中，效果如图 5-244 所示。

（21）选中【文字】图层，在菜单栏中选择【效果】|【生成】| CC Light Sweep 命令，将当前时间设置为 0:00:00:00，在时间轴中将 CC Light Sweep 下的 Center 设置为 0、250，并单击其左侧的 按钮，如图 5-245 所示。

（22）将当前时间设置为 0:00:04:24，将 Center 设置为 1094、250，将【变换】下的【缩放】设置为 107，如图 5-246 所示。

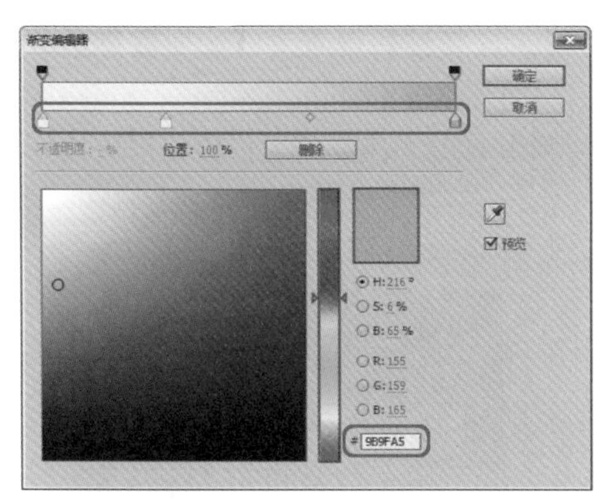
图 5-243　设置渐变颜色（4）

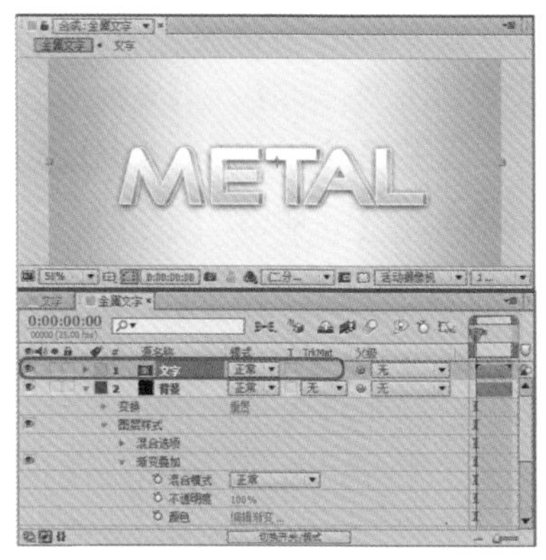
图 5-244　嵌套合成

图 5-245　设置 CC Light Sweep 参数

图 5-246　设置 Center 与缩放参数

案例精讲 054　电影文字

案例文件：光盘 | 场景 | Cha05 | 电影文字 .aep

视频文件：光盘 | 视频教学 | Cha05 | 电影文字 .avi

制作概述

本例将讲解如何制作电影文字，首先利用特效制作出文字的模糊状态，然后通过修改其颜色而制作出电影文字，完成后的效果如图 5-247 所示。

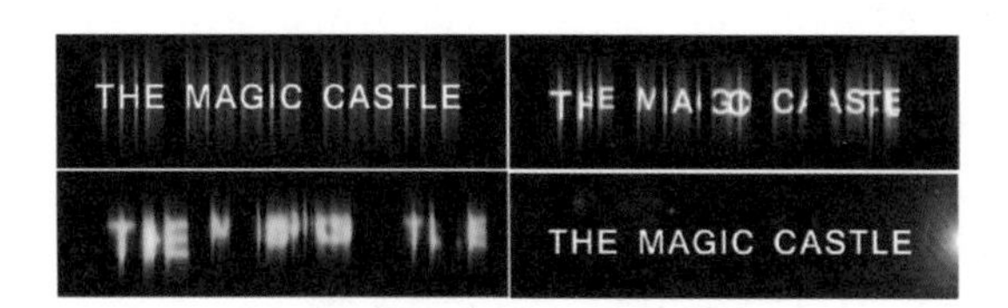

图 5-247　电影文字

学习目标

学习电影文字的制作，掌握电影文字制作中特效的应用。

操作步骤

(1) 新建一个项目文件，按 Ctrl+N 组合键，在弹出的对话框中将【宽度】、【高度】分别设置为 720、575px，将【像素长宽比】设置为 D1/DV PAL（1.09），将【持续时间】设置为 0:00:06:00，如图 5-248 所示。

(2) 设置完成后，单击【确定】按钮，在工具栏中单击【横排文字工具】，在【合成】面板中单击鼠标，输入文字，选中输入的文字，在【字符】面板中将【字体】设置为 Shruti，将【字体样式】设置为 Bold，将【字体大小】设置为 57 像素，将【字符间距】设置为 60，将【水平缩放】设置为 110，将【字体颜色值】设置为 #F4FFE8，在【段落】面板中单击【居中对齐文本】按钮，并调整其位置，将文字的位置调整为 354、344，如图 5-249 所示。

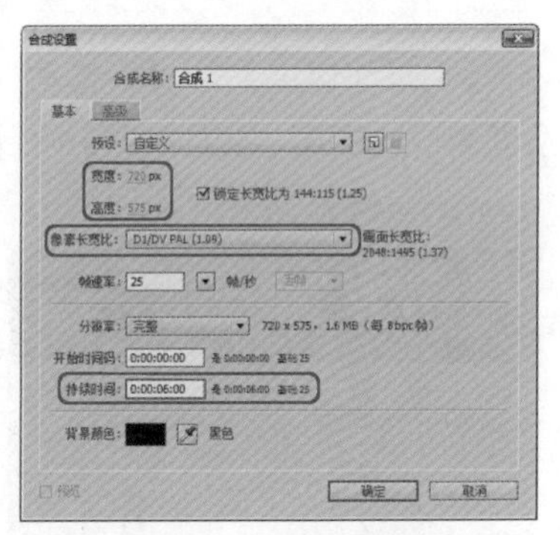

图 5-248　设置合成参数

图 5-249　设置文字参数

(3) 设置完成后，选中该图层，在菜单栏中选择【效果】|【过渡】|【卡片擦除】命令，如图 5-250 所示。

(4) 将当前时间设置为 0:00:00:00，在时间轴中将【卡片擦除】下的【过渡完成】设置为 0，将【行数】设置为 1，如图 5-251 所示。

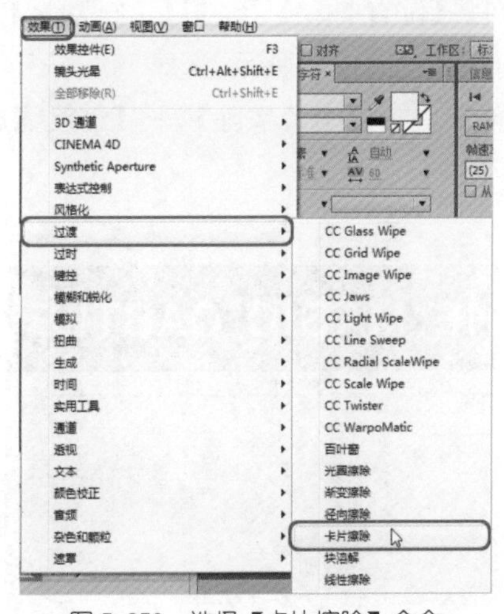

图 5-250　选择【卡片擦除】命令

图 5-251　设置过渡完成与行数

(5) 设置完成后，再将【位置抖动】下的【X 抖动量】、【X 抖动速度】、【Y 抖动速度】、【Z 抖动量】、【Z 抖动速度】分别设置为 0、1.4、0、0、1.5，然后再单击【X 抖动量】、【Z 抖动量】左侧的⏱按钮，效果如图 5-252 所示。

知识链接

【位置抖动】：指定X、Y和Z轴的抖动量和速度。“X抖动量”、“Y抖动量”和“Z抖动量”指定额外运动的量。“X抖动速度”、“Y抖动速度”和“Z抖动速度”值指定每个“抖动量”选项的抖动速度。

【旋转抖动】：指定围绕X、Y和Z轴的旋转抖动的量和速度。“X旋转抖动量”、“Y旋转抖动量”和“Z旋转抖动量”指定沿某个轴旋转抖动的量。值90° 使卡片可在任意方向旋转最多90°。“X旋转抖动速度”、“Y旋转抖动速度”和“Z旋转抖动速度”值指定旋转抖动的速度。

(6) 将当前时间设置为0:00:02:12，在时间轴中单击【X抖动速度】、【Z抖动速度】左侧的按钮，然后将【X抖动量】、【Z抖动量】分别设置为5、6.16，如图5-253所示。

图5-252 设置位置抖动参数

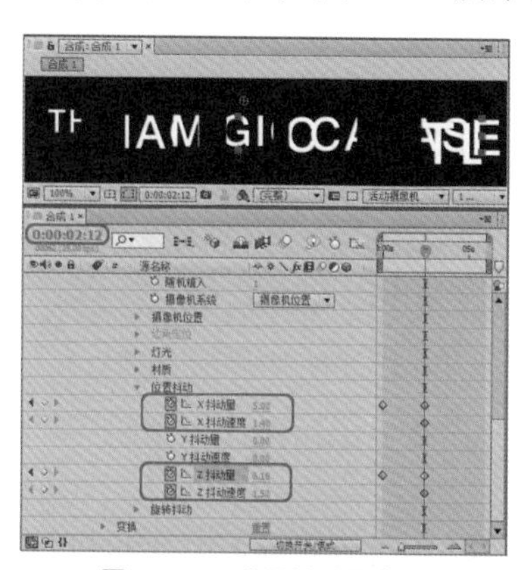
图5-253 设置抖动量参数

(7) 将当前时间设置为0:00:03:10，在时间轴中将【位置抖动】下的【X抖动量】、【X抖动速度】、【Z抖动量】、【Z抖动速度】都设置为0，如图5-254所示。

(8) 继续将当前时间设置为0:00:03:10，在时间轴中单击【卡片擦除】下【过渡完成】左侧的按钮，添加一个关键帧，如图5-255所示。

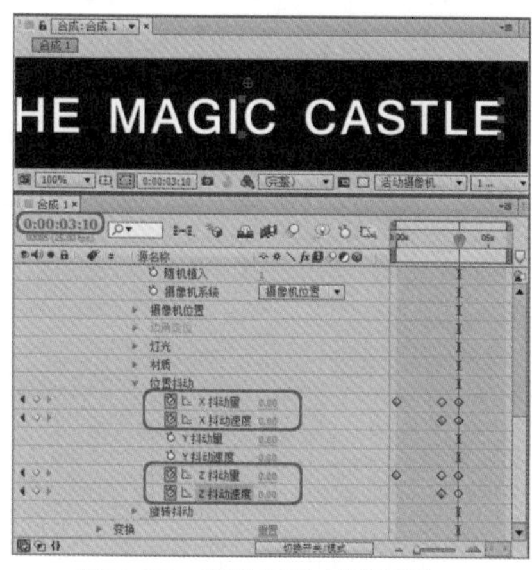

图5-254 将位置抖动都设置为0

图5-255 添加关键帧(1)

(9) 将当前时间设置为0:00:04:10，将【卡片擦除】下的【过渡完成】设置为100，如图5-256所示。

(10)继续选中该图层，在菜单栏中选择【效果】|【模糊和锐化】|【高斯模糊】命令，如图5-257所示。

图5-256 设置过渡完成

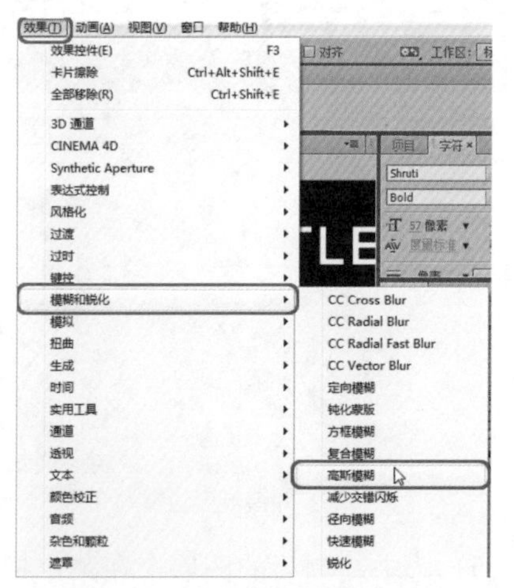

图5-257 选择【高斯模糊】命令

(11) 将当前时间设置为0:00:00:10，在时间轴中单击【高斯模糊】下的【模糊度】左侧的 按钮，添加一个关键帧，如图5-258所示。

(12) 将当前时间设置为0:00:03:10，在时间轴中将【高斯模糊】下的【模糊度】设置为27，如图5-259所示。

图5-258 添加关键帧(2)

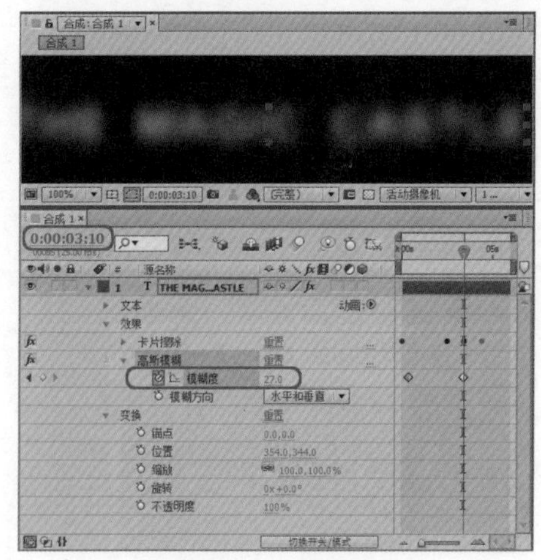

图5-259 设置模糊度

在实际操作过程中【高斯模糊】是常用的一种模糊方式，高斯模糊不受图片质量的影响。

(13) 将当前时间设置为0:00:04:10，在时间轴中将【高斯模糊】下的【模糊度】设置为0，如图5-260所示。

（14）继续选中该图层，按 Ctrl+D 组合键，对该图层进行复制，将复制后的图层中的【高斯模糊】效果删除，如图 5-261 所示。

图 5-260　将模糊度设置为 0

图 5-261　复制图层并删除效果

（15）选中复制后的图层，在菜单栏中选择【效果】|【模糊和锐化】|【定向模糊】命令，如图 5-262 所示。

（16）将当前时间设置为 0:00:00:00，在时间轴中将【定向模糊】下的【模糊长度】设置为 100，并单击其左侧的 按钮，添加一个关键帧，如图 5-263 所示。

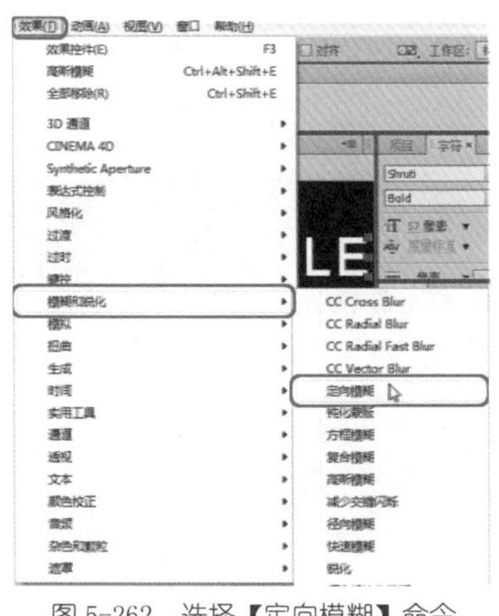
图 5-262　选择【定向模糊】命令

图 5-263　设置模糊长度

【定向模糊】的应用可以设置对象模糊的方向，常用来制作运动的幻觉。

（17）将当前时间设置为 0:00:01:17，在时间轴中将【定向模糊】下的【模糊长度】设置为 50，如图 5-264 所示。

（18）将当前时间设置为 0:00:03:10，在时间轴中将【定向模糊】下的【模糊长度】设置为 100，如图 5-265 所示。

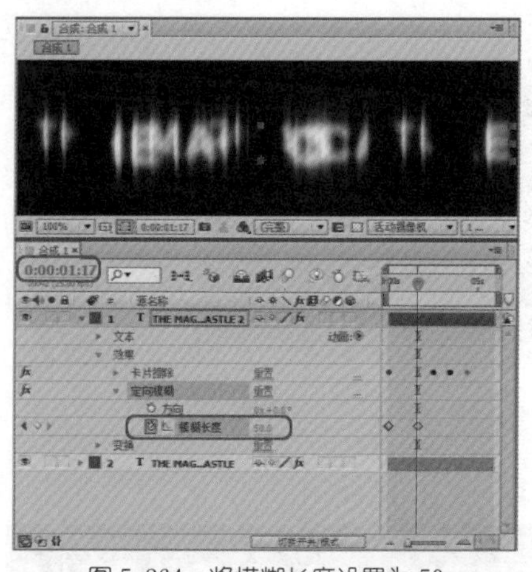

图 5-264　将模糊长度设置为 50

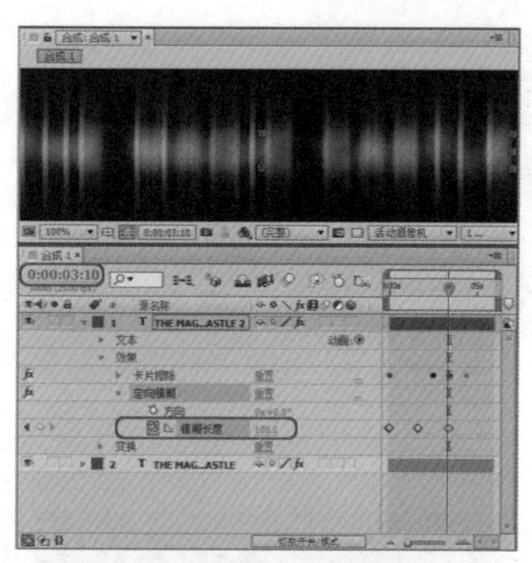

图 5-265　将定向模糊设置为 100

(19) 将当前时间设置为 0:00:04:10，在时间轴中将【定向模糊】下的【模糊长度】设置为 50，如图 5-266 所示。

(20) 继续选中该图层，在菜单栏中选择【效果】|【颜色校正】|【色阶】命令，如图 5-267 所示。

(21) 在【效果控件】面板中将【色阶】下的【通道】设置为 Alpha，将【Alpha 输入白色】、【Alpha 灰度系数】、【Alpha 输出黑色】、【Alpha 输出白色】分别设置为 288.1、1.49、−7.6、306，如图 5-268 所示。

(22) 继续选中该图层，在菜单栏中选择【效果】|【颜色校正】|【色光】命令，为选中的图层添加该效果，在【效果控件】面板中将【输入相位】下的【获取相位】设置为 Alpha，将【输出循环】下的【使用预设调板】设置为【渐变绿色】，如图 5-269 所示。

图 5-266　将模糊长度设置为 50

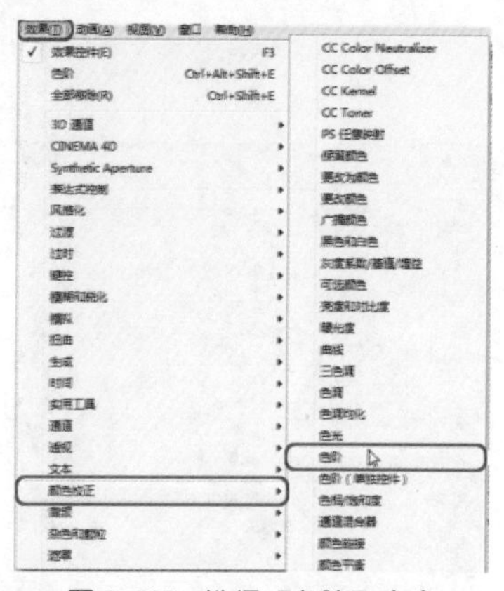

图 5-267　选择【色阶】命令

(23) 继续选中该图层，在时间轴中将该图层的混合模式设置为【相加】，效果如图 5-270 所示。

(24) 在时间轴中右击，在弹出的快捷菜单中选择【新建】|【纯色】命令，如图 5-271 所示。

图 5-268　设置色阶参数

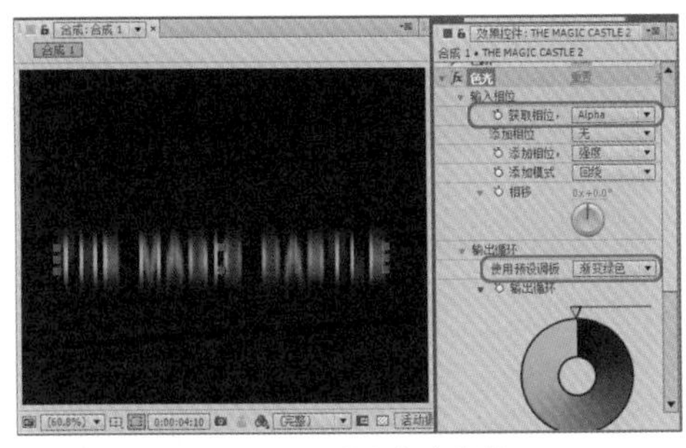
图 5-269　设置色光参数

图 5-270　设置图层的混合模式 (1)

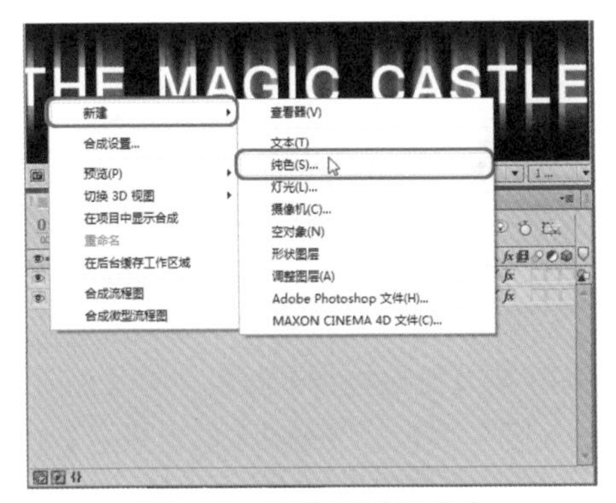
图 5-271　选择【纯色】命令

(25) 在弹出的对话框中将【名称】设置为【遮罩】，如图 5-272 所示。

(26) 设置完成后，单击【确定】按钮，在时间轴中选择 THE MAGIC CASTLE 2 图层，将轨道遮罩设置为【Alpha 遮罩 “[遮罩]”】，如图 5-273 所示。

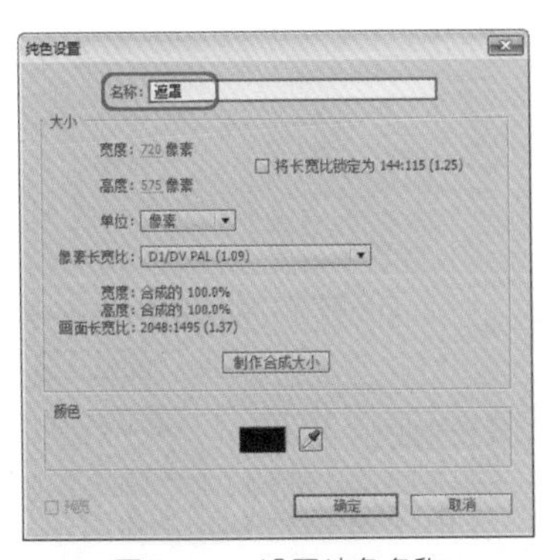
图 5-272　设置纯色名称

图 5-273　设置轨道遮罩

(27) 将当前时间设置为 0:00:04:10，在时间轴中选择【遮罩】图层，单击其【变换】下的【位置】左侧的◎按钮，添加一个关键帧，如图 5-274 所示。

(28) 将当前时间设置为 0:00:05:10，将【变换】下的【位置】设置为 1100、287.5，如图 5-275 所示。

图 5-274　添加关键帧（3）

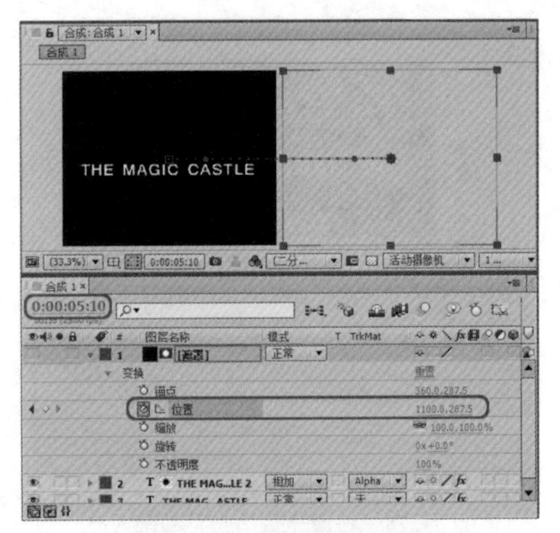

图 5-275　设置位置参数

（29）再次新建一个名为【光晕】的纯色图层，在时间轴中将其图层混合模式设置为【相加】，如图 5-276 所示。

知识链接

【相加】：每个结果颜色通道值是源颜色和基础颜色的相应颜色通道值的和。结果颜色绝不会比任一输入颜色深。

（30）选中光晕图层，在菜单栏中选择【效果】|【生成】|【镜头光晕】命令，如图 5-277 所示。

图 5-276　设置图层的混合模式（2）

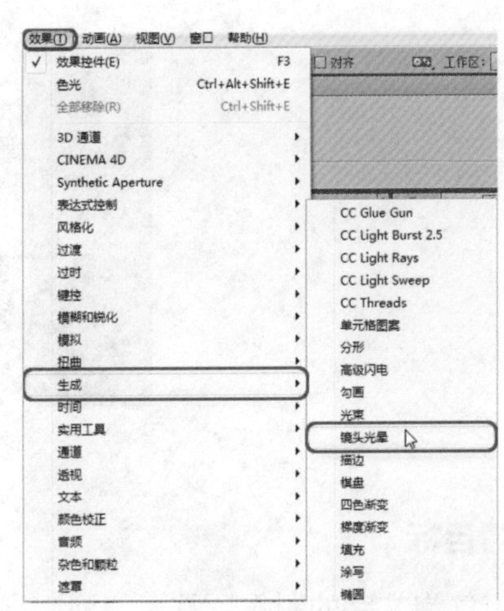

图 5-277　选择【镜头光晕】命令

（31）继续选中该图层，将当前时间设置为 0:00:04:10，将【镜头光晕】下的【光晕中心】设置为 −64、324，并单击其左侧的按钮，按 Alt+[组合键，剪裁入点，如图 5-278 所示。

（32）将当前时间设置为 0:00:05:10，将【镜头光晕】下的【光晕中心】设置为 798、324，按 Alt+] 组合键，剪裁出点，如图 5-279 所示。

图 5-278　设置光晕中心并剪裁入点

图 5-279　设置光晕中心并剪裁出点

案例精讲 055　气泡文字

案例文件：光盘 | 场景 | Cha05 | 气泡文字 .aep

视频文件：光盘 | 视频教学 | Cha05 | 气泡文字 .avi

制作概述

本例将学习如何制作气泡文字，主要应用了【凸出】和【泡沫】等特效进行制作，具体操作方法如下，完成后的效果如图 5-280 所示。

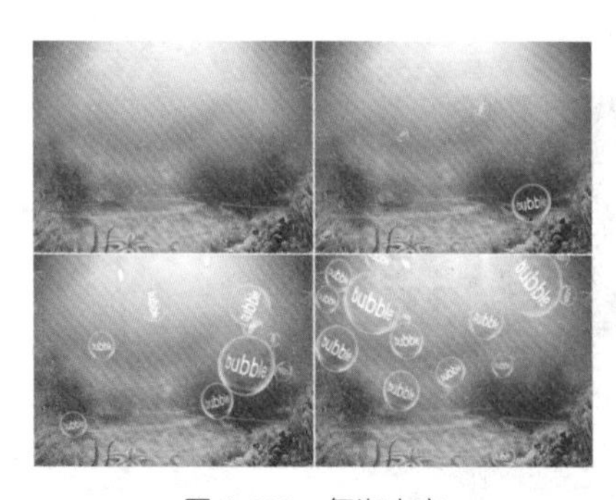
图 5-280　气泡文字

学习目标

学习气泡文字的制作，掌握气泡文字的制作流程及特效的应用。

操作步骤

(1) 新建一个项目文件，按 Ctrl+N 组合键，在弹出的对话框中将【合成名称】设置为【文字】，将【预设】设置为 PAL D1/DV，将【像素长宽比】设置为 D1 /DV PAL（1.09），将【持续时间】设置为 0:00:10:00，如图 5-281 所示。

(2) 设置完成后，单击【确定】按钮，在时间轴中右击，在弹出的快捷菜单中选择【新建】|【纯色】命令，如图 5-282 所示。

图 5-281　设置合成参数

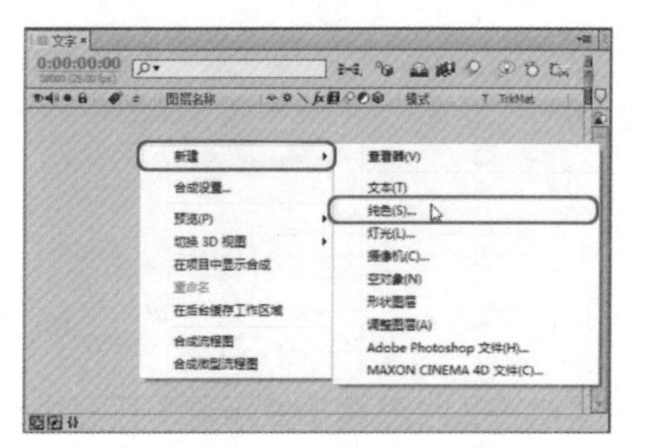

图 5-282　选择【纯色】命令（1）

（3）在弹出的对话框中将【名称】设置为【黑色】，如图 5-283 所示。

（4）设置完成后，单击【确定】按钮，选中该图层，在菜单栏中选择【效果】|【过时】|【基本文字】命令，如图 5-284 所示。

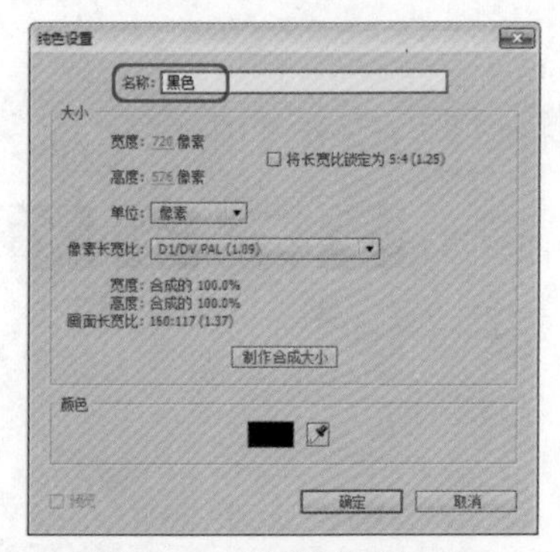

图 5-283　设置纯色名称（1）

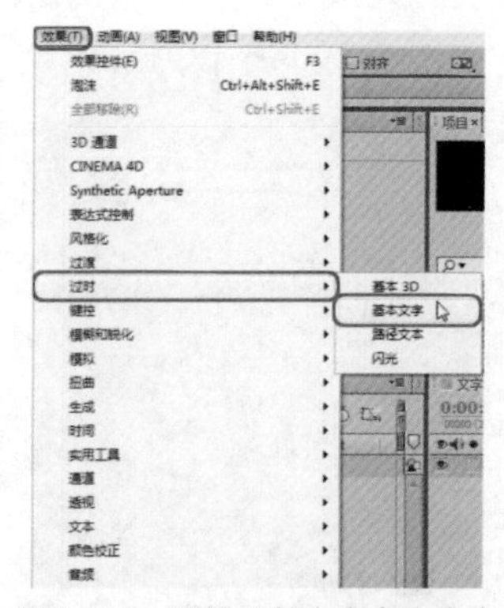

图 5-284　选择【基本文字】命令

（5）在弹出的对话框中输入文字，并选中【水平】和【居中对齐】单选按钮，如图 5-285 所示。

（6）设置完成后，单击【确定】按钮，继续选中该图层，在【效果控件】面板中将【基本文字】下的【显示选项】设置为【在描边上填充】，将【填充颜色】设置为白色，将【大小】设置为 170，将【字符间距】设置为 0，如图 5-286 所示。

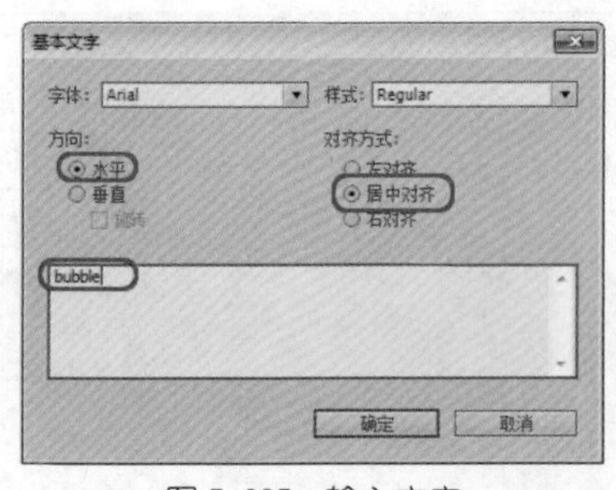

图 5-285　输入文字

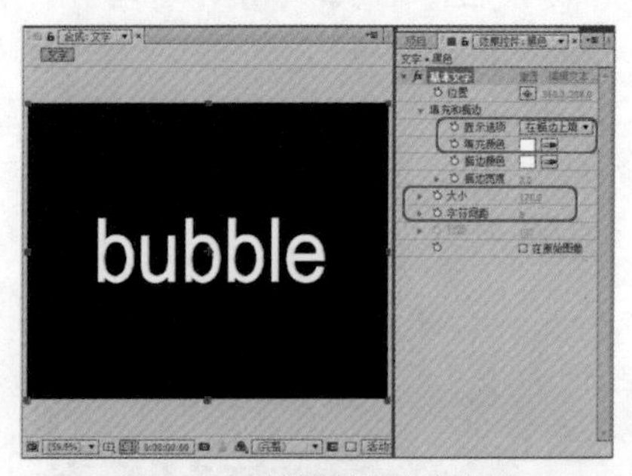

图 5-286　设置基本文字参数

（7）继续选中该图层，在菜单栏中选择【效果】|【扭曲】|【凸出】命令，如图 5-287 所示。

（8）在【效果控件】面板中将【凸出】下的【水平半径】、【垂直半径】都设置为 320，将【消除锯齿】设置为【高】，如图 5-288 所示。

图 5-287　选择【凸出】命令

图 5-288　设置凸出参数

(9) 设置完成后，按 Ctrl+N 组合键，在弹出的对话框中将【合成名称】设置为【文字气泡】，如图 5-289 所示。

(10) 设置完成后，单击【确定】按钮，按 Ctrl+I 组合键，在弹出的对话框中选择 m05.jpg 素材文件，如图 5-290 所示。

图 5-289　设置合成名称

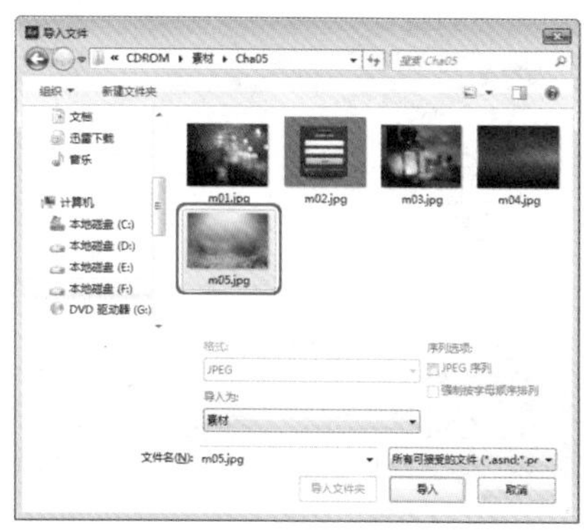
图 5-290　选择素材文件

(11) 单击【导入】按钮，选中导入的素材文件，按住鼠标将其拖动至【文字气泡】时间轴中，并将其【变换】下的【缩放】设置为 135，如图 5-291 所示。

(12) 在【项目】面板中选择【文字】合成文件，按住鼠标将其拖动至【文字气泡】时间轴中，并将其进行隐藏，如图 5-292 所示。

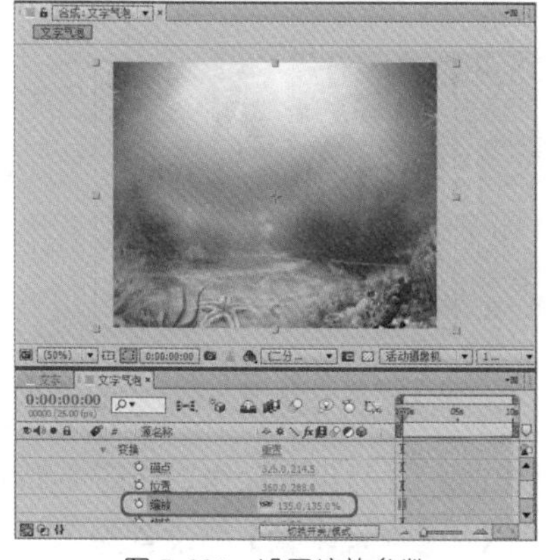
图 5-291　设置缩放参数

图 5-292　添加合成文件并将其隐藏

(13) 在时间轴中右击，在弹出的快捷菜单中选择【新建】|【纯色】命令，如图 5-293 所示。

(14) 在弹出的对话框中将【名称】设置为【气泡】，如图 5-294 所示。

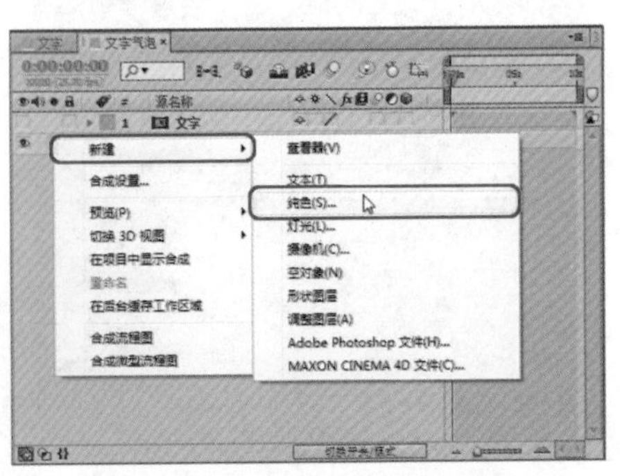

图 5-293　选择【纯色】命令 (2)

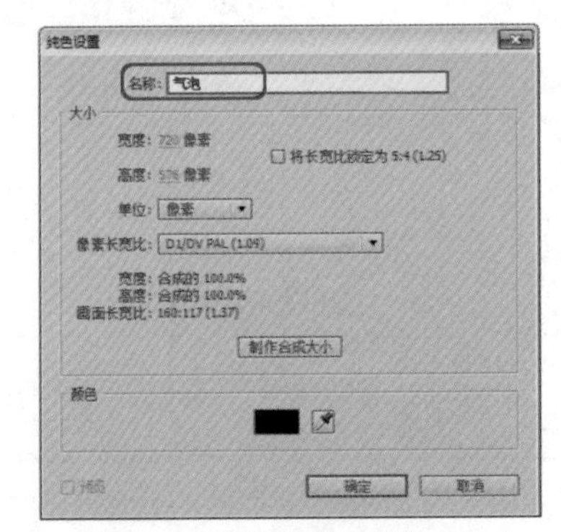

图 5-294　设置纯色名称 (2)

(15) 设置完成后，单击【确定】按钮，选中该图层，在菜单栏中选择【效果】|【模拟】|【泡沫】命令，如图 5-295 所示。

(16) 在【效果控件】面板中将【泡沫】下的【视图】设置为【已渲染】，将【制作者】选项组中的【产生点】设置为 360、578，将【产生 X 大小】、【产生 Y 大小】、【产生速率】分别设置为 0.4、0.1、0.1，在【气泡】选项组中将【大小】设置为 1.2，如图 5-296 所示。

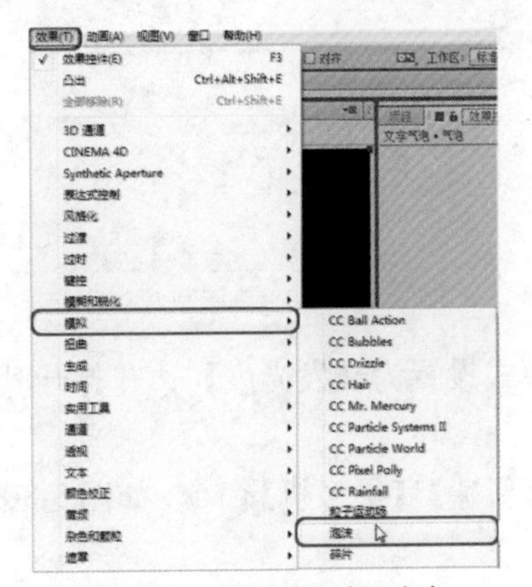

图 5-295　选择【泡沫】命令

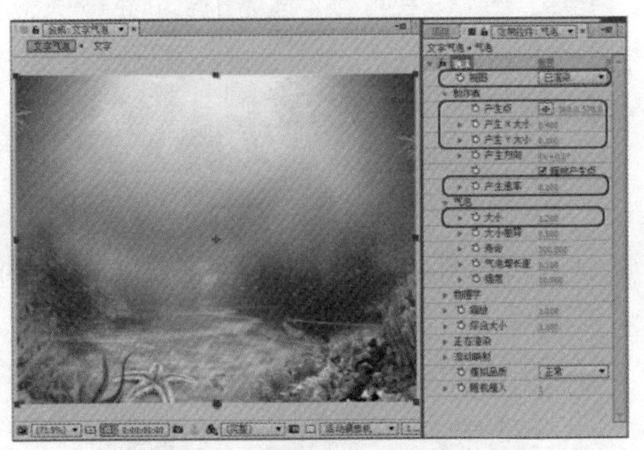

图 5-296　设置制作者和气泡参数

(17) 在【物理学】选项组中将【初始速度】、【风向】、【湍流】、【黏度】、【黏性】分别设置为 6、0、0.1、1.5、0，在【正在渲染】选项组中将【气泡纹理】、【气泡方向】分别设置为【小雨】、【物理方向】，将【反射强度】、【反射融合】分别设置为 0.4、0.7，如图 5-297 所示。

(18) 设置完成后，继续选中该图层，按 Ctrl+D 组合键对该图层进行复制，并将其命名为【气泡中的文字】，如图 5-298 所示。

(19) 选中该图层，在【效果控件】面板中将【正在渲染】选项组中的【气泡纹理】、【气泡纹理分层】分别设置为【用户自定义】、【3. 文字】，如图 5-299 所示。

(20) 设置完成后，将该图层的图层混合模式设置为【相加】，并打开其三维开关，如图 5-300 所示。

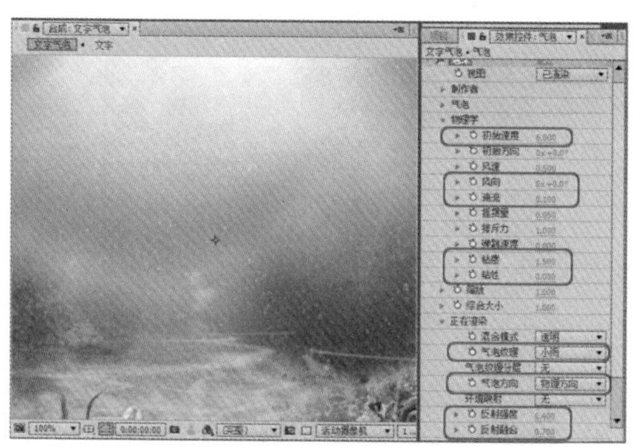

图 5-297　设置物理学和正在渲染参数

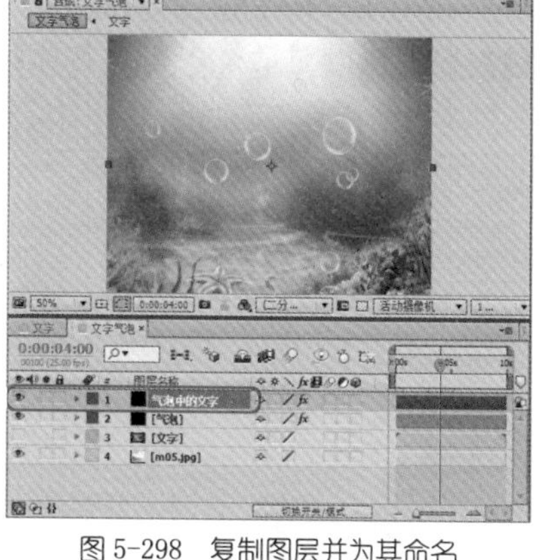

图 5-298　复制图层并为其命名

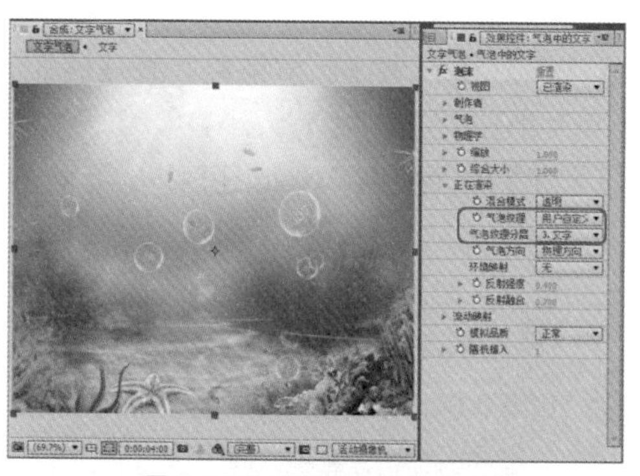

图 5-299　设置正在渲染参数

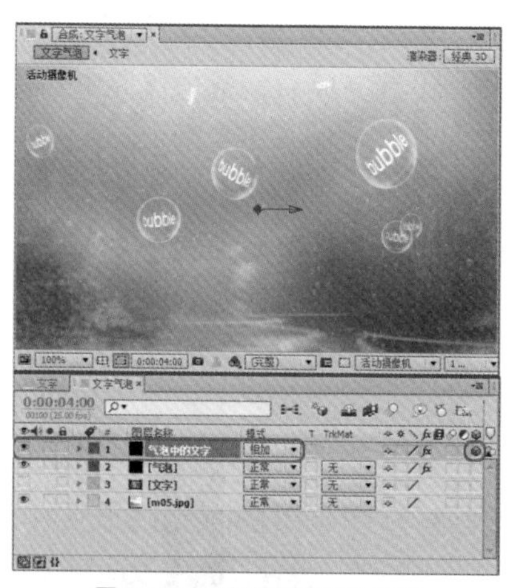

图 5-300　设置图层混合模式

(21) 在时间轴中选择【气泡】图层，将其图层模式设置为【发光度】，并打开其三维开关，如图 5-301 所示。

(22) 在时间轴中右击，在弹出的快捷菜单中选择【新建】|【摄像机】命令，如图 5-302 所示。

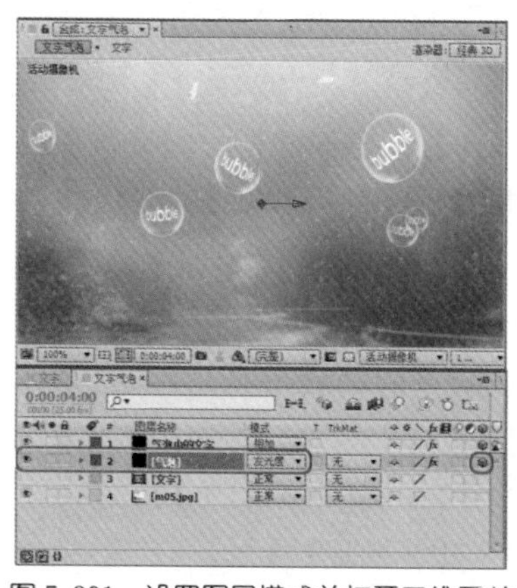

图 5-301　设置图层模式并打开三维开关

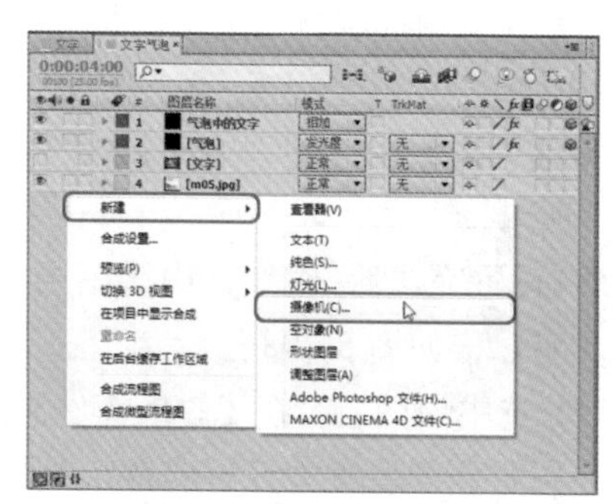

图 5-302　选择【摄像机】命令

(23) 执行该操作后，将会弹出【摄像机设置】对话框，在该对话框中单击【确定】按钮，如图 5-303 所示。

(24) 在时间轴中将【变换】下的【目标点】设置为376.8、330、300，将【位置】设置为376.8、58.4、−772，将【摄像机选项】下的【缩放】、【焦距】都设置为1094像素，如图5-304所示。

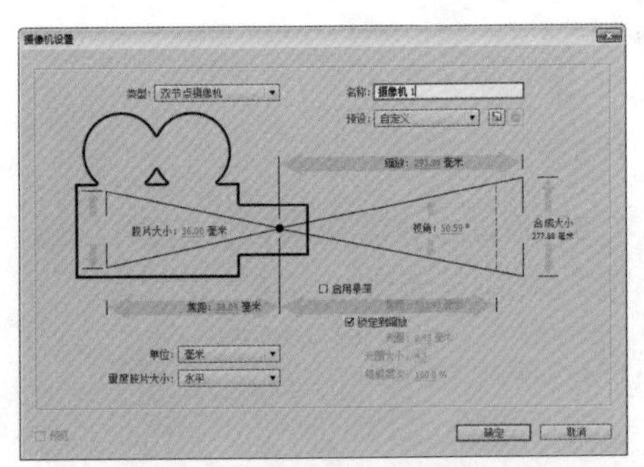

图5-303 【摄像机设置】对话框

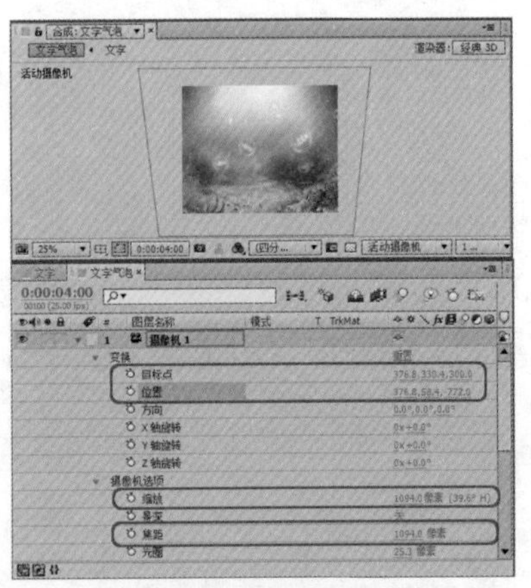

图5-304 设置摄像机参数

第6章 滤镜特效

本章重点

- 卷画效果
- 水面波纹效果
- 电子表
- 下雪
- 下雨
- 飘动的云彩
- 翻书效果
- 照片切换效果
- 水墨画
- 魔法球效果
- 流光线条
- 滑落的水滴
- 梦幻星空
- 心电图
- 旋转的星球

在 After Effects 中内置的特效有数百种，巧妙地使用这些特效可以高效且精确地制作出多种引人注目的动态图形和震撼人心的视觉效果。本章将介绍通过使用特效来制作各种效果的方法，包括下雪、下雨、水墨画和心电图等。

案例精讲 056　卷画效果

案例文件：光盘 | 场景 | Cha06 | 卷画效果 .aep
视频文件：光盘 | 视频教学 | Cha06 | 卷画效果 .avi

制作概述

本例将介绍卷画效果的制作，该例的制作比较简单，主要是为图片添加 CC Cylinder 效果来制作卷画效果，然后为制作的卷画添加投影，完成后的效果如图 6-1 所示。

图 6-1　卷画效果

学习目标

学习为对象添加投影的方法，掌握制作卷画的方法。

操作步骤

（1）新建一个项目文件，按 Ctrl+N 组合键，在弹出的对话框中将【宽度】、【高度】分别设置为 1007px、666px，将【像素长宽比】设置为【方形像素】，将【持续时间】设置为 0:00:05:00，如图 6-2 所示。

知识链接

像素长宽比 (PAR) 指图像中一个像素的宽与高之比。多数计算机显示器使用方形像素，但许多视频格式（包括 ITU-R 601 (D1) 和 DV）使用非方形的矩形像素。

如果在方形像素监视器上显示非方形像素，而不做任何改变，则图像和运动会出现扭曲，例如，圆形扭曲为椭圆形。但是，如果在视频监视器上显示，则图像显示正常。将 D1 NTSC 或 DV 源素材导入 After Effects 时，图像看起来比在 D1 或 DV 系统上稍微宽一些（D1 PAL 素材看起来稍微窄一些）。当使用 D1/DV NTSC 宽银幕或 D1/DV PAL 宽银幕导入变形素材时，情况正相反。宽银幕视频格式使用 16：9 帧长宽比。

要在计算机监视器上预览非方形像素，请单击【合成】面板底部的【切换像素长宽比校正】按钮 。

(2) 设置完成后，单击【确定】按钮，按 Ctrl+I 组合键，在弹出的对话框中选择随书光盘中的光盘 | 素材 |Cha06|m01.jpg、m02.jpg、m03.jpg 素材文件，如图 6-3 所示。

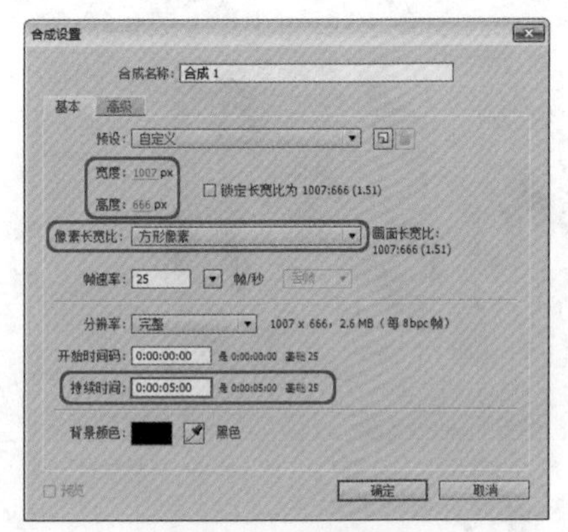

图 6-2　设置合成参数

图 6-3　选择素材文件

(3) 单击【导入】按钮，在【项目】面板中选择 m01.jpg 素材文件，按住鼠标将其拖动至时间轴中，并将【变换】下的【缩放】设置为 53，如图 6-4 所示。

(4) 设置完成后，再在【项目】面板中选择 m02.jpg 素材文件，按住鼠标将其拖动至【合成】面板中，在时间轴中将【变换】下的【位置】设置为 594.6、435.8，将【缩放】设置为 60，如图 6-5 所示。

图 6-4　设置素材文件的缩放参数

图 6-5　设置图像的位置和缩放参数 (1)

(5) 继续选中该图层，在菜单栏中选择【效果】|【透视】| CC Cylinder 命令，如图 6-6 所示。

(6) 在【效果控件】面板中将 CC Cylinder 下的 Radius 设置为 28，将 Rotation 下的 RotationZ 设置为 48，将 Light 下的 Light Intensity 设置为 145，将 Light Direction 设置为 −72，如图 6-7 所示。

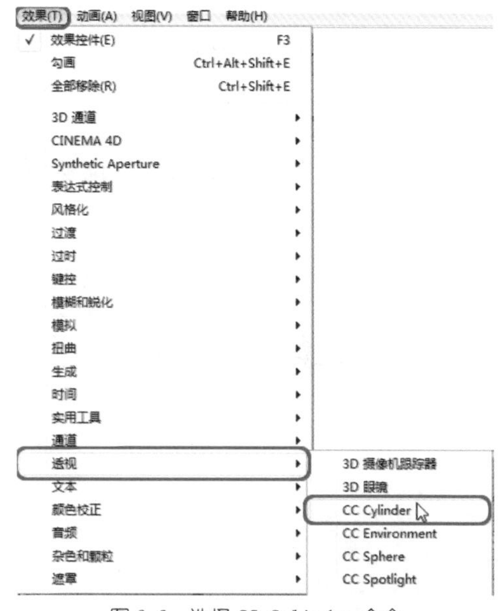

图 6-6　选择 CC Cylinder 命令

图 6-7　设置 CC Cylinder 参数 (1)

知识链接

CC Cylinder 特效可以模拟很多意想不到的效果，将平面的图层进行弯曲，并进行三维空间的旋转和任意角度观察，将图层进行三维变形。

Radius：半径，也就是将图层弯曲成圆柱体后的半径大小。

Position：位移控制。

Position X：X 向的位移控制。

Position Y：Y 向的位移控制。

Position Z：Z 向的位移控制。

Rotation：旋转控制。

Rotation X：X 轴的旋转控制。

Rotation Y：Y 轴的旋转控制。

Rotation Z：Z 轴的旋转控制。

Render：渲染设置，单击显示下拉列表。

Full：对整个图形进行渲染。

Outside：只以外侧面进行渲染。

Inside：只对内侧面进行渲染。

Light：灯光设置。

Light intensity：灯光强度。

Light color：灯光颜色。

Light height：灯光高度。

Light direction：灯光方向。

Shading：着色方式设置。

Ambient：环境亮度。

Diffuse：固有色强度，也就是图像本身的亮度。

Specular：高光强度。

Roughness：粗糙度。

Metal：金属度。

（7）继续选中该图层，在菜单栏中选择【效果】|【透视】|【投影】命令，如图 6-8 所示。

（8）在【效果控件】面板中将【投影】下的【距离】、【柔和度】分别设置为 59、92，如图 6-9 所示。

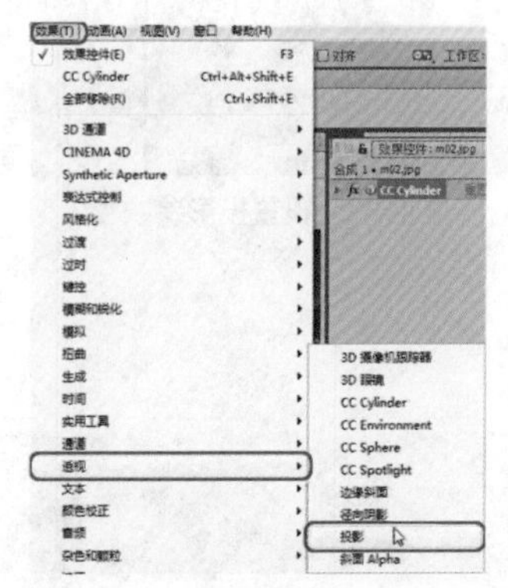

图 6-8　选择【投影】命令 (1)

图 6-9　设置投影参数 (1)

（9）在【项目】面板中选择 m03.jpg 素材文件，按住鼠标将其拖动至【合成】面板中，在时间轴中将【位置】设置为 673.4、456.6，将【缩放】设置为 50，如图 6-10 所示。

（10）继续选中该图层，为其添加 CC Cylinder 效果，在【效果控件】面板中将 CC Cylinder 下的 Radius 设置为 28，将 Rotation 下的 RotationX、RotationZ 分别设置为 17、−32，将 Light 下的 Light Intensity 设置为 145，将 Light Height 设置为 48，将 Light Direction 设置为 −72，如图 6-11 所示。

图 6-10　设置图像位置和缩放参数 (2)

图 6-11　设置 CC Cylinder 参数 (2)

（11）继续选中该图层，在菜单栏中选择【效果】|【透视】|【投影】命令，如图 6-12 所示。

（12）在【效果控件】面板中将【投影】下的【距离】、【柔和度】分别设置为 59、92，如图 6-13 所示，设置完成后，对完成后的场景进行保存即可。

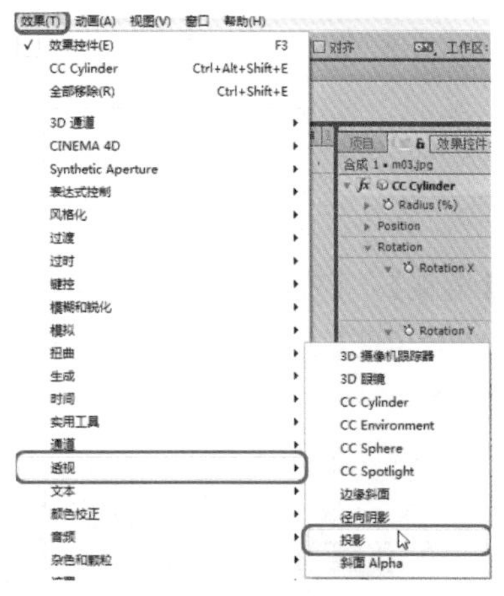

图 6-12　选择【投影】命令 (2)

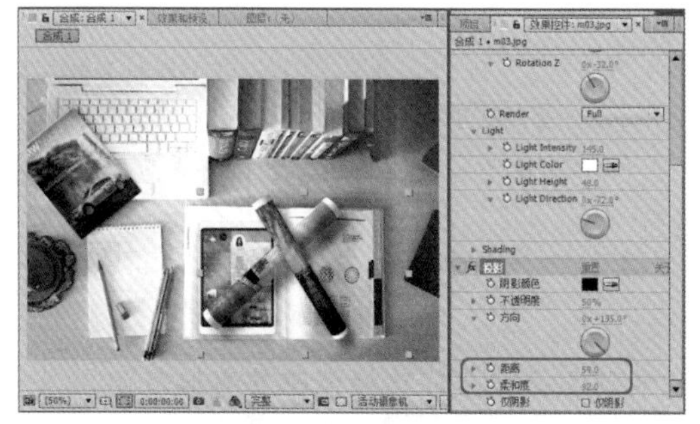
图 6-13　设置投影参数 (2)

案例精讲 057　水面波纹效果

案例文件：光盘 | 场景 | Cha06 | 水面波纹效果 .aep

视频文件：光盘 | 视频教学 | Cha06 | 水面波纹效果 .avi

制作概述

本例将介绍水面波纹效果的制作，该例主要是通过为图片添加【波纹】特效来制作水面波纹效果，完成后的效果如图 6-14 所示。

图 6-14　水面波纹效果

学习目标

学习设置图片大小的方法，掌握【波纹】效果的参数设置。

操作步骤

（1）新建一个项目文件，按 Ctrl+N 组合键，在弹出的对话框中将【宽度】、【高度】分别设置为 1024px、768px，将【像素长宽比】设置为【方形像素】，将【持续时间】设置为 0:00:05:00，如图 6-15 所示。

（2）设置完成后，单击【确定】按钮，按 Ctrl+I 组合键，在弹出的对话框中选择 m04.jpg 素材文件，如图 6-16 所示。

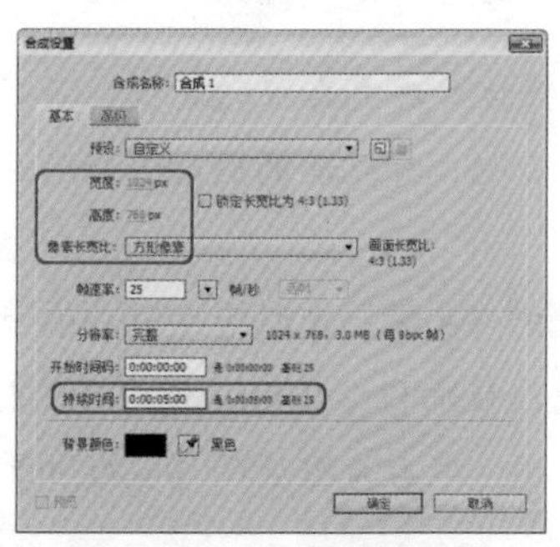
图 6-15　设置合成参数

图 6-16　选择素材文件

（3）单击【导入】按钮，将选中的素材文件导入至【项目】面板中，按住鼠标将该素材文件拖动至时间轴中，并将其【变换】下的【缩放】设置为 115，如图 6-17 所示。

（4）选中该图层，在菜单栏中选择【效果】|【扭曲】|【波纹】命令，在【效果控件】面板中将【波纹】下的【半径】设置为 35，将【波纹中心】设置为 513、375，将【转换类型】设置为【对称】，将【波形宽度】、【波形高度】分别设置为 30、300，如图 6-18 所示。

图 6-17　设置缩放参数

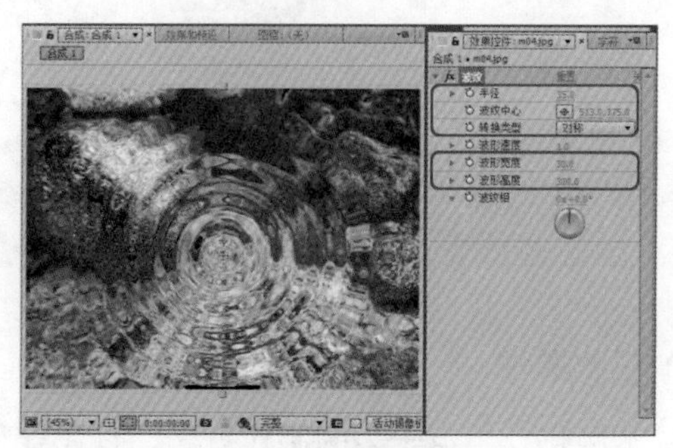
图 6-18　设置波纹参数

知识链接

波纹效果可在指定图层中创建波纹外观，这些波纹朝远离同心圆中心点的方向移动。此效果类似于在池塘中投下石头。您也可以指定波纹朝中心点移动。【波形速度】可以定速为波纹设置动画。此控件不需要使用关键帧实现动画。通过为“波纹相”控件创建关键帧，可以变速为波纹设置动画。

【半径】：控制波纹从中心点开始移动的距离。【半径】值是图像大小的百分比值。如果波纹的中心是图层的中心，并将半径设置为 100，则波纹将移动到图像边缘。值为 0，则不产生波纹。与水中的波纹一样，当图层中的波纹距离中心较远时，它们会变小。要创建单波波纹，请将【半径】设置为 100，将【波形宽度】设置为 90 ~ 100 范围中的值，并根据需要设置【波形高度】。

知识链接

【波纹中心】：指定效果的中心。

【转换类型】：指定创建波纹的方式。【不对称】会产生外观更真实的波纹；不对称波纹包括侧摆，产生的扭曲较多。【对称】会产生仅从中心点开始向外移动的运动；对称波纹产生的扭曲较少。

【波形速度】：设置波纹从中心点开始向外移动的速度。在指定波形速度时，波纹会在整个时间范围内以定速（无关键帧）自动设置动画。负值使波纹向中心移动，值为 0，则不产生运动效果。要使波形速度随时间改变，请将此控件设置为 0，然后为图层的【波纹相】属性创建关键帧。

【波形宽度】：指定波峰之间的距离，以像素为单位。较高的值会产生起伏的长波纹，较低的值会产生许多小波纹。

【波形高度】：指定波纹波形的高度。波形越高，扭曲越多。

【波纹相】指定沿波形开始波形循环的点。默认值为 0°，则在波下坡的中点开始波形循环；值为 90°，则在波谷的最低点开始波形循环；值为 180°，则在上坡的中点开始波形循环，依次类推。

案例精讲 058　电子表

案例文件：光盘 | 场景 | Cha06 | 电子表 .aep

视频文件：光盘 | 视频教学 | Cha06 | 电子表 .avi

制作概述

本例将介绍电子表的制作方法，首先导入一张背景图片，然后添加【时间码】特效，完成电子表的制作，效果如图 6-19 所示。

图 6-19　电子表

学习目标

学习设置合成大小的方法，掌握【时间码】特效的参数设置。

操作步骤

（1）新建一个项目文件，按 Ctrl+N 组合键，在弹出的对话框中将【宽度】、【高度】分别设置为 650px、560px，将【像素长宽比】设置为【方形像素】，将【持续时间】设置为 0:00:05:00，如图 6-20 所示。

（2）设置完成后，单击【确定】按钮，按 Ctrl+I 组合键，在弹出的对话框中选择 m05.jpg 素材文件，单击【导入】按钮，将该素材文件拖动至时间轴中，并将其【变换】下的【缩放】设置为 145，如图 6-21 所示。

图 6-20　设置合成参数

图 6-21　设置缩放参数

（3）设置完成后，继续选中该图层，在菜单栏中选择【效果】|【文本】|【时间码】命令，如图 6-22 所示。

（4）在【效果控件】面板中将【时间码】下的【文本位置】设置为 154、403，将【文字大小】设置为 25，将【文本颜色】设置为黑色，取消选中【显示方框】复选框，如图 6-23 所示。

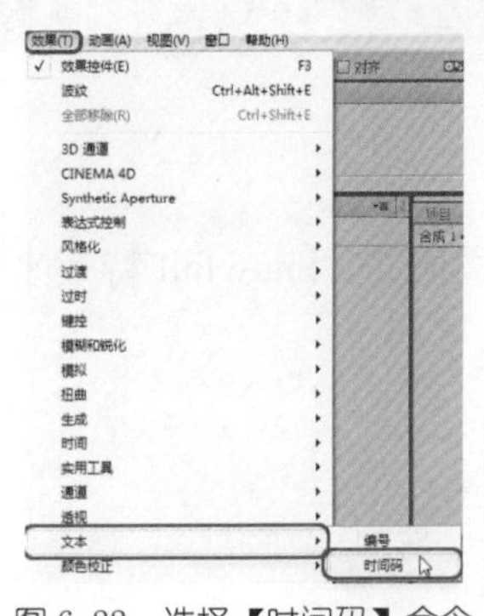

图 6-22　选择【时间码】命令

图 6-23　设置时间码参数

知识链接

【时间码】效果创建文本覆盖，以便在图层上显示时间码或帧编号信息。此效果不修改从外部源（如 QuickTime）嵌入的时间码。

【显示格式】：指定对于 35 毫米或 16 毫米影片，时间码是显示为 SMPTE 格式、帧编号还是英尺和帧。

【时间源】：用于效果的源。

【图层源】：时间码根据来自图层的源素材的时间码显示。

【合成】：时间码根据来自合成的时间码显示。

【自定义】：允许访问【自定义】部分中的设置，即效果之前的行为。这些设置是【时间单位】、【丢帧】和【开始帧】。

【时间单位】：此时间码效果实例使用的以每秒帧数 (fps) 为单位的帧速率。此设置仅影响时间码效果显示的数字；它对合成帧速率或图层的源素材项目的帧速率没有影响。

【丢帧】：选择“丢帧”以生成丢帧时间码，或取消选择它以生成无丢帧时间码。

【开始帧】：分配给图层第一帧的帧编号。

【文本位置】：文本覆盖在合成空间中的位置。

【文字大小】：文本的大小，以磅为单位。

【文本颜色】：文本的颜色。

【显示方框】：指定时间码值后面的颜色框是否显示。

【方框颜色】：时间码值后面的方框的颜色。

【不透明度】：时间码值后面的方框的不透明度。

【在原始图像上合成】：指定方框是在原稿上合成还是在透明图层上合成。

案例精讲 059　下雪

案例文件：光盘 | 场景 | Cha06 | 下雪 .aep

视频文件：光盘 | 视频教学 | Cha06 | 下雪 .avi

制作概述

本例将介绍下雪效果的制作，主要是通过为素材图片添加 CC Snowfall 特效来模拟下雪效果，完成后的效果如图 6-24 所示。

图 6-24　下雪

学习目标

学习添加效果的多种方法，掌握 CC Snowfall 效果的参数设置。

操作步骤

（1）新建一个项目文件，按 Ctrl+N 组合键，在弹出的对话框中将【宽度】、【高度】分别设置为 1024px、768px，将【像素长宽比】设置为【方形像素】，将【持续时间】设置为 0:00:05:00，如图 6-25 所示。

（2）设置完成后，单击【确定】按钮，按 Ctrl+I 组合键，在弹出的对话框中选择 m06.jpg 素材文件，单击【导入】按钮，将该素材文件拖动至时间轴中，并将其【变换】下的【缩放】设置为 107，如图 6-26 所示。

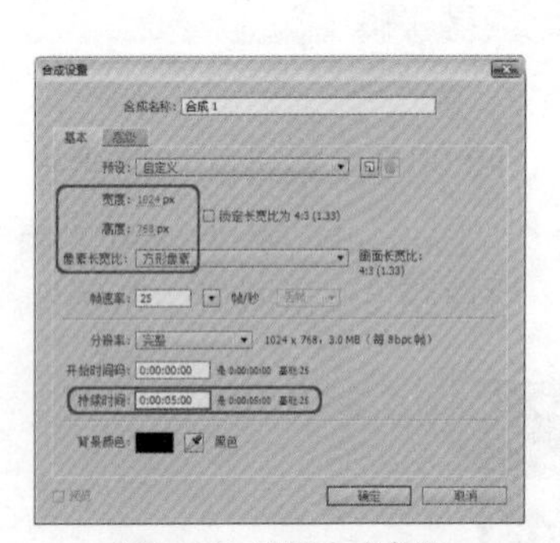

图 6-25　设置合成参数

图 6-26　导入素材文件并设置缩放参数

（3）选中该图层，在菜单栏中选择【效果】|【模拟】| CC Snowfall 命令，如图 6-27 所示。

在【效果和预设】面板中双击【模拟】下的 CC Snowfall 效果，也可以为选择的图层添加该效果，或者直接将效果拖动至图层上。

（4）继续选中该图层，在【效果控件】面板中将 CC Snowfall 下的 Flakes、Size、Variation%（Size）、Scene Depth、Speed、Variation%（Speed）、Spread、Opacity 分别设置为 42300、10、70、6690、50、100、47.9、100，将 Background Illumination 选项组中的 Influence、Spread Width、Spread Height 分别设置为 31、0、50，将 Extras 选项组中的 Offset 设置为 512、374，如图 6-28 所示。

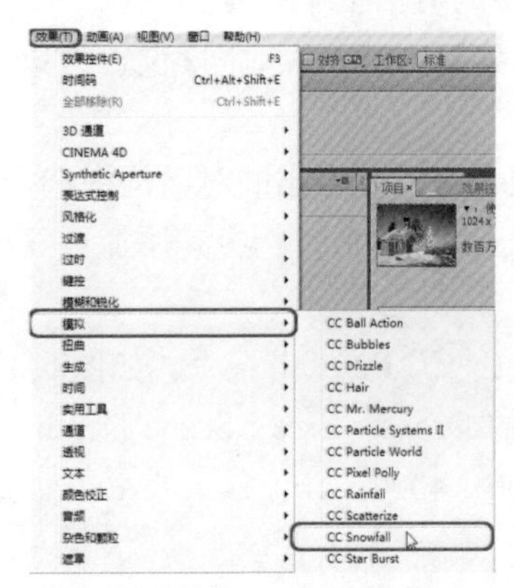

图 6-27　选择 CC Snowfall 命令

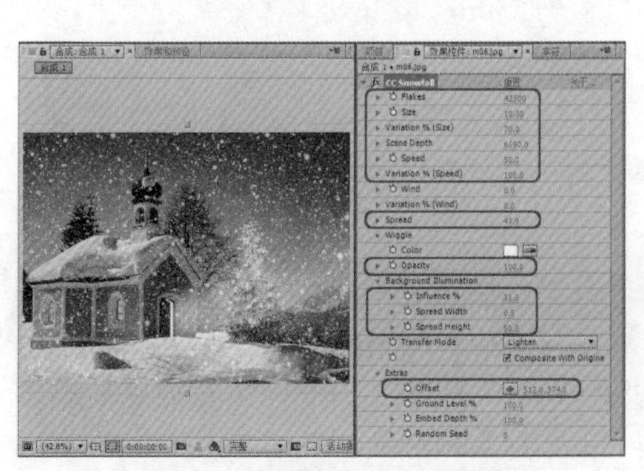

图 6-28　设置 CC Snowfall 参数

知识链接

CC Snowfall 特效用来模拟下雪的效果，下雪的速度相当快，但在该特效中不能调整雪花的形状。

案例精讲 060　下雨

案例文件：光盘 | 场景 | Cha06 | 下雨 .aep
视频文件：光盘 | 视频教学 | Cha06 | 下雨 .avi

制作概述

本例将介绍下雨效果的制作，通过为素材图片添加 CC Rainfall 特效来模拟下雨效果，然后制作图片运动动画，完成后的效果如图 6-29 所示。

图 6-29　下雨

学习目标

学习制作图片运动动画的方法，掌握 CC Rainfall 效果的参数设置。

操作步骤

（1）新建一个项目文件，按 Ctrl+N 组合键，在弹出的对话框中将【宽度】、【高度】分别设置为 750px、683px，将【像素长宽比】设置为【方形像素】，将【持续时间】设置为 0:00:10:00，如图 6-30 所示。

（2）设置完成后，单击【确定】按钮，按 Ctrl+I 组合键，在弹出的对话框中选择 m07.jpg 素材文件，单击【导入】按钮，将其导入至【项目】面板中，按住鼠标将其添加至【合成】面板中，如图 6-31 所示。

（3）选中该图层，在菜单栏中选择【效果】|【模拟】| CC Rainfall 命令，如图 6-32 所示。

（4）在【效果控件】面板中将 CC Rainfall 下的 Drops、Size、Scene Depth、Speed、Variation%（Wind）、Opacity 分别设置为 8500、5、5000、4000、10、24，将 Extras 选项组中的 Offset 设置为 600、457，如图 6-33 所示。

图6-30　设置合成参数

图6-31　将素材文件添加至【合成】面板中

知识链接

CC Rainfall 特效可以模拟下雨的效果，控制非常简单。

Drops：雨的数量。

Size：雨的大小。

Scene Depth：场景的深度。

Speed：下雨的速度。

Wind：风的速度。

Variation%（Wind）：变动风能。

Spread：角度的紊乱。

Drop size：雨点的大小。

Color：雨点的颜色。

Opacity：点的透明度。

Background reflection：背景反射强度。

Transfer Mode：雨的传输模式。

Composite With Original：选中该复选框，则不显示背景。

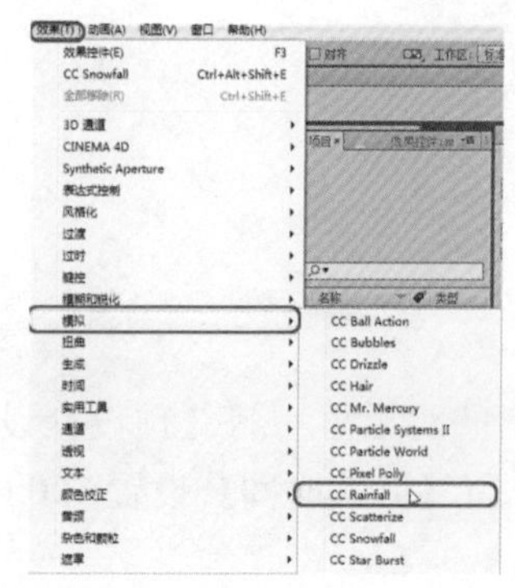

图6-32　选择CC Rainfall命令

图6-33　设置CC Rainfall参数

（5）设置完成后，将当前时间设置为0:00:00:00，在时间轴中将【变换】下的【位置】设置为512、341.5，并单击【位置】左侧的按钮，添加一个关键帧，如图6-34所示。

（6）将当前时间设置为0:00:08:00，在时间轴中将【位置】设置为245、341.5，如图6-35所示。

图 6-34 添加关键帧

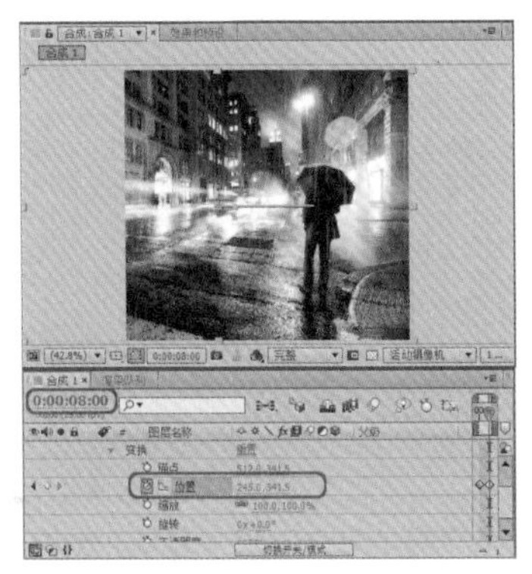

图 6-35 设置位置参数

案例精讲 061 飘动的云彩

案例文件：光盘 | 场景 | Cha06 | 飘动的云彩 .aep

视频文件：光盘 | 视频教学 | Cha06 | 飘动的云彩 .avi

制作概述

本例将介绍飘动的云彩的制作，首选使用【分形杂色】、【色阶】和【色调】特效制作出天空，然后制作摄影机动画，完成后的效果如图6-36所示。

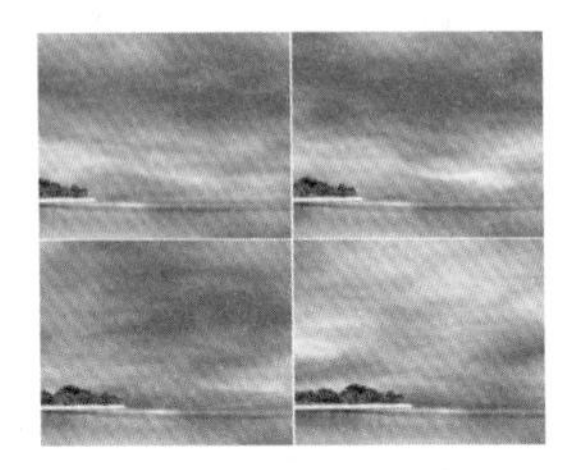

图 6-36 飘动的云彩

学习目标

学习制作摄影机动画的方法，掌握制作云彩的方法。

操作步骤

（1）新建一个项目文件，按Ctrl+N组合键，在弹出的对话框中将【预设】设置为PAL D1/DV，将【像素长宽比】设置为D1/DV PAL（1.09），将【持续时间】设置为0:00:08:00，如图6-37所示。

（2）设置完成后，单击【确定】按钮，在时间轴中右击，在弹出的快捷菜单中选择【新建】|【纯色】命令，如图6-38所示。

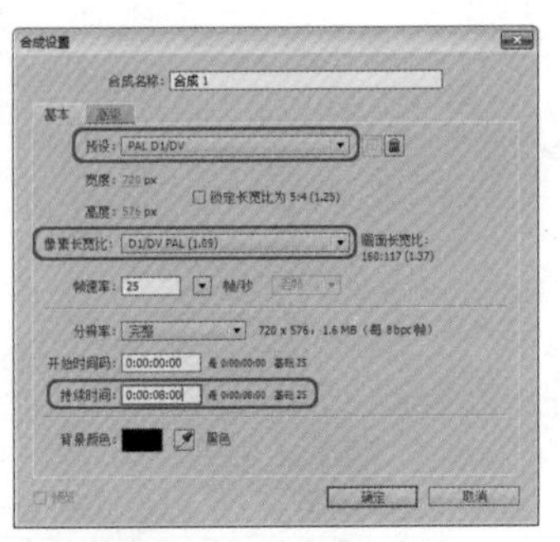

图 6-37　设置合成参数

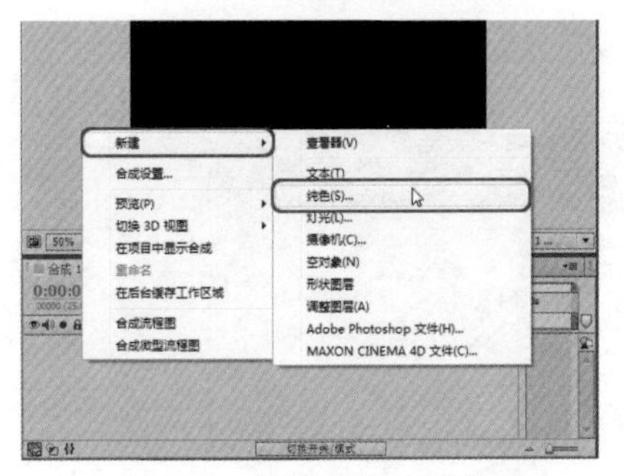

图 6-38　选择【纯色】命令

（3）在弹出的对话框中将【名称】设置为【天空】，将【颜色】设置为白色，如图 6-39 所示。

（4）设置完成后，单击【确定】按钮，选中该图层，在菜单栏中选择【效果】|【杂色和颗粒】|【分形杂色】命令，如图 6-40 所示。

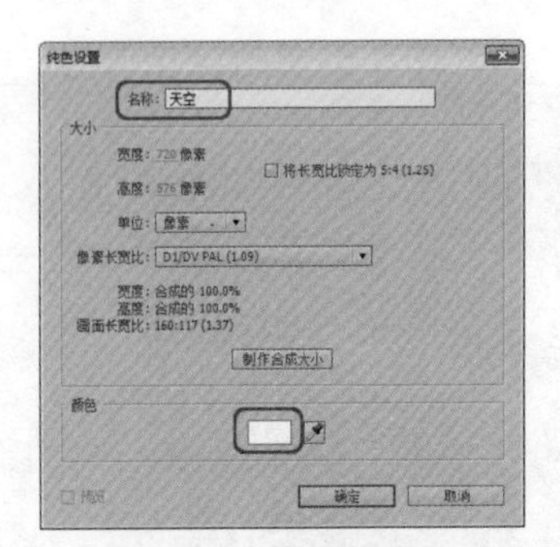

图 6-39　设置纯色参数

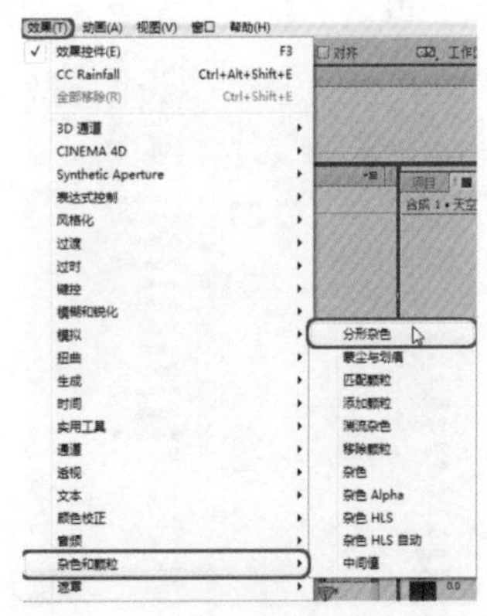

图 6-40　选择【分形杂色】命令

【湍流杂色】效果本质上是【分形杂色】效果的现代高性能实现。【湍流杂色】效果需要的渲染时间较短，且更易于用于创建平滑动画。【湍流杂色】效果还可以更准确地对湍流系统建模，并且较小的杂色要素比较大的杂色要素移动得更快。使用【分形杂色】效果代替湍流杂色效果的主要原因是前者适合创建循环动画，因为【湍流杂色】效果没有【循环】属性。

（5）将当前时间设置为 0:00:00:00，在【效果控件】面板中将【分形杂色】下的【分形类型】设置为【动态扭转】，将【杂色类型】设置为【样条】，将【溢出】设置为【剪切】，将【变换】选项组中的【统一缩放】复选框取消选中，将【缩放宽度】设置为 350，单击【偏移（湍流）】左侧的 按钮，将其参数设置为 91、288，在【子设置】选项组中将【子影响】设置为 60，单击【子旋转】左侧的 按钮，然后单击【演化】左侧的 按钮，如图 6-41 所示。

（6）将当前时间设置为 0:00:07:24，在【效果控件】面板中将【偏移（湍流）】设置为 523、288，将【子旋转】、【演化】分别设置为 10、240，如图 6-42 所示。

（7）继续选中该图层，在菜单栏中选择【效果】|【颜色校正】|【色阶】命令，如图 6-43 所示。

（8）在【效果控件】面板中将【色阶】下的【输入黑色】、【输入白色】分别设置为 77、237，如图 6-44 所示。

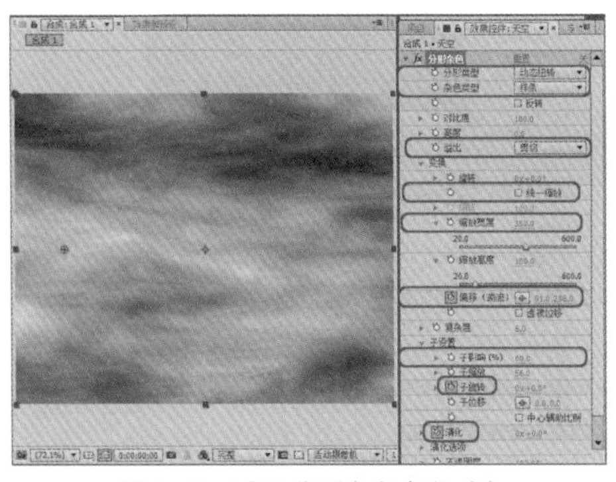
图 6-41 设置分形杂色参数 (1)

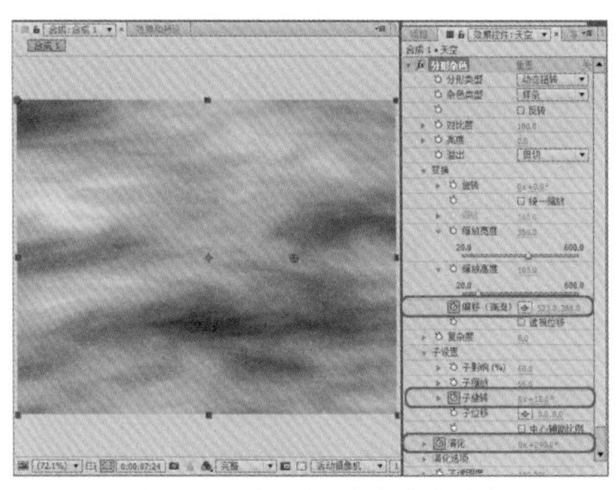
图 6-42 设置分形杂色参数 (2)

色阶效果可将输入颜色或 Alpha 通道色阶的范围重新映射到输出色阶的新范围，并由灰度系数值确定值的分布。

图 6-43 选择【色阶】命令

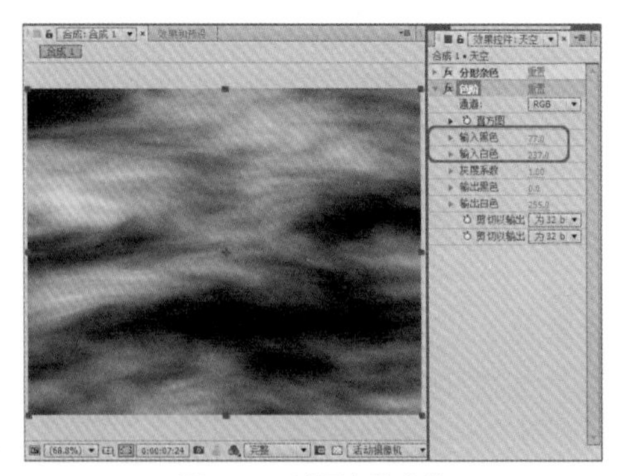
图 6-44 设置色阶参数

(9) 设置完成后，继续选中该图层，在菜单栏中选择【效果】|【颜色校正】|【色调】命令，在【效果控件】面板中将【色调】下的【将黑色映射到】的颜色值设置为 #006FBD，如图 6-45 所示。

(10) 继续选中该图层，在时间轴中打开该图层的三维开关，将【变换】下的【位置】设置为 360、391.8、75.4，将【缩放】都设置为 140，将【方向】设置为 36、0、0，如图 6-46 所示。

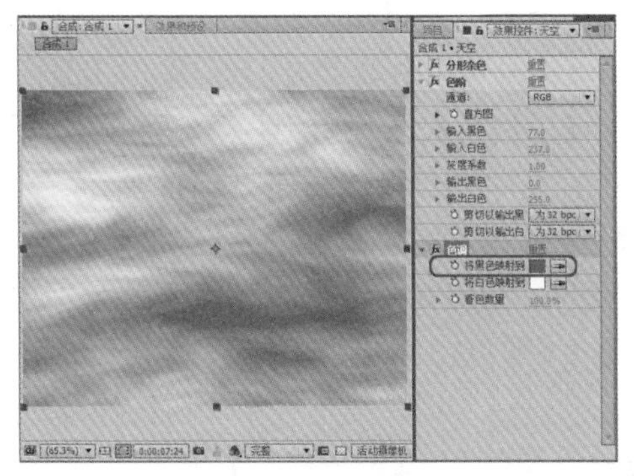
图 6-45 设置色调参数

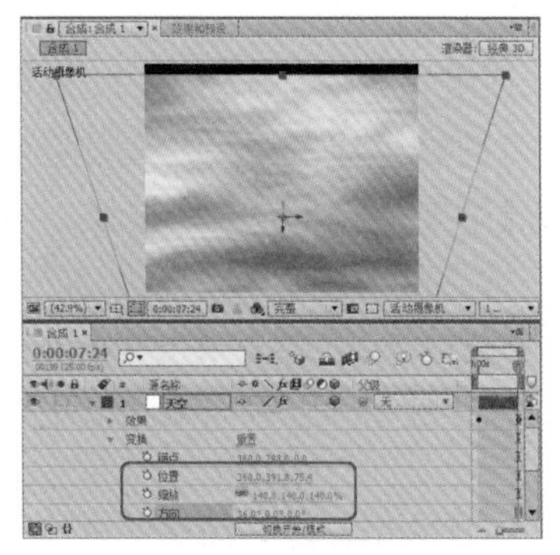
图 6-46 设置变换参数

(11) 按 Ctrl+I 组合键，在弹出的对话框中选择 m08.png 素材文件，单击【导入】按钮，按住鼠标将其拖动至时间轴中，将当前时间设置为 0:00:00:00，将【变换】下的【位置】设置为 276、491，并单击其左侧的 按钮，将【缩放】设置为 20，如图 6-47 所示。

知识链接

关键帧用于设置动作、效果、音频以及许多其他属性的参数，这些参数通常随时间变化。关键帧标记为图层属性（如空间位置、不透明度或音量）指定值的时间点，可以在关键帧之间插补值。使用关键帧创建随时间推移的变化时，通常使用至少两个关键帧：一个对应于变化开始的状态，另一个对应于变化结束的新状态。

(12) 将当前时间设置为 0:00:07:24，将【变换】下的【位置】设置为 448、491，如图 6-48 所示。

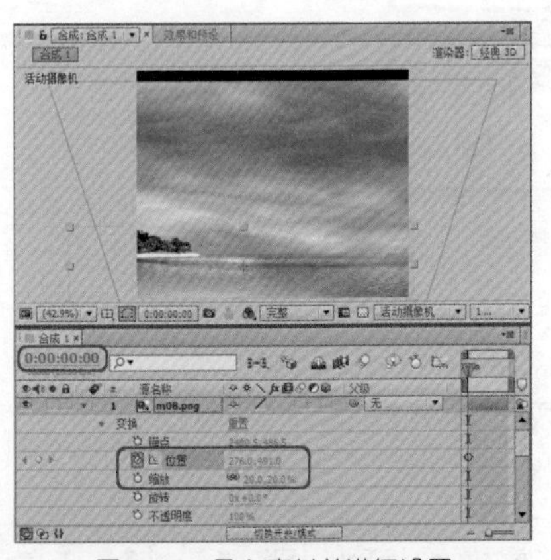

图 6-47 导入素材并进行设置

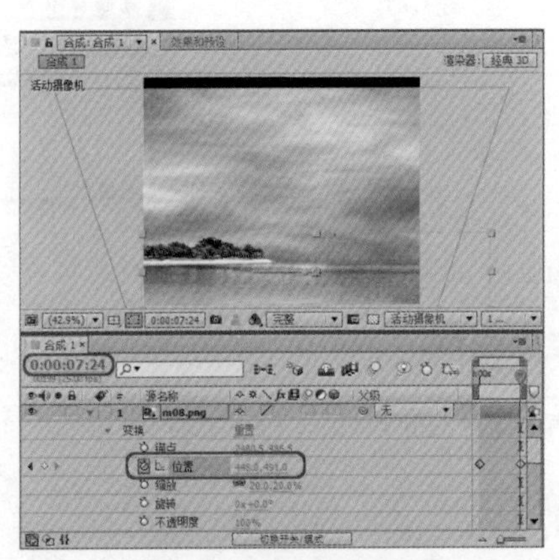

图 6-48 设置位置参数

(13) 在时间轴中右击，在弹出的快捷菜单中选择【新建】|【摄像机】命令，如图 6-49 所示。

(14) 在弹出的对话框中单击【确定】按钮，选中该图层，将【变换】下的【目标点】设置为 360、300、−95.2，将【位置】设置为 360、342.3、−576，将【摄像机选项】下的【缩放】、【焦距】、【光圈】分别设置为 525.1、525.1、12.1，如图 6-50 所示。

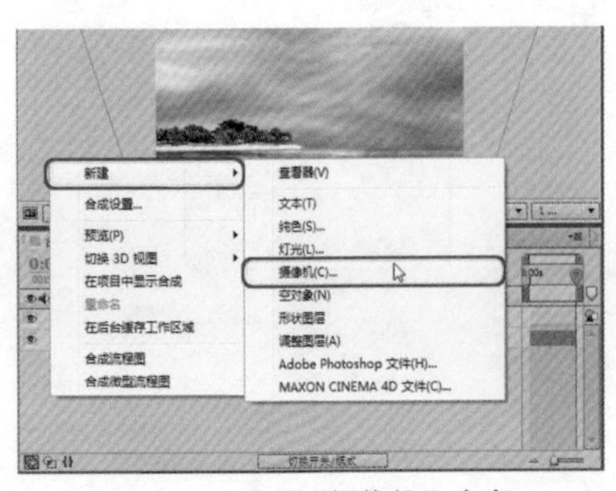

图 6-49 选择【摄像机】命令

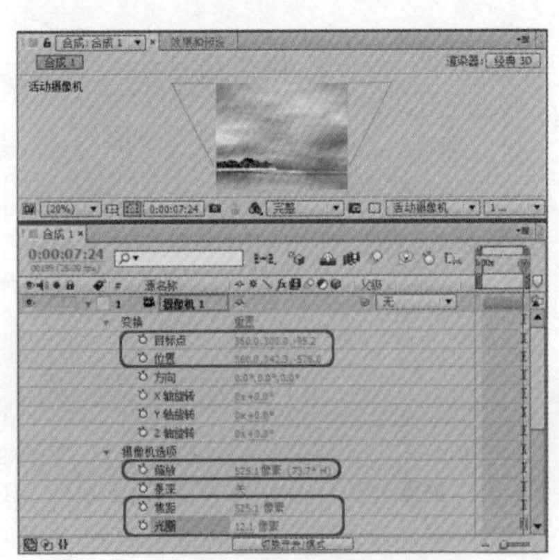

图 6-50 设置摄像机参数

案例精讲 062　翻书效果

案例文件：光盘 | 场景 | Cha06 | 翻书效果 .aep

视频文件：光盘 | 视频教学 | Cha06 | 翻书效果 .avi

制作概述

本例将介绍翻书效果的制作，通过为图片添加 CC Page Turn 特效并设置关键帧参数，完成翻书动画的制作，效果如图 6-51 所示。

图 6-51　翻书效果

学习目标

学习制作翻书动画的方法，掌握 CC Page Turn 特效的参数设置。

操作步骤

（1）新建一个项目文件，按 Ctrl+N 组合键，在弹出的对话框中将【宽度】、【高度】分别设置为 1000px、660px，将【像素长宽比】设置为【方形像素】，将【持续时间】设置为 0:00:05:00，如图 6-52 所示。

（2）设置完成后，单击【确定】按钮，按 Ctrl+I 组合键，在弹出的对话框中选择 m09.jpg ~ m11.png 3 个素材文件，如图 6-53 所示。

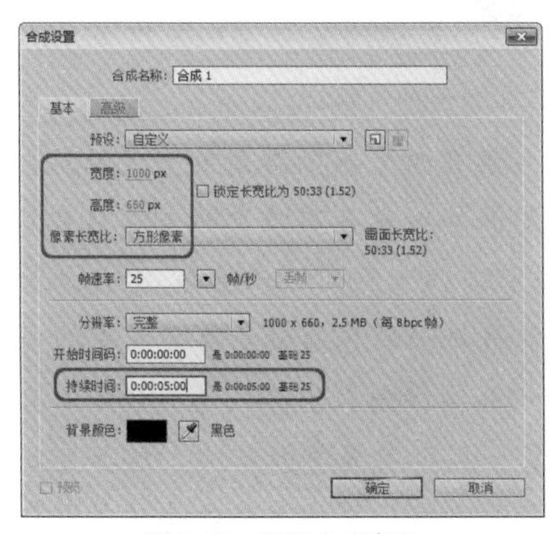

图 6-52　设置合成参数

图 6-53　选择素材文件

(3) 单击【导入】按钮，在【项目】面板中选择 m09.jpg 素材文件，按住鼠标将其拖动至【合成】面板中，如图 6-54 所示。

(4) 再在【项目】面板中选择 m10.jpg 素材文件，按住鼠标将其拖动至【合成】面板中，并将其进行隐藏，如图 6-55 所示。

在此不用调整 m10.jpg 素材文件的位置。

图 6-54　添加素材文件

图 6-55　添加 m10.jpg 素材文件

(5) 使用同样的方法添加 m11.jpg 素材文件，选中该图层，在菜单栏中选择【效果】|【扭曲】| CC Page Turn 命令，如图 6-56 所示。

(6) 将当前时间设置为 0:00:00:00，在【效果控件】面板中将 CC Page Turn 下的 Fold Position 设置为 355.3、465.6，并单击其左侧的 按钮，将 Fold Radius、Back Opacity 分别设置为 50.6、100，将 Back Page 设置为 2.m10.jpg，如图 6-57 所示。

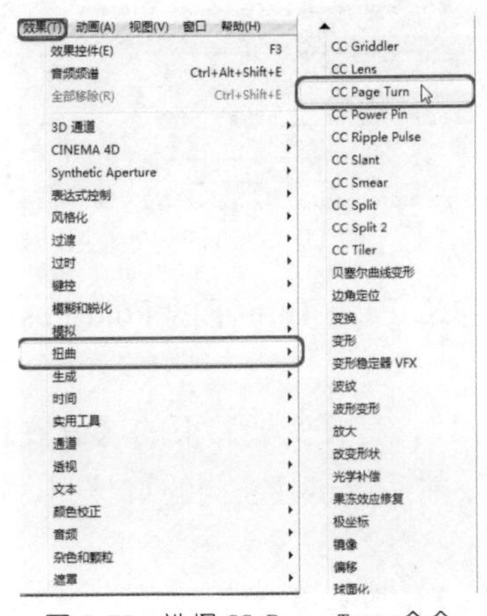

图 6-56　选择 CC Page Turn 命令

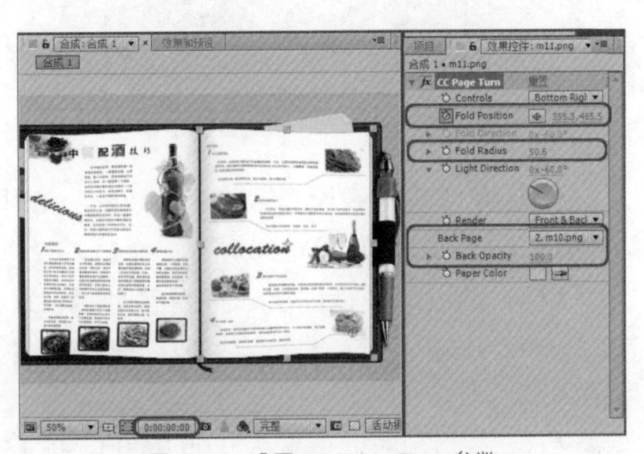

图 6-57　设置 CC Page Turn 参数

知识链接

CC Page turn 效果可以很方便地生成完美的翻页效果。

Controls：控制翻页的类型。

Fold position：翻页的位置。

Fold direction：翻页的方向。

Fold radius：翻页的半径大小。

Light direction：在这个特效中，还可以模拟灯光照射到页面的效果，这个选项控制灯光的方向。

Render：控制被渲染的部分，可以是前页、后页，也可以是前后页面一起进行渲染。

Back page：设置页面被翻过去之后的背面图像。

Back opacity：背面的透明度。

Paper color：当 Back page 选项设置为 None 的时候，背面就会采用一个空白页面进行填充，在这里设置空白页面的颜色。

(7) 将当前时间设置为 0:00:01:12，在时间轴中将 CC Page Turn 下的 Fold Position 设置为 27.1、253.7，如图 6-58 所示。

(8) 将当前时间设置为 0:00:02:15，在时间轴中将 CC Page Turn 下的 Fold Position 设置为 −306.9、445.4，如图 6-59 所示。

图 6-58　设置 Fold Position 参数

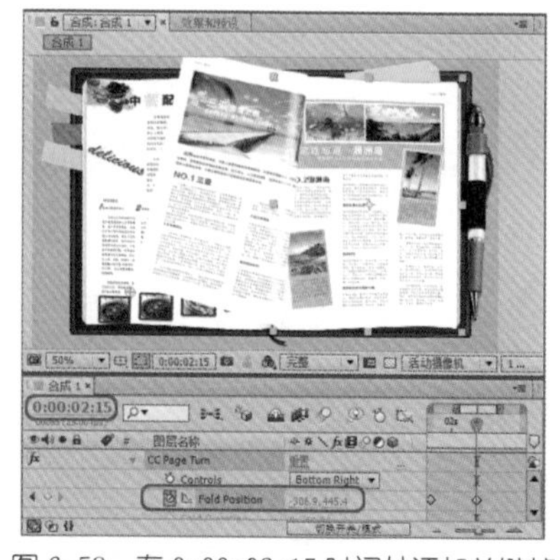

图 6-59　在 0:00:02:15 时间处添加关键帧

(9) 将当前时间设置为 0:00:03:00，在时间轴中将 CC Page Turn 下的 Fold Position 设置为 −418.3、528.2，如图 6-60 所示。

(10) 继续选中该图层，将当前时间设置为 0:00:02:15，将【变换】下的【位置】设置为 711.5、342.4，单击其左侧的⏱按钮，将【缩放】取消锁定，然后单击其左侧的⏱按钮，如图 6-61 所示。

(11) 将当前时间设置为 0:00:03:00，将【变换】下的【位置】设置为 776.9、342.4，将【缩放】设置为 109、100，如图 6-62 所示。

(12) 至此，翻书效果就制作完成了，用户可以通过拖动鼠标来查看效果，如图 6-63 所示。

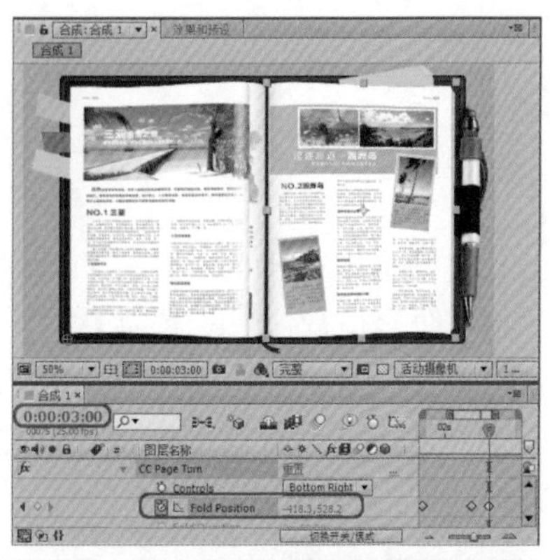

图 6-60　在 0:00:03:00 时间处添加关键帧

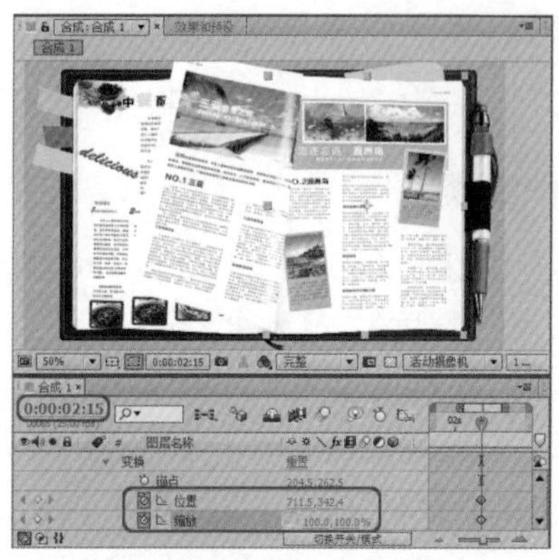

图 6-61　设置位置参数并取消缩放的锁定

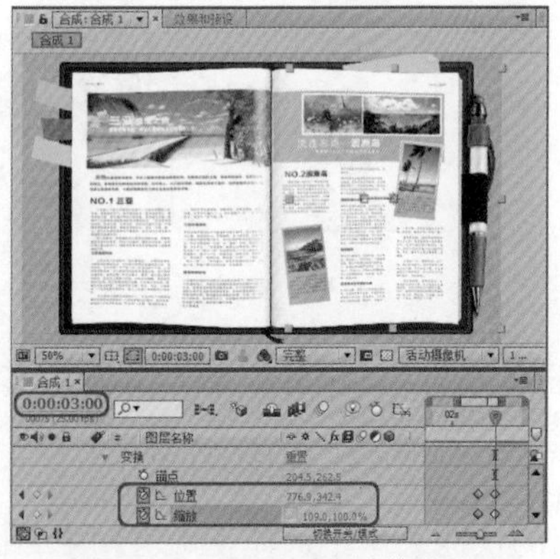

图 6-62　设置位置与缩放参数

图 6-63　翻书效果

案例精讲 063　照片切换效果

案例文件：光盘 | 场景 | Cha06 | 照片切换效果 .aep

视频文件：光盘 | 视频教学 | Cha06 | 照片切换效果 .avi

制作概述

本例将介绍照片切换效果的制作，通过添加【卡片擦除】特效制作照片切换动画，然后为照片添加倒影并创建摄影机，完成后的效果如图 6-64 所示。

图 6-64　照片切换效果

学习目标

学习制作倒影的方法，掌握制作照片切换效果的方法。

操作步骤

(1) 新建一个项目文件，按 Ctrl+N 组合键，在弹出的对话框中将【合成名称】设置为【照片 01】，将【宽度】、【高度】分别设置为 985px、680px，将【像素长宽比】设置为【方形像素】，将【持续时间】设置为 0:00:05:00，如图 6-65 所示。

(2) 设置完成后，单击【确定】按钮，按 Ctrl+I 组合键，在弹出的对话框中选择 m12.jpg ~ m14.png 3 个素材文件，如图 6-66 所示。

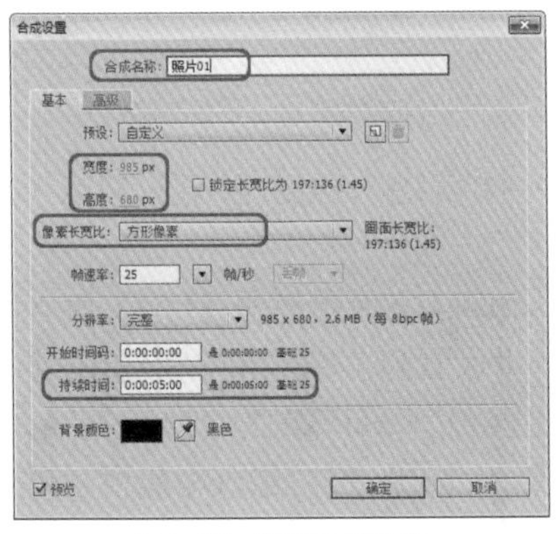

图 6-65　设置合成参数

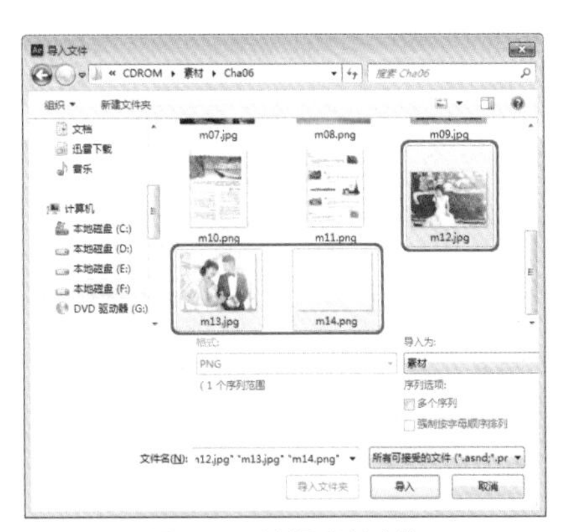

图 6-66　选择素材文件

(3) 单击【导入】按钮，在时间轴中右击，在弹出的快捷菜单中选择【新建】|【形状图层】命令，如图 6-67 所示。

(4) 在工具栏中单击【圆角矩形工具】，在【合成】面板中绘制一个圆角矩形，如图 6-68 所示。

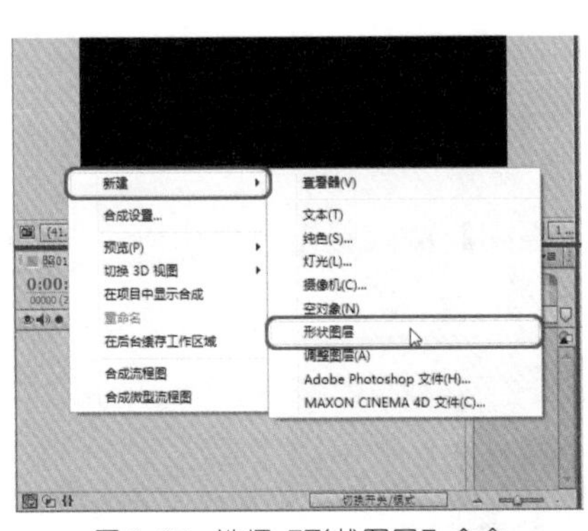

图 6-67　选择【形状图层】命令

图 6-68　绘制圆角矩形 (1)

提示

绘制圆角矩形后，在图层下的【矩形路径 1】组中通过设置【圆度】参数可以更改圆角大小。

（5）选中该图层，在菜单栏中选择【图层】|【图层样式】|【渐变叠加】命令，如图 6-69 所示。

（6）在时间轴中单击【渐变叠加】下的【编辑渐变】，在弹出的对话框中将左侧色标的颜色值设置为 #E5E5E5，将右侧色标的颜色值设置为 #505050，将【颜色中点】设置为 82.2，如图 6-70 所示。

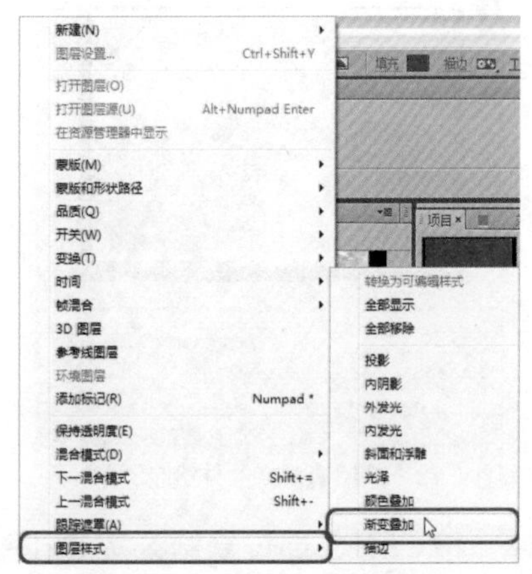

图 6-69　选择【渐变叠加】命令

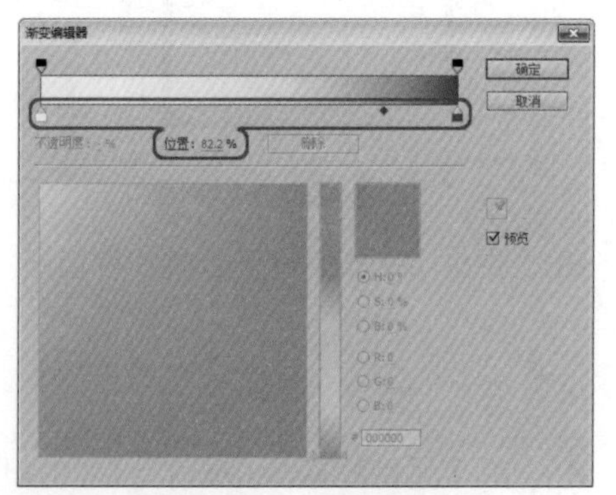

图 6-70　设置颜色值

知识链接

PHOTOSHOP 提供了各种图层样式（例如阴影、发光和斜面）来更改图层的外观。在导入 Photoshop 图层时，After Effects 可以保留这些图层样式。也可以在 After Effects 中应用图层样式并为其属性制作动画。

您可以在 After Effects 中复制并粘贴任何图层样式，包括导入 After Effects 中的 PSD 文件中的图层样式。

除了添加视觉元素的图层样式（例如投影或颜色叠加）之外，每个图层的【图层样式】属性组还包含【混合选项】属性组。可以使用【混合选项】设置来实现对混合操作的强大而灵活的控制。

虽然图层样式在 Photoshop 中称为效果，但它们的行为更像 After Effects 中的混合模式。图层样式在标准渲染顺序中位于变换之后，而效果位于变换之前。另一个区别是每个图层样式直接与合成中的基础图层混合，而效果在它所应用的图层上渲染，然后其结果作为一个整体与基础图层交互。

在导入包括图层的 Photoshop 文件作为合成时，您可以保留可编辑图层样式或将图层样式合并到素材中。在仅导入一个包括图层样式的图层时，可以选择忽略图层样式或将图层样式合并到素材中。您可以随时将合并的图层样式转换为基于 Photoshop 素材项目的每个 After Effects 图层的可编辑图层样式。

After Effects 可以保留导入的 Photoshop 文件中的所有图层样式，但您只能在 After Effects 中添加和修改一些图层样式和控制。

（7）设置完成后，单击【确定】按钮，在时间轴中将【渐变叠加】下的【角度】设置为－90，如图 6-71 所示。

（8）在【项目】面板中选择 m12.jpg 素材文件，按住鼠标将其拖动至时间轴中，在工具栏中单击【圆角矩形工具】，在【合成】面板中绘制一个圆角矩形，如图 6-72 所示。

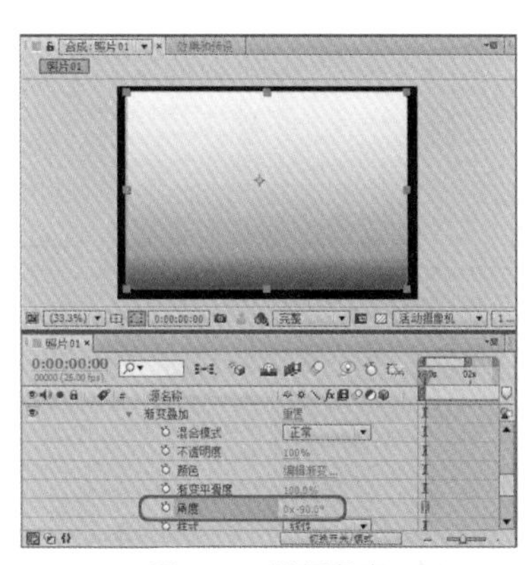

图 6-71　设置角度

图 6-72　添加素材文件并绘制圆角矩形

（9）在【项目】面板中选择【照片 01】合成文件，按 Ctrl+C 进行复制，按 Ctrl+V 组合键进行粘贴，双击该合成，在时间轴中将【照片 02】合成中的 m12.jpg 素材文件删除，如图 6-73 所示。

（10）在【项目】面板中选择 m13.jpg 素材文件，按住鼠标将其拖动至【照片 02】时间轴中，并使用【圆角矩形工具】绘制一个圆角矩形，如图 6-74 所示。

图 6-73　复制合成并删除对象

图 6-74　绘制圆角矩形（2）

（11）按 Ctrl+N 组合键，在弹出的对话框中将【合成名称】设置为【照片切换】，将【预设】设置为 PAL D1/DV，将【像素长宽比】设置为 D1/DV PAL（1.09），将【持续时间】设置为 0:00:05:00，如图 6-75 所示。

（12）设置完成后，单击【确定】按钮，在时间轴中右击，在弹出的快捷菜单中选择【新建】|【纯色】命令，如图 6-76 所示。

（13）在弹出的对话框中将【名称】设置为【背景】，将【颜色】设置为白色，如图 6-77 所示。

（14）设置完成后，单击【确定】按钮，选中该图层，在菜单栏中选择【效果】|【生成】|【梯度渐变】命令，如图 6-78 所示。

图 6-75　设置合成参数

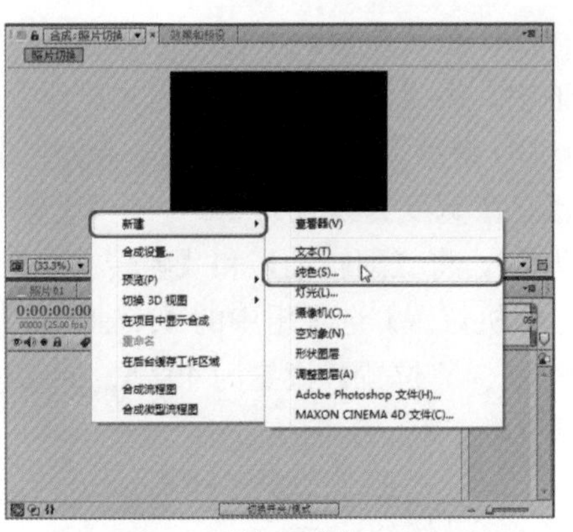

图 6-76　选择【纯色】命令

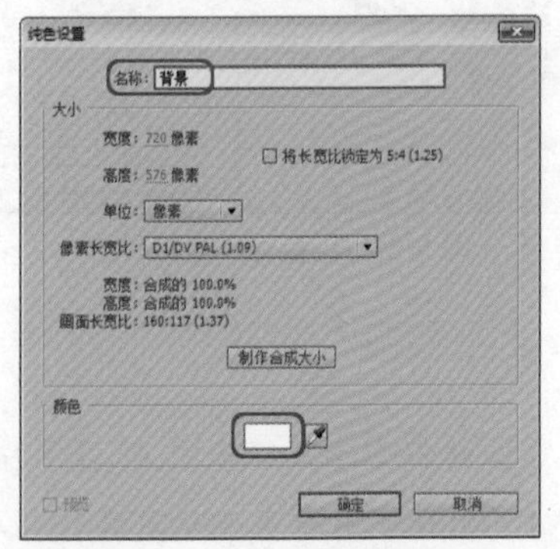

图 6-77　设置纯色参数

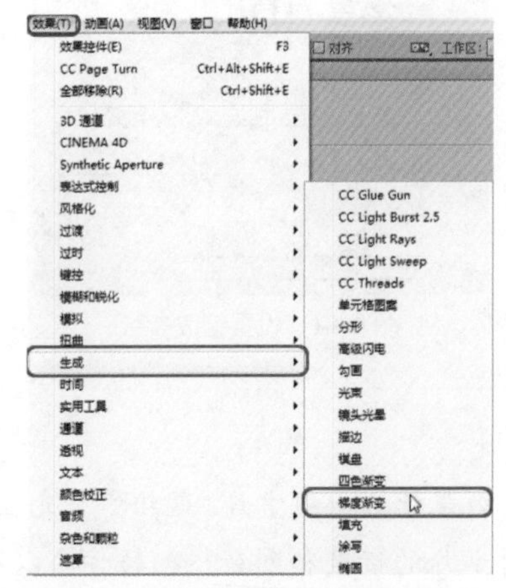

图 6-78　选择【梯度渐变】命令

(15) 在【效果控件】面板中将【梯度渐变】下的【渐变起点】设置为 364.5、290.4，将【起始颜色】的颜色值设置为 #6BFFF3，将【渐变终点】设置为 355.5、871.2，将【结束颜色】的颜色值设置为 #001A9D，将【渐变形状】设置为【径向渐变】，如图 6-79 所示。

(16) 在【项目】面板中选择【照片 02】合成文件，按住鼠标将其拖动至【照片切换】时间轴中，并对该图层进行隐藏，效果如图 6-80 所示。

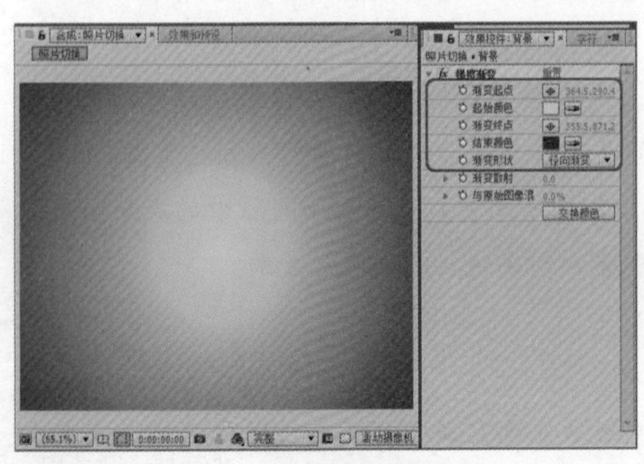

图 6-79　设置梯度渐变参数

图 6-80　添加合成文件并将其隐藏

(17) 在【项目】面板中选择【照片 01】合成文件，按住鼠标将其拖动至【照片切换】时间轴中，将【变换】下的【缩放】设置为 75，如图 6-81 所示。

(18) 继续选中该图层，在菜单栏中选择【效果】|【过渡】|【卡片擦除】命令，将【卡片擦除】下的【过渡宽度】设置为 100，将【背景图层】设置为【照片 02】，将【行数】、【列数】都设置为 20，将【翻转轴】和【翻转方向】都设置为【随机】，将【渐变图层】设置为【无】，将【摄像机位置】选项组中的【X 轴旋转】、【Y 轴旋转】、【Z 轴旋转】分别设置为 −4、−29、0，将【X、Y 位置】设置为 492.5、340，将【焦距】设置为 50，如图 6-82 所示。

图 6-81　设置缩放参数

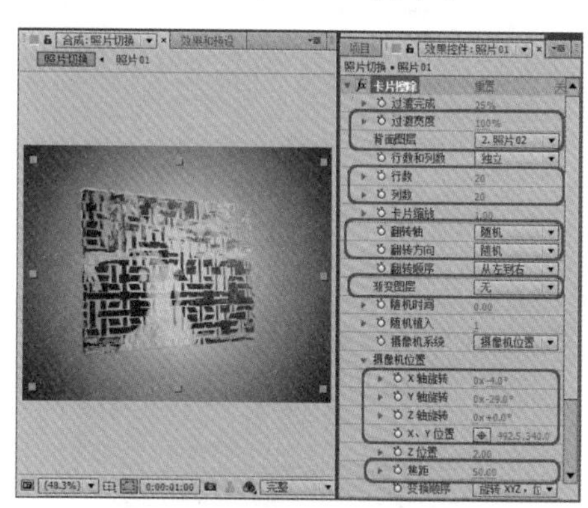

图 6-82　设置卡片擦除参数

知识链接

此效果模拟一组卡片，这组卡片先显示一张图片，然后翻转以显示另一张图片。【卡片擦除】提供对卡片的行数和列数、翻转方向以及过渡方向的控制（包括使用渐变来确定翻转顺序的功能）。您还可以控制随机性和抖动以使效果看起来更逼真。通过改变行和列，您还可以创建百叶窗和灯笼效果。

【过渡宽度】：主动从原始图像更改到新图像的区域宽度。

【背面图层】：在卡片背面分段显示的图层。您可以使用合成中的任何图层；甚至可以关闭其【视频】开关，如果图层有效果或蒙版，则先预合成此图层。

【行数和列数】：指定行数和列数的相互关系。【独立】可同时激活【行数】和【列数】滑块。【列数受行数控制】只激活【行数】滑块。如果选择此选项，则列数始终与行数相同。

【行数】：行的数量，最多 1000 行。

【列数】：列的数量，最多 1000 列，除非选择【列数受行数控制】。行和列始终均匀地分布在图层中，因此形状不规则的矩形拼贴不能沿图层边缘显示，除非您使用 Alpha 通道。

【卡片缩放】：卡片的大小。小于 1 的值会按比例缩小卡片，从而显示间隙中的底层图层。大于 1 的值会按比例放大卡片，从而在卡片相互重叠时创建块状的马赛克效果。

【翻转轴】：每个卡片绕其翻转的轴。

【翻转方向】：卡片绕其轴翻转的方向。

【翻转顺序】：过渡发生的方向。您还可以使用渐变来定义自定义翻转顺序：卡片首先翻转渐变为黑色的位置，最后翻转渐变为白色的位置。

【渐变图层】：要用于【翻转顺序】的渐变图层。您可以使用合成中的任何图层。

【随机时间】：使过渡的时间随机化。如果此控件设置为 0，则卡片将按顺序翻转。值越高，卡片翻转顺序的随机性就越大。

【摄像机系统】：使用效果的【摄像机位置】属性、效果的【边角定位】属性，还是默认的合成摄像机和光照位置来渲染卡片的 3D 图像。

【X 轴旋转、Y 轴旋转、Z 轴旋转】：围绕相应的轴旋转摄像机。使用这些控件可从上面、侧面、背面或其他任何角度查看卡片。

【X、Y 位置】：摄像机在 X、Y 空间中的位置。

【Z 位置】：摄像机在 Z 轴上的位置。较小的数值使摄像机更接近卡片，较大的数值使摄像机远离卡片。

【焦距】：从摄像机到图像的距离。焦距越小视角越大。

【变换顺序】：摄像机围绕其三个轴旋转的顺序，以及摄像机是在使用其他【摄像机位置】控件定位之前还是之后旋转。

【边角定位】：边角定位是备用的摄像机控制系统。此控件可用作辅助控件，以便将效果的结果合成到相对于帧倾斜的平面上的场景中。

【左上角、右上角、左下角、右下角】：附加图层每个角的位置。

【自动焦距】：控制动画期间效果的透视。如果取消选择【自动焦距】，程序将使用您指定的焦距查找摄像机位置和方向，以便在边角固定点放置图层的角（如果可能）。如果不能完成此操作，则此图层将替换为在固定点之间绘制的轮廓。如果选择【自动焦距】，将在可能的情况下使用匹配边角点所需的焦距。否则，程序将插入附近帧中正确的值。

【焦距】：如果您已获得的结果不是所需结果，则覆盖其他设置。如果为【焦距】设置的值不等于固定点实际在该配置中时焦距本该使用的值，则图像可能看起来异常（例如，被奇怪地修剪）。但是，如果您知道您试图匹配的焦距，则此控件是获得正确结果的最简单方法。

【抖动】选项组：添加抖动（【位置抖动】和【旋转抖动】）可使该过渡更加逼真。抖动可在过渡发生之前、发生过程中和发生之后对卡片生效。如果您想让抖动仅在过渡期间发生，请从抖动量 0 开始，在过渡期间使其增加到所需的量，然后在过渡完成时使其返回到 0。

【位置抖动】：指定 X、Y 和 Z 轴的抖动量和速度。【X 抖动量】、【Y 抖动量】和【Z 抖动量】指定额外运动的量。【X 抖动速度】、【Y 抖动速度】和【Z 抖动速度】值指定每个【抖动量】选项的抖动速度。

【旋转抖动】：指定围绕 X、Y 和 Z 轴的旋转抖动的量和速度。【X 旋转抖动量】、【Y 旋转抖动量】和【Z 旋转抖动量】指定沿某个轴旋转抖动的量。值 90° 使卡片可在任意方向旋转最多 90°。【X 旋转抖动速度】、【Y 旋转抖动速度】和【Z 旋转抖动速度】值指定旋转抖动的速度。

(19) 将当前时间设置为 0:00:01:00，在【位置抖动】选项组中单击【X 抖动量】、【Y 抖动量】、【Z 抖动量】左侧的⏱按钮，在【旋转抖动】选项组中单击【X 旋转抖动量】、【Y 旋转抖动

量】、【Z 旋转抖动量】左侧的按钮，如图 6-83 所示。

(20) 将当前时间设置为 0:00:01:18，将【位置抖动】选项组中的【X 抖动量】、【Y 抖动量】、【Z 抖动量】分别设置为 5、5、25，将【旋转抖动】选项组中的【X 旋转抖动量】、【Y 旋转抖动量】、【Z 旋转抖动量】都设置为 360，如图 6-84 所示。

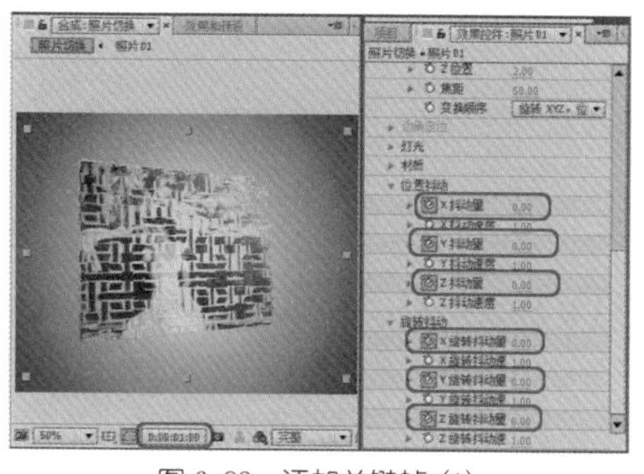
图 6-83　添加关键帧 (1)

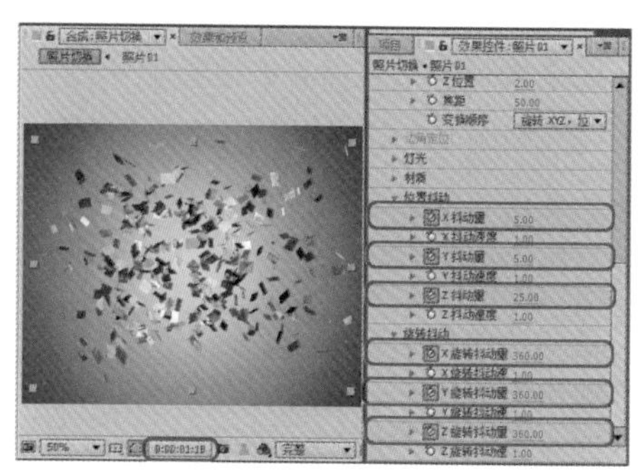
图 6-84　设置位置抖动和旋转抖动参数 (1)

(21) 将当前时间设置为 0:00:02:06，在时间轴中为【位置抖动】选项组中的【X 抖动量】、【Y 抖动量】、【Z 抖动量】和【旋转抖动】选项组中的【X 旋转抖动量】、【Y 旋转抖动量】、【Z 旋转抖动量】都添加一个关键帧，如图 6-85 所示。

(22) 将当前时间设置为 0:00:03:00，将【位置抖动】选项组中的【X 抖动量】、【Y 抖动量】、【Z 抖动量】和【旋转抖动】选项组中的【X 旋转抖动量】、【Y 旋转抖动量】、【Z 旋转抖动量】都设置为 0，如图 6-86 所示。

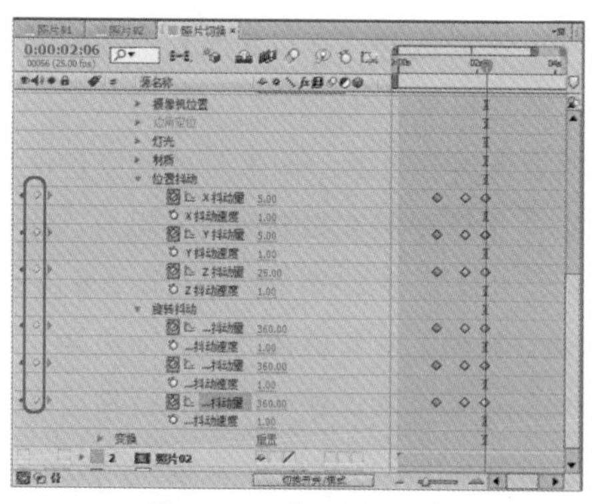
图 6-85　添加关键帧 (2)

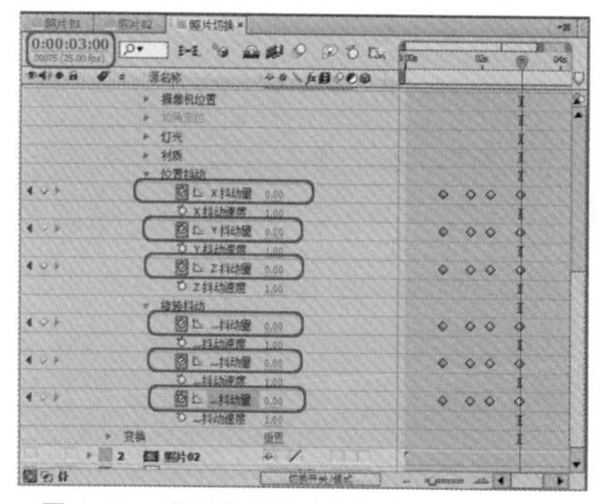
图 6-86　设置位置抖动和旋转抖动参数 (2)

(23) 将当前时间设置为 0:00:01:03，在时间轴中将【卡片擦除】下的【过渡完成】设置为 0，并单击其左侧的按钮，如图 6-87 所示。

(24) 将当前时间设置为 0:00:02:03，将【卡片擦除】下的【过渡完成】设置为 100，如图 6-88 所示。

(25) 继续选中该图层，按 Ctrl+D 组合键，对其进行复制，将其命名为【照片倒影】，将【摄像机位置】选项组中的【X 轴旋转】、【Y 轴旋转】、【Z 轴旋转】分别设置为 −4、0、−5，将【X、Y 位置】设置为 507.5、326，将【Z 位置】设置为 2.24，如图 6-89 所示。

(26) 继续选中该图层，打开该图层的三维模式，将【变换】下的【位置】设置为 360、608、0，将【方向】设置为 180、0、0，如图 6-90 所示。

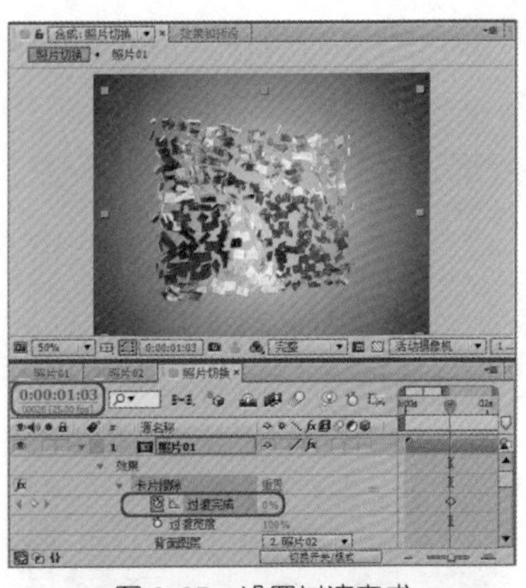

图 6-87　设置过渡完成

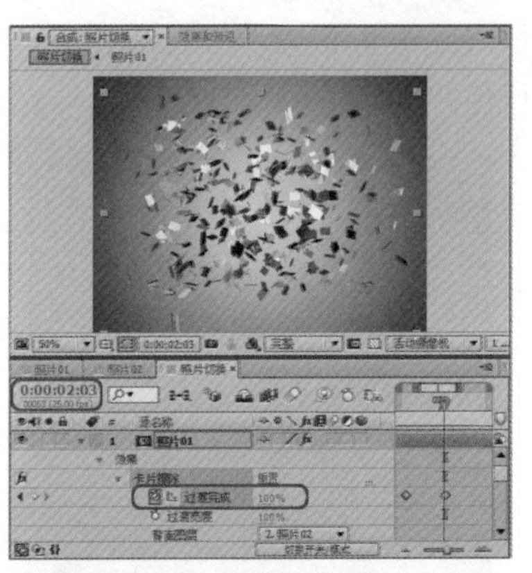

图 6-88　将过渡完成设置为 100

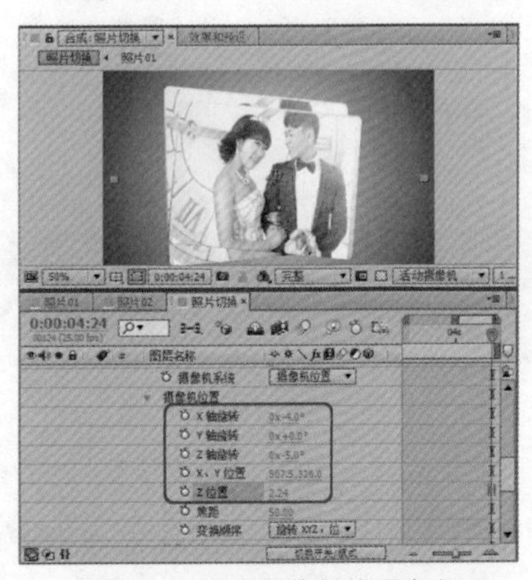

图 6-89　设置摄像机位置参数

图 6-90　设置位置和方向参数

(27) 选中该图层，在菜单栏中选择【效果】|【过渡】|【线性擦除】命令，在时间轴中将【线性擦除】下的【过渡完成】、【擦除角度】、【羽化】分别设置为 74、184、103，如图 6-91 所示。

(28) 继续选中该图层，在菜单栏中选择【效果】|【模糊和锐化】|【快速模糊】命令，如图 6-92 所示。

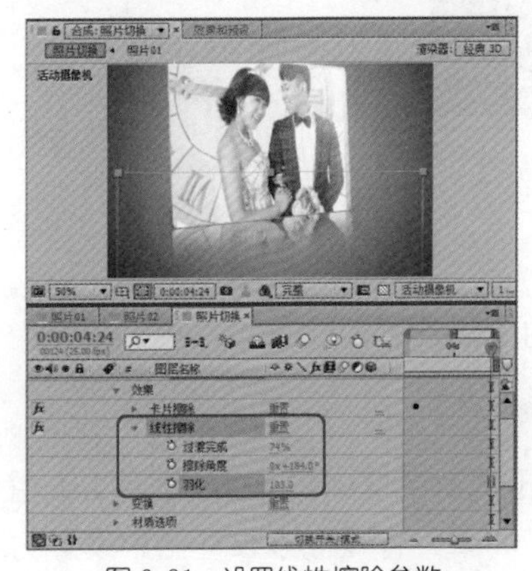

图 6-91　设置线性擦除参数

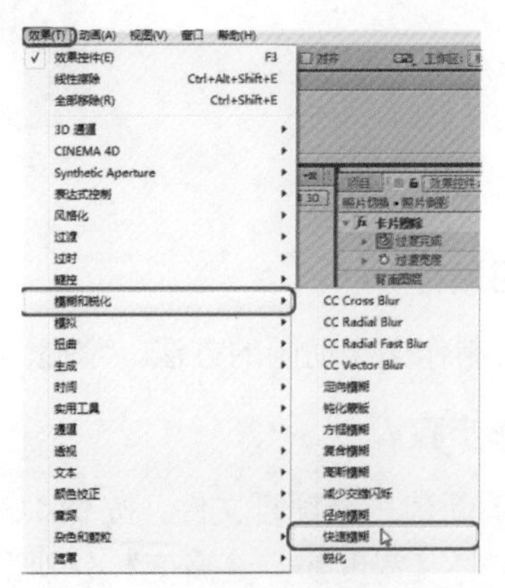

图 6-92　选择【快速模糊】命令

(29) 在时间轴中将【快速模糊】下的【模糊度】设置为 3，如图 6-93 所示。

(30) 在【项目】面板中选择 m14.png 素材文件，按住鼠标将其拖动至时间轴中，将【变

换】下的【缩放】设置为72，如图6-94所示，至此照片切换效果就制作完成了，对完成后的场景进行保存即可。

图6-93　设置模糊度参数

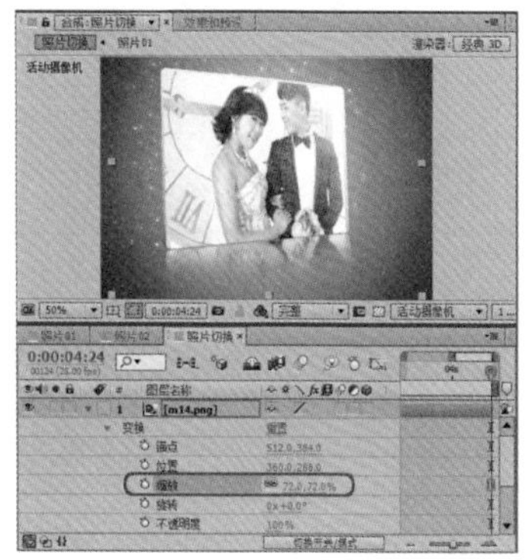
图6-94　添加素材文件并设置缩放参数

案例精讲 064　水墨画

案例文件：光盘 | 场景 | Cha06 | 水墨画 .aep
视频文件：光盘 | 视频教学 | Cha06 | 水墨画 .avi

制作概述

本例将介绍水墨画效果的制作，首先将素材图片调整为水墨画风格，然后添加视频文件，最后制作文字动画，完成后的效果如图6-95所示。

图6-95　水墨画

学习目标

学习制作文字动画的方法，掌握调整水墨画风格的方法。

操作步骤

(1) 新建一个项目文件，按Ctrl+N组合键，在弹出的对话框中将【合成名称】设置为【水墨画】，将【宽度】、【高度】分别设置为1024px、768px，将【像素长宽比】设置为【方形像素】，将【持续时间】设置为0:00:17:00，如图6-96所示。

(2) 设置完成后，单击【确定】按钮，按Ctrl+I组合键，在弹出的对话框中选择m15.JPG～m17.wmv 3个素材文件，如图6-97所示。

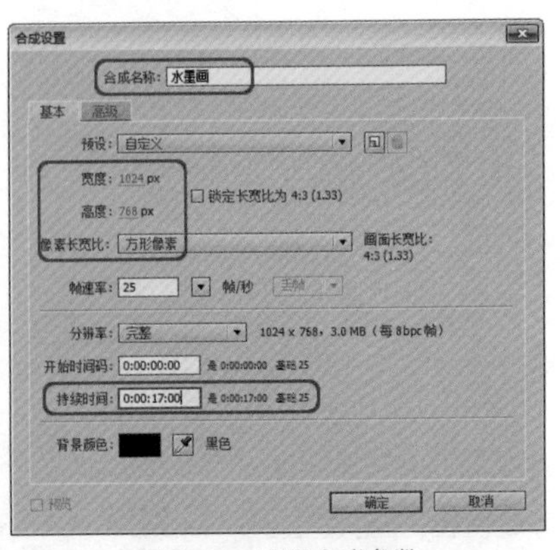

图 6-96　设置合成参数

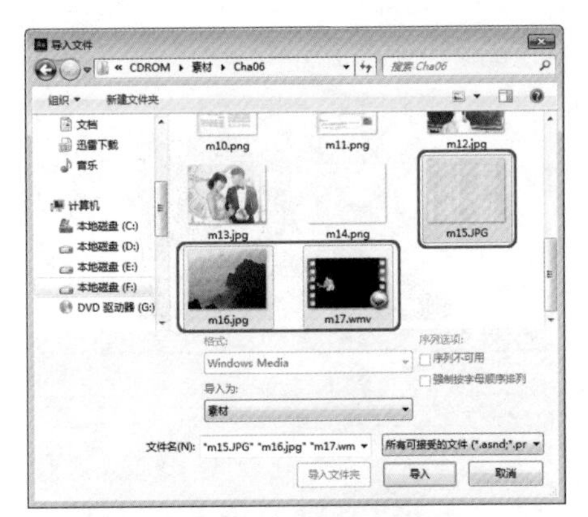

图 6-97　选择素材文件

（3）单击【导入】按钮，在【项目】面板中选择 m15.JPG 素材文件，按住鼠标将其拖动至时间轴中，将【变换】下的【缩放】设置为 143，将【不透明度】设置为 52，如图 6-98 所示。

（4）在【项目】面板中选择 m16.jpg 素材文件，按住鼠标将其拖动至【合成】面板中，将当前时间设置为 0:00:00:00，在时间轴中将【变换】下的【缩放】设置为 220，并单击其左侧的按钮，将图层的混合模式设置为【相乘】，如图 6-99 所示。

知识链接

【相乘】：对于每个颜色通道，将源颜色通道值与基础颜色通道值相乘，再除以 8-bpc、16-bpc 或 32-bpc 像素的最大值，具体取决于项目的颜色深度。结果颜色绝不会比原始颜色明亮。如果任一输入颜色是黑色，则结果颜色是黑色。如果任一输入颜色是白色，则结果颜色是其他输入颜色。此混合模式模拟在纸上用多个记号笔绘图或将多个彩色透明滤光板置于光照前面。在与除黑色或白色之外的颜色混合时，具有此混合模式的每个图层或画笔将生成深色。

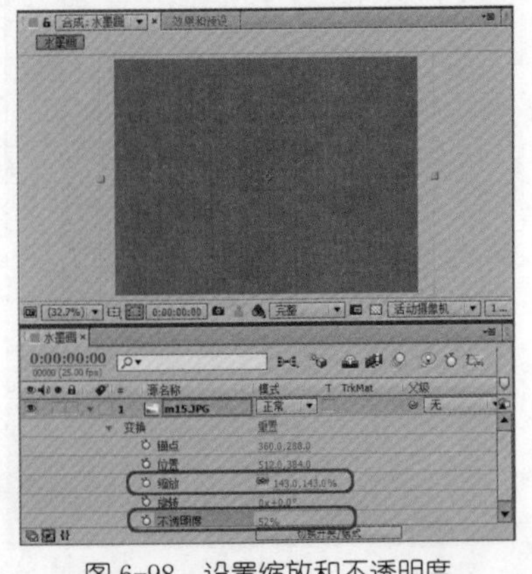

图 6-98　设置缩放和不透明度

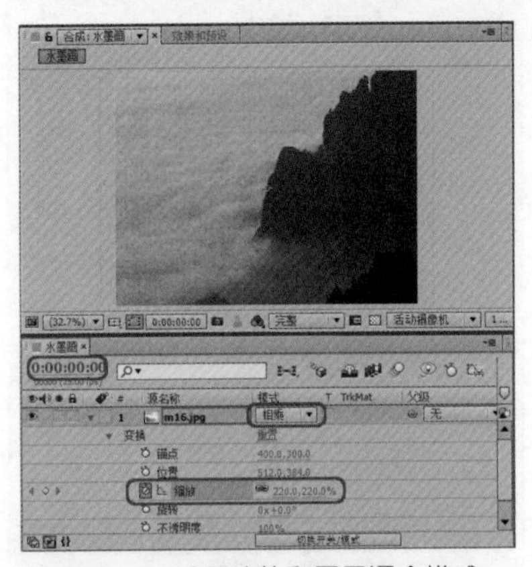

图 6-99　设置缩放和图层混合模式

（5）将当前时间设置为 0:00:11:00，在时间轴中将【变换】下的【缩放】设置为 128，如图 6-100 所示。

（6）选中该图层，在菜单栏中选择【效果】|【颜色校正】|【亮度和对比度】命令，如图 6-101 所示。

图 6-100　设置缩放参数

图 6-101　选择【亮度和对比度】命令

(7) 在时间轴中将【亮度和对比度】下的【亮度】、【对比度】分别设置为 13、12，如图 6-102 所示。

(8) 继续选中该图层，在菜单栏中选择【效果】|【颜色校正】|【黑色和白色】命令，为其添加该效果，并使用默认参数即可，效果如图 6-103 所示。

知识链接

【黑色和白色】效果可将彩色图像转换为灰度，以便控制如何转换单独的颜色。减小或增大各颜色分量的属性值，以将该颜色通道转换为更暗或更亮的灰色阴影。要使用颜色为图像着色，请选中【淡色】复选框，然后设置【色调颜色】。【黑色和白色】效果基于 Photoshop 中的黑白调整图层类型。

图 6-102　设置亮度和对比度

图 6-103　添加【黑色和白色】效果

(9) 在菜单栏中选择【效果】|【模糊和锐化】|【高斯模糊】命令，在时间轴中将【高斯模糊】下的【模糊度】设置为 1，如图 6-104 所示。

(10) 在菜单栏中选择【效果】|【杂色和颗粒】|【中间值】命令，在时间轴中将【中间值】下的【半径】设置为 2，如图 6-105 所示。

知识链接

中间值效果可将每个像素替换为具有指定半径相邻像素的中间颜色值的像素。【半径】值较低时，此效果可用于减低某些类型的杂色的深度。【半径】值较高时，此效果可为图像提供艺术外观。

图 6-104　设置模糊度

图 6-105　设置中间值半径

(11) 在【项目】面板中选择 m17.wmv 素材文件，按住鼠标将其拖动至时间轴中，在时间轴中将该图层的混合模式设置为【相减】，将【变换】下的【位置】设置为 198.7、701.5，将【缩放】设置为 219，将【旋转】设置为 90，如图 6-106 所示。

知识链接

【相减】：从基础颜色中减去源颜色。如果源颜色是黑色，则结果颜色是基础颜色。

(12) 继续选中该图层，右击，在弹出的快捷菜单中选择【时间】|【时间伸缩】命令，在弹出的对话框中将【新持续时间】设置为 0:00:02:00，如图 6-107 所示。

图 6-106　设置变换参数

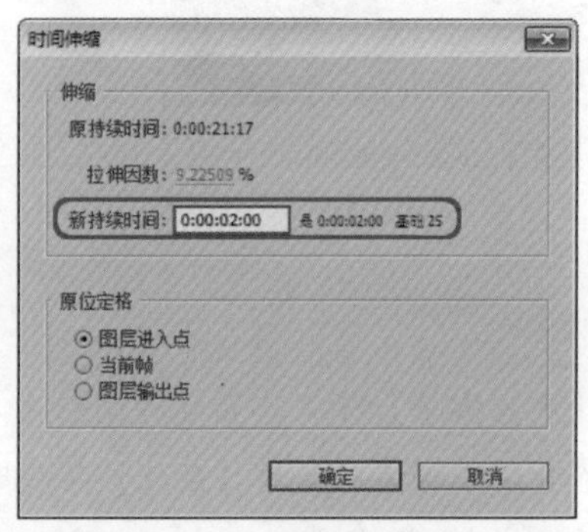

图 6-107　设置新持续时间

(13) 设置完成后，单击【确定】按钮，将当前时间设置为0:00:01:15，在时间轴中单击【变换】下的【不透明度】左侧的⏱按钮，如图 6-108 所示。

(14) 将当前时间设置为 0:00:02:00，在时间轴中将【变换】下的【不透明度】设置为 0，如图 6-109 所示。

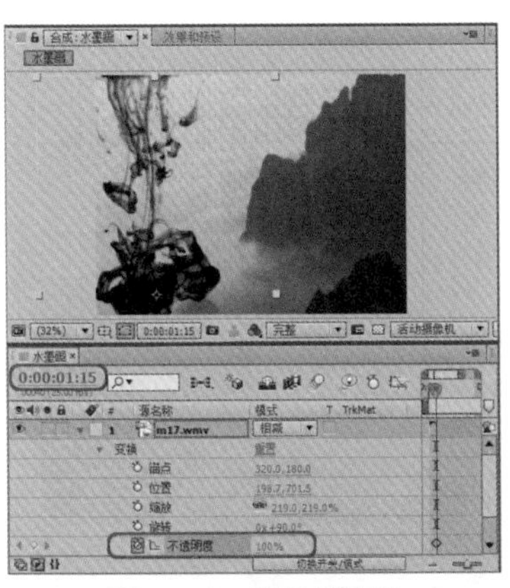
图 6-108　添加关键帧

图 6-109　设置不透明度

(15) 在工具栏中单击【直排文字工具】，在【合成】面板中单击，输入文字，选中输入的文字，在【字符】面板中将【字体】设置为【方正黄草简体】，将【字体大小】设置为 53，将【字符间距】设置为 −25，将【水平缩放】设置为 110，将【字体颜色】设置为黑色，如图 6-110 所示。

(16) 选中该图层，在菜单栏中选择【效果】|【过渡】|【线性擦除】命令，将当前时间设置为 0:00:01:00，在时间轴中将【线性擦除】下的【过渡完成】设置为 100，并单击其左侧的⏱按钮，将【擦除角度】、【羽化】分别设置为 0、75，如图 6-111 所示。

图 6-110　输入文字并进行设置

图 6-111　添加【线性擦除】效果

知识链接

【线性擦除】效果按指定方向对图层执行简单的线性擦除。使用【草图】品质时，擦除的边缘不会消除锯齿；使用【最佳】品质时，擦除的边缘会消除锯齿且羽化是平滑的。

【擦除角度】：擦除进行的方向。如果是 90°，将从左到右进行擦除。

(17) 将当前时间设置为0:00:05:00，在时间轴中将【线性擦除】下的【过渡完成】设置为0，如图6-112所示。

(18) 在工具栏中单击【直排文字工具】，在【合成】面板中单击，输入文字，调整其位置，并为其添加【线性擦除】效果，将当前时间设置为0:00:03:00，在时间轴中将【线性擦除】下的【过渡完成】设置为100，并单击其左侧的⏱按钮，将【擦除角度】、【羽化】分别设置为0、75，如图6-113所示。

图6-112　设置过渡完成

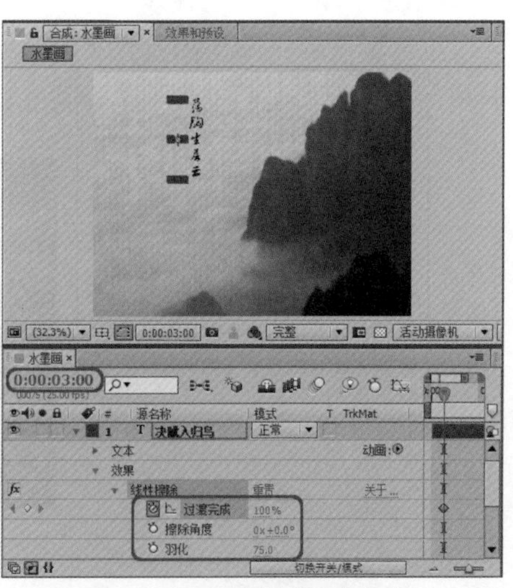

图6-113　设置线性擦除参数 (1)

(19) 将当前时间设置为0:00:07:00，在时间轴中将【线性擦除】下的【过渡完成】设置为0，如图6-114所示。

(20) 设置完成后，使用同样的方法创建其他文字及动画效果，如图6-115所示。

图6-114　设置线性擦除参数 (2)

图6-115　输入其他文字后的效果

案例精讲 065　魔法球效果

案例文件：光盘 | 场景 | Cha06 | 魔法球效果 .aep
视频文件：光盘 | 视频教学 | Cha06 | 魔法球效果 .avi

制作概述

本例将介绍魔法球效果的制作，首先通过添加【圆形】、【高级闪电】和 CC Lens（透镜）特效制作出魔法球，然后导入背景图片并制作魔法球缩放动画，完成后的效果如图 6-116 所示。

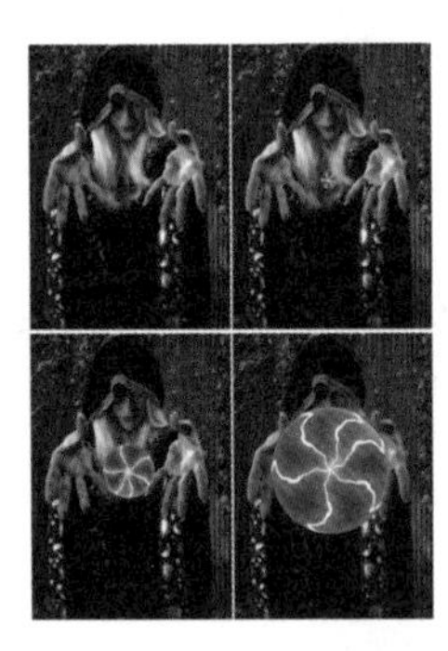

图 6-116　魔法球效果

学习目标

学习制作缩放动画的方法，掌握制作魔法球的方法。

操作步骤

（1）新建一个项目文件，按 Ctrl+N 组合键，在弹出的对话框中将【合成名称】设置为【魔法球】，将【预设】设置为 PAL D1/DV，将【像素长宽比】设置为 D1/DV PAL（1.09），将【持续时间】设置为 0:00:10:00，如图 6-117 所示。

（2）设置完成后，单击【确定】按钮，在时间轴中右击，在弹出的快捷菜单中选择【新建】|【纯色】命令，如图 6-118 所示。

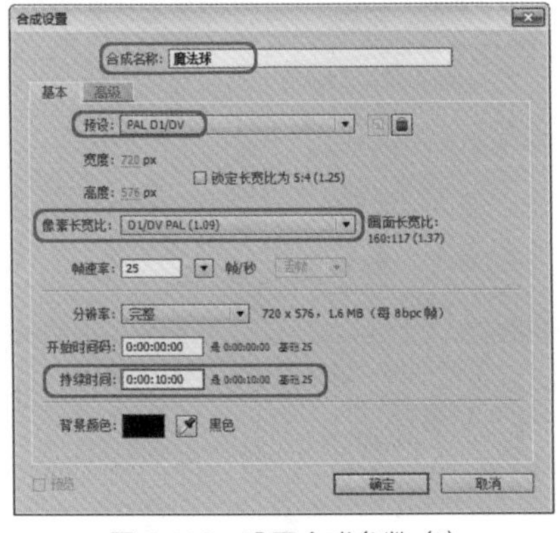

图 6-117　设置合成参数（1）

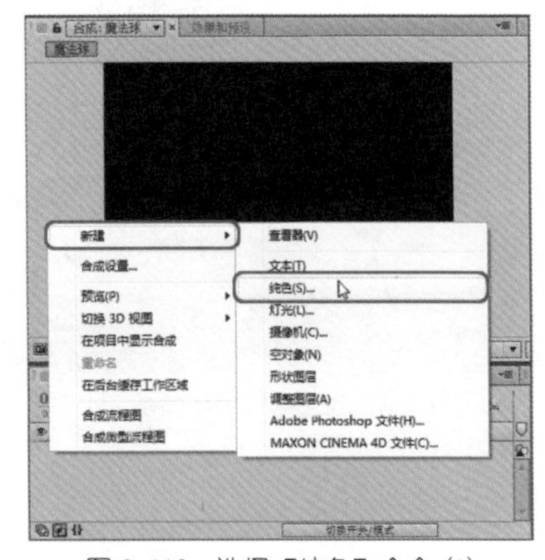

图 6-118　选择【纯色】命令（1）

(3) 在弹出的对话框中将【名称】设置为【紫色】，将【颜色】的颜色值设置为#9F00E9，如图 6-119 所示。

(4) 设置完成后，单击【确定】按钮，选中该图层，在菜单栏中选择【效果】|【生成】|【圆形】命令，将【圆形】下的【半径】设置为 85，将【羽化外侧边缘】设置为 375，将【混合模式】设置为【模板 Alpha】，如图 6-120 所示。

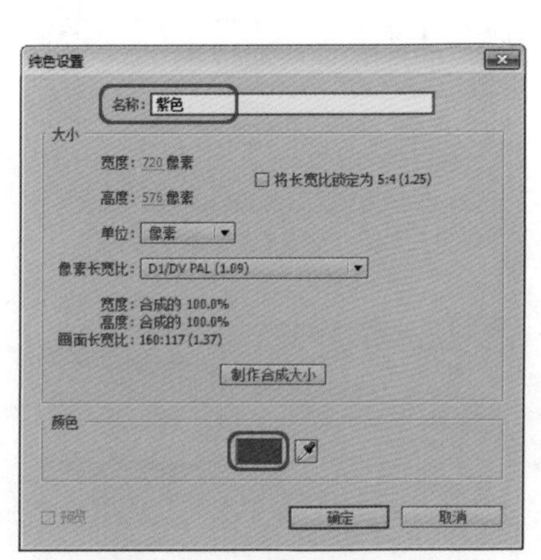
图 6-119 设置纯色参数 (1)

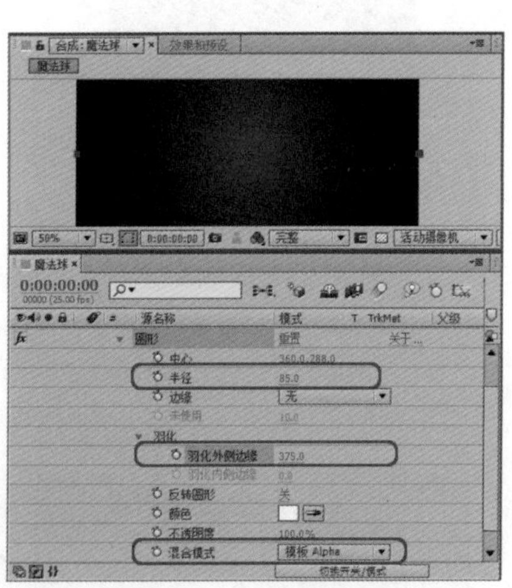
图 6-120 设置圆形参数

知识链接

【圆形】效果可创建可自定义的实心磁盘或环形。

【边缘】：【无】用于创建实心磁盘。其他选项都可创建环形。每个选项均对应一组不同的属性，这些属性可确定环形的形状和边缘处理。

【边缘半径】：【边缘半径】属性和【半径】属性之间的差异是环形的厚度。

【厚度】：【厚度】属性用于设置环形的厚度。

【厚度 * 半径】：【厚度】属性和【半径】属性的乘积用于确定环形的厚度。

【厚度和羽化 * 半径】：【厚度】属性和【半径】属性的乘积用于确定环形的厚度。【羽化】属性和【半径】属性的乘积用于确定环形的羽化。

【羽化】：羽化的厚度。

【反转圆形】：反转遮罩。

【混合模式】：用于合并形状和原始图层的混合模式。这些混合模式的行为与【时间轴】面板中的混合模式一样，但【无】除外，此设置仅显示形状，而不显示原始图层。

(5) 在工具栏中单击【椭圆工具】，在【合成】面板中绘制一个椭圆形，如图 6-121 所示。

(6) 再在时间轴中右击，在弹出的快捷菜单中选择【新建】|【纯色】命令，如图 6-122 所示。

(7) 在弹出的对话框中将【名称】设置为【球】，将【颜色】设置为黑色，如图 6-123 所示，然后将该图层的混合模式设置为【屏幕】。

(8) 设置完成后，单击【确定】按钮，选中该图层，在菜单栏中选择【效果】|【生成】|【高级闪电】命令，如图 6-124 所示。

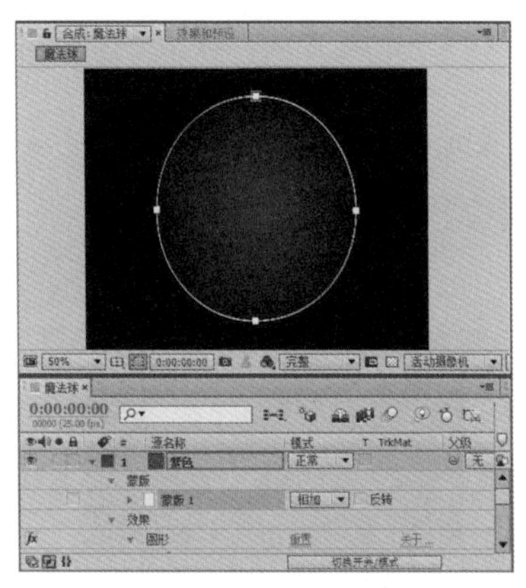

图 6-121　绘制椭圆形

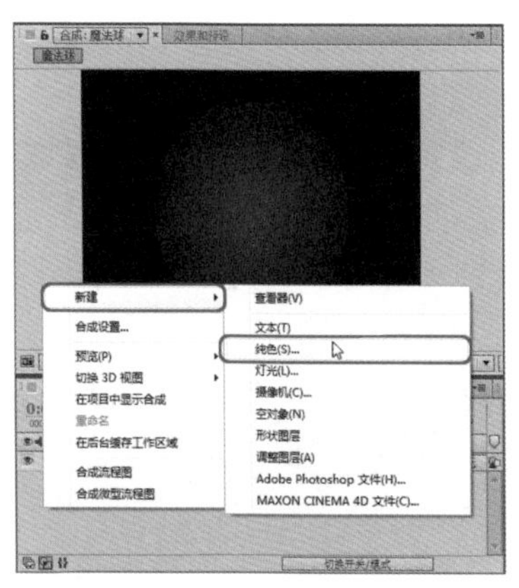

图 6-122　选择【纯色】命令 (2)

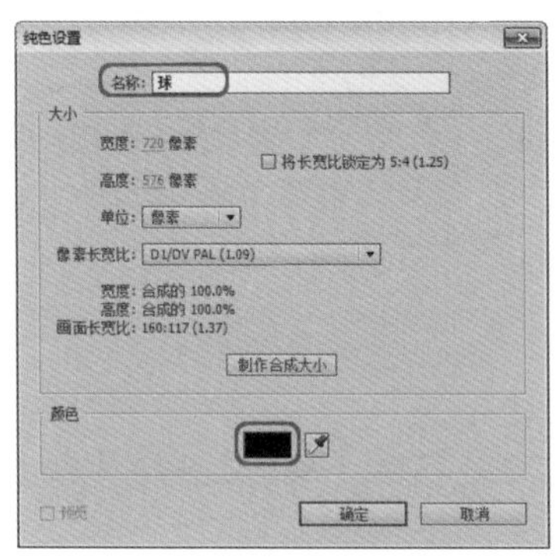

图 6-123　设置纯色参数 (2)

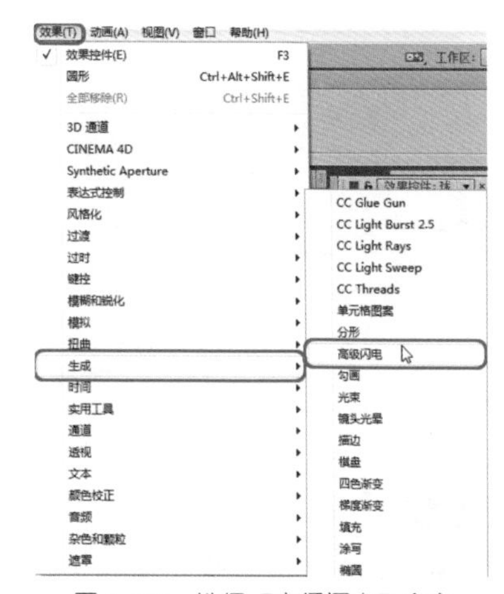

图 6-124　选择【高级闪电】命令

知识链接

【高级闪电】效果可模拟放电。与闪电效果不同，高级闪电效果不能自行设置动画。为【传导率状态】或其他属性设置动画可为闪电设置动画。

高级闪电效果包括【Alpha 障碍】功能，使用此功能可使闪电围绕指定对象。

【闪电类型】：指定闪电的特性。该类型可确定【方向 / 外半径】上下文控制的性质。在【阻断】类型中，分支随着【原点】和【方向】之间的距离增加朝方向点集中。

【源点】：为闪电指定源点。

【方向】：指定闪电移动的方向。如果选择以下任何闪电类型，则此控件已启用：【方向】、【击打】、【阻断】、【回弹】和【双向击打】。

【传导率状态】：更改闪电的路径。

【核心设置】：这些控件用于调整闪电核心的各种特性。

【发光设置】：这些控件用于调整闪电的发光。要禁用发光，请将【发光不透明度】设置为 0。此设置可显著加快渲染速度。

【Alpha 障碍】：指定原始图层的 Alpha 通道对闪电路径的影响。在【Alpha 障碍】大于零时，闪电会尝试围绕图层的不透明区域，将这些区域视为障碍。在【Alpha 障碍】小于零时，闪电会尝试停留在不透明区域内，避免进入透明区域。闪电可以穿过不透明和透明区域之间的边界，但【Alpha 障碍】值距零较远时，则很少会产生这种穿过效果。如果将【通道障碍】设置为非零值，则无法在低于完整分辨率的环境中预览正确的结果，完整分辨率可能会显示新的障碍。请务必在最后渲染之前以完整分辨率检查结果。

【湍流】：指定闪电路径中的湍流数量。值越高，击打越复杂，其中包含的分支和分叉越多；值越低，击打越简单，其中包含的分支越少。

【分叉】：指定分支分叉的百分比。【湍流】和【Alpha 障碍】设置会影响分叉。

【衰减】：指定闪电强度连续衰减或消散的数量，会影响分叉不透明度开始淡化的位置。

【主核心衰减】：衰减主要核心以及分叉。

【在原始图像上合成】：使用【添加】混合模式合成闪电和原始图层。取消选择此选项时，仅闪电可见。

【复杂度】：指定闪电湍流的复杂度。

【最小分叉距离】：指定新分叉之间的最小像素距离。值越低，闪电中的分叉越多。值越高，分叉越少。

【终止阈值】：根据空气阻力和可能的 Alpha 碰撞，指定路径终止的程度。如果值较低，在遇到阻力或 Alpha 障碍时，路径更易于终止。如果值较高，路径会更持久地绕 Alpha 障碍移动。增加【湍流】或【复杂度】值，会导致某些区域阻力增加。这些区域会随传导率改变而改变。在 Alpha 边缘，增加【Alpha 障碍】值会使阻力增加。

【仅主核心碰撞】：计算仅在主要核心的碰撞。分叉不受影响。仅当选择【Alpha 障碍】时，此控件才有意义。

【分形类型】：指定用于创建闪电的分形湍流的类型。

【核心消耗】：指定创建新分叉时消耗核心强度的百分比。增加此值会减少出现新分叉的核心的不透明度。因为分叉会从主要核心汲取强度，所以减少此值也会减少分叉的不透明度。

【分叉强度】：指定新分叉的不透明度。以【核心消耗】值的百分比形式量度此数量。

【分叉变化】：指定分叉不透明度的变化量，并确定分叉不透明度偏离【分叉强度】设置量的数量。

(9) 将当前时间设置为 0:00:00:00，将【高级闪电】下的【闪电类型】设置为【全方位】，将【源点】设置为 360、288，将【外径】设置为 601、294.3，单击【传导率状态】左侧的按钮，将【发光设置】选项组中的【发光颜色】的颜色值设置为 #5C53EE，将【在原始图像上】设置为开，如图 6-125 所示。

(10) 设置完成后，将当前时间设置为 0:00:09:24，将【传导率状态】设置为 60，如图 6-126 所示。

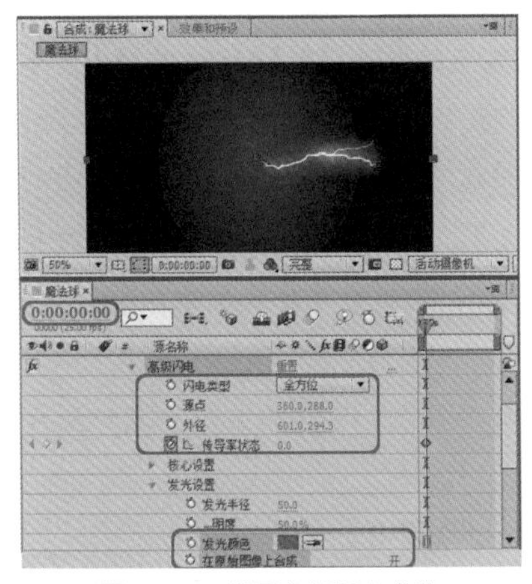
图 6-125　设置高级闪电参数

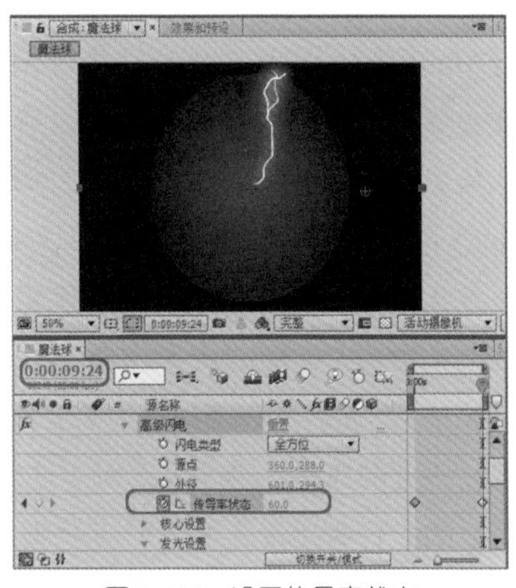
图 6-126　设置传导率状态

（11）继续选中该图层，在菜单栏中选择【效果】|【扭曲】| CC Lens（透镜）命令，如图 6-127 所示。

（12）将 CC Lens 下的 Size（大小）、Convergence（变形强度）分别设置为 47、89，如图 6-128 所示。

知识链接

使用 CC Lens（透镜）特效可以创建高质量的透镜特效。

Center：透镜中心点位置。

Size：透镜大小。

Convergence：透镜的变形强度，正值向外负值向内。

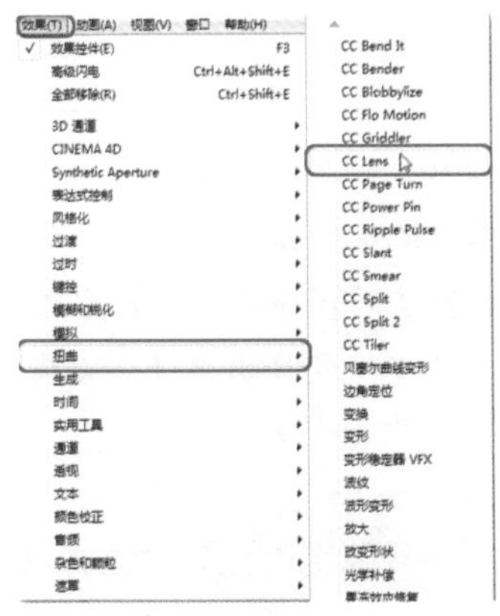
图 6-127　选择 CC Lens 命令

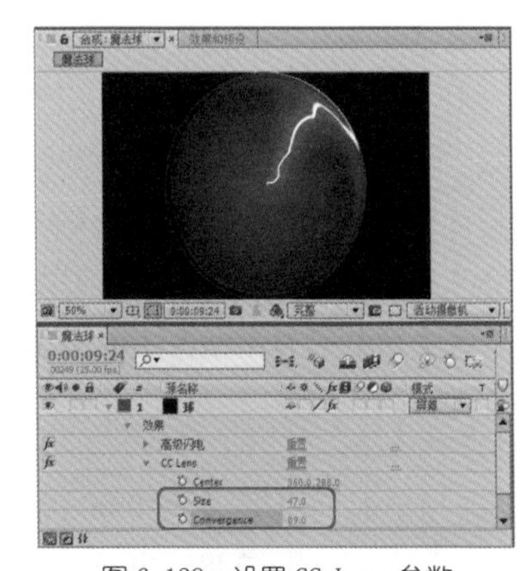
图 6-128　设置 CC Lens 参数

（13）对该图层进行复制，并设置图层的旋转角度，效果如图 6-129 所示。

（14）按 Ctrl+N 组合键，在弹出的对话框中将【合成名称】设置为【魔法球动画】，在弹出的对话框中将【宽度】、【高度】设置为 630、889，将【像素长宽比】设置为 D1/DV PAL（1.09），将【持续时间】设置为 0:00:10:00，如图 6-130 所示。

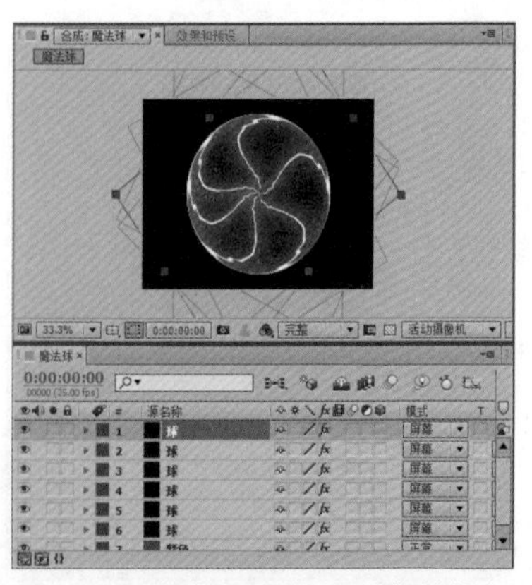

图 6-129　复制图层并设置其旋转角度

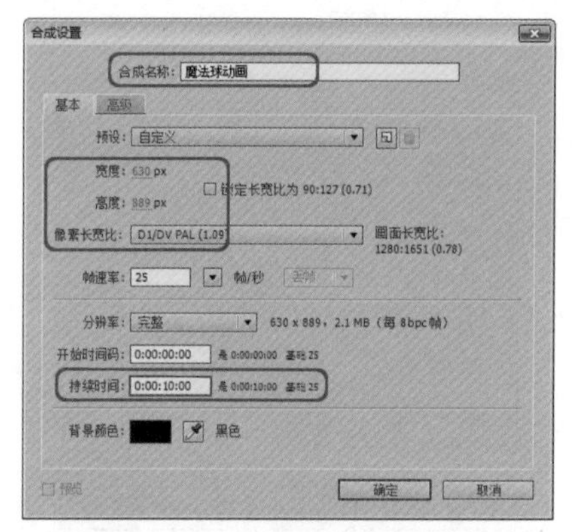

图 6-130　设置合成参数（2）

（15）设置完成后，单击【确定】按钮，按 Ctrl+I 组合键，在弹出的对话框中选择 m18.jpg 素材文件，如图 6-131 所示。

（16）单击【导入】按钮，按住鼠标将其拖动至【合成】面板中，并调整其位置，在时间轴中右击，在弹出的快捷菜单中选择【新建】|【纯色】命令，如图 6-132 所示。

图 6-131　选择素材文件

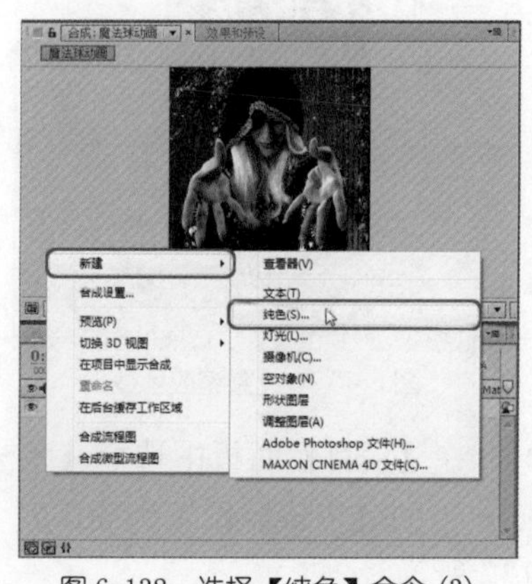

图 6-132　选择【纯色】命令（3）

（17）在弹出的对话框中将【名称】设置为【深紫】，将【宽度】、【高度】设置为 800、640，将【颜色】的颜色值设置为 #5000AA，如图 6-133 所示。

（18）设置完成后，单击【确定】按钮，在工具栏中单击【椭圆工具】，在【合成】面板中绘制一个圆形，将【蒙版 1】下的【蒙版羽化】设置为 328 像素，将【蒙版不透明度】设置为 53，如图 6-134 所示。

使用【椭圆工具】绘制椭圆时，按住 Shift 键可以绘制正圆。

（19）将当前时间设置为 0:00:00:00，在时间轴中将【变换】下的【缩放】设置为 12，并单击其左侧的 按钮，如图 6-135 所示。

（20）将当前时间设置为 0:00:05:00，在时间轴中将【变换】下的【缩放】设置为 100，如图 6-136 所示。

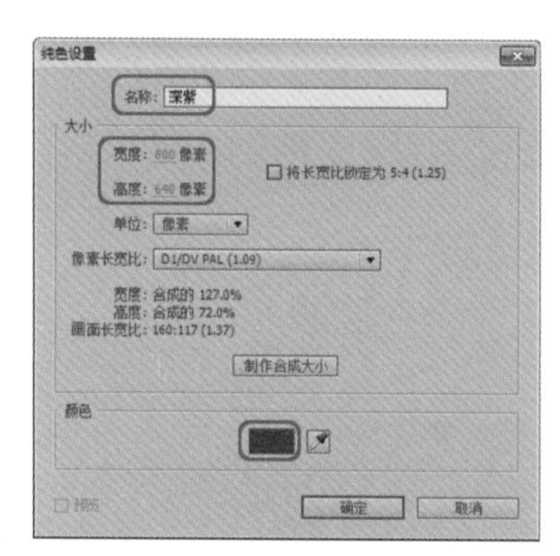

图 6-133　设置纯色参数 (3)

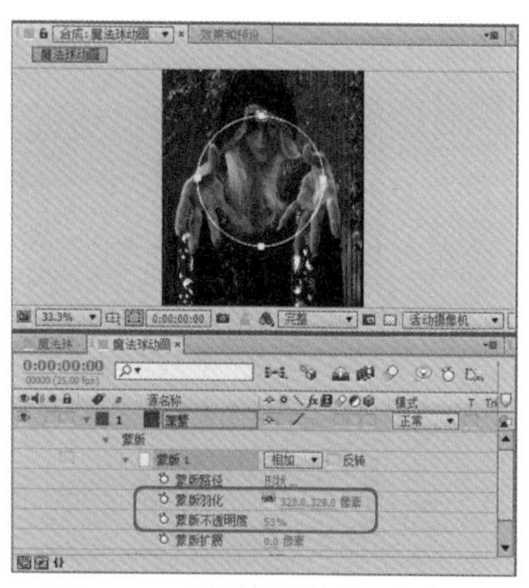

图 6-134　绘制蒙版并设置其参数

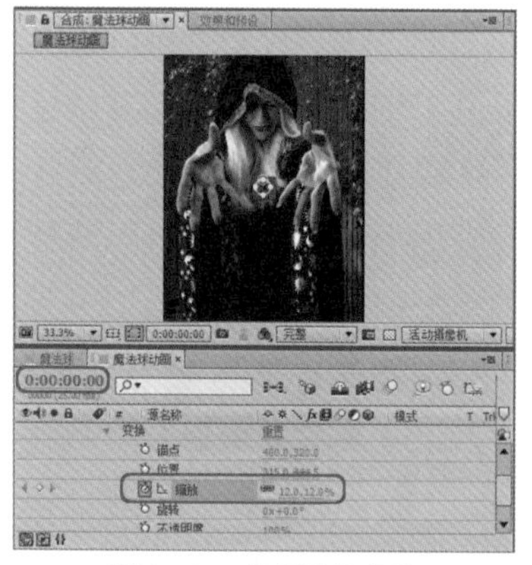

图 6-135　设置缩放参数

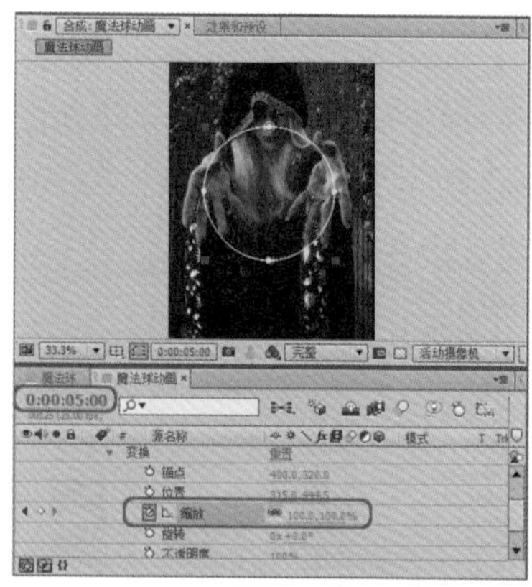

图 6-136　添加关键帧

(21) 在【项目】面板中选择【魔法球】合成文件，按住鼠标将其拖动至【合成】面板中，将【变换】下的【位置】设置为 307.7、423.9，将【缩放】设置为 0，并单击其左侧的按钮，如图 6-137 所示。

(22) 将当前时间设置为 0:00:05:00，在时间轴中将【缩放】取消锁定，将其设置为 91、86.3，并将其图层混合模式设置为【Alpha 添加】，如图 6-138 所示。

图 6-137　设置位置和缩放参数

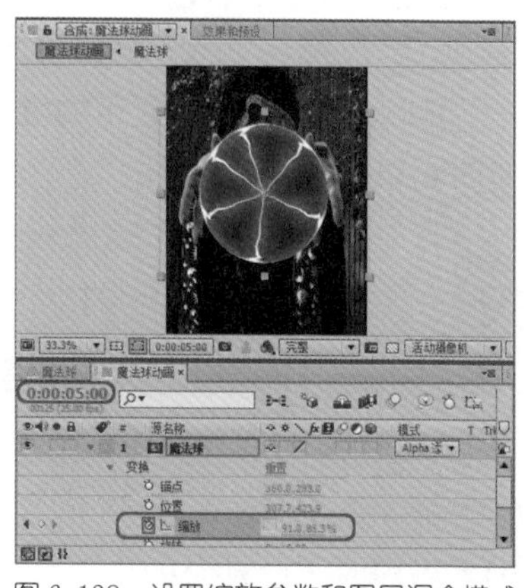

图 6-138　设置缩放参数和图层混合模式

(23) 继续选中该图层，按 Ctrl+D 组合键，对其进行复制，将图层混合模式设置为【相加】，如图 6-139 所示。

(24) 设置完成后，继续选中该图层，在时间轴中将【变换】下的【不透明度】设置为 63，如图 6-140 所示。

图 6-139　设置图层混合模式

图 6-140　设置图层的不透明度

案例精讲 066　流光线条

案例文件：光盘 | 场景 | Cha06 | 流光线条 .aep

视频文件：光盘 | 视频教学 | Cha06 | 流光线条 .avi

制作概述

本例将介绍流光线条的制作，首先使用【钢笔工具】绘制路径，然后为绘制的路径添加【勾画】和【发光】效果，通过添加【梯度渐变】特效制作背景，最后为线条添加【湍流置换】特效并复制线条，完成后的效果如图 6-141 所示。

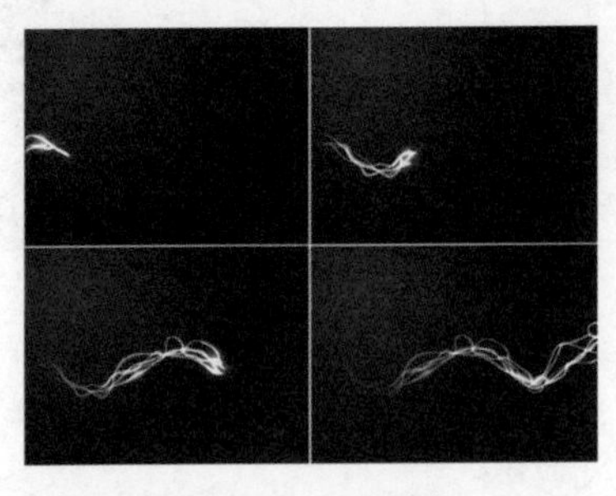

图 6-141　流光线条

学习目标

学习【湍流置换】效果的使用方法，掌握制作发光线条的方法。

操作步骤

(1) 新建一个项目文件，按 Ctrl+N 组合键，在弹出的对话框中将【合成名称】设置为【光

线】，将【预设】设置为 PAL D1/DV，将【像素长宽比】设置为 D1/DV PAL（1.09），将【持续时间】设置为 0:00:05:00，如图 6-142 所示。

(2) 设置完成后，单击【确定】按钮，在时间轴中右击，在弹出的快捷菜单中选择【新建】|【纯色】命令，如图 6-143 所示。

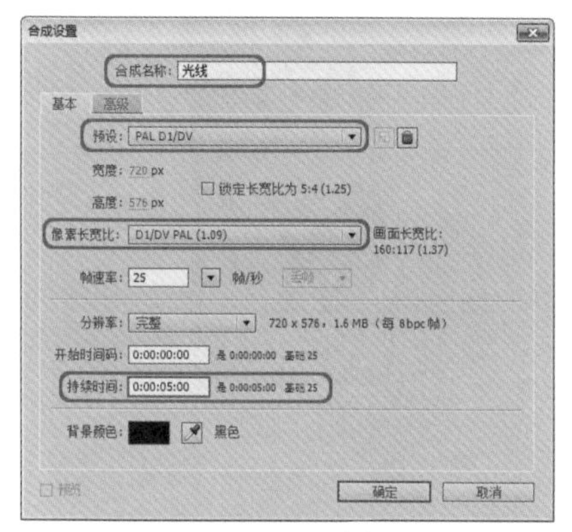

图 6-142　设置合成参数 (1)

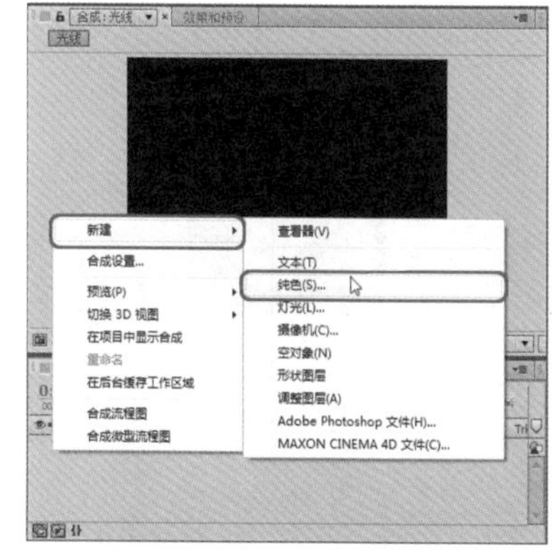

图 6-143　选择【纯色】命令 (1)

(3) 在弹出的对话框中将【名称】设置为【光线 1】，将【颜色】设置为黑色，如图 6-144 所示。

(4) 设置完成后，单击【确定】按钮，在工具栏中单击【钢笔工具】，在【合成】面板中绘制一条路径，如图 6-145 所示。

使用【选取工具】选择顶点并拖动顶点，可以调整路径形状，通过使用工具栏中的【转换“顶点”工具】可以更改顶点类型，也可以使用【添加“顶点”工具】和【删除“顶点”工具】在路径上添加或删除顶点。

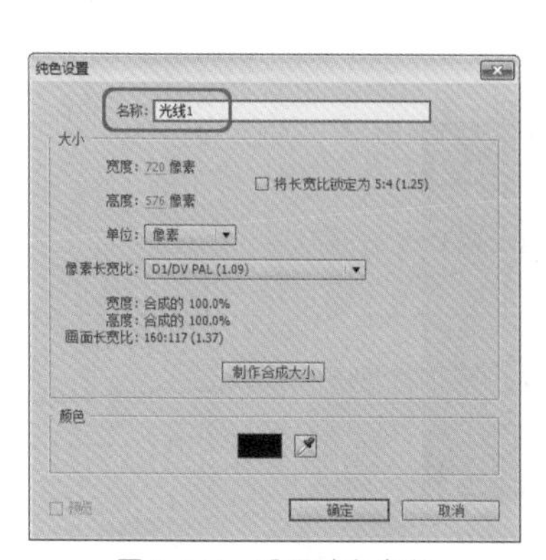

图 6-144　设置纯色参数

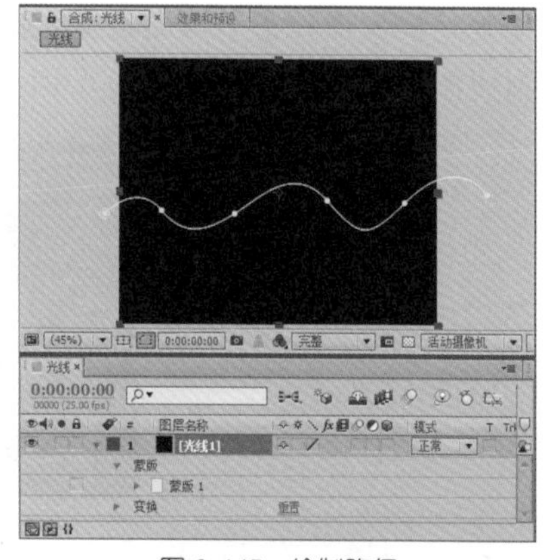

图 6-145　绘制路径

(5) 选中该图层，在菜单栏中选择【效果】|【生成】|【勾画】命令，如图 6-146 所示。

(6) 将当前时间设置为 0:00:00:00，将【勾画】下的【描边】设置为【蒙版 / 路径】，在【片段】选项组中将【片段】、【长度】、【旋转】分别设置为 1、0、0，并单击【长度】和【旋转】左侧的 按钮，在【正在渲染】选项组中将【颜色】设置为白色，将【中心位置】设置为 0.366，如图 6-147 所示。

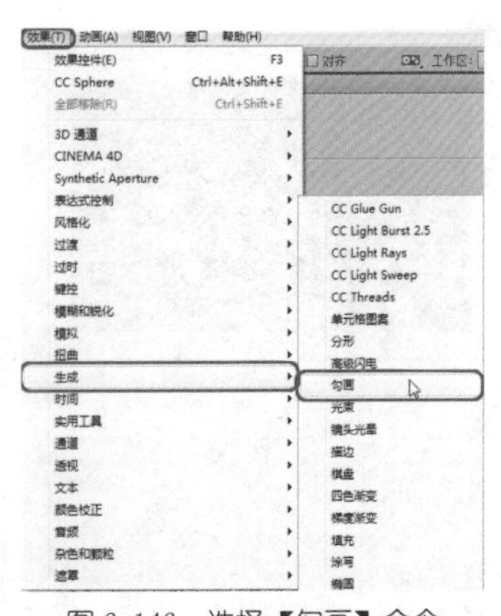

图 6-146 选择【勾画】命令

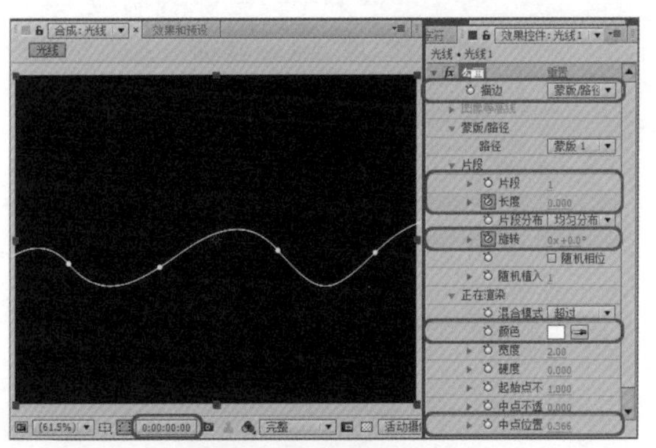

图 6-147 设置勾画参数

（7）将当前时间设置为 0:00:04:24，将【勾画】下的【长度】、【旋转】分别设置为 1、-1x，如图 6-148 所示。

（8）继续选中该图层，在菜单栏中选择【效果】|【风格化】|【发光】命令，如图 6-149 所示。

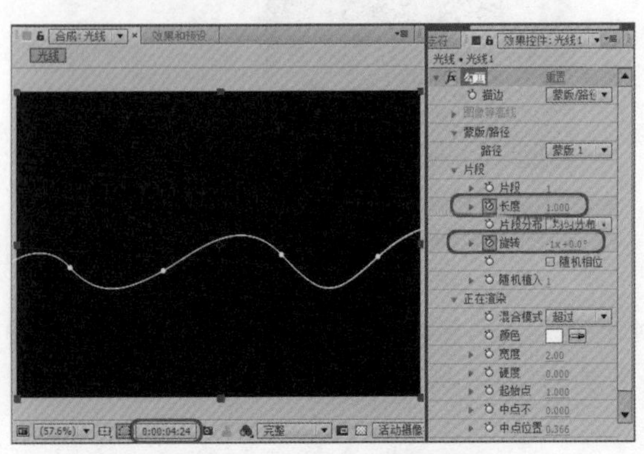

图 6-148 设置长度和旋转参数

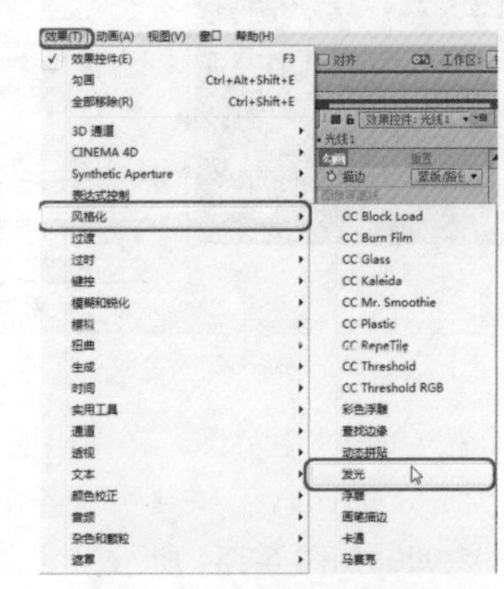

图 6-149 选择【发光】命令

（9）将【发光】下的【发光阈值】、【发光半径】、【发光强度】分别设置为 20、5、2，将【发光颜色】设置为【A 和 B 颜色】，将【颜色 A】的颜色值设置为 #FEBF00，将【颜色 B】的颜色值设置为 #F30000，如图 6-150 所示。

（10）选中该图层，按 Ctrl+D 组合键，并将其命名为【光线 2】，将图层的混合模式设置为【相加】，如图 6-151 所示。

知识链接

【相加】：每个结果颜色通道值是源颜色和基础颜色的相应颜色通道值的和。

（11）继续选中该图层，将【勾画】下的【长度】设置为 0.05，并单击其左侧的⏱按钮取消关键帧，将【片段分布】设置为【成簇分布】，将【正在渲染】选项组中的【宽度】、【硬度】、【中点位置】分别设置为 5.7、0.6、0.5，如图 6-152 所示。

（12）将【发光】下的【发光半径】设置为 30，将【颜色 A】的颜色值设置为 #0095FE，将【颜色 B】的颜色值设置为 #015DA4，如图 6-153 所示。

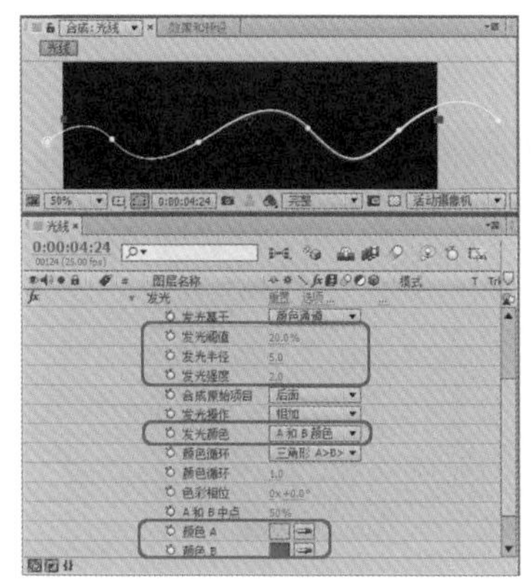
图 6-150　设置发光参数

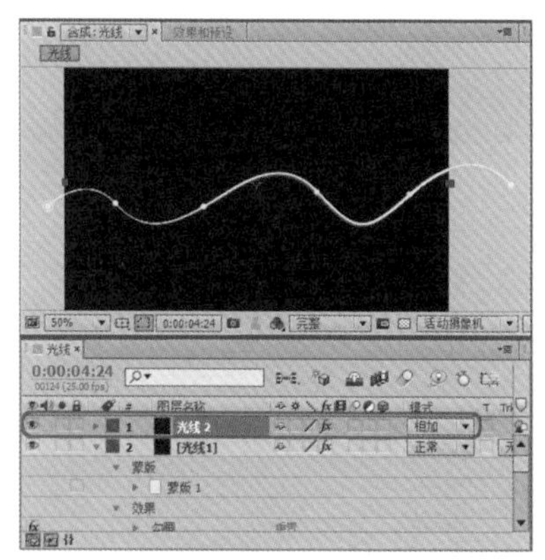
图 6-151　复制图层并设置混合模式

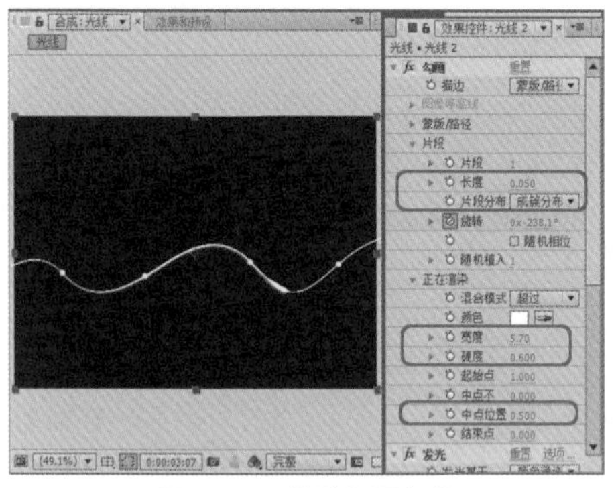
图 6-152　修改勾画参数

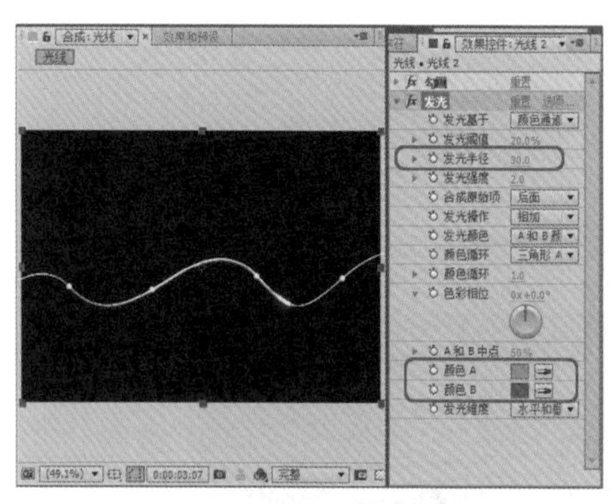
图 6-153　修改发光参数

（13）按 Ctrl+N 组合键，在弹出的对话框中将【合成名称】设置为【流动光线】，将【预设】设置为 PAL D1/DV，将【像素长宽比】设置为 D1/DV PAL（1.09），将【持续时间】设置为 0:00:05:00，如图 6-154 所示。

（14）设置完成后，单击【确定】按钮，在时间轴中右击，在弹出的快捷菜单中选择【新建】|【纯色】命令，如图 6-155 所示。

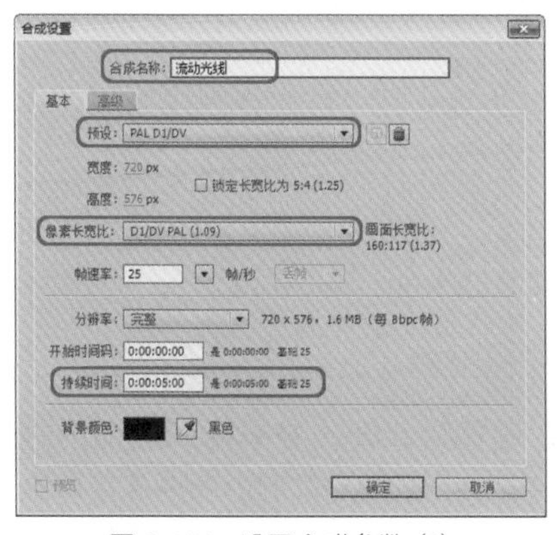
图 6-154　设置合成参数 (2)

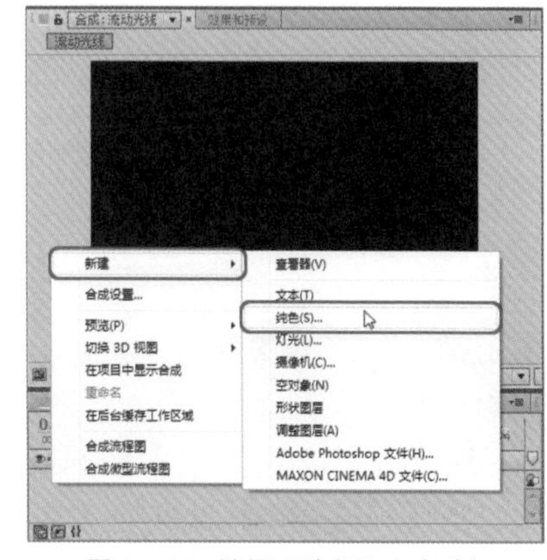
图 6-155　选择【纯色】命令 (2)

（15）在弹出的对话框中将【名称】设置为【背景】，如图 6-156 所示。

（16）设置完成后，单击【确定】按钮，选中该图层，在菜单栏中选择【效果】|【生成】|

【梯度渐变】命令，将【梯度渐变】下的【渐变起点】设置为123.5、99.2，将【起始颜色】的颜色值设置为#4E0176，将【结束颜色】的颜色值设置为#000515，将【渐变形状】设置为【径向渐变】，如图6-157所示。

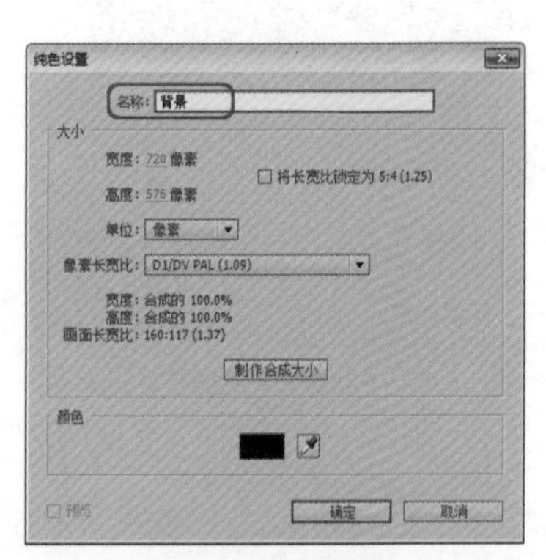

图6-156 设置名称

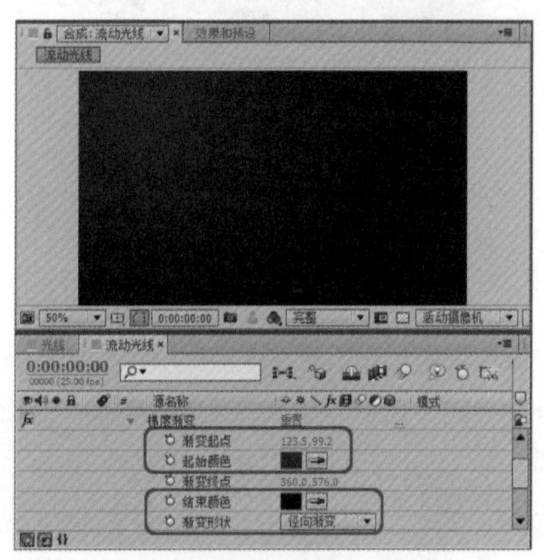

图6-157 设置梯度渐变参数

(17)在【项目】面板中选择【光线】合成文件，按住鼠标将其拖动至【合成】面板中，在时间轴中将图层混合模式设置为【相加】，将【变换】下的【位置】设置为360、288，如图6-158所示。

(18)在菜单栏中选择【效果】|【扭曲】|【湍流置换】命令，如图6-159所示。

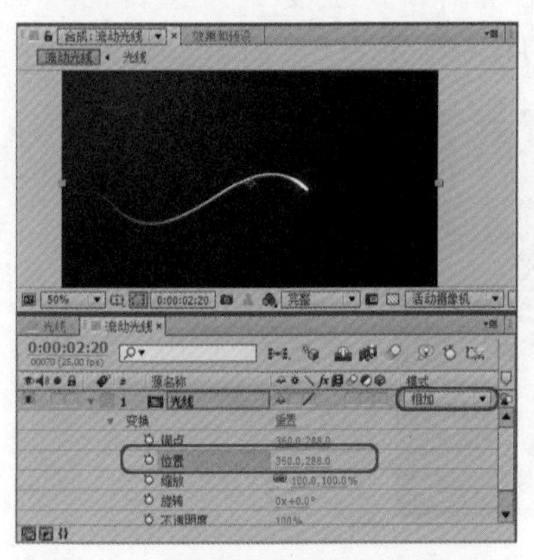

图6-158 设置图层混合模式并设置位置

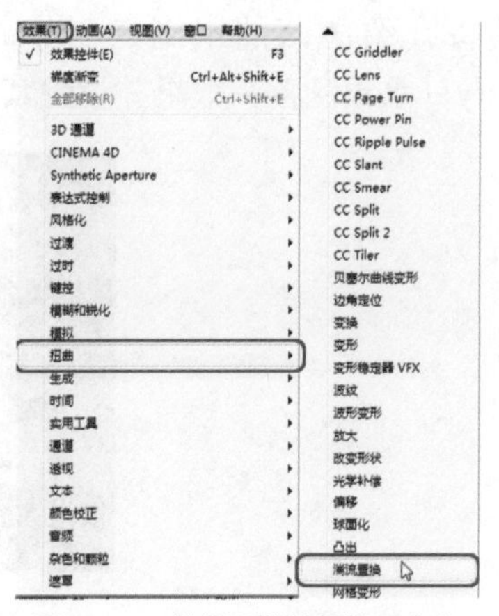

图6-159 选择【湍流置换】命令

知识链接

湍流置换效果可使用分形杂色在图像中创建湍流扭曲效果。例如，使用此效果创建流水、哈哈镜和摆动的旗帜。

(19)将【湍流置换】下的【数量】、【大小】分别设置为60、30，将【消除锯齿（最佳品质）】设置为【高】，如图6-160所示。

(20)对该图层进行复制，并调整其参数，效果如图6-161所示，对完成后的场景进行保存即可。

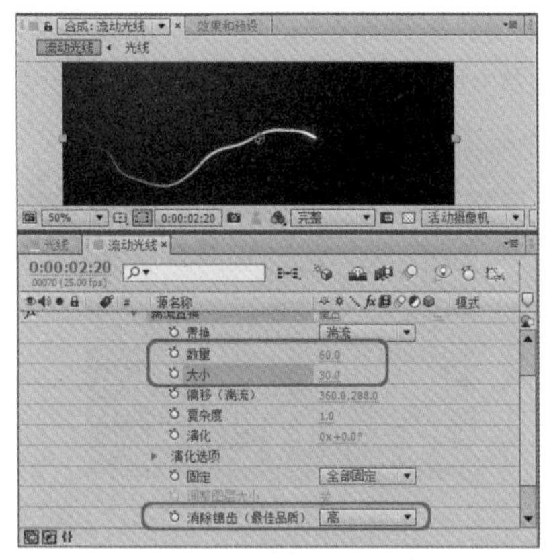
图 6-160 设置湍流置换参数

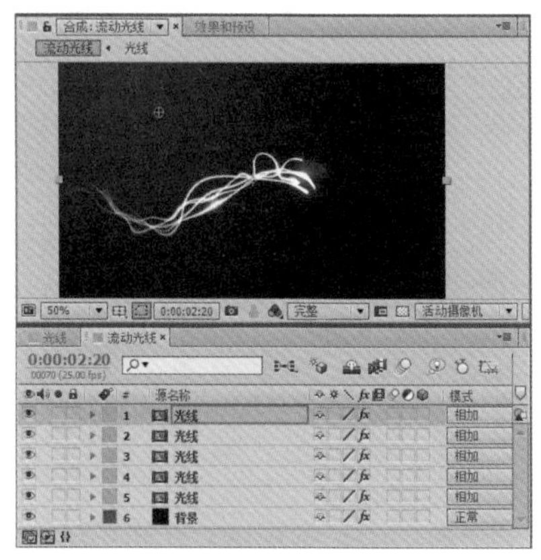
图 6-161 复制图层并调整后的效果

案例精讲 067 滑落的水滴

案例文件：光盘 | 场景 | Cha06 | 滑落的水滴 . aep
视频文件：光盘 | 视频教学 | Cha06 | 滑落的水滴 .avi

制作概述

本例将介绍滑落的水滴的制作，该例的制作比较简单，主要是为素材图片添加 CC Mr.Mercury（水银滴落）效果并设置其参数，完成后的效果如图 6-162 所示。

图 6-162 滑落的水滴

学习目标

学习滑落的水滴动画制作流程，掌握水滴的表现方法。

操作步骤

（1）按 Ctrl+N 组合键，在弹出的【合成设置】对话框中输入【合成名称】为【滑落的水滴】，将【预设】设置为 PAL D1/DV，将【持续时间】设置为 0:00:05:00，单击【确定】按钮，如图 6-163 所示。

（2）在【项目】面板的空白处双击，弹出【导入文件】对话框，在该对话框中选择素材图片【滑落的水滴背景 .jpg】，单击【导入】按钮，如图 6-164 所示。

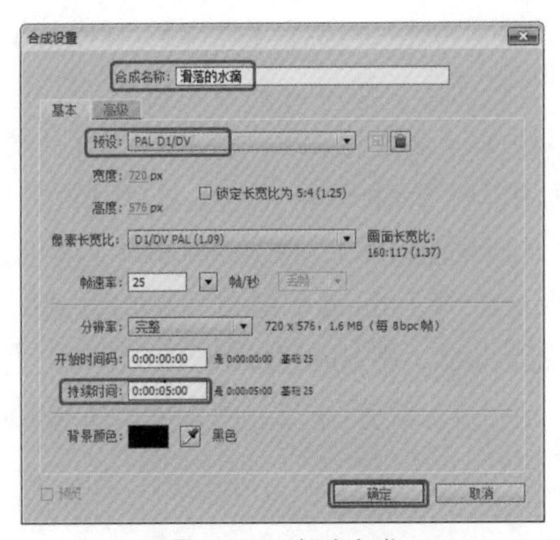

图 6-163　新建合成

图 6-164　选择素材图片

（3）将选择的素材图片导入至【项目】面板中，然后将其拖动至时间轴中，效果如图 6-165 所示。

（4）在菜单栏中选择【效果】|【模糊和锐化】|【快速模糊】命令，如图 6-166 所示。

图 6-165　添加素材图片

图 6-166　选择【快速模糊】命令

（5）为【滑落的水滴背景 .jpg】图层添加【快速模糊】效果，在【效果控件】面板中将【模糊度】设置为 10，如图 6-167 所示。

（6）按 Ctrl+D 组合键复制图层，将复制后的图层重命名为【水滴】，然后删除复制图层的【快速模糊】效果，如图 6-168 所示。

图 6-167　添加效果并设置参数

图 6-168　复制图层并删除效果

（7）确认复制后的【水滴】图层处于选择状态，在菜单栏中选择【效果】|【模拟】| CC Mr.Mercury 命令，即可为图层添加 CC Mr.Mercury（水银滴落）效果，在【效果控件】面板中将 Radius X（半径 X）设置为 147，将 Radius Y（半径 Y）设置为 159，将 Producer（发射位置）设置为 1000、0，将 Velocity（发射速度）设置为 0，将 Birth Rate（出生率）设置为 0.6，将 Longevity（sec）（寿命）设置为 4，将 Gravity（重力）设置为 0.5，将 Resistance（聚集强度）设置为 0.5，将 Animation（动画方式）设置为 Direction，将 Influence Map（影响方式）设置为 Constant Blobs，将 Blob Birth Size（生成大小）设置为 0.2，将 Blob Death Size（消失大小）设置为 0.1，在 Light（灯光）组中将 Light Intensity（灯光强度）设置为 22，将 Light Direction（灯光方向）设置为 84°，如图 6-169 所示。

知识链接

为图像添加 CC Mr.Mercury（水银滴落）特效之后，就可以产生水、水银等液体下泻的效果，不用设置系统会自动生成动画，而且效果不错，也可用来模拟水从对象表面流下时所产生的折射效果。

（8）设置完成后，按空格键在【合成】面板中查看效果，如图 6-170 所示，对完成后的场景进行保存和输出即可。

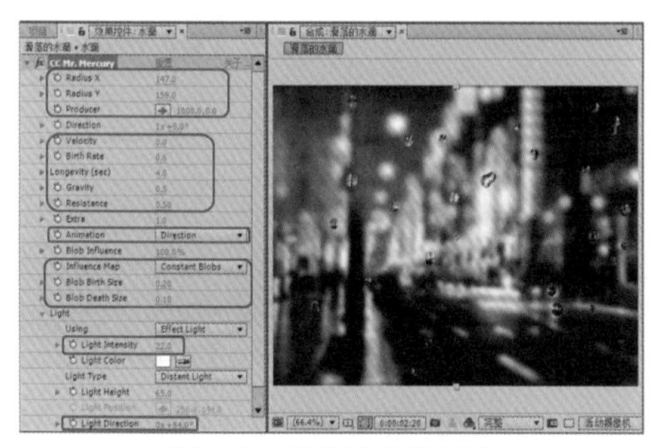

图 6-169　添加效果并设置参数

图 6-170　查看效果

案例精讲 068　梦幻星空

案例文件：光盘 | 场景 | Cha06 | 梦幻星空 .aep

视频文件：光盘 | 视频教学 | Cha06 | 梦幻星空 .avi

制作概述

本例将介绍梦幻星空的制作，首先为纯色图层添加 CC Particle Systems Ⅱ（粒子仿真系统Ⅱ）效果，将粒子类型设置为星形，然后为星形添加发光效果，最后复制纯色图层，并更改星形颜色，完成后的效果如图 6-171 所示。

图 6-171　梦幻星空

学习目标

学习梦幻星空的制作流程，掌握制作闪烁星星的方法。

操作步骤

(1) 按 Ctrl+N 组合键，在弹出的【合成设置】对话框中输入【合成名称】为【梦幻星空】，将【宽度】和【高度】分别设置为 565px 和 450px，将【像素长宽比】设置为 D1/DV PAL（1.09），将【持续时间】设置为 0:00:07:00，单击【确定】按钮，如图 6-172 所示。

(2) 在【项目】面板的空白处双击，弹出【导入文件】对话框，在该对话框中选择素材图片【梦幻星空背景 .jpg】，单击【导入】按钮，如图 6-173 所示。

知识链接

在菜单栏中选择【文件】|【导入】|【文件】或【多个文件】命令，也可以弹出【导入文件】对话框。

选择【文件】命令打开【导入文件】对话框后，只能选择一个文件夹中的一个文件或多个文件，而选择【多个文件】命令打开【导入文件】对话框后，选择文件并单击【导入】按钮后，会再次弹出【导入文件】对话框，此时可以选择其他文件夹中需要导入的文件。

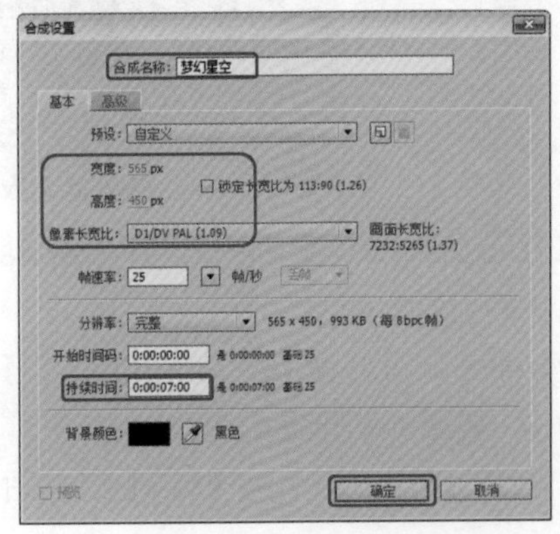

图 6-172　新建合成

图 6-173　选择素材图片

(3) 将选择的素材图片导入至【项目】面板中，然后将其拖动至时间轴中，将【位置】设置为 282.5、289，如图 6-174 所示。

(4) 在时间轴的空白处右击，在弹出的快捷菜单中选择【新建】|【纯色】命令，弹出【纯

色设置】对话框，输入【名称】为【星 1】，将【颜色】的 RGB 值设置为 0、0、0，单击【确定】按钮，如图 6-175 所示。

图 6-174　调整素材图片

图 6-175　设置纯色图层

(5) 新建【星 1】图层，在菜单栏中选择【效果】|【模拟】| CC Particle Systems Ⅱ 命令，如图 6-176 所示。

(6) 为【星 1】图层添加 CC Particle Systems Ⅱ（粒子仿真系统Ⅱ）效果，在【效果控件】面板中将 Birth Rate（出生率）设置为 0.3，在 Producer（发射控制项）组中将 Position（发射位置）设置为 360、−346，将 Radius X（半径 X）设置为 140，将 Radius Y（半径 Y）设置为 160，在 Physics（物理学）组中将 Velocity（运动速度）设置为 0，将 Gravity（重力）设置为 0，在 Particle（粒子设置）组中将 Particle Type（粒子类型）设置为 Star，将 Birth Size（出生大小）设置为 0.06，将 Death Size（死亡大小）设置为 0.3，将 Birth Color（出生颜色）的 RGB 值设置为 136、199、253，将 Death Color（死亡颜色）的 RGB 值设置为 62、116、224，如图 6-177 所示。

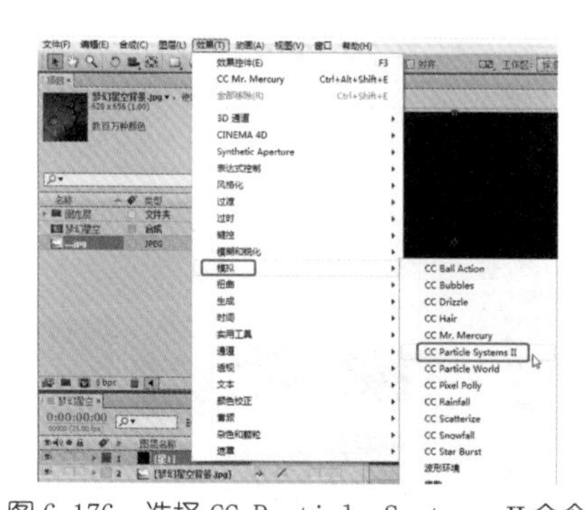

图 6-176　选择 CC Particle Systems Ⅱ命令

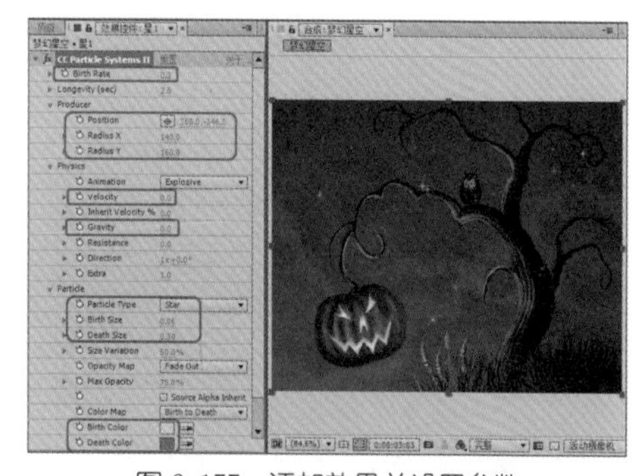

图 6-177　添加效果并设置参数

(7) 在菜单栏中选择【效果】|【风格化】|【发光】命令，即可为【星 1】图层添加【发光】效果，在【效果控件】组中将【发光阈值】设置为 20%，如图 6-178 所示。

(8) 按 Ctrl+D 组合键复制【星 1】图层，并将复制后的图层重命名为【星 2】，如图 6-179 所示。

提示　在图层上右击，在弹出的快捷菜单中选择【重命名】命令，即可重命名图层。

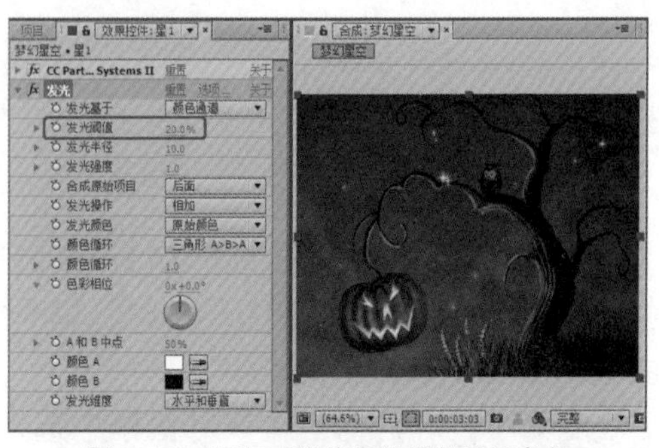

图 6-178　添加【发光】效果并设置参数

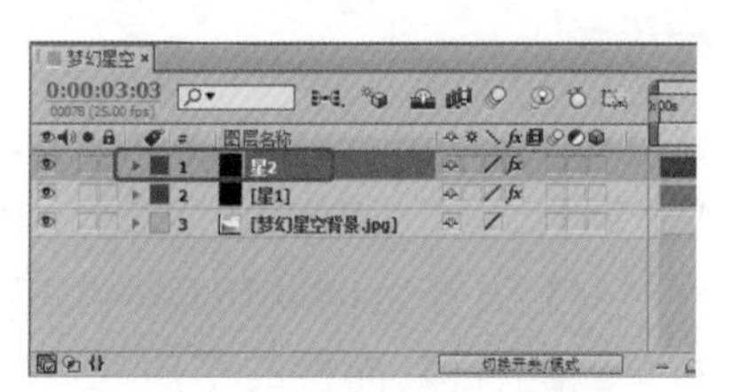

图 6-179　复制并重命名图层

（9）在【效果控件】面板中，更改【星 2】图层的 CC Particle Systems Ⅱ（粒子仿真系统 Ⅱ）效果参数，将 Longevity (sec)（寿命）设置为 1.5，在 Producer（发射控制项）组中将 Position（发射位置）设置为 429、−401，将 Radius X（半径 X）设置为 150，将 Birth Color（出生颜色）的 RGB 值设置为 251、241、88，如图 6-180 所示。

（10）设置完成后，按空格键在【合成】面板中查看效果，如图 6-181 所示，对完成后的场景进行保存和输出即可。

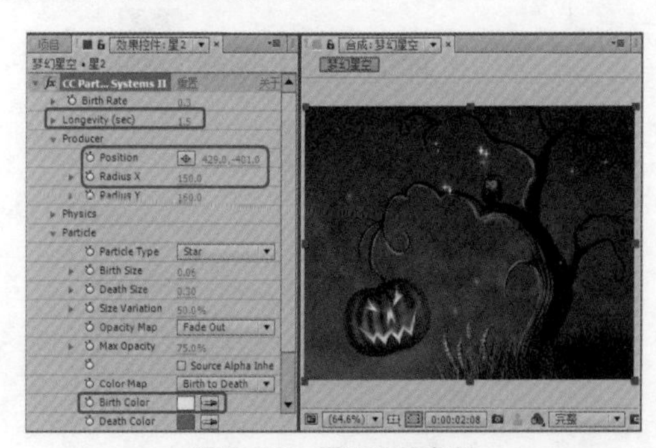

图 6-180　更改效果参数

图 6-181　查看效果

案例精讲 069　心电图

案例文件：光盘 | 场景 | Cha06 | 心电图 . aep

视频文件：光盘 | 视频教学 | Cha06 | 心电图 .avi

制作概述

本例将介绍心电图的制作方法，首先制作栅格，然后使用【钢笔工具】绘制蒙版路径，通过添加【勾画】和【发光】效果制作出心律，完成后的效果如图 6-182 所示。

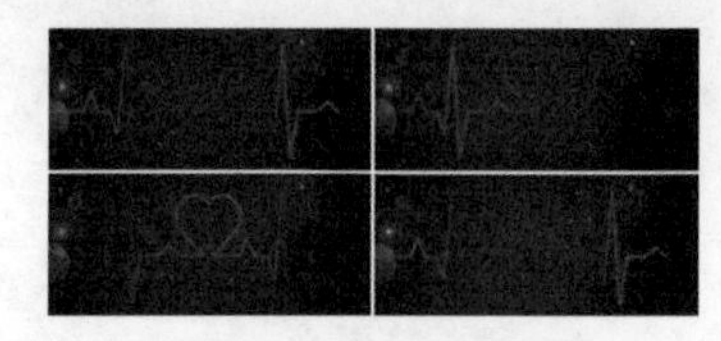

图 6-182　心电图

学习目标

学习心电图的制作流程，掌握【勾画】效果的使用方法。

操作步骤

(1) 按 Ctrl+N 组合键，在弹出的【合成设置】对话框中输入【合成名称】为【心电图】，将【宽度】和【高度】分别设置为 720px 和 300px，将【像素长宽比】设置为 D1/DV PAL (1.09)，将【持续时间】设置为 0:00:10:00，单击【确定】按钮，如图 6-183 所示。

(2) 在【项目】面板的空白处双击，弹出【导入文件】对话框，在该对话框中选择素材图片【心电图背景 .jpg】，单击【导入】按钮，如图 6-184 所示。

按 Ctrl+I 组合键或 Ctrl+Alt+I 组合键也可以弹出【导入文件】对话框。

图 6-183　新建合成

图 6-184　选择素材图片

(3) 将选择的素材图片导入至【项目】面板中，然后将其拖动至时间轴中，将【缩放】设置为 95%，如图 6-185 所示。

(4) 在时间轴的空白处右击，在弹出的快捷菜单中选择【新建】|【纯色】命令，弹出【纯色设置】对话框，输入【名称】为【栅格】，将【颜色】的 RGB 值设置为 0、0、0，单击【确定】按钮，如图 6-186 所示。

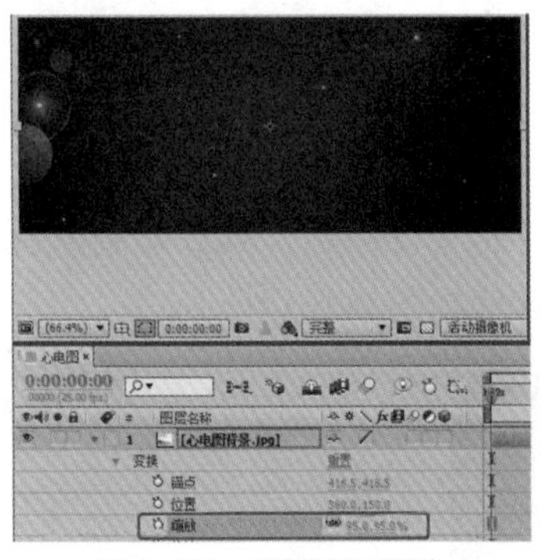

图 6-185　调整素材图片

图 6-186　设置纯色图层

(5) 新建【栅格】图层，在菜单栏中选择【效果】|【生成】|【网格】命令，如图 6-187 所示。

知识链接

使用网格效果可创建可自定义的网格。可以纯色渲染此网格，也可将其用作源图层 Alpha 通道的蒙版。此效果适合生成设计元素和遮罩，可在这些设计元素和遮罩中应用其他效果。

【锚点】：网格图案的源点。移动此点会使图案位移。

【大小依据】：确定矩形尺寸的方式。

【边界】：网格线的粗细。值 0 可使网格消失。

【羽化】：网格的柔和度。

【反转网格】：反转网格的透明和不透明区域。

【颜色】：设置网格的颜色。

【不透明度】：设置网格的不透明度。

【混合模式】：用于在原始图层上面合成网格的混合模式。这些混合模式与时间轴面板中的混合模式一样，但默认模式【无】除外，此设置仅渲染网格。

(6) 为【栅格】图层添加【网格】效果，在【效果控件】面板中将【锚点】设置为 360、300，将【大小依据】设置为【宽度和高度滑块】，将【宽度】设置为 63，将【高度】设置为 43，将【边界】设置为 1.5，将【颜色】的 RGB 值设置为 0、85、247，如图 6-188 所示。

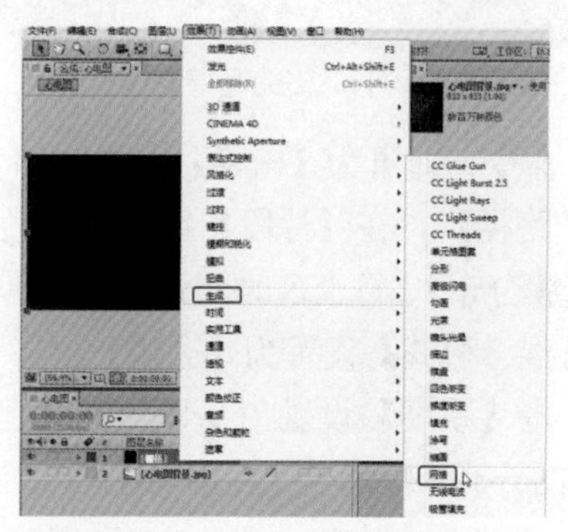

图 6-187　选择【网格】命令

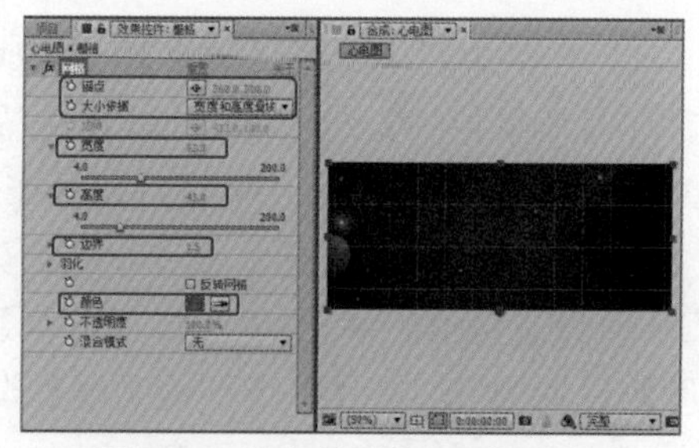

图 6-188　添加效果并设置参数 (1)

(7) 在菜单栏中选择【效果】|【风格化】|【发光】命令，即可为【栅格】图层添加【发光】效果，在【效果控件】面板中使用默认参数设置即可，如图 6-189 所示。

(8) 在时间轴中将【栅格】图层的【不透明度】设置为 30%，如图 6-190 所示。

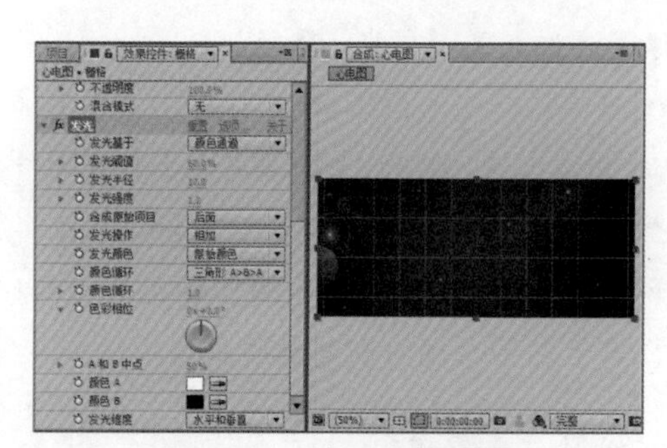

图 6-189　添加【发光】效果

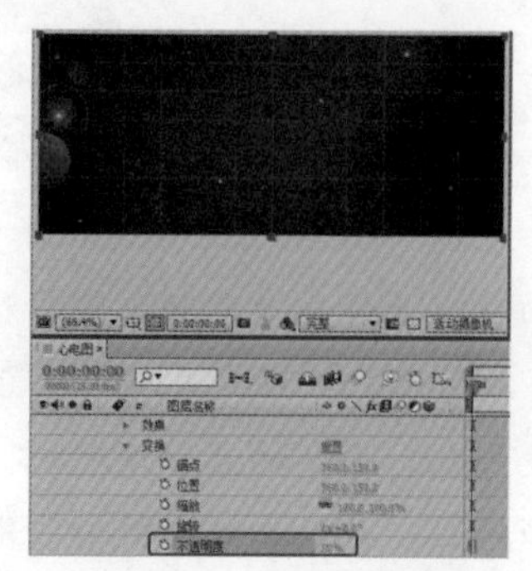

图 6-190　设置不透明度

(9) 在时间轴的空白处右击，在弹出的快捷菜单中选择【新建】|【纯色】命令，弹出【纯色设置】对话框，输入【名称】为【心律】，单击【确定】按钮，如图 6-191 所示。

(10) 新建【心律】图层，确认【心律】图层处于选择状态，在工具栏中单击【钢笔工具】，在【合成】面板中绘制心律波线，效果如图 6-192 所示。

为了方便绘制心律波线，用户可以在菜单栏中选择【视图】|【显示网格】命令，显示出网格。绘制完成后，再次选择【显示网格】命令即可隐藏网格。

图 6-191 【纯色设置】对话框

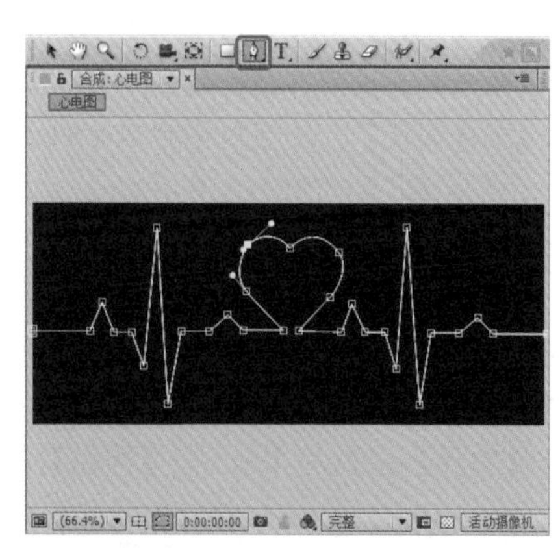

图 6-192 绘制心律波线

(11) 在菜单栏中选择【效果】|【生成】|【勾画】命令，即可为【栅格】图层添加【勾画】效果，在【效果控件】组中将【描边】设置为【蒙版 / 路径】，在【片段】组中将【片段】设置为 1，将【长度】设置为 0.6，将【片段分布】设置为【成簇分布】，将当前时间设置为 0:00:00:00，单击【旋转】左侧的按钮，在【正在渲染】组中将【混合模式】设置为【透明】，将【颜色】的 RGB 值设置为 0、44、255，将【宽度】设置为 3，将【硬度】设置为 0.15，将【起始点不透明度】设置为 0，将【中点不透明度】设置为 1，如图 6-193 所示。

知识链接

勾画效果可以在对象周围生成航行灯和其他基于路径的脉冲动画。可以勾画任何对象的轮廓，使用光照或更长的脉冲围绕此对象，然后为其设置动画，以创建在对象周围追光的景象。

【描边】：设置描边基于的对象，包括【图像等高线】或【蒙版 / 路径】。

【片段】：指定创建各描边等高线所用的段数。

【长度】：确定与可能最大的长度有关的片段的描边长度。例如，如果【片段】设置为 1，则描边的最大长度是围绕对象轮廓移动一周的完整长度。

【片段分布】：确定片段的间距。【成簇分布】用于将片段像火车车厢一样连到一起：片段长度越短，火车的总长度越短。【均匀分布】用于在等高线周围均匀间隔片段。

【旋转】：为等高线周围的片段设置动画。

【混合模式】：确定描边应用到图层的方式。【透明】用于在透明背景上创建效果。【上面】用于将描边放置在现有图层上面。【下面】用于将描边放置在现有图层后面。【模板】用于使用描边作为 Alpha 通道蒙版，并使用原始图层的像素填充描边。

【颜色】：指定描边颜色。

【宽度】：指定描边的宽度，以像素为单位。支持小数值。

【硬度】：确定描边边缘的锐化程度或模糊程度。值为 1，可创建略微模糊的效果；值为 0，可使线条变模糊，以使纯色区域的颜色几乎不能保持不变。

【起始点不透明度】、【结束点不透明度】：指定描边起始点或结束点的不透明度。

【中点不透明度】：指定描边中点的不透明度。此控件适用于相对不透明度，而不适用于绝对不透明度。将其设置为 0，可使不透明度从起始点平滑地转变到结束点，就像根本没有中点一样。

(12) 将当前时间设置为 0:00:09:24，将【旋转】设置为 4x+0°，如图 6-194 所示。

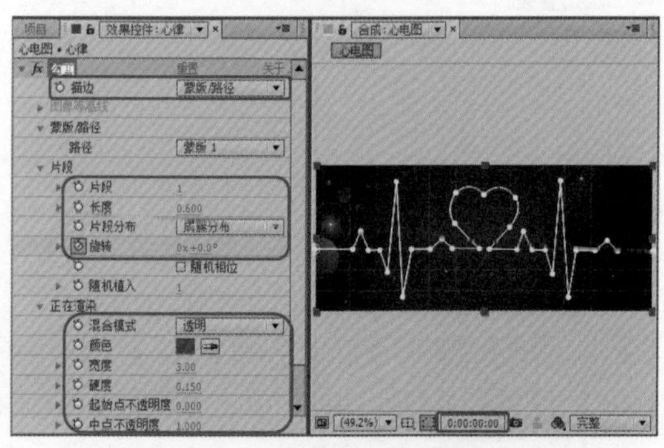

图 6-193　添加效果并设置参数 (2)

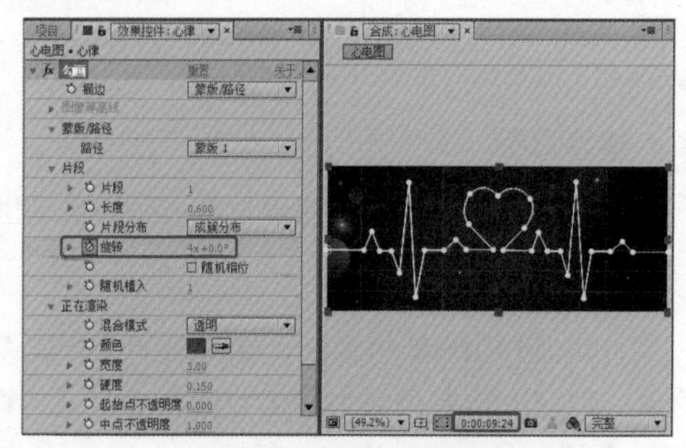

图 6-194　设置关键帧参数

(13) 在菜单栏中选择【效果】|【风格化】|【发光】命令，即可为【心律】图层添加【发光】效果，在【特效控件】面板中将【颜色 B】的 RGB 值设置为 0、44、255，如图 6-195 所示。

(14) 设置完成后，按空格键在【合成】面板中查看效果，如图 6-196 所示，对完成后的场景进行保存和输出即可。

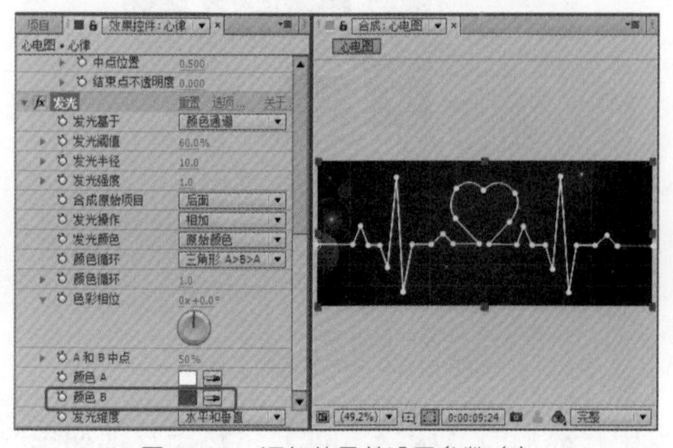

图 6-195　添加效果并设置参数 (3)

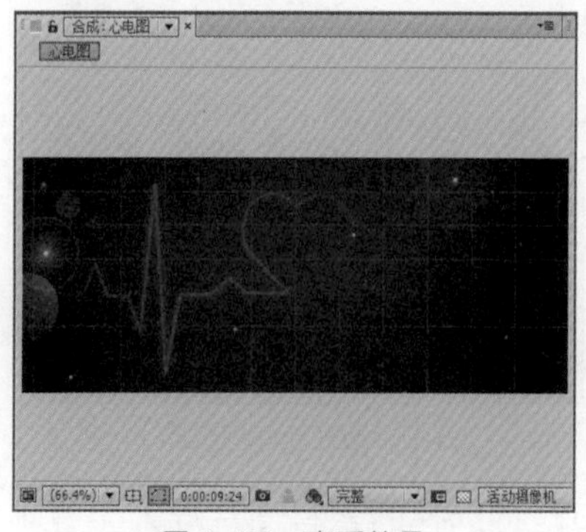

图 6-196　查看效果

案例精讲 070　旋转的星球

案例文件：光盘 | 场景 | Cha06 | 旋转的星球 .aep
视频文件：光盘 | 视频教学 | Cha06 | 心电图 .avi

制作概述

本例将介绍旋转的星球的制作，该例的制作比较复杂，主要是通过 CC Sphere（球面）效果制作出星球，然后为星球添加发光，最后制作摄像机动画，完成后的效果如图 6-197 所示。

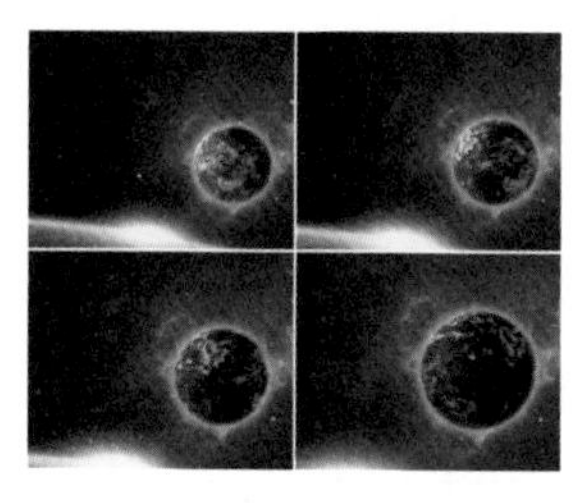

图 6-197　旋转的星球

学习目标

学习旋转的星球制作流程，掌握摄像机动画制作方法。

操作步骤

（1）按 Ctrl+N 组合键，在弹出的【合成设置】对话框中输入【合成名称】为【底纹 1 调色】，将【预设】设置为 PAL D1/DV，将【持续时间】设置为 0:00:07:00，单击【确定】按钮，如图 6-198 所示。

（2）在【项目】面板的空白处双击，弹出【导入文件】对话框，在该对话框中选择素材图片【底纹 1.jpg】、【底纹 2.jpg】、【旋转的星球背景 .jpg】，单击【导入】按钮，如图 6-199 所示。

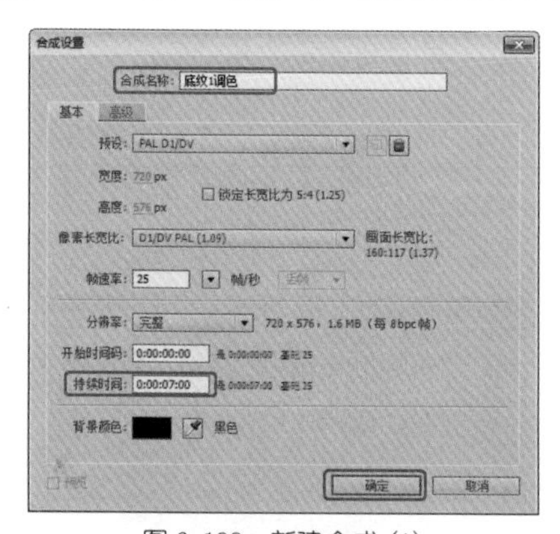

图 6-198　新建合成（1）

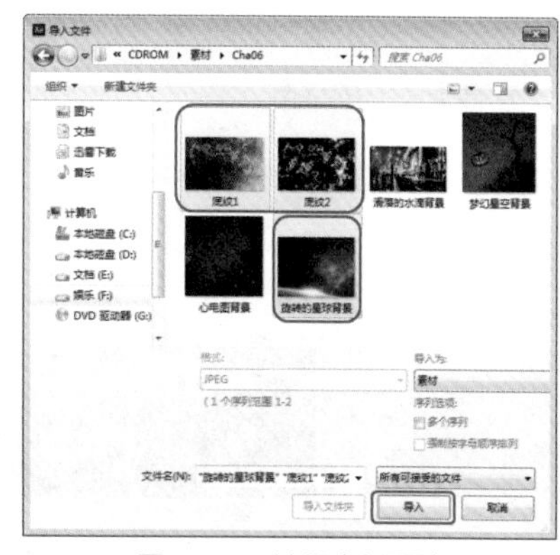

图 6-199　选择素材图片

（3）将选择的素材图片导入至【项目】面板中，然后将【底纹 1.jpg】素材图片拖动至时间轴中，将【缩放】设置为 85%，如图 6-200 所示。

（4）在菜单栏中选择【效果】|【颜色校正】|【色相 / 饱和度】命令，如图 6-201 所示。

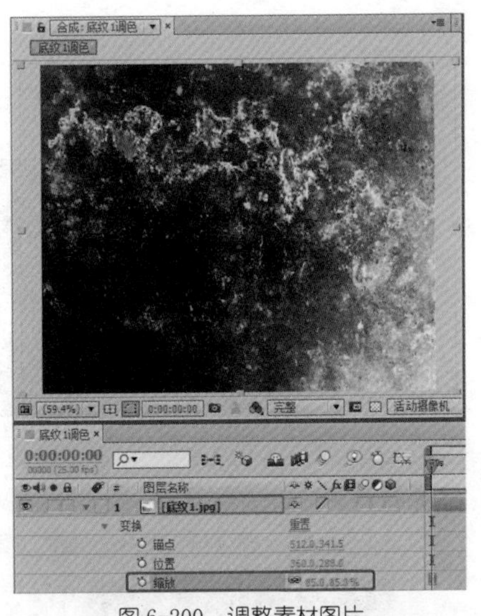

图 6-200　调整素材图片

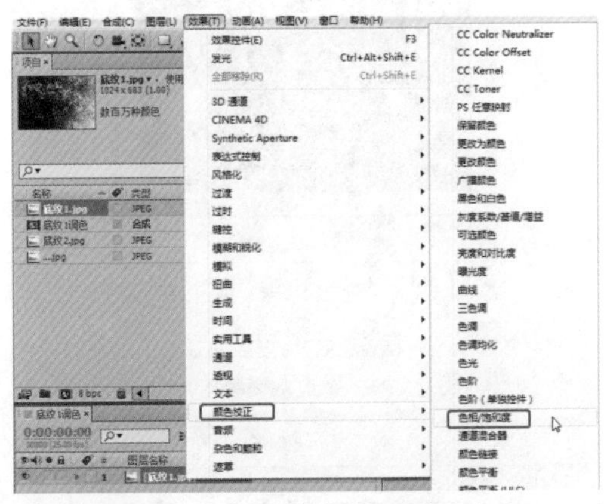

图 6-201　选择【色相 / 饱和度】命令

(5) 为【底纹 1.jpg】图层添加该效果，在【效果控件】面板中将【主色相】设置为 −10°，将【主饱和度】设置为 −60，将【主亮度】设置为 −17，如图 6-202 所示。

(6) 按 Ctrl+N 组合键，在弹出的【合成设置】对话框中输入【合成名称】为【底纹 2 调色】，单击【确定】按钮，如图 6-203 所示。

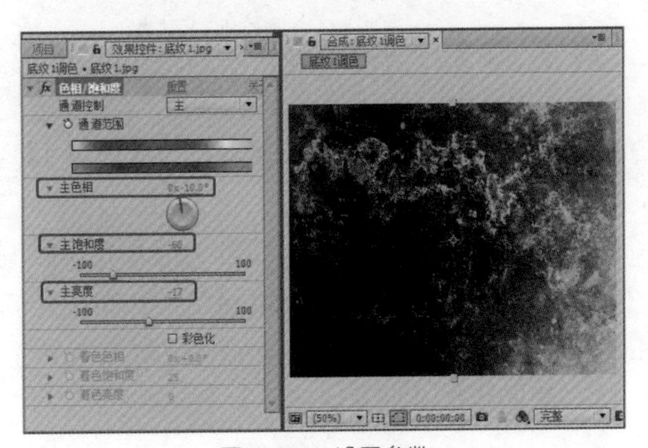

图 6-202　设置参数

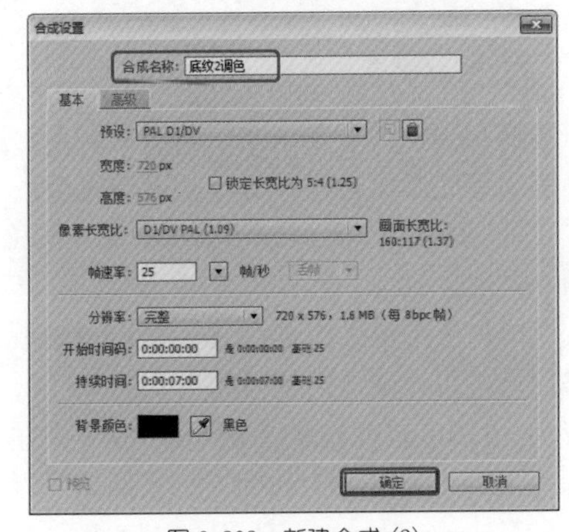

图 6-203　新建合成 (2)

(7) 在【项目】面板中将【底纹 2.jpg】素材图片拖动至时间轴中，将【缩放】设置为 85%，如图 6-204 所示。

(8) 在菜单栏中选择【效果】|【颜色校正】|【色调】命令，即可为【底纹 2.jpg】图层添加该效果，在【效果控件】面板中将【将白色映射到】的 RGB 值设置为 10、98、156，如图 6-205 所示。

(9) 按 Ctrl+N 组合键，在弹出的【合成设置】对话框中输入【合成名称】为【旋转的星球】，单击【确定】按钮，如图 6-206 所示。

(10) 在【项目】面板中将【旋转的星球背景 .jpg】素材图片拖动至时间轴中，将【缩放】设置为 77%，如图 6-207 所示。

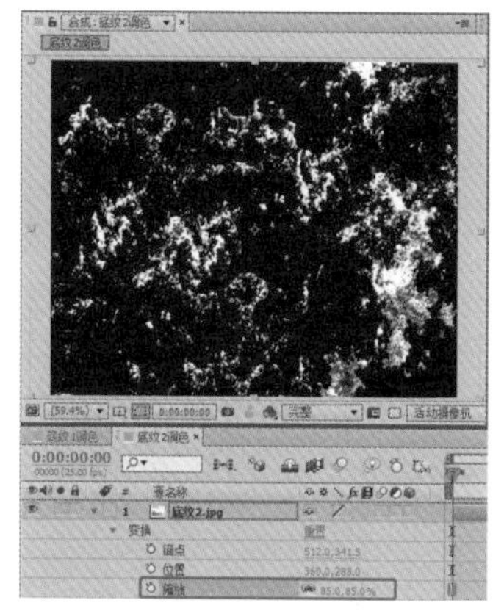

图 6-204 设置素材图片（1）

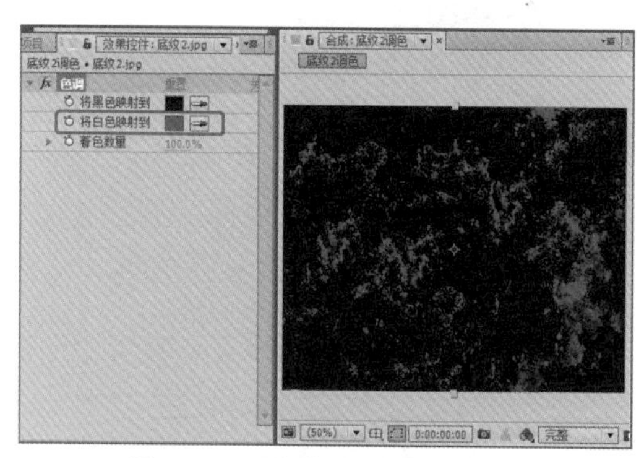

图 6-205 添加效果并设置参数（1）

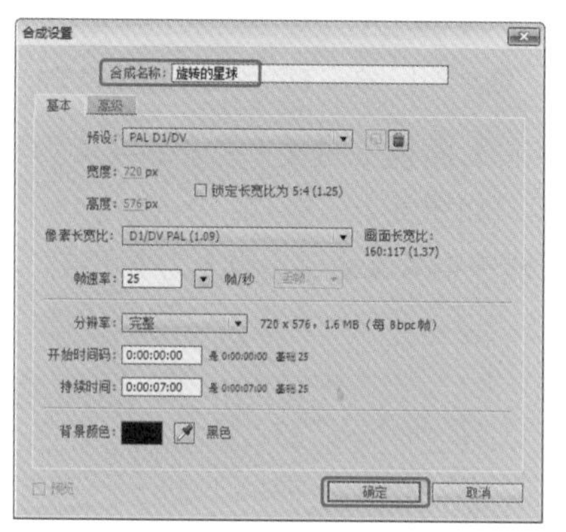

图 6-206 新建合成（3）

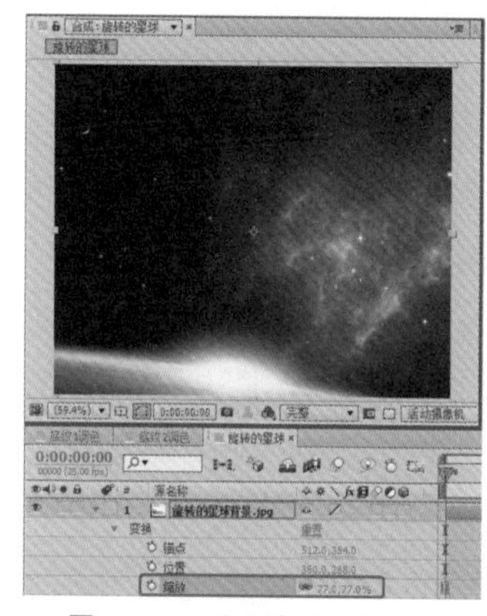

图 6-207 设置素材图片（2）

（11）在【项目】面板中将【底纹 1 调色】合成拖动至时间轴中，将其重命名为【星球 1】，如图 6-208 所示。

（12）在菜单栏中选择【效果】|【透视】| CC Sphere（球面）命令，即可为【星球 1】图层添加该效果，确认当前时间为 0:00:00:00，在【效果控件】面板中将 Rotation Y（Y 向旋转）设置为 −125°，并单击左侧的按钮，在 Light（灯光）组中将 Light Intensity（灯光强度）设置为 125，将 Light Height（灯光高度）设置为 15，如图 6-209 所示。

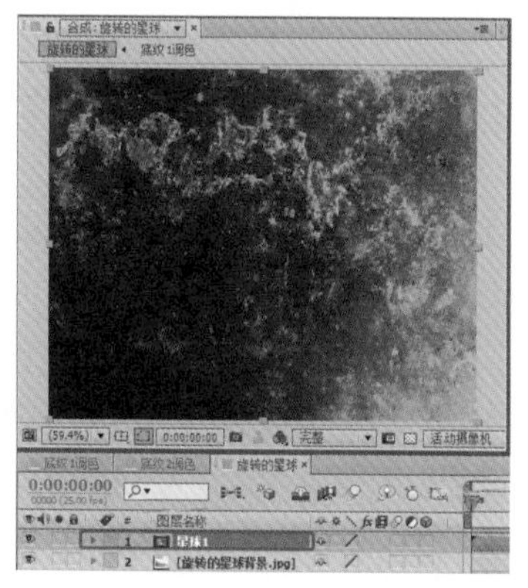

图 6-208 重命名合成

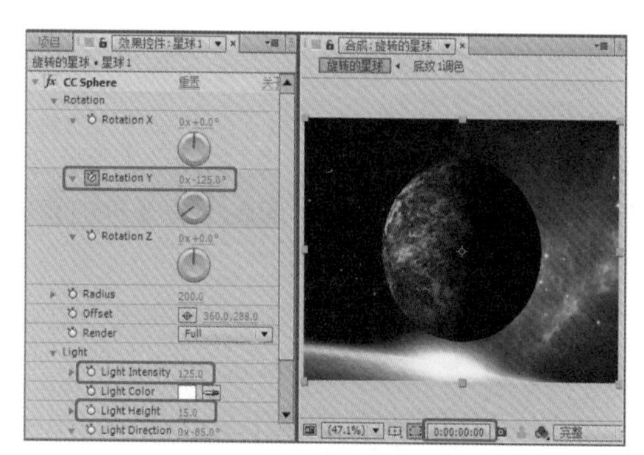

图 6-209 添加效果并设置参数（2）

使用 CC Sphere（球面）效果可以对图形进行一个球形的处理，并且可以在任意角度去观察。

（13）将当前时间设置为 0:00:06:24，将 Rotation Y（Y 向旋转）设置为 −14°，如图 6-210 所示。

（14）在时间轴中，将【星球 1】图层的【位置】设置为 554、353，将【缩放】设置为 60%、53.3%，如图 6-211 所示。

单击【缩放】右侧的按钮，取消约束比例，即可设置不同的【缩放】参数。

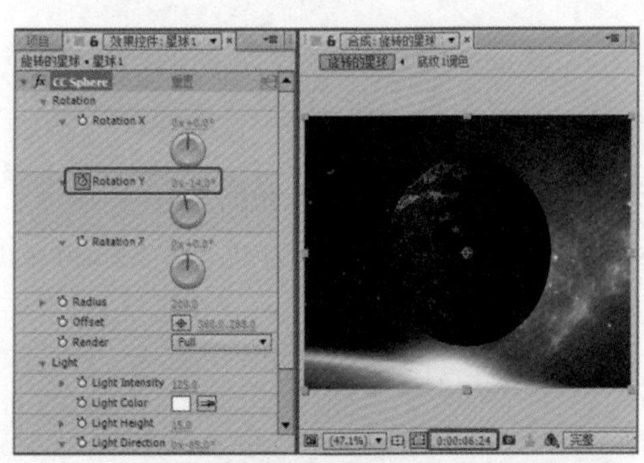

图 6-210　设置关键帧参数（1）

图 6-211　调整图层

（15）确认【星球 1】图层处于选择状态，按 Ctrl+D 组合键复制出【星球 2】图层，将【星球 2】图层的混合模式设置为【屏幕】，如图 6-212 所示。

（16）调整 CC Sphere（球面）效果参数，在【效果控件】面板中，展开 Light（灯光）组，将 Light Intensity（灯光强度）设置为 145，将 Light Height（灯光高度）设置为 −15，如图 6-213 所示。

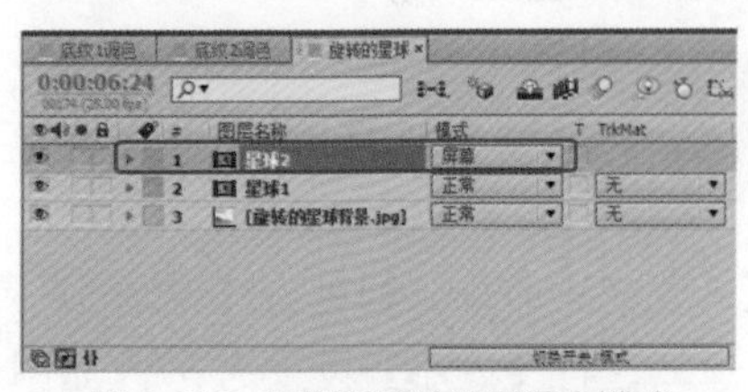

图 6-212　复制图层并设置混合模式

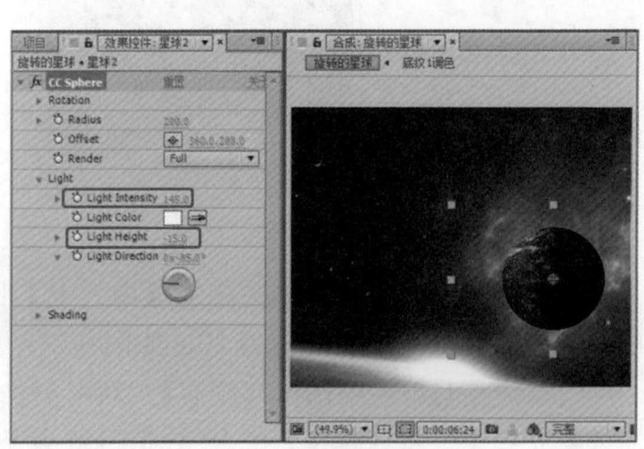

图 6-213　更改效果参数（1）

（17）在【项目】面板中将【底纹2调色】合成拖动至时间轴中，将其重命名为【星球3】，将混合模式设置为【屏幕】，如图6-214所示。

（18）按Ctrl+C组合键复制【星球2】图层中的CC Sphere（球面）效果，选择【星球3】图层，按Ctrl+V组合键复制效果，并在时间轴中将【缩放】设置为60%、53.3%，将【位置】设置为554、353，如图6-215所示。

图6-214　重命名合成并设置混合模式

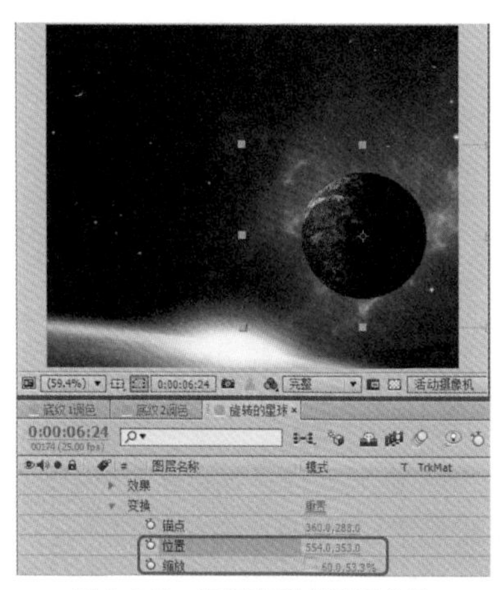

图6-215　复制效果并设置参数

（19）在【效果控件】组中更改CC Sphere（球面）效果参数，将Render（渲染设置）设置为Outside，在Light（灯光）组中将Light Intensity（灯光强度）设置为0，在Shading（着色方式）组中将Ambient（环境亮度）设置为100，如图6-216所示。

（20）确认【星球3】图层处于选择状态，在菜单栏中选择【图层】|【图层样式】|【内发光】命令，如图6-217所示。

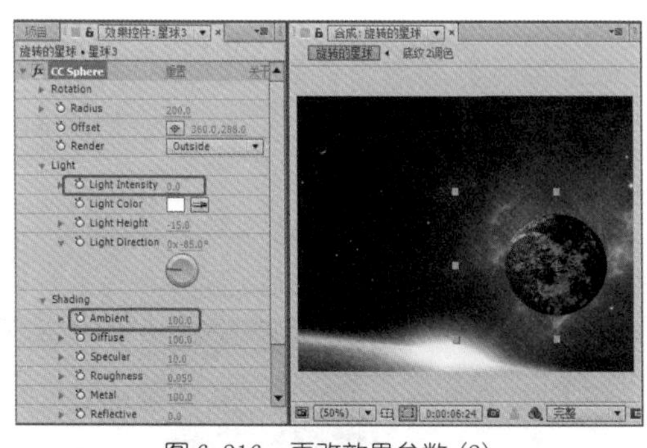

图6-216　更改效果参数（2）

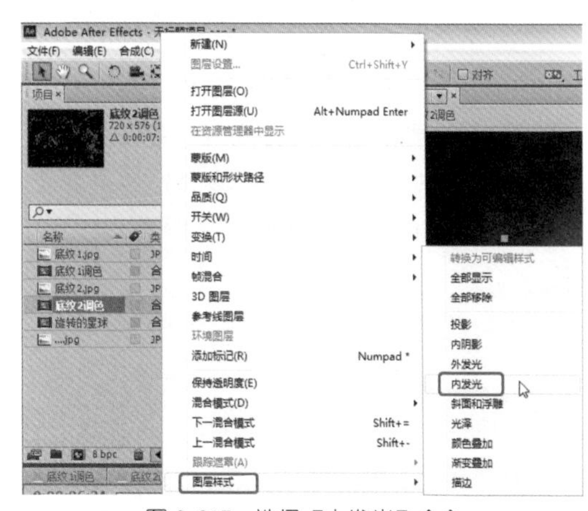

图6-217　选择【内发光】命令

（21）为【星球3】图层添加【内发光】图层样式，将【颜色】的RGB值设置为106、190、255，将【大小】设置为20，如图6-218所示。

（22）在菜单栏中选择【图层】|【图层样式】|【外发光】命令，即可为【星球3】图层添加外发光效果，将【颜色】的RGB值设置为3、142、255，将【大小】设置为37，如图6-219所示。

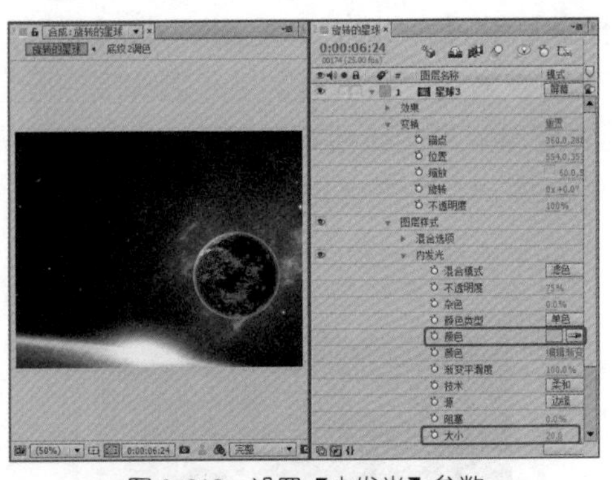

图 6-218 设置【内发光】参数

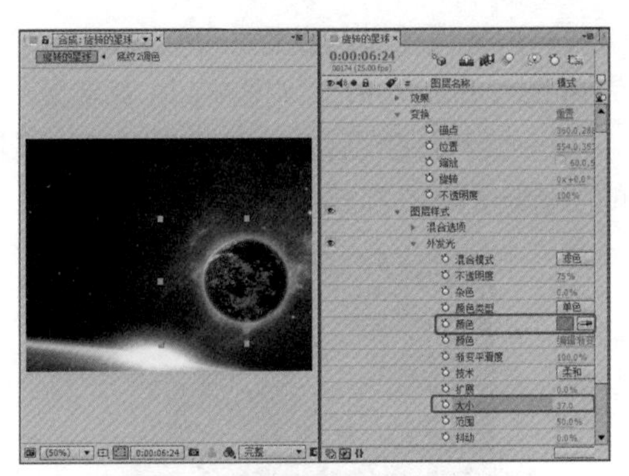

图 6-219 添加图层样式并设置参数

(23) 在时间轴中打开所有图层的 3D 图层，如图 6-220 所示。

(24) 在时间轴的空白处右击，在弹出的快捷菜单中选择【新建】|【摄像机】命令，如图 6-221 所示。

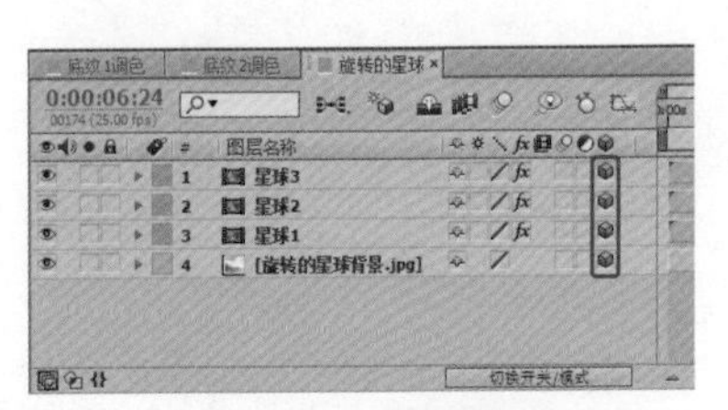

图 6-220 打开 3D 图层

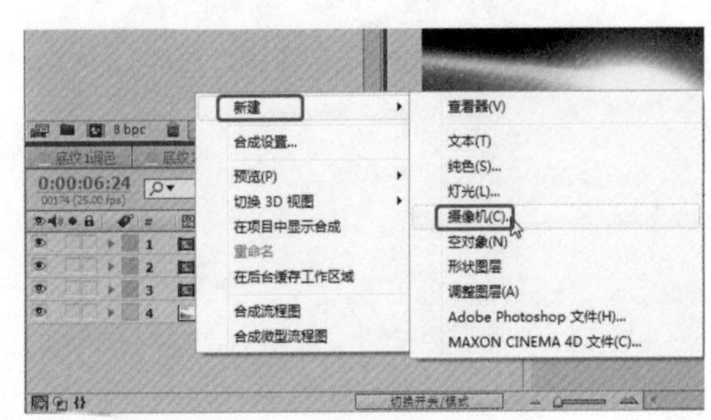

图 6-221 选择【摄像机】命令

(25) 弹出【摄像机设置】对话框，在该对话框中将【预设】设置为 50 毫米，单击【确定】按钮即可，如图 6-222 所示。

(26) 将当前时间设置为 0:00:00:00，在【摄像机 1】图层中单击【目标点】和【位置】左侧的 ⏱ 按钮，如图 6-223 所示。

可以使用摄像机图层从任何角度和距离查看 3D 图层。就像在现实世界中，在场景之中和周围移动摄像机比移动和旋转场景本身容易一样，通过设置摄像机图层并在合成中来回移动它来获得合成的不同视图通常最容易。

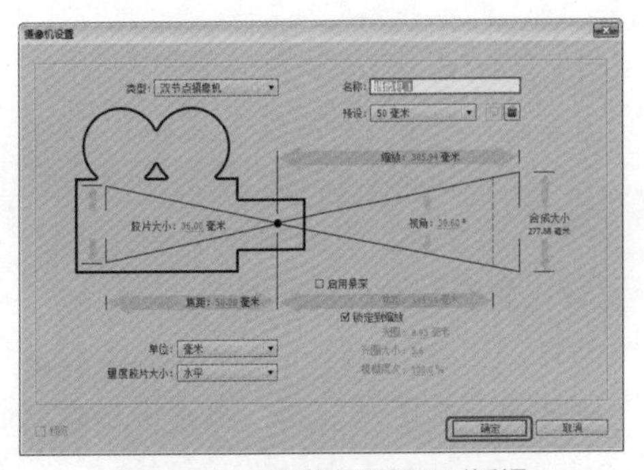

图 6-222 【摄像机设置】对话框

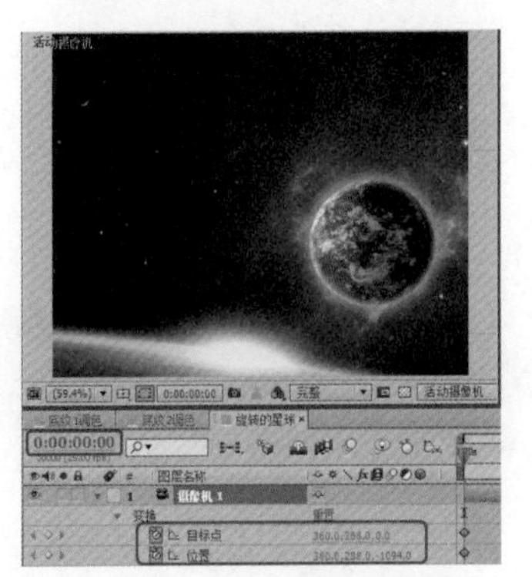

图 6-223 开启动画关键帧记录

（27）将当前时间设置为0:00:06:24，将【目标点】设置为469、340、60，将【位置】设置为360、288、-697，如图6-224所示。

（28）设置完成后，按空格键在【合成】面板中查看效果，如图6-225所示，然后对完成后的场景进行保存和输出即可。

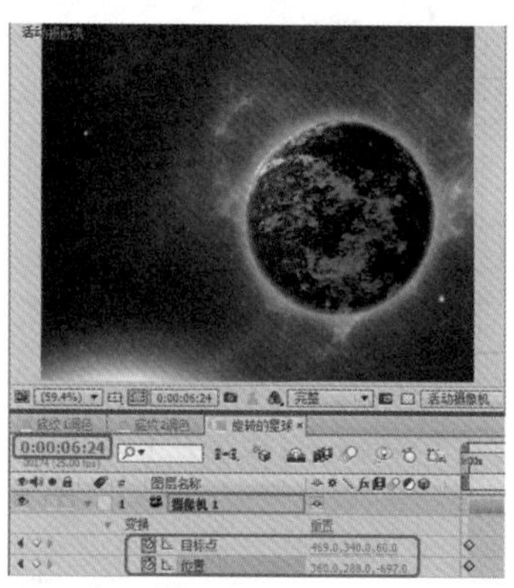

图6-224　设置关键帧参数(2)

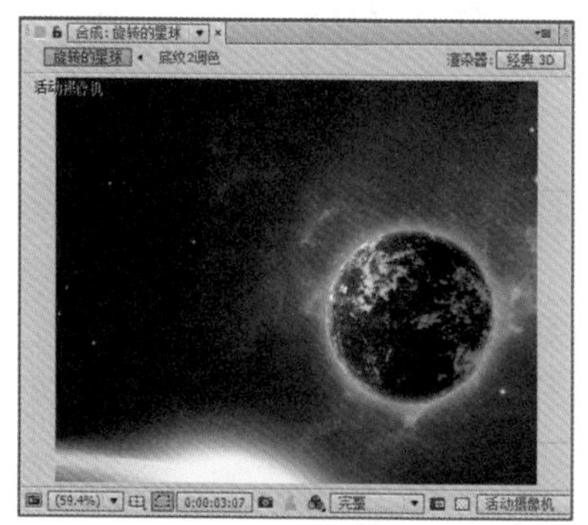

图6-225　预览效果

第7章 图像调色

本章重点

- 电影调色
- 更换背景风格
- 更换颜色衣服
- 黑白照片效果
- 怀旧照片效果
- 渐变背景效果
- 惊悚照片效果
- 季节变换效果
- 素描效果
- 制作暖光效果
- 修复照片中的明暗失调
- 调整色彩失调
- 炭笔效果

在影视制作中，图像处理时经常需要对图像颜色进行调整，色彩的调整主要通过对图像的明暗、对比度、饱和度以及色相等调整，来达到改善图像质量的目的，以便更好地控制影片的色彩信息，制作出更加理想的视频画面效果。本章将介绍对合成图像进行调色的方法与技巧。

案例精讲 071　电影调色

案例文件：光盘 | 场景 | Cha07 | 电影调色 .aep
视频文件：光盘 | 视频教学 | Cha07 | 电影调色 .avi

制作概述

本例将介绍电影调色。本例首先添加素材图片，然后为图层添加【照片滤镜】、【通道混合器】和【曲线】效果，最后设置图层的【缩放】和【不透明度】关键帧动画。完成后的效果如图 7-1 所示。

图 7-1　电影调色

学习目标

学习设置图层的【照片滤镜】、【通道混合器】和【曲线】效果。

操作步骤

(1) 启动 Adobe After Effects CC 软件，在【项目】面板中双击，在弹出的【导入文件】对话框中选择随书光盘中的光盘 | 素材 |Cha07| 01.jpg 素材图片，然后单击【导入】按钮。将【项目】面板中的 01.jpg 素材图片添加到时间轴面板中，如图 7-2 所示。

(2) 选择时间轴中的 01.jpg 层，在菜单栏中选择【效果】|【颜色校正】|【照片滤镜】命令，如图 7-3 所示。

图 7-2　添加素材图层

图 7-3　选择【照片滤镜】命令

（3）在【效果控件】面板中将【照片滤镜】中的【滤镜】设置为【自定义】，然后将【颜色】的 RGB 设置为 27、80、107，【密度】设置为 75.0%，如图 7-4 所示。

（4）在菜单栏中选择【效果】|【颜色校正】|【通道混合器】命令，如图 7-5 所示。

图 7-4 设置【照片滤镜】效果

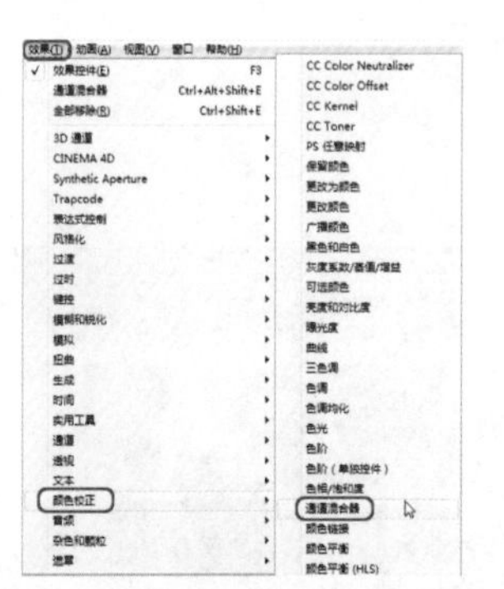
图 7-5 选择【通道混合器】命令

知识链接

【照片滤镜】效果可模拟以下技术：在摄像机镜头前面加彩色滤镜，以便调整通过镜头传输光的颜色平衡和色温；使胶片曝光。可以选择颜色预设将色相调整应用到图像，也可以使用拾色器或吸管指定自定义颜色。

（5）在【效果控件】面板中设置【通道混合器】的效果参数，将【红色 - 蓝色】设置为 33，【红色 - 恒量】设置为 -18，【绿色 - 红色】设置为 15，【绿色 - 蓝色】设置为 -13，【绿色 - 恒量】设置为 3，【蓝色 - 红色】设置为 -22，【蓝色 - 绿色】设置为 -23，【蓝色 - 蓝色】设置为 100，【蓝色 - 恒量】设置为 17，如图 7-6 所示。

（6）在菜单栏中选择【效果】|【颜色校正】|【曲线】命令，如图 7-7 所示。

图 7-6 设置【通道混合器】的效果参数

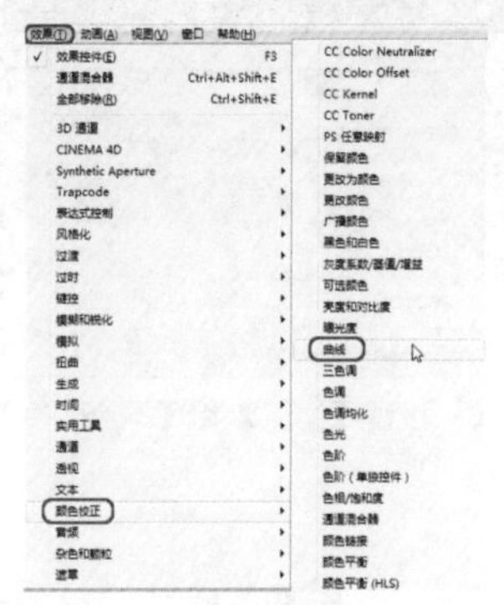
图 7-7 选择【曲线】命令

知识链接

【通道混合器】效果可通过混合当前的颜色通道来修改颜色通道。使用此效果可执行使用其他颜色调整工具无法轻易完成的创意颜色调整：通过从每个颜色通道中选择贡献百分比来创建高品质的灰度图像，创建高品质的棕褐色调或其他色调的图像，以及互换或复制通道。

(7) 在【效果控件】面板中设置【曲线】的效果参数，对曲线进行调整，如图 7-8 所示。

(8) 在时间轴中右击，在弹出的快捷菜单中选择【合成设置】命令。在弹出的【合成设置】对话框中，将【持续时间】设置为 0:00:08:00，【背景颜色】设置为黑色，然后单击【确定】按钮，如图 7-9 所示。

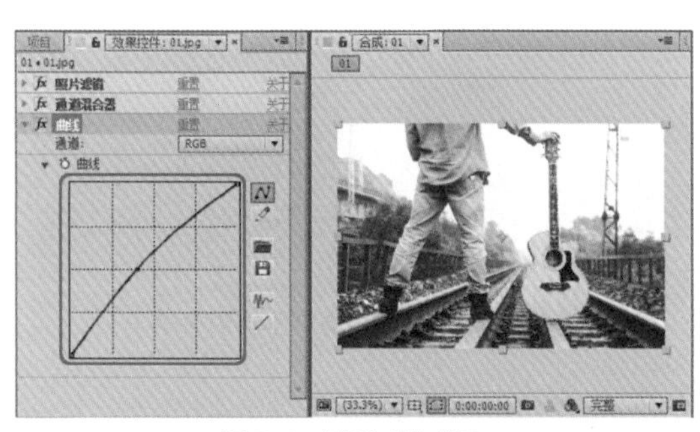

图 7-8 设置【曲线】

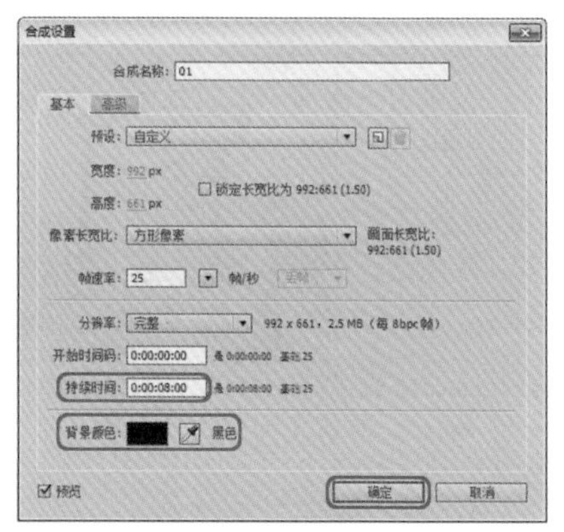

图 7-9 【合成设置】对话框

(9) 确认当前时间为 0:00:00:00，将 01.jpg 层的【变换】|【缩放】设置为 218.0%，【不透明度】设置为 0%，然后单击【缩放】和【不透明度】左侧的按钮，如图 7-10 所示。

(10) 将当前时间设置为 0:00:01:11，将【不透明度】设置为 100%，如图 7-11 所示。

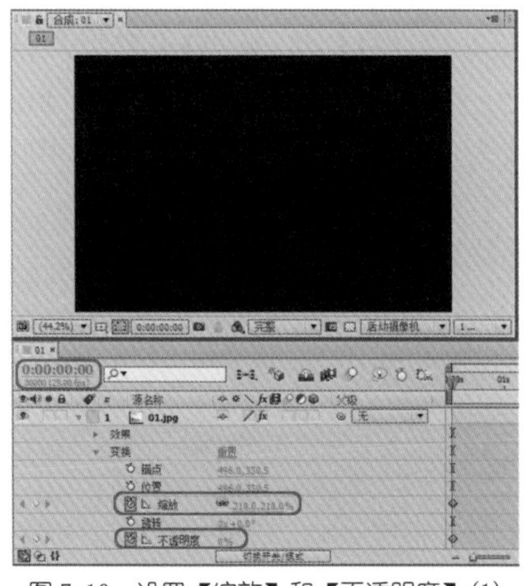

图 7-10 设置【缩放】和【不透明度】(1)

图 7-11 设置【不透明度】(1)

将图层的持续时间设置为 0:00:08:00。

(11) 将当前时间设置为 0:00:06:02，将【缩放】设置为 100.0%，然后单击【不透明度】左侧的，添加关键帧，如图 7-12 所示。

(12) 将当前时间设置为 0:00:07:24，将【不透明度】设置为 0%，如图 7-13 所示。

图 7-12　设置【缩放】和【不透明度】(2)

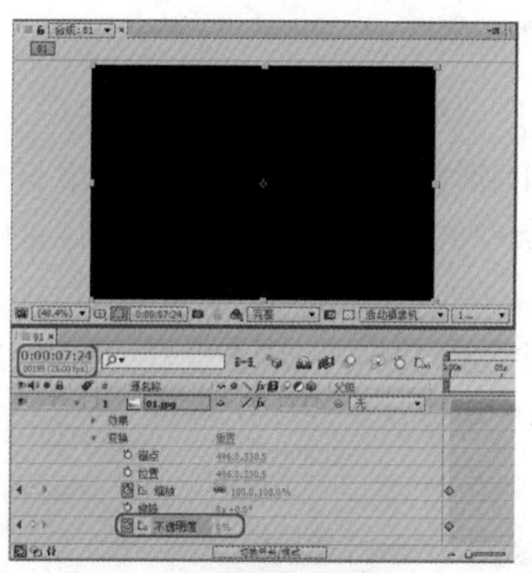

图 7-13　设置【不透明度】(2)

(13) 按 Ctrl+M 组合键，在【渲染队列】面板中设置合成的输出位置和名称，然后单击【渲染】按钮，如图 7-14 所示。最后将场景文件进行保存。

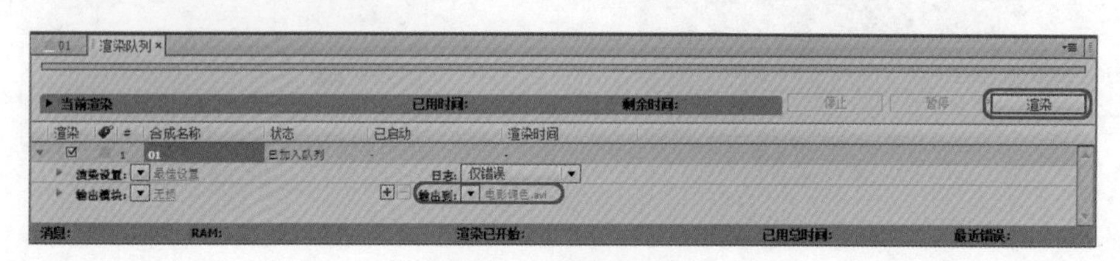

图 7-14　渲染输出视频

案例精讲 072　更换背景风格

案例文件：光盘 | 场景 | Cha07 | 更换背景风格 .aep

视频文件：光盘 | 视频教学 | Cha07 | 更换背景风格 .avi

制作概述

本例将介绍如何更换背景风格。本例首先添加素材图片并复制图层，然后在图层上设置【色阶】效果，然后设置图层【不透明度】的关键帧动画。完成后的效果如图 7-15 所示。

图 7-15　更换背景风格

学习目标

学习设置图层的设置【色阶】效果，学习设置图层的【不透明度】关键帧动画。

操作步骤

(1) 启动 Adobe After Effects CC 软件，在【项目】面板中双击，在弹出的【导入文件】对话框中选择随书光盘中的光盘 | 素材 |Cha07| 02.jpg 素材图片，然后单击【导入】按钮。将【项目】面板中的 02.jpg 素材图片添加到时间轴面板中，如图 7-16 所示。

(2) 在时间轴中右击，在弹出的快捷菜单中选择【合成设置】命令。在弹出的【合成设置】对话框中，将【持续时间】设置为 0:00:07:00，【背景颜色】设置为黑色，然后单击【确定】按钮，如图 7-17 所示。

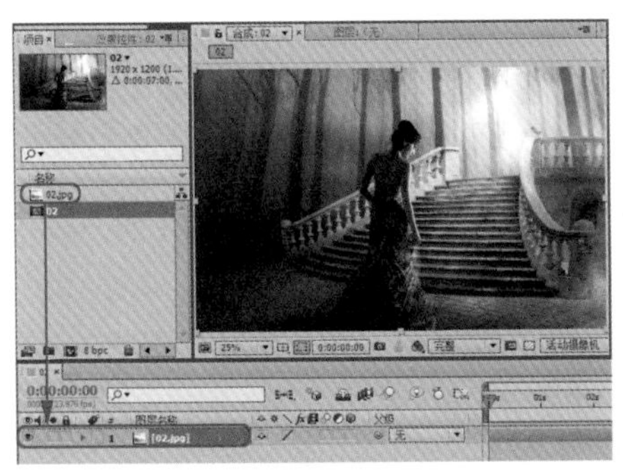

图 7-16　添加素材图层

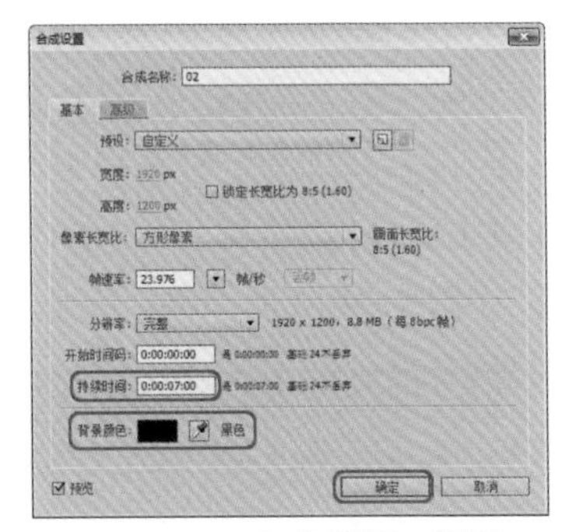

图 7-17　【合成设置】对话框

将图层的持续时间设置为 0:00:07:00。

(3) 选中时间轴中的 02.jpg 层，按 Ctrl+D 组合键复制图层。选中复制得到的图层，在菜单栏中选择【效果】|【颜色校正】|【色阶】命令，如图 7-18 所示。

(4) 在【效果控件】面板中，【色阶】的【通道】设置为 RGB，【灰度系数】设置为 1.50，如图 7-19 所示。

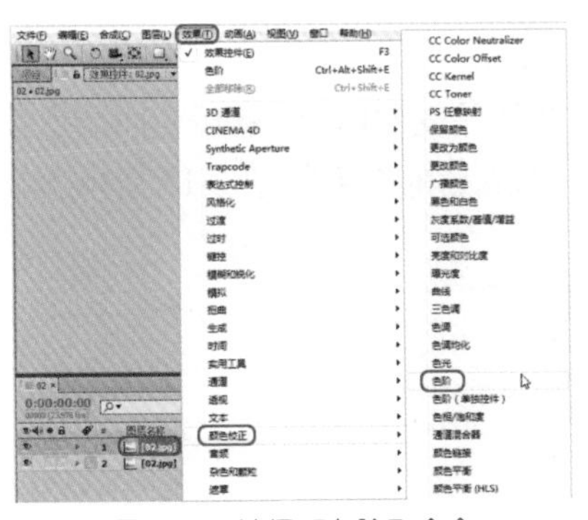

图 7-18　选择【色阶】命令

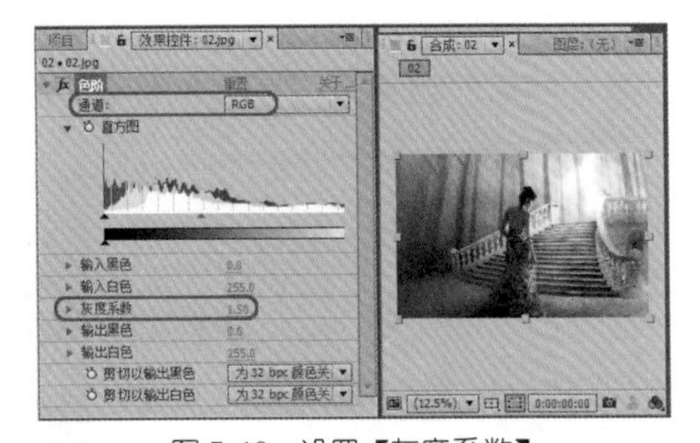

图 7-19　设置【灰度系数】

知识链接

【色阶】效果可将输入颜色或 Alpha 通道色阶的范围重新映射到输出色阶的新范围，并由灰度系数值确定值的分布。此效果的作用与 Photoshop 的【色阶】调整很相似。

(5) 将【色阶】的【通道】设置为【红色】，【红色输入黑色】设置为18.0，如图7-20所示。

(6) 将【色阶】的【通道】设置为【绿色】，【绿色输入黑色】设置为10.0，【绿色灰度系数】设置为1.10，如图7-21所示。

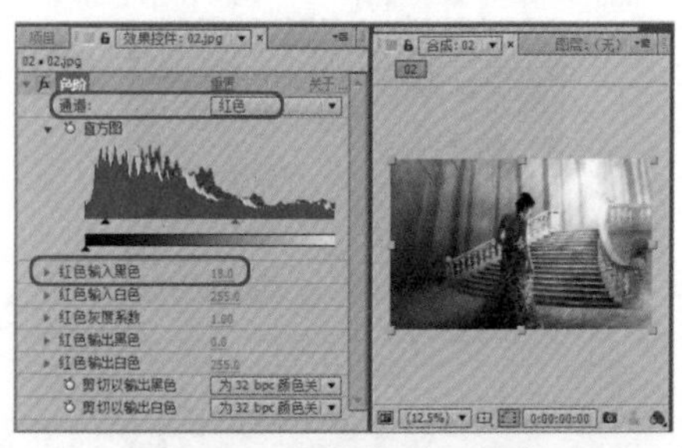

图7-20　设置【红色】通道

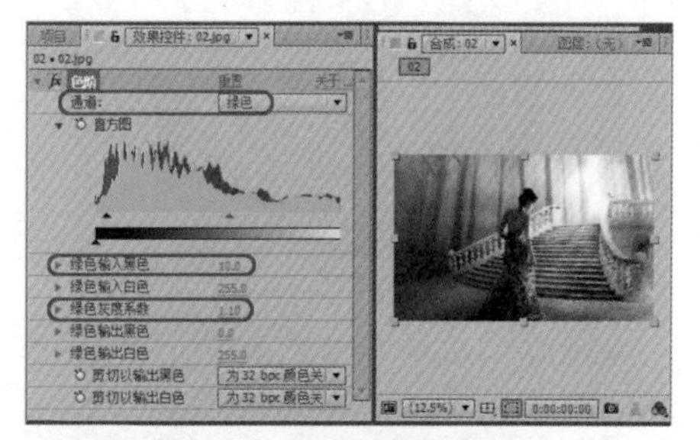

图7-21　设置【绿色】通道

(7) 将【色阶】的【通道】设置为【蓝色】，【蓝色输入黑色】设置为10.0，如图7-22所示。

(8) 将当前时间设置为0:00:03:11，选中时间轴中的02.jpg层，按Alt+[组合键，将时间线左侧部分删除，如图7-23所示。

图7-22　设置【蓝色】通道

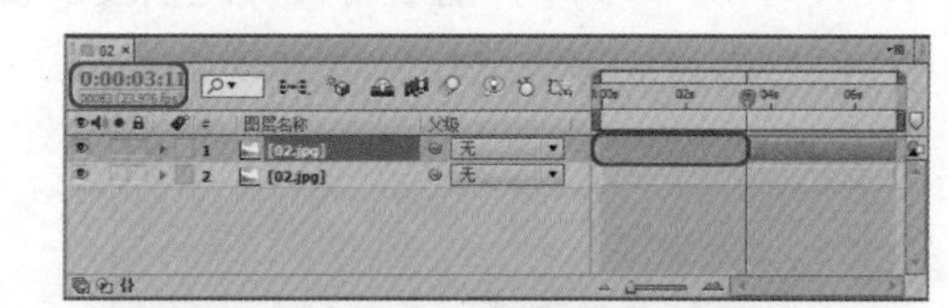

图7-23　剪裁删除图层

(9) 将当前时间设置为0:00:00:00，将底层02.jpg的【不透明度】设置为0%，并单击【不透明度】左侧的按钮，插入关键帧，如图7-24所示。

(10) 将当前时间设置为0:00:01:00，将底层02.jpg的【不透明度】设置为100%，如图7-25所示。

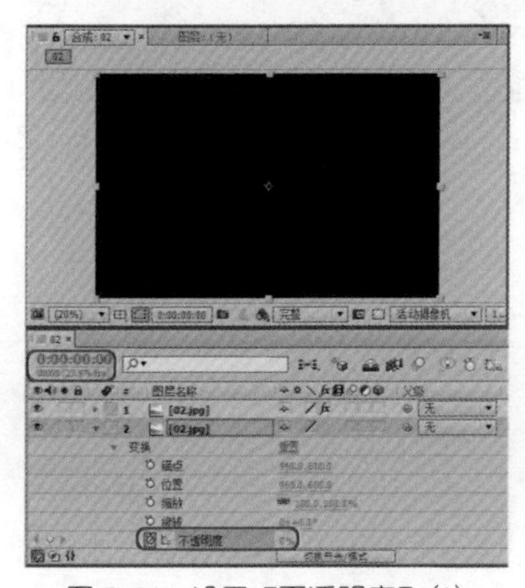

图7-24　设置【不透明度】(1)

图7-25　设置【不透明度】(2)

(11) 将当前时间设置为0:00:03:00，单击【不透明度】左侧的，添加关键帧，如图7-26所示。

（12）将当前时间设置为 0:00:03:11，将底部图层的【不透明度】设置为 0%，顶部图层的【不透明度】设置为 0%，并添加关键帧，如图 7-27 所示。

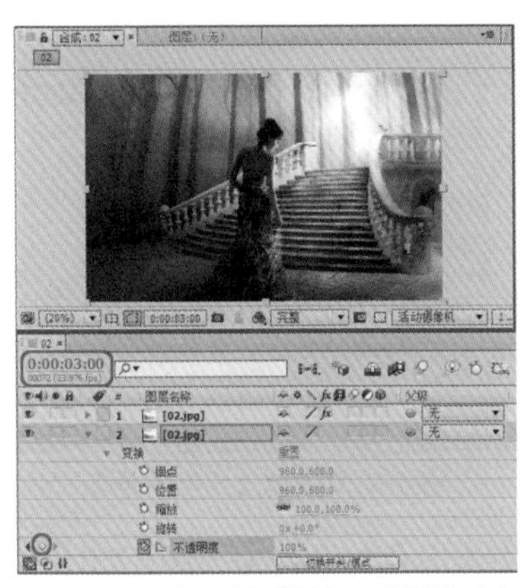
图 7-26　添加【不透明度】关键帧（1）

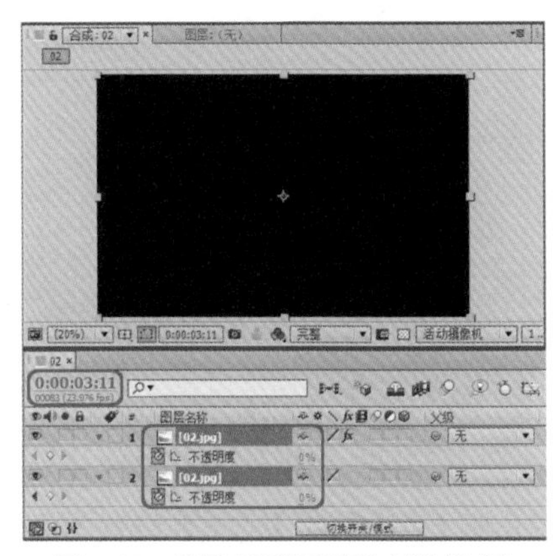
图 7-27　设置【不透明度】关键帧（2）

（13）将当前时间设置为 0:00:04:01，将顶部图层的【不透明度】设置为 100%，如图 7-28 所示。

（14）将当前时间设置为 0:00:06:00，单击【不透明度】左侧的，添加关键帧。将当前时间设置为 0:00:06:23，然后将【不透明度】设置为 0%，如图 7-29 所示。

（15）将合成渲染输出并保存场景文件。

图 7-28　设置【不透明度】（3）

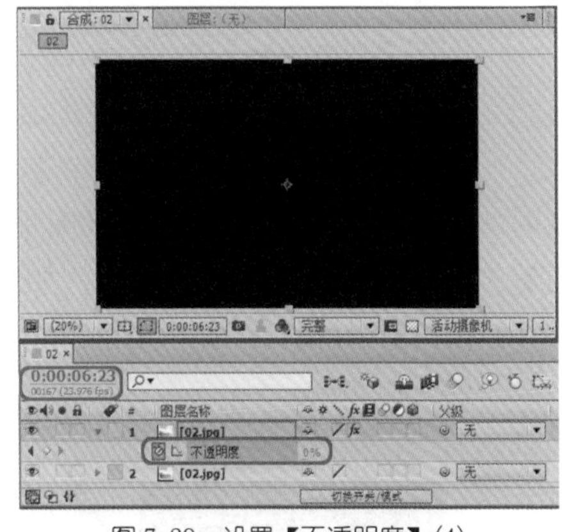
图 7-29　设置【不透明度】（4）

案例精讲 073　更换颜色衣服

案例文件：光盘 | 场景 | Cha07 | 更换颜色衣服 .aep

视频文件：光盘 | 视频教学 | Cha07 | 更换颜色衣服 .avi

制作概述

本例将介绍如何更换颜色衣服。本例首先添加素材图片，然后在图层上设置【更改为颜色】效果，然后设置图层的【不透明度】关键帧，实现图像的转场效果。完成后的效果如图 7-30 所示。

图 7-30　更换颜色衣服

学习目标

学习设置图层的【更改为颜色】效果。

操作步骤

(1) 启动 Adobe After Effects CC 软件，在【项目】面板中双击，在弹出的【导入文件】对话框中选择随书光盘中的光盘 | 素材 |Cha07| 03.jpg 素材图片，然后单击【导入】按钮。将【项目】面板中的 03.jpg 素材图片添加到时间轴面板中，如图 7-31 所示。

(2) 在时间轴中右击，在弹出的快捷菜单中选择【合成设置】命令。在弹出的【合成设置】对话框中，将【持续时间】设置为 0:00:02:00，然后单击【确定】按钮，如图 7-32 所示。

图 7-31　导入素材图层

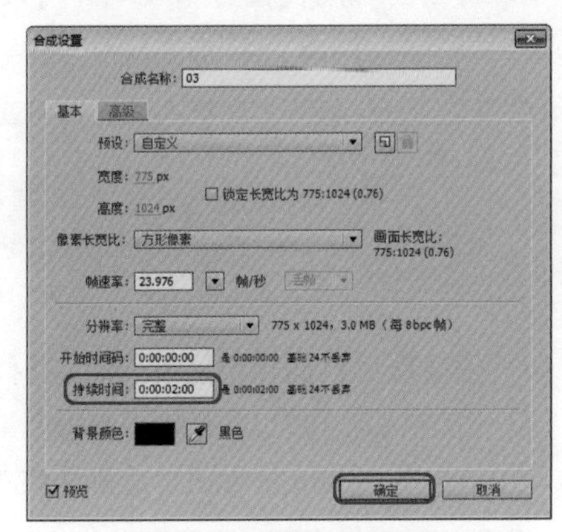

图 7-32　设置【持续时间】

将图层的持续时间设置为 0:00:02:00。

(3) 选中时间轴中的 03.jpg 层，在菜单栏中选择【效果】|【颜色校正】|【更改为颜色】命令，如图 7-33 所示。

(4) 在【效果控件】面板中将【更改为颜色】的【自】RGB 值设置为 118、35、118，【收件人】RGB 值设置为 95、3、208，【容差】|【亮度】设置为 70.0%，【柔和度】设置为 0.0%，如图 7-34 所示。

知识链接

【更改为颜色】效果可将您在图像中选择的颜色更改为使用色相、亮度和饱和度 (HLS) 值的其他颜色，同时使其他颜色不受影响。【更改为颜色】效果可提供【更改颜色】效果未提供的灵活性和选项。这些选项包括用于精确颜色匹配的色相、亮度和饱和度容差滑块，以及选择要更改为的目标颜色的精确 RGB 值的功能。

图 7-33　选择【更改为颜色】命令

图 7-34　设置【更改为颜色】效果

(5) 将当前时间设置为 0:00:01:00，选中时间轴中的 03.jpg 层，按 Alt+[组合键，将时间线左侧部分删除，如图 7-35 所示。

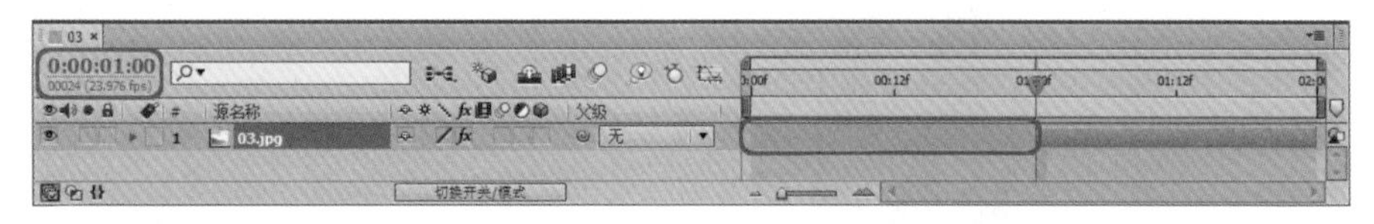

图 7-35　剪裁素材图层

(6) 将【项目】面板中的 03.jpg 素材图片添加到时间轴中的底层，如图 7-36 所示。

(7) 将当前时间设置为 0:00:00:13，将时间轴底层的 03.jpg 层的【不透明度】设置为 100%，并单击其左侧的按钮，添加关键帧，如图 7-37 所示。

图 7-36　添加素材图层

图 7-37　设置【不透明度】关键帧

（8）将当前时间设置为0:00:01:00，然后设置两个图层的【不透明度】关键帧都为0%，如图7-38所示。

（9）将当前时间设置为0:00:01:12，将顶层03.jpg的【不透明度】设置为100%，如图7-39所示。

（10）将合成渲染输出并保存场景文件。

图7-38　设置【不透明度】(1)

图7-39　设置【不透明度】(2)

案例精讲074　黑白照片效果

 案例文件：光盘 | 场景 | Cha07 | 黑白照片效果.aep

 视频文件：光盘 | 视频教学 | Cha07 | 黑白照片效果.avi

制作概述

本例将介绍如何制作黑白照片效果。本例首先添加素材图片，然后在图层上设置【黑色和白色】和【亮度和对比度】效果，最后设置图层的【缩放】关键帧动画。完成后的效果如图7-40所示。

图7-40　黑白照片效果

学习目标

学习设置图层的【黑色和白色】和【亮度和对比度】效果。

操作步骤

(1) 启动 Adobe After Effects CC 软件，在【项目】面板中双击，在弹出的【导入文件】对话框中选择随书光盘中的光盘 | 素材 |Cha07| 04.jpg 素材图片，然后单击【导入】按钮。将【项目】面板中的 04.jpg 素材图片添加到时间轴面板中，如图 7-41 所示。

(2) 选中时间轴中的 04.jpg 层，在菜单栏中选择【效果】|【颜色校正】|【黑色和白色】命令，如图 7-42 所示。

图 7-41　添加素材图层

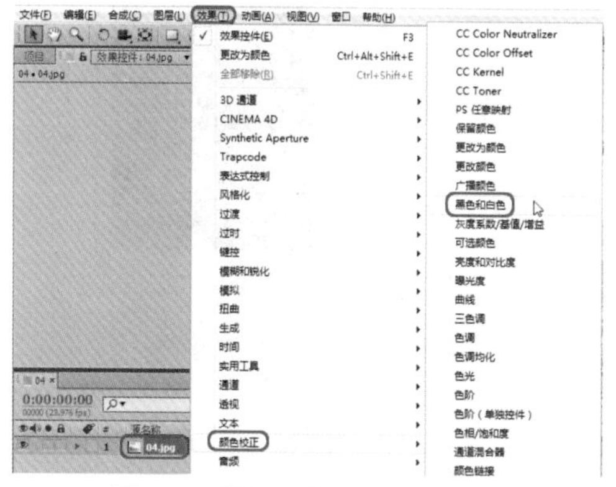

图 7-42　选择【黑色和白色】命令

知识链接

【黑色和白色】效果可将彩色图像转换为灰度，以便控制如何转换单独的颜色。此效果适用于 8-bpc 和 16-bpc 颜色。减小或增大各颜色分量的属性值，可以将该颜色通道转换为更暗或更亮的灰色阴影。要使用颜色为图像着色，选择【色调】，并单击色板或吸管以指定颜色。

(3) 在【效果控件】面板中将【黑色和白色】中的【红色】、【黄色】和【绿色】都设置为 50.0，如图 7-43 所示。

(4) 在菜单栏中选择【效果】|【颜色校正】|【亮度和对比度】命令，如图 7-44 所示。

图 7-43　设置【黑色和白色】参数

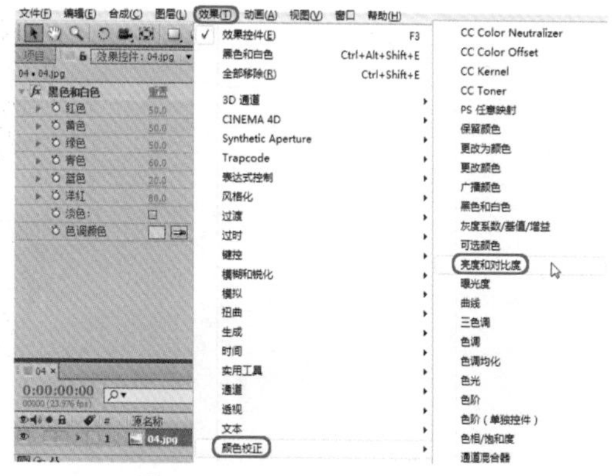

图 7-44　选择【亮度和对比度】

(5) 在【效果控件】面板中将【亮度和对比度】的【亮度】设置为 −20.0，【对比度】设置为 12.0，如图 7-45 所示。

(6) 在时间轴中右击，在弹出的快捷菜单中选择【合成设置】命令。在弹出的【合成设置】对话框中，将【持续时间】设置为0:00:03:00，然后单击【确定】按钮，如图7-46所示。

将图层的持续时间设置为0:00:03:00。

图7-45　设置【亮度和对比度】参数

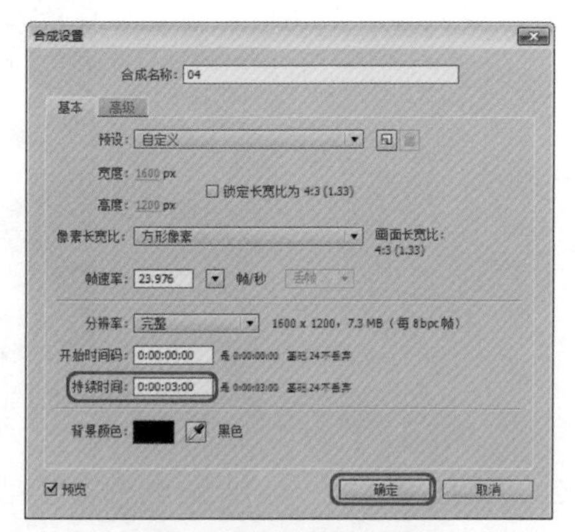

图7-46　设置【持续时间】

(7) 将当前时间设置为0:00:00:00，将时间轴中04.jpg层的【缩放】设置为110%，并单击其左侧的按钮，添加关键帧，如图7-47所示。

(8) 将当前时间设置为0:00:02:23，将时间轴中04.jpg层的【缩放】设置为100%，如图7-48所示。

(9) 将合成渲染输出并保存场景文件。

图7-47　设置【缩放】(1)

图7-48　设置【缩放】(2)

案例精讲075　怀旧照片效果

 案例文件：光盘|场景|Cha07|怀旧照片效果.aep

 视频文件：光盘|视频教学|Cha07|怀旧照片效果.avi

制作概述

本例将介绍如何制作怀旧照片效果。本例首先添加素材图片到时间轴中，然后在图层上添加【颜色平衡】效果，最后设置背景图层的【不透明度】关键帧动画。完成后的效果如图 7-49 所示。

图 7-49　怀旧照片效果

学习目标

学习设置图层的【模式】参数，学习设置图层的【颜色平衡】效果。

操作步骤

（1）在【项目】面板中右击，在弹出的快捷菜单中选择【新建合成】命令。在弹出的【合成设置】对话框中，将【合成名称】输入【怀旧照片效果】，【宽度】和【高度】分别设置为3583px、2376px，【像素长宽比】设置为【方形像素】，【帧速率】设置为 25 帧 / 秒，【分辨率】设置为【四分之一】，【持续时间】设置为 0:00:05:00，然后单击【确定】按钮，如图 7-50 所示。

（2）在【项目】面板中双击，在弹出的【导入文件】对话框中，选择随书光盘中的光盘 | 素材 |Cha07|05.jpg 和 06.jpg 素材图片，然后将 05.jpg 素材图片添加到时间轴中，并将其【缩放】设置为 128.0%，如图 7-51 所示。

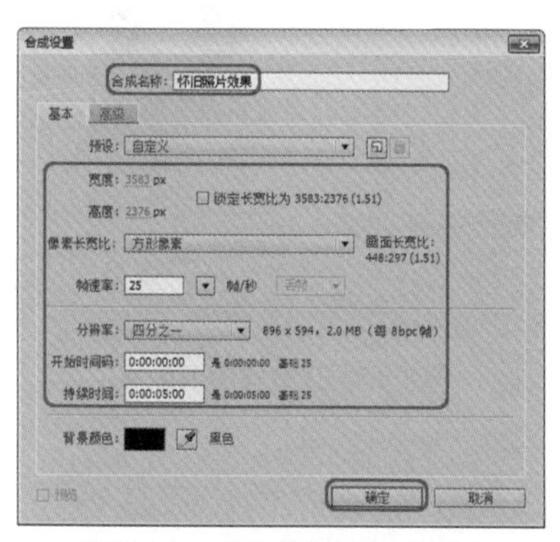

图 7-50　【合成设置】对话框

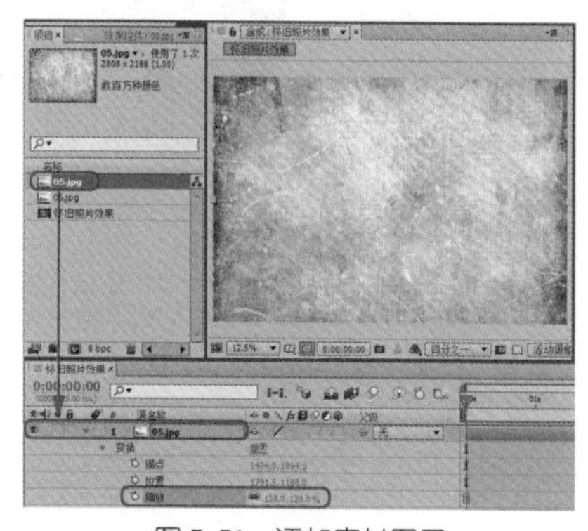

图 7-51　添加素材图层

（3）将 06.jpg 素材图片添加到时间轴的顶层，并将其【模式】设置为【强光】，如图 7-52 所示。

（4）选中时间轴中的 06.jpg 层，在菜单栏中选择【效果】|【颜色校正】|【颜色平衡】命令。

在【效果控件】面板中将【阴影绿色平衡】设置为 28.0，【中间调绿色平】设置为 10.0，【高光红色平衡】设置为 30.0，【高光绿色平衡】设置为 15.0，如图 7-53 所示。

知识链接

【颜色平衡】效果可更改图像阴影、中间调和高光中的红色、绿色和蓝色数量。【保持发光度】选项用于在更改颜色时，保持图像的平均亮度。此控件可保持图像的色调平衡。此效果适用于 8-bpc 和 16-bpc 颜色。

图 7-52　设置【模式】

图 7-53　设置【颜色平衡】参数

(5) 将当前时间设置为 0:00:00:00，将时间轴中 05.jpg 层的【不透明度】设置为 0%，并单击其左侧的按钮，添加关键帧，如图 7-54 所示。

(6) 将当前时间设置为 0:00:02:01，将时间轴中 05.jpg 层的【不透明度】设置为 70%，如图 7-55 所示。

(7) 将合成渲染输出并保存场景文件。

图 7-54　设置【不透明度】(1)

图 7-55　设置【不透明度】(2)

案例精讲 076　渐变背景效果

 案例文件：光盘 | 场景 | Cha07 | 渐变背景效果 .aep

 视频文件：光盘 | 视频教学 | Cha07 | 渐变背景效果 .avi

制作概述

本例将介绍如何制作渐变背景效果。首先添加素材背景图片，然后创建纯色图层，并设置【梯度渐变】效果，最后输入文字并设置文字效果。完成后的效果如图 7-56 所示。

图 7-56　渐变背景效果

学习目标

学习设置【梯度渐变】效果，学习设置文字图层的【斜面 Alpha】效果和【径向阴影】效果。

操作步骤

(1) 在【项目】面板中，右击在弹出的快捷菜单中选择【新建合成】命令。在弹出的【合成设置】对话框中，将【合成名称】输入【渐变背景效果】，【宽度】和【高度】分别设置为 1024px、700px，【像素长宽比】设置为 D1/DV PAL（1.09），【帧速率】设置为 24 帧 / 秒，【分辨率】设置为【完整】，【持续时间】设置为 0:00:00:01，然后单击【确定】按钮，如图 7-57 所示。

(2) 在【项目】面板中双击，在弹出的【导入文件】对话框中选择随书光盘中的光盘 | 素材 |Cha07| 渐变背景 .jpg 素材图片，然后将渐变背景 .jpg 素材图片添加到时间轴中，并将其【缩放】设置为 17.0%，如图 7-58 所示。

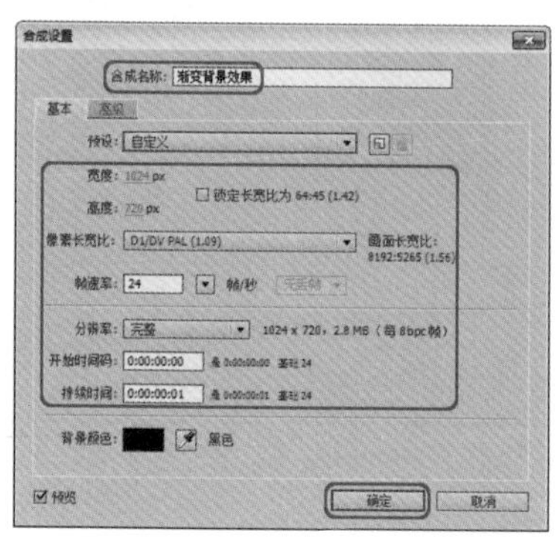

图 7-57　【合成设置】对话框

图 7-58　添加素材图层

(3) 在时间轴中右击，在弹出的快捷菜单中选择【新建】|【纯色】命令，在弹出的【纯色设置】对话框中，单击【制作合成大小】按钮，然后单击【确定】按钮，如图 7-59 所示。

(4) 选中时间轴中的纯色图层，在菜单栏中选择【效果】|【生成】|【梯度渐变】命令。在【效果控件】面板中，将【梯度渐变】的【渐变形状】设置为【径向渐变】，【渐变起点】设置为

492.0、412.0，【起始颜色】的RGB值设置为159、215、229，【渐变终点】设置为1052.0、412.0，【结束颜色】的RGB值设置为26、118、144，【渐变散射】设置为50.0，如图7-60所示。

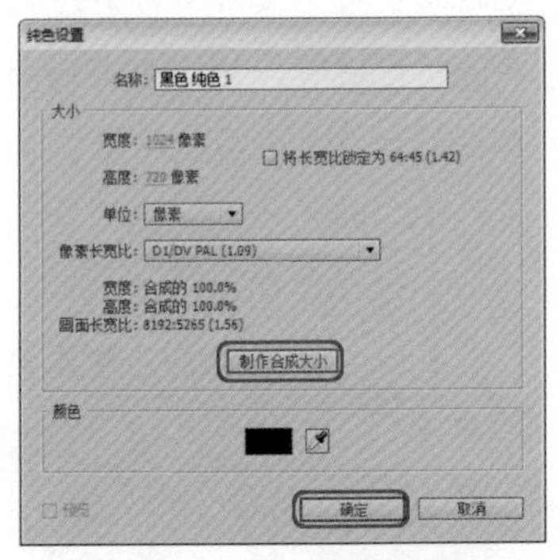

图 7-59 【纯色设置】对话框

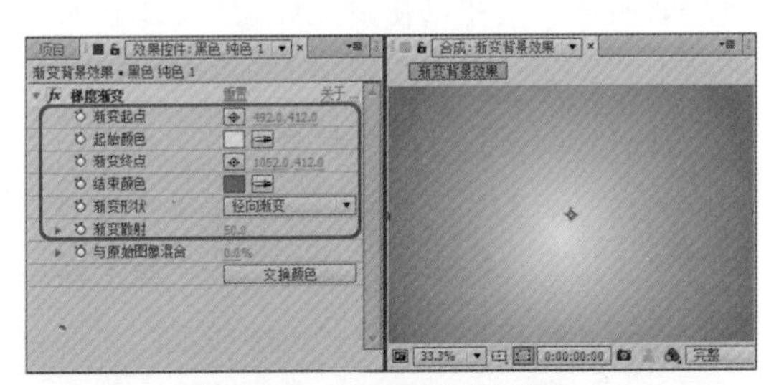

图 7-60 设置【梯度渐变】

(5) 在时间轴中，将纯色图层调整到最底层，如图7-61所示。

(6) 在工具栏中使用【横排文字工具】T，在【合成】面板中输入文字，将【字体】设置为【微软雅黑】，【字体大小】设置为55像素，【填充颜色】设置为白色，【描边颜色】的RGB值设置为1、143、184，【字符间距】设置为200，【描边宽度】设置为11像素，选择【在填充上描边】，单击【仿写体】T按钮，如图7-62所示。

图 7-61 调整图层顺序

图 7-62 输入文字

(7) 在菜单栏中选择【效果】|【透视】|【斜面Alpha】命令，在【效果控件】面板中，将【斜面Alpha】中的【边缘厚度】设置为2.8，如图7-63所示。

(8) 在菜单栏中选择【效果】|【透视】|【径向阴影】命令，在【效果控件】面板中，将【径向阴影】中的【光源】设置为186.0、41.0，【投影距离】设置为2.0，【柔和度】设置为5.5，如图7-64所示。

图 7-63 设置【斜面Alpha】效果

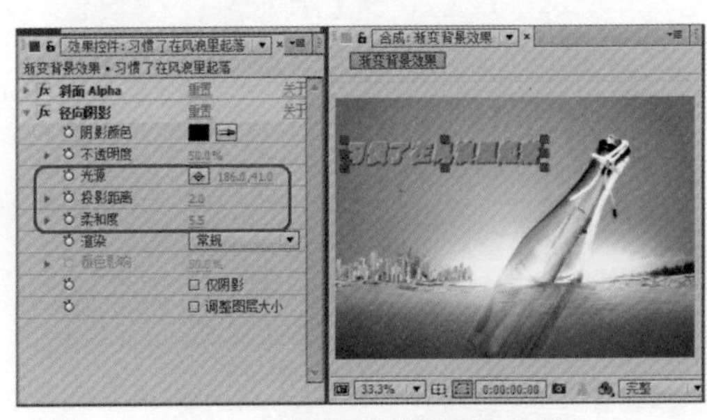

图 7-64 设置【径向阴影】效果

知识链接

【径向阴影】效果可在应用此效果的图层上根据点光源而非无限光源（与投影效果一样）创建阴影。阴影从源图层的 Alpha 通道投射，以在光透过半透明区域时，使该图层的颜色影响阴影的颜色。您可以使用此效果使 3D 图层看起来像将阴影投射到 2D 图层上一样。其主要参数如下。

【阴影颜色】：阴影的颜色。

注意：如果从“渲染”控件菜单中选择“玻璃边缘”，则图层的颜色可能会覆盖此选项。有关更多信息，请参阅“渲染”和“颜色影响”控件。

【不透明度】：阴影的不透明度。

【光源】：点光源的位置。

【投影距离】：从图层到阴影落到的表面的距离。阴影随此值增加而增大。

【柔和度】：阴影边缘的柔和度。

【渲染】：渲染的类型分为两种。【常规】：不管图层中是否有半透明像素，均根据【阴影颜色】和【不透明度】值创建阴影。如果选择【常规】，则禁用【颜色影响】控件。【玻璃边缘】：根据图层的颜色和不透明度创建彩色阴影。如果图层包含半透明像素，则阴影会使用图层的颜色和透明度。例如，此选项用于创建通过彩色玻璃的阳光外观。

【颜色影响】：显示在阴影中的图层颜色值的百分比。值为 100%，阴影呈现图层中所有半透明像素的颜色。如果图层不包含半透明像素，则几乎不产生【颜色影响】效果，并且【阴影颜色】值将确定阴影的颜色。减少【颜色影响】值会使阴影中的图层颜色与【阴影颜色】混合。增加“颜色影响”会降低【阴影颜色】的影响。

【仅阴影】：选择此选项，则仅渲染阴影。

【调整图层大小】：选择此选项，则使阴影可扩展到图层的原始边界之外。

(9) 在时间轴中选中文字图层，按 Ctrl+D 组合键复制文字图层，选中复制得到的图层，在【效果控件】面板中将【径向阴影】效果删除，只保留【斜面 Alpha】效果，如图 7-65 所示。

(10) 将顶部文字图层的【位置】设置为 35.0、166.0，如图 7-66 所示。

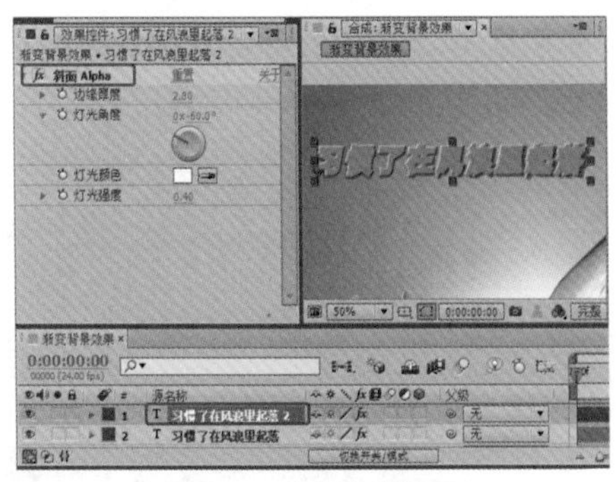

图 7-65　复制文字图层

图 7-66　设置【位置】

(11) 在时间轴中选中顶部的文字图层，按 Ctrl+D 组合键复制文字图层，选中复制得到

的图层，在【效果控件】面板中将【斜面 Alpha】效果删除，在【字符】面板中，将描边设置为白色，描边宽度设置为 1 像素，如图 7-67 所示。最后将场景文件进行保存。

图 7-67　设置文字

案例精讲 077　惊悚照片效果

案例文件：光盘 | 场景 | Cha07 | 惊悚照片效果 .aep

视频文件：光盘 | 视频教学 | Cha07 | 惊悚照片效果 .avi

制作概述

本例将介绍如何制作惊悚照片效果。本例首先添加素材图片，然后在图层上设置【曝光度】效果，最后通过复制关键帧的方法，设置图层的【曝光度】关键帧动画。完成后的效果如图 7-68 所示。

图 7-68　惊悚照片效果

学习目标

学习设置图层的【曝光度】参数。

操作步骤

(1) 在【项目】面板中右击，在弹出的快捷菜单中选择【新建合成】命令。在弹出的【合成设置】对话框中，将【合成名称】输入【惊悚照片效果】，【宽度】和【高度】分别设置为 669px、1000px，【像素长宽比】设置为【方形像素】，【帧速率】设置为 25 帧 / 秒，【分辨率】设置为【完整】，【持续时间】设置为 0:00:05:00，【背景颜色】设置为黑色，然后单击【确定】按钮，如图 7-69 所示。

(2) 在【项目】面板中双击，在弹出的【导入文件】对话框中，选择随书光盘中的光盘 |

素材|Cha07|07.jpg 素材图片，然后将 07.jpg 素材图片添加到时间轴中，如图 7-70 所示。

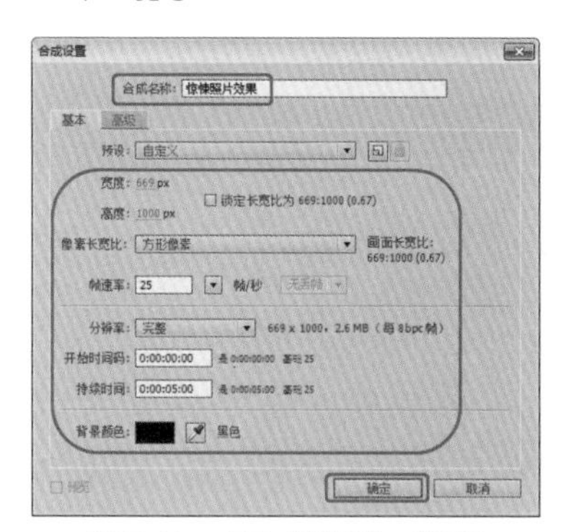

图 7-69 【合成设置】对话框

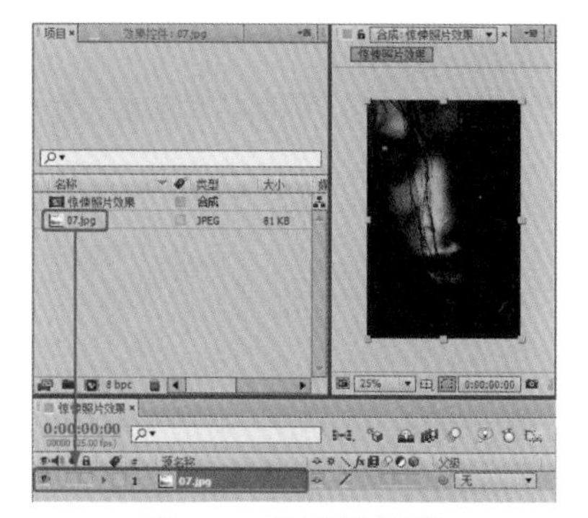

图 7-70 添加素材图层

(3) 将当前时间设置为 0:00:00:09，选中 07.jpg 层，在菜单栏中选择【效果】|【颜色校正】|【曝光度】命令。在【效果控件】面板中将【曝光度】的【通道】设置为【单个通道】，【红色曝光度】设置为 0.03，【绿色曝光度】设置为 1.30，【绿色偏移】设置为 0.0600，【蓝色曝光度】设置为 0.50。然后将设置参数左侧的按钮打开，如图 7-71 所示。

(4) 将当前时间设置为 0:00:00:00，将【曝光度】的【通道】设置为【单个通道】，【红色曝光度】设置为 0.00，【绿色曝光度】设置为 0.00，【绿色偏移】设置为 0.0000，【蓝色曝光度】设置为 0.00，如图 7-72 所示。

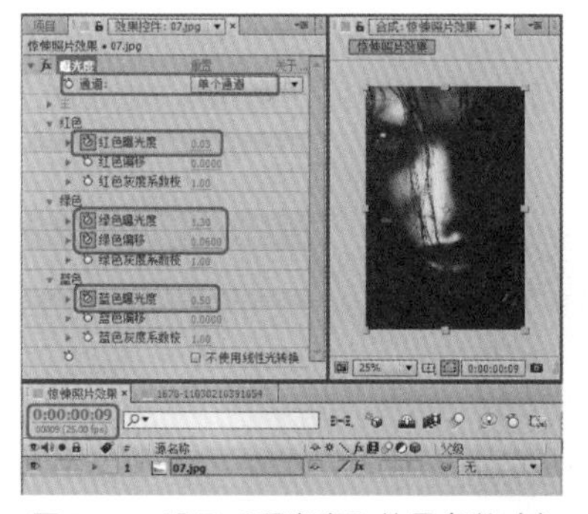

图 7-71 设置【曝光度】效果参数 (1)

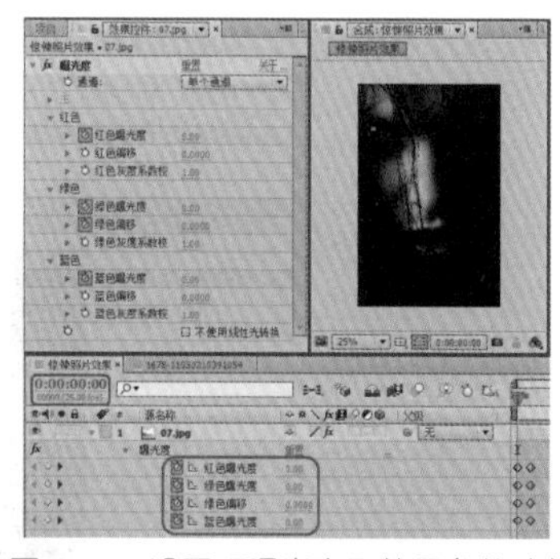

图 7-72 设置【曝光度】效果参数 (2)

选中图层按 U 键，可以显示设置关键帧的属性。

知识链接

【曝光度】效果可对素材进行色调调整，一次可调整一个通道，也可调整所有通道。曝光度效果可模拟修改捕获图像的摄像机的曝光设置（以 f-stops 为单位）的结果。曝光度效果的工作方式是：在线性颜色空间而不是项目的当前颜色空间中执行计算。虽然曝光度效果适合对 32-bpc 颜色的高动态范围 (HDR) 图像执行色调调整，但可以对 8-bpc 和 16-bpc 图像使用此效果。其主要参数如下。

【主音轨】：同时调整所有通道。

【单个通道】：单独调整通道。

【曝光度】：模拟捕获图像的摄像机的曝光设置，将所有光照强度值增加一个常量。曝光度以 f-stops 为单位。

【偏移】：通过对高光所做的最小更改使阴影和中间调变暗或变亮。

【灰度系数校正】：用于为图像添加更多功率曲线调整的灰度系数校正量。值越高，图像越亮；值越低，图像越暗。负值会被视为它们的相应正值（也就是说，这些值仍然保持为负，但仍然会被调整，就像它们是正值一样）。默认值为 1.0，相当于没有任何调整。

【不使用线性光转换】：选择此选项可将曝光度效果应用到原始像素值。如果使用颜色配置文件转换器效果手动管理颜色，则此选项很有用。

(5) 将当前时间设置为 0:00:00:18，在时间轴中选中设置的所有关键帧，按 Ctrl+C 组合键进行复制，然后按 Ctrl+V 组合键粘贴关键帧，如图 7-73 所示。

图 7-73　复制粘贴关键帧（1）

(6) 将当前时间设置为 0:00:01:11，在时间轴中选中设置的所有关键帧，按 Ctrl+C 组合键进行复制，然后按 Ctrl+V 组合键粘贴关键帧，如图 7-74 所示。

(7) 将合成渲染输出并保存场景文件。

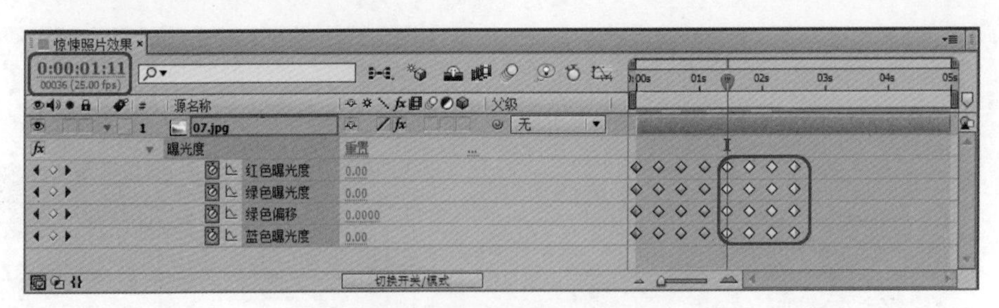

图 7-74　复制粘贴关键帧（2）

案例精讲 078　季节变换效果

案例文件：光盘 | 场景 | Cha07 | 季节变换效果 .aep

视频文件：光盘 | 视频教学 | Cha07 | 季节变换效果 .avi

制作概述

本例将介绍如何制作季节变换效果。本例首先添加素材图片，然后在图层上设置 3 个【更改颜色】效果，最后通过设置【不透明度】关键帧的方法，设置图层之间转场动画。完成后的效果如图 7-75 所示。

图 7-75　季节变换效果

学习目标

学习设置图层的【更改颜色】效果。

操作步骤

（1）在【项目】面板中右击，在弹出的快捷菜单中选择【新建合成】命令。在弹出的【合成设置】对话框中，将【合成名称】输入【季节变换效果】，【宽度】和【高度】分别设置为 1024px、682px，【像素长宽比】设置为【方形像素】，【帧速率】设置为 25 帧 / 秒，【分辨率】设置为【完整】，【持续时间】设置为 0:00:05:00，【背景颜色】设置为黑色，然后单击【确定】按钮，如图 7-76 所示。

（2）在【项目】面板中双击，在弹出的【导入文件】对话框中，选择随书光盘中的光盘 | 素材 |Cha07|08.jpg 素材图片，然后将 08.jpg 素材图片添加到时间轴中，如图 7-77 所示。

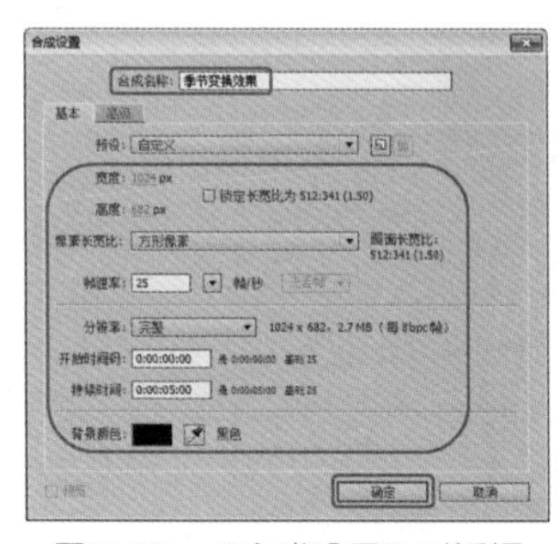

图 7-76　【合成设置】对话框

图 7-77　添加素材图层

（3）选中 08.jpg 层，在菜单栏中选择【效果】|【颜色校正】|【更改颜色】命令。在【效果控件】面板中，将【更改颜色】中的【色相变换】设置为 44.0，【要更改的颜色】的 RGB 值设置为 149、99、23，如图 7-78 所示。

（4）继续添加【更改颜色】效果，将【更改颜色】中的【色相变换】设置为 29.0，【要更改的颜色】的 RGB 值设置为 224、133、67，如图 7-79 所示。

图 7-78　设置【更改颜色】效果参数（1）

图 7-79　设置【更改颜色】效果参数（2）

知识链接

【更改颜色】效果可调整各种颜色的色相、亮度和饱和度。此效果适用于 8-bpc 和 16-bpc 颜色。其主要参数如下。

【视图】：校正的图层将显示更改颜色效果的结果。颜色校正蒙版将显示灰度遮罩，后者用于指示图层中发生变化的区域。颜色校正蒙版中的白色区域更改得最多，暗区更改得最少。

【色相变换】：调整色相的数量，以度为单位。

【亮度变换】：正值使匹配的像素变亮；负值使其变暗。

【饱和度变换】：正值增加匹配像素的饱和度（向纯色移动）；负值减少匹配像素的饱和度（向灰色移动）。

【要更改的颜色】：范围中要更改的主要颜色。

【匹配容差】：颜色可与【要更改的颜色】不同但仍然匹配的程度。

【匹配柔和度】：此效果根据与【要更改的颜色】的相似度影响不匹配像素的数量。

【匹配颜色】：确定在其中比较颜色来确定相似度的颜色空间。RGB 用于比较 RGB 颜色空间中的颜色。【色相】用于比较颜色的色相并忽略饱和度和亮度，例如，鲜红色和淡粉色匹配。【色度】使用两个色度分量来确定相似度，同时忽略明亮度（亮度）。

【反转颜色校正蒙版】：反转确定要影响哪些颜色的蒙版。

（5）继续添加【更改颜色】效果，将【更改颜色】中的【色相变换】设置为 49.0，【要更改的颜色】的 RGB 值设置为 53、22、0，如图 7-80 所示。

（6）将【项目】面板中的 08.jpg 素材图片添加到时间轴的底层，然后将当前时间设置为 0:00:02:00，设置第 1 个图层的【不透明度】为 100%，然后将设置参数左侧的⏱按钮打开，如图 7-81 所示。

图 7-80　设置【更改颜色】效果参数（3）

图 7-81　设置【不透明度】（1）

(7) 将当前时间设置为0:00:02:13，设置第1个图层的【不透明度】为0%，第2个图层的【不透明度】为0%，并将其参数左侧的按钮打开，如图7-82所示。

(8) 将当前时间设置为0:00:03:00，设置第2个图层的【不透明度】为0%，如图7-83所示。

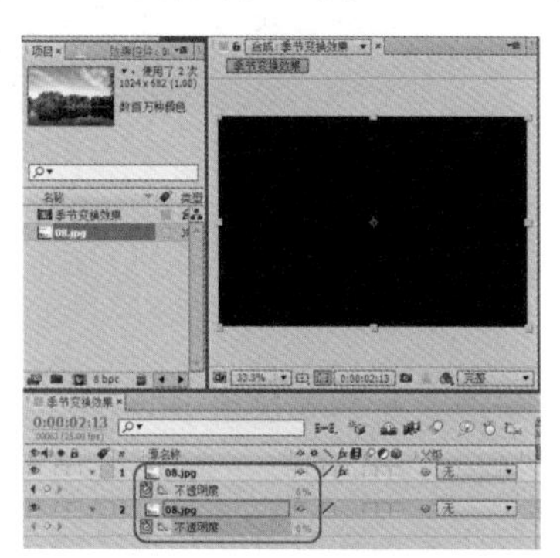

图7-82　设置【不透明度】(2)

图7-83　设置【不透明度】(3)

(9) 将合成渲染输出并保存场景文件。

案例精讲079　素描效果

案例文件：光盘 | 场景 | Cha07 | 素描效果.aep

视频文件：光盘 | 视频教学 | Cha07 | 素描效果.avi

制作概述

本例将介绍如何制作素描效果。本例首先添加素材图片，然后在图层上设置【黑色和白色】、【查找边缘】和【亮度和对比度】效果，最后创建纯色图层，并设置纯色图层的【镜头光晕】效果和【色相/饱和度】效果。完成后的效果如图7-84所示。

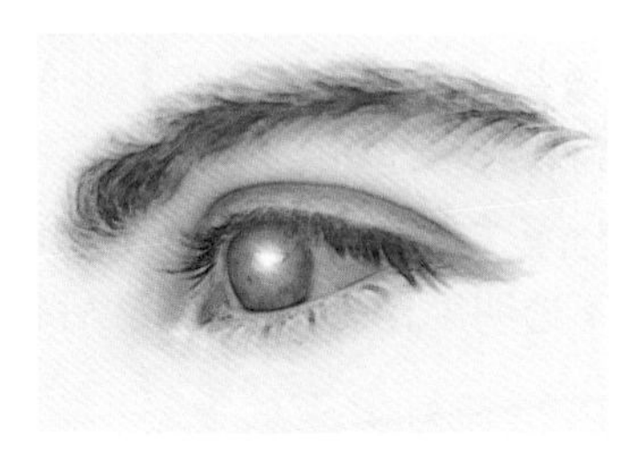

图7-84　素描效果

学习目标

学习设置素材图层的【黑色和白色】、【查找边缘】和【亮度和对比度】效果，学习设置纯色图层的【镜头光晕】效果和【色相/饱和度】效果。

操作步骤

(1) 在【项目】面板中右击，在弹出的快捷菜单中选择【新建合成】命令。在弹出的【合成设置】对话框中将【合成名称】输入【素描效果】，【宽度】和【高度】分别设置为

643px、436px，【像素长宽比】设置为【方形像素】，【帧速率】设置为 25 帧 / 秒，【分辨率】设置为【完整】，【持续时间】设置为 0:00:00:01，然后单击【确定】按钮，如图 7-85 所示。

（2）在【项目】面板中双击，在弹出的【导入文件】对话框中，选择随书光盘中的光盘 | 素材 |Cha07|09.jpg 素材图片，然后将 09.jpg 素材图片添加到时间轴中，如图 7-86 所示。

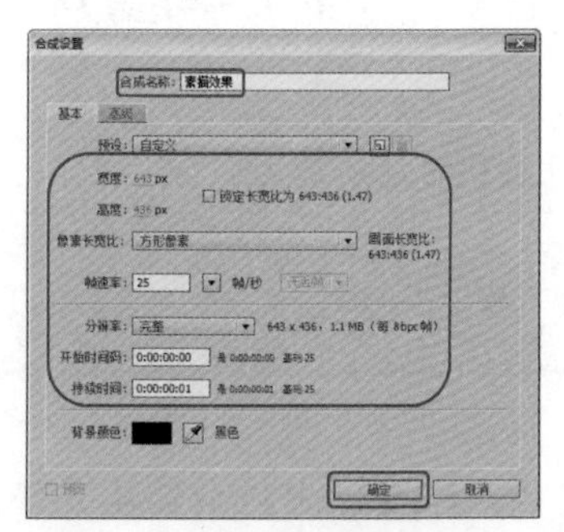

图 7-85 【合成设置】对话框

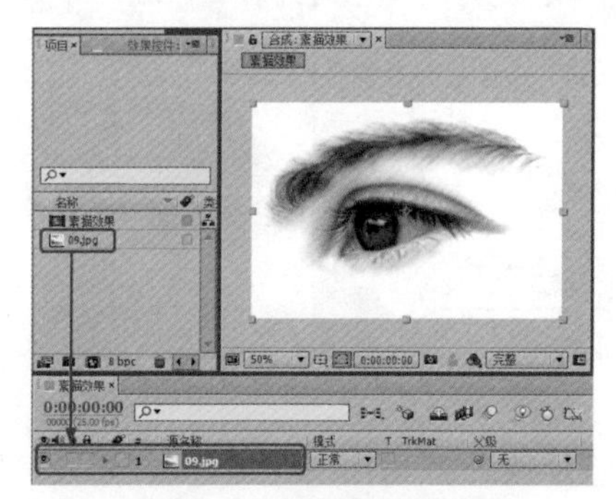

图 7-86 添加素材图层

（3）选中时间轴中的 09.jpg 层，在菜单栏中选择【效果】|【颜色校正】|【黑色和白色】命令，然后查看其效果，如图 7-87 所示。

（4）在菜单栏中选择【效果】|【风格化】|【查找边缘】命令。在【效果控件】面板中将【查找边缘】的【与原始图像混合】设置为 60%，如图 7-88 所示。

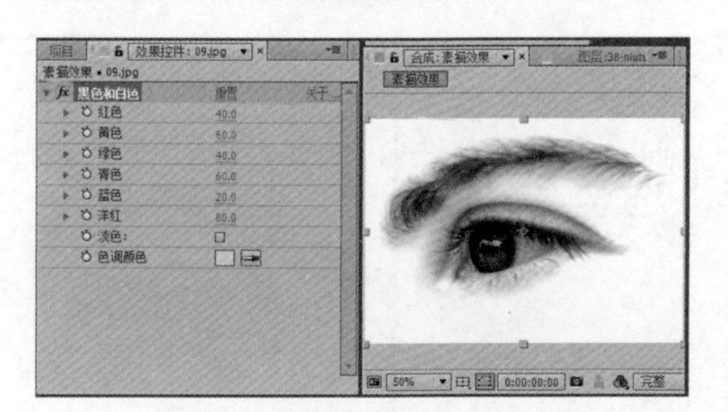

图 7-87 添加【黑色和白色】效果

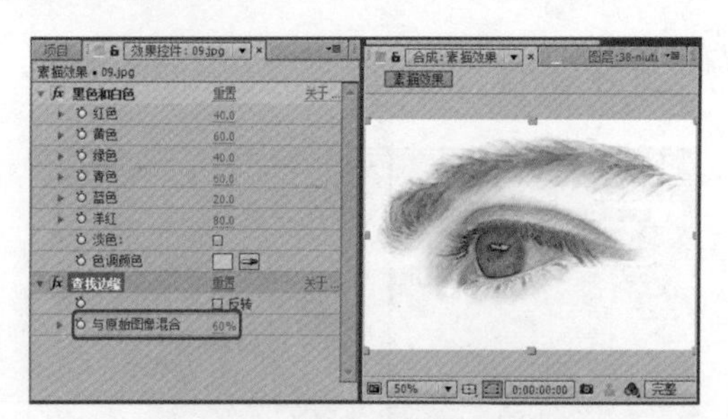

图 7-88 设置【查找边缘】效果

知识链接

【查找边缘】效果可确定具有大过渡的图像区域，并可强调边缘。边缘可在白色背景上显示为深色线条，也可在黑色背景上显示为彩色线条。在应用查找边缘效果时，图像通常看似原始图像的草图。

【反转】：在找到边缘之后反转图像。如果不选择【反转】，则边缘在白色背景上显示为暗线条。如果选择此控件，则边缘在黑色背景上显示为亮线条。

（5）在菜单栏中选择【效果】|【颜色较正】|【亮度和对比度】命令。在【效果控件】面板中，将【亮度和对比度】的【亮度】设置为 −40.0，【对比度】设置为 15.0，如图 7-89 所示。

（6）在时间轴中右击，在弹出的快捷菜单中选择【新建】|【纯色】命令，在弹出的【纯色设置】对话框中单击【确定】按钮，在时间中轴创建一个纯色图层，并将其【模式】设置为【屏幕】，如图 7-90 所示。

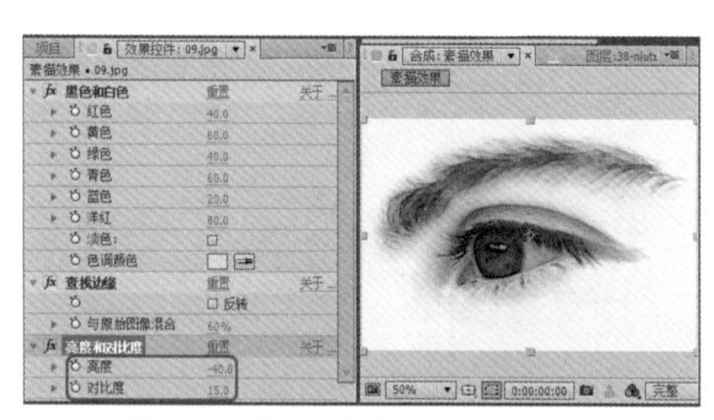
图 7-89　设置【亮度和对比度】效果

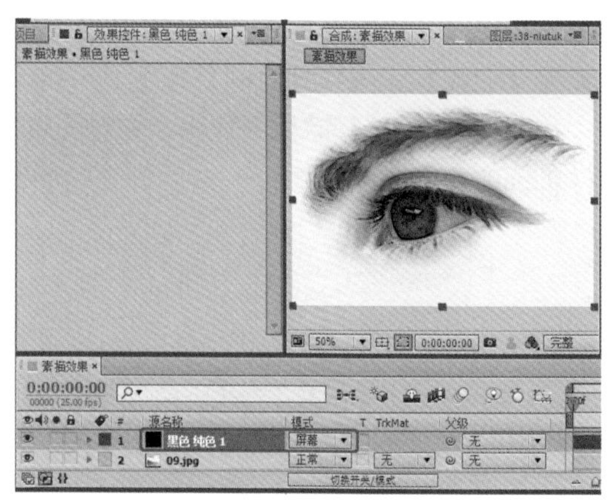
图 7-90　创建纯色图层

（7）选中时间轴中的纯色图层，在菜单栏中选择【效果】|【生成】|【镜头光晕】命令。在【效果控件】面板中将【镜头光晕】的【光晕中心】设置为 259.0、245.0，【光晕亮度】设置为 77%，如图 7-91 所示。

（8）在菜单栏中选择【效果】|【颜色校正】|【色相 / 饱和度】命令。在【效果控件】面板中选中【色相 / 饱和度】中的【彩色化】复选框，将【着色色相】设置为 0x+230.0°，【着色饱和度】设置为 30，如图 7-92 所示。最后将场景进行保存。

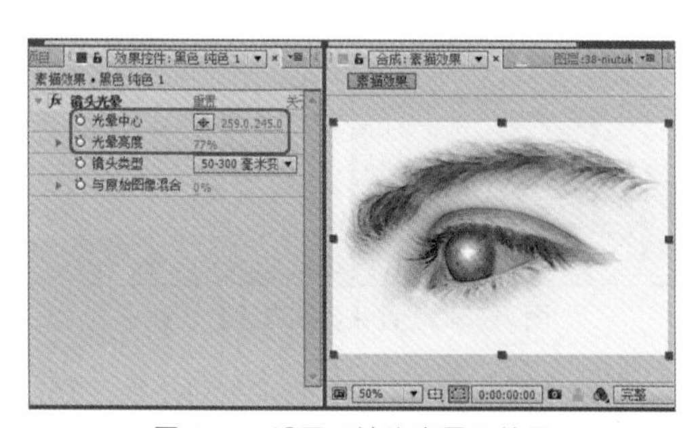
图 7-91　设置【镜头光晕】效果

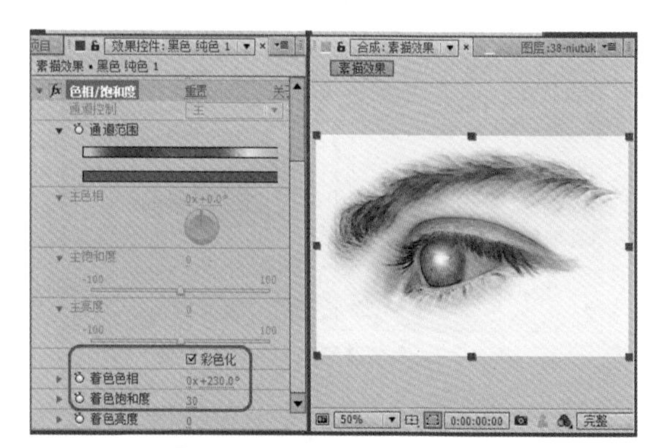
图 7-92　设置【色相 / 饱和度】

案例精讲 080　制作暖光效果

案例文件：光盘 | 场景 | Cha07 | 制作暖光效果 .aep

视频文件：光盘 | 视频教学 | Cha07 | 制作暖光效果示 .avi

制作概述

本例将学习暖光的制作过程，其中主要应用了【灰度系数 / 增值 / 增益】特效，对素材的整体灰度系数进行调整，然后通过添加【曝光度】对整体颜色的曝光度进行调整，具体操作方法如下，完成后的效果如图 7-93 所示。

图 7-93　制作暖光效果

学习目标

学习如何制作暖光效果，掌握【灰度系数 / 增值 / 增益】特效和【曝光度】特效的作用。

操作步骤

(1) 启动软件后，按 Ctrl+N 组合键，弹出【合成设置】对话框，将【合成名称】设置为【制作暖光效果】，在【基本】选项组中将【宽度】和【高度】分别设置为 825px 和 1024px，将【像素长宽比】设置为【方形像素】，将【帧速率】设置为 25 帧 / 秒，将【持续时间】设置为 0:00:05:00，单击【确定】按钮，如图 7-94 所示。

(2) 切换到【项目】面板，在该面板中进行双击，弹出【导入文件】对话框，在该对话框中选择随书光盘中的光盘 | 素材 |Cha07| 制作暖光 .jpg 文件，然后单击【导入】按钮，如图 7-95 所示。

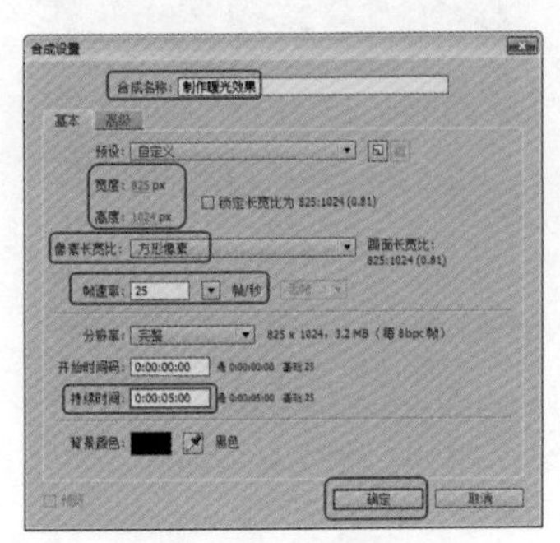

图 7-94　新建合成

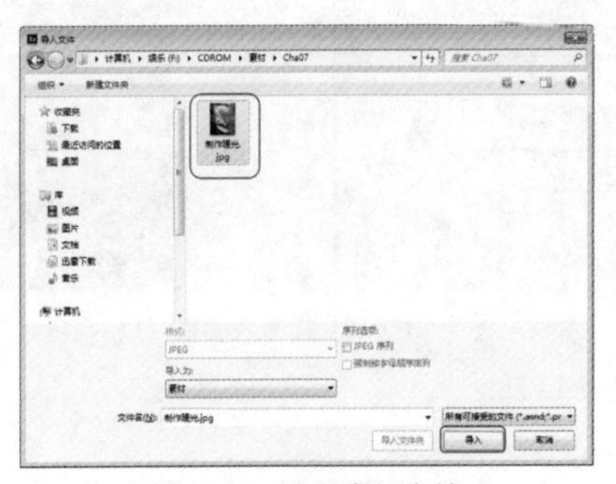

图 7-95　选择素材文件

(3) 在【项目】面板查看导入的素材文件和制作的合成，如图 7-96 所示。

(4) 在【项目】面板中选择添加的【制作暖光 .jpg】素材文件将其添加到时间轴面板中，如图 7-97 所示。

图 7-96　查看素材文件

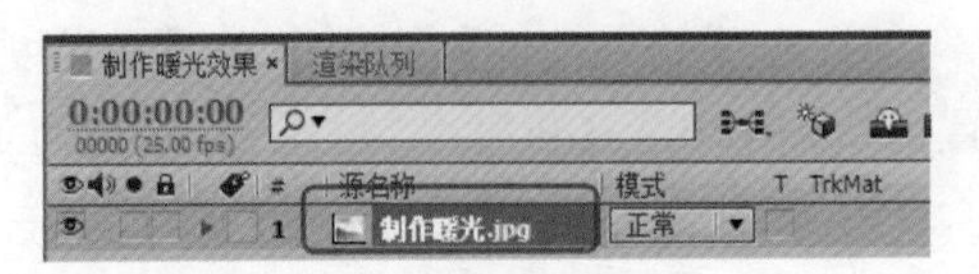

图 7-97　添加到时间轴面板中

(5) 切换到【效果和预设】面板中选择【颜色校正】|【灰度系数/增值/增益】特效，如图 7-98 所示。将该特效添加到【制作暖光 .jpg】素材文件上，在【效果控件】面板中可以查看添加的特效，如图 7-99 所示。

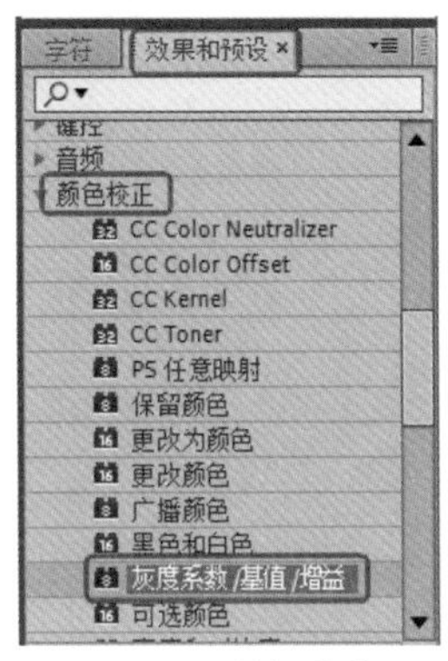

图 7-98　选择特效

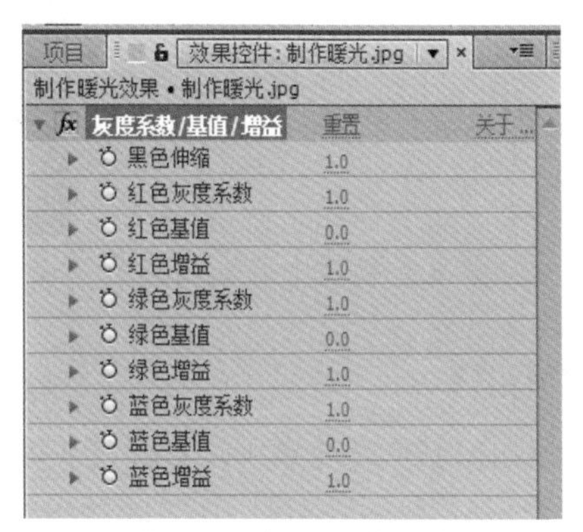

图 7-99　查看添加的特效

(6) 在【效果控件】面板中对上一步添加的特效进行设置，将【红色灰度系数】设置为 1.2，【红色基值】设置为 0.2，【绿色灰度系数】设置为 1.3，【绿色基值】设置为 0.2，【蓝色灰度系数】设置为 0.8，【蓝色基值】设置为 −0.1，如图 7-100 所示。

(7) 切换到【效果和预设】面板中搜索【曝光度】特效，并将其添加到素材文件上，在【效果控件】面板中查看添加的特效，如图 7-101 所示。

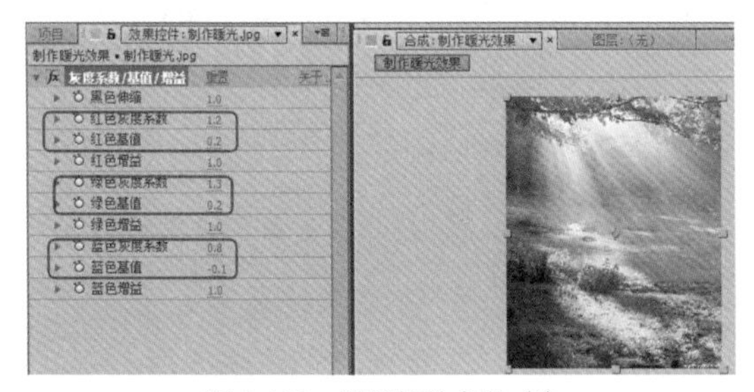

图 7-100　设置特效参数 (1)

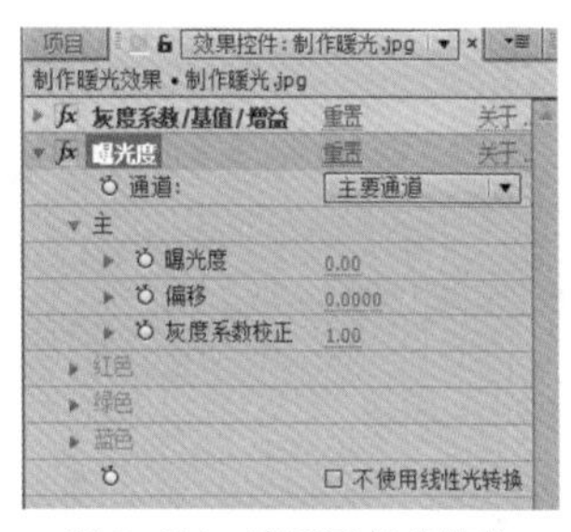

图 7-101　查看添加的特效

知识链接

【灰度系数/增值/增益】：灰度系数/基值/增益效果可为每个通道单独调整响应曲线。对于基值和增益，值 0.0 表示完全关闭，值 1.0 表示完全打开。

“黑色伸缩”控件用于重新映射所有通道的低像素值。较大的“黑色伸缩”值可使暗区变亮。“灰度系数”用于指定描述中间曲线形状的指数。“基值”和“增益”控件用于为通道指定最低和最高的可达输出值。

(8) 在【效果控件】面板中对【曝光度】进行调整，将【曝光度】设置为 0.15，【偏移】设置为 −0.0100，【灰度系数校正】设置为 1，如图 7-102 所示。

(9) 切换到合成面板，在标题位置上右击，在弹出的快捷菜单中选择【最大化帧】命令，将【合成】面板最大化，查看效果如图 7-103 所示。

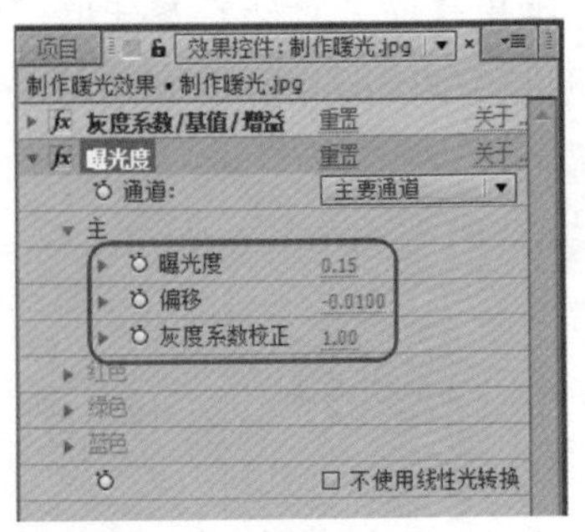

图 7-102　设置特效参数 (2)

图 7-103　设置完成后的效果

最大化帧之后，想要恢复到原来帧大小，可以在标题上右击，在弹出的快捷菜单中选择【恢复帧大小】命令，这样就可将视图窗口恢复到原来的大小。

案例精讲 081　修复照片中的明暗失调

案例文件：光盘 | 场景 | Cha07 | 修复照片中的明暗失调 .aep

视频文件：光盘 | 视频教学 | Cha07 | 修复照片中的明暗失调 .avi

制作概述

本例将学习如何修复照片中的明暗失调，首先应用【曲线】特效，将素材的整体亮度进行调整，然后利用【自然饱和度】特效对人物的整个面色进行调整，具体操作方法如下，完成后的效果如图 7-104 所示。

图 7-104　修复照片中的明暗失调

学习目标

学习如何修复照片中的明暗失调，掌握【曲线】特效和【自然饱和度】特效的作用。

操作步骤

(1) 启动软件后，按 Ctrl+N 组合键，弹出【合成设置】对话框，将【合成名称】设置为【修复照片中的明暗失调】，在【基本】选项组中，将【宽度】和【高度】分别设置为 1920px 和 1200px，将【像素长宽比】设置为【方形像素】，将【帧速率】设置为 25 帧 / 秒，将【持续时间】设置为 0:00:05:00，单击【确定】按钮，如图 7-105 所示。

（2）切换到【项目】面板，在该面板中进行双击，弹出【导入文件】对话框，在该对话框中选择随书光盘中的光盘|素材|Cha07|修复照片中的明暗失调.jpg文件，然后单击【导入】按钮，如图7-106所示。

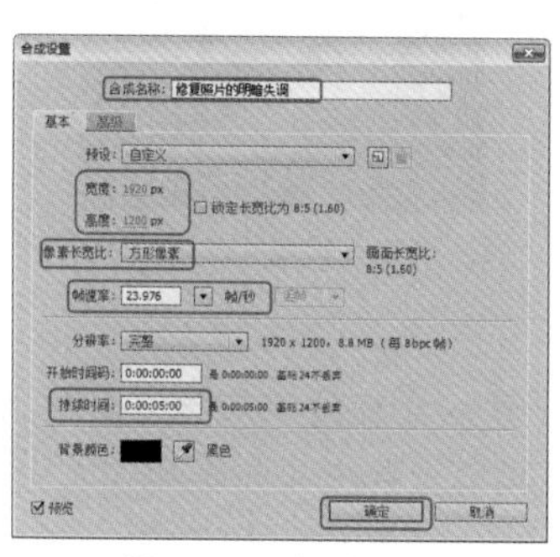

图7-105　新建合成

图7-106　选择素材文件

（3）在【项目】面板中查看导入的素材文件和制作的合成，如图7-107所示。

（4）在【项目】面板中选择添加的【修复照片中的明暗失调.jpg】素材文件将其添加到时间轴面板中，如图7-108所示。

图7-107　查看素材文件

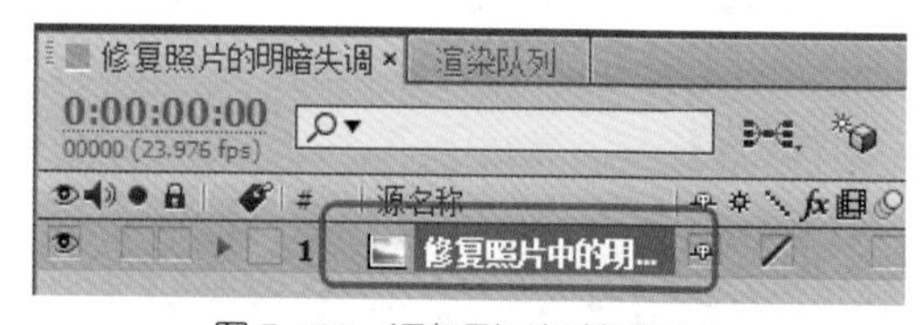

图7-108　添加到时间轴面板中

（5）在【效果和预设】面板中选择【颜色校正】|【曲线】特效，如图7-109所示。

（6）将选择的【曲线】特效添加到素材文件上，在【效果控件】面板中查看添加的特效，如图7-110所示。

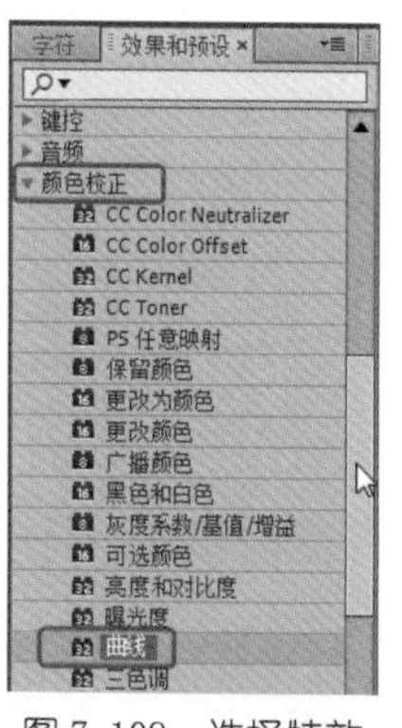

图7-109　选择特效

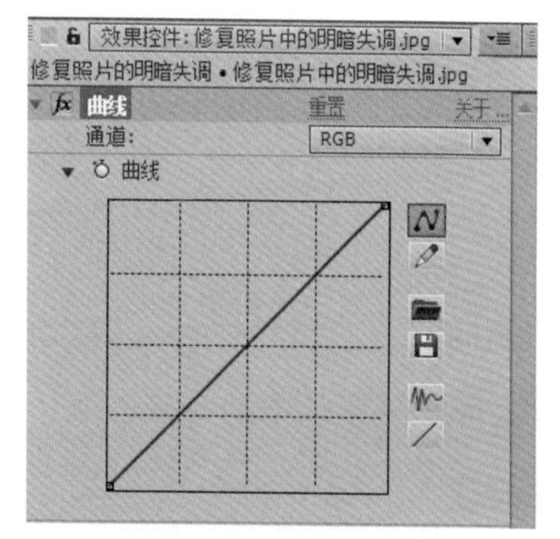

图7-110　设置曲线

（7）在【效果控件】面板中对曲线进行调整，如图7-111所示。

（8）【曲线】特效设置完成后，在【合成】面板中查看效果会发现比原来的照片亮了，如图7-112所示。

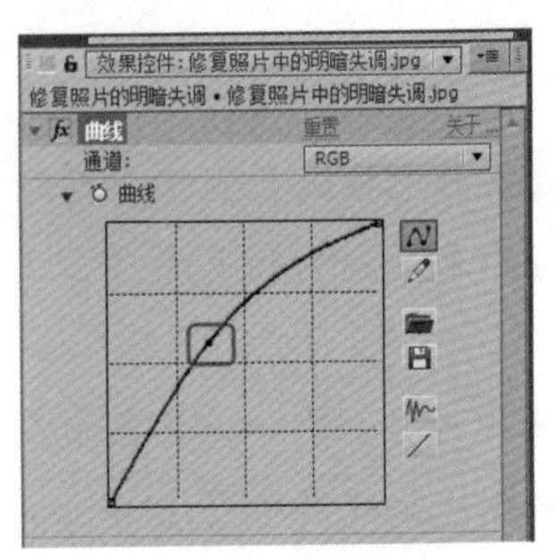

图 7-111　调整曲线

图 7-112　查看特效

知识链接

【曲线】：曲线效果可调整图像的色调范围和色调响应曲线。色阶效果也可调整色调响应，但曲线效果增强了控制力。使用色阶效果时，只能使用三个控件（高光、阴影和中间调）进行调整。使用曲线效果时，可以使用通过 256 点定义的曲线，将输入值任意映射到输出值。可以加载和保存任意图和曲线，以便使用曲线效果。

在应用曲线效果时，After Effects 会在【效果控件】面板中显示一个图表，用于指定曲线。图表的水平轴代表像素的原始亮度值（输入色阶）；垂直轴代表新的亮度值（输出色阶）。在默认对角线中，所有像素的输入和输出值均相同。曲线将显示 0 ~ 255 范围（8 位）中的亮度值或 0 ~ 32768 范围（16 位）中的亮度值，并在左侧显示阴影 (0)。

(9) 切换到【效果和预设】选择【颜色校正】|【自然饱和】特效，将其添加素材文件上，在【效果控件】面板中查看添加的特效，如图 7-113 所示。

(10) 在【效果控件】面板中对【自然饱和度】特效进行设置，将【自然饱和度】设置为 56，将【饱和度】设置为 20，如图 7-114 所示。

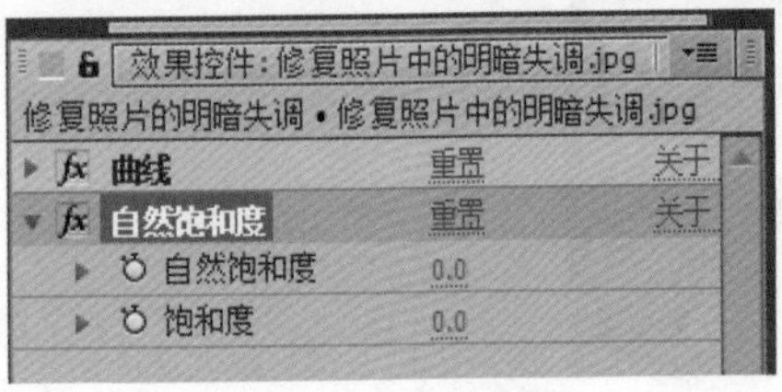

效果控件：修复照片中的明暗失调.jpg
修复照片的明暗失调 • 修复照片中的明暗失调.jpg

曲线	重置	关于
自然饱和度	重置	关于
自然饱和度	0.0	
饱和度	0.0	

图 7-113　添加特效

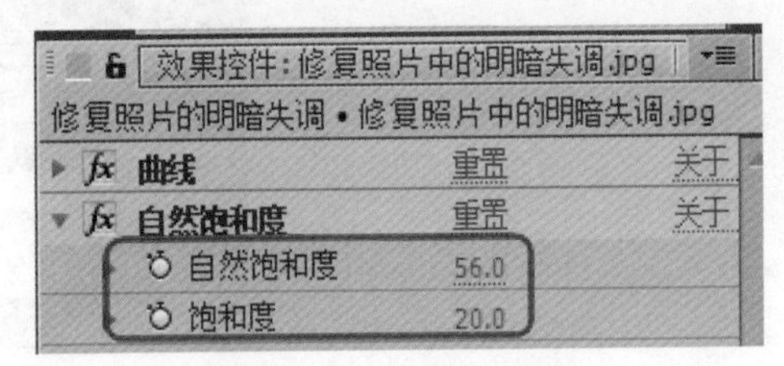

图 7-114　设置特效参数

(11) 切换到【合成】面板中，查看最终效果，如图 7-115 所示。

图 7-115　查看最终效果

知识链接

【自然饱和度】：自然饱和度效果可调整饱和度，以便在颜色接近最大饱和度时最大限度地减少修剪。与原始图像中已经饱和的颜色相比，原始图像中未饱和的颜色受【自然饱和度】调整的影响更大。

自然饱和度效果特别适用于增加图像的饱和度，而不使肤色过于饱和。其色相在洋红色到橙色范围中的颜色的饱和度受【自然饱和度】调整的影响较少。此效果适用于 8-bpc 和 16-bpc 颜色。

要使饱和度值较低的颜色比饱和度值较高的颜色受更多的影响，并保护肤色，请修改【自然饱和度】属性。要均衡调整所有颜色的饱和度，请修改“饱和度”属性，自然饱和度效果基于 Photoshop 的自然饱和度调整图层类型。

案例精讲 082　调整色彩失调

案例文件：光盘 | 场景 | Cha07 | 调整色彩失调 .aep

视频文件：光盘 | 视频教学 | Cha07 | 调整色彩失调 .avi

制作概述

本例将详细讲解如何对色彩失调的图片进行调整，本例主要应用了【色相 / 饱和度】和【曲线】进行调整，具体操作方法如下，完成后的效果如图 7-116 所示。

图 7-116　调整色彩失调的照片

学习目标

学习如何调整色彩失调，掌握【色相 / 饱和度】和【曲线】调整。

操作步骤

(1) 启动软件后，按 Ctrl+N 组合键，弹出【合成设置】对话框，将【合成名称】设置为【调整色彩失调】，在【基本】选项组中将【宽度】和【高度】分别设置为 1024px 和 768px，将【像素长宽比】设置为【方形像素】，将【帧速率】设置为 25 帧 / 秒，将【持续时间】设置为 0:00:05:00，单击【确定】按钮，如图 7-117 所示。

（2）切换到【项目】面板，在该面板中进行双击，弹出【导入文件】对话框，在该对话框中选择随书光盘中的光盘|素材|Cha07|L15.jpg文件，然后单击【导入】按钮，如图7-118所示。

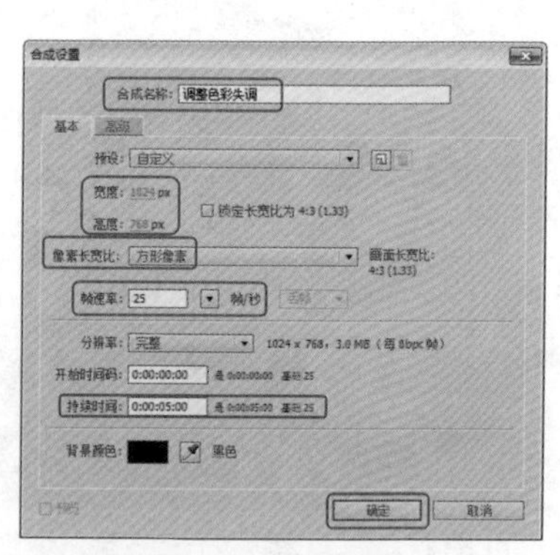

图7-117　新建合成

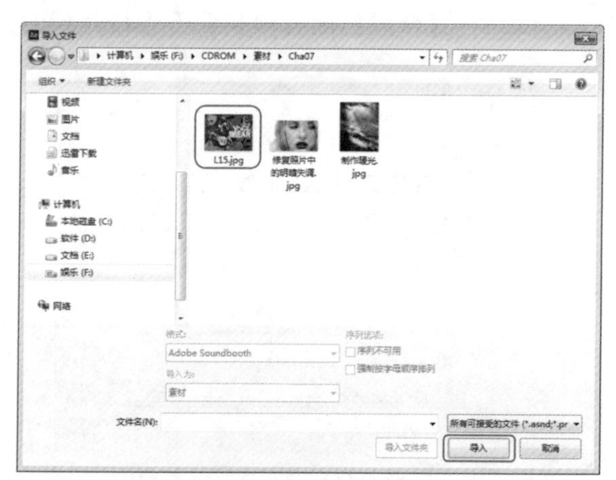

图7-118　选择素材文件

（3）在【项目】面板查看导入的素材文件和制作的合成，如图7-119所示。

（4）在【项目】面板中选择添加的【修复照片中的明暗失调.jpg】素材文件将其添加到时间轴面板中，如图7-120所示。

图7-119　查看素材文件（1）

图7-120　添加到时间轴面板中

（5）在【效果和预设】面板中选择【颜色校正】|【色相/饱和度】特效，将其添加到素材文件上，如图7-121所示。

（6）在设置特效之前，在【合成】面板中查看没有加入特效的效果，如图7-122所示。

图7-121　选择特效

图7-122　查看素材文件（2）

(7) 在【效果控件】面板中对【色相 / 饱和度】进行设置，将【主色相】设置为 0x+27°，如图 7-123 所示。

(8) 在【合成】面板中查看设置特效后的效果，如图 7-124 所示。

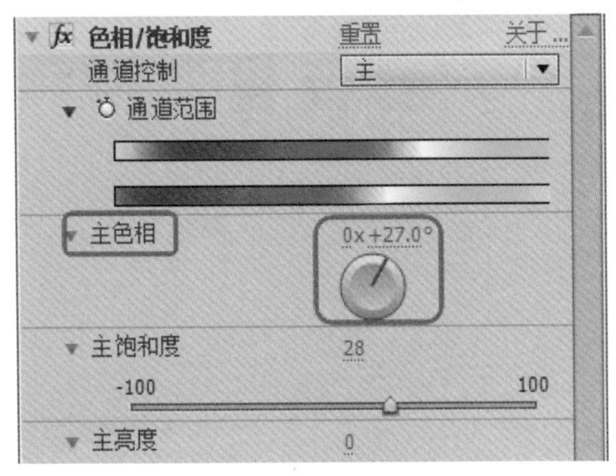

图 7-123　新建合成

图 7-124　设置特效后的效果

知识链接

【色相 / 饱和度】：【色相 / 饱和度】效果可调整图像单个颜色分量的色相、饱和度和亮度。此效果基于色轮，调整色相或颜色表示围绕色轮转动。调整饱和度或颜色的纯度表示跨色轮半径移动。使用“着色”控件可将颜色添加到转换为 RGB 图像的灰度图像，或将颜色添加到 RGB 图像。此效果适用于 8-bpc、16-bpc 和 32-bpc 颜色。

【通道控制】：要调整的颜色通道。选择【全图】可以一次性调整所有颜色。

【通道范围】：从【通道控制】菜单选择的颜色通道的定义。两个颜色条按色轮上的颜色顺序描绘颜色。上面的颜色条显示调整前的颜色，下面的颜色条显示调整如何以全饱和状态影响所有色相。使用调整滑块可编辑任何范围的色相。

【主色相】：指定从【通道控制】菜单选择的通道的整体色相。使用转盘（表示色轮）可更改整体色相。转盘上面显示的带下划线的值反映的是像素的原始颜色围绕色轮旋转的度数。正值指明顺时针旋转，负值指明逆时针旋转。值的范围是～ 180 ～ +180。

【主饱和度、主亮度】：指定从【通道控制】菜单选择的通道的整体饱和度和亮度。值的范围是～ 100 ～ +100。

【彩色化】：为转换为 RGB 图像的灰度图像添加颜色，或为 RGB 图像添加颜色，例如，通过将图像颜色值减少到一种色相，使其看起来像双色调图像。

【着色色相、着色饱和度、着色亮度】：指定从【通道控制】菜单选择的颜色范围的色相、饱和度和亮度。After Effects 仅对【通道控制】菜单选择显示滑块。

(9) 切换到【效果和预设】面板中，选择【颜色校正】|【曲线】命令，并将其添加到素材文件上，在【效果控件】面板中并对曲线进行调整，如图 7-125 所示。

(10) 设置完成后，在【合成】面板中查看添加特效后的效果，如图 7-126 所示。

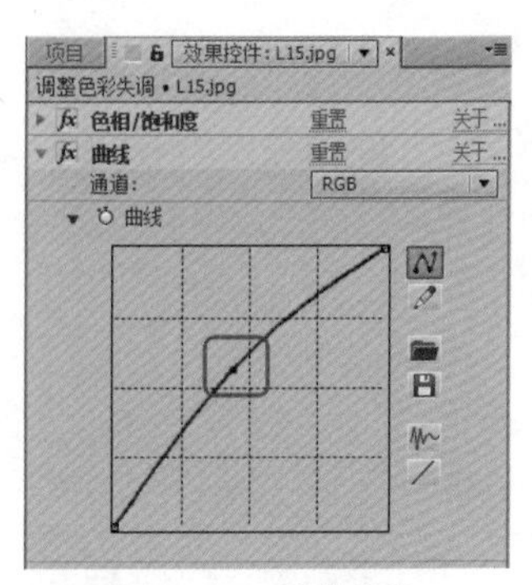

图 7-125　调整曲线

图 7-126　设置完成后的效果

案例精讲 083　炭笔效果

案例文件：光盘 | 场景 | Cha07 | 炭笔效果 .aep

视频文件：光盘 | 视频教学 | Cha07 | 炭笔效果 .avi

制作概述

本例将讲解如何制作炭笔画效果，其中为图层添加了【亮度和对比度】和【阈值】特效，使图像融合在一起，完成后的效果如图 7-127 所示。

图 7-127　炭笔效果

学习目标

学习如何制作炭笔效果，掌握【亮度和对比度】特效和【阈值】特效的作用。

操作步骤

(1) 启动软件后，按 Ctrl+N 组合键，弹出【合成设置】对话框，将【合成名称】设置为【炭笔效果】，在【基本】选项组中将【宽度】和【高度】分别设置为 1024px 和 683px，将【像素长宽比】设置为【方形像素】，将【帧速率】设置为 25 帧 / 秒，将【持续时间】设置为 0:00:05:00，单击【确定】按钮，如图 7-128 所示。

(2) 切换到【项目】面板，在该面板中进行双击，弹出【导入文件】对话框，在该对话框中，选择随书光盘中的光盘 | 素材 |Cha07 炭笔背景 .jpg 和炭笔人物 .jpg 文件，然后单击【导入】按钮，如图 7-129 所示。

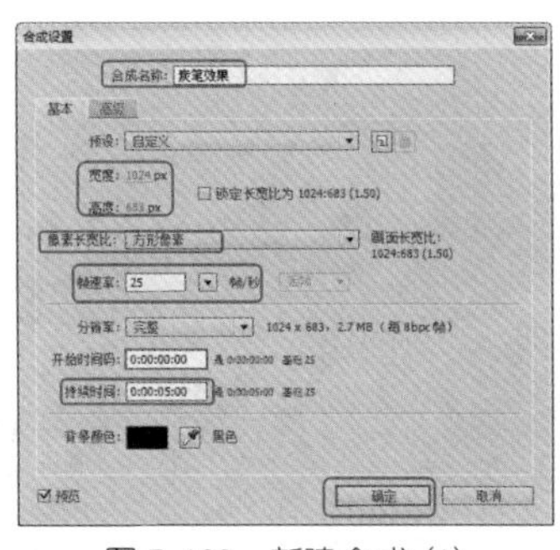
图 7-128　新建合成（1）

图 7-129　选择素材文件

（3）在【项目】面板中查看导入的素材文件和制作的合成，如图 7-130 所示。

（4）在【项目】面板中选择添加的【炭笔背景 .jpg】素材文件将其添加到时间轴面板中，如图 7-131 所示。

图 7-130　查看素材文件

图 7-131　添加到时间轴面板中

（5）在【效果和预设】面板中选择【颜色校正】|【亮度和对比度】命令，如图 7-132 所示。

（6）选择【亮度和对比度】命令，将其添加到【炭笔背景 .jpg】文件上，将【亮度】设置为 8，将【对比度】设置为 10，如图 7-133 所示。

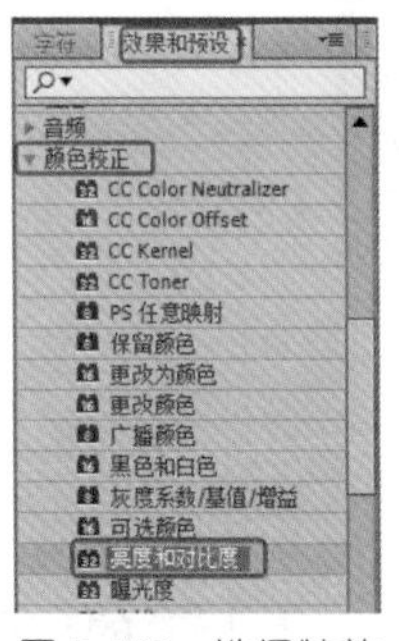
图 7-132　选择特效

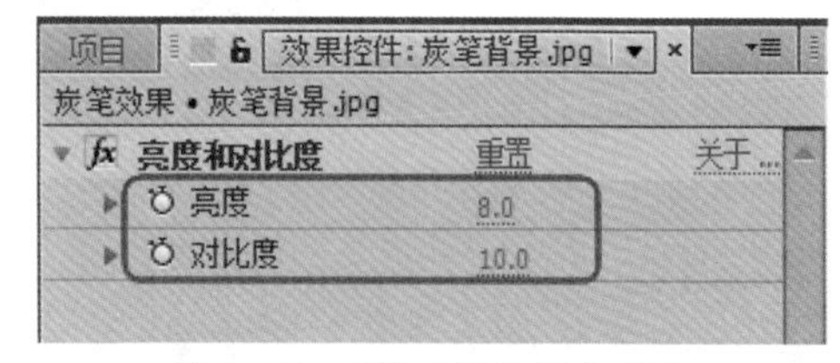
图 7-133　设置【亮度和对比度】

知识链接

【亮度和对比度】：亮度和对比度效果可调整整个图层（不是单个通道）的亮度和对比度。默认值 0.0 表示没有做出任何更改。使用亮度和对比度效果是调整图像色调范围的最简单的方式。此方式可一次调整图像中的所有像素值（高光、阴影和中间调）。

此效果适用于 8-bpc、16-bpc 和 32-bpc 颜色。

（7）在【合成】面板中查看添加特效后的效果，如图 7-134 所示。

（8）在【项目】面板中选择【炭笔人物 .jpg】素材文件，将其添加到时间轴面板中，并将其位于图层的最上方，并将其模式设置为【变暗】，如图 7-135 所示。

图 7-134　查看效果（1）

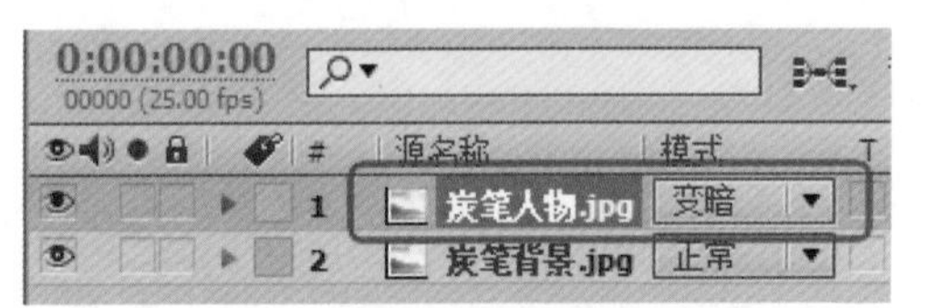

图 7-135　添加素材到图层

（9）在时间轴面板中选择【炭笔人物 .jpg】图层，按 S 键，弹出【缩放】，并将【缩放】值设置为 273%，如图 7-136 所示。

（10）在【合成】面板中，查看效果，如图 7-137 所示。

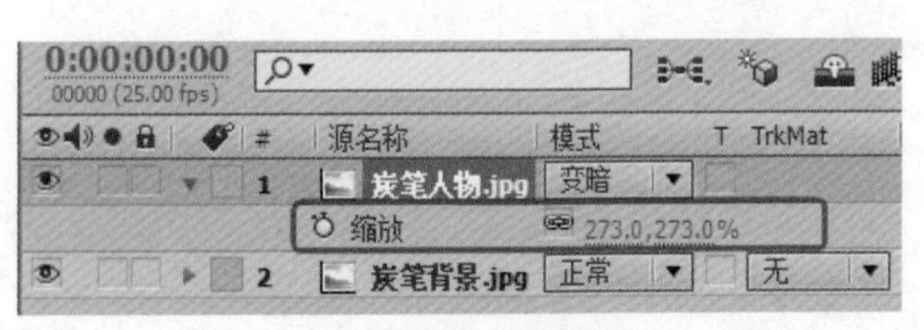

图 7-136　设置缩放

图 7-137　查看效果（2）

（11）在效果面板中选择【风格化】|【阈值】特效，将其添加到【炭笔人物 .jpg】素材文件上，并在【效果控件】面板中将【级别】设置为 140，如图 7-138 所示。

（12）在【合成】面板中查看效果，如图 7-139 所示。

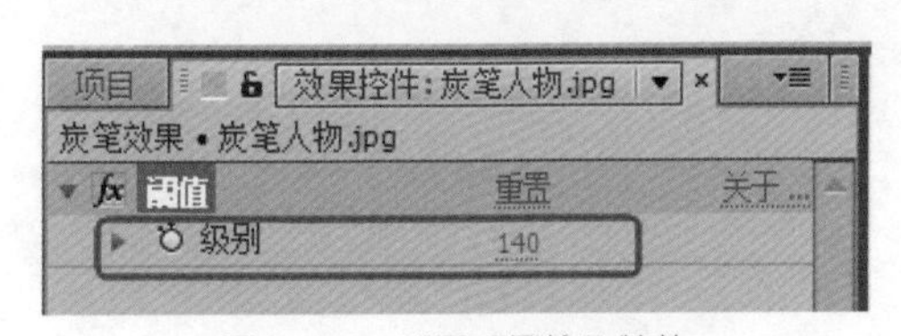

图 7-138　设置【阈值】特效

图 7-139　预览效果

（13）在工具选项栏中选择【横排文字工具】输入 Sketch，在【字符】面板将【字体】设置为 CommercialScript BT，将【字体大小】设置为 122 像素，将【字符间距】设置为 68 像素，【字体颜色】设置为黑色，将【描边】设置为无，如图 7-140 所示。

（14）文字输入完成后，在场景中适当调整文字的位置，如图 7-141 所示。

图 7-140　新建合成（2）

图 7-141　调整文字的位置

第8章 抠取图像

本章重点

- 更换天空背景
- 制作直升机合成
- 黑夜蝙蝠动画短片
- 绿色健康图像
- 鸽子飞翔短片
- 音乐炫舞图像
- 飞机射击短片
- 飞机轰炸短片
- 破洞撕纸短片
- 生日蛋糕短片
- 飞机坠毁短片

视频中的许多精美画面都是由后期合成后的效果，抠取图像是后期合成的主要技术方法。抠取图像是通过利用一定的特效手段，对素材进行整合的一种手段，在After Effects中专门提供了抠取图像的工具和特效，本章将对其进行详细介绍。

案例精讲 084　更换天空背景

案例文件：光盘 | 场景 | Cha08 | 更换天空背景 .aep

视频文件：光盘 | 视频教学 | Cha08 | 更换天空背景 .avi

制作概述

本例将介绍如何更换天空背景。本例首先添加素材图片，然后在【图层】面板中上使用【Roto笔刷工具】绘制选区，通过抠取天空图像，将底层的天空图层显示出来。完成后的效果如图8-1所示。

图 8-1　更换天空背景

学习目标

学习使用【Roto 笔刷工具】抠取图像，学习设置图层的【Roto 笔刷和调整边缘】参数。

操作步骤

(1) 启动Adobe After Effects CC软件，在【项目】面板中双击，在弹出的【导入文件】对话框中选择随书光盘中的光盘 | 素材 |Cha08|R01.jpg和R02.jpg素材图片，然后单击【导入】按钮，将素材图片导入到【项目】面板中，如图8-2所示。

(2) 将【项目】面板中的R02.jpg素材图片添加到时间轴中，创建一个合成，如图8-3所示。

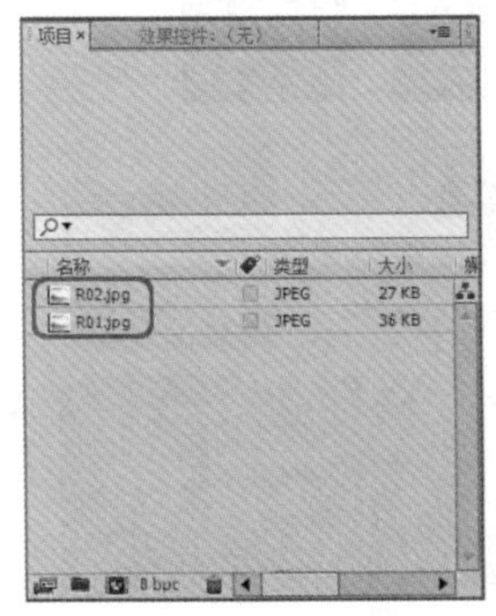

图 8-2　导入素材图片

图 8-3　创建素材合成

（3）在时间轴中右击，在弹出的快捷菜单中选择【合成设置】命令，在弹出的【合成设置】对话框中，将【合成名称】设置为【更改天空背景】，【持续时间】设置为0:00:00:01，然后单击【确定】按钮，如图8-4所示。

（4）双击【合成】面板中的图片，打开【图层】面板。在工具栏中单击【Roto笔刷工具】按钮，在图片的天空区域进行涂抹创建选区，如图8-5所示。

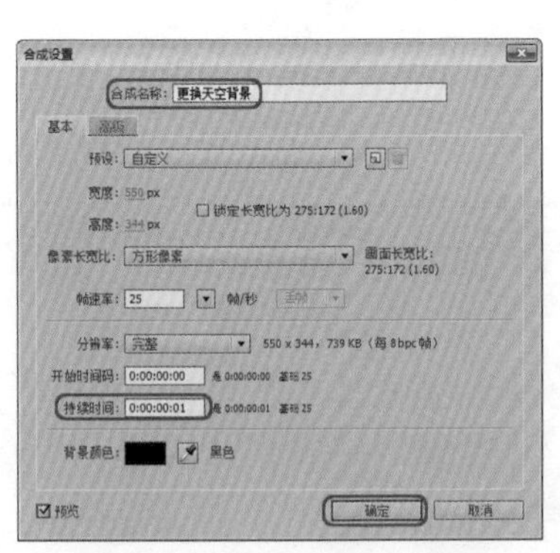

图8-4 【合成设置】对话框

图8-5 创建选区

（5）在【效果控件】面板中，选中【Roto笔刷和调整边缘】中的【反转前台/后台】复选框，在【合成】面板中查看其效果，如图8-6所示。

图8-6 设置【Roto笔刷和调整边缘】

知识链接

【Roto笔刷工具】可创建初始遮罩，以将物体从其背景中分离。使用Roto笔刷工具，可以在前景和背景元素的典型区域中进行描边。随后After Effects会使用该信息在前景和背景元素之间创建分段边界。您为一个区域进行的描边，可让After Effects了解相邻帧之间哪个是前景以及哪个是背景。可采用各种技术跨越时间跟踪区域，此信息将用于按时间向前和向后传播分段。您所进行的每次描边均可用于改进附近帧上的结果。即使对象逐帧移动或改变形状，片段边界也会相应调整来匹配对象。

在【图层】面板中进行了第一次【Roto 笔刷工具】或【调整边缘工具】描边后，会自动应用此效果。使用此效果可控制【Roto 笔刷工具】和【调整边缘工具】工具的设置。创建了分段边界且边界边缘需要优化时，使用【Roto 笔刷遮罩】和【调整边缘遮罩】属性可改善遮罩效果。

(6) 将【项目】面板中的 R01.jpg 素材图片添加到时间轴中的底层，然后将其【位置】设置为 320.0、244.0，如图 8-7 所示。

(7) 在时间轴中选中 R01.jpg 层，右击，在弹出的快捷菜单中选择【变换】|【水平翻转】命令，如图 8-8 所示。

图 8-7　设置【位置】

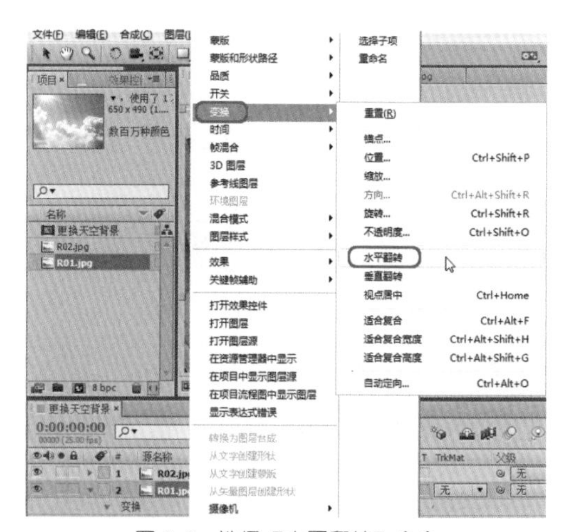

图 8-8　选择【水平翻转】命令

(8) 查看更换完天空背景后的效果，然后在【图层】面板中继续使用【Roto 笔刷工具】按钮，对选区轮廓进行修改，如图 8-9 所示。

(9) 修改完成后，按 Ctrl+S 组合键，在弹出的【另存为】对话框中，选择文件保存位置，并将【文件名】设置为【更改天空背景】，然后单击【保存】按钮，如图 8-10 所示。

图 8-9　修改选区轮廓

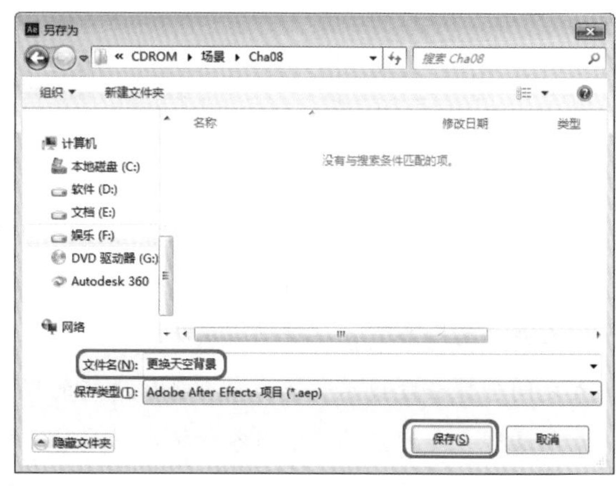

图 8-10　保存文件

案例精讲 085　制作直升机合成

案例文件：光盘 | 场景 | Cha08 | 制作直升机合成 .aep

视频文件：光盘 | 视频教学 | Cha08 | 制作直升机合成 .avi

制作概述

本例将介绍如何制作直升机合成。本例首先添加素材图片，然后在直升机图层上添加 Keylight（1.2）效果，通过设置吸取的颜色，抠取直升机图像。完成后的效果如图 8-11 所示。

图 8-11　制作直升机合成

学习目标

学习使用 Keylight（1.2）抠取图像，学习设置图层的【缩放】和【位置】参数。

操作步骤

（1）启动 Adobe After Effects CC 软件，在【项目】面板中双击，在弹出的【导入文件】对话框中选择随书光盘中的光盘 | 素材 |Cha08|R03.jpg 和 R04.png 素材图片，然后单击【导入】按钮，将素材图片导入到【项目】面板中，如图 8-12 所示。

（2）将【项目】面板中的 R03.jpg 素材图片添加到时间轴中，创建素材合成，如图 8-13 所示。

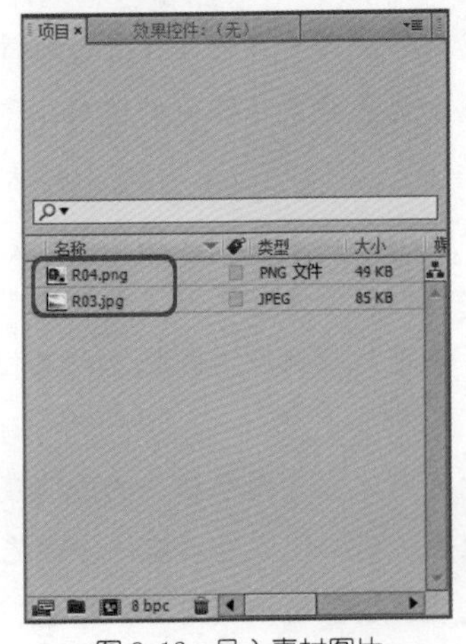

图 8-12　导入素材图片

图 8-13　创建素材合成

（3）在时间轴中右击，在弹出的快捷菜单中选择【合成设置】命令，在弹出的【合成设置】对话框中将【持续时间】设置为 0:00:00:01，然后单击【确定】按钮，如图 8-14 所示。

（4）将【项目】面板中的 R04.png 素材图片添加到时间轴中的顶部，然后将其【缩放】设置为 40.0%，如图 8-15 所示。

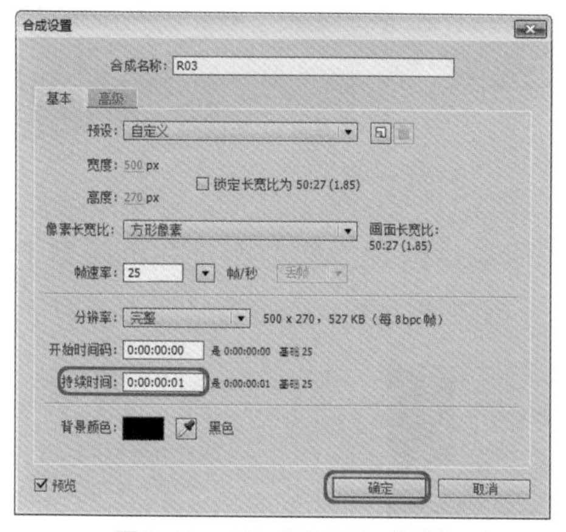

图 8-14　【合成设置】对话框

图 8-15　设置【缩放】

（5）选中时间轴中的 R04.png 层，在菜单栏中选择【效果】|【键控】| Keylight（1.2）命令，如图 8-16 所示。

（6）在【效果控件】面板中使用 Screen Colour 右侧的工具吸取 R04.png 层中的绿色，抠取直升机图像。然后将 R04.png 层的【位置】设置为 262.6、52.6，如图 8-17 所示。

知识链接

抠像按图像中的特定颜色值或亮度值定义透明度。如果抠出某个值，则颜色或明亮度值与该值类似的所有像素将变为透明。

通过抠像可轻松替换背景，这在因使用过于复杂的物体而无法轻松进行遮蔽时将非常有用。当您将某个已抠像图层置于另一个图层之上时，将生成一个合成，其中的背景将在该抠像图层透明时显示。

您经常能够在影片中看到采用抠像技术制作的合成，例如，当演员悬挂在直升机外面或者飘浮在太空中时。为创建此效果，演员在影片拍摄中应位于纯色背景屏幕前的适当位置。然后会抠出背景色，包含该演员的场景将合成到新背景上。

抠出颜色一致的背景的技术通常称为蓝屏或绿屏，然而不必使用蓝色或绿色屏幕；您可以对背景使用任何纯色。红色屏幕通常用于拍摄非人类对象，例如汽车和宇宙飞船的微型模型。在一些因视觉特效出众而闻名的电影中，就使用了洋红屏幕进行抠像。这种抠像的其他常用术语包括抠色和色度抠像。

差值抠像的工作方式与抠色不同。差值抠像定义与特定基础背景图像相关的透明度。用户可以抠出任意背景，而不是抠出单色屏幕。要使用差值抠像，您必须至少具有一个只包含背景的帧；其他帧将与此帧进行比较并且背景像素将设置为透明，以保留前景对象。杂色、颗粒和其他微妙的变化可能使差值抠像在实践中很难得到应用。

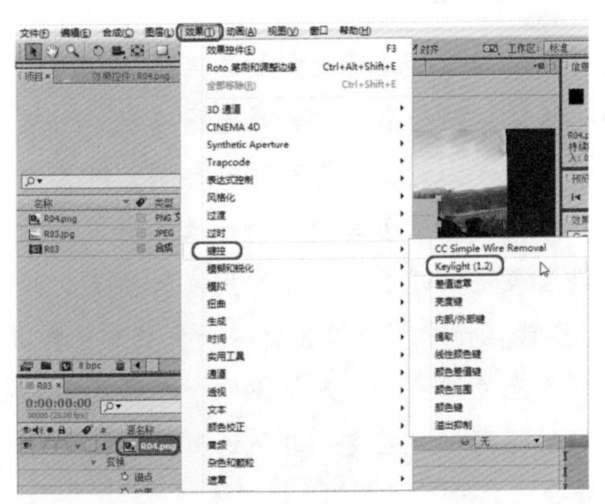

图 8-16　选择 Keylight (1.2) 命令

图 8-17　抠取图像

（7）选中时间轴中的 R04.png 层，按 Ctrl+D 组合键复制图层，将复制所得图层的【缩放】设置为 20.0%，【位置】设置为 330.0、52.6，如图 8-18 所示。

（8）选中时间轴中的 R04.png 层，按 Ctrl+D 组合键复制图层，将复制所得图层的【缩放】设置为 10.0%，【位置】设置为 378.0、52.6，如图 8-19 所示。

图 8-18　设置【缩放】和【位置】(1)

图 8-19　设置【缩放】和【位置】(2)

（9）最后将场景文件进行保存。

知识链接

有关使用 After Effects 进行抠像的技巧如下。

杂色和压缩失真可能导致抠像（特别是差值抠像）问题。通常，在抠像之前应用轻微模糊可以最大限度减少杂色和压缩失真，从而改善抠像效果。例如，对 DV 素材的蓝色通道进行模糊处理可消除蓝屏中的杂色。

使用无用遮罩大致勾勒出主体的轮廓，这样就不必在抠出远离前景主体的背景部分时浪费时间。

为帮助查看透明度，可暂时更改合成的背景色，或者在要抠出的图层后面包括一个背景图层。在对前景中的图层应用抠像效果时，合成背景（或背景图层）将显示出来，以便您轻松查看透明区域。

要使素材的光照均匀，可调整对单独一个帧的抠像控制。选择场景中最复杂的帧，即包含丰富细节（例如头发以及透明或者烟或玻璃等半透明物体）的一个帧。如果光照不变，则您应用于第一个帧的相同设置将应用于后续所有帧。如果光照发生变化，您可能需要调整对其他帧的抠像控制。将第一组抠像属性的关键帧置于场景开头处。如果您仅为一个属性设置关键帧，可使用线性插值。对于需要为多个相互作用的属性设置关键帧的素材，可使用定格插值。如果为抠像属性设置关键帧，则可能需要逐帧检查结果。可能显示中间抠像值，从而生成意外结果。

要抠取在彩色屏幕前拍摄的光照均匀的素材，可首先使用“颜色差值抠像”。添加溢出抑制器（或高级溢出抑制器效果）移除主色的痕迹，然后使用一个或更多其他遮罩效果（如果需要）。如果对结果不满意，可尝试再次从线性抠色开始。

要抠取在多种颜色前拍摄的光照均匀的素材，或者在绿屏或蓝屏前拍摄的光照不均匀的素材，可从颜色范围抠像开始。添加溢出抑制器（或高级溢出抑制器效果）和其他效果优化遮罩。如果对结果不是很满意，可尝试使用或添加线性抠色。

要抠取黑暗区域或阴影，可对明亮度通道使用提取抠像。

要使静态背景场景透明，请使用差值遮罩抠像。在需要优化遮罩时，可添加“简单阻塞工具”和其他效果。

在您已使用抠像效果创建透明度后，可使用遮罩效果消除抠色痕迹并制作干净的边缘。

在抠像可以柔化遮罩边缘后对 Alpha 通道进行模糊处理，以改善合成结果。

案例精讲 086　黑夜蝙蝠动画短片

案例文件：光盘 | 场景 | Cha08 | 黑夜蝙蝠动画短片 .aep

视频文件：光盘 | 视频教学 | Cha08 | 黑夜蝙蝠动画短片 .avi

制作概述

本例将介绍如何制作黑夜蝙蝠动画短片。本例首先添加素材图片，然后在视频层上使用【颜色键】效果，通过设置【颜色键】效果参数，将视频与图片合成在一起。完成后的效果如图 8-20 所示。

图 8-20　黑夜蝙蝠动画短片

学习目标

学习使用【颜色键】效果设置合成。

操作步骤

(1) 启动 Adobe After Effects CC 软件，在【项目】面板中双击，在弹出的【导入文件】对话框中选择随书光盘中的光盘 | 素材 |Cha08|B01.jpg 和 Bats.avi 素材，然后单击【导入】按钮，将素材导入到【项目】面板中，如图 8-21 所示。

(2) 将【项目】面板中的 B01.jpg 素材图片添加到时间轴中，创建一个合成，如图 8-22 所示。

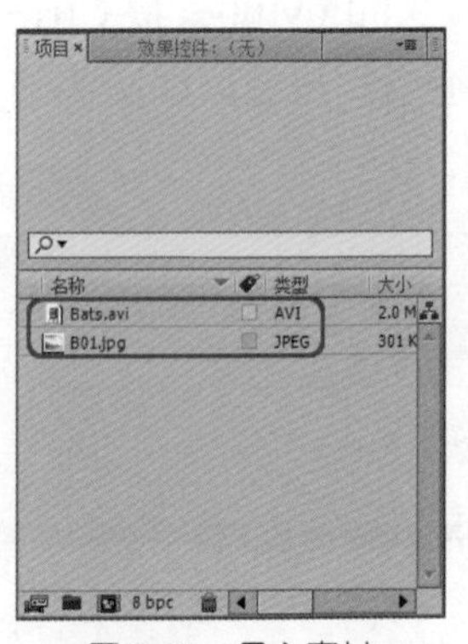

图 8-21　导入素材

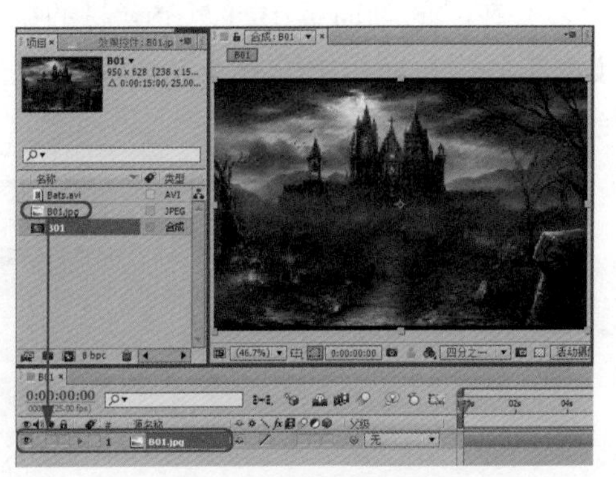

图 8-22　创建素材合成

(3) 在时间轴中右击，在弹出的快捷菜单中选择【合成设置】命令，在弹出的【合成设置】对话框中，将【合成名称】设置为【黑夜蝙蝠动画短片】，【持续时间】设置为 0:00:09:00，单击【确定】按钮，如图 8-23 所示。

(4) 将【项目】面板中的 Bats.avi 素材添加到时间轴中的顶部，然后将其【缩放】设置为 117.0%，如图 8-24 所示。

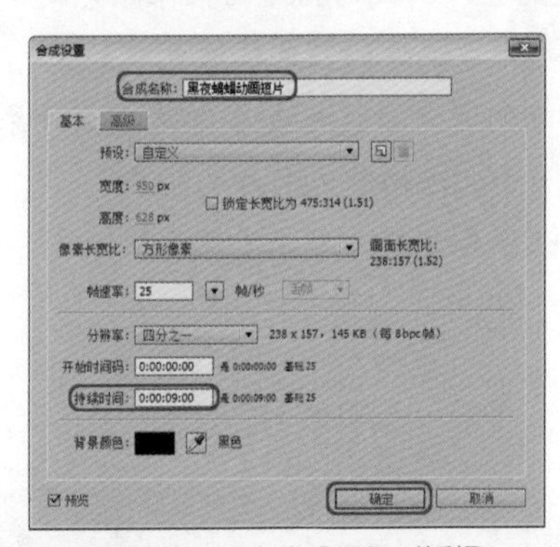

图 8-23　【合成设置】对话框

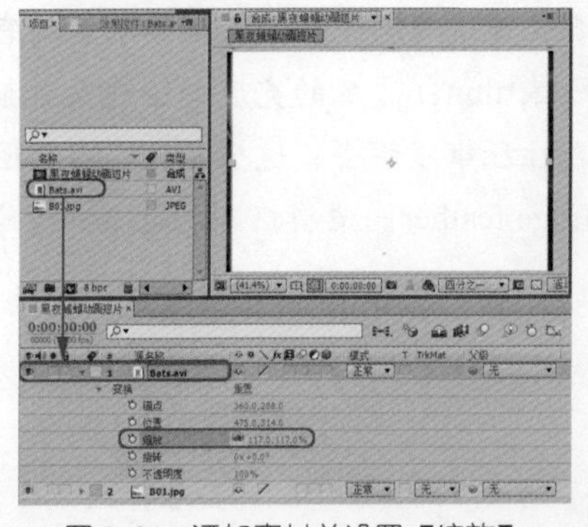

图 8-24　添加素材并设置【缩放】

(5) 选中时间轴中的 Bats.avi 层，在菜单栏中选择【效果】|【键控】|【颜色键】命令，如图 8-25 所示。

(6) 在【合成】面板中将分辨率设置为【完整】，在【效果控件】面板中使用【颜色键】中【主色】右侧的工具吸取视频中的白色，然后将【颜色容差】设置为 255，【薄化边缘】设置为 2，如图 8-26 所示。

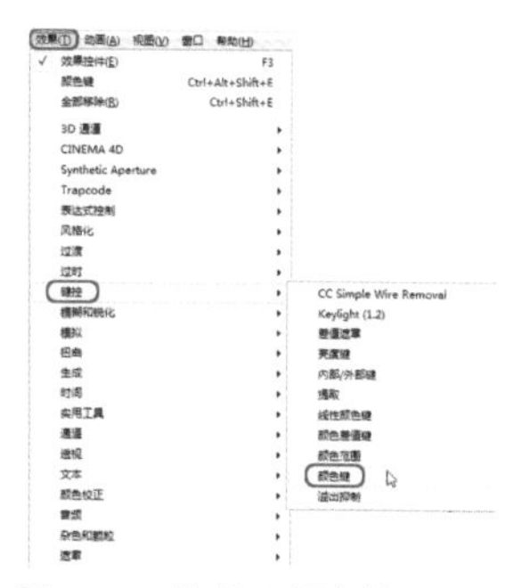

图 8-25　选择【颜色键】命令

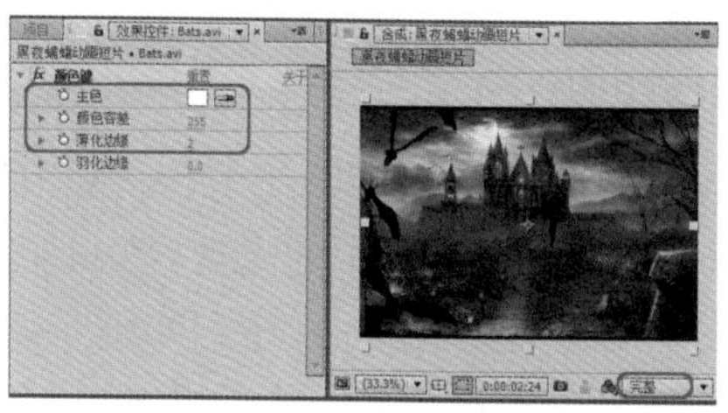

图 8-26　设置【颜色键】效果

(7) 在时间轴面板中将两个素材的持续时间均设置为 0:00:09:00。按 Ctrl+M 组合键，在【渲染队列】面板中设置合成的输出位置，然后单击【渲染】按钮，如图 8-27 所示。最后将场景文件进行保存。

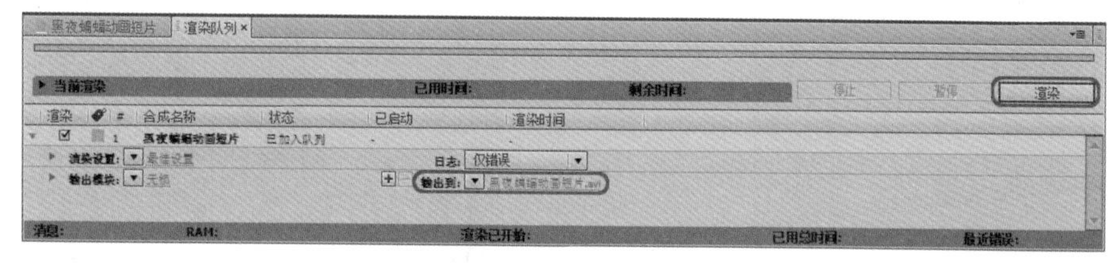

图 8-27　渲染输出视频

知识链接

【颜色键】的使用相对简单，足以应付一些常规的蓝绿背景抠像，而且运算速度很快。

Key color：键控颜色，在这里设置被抠除的颜色，使用后面的小吸管工具可以在视图中进行拾取。

Color tolerance：颜色容差，抠像层的背景不一定是纯色，而我们指定的抠像颜色是一个固定的数值，这项数值控制着抠除颜色的容差，此项数值越大被抠除的颜色区域也就越大。

Edge thin：边缘的宽度，经过简单抠像之后，大部分的背景会被抠去，但是有在对象边缘的颜色往往难以抠去，这项参数可以对图像的边缘进行一个向内切除或向外的扩展。

Edge feather：控制抠像之后图像边缘的羽化强度，让图像边缘看起来更柔和。

案例精讲 087　绿色健康图像

案例文件：光盘 | 场景 | Cha08 | 绿色健康图像 .aep

视频文件：光盘 | 视频教学 | Cha08 | 绿色健康图像 .avi

制作概述

本例将介绍如何制作绿色健康图像。本例首先添加素材图片，然后在图层上添加 Keylight (1.2) 效果，通过设置吸取的颜色，然后抠取图像。完成后的效果如图 8-28 所示。

图 8-28 绿色健康图像

学习目标

学习使用 Keylight（1.2）抠取图像，学习设置图层的【缩放】和【位置】参数。

操作步骤

（1）在【项目】面板中右击，在弹出的快捷菜单中选择【新建合成】命令。在弹出的【合成设置】对话框中，将【合成名称】输入【绿色健康图像】，【宽度】和【高度】设置为1024px、768px，【像素长宽比】设置为【方形像素】，【帧速率】设置为 25，【分辨率】设置为【完整】，【持续时间】设置为 0:00:00:01，然后单击【确定】按钮，如图 8-29 所示。

（2）在【项目】面板中双击，在弹出的【导入文件】对话框中选择随书光盘中的光盘|素材|Cha08|L01.jpg 和 L02.jpg 素材，然后单击【导入】按钮，将素材导入到【项目】面板中，如图 8-30 所示。

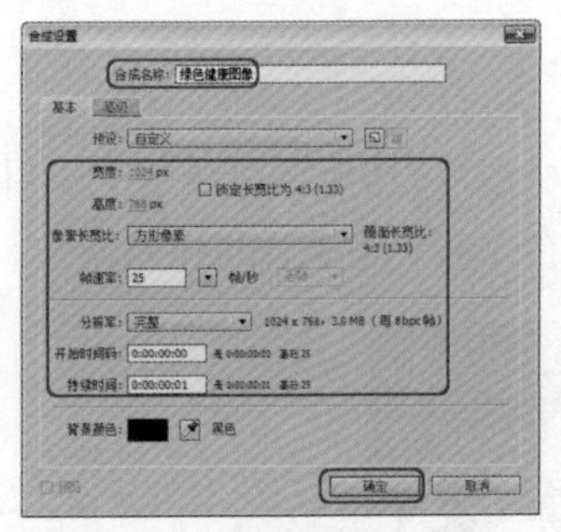

图 8-29 【合成设置】对话框

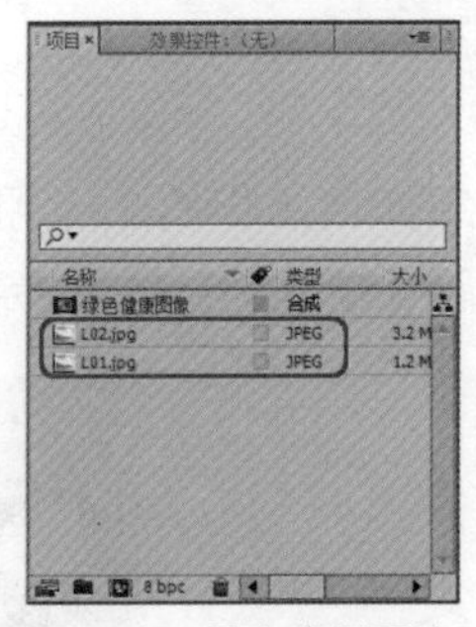

图 8-30 导入素材图片

（3）将【项目】面板中的 L02.jpg 素材图片添加到时间轴中，然后将 L02.jpg 层的【缩放】设置为 30.0%，如图 8-31 所示。

（4）将【项目】面板中的 L01.jpg 素材图片添加到时间轴的顶层，然后将 L01.jpg 层的【缩放】设置为 30.0%，【位置】设置为 294.0、420.0，如图 8-32 所示。

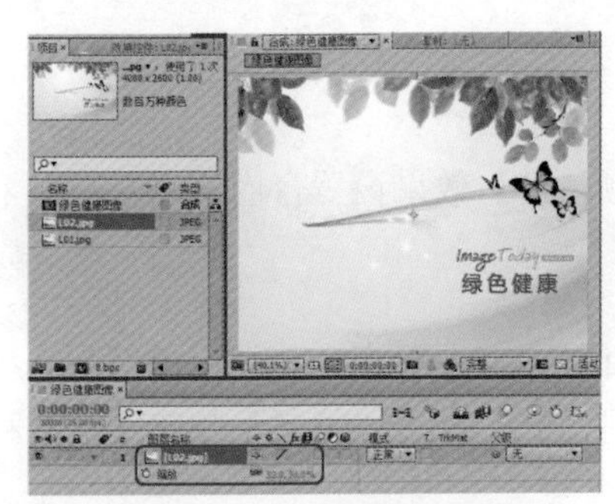

图 8-31 设置【缩放】参数

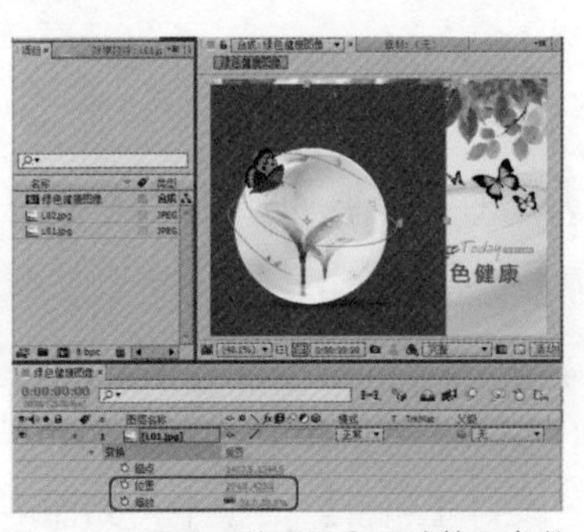

图 8-32 设置【位置】和【缩放】参数

(5) 选中时间轴中的 L01.jpg 层，在菜单栏中选择【效果】|【键控】| Keylight (1.2) 命令。在【效果控件】面板中，使用 Screen Colour 右侧的工具吸取 L01.jpg 层中的蓝色，抠取图像，将 Screen Balance 设置为 95.0，如图 8-33 所示。最后将场景文件进行保存。

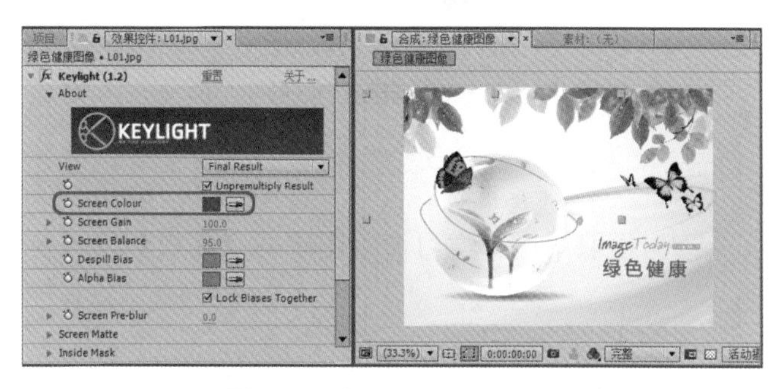

图 8-33　设置 Screen Balance

案例精讲 088　鸽子飞翔短片

案例文件：光盘 | 场景 | Cha08 | 鸽子飞翔短片 .aep
视频文件：光盘 | 视频教学 | Cha08 | 鸽子飞翔短片 .avi

制作概述

本例将介绍如何制作鸽子飞翔短片。本例首先添加素材图片，然后在视频层上使用【颜色键】效果，通过设置【颜色键】效果参数，将视频与图片合成在一起。完成后的效果如图 8-34 所示。

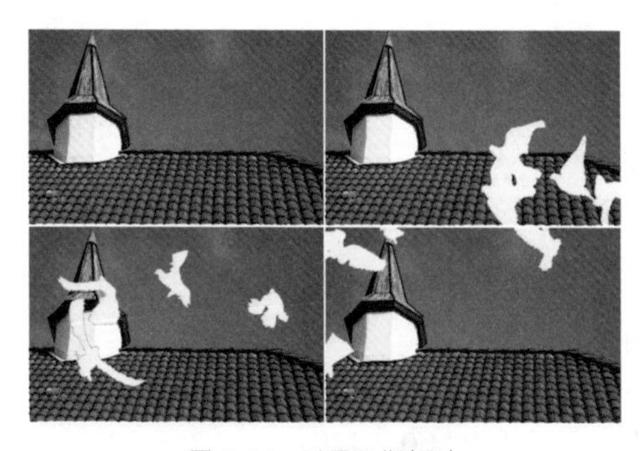

图 8-34　鸽子飞翔短片

学习目标

学习更改图层的【时间伸缩】参数，学习使用【颜色键】效果设置合成。

操作步骤

(1) 启动 Adobe After Effects CC 软件，在【项目】面板中双击，在弹出的【导入文件】对话框中选择随书光盘中的光盘 | 素材 |Cha08|G01.jpg 和鸽子 .avi 素材，然后单击【导入】按钮，将素材导入到【项目】面板中，如图 8-35 所示。

(2) 将【项目】面板中的 G01.jpg 素材图片添加到时间轴中，创建一个合成，如图 8-36 所示。

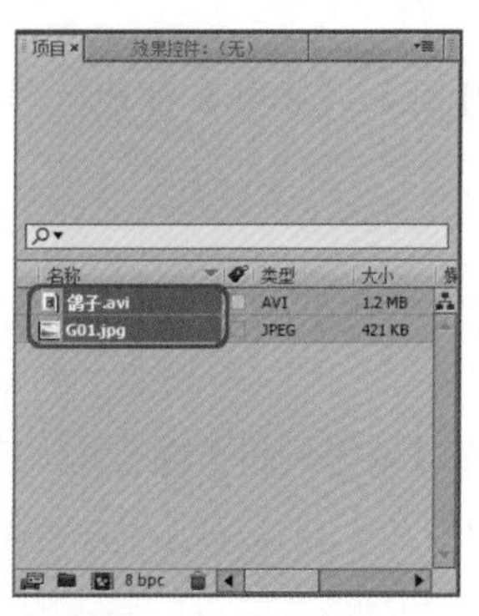
图 8-35　导入素材

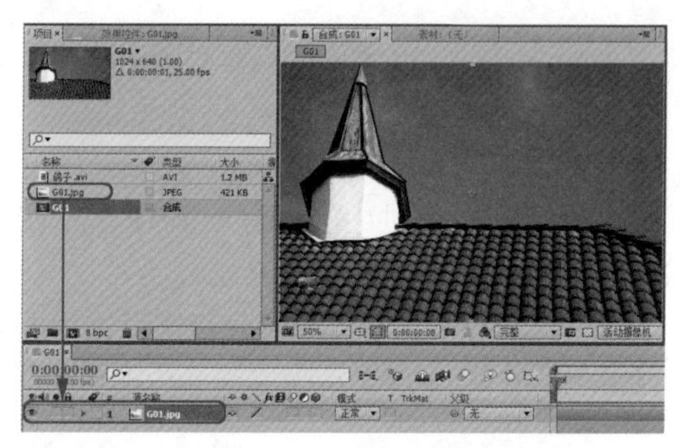
图 8-36　创建素材合成

（3）在时间轴中右击，在弹出的快捷菜单中选择【合成设置】命令，在弹出的【合成设置】对话框中将【合成名称】设置为【鸽子飞翔短片】，【持续时间】设置为 0:00:03:12，单击【确定】按钮，如图 8-37 所示。

（4）选中时间轴中的 G01.jpg 层，右击，在弹出的快捷菜单中选择【时间】|【时间伸缩】命令，如图 8-38 所示。

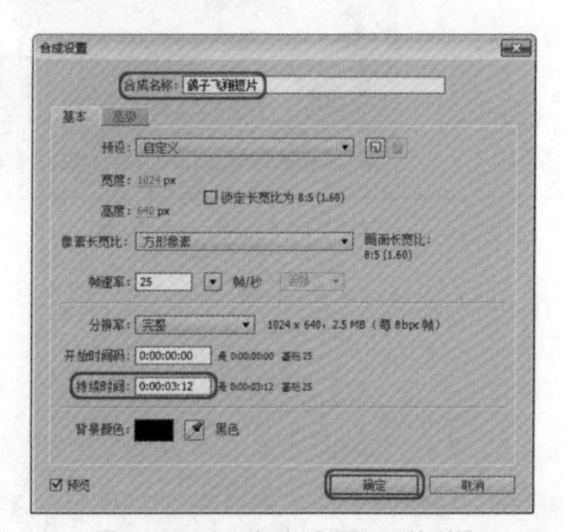
图 8-37　【合成设置】对话框

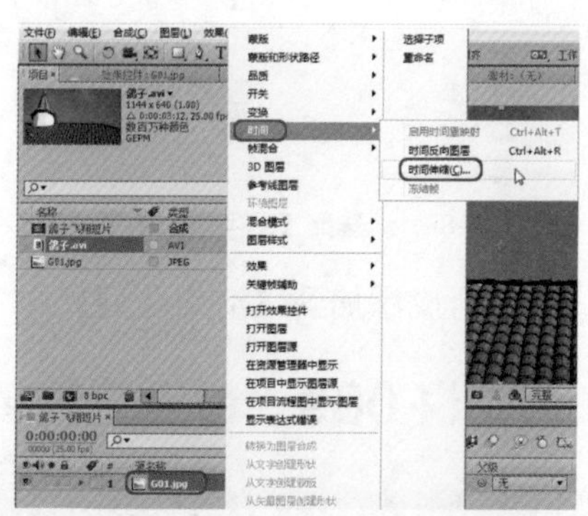
图 8-38　选择【时间伸缩】命令

（5）在弹出的【时间伸缩】对话框中将【新持续时间】设置为 0:00:03:12，然后单击【确定】按钮，如图 8-39 所示。

（6）将【项目】面板中的鸽子 .avi 素材添加到时间轴中的顶部，然后将其【缩放】设置为 117.0%，如图 8-40 所示。

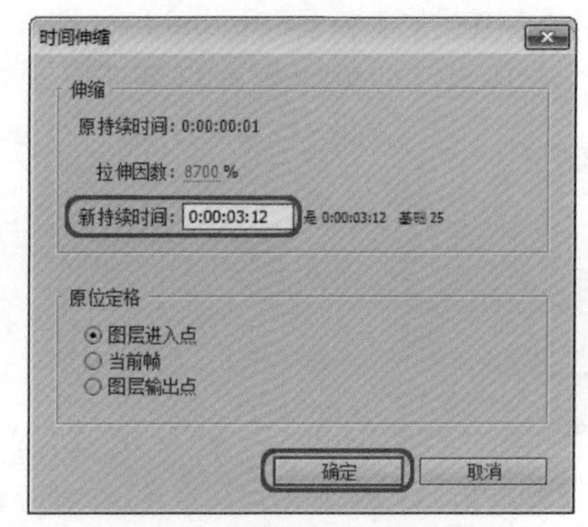

图 8-39　【时间伸缩】对话框

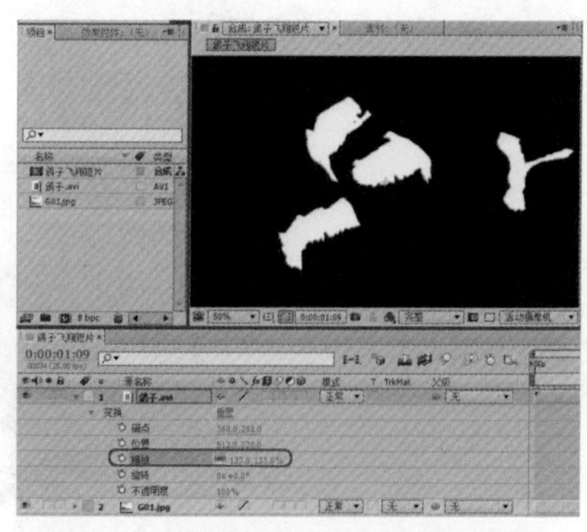
图 8-40　添加素材并设置【缩放】参数

读者也可以在时间轴中直接拖动图层的时间条，对图层持续时间进行快速更改。

(7) 选中时间轴中的【鸽子.avi】层，在菜单栏中选择【效果】|【键控】|【颜色键】命令，如图 8-41 所示。

(8) 在【合成】面板中将分辨率设置为【完整】，然后在【效果控件】面板中使用【颜色键】中【主色】右侧的工具吸取视频中的黑色，然后将【颜色容差】设置为 170，如图 8-42 所示。

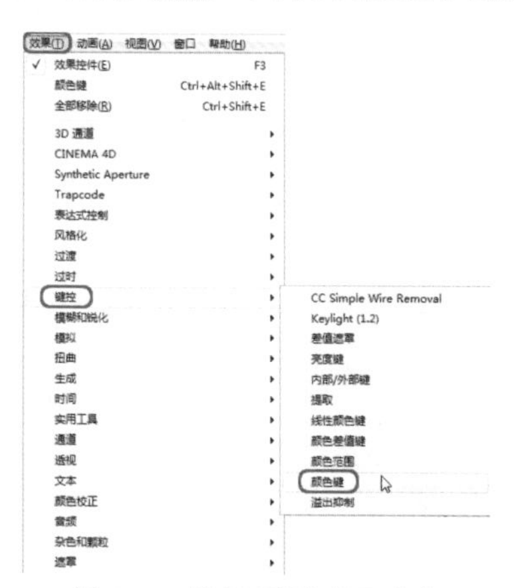

图 8-41　选择【颜色键】命令

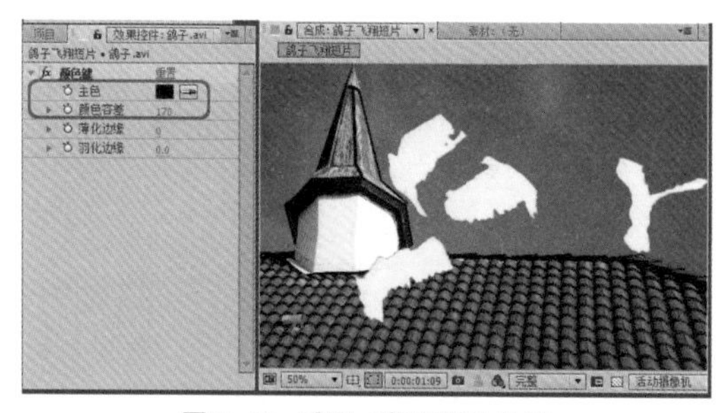

图 8-42　设置【颜色键】效果

(9) 将合成添加到【渲染队列】中并输出视频，并将场景文件保存。

案例精讲 089　音乐炫舞图像

 案例文件：光盘 | 场景 | Cha08 | 音乐炫舞图像 .aep

 视频文件：光盘 | 视频教学 | Cha08 | 音乐炫舞图像 .avi

制作概述

本例将介绍如何制作音乐炫舞图像。本例首先添加素材图片，然后在图层上添加 Keylight (1.2) 效果，通过设置吸取的颜色，抠取图像，并为图层添加【投影】和 CC Radial Fast Blur 效果，最后添加光点素材，设置图层的【缩放】和【位置】。完成后的效果如图 8-43 所示。

图 8-43　音乐炫舞图像

学习目标

学习使用 Keylight（1.2）抠取图像，学习设置图层的【投影】和 CC Radial Fast Blur 效果，学习设置图层的【缩放】和【位置】参数。

操作步骤

（1）在【项目】面板中右击，在弹出的快捷菜单中选择【新建合成】命令。在弹出的【合成设置】对话框中将【合成名称】输入【音乐炫舞图像】，【宽度】和【高度】设置为 3500px、2300px，【像素长宽比】设置为【方形像素】，【帧速率】设置为 25，【分辨率】设置为【四分之一】，【持续时间】设置为 0:00:00:01，然后单击【确定】按钮，如图 8-44 所示。

（2）在【项目】面板中双击，在弹出的【导入文件】对话框中选择随书光盘中的光盘|素材|Cha08|Y 背景 .jpg、Y01.jpg 和 Y01.png 素材图片，然后单击【导入】按钮将素材导入到【项目】面板中，如图 8-45 所示。

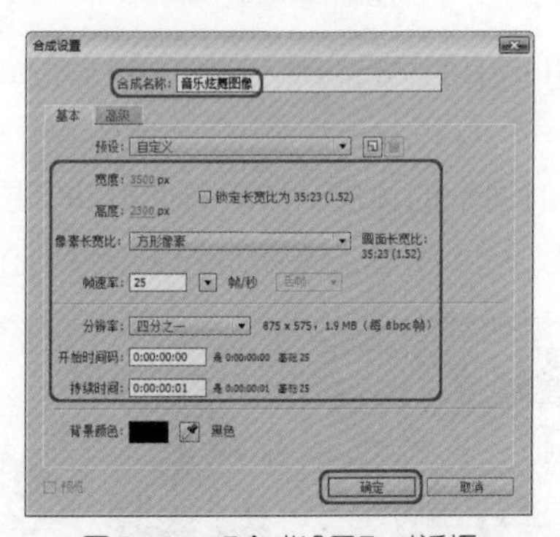

图 8-44 【合成设置】对话框

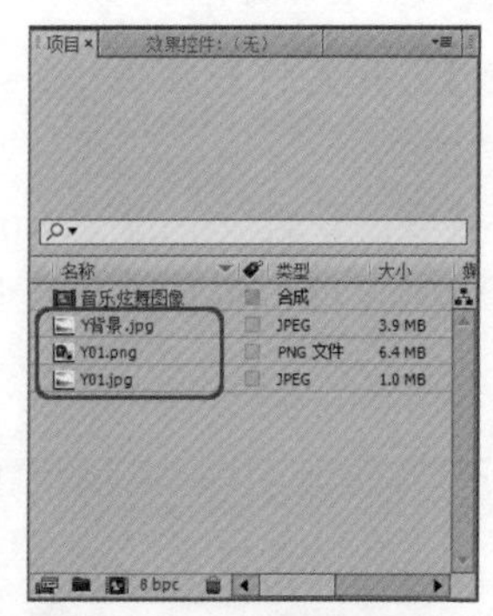

图 8-45 导入素材图片

（3）将【项目】面板中的 Y 背景 .jpg 素材图片添加到时间轴中，如图 8-46 所示。

（4）将【项目】面板中的 Y01.jpg 素材图片添加到时间轴的顶层，选中时间轴中的 Y01.jpg 层，在菜单栏中选择【效果】|【键控】| Keylight（1.2）命令。在【效果控件】面板中使用 Screen Colour 右侧的工具吸取 Y01.jpg 层中的蓝色，抠取图像，将 Screen Balance 设置为 95.0，如图 8-47 所示。

图 8-46 添加素材图层

图 8-47 设置 Keylight（1.2）效果

（5）在菜单栏中选择【效果】|【透视】|【投影】命令。在【效果控件】面板中，将【投影】中的【不透明度】设置为 36%，【距离】设置为 30.0，【柔和度】设置为 35.0，如图 8-48 所示。

(6) 在【效果和预设】面板的搜索框中输入 cc Radial，在显示的列表中选择 CC Radial Fast Blur，将其拖动到【合成】面板的人物图像上，为其添加 CC Radial Fast Blur 效果，如图 8-49 所示。

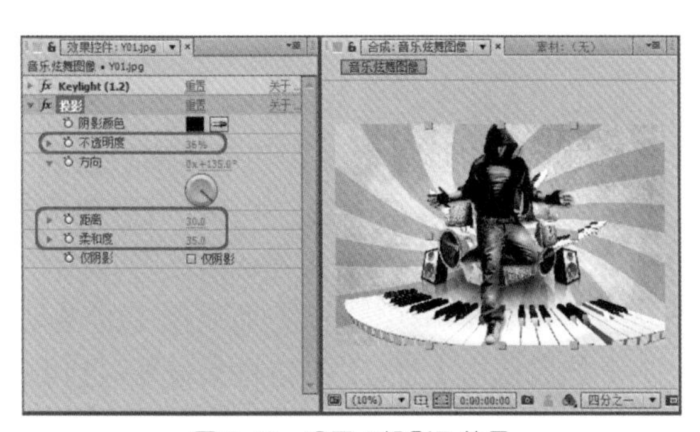

图 8-48　设置【投影】效果

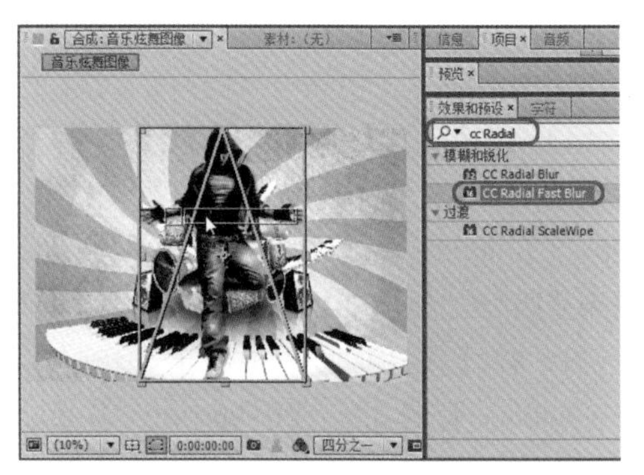

图 8-49　添加 CC Radial Fast Blur 效果

(7) 在【效果控件】面板中，将 CC Radial Fast Blur 中的 Amount 设置为 40.0，如图 8-50 所示。

(8) 将【项目】面板中的 Y01.png 素材图片添加到时间轴的顶层，然后将 Y01.png 层的【缩放】设置为 91.0%，【位置】设置为 1674.0、1430.0，如图 8-51 所示。最后将场景文件进行保存。

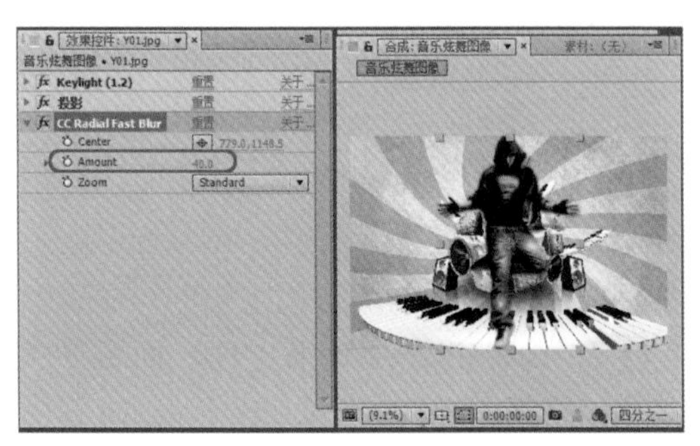

图 8-50　设置 CC Radial Fast Blur 参数

图 8-51　设置【位置】和【缩放】参数

知识链接

借助动画预设，您可以保存和重复使用图层属性和动画的特定配置，包括关键帧、效果和表达式。例如，如果使用复杂属性设置、关键帧和表达式创建使用多种效果的爆炸，则可将以上所有设置另存为单个动画预设。随后可将该动画预设应用到任何其他图层。

许多动画预设不包含动画，而是包含效果组合、变换属性等。行为动画预设使用表达式而非关键帧来对图层属性设置动画。

用户可以保存动画预设，并将其从一台计算机传输到另一台计算机。动画预设的文件扩展名是 .ffx。

After Effects 包括数百种动画预设，您可以将它们应用到图层并根据需要做出修改，其中包括许多文本动画预设。

案例精讲 090　飞机射击短片

案例文件：光盘 | 场景 | Cha08 | 飞机射击短片 .aep

视频文件：光盘 | 视频教学 | Cha08 | 飞机射击短片 .avi

制作概述

本例将介绍如何制作飞机射击短片。本例首先添加素材视频，然后在图层上添加 Keylight（1.2）效果，通过设置吸取的颜色，抠取图像。完成后的效果如图 8-52 所示。

图 8-52　飞机射击短片

学习目标

学习设置图层的 Keylight（1.2）效果。

操作步骤

（1）在【项目】面板中右击，在弹出的快捷菜单中选择【新建合成】命令。在弹出的【合成设置】对话框中将【合成名称】输入【飞机射击短片】，【宽度】和【高度】设置为 534px、272px，【像素长宽比】设置为 D1/DV NTSC（0.91），【帧速率】设置为 25，【分辨率】设置为【完整】，【持续时间】设置为 0:00:05:00，然后单击【确定】按钮，如图 8-53 所示。

（2）在【项目】面板中双击，在弹出的【导入文件】对话框中选择随书光盘中的光盘 | 素材 | Cha08|F01.avi 和 F02.avi 素材视频，然后单击【导入】按钮，将素材导入到【项目】面板中，如图 8-54 所示。

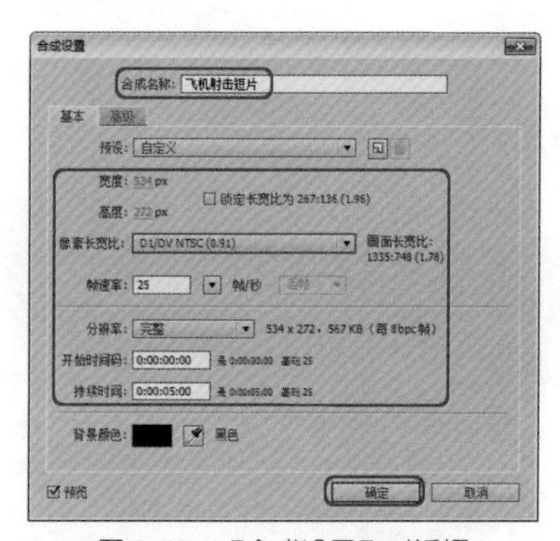

图 8-53　【合成设置】对话框

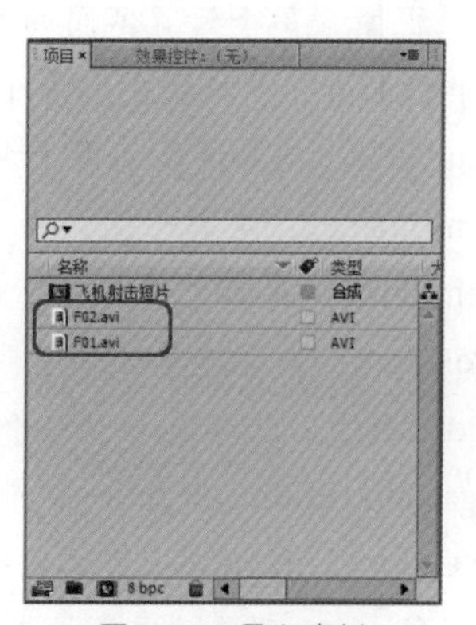

图 8-54　导入素材

(3) 将【项目】面板中的 F02.avi 素材视频添加到时间轴中，如图 8-55 所示。

(4) 将【项目】面板中的 F01.avi 素材视频添加到时间轴的顶层，将其图层的【缩放】设置为 106.0%，如图 8-56 所示。

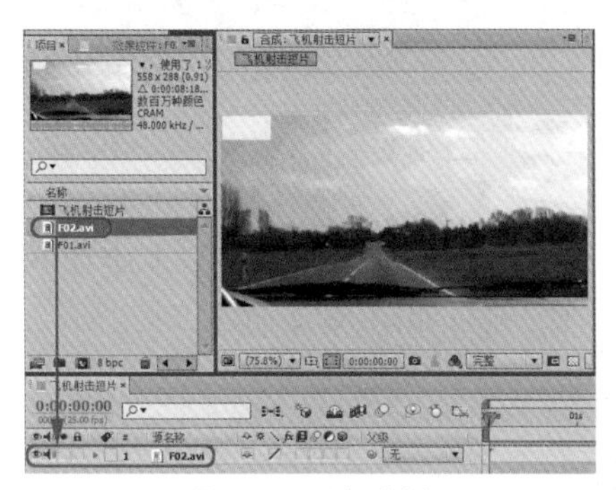
图 8-55　添加素材

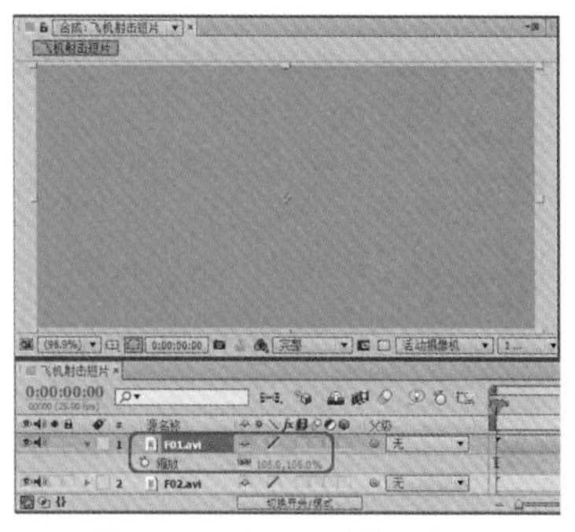
图 8-56　设置【缩放】参数

(5) 选中时间轴中的 F01.avi 层，在菜单栏中选择【效果】|【键控】| Keylight (1.2) 命令。在【效果控件】面板中，使用 Screen Colour 右侧的工具吸取 Y01.jpg 层中的绿色，抠取图像，如图 8-57 所示。

(6) 将合成添加到【渲染队列】中并输出视频，并将场景文件保存。

图 8-57　设置 Keylight (1.2) 效果

知识链接

Key light (1.2)：该特效可以通过指定的颜色来对图像进行抠除，根据内外遮罩进行图像差异比较。

View：视图，用于设置不同的图像视图。

Screen Colour：屏幕颜色，用于选择要抠除的颜色。

Screen Gain：屏幕增益，用于调整屏幕颜色的饱和度。

Screen Balance：屏幕平衡，用于设置屏幕的色彩平衡。

Screen Matte：屏幕蒙版，用于调节图像黑白所占的比例以及图像的柔和程度等。

Inside Mask：内部遮罩，用于对背部遮罩层进行调节。

Outside Mask：外部遮罩，用于对外部遮罩层进行调节。

Foreground Color Correction：前景色校正，用于校正特效层的边缘色。

Edge Color Correction：边缘色校正，用于校正特效层的边缘色。

Source Crops：来源，用于设置图像的范围。

案例精讲 091　飞机轰炸短片

案例文件：光盘 | 场景 | Cha08 | 飞机轰炸短片 .aep

视频文件：光盘 | 视频教学 | Cha08 | 飞机轰炸短片 .avi

制作概述

本例将介绍如何制作飞机轰炸短片。本例首先添加素材视频，然后在背景图层上设置【缩放】关键帧动画，为视频添加 Keylight（1.2）效果，通过设置吸取的颜色，然后抠取图像。完成后的效果如图 8-58 所示。

图 8-58　飞机轰炸短片

学习目标

学习设置图层的【缩放】关键帧，学习设置图层的 Keylight（1.2）效果。

操作步骤

（1）在【项目】面板中右击，在弹出的快捷菜单中选择【新建合成】命令。在弹出的【合成设置】对话框中，将【合成名称】输入【飞机轰炸短片】，【宽度】和【高度】设置为 1300px、731px，【像素长宽比】设置为【方形像素】，【帧速率】设置为 25，【分辨率】设置为【完整】，【持续时间】设置为 0:00:07:00，然后单击【确定】按钮，如图 8-59 所示。

（2）将随书光盘中的光盘 | 素材 |Cha08| 城市背景 .jpg 和 F03.avi 素材视频导入到【项目】面板中。然后将【项目】面板中的城市背景 .jpg 素材图片添加到时间轴中，如图 8-60 所示。

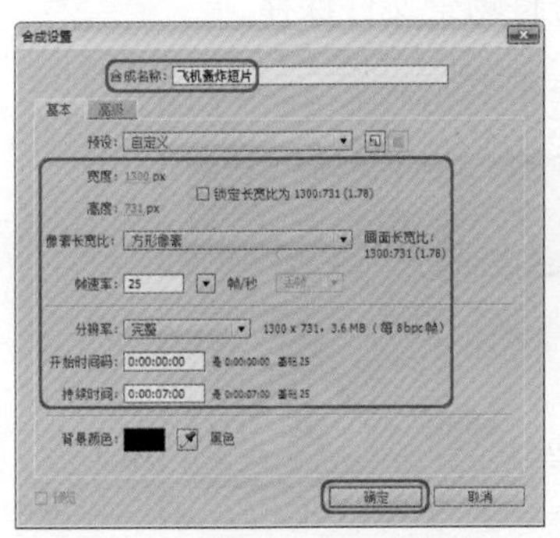

图 8-59　【合成设置】对话框

图 8-60　添加素材层

(3) 确认当前时间为 0:00:00:00，设置【城市背景 .jpg】层的【缩放】为 111.0%，并单击【缩放】左侧的按钮，设置关键帧，如图 8-61 所示。

(4) 将当前时间设置为 0:00:02:10，将【城市背景 .jpg】层的【缩放】设置为 65.0%，如图 8-62 所示。

图 8-61　设置【缩放】关键帧

图 8-62　设置【缩放】(1)

(5) 将【项目】面板中的 F03.avi 素材添加到时间轴的顶层，将其所在图层的【缩放】设置为 287.0%，如图 8-63 所示。

(6) 在时间轴中打开图标，将 F03.avi 层的【入】时间设置为 0:00:02:10，如图 8-64 所示。

图 8-63　设置【缩放】(2)

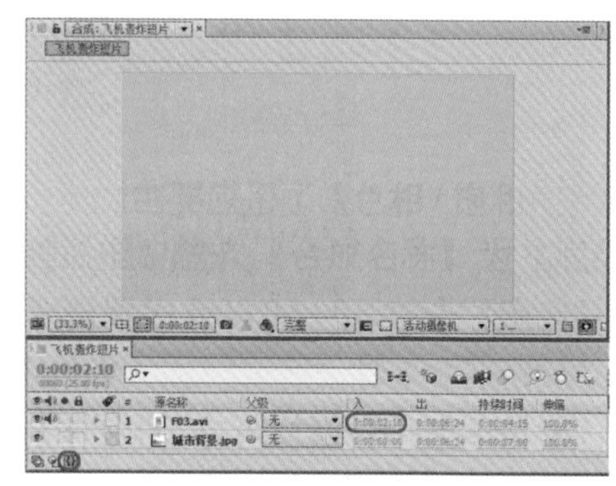

图 8-64　设置【入】时间

(7) 选中时间轴中的 F03.avi 层，在菜单栏中选择【效果】|【键控】| Keylight (1.2) 命令。在【效果控件】面板中，使用 Screen Colour 右侧的工具吸取 F03.avi 层中的绿色，抠取图像，如图 8-65 所示。

(8) 将合成添加到【渲染队列】中并输出视频，并将场景文件保存。

图 8-65　设置 Keylight (1.2)

案例精讲 092　破洞撕纸短片

案例文件：光盘 | 场景 | Cha08 | 破洞撕纸短片 .aep

视频文件：光盘 | 视频教学 | Cha08 | 破洞撕纸短片 .avi

制作概述

本例将介绍如何制作破洞撕纸短片。本例首先添加素材图片，然后在图层上使用【颜色键】效果，通过设置【颜色键】效果参数，将视频与图片合成在一起。完成后的效果如图 8-66 所示。

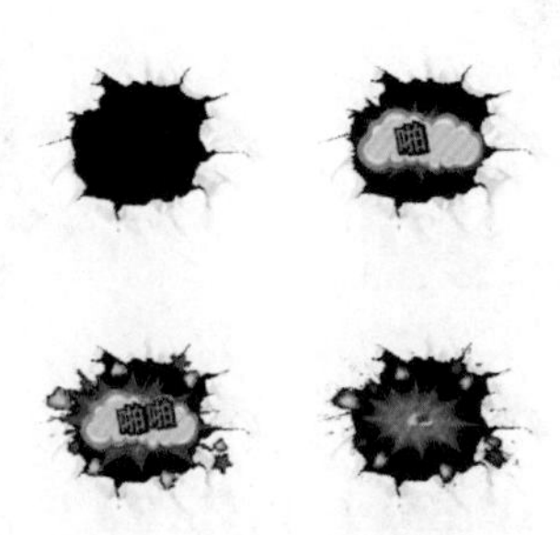

图 8-66　破洞撕纸短片

学习目标

学习更改图层的【缩放】参数，学习使用【颜色键】效果设置合成。

操作步骤

(1) 在【项目】面板中右击，在弹出的快捷菜单中选择【新建合成】命令。在弹出的【合成设置】对话框中，将【合成名称】输入【破洞撕纸短片】，【宽度】和【高度】设置为 1200px、1146px，【像素长宽比】设置为【方形像素】，【帧速率】设置为 25，【分辨率】设置为【四分之一】，【持续时间】设置为 0:00:03:00，然后单击【确定】按钮，如图 8-67 所示。

(2) 将随书光盘中的光盘 | 素材 |Cha08|C01.png 和 C01.avi 素材视频导入到【项目】面板中，然后将【项目】面板中的 C01.png 素材图片添加到时间轴中，如图 8-68 所示。

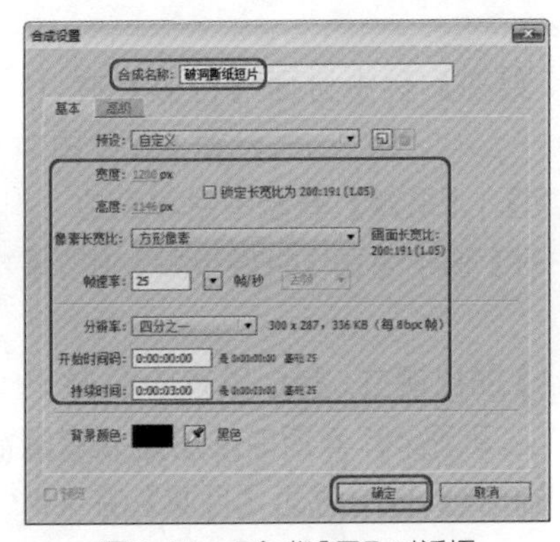

图 8-67　【合成设置】对话框

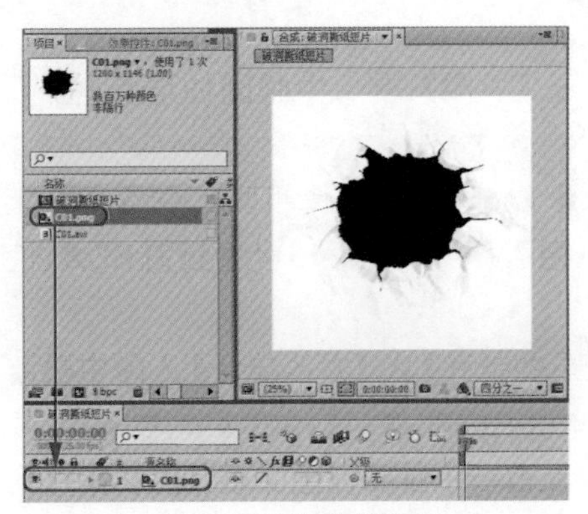

图 8-68　添加素材图层

（3）在时间轴中选中 C01.png 层，在菜单栏中选择【效果】|【键控】|【颜色键】命令。然后在【效果控件】面板中，使用【颜色键】中【主色】右侧的工具，吸取视频中的暗红色，然后将【颜色容差】设置为 64，如图 8-69 所示。

（4）将【项目】面板中的 C01.avi 素材添加到时间轴的顶层，将其所在图层的【缩放】设置为 64.0%，如图 8-70 所示。

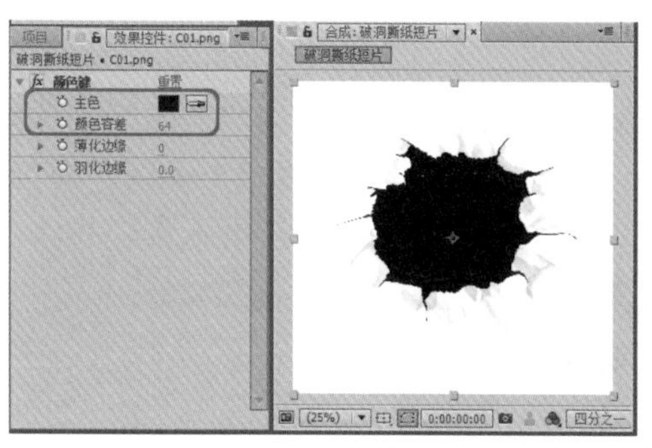
图 8-69　设置【颜色键】参数（1）

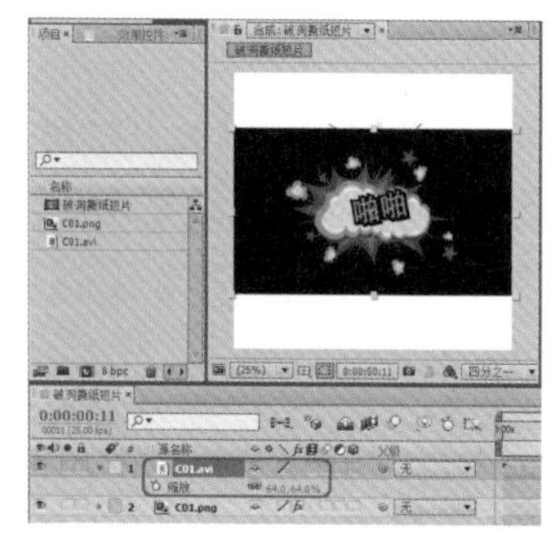

图 8-70　设置【缩放】参数

（5）在时间轴中选中 C01.avi 层，在菜单栏中选择【效果】|【键控】|【颜色键】命令。然后在【效果控件】面板中，使用【颜色键】中【主色】右侧的工具，吸取视频中的黑色，将【颜色容差】设置为 20，如图 8-71 所示。

（6）将 C01.avi 层的【位置】设置为 592.0、521.0，如图 8-72 所示。

（7）将合成添加到【渲染队列】中并输出视频，并将场景文件保存。

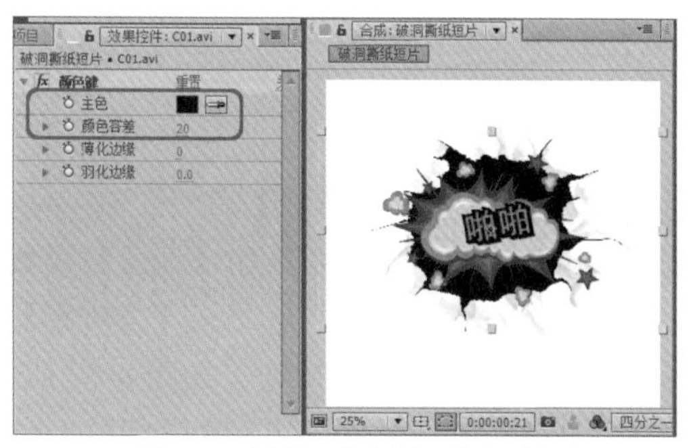

图 8-71　设置【颜色键】参数（2）

图 8-72　设置【位置】参数

案例精讲 093　生日蛋糕短片

案例文件：光盘 | 场景 | Cha08 | 生日蛋糕短片 .aep

视频文件：光盘 | 视频教学 | Cha08 | 生日蛋糕短片 .avi

制作概述

本例将介绍如何制作生日蛋糕短片。本例首先添加素材图片，然后在图层上使用【溢出抑制】、Keylight（1.2）和 Zoom-bubble 效果，最后添加素材视频。完成后的效果如图 8-73 所示。

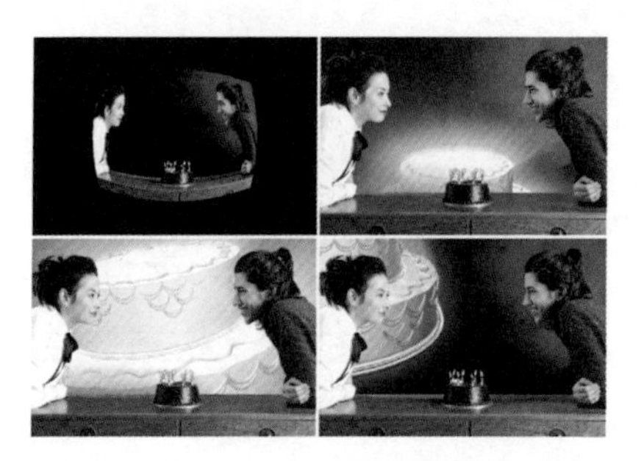

图 8-73　生日蛋糕短片

学习目标

学习使用【矩形工具】绘制蒙版，学习设置图层的【蒙版形状】参数。

操作步骤

(1) 在【项目】面板中右击，在弹出的快捷菜单中选择【新建合成】命令。在弹出的【合成设置】对话框中，将【合成名称】输入【生日蛋糕短片】，【宽度】和【高度】设置为 1000px、667px，【像素长宽比】设置为【方形像素】，【帧速率】设置为 25，【分辨率】设置为【四分之一】，【持续时间】设置为 0:00:08:00，【背景颜色】设置为黑色，然后单击【确定】按钮，如图 8-74 所示。

(2) 将随书光盘中的光盘 | 素材 |Cha08|S01.jpg 和 S02.avi 素材视频导入到【项目】面板中。然后将【项目】面板中的 S01.jpg 素材图片添加到时间轴中，如图 8-75 所示。

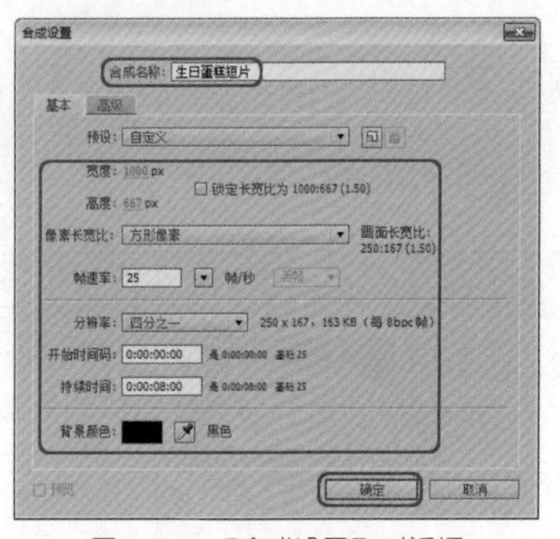

图 8-74　【合成设置】对话框

图 8-75　添加素材图层

(3) 在时间轴中选中 S01.jpg 层，在菜单栏中选择【效果】|【键控】|【溢出抑制】命令，如图 8-76 所示。

(4) 在【效果控件】面板中使用【要抑制的颜色】右侧的工具，吸取【合成】面板中的背景颜色，如图 8-77 所示。

(5) 在菜单栏中选择【效果】|【键控】| Keylight（1.2）命令。在【效果控件】面板中使用 Screen Colour 右侧的工具吸取 S01.jpg 层中的蓝色，抠取图像，如图 8-78 所示。

(6) 将当前时间设置为 0:00:00:00，在【效果和预设】面板的搜索文本框中输入 zoom，在显示的列表中选择 Transitions-Movement | Zoom-bubble，将其拖到【合成】面板中的素材图片上，如图 8-79 所示。

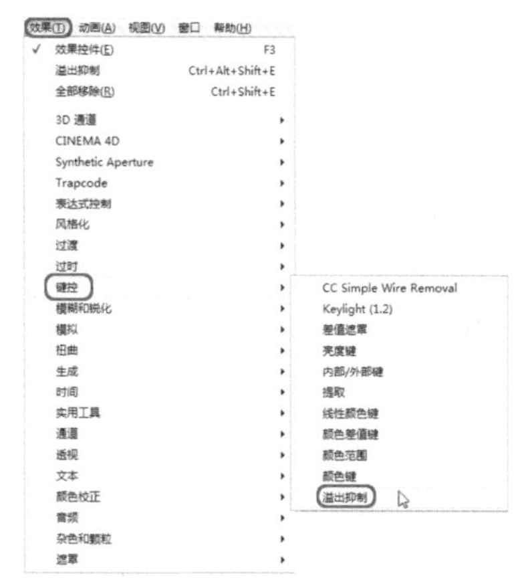

图 8-76　选择【溢出抑制】命令

图 8-77　吸取背景颜色

图 8-78　设置 Keylight (1.2) 效果

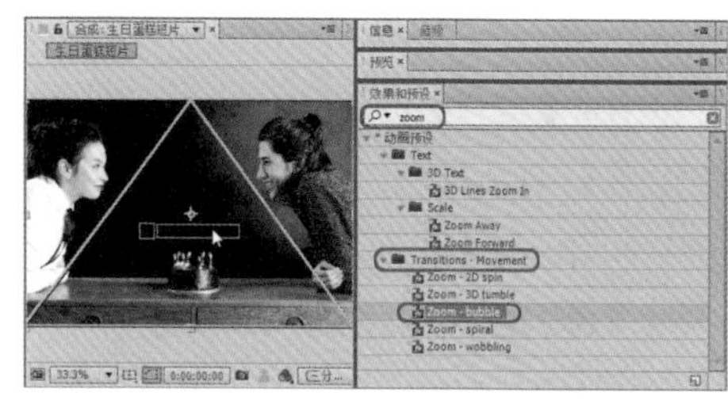

图 8-79　添加 Zoom-bubble 效果

(7) 将【项目】面板中的 S02.avi 素材视频添加到时间轴的底层，然后将其所在图层的【缩放】设置为 136.0%，如图 8-80 所示。

(8) 按 Ctrl+M 组合键在【渲染队列】面板中设置合成的输出位置，然后单击【输出】按钮，将合成渲染输出，如图 8-81 所示。

(9) 将场景文件保存。

图 8-80　设置【缩放】

图 8-81　渲染输出视频

案例精讲 094　飞机坠毁短片

案例文件：光盘 | 场景 | Cha08 | 飞机坠毁短片 .aep

视频文件：光盘 | 视频教学 | Cha08 | 飞机坠毁短片 .avi

制作概述

本例将介绍如何制作飞机坠毁短片。本例首先添加素材图层，然后在视频图层上添加 Keylight (1.2) 效果，通过设置吸取的颜色，抠取图像，最后设置背景图层的【位置】关键帧动画，模拟镜头摆动。完成后的效果如图 8-82 所示。

图 8-82　飞机坠毁短片

学习目标

学习设置图层【位置】关键帧，学习设置图层的 Keylight（1.2）效果。

操作步骤

（1）在【项目】面板中右击，在弹出的快捷菜单中选择【新建合成】命令。在弹出的【合成设置】对话框中将【合成名称】输入【飞机坠毁短片】，【宽度】和【高度】设置为 250px、350px，【像素长宽比】设置为 D1/DV PAL（1.09），【帧速率】设置为 25，【分辨率】设置为【完整】，【持续时间】设置为 0:00:07:05，然后单击【确定】按钮，如图 8-83 所示。

（2）在【项目】面板中双击，在弹出的【导入文件】对话框中，选择随书光盘中的光盘|素材|Cha08|战场背景.jpg 和飞机坠毁.avi，然后单击【导入】按钮，将素材导入到【项目】面板中，如图 8-84 所示。

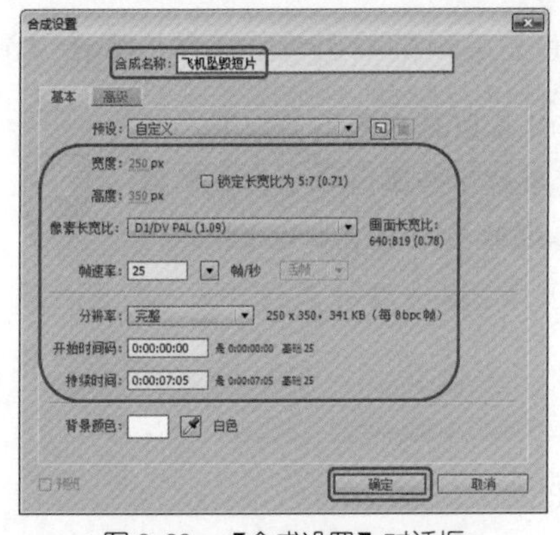

图 8-83　【合成设置】对话框

图 8-84　【导入文件】对话框

（3）将【项目】面板中的战场背景.jpg 素材图片添加到时间轴中，将其【缩放】设置为 70%，【位置】设置为 0.0、175.0，然后单击【位置】左侧的按钮，添加关键帧，如图 8-85 所示。

（4）将【项目】面板中的飞机坠毁.avi 素材添加到时间轴中，将其【缩放】设置为 135.0%，【位置】设置为 225.0、175.0，如图 8-86 所示。

（5）选中时间轴中的【飞机坠毁.avi】层，在菜单栏中选择【效果】|【键控】|Keylight（1.2）

命令。在【效果控件】面板中使用 Screen Colour 右侧的工具吸取【飞机坠毁.avi】层中的绿色，抠取图像，如图 8-87 所示。

(6) 将当前时间设置为 0:00:03:12，将【战场背景.jpg】层的【位置】设置为 320.0、175.0，如图 8-88 所示。

图 8-85 设置【位置】和【缩放】参数 (1)

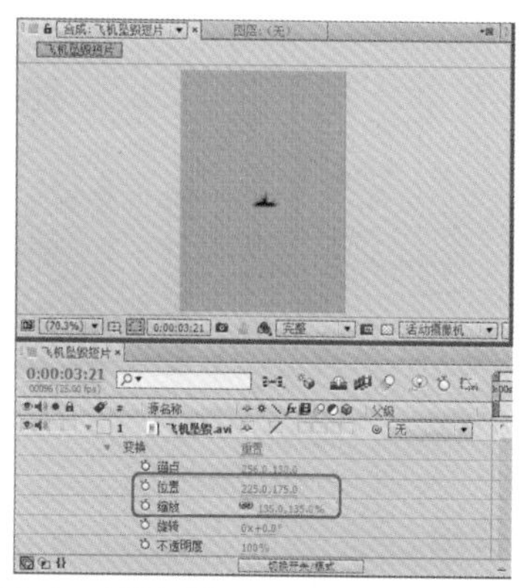

图 8-86 设置【位置】和【缩放】参数 (2)

图 8-87 设置 Keylight (1.2) 效果

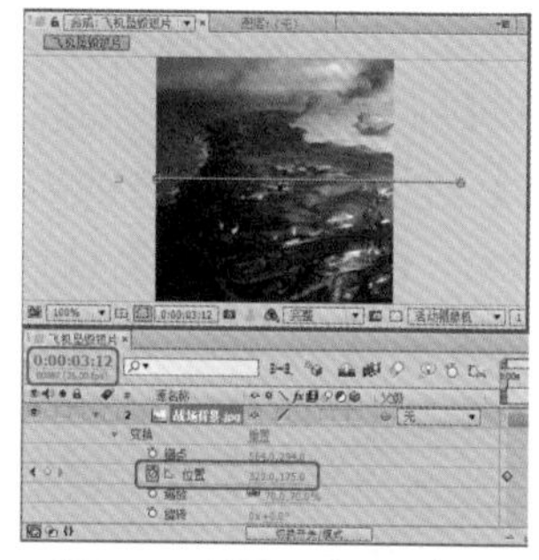

图 8-88 设置【位置】参数

(7) 按 Ctrl+M 组合键，在【渲染队列】面板中设置合成的输出位置，然后单击【渲染】按钮将合成渲染输出，如图 8-89 所示。最后将场景文件进行保存。

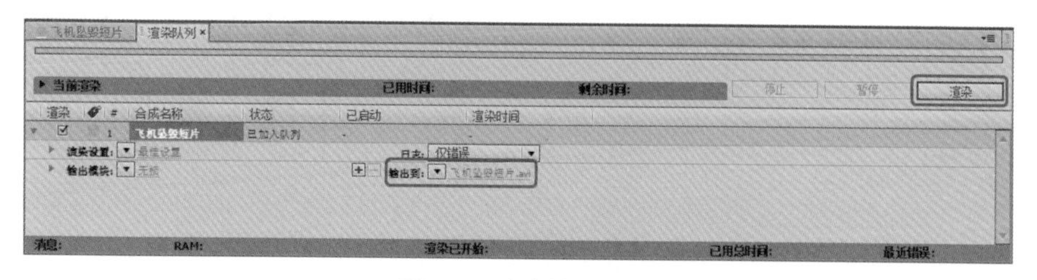

图 8-89 渲染输入视频

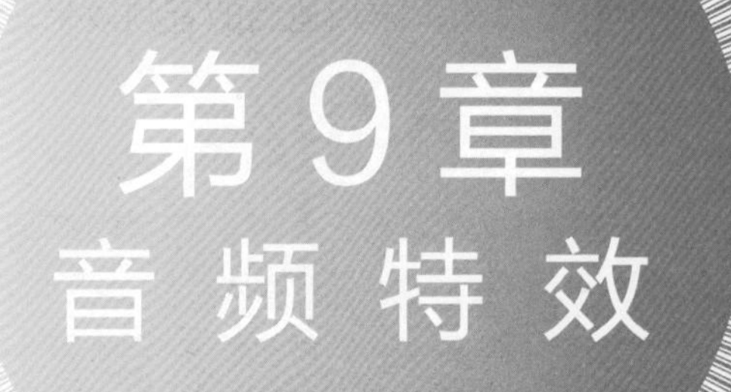

第9章 音频特效

本章重点

- 音乐的淡入淡出效果
- 倒放效果
- 部分损坏效果
- 跳动的圆点
- 节奏律动

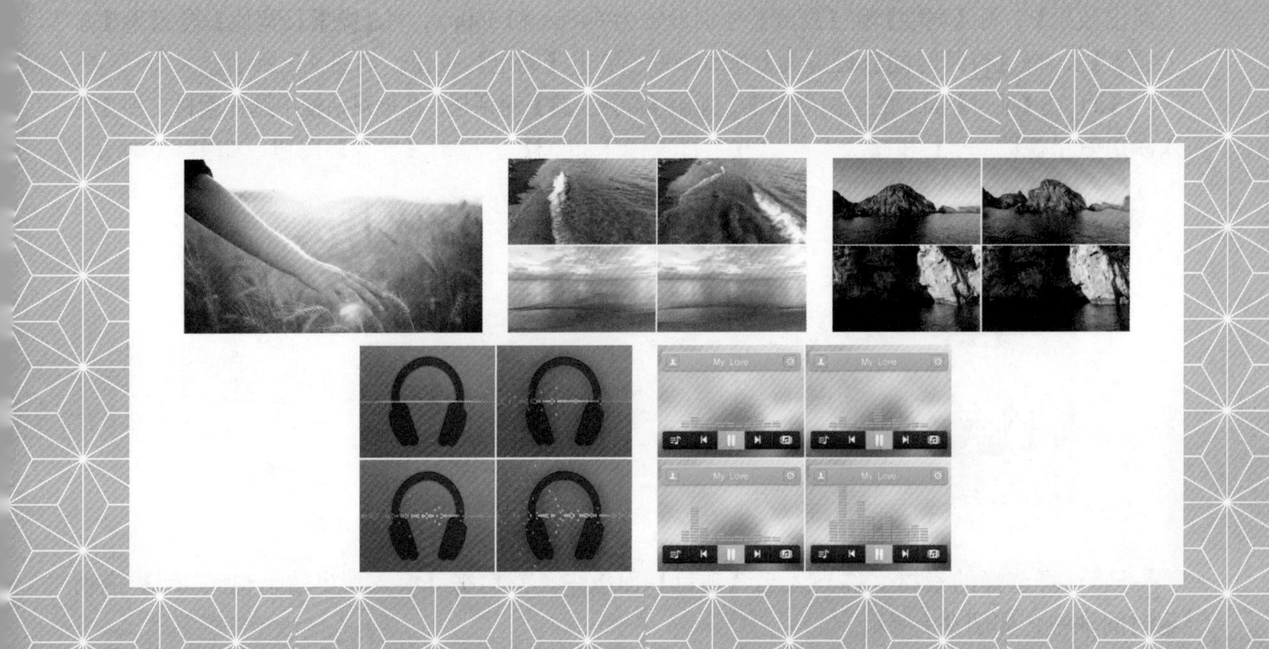

一个完整的视频不仅仅只有精美、炫丽的画面，还要有与画面相匹配的音乐。在 After Effects 中提供了音频的输入与输出方式，音频特效。本章将介绍在 After Effects 中设置音频的相关内容，使读者能够为制作好的视频，添加适当的音频效果。

案例精讲 095　音乐的淡入淡出效果

案例文件：光盘 | 场景 | Cha09 | 音乐的淡入淡出效果 . aep

视频文件：光盘 | 视频教学 | Cha09 | 音乐的淡入淡出效果 .avi

制作概述

本例将介绍音乐淡入淡出效果的制作，该例的制作非常简单，只需设置【音频电平】关键帧即可，完成后的效果如图 9-1 所示。

图 9-1　音乐的淡入淡出效果

学习目标

学习制作音频淡入淡出效果的方法，掌握【音频电平】关键帧的设置。

操作步骤

（1）按 Ctrl+N 组合键，在弹出的【合成设置】对话框中输入【合成名称】为【音乐的淡入淡出效果】，将【宽度】和【高度】分别设置为 640px 和 360px，将【像素长宽比】设置为【方形像素】，将【持续时间】设置为 0:00:15:00，单击【确定】按钮，如图 9-2 所示。

（2）在【项目】面板的空白处双击，弹出【导入文件】对话框，在该对话框中选择素材文件【淡入淡出效果视频 .avi】和【淡入淡出效果背景音乐 .mp3】，单击【导入】按钮，如图 9-3 所示。

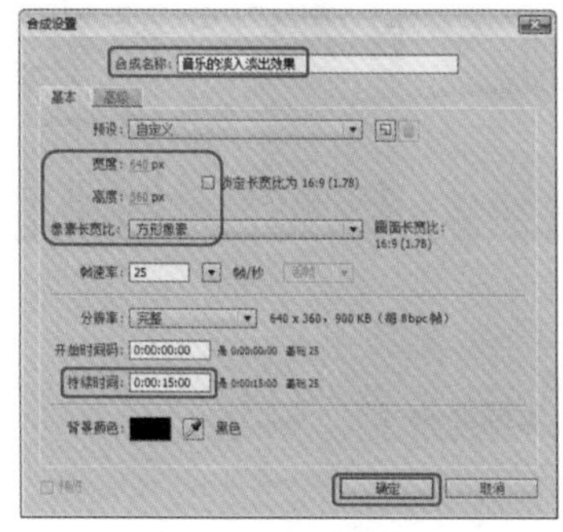

图 9-2　新建合成

图 9-3　选择素材文件

（3）将选择的素材文件导入至【项目】面板中，然后将【淡入淡出效果视频 .avi】拖动至时间轴中，如图 9-4 所示。

(4) 在【项目】面板中将【淡入淡出效果背景音乐 .mp3】音频文件拖动至时间轴中图层的最下方，确认当前时间为 0:00:00:00，将【音频电平】设置为 −30dB，并单击左侧的 ⏱ 按钮，如图 9-5 所示。

图 9-4　添加视频文件

图 9-5　设置【音频电平】参数

(5) 将当前时间设置为 0:00:01:12，将【音频电平】设置为 0dB，如图 9-6 所示。

(6) 将当前时间设置为 0:00:13:12，将【音频电平】设置为 0dB，将当前时间设置为 0:00:14:24，将【音频电平】设置为 −30dB，如图 9-7 所示。按小键盘上的 0 键试听效果，然后将场景文件保存即可。

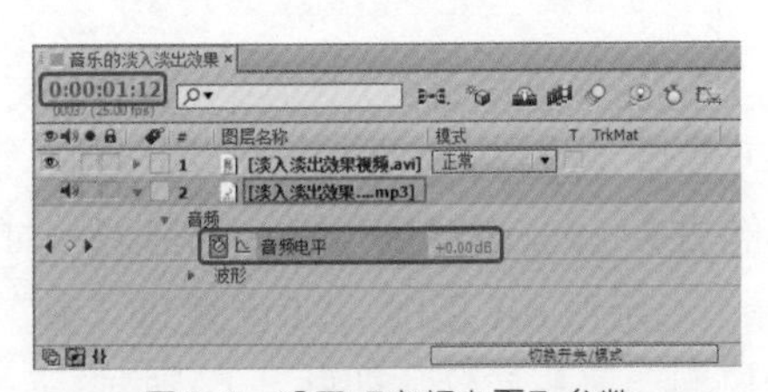

图 9-6　设置【音频电平】参数

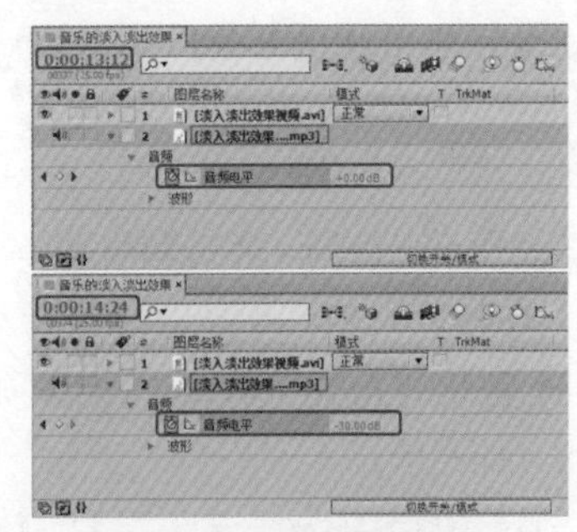

图 9-7　设置关键帧参数

案例精讲 096　倒放效果

制作概述

本例将介绍视频和音频倒放效果的制作，视频是通过【时间反向图层】命令制作倒放效果，而音频是通过添加【倒放】效果实现音频倒放，完成后的效果如图 9-8 所示。

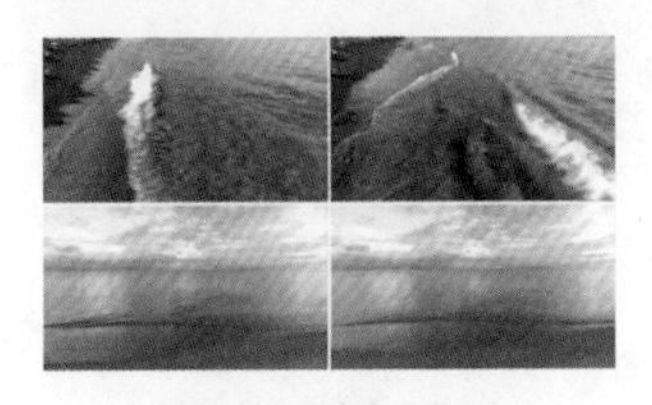

图 9-8　倒放效果

学习目标

学习倒放视频的方法，掌握实现音频倒放的方法。

操作步骤

(1) 按 Ctrl+N 组合键，在弹出的【合成设置】对话框中输入【合成名称】为【倒放效果】，将【宽度】和【高度】分别设置为 640px 和 360px，将【像素长宽比】设置为【方形像素】，将【持续时间】设置为 0:00:12:00，单击【确定】按钮，如图 9-9 所示。

(2) 在【项目】面板的空白处双击，弹出【导入文件】对话框，在该对话框中选择素材文件【倒放效果视频 .avi】和【倒放效果背景音乐 .mp3】，单击【导入】按钮，如图 9-10 所示。

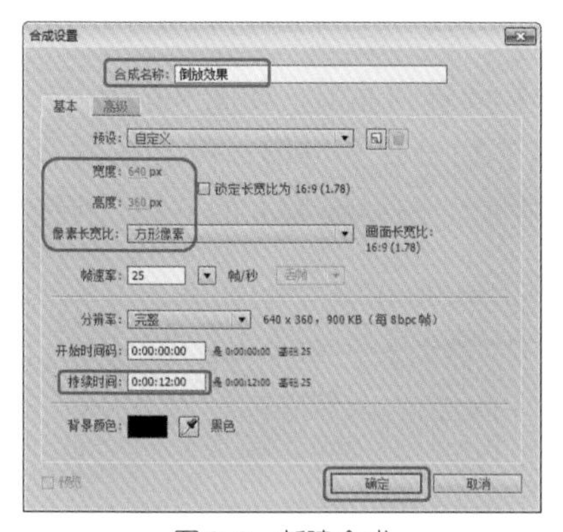

图 9-9 新建合成

图 9-10 选择素材文件

(3) 将选择的素材文件导入至【项目】面板中，然后将【倒放效果视频 .avi】拖动至时间轴中，如图 9-11 所示。

(4) 在菜单栏中选择【图层】|【时间】|【时间反向图层】命令，如图 9-12 所示。

图 9-11 添加视频文件

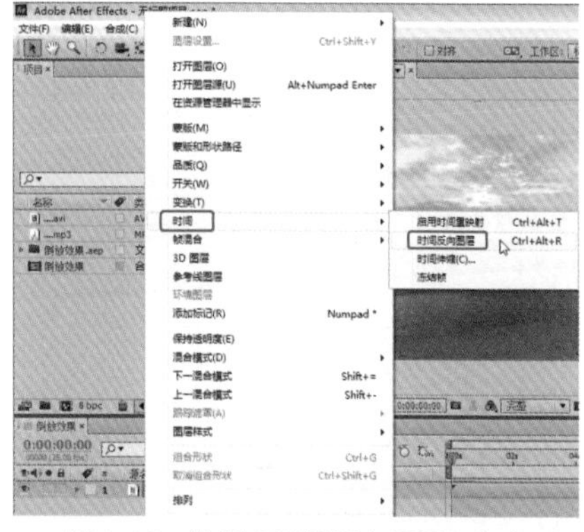

图 9-12 选择【时间反向图层】命令

(5) 选择该命令后，即可倒放视频，用户可以在【合成】面板中预览效果，如图 9-13 所示。

提示

按 Ctrl+Alt+R 组合键也可以倒放视频。

(6) 在【项目】面板中将【倒放效果背景音乐 .mp3】拖动至时间轴中图层的最下方，并在菜单栏中选择【效果】|【音频】|【倒放】命令，如图 9-14 所示，即可倒放音频文件。按小键盘上的 0 键试听效果，然后将场景文件保存即可。

图 9-13　倒放视频

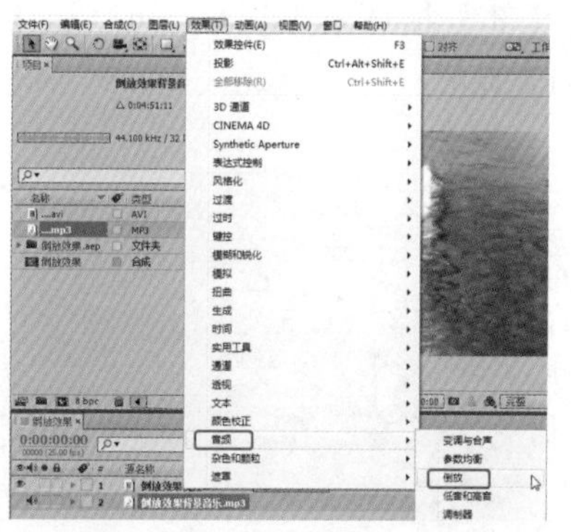

图 9-14　选择【倒放】命令

知识链接

【倒放】效果通过将音频从最后一帧播放到第一帧来颠倒图层的音频。这些音频帧会按照原始顺序保留在【时间轴】面板中。选择【交换通道】可互换左右通道。

案例精讲 097　部分损坏效果

 案例文件：光盘 | 场景 | Cha09 | 部分损坏效果 . aep

 视频文件：光盘 | 视频教学 | Cha09 | 部分损坏效果 .avi

制作概述

本例将介绍部分损坏效果的制作，通过为视频添加【波形变形】效果来表现视频损坏效果，通过设置【控制器】参数来实现音频损坏效果，完成后的效果如图 9-15 所示。

图 9-15　部分损坏效果

学习目标

学习【波形变形】效果的设置方法，掌握【控制器】参数的设置。

操作步骤

(1) 按 Ctrl+N 组合键，在弹出的【合成设置】对话框中输入【合成名称】为【部分损坏

效果】，将【宽度】和【高度】分别设置为600px和340px，将【像素长宽比】设置为【方形像素】，将【持续时间】设置为0:00:15:10，单击【确定】按钮，如图9-16所示。

(2) 在【项目】面板的空白处双击，弹出【导入文件】对话框，在该对话框中选择素材文件【部分损坏效果视频.avi】和【部分损坏效果背景音乐.mp3】，单击【导入】按钮，如图9-17所示。

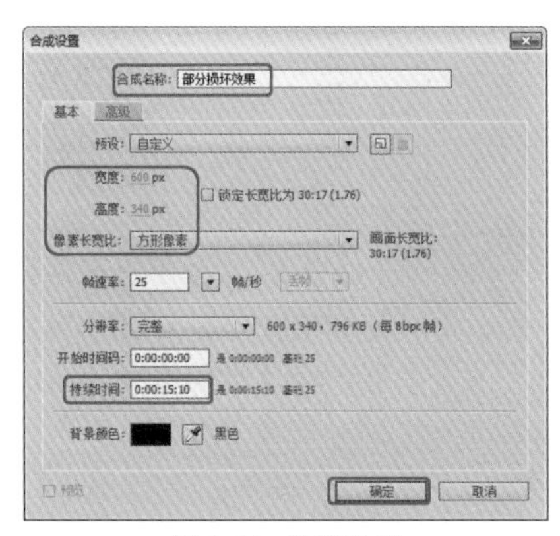
图9-16　新建合成

图9-17　选择素材文件

(3) 将选择的素材文件导入至【项目】面板中，然后将【部分损坏效果视频.avi】拖动至时间轴中，如图9-18所示。

(4) 将当前时间设置为0:00:06:10，然后按Ctrl+Shift+D组合键切断视频，如图9-19所示。

图9-18　添加视频文件

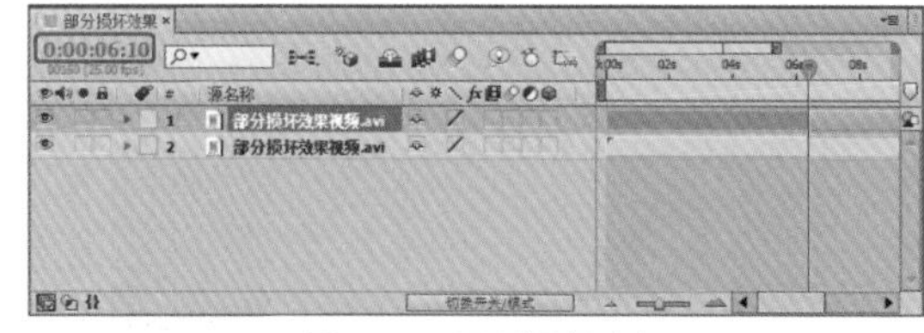
图9-19　切断视频(1)

(5) 将当前时间设置为0:00:10:00，继续按Ctrl+Shift+D组合键切断视频，如图9-20所示。

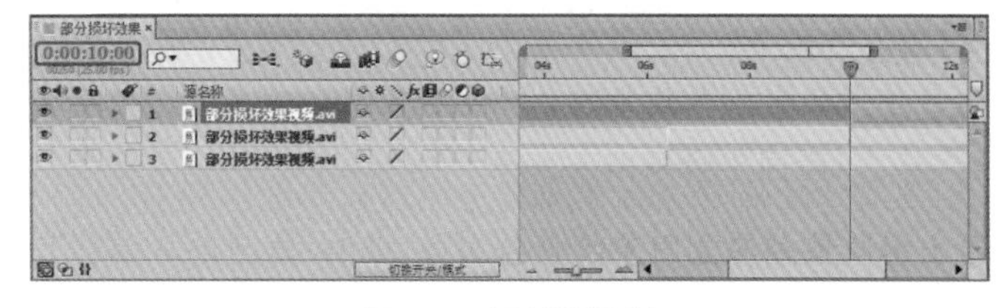
图9-20　切断视频(2)

（6）在时间轴中更改每个图层的名称，如图 9-21 所示。

（7）在时间轴中选择【视频 2】图层，在菜单栏中选择【效果】|【扭曲】|【波形变形】命令，如图 9-22 所示。

图 9-21　更改图层名称

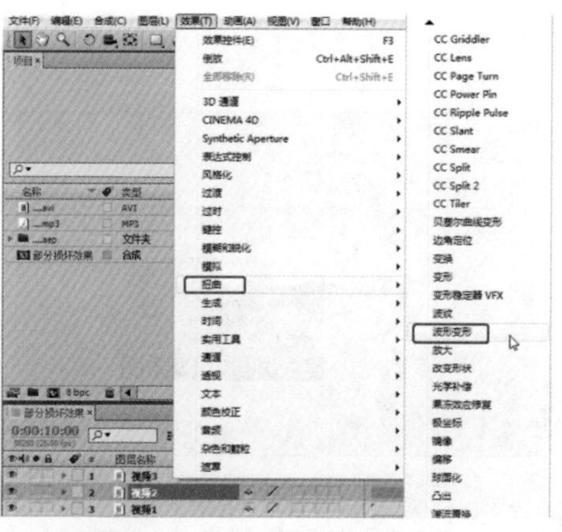

图 9-22　选择【波形变形】命令

（8）为【视频 2】图层添加该效果，在【效果控件】面板中将【方向】设置为 221°，如图 9-23 所示。

知识链接

【波形变形】效果可产生波形在图像上移动的外观。可以生成各种不同的波形形状，包括正方形、圆形和正弦波形。波形变形效果可在时间范围内以定速（无关键帧或表达式）自动设置动画。要改变速度，请设置关键帧或表达式。

【波浪类型】：波形形状。

【波形高度】：波峰之间的距离，以像素为单位。

【波形宽度】：波形大小，以像素为单位。

【方向】：波形在图像中移动的方向。例如，值为 225°，则波形以对角形式从右上角移动到左下角。

【波形速度】：波形移动的速度（以周 / 秒为单位）。负值用于反转波形方向，值为 0，则不产生运动效果。要随时间改变波形速度，请将此控件设置为 0，然后为【相位】属性设置关键帧或表达式。

【固定】：要固定的边缘，以使沿这些边缘的像素不进行置换。

【相位】：沿波形开始波形循环的点。例如，值为 0°，则在波下坡的中点开始波形；值为 90°，则在波谷的最低点开始波形。

【消除锯齿】：设置在图像上完成的消除锯齿的数量，或边缘平滑量。在许多情况下，较低的设置可产生令人满意的结果；较高的设置会显著增加渲染时间。仅当图层品质设置为【最佳】时，才执行【消除锯齿】。

(9) 在【项目】面板中将【部分损坏效果背景音乐.mp3】拖动至时间轴中图层的最下方，并在菜单栏中选择【效果】|【音频】|【调制器】命令，如图9-24所示。

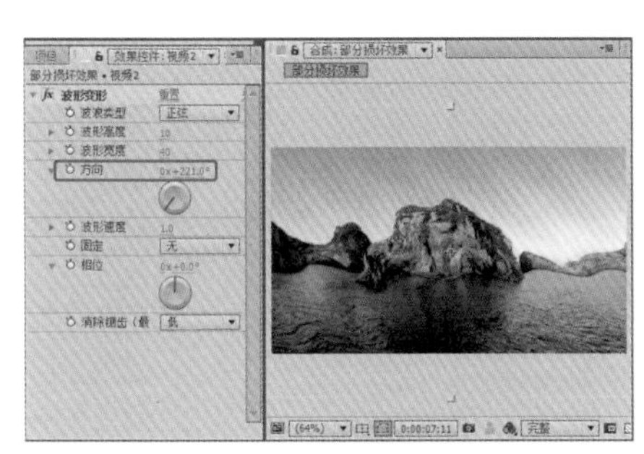
图9-23　设置参数

图9-24　选择【控制器】命令

知识链接

【调制器】效果通过调制（改变）频率和振幅，将颤音和震音添加到音频中。

【调制类型】：要使用的波形的类型。正弦可产生更平滑的调制效果。三角形可产生更突然的调制效果。

【调制速率】：调制的速率，以赫兹为单位。

【调制深度】：调频量。

【振幅变调】：振幅变调量。

(10) 为图层添加该效果，将当前时间设置为0:00:06:00，在【效果控件】面板中将【调制速率】设置为0，并单击左侧的 按钮，如图9-25所示。

(11) 将当前时间设置为0:00:08:00，在【效果控件】面板中将【调制速率】设置为25，如图9-26所示。

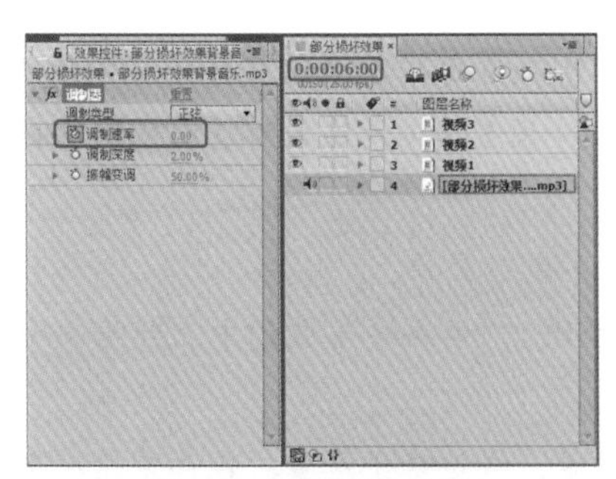
图9-25　设置效果参数

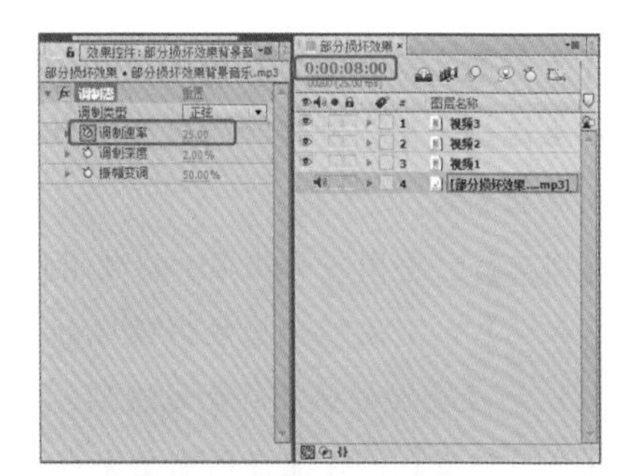
图9-26　设置关键帧参数(1)

(12) 将当前时间设置为0:00:10:00，在【效果控件】面板中将【调制速率】设置为0，如图9-27所示。

(13) 设置完成后，在【合成】面板中查看效果，如图9-28所示，然后将场景文件保存即可。

图 9-27　设置关键帧参数（2）

图 9-28　查看效果

案例精讲 098　跳动的圆点

案例文件：光盘 | 场景 | Cha09 | 跳动的圆点 . aep

视频文件：光盘 | 视频教学 | Cha09 | 跳动的圆点 .avi

制作概述

本例将介绍跳动的圆点的制作，首先制作背景效果，然后通过为纯色图层添加【音频频谱】实现圆点的跳动，完成后的效果如图 9-29 所示。

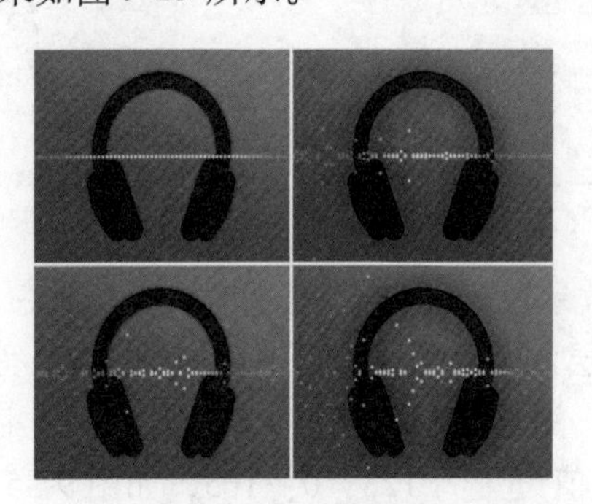

图 9-29　跳动的圆点

学习目标

学习复制关键帧的方法，掌握【音频频谱】效果的参数设置。

操作步骤

（1）按 Ctrl+N 组合键，在弹出的【合成设置】对话框中输入【合成名称】为【跳动的圆点】，将【预设】设置为 PAL D1/DV，将【持续时间】设置为 0:00:20:00，单击【确定】按钮，如图 9-30 所示。

（2）在【项目】面板的空白处双击，弹出【导入文件】对话框，在该对话框中选择素材文件【耳机 .png】、【跳动的圆点背景 .jpg】和【跳动的圆点背景音乐 .mp3】，单击【导入】按钮，如图 9-31 所示。

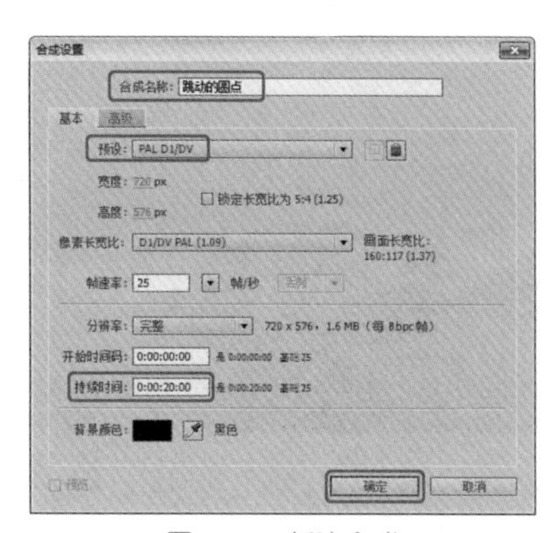
图 9-30　新建合成

图 9-31　选择素材文件

(3) 将选择的素材文件导入至【项目】面板中，然后将【跳动的圆点背景 .jpg】和【跳动的圆点背景音乐 .mp3】素材文件拖动至时间轴中，并将【跳动的圆点背景 .jpg】图层的【缩放】设置为 77%，如图 9-32 所示。

(4) 在【项目】面板中将【耳机 .png】素材图片拖动至时间轴中，将其【缩放】设置为 66%，如图 9-33 所示。

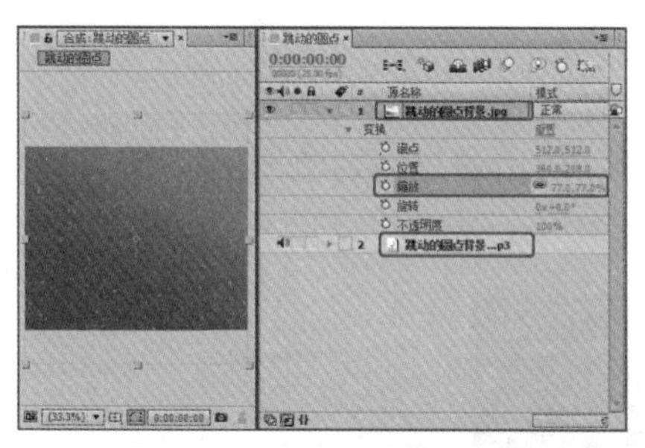
图 9-32　添加并调整素材文件

图 9-33　调整素材图片

(5) 在菜单栏中选择【效果】|【生成】|【梯度渐变】命令，如图 9-34 所示。

(6) 为【耳机 .png】图层添加该效果，在【效果控件】面板中将【渐变起点】设置为 655.2、254.5，将【起始颜色】的 RGB 值设置为 4、77、251，将【渐变终点】设置为 425.8、707，将【结束颜色】的 RGB 值设置为 128、0、165，如图 9-35 所示。

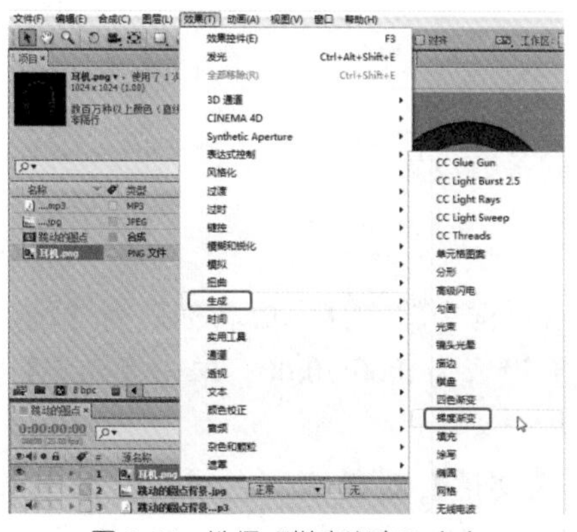
图 9-34　选择【梯度渐变】命令

图 9-35　设置参数

(7) 在菜单栏中选择【效果】|【模糊和锐化】|【快速模糊】命令，如图 9-36 所示。

（8）为【耳机 .png】图层添加该效果，将当前时间设置为 0:00:00:00，在【效果控件】面板中将【模糊度】设置为 20，并单击左侧的 ⏱ 按钮，如图 9-37 所示。

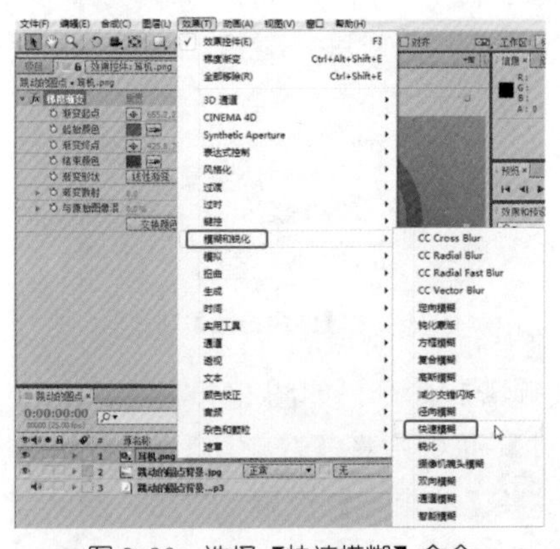

图 9-36　选择【快速模糊】命令

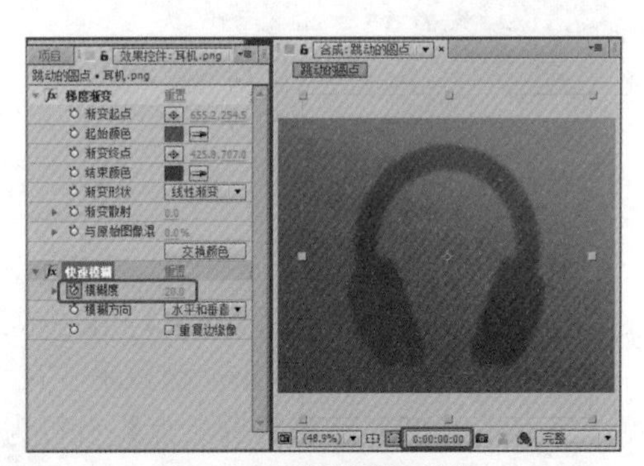

图 9-37　设置模糊度参数

（9）将当前时间设置为 0:00:01:00，在【效果控件】面板中将【模糊度】设置为 150，如图 9-38 所示。

（10）选择新创建的两个关键帧，按 Ctrl+C 组合键进行复制，然后将当前时间设置为 0:00:02:00，按 Ctrl+V 组合键粘贴关键帧，如图 9-39 所示。

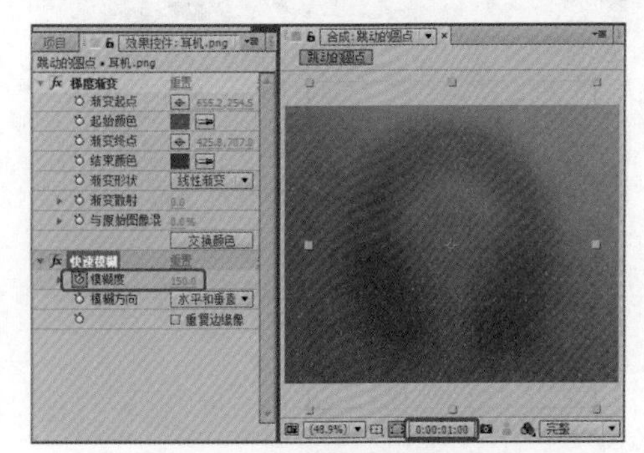

图 9-38　设置关键帧参数

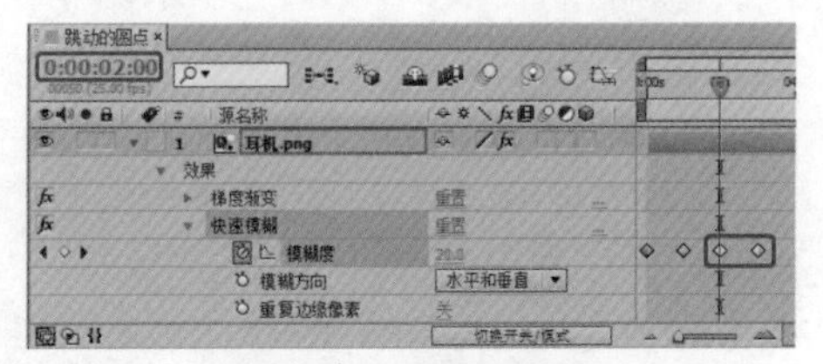

图 9-39　复制关键帧

（11）使用同样的方法，复制其他关键帧，效果如图 9-40 所示。

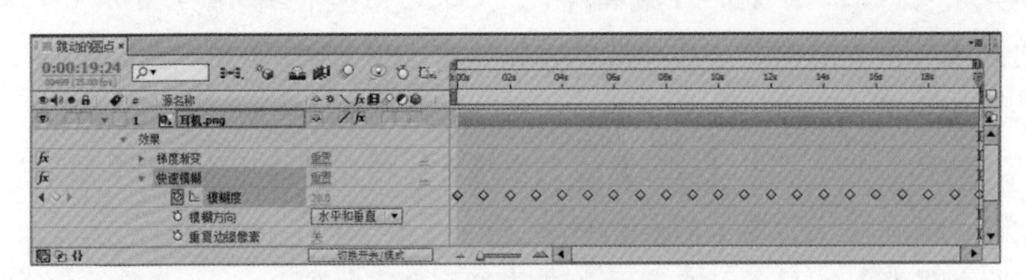

图 9-40　复制其他关键帧

（12）在【项目】面板中，再次将【耳机 .png】素材图片拖动至时间轴中，将其【缩放】设置为 66%，如图 9-41 所示。

（13）在时间轴的空白处右击，在弹出的快捷菜单中选择【新建】|【纯色】命令，弹出【纯色设置】对话框，输入【名称】为【圆点】，单击【确定】按钮，如图 9-42 所示。

图 9-41　调整素材图片

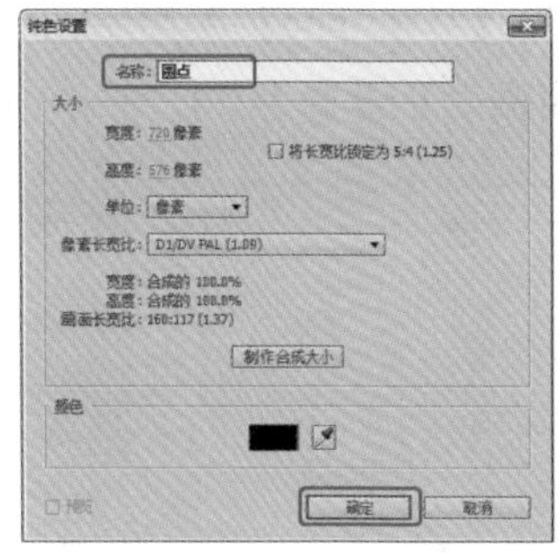
图 9-42　【纯色设置】对话框

(14) 在菜单栏中选择【效果】|【生成】|【音频频谱】命令，如图 9-43 所示。

(15) 为【圆点】图层添加该效果，在【效果控件】面板中将【音频层】设置为【跳动的圆点背景音乐 .mp3】，将【起始点】设置为 0、288，将【结束点】设置为 720、288，将【最大高度】设置为 10000，将【厚度】设置为 6，将【色相差值】设置为 150°，将【显示选项】设置为【模拟频点】，如图 9-44 所示。

图 9-43　选择【音频频谱】命令

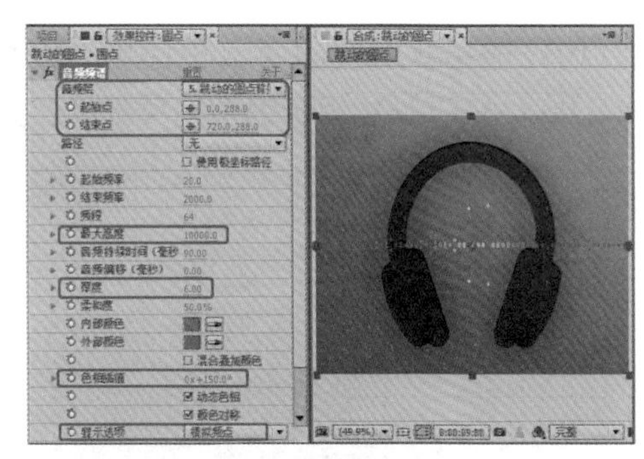
图 9-44　设置效果参数

知识链接

将【音频频谱】效果应用到视频图层，以显示包含音频（和可选视频）的图层的音频频谱。此效果可显示使用【起始频率】和【结束频率】定义的范围中各频率的音频电平大小。此效果可以多种不同方式显示音频频谱，包括沿蒙版路径。

【音频层】：要用作输入的音频图层。

【起始点、结束点】：指定【路径】设置为【无】时，频谱开始或结束的位置。

【路径】：沿其显示音频频谱的蒙版路径。

【使用极坐标路径】：路径从单点开始，并显示为径向图。

【起始频率、结束频率】：要显示的最低和最高频率，以赫兹为单位。

【频段】：显示的频率分成的频段的数量。

【最大高度】：显示的频率的最大高度，以像素为单位。

【音频持续时间】：用于计算频谱的音频的持续时间，以毫秒为单位。

【音频偏移】：用于检索音频的时间偏移量，以毫秒为单位。

【粗细】：频段的粗细。

【柔和度】：频段的羽化或模糊程度。

【内部颜色、外部颜色】：频段的内部和外部颜色。

【混合叠加颜色】：指定混合叠加频谱。

【色相插值】：如果值大于 0，则显示的频率在整个色相颜色空间中旋转。

【动态色相】：如果选择此选项，并且【色相插值】大于 0，则起始颜色在显示的频率范围内转移到最大频率。当此设置改变时，允许色相遵循显示的频谱的基频。

【颜色对称】：如果选择此选项，并且【色相插值】大于 0，则起始颜色和结束颜色相同。此设置使闭合路径上的颜色紧密接合。

【显示选项】：指定是以【数字】、【模拟谱线】还是【模拟频点】形式显示频率。

【面选项】：指定是显示路径上方的频谱（A 面）、路径下方的频谱（B 面）还是这两者（A 和 B 面）。

【持续时间平均化】：指定为减少随机性平均的音频频率。

【在原始图像上合成】：如果选择此选项，则显示使用此效果的原始图层。

(16) 在菜单栏中选择【效果】|【风格化】|【发光】命令，即可为【圆点】图层添加该效果，在【效果控件】面板中将【发光阈值】设置为 10%，将【发光半径】设置为 5，如图 9-45 所示。

(17) 设置完成后，在【合成】面板中查看效果，如图 9-46 所示，然后将场景文件保存即可。

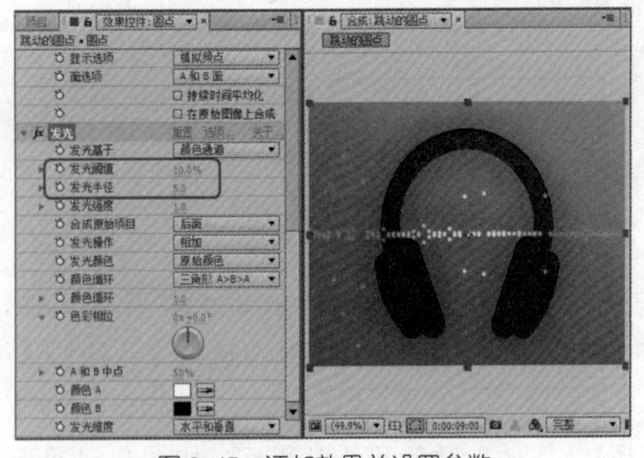

图 9-45　添加效果并设置参数

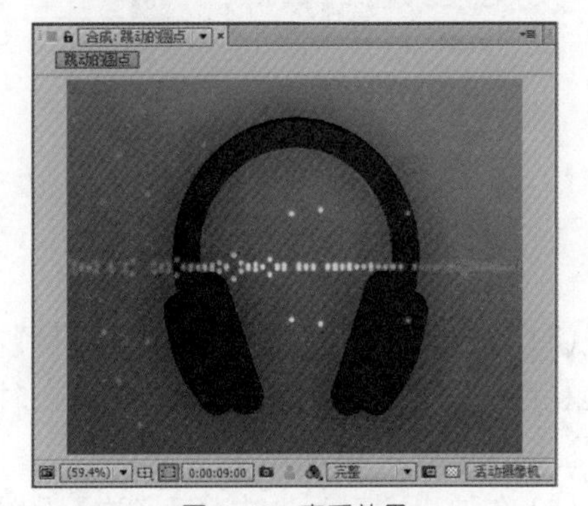

图 9-46　查看效果

案例精讲 099　节奏律动

案例文件：光盘 | 场景 | Cha09 | 节奏律动 .aep

视频文件：光盘 | 视频教学 | Cha09 | 节奏律动 .avi

制作概述

本例将介绍如何制作节奏律动效果，该例主要对图层添加【音频频谱】、【马赛克】、【网格】和【投影】效果，制作音乐的节奏律动界面效果，如图 9-47 所示。

图 9-47　节奏律动

学习目标

学习并掌握设置【音频频谱】、【马赛克】、【网格】和【投影】效果。

操作步骤

(1) 新建一个项目文件，按 Ctrl+N 组合键，在弹出的对话框中将【合成名称】设置为【音频】，将【宽度】、【高度】分别设置为 400px、300px，将【像素长宽比】设置为【方形像素】，将【持续时间】设置为 0:00:23:00，如图 9-48 所示。

(2) 设置完成后，单击【确定】按钮，按 Ctrl+I 组合键，在弹出的对话框中选择【节奏律动背景图片 .jpg】、【节奏律动背景音乐 .mp3】两个素材文件，如图 9-49 所示。

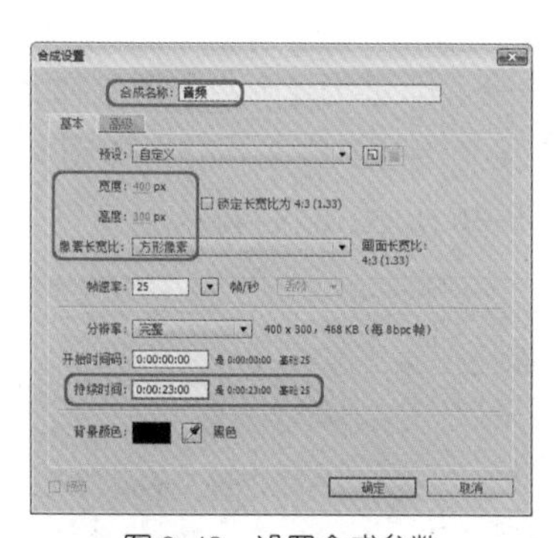

图 9-48　设置合成参数

图 9-49　选择素材文件

(3) 单击【导入】按钮，在【项目】面板中选择【节奏律动背景音乐 .mp3】音频文件，按住鼠标将其拖动至【合成】面板中，在时间轴中右击，在弹出的快捷菜单中选择【新建】|【纯色】命令，如图 9-50 所示。

(4) 在弹出的对话框中将【名称】设置为【音频】，其他参数使用默认即可，如图 9-51 所示。

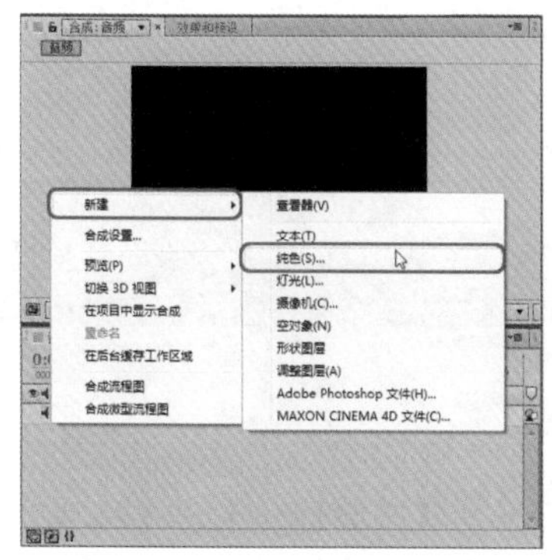

图 9-50　选择【纯色】命令

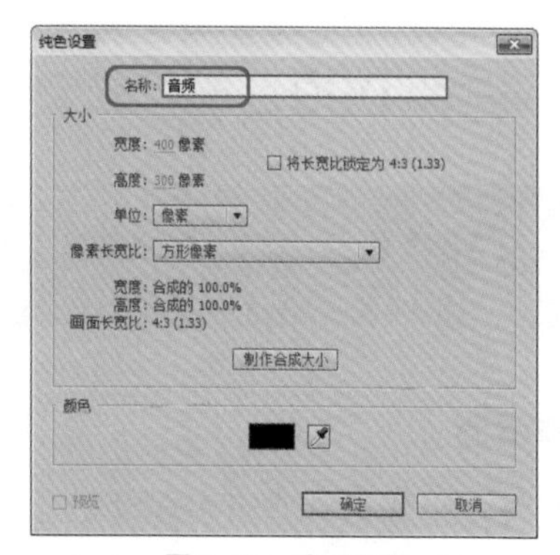

图 9-51　设置名称

（5）设置完成后，单击【确定】按钮，继续选中该图层，在菜单栏中选择【效果】|【生成】|【音频频谱】命令，如图 9-52 所示。

注意

【音频频谱】效果使用没有时间重映射、效果、伸展或电平的音频源素材。要显示具有此类效果的频谱，请在应用音频频谱效果之前预合成音频图层。

（6）将【音频频谱】下的【音频层】设置为【2. 节奏律动背景音乐 .mp3】，将【起始点】设置为 70、300，将【结束点】设置为 330、300，将【频段】、【最大高度】、【厚度】、【柔和度】分别设置为 16、4500、16.3、0，将【内部颜色】、【外部颜色】的颜色值都设置为 # 25BFE1，如图 9-53 所示。

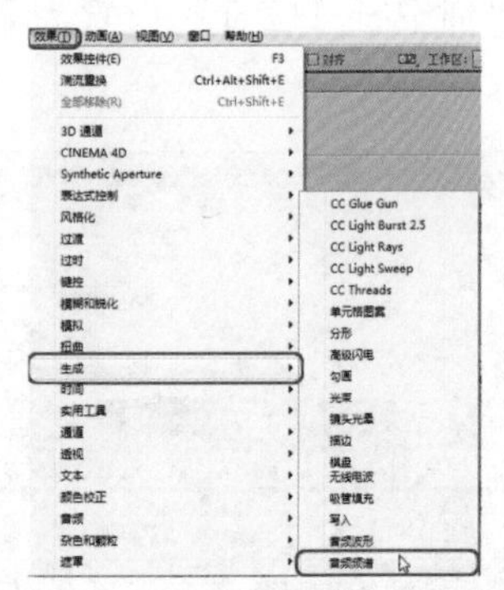

图 9-52　选择【音频频谱】命令

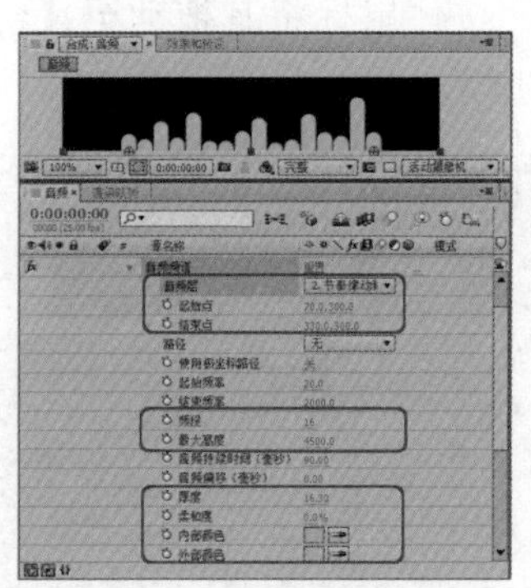

图 9-53　设置音频频谱参数

（7）继续选中该图层，在菜单栏中选择【效果】|【风格化】|【马赛克】命令，如图 9-54 所示。

（8）在时间轴中将【马赛克】下的【水平块】、【垂直块】分别设置为 16、275，将【锐化颜色】设置为【开】，如图 9-55 所示。

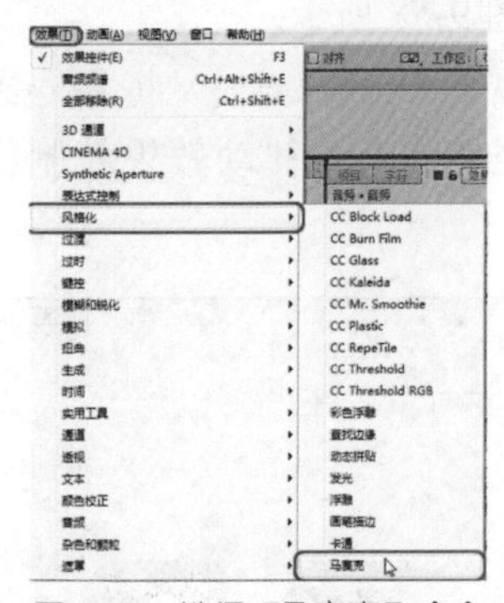

图 9-54　选择【马赛克】命令

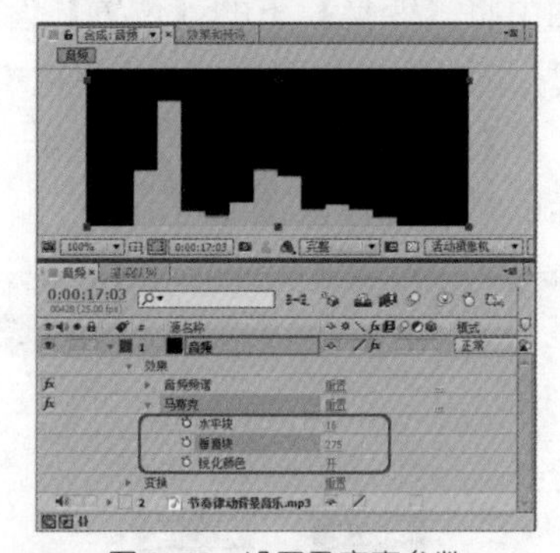

图 9-55　设置马赛克参数

知识链接

【马赛克】效果可使用纯色矩形填充图层，以使原始图像像素化。此效果可用于模拟低分辨率显示，以及遮蔽面部。也可以为实现过渡为其设置动画。使用“最佳”品质时，会对矩形的边缘使用消除锯齿功能。

【水平 / 垂直块】：每行和每列中的块数。

【锐化颜色】：为每个拼贴提供原始图像相应区域中心的像素颜色。否则，为每个拼贴提供原始图像相应区域的平均颜色。

(9) 继续选中该图层，在菜单栏中选择【效果】|【生成】|【网格】命令，在时间轴中将【网格】下的【锚点】设置为 199、150，将【大小依据】设置为【宽度和高度滑块】，将【宽度】、【高度】、【边界】分别设置为 24.9、8、4，将【羽化】选项组中的【反转网格】设置为【开】，将【混合模式】设置为【模板 Alpha】，如图 9-56 所示。

(10) 新建一个【节奏律动】合成文件，在【项目】面板中选择【节奏律动背景图片.jpg】素材文件，按住鼠标将其拖动至【合成】面板中，在时间轴中将【位置】设置为 200、150，如图 9-57 所示。

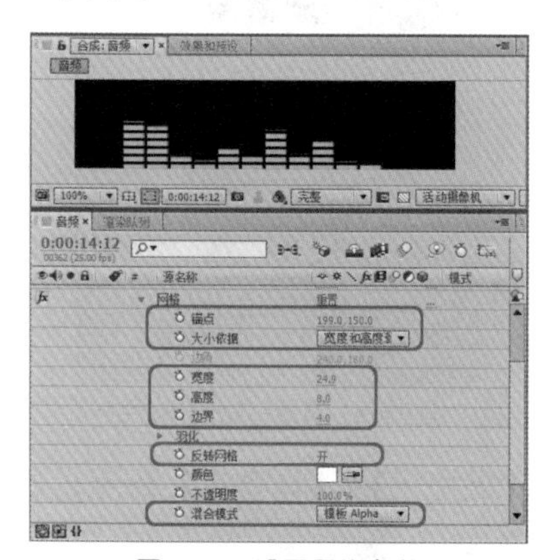
图 9-56　设置网格参数

图 9-57　添加素材文件并设置位置

(11) 在【项目】面板中选择【音频】合成文件，按住鼠标将其拖动至【合成】面板中，在时间轴中将【变换】下的【位置】设置为 212、69，如图 9-58 所示。

(12) 继续选中该图层，在菜单栏中选择【效果】|【透视】|【投影】命令，将【投影】下的【不透明度】、【距离】分别设置为 7、4，如图 9-59 所示。至此，节奏律动效果就制作完成了，对完成后的场景进行保存即可。

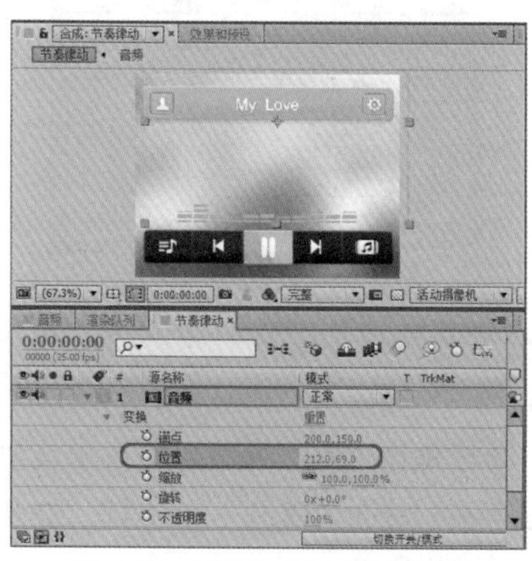

图 9-58　添加合成并设置其位置

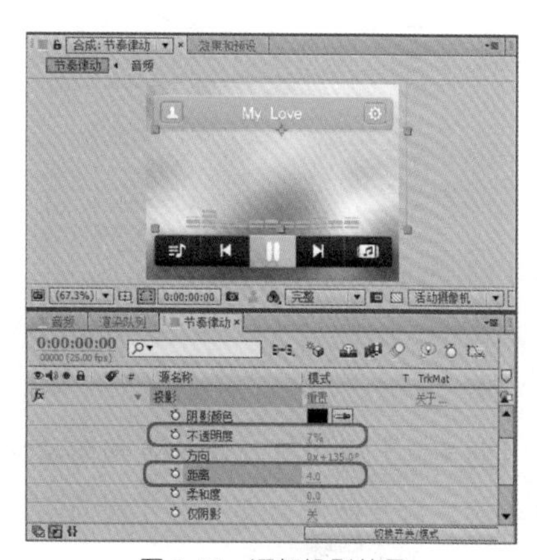

图 9-59　添加投影效果

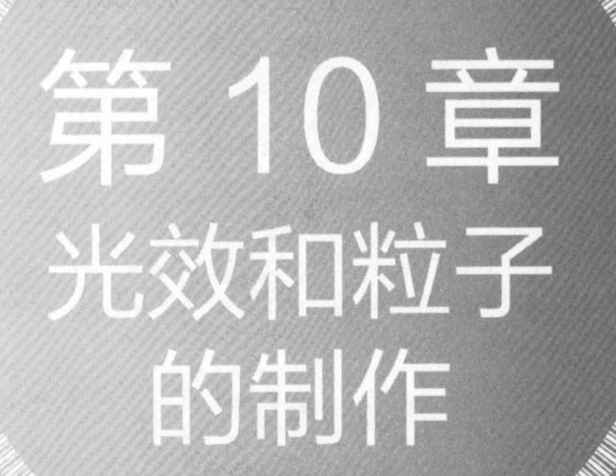

第10章 光效和粒子的制作

本章重点

- 泡沫效果
- 魔幻方块
- 粒子运动效果
- 光效倒计时
- 时尚沙龙片头
- 汇聚的粒子雕塑
- 汽车宣传片

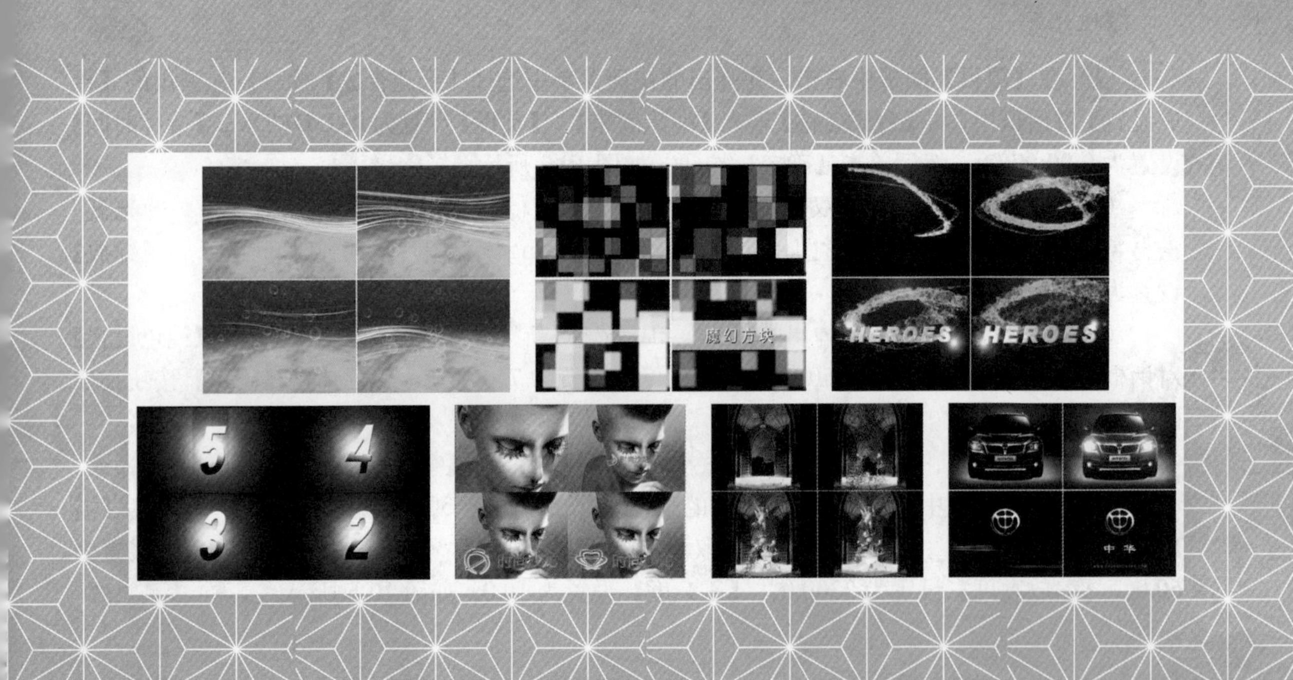

光效和粒子经常应用于制作视频中的环境背景，也能够制作特殊的炫酷效果。本章将通过为多个案例视频添加特效，介绍光效和粒子在 After Effects 中的应用。

案例精讲 100　泡沫效果

 案例文件：光盘 | 场景 | Cha10| 泡沫效果 .aep

视频文件：光盘 | 视频教学 | Cha10| 泡沫效果 .avi

制作概述

本例将介绍如何制作泡沫效果。本例首先添加素材图片，然后创建纯色图层，为其添加【分形杂色】、【贝塞尔曲线变形】、【色相 / 饱和度】和【发光】效果，复制多个图层后，继续创建一个纯色图层，为其添加【泡沫】效果。完成后的效果如图 10-1 所示。

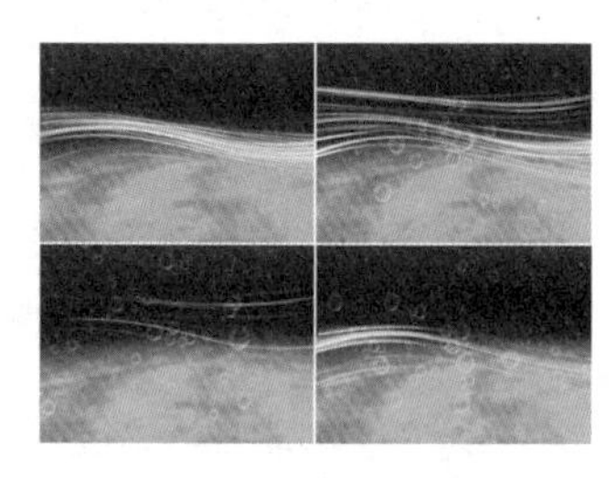

图 10-1　泡沫效果

学习目标

学习创建纯色图层，学习设置图层的【分形杂色】、【贝塞尔曲线变形】、【色相 / 饱和度】和【发光】效果，学习设置图层的【泡沫】效果。

操作步骤

(1) 在【项目】面板中右击，在弹出的快捷菜单中选择【新建合成】命令。在弹出的【合成设置】对话框中，将【合成名称】输入【泡沫效果】，【预设】设置为 PAL D1/DV，【持续时间】设置为 0:00:07:00，然后单击【确定】按钮，如图 10-2 所示。

(2) 在【项目】面板中双击，在弹出的【导入文件】对话框中选择随书光盘中的光盘 | 素材 |Cha10| 泡沫背景 .jpg 素材图片，然后将泡沫背景 .jpg 素材图片添加到时间轴中，将【缩放】设置为 200，如图 10-3 所示。

(3) 在时间轴中右击，在弹出的快捷菜单中选择【新建】|【纯色】命令，在弹出的【纯色设置】对话框中将【宽度】设置为 350 像素，【高度】设置为 750 像素，然后单击【确定】按钮，如图 10-4 所示。

(4) 选中时间轴中的纯色图层，在菜单栏中选择【效果】|【杂色和颗粒】|【分形杂色】命令。在【效果控件】面板中将【分形杂色】中的【对比度】设置为 530.0，【亮度】设置 −100.0，【溢出】设置为【剪切】，在【变换】组中取消选中【统一缩放】复选框，将【缩放宽度】设置为 60.0，【缩放高度】设置为 3300.0，【复杂度】设置为 10.0，如图 10-5 所示。

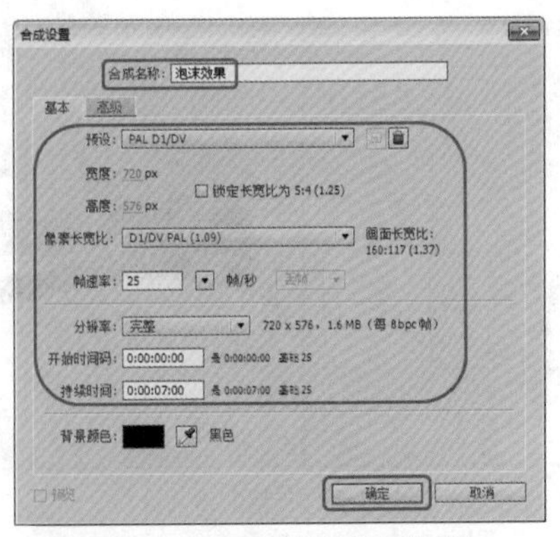

图 10-2 【合成设置】对话框

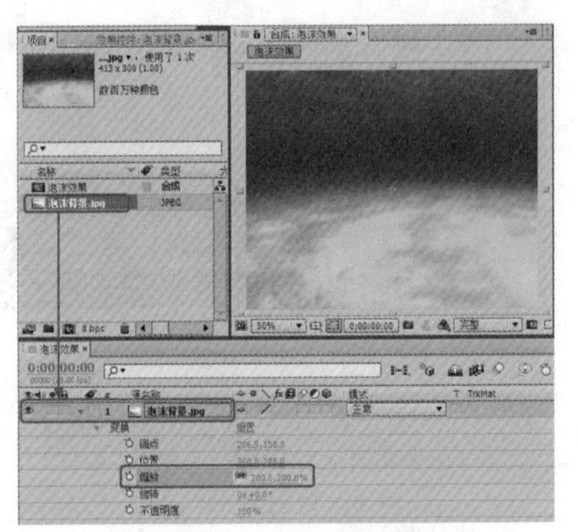

图 10-3 添加素材图层

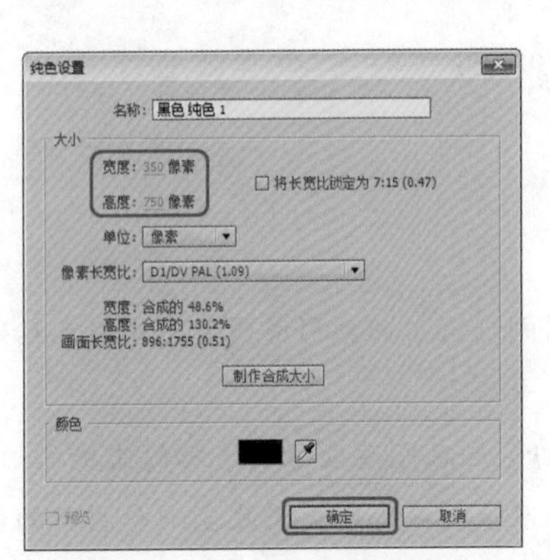

图 10-4 【纯色设置】对话框（1）

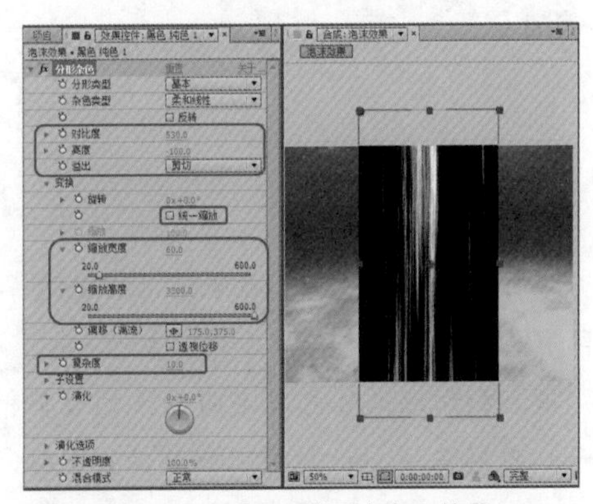

图 10-5 设置【分形杂色】效果

（5）在时间轴中，将纯色图层的【变换】|【旋转】设置为 0x+90.0°，【缩放】设置为 77.3%、130.0%，如图 10-6 所示。

（6）将当前时间设置为 0:00:00:00，在【效果控件】面板中，将【变换】中的【偏移（湍流）】设置为 175.0、675.0，并单击其左侧的按钮，然后单击【演化】左侧的按钮，如图 10-7 所示。

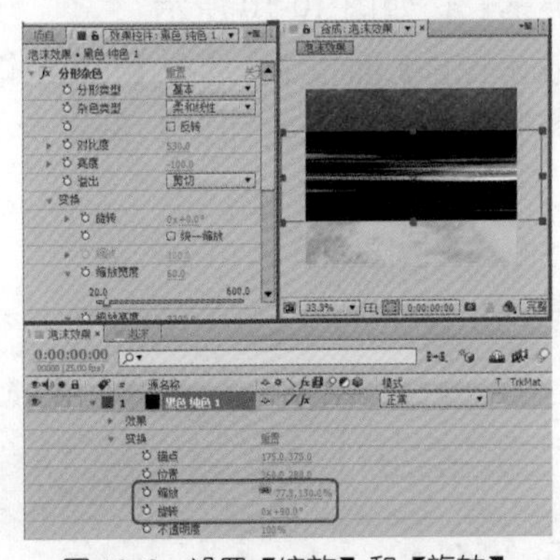

图 10-6 设置【缩放】和【旋转】

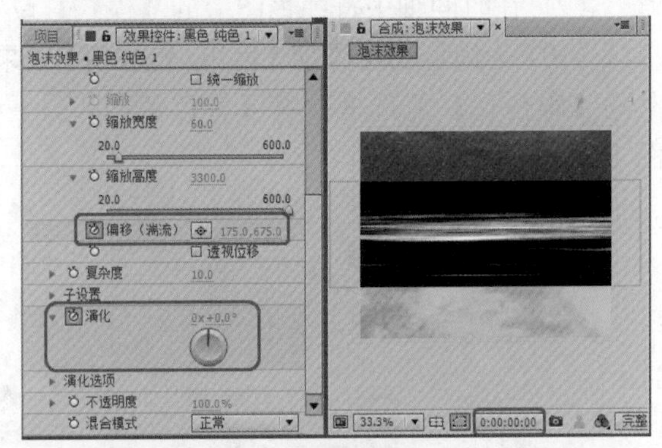

图 10-7 设置关键帧（1）

（7）将当前时间设置为 0:00:06:24，在【效果控件】面板中将【变换】中的【偏移（湍流）】设置为 175.0、75.0，将【演化】设置为 0x+350.0°，如图 10-8 所示。

（8）在菜单栏中选择【效果】|【扭曲】|【贝塞尔曲线变形】命令，然后调整曲线的顶点和切点，如图 10-9 所示。

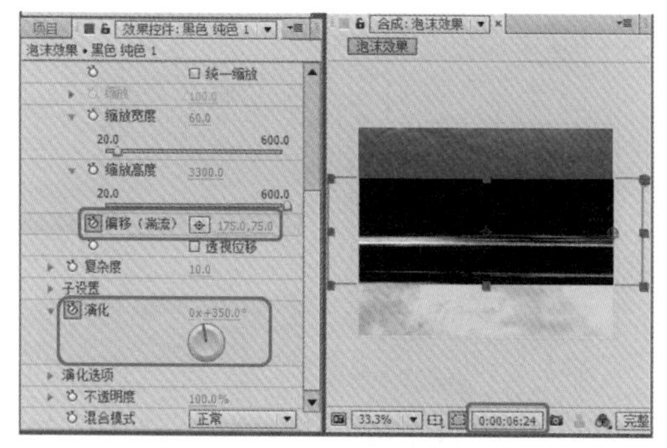
图 10-8　设置关键帧 (2)

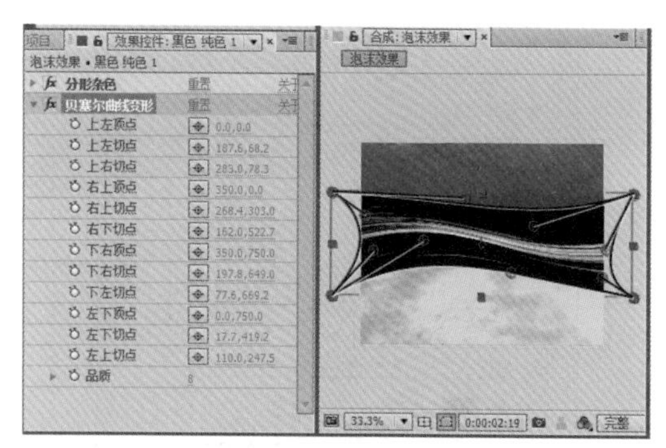
图 10-9　调整曲线 (1)

通过调整曲线的顶点和切点来改变曲线形状。

知识链接

【贝塞尔曲线变形】效果可沿图层边界，使用封闭的贝塞尔曲线形成图像。曲线包括四段，每段有三个点（一个顶点和两个切点）。

顶点和切点的位置决定曲线段的大小和形状。拖动这些点可改变形成边缘的曲线的形状，从而扭曲图像。例如，与围绕瓶贴标签一样，可以使用贝塞尔曲线变形效果改变一个图像的形状，以适合另一个图像。【贝塞尔曲线变形】效果也可用于校正镜头像差，如使用广角镜会发生的白点效果（桶形扭曲）；使用【贝塞尔曲线变形】效果，可以使图像弯曲回来，以实现不扭曲的外观。通过制作效果动画和选择高品质设置，可以创建流体视觉效果，如摇动的明胶甜食或飘动的旗帜。

(9) 在时间轴中将纯色图层的【模式】设置为【屏幕】，如图 10-10 所示。

(10) 为纯色图层添加【色相 / 饱和度】效果，在【效果控件】面板中，选中【色相 / 饱和度】中的【彩色化】复选框，将【着色色相】设置为 0x+150.0°，【着色饱和度】设置为 50，如图 10-11 所示。

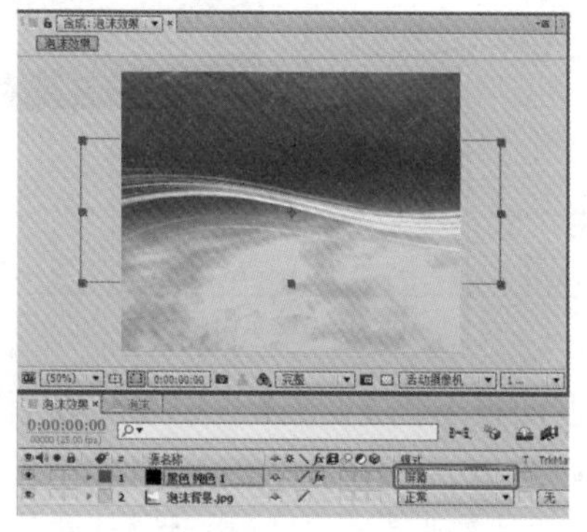
图 10-10　设置图层【模式】参数 (1)

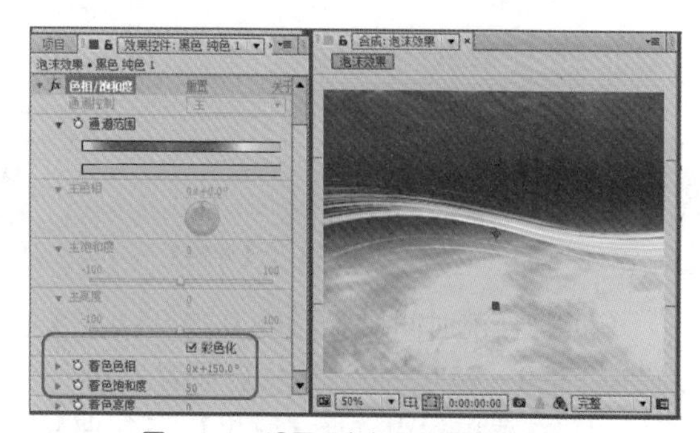
图 10-11　设置【色相 / 饱和度】参数

（11）在菜单栏中选择【效果】|【风格化】|【发光】命令，为纯色图层添加【发光】效果。在【效果控件】面板中将【发光】的【发光阈值】设置为80.0%，【发光半径】设置为150.0，如图10-12所示。

（12）按Ctrl+D组合键，复制纯色图层，将复制得到的图层的【位置】设置为360.0、265.0，然后在【效果控件】面板中将【色相/饱和度】中的【着色色相】设置为0x+250.0°，【着色饱和度】设置为80，如图10-13所示。

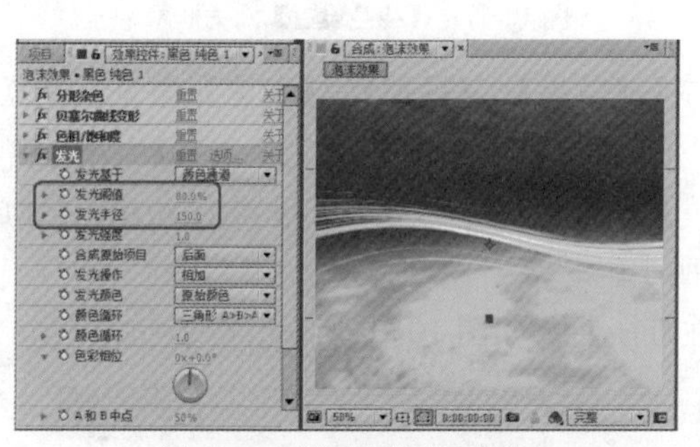

图10-12 设置【发光】参数

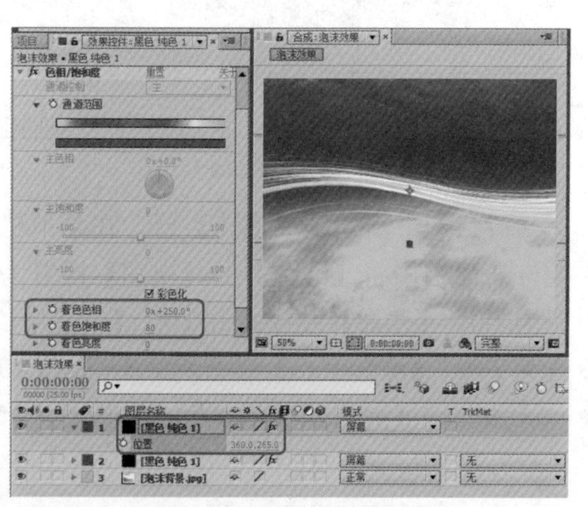

图10-13 复制纯色图层（1）

（13）选中【贝塞尔曲线变形】效果，然后调整曲线形状，如图10-14所示。

（14）按Ctrl+D组合键，复制纯色图层，将复制得到的图层的【位置】设置为360.0、310.0，然后在【效果控件】面板中，将【色相/饱和度】中的【着色色相】设置为0x+240.0°，【着色饱和度】设置为60，如图10-15所示。

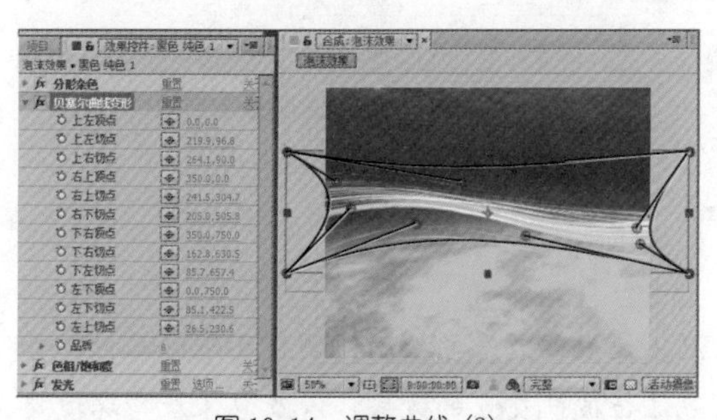

图10-14 调整曲线（2）

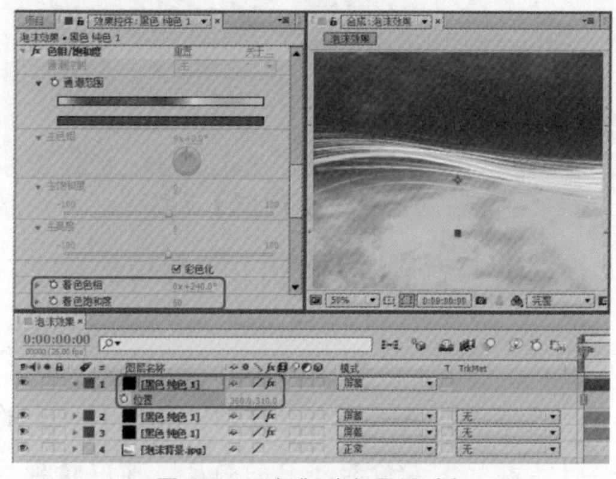

图10-15 复制纯色图层（2）

（15）选中【贝塞尔曲线变形】效果，然后调整曲线形状，如图10-16所示。

（16）在时间轴中右击，在弹出的快捷菜单中选择【新建】|【纯色】命令。在弹出的【纯色设置】对话框中，将【名称】设置为【泡沫】，单击【制作合成大小】按钮，然后单击【确定】按钮，如图10-17所示。

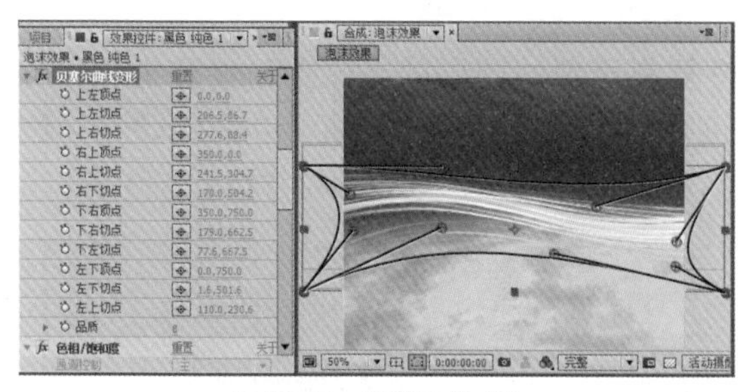

图 10-16 调整曲线（3）

图 10-17 【纯色设置】对话框（2）

（17）选中新建的【泡沫】层，在菜单栏中选择【效果】|【模拟】|【泡沫】命令。在【效果控件】面板中将【泡沫】的【视图】设置为【已渲染】，【大小】设置为 0.2，【大小差异】设置为 1.0，【寿命】设置为 100.0，【气泡增长速度】设置为 0.3，【强度】设置为 50.0，【缩放】设置为 2.0，【综合大小】设置为 2.0，如图 10-18 所示。

（18）将【泡沫】层的【模式】设置为【线性减淡】，如图 10-19 所示。

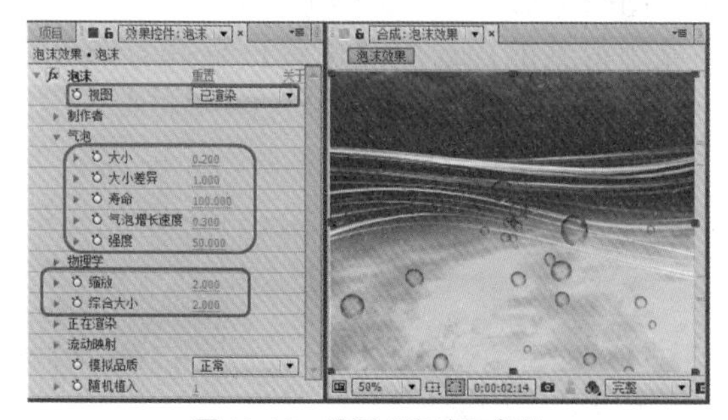

图 10-18 设置【泡沫】参数

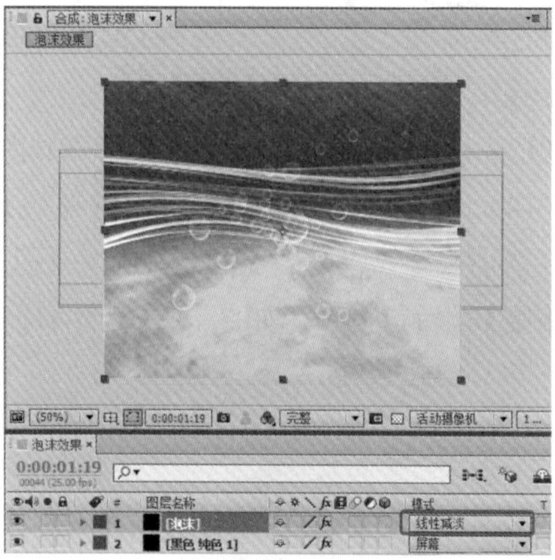

图 10-19 设置图层【模式】参数（2）

（19）将合成渲染输出并保存场景文件。

知识链接

【泡沫】效果可生成流动、粘附和弹出的气泡。使用此效果的控制可调整气泡的属性，如粘性、粘度、寿命和气泡的强度。可以精确控制泡沫粒彼此交互的方式，以及泡沫粒与环境交互的方式，并可指定单独的图层来充当地图，从而精确控制泡沫流动的位置。例如，可以使泡沫粒在徽标周围流动，也可以使用气泡填充徽标。

【视图】：用于设置气泡效果的显示方式。

【草图】：以草图模式渲染气泡效果，不能看到气泡的最终效果，但可预览气泡的运动方式和设置状态，且使用该方式计算速度快。

【草图 + 流动映射】：为特效指定了影响通道后，使用该方式可以看到指定的影响对象。

【已渲染】：在该方式下可以预览气泡的最终效果，但是计算速度相对较慢。

【制作者】：该参数项用于设置气泡的粒子发射器。

【产生点】：该选项用于设置发射器的位置，用户可以通过参数或控制点进行调整产生点的位置。

【产生 X、Y 大小】：该选项用于设置发射器的大小。

【产生方向】：该选项用于设置气泡产生的方向。

【缩放产生点】：该选项可缩放发射器位置。不选择该项，系统会以发射器效果点为中心缩放发射器。

【生成速率】：该选项用于设置发射速度。一般情况下，数值越高，发射速度较快，在相同时间内产生的气泡粒子也较多。当数值为 0 时，不发射粒子。

【气泡】：该参数项用于对气泡粒子的尺寸、生命、强度等进行设置。

【大小】：该选项用于调整产生泡沫的尺寸大小，数值越大，则气泡越大，反之越小。

【大小差异】：用于控制粒子的大小差异。数值越大，每个粒子的大小差异越大。数值为 0 时，每个粒子的最终大小都是相同的。

【寿命】：该选项用于设置每个粒子的生命值。每个粒子在发射产生后，最终都会消失。所谓生命值，即是粒子从产生到消失之间的时间。

【气泡增长速度】：用于设置每个粒子生长的速度，即粒子从产生到最终大小的时间。

【强度】：调整产生泡沫的数量，数值越大，产生泡沫的数量也就越多。

【物理学】：该选项用于设置粒子的运动效果。

【初始速度】：设置泡沫特效的初始速度。

【初始方向】：设置泡沫特效的初始方向。

【风速】：设置影响粒子的风速。

【风向】：设置风的方向。

【湍流】：设置粒子的混乱度。该数值越大，粒子运动越混乱；数值越小，则粒子运动越有序和集中。

【摇摆量】：该选项用于设置粒子的晃动强度。参数较大时，粒子会产生摇摆变形。

【排斥力】：用于在粒子间产生排斥力。参数越大，粒子间的排斥性越强。

【弹跳速率】：设置粒子的总速率。

【粘度】：设置粒子间的粘性。参数越小，粒子越密。

【粘性】：设置粒子间的粘着性。参数越小，粒子堆砌得越紧密。

【缩放】：该选项用于调整粒子大小，如图 9-48 所示。

【综合大小】：该参数用于设置粒子效果的综合尺寸。在【草图】和【草图 + 流动映射】方式下可看到综合尺寸范围框。

【正在渲染】：该参数项用于设置粒子的渲染属性。该参数项的设置效果只有在【已渲染】方式下可以看到。

【混合模式】：用于设置粒子间的融合模式。【透明】方式下，粒子与粒子间进行透明叠加。选择【旧实体在上】方式，则旧粒子置于新生粒子之上。选择【新实体在上】方式，则将新生粒子叠加到旧粒子之上。

【气泡纹理】：可在该下拉列表中选择气泡粒子的纹理方式，在该下拉列表中选择不同泡沫材质的效果。

【气泡纹理分层】：除了系统预制的粒子纹理外，还可以指定合成图像中的一个层作为粒子纹理。该层可以是一个动画层，粒子将使用其动画纹理。在下拉列表中选择粒子纹理层时，首先要在【气泡纹理】中将粒子纹理设置为【用户定义】。

【气泡方向】：用于设置气泡的方向。可使用默认的【固定】方式，或【物理定向】、【气泡速度】。

【环境映射】：用于指定气泡粒子的反射层。

【反射强度】：设置反射的强度。

【反射融合】：设置反射的聚焦度。

【流动映射】：通过调整下拉选项参数属性，设置创建泡沫的流动动画效果。

【流动映射】：用于指定用于影响粒子效果的层。

【流动映射黑白对比】：用于设置参考图对粒子的影响效果。

【流动映射匹配】：用于设置参考图的大小。可设置为【总体范围】或【屏幕】。

【模拟品质】：该选项用于设置气泡粒子的仿真质量。

【随机植入】：该选项用于设置气泡粒子的随机种子数。

案例精讲 101　魔幻方块

案例文件：光盘 | 场景 | Cha10| 魔幻方块 .aep

视频文件：光盘 | 视频教学 | Cha10| 魔幻方块 .avi

制作概述

本例将介绍如何制作魔幻方块。本例首先制作方块背景，创建纯色图层，为其添加【分形杂色】效果，然后创建调整图层，为其添加【色相 / 饱和度】和【色阶】效果，为背景设置颜色。然后绘制矩形，并设置矩形展开动画。最后输入文字并设置文字动画。完成后的效果如图 10-20 所示。

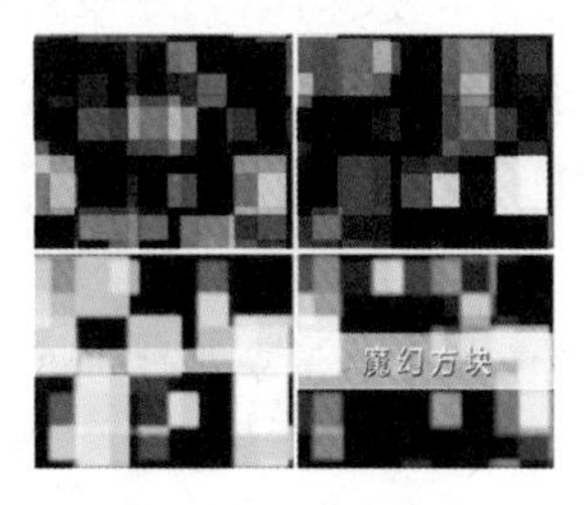

图 10-20　魔幻方块

学习目标

学习使用【矩形工具】绘制蒙版，学习设置图层的【蒙版形状】。

操作步骤

(1) 在【项目】面板中右击，在弹出的快捷菜单中选择【新建合成】命令。在弹出的对话框中将【合成名称】输入【魔幻方块】，【预设】设置为 PAL D1/DV，【持续时间】设置为 0:00:10:00，然后单击【确定】按钮，如图 10-21 所示。

(2) 在时间轴中右击，在弹出的快捷菜单中选择【新建】|【纯色】命令。在弹出的【纯色设置】对话框中将【名称】设置为【方块】，单击【制作合成大小】按钮，然后单击【确定】按钮，如图 10-22 所示。

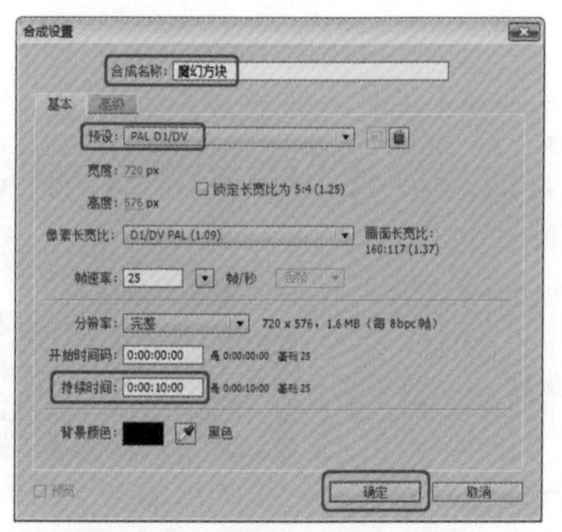

图 10-21 【合成设置】对话框

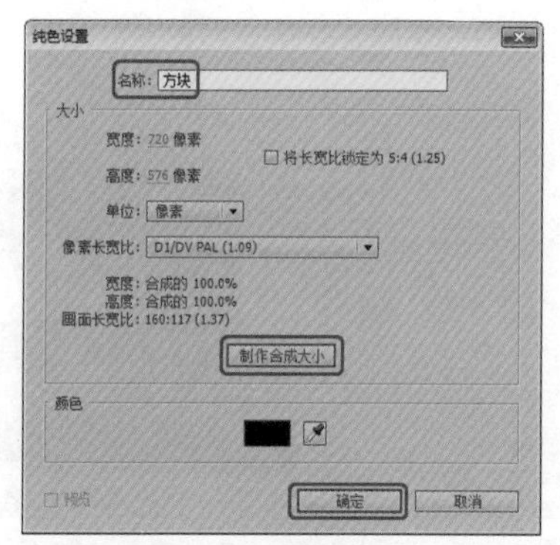

图 10-22 【纯色设置】对话框

(3) 选中【方块】纯色图层，在菜单栏中选择【效果】|【杂色和颗粒】|【分形杂色】命令。在【效果控件】面板中将【分形杂色】中的【分形类型】设置为【湍流平滑】，【杂色类型】设置为【块】，【对比度】设置为 150.0，【亮度】设置为 −40.0，【变换】中的【缩放】设置为 240.0，【复杂度】设置为 2.0，如图 10-23 所示。

(4) 将当前时间设置为 0:00:00:00，将【演化】设置为 0x+0.0°，然后单击其左侧的⏱按钮，如图 10-24 所示。

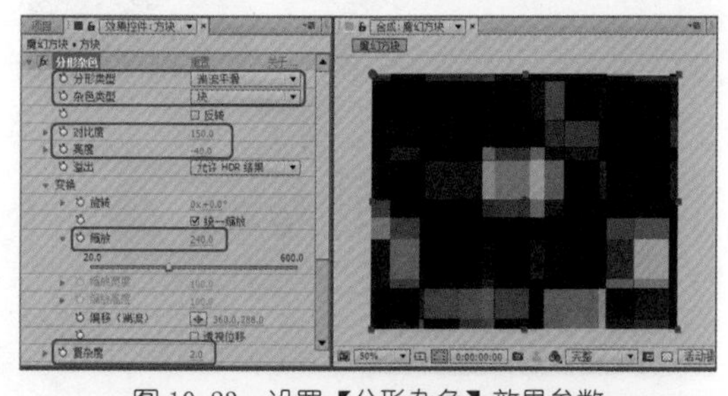

图 10-23 设置【分形杂色】效果参数

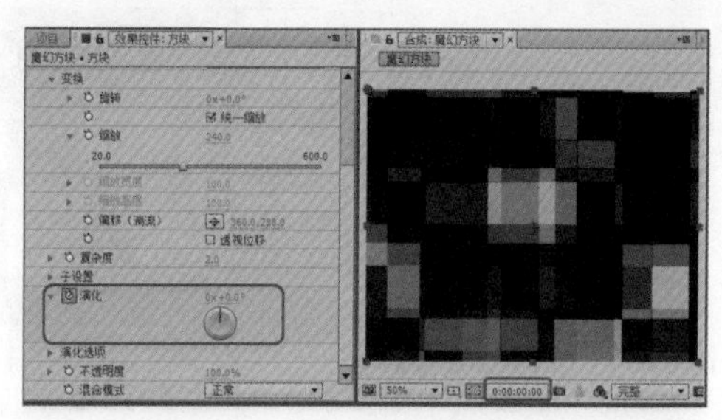

图 10-24 设置【演化】参数 (1)

(5) 将当前时间设置为 0:00:09:24，将【演化】设置为 1x+240.0°，如图 10-25 所示。

(6) 在时间轴中右击，在弹出的快捷菜单中选择【新建】|【调整图层】命令。选中调整图层，将当前时间设置为 0:00:00:00，在菜单栏中选择【效果】|【颜色校正】|【色相 / 饱和度】命令。在【效果控件】面板中选中【彩色化】复选框，【着色色相】设置为 0x+200.0°，单击其左侧的⏱按钮，将【着色饱和度】设置为 80，如图 10-26 所示。

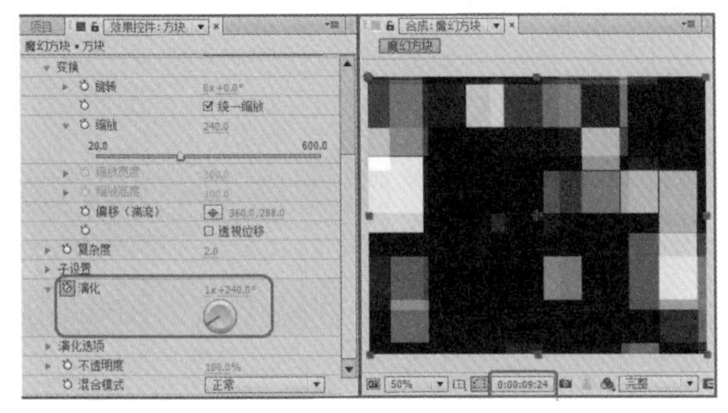
图 10-25　设置【演化】参数 (2)

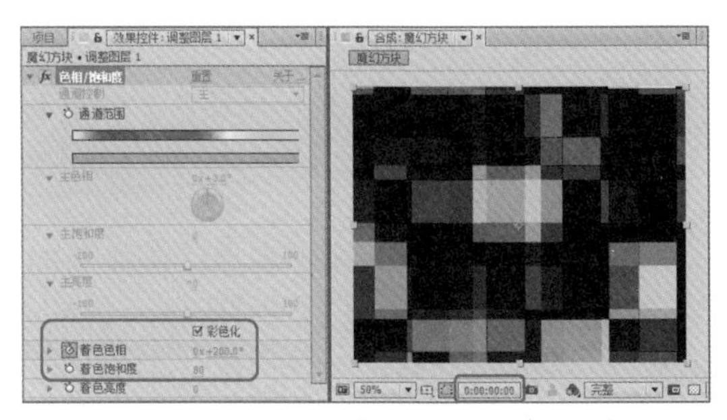
图 10-26　设置【色相 / 饱和度】参数 (1)

(7) 将当前时间设置为 0:00:09:24，将【着色色相】设置为 1x+200.0°，如图 10-27 所示。

(8) 在菜单栏中选择【效果】|【颜色校正】|【曲线】命令，在【效果控件】面板中调整曲线，如图 10-28 所示。

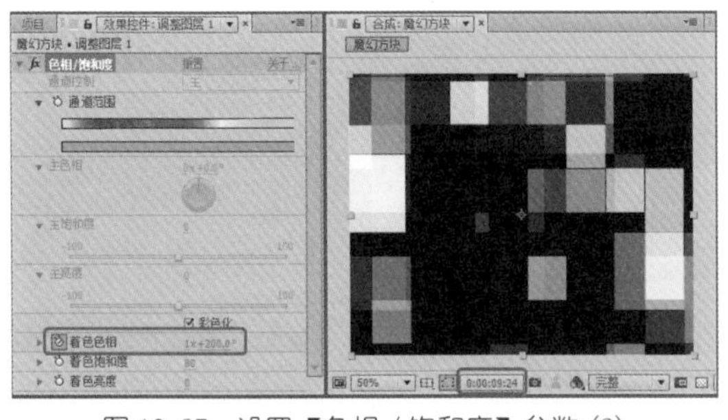
图 10-27　设置【色相 / 饱和度】参数 (2)

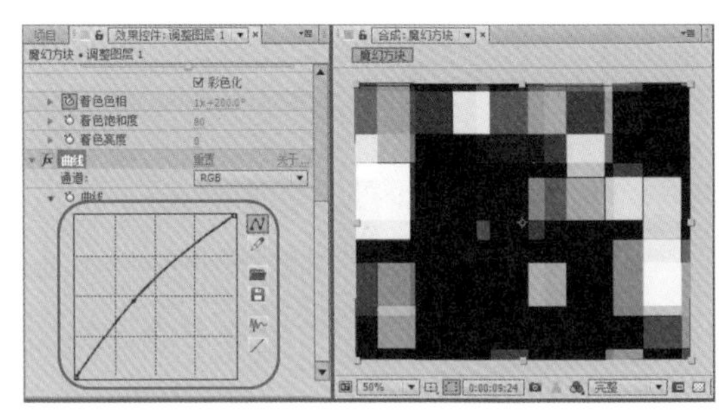
图 10-28　设置【曲线】参数

(9) 将当前时间设置为 0:00:05:00，在菜单栏中选择【效果】|【模糊和锐化】|【摄像机镜头模糊】命令。在【效果控件】面板中将【摄像机镜头模糊】中的【模糊半径】设置为 0.0，然后单击其左侧的⏱按钮，如图 10-29 所示。

(10) 将当前时间设置为 0:00:06:00，在【效果控件】面板中将【摄像机镜头模糊】中的【模糊半径】设置为 10.0，如图 10-30 所示。

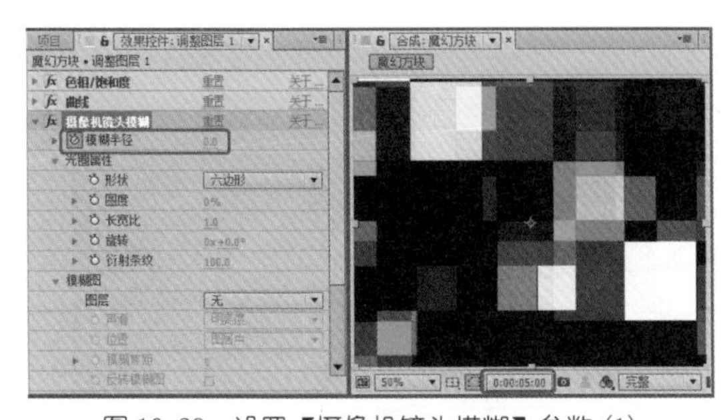
图 10-29　设置【摄像机镜头模糊】参数 (1)

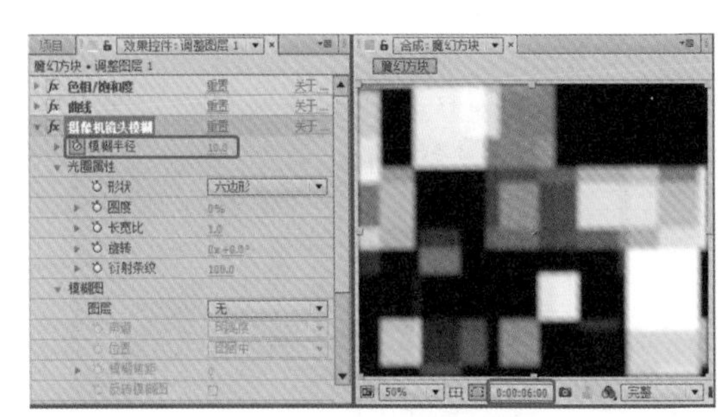
图 10-30　设置【摄像机镜头模糊】参数 (2)

(11) 在工具栏中使用【矩形工具】▢，在【合成】面板中绘制矩形，然后将其【颜色】设置为白色，【不透明度】设置为 70%，如图 10-31 所示。

(12) 在【矩形路径 1】中设置【大小】为 800.0、3.0，【位置】设置为 −800.0、0.0，然后单击【大小】和【位置】左侧的⏱按钮，如图 10-32 所示。

图 10-31　绘制矩形

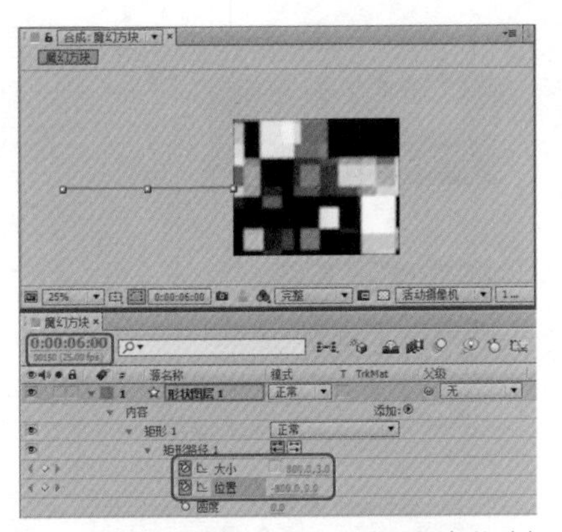

图 10-32　设置【大小】和【位置】参数 (1)

(13) 将当前时间设置为 0:00:06:14，单击【大小】左侧的按钮，添加关键帧，然后设置【位置】为 0.0、0.0，如图 10-33 所示。

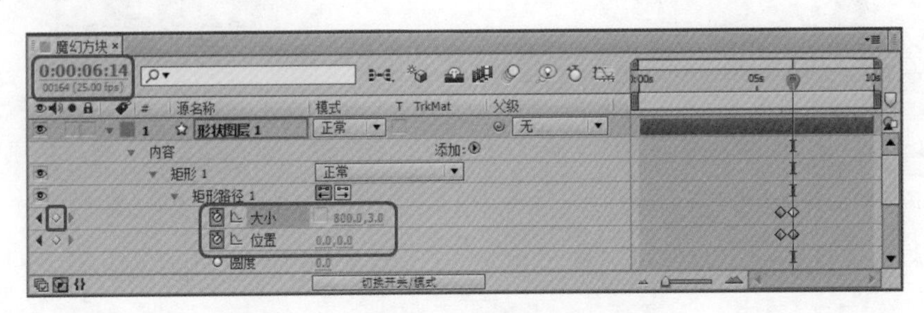

图 10-33　设置【大小】和【位置】参数 (2)

(14) 将当前时间设置为 0:00:07:12，设置【大小】为 800.0、150.0，如图 10-34 所示。

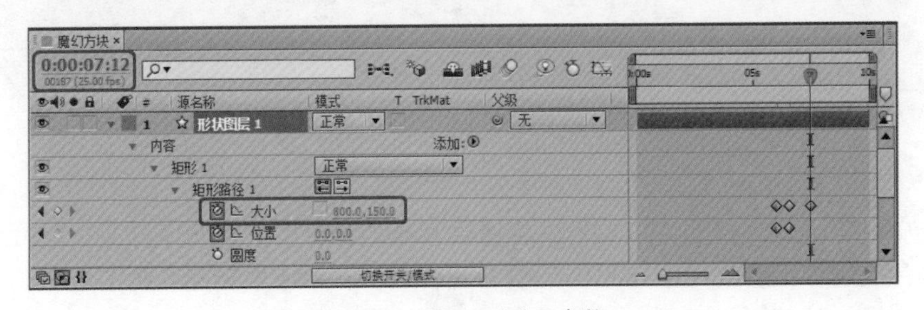

图 10-34　设置【大小】参数

(15) 在工具栏中使用【横排文字工具】T，在【合成】面板中输入文字，将【字体】设置为【微软雅黑】，【字体颜色】设置为白色，【字体大小】设置为 80 像素，【字符间距】设置为 300，如图 10-35 所示。

(16) 在菜单栏中选择【效果】|【透视】|【投影】命令，在【效果控件】面板中将【投影】的【不透明度】设置为 80%，如图 10-36 所示。

(17) 将当前时间设置为 0:00:07:12，将文字图层的【不透明度】设置为 0%，并单击其左侧的按钮，添加关键帧，如图 10-37 所示。

(18) 将当前时间设置为 0:00:08:12，将文字图层的【不透明度】设置为 100%，如图 10-38 所示。

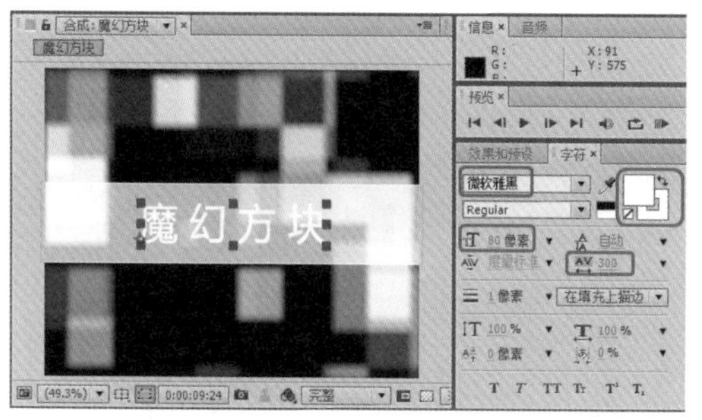
图 10-35　输入文字

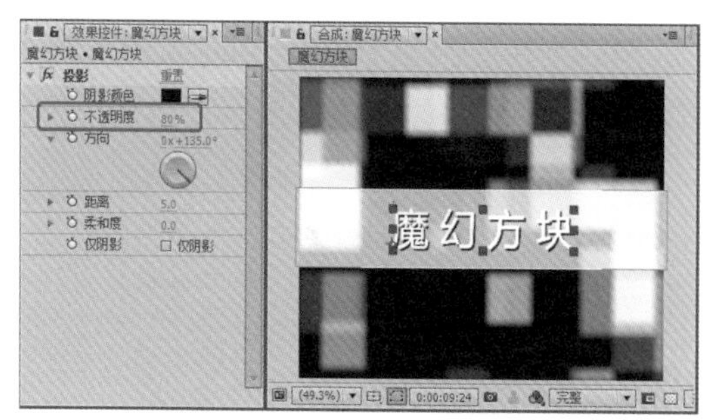
图 10-36　设置【投影】参数

图 10-37　设置【不透明度】参数 (1)

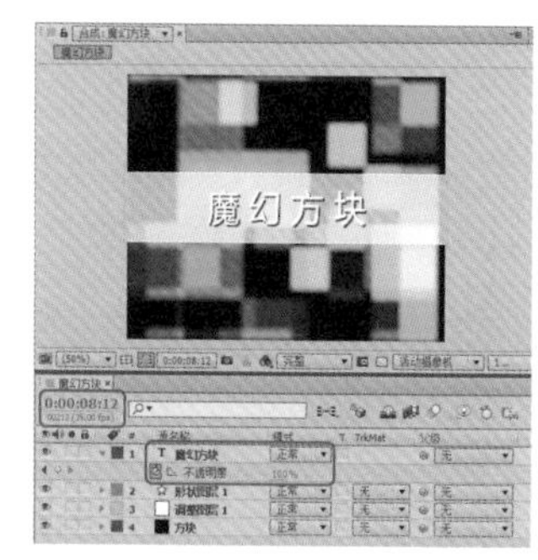
图 10-38　设置【不透明度】参数 (2)

(19) 将合成渲染输出并保存场景文件。

案例精讲 102　粒子运动效果

案例文件：光盘 | 场景 | Cha10| 粒子运动效果 .aep

视频文件：光盘 | 视频教学 |Cha10| 粒子运动效果 .avi

制作概述

本例将介绍如何制作粒子运动效果。本例首先添加素材图片，制作【文字】合成，并新建【文字组】合成制作最终的文字效果。然后新建合成，在合成中新建纯色图层和调整图层，制作粒子运动效果，然后添加【文字组】合成。最后为合成制作镜头光晕效果，完成后的效果如图 10-39 所示。

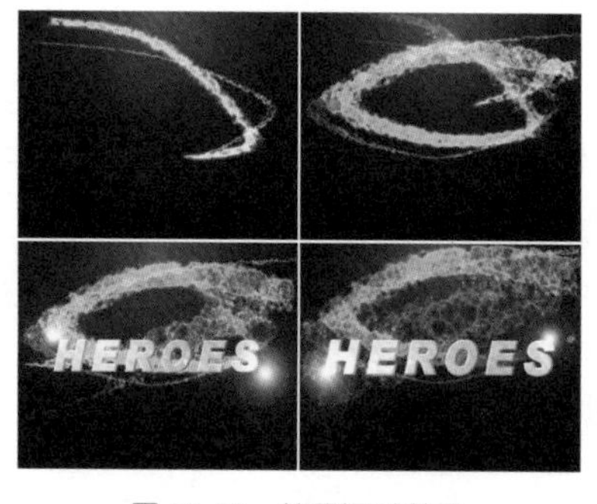

图 10-39　粒子运动效果

学习目标

学习设置图层的轨道遮罩，掌握设置【斜面 Alpha】、CC Particle Systems Ⅱ、CC Vector Blur 和【镜头光晕】效果。

操作步骤

（1）在【项目】面板中右击，在弹出的快捷菜单中选择【新建合成】命令。在弹出的对话框中将【合成名称】输入【文字】，【预设】设置为 PAL D1/DV，【持续时间】设置为 0:00:08:00，然后单击【确定】按钮，如图 10-40 所示。

（2）在【项目】面板中双击，在弹出的【导入文件】对话框中选择随书光盘中的光盘 | 素材 |Cha10|W01.jpg 素材图片，然后将 W01.jpg 素材图片添加到时间轴中，如图 10-41 所示。

图 10-40 【合成设置】对话框（1）

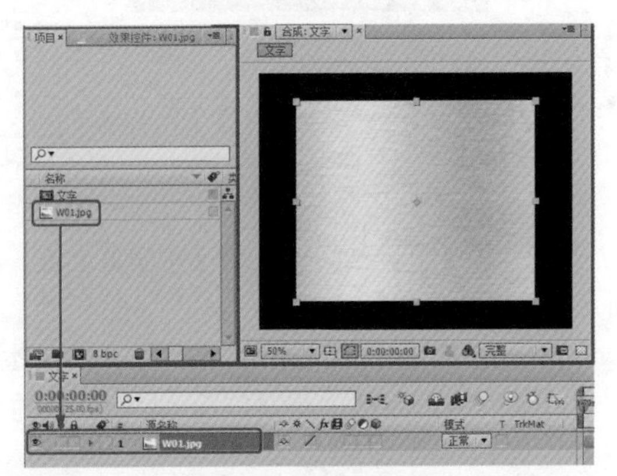

图 10-41 添加素材图层

（3）在工具栏中使用【横排文字工具】，在【合成】面板中输入英文 HEROES，将【字体】设置为 Arial Black，【字体颜色】的 RGB 值设置为 251、93、22，【描边颜色的 RGB 值设置为 248、1、59，【字体大小】设置为 108 像素，【字符间距】设置为 139，【描边宽度】设置为 0 像素，单击【仿粗体】按钮，然后将文字图层的【位置】设置为 89.0、327.0，如图 10-42 所示。

图 10-42 输入文字

(4) 在时间轴中将W01.jpg层的轨道遮罩设置为【Alpha遮罩HEROES】，如图10-43所示。

(5) 在【项目】面板中右击，在弹出的快捷菜单中选择【新建合成】命令。在弹出的对话框中将【合成名称】输入【文字组】，然后单击【确定】按钮，如图10-44所示。

图10-43 设置轨道遮罩

图10-44 【合成设置】对话框(2)

(6) 将【项目】面板中的【文字】合成，添加到时间轴中的【文字组】合成中，如图10-45所示。

(7) 选中时间轴中的【文字】合成，在菜单栏中选择【效果】|【透视】|【斜面Alpha】命令。在【效果控件】面板中将【斜面Alpha】中的【边缘厚度】设置为3.00，如图10-46所示。

图10-45 添加合成图层

图10-46 设置【斜面Alpha】效果

知识链接

【斜面Alpha】效果可为图像的Alpha边界增添凿刻、明亮的外观，通常为2D元素增添3D外观。如果图层完全不透明，则将效果应用到图层的定界框。通过此效果创建的边缘比通过边缘斜面效果创建的边缘柔和。此效果特别适合在Alpha通道中具有文本的元素。

(8) 选中文字合成图层，按Ctrl+D组合键复制图层，并按一次方向键中的左键，将复制的图层向左移动，形成文字厚度，如图10-47所示。

(9) 选中文字合成图层，按 Ctrl+D 组合键复制图层，并按一次方向键中的左键，将复制的图层向左移动，形成文字厚度，如图 10-48 所示。

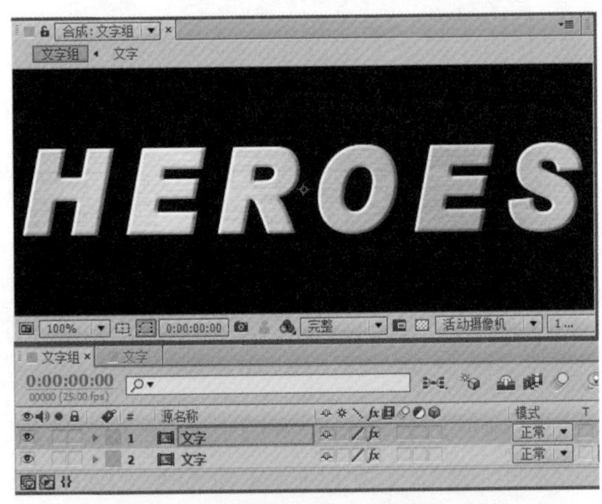

图 10-47 复制图层并移动图层 (1)

图 10-48 复制图层并移动图层 (2)

(10) 在【项目】面板中右击，在弹出的快捷菜单中选择【新建合成】命令。在弹出的对话框中将【合成名称】输入【粒子运动效果】，然后单击【确定】按钮，如图 10-49 所示。

(11) 在时间轴中右击，在弹出的快捷菜单中选择【新建】|【纯色】命令，在弹出的【纯色设置】对话框中将【名称】设置为【背景图层】，单击【制作合成大小】按钮，然后单击【确定】按钮，如图 10-50 所示。

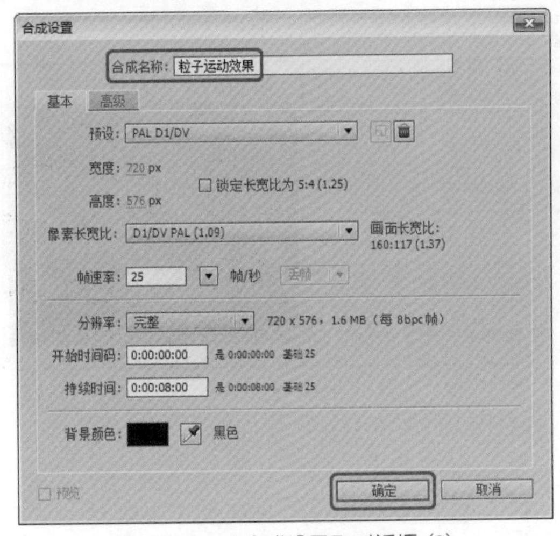

图 10-49 【合成设置】对话框 (3)

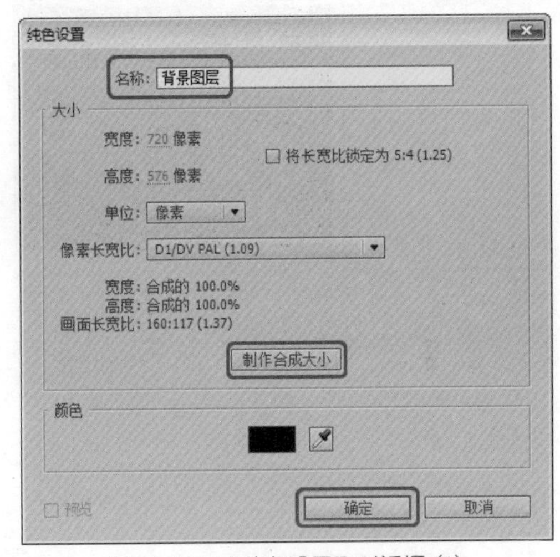

图 10-50 【纯色设置】对话框 (1)

(12) 选中时间轴中的【背景图层】，在菜单栏中选择【效果】|【生成】|【梯度渐变】命令。在【效果控件】面板中将【渐变形状】设置为【径向渐变】，【起始颜色】的 RGB 值设置为 1、57、100，【结束颜色】设置为黑色，如图 10-51 所示。

(13) 在时间轴中右击，在弹出的快捷菜单中选择【新建】|【纯色】命令，在弹出的【纯色设置】对话框中将【名称】设置为【粒子 1】，然后单击【确定】按钮，如图 10-52 所示。

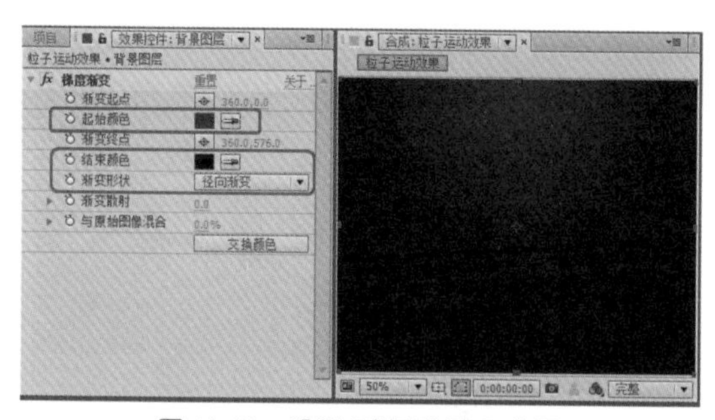

图 10-51　设置【梯度渐变】效果

图 10-52　【纯色设置】对话框 (2)

(14) 在时间轴中选中创建的【粒子 1】图层，将其【模式】设置为【相加】，如图 10-53 所示。

(15) 将当前时间设置为 0:00:00:00，在菜单栏中选择【效果】|【模拟】|CC Particle Systems Ⅱ命令。在【效果控件】面板中，将 Birth Rate 设置为 2.0，Longevity (sec) 设置为 5.0，在 Producer 组中，将 Position 设置为 46.0、94.0，然后单击其左侧的按钮，添加关键帧，Radius X 设置为 0.0，Radius Y 设置为 0.0，在 Physics 组中，将 Animation 设置为 Fire，Velocity 设置为 −0.2，Gravity 设置为 0.1，Resistance 设置为 100.0，然后单击其左侧的按钮，添加关键帧，Direction 设置为 0x+0.0°，如图 10-54 所示。

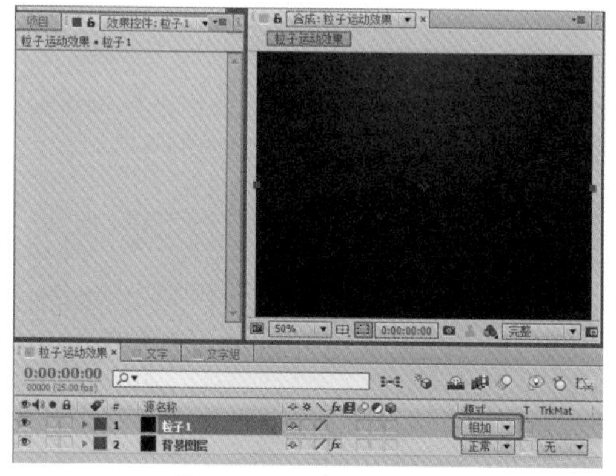

图 10-53　设置【模式】

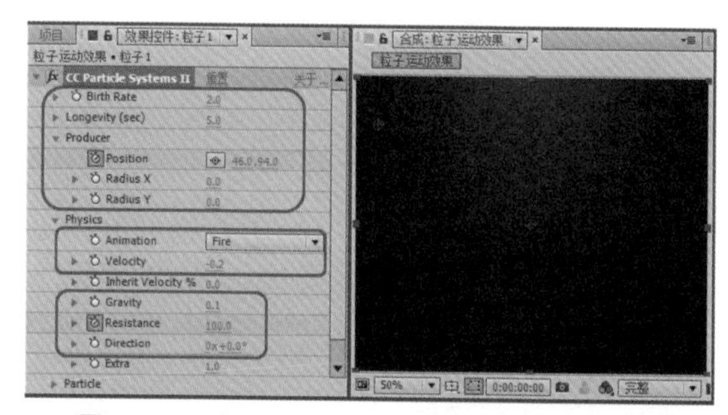

图 10-54　设置 CC Particle Systems Ⅱ参数 (1)

知识链接

CC Particle Systems II：粒子系统，可以产生高效的粒子效果。

Birth rate：粒子的出生速度。

Longevity：粒子的寿命。

Producer：粒子的发射控制项。

Position：粒子发射源的位置。

Radius X：粒子发射源的 X 向半径。

Radius Y：粒子发射源的 Y 向半径。

Physics：物理学设置。

Animation：粒子的动画方式。

Velocity：粒子的运动速度。

Inherit velocity：继承速度。

Gravity：重力。

Resistance：粒子的凝聚力。

Direction：方向。

Extra：粒子在其他方向的发散强度。

Particle：粒子设置项。

Particle type：粒子类型，可以定制多种粒子效果，极大地丰富了粒子的表现力。

Birth size：粒子出生时的大小。

Death size：粒子死亡时的大小。

Size variation：粒子大小的紊乱性，比如设置为 50%，那么粒子的大小将在原来的基础上加减 50%，这样就可以产生大不小不同的粒子。

Opacity map：粒子的透明方式。

Max opacity：粒子的最大透明度。

Color map：粒子的着色方式。

Birth color：粒子出生时的颜色。

Death color：粒子死亡时的颜色，使用这两项可以很轻松地创建出粒子发散的过渡效果。

Transfer mode：粒子特效与原图像的叠加方式。

(16) 在 Particle 组中将 Particle Type 设置为 Faded Sphere，Birth Size 设置为 0.08，Death Size 设置为 0.15，Max Opacity 设置为 100.0%，Birth Color 的 RGB 值设置为 175、228、247，Death Color 的 RGB 值设置为 0、126、179，如图 10-55 所示。

(17) 将当前时间设置为 0:00:05:19，将 Position 设置为 −200.0、506.0，Resistance 设置为 0.0，如图 10-56 所示。

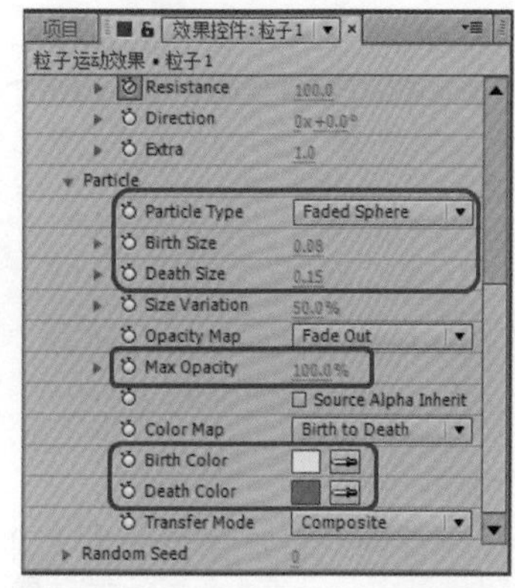

图 10-55　设置 Particle 组中的参数

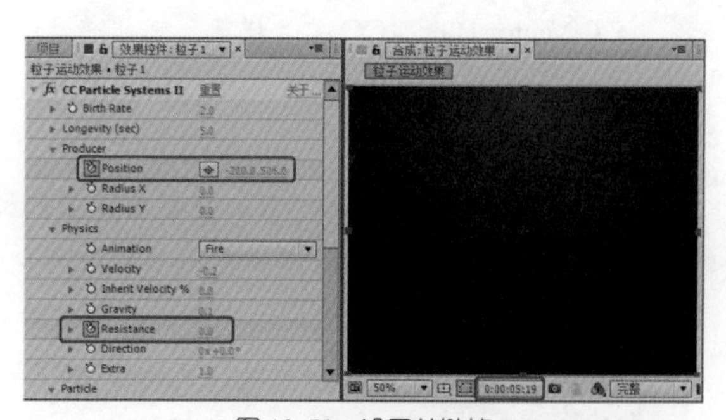

图 10-56　设置关键帧

(18) 在 Position 两个关键帧之间设置关键帧动画，如图 10-57 所示。

图 10-57　添加关键帧动画

(19) 拖动时间线查看其效果，如图 10-58 所示。

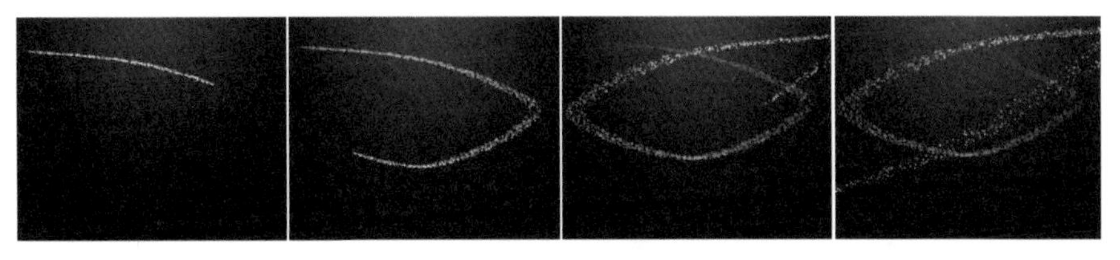

图 10-58　查看效果

(20) 在菜单栏中选择【效果】|【风格化】|【发光】命令。在【效果控件】面板中，将【发光】中的【发光颜色】设置为【A 和 B 颜色】，如图 10-59 所示。

(21) 在菜单栏中选择【效果】|【模糊和锐化】| CC Vector Blur 命令。在【效果控件】面板中，将 CC Vector Blur 中的 Amount 设置为 30.0，Ridge Smoothness 设置为 8.00，Map Softness 设置为 6.0，如图 10-60 所示。

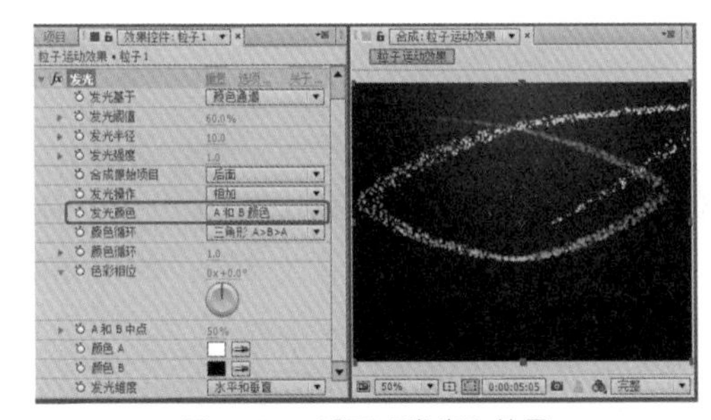

图 10-59　设置【发光】效果

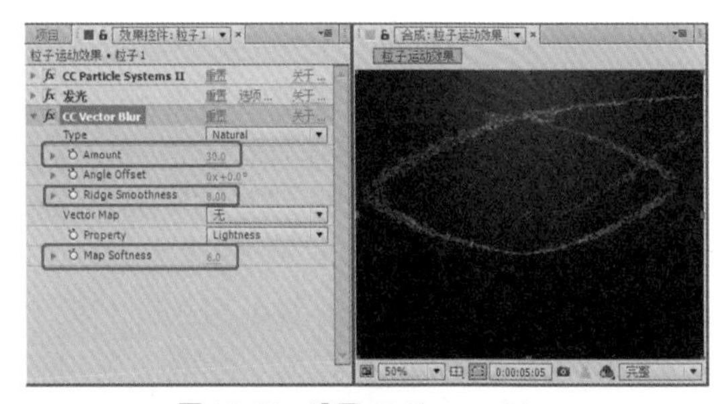

图 10-60　设置 CC Vector Blur

知识链接

CC Vector Blur：CC 矢量模糊，可以产生一种特殊的变形模糊效果。

Type：指定模糊的类型。

Natural：自然方式。

Constant length：常数长度，根据图像的色度或亮度进行自然地过渡和扭曲并模糊。

Perpendicular：垂直线，以单个像素的中心点向外延伸进行垂直模糊。

Direction center：方向中心点，以单个像素的中心点向外延伸进行发射状模糊。

Direction fading：方向衰减，也是以中心点向外进行方向模糊，但是会考虑衰减因素，因而产生更为柔和的效果。

Amount：数量，控制模糊的强度。

Angle offset：角度，控制模糊的角度。

Revolutions：指定模糊方向。

Vector map：在这里可以指定一个层作为模糊作用区域。

Property：属性，决定将源图层的哪个通道信息作为当前图层的作用区域。

Red：红色通道。

Green：绿色通道。

Blue：蓝色通道。

Alpha：透明信息通道。

Luminance：以光照强度定义的信息通道亮度。

Lightness：以黑白定义的亮度信息通道。

Hue：色度，也就是色相。

Saturation：饱和度。

Map softness：图像柔化，将源图像进行一定量的模糊化，有时候这样反而能得到更为细腻的效果。

(22) 在菜单栏中选择【效果】|【模糊和锐化】|【快速模糊】命令。在【效果控件】面板中将【快速模糊】中的【模糊度】设置为1.0，如图10-61所示。

(23) 在时间轴中将【粒子1】图层的【运动模糊】开启，如图10-62所示。

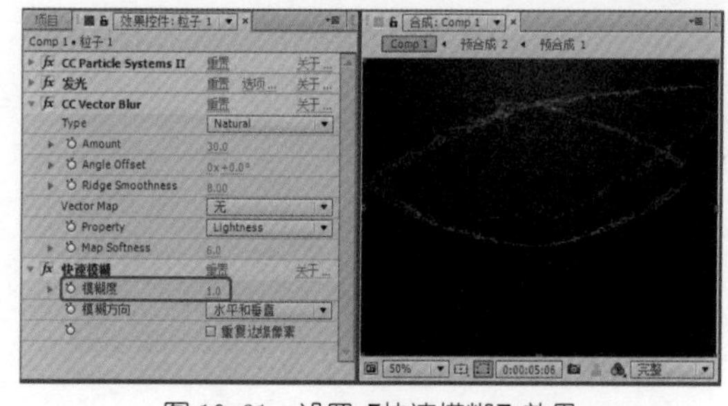

图10-61 设置【快速模糊】效果

图10-62 开启【运动模糊】

(24) 按Ctrl+D组合键，复制【粒子1】图层，将复制得到的图层重命名为【粒子2】，如图10-63所示。

图10-63 复制图层

(25) 选中【粒子2】图层，更改CC Particle Systems Ⅱ中的Position关键帧参数，如图10-64所示。

图 10-64　调整 Position 关键帧参数

(26) 在【效果控件】面板中将 CC Particle Systems Ⅱ中的 Birth Rate 设置为 5.0，在 Physics 组中将 Velocity 设置为 −1.5，Inherit Velocity 设置为 10.0，Gravity 设置为 0.2，如图 10-65 所示。

(27) 将【发光】中的【发光颜色】设置为【原始颜色】，如图 10-66 所示。

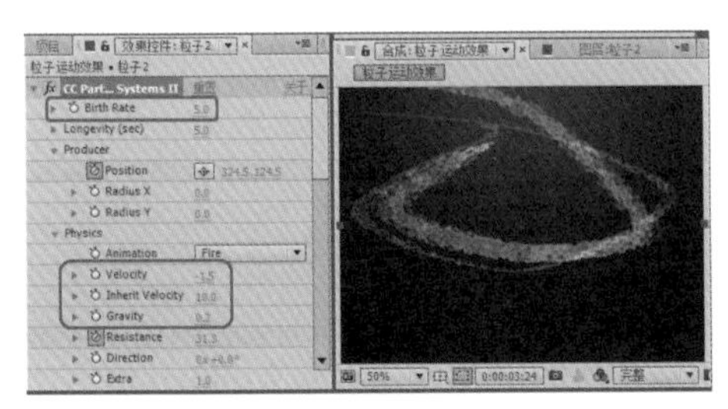

图 10-65　设置 CC Particle Systems Ⅱ参数 (2)

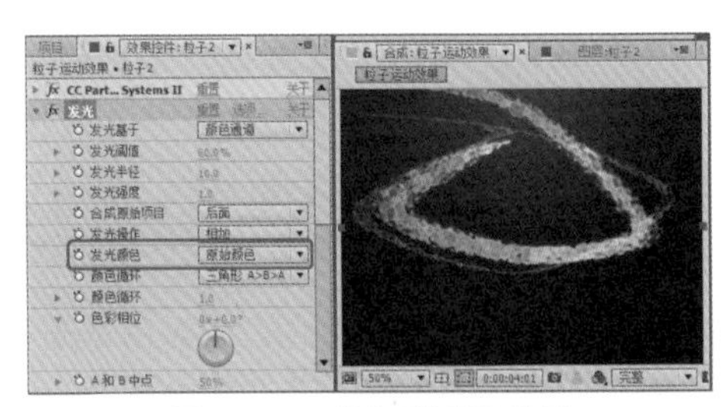

图 10-66　设置【发光】效果

(28) 将 CC Vector Blur 中的 Amount 设置为 40.0，Property 设置为 Alpha，Map Softness 设置为 10.0，如图 10-67 所示。

(29) 新建调整图层，然后为其添加【曲线】效果。在【效果控件】面板中调整曲线，如图 10-68 所示。

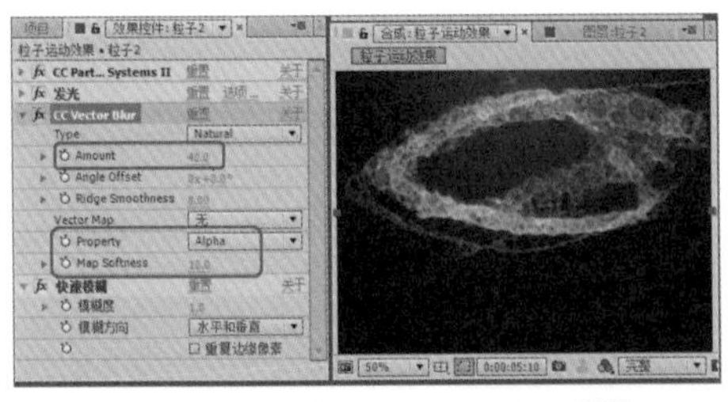

图 10-67　设置 CC Vector Blur 参数

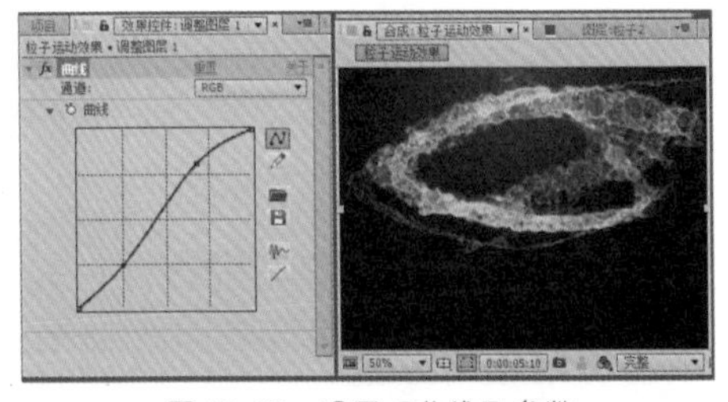

图 10-68　设置【曲线】参数

(30) 将【通道】更改为【红色】，然后调整曲线，如图 10-69 所示。

(31) 将【通道】更改为【绿色】，然后调整曲线，如图 10-70 所示。

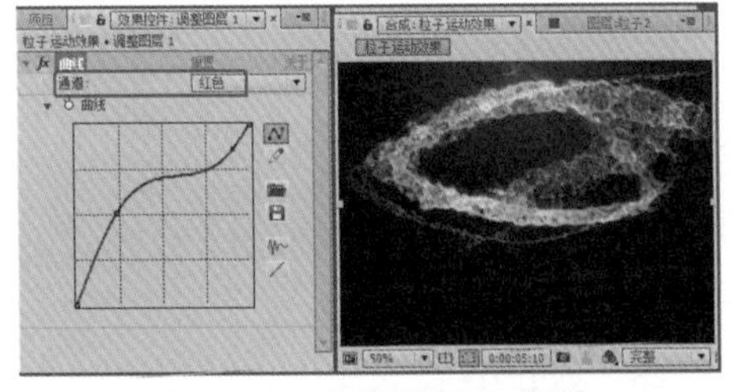

图 10-69　设置【红色】曲线

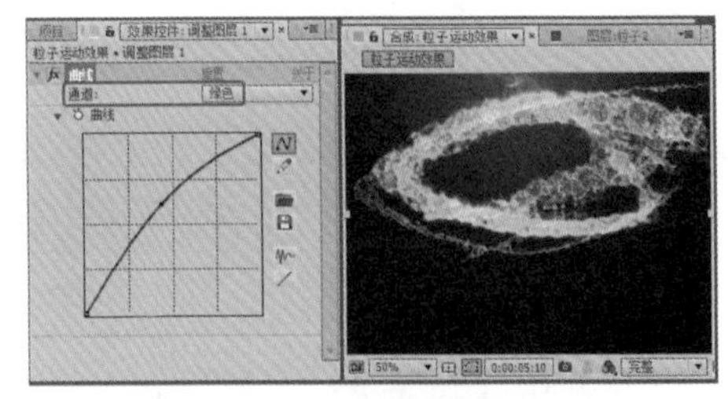

图 10-70　设置【绿色】曲线

(32) 将【通道】更改为【蓝色】，然后调整曲线，如图 10-71 所示。

(33) 将【项目】面板中的【文字组】合成添加到时间轴顶层，将当前时间设置为0:00:05:06，选中【文字组】图层并按 Alt+[组合键，将时间线左侧部分删除，如图 10-72 所示。

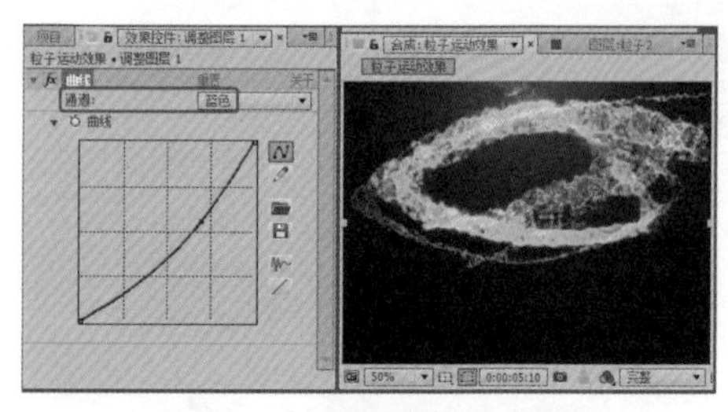

图 10-71　设置【蓝色】曲线

图 10-72　剪裁删除图层

(34) 确认当时间设置为 0:00:05:06 时，将【文字组】图层的【缩放】设置为 8.0%，然后单击其左侧的按钮，添加关键帧，如图 10-73 所示。

(35) 将当前时间设置为 0:00:05:15，将【缩放】设置为 110.0%，如图 10-74 所示。

(36) 将当前时间设置为 0:00:06:17，为【缩放】和【不透明度】添加关键帧，如图 10-75 所示。

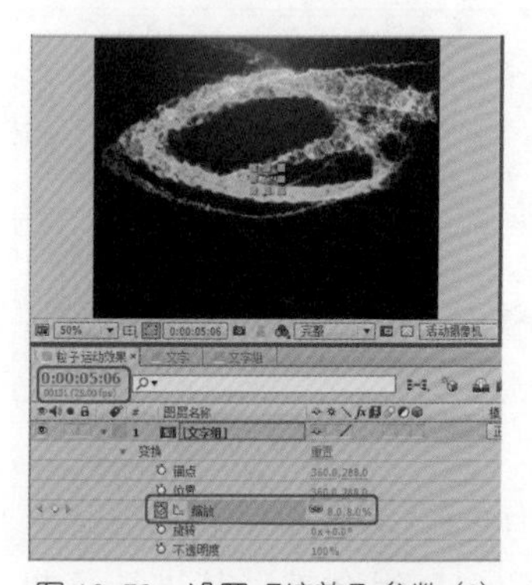

图 10-73　设置【缩放】参数 (1)

图 10-74　设置【缩放】参数 (2)

图 10-75　添加关键帧

(37) 将当前时间设置为 0:00:07:24，将【缩放】设置为 900.0%，【不透明度】设置为 0%，如图 10-76 所示。

(38) 新建纯色图层，将其命名为【镜头光晕】，然后将其【模式】设置为【相加】，如图 10-77 所示。

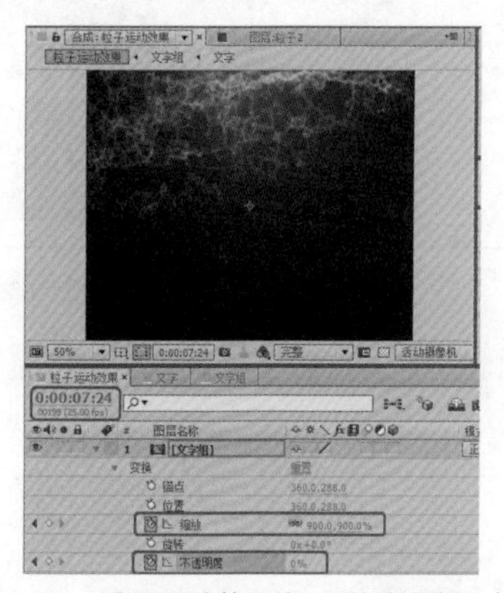

图 10-76　设置【缩放】和【不透明度】参数

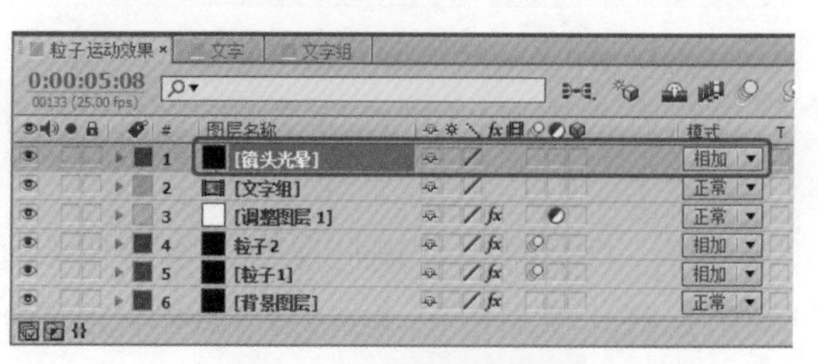

图 10-77　新建纯色图层

(39) 将当前时间设置为0:00:05:12，选中【镜头光晕】图层并按Alt+[组合键，将时间线左侧部分删除，如图10-78所示。

图10-78　剪裁删除图层

(40) 将当前时间设置为0:00:05:15，为【镜头光晕】图层添加【镜头光晕】效果。在【效果控件】面板中，将【光晕中心】设置为90.0、240.0，然后单击其左侧的按钮，添加关键帧，如图10-79所示。

(41) 将当前时间设置为0:00:06:15，将【光晕中心】设置为665.0、240.0，【光晕高度】设置为70%，然后单击其左侧的按钮，添加关键帧，如图10-80所示。

图10-79　设置【镜头光晕】效果(1)

图10-80　设置【镜头光晕】关键帧

(42) 将当前时间设置为0:00:06:17，将【光晕高度】设置为0%，如图10-81所示。

(43) 在【效果控件】面板中选中【镜头光晕】效果，按Ctrl+D组合键将其进行复制，将当前时间设置为0:00:05:15，将【镜头光晕2】的【镜头类型】设置为105毫米定焦，将【光晕中心】设置为640.0、330.0，如图10-82所示。

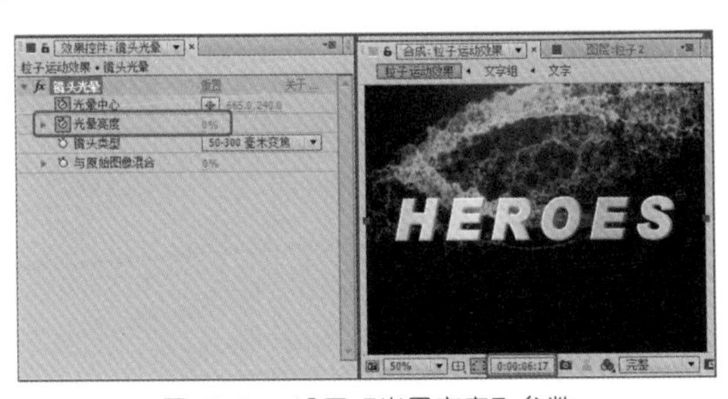

图10-81　设置【光晕高度】参数

图10-82　设置【镜头光晕】效果(2)

(44) 将当前时间设置为0:00:06:15，将【镜头光晕2】的【光晕中心】设置为45.0、330.0，如图10-83所示。

(45) 将场景文件进行保存，然后按Ctrl+M组合键，在【渲染队列】面板中设置合成渲染输出位置，然后单击【渲染】按钮将合成渲染输出，如图10-84所示。

图 10-83　设置【光晕中心】参数

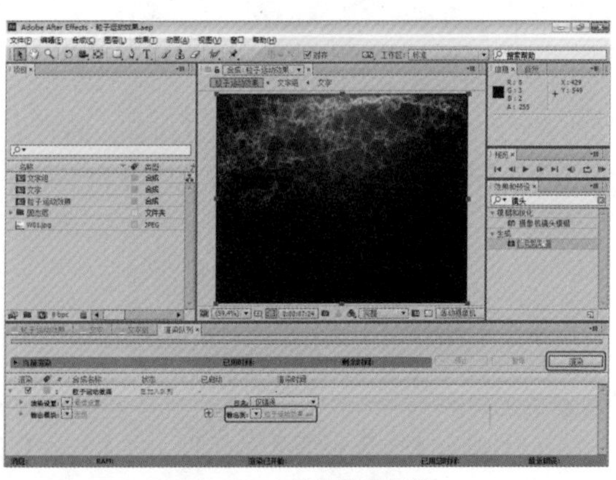

图 10-84　渲染输出视频

案例精讲 103　光效倒计时

案例文件：光盘 | 场景 | Cha10 | 光效倒计时 .aep

视频文件：光盘 | 视频教学 | Cha10 | 制作暖光效果示 .avi

制作概述

本例将学习如何制作光效倒计时，其中主要应用了【音频频谱】、【发光】、【定向模糊】、CC Lens 等制作发光效果，然后利用【梯度渐变】和【斜面 Alpha】制作出文字修改，具体操作方法如下，完成后的效果如图 10-85 所示。

图 10-85　制作光效倒计时

学习目标

学习如何制作光效倒计时效果，掌握光效的制作流程以及文字特效的设置。

操作步骤

(1) 启动软件后，按 Ctrl+N 组合键，弹出【合成设置】对话框，将【合成名称】设置为【光效倒计时 01】，在【基本】选项组中将【预设】设置为 HDTV 1080 25，将【像素长宽比】设置为【方形像素】，将【帧速率】设置为 25 帧 / 秒，将【持续时间】设置为 0:00:05:00，将【背景颜色】设置为【黑色】，单击【确定】按钮，如图 10-86 所示。

(2) 在时间轴面板中右击，在弹出的快捷菜单中选择【新建】|【纯色】命令，如图 10-87 所示。

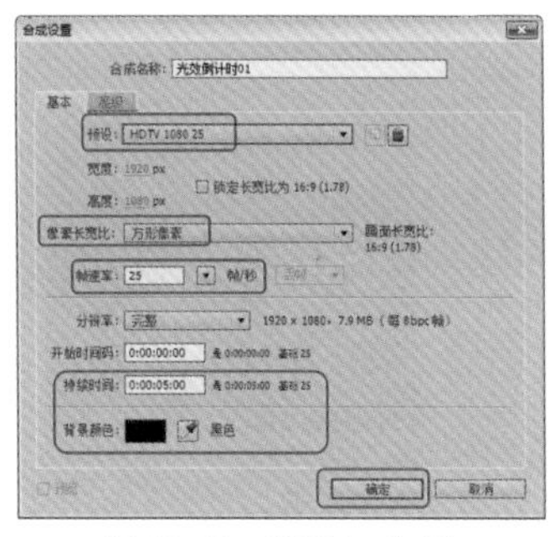
图 10-86 新建合成（1）

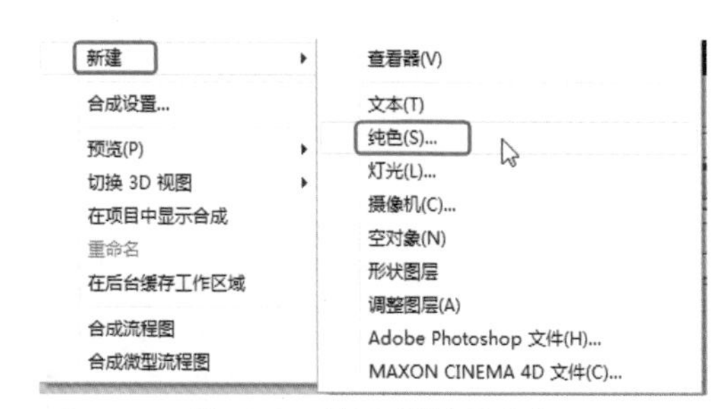

图 10-87 选择【纯色】命令

(3) 弹出【纯色设置】对话框，将【名称】设置为【光 01】，将【颜色】设置为黑色，单击【确定】按钮，如图 10-88 所示。

(4) 在时间轴面板底部单击按钮，开启【光 01】图层的【运动模糊】和【3D 图层】，如图 10-89 所示。

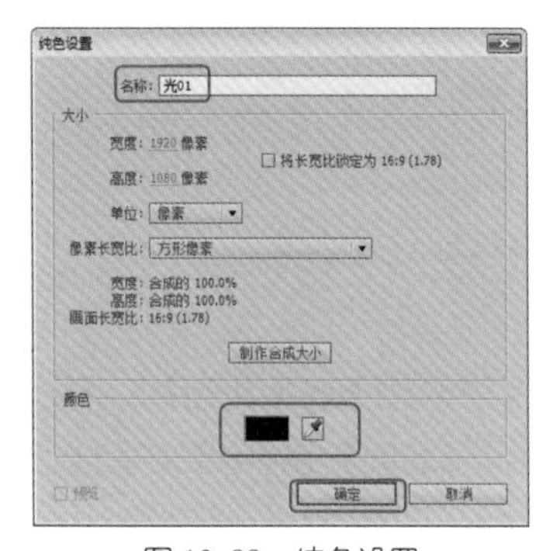
图 10-88 纯色设置

图 10-89 设置图层

(5) 切换到【效果和预设】面板，选择【生成】|【音频频谱】特效，并将其添加到【光 01】图层上，如图 10-90 所示。

(6) 在时间轴面板中选择【光 01】图层，在【效果控件】面板中对上一步添加的【音频频谱】进行设置，将【起始点】设置为 955.6、−34.3，将【结束点】设置为 959.6、1108.1，将【起始频率】和【结束频率】分别设置为 120、601，将【最大高度】设置为 4050，【音频持续时间】设置为 200，【音频偏移】设置为 50，【柔和度】设置为 100%，将【内部颜色】的 RGB 值设置为 0、168、255，将【外部颜色】的 RGB 值设置为 50、180、255，如图 10-91 所示。

图 10-90 选择特效（1）

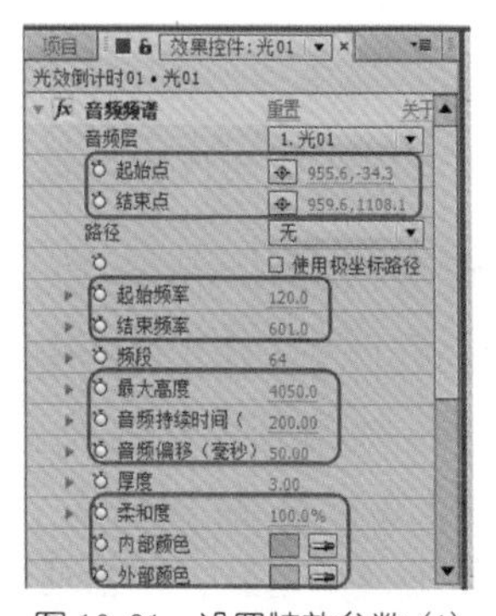
图 10-91 设置特效参数（1）

知识链接

【音频频谱】：将音频频谱效果应用到视频图层，以显示包含音频（和可选视频）的图层的音频频谱。此效果可显示使用【起始频率】和【结束频率】定义的范围中各频率的音频电平大小。此效果可以多种不同方式显示音频频谱，包括沿蒙版路径。

【音频层】：要用作输入的音频图层。

【起始点、结束点】：指定【路径】设置为【无】时，频谱开始或结束的位置。

【路径】：沿其显示音频频谱的蒙版路径。

【用极坐标路径】：路径从单点开始，并显示为径向图。

【起始频率、结束频率】：要显示的最低和最高频率，以赫兹为单位。

【频段】：显示的频率分成的频段的数量。

【最大高度】：显示的频率的最大高度，以像素为单位。

【音频持续时间】：用于计算频谱的音频的持续时间，以毫秒为单位。

【音频偏移】：用于检索音频的时间偏移量，以毫秒为单位。

【粗细】：频段的粗细。

【柔和度】：频段的羽化或模糊程度。

【内部颜色、外部颜色】：频段的内部和外部颜色。

【混合叠加颜色】：指定混合叠加频谱。

【色相插值】：如果值大于0，则显示的频率在整个色相颜色空间中旋转。

【动态色相】：如果选择此选项，并且【色相插值】大于0，则起始颜色在显示的频率范围内转移到最大频率。当此设置改变时，允许色相遵循显示的频谱的基频。

【颜色对称】：如果选择此选项，并且【色相插值】大于0，则起始颜色和结束颜色相同。此设置使闭合路径上的颜色紧密接合。

【显示选项】：指定是以【数字】、【模拟谱线】还是【模拟频点】形式显示频率。

【面选项】：指定是显示路径上方的频谱（A面）、路径下方的频谱（B面）还是这两者（A和B面）。

【持续时间平均化】：指定为减少随机性平均的音频频率。

【在原始图像上合成】：如果选择此选项，则显示使用此效果的原始图层。

(7) 在【合成】面板中查看添加特效后的效果，如图10-92所示。

(8) 在【效果和预设】面板中选择【风格化】|【发光】特效，将其添加到【发光01】图层上，如图10-93所示。

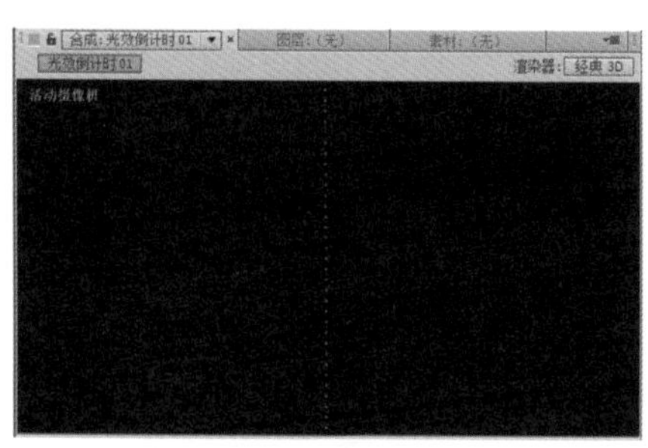

图 10-92　查看效果 (1)

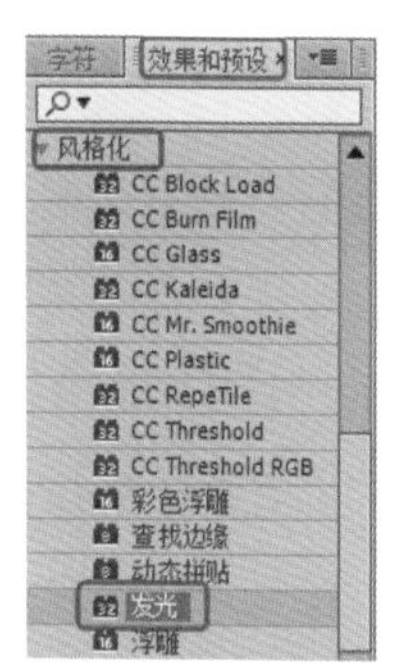

图 10-93　选择【发光】特效

知识链接

【发光】：发光效果可找到图像的较亮部分，然后使那些像素和周围的像素变亮，以创建漫射的发光光环。发光效果也可以模拟明亮的光照对象的过度曝光。可以使发光基于图像的原始颜色，或基于其 Alpha 通道。基于 Alpha 通道的发光仅在不透明和透明区域之间的图像边缘产生漫射亮度。也可以使用发光效果创建两种颜色（A 和 B 颜色）之间的渐变发光，以及创建循环的多色效果。

【发光基于】：确定发光是基于颜色值还是透明度值。

【发光阈值】：将阈值设置为不向其应用发光的亮度百分比。较低的百分比会在图像的更多区域产生发光效果；较高的百分比会在图像的更少区域产生发光效果。

【发光半径】：发光效果从图像的明亮区域开始延伸的距离，以像素为单位。较大的值会产生漫射发光；较小的值会产生锐化边缘的发光。

【发光强度】：发光的亮度。

【合成原始项目】：指定如何合成效果结果和图层。【顶端】用于将发光效果放在图像顶端，以便使用为【发光操作】选择的混合方法。【后面】用于将发光效果放在图像后面，从而创建逆光结果。【无】用于从图像中分离发光效果。

【发光颜色】：发光的颜色。【A 和 B 颜色】用于使用【颜色 A】和【颜色 B】控件指定的颜色，创建渐变发光。

【颜色循环】：选择【A 和 B 颜色】作为【发光颜色】的值时，使用的渐变曲线的形状。

【颜色循环方式】：可在选择两个或更多循环时，创建发光的多色环。单个循环可循环显示为【发光颜色】指定的渐变（或任意图）。

【色彩相位】：在颜色周期中，开始颜色循环的位置。默认情况下，颜色循环在第一个循环的源点开始。

【A 和 B 中点】：此中点用于指定渐变中使用的两种颜色之间的平衡点。对于较低的百分比，使用较少的 A 颜色。对于较高的百分比，使用较少的 B 颜色。

【颜色 A、颜色 B】：在选择【A 和 B 颜色】作为【发光颜色】的值时，发光的颜色。

【发光维度】：指定发光是水平的、垂直的，还是这两者兼有的。

(9) 切换到【效果控件】面板中，对上一步添加的效果进行设置，将【发光基于】设置为【Alpha 通道】，【发光阈值】设置为 15.3%，【发光半径】设置为 64，【发光强度】设置为 3.3，【发光颜色】设置为【A 和 B 颜色】，【色彩相位】设置为 5x+0°，将【颜色 A】的 RGB 值设置为 136、203、255，将【颜色 B】的 RGB 值设置为 4、163、255，如图 10-94 所示。

(10) 在合成面板中查看效果，如图 10-95 所示。

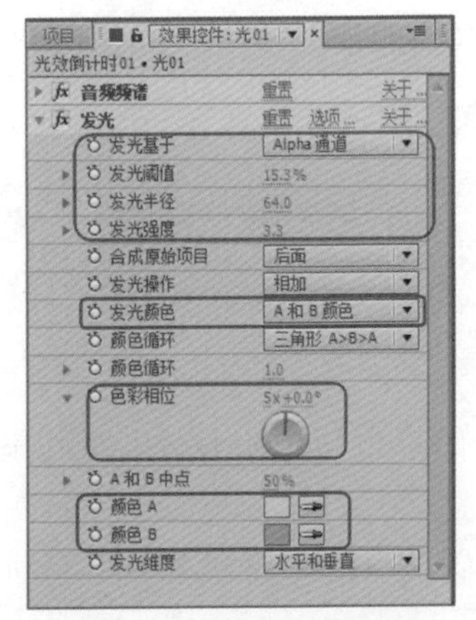

图 10-94 设置【发光】参数

图 10-95 查看效果 (2)

(11) 切换到【效果和预设】面板中，选择【扭曲】| CC Lens 特效，将其添加到【光 01】图层上，如图 10-96 所示。

(12) 切换到【效果控件】面板中查看添加的特效，将 Center 设置为 960、540，将 size 设置为 40，将 Convergence 设置为 100，如图 10-97 所示。

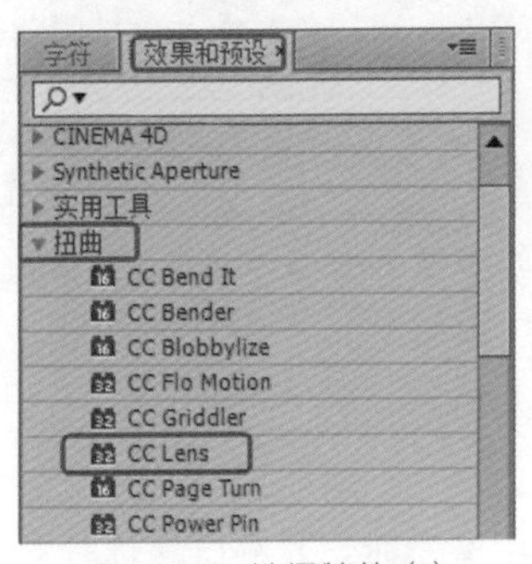

图 10-96 选择特效 (2)

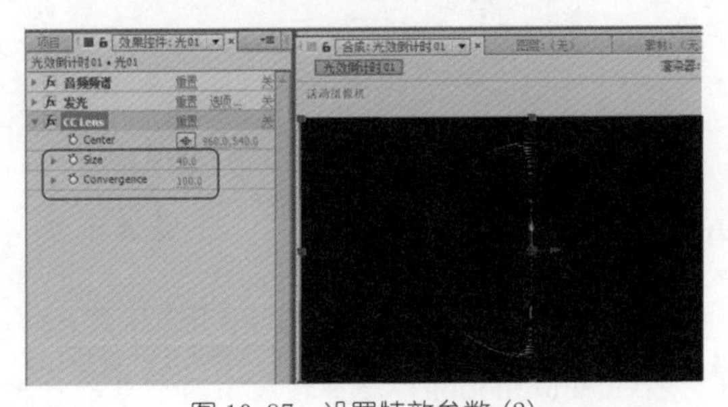

图 10-97 设置特效参数 (2)

知识链接

CC Lens：透镜特效，使用它可以创建高质量的透镜特效。

Center：透镜中心点位置。

Size：透镜大小。

Convergence：透镜的变形强度，正值向外负值向内。

(13) 将当前时间设置为 0:00:02:01，在【效果控件】面板中单击 Size 前面添加关键帧按钮添加关键帧，如图 10-98 所示。

图 10-98　添加关键帧（1）

（14）将当前时间设置为 0:00:03:03，将 Size 设置为 0，添加关键帧，如图 10-99 所示。

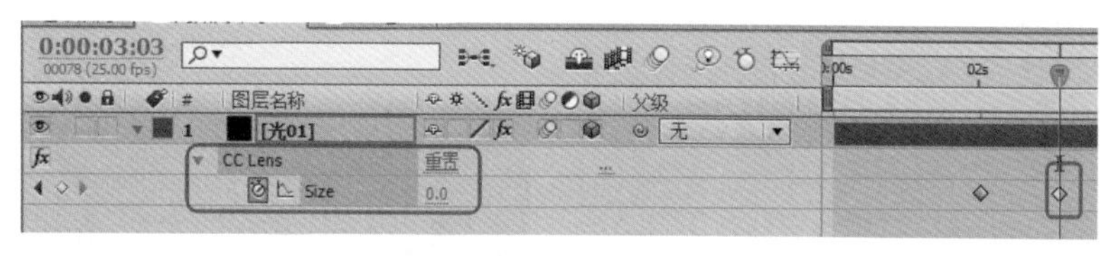

图 10-99　添加关键帧（2）

（15）切换到【效果和预设】面板中，选择【扭曲】| CC Flo Motion 特效，将其添加到【光01】图层上，如图 10-100 所示。

（16）切换到【效果控件】面板中，将 Knot1 设置为 950.6、535.5，将 Knot2 设置为 953.7、538.5，Antialiasing 设置为 Low，如图 10-101 所示。

图 10-100　选择特效（3）

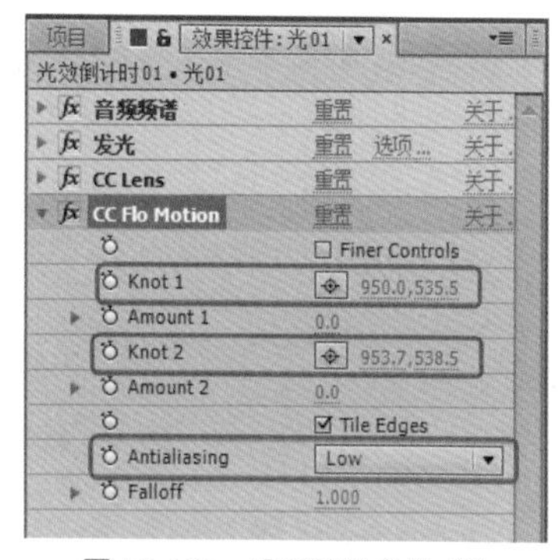

图 10-101　设置特效参数（3）

知识链接

CC Flo motion：这个特效由两个点进行控制，两个点可以分别设置对图像进行向内吸收或向外放射的变形。

Knot 1：控制点 1 的位置。

Amount 1：控制点 1 的变形强度，正值为向外推，负值为向内吸收。

Knot 2：控制点 2 的位置。

Amount 2：控制点 2 的变形强度。

Title edges：重复边缘，选中它可以对变形边缘进行保护。

Antialiasing：抗锯齿。

Falloff：对变形点效果进行衰减控制。

(17) 将当前时间设置为0:00:00:00，单击Amount 1和Amount 2前面的关键帧按钮，添加关键帧，并将其Amount 1和Amount 2分别设置为20、86，如图10-102所示。

(18) 将当前时间设置为0:00:02:01，将其Amount 1和Amount 2分别设置为−131、−75，如图10-103所示。

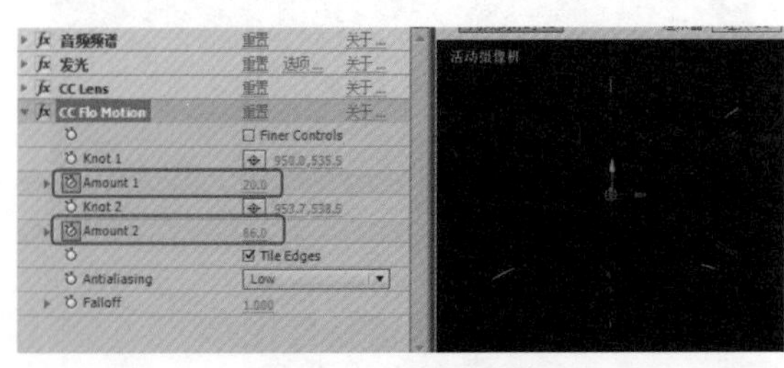

图10-102　设置关键帧

图10-103　添加关键帧(3)

(19) 在时间轴上选择【光01】图层，按Ctrl+D组合键对其进行复制，选择最上侧【光01】图层，将其名称修改为【光02】，如图10-104所示。

(20) 在时间轴中选择【光02】图层，按U键显示该图层的所有关键帧，并将其所有的关键帧删除，如图10-105所示。

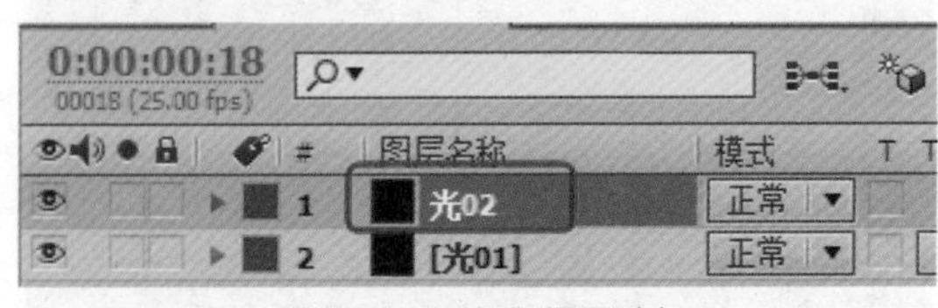

图10-104　复制图层(1)

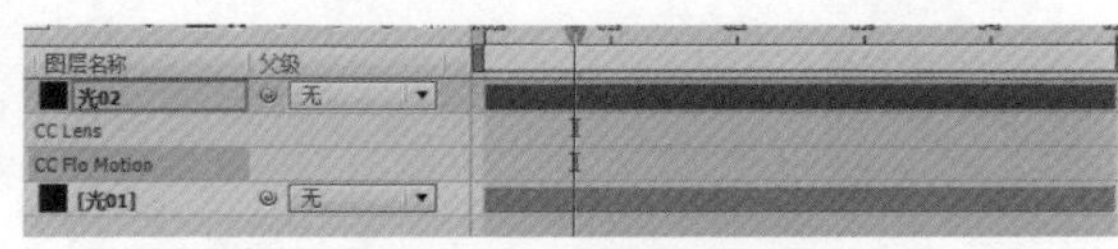

图10-105　删除关键帧

(21) 切换到【效果控件】面板，选择【音频频谱】特效，将【起始点】设置为955.6、−26.2，将【结束点】设置为955.6、1100，其他保持默认值，如图10-106所示。

(22) 展开【发光】特效，将【发光半径】和【发光强度】分别设置为113、2.4，其他不变，如图10-107所示。

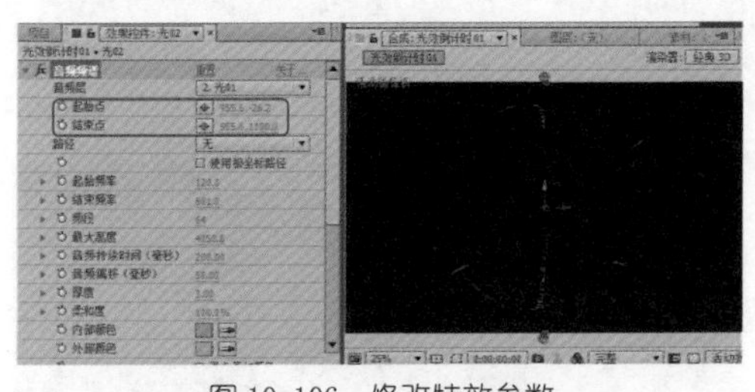

图10-106　修改特效参数

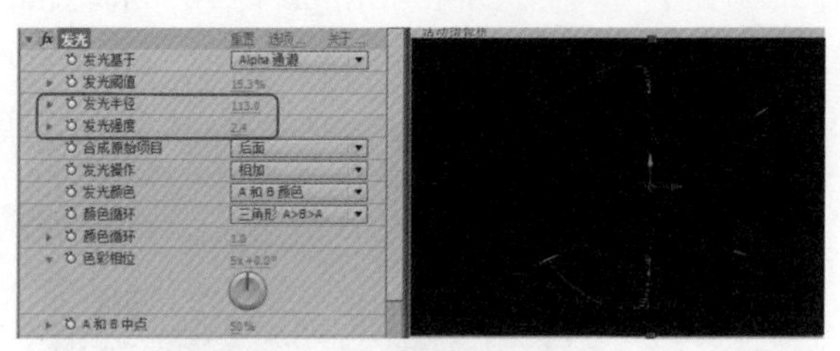

图10-107　设置特效参数(4)

(23) 切换到【效果和预设】面板中选择【模糊和锐化】|【定向模糊】特效，将其添加到【光02】图层的【效果控件】面板中，并将其位于【发光】特效的下方，并将【模糊长度】设置为114，如图10-108所示。

(24) 设置完特效后，将当前时间设置为0:00:00:00，在【合成】面板中查看效果，如图10-109所示。

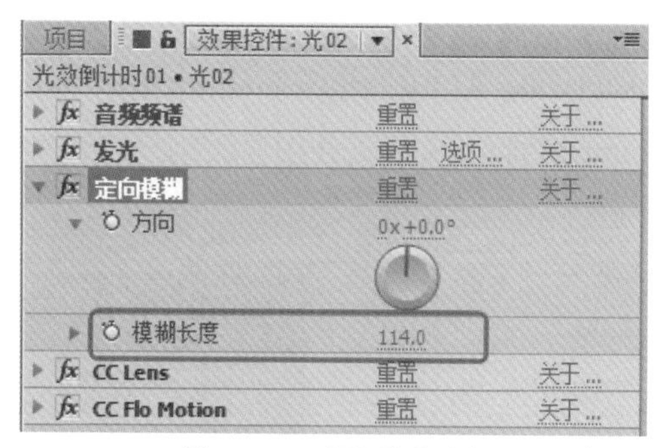

图 10-108 添加特效 (1)

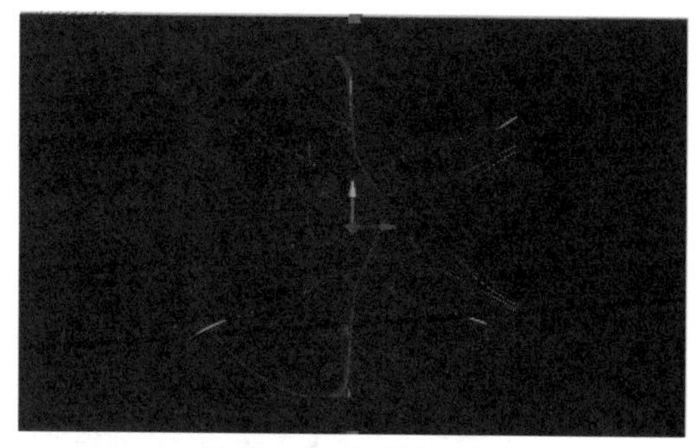

图 10-109 查看效果 (3)

(25) 切换到【效果和预设】面板中选择【模糊和锐化】|【快速模糊】特效，将其添加到【效果和控件】面板中，并将其位于【定向模糊】的下方，并将【模糊度】设置为 10，如图 10-110 所示。

(26) 将当前时间设置为 0:00:00:00，在【合成】面板查看效果，如图 10-111 所示。

项目
效果控件：光02
光效倒计时01 • 光02
音频频谱 重置 关于...
发光 重置 选项... 关于...
定向模糊 重置 关于...
快速模糊 重置 关于...
模糊度 10.0
模糊方向 水平和垂直
重复边缘像素
CC Lens 重置 关于...
CC Flo Motion 重置 关于...

图 10-110 添加特效 (2)

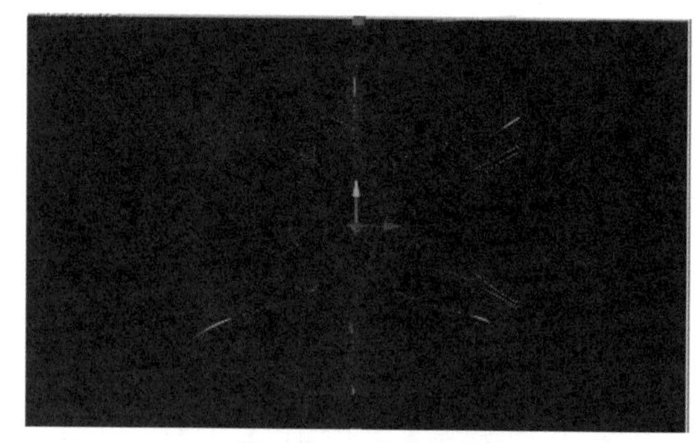

图 10-111 预览效果

(27) 继续对【光 02】图层特效进行设置，切换到【效果控件】面板，展开 CC Lens，将 Size 设置为 56，其他不变，如图 10-112 所示。

(28) 展开 CC Flo Motion 特效，将 Knot1 设置为 480，270，将 Knot2 设置为 953.7、538.5，将 Amount 1 和 Amount 2 分别设置为 0，121，如图 10-113 所示。

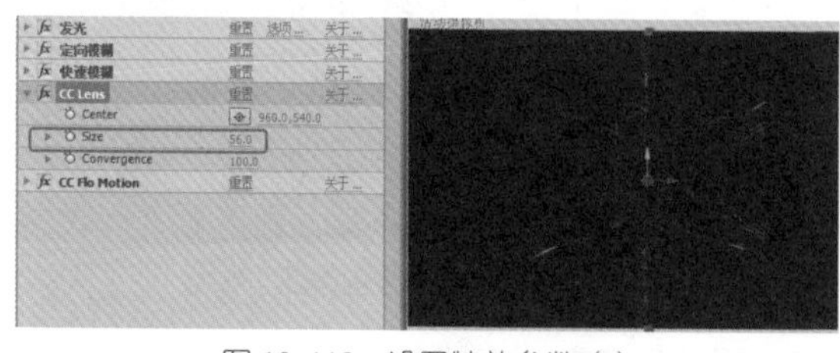

图 10-112 设置特效参数 (5)

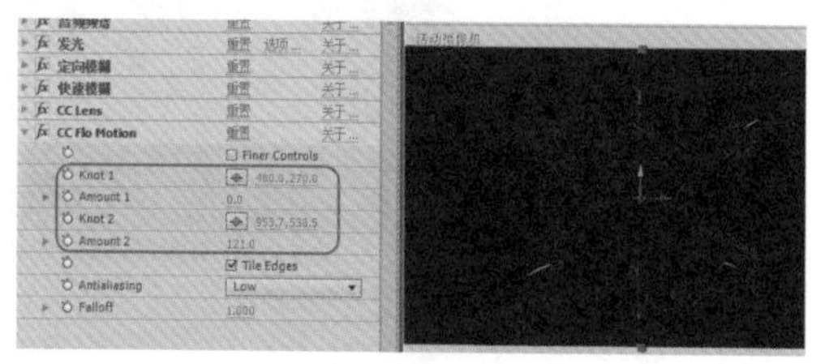

图 10-113 设置特效参数 (6)

(29) 在时间轴中选择【光 02】对象，按 Ctrl+D 进行复制，复制出【光 03】对象，将其【模式】设置为【相加】，并在【效果控件】面板中将所有的特效删除，如图 10-114 所示。

(30) 在【效果和预设】面板中搜索【镜头光晕】特效，将其添加到【光 03】图层上，在【效果控件】面板中将【光晕中心】设置为 960、536，将【镜头类型】设置为【105 毫米定焦】，如图 10-115 所示。

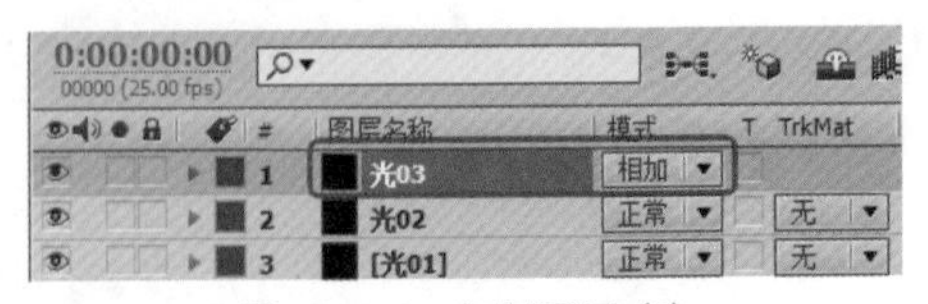

图 10-114　复制图层（2）

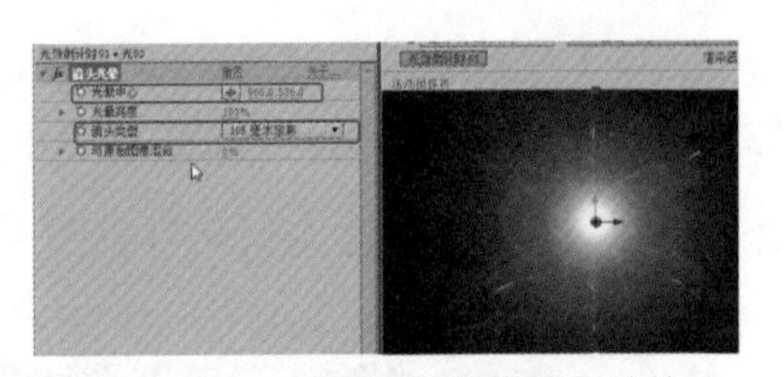

图 10-115　设置【镜头光晕】特效

(31) 将当前时间设置为0:00:03:02，单击【光晕亮度】前面的添加关键帧按钮，并将【光晕亮度】设置为111%，如图10-116所示。

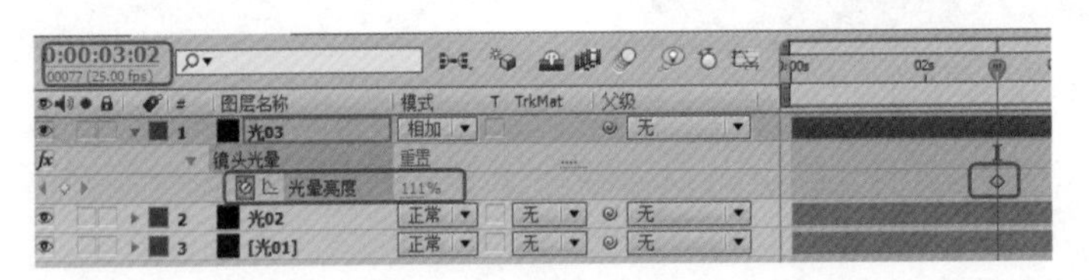

图 10-116　添加关键帧（4）

(32) 将当前时间设置为0:00:03:20，将【光晕亮度】设置为138%，添加关键帧，如图10-117所示。

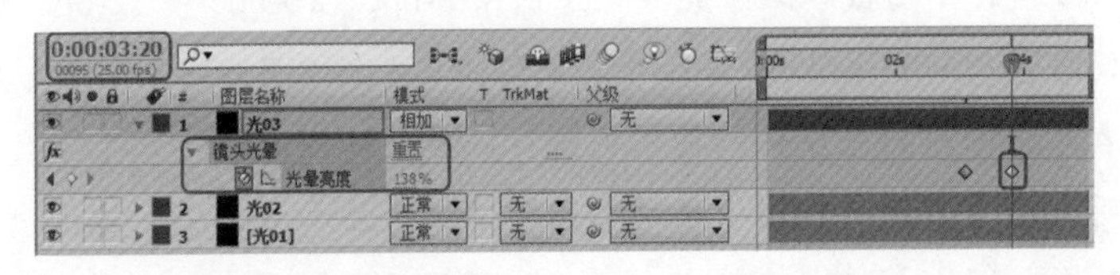

图 10-117　添加关键帧（5）

(33) 在【效果和预设】面板中搜索【色调】特效，将其添加到【光03】图层上，保持默认值，如图10-118所示。

(34) 在【效果和预设】面板中搜索【曲线】特效，将其添加【光03】图层上，在【效果控件】面板中将【通道】设置为RGB，对曲线进行调整，如图10-119所示。

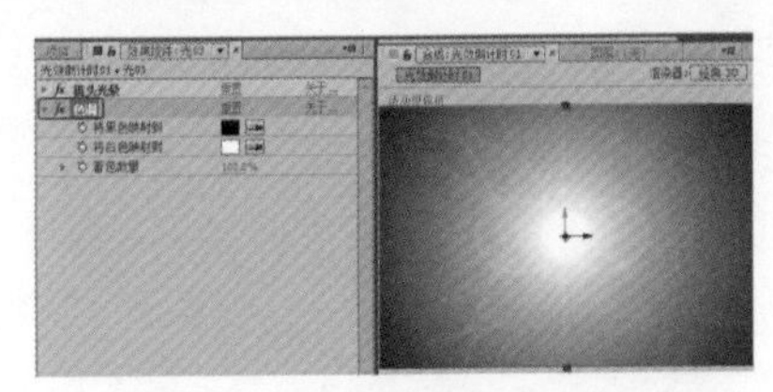

图 10-118　添加【色调】特效

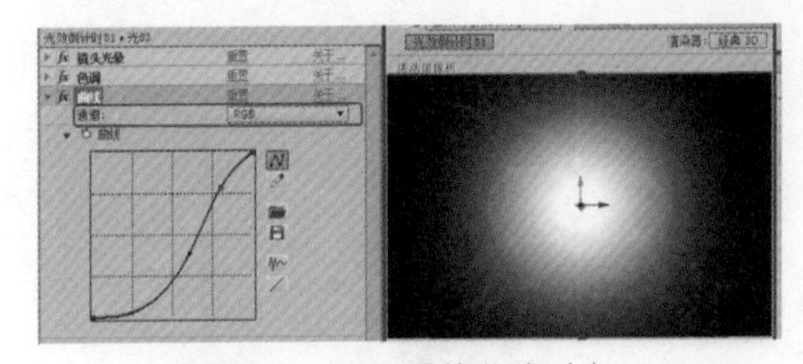

图 10-119　调整曲线（1）

(35) 将【曲线】特效下的【通道】设置为【红色】，对曲线进行调整，如图10-120所示。

(36) 将【曲线】特效下的【通道】设置为【绿色】，对曲线进行调整，如图10-121所示。

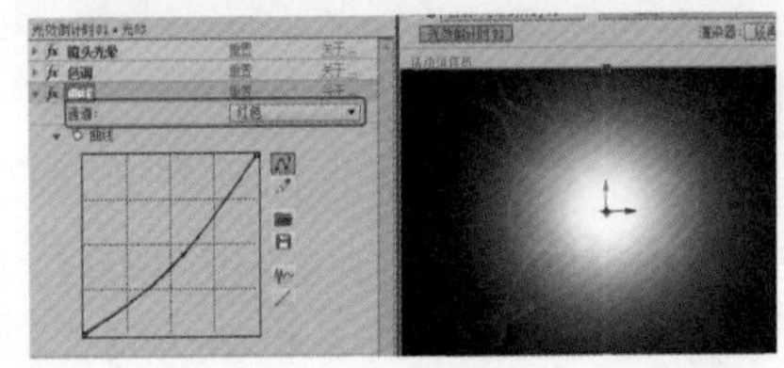

图 10-120　调整曲线（2）

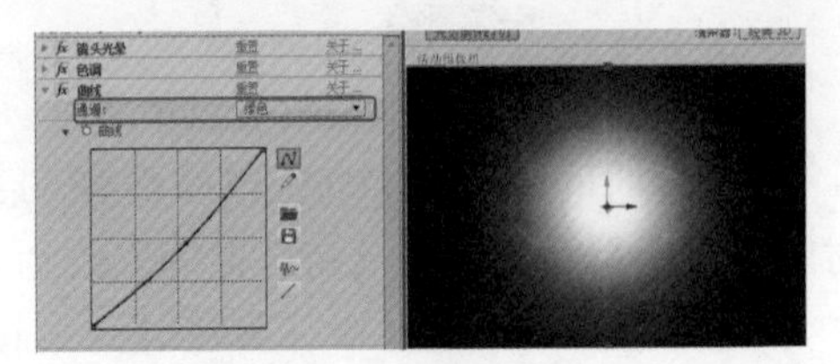

图 10-121　调整曲线（3）

(37) 将【曲线】特效下的【通道】设置为【蓝色】，对曲线进行调整，如图 10-122 所示。

(38) 在【项目】面板中选择【光效倒计时 01】合成，将其拖至面板底部的【新建合成】按钮，此时会新建名为【光效倒计时 02 】的合成，如图 10-123 所示。

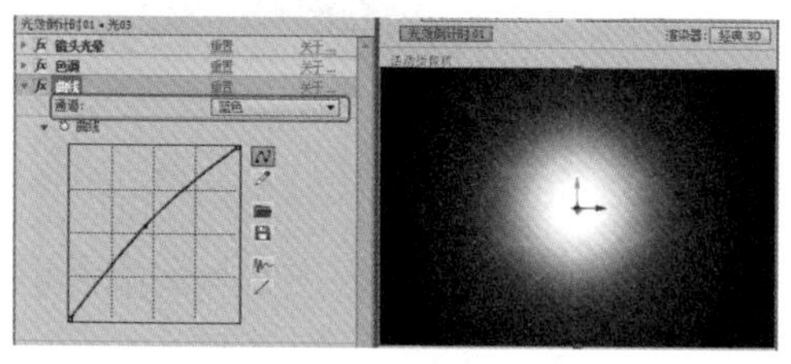
图 10-122　调整曲线 (4)

图 10-123　新建合成 (2)

知识链接

曲线效果可调整图像的色调范围和色调响应曲线。色阶效果也可调整色调响应，但曲线效果增强了控制力。使用色阶效果时，只能使用三个控件（高光、阴影和中间调）进行调整。使用曲线效果时，可以使用通过 256 点定义的曲线，将输入值任意映射到输出值。可以加载和保存任意图和曲线，以便使用曲线效果。此效果适用于 8-bpc、16-bpc 和 32-bpc 颜色。

在应用曲线效果时，After Effects 会在“效果控件”面板中显示一个图表，用于指定曲线。图表的水平轴代表像素的原始亮度值（输入色阶）；垂直轴代表新的亮度值（输出色阶）。在默认对角线中，所有像素的输入和输出值均相同。曲线将显示 0 ~ 255 范围（8 位）中的亮度值或 0 ~ 32768 范围（16 位）中的亮度值，并在左侧显示阴影 (0)。

(39) 在【光效倒计时 02】时间轴中右击，在弹出的快捷菜单中选择【合成设置】命令，如图 10-124 所示。

(40) 弹出【合成设置】对话框，将【持续时间】设置为 0:00:02:00，单击【确定】按钮，如图 10-125 所示。

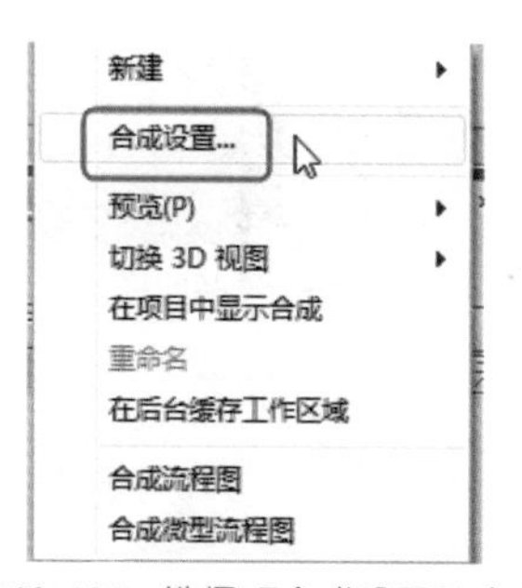

图 10-124　选择【合成设置】命令

图 10-125　设置持续时间

(41) 在时间轴中单击底部的按钮，展开出入时间，单击【入】下面的时间按钮，弹出【开始时间时图层】对话框称【持续时间】改为 0:00:03:00，单击【确定】按钮，如图 10-126 所示。

(42) 按 Ctrl+N 组合键，弹出【合成设置】对话框，将【合成名称】设置为【光效倒计时 03】，在【基本】选项组中将【预设】设置为 HDTV 1080 25，将【像素长宽比】设置为【方

形像素】，将【帧速率】设置为 25 帧 / 秒，将【持续时间】设置为 0:00:13:00，将【背景颜色】设置为【黑色】，单击【确定】按钮，如图 10-127 所示。

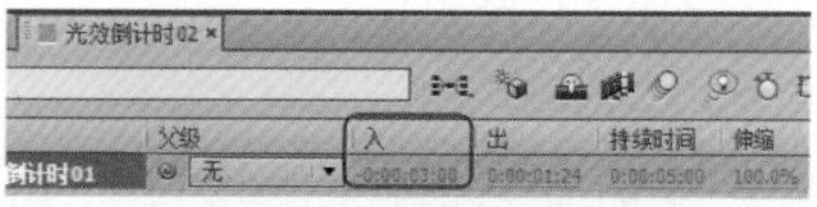

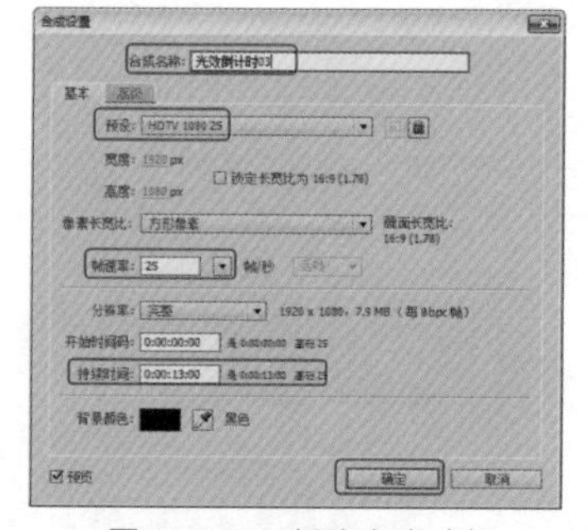

图 10-126　设置【入】的时间

图 10-127　新建合成 (3)

（43）在【项目】面板中双击，弹出【导入文件】对话框，在该对话框中选择随书光盘中的光盘 | 素材 |Cha10| 光效倒计时背景 .jpg 文件，然后单击【导入】按钮，如图 10-128 所示。

（44）在【项目】面板中选择【光效倒计时背景 .jgp】素材文件，将其添加到【光效倒计时 03】的时间轴中，按 Enter 键修改名称为【背景】，如图 10-129 所示。

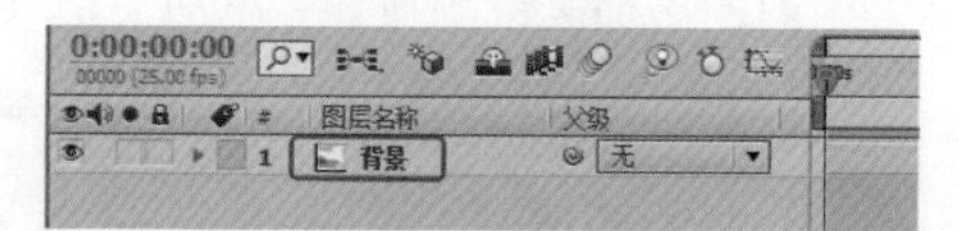

图 10-128　选择导入的素材文件

图 10-129　添加背景素材

（45）在【项目】面板中选择【光效倒计时 01】合成，将其添加到时间轴的最顶端，并将其【图层模式】设置为【相加】，如图 10-130 所示。

（46）在工具选项栏中选择【横排文字工具】输入 5，在【字符】面板中将【字体】设置为【长城新艺体】，将【字体大小】设置为 483 像素，【字体颜色】设置为任意一种颜色，并单击【仿斜体】按钮，如图 10-131 所示。

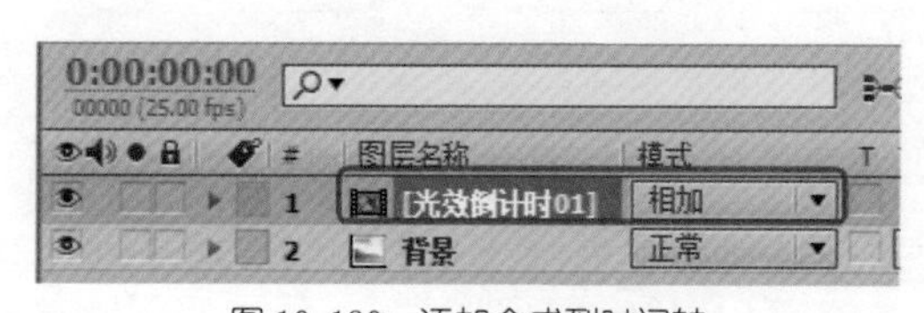

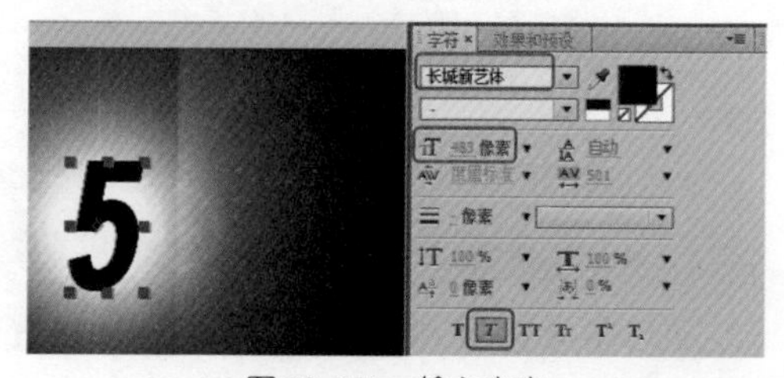

图 10-130　添加合成到时间轴

图 10-131　输入文字

（47）在时间轴选择 5 图层，展开【变换】选项组，将【锚点】设置为 116、−188，将【位置】设置为 944、528，如图 10-132 所示。

(48) 将当前时间设置为0:00:03:00，继续选择5图层，右击，在弹出的快捷菜单中选择【时间】|【时间伸缩】命令，弹出【时间伸缩】对话框，在该对话框中将【新持续时间】设置为0:00:02:00，如图10-133所示。

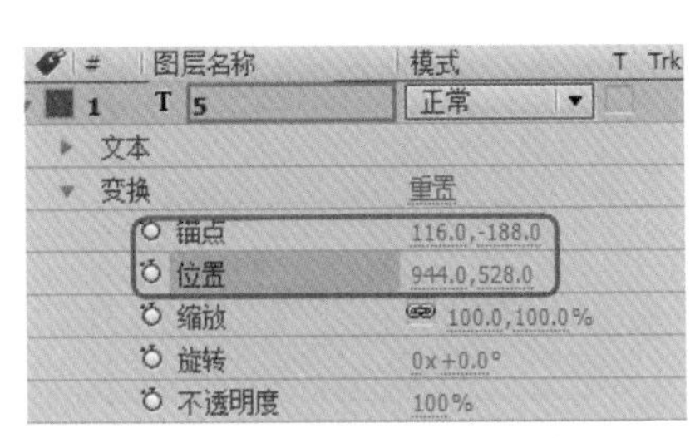

图10-132 设置【锚点】和【位置】

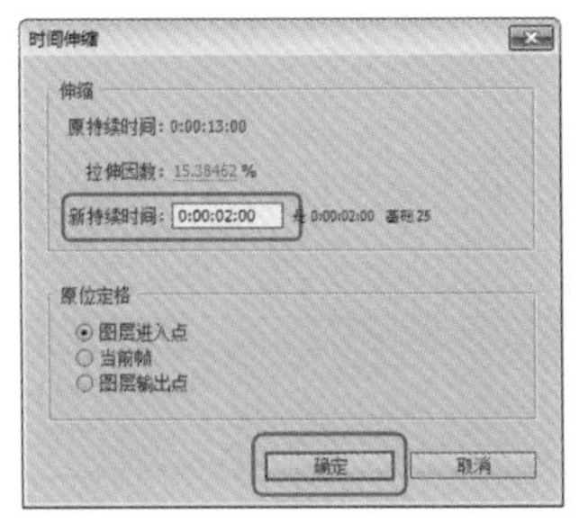

图10-133 设置新持续时间

(49) 将当前时间设置为0:00:03:00，对5图层进行拖动，将其与开始与时间线对齐，如图10-134所示。

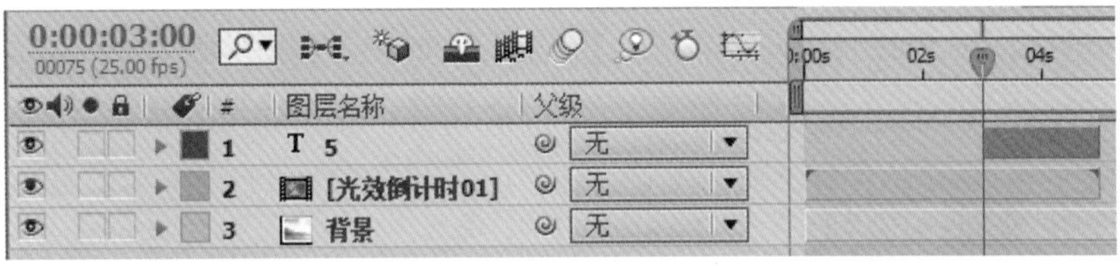

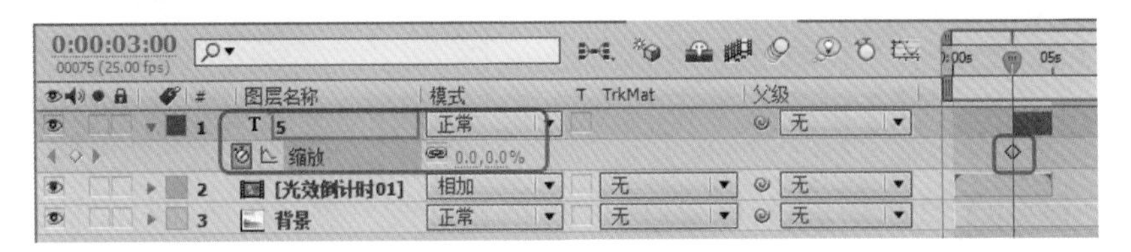

图10-134 拖动5图层

(50) 确认当前时间为0:00:03:00，在时间轴中选择5图层，按S键调出【缩放】选项，单击【缩放】前面的添加关键帧按钮，添加关键帧，并将其【缩放】值设置为0%，如图10-135所示。

图10-135 添加关键帧(6)

(51) 将当前时间设置为0:00:03:12，将【缩放】设置为156%，如图10-136所示。

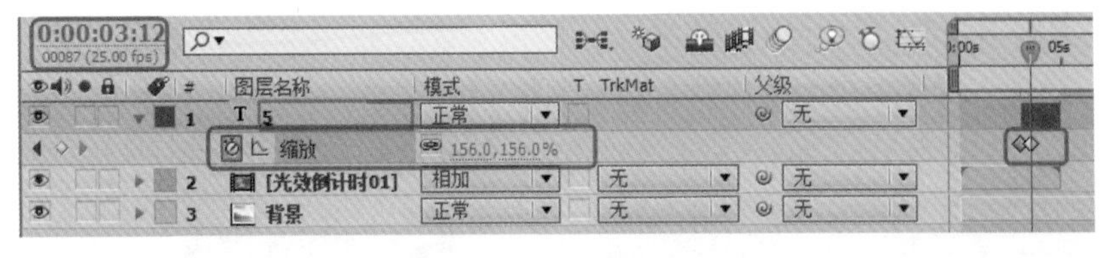

图10-136 添加关键帧(7)

(52) 在【效果和预设】面板中搜索【梯度渐变】特效，将其添加到5图层上，在【效果控件】面板中查看添加的特效，将【渐变起点】设置为948、714，将【渐变终点】设置为974、564，如图10-137所示。

(53) 在【效果和预设】面板中选择【斜面Alpha】特效，将其添加到5图层上，在【效果控

件】面板中将【边缘厚度】设置为9.4，将【灯光角度】设置为0x−30°，将【灯光强度】设置为1，如图10-138所示。

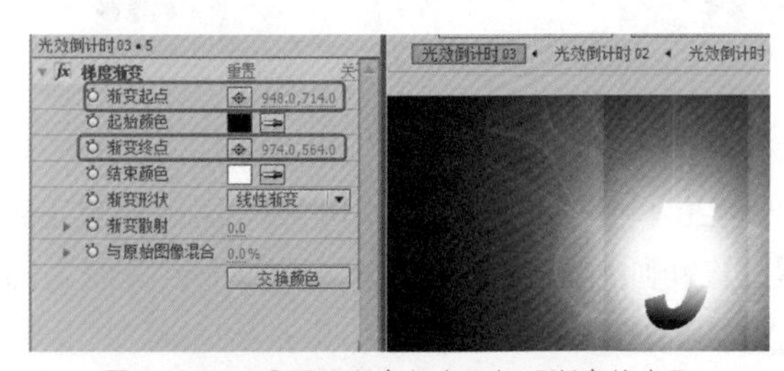

图10-137　设置【渐变起点】与【渐变终点】

图10-138　设置效果参数

(54) 将当前时间设置为0:00:03:12，在【合成】面板中查看效果，如图10-139所示。

(55) 在【项目】面板中选择【光效倒计时02】添加到时间轴的最上侧，并将其开始与图层5的结束对齐，如图10-140所示。

图10-139　查看效果 (4)

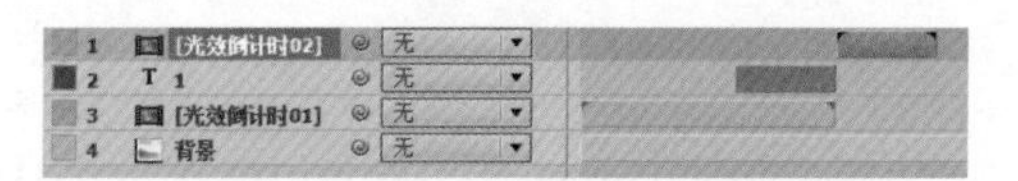

图10-140　添加文件到时间轴

(56) 在时间轴中选择图层5按Ctrl+D组合键，对其进行复制，并将其放置到时间轴的最上方，与【光效倒计时02】图层对齐，并将其名称修改为4，如图10-141所示。

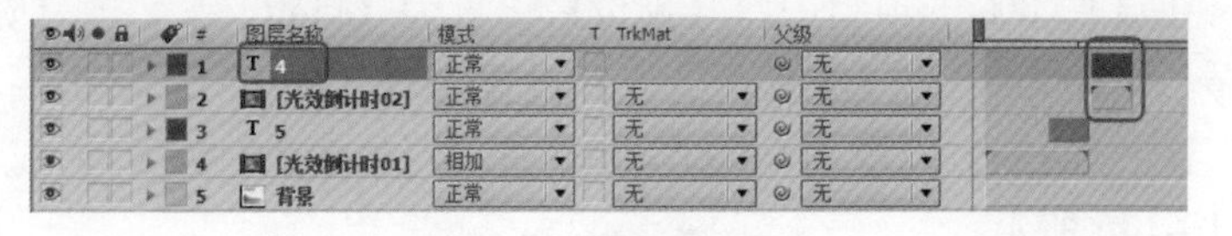

图10-141　复制图层 (3)

(57) 选择图层4，使用【横排文字工具】在【合成】面板对文字进行更改，将其更改为4，如图10-142所示。

(58) 使用同样的方法对文字和【光效倒计时02】进行复制，并修改文字，完成后的效果如图10-143所示。

图10-142　修改完成后的效果

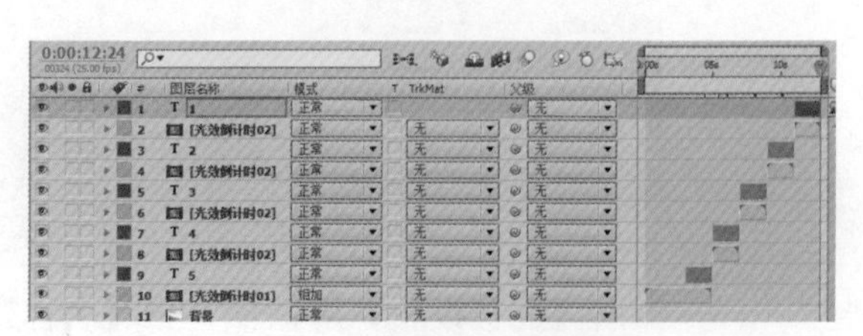

图10-143　设置完成后的效果

第10章　光效和粒子的制作

案例精讲 104　时尚沙龙片头

案例文件：光盘 | 场景 | Cha10 | 时尚沙龙片头 .aep
视频文件：光盘 | 视频教学 | Cha10 | 时尚沙龙片头 .avi

制作概述

本例将学习如何制作时尚沙龙片头，其中主要应用了【钢笔工具】绘制轮廓，然后通过【梯度渐变】对轮廓上侧设置动画效果，最后对轮廓设置动画效果，具体操作方法如下，完成后的效果如图 10-144 所示。

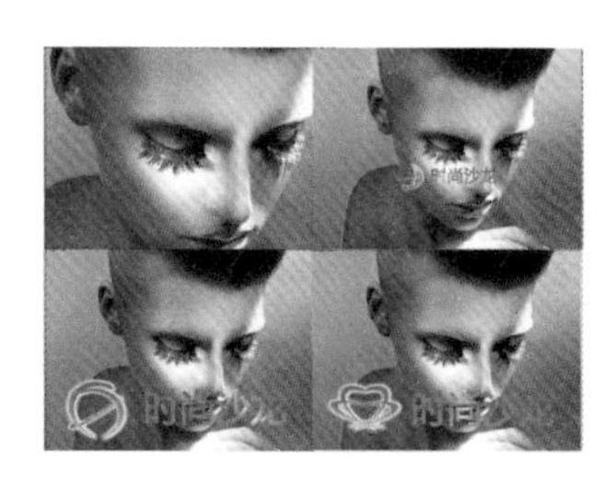
图 10-144　时尚沙龙

学习目标

学习如何制片头动画，掌握 3D 图层的应用及【梯度渐变】效果的设置。

操作步骤

(1) 启动软件后，按 Ctrl+N 组合键，弹出【合成设置】对话框，将【合成名称】设置为【时尚沙龙 1】，在【基本】选项组中将【预设】设置为【自定义】，将【宽度】和【高度】分别设置为 1000px 和 800px，将【像素长宽比】设置为 D1/DV PAL(1.09)，将【帧速率】设置为 25 帧 / 秒，将【持续时间】设置为 0:00:08:00，将【背景颜色】设置为【黑色】，单击【确定】按钮，如图 10-145 所示。

(2) 在时间轴中右击，在弹出的对话框中选择【新建】|【纯色】命令，如图 10-146 所示。

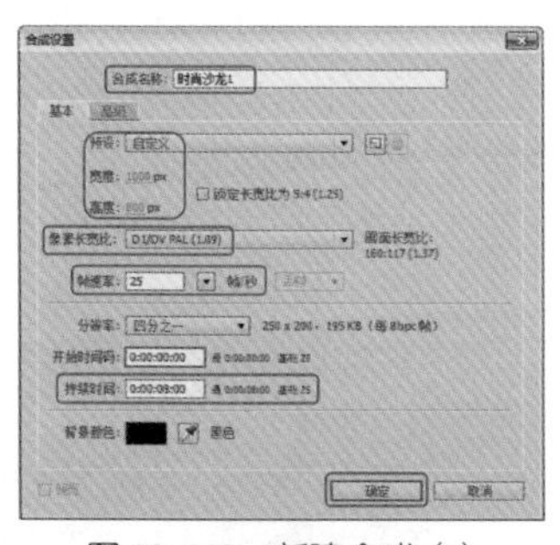
图 10-145　新建合成 (1)

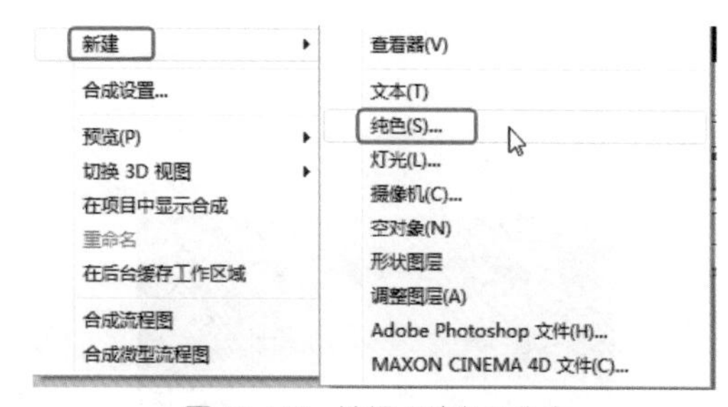

图 10-146　选择【纯色】命令

(3) 弹出【纯色设置】对话框，将【名称】设置为【光线 1】，将【颜色】设置为白色，单击【确定】按钮，如图 10-147 所示。

(4) 在工具选项栏中选择【钢笔工具】，绘制如图 10-148 所示的蒙版。

图 10-147　设置纯色

图 10-148　绘制形状

（5）切换到【效果和预设】面板中，选择【模糊和锐化】|【高斯模糊】特效，如图 10-149 所示。

（6）选择【高斯模糊】特效，将其添加到新创建的蒙版上，在【效果控件】面板中将【模糊度】设置为 10，将【模糊方向】设置为【水平和垂直】，如图 10-150 所示。

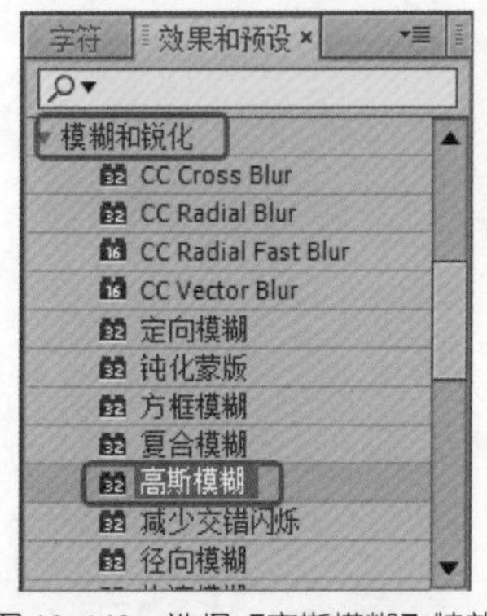

图 10-149　选择【高斯模糊】特效

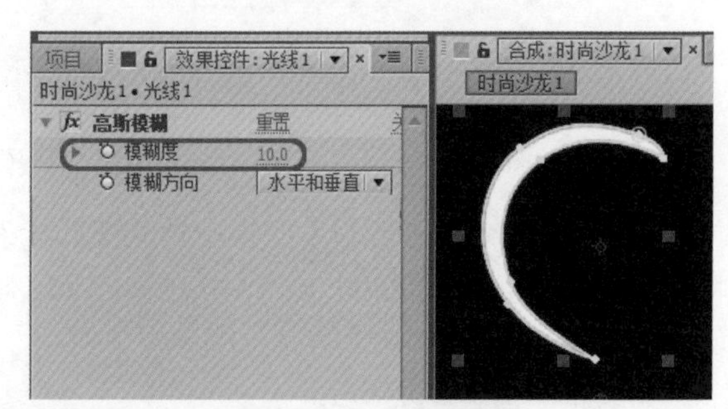

图 10-150　设置高斯模糊

（7）切换到【效果和预设】面板中，搜索【梯度渐变】特效，将其添加到蒙版上，此时在【合成】面板中，会发现绘制的形状颜色发生了变化，如图 10-151 所示。

（8）在【效果控件】面板中的【梯度渐变】效果，将【渐变起点】设置为 500、0，将【起始颜色】的 RGB 设置为 247、1、1，将【渐变终点】设置为 500、800，【结束颜色】的 RGB 值设置为 55、187、42，如图 10-152 所示。

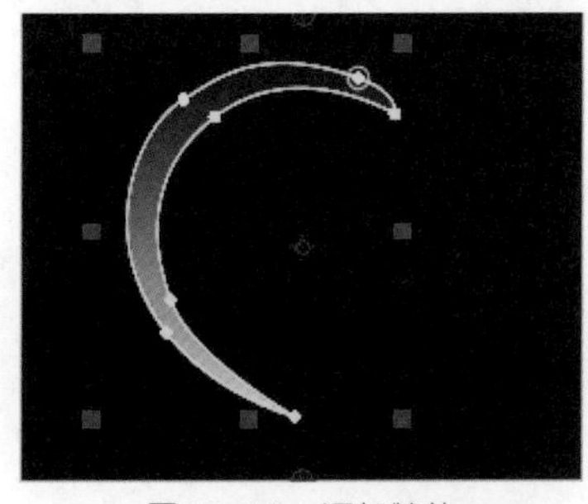

图 10-151　添加特效

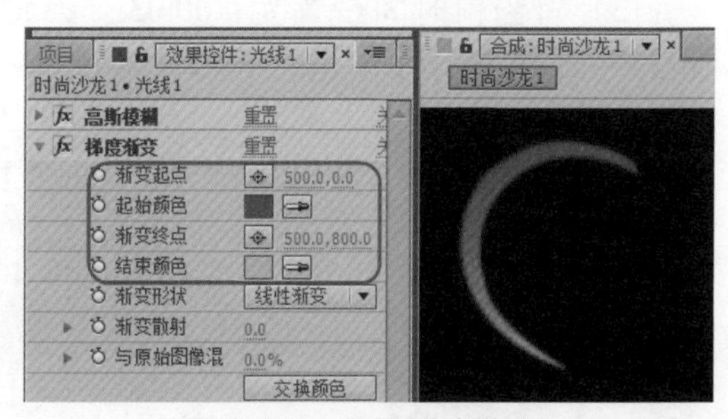

图 10-152　设置特效参数（1）

（9）在时间轴中选择【光线 1】，按 Ctrl+D 组合键，对其进行复制，按键盘上的左方向键 3 次将其向左移动 3 像素，如图 10-153 所示。

（10）切换到【效果控件】面板中将【高斯模糊】的【模糊度】设置为15，将【梯度渐变】的【起始颜色】的RGB值设置为244、12、105，将【结束颜色】的RGB值设置为255、206、170，如图10-154所示。

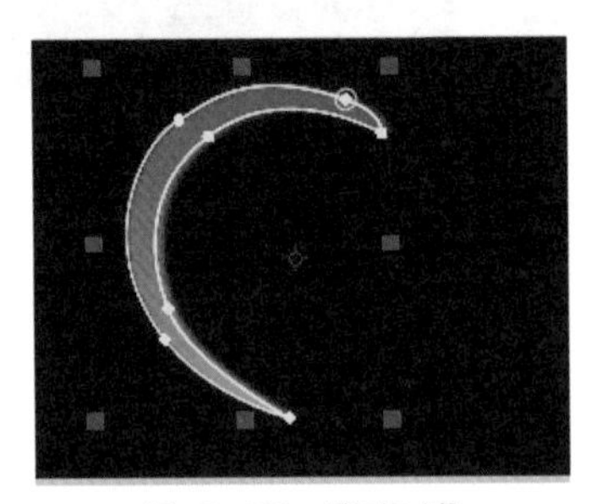

图 10-153　移动对象

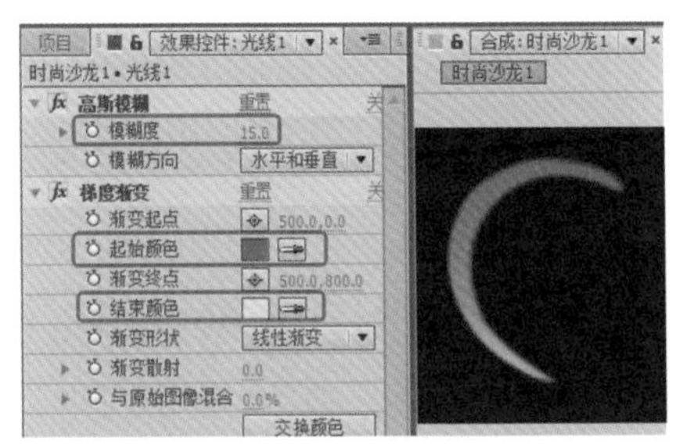

图 10-154　设置特效参数（2）

（11）在【项目】面板中选择【时尚沙龙1】，将其拖动到【新建合成】按钮，此时系统会自动新建一个名为【时尚沙龙2】的合成，如图10-155所示。

图 10-155　【时尚沙龙2】已创建

（12）在【效果和预设】面板中搜索【基本3D】特效，并将其添加到【时尚沙龙1】图层上，将当前时间设置为0:00:00:00，单击【旋转】和【倾斜】前面的添加关键帧按钮，对其添加关键帧，如图10-156所示。

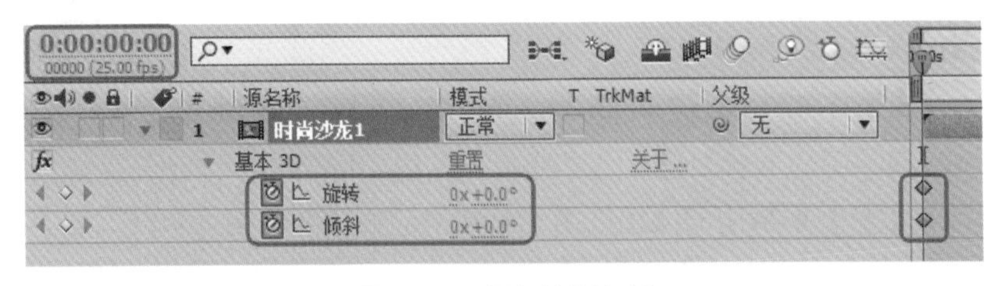

图 10-156　添加关键帧（1）

（13）将当前时间设置为0:00:03:15，将【旋转】设置为1x+214°，将【倾斜】设置为1x+65°，如图10-157所示。

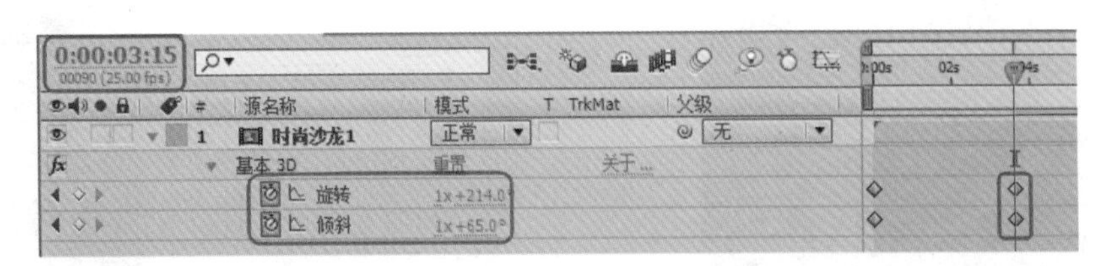

图 10-157　添加关键帧（2）

（14）在时间面板中选择【时尚沙龙1】图层，按Ctrl+D组合键将其进行复制，将当前时间设置为0:00:03:15，将【旋转】设置为1x+317°，将【倾斜】设置为1x+297°，如图10-158所示。

图 10-158 设置【旋转】和【倾斜】

（15）将当前时间设置为 0:00:03:15，在【合成】面板中查看效果，如图 10-159 所示。

（16）在时间轴中选择最上侧的【时尚沙龙 1】，按 Ctrl+D 组合键对其进行复制，如图 10-160 所示。

图 10-159 在【合成】面板中查看效果

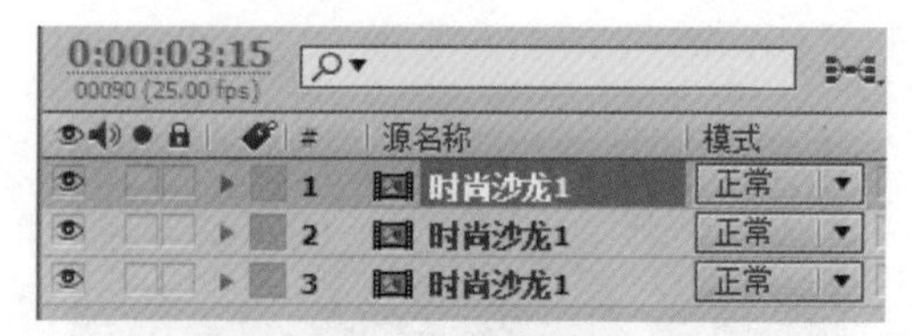

图 10-160 复制图层 (1)

（17）将当前时间设置为 0:00:03:15，在时间轴选择最上侧的【时尚沙龙 1】对象，按 U 键显示关键帧，将【基本 3D】特效中的【旋转】设置为 1x+130°，将【倾斜】设置为 1x+322°，如图 10-161 所示。

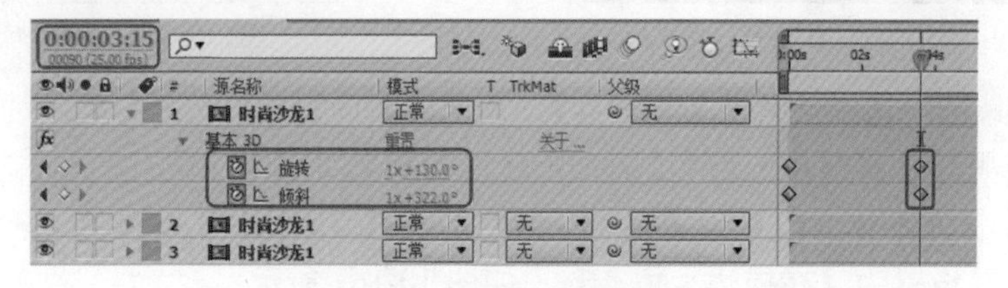

图 10-161 设置关键帧数值 (1)

（18）将当前时间设置为 0:00:03:15，在【合成】面板中查看效果，如图 10-162 所示。

（19）在时间轴中选择最上侧的【时尚沙龙 1】图层，对其进行复制，如图 10-163 所示。

图 10-162 查看效果 (1)

图 10-163 复制图层 (2)

（20）将当前时间设置为0:00:03:15，选择最上侧【时尚沙龙1】图层，按U键显示关键帧，将【旋转】设置为1x+49°，将【倾斜】设置为1x+38°，如图10-164所示。

图10-164　设置关键帧数值（2）

（21）设置完成后在【合成】面板中查看效果，当时间在0:00:03:15时效果如图10-165所示。

（22）激活【项目】面板，按Ctrl+N组合键，弹出【合成设置】对话框，将【合成名称】设置为【文字】，在【基本】选项组中将【预设】设置为【自定义】，将【宽度】和【高度】分别设置为1000px和800px，将【像素长宽比】设置为D1/DV PAL(1.09)，将【帧速率】设置为25帧/秒，将【持续时间】设置为0:00:08:00，将【背景颜色】设置为【黑色】，单击【确定】按钮，如图10-166所示。

图10-165　查看效果（2）

图10-166　设置合成

（23）在工具箱中选择【横排文字工具】，输入【时尚沙龙】，在【字符】面板中将【字体】设置为【微软雅黑】，将【填充颜色】的RGB设置为251、93、22，将【描边】的RGB设置为248、1、59，将【字体大小】设置为108像素，将【字符间距】设置为0，将【描边宽度】设置为4像素，并设置为【在描边上填充】，如图10-167所示。

（24）展开【时尚沙龙】图层的【变换】选项组，将【描点】设置为93.6、−12.1，将【位置】设置为396、455，将【缩放】设置为135%，如图10-168所示。

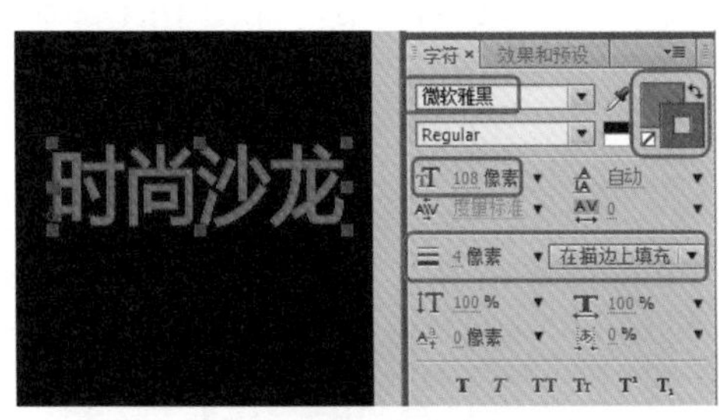

图10-167　输入文字

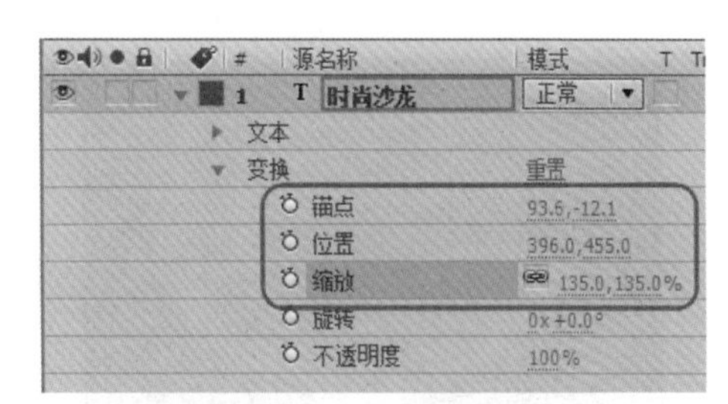

图10-168　设置对象属性

（25）在【效果和预设】面板中选择【梯度渐变】特效，将其添加到文字图层上，在【效果控件】面板中将【渐变起点】设置为500、337.5，将【起始颜色】的RGB值设置为242、

23、245，将【渐变终点】设置为500、497.5，将【结束颜色】的RGB值设置为215、122、46，如图10-169所示。

（26）在【效果和预设】面板中选择CC Light Sweep，将其添加到文字图层，将当前时间设置为0:00:00:00，单击Direction前的添加关键帧按钮，并将其设置为0x+52°，如图10-170所示。

图10-169　设置渐变色

图10-170　添加关键帧（3）

（27）将当前时间设置为0:00:04:00，将Direction设置为0x−60°，如图10-171所示。

图10-171　添加关键帧（4）

（28）将当前时间设置为0:00:07:24，将Direction设置为0x+43°，如图10-172所示。

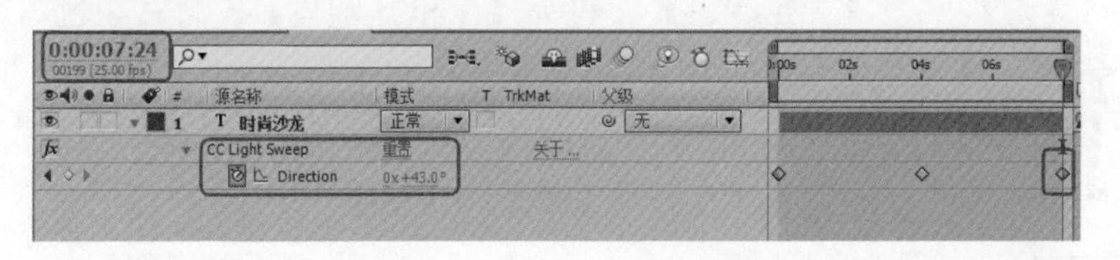

图10-172　添加关键帧（5）

（29）在【项目】面板中选择【文字】合成，将其拖至【新建合成】按钮上，新建【文字2】合成，如图10-173所示。

（30）在时间轴选择【文字】图层，按P键显示【位置】，将其设置为588、608，如图10-174所示。

图10-173　新建合成（2）

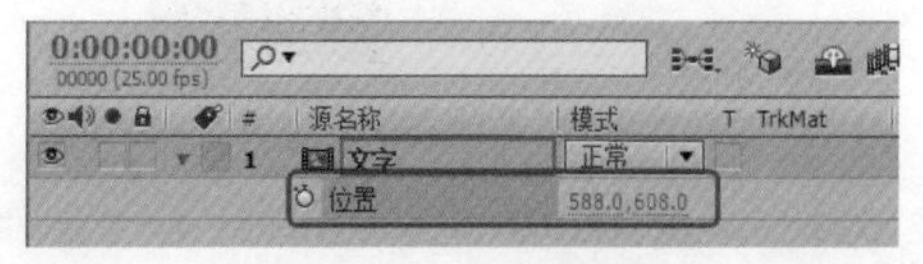

图10-174　设置位置

（31）在【合成】面板中查看效果，如图10-175所示。

（32）在【项目】面板中选择【时尚沙龙2】合成，将其添加到【文字2】合成的时间轴上，如图10-176所示。

图 10-175　查看效果 (3)

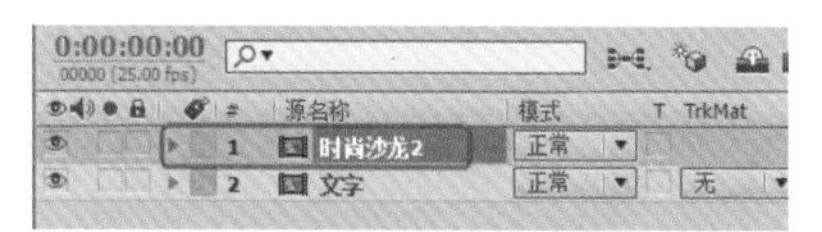
图 10-176　添加合成到时间轴 (1)

(33) 展开【时尚沙龙 2】图层的【变换】选项，将【位置】设置为 196、642，将【缩放】设置为 36.1%，如图 10-177 所示。

(34) 就当前时间设置为 0:00:03:15，在【合成】面板中查看效果，如图 10-178 所示。

图 10-177　设置【位置】和【缩放】

图 10-178　查看效果 (4)

(35) 在【效果和预设】面板中搜索【发光】特效，将其添加到【时尚沙龙 2】图层上，将【发光阈值】设置为 0%，【发光半径】设置为 50，【发光强度】设置为 2.8，【合成原始项目】设置为【顶端】，将【发光颜色】设置为【A 和 B 颜色】，将【颜色 A】的 RGB 值设置为 255、255、40，将【颜色 B】的 RGB 值设置为 65、255、0，如图 10-179 所示。

(36) 在【项目】面板中双击，弹出【导入文件】对话框，选择随书光盘中的光盘 | 素材 | Cha10| 时尚背景 .jpg 文件，单击【导入】按钮，如图 10-180 所示。

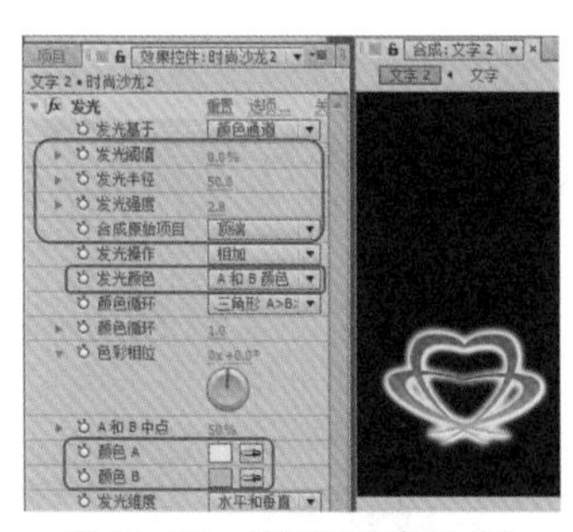
图 10-179　设置特效参数 (3)

图 10-180　选择素材文件

(37) 在【项目】面板底部单击【新建合成】按钮，弹出【合成设置】对话框，将【合成名称】设置为【时尚沙龙动画】，在【基本】选项组中将【预设】设置为【自定义】，将【宽度】和【高度】分别设置为 1000px 和 800px，将【像素长宽比】设置为 D1/DV PAL(1.09)，将【帧速率】设置为 25 帧 / 秒，将【持续时间】设置为 0:00:12:00，将【背景颜色】设置为【黑色】，单击【确定】按钮，如图 10-181 所示。

(38) 在【项目】面板中选择【时尚背景.jpg】素材文件，将其添加到时间轴中，如图 10-182 所示。

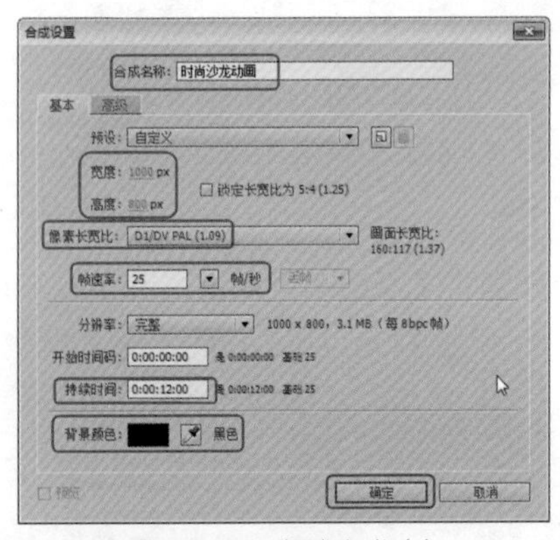

图 10-181　新建合成 (3)

图 10-182　导入到时间轴

(39) 在时间轴选择添加的素材文件，按 S 键显示【缩放】，将当前时间设置为 0:00:00:00，单击【缩放】前面的添加关键帧按钮，将【缩放】设置为 993%，如图 10-183 所示。

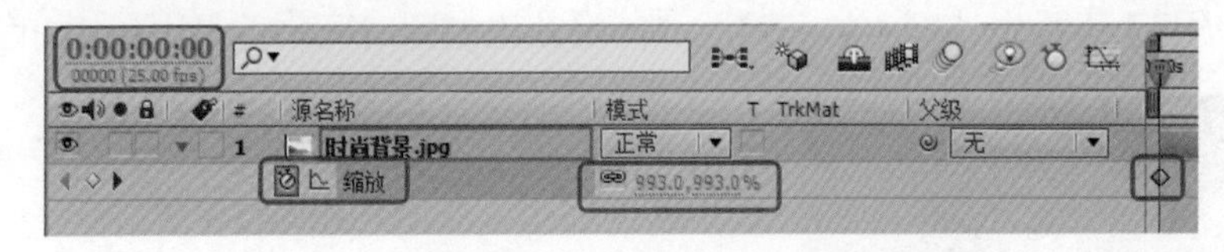

图 10-183　添加关键帧 (6)

(40) 将当前时间设置为 0:00:02:04，将【缩放】值设置为 −202%，如图 10-184 所示。

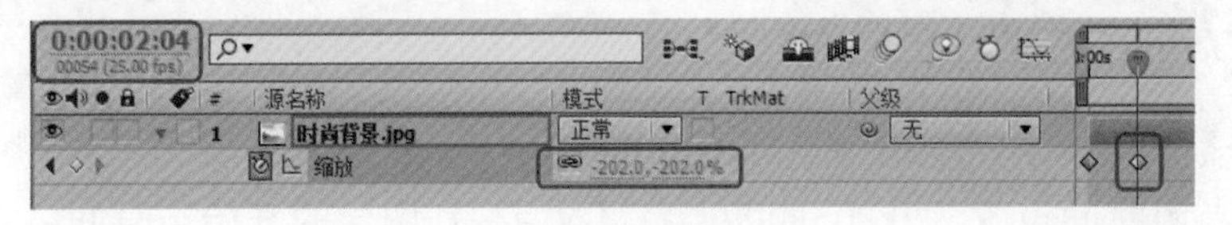

图 10-184　添加关键帧 (7)

(41) 将当前时间设置为 0:00:04:08，将【缩放】值设置为 206%，如图 10-185 所示。

图 10-185　添加关键帧 (8)

(42) 按 T 键显示【不透明度】，将当前时间设置为 0:00:00:00，将【不透明度】值设置为 100%，并单击【不透明度】前面的添加关键帧按钮，如图 10-186 所示。

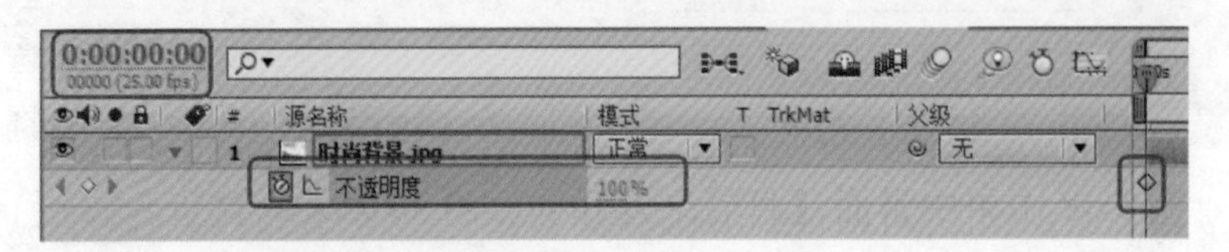

图 10-186　添加关键帧 (9)

（43）将当前时间设置为 0:00:00:03，将【不透明度】值设置为 0%，如图 10-187 所示。

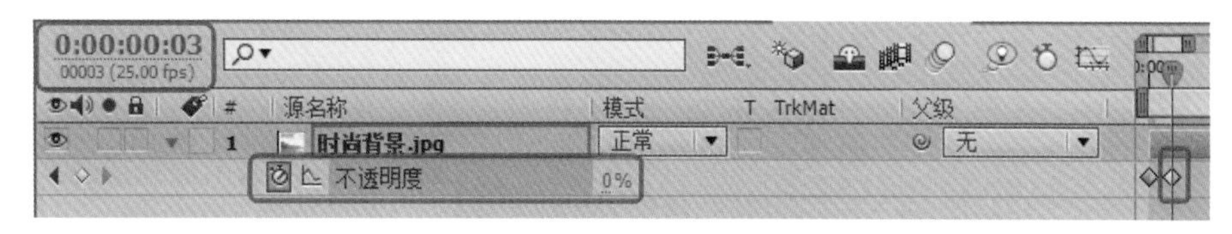

图 10-187　添加关键帧（10）

（44）使用同样的方法每隔 3 帧设置一个关键帧，分别将【不透明度】设置为 100% 和 0%，设置到 0:00:04:08，如图 10-188 所示。

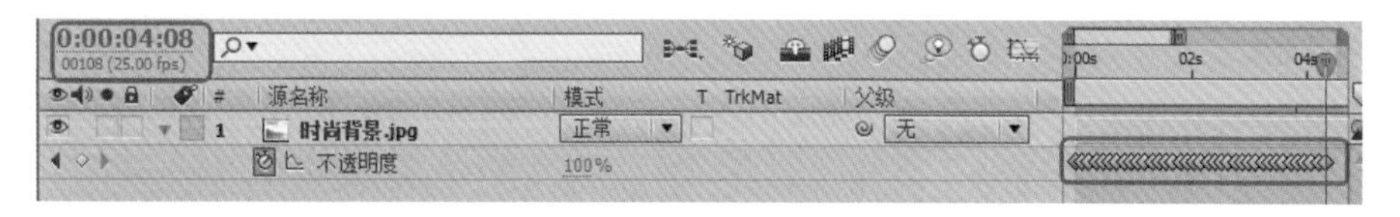

图 10-188　添加关键帧（11）

（45）在【合成】面板中预览效果，在 0:00:02:04 时的效果如图 10-189 所示。

（46）在【项目】面板中选择【文字 2】合成，将其添加到时间轴的最上侧，如图 10-190 所示。

图 10-189　查看效果（5）

图 10-190　添加合成到时间轴（2）

（47）将当前时间设置为 0:00:04:00，将【文字 2】图层的开始与时间线对齐，如图 10-191 所示。

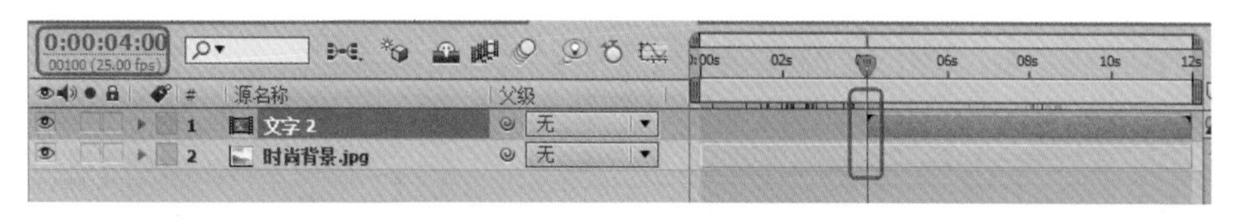

图 10-191　设置图层的位置

（48）确认当前时间为 0:00:04:00，选择【文字 2】图层，按 S 键显示【缩放】，单击前面的添加关键帧按钮，添加关键帧，并将其值设置为 0%，如图 10-192 所示。

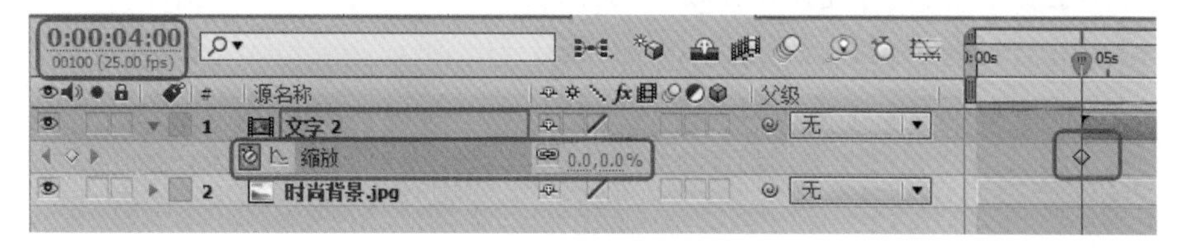

图 10-192　添加关键帧（12）

(49) 将当前时间设置为0:00:05:23，将【缩放】值设置为100%，如图10-193所示。

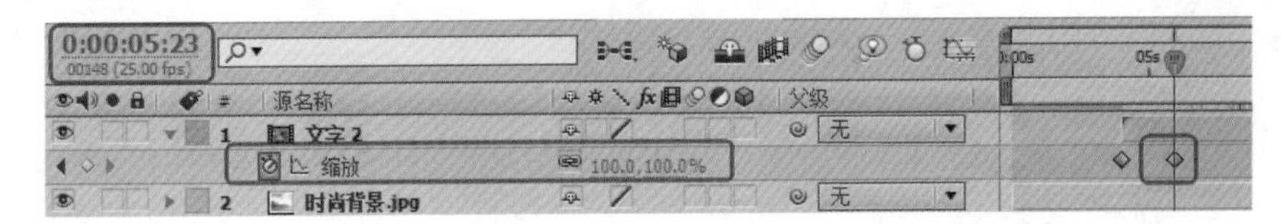

图10-193 添加关键帧(13)

案例精讲105 汇聚的粒子雕塑

案例文件：光盘|场景|Cha10|汇聚的粒子雕塑.aep

视频文件：光盘|视频教学|Cha10|汇聚的粒子雕塑.avi

制作概述

本例将介绍如何制作汇聚的粒子雕塑。本例首先为背景图层添加【亮度和对比度】效果，然后为图片图层添加【碎片】效果，创建摄影机图层并设置关键帧动画，最后创建调整图层，添加【发光】效果，完成后的效果如图10-194所示。

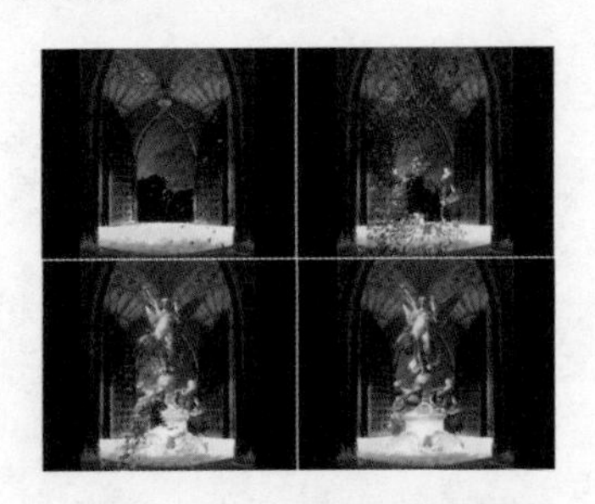

图10-194 汇聚的粒子雕塑

学习目标

学习设置图层的【亮度和对比度】、【碎片】和【发光】效果，学习创建并设置摄影机图层。

操作步骤

(1) 新建一个项目文件，按Ctrl+N组合键，在弹出的对话框中将【合成名称】设置为【破碎的雕塑】，将【预设】设置为PAL D1/DV，将【像素长宽比】设置为D1/DV PAL (1.09)，将【持续时间】设置为0:00:08:00，如图10-195所示。

(2) 设置完成后，单击【确定】按钮，按Ctrl+I组合键，在弹出的对话框中选择m01.jpg、m02.psd两个素材文件，如图10-196所示。

(3) 单击【导入】按钮，在【项目】面板中选择m01.jpg素材文件，按住鼠标将其拖动至时间轴中，将【变换】下的【位置】设置为356、188，将【缩放】设置为128.7，如图10-197所示。

(4) 选中该图层，在菜单栏中选择【效果】|【颜色校正】|【亮度和对比度】命令，将【亮度和对比度】下的【亮度】、【对比度】分别设置为13、5，如图10-198所示。

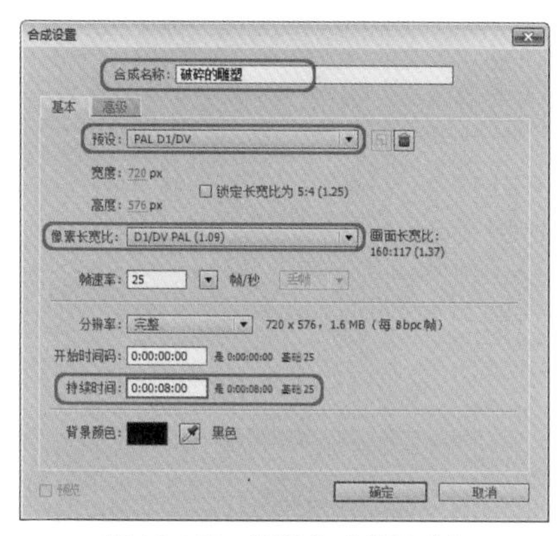

图 10-195　设置合成参数（1）

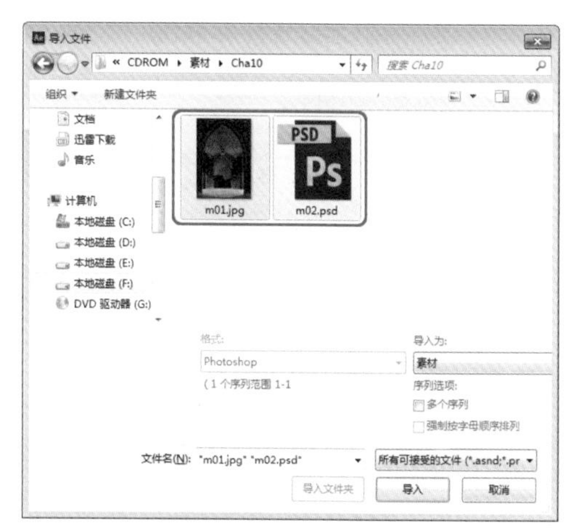

图 10-196　选择素材文件

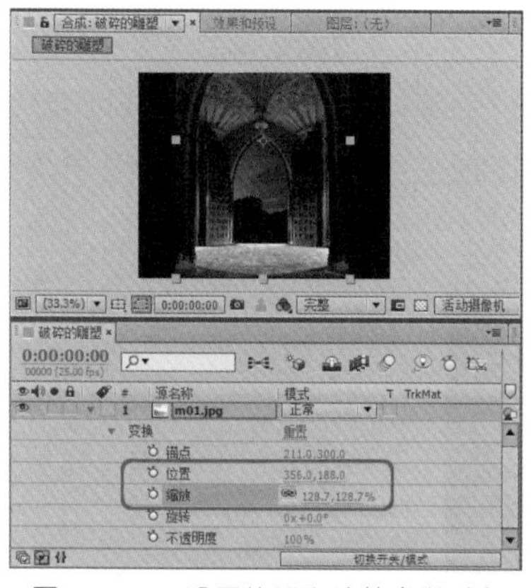

图 10-197　设置位置和缩放参数（1）

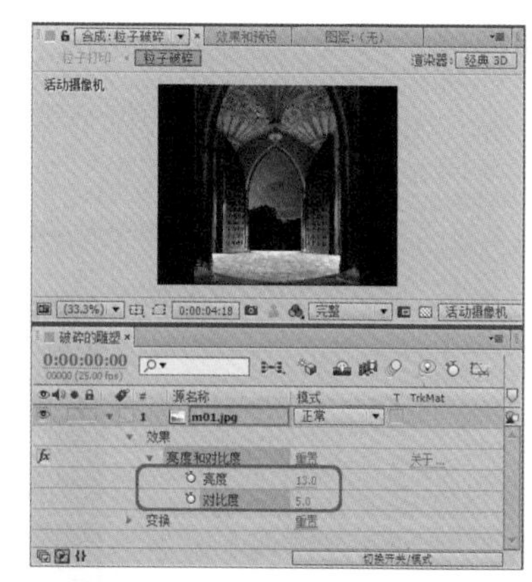

图 10-198　设置亮度和对比度

（5）在【项目】面板中选择 m02.psd 素材文件，按住鼠标将其拖动至【合成】面板中，在时间轴中将【变换】下的【位置】设置为 357、338，将【缩放】设置为 25，如图 10-199 所示。

（6）选中该图层，在菜单栏中选择【效果】|【模拟】|【碎片】命令，如图 10-200 所示。

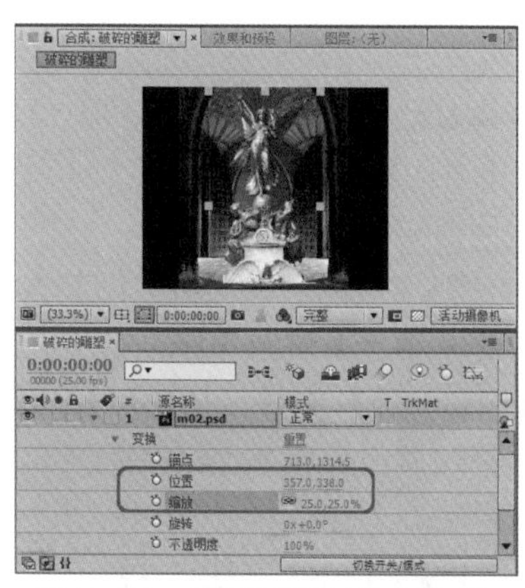

图 10-199　设置位置和缩放参数（2）

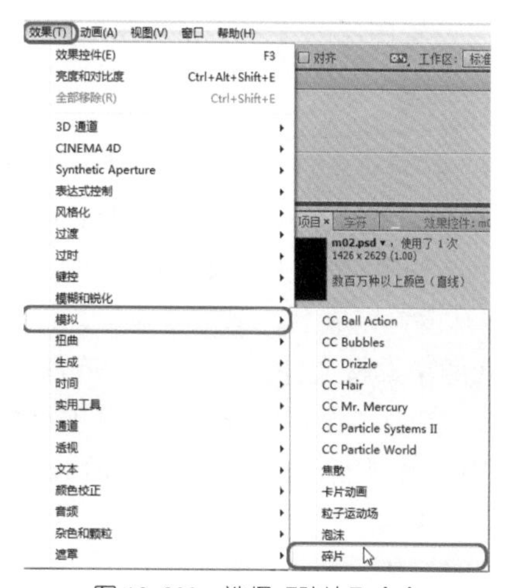

图 10-200　选择【碎片】命令

(7) 将【碎片】下的【视图】设置为【已渲染】，将【形状】选项组中的【重复】、【凸出深度】分别设置为 50、0.1，将【作用力 1】选项组中的【位置】设置为 1426、1314.5，将【半径】设置为 1.05，将【作用力 2】选项组中的【位置】设置为 1298.2、1949.1，将【半径】设置为 0.25，如图 10-201 所示。

(8) 将当前时间设置为 0:00:00:00，在【渐变】选项组中单击【碎片阈值】左侧的按钮，将【渐变图层】设置为 2.m01.jpg，将【物理学】选项组中的【重力方向】设置为 150，如图 10-202 所示。

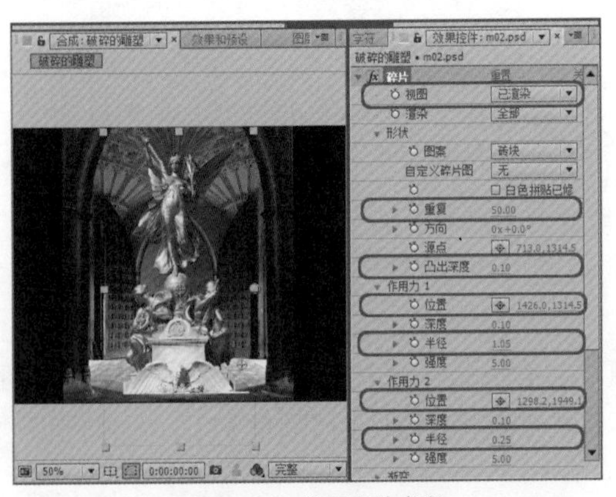

图 10-201　设置碎片参数

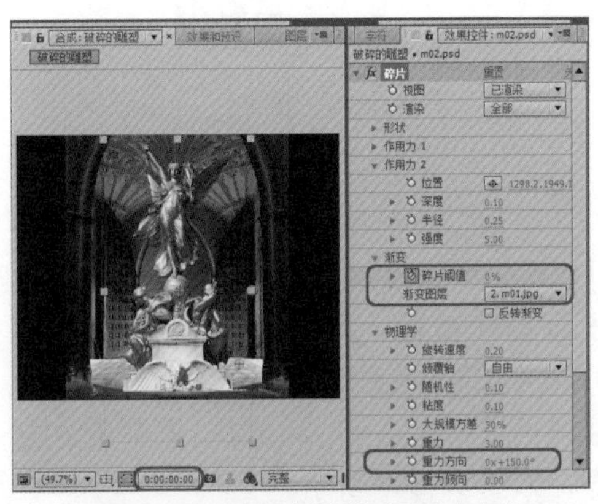

图 10-202　添加关键帧并设置重力方向

(9) 将当前时间设置为 0:00:06:00，将【渐变】选项组中的【碎片阈值】设置为 100，如图 10-203 所示。

(10) 继续选中该图层，将【纹理】选项组中的【摄像机系统】设置为【合成摄像机】，在时间轴中右击，在弹出的快捷菜单中选择【新建】|【摄像机】命令，如图 10-204 所示。

图 10-203　设置碎片阈值

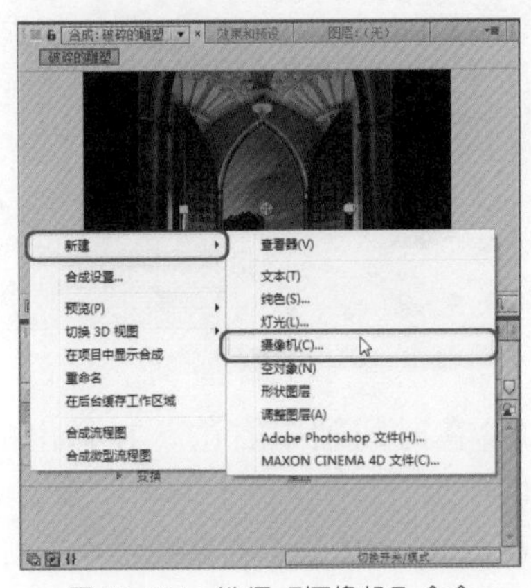

图 10-204　选择【摄像机】命令

(11) 在弹出的对话框中使用其默认参数，单击【确定】按钮，在时间轴中间【位置】设置为 360、288、−500，如图 10-205 所示。

(12) 在时间轴中将【摄像机选项】下的【缩放】、【焦距】、【光圈】分别设置为 426.7、426.7、7.6，如图 10-206 所示。

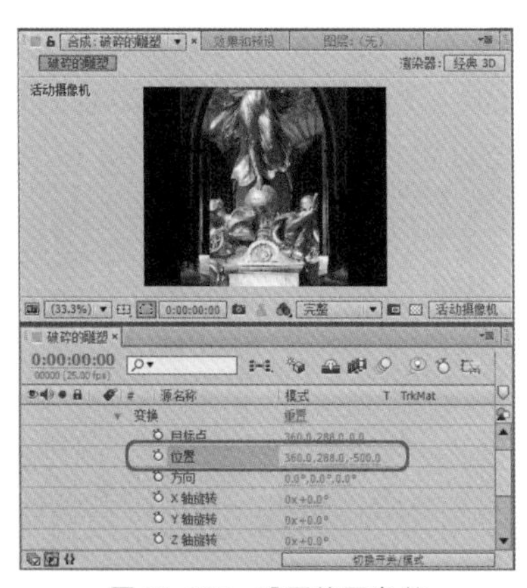
图 10-205　设置位置参数

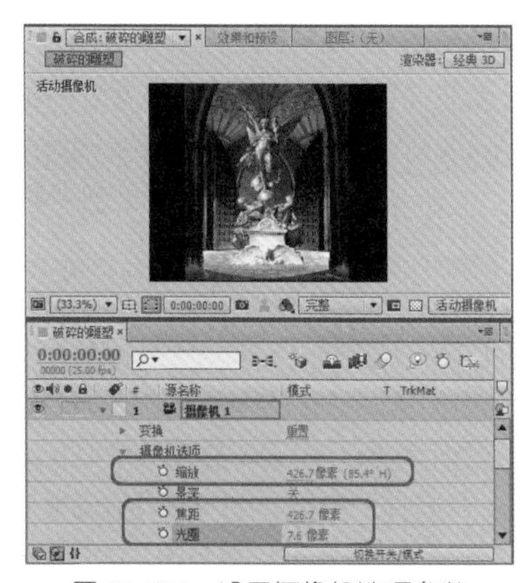
图 10-206　设置摄像机选项参数

（13）按 Ctrl+N 组合键，在弹出的对话框中将【合成名称】设置为【汇聚的粒子雕塑】，将【预设】设置为 PAL D1/DV，将【像素长宽比】设置为 D1/DV PAL（1.09），将【持续时间】设置为 0:00:08:00，如图 10-207 所示。

（14）设置完成后，单击【确定】按钮，在【项目】面板中选择【破碎的雕塑】合成文件，按住鼠标将其拖动至时间轴中，选中该图层，在菜单栏中选择【图层】|【时间】|【时间反向图层】命令，如图 10-208 所示。

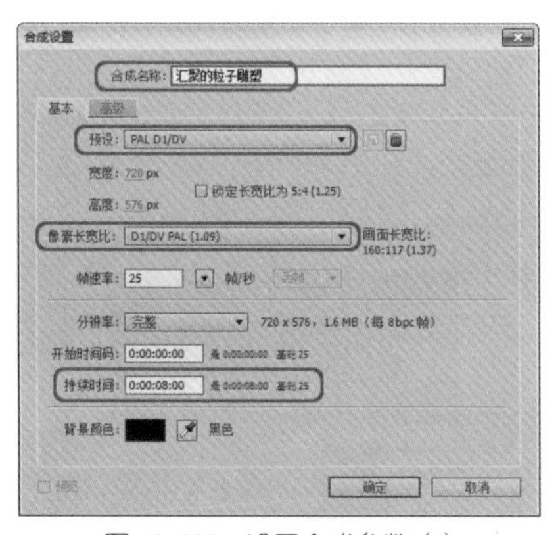
图 10-207　设置合成参数（2）

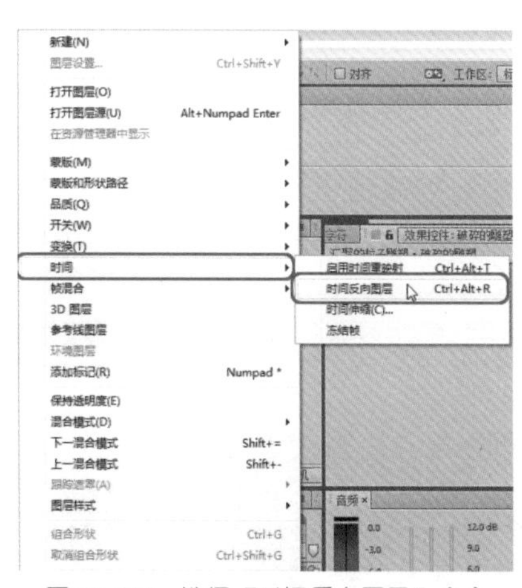
图 10-208　选择【时间反向图层】命令

（15）在时间轴中右击，在弹出的快捷菜单中选择【新建】|【调整图层】命令，如图 10-209 所示。

（16）选中该图层，在菜单栏中选择【效果】|【风格化】|【发光】命令，如图 10-210 所示。

（17）在时间轴中将【发光】下的【发光阈值】、【发光半径】、【发光强度】分别设置为 61.4、30、0.5，将【颜色 A】的颜色值设置为＃6DCAFF，将【颜色 B】的颜色值设置为＃2C6CFE，如图 10-211 所示。

（18）在工具栏中单击【钢笔工具】，在【合成】面板中绘制一个蒙版，将当前时间设置为 0:00:03:00，在时间轴中选中【蒙版 1】右侧的【反转】复选框，单击【蒙版路径】左侧的 按钮，将【蒙版羽化】设置为 10，将【蒙版扩展】设置为 5，如图 10-212 所示。

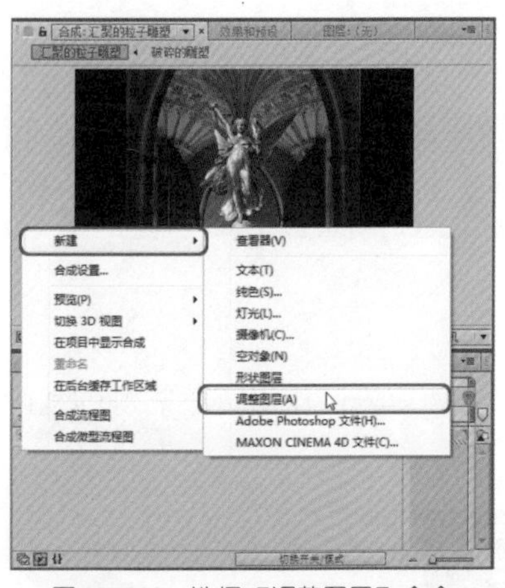

图 10-209 选择【调整图层】命令

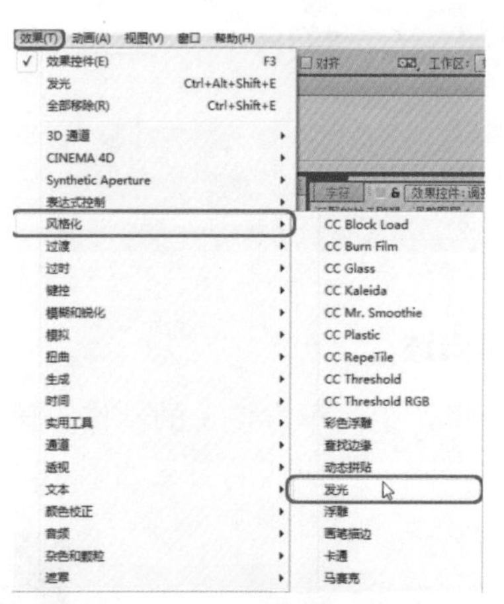

图 10-210 选择【发光】命令

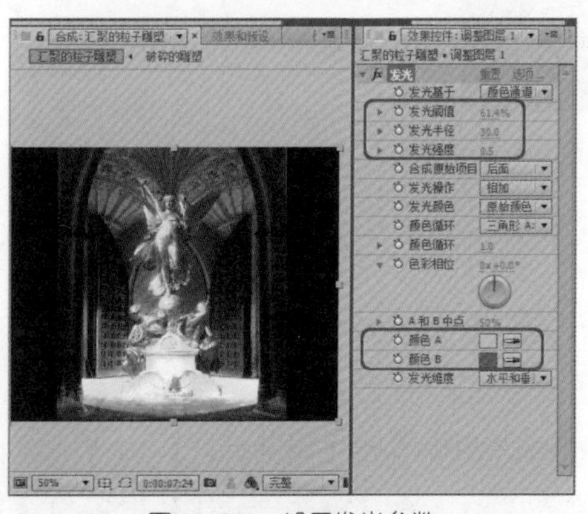

图 10-211 设置发光参数

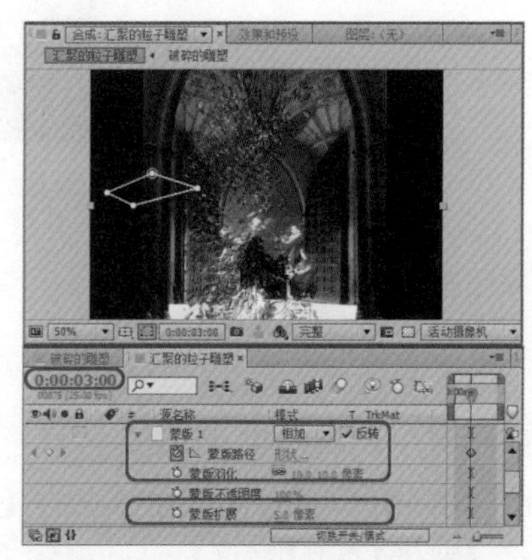

图 10-212 绘制蒙版并设置其参数

(19) 将当前时间设置为 0:00:06:00，使用【选取工具】调整蒙版的形状和位置，效果如图 10-213 所示。

(20) 将当前时间设置为 0:00:07:24，使用【选取工具】调整蒙版的形状和位置，效果如图 10-214 所示。

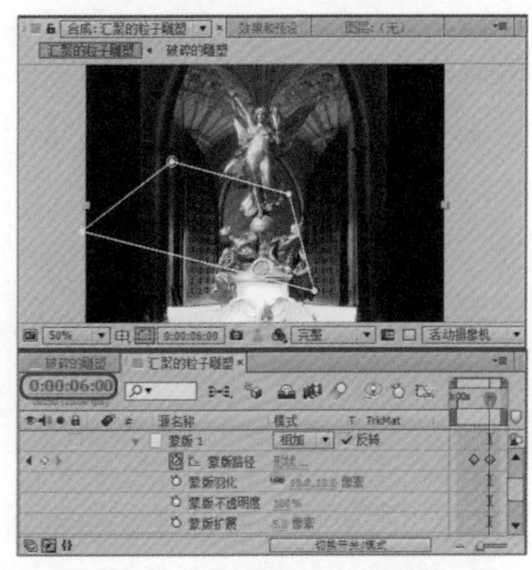

图 10-213 调整蒙版的形状和位置

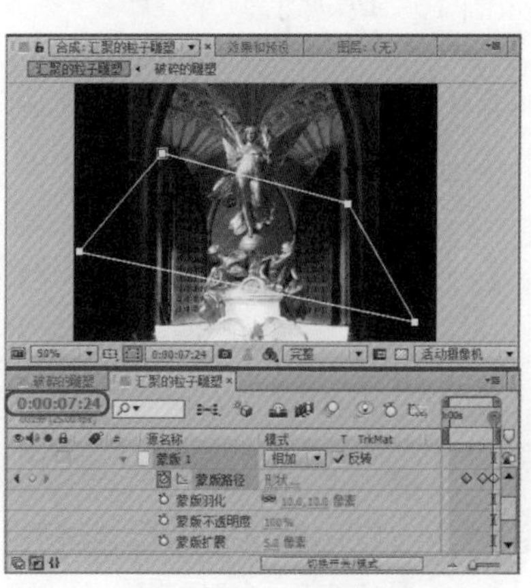

图 10-214 调整蒙版

案例精讲 106　汽车宣传片

案例文件：光盘 | 场景 | Cha10 | 汽车宣传片 . aep

视频文件：光盘 | 视频教学 | Cha10 | 汽车宣传片 .avi

制作概述

本例将介绍汽车宣传片的制作，该例的制作比较复杂，首先制作出汽车闪灯的动画，然后制作文字动画，完成后的效果如图 10-215 所示。

图 10-215　汽车宣传片

学习目标

学习制作运动模糊效果，掌握制作汽车灯光的方法。

操作步骤

（1）按 Ctrl+N 组合键，在弹出的【合成设置】对话框中输入【合成名称】为【汽车宣传片】，将【宽度】和【高度】分别设置为 3000px 和 2200px，将【像素长宽比】设置为【方形像素】，将【帧速率】设置为 29.97，将【持续时间】设置为 0:00:10:00，单击【确定】按钮，如图 10-216 所示。

（2）在【项目】面板的空白处双击，弹出【导入文件】对话框，在该对话框中选择素材文件【汽车标志 .png】、【汽车图片 .jpg】和【汽车宣传片背景音乐 .mp3】，单击【导入】按钮，如图 10-217 所示。

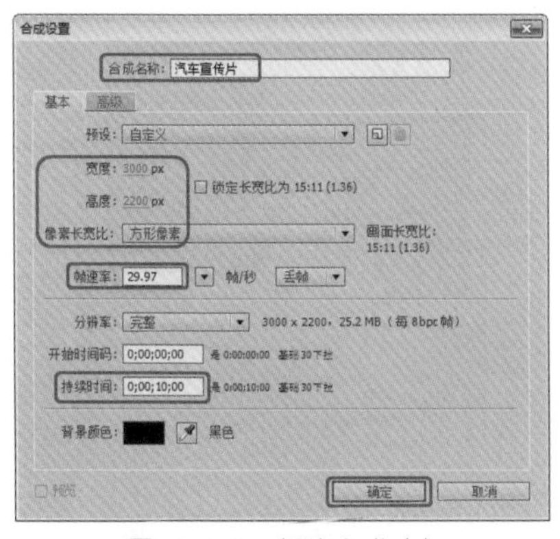

图 10-216　新建合成（1）

图 10-217　选择素材文件

（3）将选择的素材文件导入至【项目】面板中，然后将【汽车图片 .jpg】和【汽车宣传片背景音乐 .mp3】拖动至时间轴中，将当前时间设置为 0:00:00:20，将音频的入点与当前时间指示器对齐，如图 10-218 所示。

（4）在时间轴中选择【汽车图片 .jpg】图层，在菜单栏中选择【效果】|【颜色校正】|【黑色和白色】命令，如图 10-219 所示。

图 10-218　调整素材文件

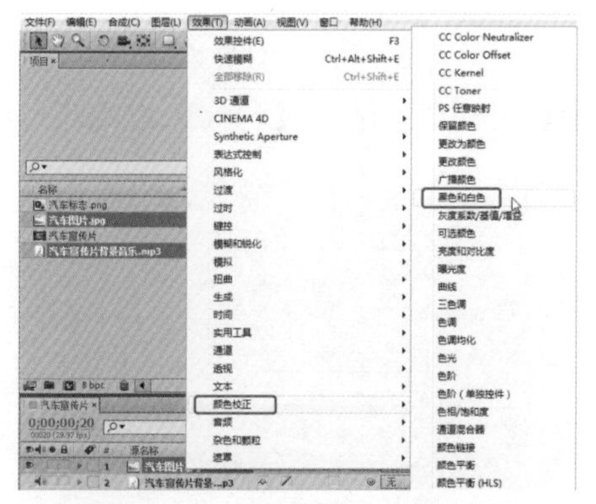

图 10-219　选择【黑色和白色】命令

（5）为选择的图层添加该效果，在【效果控件】面板中使用默认参数设置即可，如图 10-220 所示。

（6）在菜单栏中选择【效果】|【颜色校正】|【曲线】命令，即可为【汽车图片 .jpg】图层添加该效果，在【效果控件】面板中调整曲线，如图 10-221 所示。

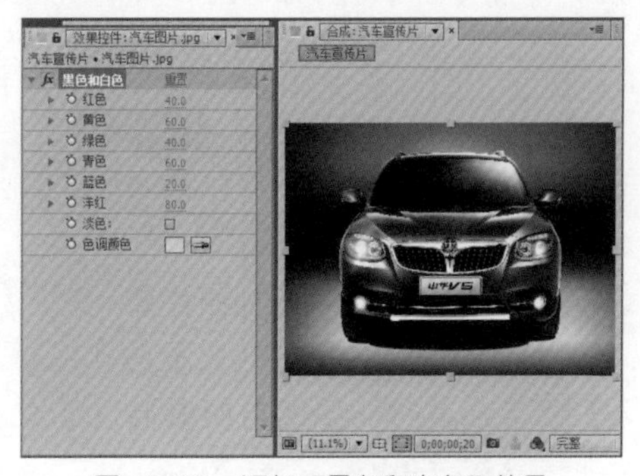

图 10-220　添加【黑色和白色】效果

图 10-221　调整曲线

（7）将当前时间设置为 0:00:00:00，在时间轴中将【汽车图片 .jpg】图层的【不透明度】设置为 0%，并单击左侧的  按钮，如图 10-222 所示。

（8）将当前时间设置为 0:00:00:20，将【不透明度】参数设置为 100%，如图 10-223 所示。

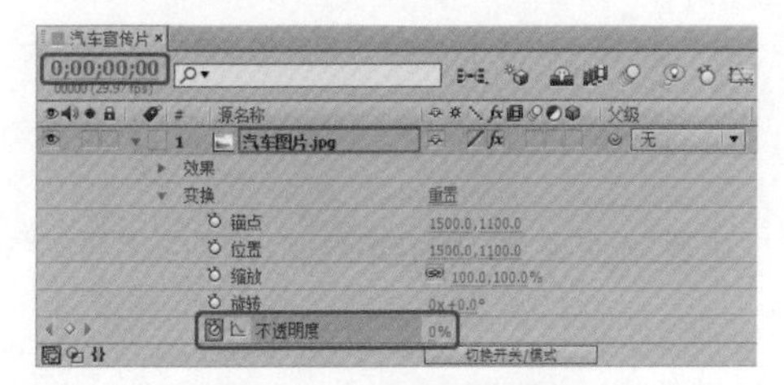

图 10-222　设置不透明度

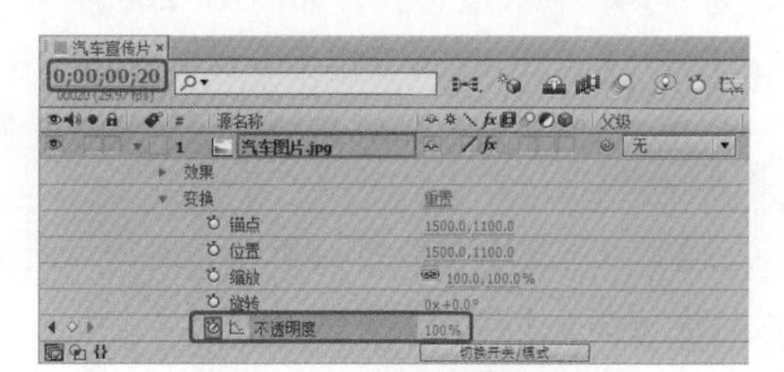

图 10-223　设置关键帧参数（1）

(9) 使用同样的方法，将当前时间设置为 0:00:05:03，将【不透明度】设置为 100%，将当前时间设置为 0:00:05:23，将【不透明度】设置为 0%，如图 10-224 所示。

如果需要创建的关键帧参数与上一个关键帧参数相同，用户可以直接单击图层属性的关键帧导航器按钮。

(10) 在时间轴的空白处右击，在弹出的快捷菜单中选择【新建】|【纯色】命令，弹出【纯色设置】对话框，输入【名称】为【灯光】，单击【确定】按钮，如图 10-225 所示。

图 10-224　设置关键帧参数 (2)

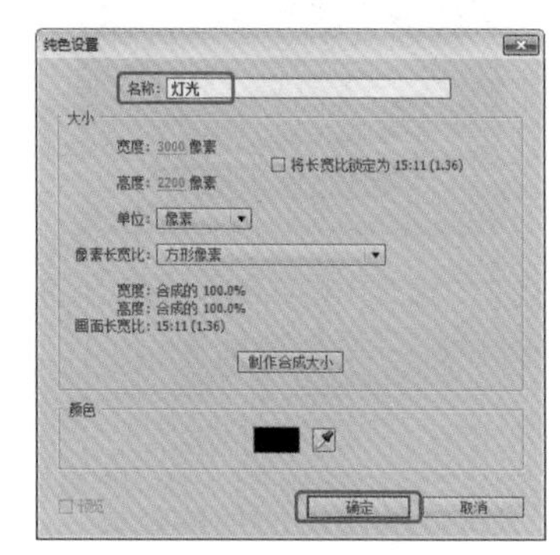

图 10-225　新建纯色图层

(11) 创建【灯光】图层，并将【灯光】图层的【模式】设置为【相加】，如图 10-226 所示。

(12) 在菜单栏中选择【效果】|【生成】|【镜头光晕】命令，如图 10-227 所示。

图 10-226　设置图层混合模式

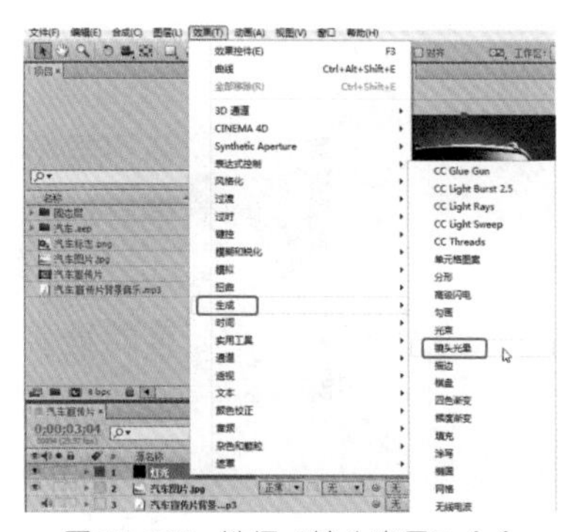

图 10-227　选择【镜头光晕】命令

(13) 为【灯光】图层添加该效果，将当前时间设置为 0:00:01:17，在【效果控件】面板中将【光晕中心】设置为 688、1096，将【光晕亮度】设置为 0%，并单击左侧的按钮，将【镜头类型】设置为【105 毫米定焦】，如图 10-228 所示。

(14) 将当前时间设置为 0:00:01:21，将【光晕亮度】设置为 106%，如图 10-229 所示。

知识链接

【镜头光晕】效果可模拟将明亮的灯光照射到摄像机镜头所致的折射。通过单击图像缩览图的任一位置或拖动其十字线，指定光晕中心的位置。

图 10-228　设置参数

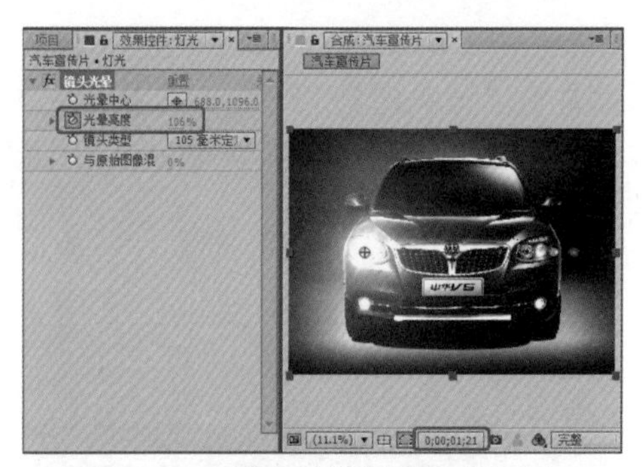

图 10-229　设置【光晕亮度】参数 (1)

(15) 将当前时间设置为 0:00:02:09，将【光晕亮度】设置为 64%，如图 10-230 所示。

(16) 将当前时间设置为 0:00:02:22，将【光晕亮度】设置为 106%；将当前时间设置为 0:00:03:08，将【光晕亮度】设置为 64%，如图 10-231 所示。

图 10-230　设置【光晕亮度】参数 (2)

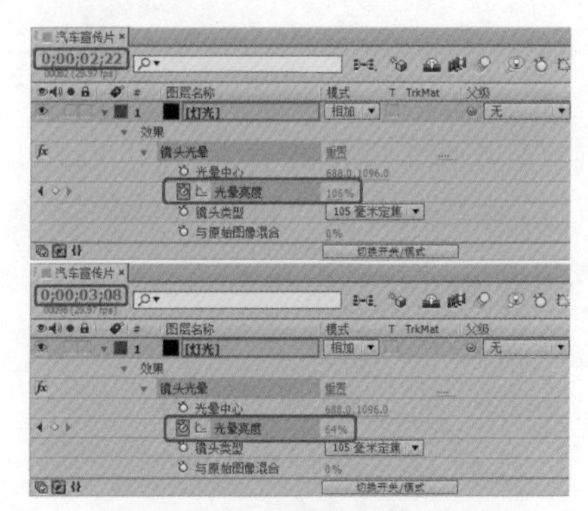

图 10-231　设置关键帧参数 (3)

(17) 将当前时间设置为 0:00:03:29，在菜单栏中选择【动画】|【添加“光晕亮度”关键帧】命令，如图 10-232 所示。

(18) 添加一个与上一个关键帧参数相同的关键帧，将当前时间设置为 0:00:04:11，将【光晕亮度】设置为 106%，将当前时间设置为 0:00:05:01，将【光晕亮度】设置为 0%，如图 10-233 所示。

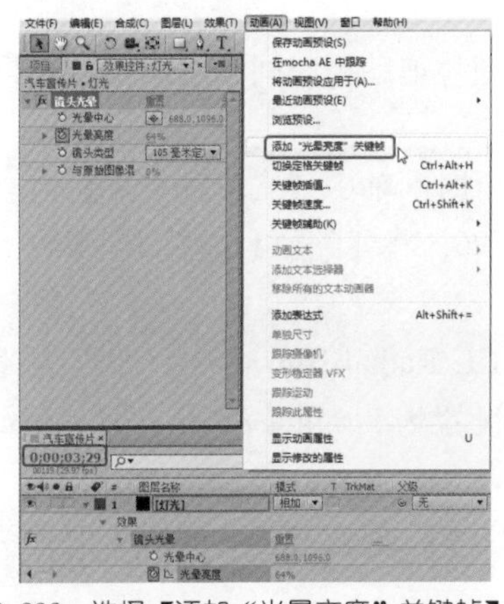

图 10-232　选择【添加“光晕亮度”关键帧】命令

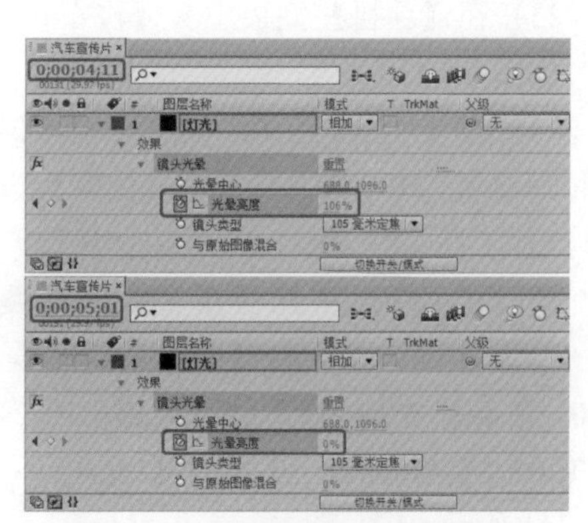

图 10-233　设置【光晕亮度】参数 (3)

(19) 在【效果控件】面板中选择【镜头光晕】效果，按 Ctrl+D 组合键复制出【镜头光晕 2】效果，并将【镜头光晕 2】效果的【光晕中心】设置为 2248、1096，如图 10-234 所示。

(20) 将当前时间设置为 0:00:05:03，单击【灯光】图层中【不透明度】左侧的 按钮，如图 10-235 所示。

图 10-234　复制效果并设置参数

图 10-235　添加动画关键帧

(21) 将当前时间设置为 0:00:05:23，将【不透明度】设置为 0%，如图 10-236 所示。

(22) 按 Ctrl+N 组合键弹出【合成设置】对话框，输入【合成名称】为【汽车标志】，单击【确定】按钮，如图 10-237 所示。

图 10-236　设置关键帧参数 (4)

图 10-237　新建合成 (2)

(23) 在【项目】面板中将【汽车标志 .png】素材图片拖动至时间轴中的【汽车标志】合成中，如图 10-238 所示。

(24) 在【项目】面板中将【汽车标志】合成拖动至时间轴中【汽车宣传片】合成中，将当前时间设置为 0:00:05:23，将【位置】设置为 1508、796，将【缩放】设置为 128%，并将其入点与当前时间指示器对齐，如图 10-239 所示。

(25) 在菜单栏中选择【效果】|【模糊和锐化】| CC Radial Blur 命令，即可为【汽车标志】图层添加该效果，在【效果控件】面板中将 Type 设置为 Straight Zoom，将 Amount 设置为 250，并单击左侧的 按钮，如图 10-240 所示。

(26) 将当前时间设置为 0:00:07:03，在【效果控件】面板中将 Amount 设置为 0，如图 10-241 所示。

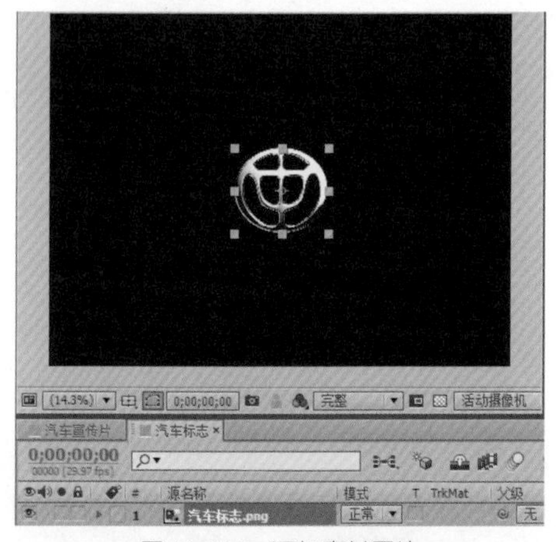

图 10-238　添加素材图片

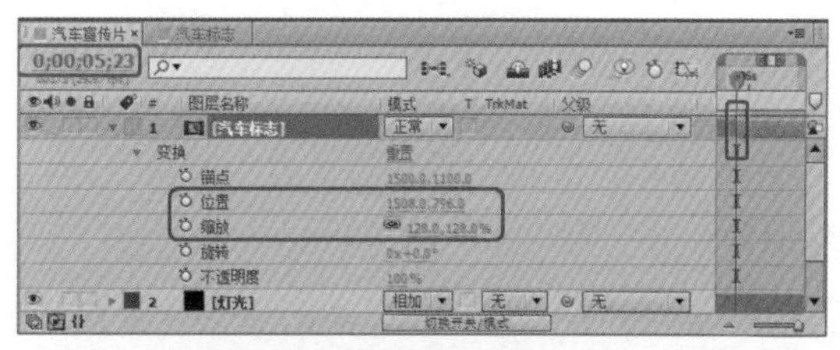

图 10-239　调整合成（1）

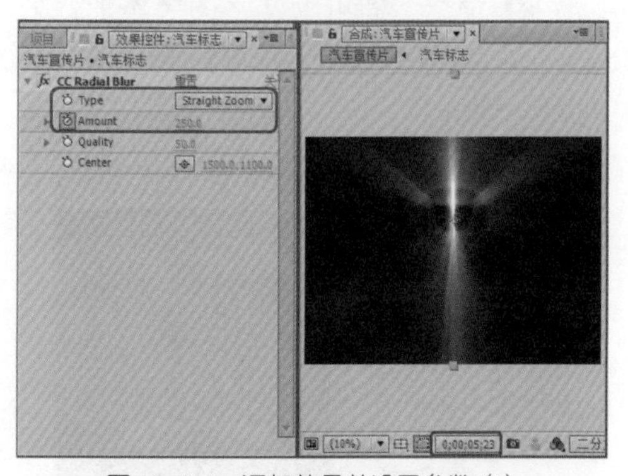

图 10-240　添加效果并设置参数（1）

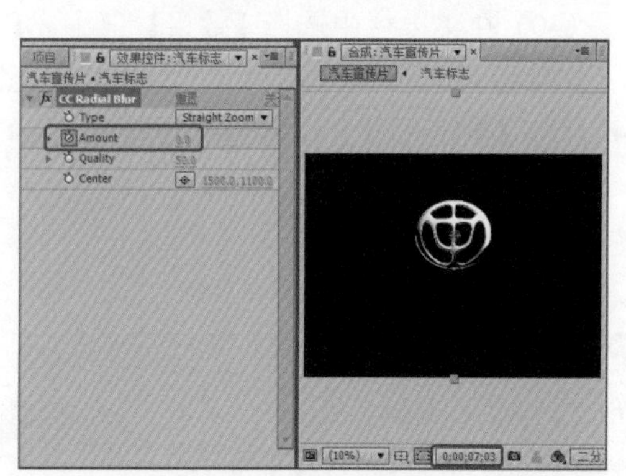

图 10-241　设置关键帧参数（5）

知识链接

CC radial blur：CC 径向模糊，它原来是以插件形式存在的特效，后来被整合到 After Effects 中来的，相对 Radial Blur 它有更多的操控项，也产生更为细腻的效果。

Type：类型，定义模糊的类型。

Amount：数量，控制模糊强度。

Quality：模糊质量，较低的模糊质量可以得到更快的反馈，更高的模糊质量效果更为细腻，但是会占用更多的系统资源。

Center：定义中心点的位置。

(27) 按 Ctrl+N 组合键，弹出【合成设置】对话框，输入【合成名称】为【中华】，单击【确定】按钮，如图 10-242 所示。

(28) 在工具栏中选择【横排文字工具】T，在【合成】面板中输入文字，选择输入的文字，在【字符】面板中将【字体】设置为【隶书】，将【字体大小】设置为 350 像素，将【设置所选字符的字符间距】设置为 501，将基线偏移设置为 0，并单击【仿粗体】按钮T，如图 10-243 所示。

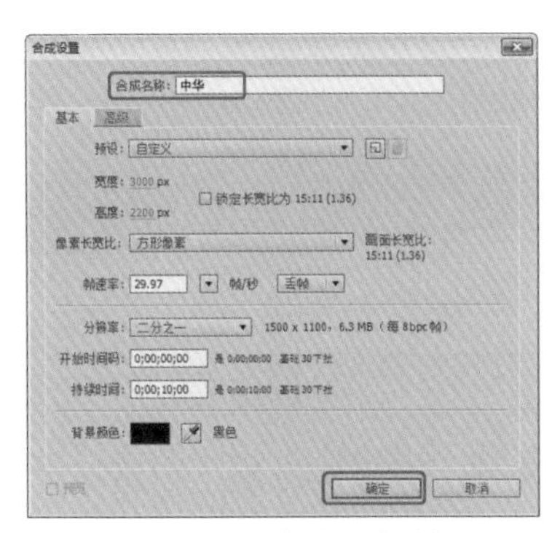

图 10-242　新建合成 (3)

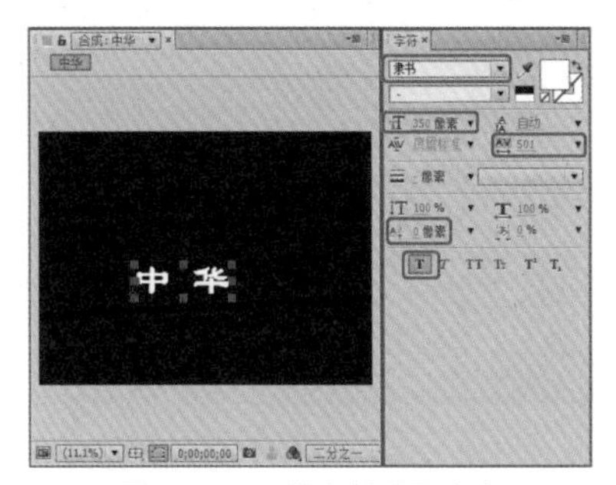

图 10-243　输入并设置文字

(29) 在时间轴中将文字图层的【位置】设置为 1056、1600，将当前时间设置为 0:00:05:23，将其入点与当前时间指示器对齐，如图 10-244 所示。

(30) 在菜单栏中选择【效果】|【生成】|【梯度渐变】命令，即可为文字图层添加该效果，在【效果控件】面板中将【渐变起点】设置为 1500、1612，将【渐变终点】设置为 1500、1248，将【渐变形状】设置为【径向渐变】，如图 10-245 所示。

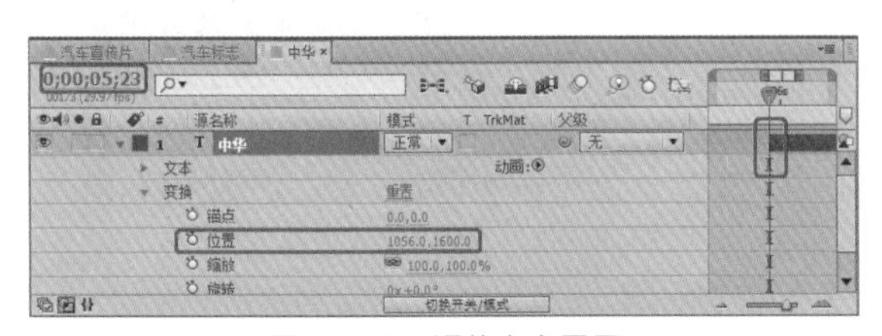

图 10-244　调整文字图层

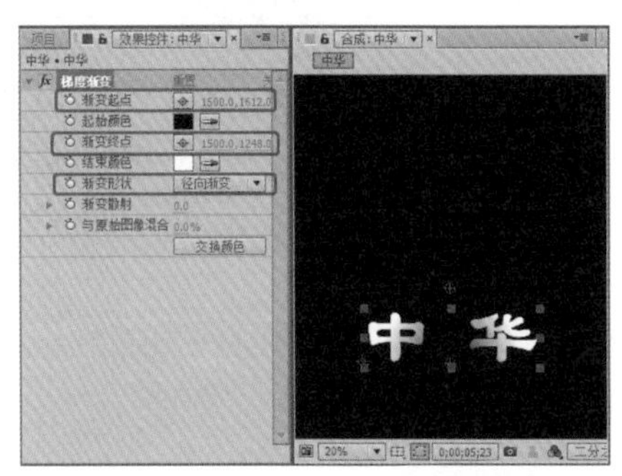

图 10-245　添加效果并设置参数 (2)

(31) 在菜单栏中选择【效果】|【透视】|【斜面 Alpha】命令，即可为文字图层添加该效果，在【效果控件】面板中将【边缘厚度】设置为 4.5，将【灯光强度】设置为 0.88，如图 10-246 所示。

(32) 在【项目】面板中将【中华】合成拖动至时间轴中的【汽车宣传片】合成中，将当前时间设置为 0:00:07:03，将其入点与当前时间指示器对齐，并打开该图层的运动模糊效果，如图 10-247 所示。

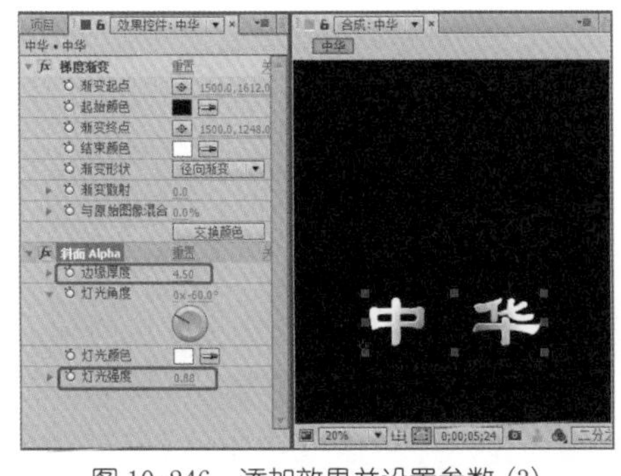

图 10-246　添加效果并设置参数 (3)

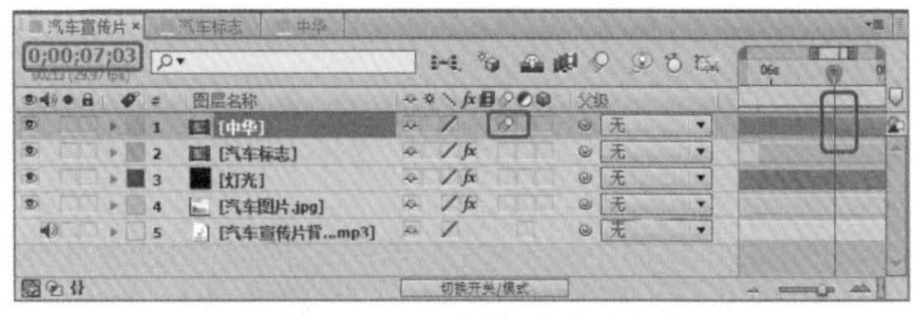

图 10-247　调整合成 (2)

(33) 在菜单栏中选择【效果】|【模糊和锐化】|【快速模糊】命令，即可为【中华】图

层添加该效果，在【效果控件】面板中将【模糊度】设置为600，并单击左侧的按钮，将【模糊方向】设置为【水平】，如图 10-248 所示。

(34) 将当前时间设置为 0:00:08:06，在【效果控件】面板中将【模糊度】设置为 0，如图 10-249 所示。

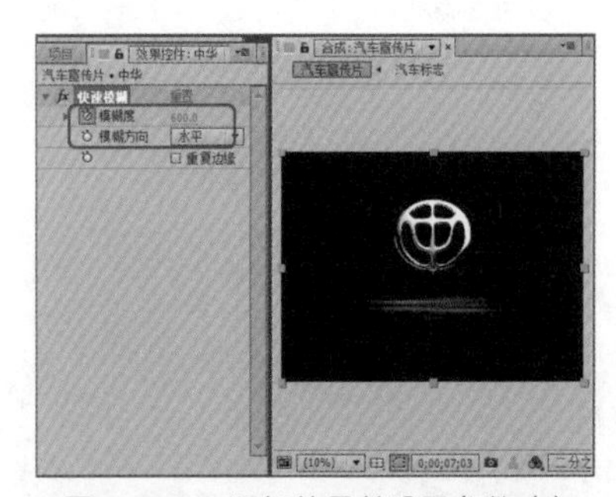

图 10-248　添加效果并设置参数 (4)

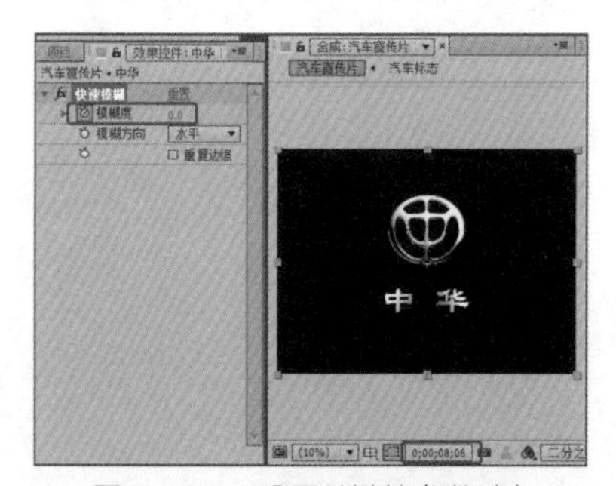

图 10-249　设置关键帧参数 (6)

(35) 将当前时间设置为 0:00:07:03，在时间轴中将【中华】图层的【位置】设置为 −604、1100，并单击左侧的按钮，如图 10-250 所示。

(36) 将当前时间设置为 0:00:07:13，将【中华】图层的【位置】设置为 1500、1100，如图 10-251 所示。

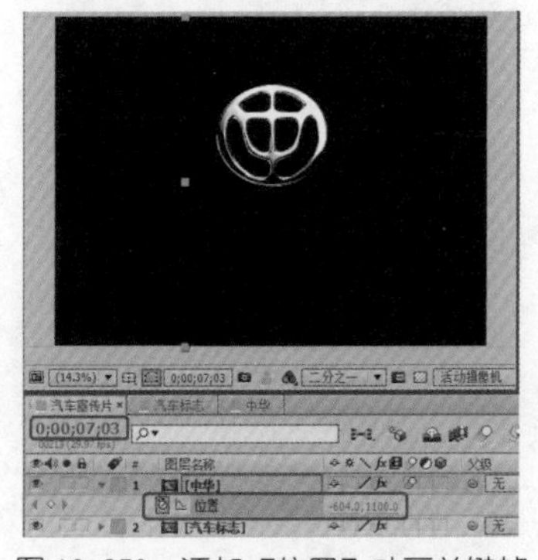

图 10-250　添加【位置】动画关键帧

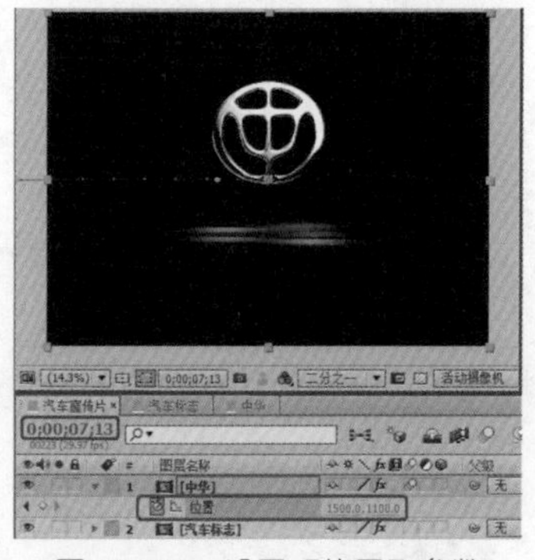

图 10-251　设置【位置】参数

(37) 结合前面介绍的方法，制作【网址】合成，并将该合成添加到【汽车宣传片】合成中，然后为其添加【快速模糊】效果，并添加【快速模糊】效果和【位置】关键帧，完成后的效果如图 10-252 所示。设置完成后，在【合成】面板中查看效果，然后将场景文件保存即可。

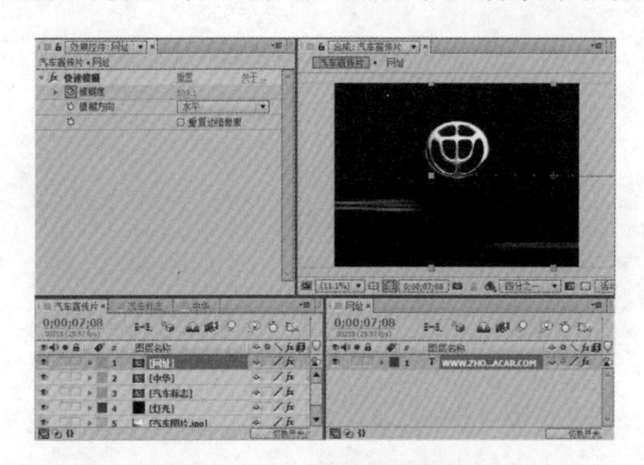

图 10-252　完成后的效果

第11章 节目预告

本章重点

- 制作 Logo
- 制作背景
- 制作标志动画
- 制作结尾字幕
- 制作节目预告
- 添加背景音乐
- 输出影片

节目预告，是指在电视媒体播出的内容中无主持人画面，介绍或预告在电视媒体本台或电视媒体其他台将要播出的节目信息。本章将介绍如何制作节目预告，其效果如图 11-1 所示。

图 11-1　节目预告

案例精讲 107　制作 Logo

案例文件：光盘 | 场景 | Cha11| 节目预告 .aep

视频文件：光盘 | 视频教学 | Cha11 | 制作 Logo.avi

制作概述

在制作节目预告动画之前，首先要制作电视台的台标，该案例主要通过导入素材文件，并为其添加不同的效果，从而为后面的制作奠定基础。

学习目标

学习并掌握如何利用蒙版制作动画，掌握【单元格图案】、【亮度键】、【快速模糊】等效果的应用，掌握 Logo 动画的制作过程。

操作步骤

（1）新建一个项目文件，按 Ctrl+N 组合键，在弹出的对话框中将【合成名称】设置为 Logo 1，将【宽度】、【高度】分别设置为 1100px、750px，将【像素长宽比】设置为【方形像素】，将【帧速率】设置为 29.97，将【持续时间】设置为 0:00:10:00，将【背景颜色】的颜色值设置为 # 9C8B00，如图 11-2 所示。

在此将背景颜色设置为深黄色是为了更好地显示要导入的素材。

（2）设置完成后，单击【确定】按钮，按 Ctrl+I 组合键，在弹出的对话框中选择随书光盘中的光盘 | 素材 |Cha11| logo.png 素材文件，如图 11-3 所示。

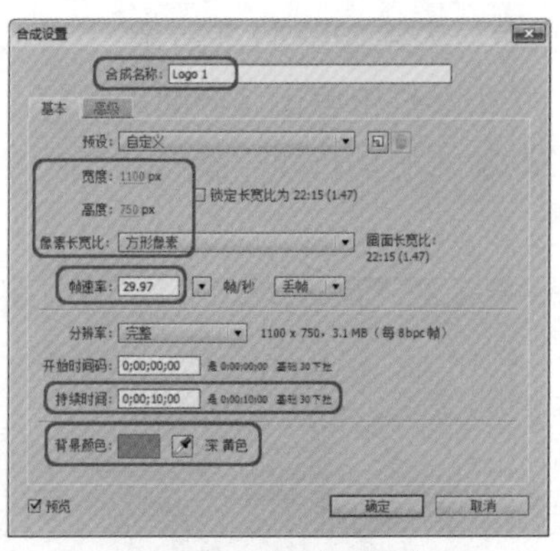

图 11-2　设置合成参数

图 11-3　选择素材文件

(3) 单击【导入】按钮，在【项目】面板中选择 logo.png 素材文件，按住鼠标左键将其拖动至时间轴中，将【变换】下的【位置】设置为 560、377，如图 11-4 所示。

(4) 按 Ctrl+N 组合键，在弹出的对话框中将【合成名称】设置为 Logo 2，将【预设】设置为 HDTV 1080 29.97，其他参数保持默认即可，如图 11-5 所示。

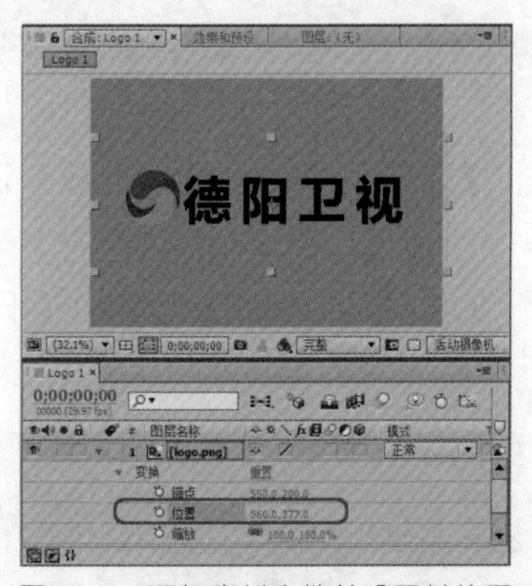

图 11-4　添加素材文件并设置其位置

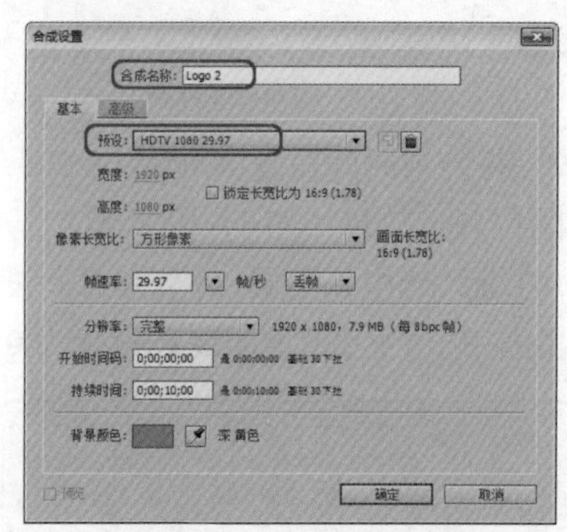

图 11-5　新建合成

(5) 设置完成后，单击【确定】按钮，在【项目】面板中选择 Logo 1 合成文件，按住鼠标左键将其拖动至【合成】面板中，如图 11-6 所示。

(6) 在时间轴中选中该图层，按 Ctrl+D 组合键，对该图层进行复制，并将其命名为【Logo 炫光】，选中重命名后的图层，在菜单栏中选择【效果】|【生成】|【填充】命令，如图 11-7 所示。

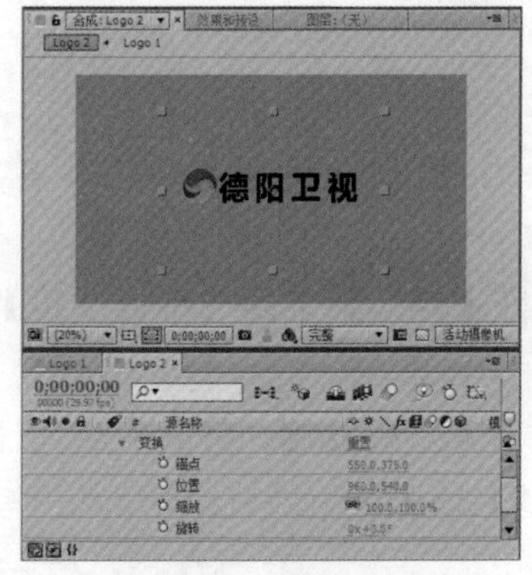

图 11-6　嵌套合成

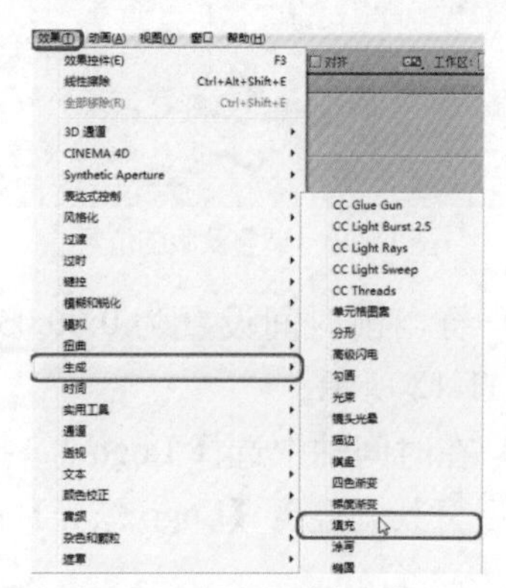

图 11-7　选择【填充】命令

(7) 在时间轴中将【填充】下的【颜色】设置为白色，效果如图 11-8 所示。

(8) 选中该图层，将当前时间设置为 0:00:02:28，在工具栏中单击【椭圆工具】，在【合成】面板中绘制一个蒙版，在时间轴中单击【蒙版路径】左侧的按钮，添加一个关键帧，如图 11-9 所示。

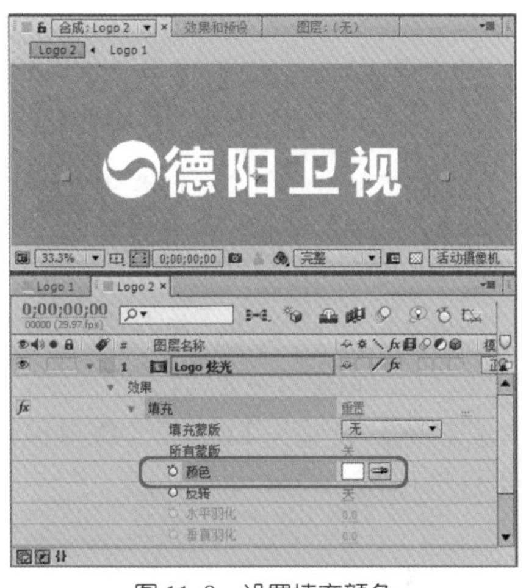

图 11-8　设置填充颜色

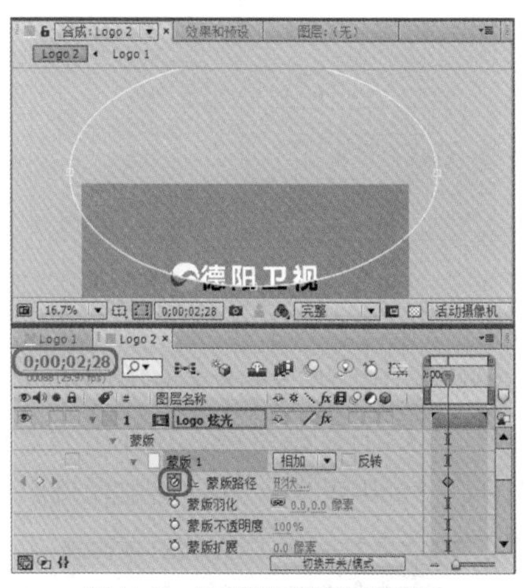

图 11-9　绘制蒙版并添加关键帧

(9) 将当前时间设置为 0:00:08:23，在工具栏中单击【选取工具】，在【合成】面板中调整蒙版的位置，效果如图 11-10 所示。

(10) 继续选中该图层，将当前时间设置为 0:00:02:28，在时间轴中单击【变换】下【不透明度】左侧的按钮，将【不透明度】设置为 0，如图 11-11 所示。

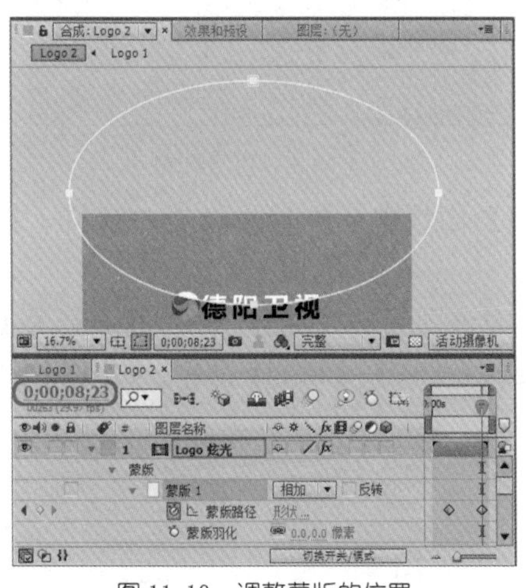

图 11-10　调整蒙版的位置

图 11-11　添加不透明度关键帧

(11) 将当前时间设置为 0:00:03:17，在时间轴中将【变换】下的【不透明度】设置为 14，如图 11-12 所示。

(12) 在时间轴中选择 Logo 1，按 Ctrl+D 组合键，对其进行复制，将其命名为【Logo 反射】，然后将其调整至【Logo 炫光】的上方，效果如图 11-13 所示。

图 11-12　设置不透明度参数

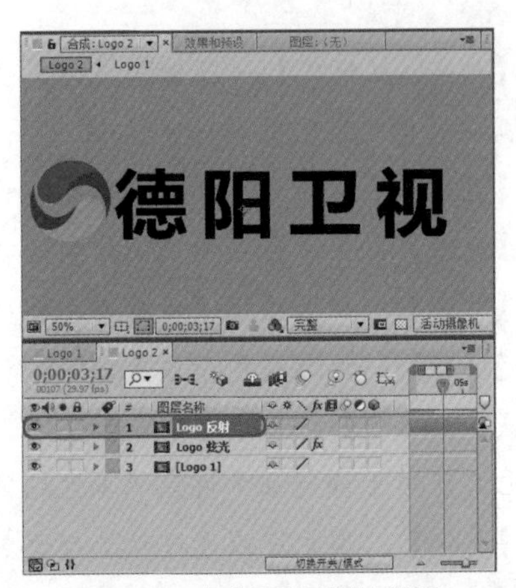

图 11-13　复制图层并进行调整

(13) 选中修改名称后的图层，在菜单栏中选择【效果】|【生成】|【单元格图案】命令，如图 11-14 所示。

单元格图案效果可根据单元格杂色生成单元格图案。使用它可创建静态或移动的背景纹理和图案。这些图案进而可用作有纹理的遮罩、过渡图或置换图的源图。

(14) 在时间轴中将【单元格图案】下的【单元格图案】设置为【晶体】，将【反转】设置为【开】，将【分散】、【大小】分别设置为 0、78，将【偏移】设置为 1112、1171.9，如图 11-15所示。

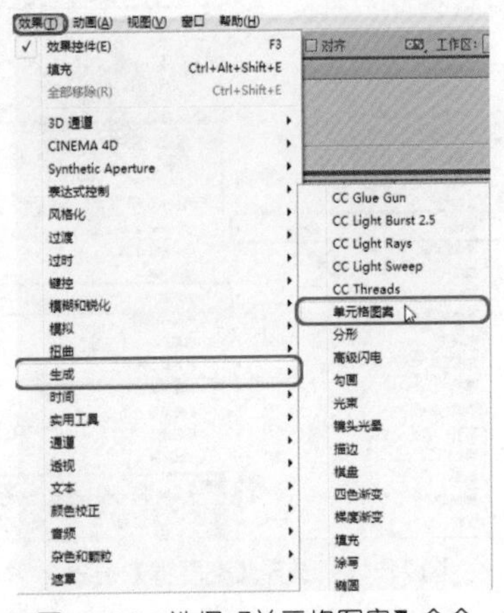

图 11-14　选择【单元格图案】命令

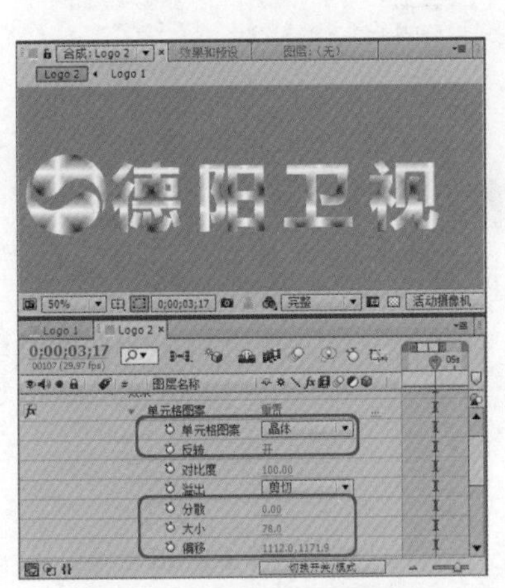

图 11-15　设置单元格图案参数

知识链接

【单元格图案】：用户可以在该下拉列表中选择要使用的单元格图案。HQ 表示高品质图案，与未标记的图案相比，这类图案使用更高的清晰度渲染。

【反转】：选中【反转】复选框后，黑色区域变成白色，白色区域变成黑色。

【对比度 / 锐度】：在使用气泡、晶体、枕状、混合晶体或管状单元格图案时，可以通过该选项指定单元格图案的对比度。

【溢出】：用于设置效果重映射超出 0 ~ 255 灰度范围的值的方式。

【分散】：用于设置绘制图案的随机程度。值越低，单元格图案更一致或更像网格。

【大小】：该选项用于设置单元格的大小。默认大小是 60。

【偏移】：该选项用于设置图案偏移的位置。

【平铺选项】：选择【启用平铺】可创建针对重复拼贴构建的图案。【水平单元格】和【垂直单元格】用于确定每个拼贴的单元格宽度和单元格高度。

【演化】：用户可以通过该选项添加动画，图案将随时间发生变化。

【演化选项】：【演化选项】用于提供控件，以便在一次短循环中渲染效果，然后在修剪持续时间内循环它。使用这些控件可预渲染循环中的单元格图案元素，因此可以缩短渲染时间。

【循环演化】：选中该复选框后，将会启用循环演化。

【循环】：可以通过该选项设置循环的旋转次数。

【随机植入】：该选项用于指定生成单元格图案使用的值。

(15) 继续选中该图层，在菜单栏中选择【效果】|【颜色校正】|【曲线】命令，如图 11-16 所示。

(16) 选中该图层，在菜单栏中选择【效果】|【键控】|【亮度键】命令，如图 11-17 所示。

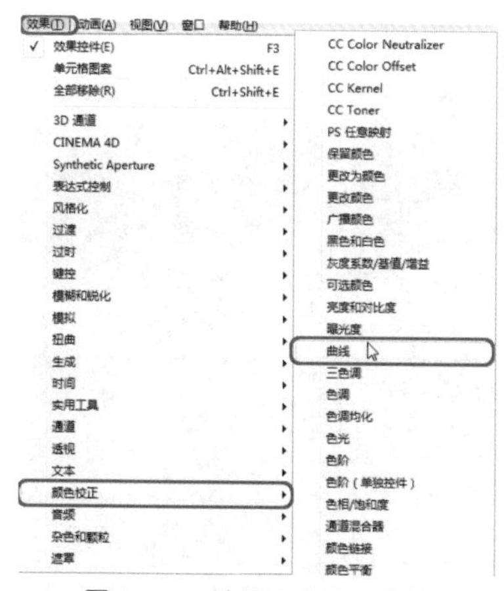

图 11-16　选择【曲线】命令

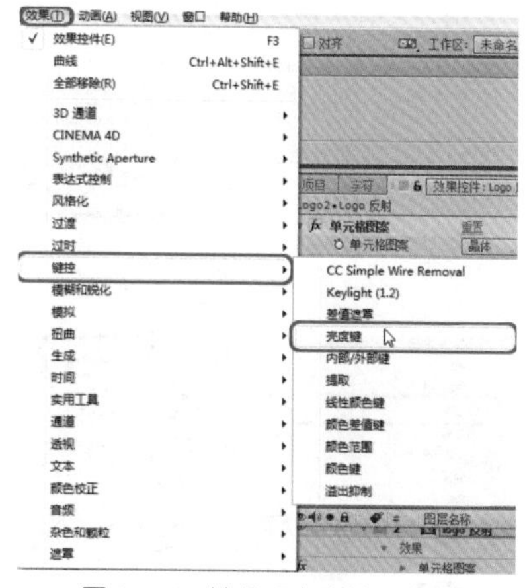

图 11-17　选择【亮度键】命令

【亮度键】效果可抠出图层中具有指定明亮度或亮度的所有区域。图层的品质设置不会影响亮度键效果。

(17) 在时间轴中将【亮度键】下的【阈值】设置为 228，如图 11-18 所示。

(18) 设置完成后，在菜单栏中选择【效果】|【模糊和锐化】|【快速模糊】命令，如图 11-19 所示。

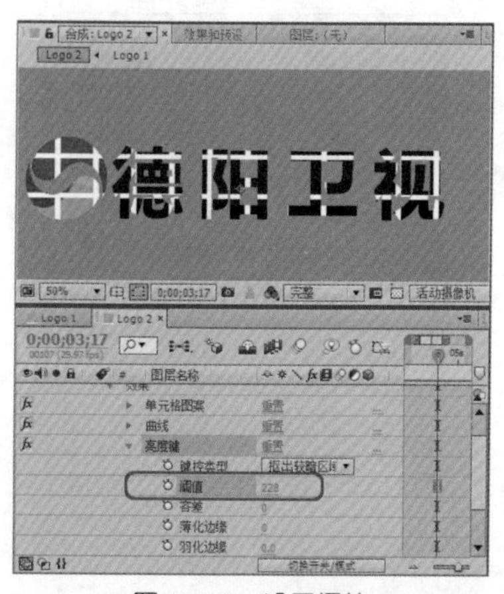

图 11-18　设置阈值

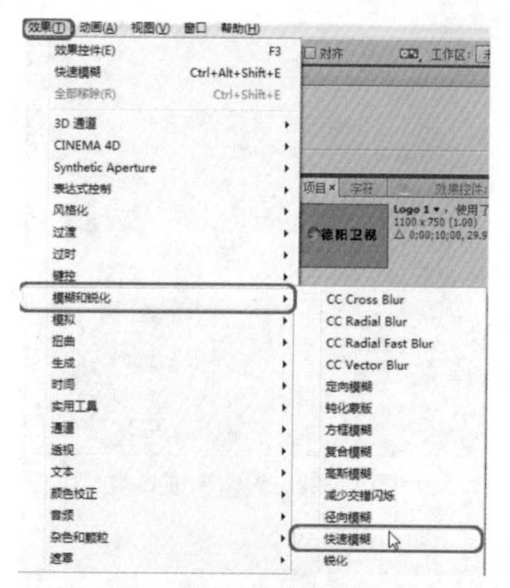

图 11-19　选择【快速模糊】命令

（19）在时间轴中将【模糊度】设置为 15，将【重复边缘像素】设置为【开】，将【变换】下的【不透明度】设置为 29，如图 11-20 所示。

在为【Logo 反射】图层添加了【快速模糊】后，会发现在文字的周边会有白色的模糊像素，所以在此为【Logo 反射】图层添加轨道遮罩是为了将【快速模糊】所产生的重复的边缘像素去除。

（20）在时间轴中选择 Logo 1，按 Ctrl+D 组合键，对其进行复制，并将其命名为【Logo 遮罩】，将其调整 Logo 反射图层的上方，将【Logo 反射】图层的轨道遮罩设置为【Alpha 遮罩“Logo 遮罩”】，如图 11-21 所示。

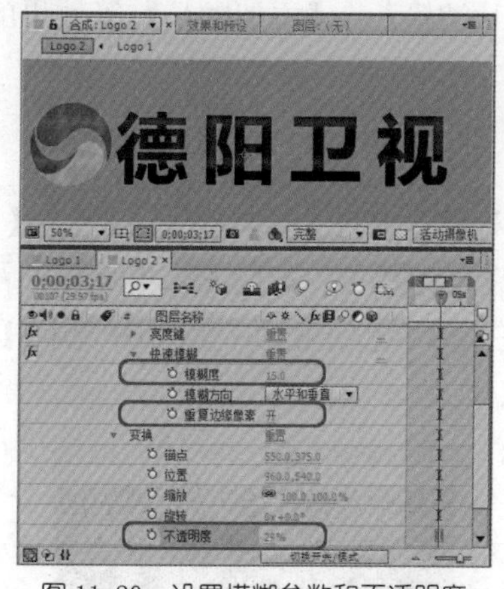

图 11-20　设置模糊参数和不透明度

图 11-21　复制图层并添加遮罩

（21）按 Ctrl+N 组合键，在弹出的对话框中将【合成名称】设置为 Logo，将【开始时间码】设置为 0:00:00:01，其他参数保持默认即可，如图 11-22 所示。

（22）设置完成后，单击【确定】按钮，在【项目】面板中选择 Logo 2，按住鼠标左键将其拖动至【合成】面板中，在时间轴中打开该图层的【运动模糊】、【3D 图层】模式，将【变换】下的【位置】设置为 960、540、19.3，【锚点】设置为 960、540、0，然后单击【为设置了“运动模糊”开关的所有图层启用运动模糊】按钮，如图 11-23 所示。

图 11-22　设置合成参数

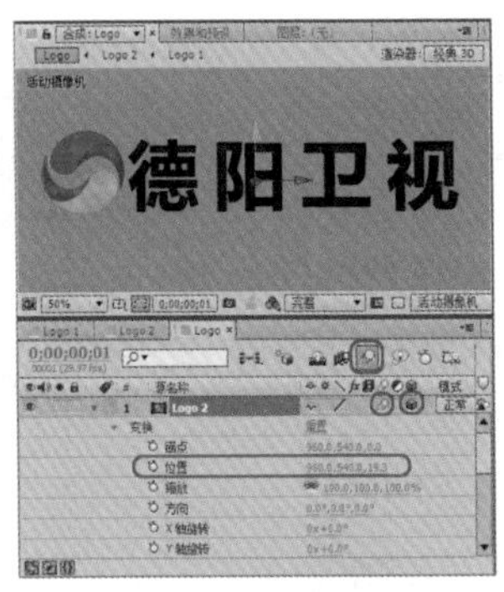

图 11-23　设置图层模式和位置

案例精讲 108　制作背景

案例文件：光盘 | 场景 | Cha11| 节目预告 .aep
视频文件：光盘 | 视频教学 | Cha11 | 制作背景 .avi

制作概述

Logo 制作完成后，接下来将介绍如何制作节目预告的背景，该例主要通过为【纯色】图层添加【梯度渐变】、【照片滤镜】、【添加颗粒】等效果来完成制作。

学习目标

学习并掌握【梯度渐变】的应用，学习并掌握【照片滤镜】、【添加颗粒】等效果的应用，掌握蒙版的操作方法和制作过程。

操作步骤

(1) 继续前面的操作，按 Ctrl+N 组合键，在弹出的对话框中将【合成名称】设置为【背景】，将【开始时间码】设置为 0:00:00:00，将【背景颜色】设置为黑色，如图 11-24 所示。

(2) 设置完成后，单击【确定】按钮，在时间轴中右击，在弹出的快捷菜单中选择【新建】|【纯色】命令，如图 11-25 所示。

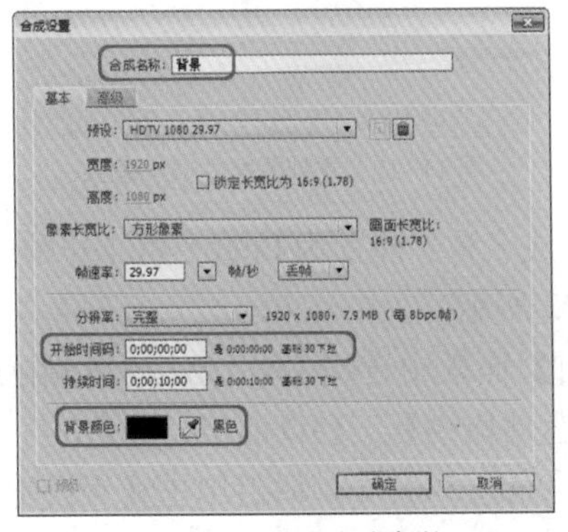
图 11-24　设置合成参数

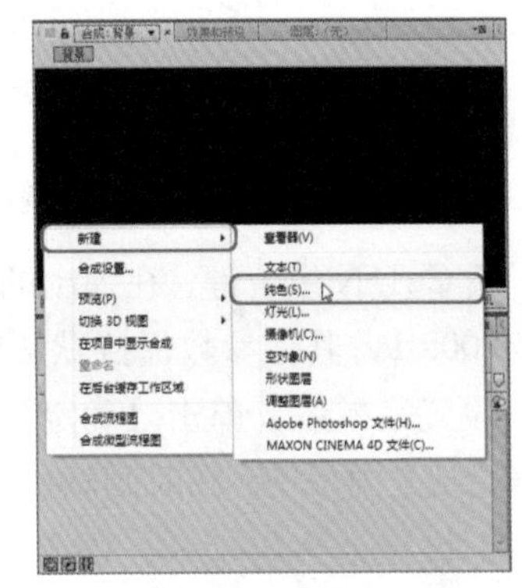
图 11-25　选择【纯色】命令

（3）在弹出的对话框中将【名称】设置为【背景】，其他参数保持默认即可，如图 11-26 所示。

（4）设置完成后，单击【确定】按钮，选中该图层，在菜单栏中选择【效果】|【生成】|【梯度渐变】命令，在时间轴中将【梯度渐变】下的【渐变起点】设置为 960、540，将【起始颜色】的颜色值设置为 #F4F4F4，将【渐变终点】设置为 988、1800，将【结束颜色】的颜色值设置为 #A1A1A1，将【渐变形状】设置为【径向渐变】，将【渐变映射】设置为 55.9，如图 11-27 所示。

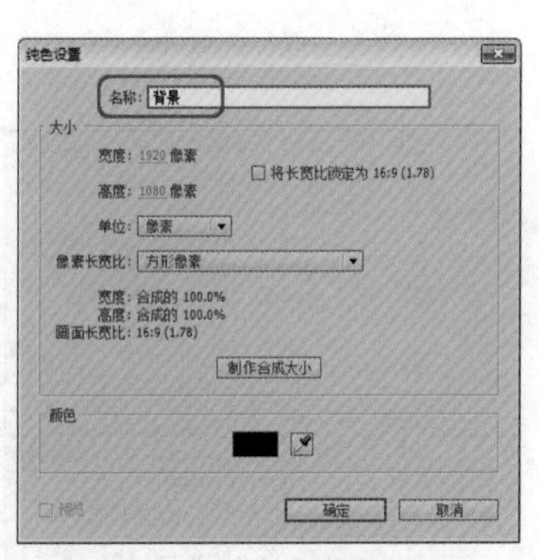

图 11-26　设置纯色参数

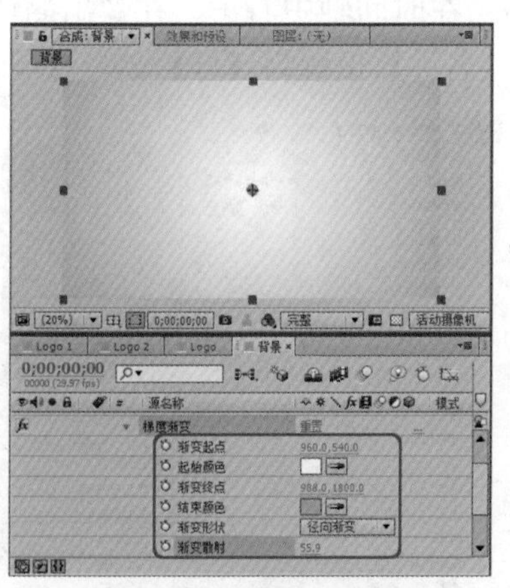

图 11-27　设置梯度渐变

（5）继续选中该图层，在菜单栏中选择【效果】|【颜色校正】|【照片滤镜】命令，如图 11-28 所示。

照片滤镜效果可模拟以下技术：在摄像机镜头前面加彩色滤镜，以便调整通过镜头传输的光的颜色平衡和色温；使胶片曝光。除此之外，用户还可以选择颜色预设，将色相调整应用到图像，也可以使用拾色器或吸管指定自定义颜色。

（6）在时间轴中将【照片滤镜】下的【滤镜】设置为【青】，将【密度】设置为 10%，如图 11-29 所示。

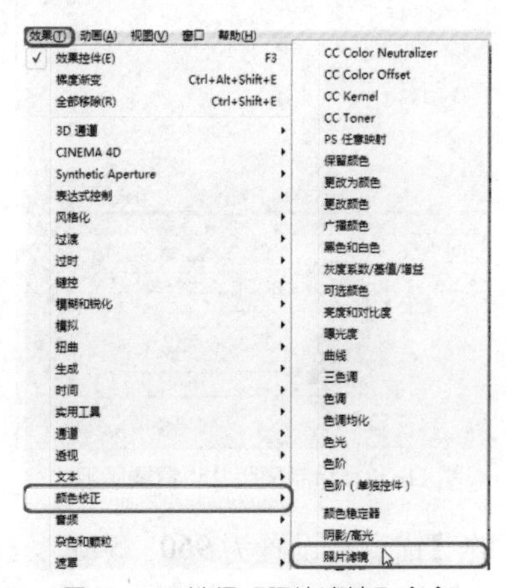

图 11-28　选择【照片滤镜】命令

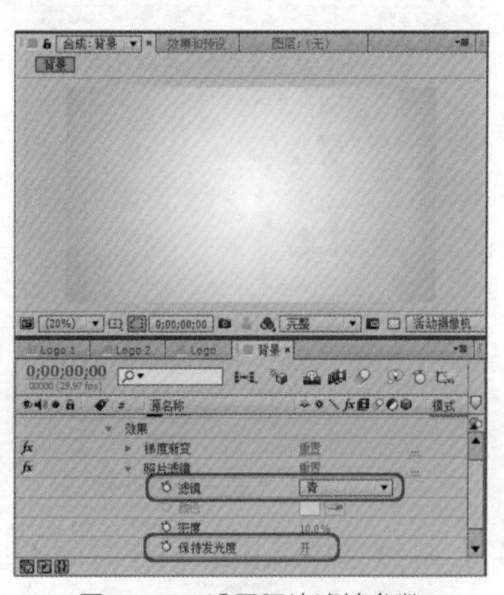

图 11-29　设置照片滤镜参数

第11章 节目预告

（7）在菜单栏中选择【效果】|【杂色和颗粒】|【添加颗粒】命令，如图 11-30 所示。

提示：添加颗粒效果可从头开始生成新杂色，但不能从现有杂色中采样。而不同类型的胶片的参数和预设可用于合成许多不同类型的杂色或颗粒。用户可以修改此杂色的几乎每个特性，控制其颜色。

（8）在时间轴中将【添加颗粒】下的【查看模式】设置为【最终输出】，将【动画】选项组中的【动画速度】设置为 0，如图 11-31 所示。

（9）在时间轴中右击，在弹出的快捷菜单中选择【新建】|【纯色】命令，在弹出的对话框中将【名称】设置为【灯】，将【颜色】设置为白色，如图 11-32 所示。

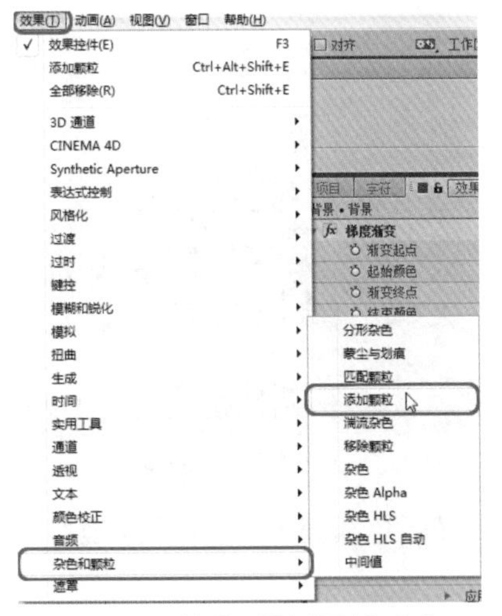

图 11-30　选择【添加颗粒】命令

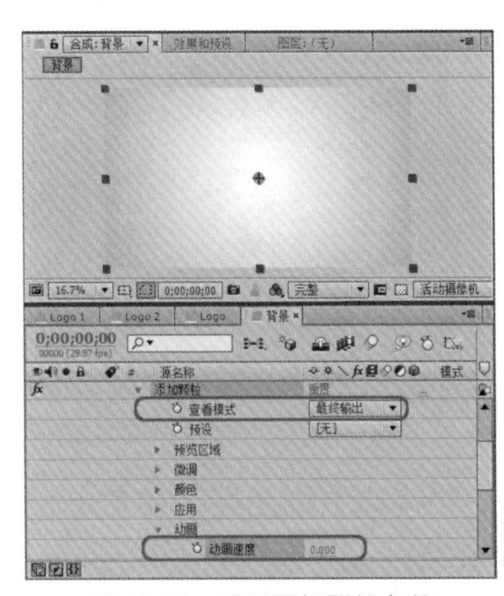

图 11-31　设置添加颗粒参数

（10）设置完成后，单击【确定】按钮，在工具栏中单击【椭圆工具】，在【合成】面板中绘制一个正圆作为蒙版，将【蒙版 1】下的【蒙版羽化】设置为 268 像素，如图 11-33 所示。

图 11-32　设置纯色的名称

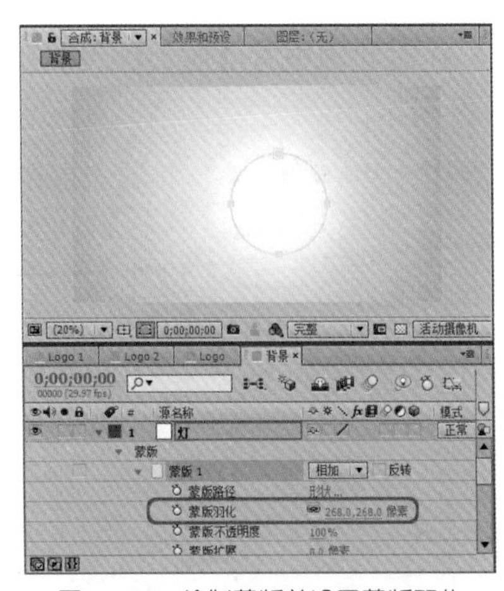

图 11-33　绘制蒙版并设置蒙版羽化

（11）继续选中该图层，在时间轴中将【变换】下的【锚点】设置为 960、540，【位置】设置为 1722、328，将【缩放】设置为 145，如图 11-34 所示。

（12）在【项目】面板中选择【灯】纯色图层，按住鼠标左键将其拖动至【合成】面板中，在工具栏中单击【椭圆工具】，在【合成】面板中绘制一个椭圆形，在时间轴面板中将【蒙版1】下的【蒙版羽化】设置为419像素，如图11-35所示。

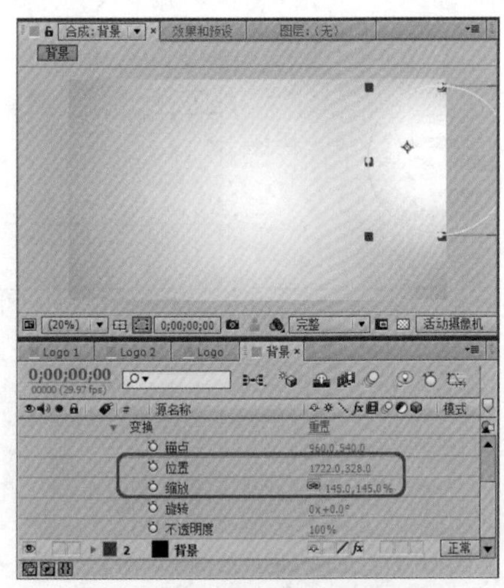

图11-34　设置位置和缩放参数

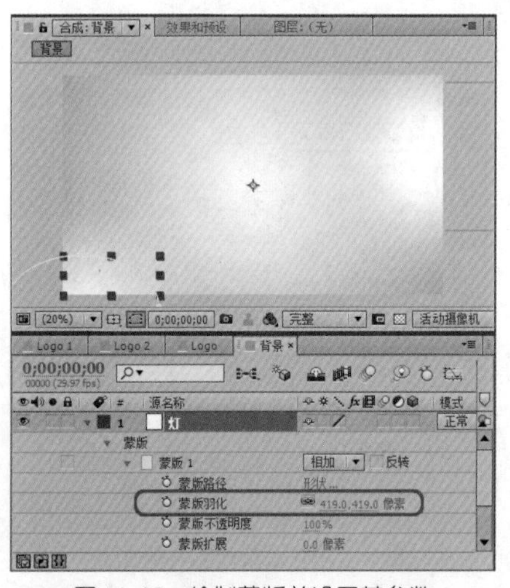

图11-35　绘制蒙版并设置其参数

案例精讲109　制作标志动画

案例文件：光盘|场景|Cha11|节目预告.aep

视频文件：光盘|视频教学|Cha11|制作标志动画.avi

制作概述

下面将介绍如何制作标志动画，该例主要添加前面所创建的背景、Logo合成文件，然后再创建其他纯色和调整图层，并为其添加不同的效果，从而完成标志动画的制作。

学习目标

学习并掌握【时间重映射】的应用，掌握Logo投影的制作方法，掌握逐字3D化文字效果的应用，掌握镜头光晕的制作和应用。

学习并掌握粒子的制作方法，掌握表达式的添加，掌握摄像机的创建。

操作步骤

（1）继续前面的操作，按Ctrl+N组合键，在弹出的对话框中将【合成名称】设置为【标志动画】，将【持续时间】设置为0:00:07:20，其他参数保持默认即可，如图11-36所示。

（2）设置完成后，单击【确定】按钮，在【项目】面板中选择【背景】合成文件，按住鼠标将其拖动至【合成】面板中，在菜单栏中选择【图层】|【时间】|【启用时间重映射】命令，如图11-37所示。

知识链接

使用时间重映射可以延长、压缩、回放或冻结图层持续时间的某个部分。

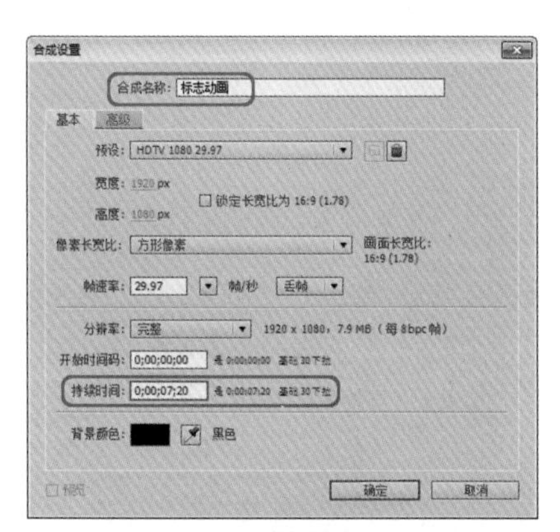

图 11-36　设置合成参数（1）

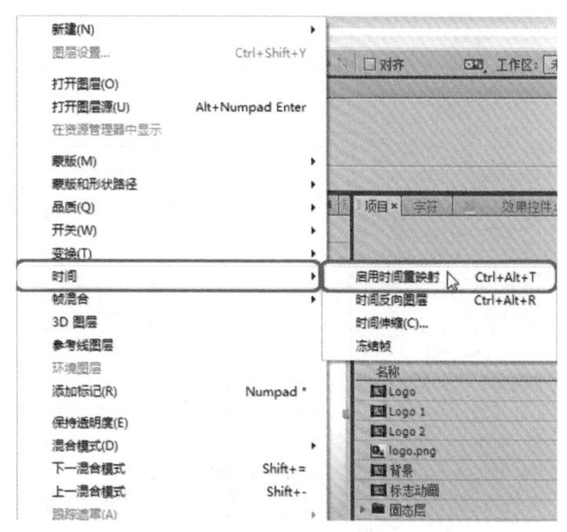

图 11-37　选择【启用时间重映射】命令

（3）将当前时间设置为 0:00:03:03，在当前时间添加一个关键帧，如图 11-38 所示。

（4）选中添加的关键帧，在菜单栏中选择【图层】|【时间】|【冻结帧】命令，如图 11-39 所示。

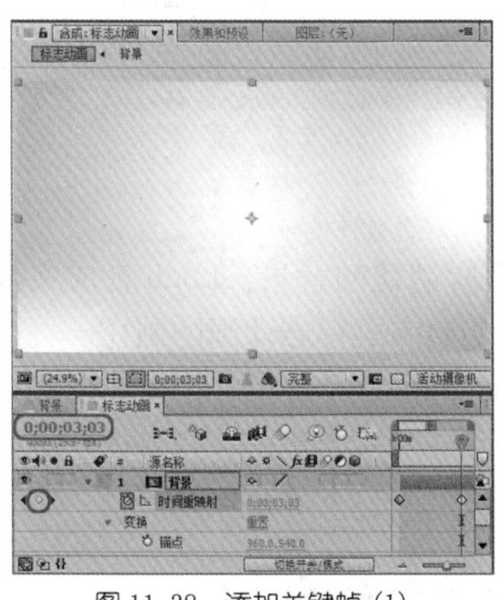

图 11-38　添加关键帧（1）

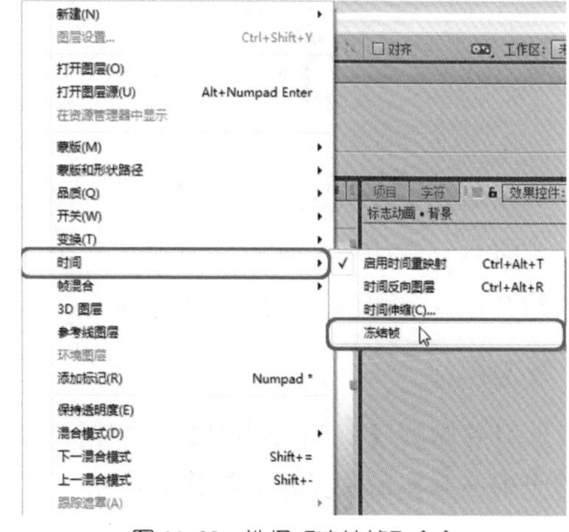

图 11-39　选择【冻结帧】命令

（5）将选中的关键帧进行冻结，效果如图 11-40 所示。

（6）在【项目】面板中选择 Logo 合成文件，按住鼠标将其拖动至时间轴中，将其开始时间设置为 0:00:00:15，选中该图层，在菜单栏中选择【效果】|【过渡】|【渐变擦除】命令，如图 11-41 所示。

提示

渐变擦除效果会导致图层中的像素基于另一个图层（称为渐变图层）中相应像素的明亮度值变得透明。渐变图层中的深色像素导致对应像素以较低的【过渡完成】值变得透明。

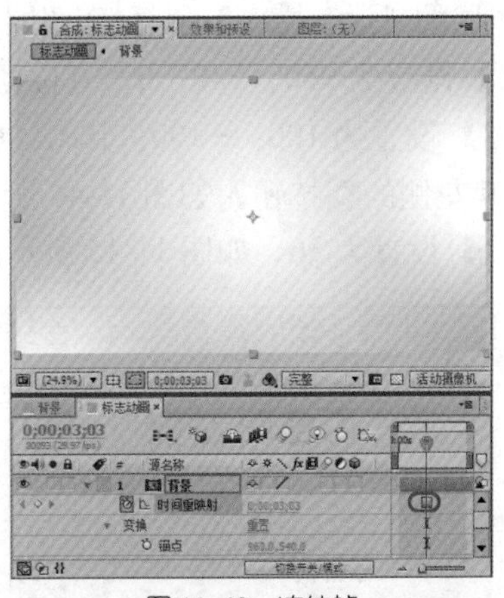

图 11-40　冻结帧

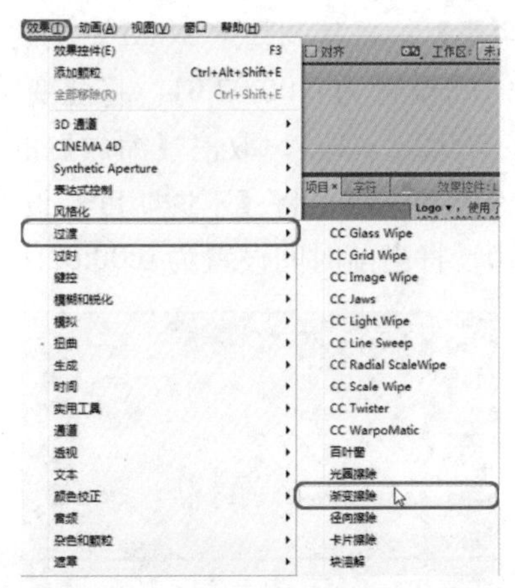

图 11-41　选择【渐变擦除】命令

(7) 将当前时间设置为 0:00:02:01，在时间轴中将【渐变擦除】下的【过渡完成】设置为 100，并单击其左侧的 按钮，将【过渡柔和度】设置为 45，将【反转渐变】设置为【开】，打开该图层的【运动模糊】和【3D 图层】模式，如图 11-42 所示。

知识链接

【过渡完成】：用户可以通过设置该选项设置图层的过渡百分比。

【过渡柔和度】：每个像素渐变的程度。如果此值为 0%，则应用了该效果的图层中的像素将是完全不透明或完全透明。如果此值大于 0%，则在过渡的中间阶段像素是半透明的。

【渐变图层】：用户可以通过该选项设置渐变图层。

【渐变位置】：用户可以通过该选项设置渐变的位置，其中包括【拼贴渐变】、【中心渐变】、【伸缩渐变以适合】等三个选项。

【反转渐变】：选中该复选框后，将会反转渐变图层的影响。

(8) 将当前时间设置为 0:00:02:14，在时间轴中将【过渡完成】设置为 0，如图 11-43 所示。

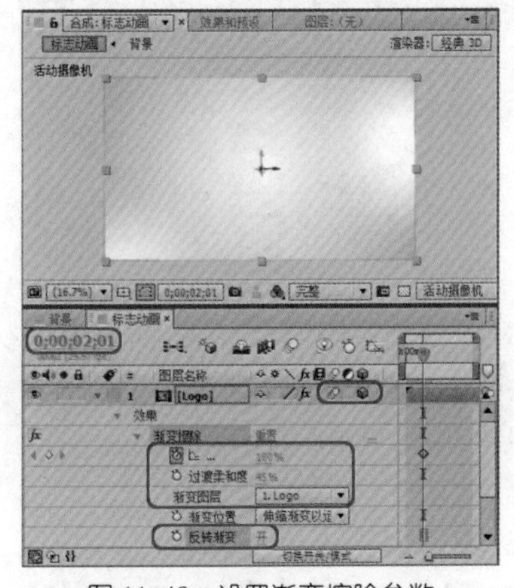

图 11-42　设置渐变擦除参数

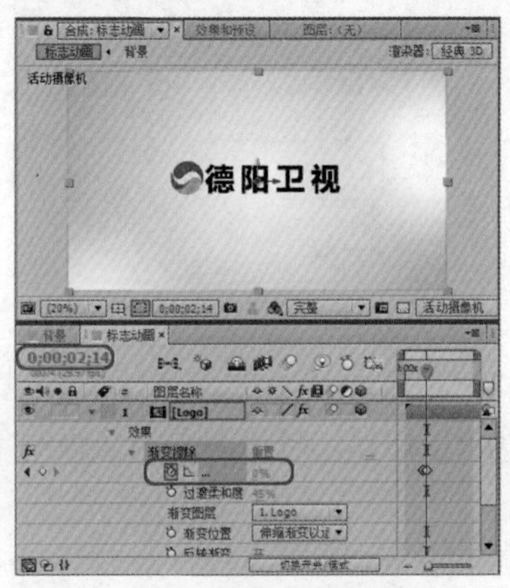

图 11-43　设置过渡完成参数

(9) 在【项目】面板中选择 Logo 合成文件，按住鼠标将其拖动至时间轴中，将其命名为

【Logo 阴影】，将其调整至 Logo 图层的下方，打开该图层的【运动模糊】和【3D 图层】模式，将当前时间设置为 0:00:02:01，将【变换】下的【锚点】设置为 960、540、0，【位置】设置为 960、700.2、−175，取消【缩放】的锁定，将【缩放】设置为 100、−100、100，将【X 轴旋转】设置为 −85，将【不透明度】设置为 0，并单击其左侧的按钮，如图 11-44 所示。

（10）将当前时间设置为 0:00:02:14，将【不透明度】设置为 36，如图 11-45 所示。

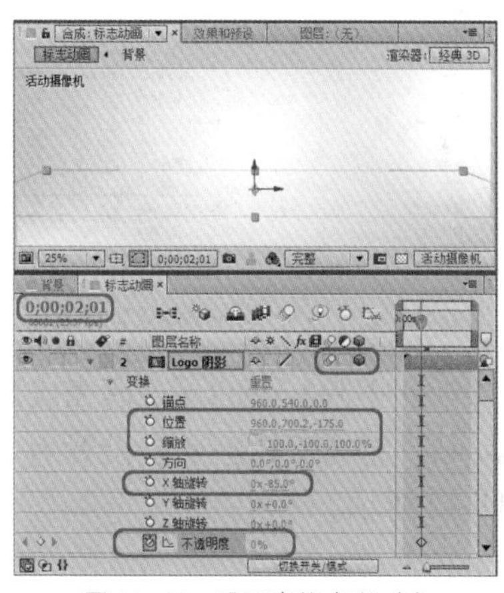

图 11-44　设置变换参数（1）

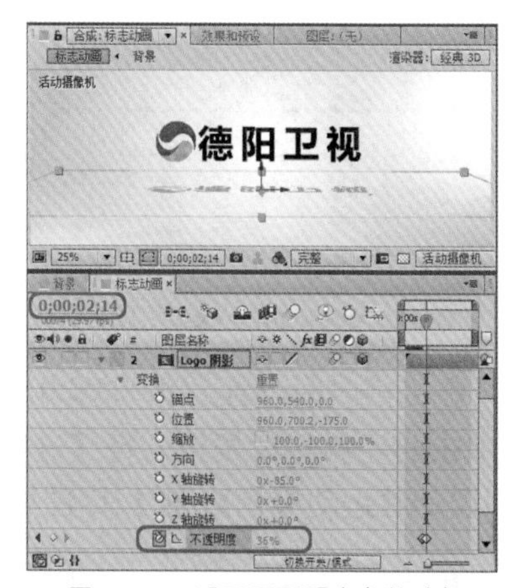

图 11-45　设置不透明度参数（1）

（11）选中该图层，在菜单栏中选择【效果】|【过渡】|【线性擦除】命令，在时间轴中将【线性擦除】下的【过渡完成】、【擦除角度】、【羽化】分别设置为 42、180、186，如图 11-46 所示。

（12）设置完成后，在菜单栏中选择【效果】|【模糊和锐化】|【快速模糊】命令，在时间轴中将【快速模糊】下的【模糊度】设置为 66，如图 11-47 所示。

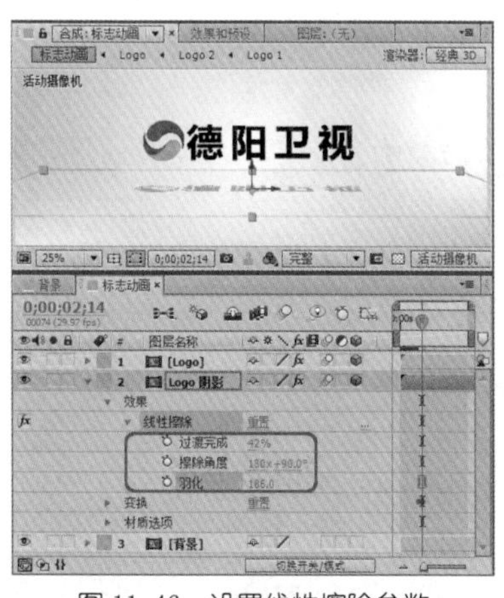

图 11-46　设置线性擦除参数

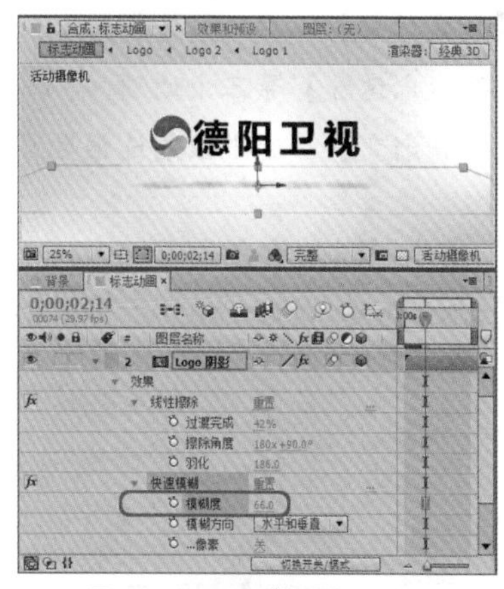

图 11-47　添加快速模糊效果

（13）在菜单栏中选择【效果】|【生成】|【填充】命令，在时间轴中将【颜色】的颜色值设置为 #131313，将该图层的父级对象设置为 1.Logo，如图 11-48 所示。

知识链接

【父级】功能可以使一个层【子层】继承另一个层【父层】的转换属性，当父层的属性改变时，子层的属性也会产生相应的变化。

（14）按 Ctrl+N 组合键，在弹出的对话框中将【合成名称】设置为【阳光剧场】，将【宽度】、【高度】分别设置为 800px、60px，将【持续时间】设置为 0:00:10:00，如图 11-49 所示。

注意　两个图层建立父子层关系后，当父层的【不透明度】属性发生改变时，子层的【不透明度】属性不会受到影响。这是因为【不透明度】属性不受父子层关系的影响。

（15）设置完成后，单击【确定】按钮，在【合成】面板中单击【切换透明网格】按钮，在工具栏中单击【横排文字工具】，在【合成】面板中单击，输入文字，选中输入的文字，在【字符】面板中将【字体】设置为【微软雅黑】，将【字体大小】设置为 56 像素，将【行距】设置为 36，将【字符间距】设置为 8，将【垂直缩放】设置为 83，单击【仿粗体】和【全部大写字母】按钮，在【段落】面板中单击【居中对齐文本】按钮，如图 11-50 所示。

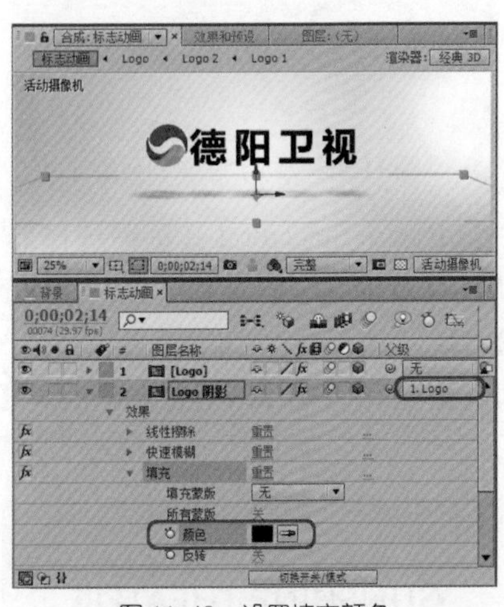

图 11-48　设置填充颜色

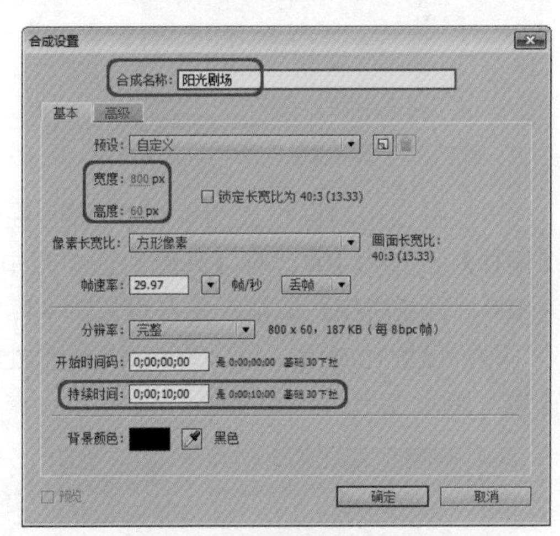

图 11-49　设置合成参数（2）

（16）选中该图层，在时间轴中将【变换】下的【位置】设置为 397.8、50.3，如图 11-51 所示。

（17）在时间轴中单击文字图层右侧的按钮，在弹出的快捷菜单中选择【启用逐字 3D 化】命令，如图 11-52 所示。

图 11-50　输入文本并进行设置

图 11-51　设置文字的位置

(18) 在【动画和预设】面板中选择【动画预设】| Text（文字）| Blurs（模糊）| Bullet Train（子弹列车）选项，按住鼠标将其拖动至文字图层上，为其添加该效果，如图 11-53 所示。

图 11-52　选择【启用逐字 3D 化】命令

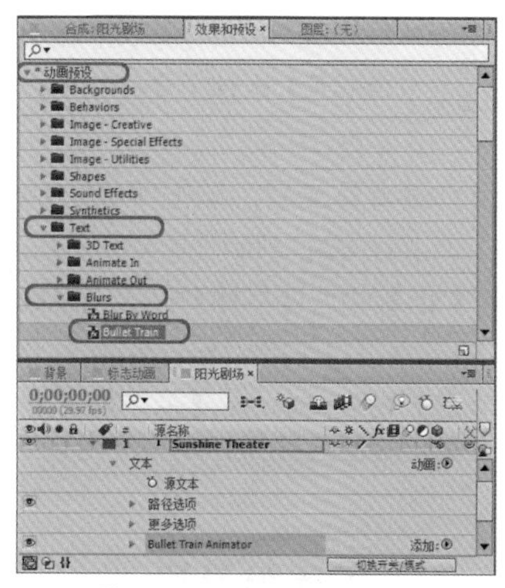

图 11-53　添加动画预设效果

(19) 将当前时间设置为 0:00:00:00，在时间轴中将 Range Selector 1（量程选择器 1）下的【偏移】设置为 100，将【高级】选项组中的【形状】设置为【下斜坡】，将【缓和高】设置为 100，将【模糊】取消锁定并设置为 48、48，如图 11-54 所示。

(20) 设置完成后，将 0:00:00:16 位置处的关键帧调整至 0:00:01:06 位置处，并将【偏移】设置为 −100，如图 11-55 所示。

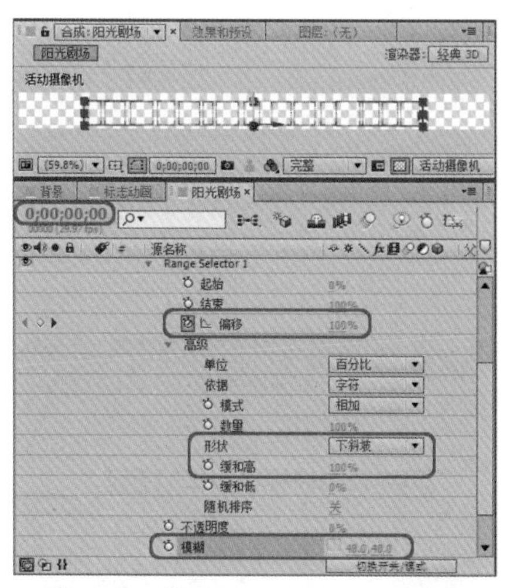

图 11-54　设置 Range Selector 1 参数

图 11-55　设置偏移参数

(21) 在【项目】面板中选择【阳光剧场】合成文件，按住鼠标将其拖动至【标志动画】面板中，打开该图层的三维模式，将该图层的开始时间设置为 0:00:03:18，将【变换】下的【位置】设置为 960、639、0，如图 11-56 所示。

(22) 在时间轴中右击，在弹出的快捷菜单中选择【新建】|【纯色】命令，在弹出的对话框中将【名称】设置为【镜头光晕】，将【颜色】设置为黑色，如图 11-57 所示。

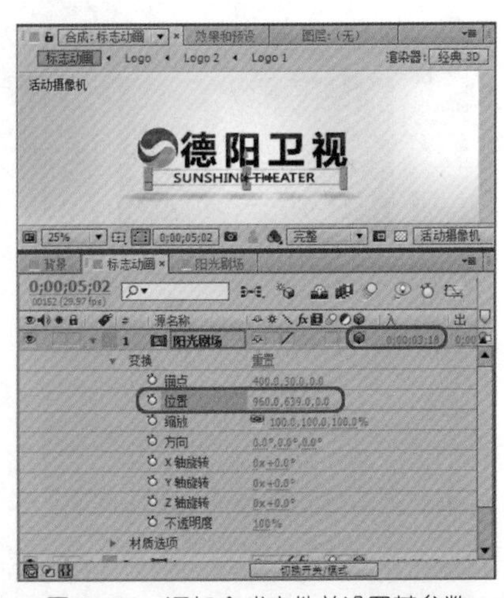

图 11-56 添加合成文件并设置其参数

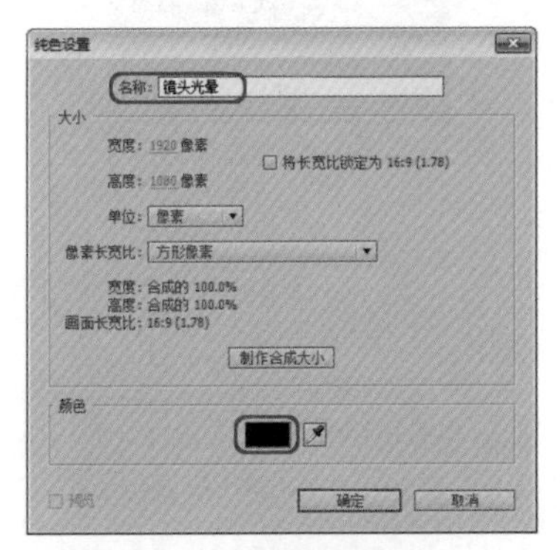

图 11-57 设置纯色参数（1）

（23）设置完成后，单击【确定】按钮选中该图层，在菜单栏中选择【效果】【生成】|【镜头光晕】命令，如图 11-58 所示。

（24）将当前时间设置为 0:00:03:21，在时间轴中将【镜头光晕】下的【光晕中心】设置为 1474、638.5，单击其左侧的 按钮，将【光晕亮度】设置为 0，单击其左侧的 按钮，将【镜头类型】设置为【105 毫米定焦】，如图 11-59 所示。

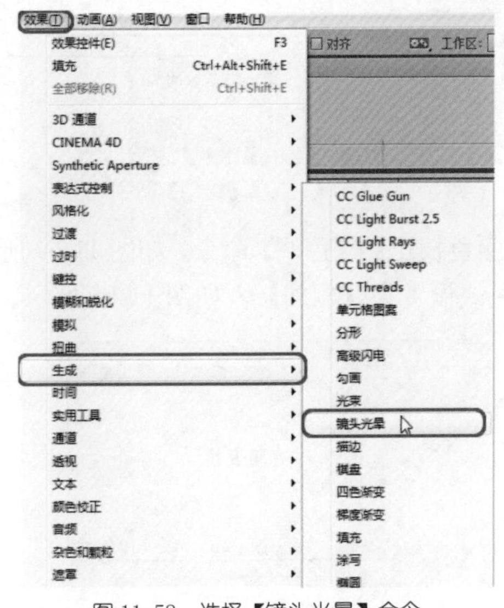

图 11-58 选择【镜头光晕】命令

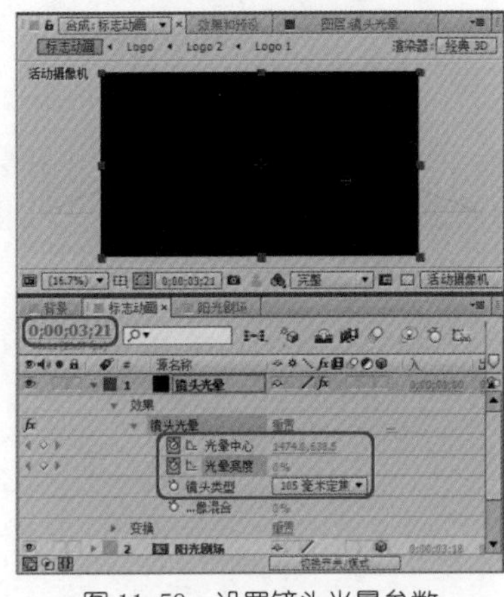

图 11-59 设置镜头光晕参数

（25）将当前时间设置为 0:00:03:26，在时间轴中将【光晕亮度】设置为 57，如图 11-60 所示。

（26）将当前时间设置为 0:00:04:26，在时间轴中为【光晕亮度】添加一个关键帧，如图 11-61 所示。

（27）将当前时间设置为 0:00:05:06，在时间轴中将【光晕中心】设置为 539、638.5，将【光晕亮度】设置为 0，如图 11-62 所示。

（28）选中【光晕中心】右侧的第二个关键帧，右击，在弹出的快捷菜单中选择【关键帧辅助】|【缓动】命令，如图 11-63 所示。

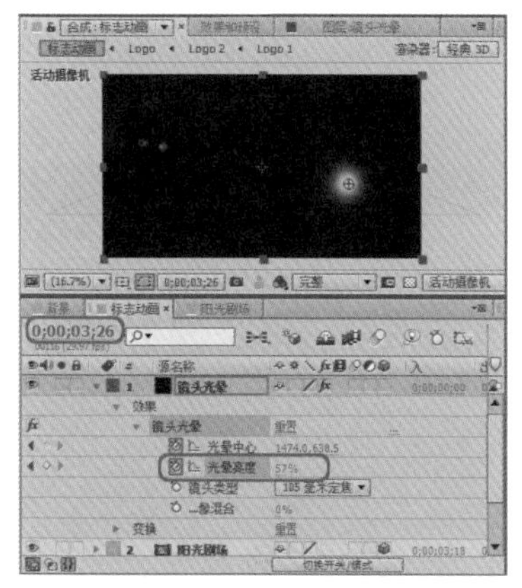
图 11-60　设置光晕亮度

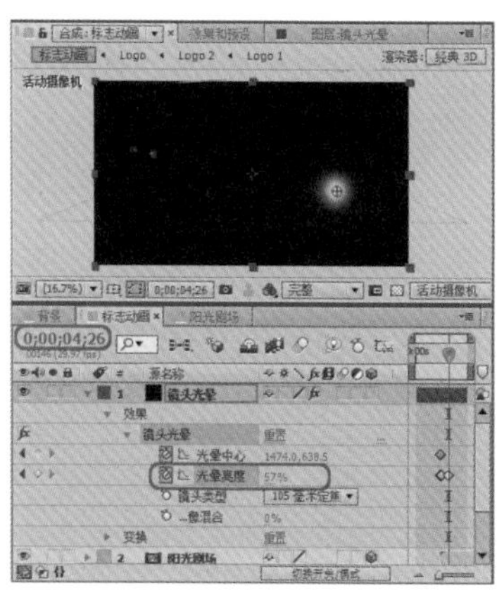
图 11-61　添加关键帧 (2)

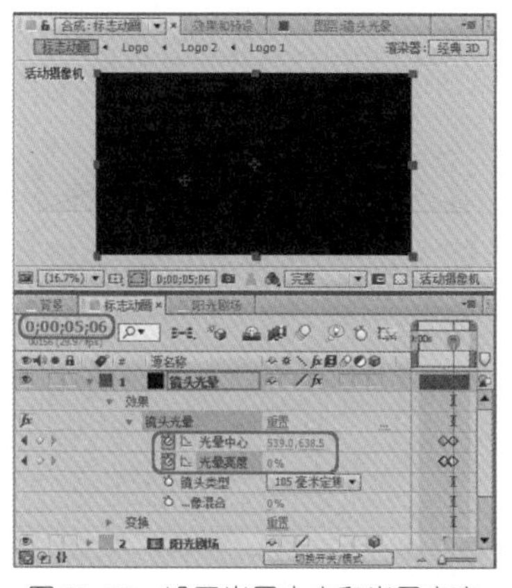
图 11-62　设置光晕中心和光晕亮度

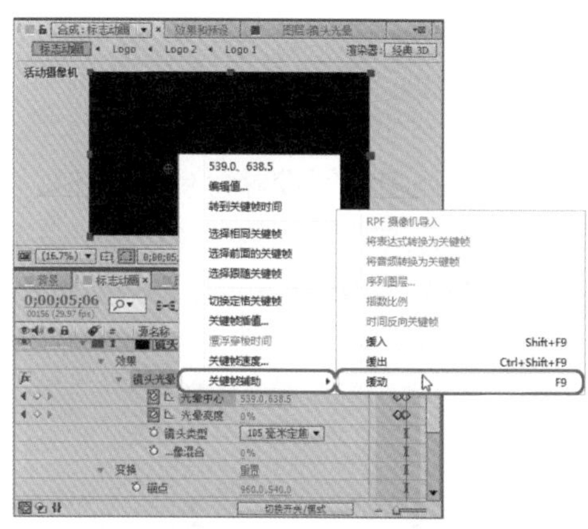
图 11-63　选择【缓动】命令

(29) 选中该图层，在菜单栏中选择【效果】|【颜色校正】|【色调】命令，如图 11-64 所示。

(30) 添加完成后，在时间轴中将图层的混合模式设置为【相加】，如图 11-65 所示。

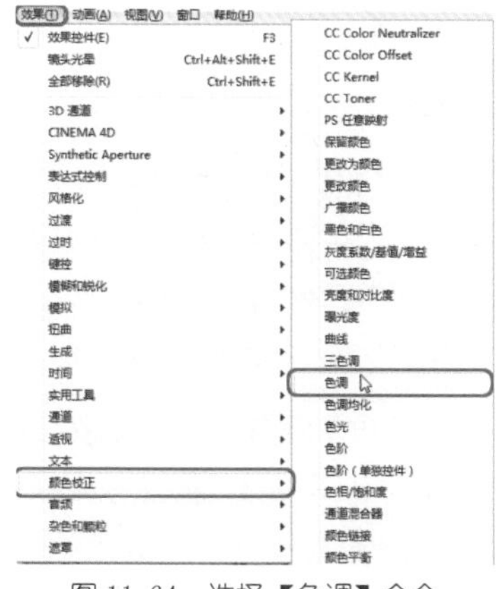
图 11-64　选择【色调】命令

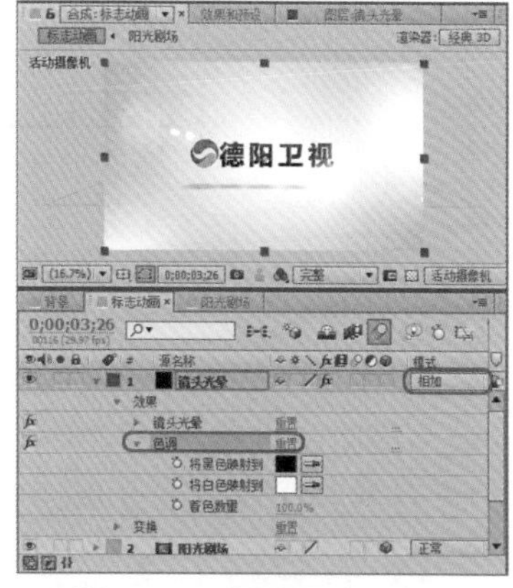
图 11-65　设置图层混合模式

(31) 继续选中该图层，在菜单栏中选择【效果】|【颜色校正】|【曲线】命令，在【效果控件】面板中将【曲线】下的【通道】设置为【红色】，然后对曲线进行调整，如图 11-66 所示。

(32) 将【曲线】下的【通道】设置为【绿色】，然后对曲线进行调整，如图 11-67 所示。

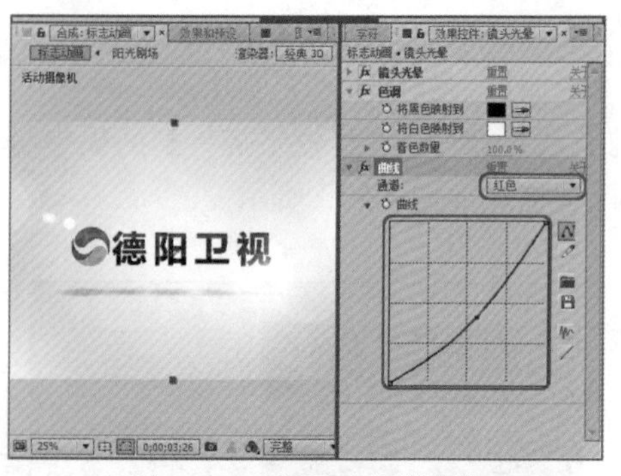

图 11-66　设置红色通道曲线

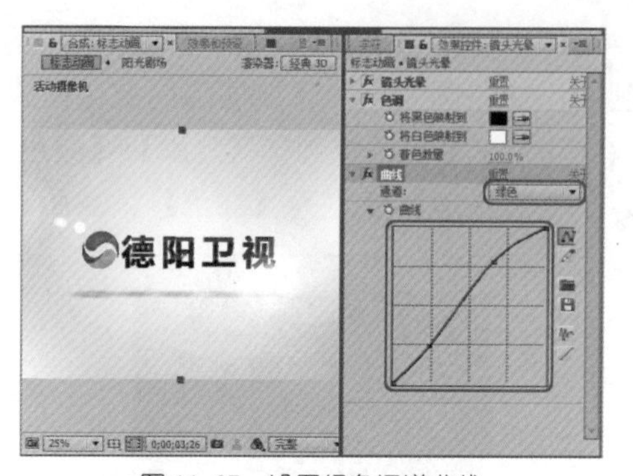

图 11-67　设置绿色通道曲线

（33）将【曲线】下的【通道】设置为【蓝色】，然后对曲线进行调整，如图 11-68 所示。

（34）按 Ctrl+N 组合键，在弹出的对话框中将【合成名称】设置为【蓝光】，将【预设】设置为 HDTV 1080 29.97，将【持续时间】设置为 0:00:07:15，如图 11-69 所示。

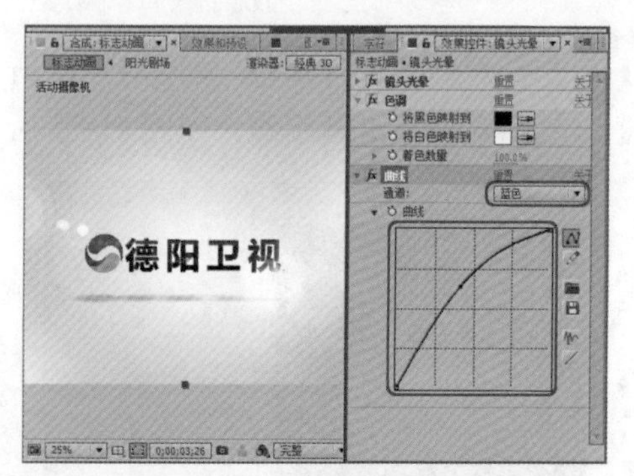

图 11-68　设置蓝色通道曲线

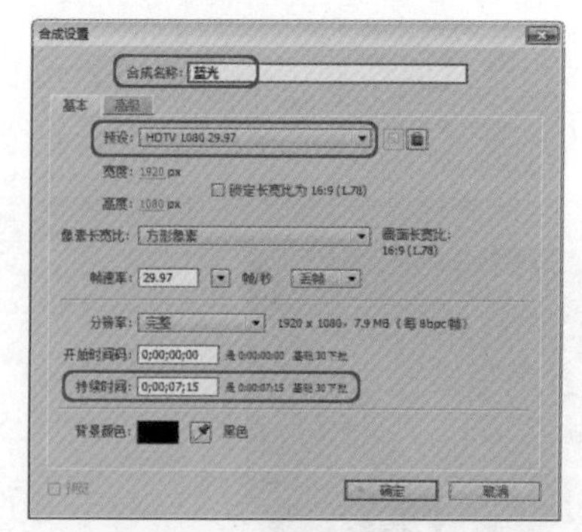

图 11-69　设置合成参数 (3)

（35）设置完成后，单击【确定】按钮，在时间轴中右击，在弹出的快捷菜单中选择【新建】|【纯色】命令，在弹出的对话框中将【名称】设置为【闪光】，如图 11-70 所示。

（36）设置完成后，单击【确定】按钮，选中该图层，在菜单栏中选择【效果】|【生成】|【镜头光晕】命令，在时间轴中将【镜头光晕】下的【光晕中心】设置为 960、540，将【光晕亮度】设置为 57，将【镜头类型】设置为【105 毫米定焦】，如图 11-71 所示。

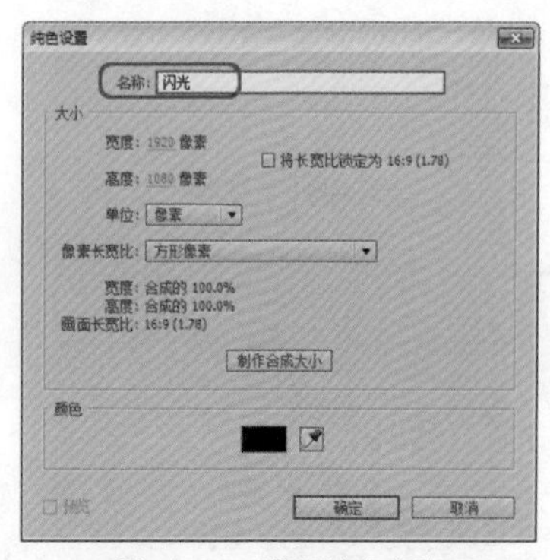

图 11-70　设置纯色名称

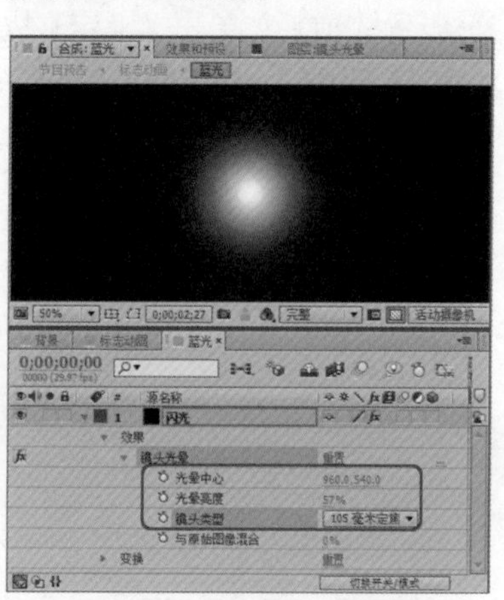

图 11-71　设置镜头光晕参数

(37) 继续选中该图层，在菜单栏中选择【效果】|【颜色校正】|【色调】命令，为选中的图层添加色调效果，将该图层的混合模式设置为【相加】，如图 11-72 所示。

(38) 在菜单栏中选择【效果】|【颜色校正】|【曲线】命令，在【效果控件】面板中将【曲线】下的【通道】设置为【红色】，然后对曲线进行调整，如图 11-73 所示。

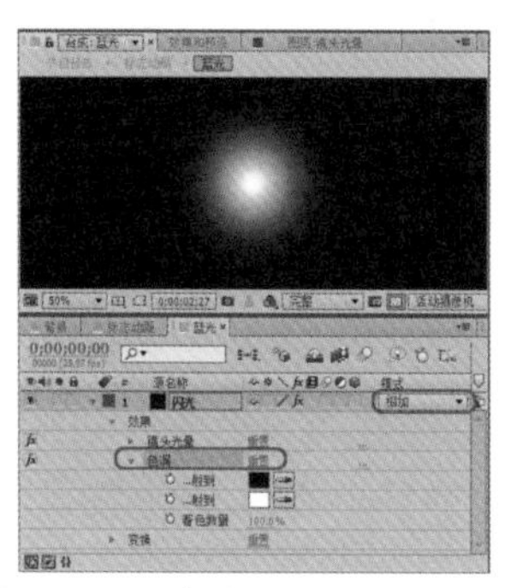

图 11-72　添加色调并设置混合模式

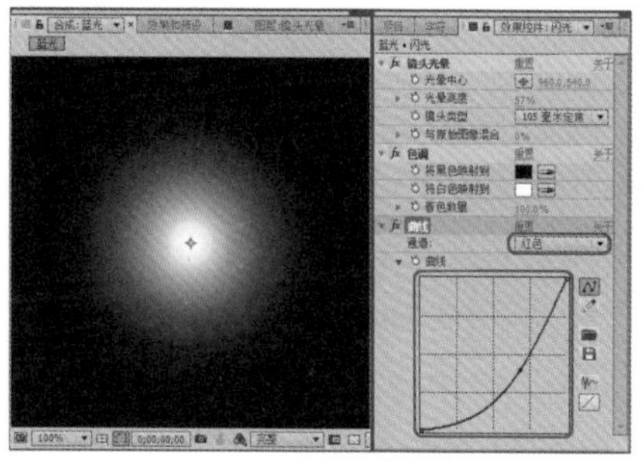

图 11-73　调整红色通道曲线 (1)

(39) 将【曲线】下的【通道】设置为【绿色】，然后对曲线进行调整，如图 11-74 所示。

(40) 将【曲线】下的【通道】设置为【蓝色】，然后对曲线进行调整，如图 11-75 所示。

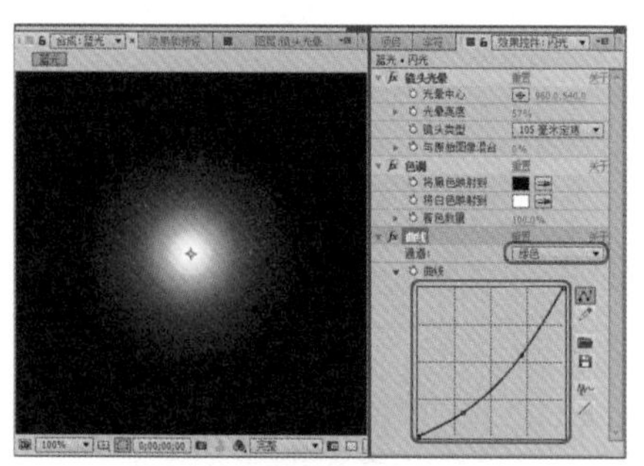

图 11-74　调整绿色通道曲线 (1)

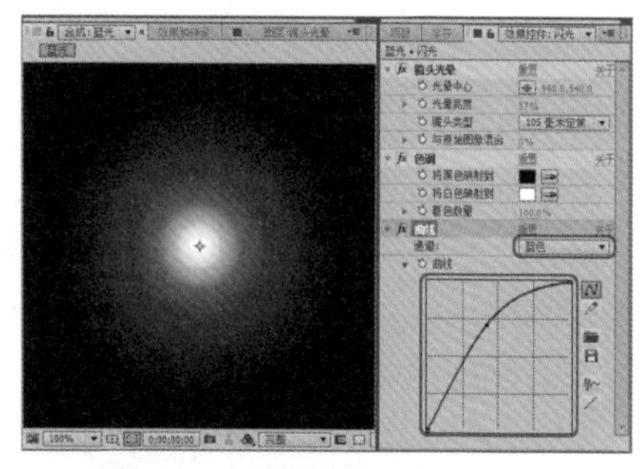

图 11-75　调整蓝色通道曲线 (1)

(41) 在【标志动画】时间轴中右击，在弹出的快捷菜单中选择【新建】|【纯色】命令，在弹出的对话框中将【名称】设置为【路径】，将【宽度】、【高度】都设置为 100 像素，将【颜色】设置为白色，如图 11-76 所示。

(42) 设置完成后，单击【确定】按钮，在时间轴中将该图层的开始时间设置为 0:00:00:16，将【持续时间】设置为 0:00:08:01，如图 11-77 所示。

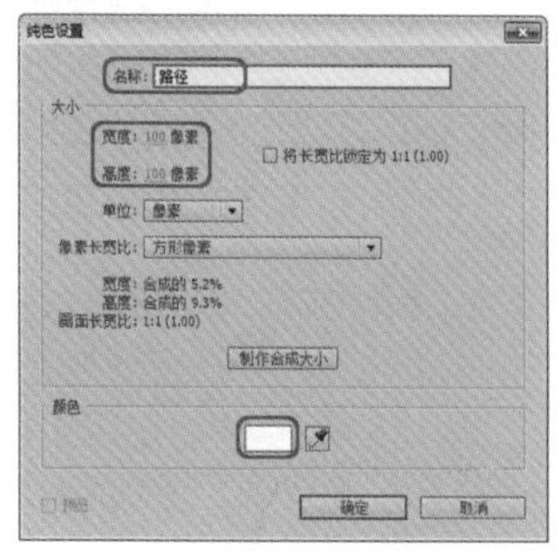

图 11-76　设置纯色参数 (2)

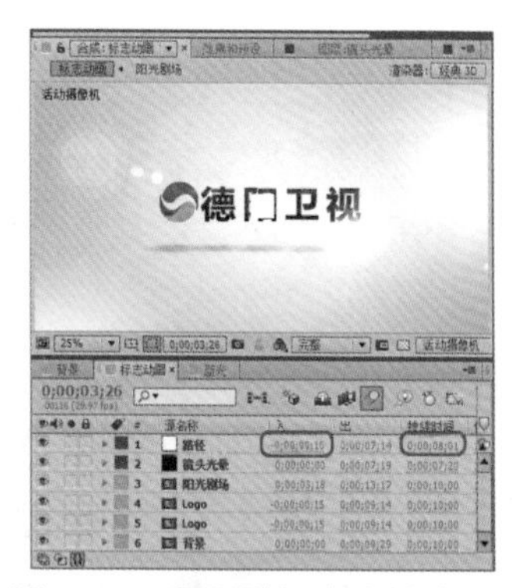

图 11-77　设置开始时间和持续时间

（43）继续选中该图层，将当前时间设置为 0:00:00:16，打开该图层的三维模式，将【变换】下的【锚点】设置为 11、137.8、0，将【位置】设置为 −1259.9、598.9、1941.1，并单击其左侧的 按钮，将【Y 轴旋转】设置为 2x+86，将【不透明度】设置为 0，如图 11-78 所示。

在将当前时间设置为负数时，无法通过拖动时间线来将当前时间设置为负数，需要在时间轴中直接输入负数时间。

（44）将当前时间设置为 0:00:00:00，将【变换】下的【位置】设置为 −944.7、437.5、1772.5，如图 11-79 所示。

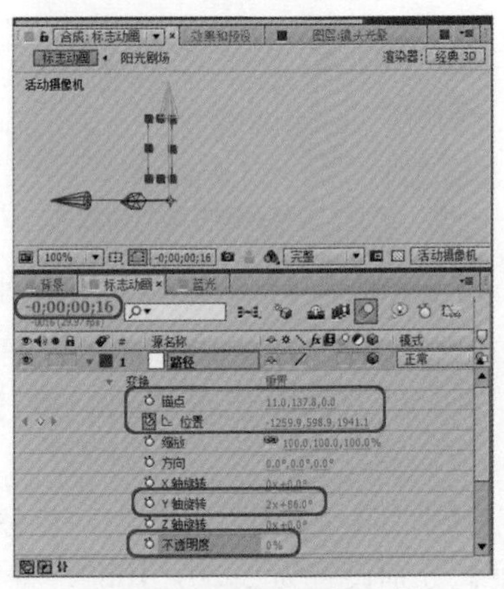

图 11-78　设置变换参数（2）

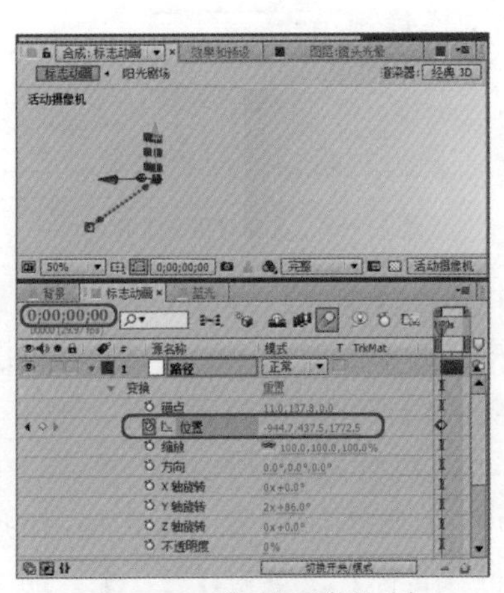

图 11-79　设置位置参数（1）

（45）将当前时间设置为 0:00:02:00，将【变换】下的【位置】设置为 960、540、−1348，如图 11-80 所示。

（46）将当前时间设置为 0:00:03:26，将【变换】下的【位置】设置为 1460、298、−1038，如图 11-81 所示。

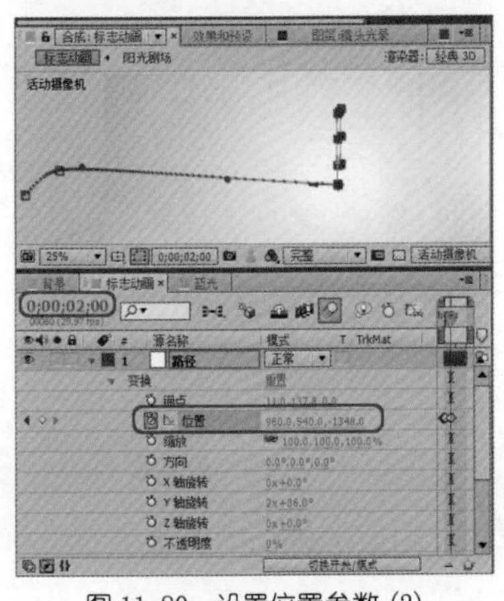

图 11-80　设置位置参数（2）

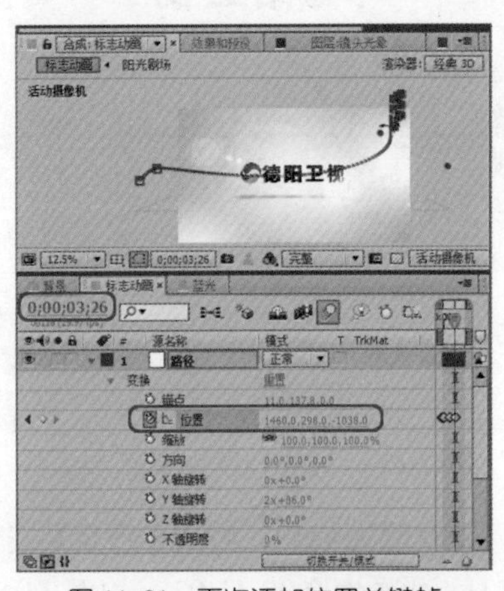

图 11-81　再次添加位置关键帧

（47）在时间轴中选中添加的四个关键帧，右击，在弹出的快捷菜单中选择【关键帧辅助】|【缓动】命令，如图 11-82 所示。

(48) 设置完成后，继续选中该图层，在【合成】面板中调整运动曲线的平滑度，调整后的效果如图 11-83 所示。

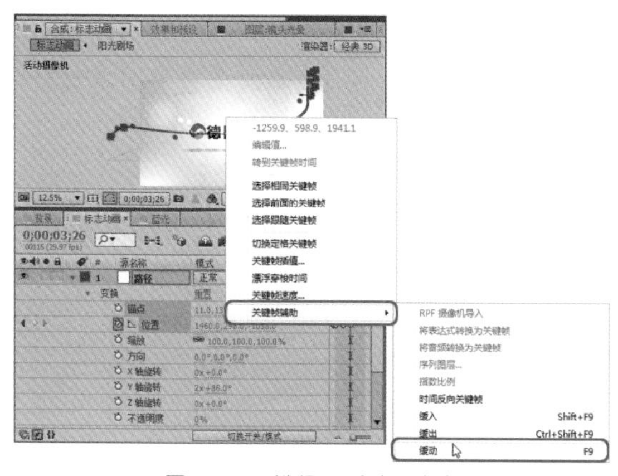

图 11-82　选择【缓动】命令

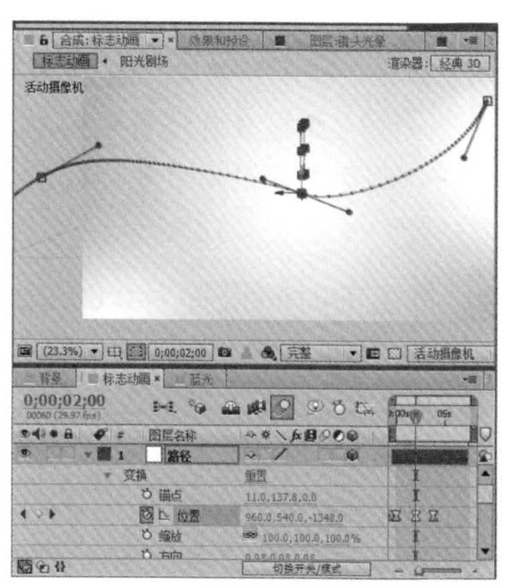

图 11-83　调整运动曲线后的效果

(49) 在【项目】面板中将【蓝光】合成文件按住鼠标拖动至【标志动画】时间轴中，在时间轴中打开该图层的三维模式，将该图层的混合模式设置为【相加】，按住 Alt 键，单击【位置】左侧的按钮，添加表达式，输入 thisComp.layer(" 路径 ").transform.position，将【缩放】设置为 23，如图 11-84 所示。

(50) 在时间轴中右击，在弹出的快捷菜单中选择【新建】|【纯色】命令，在弹出的对话框中将【名称】设置为【粒子】，将【宽度】、【高度】分别设置为 1920、1080，将【颜色】设置为白色，如图 11-85 所示。

图 11-84　设置图层模式并添加表达式

图 11-85　设置纯色参数 (3)

(51) 设置完成后，单击【确定】按钮，在时间轴中将该图层的开始时间设置为 0:00:03:18，将持续时间设置为 0:00:11:03，如图 11-86 所示。

(52) 继续选中该图层，在菜单栏中选择【效果】|【模拟】| CC Particle World（粒子世界）命令，如图 11-87 所示。

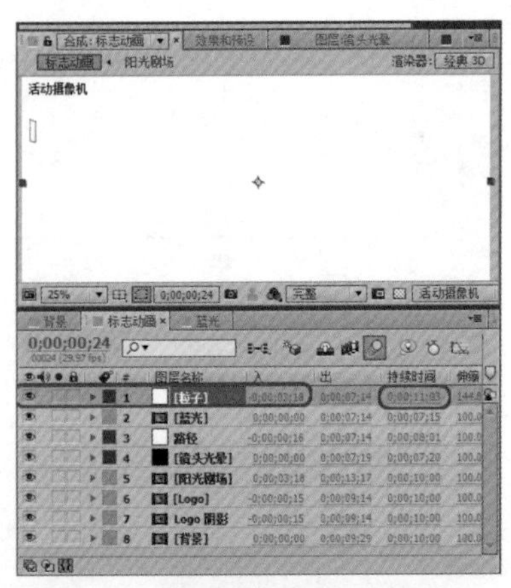

图 11-86　设置开始时间和持续时间

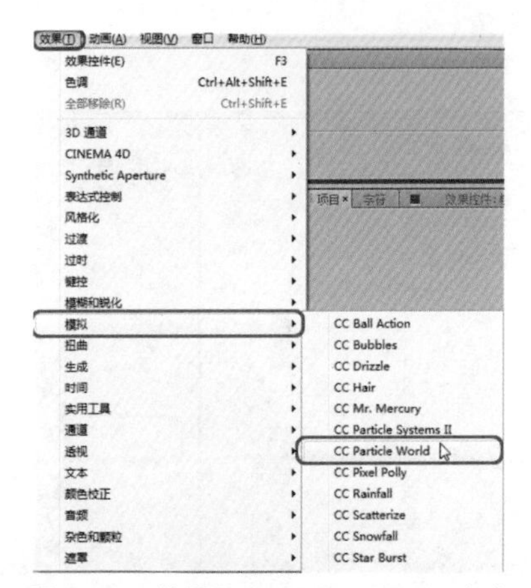

图 11-87　选择 CC Particle World 命令

（53）在时间轴中将 Grid&Guides 选项组中的 Radius 复选框取消选中，将 Birth Rate（出生率）设置为 6.4，将 Longevity（sec）（寿命）设置为 1.78，如图 11-88 所示。

（54）在时间轴中按住 Alt 键，单击 Producer（生产者）选项组中 PositionX（位置 X）左侧的⏱按钮，输入表达式，并为 PositionY（位置 Y）、PositionZ（位置 Z）添加表达式，将 RadiusX（半径 X）、RadiusY（半径 Y）、RadiusZ（半径 Z）分别设置为 0.007、0.007、0.01，如图 11-89 所示。

```
PositionX 表达式:
p = thisComp.layer(" 路径 ").transform.position;
d = (p - [thisComp.width/2,thisComp.height/2,0])/thisComp.width;
d[0]

PositionY 表达式:
p = thisComp.layer(" 路径 ").transform.position;
d = (p - [thisComp.width/2,thisComp.height/2,0])/thisComp.width;
d[1]

PositionZ 表达式:
p = thisComp.layer(" 路径 ").transform.position;
d = (p - [thisComp.width/2,thisComp.height/2,0])/thisComp.width;
d[2]
```

（55）将 Physics（物理）选项组中的 Animation（动画）设置为 Fractal Omni（分形泛光灯），将 Velocity（速度）、Gravity（重力）、Resistance（电阻）、Extra 分别设置为 0.04、0、0、2.35，如图 11-90 所示。

（56）将 Particle（粒子）选项组中 Particle Type（粒子类型）设置为 LenseConvex（凸面镜），将 Birth Size（出生大小）、Death Size（死亡大小）、Size Variation（大小变化）、Max Opacity（Max 不透明度）分别设置为 0.03、0.02、100、75，将 Transfer Mode（传输模式）设置为 Add（添加），如图 11-91 所示。

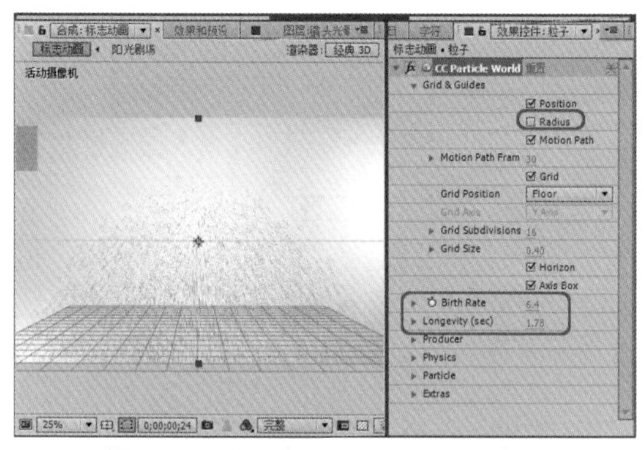
图 11-88　设置 CC Particle World 参数

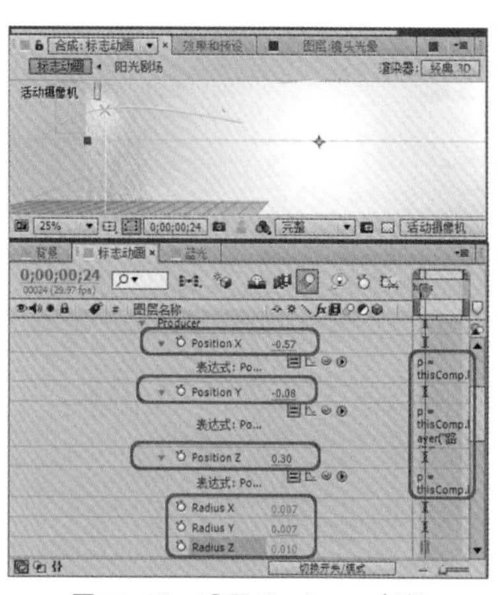
图 11-89　设置 Producer 参数

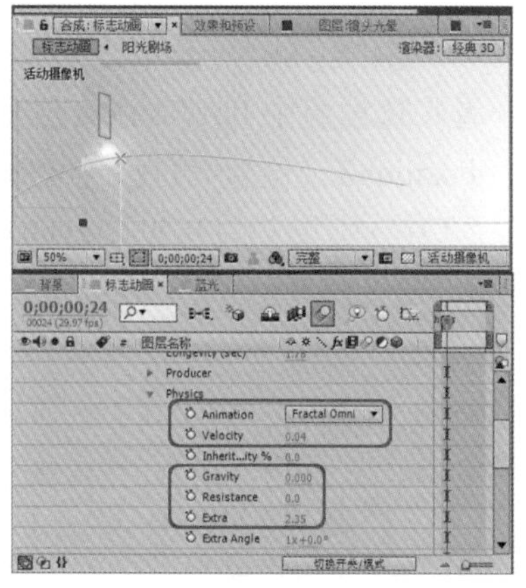
图 11-90　设置 Physics 参数

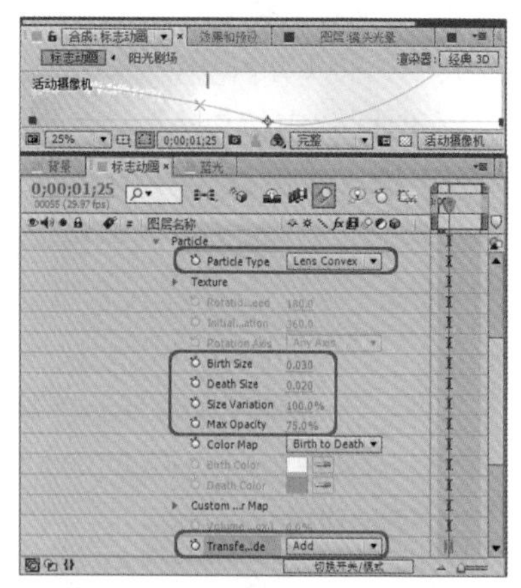
图 11-91　设置 Particle 参数

(57) 继续选中该图层，将当前时间设置为 0:00:03:26，将【变换】下的【不透明度】设置为 100，并单击其左侧的⏱按钮，如图 11-92 所示。

(58) 将当前时间设置为 0:00:04:10，将【变换】下的【不透明度】设置为 0，将图层的混合模式设置为【相加】，如图 11-93 所示。

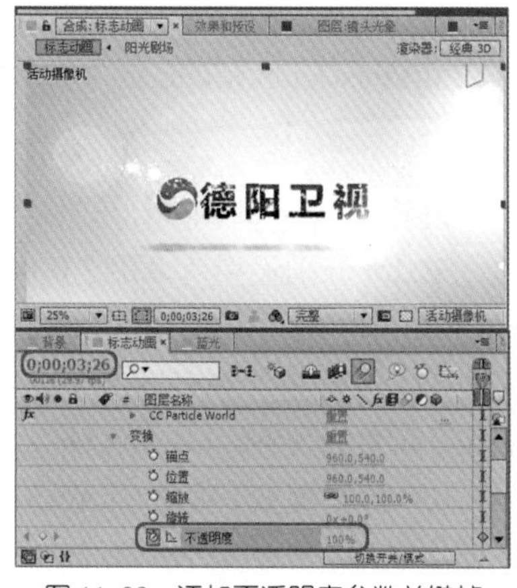
图 11-92　添加不透明度参数关键帧

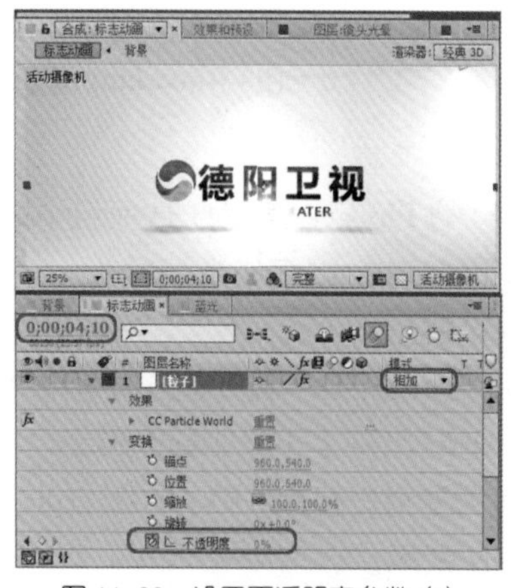
图 11-93　设置不透明度参数 (2)

（59）按 Ctrl+I 组合键，在弹出的对话框中选择【光 .avi】素材文件，如图 11-94 所示。

（60）使用同样的方法创建其他粒子效果，并为其添加表达式，将【蓝光】图层调整至最上方，效果如图 11-95 所示。

图 11-94　选择素材文件

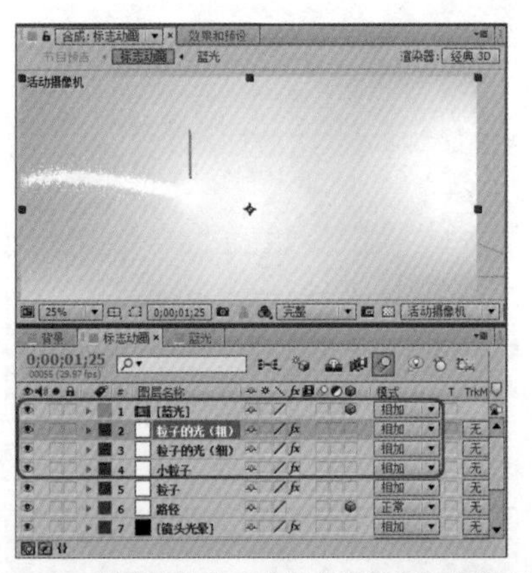

图 11-95　创建其他粒子效果并调整图层后的效果

（61）单击【导入】按钮，在【项目】面板中选中该素材文件，按住鼠标将其拖动至【合成】面板中，在时间轴中将图层的混合模式设置为【相加】，将该图层的开始时间设置为 0:00:01:29，如图 11-96 所示。

（62）在时间轴中右击，在弹出的快捷菜单中选择【新建】|【摄像机】命令，如图 11-97 所示。

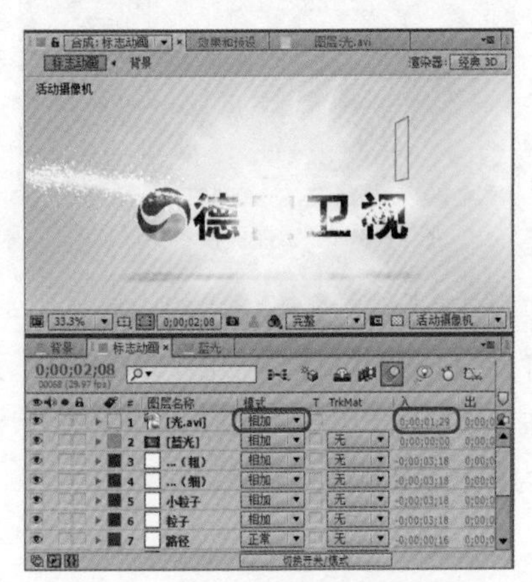

图 11-96　设置图层的混合模式和开始时间

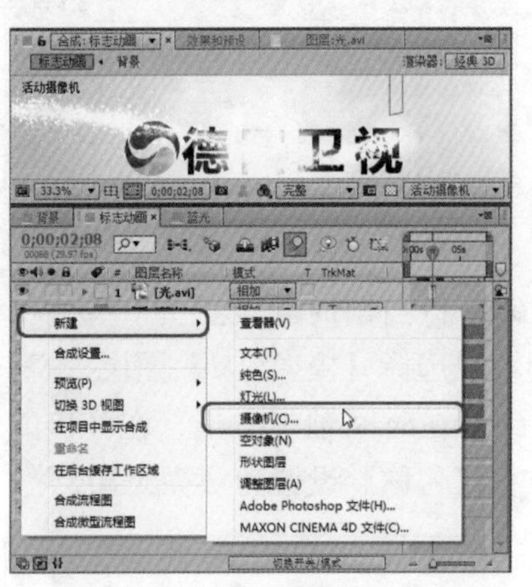

图 11-97　选择【摄像机】命令

（63）在弹出的对话框中单击【确定】按钮，在时间轴中将【变换】下的【目标点】设置为 960、540、272.3，将【位置】设置为 960、540、−1594.4，如图 11-98 所示。

（64）在时间轴中将【摄像机选项】下的【缩放】设置为 1866.7，将【焦距】、【光圈】、【模糊层次】分别设置为 1866.9、590、79，如图 11-99 所示。

（65）在【项目】面板中对【路径】纯色图层进行复制，选中复制后的图层，按住鼠标将其拖动至时间轴中，将其持续时间设置为 0:00:07:15，如图 11-100 所示。

（66）打开该图层的三维图层模式，将当前时间设置为 0:00:00:00，将【变换】下的【锚点】设置为 0、0、0，单击【位置】左侧的⏱按钮，将【不透明度】设置为 0，如图 11-101 所示。

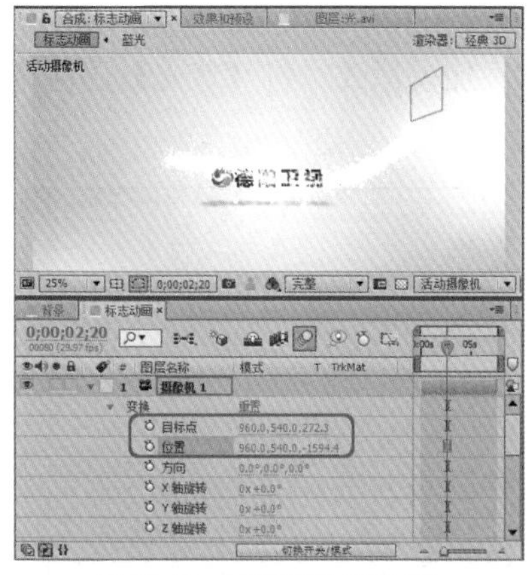
图 11-98　设置变换参数 (3)

图 11-99　设置摄像机参数

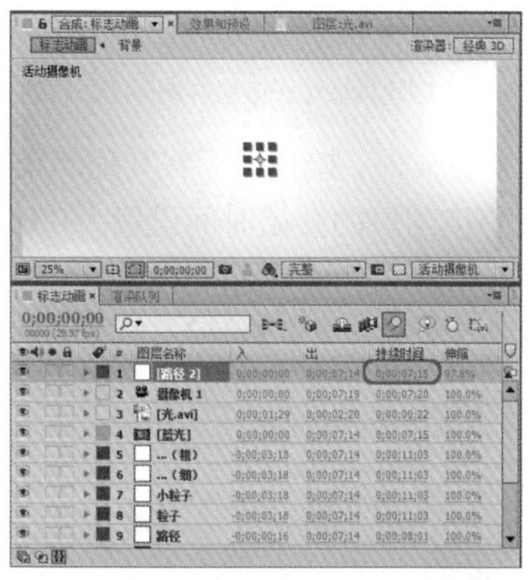
图 11-100　设置图层的持续时间

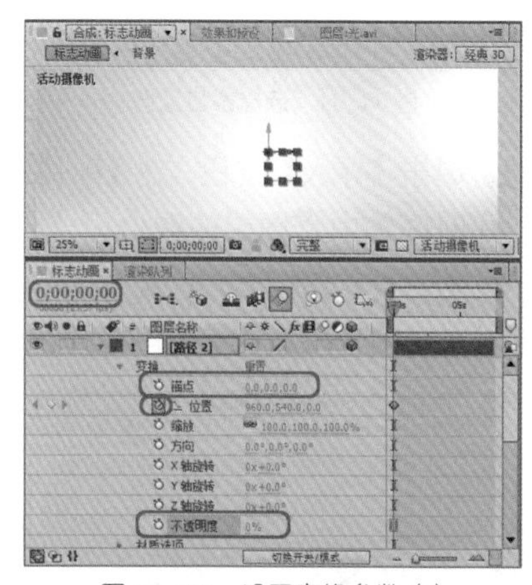
图 11-101　设置变换参数 (4)

(67) 将当前时间设置为 0:00:07:10，将【变换】下的【位置】设置为 960、540、288，在时间轴中选择【摄像机 1】图层，将其【父级】设置为【1. 路径 2】，如图 11-102 所示。

(68) 在时间轴中右击，在弹出的快捷菜单中选择【新建】|【纯色】命令，在弹出的对话框中将【名称】设置为【亮光】，将【颜色】设置为黑色，如图 11-103 所示。

图 11-102　设置位置参数 (3)

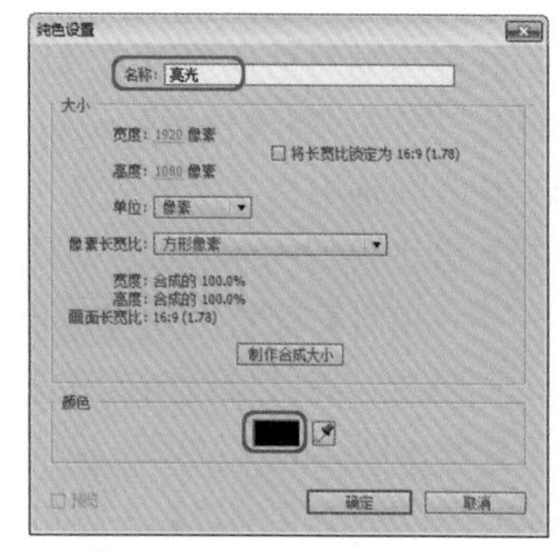
图 11-103　设置纯色参数 (4)

（69）设置完成后，单击【确定】按钮，选中新建的图层，在时间轴中将【持续时间】设置为0:00:07:15，如图11-104所示。

（70）选中该图层，在菜单栏中选择【效果】|【生成】|【镜头光晕】命令，将当前时间设置为0:00:00:10，将【镜头光晕】下的【光晕中心】设置为1024、-72，将【光晕亮度】设置为180，单击其左侧的按钮，将【镜头类型】设置为【105毫米定焦】，如图11-105所示。

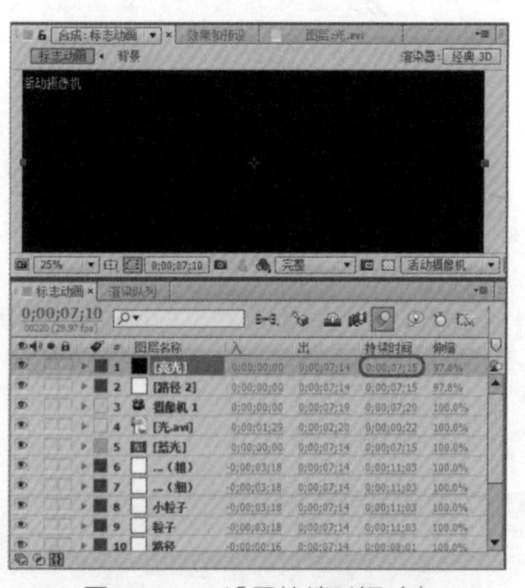

图11-104　设置持续时间（1）

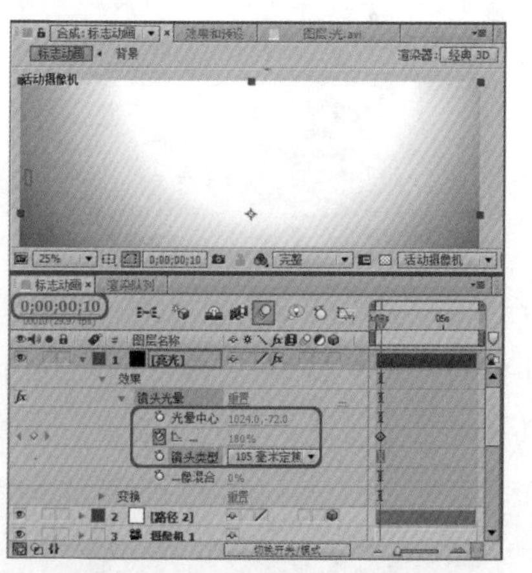

图11-105　设置镜头光晕参数

（71）将当前时间设置为0:00:01:04，将【镜头光晕】下的【光晕亮度】设置为100，如图11-106所示。

（72）将当前时间设置为0:00:06:04，将【镜头光晕】下的【光晕亮度】设置为96，如图11-107所示。

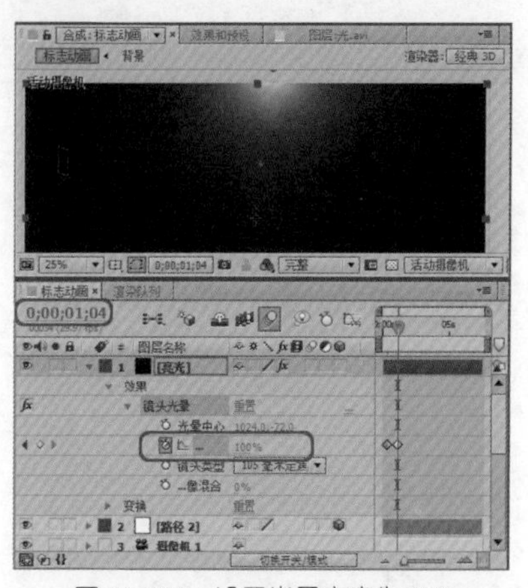

图11-106　设置光晕亮度为100

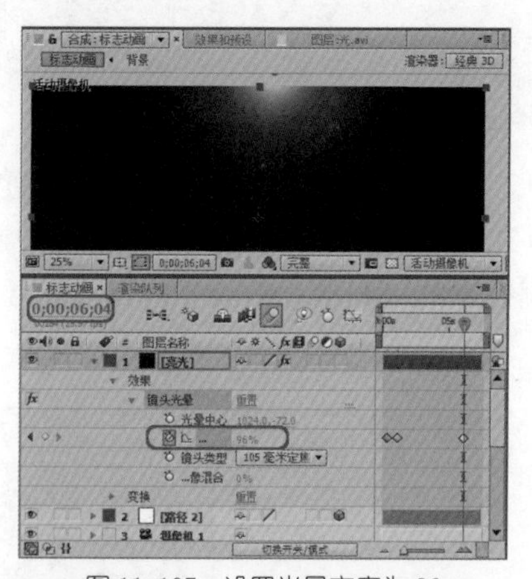

图11-107　设置光晕亮度为96

（73）将当前时间设置为0:00:07:03，将【镜头光晕】下的【光晕亮度】设置为185，将该图层的混合模式设置为【屏幕】，如图11-108所示。

（74）继续选中该图层，在菜单栏中选择【效果】|【颜色校正】|【色调】命令，使用其默认参数即可，效果如图11-109所示。

图 11-108 设置光晕亮度和图层混合模式

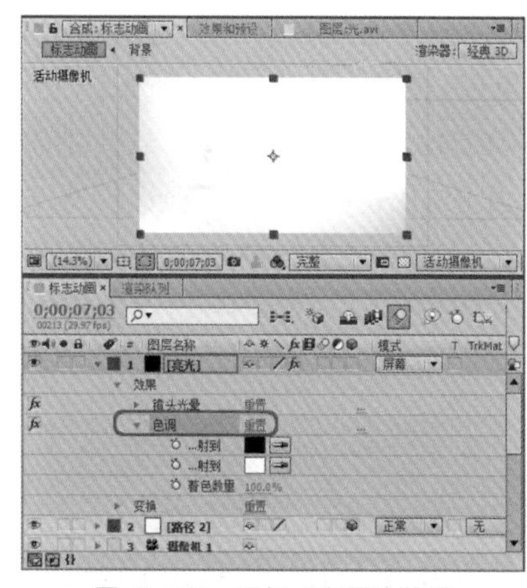

图 11-109 添加【色调】效果

(75) 在菜单栏中选择【效果】|【颜色校正】|【曲线】命令，在【效果控件】面板中将【曲线】下的【通道】设置为【红色】，调整曲线，效果如图 11-110 所示。

(76) 将【曲线】下的【通道】设置为【绿色】，调整曲线，如图 11-111 所示。

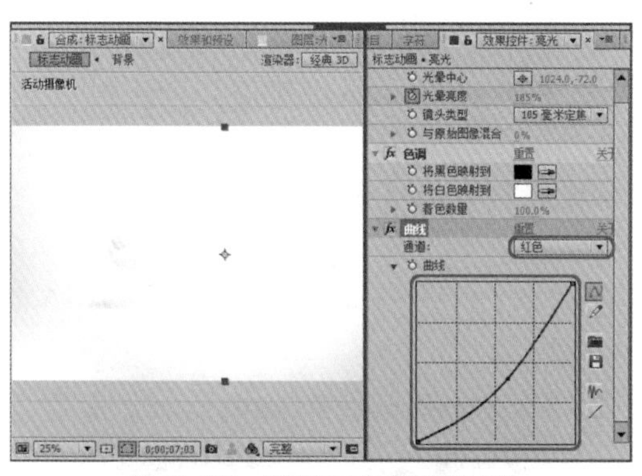

图 11-110 调整红色通道曲线 (2)

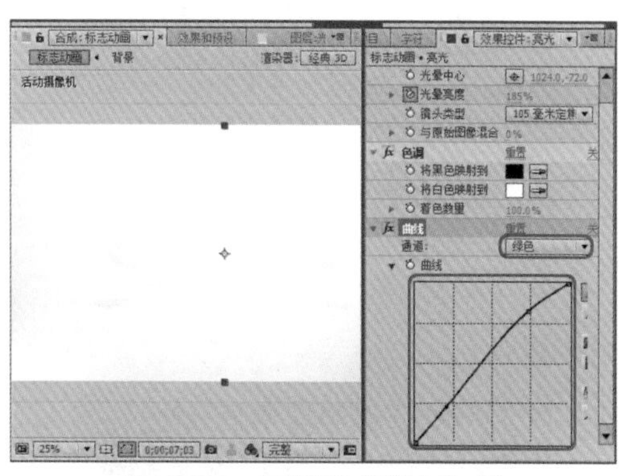

图 11-111 调整绿色通道曲线 (2)

(77) 将【曲线】下的【通道】设置为【蓝色】，调整曲线，如图 11-112 所示。

(78) 继续选中该图层，在菜单栏中选择【效果】|【模糊和锐化】|【快速模糊】命令，将【快速模糊】下的【模糊度】设置为 3，将【重复边缘像素】设置为【开】，如图 11-113 所示。

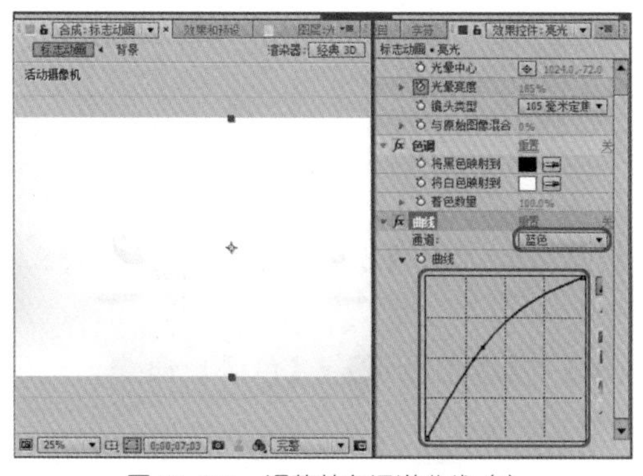

图 11-112 调整蓝色通道曲线 (2)

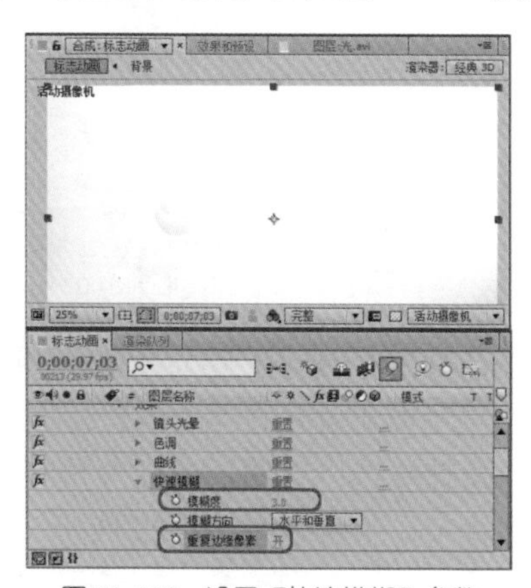

图 11-113 设置【快速模糊】参数

(79) 在时间轴中右击，在弹出的快捷菜单中选择【新建】|【调整图层】命令，如图 11-114 所示。

(80) 选中新建的调整图层，在时间轴中将其持续时间设置为 0:00:07:15，如图 11-115 所示。

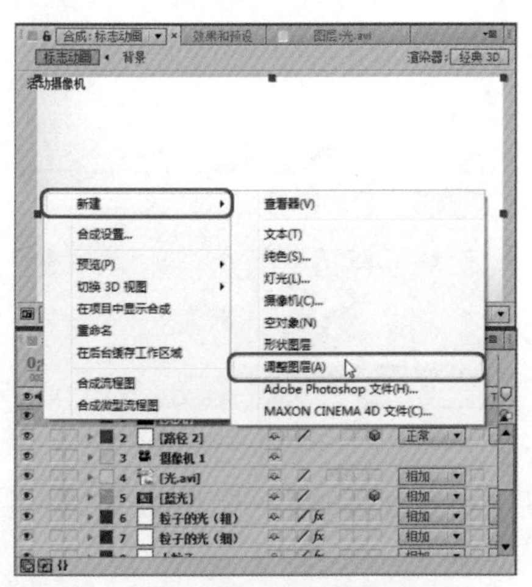

图 11-114　选择【调整图层】命令

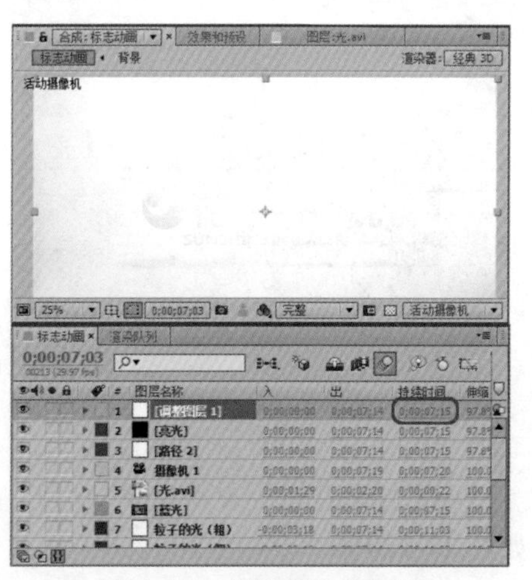

图 11-115　设置持续时间 (2)

(81) 选中该图层，为其添加【锐化】效果，将【锐化量】设置为 20，为其添加【曲线】效果，调整 RGB 通道曲线，再为其添加【快速模糊】效果，将当前时间设置为 0:00:00:11，将【快速模糊】下的【模糊度】设置为 20，单击其左侧的 按钮，选中【重复边缘像素】复选框，如图 11-116 所示。

(82) 将当前时间设置为 0:00:01:06，将【快速模糊】下的【模糊度】设置为 0，如图 11-117 所示。

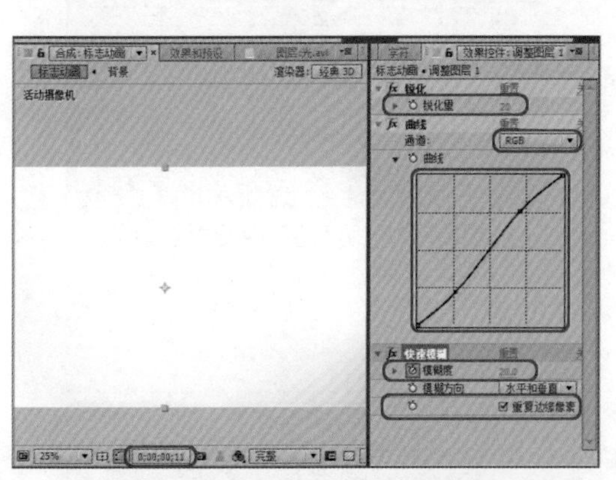

图 11-116　添加效果并设置其参数

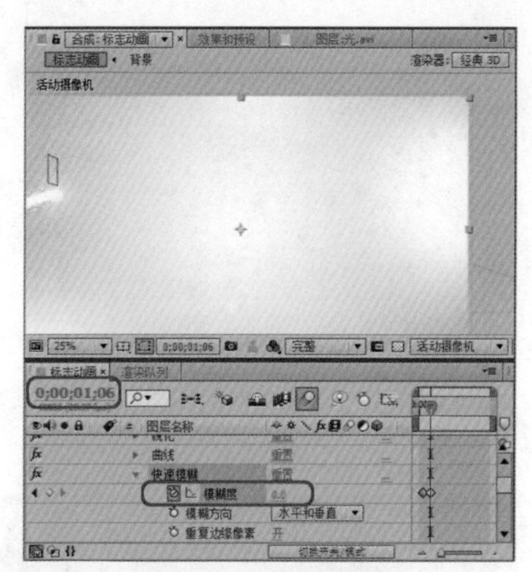

图 11-117　设置模糊度

(83) 在【项目】面板中选择【灯】纯色图层，按住鼠标将其拖动至时间轴中，将其命名为【遮罩】，将当前时间设置为 0:00:00:00，单击【变换】下的【不透明度】左侧的 按钮，添加一个关键帧，如图 11-118 所示。

(84) 将当前时间设置为 0:00:00:15，将【变换】下的【不透明度】设置为 0，如图 11-119 所示。

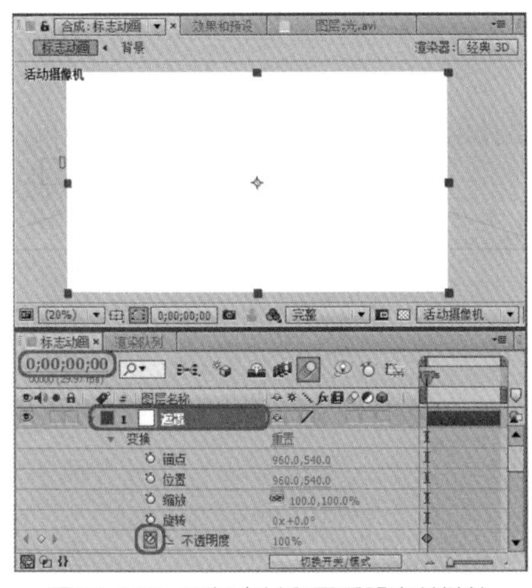
图 11-118　添加素材和不透明度关键帧

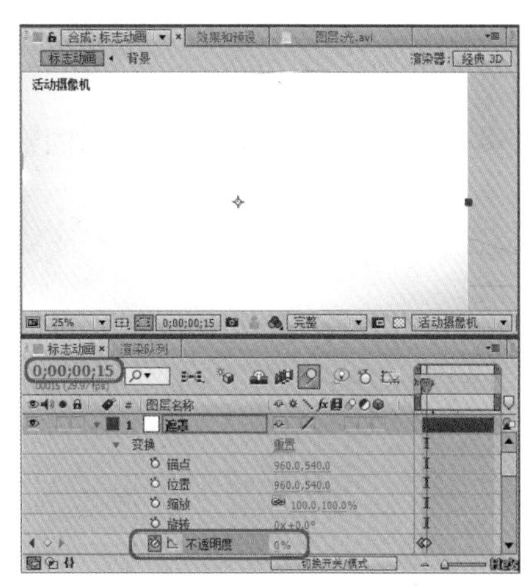
图 11-119　设置不透明度参数 (3)

(85) 将当前时间设置为 0:00:06:19，在时间轴中为【变换】下的【不透明度】添加一个关键帧，如图 11-120 所示。

(86) 将当前时间设置为 0:00:07:10，将【变换】下的【不透明度】设置为 100，如图 11-121 所示。

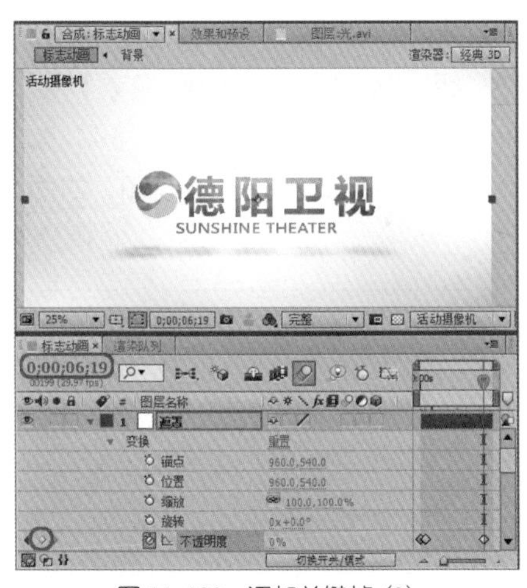

图 11-120　添加关键帧 (3)

图 11-121　将不透明度设置为 100

案例精讲 110　制作结尾字幕

案例文件：光盘 | 场景 | Cha11| 节目预告 .aep

视频文件：光盘 | 视频教学 | Cha11 | 制作结尾字幕 .avi

制作概述

下面将介绍如何制作结尾字幕，该例主要通过为纯色图层添加不同的效果，并添加关键帧动画，然后再输入文字，从而完成结尾字幕。

学习目标

学习如何在 AE 中绘制形状，掌握梯度渐变、投影的应用方法，掌握结尾字幕的动画制作过程。

操作步骤

(1) 继续上面的操作，按 Ctrl+N 组合键，在弹出的对话框中将【合成名称】设置为【结尾字幕】，将【持续时间】设置为 0:00:02:00，如图 11-122 所示。

(2) 设置完成后，单击【确定】按钮，新建一个 1024×768 的【形状】纯色图层，选中该图层，在菜单栏中选择【效果】|【生成】|【梯度渐变】命令，将【渐变起点】设置为 0、384，将【起始颜色】的颜色值设置为 #A70000，将【渐变终点】设置为 1024、384，将【结束颜色】的颜色值设置为 #F32E00，如图 11-123 所示。

图 11-122　设置合成参数

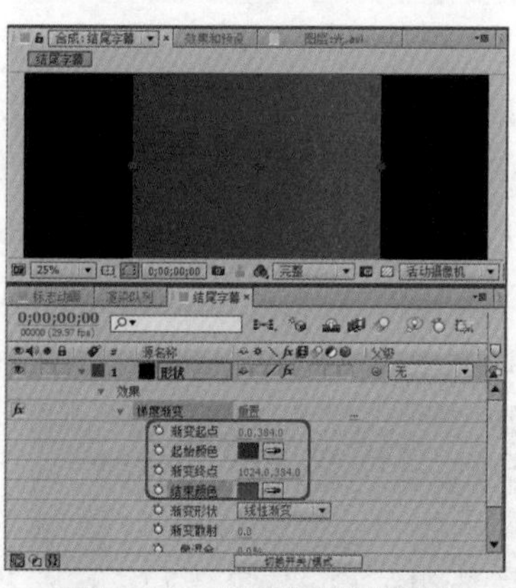

图 11-123　设置梯度渐变参数

(3) 继续选中该图层，在菜单栏中选择【效果】|【透视】|【投影】命令，将【投影】下的【不透明度】设置为 35，将【方向】、【柔和度】分别设置为 308、10，如图 11-124 所示。

(4) 在工具栏中单击【钢笔工具】按钮，在【合成】面板中绘制一个蒙版，如图 11-125 所示。

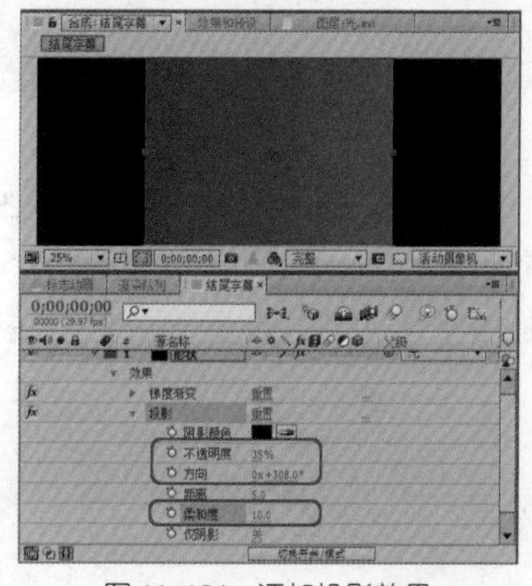

图 11-124　添加投影效果

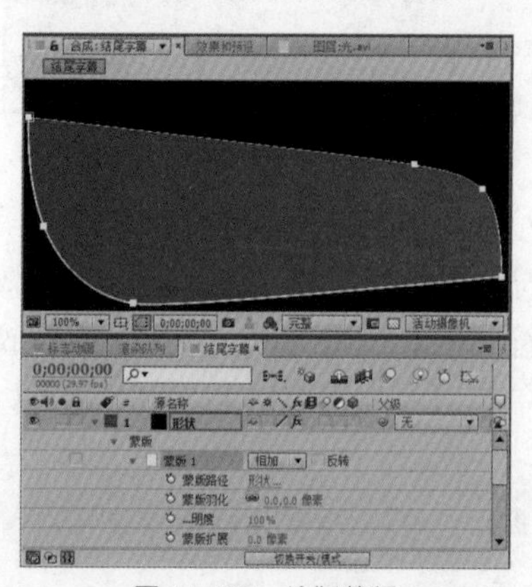

图 11-125　绘制蒙版

(5) 继续选中该图层，将当前时间设置为 0:00:00:00，将【变换】下的【锚点】设置为 998、484，将【位置】设置为 2571、626，将【缩放】设置为 300，将【旋转】设置为 48，并单击其左侧的按钮，如图 11-126 所示。

(6) 将当前时间设置为0:00:00:10，将【变换】下的【旋转】设置为-6，如图11-127所示。

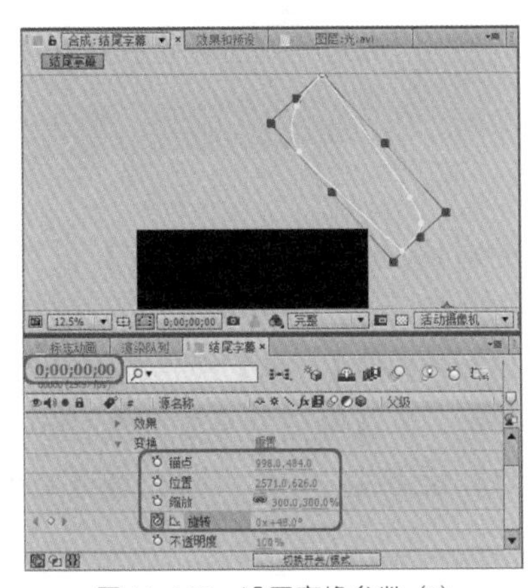

图11-126 设置变换参数(1)

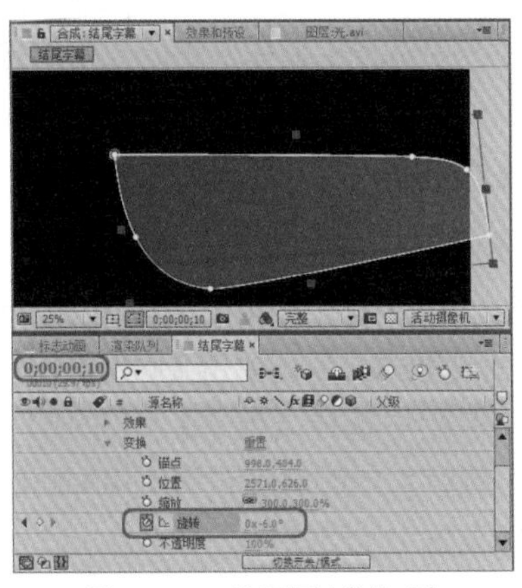

图11-127 设置旋转参数(1)

(7) 将当前时间设置为0:00:01:10，在时间轴中为【旋转】添加一个关键帧，如图11-128所示。

(8) 将当前时间设置为0:00:01:20，在时间轴中将【变换】下的【旋转】设置为-68，如图11-129所示。

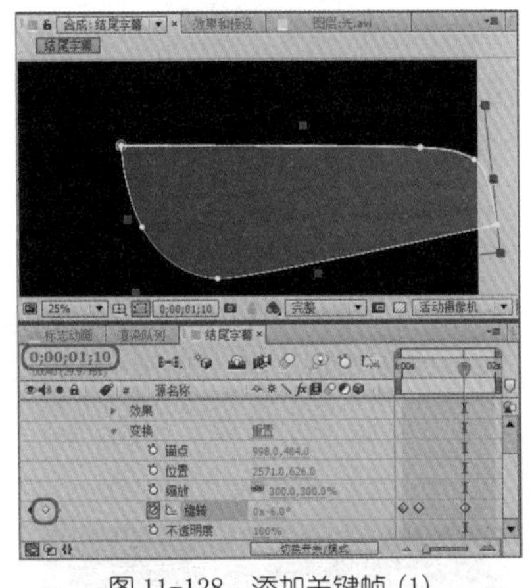

图11-128 添加关键帧(1)

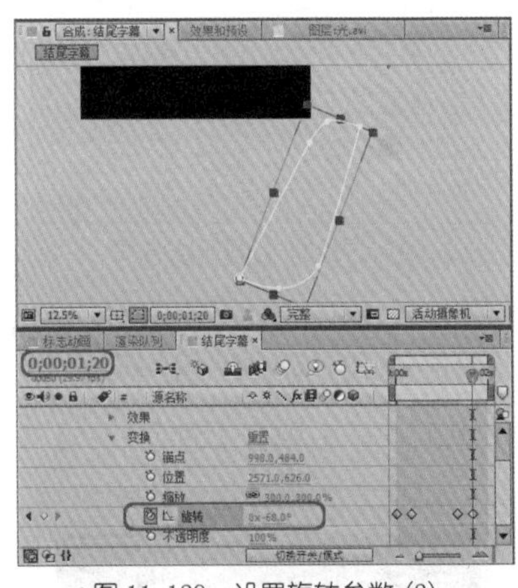

图11-129 设置旋转参数(2)

(9) 在工具栏中单击【横排文字工具】，在【合成】面板中单击，输入文字，选中输入的文字，在【字符】面板中将【字体】设置为【微软雅黑】，设置文字大小，将【行距】设置为54像素，将【字符间距】设置为0，将【垂直缩放】设置为94，将【字体颜色】设置为白色，在【段落】面板中单击【左对齐文本】按钮，如图11-130所示。

提示

将数字的文字大小设置为35，将文字的文字大小设置为45。

(10) 在时间轴中将该图层的名称设置为【结尾字幕】，将当前时间设置为0:00:00:00，将【变换】下的【锚点】设置为0、0，将【位置】设置为633、448，将【缩放】设置为120，将【不透明度】设置为0，并单击其左侧的按钮，如图11-131所示。

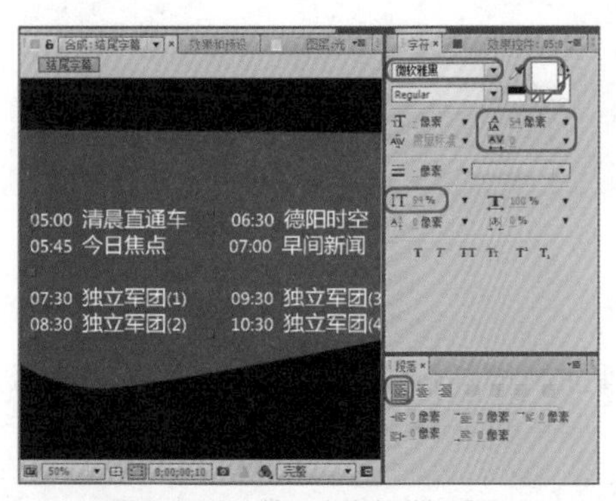

图 11-130　输入文字并进行设置

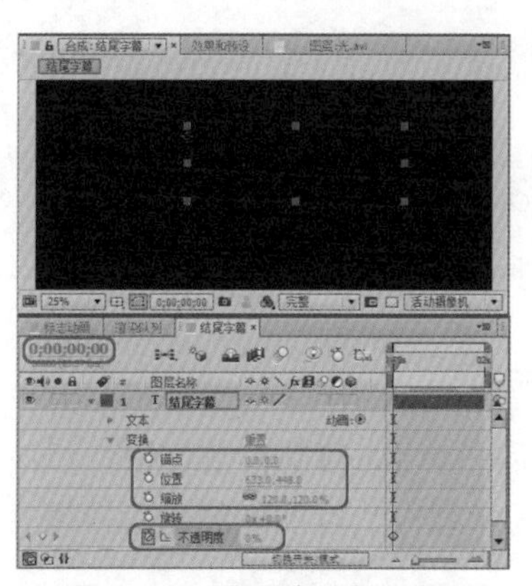

图 11-131　设置变换参数（2）

（11）将当前时间设置为0:00:00:15，将【变换】下的【不透明度】设置为100，如图 11-132 所示。

（12）将当前时间设置为0:00:01:10，在时间轴中为【变换】下的【不透明度】添加一个关键帧，如图 11-133 所示。

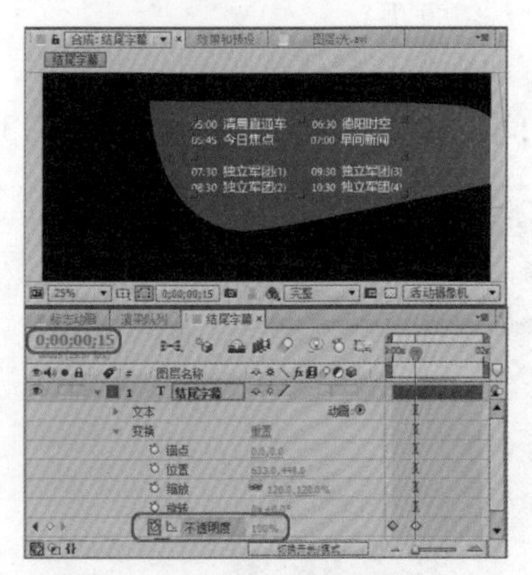

图 11-132　设置不透明度参数（1）

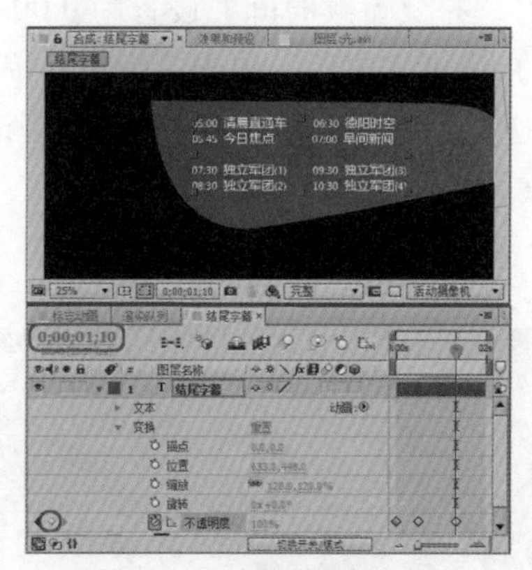

图 11-133　添加关键帧（2）

（13）将当前时间设置为0:00:01:15，将【变换】下的【不透明度】设置为0，如图 11-134 所示。

（14）使用同样的方法再创建另外两个结尾字幕，效果如图 11-135 所示。

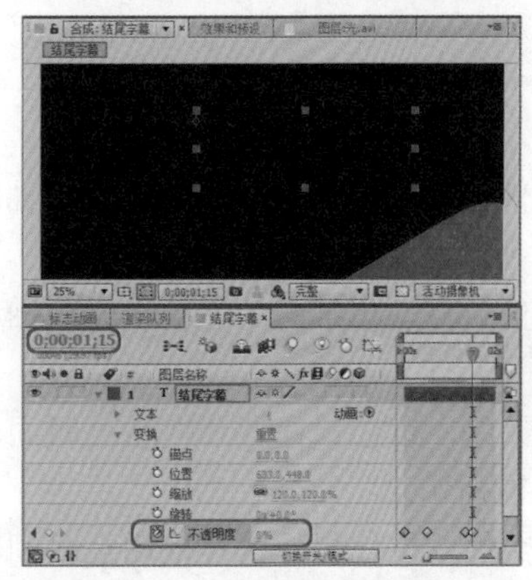

图 11-134　设置不透明度参数（2）

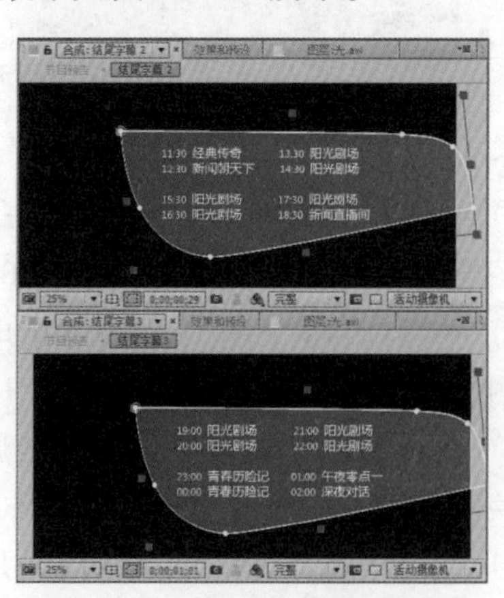

图 11-135　制作其他字幕后的效果

案例精讲 111　制作节目预告

案例文件：光盘 | 场景 | Cha11 | 节目预告 .aep
视频文件：光盘 | 视频教学 | Cha11 | 制作节目预告 .avi

制作概述

下面将介绍如何制作节目预告，该例主要是将前面制作的合成进行嵌套，通过调整合成的开始时间来制作节目预告的先后效果。

学习目标

学习如何嵌套合成文件，掌握节目预告中各个合成的排列。

操作步骤

（1）继续上面的操作，按 Ctrl+N 组合键，在弹出的对话框中将【合成名称】设置为【节目预告】，将【持续时间】设置为 0:00:15:00，如图 11-136 所示。

（2）设置完成后，单击【确定】按钮，在【项目】面板中选择【背景】合成文件，按住鼠标将其拖动至时间轴中，在时间轴中将该图层的持续时间设置为 0:00:15:00，如图 11-137 所示。

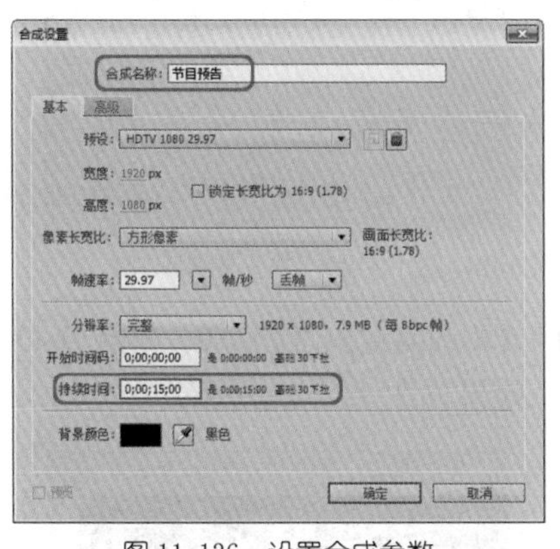
图 11-136　设置合成参数

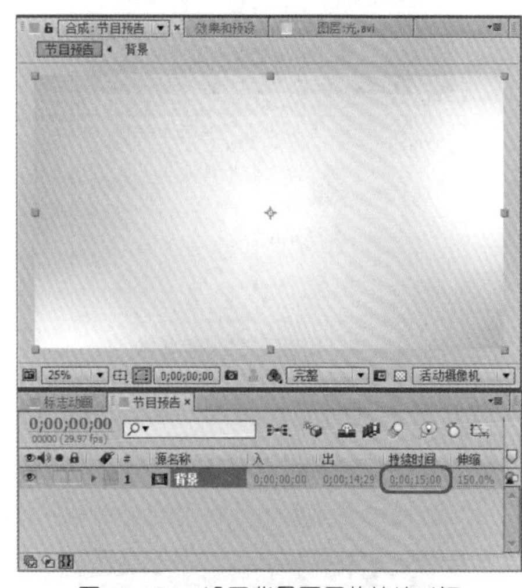
图 11-137　设置背景图层的持续时间

（3）在【项目】面板中选择【标志动画】合成文件，按住鼠标将其拖动至时间轴中，然后将该图层的开始时间设置为 0:00:01:00，如图 11-138 所示。

（4）在【项目】面板中选择【结尾字幕】合成文件，按住鼠标将其拖动至时间轴中，然后将该图层的开始时间设置为 0:00:08:19，如图 11-139 所示。

（5）在【项目】面板中选择【结尾字幕 2】合成文件，按住鼠标将其拖动至时间轴中，然后将该图层的开始时间设置为 0:00:10:00，如图 11-140 所示。

（6）在【项目】面板中选择【结尾字幕 3】合成文件，按住鼠标将其拖动至时间轴中，然后将该图层的开始时间设置为 0:00:11:11，如图 11-141 所示。

图 11-138　设置【标志动画】的开始时间

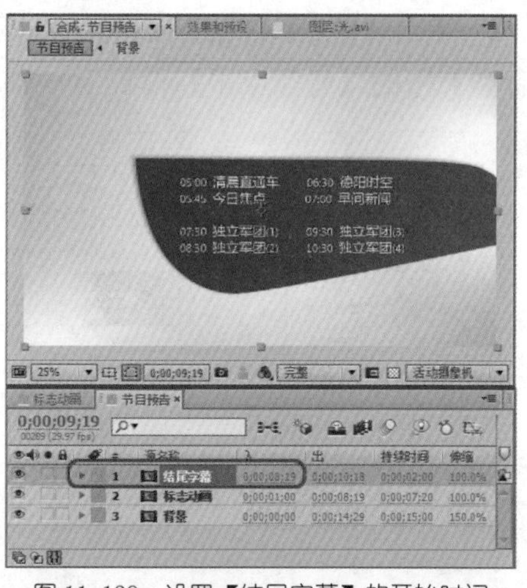

图 11-139　设置【结尾字幕】的开始时间

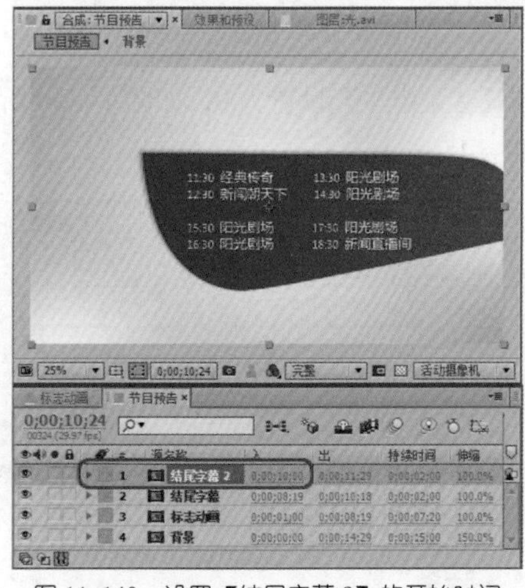

图 11-140　设置【结尾字幕 2】的开始时间

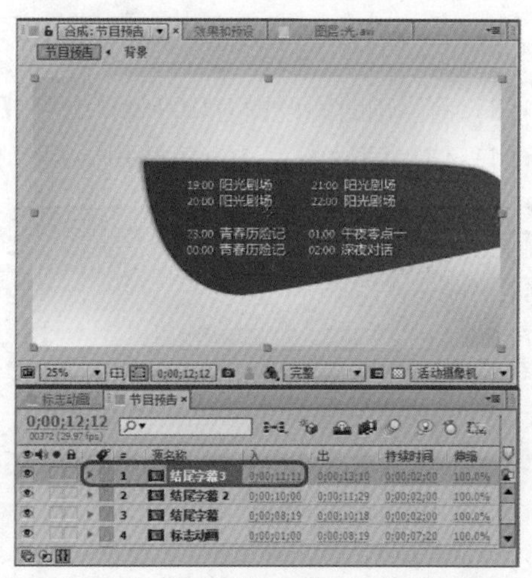

图 11-141　设置【结尾字幕 3】的开始时间

案例精讲 112　添加背景音乐

案例文件：光盘 | 场景 | Cha11| 节目预告 .aep

视频文件：光盘 | 视频教学 | Cha11 | 添加背景音乐 .avi

制作概述

在制作完成节目预告后，接下来就要为节目预告添加背景音乐，然后再添加淡入、淡出效果。

学习目标

学习如何添加音频文件，掌握如何为添加的音频添加淡入、淡出效果。

操作步骤

（1）按 Ctrl+I 组合键，在弹出的对话框中选择【背景音乐 .mp3】音频文件，如图 11-142 所示。

（2）单击【导入】按钮，按住鼠标左键将其拖动至时间轴中，将当前时间设置为0:00:00:00，将【音频】下的【音频电平】设置为−40，并单击其左侧的按钮，如图11-143所示。

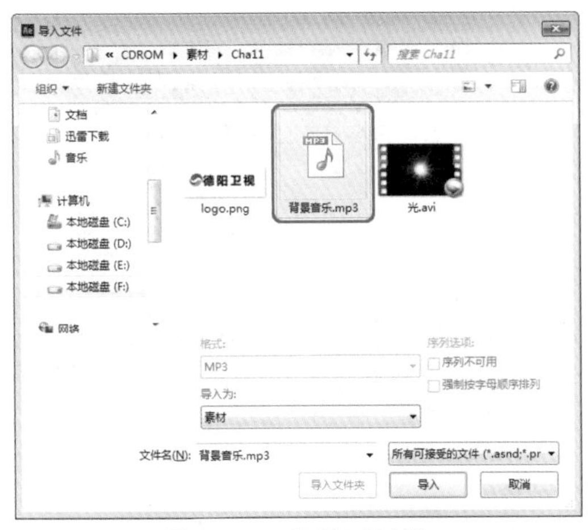

图 11-142　选择音频文件

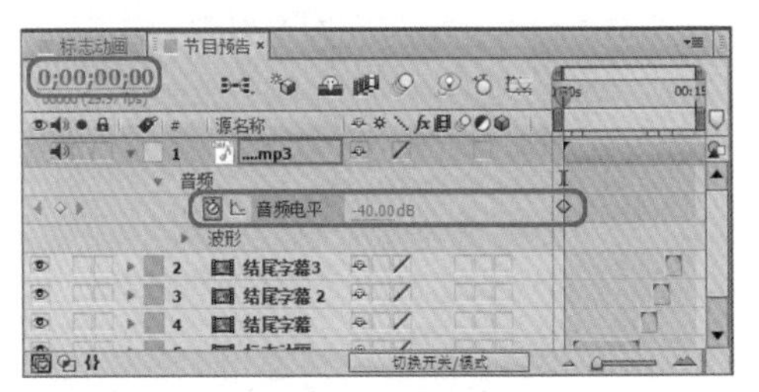

图 11-143　设置音频电平

（3）将当前时间设置为0:00:01:00，将【音频】下的【音频电平】设置为0，如图11-144所示。

（4）使用同样的方法设置淡出效果，效果如图11-145所示。

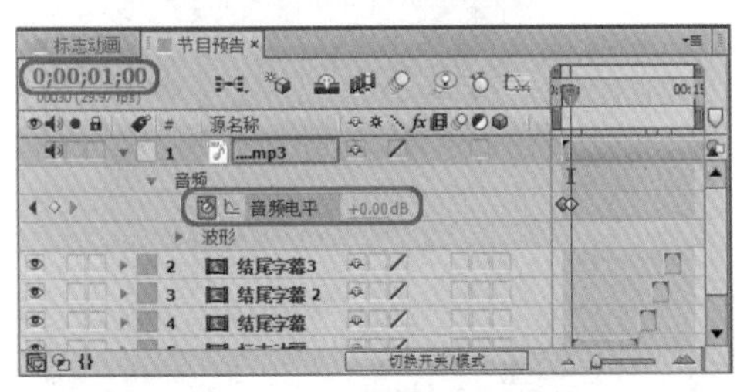

图 11-144　将音频电平设置为 0

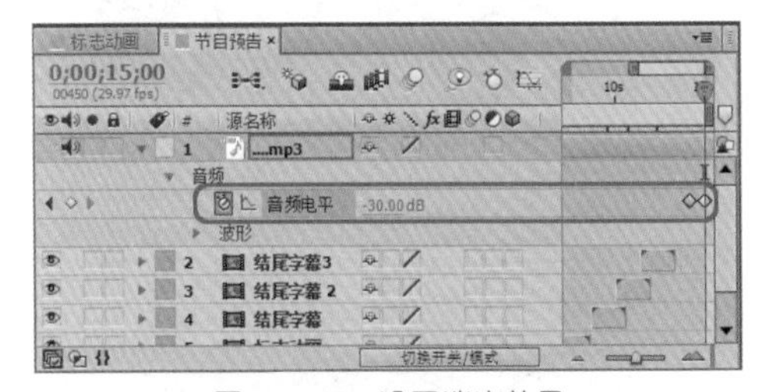

图 11-145　设置淡出效果

案例精讲 113　输出影片

案例文件：光盘 | 场景 | Cha11| 节目预告 .aep

视频文件：光盘 | 视频教学 | Cha11 | 输出影片 .avi

制作概述

下面将介绍如何对制作完成的节目预告进行输出。

学习目标

学习如何打开【渲染队列】面板，掌握如何更改输出文件的路径和名称。

操作步骤

（1）继续上面的操作，按Ctrl+M组合键，在弹出的面板中单击【节目预告.avi】，如图11-146所示。

(2) 在弹出的对话框中指定保存路径和名称，如图 11-147 所示，单击【保存】按钮，在【渲染队列】面板中单击【渲染】按钮即可。

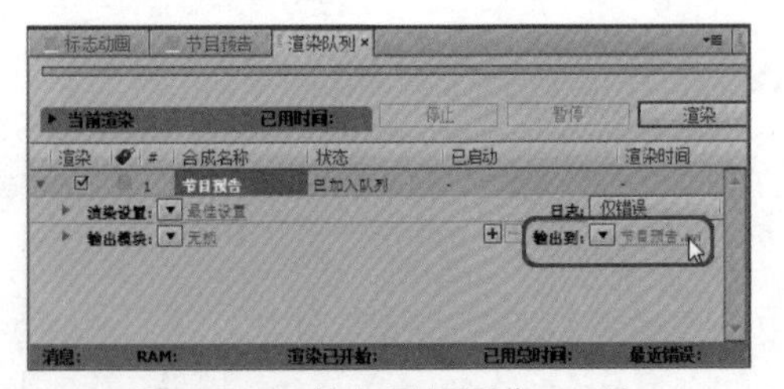
图 11-146　单击【节目预告.avi】

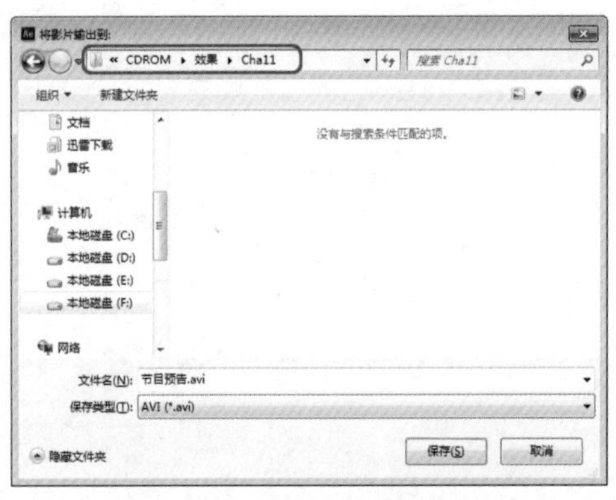

图 11-147　指定保存路径和名称

第12章 婚礼片头

本章重点

- 制作开场动画
- 制作照片展示
- 制作婚礼片头
- 添加背景音乐

婚礼是一种宗教仪式或法律公证仪式，其意义在于获取社会的承认和祝福。所有的民族和国家都有其传统的婚礼仪式，是其民俗文化的继承途径，也是本民族文化教育的仪式。婚礼也是一个人一生中重要的里程碑，属于生命礼仪的一种。一般在举行婚礼之前，都会在大屏幕上播放婚礼庆典预告片，本章就来介绍婚礼片头的制作。

案例精讲 114　制作开场动画

案例文件：光盘 | 场景 | Cha12 | 婚礼片头 .aep

视频文件：光盘 | 视频教学 | Cha12 | 制作开场动画 .avi

制作概述

本例将介绍开场动画的制作，开场动画中包括新郎、新娘介绍，以及举行婚礼的日期，本例中三段动画的制作方法基本相同，都应用到了蒙版，然后添加 CC Particle World（粒子世界）、【发光】、CC Light Rays（CC 突发光）和 CC Light Sweep（CC 扫光）等效果。

学习目标

学习设置图层入点的方法，掌握制作蒙版动画的方法。

操作步骤

（1）按 Ctrl+N 组合键，在弹出的【合成设置】对话框中输入【合成名称】为【新郎】，将【预设】设置为【PAL D1/DV 方形像素】，将【持续时间】设置为 0:00:03:00，将【背景颜色】的 RGB 值设置为 0、0、0，单击【确定】按钮，如图 12-1 所示。

（2）在【项目】面板中的空白处双击，弹出【导入文件】对话框，在该对话框中选择随书光盘中的光盘 |【素材】| Cha12 文件夹，单击【导入文件夹】按钮，如图 12-2 所示。

知识链接

PAL 制又称为帕尔制，是英文 Phase Alteration Line 的缩写，意思是逐行倒相，也属于同时制。它对同时传送的两个色差信号中的一个色差信号采用逐行倒相，另一个色差信号进行正交调制方式。这样，如果在信号传输过程中发生相位失真，则会由于相邻两行信号的相位相反起到互相补偿作用，从而有效地克服了因相位失真而起的色彩变化。

（3）将选择的文件夹导入至【项目】面板中，然后在该文件夹中将【新郎 .jpg】素材图片拖动至时间轴中，将当前时间设置为 0:00:00:00，将【位置】设置为 306、288，将【不透明度】设置为 0%，并单击【位置】和【不透明度】左侧的 按钮，如图 12-3 所示。

（4）将当前时间设置为 0:00:00:20，将【不透明度】设置为 100%，如图 12-4 所示。

图 12-1　新建合成

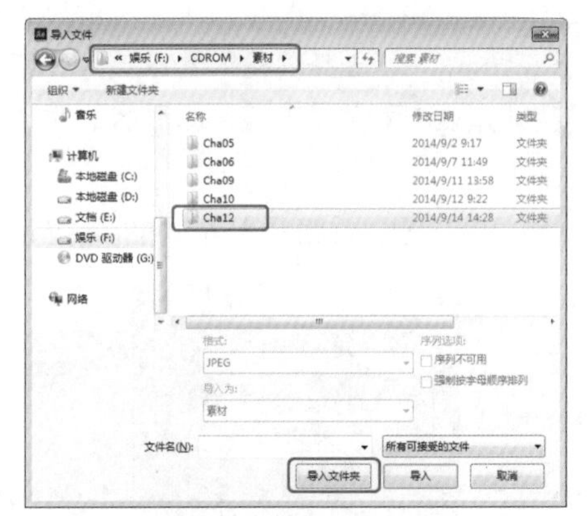

图 12-2　导入文件夹

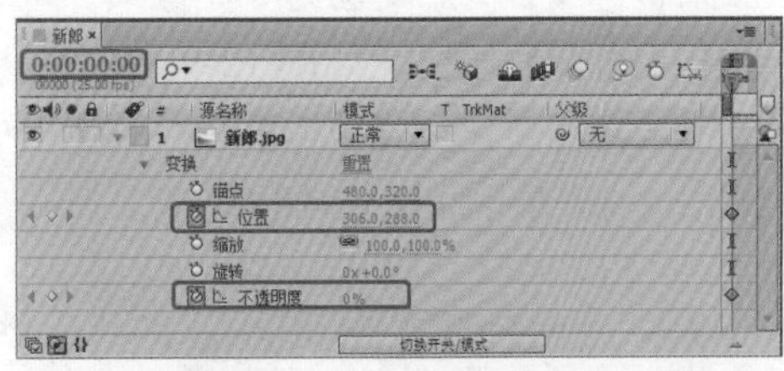

图 12-3　设置参数（1）

图 12-4　设置【不透明度】参数

（5）将当前时间设置为 0:00:02:00，将【位置】设置为 393、288，如图 12-5 所示。

（6）将当前时间设置为 0:00:00:00，确认【新郎 .jpg】图层处于选择状态，在工具栏中选择【矩形工具】，在【合成】面板中绘制矩形蒙版，如图 12-6 所示。

图 12-5　设置【位置】参数

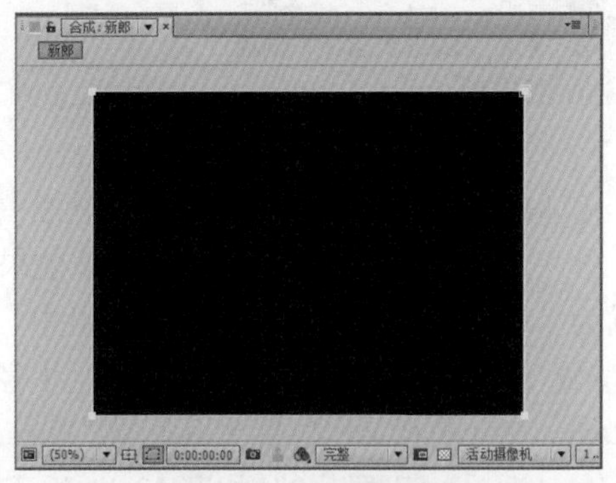

图 12-6　绘制矩形蒙版

（7）在时间轴中单击【蒙版路径】右侧的【形状】文字按钮，弹出【蒙版形状】对话框，将【左侧】设置为 174 像素，将【右侧】设置为 963 像素，将【顶部】设置为 32 像素，将【底部】设置为 608 像素，单击【确定】按钮，如图 12-7 所示。

选择创建的蒙版后，在菜单栏中选择【图层】|【蒙版】|【蒙版形状】命令，也可以弹出【蒙版形状】对话框。

(8) 单击【蒙版路径】左侧的 按钮，将【蒙版羽化】设置为250像素，如图12-8所示。

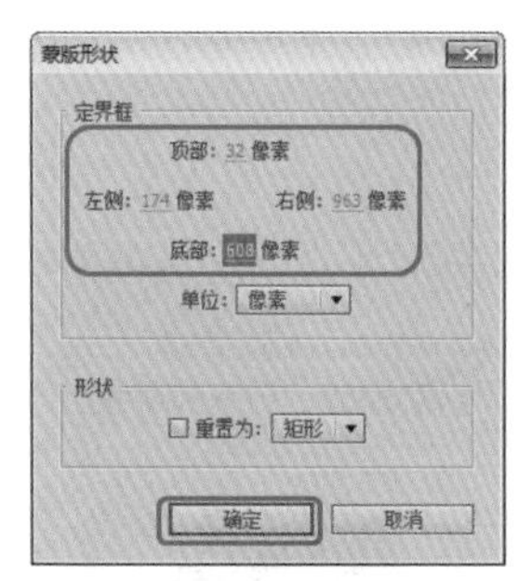

图 12-7　设置蒙版形状 (1)

图 12-8　设置蒙版羽化 (1)

(9) 将当前时间设置为0:00:02:00，在时间轴中单击【蒙版路径】右侧的【形状】文字按钮，弹出【蒙版形状】对话框，将【左侧】设置为90像素，将【右侧】设置为875像素，将【顶部】设置为32像素，将【底部】设置为608像素，单击【确定】按钮，如图12-9所示。

(10) 在时间轴的空白处右击，在弹出的快捷菜单中选择【新建】|【纯色】命令，弹出【纯色设置】对话框，输入【名称】为【亮点】，单击【确定】按钮，如图12-10所示。

图 12-9　调整蒙版形状

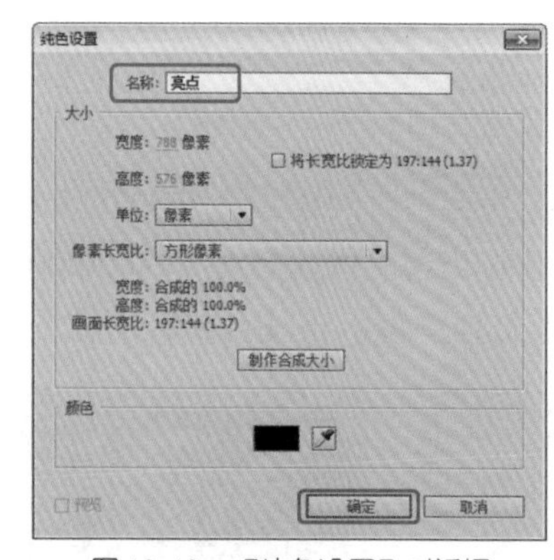

图 12-10　【纯色设置】对话框

(11) 新建【亮点】图层，在菜单栏中选择【效果】|【模拟】| CC Particle World（粒子世界）命令，即可为【亮点】图层添加该效果。在【效果控件】面板中，将 Birth Rate（出生率）设置为1，在 Producer（发射控制）组中，将 Position X（位置X）设置为 −0.01，将 Position Y（位置Y）设置为0.19，将 Radius X（半径X）设置为0.65、将 Radius Y（半径Y）设置为0.6，将 Radius Z（半径Z）设置为0.8，在 Physics（物理）组中，将 Velocity（速度）设置为0，将 Gravity（重力）设置为0，如图12-11所示。

(12) 在 Particle（粒子）组中，将 Particle Type（粒子类型）设置为 Faded Sphere（透明球），将 Birth Size（出生大小）和 Death Size（死亡大小）设置为0.1，将 Birth Color（出生颜色）的RGB值设置为255、255、255，将 Death Color（死亡颜色）的RGB值设置为253、196、127，如图12-12所示。

图 12-11　添加效果并设置参数（1）

图 12-12　设置粒子参数

（13）在菜单栏中选择【效果】|【风格化】|【发光】命令，即可为【亮点】图层添加【发光】效果，在【效果控件】面板中使用默认参数即可，如图 12-13 所示。

（14）在工具栏中选择【横排文字工具】T，在【合成】面板中输入文字，选择输入的文字，在【字符】面板中将【字体】设置为 Bauhaus 93，将【字体大小】设置为 30 像素，将【填充颜色】的 RGB 值设置为 219、175、78，如图 12-14 所示。

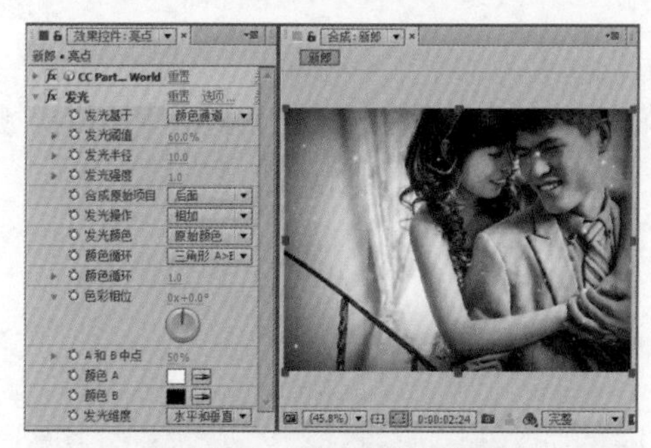

图 12-13　添加【发光】效果

图 12-14　输入并设置文字

（15）使用【横排文字工具】T选择输入的文字 xiaolong，在【字符】面板中将【字体】设置为 Bernard MT Condensed，将【字体大小】设置为 50 像素，如图 12-15 所示。

（16）在菜单栏中选择【图层】|【图层样式】|【外发光】命令，即可为文字图层添加【外发光】图层样式，在时间轴中，将【不透明度】设置为 100%，将【颜色】的 RGB 值设置为 219、175、78，将【扩展】设置为 5%，将【大小】设置为 25，将【范围】设置为 45%，如图 12-16 所示。

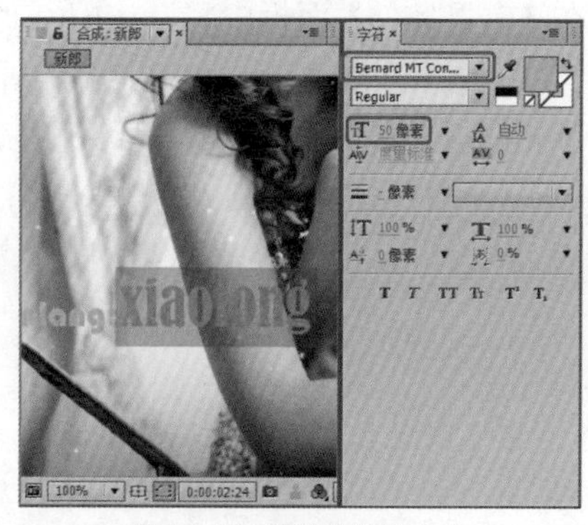

图 12-15　更改字体和大小

图 12-16　设置图层样式

(17) 将文字图层的【位置】设置为34.5、490.7，并单击【动画】右侧的按钮，在弹出的下拉菜单中选择【不透明度】命令，如图12-17所示。

(18) 将当前时间设置为0:00:01:00，在时间轴中将【范围选择器1】组中的【起始】设置为0%，并单击左侧的按钮，将【不透明度】设置为0%，如图12-18所示。

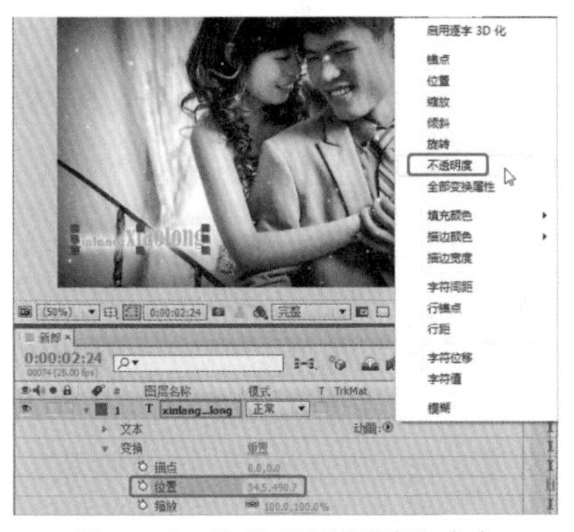

图12-17　选择【不透明度】命令

图12-18　设置参数(2)

(19) 将当前时间设置为0:00:02:00，将【起始】设置为100%，如图12-19所示。

(20) 在时间轴的空白处右击，在弹出的快捷菜单中选择【新建】|【纯色】命令，弹出【纯色设置】对话框，输入【名称】为【光线】，单击【确定】按钮，即可新建【光线】图层，在时间轴中将【光线】图层的【模式】设置为【屏幕】，如图12-20所示。

图12-19　设置关键帧参数

图12-20　设置图层模式

(21) 在菜单栏中选择【效果】|【生成】| CC Light Rays（CC 突发光）命令，即可为【光线】图层添加该效果，将当前时间设置为0:00:00:15，在【效果控件】面板中将Intensity（强度）设置为18，将Center（中心）设置为−65、520.6，并单击左侧的按钮，将Radius（半径）设置为218，将Warp Softness（弯曲柔化）设置为30，将Shape（形状）设置为Square（方形），取消选中Color from Source（颜色来源于源对象）复选框，将Transfer Mode（传输模式）设置为Screen（屏幕），如图12-21所示。

知识链接

CC Light Rays（CC 突发光）是一个高质量的特效，它可以跟据图像的明暗自动调节光线的强弱和长度，可以产生非常真实的光线投射效果。

Intensity（强度）：设置光线的强度。

Center（中心）：设置光线发射点的位置。

Radius（半径）：设置发光点的半径大小。

Warp Softness（弯曲柔化）：该特效是将图像强行向外扩张，才产生光线，所以其原理的根本还是对图像的扭曲，而这项数值控制着这种扭曲柔和程度。

Shape（形状）：设置光线的形状，包括回形（Round）和正方形（Square）。

Direction（方向）：当光线形状为正方形（Square）时该项才可用，它可以调节光线的角度。

Color from source（颜色来源于源对象）：选中这项之后光线的颜色将由原图像所决定，不选中的时候光线颜色将由下面的Color（颜色）选项所决定。

Allow brightening：选中该项之后将允许光线出现高亮的光点。

Color（颜色）：定义光的颜色。

Transfer mode（传输模式）：光线与原图像的叠加模式。

(22) 将当前时间设置为0:00:01:24，将Center（中心）设置为340、520.6，如图12-22所示。

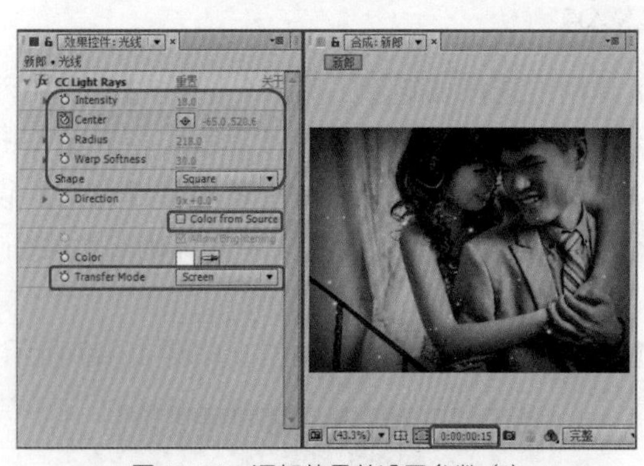

图12-21　添加效果并设置参数(2)

图12-22　设置Center参数

(23) 在菜单栏中选择【效果】|【生成】| CC Light Sweep（CC扫光）命令，即可为【光线】图层添加该效果，在【效果控件】面板中，将Center（中心）设置为322、521，将Direction（方向）设置为90°，将Width（宽）设置为20，将Sweep Intensity（扫光强度）设置为35，将Edeg Thickness（边缘厚度）设置为0，如图12-23所示。

(24) 在菜单栏中选择【效果】|【颜色校正】|【三色调】命令，即可为【光线】图层添加【三色调】效果，将【中间调】的RGB值设置为219、175、78，如图12-24所示。

(25) 单击时间轴底部的按钮，在展开的面板中单击并向上拖动【光线】图层的入点，将入点调整为0:00:00:15，效果如图12-25所示。

在入点上单击，弹出【开始时间时图层】对话框，在该对话框中同样可以设置入点。

图 12-23　添加效果并设置参数 (3)

图 12-24　设置【中间调】颜色

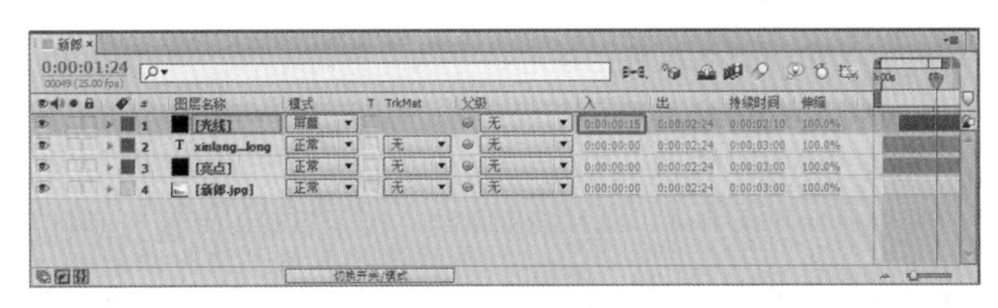

图 12-25　调整入点

(26) 确认【光线】图层处于选择状态，在工具栏中选择【矩形工具】，在【合成】面板中绘制矩形蒙版，然后将当前时间设置为 0:00:00:15，在时间轴中单击【蒙版路径】右侧的【形状】文字按钮，弹出【蒙版形状】对话框，将【左侧】设置为 16.3 像素，将【右侧】设置为 16.5 像素，将【顶部】设置为 52 像素，将【底部】设置为 576 像素，单击【确定】按钮，如图 12-26 所示。

(27) 单击【蒙版路径】左侧的按钮，将【蒙版羽化】设置为 60 像素，如图 12-27 所示。

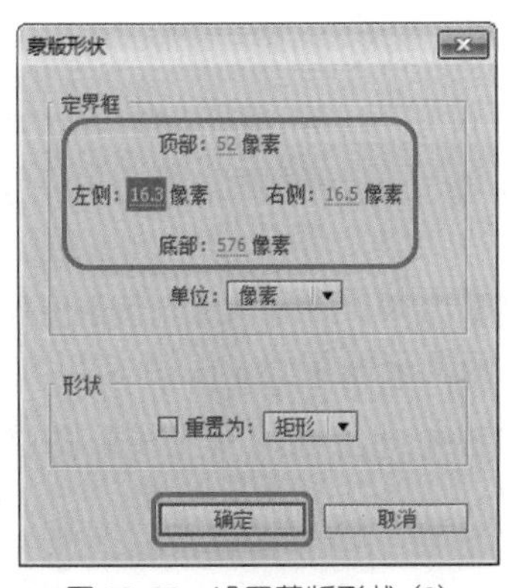

图 12-26　设置蒙版形状 (2)

图 12-27　设置蒙版羽化 (2)

(28) 将当前时间设置为 0:00:02:00，在时间轴中单击【蒙版路径】右侧的【形状】文字按钮，弹出【蒙版形状】对话框，将【左侧】设置为 16.3 像素，将【右侧】设置为 330 像素，将【顶部】设置为 52 像素，将【底部】设置为 576 像素，单击【确定】按钮，如图 12-28 所示。

（29）结合前面介绍的方法，制作【新娘】合成和【日期】合成，效果如图 12-29 所示。

【新娘】合成的持续时间是 0:00:03:00，【日期】合成的持续时间是 0:00:04:00，【新娘】和【日期】合成中图片、文字的出现方式不同于【新郎】合成，具体参数设置和动画效果可以查看随书光盘中的【婚礼片头 .aep】场景文件。

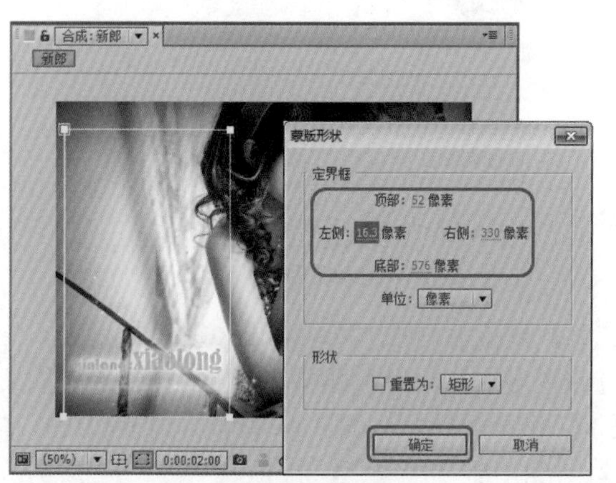

图 12-28　设置蒙版形状 (3)

图 12-29　制作其他合成

案例精讲 115　制作照片展示

案例文件：光盘 | 场景 | Cha12 | 婚礼片头 . aep

视频文件：光盘 | 视频教学 | Cha12 | 制作照片展示 .avi

制作概述

本例将介绍照片展示动画的制作，该例中主要分为三段小动画，然后将三段小动画合成一个动画，每个小动画的制作都比较简单，主要是设置照片的【位置】动画或【不透明度】动画，在该例中运用最多的是为照片调色。

学习目标

学习制作图片运动的方法，掌握为照片调色的方法。

操作步骤

（1）按 Ctrl+N 组合键，在弹出的【合成设置】对话框中输入【合成名称】为【照片展示 1】，将【持续时间】设置为 0:00:03:00，单击【确定】按钮，如图 12-30 所示。

（2）在【项目】面板中将【照片 01.jpg】素材图片拖动至时间轴中【照片展示 1】合成中，将当前时间设置为 0:00:00:00，将【照片 01.jpg】图层的【位置】设置为 328、318，并单击左侧的 按钮，如图 12-31 所示。

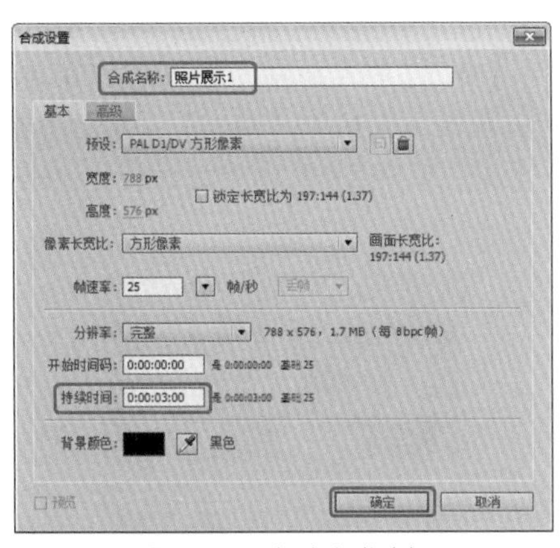
图 12-30　新建合成（1）

图 12-31　设置【位置】参数（1）

(3) 将当前时间设置为 0:00:02:00，将【位置】设置为 394、288，如图 12-32 所示。

(4) 在菜单栏中选择【效果】|【生成】|【四色渐变】命令，即可为【照片 01.jpg】图层添加该效果，在【效果控件】面板中，将【点 1】设置为 192、108，将【颜色 1】的 RGB 值设置为 185、88、255，将【点 2】设置为 1728、108，将【颜色 2】的 RGB 值设置为 237、247、81，将【点 3】设置为 192、972，将【颜色 3】的 RGB 值设置为 185、88、255，将【点 4】设置为 1728、972，将【颜色 4】的 RGB 值设置为 237、247、81，将【混合模式】设置为【叠加】，如图 12-33 所示。

图 12-32　设置关键帧参数（1）

图 12-33　添加效果并设置参数（1）

(5) 按 Ctrl+D 组合键复制图层【照片 01.jpg】，并将复制后的图层重命名为【照片 01 小】，然后将【照片 01 小】图层的效果删除，如图 12-34 所示。

(6) 将当前时间设置为 0:00:00:00，将【照片 01 小】图层的【位置】设置为 178、312，将【缩放】设置为 49%，如图 12-35 所示。

(7) 将当前时间设置为 0:00:02:00，将【照片 01 小】图层的【位置】设置为 235、312，如图 12-36 所示。

(8) 在菜单栏中选择【图层】|【图层样式】|【投影】命令，即可为【照片 01 小】图层添加【投影】图层样式，将【不透明度】设置为 65%，将【距离】设置为 11，将【扩展】设置为 1%，将【大小】设置为 14，如图 12-37 所示。

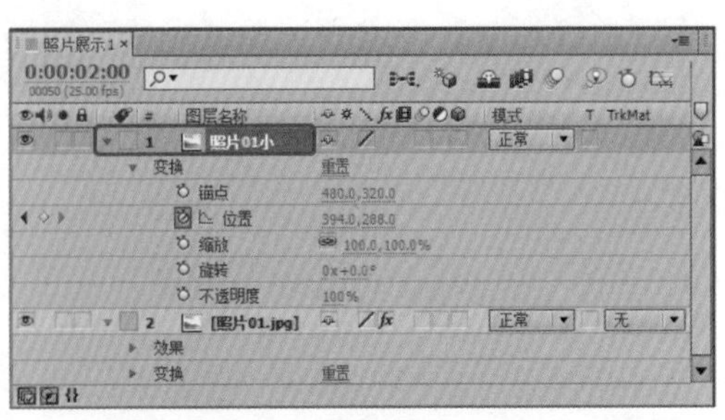

图 12-34　复制并重命名图层

图 12-35　设置关键帧参数（2）

图 12-36　设置关键帧参数（3）

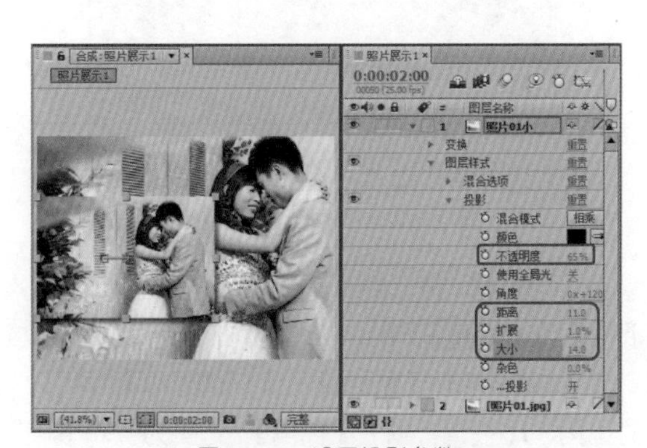

图 12-37　设置投影参数

（9）在时间轴的空白处右击，在弹出的快捷菜单中选择【新建】|【形状图层】命令，如图 12-38 所示。

在未选中任何图层的情况下，使用形状工具或者钢笔工具在【合成】面板中绘制图形后，会自动新建形状图层。

（10）新建一个形状图层，在工具栏中选择【矩形工具】，在【合成】面板中绘制矩形，如图 12-39 所示。

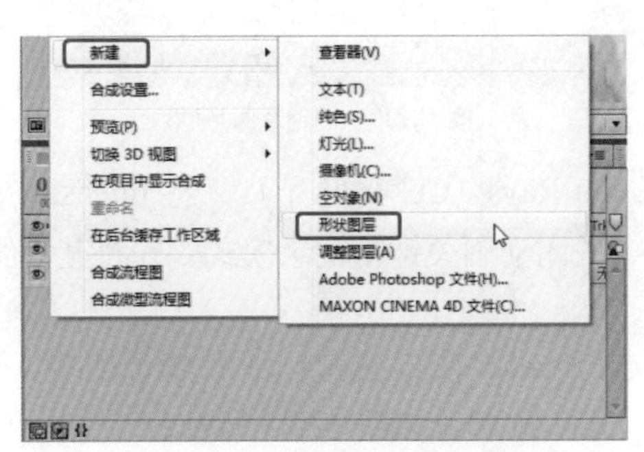

图 12-38　选择【形状图层】命令

图 12-39　绘制矩形（1）

（11）在时间轴中将【照片 01 小】图层的 TrkMat 设置为【Alpha 遮罩“形状图层 1”】，如图 12-40 所示。

（12）在【项目】面板中双击打开【新郎】合成，在【新郎】合成中选择【光线】图层，按 Ctrl+C 组合键复制该图层，如图 12-41 所示。

图 12-40　设置轨道遮罩（1）

图 12-41　复制图层

（13）返回到【照片展示 1】合成中，按 Ctrl+V 组合键粘贴图层，然后单击图层中【蒙版路径】左侧的按钮，关闭动画关键帧记录模式，如图 12-42 所示。

（14）单击【蒙版路径】右侧的【形状】文字按钮，弹出【蒙版形状】对话框，将【左侧】设置为 116 像素，将【右侧】设置为 690 像素，将【顶部】设置为 210.7 像素，将【底部】设置为 566.7 像素，单击【确定】按钮，效果如图 12-43 所示。

图 12-42　粘贴图层并调整蒙版

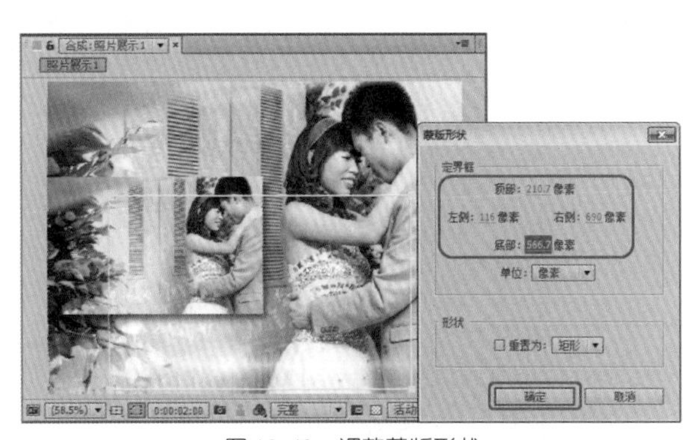

图 12-43　调整蒙版形状

（15）在【效果控件】面板中选择效果 CC Light Rays（CC 突发光），将 Intensity（强度）设置为 25，单击 Center（中心）左侧的按钮，关闭动画关键帧记录模式，并将其设置为 390、520.6，如图 12-44 所示。

（16）在【效果控件】面板中选择效果 CC Light Sweep（CC 扫光），将 Center（中心）设置为 352.3、521，将 Sweep Intensity（扫光强度）设置为 50，如图 12-45 所示。

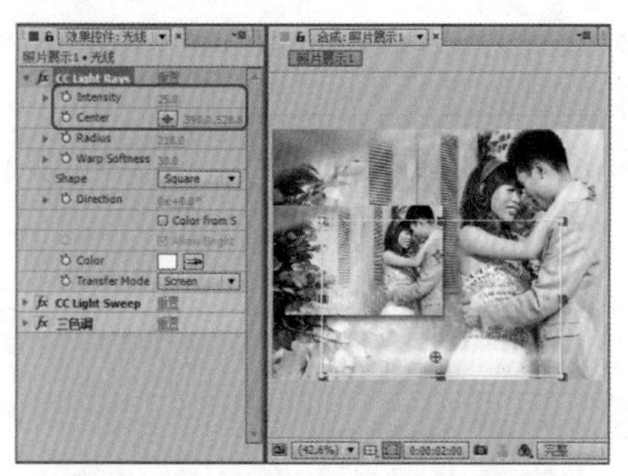
图 12-44　调整 CC Light Rays 效果参数

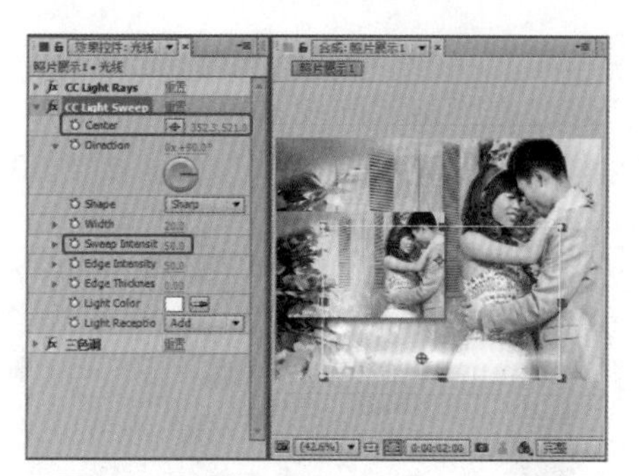
图 12-45　调整 CC Light Sweep 效果参数

知识链接

CC Light Sweep（CC 扫光）特效可以创建光线，光线以某个点为中心，向一边以擦除的方式运动，产生扫光的效果，这个特效在 AE 里的使用频率相当高，很多影响片头定板的文字我们都可以看到有一束光滑过的效果，那么这个特效可以方便地完成高质量的过光效果。

Center（中心）：设置光束的中心点位置。

Direction（方向）：设置光束的旋转角度。

Shape（形状）：设置光束的形状，包括 Linear（线性方式）、Smooth（光滑方式），选择这项之后光束较柔和，以及 Sharp（锐化方式）。

Width（宽）：设置光束的宽度。

Sweep Intensity（扫光强度）：设置光束的亮度。

Edge Intensity（边缘亮度）：设置光线与图像边缘相接触时的明暗程度。

Edeg Thickness（边缘厚度）：设置光线与图像边缘相接触时的光线厚度。

Light Color（光束颜色）：设置产生的光线的颜色。

Light Reception（光线接收）：设置光线与原图像的叠加方式。

(17) 在【效果控件】面板中选择效果【三色调】，将【中间调】颜色的 RGB 值设置为 205、0、241，如图 12-46 所示。

(18) 将当前时间设置为 0:00:00:00，将【光线】图层的入点设置为 0:00:00:00，将【位置】设置为 412、−79.3，并单击左侧的 按钮，打开动画关键帧记录模式，如图 12-47 所示。

图 12-46　设置中间调颜色

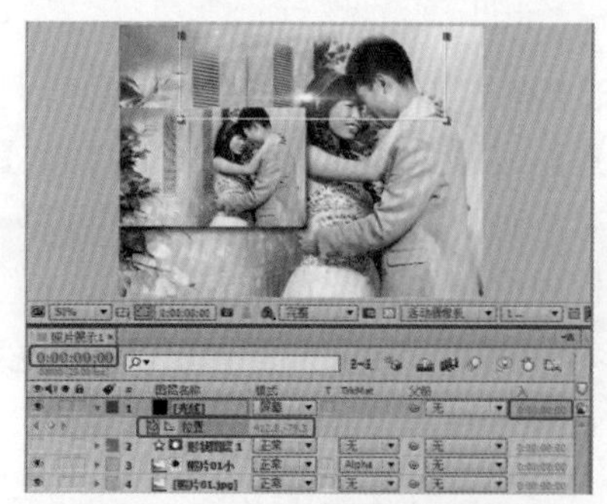
图 12-47　设置【位置】参数 (2)

（19）将当前时间设置为 0:00:02:00，将【位置】设置为 412、189.7，如图 12-48 所示。

（20）将当前时间设置为 0:00:00:00，将【光线】图层的【不透明度】设置为 0%，并单击左侧的⏱按钮，将当前时间设置为 0:00:00:05，将【不透明度】设置为 100%，如图 12-49 所示。

图 12-48　设置关键帧参数（4）

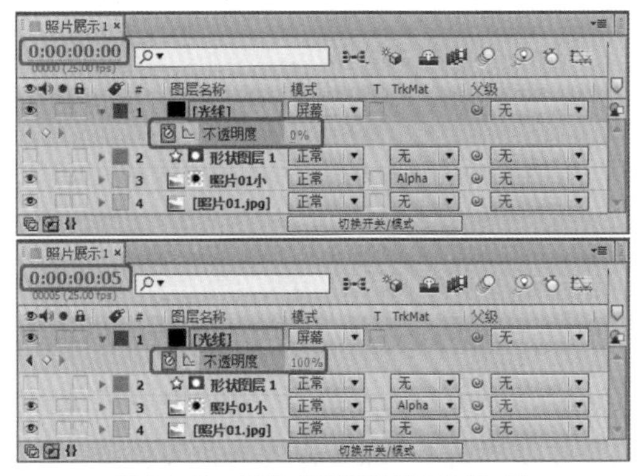

图 12-49　设置【不透明度】参数（1）

（21）将当前时间设置为 0:00:01:19，单击【不透明度】左侧的按钮，添加关键帧，将当前时间设置为 0:00:02:00，将【不透明度】设置为 0%，如图 12-50 所示。

（22）按 Ctrl+N 组合键，在弹出的【合成设置】对话框中输入【合成名称】为【照片展示 2】，将【持续时间】设置为 0:00:03:00，单击【确定】按钮，如图 12-51 所示。

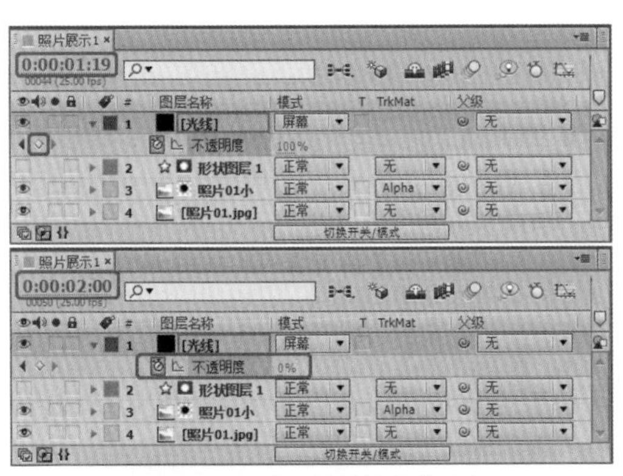

图 12-50　设置关键帧参数（5）

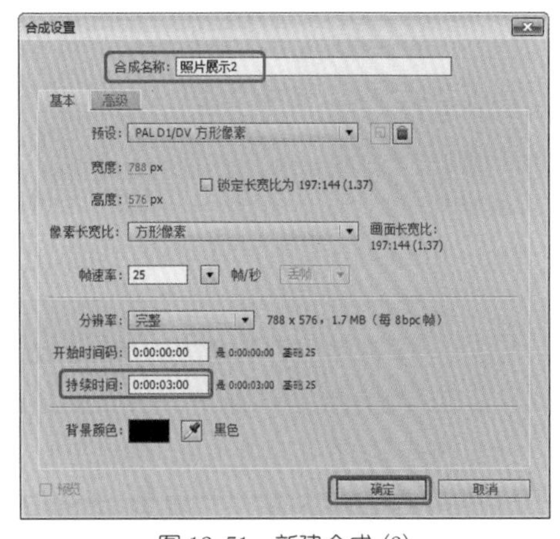

图 12-51　新建合成（2）

（23）在【项目】面板中将【红色牡丹 .jpg】素材图片拖动至时间轴中【照片展示 2】合成中，将【位置】设置为 394、552，将【缩放】设置为 88%，如图 12-52 所示。

（24）确认【红色牡丹 .jpg】图层处于选择状态，在工具栏中选择【矩形工具】▢，在【合成】面板中绘制矩形蒙版，在时间轴中将【蒙版羽化】设置为 70 像素，如图 12-53 所示。

选择创建的蒙版后，在菜单栏中选择【图层】|【蒙版】|【蒙版羽化】命令，弹出【蒙版羽化】对话框，在该对话框中可以对蒙版的【水平】和【垂直】羽化进行设置。

图 12-52　调整素材图片（1）

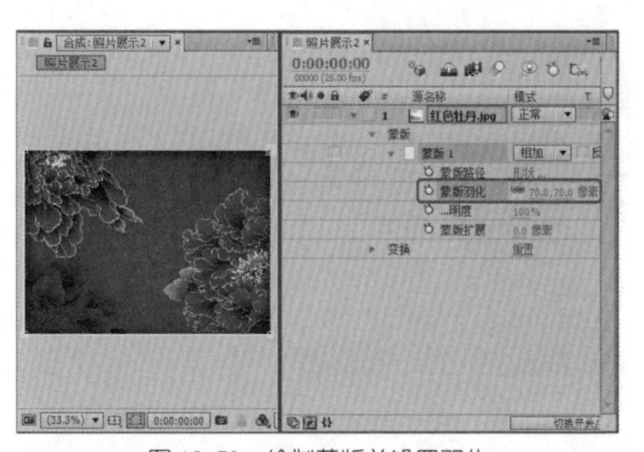

图 12-53　绘制蒙版并设置羽化

(25) 在【项目】面板中将【照片 02.jpg】素材图片拖动至时间轴中，将【位置】设置为400、316，将【缩放】设置为 47%，如图 12-54 所示。

(26) 在时间轴中将【照片 02.jpg】图层重命名为【照片 02 原】图层，确认该图层处于选择状态，在工具栏中选择【矩形工具】，在【合成】面板中绘制矩形蒙版，如图 12-55 所示。

图 12-54　调整素材图片（2）

图 12-55　绘制矩形蒙版（1）

(27) 在菜单栏中选择【图层】|【图层样式】|【内阴影】命令，即可为【照片 02 原】图层添加【内阴影】图层样式，使用默认内阴影参数设置即可，效果如图 12-56 所示。

(28) 在菜单栏中选择【图层】|【图层样式】|【投影】命令，为【照片 02 原】图层添加【投影】图层样式，将【不透明度】设置为 100%，将【距离】设置为 8，将【扩展】设置为 1%，将【大小】设置为 19，如图 12-57 所示。

(29) 将当前时间设置为 0:00:01:00，将【照片 02 原】图层的【不透明度】设置为 0%，并单击左侧的按钮，如图 12-58 所示。

选择一个或多个图层后，按下 T 键可以在选择的图层下只显示【不透明度】选项。

(30) 将当前时间设置为 0:00:02:00，将【不透明度】设置为 100%，如图 12-59 所示。

图 12-56 添加【内阴影】图层样式 (1)

图 12-57 设置【投影】参数

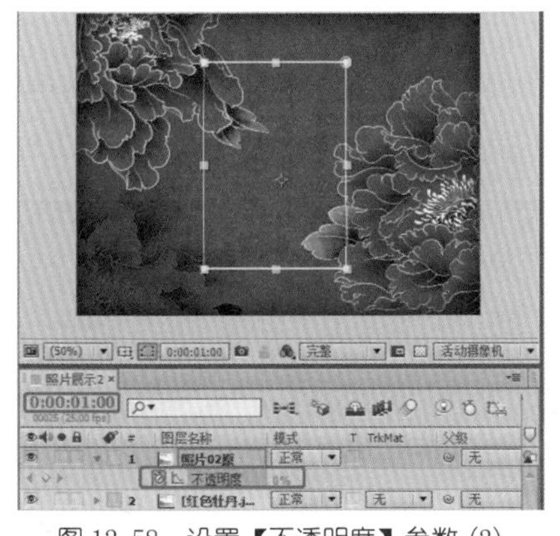
图 12-58 设置【不透明度】参数 (2)

图 12-59 设置关键帧参数 (6)

(31) 确认【照片 02 原】图层处于选择状态，按两次 Ctrl+D 组合键复制图层，并将复制后的图层重命名为【照片 02 黄】和【照片 02 白】，然后在时间轴中调整图层的排列顺序，如图 12-60 所示。

(32) 在时间轴中将【照片 02 白】图层的【位置】设置为 146、316，将【照片 02 黄】图层的【位置】设置为 662、316，如图 12-61 所示。

图 12-60 复制并调整图层

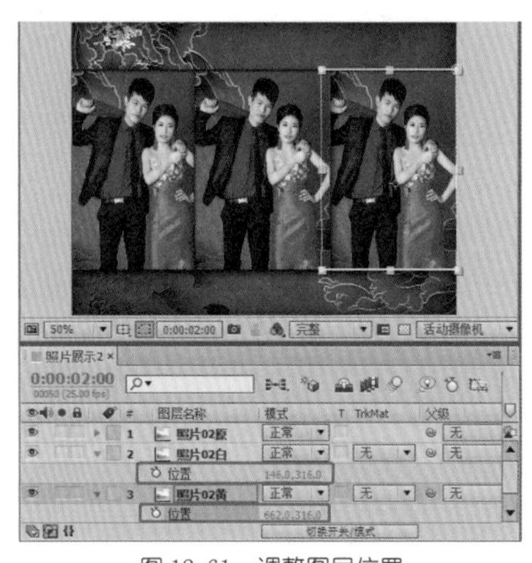
图 12-61 调整图层位置

(33) 选择【照片 02 白】图层，在菜单栏中选择【效果】|【颜色校正】|【色相 / 饱和度】

命令，即可为【照片 02 白】图层添加该效果，在【效果控件】面板中将【主饱和度】设置为 −100，如图 12-62 所示。

（34）选择【照片 02 黄】图层，在菜单栏中选择【效果】|【颜色校正】| CC Toner（调色）命令，即可为【照片 02 黄】图层添加该效果，在【效果控件】面板中使用默认参数设置即可，如图 12-63 所示。

图 12-62　添加效果并设置参数（2）

图 12-63　添加效果（1）

（35）按 Ctrl+N 组合键，在弹出的【合成设置】对话框中输入【合成名称】为【照片展示 3】，将【持续时间】设置为 0:00:08:10，单击【确定】按钮，如图 12-64 所示。

（36）在【项目】面板中将【照片 03.jpg】素材图片拖动至时间轴中【照片展示 3】合成中，将当前时间设置为 0:00:00:00，将【位置】设置为 583、310.2，并单击左侧的按钮，将【缩放】设置为 77%，将【不透明度】设置为 55%，如图 12-65 所示。

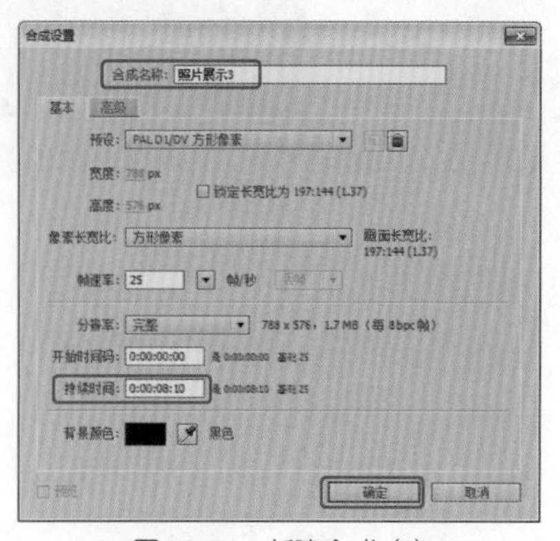

图 12-64　新建合成（3）

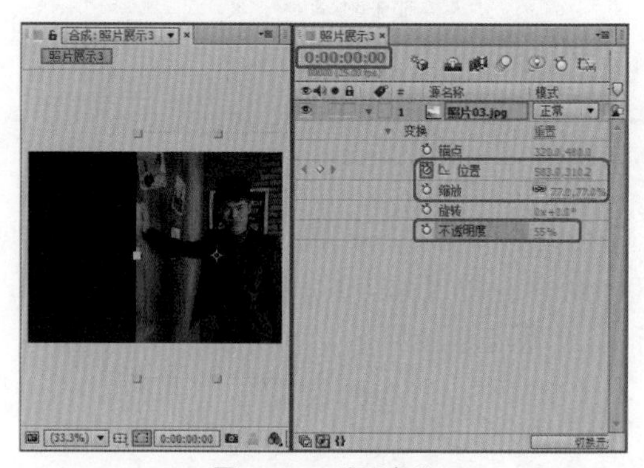

图 12-65　设置参数

（37）将当前时间设置为 0:00:02:00，在时间轴中将【位置】设置为 629、310.2，如图 12-66 所示。

选择一个或多个图层后，按下 P 键可以在选择的图层下只显示【位置】选项。

（38）在时间轴的空白处右击，在弹出的快捷菜单中选择【新建】|【形状图层】命令，即可新建形状图层，然后在工具栏中选择【矩形工具】，在【合成】面板中绘制矩形，如图 12-67 所示。

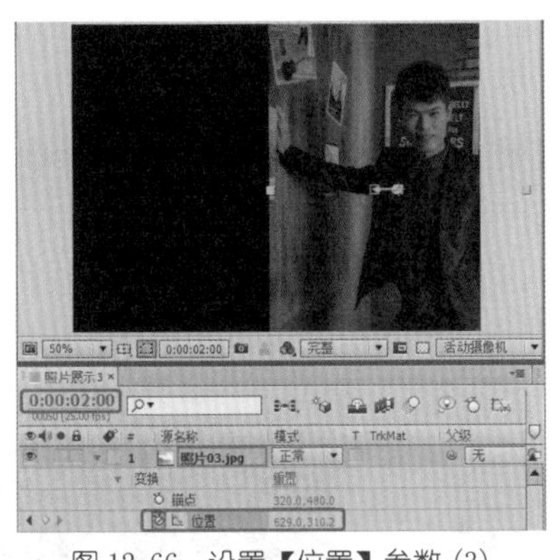

图 12-66　设置【位置】参数（3）

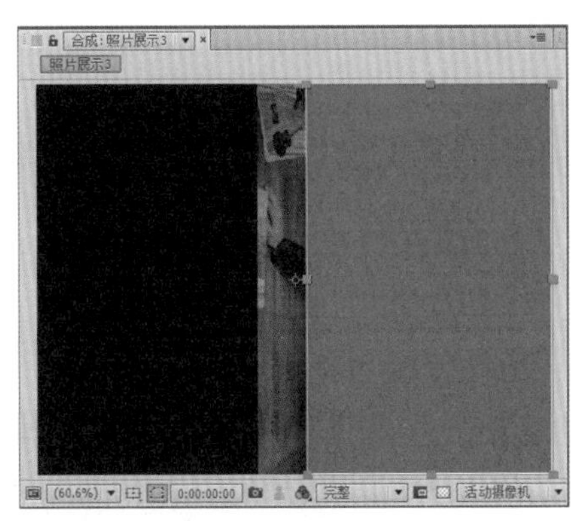

图 12-67　绘制矩形（2）

（39）在时间轴中将【照片 03.jpg】图层的 TrkMat 设置为【Alpha 遮罩“形状图层 1”】，如图 12-68 所示。

（40）选择【照片 03.jpg】图层，在菜单栏中选择【效果】|【颜色校正】| CC Toner（调色）命令，即可为该图层添加效果，在【效果控件】面板中使用默认参数设置即可，如图 12-69 所示。

图 12-68　设置轨道遮罩（2）

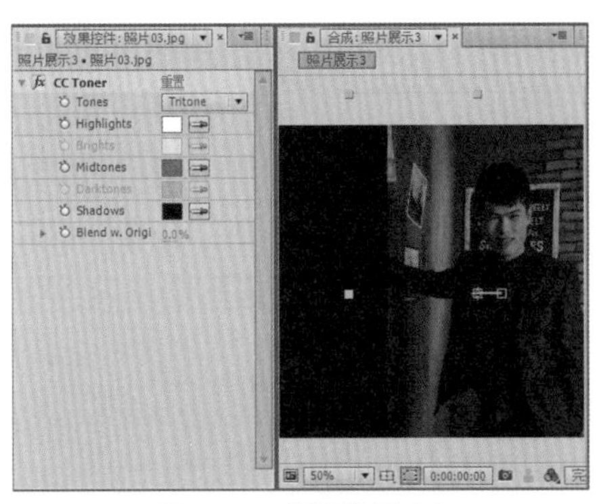

图 12-69　添加效果（2）

（41）在【项目】面板中将【照片 04.jpg】素材图片拖动至时间轴中，将当前时间设置为 0:00:00:00，将【位置】设置为 94.8、254.6，并单击左侧的 按钮，将【不透明度】设置为 55%，如图 12-70 所示。

（42）将当前时间设置为 0:00:02:00，将【位置】设置为 94.8、296.6，如图 12-71 所示。

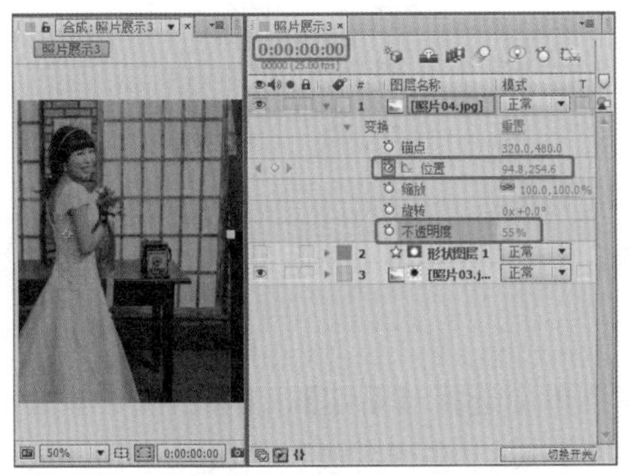

图 12-70　设置素材图片

图 12-71　设置【位置】参数（4）

(43) 在菜单栏中选择【效果】|【颜色校正】|【色相/饱和度】命令，即可为【照片04.jpg】图层添加该效果，在【效果控件】面板中将【主饱和度】设置为−100，如图12-72所示。

(44) 在【项目】面板中将【照片05.jpg】素材图片拖动至时间轴中，将当前时间设置为0:00:00:00，将【位置】设置为394、270，将【缩放】设置为27%，并单击左侧的 按钮，如图12-73所示。

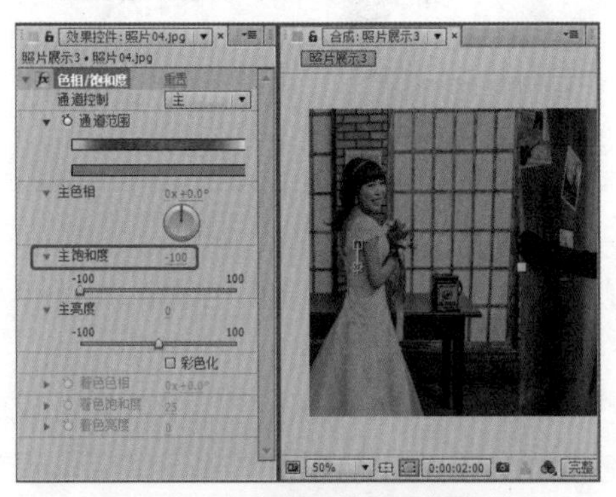

图12-72　添加效果并设置参数(3)

图12-73　调整素材图片(3)

(45) 将当前时间设置为0:00:02:00，将【缩放】设置为74%，如图12-74所示。

选择一个或多个图层后，按下S键可以在选择的图层下只显示【缩放】选项。

(46) 确认【照片05.jpg】图层处于选择状态，在工具栏中选择【矩形工具】，在【合成】面板中绘制矩形蒙版，如图12-75所示。

图12-74　设置【缩放】参数

图12-75　绘制矩形蒙版(2)

(47) 在菜单栏中选择【图层】|【图层样式】|【内阴影】命令，即可为【照片05.jpg】图层添加【内阴影】图层样式，使用默认参数设置即可，如图12-76所示。

(48) 在菜单栏中选择【图层】|【图层样式】|【投影】命令，为【照片05.jpg】图层添加【投影】图层样式，将【不透明度】设置为100%，将【距离】设置为15，将【扩展】设置为1%，将【大小】设置为19，如图12-77所示。

图 12-76　添加【内阴影】图层样式 (2)

图 12-77　添加【投影】图层样式

(49) 按 Ctrl+N 组合键，在弹出的【合成设置】对话框中输入【合成名称】为【照片展示 OK】，将【持续时间】设置为 0:00:13:13，单击【确定】按钮，如图 12-78 所示。

(50) 在【项目】面板中将【照片展示 1】合成拖动至时间轴中【照片展示 OK】合成中，将当前时间设置为 0:00:02:15，单击【不透明度】左侧的 按钮，打开动画关键帧记录模式，如图 12-79 所示。

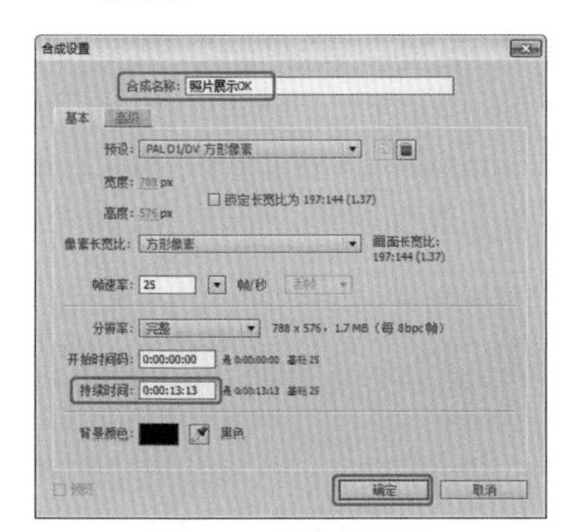
图 12-78　新建合成 (4)

图 12-79　添加内容

(51) 将当前时间设置为 0:00:03:00，将【不透明度】设置为 0%，如图 12-80 所示。

(52) 在【项目】面板中将【照片展示 2】合成拖动至时间轴中【照片展示 OK】合成中，将其入点设置为 0:00:02:15，如图 12-81 所示。

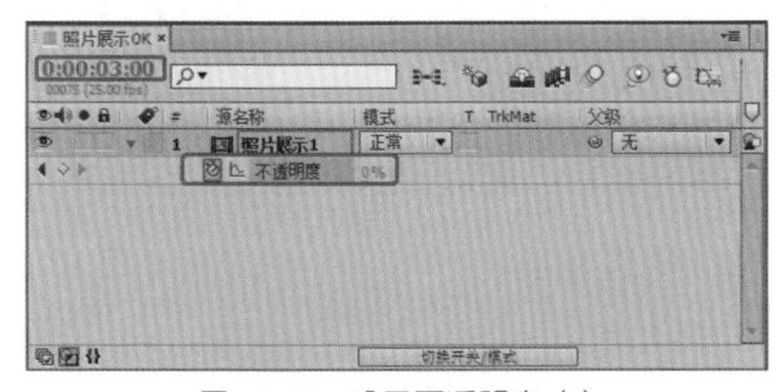
图 12-80　设置不透明度 (1)

图 12-81　设置图层入点 (1)

(53) 将当前时间设置为 0:00:02:15，将【照片展示 2】图层的【不透明度】设置为 0%，并单击左侧的 按钮，将当前时间设置为 0:00:03:00，将【不透明度】设置为 100%，如图 12-82 所示。

(54) 将当前时间设置为0:00:05:04，单击【不透明度】左侧的按钮，添加关键帧，将当前时间设置为0:00:05:15，将【不透明度】设置为0%，如图12-83所示。

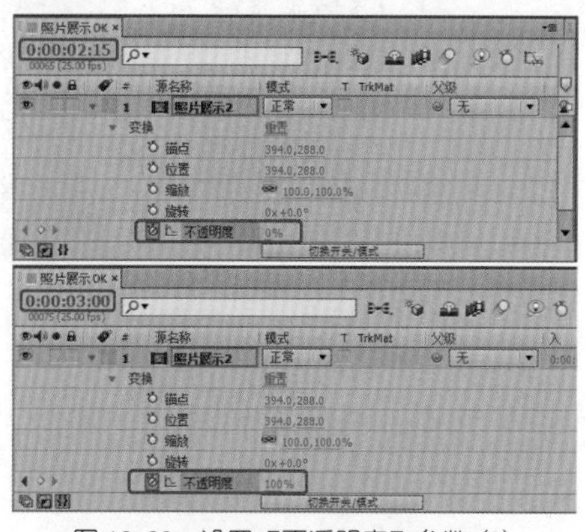

图12-82 设置【不透明度】参数(3)

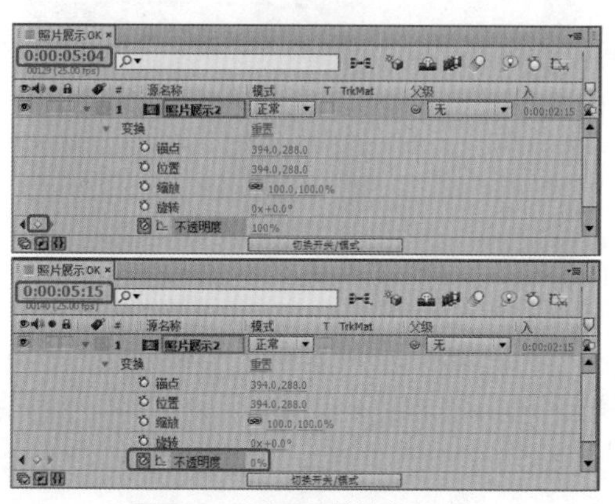

图12-83 设置关键帧参数(7)

(55) 在【项目】面板中将【照片展示3】合成拖动至时间轴中【照片展示OK】合成中，将其入点设置为0:00:05:04，如图12-84所示。

(56) 将当前时间设置为0:00:05:04，将【不透明度】设置为0%，并单击左侧的按钮，将当前时间设置为0:00:05:15，将【不透明度】设置为100%，如图12-85所示。

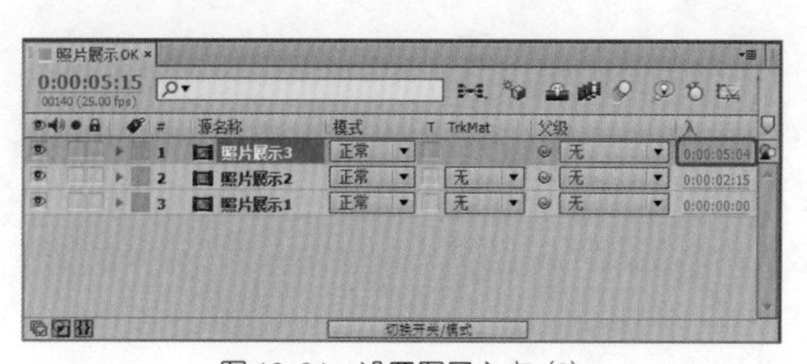

图12-84 设置图层入点(2)

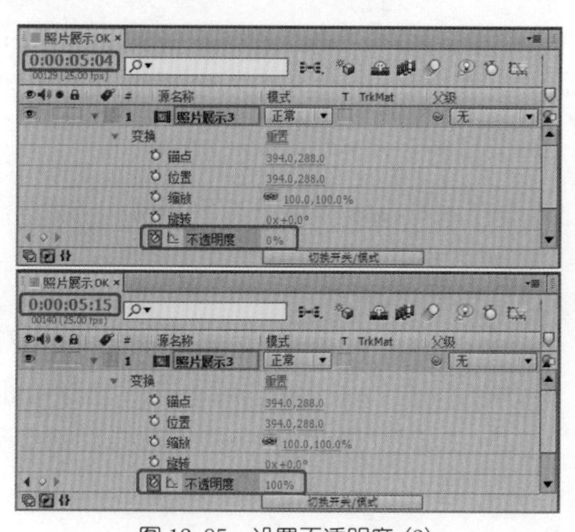

图12-85 设置不透明度(2)

(57) 在菜单栏中选择【效果】|【模糊和锐化】|【高斯模糊】命令，即可为【照片展示3】图层添加该效果，将当前时间设置为0:00:08:00，在【效果控件】面板中单击【模糊度】左侧的按钮，打开动画关键帧记录模式，如图12-86所示。

知识链接

高斯模糊效果可使图像变模糊，柔化图像并消除杂色。图层的品质设置不会影响高斯模糊效果。

(58) 将当前时间设置为0:00:09:00，在【效果控件】面板中将【模糊度】设置为20，如图12-87所示。

图 12-86　添加效果并打开动画关键帧

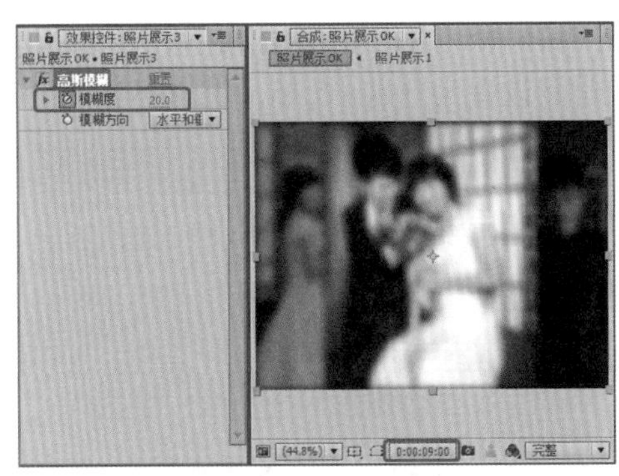

图 12-87　设置模糊度

案例精讲 116　制作婚礼片头

案例文件：光盘 | 场景 | Cha12 | 婚礼片头 . aep

视频文件：光盘 | 视频教学 | Cha12 | 制作婚礼片头 .avi

制作概述

本例将介绍婚礼片头的制作，该例的制作比较简单，主要是将前面制作的小动画组合起来，然后通过添加 Evaporate 效果来制作文字动画。

学习目标

学习 Evaporate 效果的设置方法，掌握合成动画的方法。

操作步骤

(1) 按 Ctrl+N 组合键，在弹出的【合成设置】对话框中输入【合成名称】为【婚礼片头】，将【持续时间】设置为 0:00:22:12，单击【确定】按钮，如图 12-88 所示。

(2) 在【项目】面板中将【新郎】和【新娘】合成拖动至时间轴中的【婚礼片头】合成中，并将【新娘】图层的入点设置为 0:00:03:00，如图 12-89 所示。

一个合成包含在另一个合成中被称为嵌套合成，嵌套合成在包含它的合成中以图层的形式显示。

(3) 使用同样的方法，在【项目】面板中将【日期】和【照片展示 OK】合成拖动至时间轴中【婚礼片头】合成中，将【日期】图层的入点设置为 0:00:06:00，将【照片展示 OK】图层的入点设置为 0:00:09:00，如图 12-90 所示。

(4) 选择【照片展示 OK】图层，在菜单栏中选择【效果】|【过渡】|【百叶窗】命令，即可为选择的图层添加该效果，将当前时间设置为 0:00:09:00，在【效果控件】面板中将【过渡完成】设置为 100%，并单击左侧的 按钮，如图 12-91 所示。

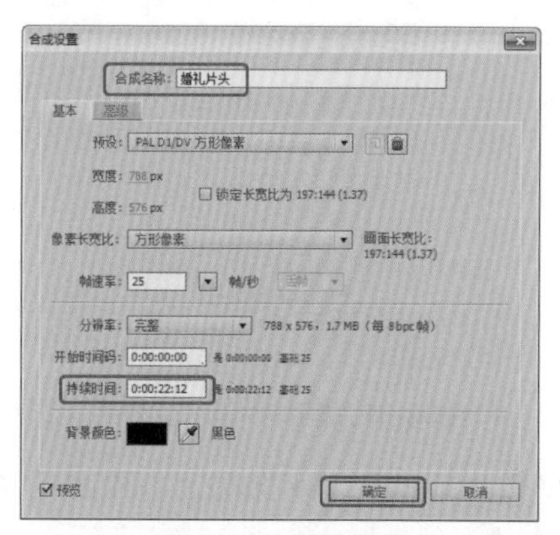

图 12-88　新建合成

图 12-89　添加内容并设置入点

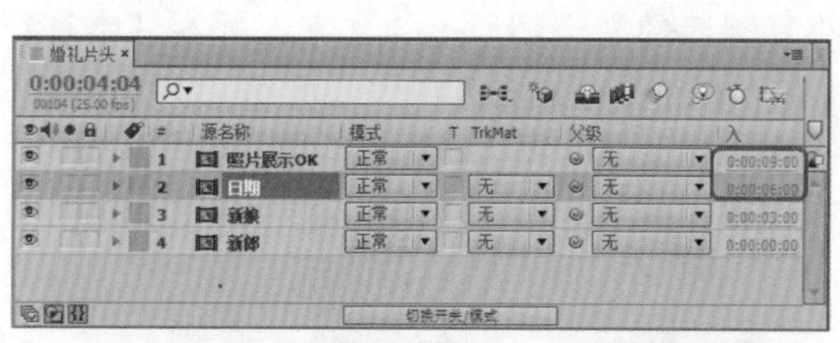

图 12-90　设置图层入点 (1)

图 12-91　添加效果并设置参数

(5) 将当前时间设置为 0:00:10:00，在【效果控件】面板中将【过渡完成】设置为 0%，如图 12-92 所示。

(6) 在工具栏中选择【横排文字工具】T，在【合成】面板中输入文字，选择输入的文字，在【字符】面板中将【字体】设置为 Bernard MT Condensed，将【字体大小】设置为 55 像素，将【填充颜色】的 RGB 值设置为 255、76、0，并调整其位置，如图 12-93 所示。

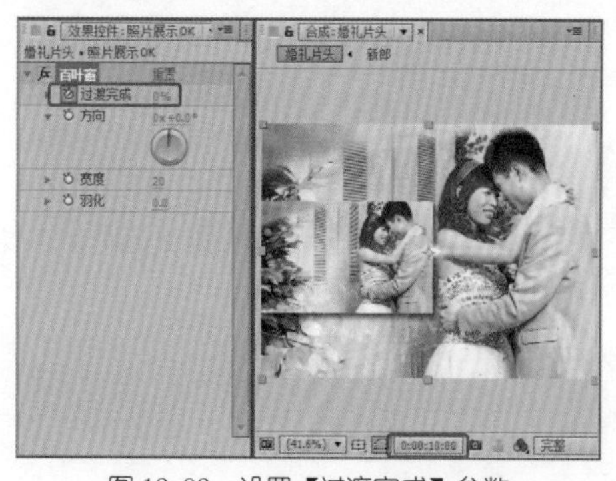

图 12-92　设置【过渡完成】参数

图 12-93　输入并设置文字

(7) 在时间轴中将文字图层的入点设置为 0:00:17:21，如图 12-94 所示。

(8) 在【效果和预设】面板中选择【动画预设】| Text | Blurs | Evaporate 效果，如图 12-95 所示。

图 12-94　设置图层入点 (2)

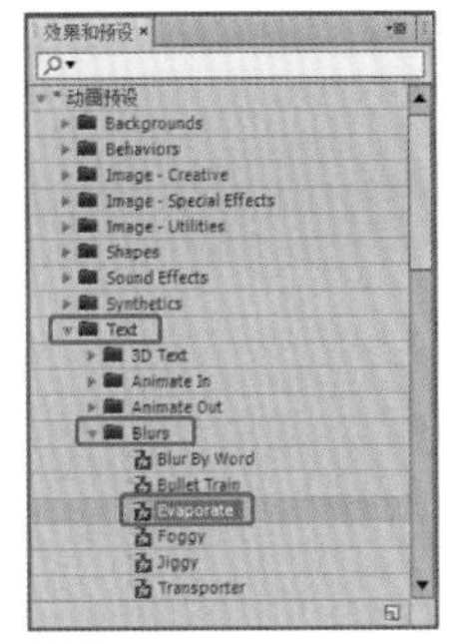
图 12-95　选择 Evaporate 效果

(9) 将当前时间设置为 0:00:17:21，将 Evaporate 效果拖动至文字图层上，即可为文字图层添加该效果，然后在【高级】组中将【形状】设置为【上斜坡】，如图 12-96 所示。

选择图层后，然后双击【效果和预设】面板中的效果或动画预设，也可以为选择的图层应用效果或动画预设。

(10) 按 Ctrl+D 组合键复制文字图层，更改复制后的文字图层上的文字，并在【字符】面板中将【字体大小】设置为 28 像素，然后在【合成】面板中调整其位置，如图 12-97 所示。

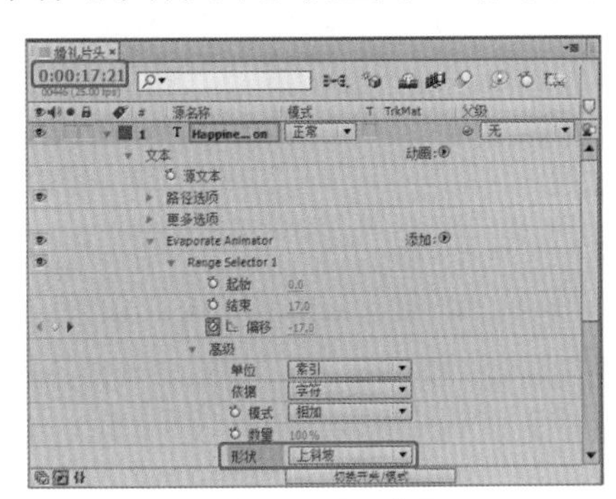
图 12-96　设置效果

图 12-97　更改文字内容

案例精讲 117　添加背景音乐

案例文件：光盘 | 场景 | Cha12 | 婚礼片头 .aep
视频文件：光盘 | 视频教学 | Cha12 | 添加背景音乐 .avi

制作概述

婚礼片头动画制作完成后，还需要为其添加背景音乐，音乐在一段动画中是必不可少的，在本例中还为音乐添加了淡出效果。

学习目标

学习添加关键帧的方法，掌握制作音乐淡出效果的方法。

操作步骤

(1) 在【项目】面板中将【背景音乐 .mp3】拖动至时间轴中【婚礼片头】合成中，并将其移至图层的最底层，如图 12-98 所示。

(2) 将当前时间设置为 0:00:21:00，在【背景音乐 .mp3】图层中单击【音频电平】左侧的按钮，添加关键帧，如图 12-99 所示。

图 12-98　添加背景音乐

图 12-99　添加关键帧

(3) 将当前时间设置为 0:00:22:11，将【音频电平】设置为 −30dB，如图 12-100 所示。

将【音频电平】值设置为 −48 dB 时为静音。

(4) 至此，婚礼片头就制作完成了，在【合成】面板中查看效果，如图 12-101 所示，然后将场景文件保存即可。

图 12-100　设置【音频电平】参数

图 12-101　查看效果

第 13 章 制作产品广告

本章重点

- 制作背景图像
- 制作彩色光线
- 制作图像分散
- 制作产品图像
- 制作字幕
- 制作最终合成

产品广告指向消费者介绍产品的特征，直接推销产品，目的是打开销路、提高市场占有率。本章将详细的介绍产品广告的制作过程，以便熟悉 After Effects 的操作方法与技巧。完成后的效果如图 13-1 所示。

图 13-1　产品广告效果

案例精讲 118　制作背景图像

案例文件：光盘 | 场景 | Cha13| 背景图像 .aep

视频文件：光盘 | 视频教学 | Cha13| 制作背景图像 .avi

制作概述

本例将介绍如何制作背景图像。本例首先添加素材图片，然后创建【背景图像】合成，添加素材图层并设置【位置】关键帧，完成合成的设置。

学习目标

学习设置图层的【位置】关键帧。

操作步骤

（1）在【项目】面板中双击，在弹出的【导入文件】对话框中，选择随书光盘中的光盘 | 素材 |Cha13|01.mp3、02.mp3、01.png 和背景 .jpg 素材图片，然后单击【导入】按钮，如图 13-2 所示。

（2）在【项目】面板中右击，在弹出的快捷菜单中选择【新建合成】命令，如图 13-3 所示。

（3）在弹出的对话框中将【合成名称】输入【背景图像】，【宽度】和【高度】分别设置为 720px、500px，【像素长宽比】设置为 D1/DV PAL（1.09），【帧速率】设置为 25 帧 / 秒，【分辨率】设置为【完整】，【持续时间】设置为 0:00:18:00，【背景颜色】设置为白色，然后单击【确定】按钮，如图 13-4 所示。

（4）将【项目】面板中的【背景 .jpg】素材图片添加到时间轴中，并将【背景 .jpg】图层的【缩放】设置为 130.0%，如图 13-5 所示。

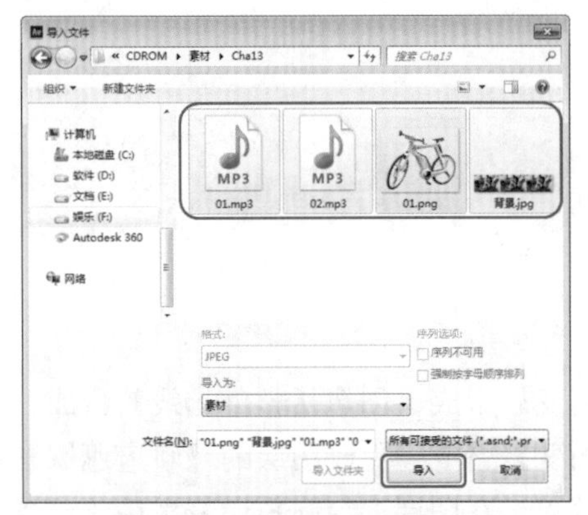

图 13-2 【导入文件】对话框

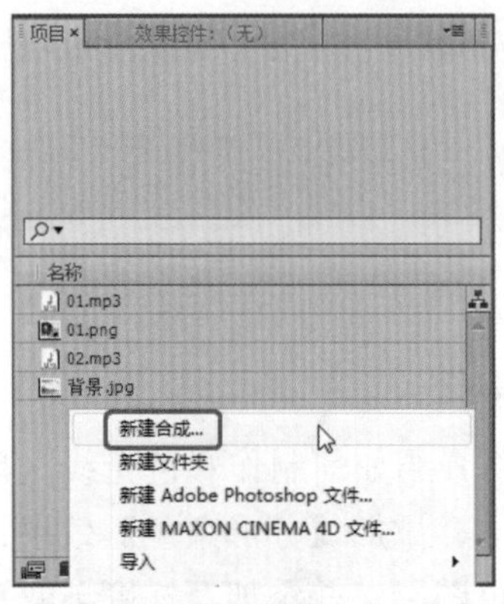

图 13-3 选择【新建合成】命令

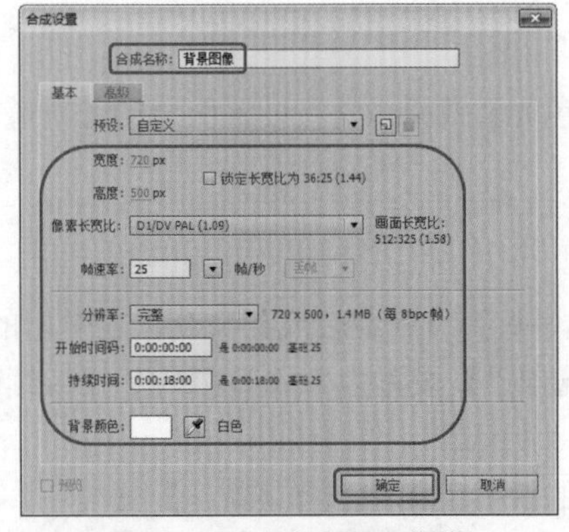

图 13-4 【合成设置】对话框

图 13-5 添加素材图层

（5）将当前时间设置为 0:00:00:07，将【背景】图层的【位置】设置为 1090.0、250.0，然后单击其左侧的 按钮，添加关键帧，如图 13-6 所示。

（6）将当前时间设置为 0:00:17:24，将【背景】图层的【位置】设置为 −360.0、250.0，如图 13-7 所示。

图 13-6 设置【位置】关键帧

图 13-7 设置【位置】

案例精讲 119　制作彩色光线

案例文件：光盘 | 场景 | Cha13| 背景图像 .aep

视频文件：光盘 | 视频教学 | Cha13| 制作彩色光线 .avi

制作概述

本例将介绍如何制作彩色光线。首先，创建【渐变】合成，创建【彩色光线】合成，并创建纯色图层，添加【分形杂色】效果；然后添加【渐变】合成，更改图层的【轨道遮罩】；最后新建纯色图层，并添加【梯度渐变】和【色光】效果，在图层上绘制矩形蒙版后，设置图层的【轨道遮罩】。

学习目标

学习设置图层的【分形杂色】、【梯度渐变】和【色光】效果，学习设置图层的【轨道遮罩】参数。

操作步骤

(1) 在【项目】面板中右击，在弹出的快捷菜单中选择【新建合成】命令，在弹出的【合成设置】对话框中将【合成名称】设置为【渐变】，【预设】设置为 PAL D1/DV，【持续时间】设置为 0:00:10:00，然后单击【确定】按钮，如图 13-8 所示。

(2) 在时间轴中的【渐变】合成中右击，在弹出的快捷菜单中选择【新建】|【纯色】命令，如图 13-9 所示。

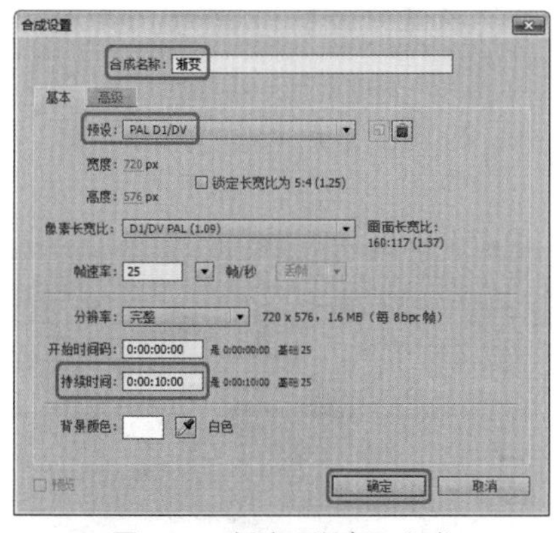

图 13-8　新建【渐变】合成

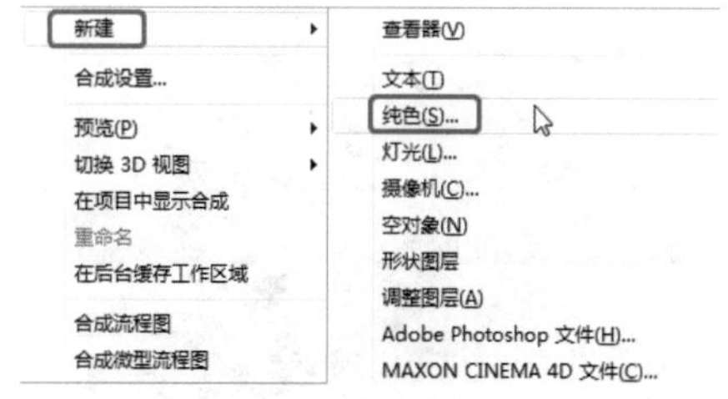

图 13-9　选择【纯色】命令

(3) 在弹出的【纯色设置】对话框中将【名称】设置为【渐变】，单击【制作合成大小】按钮，然后单击【确定】按钮，如图 13-10 所示。

(4) 选中【渐变】图层，在菜单栏中选择【效果】|【生成】|【梯度渐变】命令。在【效果控件】面板中将【梯度渐变】的【渐变起点】设置为 720.0、288.0，【渐变终点】设置为 0.0、288.0，如图 13-11 所示。

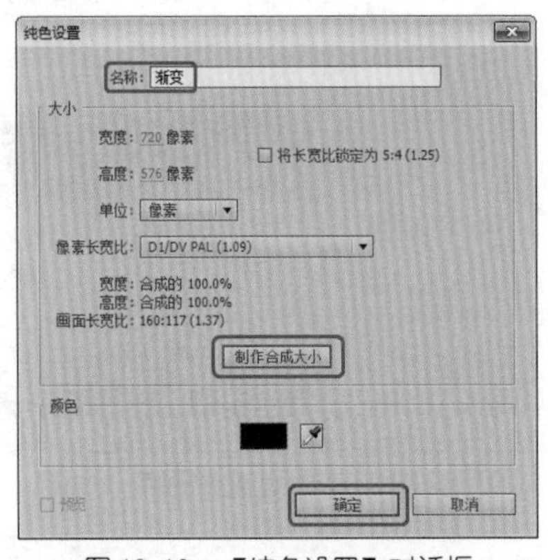

图 13-10 【纯色设置】对话框

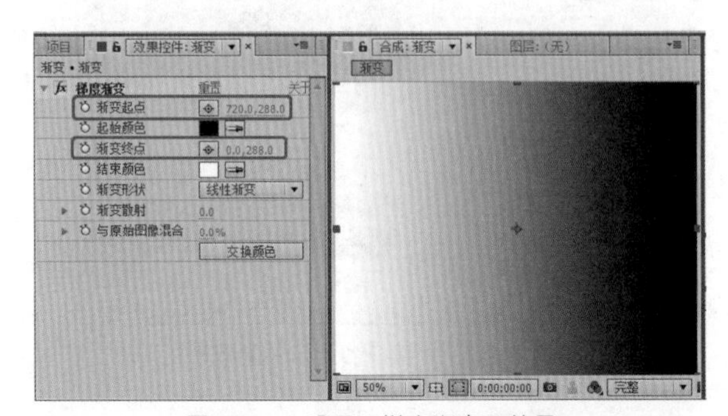

图 13-11 设置【梯度渐变】效果

(5) 按 Ctrl+N 组合键，在弹出的【合成设置】对话框中将【合成名称】设置为【彩色光线】，【预设】设置为 PAL D1/DV，【持续时间】设置为 0:00:10:00，然后单击【确定】按钮，如图 13-12 所示。

(6) 在新建的【彩色光线】合成中新建一个纯色图层，将其命名为【分形杂色】，如图 13-13 所示。

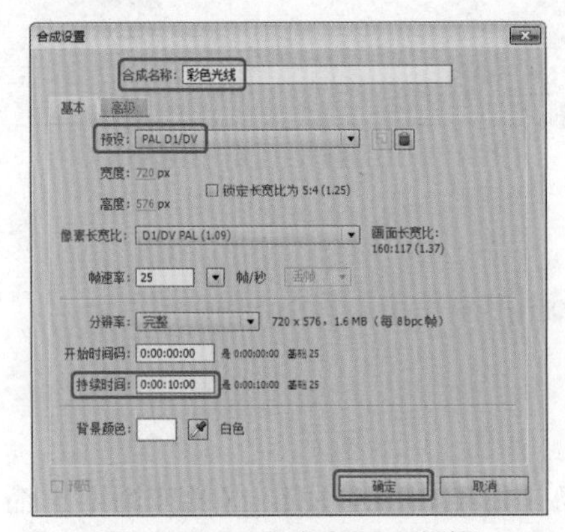

图 13-12 【合成设置】对话框

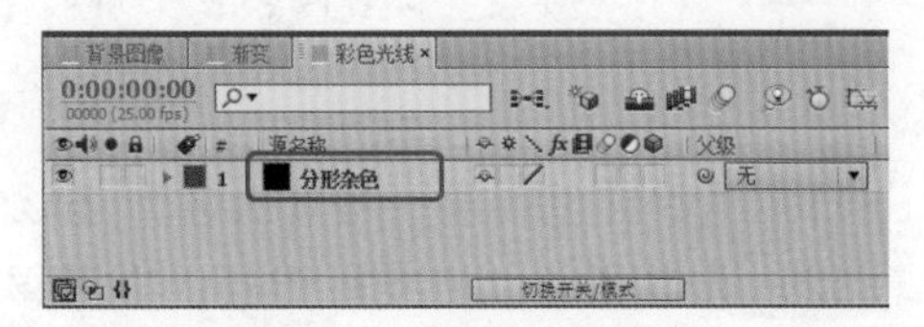

图 13-13 新建纯色图层 (1)

(7) 选中【分形杂色】图层，在菜单栏中选择【效果】|【杂色和颗粒】|【分形杂色】命令。在【效果控件】面板中将【分形杂色】中的【对比度】设置为 120.0，【溢出】设置为【剪切】，在【变换】组中取消选中【统一缩放】复选框，将【缩放宽度】设置为 5500.0，【复杂度】设置为 5.0，如图 13-14 所示。

(8) 确认当前时间为 0:00:00:00，将【偏移（湍流）】设置为 310.0、288.0，【演化】设置为 0x+0.0°，然后将【偏移（湍流）】和【演化】左侧的按钮打开，添加关键帧，如图 13-15 所示。

(9) 将当前时间设置为 0:00:09:24，将【偏移（湍流）】设置为 −30000.0、288.0，【演化】设置为 2x+0.0°，如图 13-16 所示。

(10) 将【项目】面板中的【渐变】合成添加到时间轴的顶层，然后将【分形杂色】图层的【轨道遮罩】设置为【亮度遮罩“渐变”】，如图 13-17 所示。

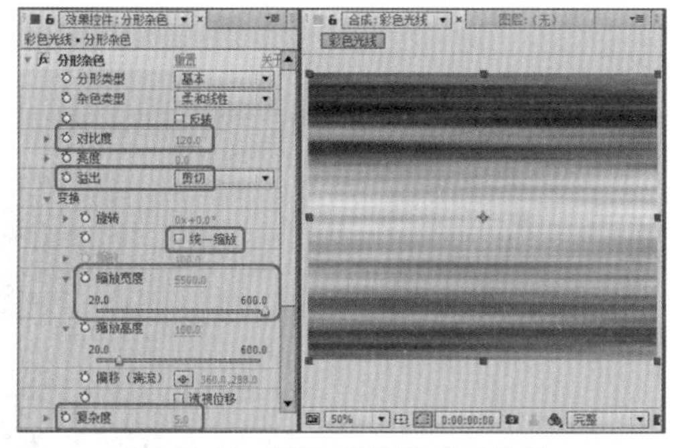

图 13-14　设置【分形杂色】效果

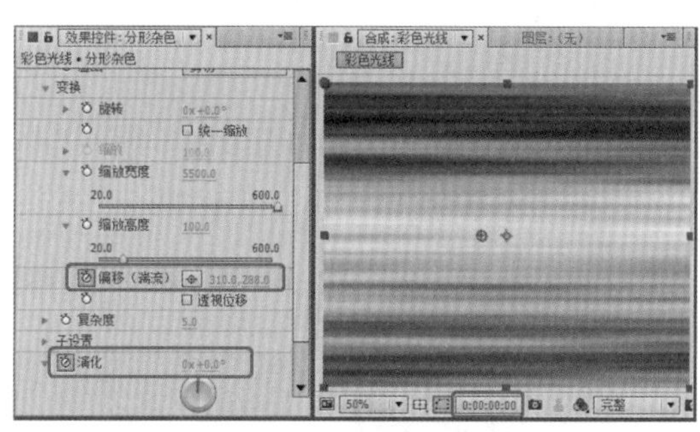

图 13-15　设置关键帧

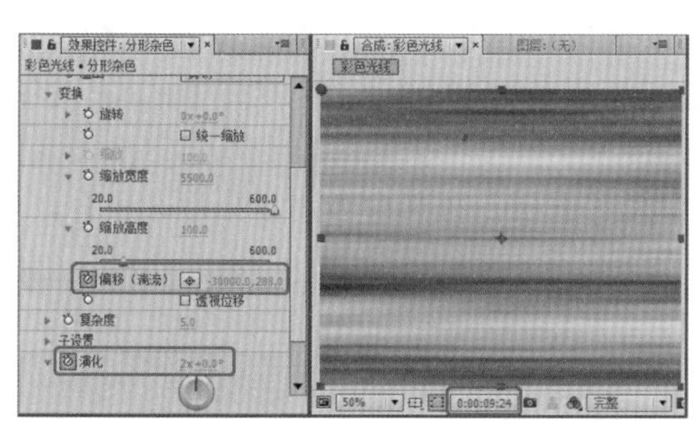

图 13-16　设置关键帧参数

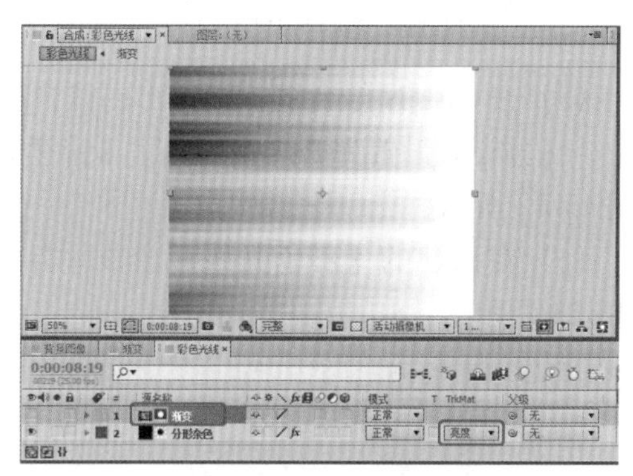

图 13-17　设置图层的【轨道遮罩】(1)

提示　通过单击时间轴左下角的按钮，将【轨道遮罩】显示。

(11) 新建纯色图层，将其命名为【彩色光线】，如图 13-18 所示。

(12) 选中【彩色光线】图层，在菜单栏中选择【效果】|【生成】|【梯度渐变】命令，使用其默认参数，如图 13-19 所示。

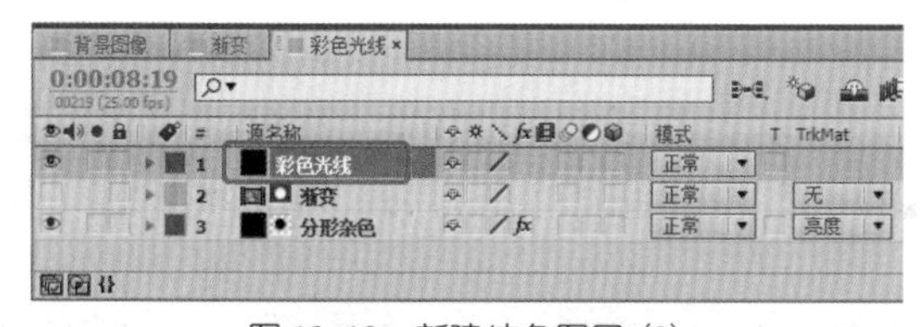

图 13-18　新建纯色图层 (2)

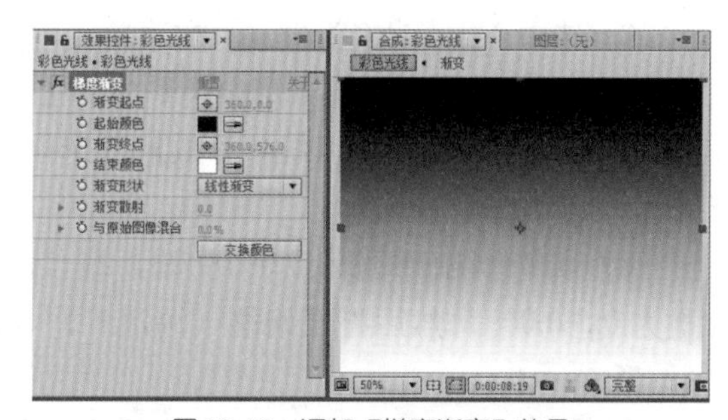

图 13-19　添加【梯度渐变】效果

(13) 在菜单栏中选择【效果】|【颜色校正】|【色光】命令，使用其默认参数，如图 13-20 所示。

(14) 新建纯色图层，将其命名为【遮罩】，然后选中【遮罩】图层，在工具栏中使用【矩形工具】，绘制一个矩形蒙版，如图 13-21 所示。

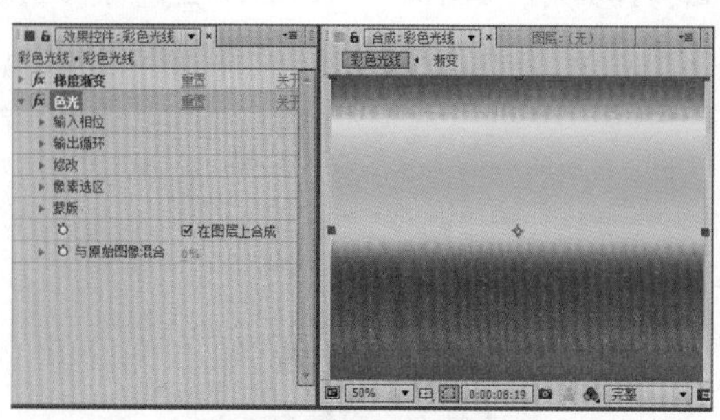

图 13-20　添加【色光】效果

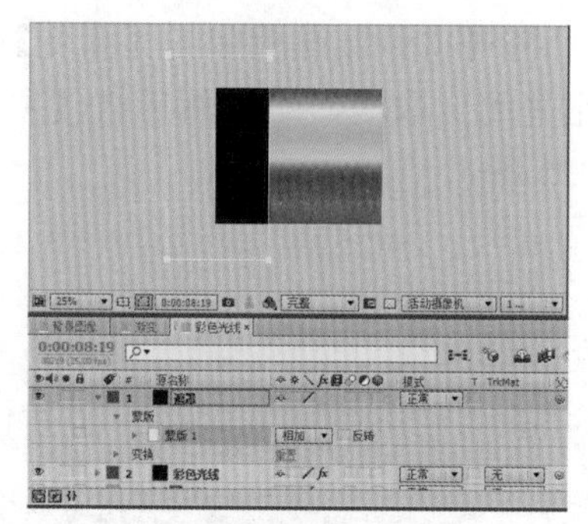

图 13-21　绘制矩形蒙版

(15) 在【遮罩】图层中，将【蒙版羽化】的【约束比例】按钮关闭，将其值设置为240.0、0.0，如图 13-22 所示。

(16) 将【彩色光线】图层的【轨道遮罩】设置为【Alpha 遮罩“遮罩”】，如图 13-23 所示。

图 13-22　设置【蒙版羽化】

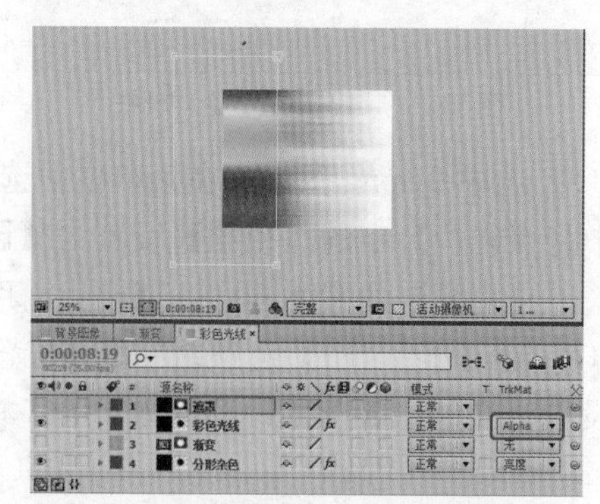

图 13-23　设置图层的【轨道遮罩】(2)

案例精讲 120　制作图像分散

案例文件：光盘 | 场景 | Cha13| 背景图像 .aep

视频文件：光盘 | 视频教学 | Cha13| 制作图像分散 .avi

制作概述

本例将介绍如何制作图像分散。它主要为图层设置【碎片】效果，然后创建并设置摄影机关键帧动画，用于动态显示图像。

学习目标

学习设置图层的【碎片】效果，学习创建摄影机图层，掌握设置摄影机的技巧。

操作步骤

(1) 按 Ctrl+N 组合键，在弹出的【合成设置】对话框中将【合成名称】设置为【图像分散】，【预设】设置为 PAL D1/DV，【持续时间】设置为 0:00:10:00，然后单击【确定】按钮，如图 13-24 所示。

（2）将【项目】面板中的【渐变】合成添加到时间轴中【图像分散】的顶层，将其左侧的👁按钮关闭，取消显示。然后将【项目】面板中的01.png素材图片添加到时间轴的顶层，如图13-25所示。

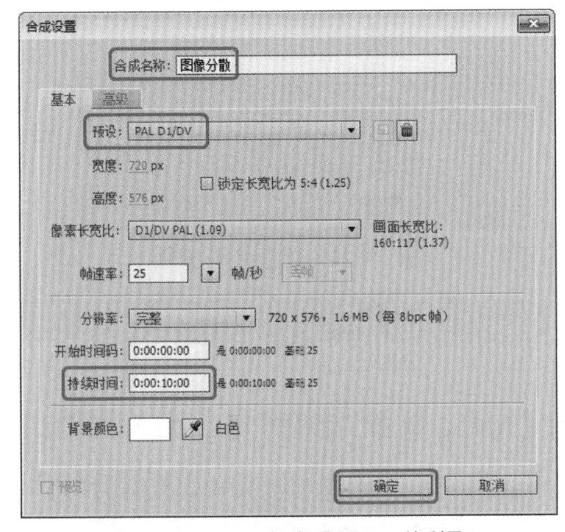

图13-24 【合成设置】对话框

图13-25 添加素材图层

（3）选中01.png图层，在菜单栏中选择【效果】|【模拟】|【碎片】命令。在【效果控件】面板中将【碎片】中的【视图】设置为【已渲染】。【形状】选项组中的【图案】设置为【正方形】，【重复】设置为40.0，【凸出深度】设置为0.5，如图13-26所示。

（4）在【作用力1】选项组中将【位置】设置为394.0、288.0，【深度】设置为0.20，【半径】设置为2.00，【强度】设置为6.00。在【作用力2】选项组中将所有参数都设置为0，如图13-27所示。

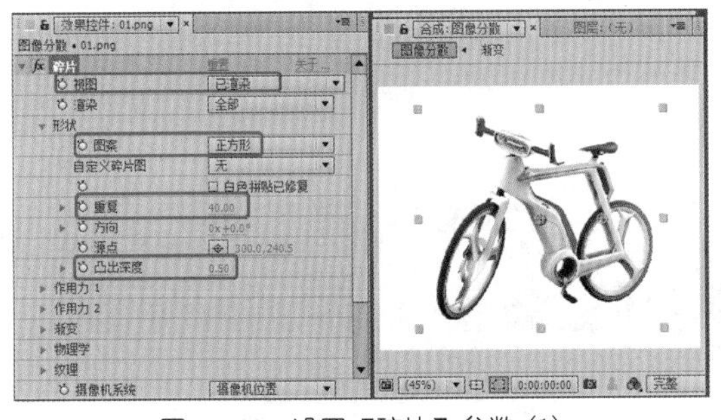

图13-26 设置【碎片】参数（1）

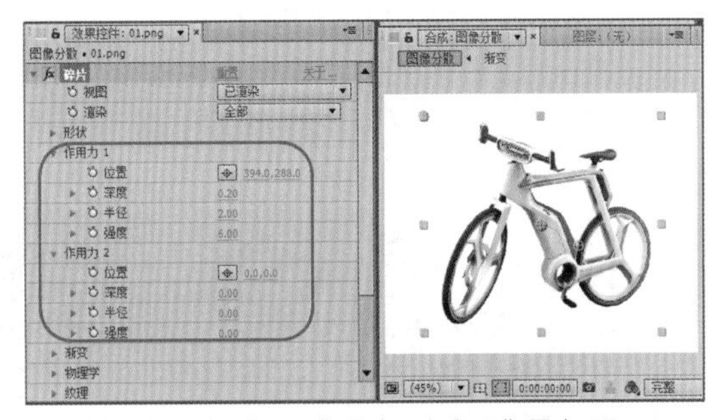

图13-27 设置【作用力1】和【作用力2】

（5）在【渐变】选项组中将【渐变图层】设置为【2. 渐变】，然后选中【反转渐变】复选框。在【物理学】选项组中将【倾覆轴】设置为【自由】，【随机性】设置为1.00，【粘度】设置为0.00，【大规模方差】设置为20%，【重力】设置为6.00，【重力方向】设置为0x+90.0°，【重力倾向】设置为80.00。在【纹理】选项组中，将【摄像机系统】设置为【合成摄像机】，如图13-28所示。

（6）在时间轴中右击，在弹出的快捷菜单中选择【新建】|【摄像机】命令。在弹出的【摄像机设置】对话框中将【预设】设置为【24毫米】，取消选中【启用景深】复选框，然后单击【确定】按钮，如图13-29所示。

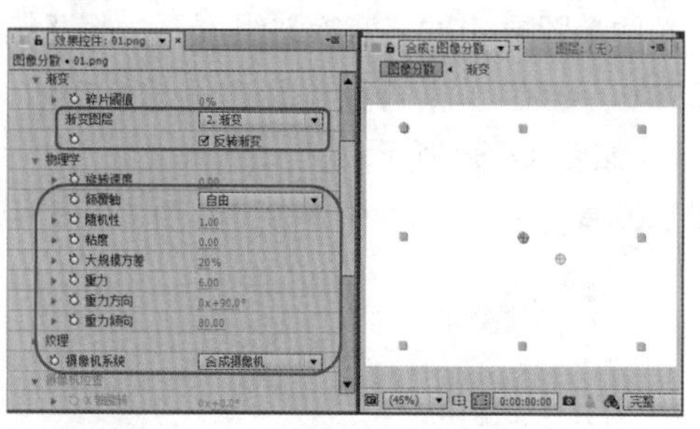

图 13-28　设置【碎片】参数 (2)

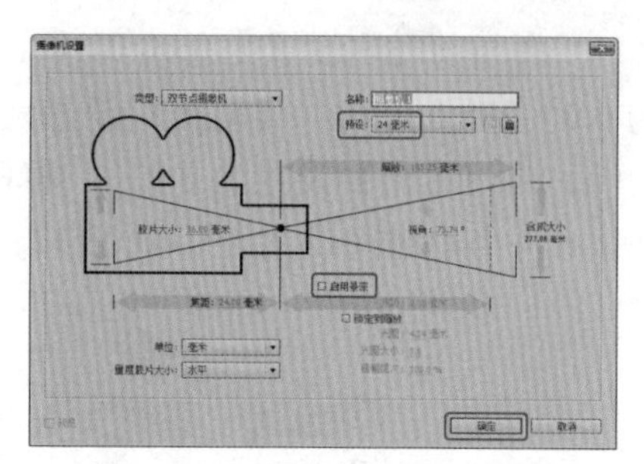

图 13-29　【摄像机设置】对话框

在弹出的警告对话框中，单击【确定】按钮即可。

(7) 在【摄像机 1】图层中将【变换】组展开，将【目标点】设置为 320.0、288.0、−50.0，【位置】设置为 320.0、240.0、−800.0，如图 13-30 所示。

(8) 将当前时间设置为 0:00:01:12，选中 01.png 层，在【效果控件】面板中单击【渐变】组中的【碎片阈值】左侧的按钮，如图 13-31 所示。

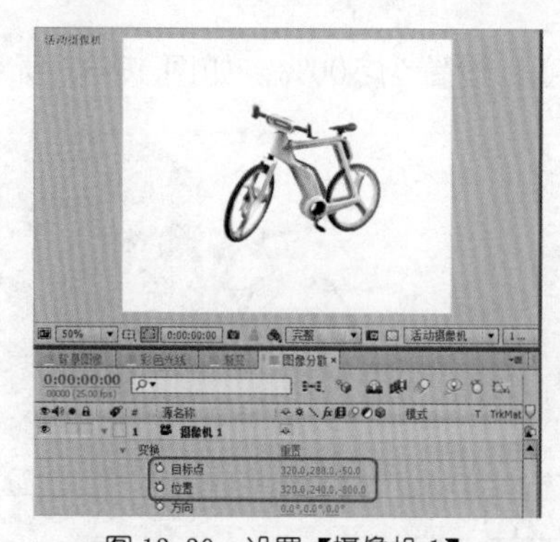

图 13-30　设置【摄像机 1】

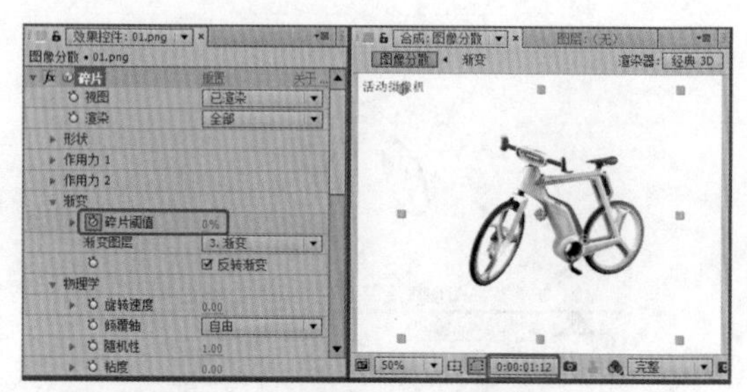

图 13-31　设置【碎片阈值】(1)

(9) 将当前时间设置为 0:00:03:12，将【碎片阈值】设置为 100%，如图 13-32 所示。

(10) 在【项目】面板中将【彩色光线】合成添加的时间轴中，将其放置在【摄像机 1】图层的下面，将其转换为 3D 图层，如图 13-33 所示。

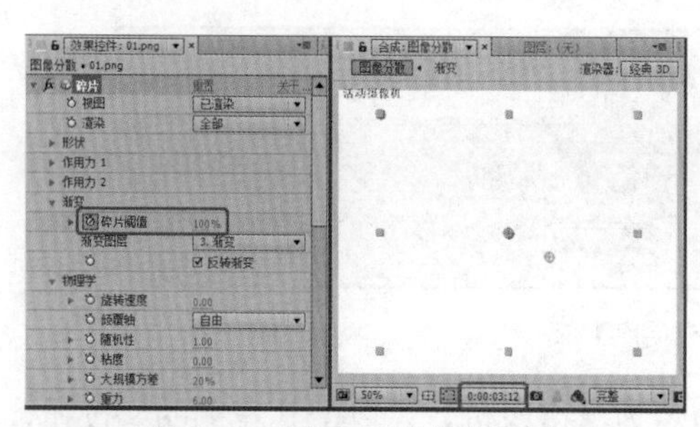

图 13-32　设置【碎片阈值】(2)

图 13-33　添加图层

（11）将当前时间设置为0:00:01:12，将【彩色光线】图层中的【变换】组展开，将【锚点】设置为0.0、288.0、0.0，【位置】设置为680.0、288.0、0.0，单击【位置】左侧的按钮，添加关键帧，将【方向】设置为0.0°、90.0°、0.0°，如图13-34所示。

（12）将当前时间设置为0:00:03:12，将【位置】设置为0.0、288.0、0.0，如图13-35所示。

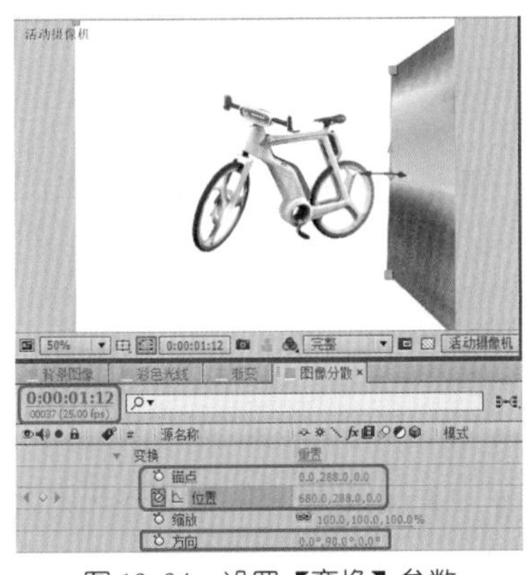

图13-34　设置【变换】参数

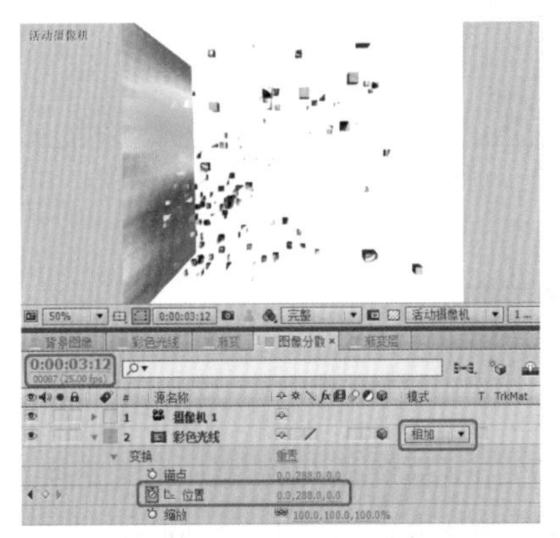

图13-35　设置【位置】参数（1）

（13）将当前时间设置为0:00:01:08，将【彩色光线】图层的【不透明度】设置为0%，然后单击其左侧的按钮，添加关键帧，如图13-36所示。

（14）将当前时间设置为0:00:01:18，将【不透明度】设置为100%，如图13-37所示。

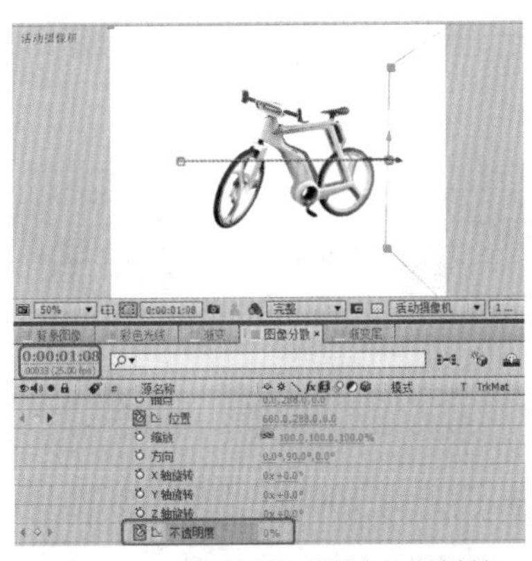

图13-36　设置【不透明度】关键帧

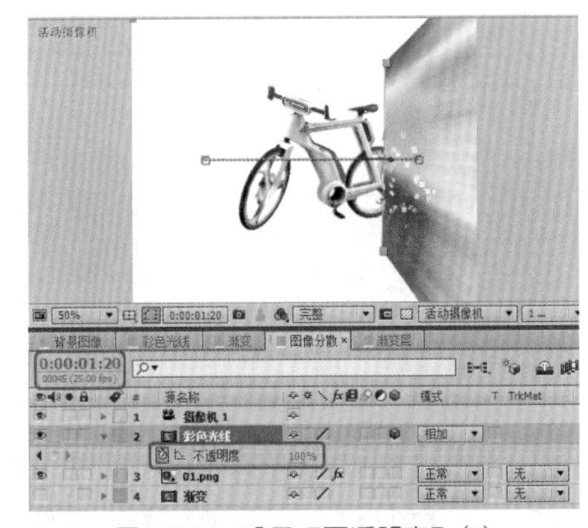

图13-37　设置【不透明度】（1）

（15）将当前时间设置为0:00:03:12，单击【不透明度】左侧的按钮，添加关键帧。然后将当前时间设置为0:00:03:16，将【不透明度】设置为0%，如图13-38所示。

图13-38　设置【不透明度】（2）

（16）在时间轴的顶层新建纯色图层，将其命名为【摄像机】，单击其左侧的按钮，将其隐藏显示。将【摄像机1】的【父级】设置为【1. 摄像机】，如图13-39所示。

（17）将【摄像机】图层转换为3D图层，将当前时间设置为0:00:01:10，然后将【摄像机】图层的【方向】设置为90.0°、0.0°、0.0°，单击【Y轴旋转】左侧的按钮，设置关键帧，如图13-40所示。

图13-39　新建图层

图13-40　设置【方向】和【Y轴旋转】

（18）将当前时间设置为0:00:05:01，将【Y轴旋转】设置为0x+120.0°，然后选中创建的两个关键帧，按F9键将其转换为柔缓曲线关键帧，如图13-41所示。

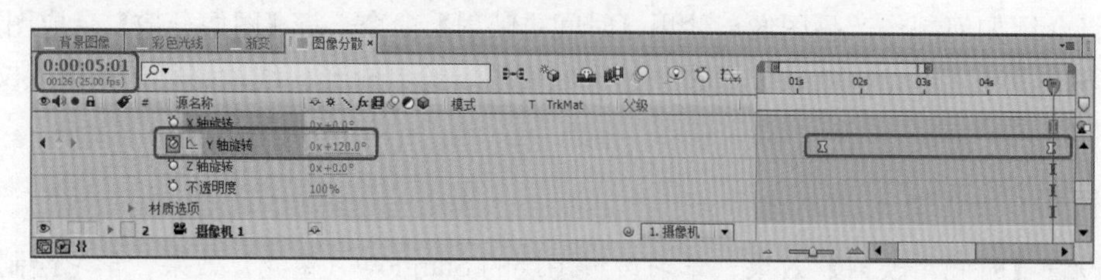

图13-41　设置并转换关键帧

（19）将当前时间设置为0:00:01:20，将【摄像机1】的【目标点】设置为320.0、288.0、0.0。将【位置】设置为320.0、−560.0、−250.0，并单击其左侧的按钮，设置关键帧，如图13-42所示。

（20）将当前时间设置为0:00:05:01，将【位置】设置为320.0、−560.0、−800.0，如图13-43所示。

图13-42　设置关键帧

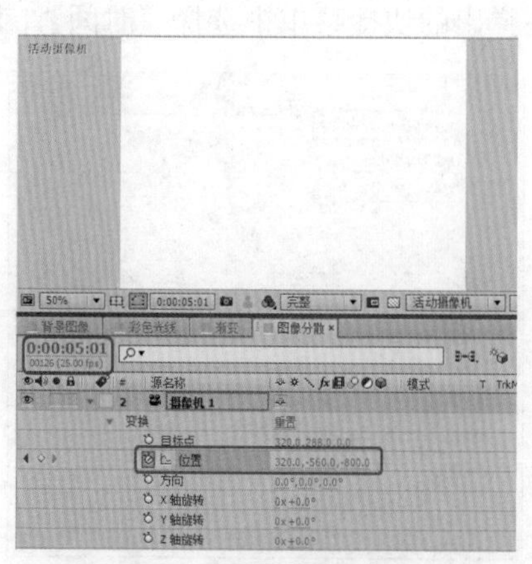

图13-43　设置【位置】参数（2）

（21）选中【位置】中的两个关键帧，按 F9 键将其转换为柔缓曲线关键帧。拖动时间线预览【图像分散】合成的效果，如图 13-44 所示。

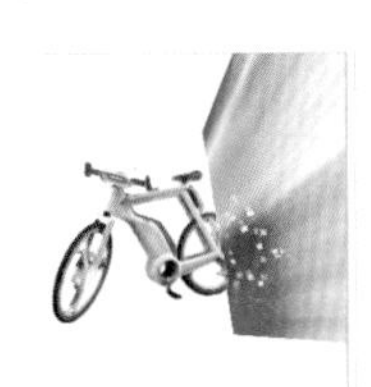
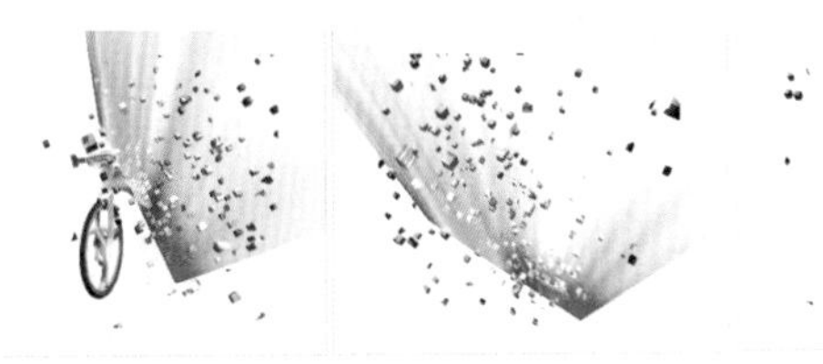

图 13-44 【图像分散】合成的效果

案例精讲 121 制作产品图像

案例文件：光盘 | 场景 | Cha13| 背景图像 .aep

视频文件：光盘 | 视频教学 | Cha13| 制作产品图像 .avi

制作概述

本例将介绍如何制作产品图像。使用【时间重映射】命令，将【图像分散】合成图层倒放，然后设置 Starglow（星光）效果。通过创建形状图层，绘制矩形、线段路径，并输入文字，为产品图像标注说明。

学习目标

学习设置【时间重映射】效果，学习设置图层的 Starglow（星光）效果，学习绘制形状。

操作步骤

（1）按 Ctrl+N 组合键，在弹出的【合成设置】对话框中，将【合成名称】输入为【产品图像】，【预设】设置为 PAL D1/DV，【持续时间】设置为 0:00:10:00，然后单击【确定】按钮，如图 13-45 所示。

（2）将【项目】面板中的【图像分散】合成添加到新建的合成中。在【图像分散】图层上右击，在弹出的快捷菜单中选择【时间】|【启用时间重映射】命令，如图 13-46 所示。

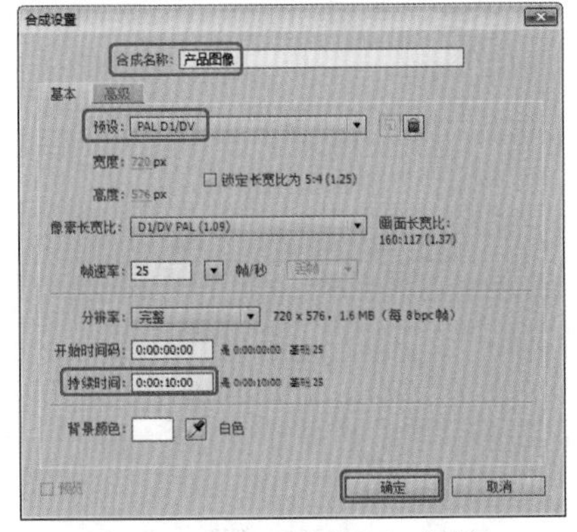

图 13-45 【合成设置】对话框

图 13-46 选择【启用时间重映射】命令

（3）确认当前时间为 0:00:00:00，将【时间重映射】设置为 0:00:05:00，如图 13-47 所示。

（4）将当前时间设置为 0:00:05:00，将【时间重映射】设置为 0:00:00:00，如图 13-48 所示。

图 13-47　设置【时间重映射】(1)

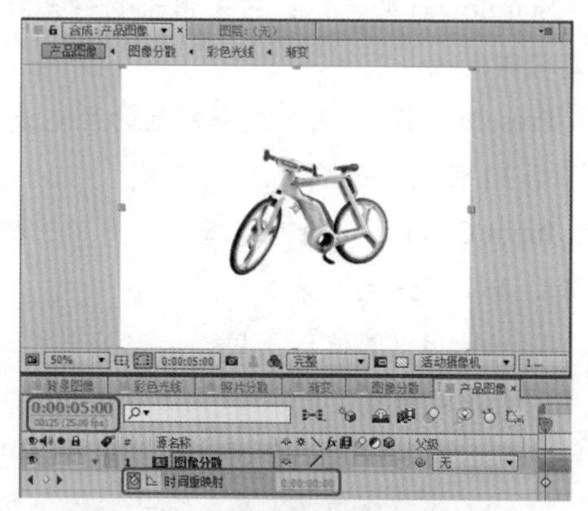

图 13-48　设置【时间重映射】(2)

（5）将【时间重映射】中的其他多余关键帧删除，如图 13-49 所示。

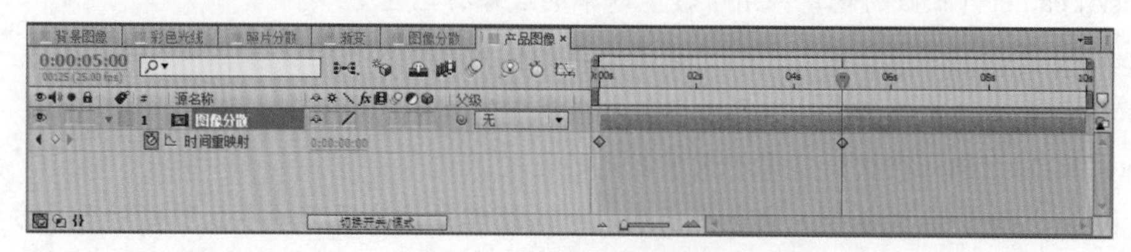

图 13-49　删除多余关键帧

（6）将当前时间设置为 0:00:00:00，选中【图像分散】图层，在菜单栏中选择【效果】| Trapcode | Starglow（星光）命令。在【效果控件】面板中，将 Preset（预设）设置为 White Star2，在 Pre-Process 组中，单击 Threshold（阈值）左侧的 ，设置关键帧，将 Threshold Soft（软阈值）设置为 20.0，Streak length（条纹长度）设置为 30.0，Transfer Mode（变换方式）设置为 Add（相加），如图 13-50 所示。

（7）将当前时间设置为 0:00:05:00，将 Threshold（阈值）设置为 500.0，如图 13-51 所示。

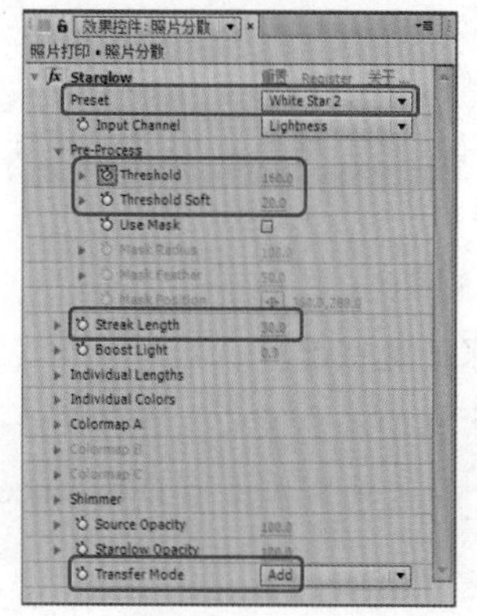

图 13-50　设置 Starglow（星光）参数

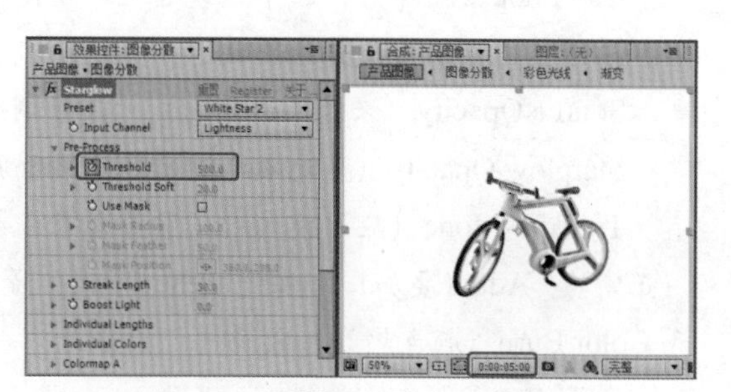

图 13-51　设置 Threshold（阈值）

知识链接

Starglow（星光）：它是用于制作光效果的一种插件，它可以根据图像中的高光部分创建星光闪耀的效果。

Preset（预设）：用于选择预置的星光效果。其中提供了 Red（红色）、Green（绿色）、Blue（蓝色）等 30 种预设效果。

Input Channel（输入通道）：用于选择特效基于的通道。其中提供了 Lightness（明亮）、Alpha、Red（红色）等 6 种。

Threshold（阈值）：用于调整星光效果最小亮度值。值越大，星光效果区域的亮度要求就越高，效果就越少。

Threshold Soft（阈值羽化）：用于调整高亮和低亮区域之间的柔和度。

Use Mask（使用蒙版）：选中该复选框，可以使用内置的圆形遮罩。

Mask（蒙版半径）：用于设置遮罩的半径。

Mask Feather（蒙版羽化）：用于设置遮罩的边缘羽化程度。

Mask Position（蒙版位置）：用于设置遮罩的位置。

Streak Length（光线长度）：用于调整光线散射的长度。

Boost Light（提升亮度）：用于调整星光的亮度。

Individual Lengths（各个方向光线长度）：通过调整该选项下的参数可以对各个方向上的光线长度进行调整。

Individual Colors（各个方向颜色）：通过该选项下的参数可以选择各个方向上光线的颜色贴图。其中提供了 Colormap A（颜色贴图 A）、Colormap B（颜色贴图 B）、Colormap C（颜色贴图 C）3 种。

Colormap A（颜色贴图 A）、Colormap B（颜色贴图 B）、Colormap C（颜色贴图 C）：分别用于调整颜色贴图 A、B、C 贴图中的颜色。

Amount（数量）：用于调整微光的数量。

Detail（细节）：用于调整微光的细节。

Phase（阶段）：用于调整当前微光的相位，通过添加关键帧可以得到微光动画。

Use Loop（循环）：选中该复选框，可使微光产生循环效果。其下方的【循环旋转】用于调整循环情况下相位旋转的数目。

Source Opacity（来源不透明度）：用于调整原素材的透明度。

Starglow Opacity（星光不透明度）：用于调整星光效果的透明度。

Transfer Mode（应用模式）：用于选择星光效果与原素材的混合模式。其中提供了 Normal（正常）、Add（叠加）、Hard Light（强光）等 18 种模式。从左向右依次为 Difference（差值）和 Color Burn（颜色燃烧）效果。

（8）将当前时间设置为 0:00:03:23，在时间轴中将【图像分散】图层的【变换】组展开，将位置设置为 334.0、270.0，【缩放】设置为 130.0%，然后单击其左侧的按钮，设置关键帧，如图 13-52 所示。

(9) 将当前时间设置为0:00:05:00，将【缩放】设置为135.0%，如图13-53所示。

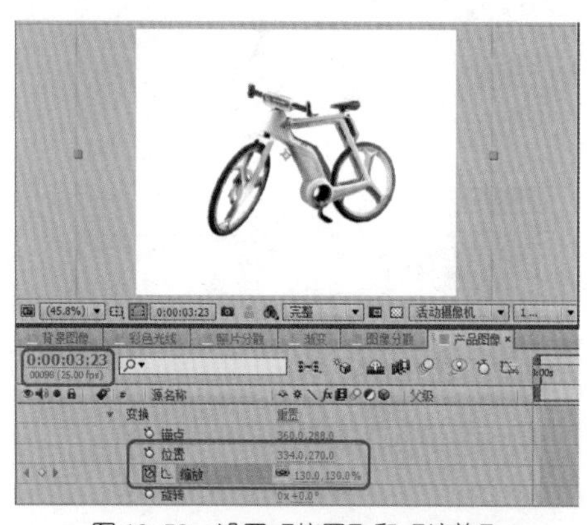

图13-52　设置【位置】和【缩放】

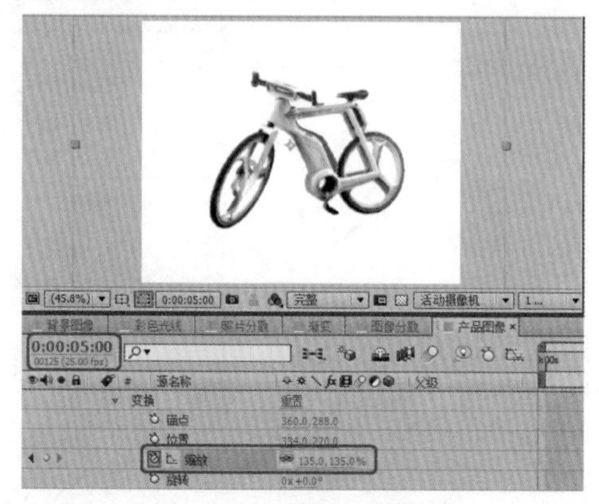

图13-53　设置【缩放】

(10) 新建【形状图层1】图层，使用工具栏中的【矩形工具】，在【合成】面板中绘制一个矩形。将【形状图层1】中的【内容】|【矩形1】展开，将【矩形路径1】中的【大小】设置为174.0、54.0，将【描边1】中的【描边宽度】设置为0.0，将【填充1】中的【颜色】RGB值设置为0、48、253，将【不透明度】设置为40%，如图13-54所示。

(11) 适当调整矩形的位置，然后使用【钢笔工具】，在【形状图层1】中绘制线段路径，在【形状1】中，将【描边1】的【颜色】RGB值设置为0、48、253，将【不透明度】设置为40%，将【描边宽度】设置为3.0，将【填充1】的【不透明度】设置为0%，如图13-55所示。

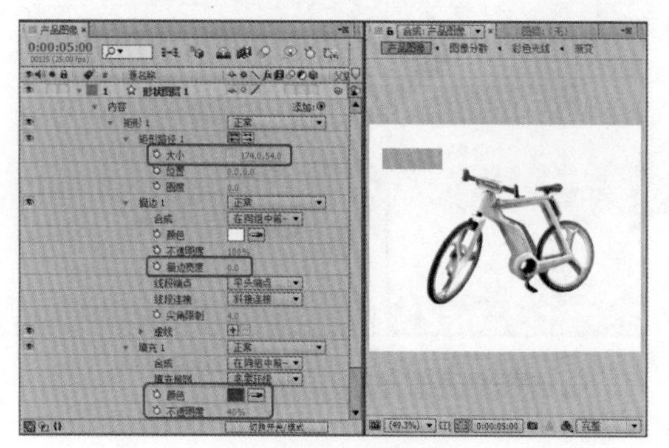

图13-54　绘制矩形

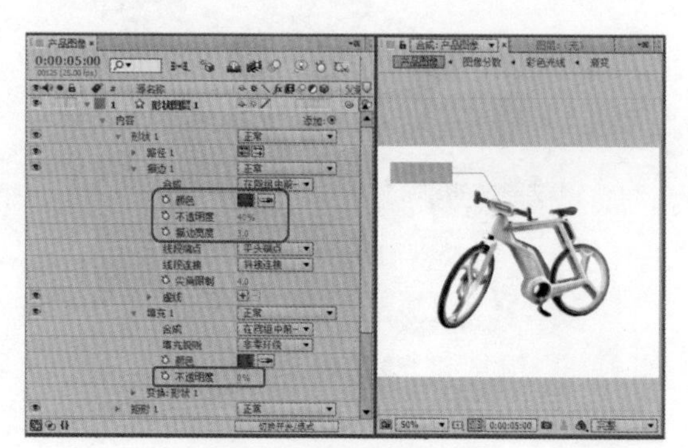

图13-55　绘制线段路径

设置【矩形路径1】中的【大小】时，将图标关闭。

(12) 使用【横排文字工具】，在合成中输入文字【空气过滤器】，将【字体】设置为【微软雅黑】，【字体颜色】设置为白色，【字体大小】设置为30像素，【描边宽度】设置为0像素，如图13-56所示。

(13) 将当前时间设置为0:00:05:06，将文字图层和形状图层的【不透明度】都设置为0%，然后单击其左侧的按钮，设置关键帧，如图13-57所示。

图 13-56　输入文字

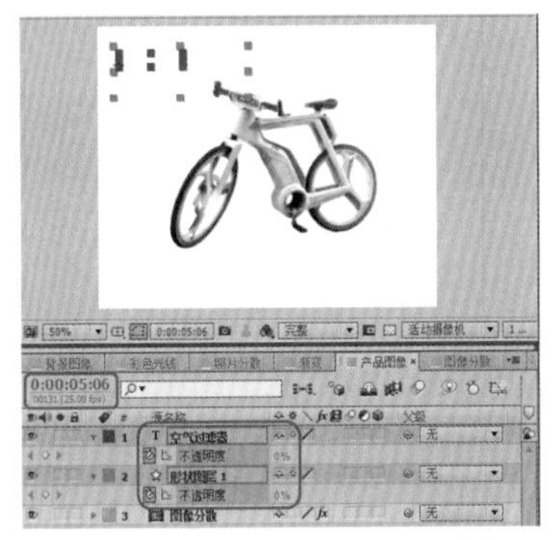

图 13-57　设置【不透明度】(1)

提示

选中文字图层和形状图层后，按 T 键，将显示图层的【不透明度】属性。

(14) 将当前时间设置为 0:00:06:12，将文字图层和形状图层的【不透明度】都设置为 100%，如图 13-58 所示。

(15) 使用相同的方法，创建其他的文字和形状图层，如图 13-59 所示。

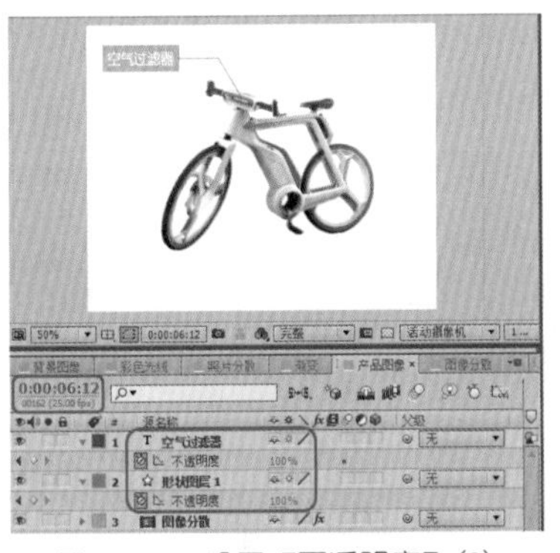

图 13-58　设置【不透明度】(2)

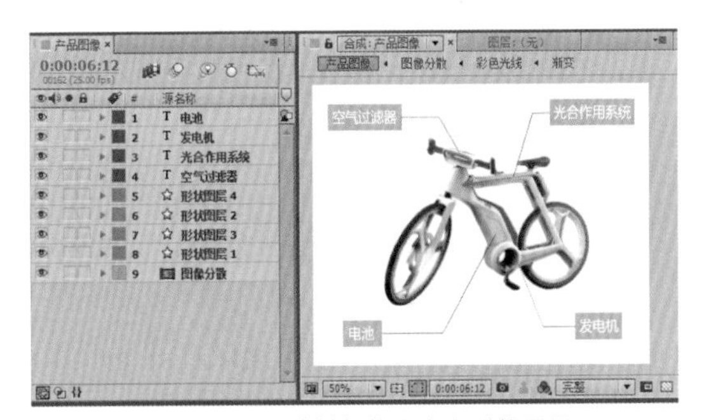

图 13-59　创建其他的文字和形状图层

案例精讲 122　制作字幕

案例文件：光盘 | 场景 | Cha13| 背景图像 .aep

视频文件：光盘 | 视频教学 | Cha13| 背景图像 .avi

制作概述

本例将介绍如何制作字幕。首先分别创建 2 个文字图层，并添加【百叶窗】和 CC Line Sweep 效果，然后创建调整图层，设置【投影】效果。

学习目标

学习创建调整图层，学习设置图层的【百叶窗】、CC Line Sweep 和【投影】效果。

操作步骤

（1）按 Ctrl+N 组合键，在弹出的【合成设置】对话框中将【合成名称】设置为【字幕】，【预设】设置为 PAL D1/DV，【持续时间】设置为 0:00:05:00，然后单击【确定】按钮，如图 13-60 所示。

（2）使用【横排文字工具】T，在合成中输入文字【代步之王】，将【字体】设置为【楷体】，【字体颜色】的 RGB 值设置为 56、56、56，【字体大小】设置为 100 像素，【字符间距】设置为 80，【描边宽度】设置为 0 像素，然后单击【仿粗体】按钮 T，将文字的【位置】设置为 168.0、274.0，如图 13-61 所示。

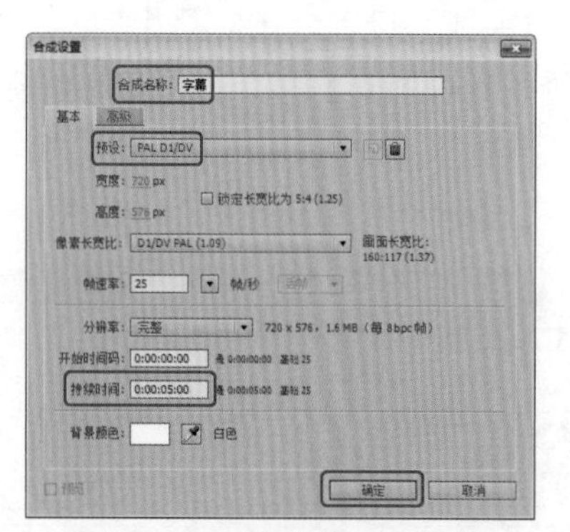

图 13-60 【合成设置】对话框

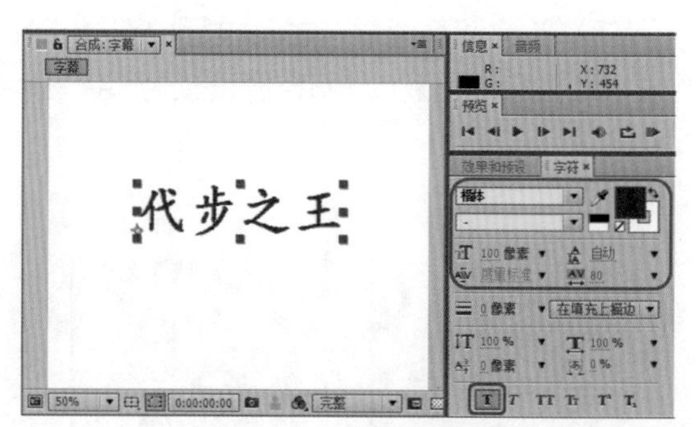

图 13-61 输入文字（1）

（3）选中文字图层，在菜单中选择【效果】|【过渡】|【百叶窗】命令。将当前时间设置为 0:00:00:00，在【效果控件】面板中将【过渡完成】设置为 100%，并单击其左侧的，设置关键帧，如图 13-62 所示。

（4）将当前时间设置为 0:00:01:08，在【效果控件】面板中将【过渡完成】设置为 0%，如图 13-63 所示。

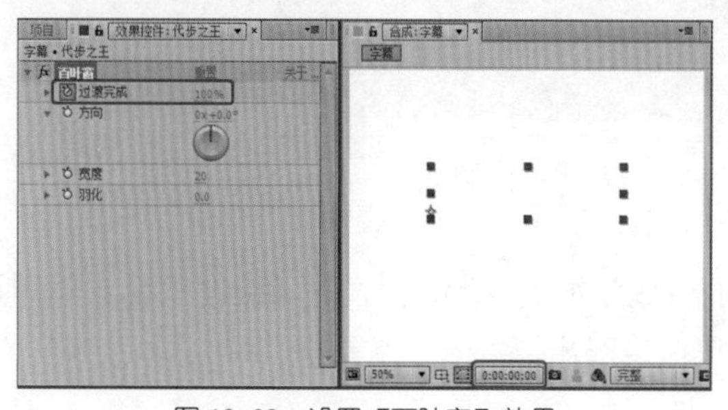

图 13-62 设置【百叶窗】效果

图 13-63 设置【过渡完成】

（5）使用【横排文字工具】T，在合成中输入英文 This is the Walking King，将【字体】设置为 CentSchbkCyrill BT，【字体颜色】的 RGB 值设置为 50、50、50，【字体大小】设置为 30 像素，【字符间距】设置为 70，【描边宽度】设置为 0 像素，然后单击【仿粗体】按钮 T 和【仿斜体】按钮 T，将文字的【位置】设置为 174.0、320.0，如图 13-64 所示。

（6）选中文字图层，在菜单中选择【效果】|【过渡】| CC Line Sweep 命令。将当前时间设置为 0:00:02:06，在【效果控件】面板中将 Completion（完成）设置为 100%，并单击其左侧的，设置关键帧，选中 Flip Direction（翻转方向）复选框，如图 13-65 所示。

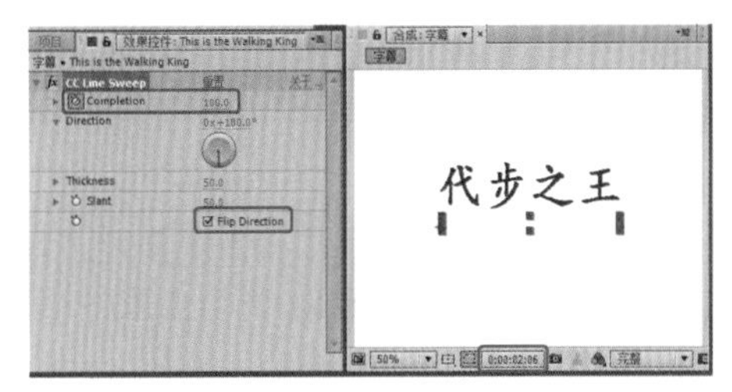

图 13-64　输入文字（2）　　图 13-65　设置 CC Line Sweep 效果

（7）将当前时间设置为 0:00:03:06，将 Completion（完成）设置为 0%，如图 13-66 所示。

（8）新建调整图层，在菜单栏中选择【效果】|【透视】|【投影】命令。在【效果控件】面板中将【阴影颜色】的 RGB 值设置为 144、144、144，然后将【距离】设置为 3.0，如图 13-67 所示。

图 13-66　设置 Completion（完成）参数

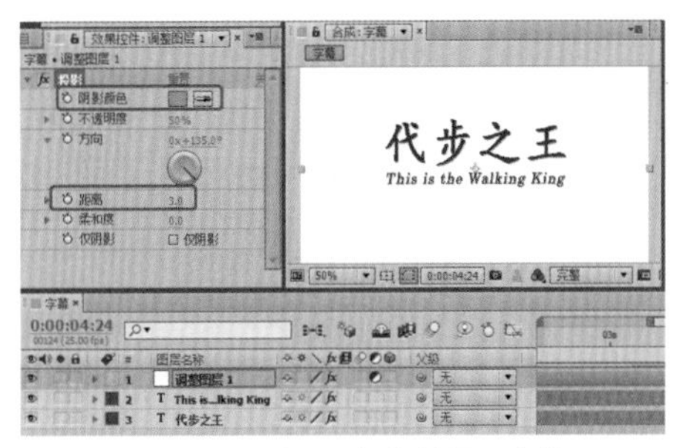

图 13-67　设置【投影效果】参数

案例精讲 123　制作最终合成

案例文件：光盘 | 场景 | Cha13| 制作最终合成 .aep

视频文件：光盘 | 视频教学 | Cha13| 制作最终合成 .avi

制作概述

本例将介绍如何制作最终合成。将前面制作的合成添加到一起，并设置【摄像机镜头模糊】和【网格】效果，然后添加音乐素材，最后将合成渲染输出。

学习目标

学习创建纯色图层，学习设置图层的【摄像机镜头模糊】和【网格】效果，学习设置音乐素材。

操作步骤

（1）按 Ctrl+N 组合键，在弹出的【合成设置】对话框中将【合成名称】输入为【产品广告】，【预设】设置为 PAL D1/DV，【持续时间】设置为 0:00:18:00，然后单击【确定】按钮，如图 13-68 所示。

（2）将【项目】面板中的【背景图像】合成添加到新建的合成中，如图 13-69 所示。

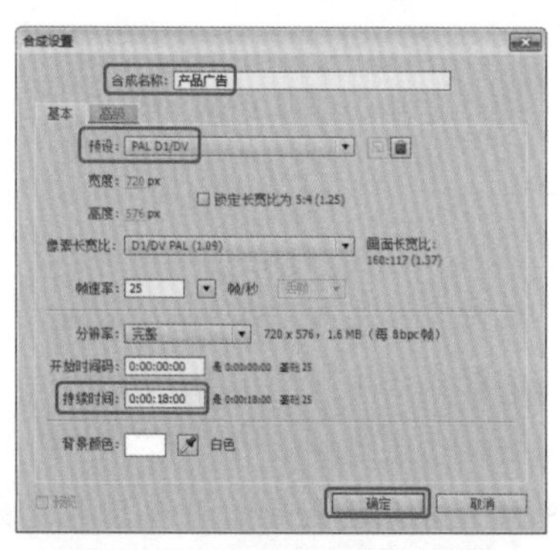

图 13-68 【合成设置】对话框

图 13-69 添加合成图层

（3）新建【调整图层 2】，将当前时间设置为 0:00:01:23，选中新建的调整图层，在菜单栏中选择【效果】|【模糊和锐化】|【摄像机镜头模糊】命令。在【效果控件】面板中将【模糊半径】设置为 0.0，并单击其左侧的按钮，设置关键帧，如图 13-70 所示。

（4）将当前时间设置为 0:00:03:03，将【模糊半径】设置为 10.0，如图 13-71 所示。

图 13-70 设置【摄像机镜头模糊】效果

图 13-71 设置【模糊半径】

（5）将当前时间设置为 0:00:00:00，在菜单栏中选择【效果】|【生成】|【网格】命令。在【效果控件】面板中将【网格】中的【大小依据】设置为【宽度滑块】，【宽度】设置为 82.0，【边界】设置为 0.0，并单击其左侧的按钮，设置关键帧，【混合模式】设置为【相加】，如图 13-72 所示。

（6）将当前时间设置为 0:00:01:24，将【边界】设置为 3.0，如图 13-73 所示。

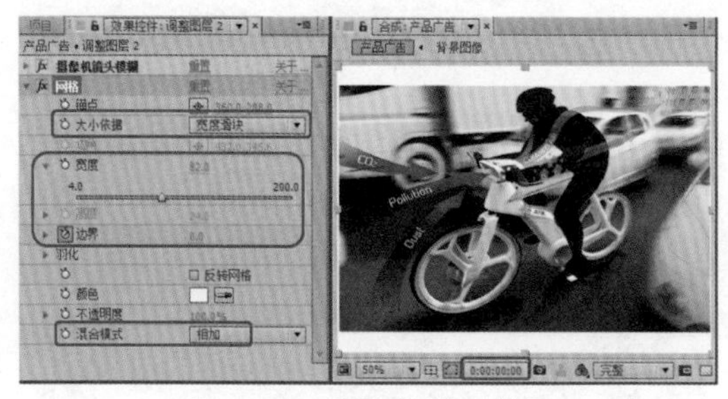

图 13-72 设置【网格】效果

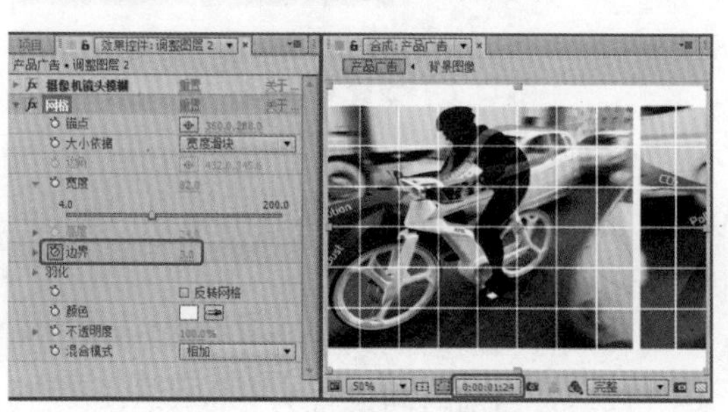

图 13-73 设置【边界】(1)

知识链接

【网格】效果可创建可自定义的网格。可以纯色渲染此网格，也可将其用作源图层 Alpha 通道的蒙版。此效果适合生成设计元素和遮罩，可在这些设计元素和遮罩中应用其他效果。

【锚点】：网格图案的源点。移动此点会使图案位移。

【大小依据】：确定矩形尺寸的方式。

【边角点】：每个矩形的尺寸即对角由“锚点”和“边角点”定义的矩形的尺寸。

【宽度滑块】：矩形的高度和宽度都等于“宽度”值，这表示这些矩形是正方形。

【宽度和高度滑块】：矩形的高度等于“高度”值。矩形的宽度等于“宽度”值。

【边界】：网格线的粗细。值为 0 可使网格消失。网格边界的抗锯齿效果可能导致看到的厚度发生变化。

【羽化】：网格的柔和度。

【反转网格】：反转网格的透明和不透明区域。

【颜色】：网格的颜色。

【不透明度】：网格的不透明度。

【混合模式】：用于在原始图层上面合成网格的混合模式。这些混合模式与“时间轴”面板中的混合模式一样，但默认模式“无”除外，此设置仅渲染网格。

(7) 将当前时间设置为 0:00:04:13，将【边界】设置为 0.0，如图 13-74 所示。

(8) 新建形状图层，在【合成】面板中绘制一个任意矩形，在【矩形 1】|【填充 1】中将【颜色】设置为白色，【不透明度】设置为 65%，将【变换：矩形 1】中的【位置】设置为 0.0、0.0，如图 13-75 所示。

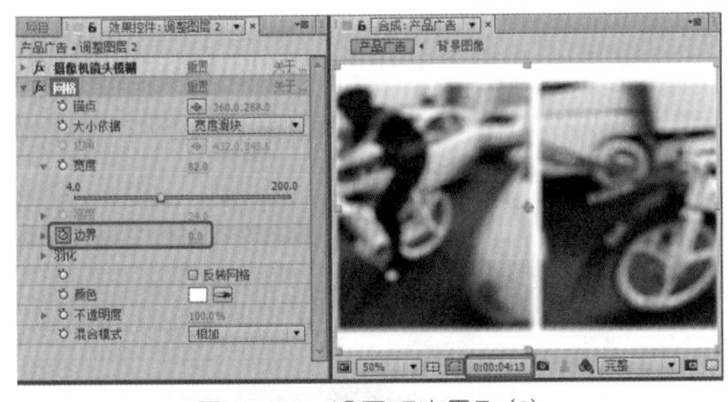

图 13-74　设置【边界】(2)

图 13-75　绘制矩形

(9) 将当前时间设置为 0:00:03:02，在【矩形 1】|【矩形路径 1】组中将【大小】设置为 790.0、2.0，【位置】设置为 0.0、0.0，然后单击【大小】和【位置】左侧的按钮设置关键帧，如图 13-76 所示。

(10) 将当前时间设置为 0:00:02:00，将【位置】设置为 −790.0、0.0，如图 13-77 所示。

(11) 将当前时间设置为 0:00:03:12，将【大小】设置为 790.0、83.0，如图 13-78 所示。

(12) 将当前时间设置为 0:00:03:24，单击【大小】左侧的按钮，添加关键帧，然后将当前时间设置为 0:00:04:13，将【大小】设置为 790.0、593.0，如图 13-79 所示。

图 13-76 设置【大小】和【位置】

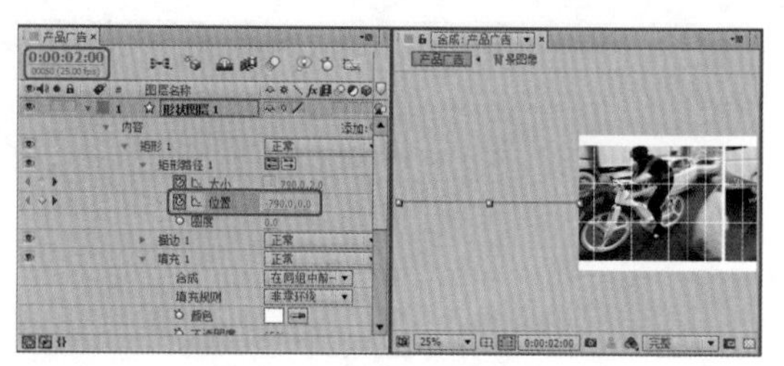

图 13-77 设置【位置】(1)

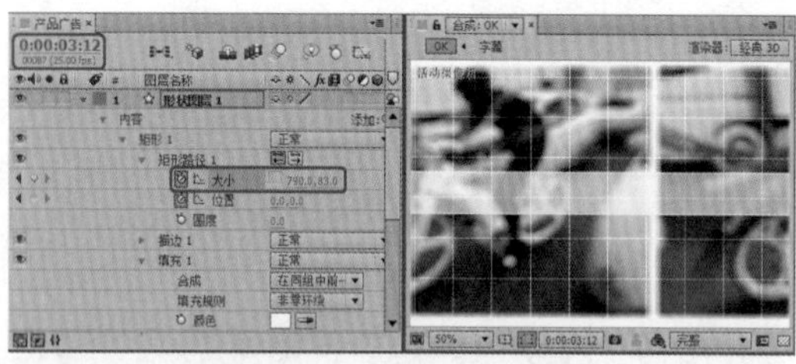

图 13-78 设置【大小】(1)

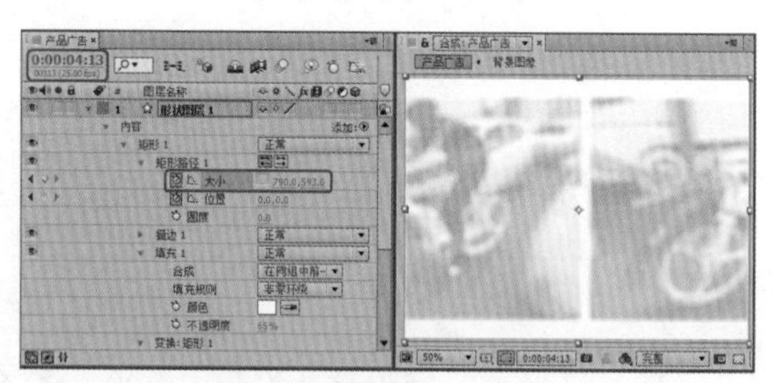

图 13-79 设置【大小】(2)

(13) 将当前时间设置为 0:00:05:14，将【项目】面板中的【产品图像】合成添加到时间轴的顶层，与时间线对齐，如图 13-80 所示。

图 13-80 添加【产品图像】合成

(14) 将当前时间设置为 0:00:10:15，将【产品图像】图层转换为 3D 图层，在【变换】选项组中单击【位置】和【Y 轴旋转】左侧的按钮，设置关键帧，如图 13-81 所示。

(15) 将当前时间设置为 0:00:12:15，将【位置】设置为 388.0、288.0、0.0，【Y 轴旋转】设置为 0x−15.0°，如图 13-82 所示。

图 13-81 设置关键帧 (1)

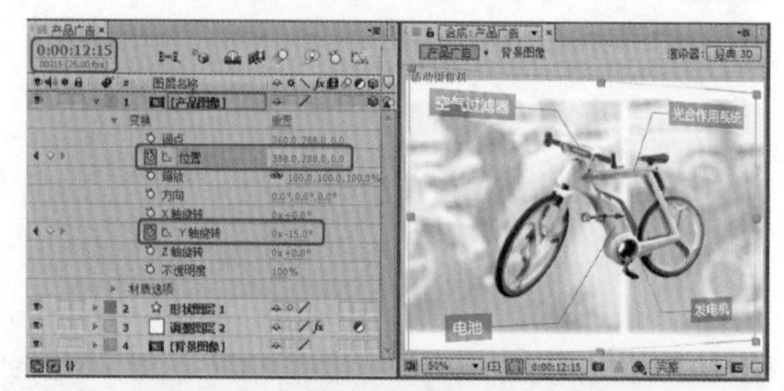

图 13-82 设置【位置】和【Y 轴旋转】

(16) 将当前时间设置为 0:00:13:02，将【项目】面板中的【字幕】合成添加到时间轴的顶层，与时间线对齐，如图 13-83 所示。

(17) 确认当前时间为 0:00:13:02，将【字幕】图层的【不透明度】设置为 0%，【产品图像】图层的【不透明度】设置为 100%，然后单击两个图层【不透明度】左侧的按钮，设置关键帧，如图 13-84 所示。

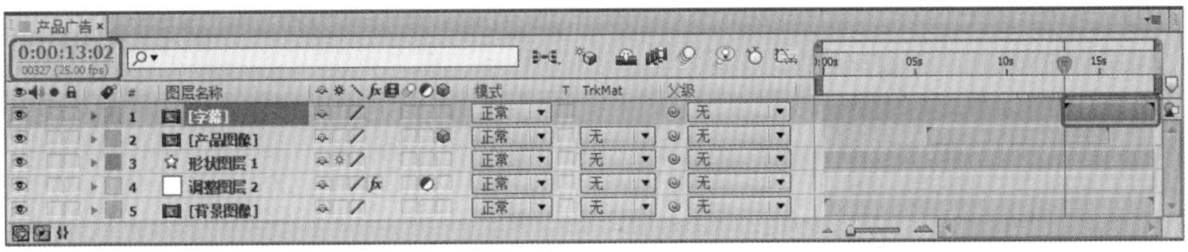

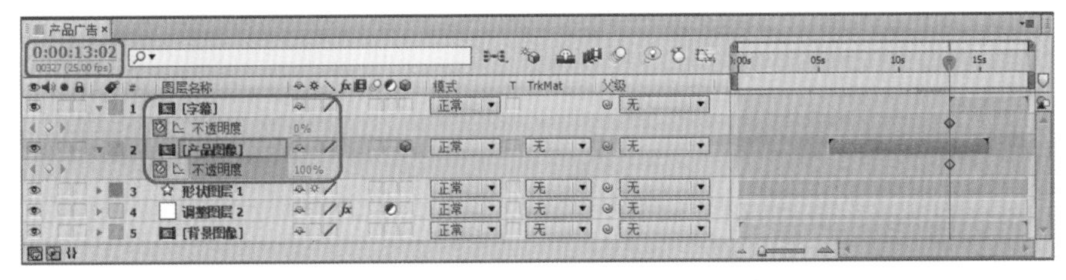
图 13-83 添加【字幕】合成

图 13-84 设置【不透明度】(1)

(18) 将当前时间设置为 0:00:14:00，将【字幕】图层的【不透明度】设置为 100%，【产品图像】图层的【不透明度】设置为 0%，如图 13-85 所示。

图 13-85 设置【不透明度】(2)

(19) 将当前时间设置为 0:00:13:15，将【形状图层 1】图层的【矩形路径 1】展开，单击【大小】左侧的按钮，添加关键帧，如图 13-86 所示。

(20) 将当前时间设置为 0:00:17:03，将【大小】设置为 790.0、210.0，如图 13-87 所示。

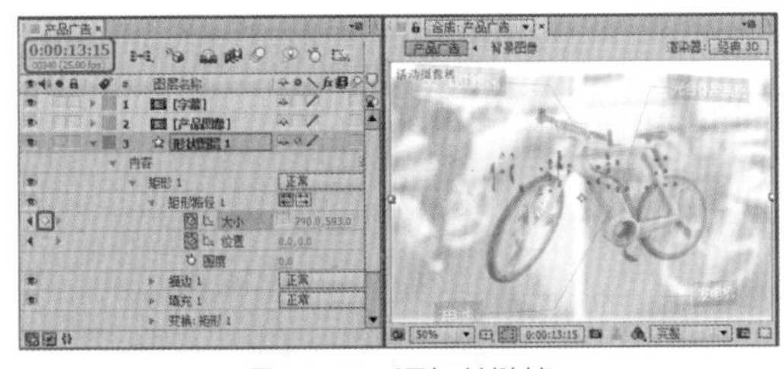
图 13-86 添加关键帧

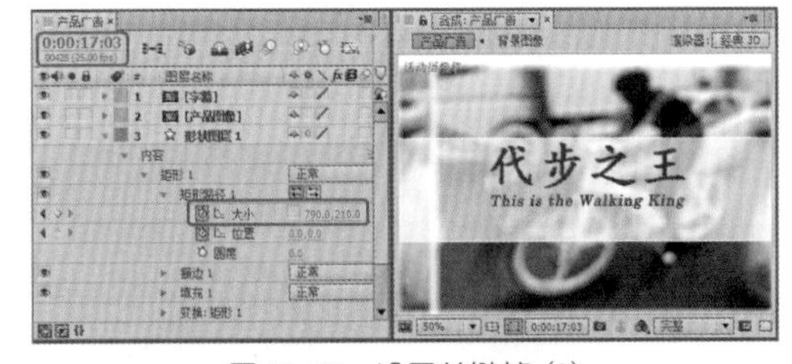

图 13-87 设置关键帧 (2)

(21) 将【字幕】图层的【变换】选项组展开，将【位置】设置为 360.0、315.0，如图 13-88 所示。

(22) 将【项目】面板中的 01.mp3 音乐素材添加到时间轴的底层，如图 13-89 所示。

(23) 在 01.mp3 图层上右击，在弹出的快捷菜单中选择【时间】|【时间伸缩】命令，如图 13-90 所示。

(24) 在弹出的【时间伸缩】对话框中将【新持续时间】设置为 0:00:12:00，单击【确定】按钮，如图 13-91 所示。

图 13-88　设置【位置】(2)

图 13-89　添加音乐素材 (1)

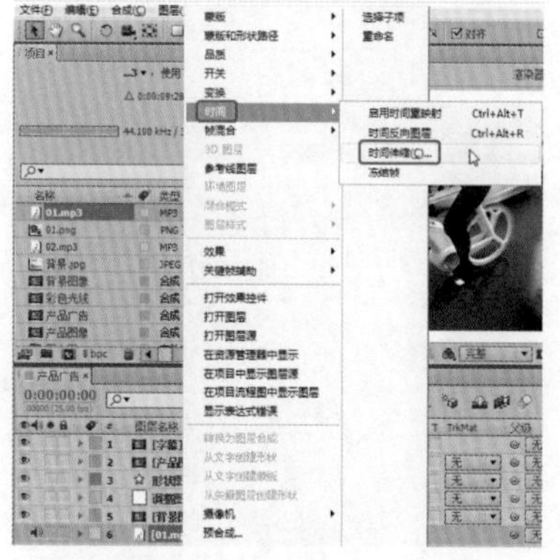
图 13-90　选择【时间伸缩】命令

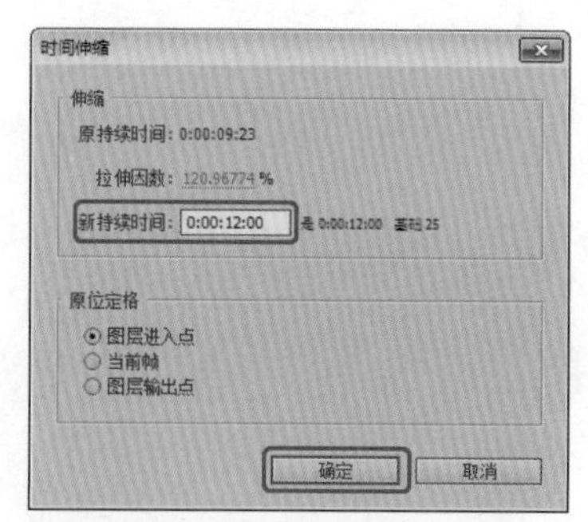

图 13-91　【时间伸缩】对话框

(25) 将当前时间设置为 0:00:13:02，将【项目】面板中的 02.mp3 音乐素材添加到时间轴的底层，与时间线对齐，如图 13-92 所示。

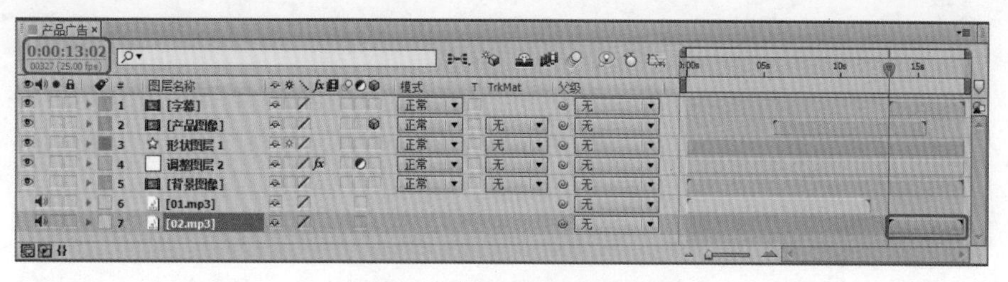
图 13-92　添加音乐素材 (2)

(26) 按 Ctrl+M 组合键，在【渲染队列】面板中单击【输出到】右侧的文字，设置文件输出位置和名称，然后单击【渲染】按钮，将合成渲染输出，如图 13-93 所示。最后将场景文件进行保存。

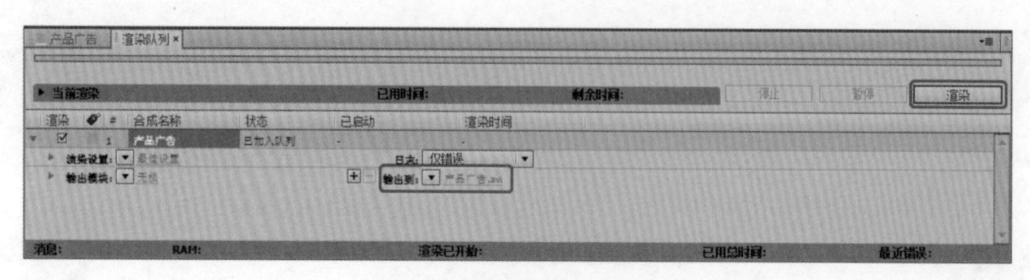
图 13-93　将合成渲染输出

第 14 章 电影片头的制作

本章重点

- 电影 LOGO 动画
- 输出 LOGO 动画

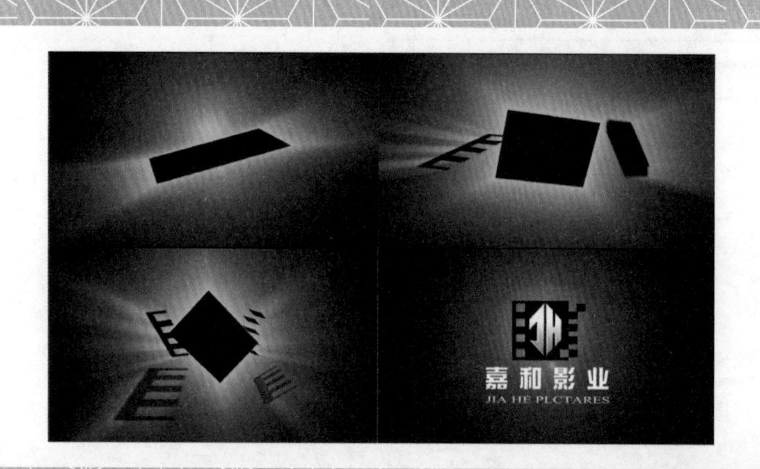

电影片头在日常生活中随处可见，但你知道它们是怎么制作的吗？本节将重点讲解电影片头的制作，其中主要通过电影 LOGO 动画和电影标题动画的制作来讲解。

案例精讲 124　电影 LOGO 动画

案例文件：光盘 | 场景 | Cha14 | 电影片头动画 .aep
视频文件：光盘 | 视频教学 | Cha14 | 电影 LOGO 动画 .avi

制作概述

本例将介绍如何制作 LOGO 动画，首先绘制出 LOGO 的各个部分，然后将其组合成动画，最后对动画进行特效处理，具体操作方法如下，完成后的效果如图 14-1 所示。

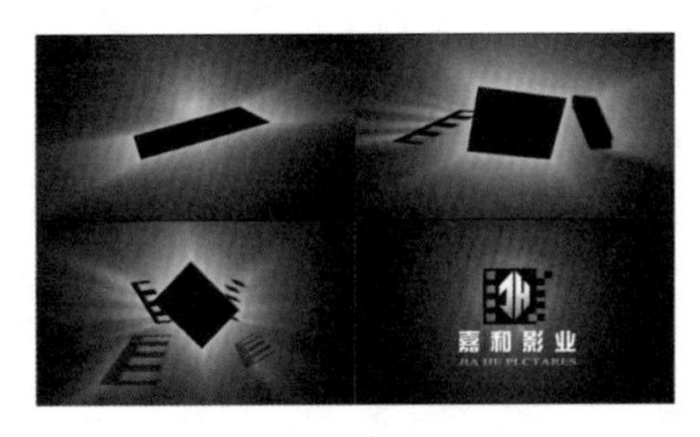

图 14-1　电影 LOGO 动画

学习目标

学习如何制 LOGO 动画，掌握动画的制作流程及特效的应用。

操作步骤

（1）启动软件后，在【项目】面板底部上单击【新建文件夹】按钮，并将其名称设置为【LOGO 动画】，如图 14-2 所示。

（2）在项目面板中双击弹出【导入文件】对话框，选择随书光盘中的光盘 | 素材 |Cha14|【标志 .jpg】和【Logo 配乐 .wav】文件，单击【导入】按钮，如图 14-3 所示。

图 14-2　新建文件夹

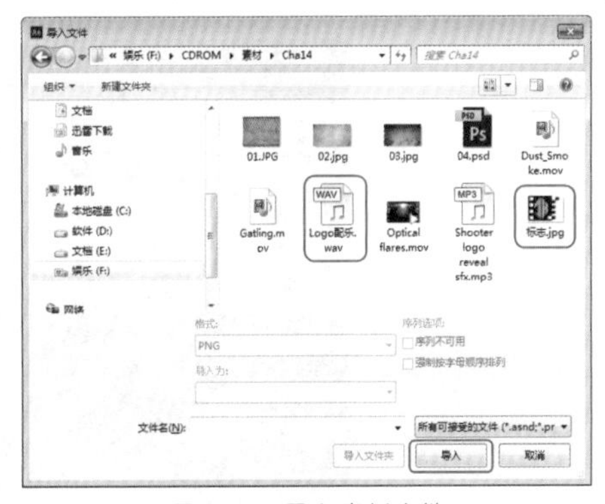

图 14-3　导入素材文件

知识链接

LOGO是徽标或者商标(LOGOtype)的缩写，起到对徽标拥有公司的识别和推广的作用，通过形象的徽标可以让消费者记住公司主体和品牌文化。网络中的徽标主要是各个网站用来与其他网站链接的图形标志，代表一个网站或网站的一个板块。

另外，LOGO还是一种早期的计算机编程语言，也是一种与自然语言非常接近的编程语言，它通过"绘图"的方式来学习编程(3)在【项目】面板中选择添加的两个素材，将其添加到【LOGO动画】文件夹中。

(3)在【项目】面板中查看导入的素材文件，如图14-4所示。按Ctrl+N组合键，弹出【合成设置】对话框，将【合成名称】设置为【绘制LOGO】，将【预设】设置为【PAL D1/DV宽银幕方形像素】，【帧速率】设置为25帧/秒，将【持续时间】设置为0:00:16:00，【背景颜色】设置为黑色，如图14-5所示。

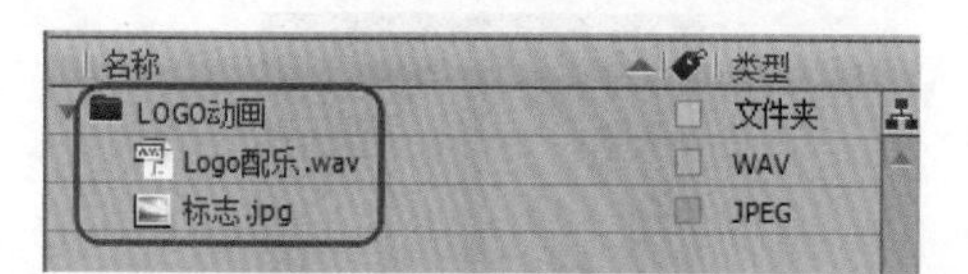

图14-4 调整文件位置

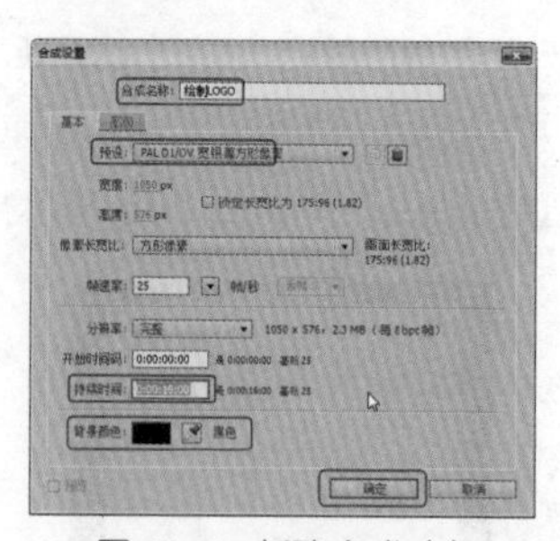
图14-5 新建合成(1)

导入素材文件后，用户有时会发现没有在相应的文件夹内，可以选择相应的素材文件按着鼠标左键将其拖至素材文件中。

(4)在【项目】面板中选择【标志.jpg】素材文件，将其添加到时间轴上，然后按Ctrl+Y组合键，弹出【纯色设置】对话框，将【名称】设置为LOGO1，【颜色】设置为白色，单击【确定】按钮，如图14-6所示。

(5)在时间轴上选择【标志.jpg】图层，将其【缩放】设置为19.5%，放置到图层的最上侧，然后选择LOGO1图层，在工具选项栏中选择【矩形工具】根据素材图片绘制遮罩，绘制标志的左侧部分，如图14-7所示。

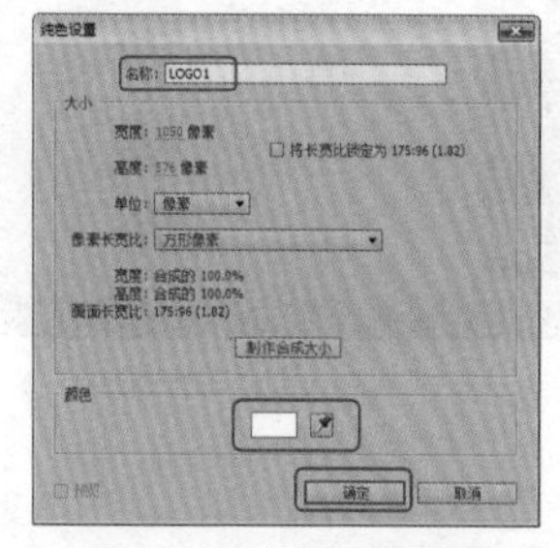
图14-6 新建纯色图层

图14-7 绘制矩形遮罩

(6) 继续使用【矩形工具】绘制遮罩，展开图层的【蒙版】选项组，将其【模式】设置为【相减】，如图 14-8 所示。

(7) 使用同样的方法绘制 LOGO1 的其他部分，并将其模式设置为【相减】，如图 14-9 所示。

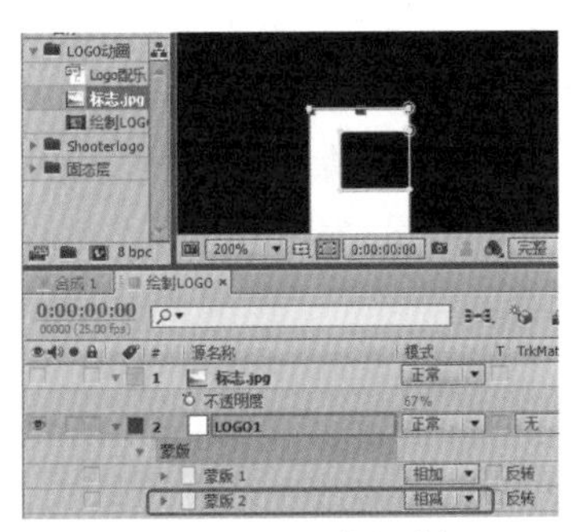
图 14-8　绘制蒙版 (1)

图 14-9　绘制蒙版 (2)

(8) 再次按 Ctrl+Y 组合键，新建一个名称为 LOGO2，【颜色】为白色的纯色图层，利用【矩形工具】结合素材文件，绘制 LOGO2 的形状绘制出标志的中间部分，如图 14-10 所示。

(9) 再次按 Ctrl+Y 组合键，新建一个名称为 LOGO3，【颜色】为白色的纯色图层，利用【钢笔工具】结合素材文件，绘制标志的中间变形字母部分，如图 14-11 所示。

图 14-10　绘制蒙版 (3)

图 14-11　绘制蒙版 (4)

(10) 再次按 Ctrl+Y 组合键，新建一个名称为 LOGO4，【颜色】为白色的纯色图层，利用【矩形工具】结合素材文件，绘制 LOGO4 的形状绘制出标志的右侧的小方块，如图 14-12 所示。

(11) 再次按 Ctrl+Y 组合键，新建一个名称为 LOGO5，【颜色】为白色的纯色图层，利用【矩形工具】结合素材文件，绘制 LOGO5 的形状绘制出标志的中间部分，如图 14-13 所示。

图 14-12　绘制小方块

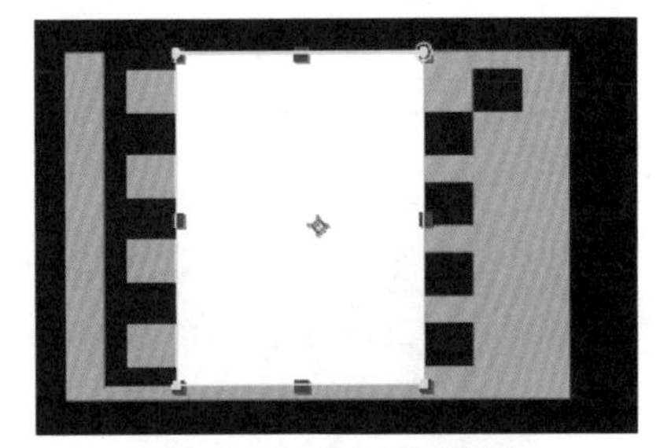
图 14-13　绘制矩形蒙版

上一步绘制的矩形，是为了在制作动画中出现很好的效果而制作，细心的读者会发现素材 LOGO 中没有独立的矩形。

(12) 下面对各个单独的 LOGO 建立合成，在【项目】面板中按 Ctrl+N 组合键，弹出【合成设置】对话框，将【合成名称】设置为 LOGO1，将【预设】设置为【PAL D1/DV 宽银幕方形像素】，【帧速率】设置为 25 帧 / 秒，将【持续时间】设置为 0:00:16:00，【背景颜色】设置为黑色，如图 14-14 所示。

(13) 在【绘制 LOGO】合成中选择 LOGO1 图层将其复制到 LOGO1 合成中，在【合成】面板中单击【选择网格和参考线选项】按钮，在弹出的下拉菜单中选择【对称网格】命令，如图 14-15 所示。

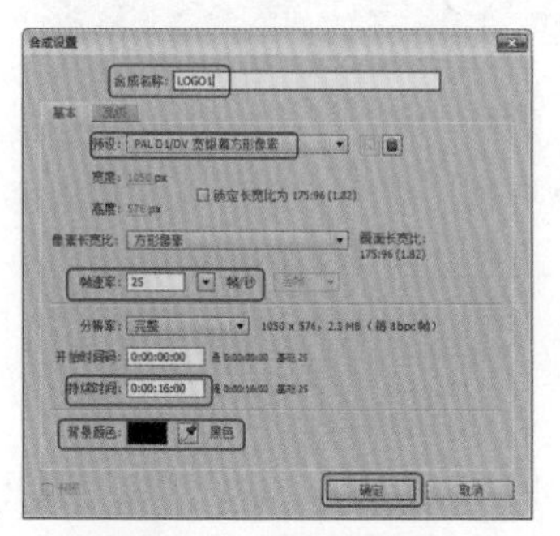

图 14-14　新建合成 (2)

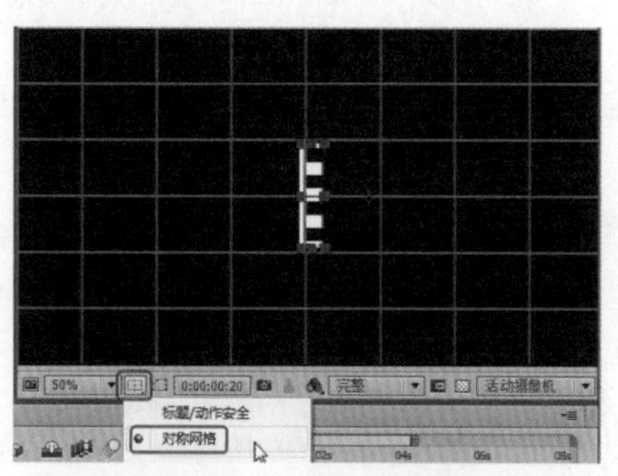

图 14-15　开启对称网格

(14) 在工具选项栏中选择【选取工具】将图形移动到中心位置，然后再选择【向后平移(锚点)工具】，将图形的锚点放置图形的中心位置，如图 14-16 所示。

(15) 使用同样的方法制作其他 LOGO 的合成，如图 14-17 所示。

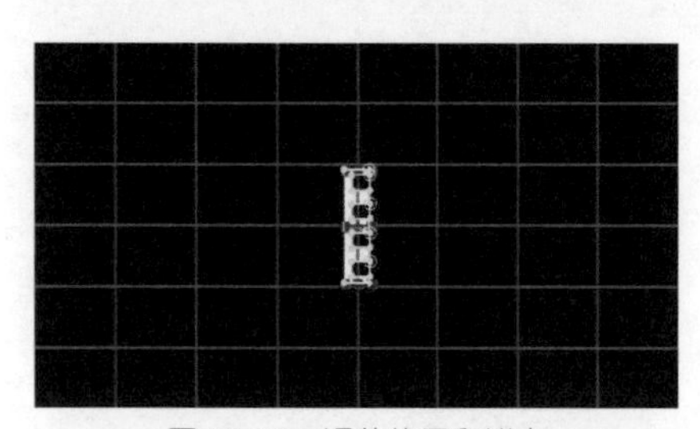

图 14-16　调整位置和锚点

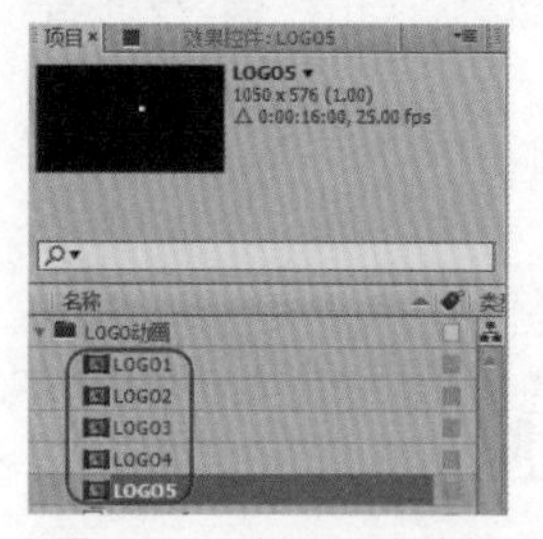

图 14-17　新建合成 (3)

(16) 在【项目】面板中按 Ctrl+N 组合键，弹出【合成设置】对话框，将【合成名称】设置为【LOGO 动画】，将【预设】设置为【PAL D1/DV 宽银幕方形像素】，将【帧速率】设置为 25 帧 / 秒，将【持续时间】设置为 0:00:16:00，【背景颜色】设置为黑色，如图 14-18 所示。

(17) 在【项目】面板中选择 LOGO2 合成，将其添加到时间轴上，开启【3D 图层】，展开【变换】选项组，将【位置】设置为 525、242、0，如图 14-19 所示。

(18) 将当前时间设置为 0:00:10:00，选择 LOGO2 图层，按 Alt+[组合键将时间线前面的部分删除，如图 14-20 所示。

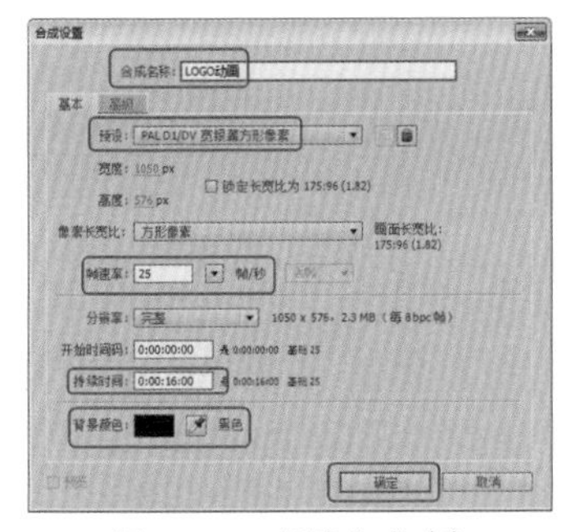

图 14-18　新建合成（4）

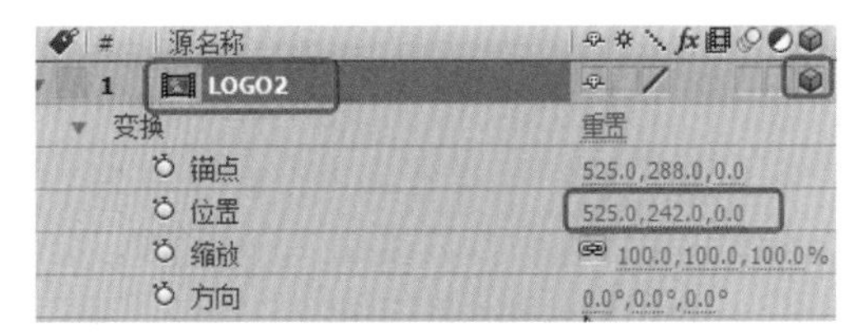

图 14-19　设置位置（1）

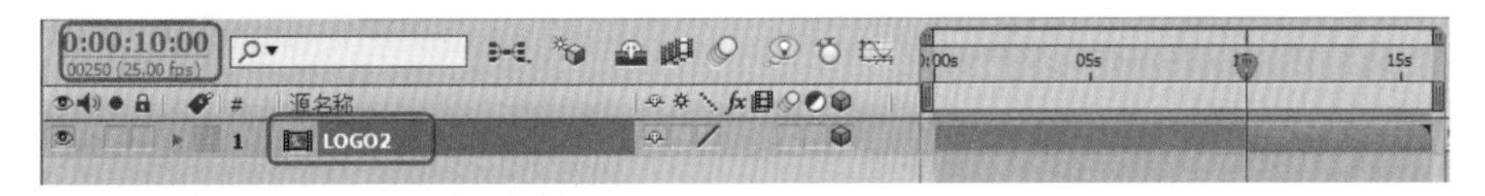

图 14-20　删除多余的部分（1）

第 (18) 步快捷键的使用，有时在制作动画的过程中，有一部分不需要显示，可以将该位置前或后的修剪掉，修剪的部分在预览的过程中不会显示，快捷键为 Alt+[和 Alt+]，当需要当前时间前的部分时，可以按 Alt+[组合键，反之按 Alt+] 组合键。

（19）在【项目】面板中选择 LOGO5 合成，将其添加到时间轴的最上端，并开启【3D 图层】，将当前时间设置为 0:00:00:00，单击【位置】和【Z 轴旋转】前面的添加关键帧按钮，添加关键帧，并将【位置】设置为 525、288、−1320，将【Z 轴旋转】设置为 0x−68°，如图 14-21 所示。

（20）将当期时间设置为 0:00:05:00，将【位置】设置为 525、288、−600，将【Z 轴旋转】设置为 0x−82°，如图 14-22 所示。

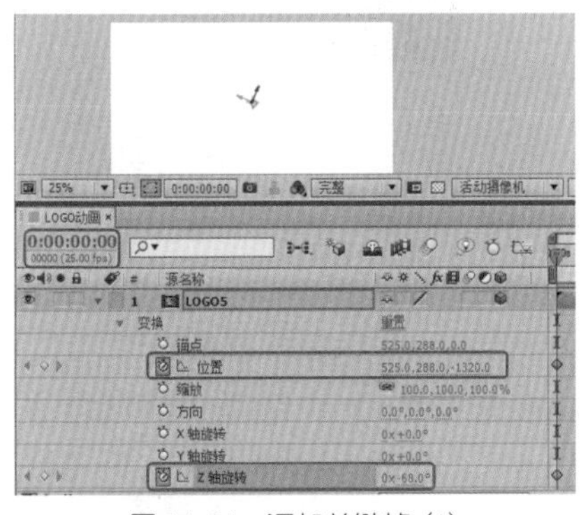

图 14-21　添加关键帧（1）

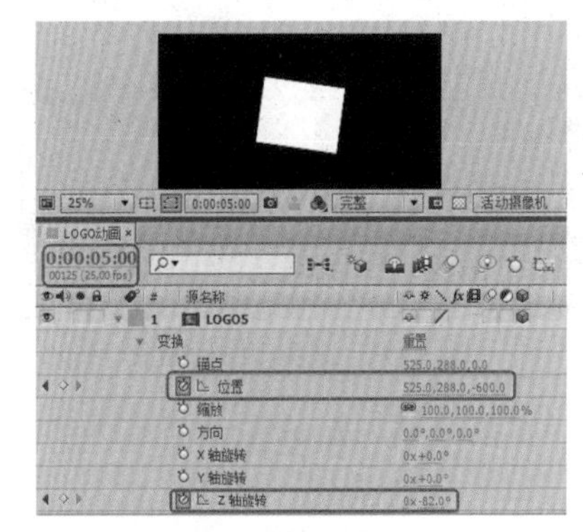

图 14-22　添加关键帧（2）

（21）将当前时间设置为 0:00:10:00，将【位置】设置为 525、242、0，将【Z 轴旋转】设置为 0x+0°，如图 14-23 所示。

（22）将当前时间设置为 0:00:02:00，分别单击【X 轴旋转】和【Y 轴旋转】前面的添加关键帧按钮，并将其【X 轴旋转】设置为 0x+176°，【Y 轴旋转】设置为 0x−15°，如图 14-24 所示。

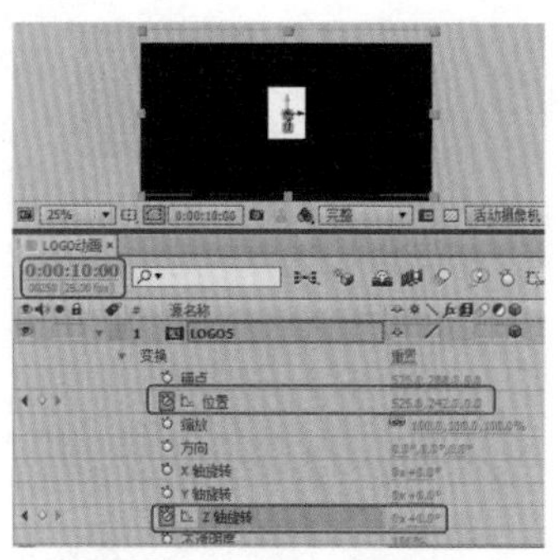

图 14-23　添加关键帧（3）

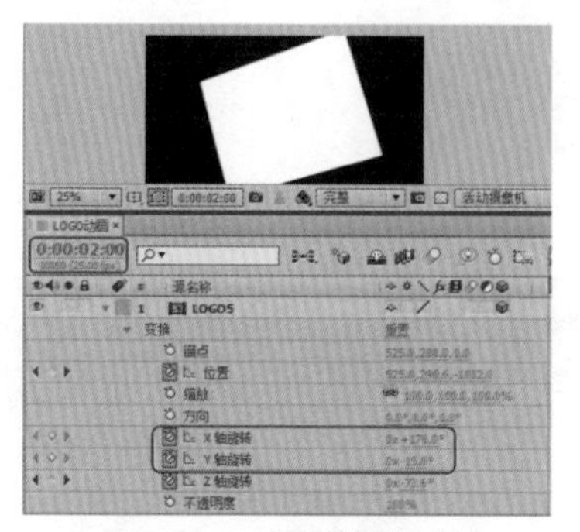

图 14-24　设置关键帧（1）

（23）将当前时间设置为 0:00:05:00，将【X 轴旋转】设置为 0x+30°，如图 14-25 所示。

（24）将当前时间设置为 0:00:10:00，将【X 轴旋转】和【Y 轴旋转】设置为 0x+0°，如图 14-26 所示。

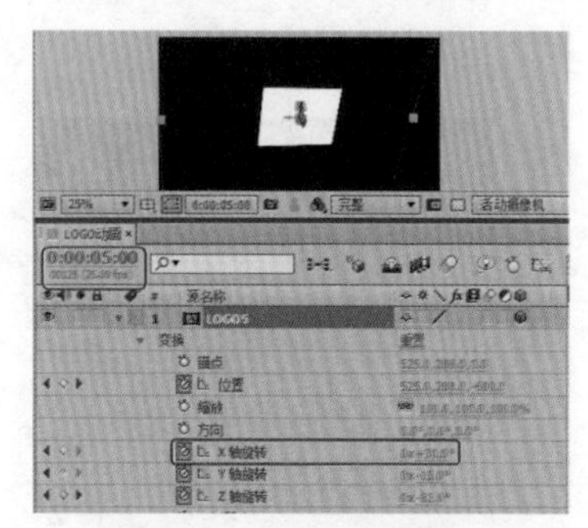

图 14-25　添加关键帧（4）

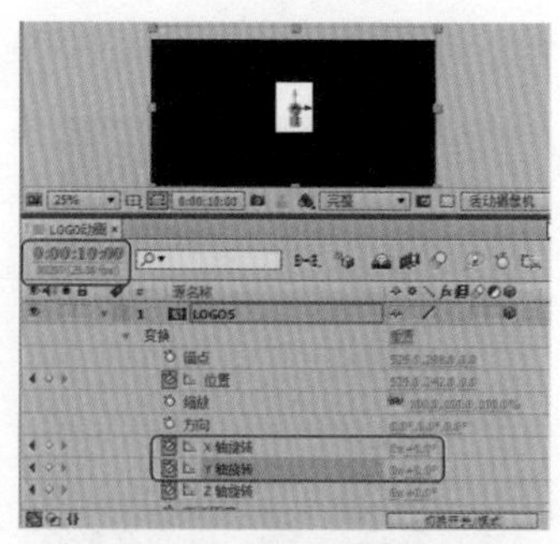

图 14-26　添加关键帧（5）

（25）将当前时间设置为 0:00:09:20，单击【不透明度】前面的添加关键帧按钮，添加关键帧，在 0:00:10:10 位置，将【不透明度】设置为 0%，如图 14-27 所示。

（26）将当前时间设置为 0:00:10:10，然后按 Alt+] 组合键将后面的部分删除，如图 14-28 所示。

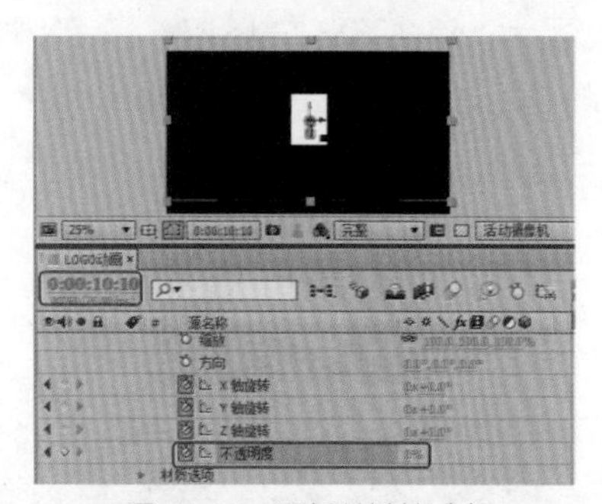

图 14-27　添加关键帧（6）

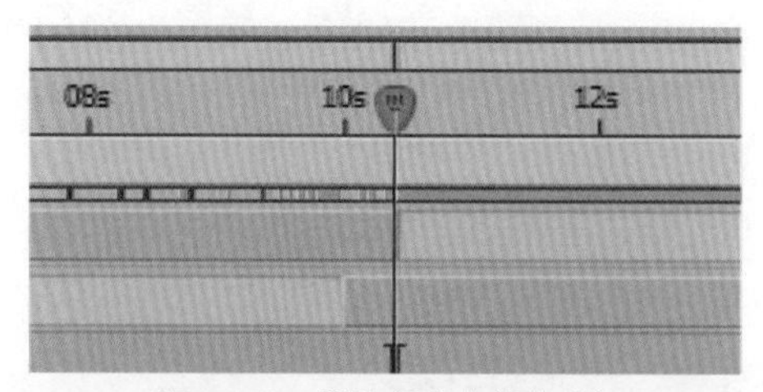

图 14-28　删除多余的部分（2）

（27）在【项目】面板中选择 LOGO1 合成添加到时间轴的最上端，开启【3D 图层】，将当前时间设置为 0:00:04:00，将其开始与时间线对齐，如图 14-29 所示。

（28）将当期时间设置为 0:00:04:00，单击【位置】和【X 轴旋转】前面添加关键帧按钮，添加关键帧，将【位置】设置为 423、288、−1245，将【X 轴旋转】设置为 0x+135°，如图 14-30 所示。

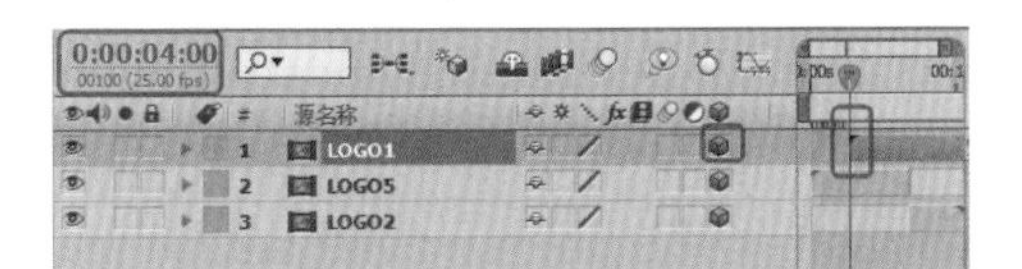
图 14-29　添加合成到时间轴

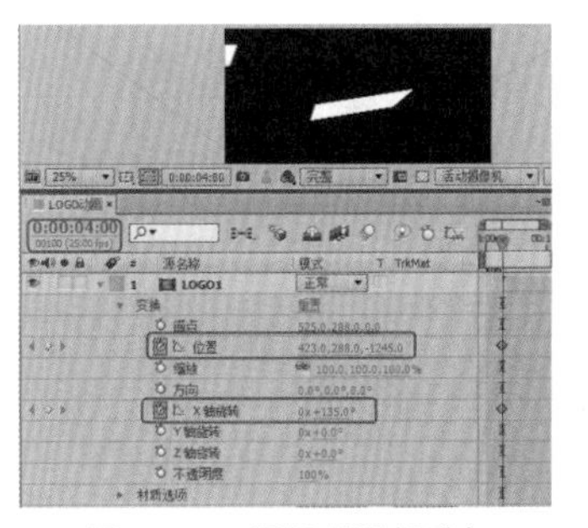
图 14-30　添加关键帧 (7)

(29) 将当前时间设置为0:00:05:00，将【位置】设置为423、288、−880，将【X 轴旋转】设置为0x110°，单击【Z 轴旋转】前面的添加关键帧按钮，并将其设置为0x−22°，如图 14-31 所示。

(30) 将当前时间设置为0:00:10:00，将【位置】设置为438、242、0，将【X 轴旋转】和【Z 轴旋转】都设置为0x+0，如图 14-32 所示。

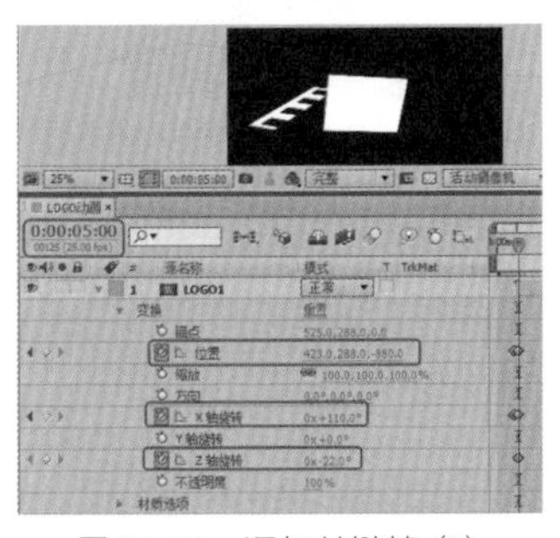
图 14-31　添加关键帧 (8)

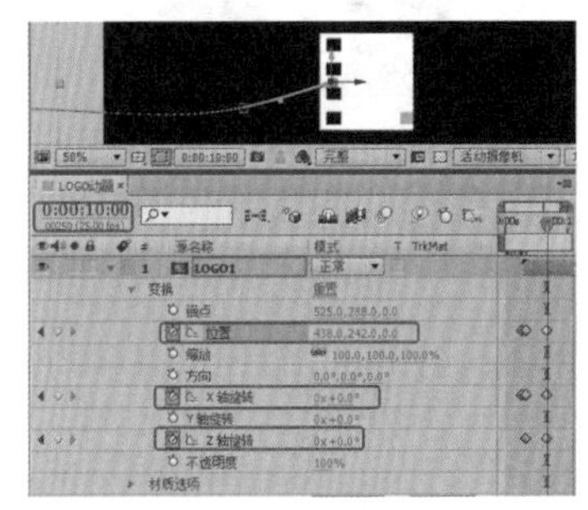
图 14-32　添加关键帧 (9)

(31) 在【项目】面板中选择 LOGO4 合成添加到时间线的最上侧，开启【3D 图层】，将当前时间设置为0:00:03:00，选择该图层，按 Alt+[组合键，将前面的部分删除，如图 14-33 所示。

(32) 将当前时间设置为0:00:03:00，将【位置】设置为542、288、−1517，将【X 轴旋转】设置为0x+110°，将【Y 轴旋转】设置为0x+25°，将【Z 轴旋转】设置为0x+200°，并单击前面的添加关键帧按钮，如图 14-34 所示。

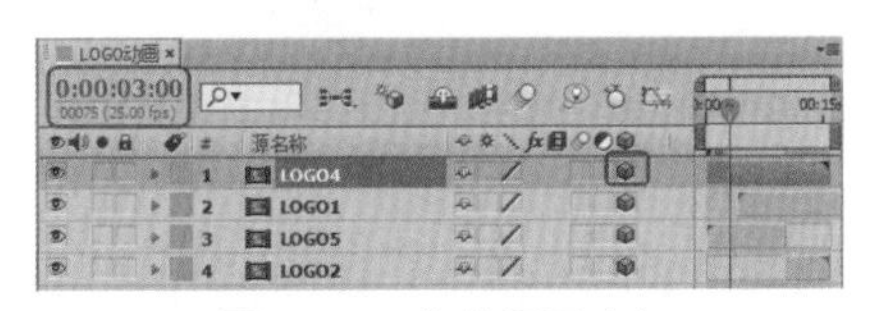
图 14-33　修剪图层 (1)

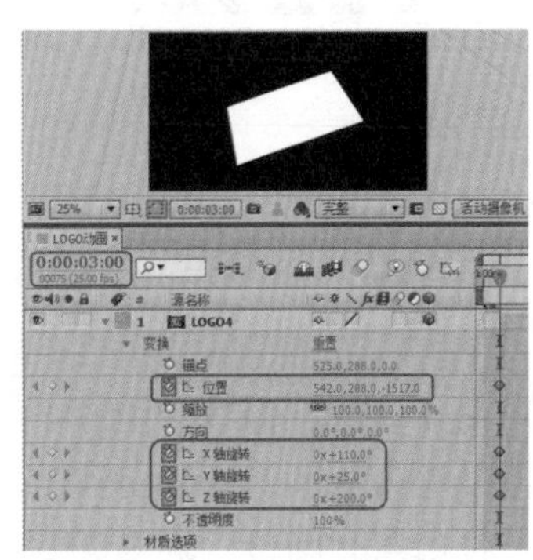
图 14-34　设置关键帧 (2)

(33) 将当前时间设置为0:00:05:00，将【位置】设置为569、288、−1246，将【X 轴旋

转】设置为 0x149°，将【Y 轴旋转】设置为 0x41°，将【Z 轴旋转】设置为 0x121°，如图 14-35 所示。

(34) 将当前时间设置为 0:00:10:00，将【位置】设置为 607、309、0，将【X 轴旋转】、【Y 轴旋转】、【Z 轴旋转】设置为 0x0°，如图 14-36 所示。

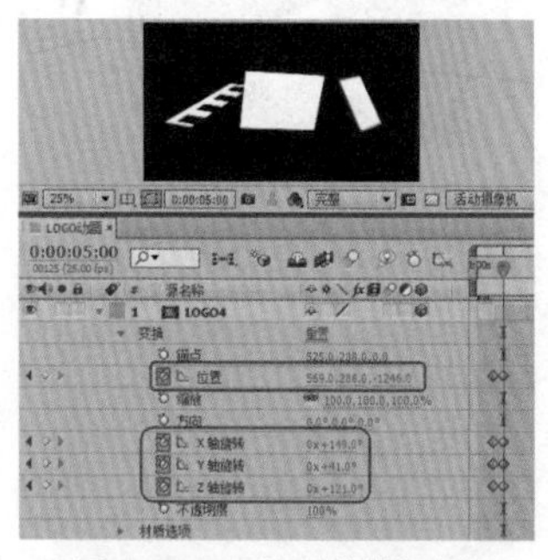
图 14-35　设置关键帧 (3)

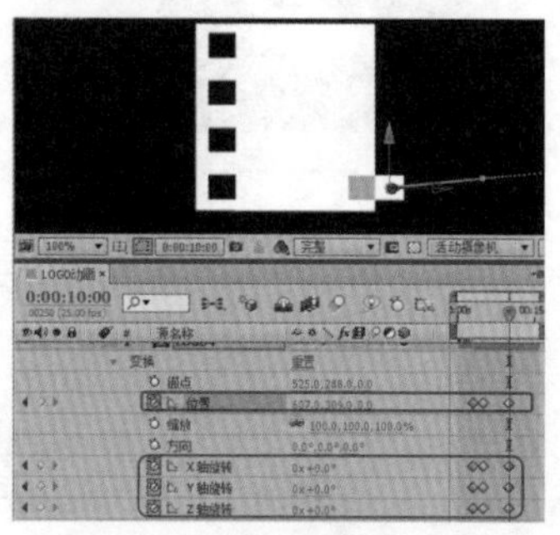
图 14-36　添加关键帧 (10)

(35) 将 LOGO4 图层复制出 4 个，并在时间 0:00:10:00 处对关键帧的位置进行设置，组合标志，如图 14-37 所示。

(36) 在【项目】面板中选择 LOGO1 合成，将其添加到时间轴的最上端，开启【3D 图层】，将当前时间设置为 0:00:05:00，按 Alt+[组合键将其前面的内容删除，然后将当前时间设置为 0:00:08:06，按 Alt+] 组合键将后面的内容删除，如图 14-38 所示。

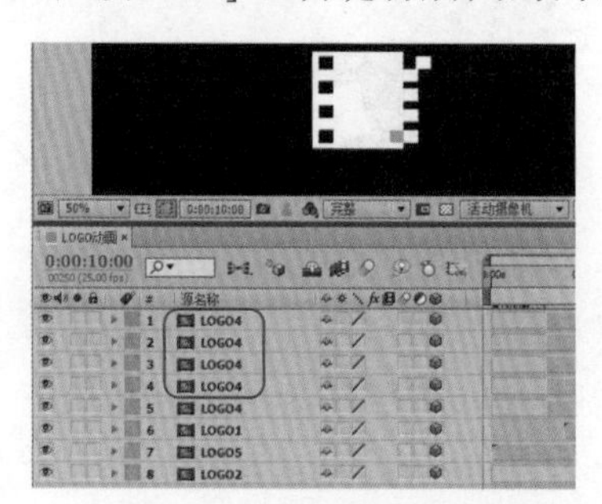
图 14-37　复制图层并修改

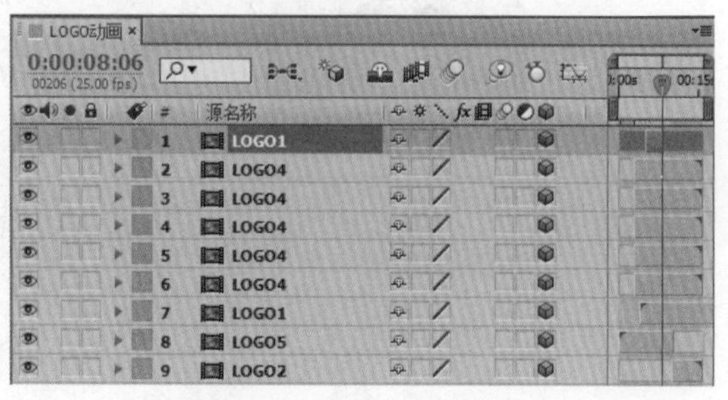

图 14-38　对图层进行修改

(37) 将当期时间设置为 0:00:05:00，，将【位置】设置为 684、368、−1457，将【缩放】设置为 300%，并单击前面的添加关键帧按钮，如图 14-39 所示。

(38) 将当前时间设置为 0:00:08:06，将【位置】设置为 638、362、0，将【缩放】设置为 100%，如图 14-40 所示。

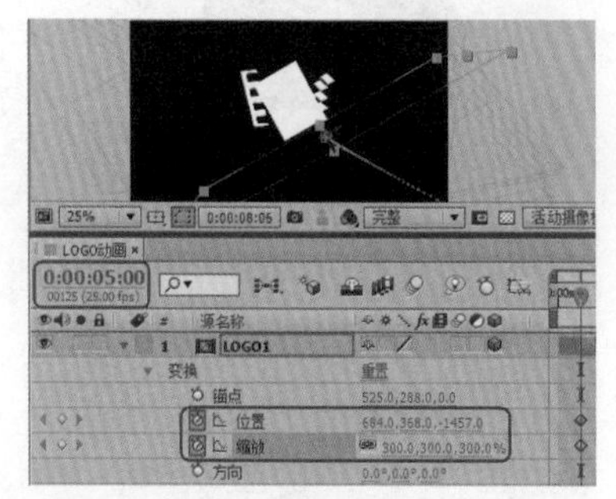
图 14-39　设置关键帧 (4)

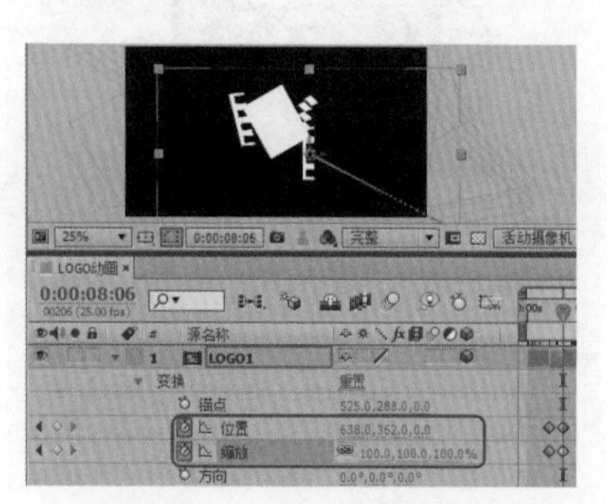
图 14-40　添加关键帧 (11)

(39) 将当前时间设置为 0:00:06:17，单击【不透明度】前面的添加关键帧按钮，然后将当前时间设置为 0:00:07:18，将【不透明度】设置为 0%，如图 14-41 所示。

(40) 将【X 轴旋转】设置为 0x+95°，【Y 轴旋转】设置为 0x−29° 如图 14-42 所示。

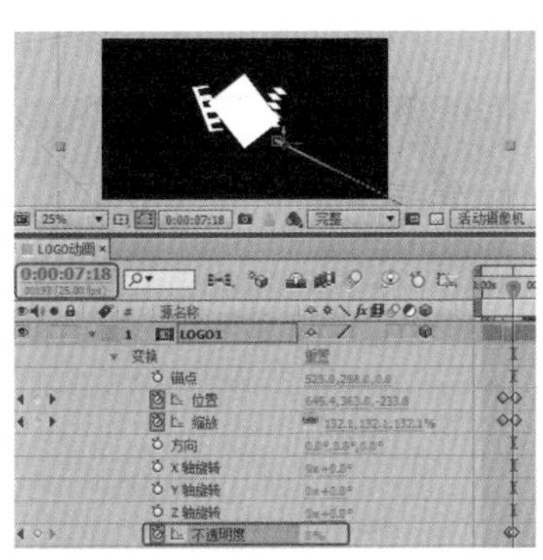

图 14-41 设置关键帧 (5)

图 14-42 设置旋转 (1)

(41) 在【项目】面板中选择 LOGO1 合成添加到时间轴中，将当前时间设置为 0:00:05:13，按 Alt+[组合键将其前面的内容删除，将当前时间设置为 0:00:08:19，按 Alt+] 组合键将后面的内容删除，开启【3D 图层】，如图 14-43 所示。

(42) 将当前时间设置为 0:00:05:13，将【位置】设置为 422、368、−1457，将【缩放】设置为 300%，并单击前面的添加关键帧按钮，如图 14-44 所示。

图 14-43 修剪图层 (2)

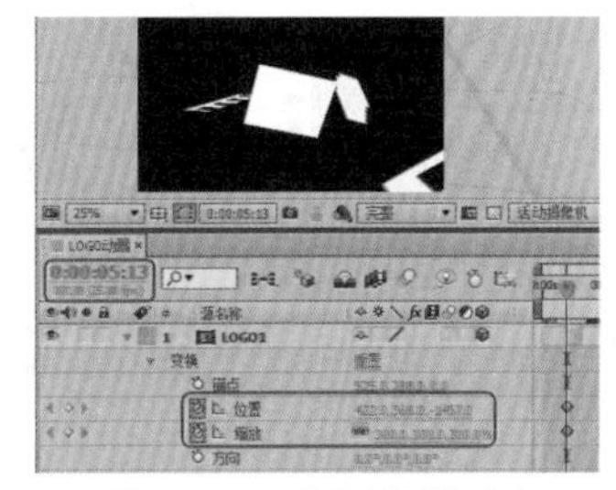

图 14-44 设置关键帧 (6)

(43) 将当前时间设置为 0:00:08:19，将【位置】设置为 440、347、0，将【缩放】设置为 100%，如图 14-45 所示。

(44) 将当前时间设置为 0:00:06:23，单击【不透明度】前面的添加关键帧按钮，然后将当前时间设置为 0:00:07:18，将【不透明度】设置为 0%，如图 14-46 所示。

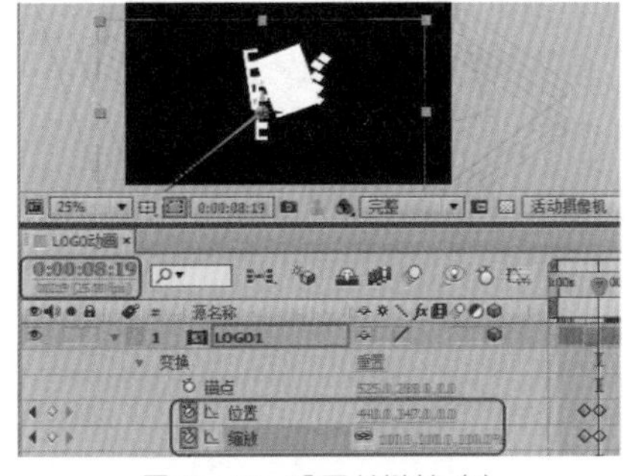

图 14-45 设置关键帧 (7)

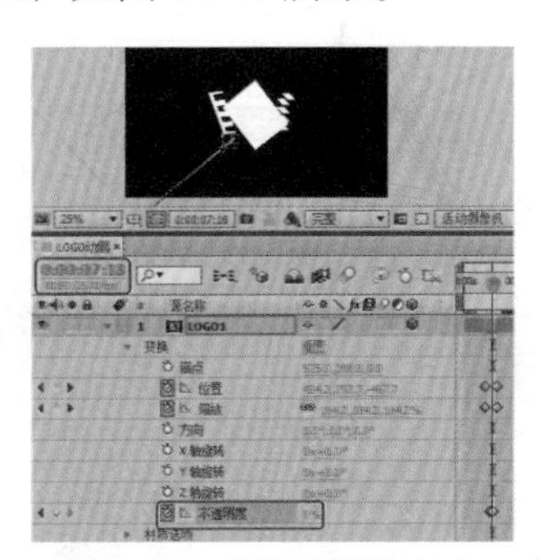

图 14-46 添加关键帧 (12)

（45）继续进行设置，将【X 轴旋转】设置为 0x+98°，【Y 轴旋转】设置为 0x+34°，如图 14-47 所示。

（46）在【项目】面板中按 Ctrl+N 组合键，弹出【合成设置】对话框，将【合成名称】设置为【嘉和影业】，将【预设】设置为【PAL D1/DV 宽银幕方形像素】，【帧速率】设置为 25 帧 / 秒，将【持续时间】设置为 0:00:16:00，【背景颜色】设置为黑色，如图 14-48 所示。

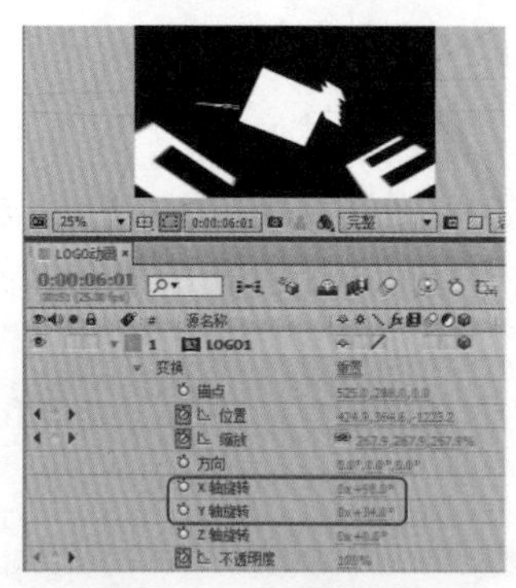

图 14-47　设置旋转（2）

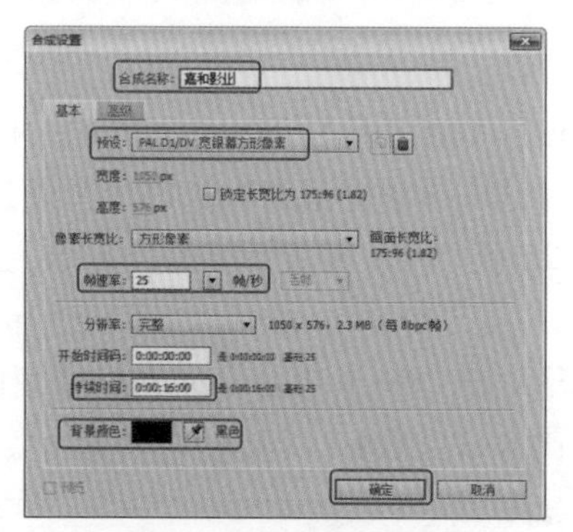

图 14-48　新建合成（5）

（47）在工具选项栏中选择【横排文字】工具输入【嘉和影业】，在【字符】面板中将【字体】设置为【长城新艺体】，将【字体大小】设置为 70 像素，将【填充颜色】设置为白色，将【字符间距】设置为 500，如图 14-49 所示。

（48）在时间轴中开启【3D 图层】，展开【变换】选项组，将【位置】设置为 333、404、0，如图 14-50 所示。

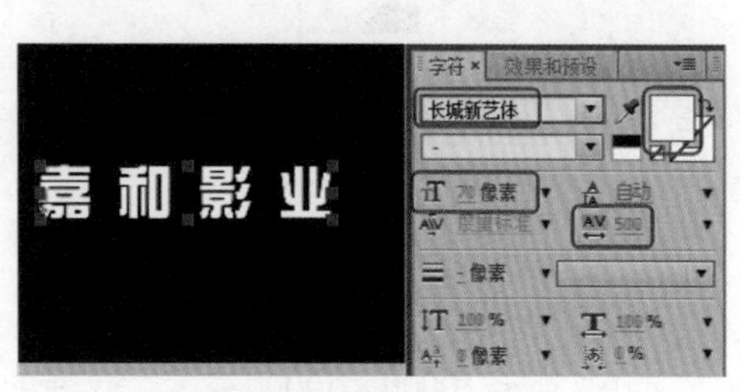

图 14-49　输入文字（1）

图 14-50　设置位置（2）

（49）在【效果和预设】面板中搜索【梯度渐变】效果，将其添加到文字上，将【渐变起点】设置为 524、494，将【渐变终点】设置为 524、402，如图 14-51 所示。

（50）在【效果和预设】面板中搜索【斜面 Alpha】，并将其添加到文字上，将【边缘厚度】设置为 2，将【灯光角度】设置为 0x−60°，如图 14-52 所示。

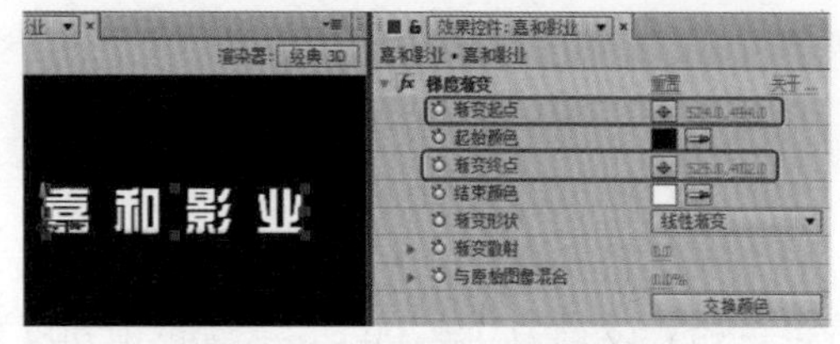

图 14-51　设置特效参数（1）

图 14-52　设置特效参数（2）

(51）将当前时间设置为 0:00:08:12，按 Alt+[组合键将时间前面的部分删除，如图 14-53 所示。

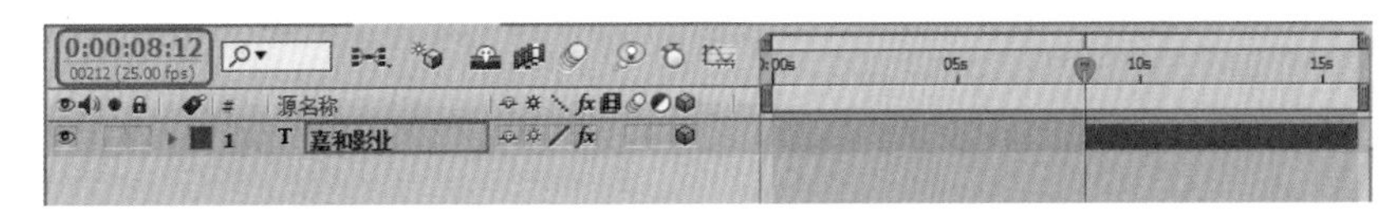

图 14-53　进行修剪

(52）在【项目】面板中按 Ctrl+N 组合键，弹出【合成设置】对话框，将【合成名称】设置为【LOGO 动画最终】，将【预设】设置为【PAL D1/DV 宽银幕方形像素】，【帧速率】设置为 25 帧 / 秒，将【持续时间】设置为 0:00:16:00，【背景颜色】设置为黑色，如图 14-54 所示。

(53）按 Ctrl+Y 组合键，弹出【纯色设置】对话框，将【名称】设置为【背景】，将【颜色】设置为【黑色】，如图 14-55 所示。

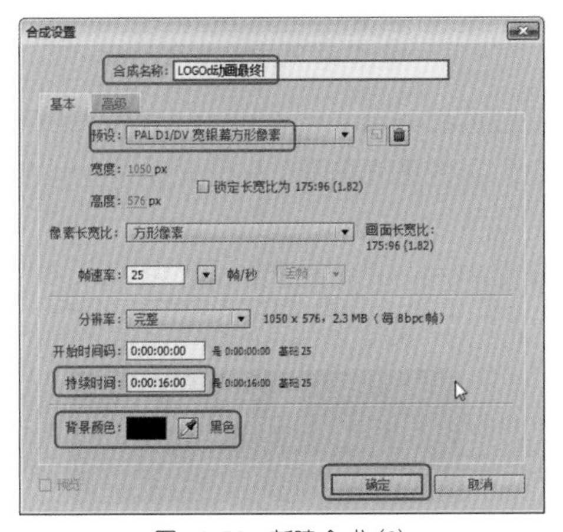

图 14-54　新建合成 (6)

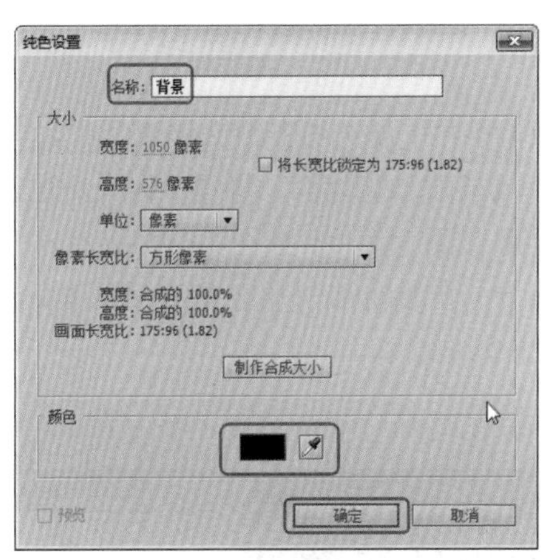

图 14-55　新建【纯色】图层

知识链接

【污点修复画笔工具】：可以创建任何纯色和任何大小（最大 30000×30000 像素）的图层。纯色图层以纯色素材项目作为其源。纯色图层和纯色素材项目通常都称作纯色。纯色与任何其他素材项目一样工作：可以添加蒙版、修改变换属性，以及向使用纯色作为其源素材项目的图层应用效果。使用纯色为背景着色，作为复合效果的控制图层的基础，或者创建简单的图形图像。纯色素材项目自动存储在【项目】面板中的【固态层】文件夹中。

(54）在【效果和预设】面板中搜索【镜头光晕】特效，将其添加到【背景】图层上，在【效果控件】面板中将【光晕中心】设置为 512、240，将【光晕亮度】设置为 120%，【镜头类型】设置为【105 毫米定焦】，将【与原始图像混合】设置为 42%，如图 14-56 所示。

(55）【效果和预设】面板中搜索【色相 / 饱和度】特效，将其添加到【背景】图层上，在【效果和控件】面板中选中【彩色化】复选框，将【着色色相】设置为 0x+206°，【着色饱和度】设置为 48，【着色亮度】设置为 0，如图 14-57 所示。

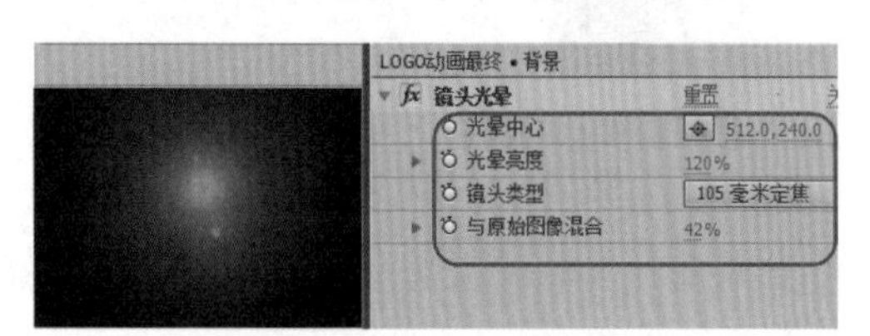

图 14-56　设置特效参数（3）

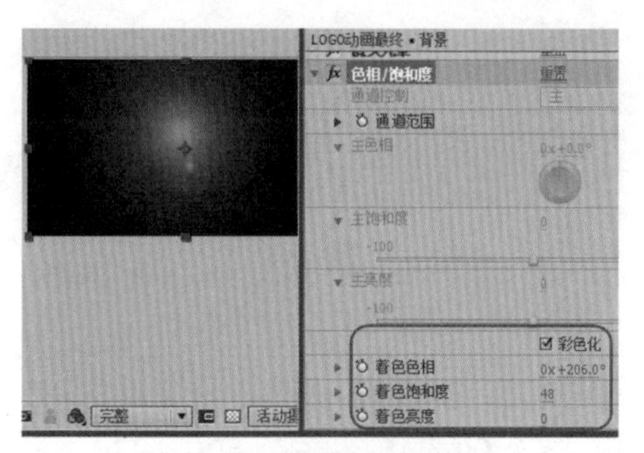

图 14-57　设置特效参数（4）

（56）在【效果和预设】面板中搜索【发光】特效，将其添加到【背景】图层上，在【效果控件】面板中将【发光半径】设置为 147，将【发光强度】设置为 2.3，如图 14-58 所示。

（57）在【项目】面板中选择【LOGO 动画】合成，添加到时间轴的最上侧，在【效果和预设】面板中搜索 CC Light Burst2.5 并将其添加到【LOGO 动画】图层上，将当前时间设置为 0:00:04:23，将 Ray Length 设置为 220，并单击前面的添加关键帧按钮，设置关键帧，如图 14-59 所示。

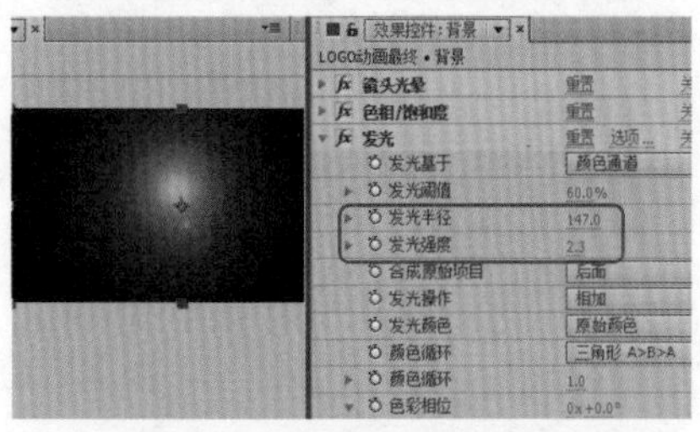

图 14-58　设置特效参数（5）

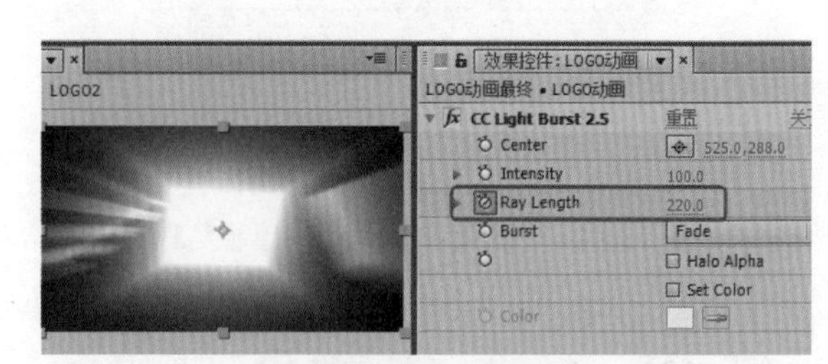

图 14-59　设置关键帧（8）

（58）将当前时间设置为 0:00:10:04，将 Ray Length 设置为 180，在 0:00:11:00 处将 Ray Length 设置为 0，如图 14-60 所示。

（59）在【效果和预设】面板中搜索【色调】特效，将其添加到【LOGO 动画】图层上，在【效果控件】中将【将白色映射到】后面的色块的 RGB 值设置为 0、203、254，如图 14-61 所示。

图 14-60　设置关键帧（9）

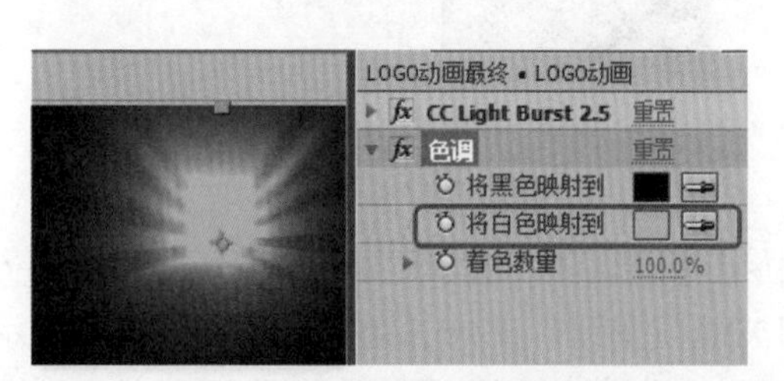

图 14-61　设置特效的颜色值

（60）在时间轴中选择【LOGO 动画】图层，按 Ctrl+D 组合键对其进行复制，将其名称设置为【LOGO 动画 1】，如图 14-62 所示。

（61）切换到【效果和控件】面板中将 CC Light Butst 2.5 特效删除，并将【色调】图层下的【将白色映射到】设置为黑色，如图 14-63 所示。

图 14-62 复制图层

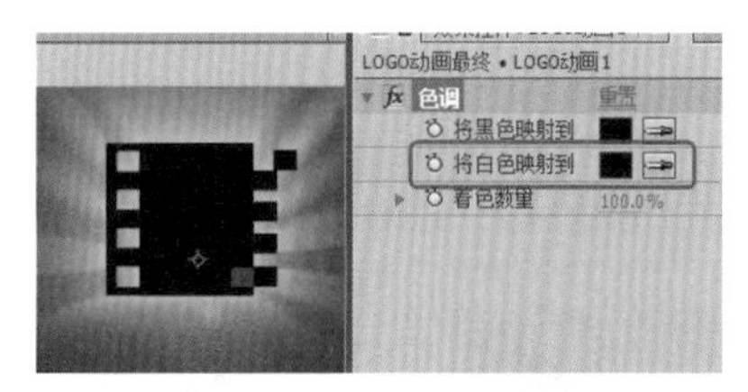
图 14-63 修改效果参数

（62）在【项目】面板中选择 LOGO3 合成，将其添加到时间轴的最上侧，展开其【变换】选项组，将【位置】设置为 520、239，将当前时间设置为 0:00:10:04，将【不透明度】设置为 0%，并单击其前面的添加关键帧按钮，添加关键帧，如图 14-64 所示。

（63）将当前时间设置为 0:00:11:00，将【不透明度】设置为 100%，如图 14-65 所示。

图 14-64 设置【位置】和【不透明度】

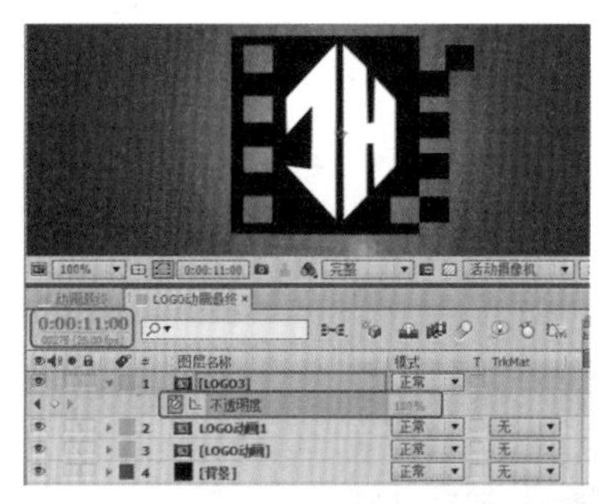
图 14-65 添加关键帧 (13)

（64）在【效果和预设】面板中选择【梯度渐变】将其添加到 LOGO3 图层上，将【渐变起点】设置为 525、432，将【渐变终点】设置为 525、258，如图 14-66 所示。

（65）给 LOGO3 图层添加【斜面 Alpha】特效，在【效果控件】面板中将【边缘厚度】设置为 3，将【灯光角度】设置为 0x−60°，将【灯光强度】设置为 0.4，如图 14-67 所示。

图 14-66 设置渐变参数

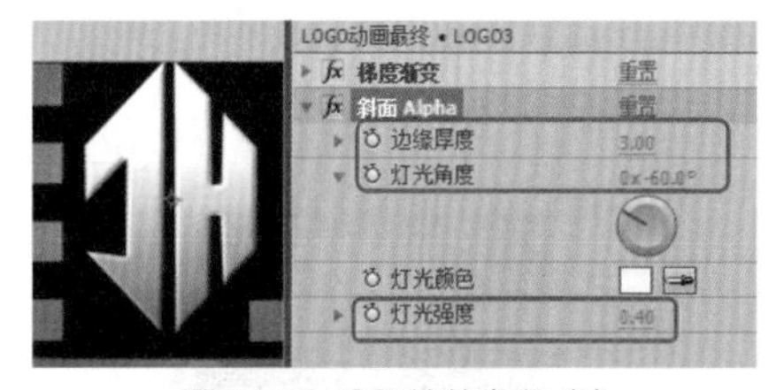
图 14-67 设置特效参数 (6)

（66）在【项目】面板中选择【嘉和影业】合成，将其添加到时间轴的最上侧，开启【3D 图层】将当前时间设置为 0:00:00:00，将【位置】设置为 525、392、−952，并单击其前面的添加关键帧按钮，添加关键帧，如图 14-68 所示。

（67）将当前时间设置为 0:00:10:04，将【位置】设置为 525、408、−952，如图 14-69 所示。

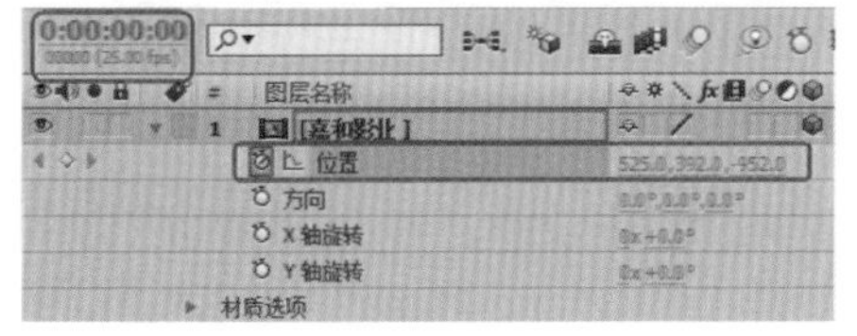
图 14-68 添加【位置】关键帧

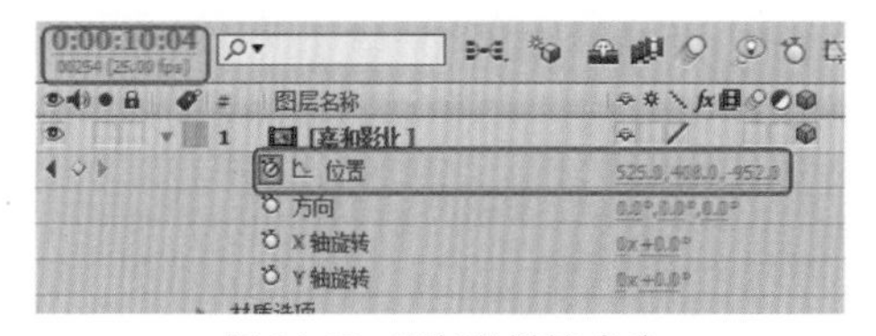
图 14-69 添加关键帧 (14)

（68）将当前时间设置为 0:00:12:11，将【位置】设置为 527、289、0，如图 14-70 所示。

（69）在工具选项栏中选择【横排文字工具】输入 JIA HE PLCTARES，在【字符】面板中将【字体】设置为 Aparajita，将【字体大小】设置为 58 像素，将【填充颜色】设置为白色，将【垂直缩放】设置为 60%，如图 14-71 所示。

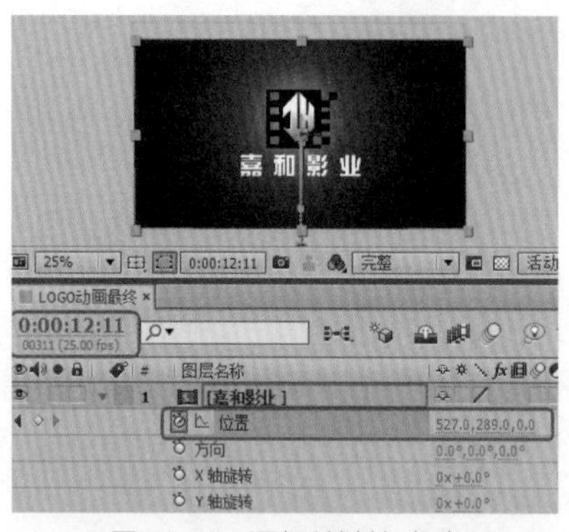

图 14-70　添加关键帧（15）

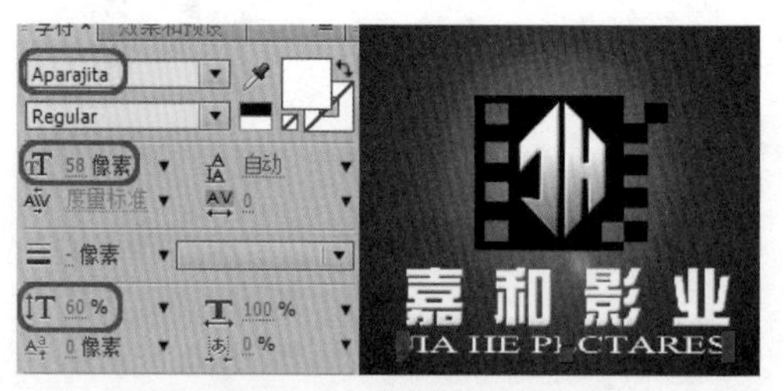

图 14-71　输入文字（2）

（70）在时间轴中展开上一步创建的文字的【变换】选项组，将【锚点】设置为 193、−17，将【位置】设置为 529、440，如图 14-72 所示。

（71）将当前时间设置为 0:00:12:13，将【缩放】设置为 0%，并设置关键帧，将时间设置为 0:00:14:02，将【缩放】设置为 100%，如图 14-73 所示。

图 14-72　设置【锚点】和【位置】

图 14-73　添加关键帧（16）

（72）在【效果和预设】面板中搜索【梯度渐变】特效，将其添加到文字图层上，在【效果控件】面板中将【渐变起点】设置为 525、501，将【渐变终点】设置为 525、438，如图 14-74 所示。

（73）选择【斜面 Alpha】特效对文字进行添加，将【边缘厚度】设置为 1，将【灯光角度】设置为 0x−60°，将【灯光强度】设置为 0.4，如图 14-75 所示。

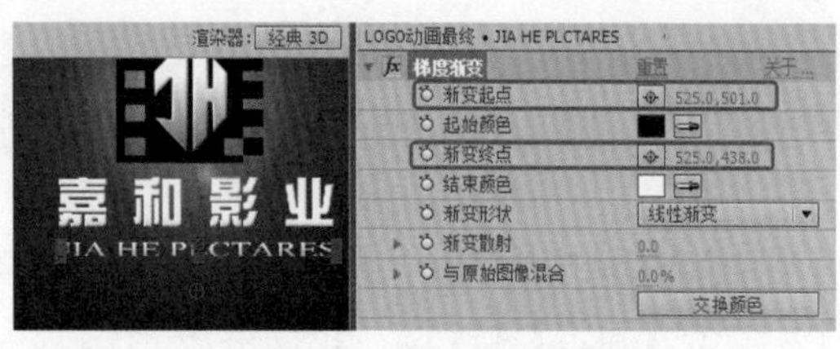

图 14-74　设置特效参数（7）

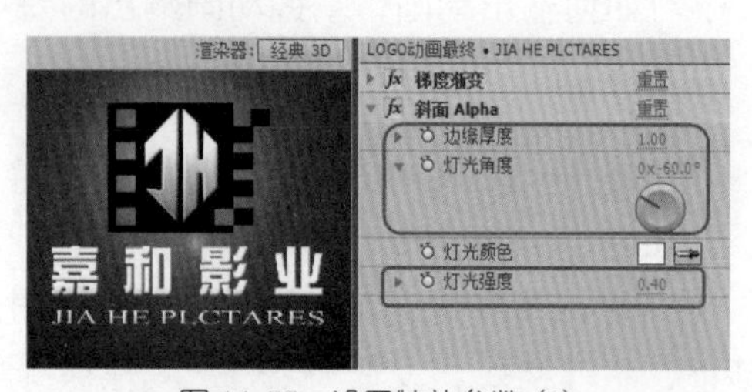

图 14-75　设置特效参数（8）

（74）在【项目】面板中选择【Logo 配乐 .wav】音频素材，将其移到时间轴最上侧，如图 14-76 所示。

图 14-76　添加音频素材

提示　音频素材添加完成后，可以按小键盘上的 · 键进行试听。

案例精讲 125　输出 LOGO 动画

案例文件：光盘 | 场景 | Cha14 | 电影片头动画 .aep

视频文件：光盘 | 视频教学 | Cha14 | 电影 LOGO 动画 .avi

制作概述

动画制作完成后，要对动画进行输出，下面将具体讲解如何输出，输出后的效果如图 14-77 所示。

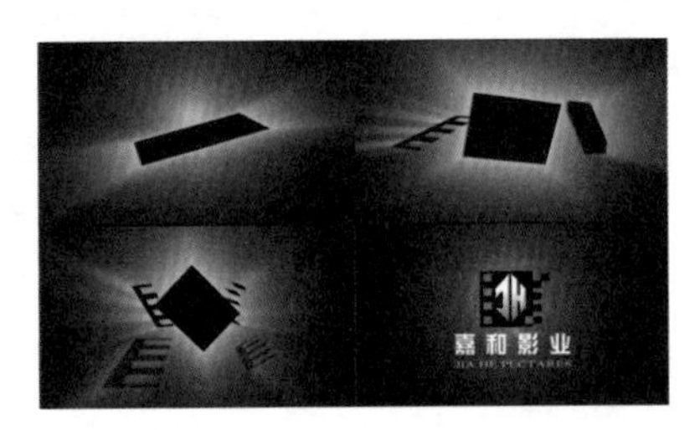

图 14-77　渲染完成后的动画

学习目标

学习如何输出动画，掌握动画输出的要点。

操作步骤

（1）激活【LOGO 动画最终】合成，在菜单栏执行【文件】|【导出】|【添加到渲染队列】命令，如图 14-78 所示。

（2）激活【渲染队列】面板，单击【输出模块】后面的【无损】按钮，弹出【输出模块设置】对话框，将【格式】设置为 AVI，其他保持默认值，单击【确定】按钮，如图 14-79 所示。

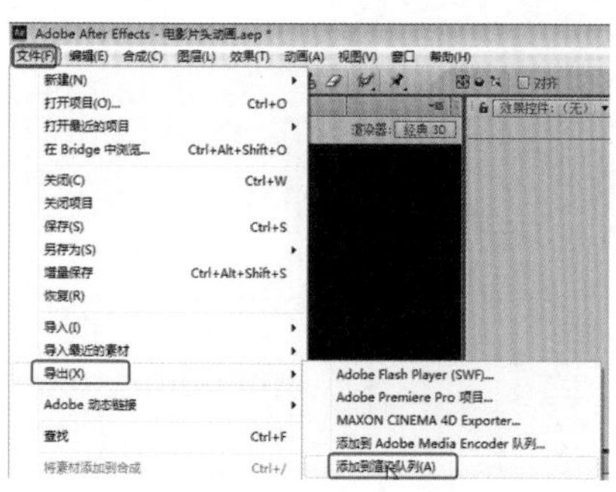

图 14-78　输出文件

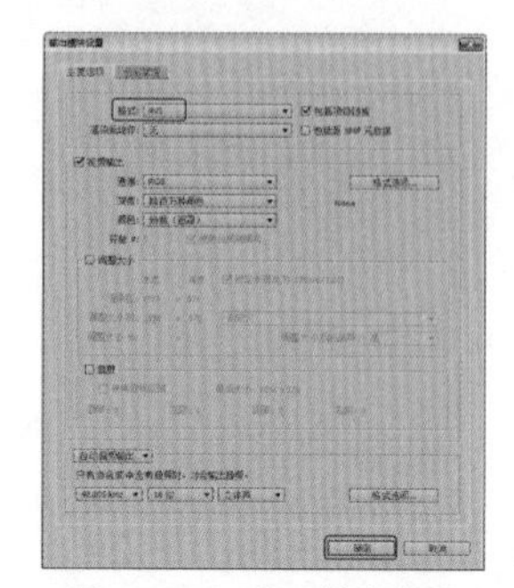

图 14-79　设置输出格式

（3）单击【输出到】后面的按钮，弹出【将影片输出到】对话框，选择合适的位置，保持默认值，单击【确定】按钮，如图 14-80 所示。

（4）返回到场景中，单击【渲染】按钮，对场景进行渲染输出，如图 14-81 所示。

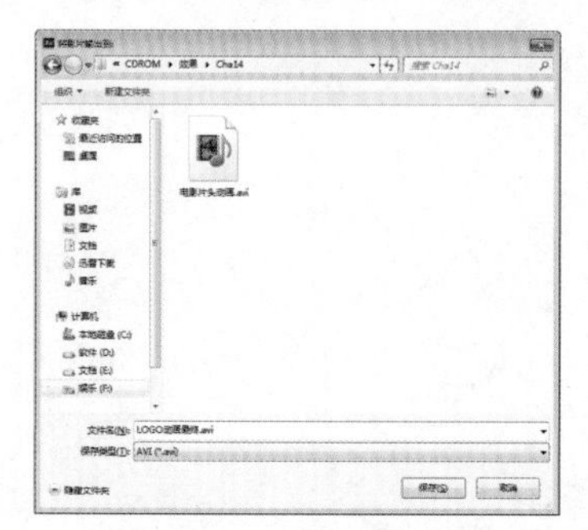

图 14-80　选择保持的位置

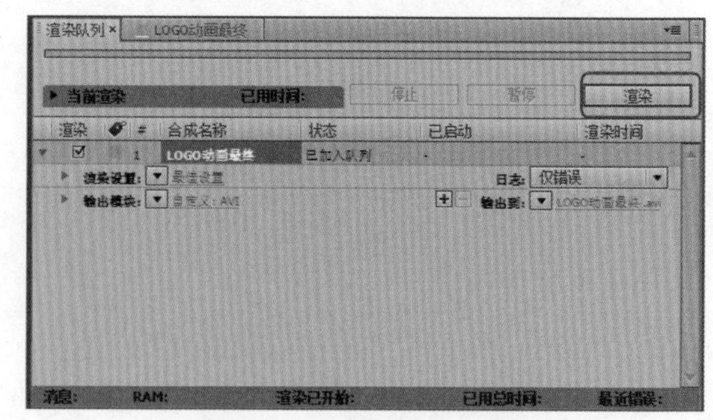

图 14-81　单击【渲染】按钮

目录
Contents

第 10 章 光效和粒子的制作

第 11 章 节目预告

第 12 章 婚礼片头

第 13 章 制作产品广告

第 14 章 电影片头的制作

目录
Contents

第 7 章　图像调色

第 8 章　抠取图像

第 9 章　音频特效

目录
Contents

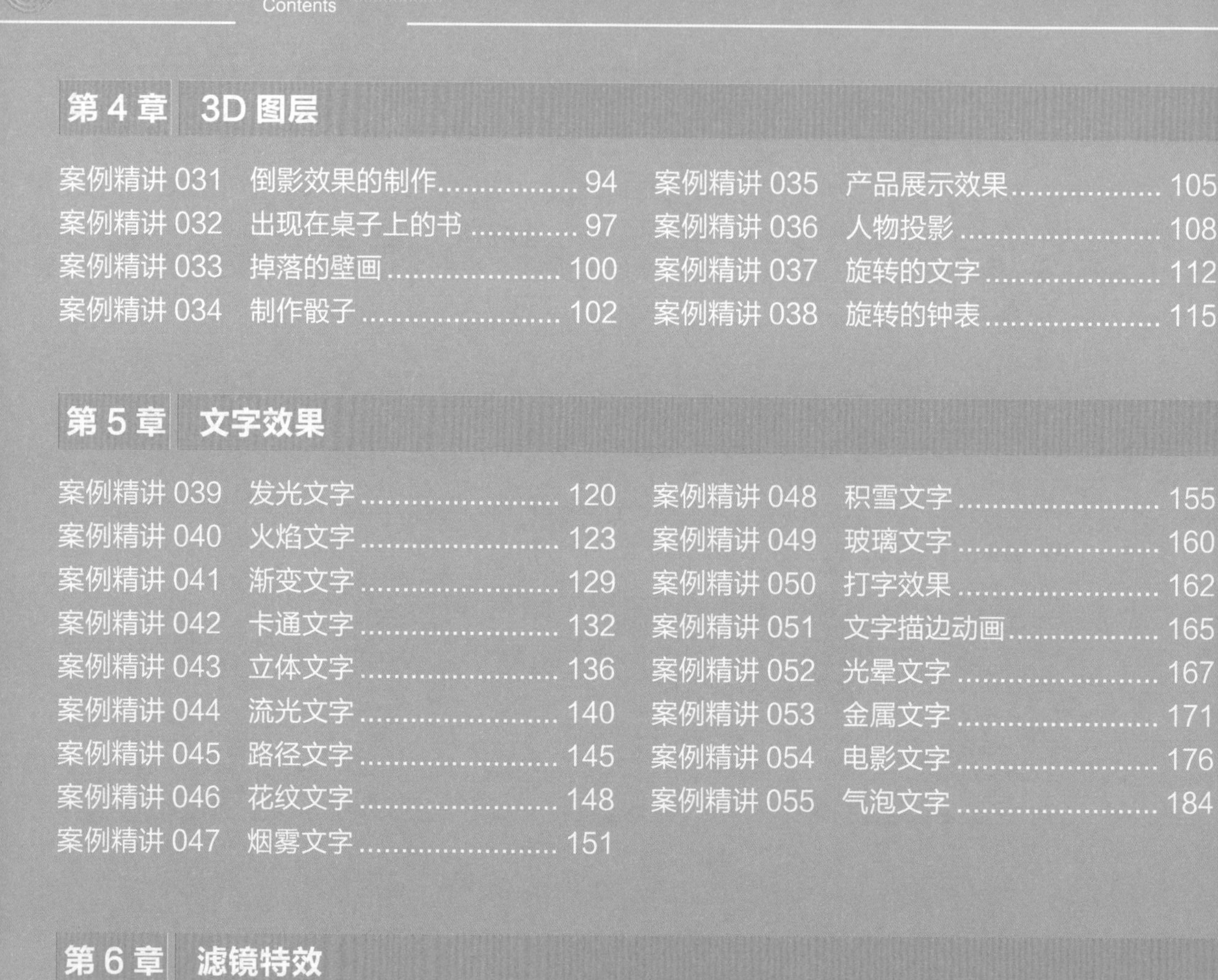

第 4 章 3D 图层

第 5 章 文字效果

第 6 章 滤镜特效

目录

Contents

第 1 章 After Effects 的基本操作

第 2 章 关键帧动画

第 3 章 蒙版

前言

Adobe After Effects CC 软件是为动态图形图像、网页设计人员以及专业的电视后期编辑人员所提供的一款功能强大的影视后期特效软件。其简单友好的工作界面，方便快捷的操作方式，使得视频编辑进入家庭成为可能。从普通的视频处理到高端的影视特技，After Effects 软件都能应对自如。

本书以 125 个精彩实例向读者详细介绍了 After Effec ts CC 强大的视频后期制作功能。本书注重理论与实践紧密结合，实用性和可操作性强，相对于同类 After Effects CC 实例书籍，本书具有以下特色。

- 信息量大：125 个实例为每位读者架起一座快速掌握 After Effects CC 软件使用与操作的桥梁，125 种艺术效果和制作方法使每位初学者融会贯通、举一反三。
- 实用性强：125 个实例经过精心设计和选择，不仅效果精美，而且非常实用。
- 注重方法的讲解与技巧的总结：本书特别注重对各实例制作方法的讲解与技巧总结，在介绍具体实例制作的详细操作步骤的同时，对于一些重要而常用实例的制作方法和操作技巧做了较为精辟的总结。
- 操作步骤详细：本书中各实例的操作步骤介绍非常详细，即使是初级入门的读者，只需一步一步按照本书中介绍的步骤进行操作，一定能做出相同的效果。
- 适用广泛：本书实用性和可操作性强，适用于广大网页设计爱好者使用，也可以作为职业学校和计算机学校相关专业教学使用教材。

本书的出版可以说凝结了许多人的心血、凝聚了许多人的汗水和思想。在这里衷心感谢在本书出版过程中给予我帮助的李磊老师，以及为这本书付出辛勤劳动的编辑老师、光盘测试老师，感谢你们！

本书主要由王洪丰、李向瑞、张林、张恺、李少勇、叶丽丽、张云、张波、王海峰、王玉、李娜、刘晶、和弭蓬编写，王雄健、刘峥、罗冰、王加龙录制多媒体教学视频，其他参与本书编写的还有陈月娟、陈月霞、刘希林、黄健、刘希望、黄永生、田冰、徐昊，北方电脑学校的温振宁、黄荣芹、刘德生、宋明、刘景君老师，德州职业技术学院的张锋、相世强和胡静老师，感谢苏利、张树涛、李绍臣为本书提供了大量的图像素材以及视频素材，谢谢你们在书稿前期材料的组织、版式设计、校对、编排以及大量图片的处理中所做的工作。

本书总结了作者从事多年影视编辑的实践经验，目的是帮助想从事影视制作行业的广大读者迅速入门并提高学习和工作效率，同时对有一定视频编辑经验的朋友也有很好的参考作用。由于时间仓促，疏漏之处在所难免，恳请读者和专家指教。如果您对书中的某些技术问题持有不同的意见，欢迎与作者联系，E-mail：Tavili@tom.com。

编　者

内 容 简 介

本书根据使用After Effects CC软件进行影视视频制作的特点，精心设计了125个案例，由优秀的视频动画设计师编写，循序渐进地讲解了制作和设计影视视频作品所需要的全部知识。全书共分为14章，分别讲解了After Effects的基本操作、关键帧动画、蒙版与遮罩、3D图层、文字效果、滤镜特效、图像调色、抠取图像、音频特效、光效和粒子的制作、节目预告、婚礼片头、制作产品广告、电影片头的制作等内容。每个完整的大型案例都有详细的讲解，使读者掌握技术更全面、水平提升速度更快。

本书采用案例教程的编写形式，兼具技术手册和应用专著的特点，附带的DVD教学视频如老师亲自授课一样讲解。本书内容全面，结构合理，图文并茂，案例精讲丰富，讲解清晰，非常适合After Effects的初、中级读者自学使用，也可以供各大中专院校相关专业及After Effects影视、广告、特效培训基地的师生学习查阅。

本书配套光盘内容为本书所有案例精讲的素材文件、效果文件，以及案例精讲的视频教学文件。

图书在版编目(CIP)数据

After Effects CC影视特效设计与制作案例课堂/王洪丰编著. --北京：清华大学出版社，2015（2020.8重印）
(CG设计案例课堂)
ISBN 978-7-302-39800-4

I. ①A…　II. ①王…　III. ①图像处理软件　IV. ①TP391.41

中国版本图书馆CIP数据核字(2015)第080952号

责任编辑：张彦青
装帧设计：杨玉兰
责任校对：马素伟
责任印制：刘祎淼

出版发行：清华大学出版社
网　　址：http://www.tup.com.cn, http://www.wqbook.com
地　　址：北京清华大学学研大厦A座　　**邮　　编**：100084
社 总 机：010-62770175　　**邮　　购**：010-62786544
投稿与读者服务：010-62776969, c-service@tup.tsinghua.edu.cn
质量反馈：010-62772015, zhiliang@tup.tsinghua.edu.cn
印 装 者：涿州汇美亿浓印刷有限公司
经　　销：全国新华书店
开　　本：190mm×260mm　　**印　　张**：31.75　　**字　　数**：770千字
版　　次：2015年6月第1版　　**印　　次**：2020年8月第5次印刷
定　　价：98.00元

产品编号：061594-01

CG 设计案例课堂

After Effects CC
影视特效设计与制作案例课堂

王洪丰　编著

清华大学出版社
北　京